信息技术经典译丛

Fundamentals of Electric Circuits

Seventh Edition

电路基础

（原书第7版·精编版）

[美] 查尔斯·K. 亚历山大（Charles K. Alexander）
马修·N. O. 萨迪库（Matthew N. O. Sadiku）著
周巍 段哲民 尹熙鹏 李辉 译

机械工业出版社
CHINA MACHINE PRESS

本书是电路领域的经典书籍，被国内外众多高校选作教材。第7版延续了之前版本的优点并做了全面更新。全书简明易懂，内容丰富，条理清晰，富有趣味。每章以关于职业发展的讨论开篇，所有原理均通过清晰的逻辑推导得出，例题解答详细，习题丰富帮助读者掌握相关概念和方法的应用技巧。

本书除可供电气信息类专业的学生作为教科书使用外，还适合自学者使用，或供有关人员、高校教师参考。

Charles K. Alexander, Matthew N. O. Sadiku
Fundamentals of Electric Circuits, Seventh Edition
978-1-260-22640-9

图书在版编目（CIP）数据

电路基础：原书第7版：精编版 /（美）查尔斯・K. 亚历山大（Charles K. Alexander），（美）马修・N. O. 萨迪库（Matthew N. O. Sadiku）著；周巍等译. —北京：机械工业出版社，2023.5（2025.4 重印）
（信息技术经典译丛）
书名原文：Fundamentals of Electric Circuits, Seventh Edition
ISBN 978-7-111-72786-6

Ⅰ. ①电…　Ⅱ. ①查… ②马… ③周…　Ⅲ. ①电路理论 – 高等学校 – 教材　Ⅳ. ① TM13

中国国家版本馆 CIP 数据核字（2023）第 047321 号

机械工业出版社（北京市百万庄大街 22 号　邮政编码 100037）
策划编辑：王　颖　　　　责任编辑：王　颖
责任校对：闫玥红　李　杉　　责任印制：单爱军
保定市中画美凯印刷有限公司印刷
2025 年 4 月第 1 版第 2 次印刷
185mm × 260mm · 23.75 印张 · 642 千字
标准书号：ISBN 978-7-111-72786-6
定价：99.00 元

电话服务	网络服务
客服电话：010-88361066	机　工　官　网：www.cmpbook.com
010-88379833	机　工　官　博：weibo.com/cmp1952
010-68326294	金　　书　　网：www.golden-book.com
封底无防伪标均为盗版	机工教育服务网：www.cmpedu.com

译者序

“电路基础”这门课程是研究电路理论的基础课程，旨在使学生掌握电路的基本概念、基本理论和分析电路的基本方法，为学习后续课程提供必要的理论知识，也为进一步研究电路理论和进行电路设计打好基础。

Fundamentals of Electric Circuits 是由美国俄亥俄州克利夫兰州立大学的 Charles K. Alexander 教授和普雷里维尤农工大学的 Matthew N. O. Sadiku 教授为电类各专业大学生学习电路课程而编写的教科书，被众多国外著名大学选用。该书由 McGraw-Hill 公司于 2000 年出版第 1 版，2019 年出版第 7 版，译者受机械工业出版社委托对该教材第 7 版进行翻译。本书作为精编版对原版章节的部分内容进行了删减。

本书讲述的是电路理论的基础知识，内容分为直流电路、交流电路两大部分。第一部分讲述了电路分析的理论依据，包括电路的基本概念、基本定律和定理、基本分析方法和基本理论。第二部分讲述了交流电路的基本概念、基本分析方法和典型交流电路的实际应用。该教材内容丰富、概念清晰、层次分明、通俗易懂。每章的开篇是关于“增强技能与拓展事业”的内容，介绍了与章节内容有关的工程应用背景，每章中还包括电学发展历史上若干名人的事迹，这些内容可以使读者从不同的侧面得到有益的启示。每章都包含大量习题，并提供部分答案，十分有利于自学。总之，本书的内容相当全面，基本涵盖了电路原理的各个方面，非常适合用作学习电路基本理论的本科生教科书，也适合作为正在从事电路设计的工程人员的参考书。

西北工业大学电子信息学院的教师段哲民翻译了第 1 章～第 6 章，周巍翻译了前言、第 9 章～第 14 章，周巍、李辉翻译了附录，尹熙鹏翻译了第 7 章和第 8 章，全书由周巍审校和统稿。由于水平所限，翻译不妥或错误之处在所难免，敬请广大读者批评指正。

译者
2022 年 12 月于西北工业大学

前　言

为了与前面版本的封面保持一致，我们挑选了用美国宇航局哈勃太空望远镜拍摄的一张照片作为第 7 版的封面。与任何卫星一样，哈勃太空望远镜有许多在功能实现中发挥着关键作用的电路。

20 世纪 40 年代开始研发的大型太空望远镜——哈勃太空望远镜，是天文学中最重要的发明！为什么需要它？无论一台地面望远镜有多大、多精确，由于地球大气层的存在，它总是受到多种限制。一台在大气层上方运行的望远镜将使人们基本上观测到整个宇宙。经过几十年的研究和规划，哈勃太空望远镜最终于 1990 年 4 月 24 日发射升空。

这台令人难以置信的望远镜扩展了天文学领域和人类对宇宙的认识，远远超出发射前我们所认知的范围。它帮助确定了宇宙的年龄，使人类对太阳系有了更好的了解，能够窥视宇宙的最深处。

第 7 版的封面是哈勃拍摄的“创造之柱”的照片，这是一张在星系深处拍摄的船底座星云的照片。从星云壁升起的尘埃和冷却氢塔混合在一起，形成了这幅美丽而引人注目的图像！

特色

电路分析课程或许是电气工程学科的学生接触的第一门课程。通过这门课程，学生可以掌握电路设计的必要技能。但是，学习电路基础课程只是提升设计能力的基础，若想全面提升设计能力，学生通常需要在大四那一年积累设计经验——这并不意味着有些技能无法通过电路课程得到培养和锻炼。为了让学生学到更多理论和解决问题的方法，我们设置了让学生自己设计问题的习题，即 121 个“设计问题类习题”，这是本书的重要部分。这些习题强化的创新能力将会在学生的设计实践中发挥作用，并带来两个非常重要的结果：第一是学生会对基础理论有更好的理解，第二是学生的基础设计能力会得到加强。这些设计问题类习题中的数字可以比较简单，并且数学运算也不必太复杂。

本书中有大量例题、练习和习题。

本书第 7 版的主要目标与前几版一样——以清晰、有趣且更易理解的方式展现电路分析过程，并且帮助学生在工程的入门阶段就感受到乐趣。具体内容设计如下。

- **每章开篇**

每章开篇内容均涉及电气工程的子学科，有助于读者成功解决问题并拓展职业生涯。之后的引言介绍当前章节与之前章节的关联。

- **解决问题的六步解题法**

第 1 章介绍了解决电路问题的六步解题法，这是贯穿全书并配有软件仿真的内容。

- **友好型书写风格**

所有定律和定理都通过逻辑清晰、层层递进的方式呈现，尽可能地避免冗长的叙述及可能会隐藏概念或引起理解障碍的细节。

- **加框的公式与关键术语**

书中的重要公式均带有方框，以帮助学生分清主次并清楚地理解关键问题。关键术语均有明确的定义，并用黑体表示出来。

- **提示**

提示作为补充内容，是书中知识的附加阐述或交叉参考信息。有的提醒读者不要犯一些特定的常见错误，有的提出了解决问题的深刻见解。

- **练习**

为了给学生提供实践的机会，例题之后安排了一道提供答案的练习，学生可以按照例题中的步骤来求解练习，无须从别处查阅或者翻看书末的答案。练习同时还可以检查学生对前述例题的理解程度，从而在学习下一节内容之前进一步掌握本节内容。

- **设计问题类习题**

设计问题类习题旨在帮助学生提高设计能力。

- **历史珍闻**

本书的历史珍闻介绍了电子工程相关领域的重要先驱人物和历史事件。

- **运算放大器的讨论**

本书在较为靠前的章节中介绍了构成电路的基本元件——运算放大器。

- **每章开场白**

每章的开场白专门讨论学生应该如何掌握有效拓展工程师职业生涯所需的技能，这些技能对于学生在校学习和今后工作都是非常重要的。

- **习题**

这版包含许多新增的或修改的习题，为学生提供了充分的练习，同时帮助学生掌握关键概念。

本书的组织结构

本书可以作为两学期或三学期的线性电路分析课程的教材，教师也可以选择适当的章节作为一学期课程的教材。全书分为两部分。

- 第一部分包括第 1～8 章，主要介绍直流电路，包括电路的基本定律和定理、电路分析方法以及有源元件与无源元件等。
- 第二部分包括第 9～14 章，主要介绍交流电路，包括相量、电路的正弦稳态分析、交流功率、交流电的有效值、三相系统以及频率响应等。

教师应根据需要选择必要的章节。书中带剑号（†）的内容可以略去不讲或者简要讲解，也可以作为学生的作业，省略这些并不会影响内容的连贯性。每章都有按节编排的大量习题，教师可以选择其中一些作为课堂例题，另外一些作为课后作业。

ED 标识有助于培养学生工程设计技能的习题。难度较大的习题前都标有星号（*）。

对先修课程的要求

作为电路分析的基础课程，在学习本书之前需要先修物理学与微积分。虽然熟悉有关复数的知识对学习本书后半部分的内容有所帮助，但它并不是必须掌握的内容。本书的主要优势在于，学生需要掌握的所有数学公式以及物理基本原理都包括在其中。

致谢

在本书出版之际，首先要感谢来自两位作者的妻子（分别是 Hannah 与 Kikelomo）、女儿（分别是 Christina、Tamara、Jennifer、Motunrayo、Ann 和 Joyce），以及其中一位作者的儿子（Baixi）和其他家庭成员的鼎力支持。我们真诚地感谢 Richard Rarick 在本书写作中给予我们的宝贵帮助。

我们要感谢麦格劳-希尔集团的编辑和工作人员：全球品牌经理 Suzy Bainbridge、产品开发人员 Tina Bower、市场经理 Shannon O'Donnell 和内容产品经理 Jason Stauter。

本书得益于诸多英才，他们对本书内容以及各种问题的改进提出了建议。特别地，我们要感谢俄亥俄州代顿市辛克莱社区学院电子工程技术系教授 Nicholas Reeder 和艾奥瓦州苏森特市多尔特学院工程系教授 Douglas De Boer 为本版本提供的详细建议和细致的校正。另外，以下人员为本书的成功出版做出了重大贡献（按字母顺序排列）：

Zekeriya Aliyazicioglu，加州州立理工大学波莫纳分校

Rajan Chandra，加州州立理工大学波莫纳分校

Mohammad Haider，阿拉巴马大学伯明翰分校

John Heathcote，里德里学院

Peter LoPresti，塔尔萨大学

Robert Norwood，约翰布朗大学

Aaron Ohta，夏威夷大学马诺分校

Salomon Oldak，加州州立理工大学波莫纳分校

Hesham Shaalan，美国商船学院

Surendra Singh，塔尔萨大学

最后，我们要感谢使用之前版本的教师和学生给我们提供反馈，希望本书也能得到这样的反馈，读者可随时给我们发送电子邮件，或者直接与出版商联系。Charles K. Alexander 的联系方式是 c. alexander@ieee. org，Matthew N. O. Sadiku 的联系方式是 sadiku@ieee. org。

Charles K. Alexander 与 Matthew N. O. Sadiku

补充资源

教辅资源[㊀]

本书的教辅资源包括练习和章末习题的答案、电子课件和图像文件。

Problem Solving Made Almost Easy 是本书的配套手册，可供希望练习解决问题技巧的学生使用。该手册可在 mhhe. com/alexander7e 上找到，包含问题解决策略的讨论和 150 个附加问题，并提供完整的解决方案。

㊀ 关于本书教辅资源，只有使用本书作为教材的教师才可以申请，需要的教师可向麦格劳-希尔教育出版公司北京代表处申请，电话 010-57997618/7600，传真 010-59575582，电子邮件 instructorchina@mheducaion. com。——编辑注

给学生的建议

这可能是你学习电气工程的第一门课程。虽然电气工程是一门令人兴奋且具有挑战性的学科，但这门课程可能会让你感到害怕。写这本书是为了防止这种情况发生。一本好教科书和一位好老师是一种优势，但是学习的关键在于你自己。如果记住以下几点，你在这门课上会学得很好。

- 这门课程是大多数课程的基础。出于这个原因，尽可能努力学习，按时上课。
- 解决问题是学习过程中必不可少的一部分，学生应该尽可能多地解决问题。从每个例子开始解决实践问题，一直到章末的习题。最好的学习方法是多做习题。习题前面带星号表示该习题有挑战性。
- 本书注重技术细节，书中包含了所需的数学和物理知识，这些知识在其他工程课程中也将非常有用。我们希望这本书能成为你的参考书，供你在学校学习、在行业工作或攻读研究生学位时使用。

愿你学得高兴！

Charles K. Alexander 与 Matthew N. O. Sadiku

目　录

第二部分　交流电路

第一部分

直流电路

第1章
基本概念

有的书只要读其中一部分，有的书只需知其梗概，而对于少数好书，则应当通读，细读，反复读。

——Francis Bacon

增强技能与拓展事业

ABET EC 2000 标准(3.a)，“应用数学，自然科学和工程知识的能力”

作为学生，你需要学习数学、自然科学与工程方面的知识，并且能够应用所学的知识解决工程问题。利用相关领域的基础知识解决实际问题是一种技能。那么，怎么才能培养和提高这种技能呢？

（图片来源：Charles Alexander）

最好的方法是尽可能多地解决课程学习期间遇到的问题。然而，要想真正掌握这种技能，就必须花时间来分析何时、何地、为什么会有困难，这样才能更好地解决问题。你会惊奇地发现，所求解的大部分问题都依赖于数学知识而不是对基本理论的理解。你还会发现自己解决问题的速度开始变快。花时间思考解决问题的方法可以节约时间，避免失败。

最有效的解决问题的方法就是“六步解题法”，要认真地分析解决问题过程中都会在哪里遇到困难。很多时候，出现问题的原因要么是对问题的理解不够，要么是正确运用数学知识解决问题的能力不足。这时就需要寻找那些基础的数学教材，并且认真复习相关章节的内容，有时还要求解某些例题。由此得出一个重要的经验：将所有基础的数学、自然科学以及工程教材放在手边。

不断查阅以前所学知识的过程或许看起来非常乏味，但是随着自身技能的提高和知识的增长，这个过程会变得越来越轻松。

1.1 引言

电路理论和电磁理论是电气工程的两大基础理论，电气工程的所有分支学科都是在此基础上发展起来的，如电力电子学、自动控制、电子学、通信等许多分支。因此，电路理论是电气工程专业最重要的基础课程，同时也是那些初学电气工程的学生的最佳起点。学习电路理论对于其他理工类专业的学生也是非常有用的，因为电路是一种很好的研究能量系统的模型，并且其中包含了应用数学、物理学和拓扑学等诸多内容。

在电气工程中，我们经常要研究一个点到另一个点的通信和能量传输，而实现这种功能需要将若干电气元件组合起来。这种由电气元件相互连接而成的整体称为*电路*(electric circuit)，电路中的每个组成部分称为*元件*(element)。

电路是由电气元件相互组合而成的整体。

一个简单的电路如图 1-1 所示，此电路由三个基本元件组成：电池、灯和导线。电路可独立存在，有多种应用，比如手电筒、探照灯等。

一个复杂的实际电路如图 1-2 所示，此电路是无线电发射机[一]的原理图。虽然看起来很复杂，但是利用本书所介绍的方法我们可以对该电路进行分析。本书的目标是学习各种电路的分析方法和计算机软件的应用方法来描述电路特性。

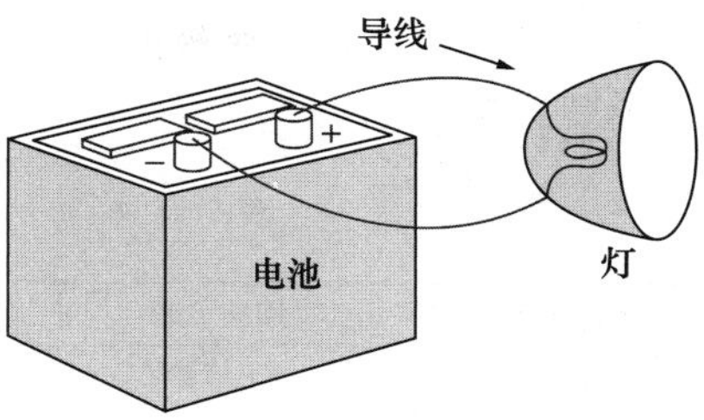

图 1-1 一个简单的电路

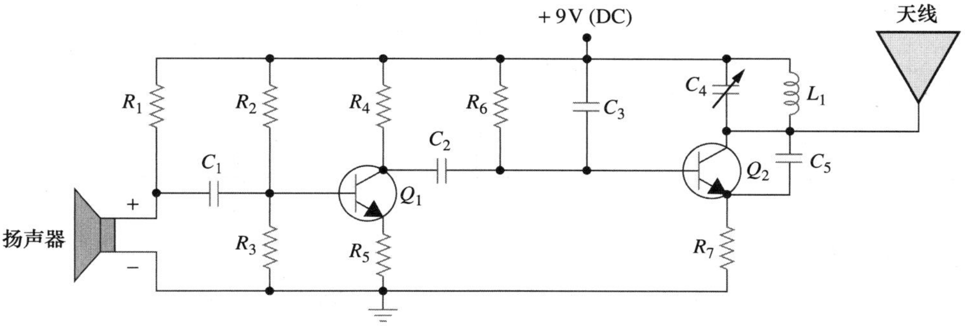

图 1-2 无线电发射机的原理图[二]

在电气系统中，不同的电路完成不同的任务，本书的目标不是研究这些电路的不同应用，而是专注于对电路的分析，以此来研究电路的特性。例如：电路在给定激励的情况下是如何响应的？电路中相互连接的元器件是如何相互作用的？

本章首先介绍几个基本概念：电荷、电流、电压、功率和能量、电路元件。在定义这些概念之前，先来介绍本书所采用的计量单位。

1.2 计量单位制

电子工程师需要处理很多测量工作，但是无论这些工作是在哪个国家完成的，都必须采用标准语言来表示测量结果。这种国际计量语言就是国际单位制(International System of Units，SI)，它于 1960 年由国际度量会议确定采用。该计量单位制包括七个基本单位，由此可以推导出其他所有物理量的单位。表 1-1 给出了六个基本单位和一个与本书相关的导出单位。国际单位制的使用将贯穿全书。

表 1-1 六个基本单位和一个与本书相关的导出单位

量的名称	单位名称	单位符号	量的名称	单位名称	单位符号
长度	米	m	热力学温度	开[尔文]	K
质量	千克(公斤)	kg	物质的量	摩[尔]	mol
时间	秒	s	发光强度	坎[德拉]	cd
电流	安[培]	A			

注：1. [ ]内的字，在不致引起混淆、误解的情况下，可以省略。
2. ( )内的名称为前面名称的同义词。

㊀ 原文有误。——译者注

㊁ 我国标准中，电阻器的图形符号为—□—，电感器的图形符号为—⌒⌒⌒—，天线的图形符号为Y，晶体管的文字符号为 VT。——编辑注

国际单位制的一大优势在于可以利用基于 10 的幂次方的前缀将更大或者更小的单位与基本单位联系起来，表 1-2 给出了国际单位制的词头及其符号。例如，以下几种形式都表示同一种距离：

$$600\ 000\ 000\text{mm}\quad 600\ 000\text{m}\quad 600\text{km}$$

表 1-2　国际单位制词头

所表示的因数	词头名称	符号	所表示的因数	词头名称	符号
10^{18}	艾[可萨]	E	10^{-1}	分	d
10^{15}	拍[它]	P	10^{-2}	厘	c
10^{12}	太[拉]	T	10^{-3}	毫	m
10^{9}	吉[咖]	G	10^{-6}	微	μ
10^{6}	兆	M	10^{-9}	纳[诺]	n
10^{3}	千	k	10^{-12}	皮[可]	p
10^{2}	百	h	10^{-15}	飞[母托]	f
10^{1}	十	da	10^{-18}	阿[托]	a

1.3　电荷与电流

电荷的概念是解释各种电现象的基础，电路中最基本的物理量就是电荷(electric charge)。当人们脱掉羊毛衫或者在地毯上行走的时候，可能会感受到静电产生，这就是电荷的影响。

电荷是构成物质的原子的一种电气特性，单位是库仑(C)。

我们在基础物理学中学习过，所有的物质都是由原子构成的，每个原子又是由电子、质子和中子组成的。电子所带的电荷 e 是负的，其电荷量为 1.602×10^{-19}C，而质子携带的则是电荷量与电子相同的正电荷。原子中数量相等的质子和电子使其呈现中性状态。

关于电荷要注意以下三点：

(1) 对于电荷而言，库仑是一个相当大的单位，1C 的电荷量中包含了 $1/(1.602\times10^{-19})=6.24\times10^{18}$ 个电子。因此，实际常用的电荷量通常是 pC、nC 或 μC 量级㊀；

(2) 根据实验观测数据可知，实际产生的电荷量只能是电子电荷量 $e=-1.602\times10^{-19}$C 的整数倍；

(3) 电荷守恒定律(law of conservation of charge)说明，电荷既不能被创造，也不会被消灭，只能转移。因此一个系统中电荷量的代数和是不变的。

现在考虑电荷的流动。电荷的特征是移动性，即电荷可以从一个位置运动到另一个位置，从而转换为另一种能量形式。

当一根导线(由若干原子组成)连接到电池(电动势源)两端时，就会迫使电荷运动。正电荷向一个方向移动而负电荷向相反方向移动，这种电荷的运动就产生了电流。习惯上将正电荷的运动方向作为电流的流动方向，即电流的流动方向与负电荷的流动方向相反，如图 1-3 所示。这种电流方向是由美国的科学家和发明家 Benjamin Franklin(1706—1790)提出的。我们虽然现在已经知道，金属导体中的电流是由带负电荷的电子运动而产生的，但仍然沿用大家普遍接受的惯例，即认为电流是正电荷流。

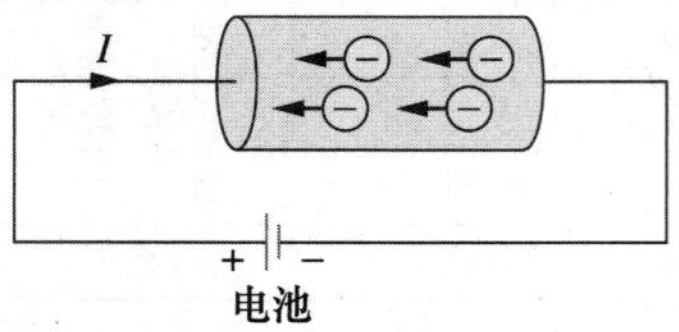

图 1-3　电荷在导体内流动所产生的电流

㊀　一个大的供电电容器所储存的电荷量可高达 0.5C。

提示：“惯例”是描述某个事物的一种标准方法，这样，业内人士就能够明白我们所说的是什么意思。本书将采用IEEE的相关国际惯例。

历史珍闻

安培(Ampere，1775—1836)，法国数学家和物理学家，电动力学的奠基人。他于19世纪20年代给出了电流的定义和一种测量电流的方法。

安培出生于法国里昂。他痴迷于数学，而当时许多著名的数学著作却是用拉丁文写成的，12岁的他，却只用几个星期就掌握了拉丁文。安培是一位卓越的科学家，也是一位富有创造力的作家。他提出了许多电磁定律，发明了电磁体和电流表。电流的单位“安培”就是用他的名字命名的。

(图片来源：Apic/Getty Images)

电流是指电荷的时间变化率，单位为安培(A)。

在数学上，电流 i，电荷 q 和时间 t 之间的关系为

$$\boxed{i \triangleq \frac{\mathrm{d}q}{\mathrm{d}t}} \tag{1.1}$$

式中，电流的单位是安培(A)，并且

$$1\text{A}=1\text{C/s}$$

对式(1.1)两边取积分就得到时刻 $t_0 \sim t$ 之间的电荷量，即

$$\boxed{Q \triangleq \int_{t_0}^{t} i\,\mathrm{d}t} \tag{1.2}$$

式(1.1)中电流 i 的定义方式说明电流并不是个常值函数，本章和后续章节中的大量例题和习题表明，电流的类型有若干种，即电荷以若干种不同的方式随时间变化。

有很多种方式可用来区分直流电流和交流电流。最好的定义方式为电流的两种流动方式：如果电流一直在一个方向上流动，并且不会变化方向，那么就称为直流电流(dc)。直流电流可以是恒定的或者随时间变化的。如果电流可以朝两个不同的方向流动，那么就称为交流电流(ac)。

直流电流(dc)是指只在一个方向上流动并且是恒定的或者随时间变化的。

按照国际惯例，采用符号 I 来表示恒定电流。

随时间变化的电流(dc或ac)则用符号 i 来表示，时变电流的常见形式是整流器的输出(dc)，例如 $i(t)=|5\sin(377t)|$ A；或者正弦电流(ac)，例如 $i(t)=160\sin(377t)$ A。

交流电流(ac)是指随时间改变方向的电流。

家中空调、冰箱、洗衣机以及其他家用电器运行所需的电流是交流电流。图1-4给出了两类最常见的直流电流(来自电池)和交流电流(来自家用电器)的应用实例。本书随后还将讨论其他形式的电流。

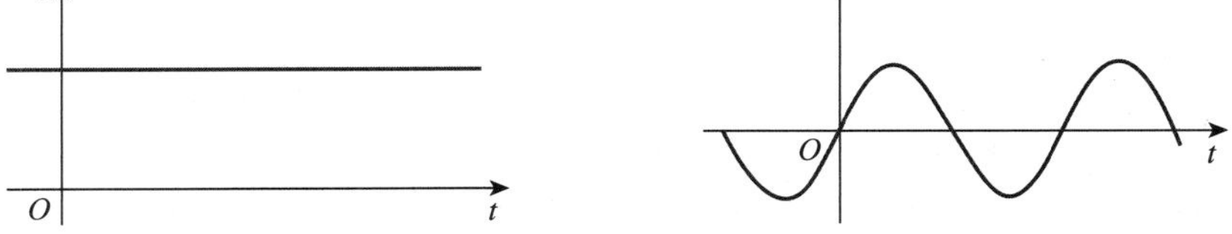

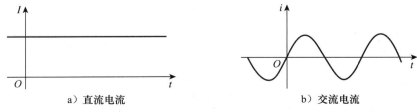

a) 直流电流　　b) 交流电流

图1-4　两类常见的电流

一旦用电荷的运动定义了电流，电流就有相应的流动方向。如前所述，习惯上取正电荷的运动方向作为电流的流动方向。基于这一国际惯例，一个值为 5A 的电流既可以表示为正的，也可以表示为负的，如图 1-5 所示。换言之，图 1-5b 中沿某个方向流动的 $-5A$ 的负电流与沿相反方向流动的 $+5A$ 的正电流是一样的。

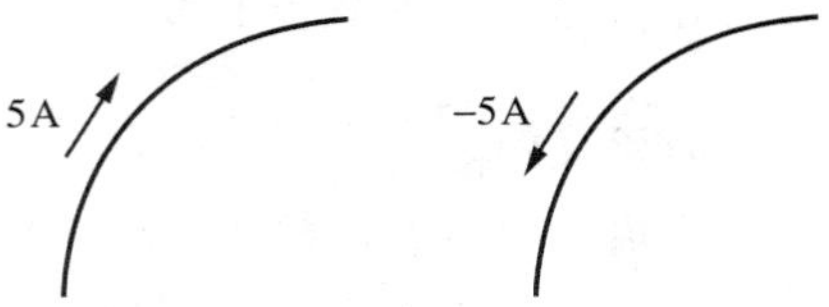

a）正电流 b）负电流

图 1-5 电流方向

例 1-1 4600 个电子带多少电荷量？

解： 一个电子的电荷量为 1.602×10^{-19}C，因此 4600 个电子的电荷量为 $-1.602\times10^{-19}\text{C}\times4600=-7.369\times10^{-16}$C。 ◀

练习 1-1 计算 10 000 000 000 个质子所带的电荷量。 **答案：** 1.6021×10^{-9}C。

例 1-2 流入端点的总电荷量是 $q=5t\sin4\pi t$ mC，计算 $t=0.5$s 时的电流。

解：
$$i=\frac{dq}{dt}=\frac{d}{dt}(5t\sin4\pi t)\text{mC/s}=(5\sin4\pi t+20\pi t\cos4\pi t)\text{mA}$$

当 $t=0.5$s 时，

$$i=5\sin2\pi+10\pi\cos2\pi=0+10\pi=31.42(\text{mA})$$ ◀

练习 1-2 例 1-2 中，如果 $q=(20-15t-10e^{-3t})$mC，计算 $t=1.0$s 时的电流。

答案： -13.506mA。

例 1-3 如果流过端点的电流是 $i=(3t^2-t)$A，计算 $t=1$s 与 $t=2$s 之间流入该端点的电荷量。

解：

$$Q=\int_{t=1}^{2}i\,dt=\int_{1}^{2}(3t^2-t)dt$$
$$=\left(t^3-\frac{t^2}{2}\right)\Big|_1^2=(8-2)-\left(1-\frac{1}{2}\right)=5.5(\text{C})$$ ◀

练习 1-3 如果流过某个元件的电流为

$$i=\begin{cases}8\text{A}, & 0<t<1\\ 8t^2\text{A}, & t>1\end{cases}$$

计算 $t=0$s 与 $t=2$s 之间流入该元件的电荷量。 **答案：** 26.67C。

1.4 电压

如前一节所述，要使导体内的电子向某个方向运动，需要功或者能量的转换。而这种转换需要外电动势(external electromotive force，emf)的推动，典型的电动势是由如图 1-3 所示的电池产生的。电动势又称为*电压*(voltage)或*电位差*(potential difference)。电路中 a、b 两点之间的电压 v_{ab} 是指将单位电荷从点 a 移动至点 b 所需要的能量(即所做的功)。在数学上可以表示为

$$v_{ab}\triangleq\frac{dw}{dq} \tag{1.3}$$

式中，w 表示能量，单位是焦耳(J)；q 为电荷，单位是库仑(C)；电压 v_{ab} 简写为 v，单位是伏特(V)。单位伏特是为纪念发明伏打电池的意大利物理学家伏特(Alessandro AntonioVolta，1745—1827)而以他的名字命名的。由式(1.3)可以看出

$$1\text{V}=1\text{J/C}=1\text{N}\cdot\text{m/C}$$

电压(即电位差)是指移动单位电荷通过某个元件所需的能量，单位是伏特。

历史珍闻

伏特(Volta，1745—1827)，意大利物理学家，他发明了能够提供连续电流的电池和电容器。

伏特出生于意大利科莫的一个贵族家庭，18 岁的时候就开始做电路试验。他于 1796 年发明的电池是对电能应用的一次变革。他于 1800 年发表的著作标志着电路理论的开端。伏特一生中赢得了众多荣誉，电压或电位差的单位“伏特”就是以他的名字命名的。

(图片来源：Universal Images Group/Getty Images)

图 1-6 中连接 a、b 两点之间的元件(用矩形方框表示)上的电压，正号(+)和负号(−)用于定义参考方向或电压的极性，v_{ab} 可以用如下两种方式来解释：(1) 点 a 的电位比点 b 的电位高 v_{ab}；(2) 相对于点 b，点 a 的电位是 v_{ab}。且有下述等式：

$$v_{ab}=-v_{ba} \tag{1.4}$$

例如，图 1-7 给出了同一电压的两种不同表示方法。图 1-7a 中，点 a 电位高于点 b 电位(+9)V；图 1-7b 中，点 b 高于点 a(−9)V。也可以说，图 1-7a 中，从点 a 到点 b 有 9V 的电压降(voltage drop)；或者等效地说，从点 b 到点 a 有 9V 的电压升(voltage rise)。换言之，从点 a 到点 b 的电压降等效于从点 b 到点 a 的电压升。

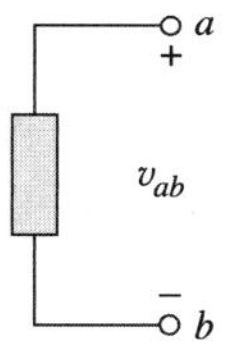

图 1-6 电压 v_{ab} 的极性

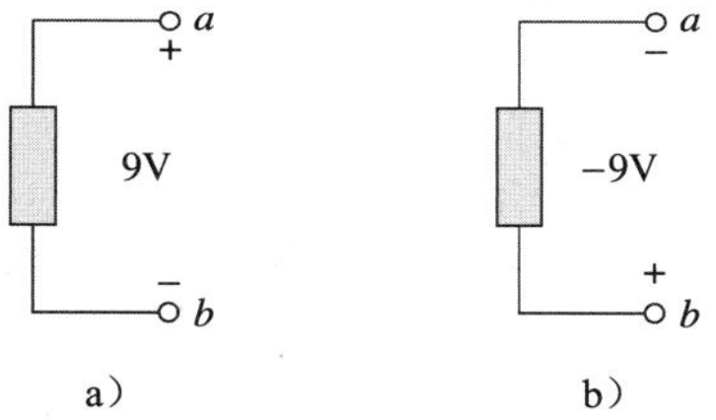

图 1-7 同一电压 v_{ab} 的两种等效表示方法

提示：电流总是流经某个元件，而电压总是跨接在某个元件两端或者两点之间。

电流和电压是电路中的两个基本变量。在传递信息的过程中，常用术语*信号*来表示电流和电压(还有电磁波)等电学量。由于这些电学量在通信和其他学科中非常重要，所以工程技术人员习惯将这些变量称为信号，而不只是随时间变化的数学函数。与电流一样，将恒定的电压称为*直流电压*，用 V 表示，而随时间按正弦规律变化的电压称为*交流电压*，用 v 来表示。直流电压通常由电池产生，而交流电压通常由发电机产生。

1.5 功率与能量

虽然电流和电压是电路中的两个基本量，但仅使用这两个变量还远远不够。在实际应用中，我们需要知道电气设备处理的*功率*(power)。根据经验可知，100W 的灯泡要比 60W 的灯泡亮得多，并且使用和消耗的电能不同，需要向供电公司缴纳电费。因此，功率和能量的计算在电路分析中是非常重要的。

为了得到功率和能量与电压和电流之间的关系，下面回顾如下物理学知识。

功率是消耗或吸收能量的时间变化率，单位是瓦特(W)。

这一关系的数学表达式为

$$\boxed{p\triangleq\frac{\mathrm{d}w}{\mathrm{d}t}} \tag{1.5}$$

式中，p 为功率，单位是瓦特(W)；w 为能量，单位是焦耳(J)；t 为时间，单位是秒(s)。

由式(1.1)、式(1.3)和式(1.5)可得

$$p=\frac{\mathrm{d}w}{\mathrm{d}t}=\frac{\mathrm{d}w}{\mathrm{d}q}\cdot\frac{\mathrm{d}q}{\mathrm{d}t}=vi \tag{1.6}$$

即

$$\boxed{p=vi} \tag{1.7}$$

式(1.7)中的功率 p 是一个时变量，称为瞬时功率(instantaneous power)。因此，元件吸收或提供的功率是元件两端的电压与流过该元件的电流的乘积。如果功率为正值，则该元件传递或吸收功率。反之，如果功率为负值，则该元件发出功率。但是怎样才能知道功率何时为负，何时为正呢？

确定功率正负的关键是电流的方向和电压的极性。因此，图 1-8a 中电流 i 与电压 v 之间的关系非常重要。为使功率为正值，电压极性与电流方向之间的关系必须与图 1-8a 一致。这就是关联参考方向(passive sign convention)。按照关联参考方向，电流从电压的正极流入元件，在这种情况下，$p=+vi$ 或 $vi>0$，表示元件吸收功率。反之如图 1-8b 所示，$p=-vi$，或 $vi<0$，表示元件释放或者发出功率。

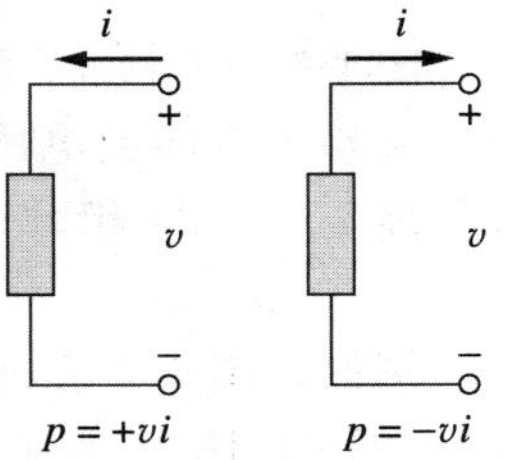

a）吸收功率　　b）发出功率

图 1-8　采用关联参考方向的功率参考极性

当电流流入元件的电压正极时，满足关联参考方向，$p=+vi$；如果电流流入元件的电压负极，则有 $p=-vi$。

除特别说明外，本书遵循关联参考方向来确定功率的符号。例如，在图 1-9 所示的两个电路中，因为正电流均从正端流入，所以元件的吸收功率为 +12W；但在图 1-10 所示的两种情况下，因为正电流均从负端流入，所以元件的发出功率为 +12W。因此吸收 −12W 的功率等效于发出 +12W 的功率。

吸收的正功率＝发出的负功率

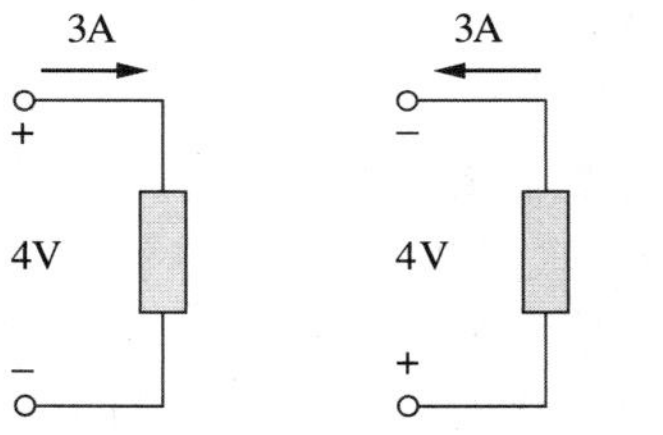

a）$p=4\times3=12$(W)　b）$p=4\times3=12$(W)

图 1-9　元件的吸收功率为 12W 的两种情况

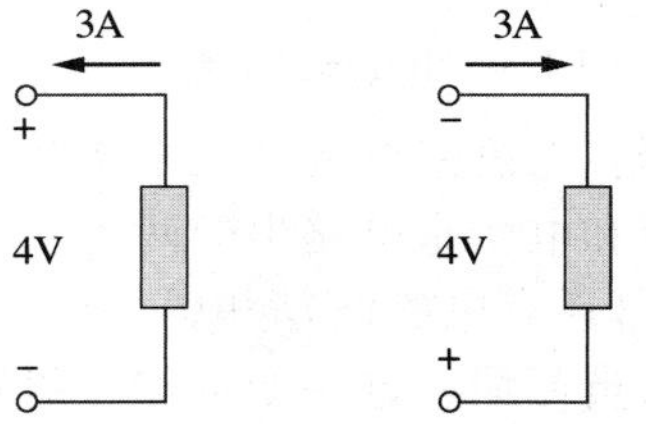

a）$p=-4\times3=-12$(W)　b）$p=-4\times3=-12$(W)

图 1-10　元件的发出功率为 12W 的两种情况

事实上，任何电路都必须遵守能量守恒定律(law of conservation of energy)，因此，任何时刻电路中功率的代数和必须为零：

$$\boxed{\sum p=0} \tag{1.8}$$

式(1.8)再一次证实，提供给电路的总功率必须与元件吸收的总功率相抵消。

由式(1.6)可得，从 t_0 时刻到 t 时刻元件所吸收或发出的能量为

$$w=\int_{t_0}^{t}p\,\mathrm{d}t=\int_{t_0}^{t}vi\,\mathrm{d}t \tag{1.9}$$

能量是指做功的能力，单位为焦耳。

电力公司以瓦·时(W·h)为单位度量能量，其中

$$1\mathrm{W}\cdot\mathrm{h}=3600\mathrm{J}$$

例 1-4 某电源使得 2A 的恒定电流流过灯泡 10s，如果灯泡以光能和热能的形式消耗

的能量为2.3kJ，计算灯泡两端的电压降。

解： 总电荷量为

$$\Delta q=i\Delta t=2\times 10=20(\mathrm{C})$$

电压降为

$$v=\frac{\Delta w}{\Delta q}=\frac{2.3\times 10^{3}}{20}=115(\mathrm{V})$$ ◀

练习 1-4 将电荷 q 从 b 点移动到 a 点所需的能量为100J，计算下面两种情况下的电压降 v_{ab}（a 点电压值相对于 b 点为正）。(a) $q=5\mathrm{C}$；(b) $q=-10\mathrm{C}$。

答案： (a) 20V，(b) −10V。

例 1-5 如果流入某元件正极的电流 i 为 $i=5\cos 60\pi t(\mathrm{A})$，且该元件两端的电压为：(a) $v=3i$；(b) $v=3\mathrm{d}i/\mathrm{d}t$。计算在 $t=3\mathrm{ms}$ 时该元件所吸收的功率。

解： (a) 电压为

$$v=3i=15\cos 60\pi t(\mathrm{V})$$

因此功率为

$$p=vi=75\cos^{2}60\pi t(\mathrm{W})$$

在 $t=3\mathrm{ms}$ 时，所求功率为

$$p=75\cos^{2}(60\pi\times 3\times 10^{-3})=75\cos^{2}0.18\pi=53.48(\mathrm{W})$$

(b) 电压和功率的计算公式如下所示：

$$v=3\frac{\mathrm{d}i}{\mathrm{d}t}=3(-60\pi)5\sin 60\pi t=-900\pi\sin 60\pi t(\mathrm{V})$$

$$p=vi=-4500\pi\sin 60\pi t\cos 60\pi t(\mathrm{W})$$

在 $t=3\mathrm{ms}$ 时，所求功率

$$\begin{aligned}p&=-4500\pi\sin 0.18\pi\cos 0.18\pi\\&=-14137.167\sin 32.4^{\circ}\cos 32.4^{\circ}=-6.396(\mathrm{kW})\end{aligned}$$ ◀

练习 1-5 在例1-5中，如果电流保持不变，电压为：(a) $v=6i\mathrm{V}$；(b) $v=\left(6+10\int_{0}^{t}i\mathrm{d}t\right)\mathrm{V}$。计算 $t=5\mathrm{ms}$ 时该元件所吸收的功率。

答案： (a) 51.82W，(b) 18.264W。

例 1-6 一个100W的电灯泡2h消耗的电能是多少？

解：

$$\begin{aligned}w&=pt=100\mathrm{W}\times 2\mathrm{h}\times 60\mathrm{min/h}\times 60\mathrm{s/min}\\&=720\,000\mathrm{J}=720\mathrm{kJ}\end{aligned}$$

即

$$w=pt=100\mathrm{W}\times 2\mathrm{h}=200\mathrm{W}\cdot\mathrm{h}$$ ◀

练习 1-6 一个家庭电热器连接至115V电压的时候电流为12A，计算此电热器工作24h消耗的能量为多少。

答案： 33.12kW·h。

历史珍闻

1884年展览会

1884年在美国举办的国际电气展览(International Electrical Exhibition)对电气技术的发展起到了巨大的推动作用。试想一个没有电的世界，一个靠蜡烛和煤气灯点亮的世界，一个以步行、骑马和驾驶马车作为常见交通方式的世界。在这样一个世界里，1884年展览会横空出世，托马斯·爱迪生(Thomas Edison)成为此次展会的主角，他表现出了推广其发明和产品的超强能力。

（图片来源：IEEE History Center）

爱德华·韦斯顿(Edward Weston)的发电机和电灯是美国电气照明公司参展的亮点，韦斯顿精心收藏的科学仪器也在本次展会中展出。

其他著名的参展者包括弗兰克·斯普雷格(Frank Sprague)、艾利和·汤普森(Elihu Thompson)以及克利夫兰电器公司(Brush Electric Company of Cleveland)。在本次展览会期间，美国电气工程师学会(American Institute of Electrical Engineers，AIEE)于10月7日至8日召开了首届技术专门会议。1964年，AIEE与无线电工程师学会(Institute of Radio Engineers，IRE)合并成立了电气与电子工程师学会(Institute of Electrical and Electronics Engineers，IEEE)。

1.6 电路元件

正如1.1节中所讨论的，元件是电路的基本组成部分，电路就是由若干元件相互连接构成的总体。电路分析就是确定电路中元件两端的电压(或流过元件的电流)的过程。

电路中有两种类型的元件：无源(passive)元件和有源(active)元件。有源元件能够产生能量而无源元件则不能，无源元件包括电阻、电容、电感等，典型的有源元件包括发电机、电池、运算放大器等。本节的目的是让读者熟悉几个重要的有源元件。

最重要的有源元件就是电压源和电流源，一般用于为与其相连的电路输送功率。电源又分为两种：独立源和非独立源(也称为受控源)。

理想独立源是指能够提供与其他电路元件完全无关的特定电压或电流的有源元件。

换句话说，理想的独立电压源无论提供给电路多大的电流，其两端电压始终保持不变。电池和发电机等实际电源元件可以近似认为是理想电压源。图1-11给出了独立电压源的表示符号。注意，图1-11a和图1-11b中的两种符号均可以表示独立电压源，但只有图1-11a中的符号才能表示交流电压源。类似地，理想的独立电流源是指能够提供与其两端电压完全无关的特定电流的有源元件，也就是说，无论两端电压多大，电流源传递给电路的电流总是保持指定的电流值。独立电流源的表示符号如图1-12所示，图中箭头表示电流 i 的方向。

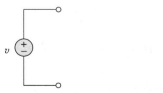

a）用于表示恒定电压或时变电压　b）用于表示恒定电压（dc）

图1-11 独立电压源的表示符号

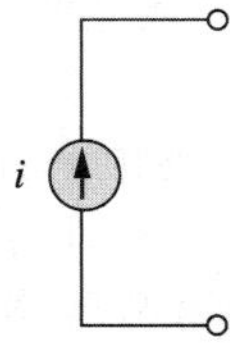

图1-12 独立电流源的表示符号

理想的非独立源(受控源)是指其所提供的电压或电流受到其他电压或电流控制的有源元件。

受控电源元件通常用菱形符号表示，如图 1-13 所示。由于对受控源的控制可以通过电路中某个元件的电压或电流来实现，而且受控源既可以是电压源又可以是电流源，所以有四种形式的受控源，分别为：

1. 电压控制电压源(VCVS)；
2. 电流控制电压源(CCVS)；
3. 电压控制电流源(VCCS)；
4. 电流控制电流源(CCCS)。

受控源在建立晶体管、运算放大器以及集成电路等元件的电路模型时是很有用的。一个电流控制电压源的电路如图 1-14 所示，其中电压源的电压 $10i$ 取决于流经元件 C 的电流。读者或许会感到意外，受控电压源的值是 $10i$ V(而不是 $10i$ A)，这是因为它是一个电压源。应该记住的是，不管控制受控源的是什么电学量，电压源的符号都是用极性(＋、－)表示的，而电流源是用箭头表示的。

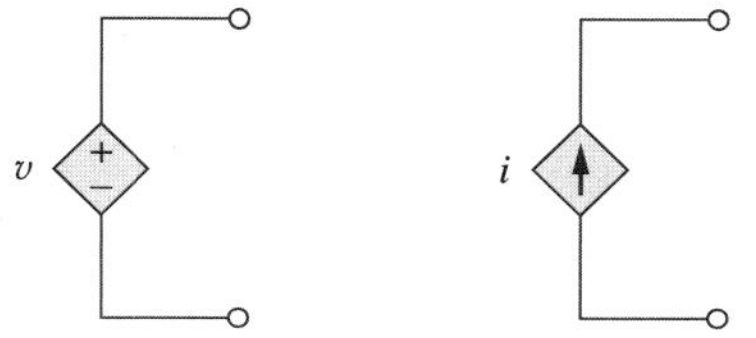

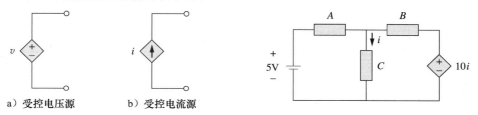

a）受控电压源　　b）受控电流源

图 1-13　受控源的表示符号

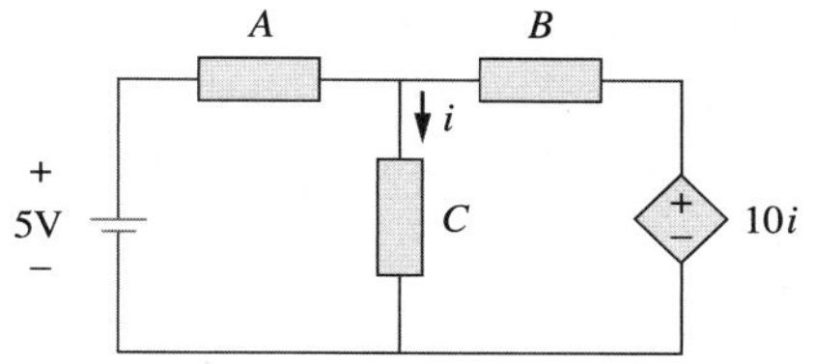

图 1-14　电路右边为一个电流控制电压源

注意，理想电压源(受控的或独立的)会产生确保其端电压所需的任何电流，而理想电流源会产生所需的电压来维持其电流。因此，从理论上讲，理想源能够提供无穷大的能量。同时还应注意到，理想源不仅可以为电路提供功率，而且还可以从电路中吸收功率。对于电压源而言，我们知道其电压，但不知道它提供或吸收的电流是多少；同理，对于电流源而言，我们只知道它提供的电流，而不知道它两端的电压是多少。

例 1-7 计算图 1-15 中各元件所发出或吸收的功率。

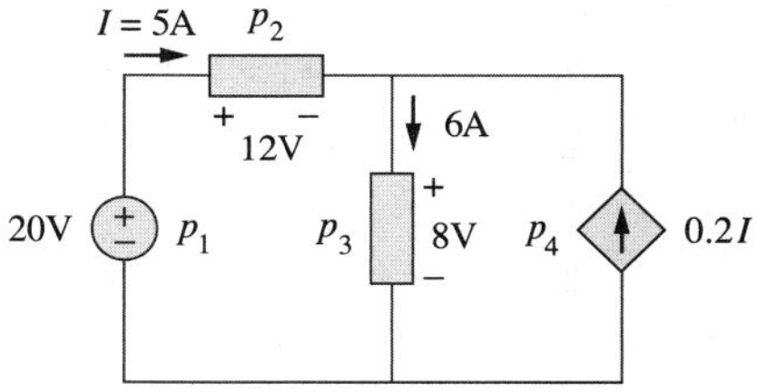

图 1-15　例 1-7 图

解： 在计算时，要利用图 1-8 和图 1-9 所示的关联参考方向确定功率的符号。对于 p_1 而言，5A 电流从元件的正端流出(或者说 5A 电流流入元件的负端)，因此

$$p_1=20\times(-5)=-100(\mathrm{W})\quad \text{发出的功率}$$

对于 p_2 和 p_3 而言，电流都是流入各个元件的正端，于是

$$p_2=12\times5=60(\mathrm{W})\quad \text{吸收的功率}$$

$$p_3=8\times6=48(\mathrm{W})\quad \text{吸收的功率}$$

对于 p_4 而言，由于该受控源的两端和无源元件 p_3 的两端相连，所以其电压与 p_3 的电压相同，为 8V(正极在上面)。(记住，电压测量是相对于电路中元件的两端来说的。)因为电流是从正端流出来的，所以

$$p_4=8\times(-0.2I)=8\times(-0.2\times5)=-8(\mathrm{W})\quad \text{提供的功率}$$

可以观察到，电路中 20V 的独立电压源和 $0.2I$ 的受控电流源均是为电路网络中的其他元件提供功率的，而两个无源元件则是吸收功率的，并且

$$p_1+p_2+p_3+p_4=-100+60+48-8=0$$

上述结果与式(1.8)一致，即发出的总功率等于吸收的总功率。◀

练习 1-7　计算图 1-16 所示的电路中每个元件吸收的功率或发出的功率。

答案：$p_1=-225\text{W}$，$p_2=90\text{W}$，$p_3=60\text{W}$，$p_4=75\text{W}$。

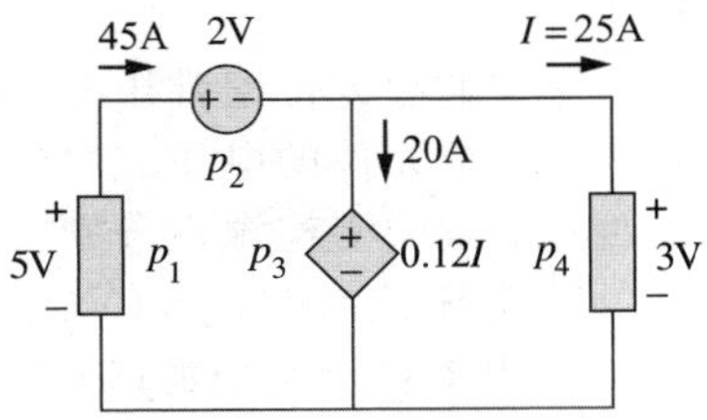

图 1-16　练习 1-7 图

†1.7　解题方法[⊖]

虽然问题的复杂程度和重要程度各不相同，但解决问题所应遵循的基本原则是相同的。下面给出了一些解决工程问题和学术问题的过程和方法，这是本书作者和他们的学生多年来经验的总结。

首先简要地列出所有的步骤，之后再做详细说明。

1. **明确**所要解决的问题；
2. **列出**问题的全部已知条件；
3. 确定问题的**备选**解决方案，并且从中找出成功可能性最大的一种方案；
4. **尝试**寻求问题的解；
5. **评价**所得到的答案并检验其准确性；
6. 对结果是否**满意**？如果满意，则提交该结果；否则，返回步骤 3 重新执行这一过程。

下面详细说明：

1. **明确**所要解决的问题。这一步是整个过程中最重要的一步，因为它是进行下面所有步骤的基础。一般而言，提出的工程问题多少会有点儿不完整，所以你必须尽量使你对问题的理解与问题提出者对问题的理解完全一致。在弄清问题这一步上花一些时间将为后续各步骤节省大量的时间并避免失败。学生为了把教科书中所提出的问题理解得更清楚，可以求助于教授，而工业应用中遇到的问题可能需要你与多位相关人员商讨。在这一步，非常重要的是在解决问题之前先提出问题，如果对此有疑问则可以咨询合适的相关人员，也可以借助有关资源得到问题的答案。利用这些结果，可以进一步精练所要解决的问题，并可将精练后的问题表述用于后面的求解过程当中。

2. **列出**问题的全部已知条件。现在可以将你对问题的全部理解及其可能的解决方案写下来，这样，能够节约时间并避免失败。

3. 确定问题的**备选**解决方案，并且从中找出成功可能性最大的一种方案。几乎每一个问题都可能存在若干种途径去解决，人们非常希望得到尽可能多的解决途径。在进行这项工作的时候，还需要确定采用什么样的工具，例如能够大幅度降低计算量、提高准确度的 PSpice、MATLAB 以及其他一些软件。需要再次强调的是，第一步明确问题和这一步研究解决问题的可选方法所花费的时间将对后续问题的解决有极大的帮助，虽然评估各种方法的优劣并确定一种最可行的方法是比较困难的，但是仍然值得付出这样的努力。因为如果首次选用的方法失败，还要重新执行这一步骤。

4. **尝试**寻求问题的解。现在就可以开始解题了。必须将解题的过程很好地记录下来，如果解题成功，就可以给出详细解；如果失败，则可以检查整个过程。通过细致的检查可以找出问题并予以纠正，从而得到正确的解，也可以换一种方法求出正确的答案。一般来说，明智的做法是得到结果的表达式之后再将数据代入方程，这样有助于检查你所得到的结果。

⊖　各节标题前的剑号(†)表示该节可以跳过，也可以做简要介绍，或者留作课后作业。

5. **评价**所得到的答案并检验其准确性。这一步是评价你所完成的工作，确定是否得到可以让别人(你的团队、上司、教授等)接受的结果。

6. 对结果是否**满意**？如果满意，则提交该结果；否则，返回步骤 3 重新执行这一过程。此时要么提交结果，要么尝试另一种方法。如果提交了结果，解题过程一般就结束了。然而，提交答案后通常会发现更深层次的问题，仍然需要继续这一解题过程，从而最终得到满意的结论。

下面以电子与计算机工程专业学生的课程作业为例，说明上述过程(这一基本过程同样适用于几乎所有工程类课程)。虽然上述步骤用于学术问题时略显简单，但仍有必要按照这几个基本过程求解。下面就通过一个简单的例题予以说明。

例 1-8 计算图 1-17 中流过 8Ω 电阻的电流。

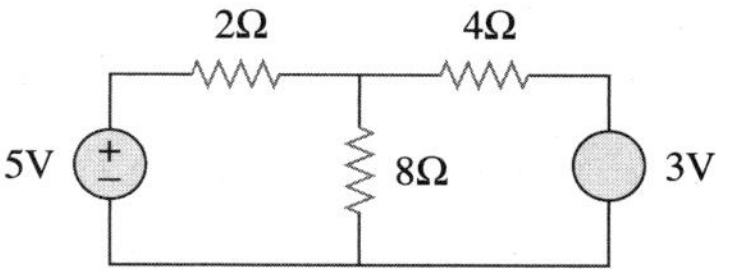

图 1-17 例 1-8 的电路图

解：

1. **明确**所要解决的问题。这只是一个简单的例子，但是由图 1-17 的电路图可见，3V 电压源的极性并不确定。有几种解决方案可供选择：可向教授询问该电压源的极性，如果无法询问且时间充裕，则可以在 3V 电压源的正极在上和正极在下两种情况下求解电流。这里假定教授告知该电压源的极性如图 1-20 所示，正极在下。

2. **列出**问题的全部已知条件。列出问题的所有已知条件，包括清楚地对电路图进行标记，从而确定要求解的量。已知电路如图 1-18 所示，试求 $i_{8\Omega}$。如果情况允许，可以和教授共同检查对问题的理解是否正确。

3. 确定问题的**备选**解决方案，并且从中找出成功可能性最大的一种方案。解决这个问题可以采用三种基本方法，即本书稍后会介绍的电路分析法(基尔霍夫定律、欧姆定律)、节点分析法和网孔分析法。

采用电路分析法求解 $i_{8\Omega}$ 可以得到该题的解，但比节点分析法和网孔分析法复杂。用网孔分析法求解 $i_{8\Omega}$ 要列写两个联立方程，并求出如图 1-19 所示的两个回路电流。采用节点分析法只需求解一个未知量，是最为简单的方法。所以选用节点分析法来求解 $i_{8\Omega}$。

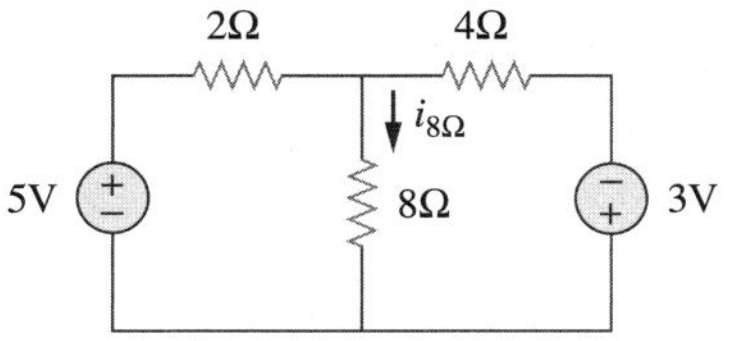

图 1-18 问题的定义

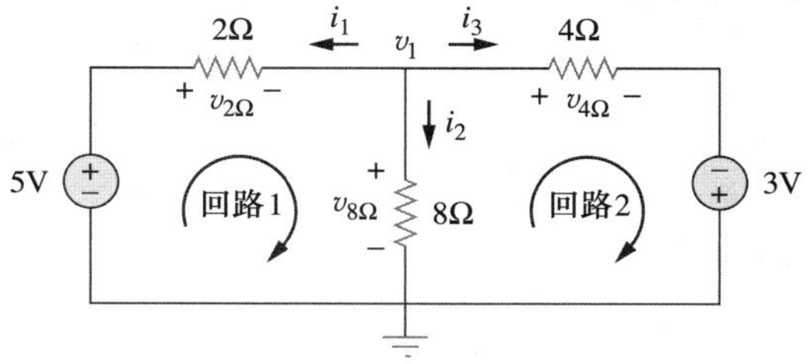

图 1-19 采用节点分析法求解的电路图

4. **尝试**寻求问题的解。首先写出求解 $i_{8\Omega}$ 所需的所有方程：

$$i_{8\Omega}=i_2, \quad i_2=\frac{v_1}{8}, \quad i_{8\Omega}=\frac{v_1}{8}$$

$$\frac{v_1-5}{2}+\frac{v_1-0}{8}+\frac{v_1+3}{4}=0$$

可以得到

$$8\times\left(\frac{v_1-5}{2}+\frac{v_1-0}{8}+\frac{v_1+3}{4}\right)=0$$

从而得到

$$(4v_1-20)+(v_1)+(2v_1+6)=0$$

$$7v_1=+14\text{V},\ v_1=+2\text{V},\ i_{8\Omega}=\frac{v_1}{8}=\frac{2}{8}=\mathbf{0.25(A)}$$

5. **评价**所得到的答案并检验其准确性。可以采用基尔霍夫定律(KVL)验证所得到的结果。

$$i_1=\frac{v_1-5}{2}=\frac{2-5}{2}=-\frac{3}{2}=-1.5(\text{A})$$

$$i_2=i_{8\Omega}=0.25\text{A}$$

$$i_3=\frac{v_1+3}{4}=\frac{2+3}{4}=\frac{5}{4}=1.25(\text{A})$$

$$i_1+i_2+i_3=\mathbf{-1.5+0.25+1.25=0}(\text{验证})$$

对于回路 1 应用 KVL,

$$\begin{aligned}-5+v_{2\Omega}+v_{8\Omega}&=-5+(-i_1\times 2)+(i_2\times 8)\\&=-5+[-(-1.5)\times 2]+(0.25\times 8)\\&=\mathbf{-5+3+2=0}(\text{验证})\end{aligned}$$

对于回路 2 应用 KVL,

$$\begin{aligned}-v_{8\Omega}+v_{4\Omega}-3&=-(i_2\times 8)+(i_3\times 4)-3\\&=-(0.25\times 8)+(1.25\times 4)-3\\&=\mathbf{-2+5-3=0}(\text{验证})\end{aligned}$$

至此,所得答案完全正确。

6. 对结果是否**满意**?如果满意,则提交该结果;否则,返回步骤 3 重新执行这一过程。该题解答正确,满意。

流经 8Ω 电阻的电流是 0.25A,自上而下流过该电阻。 ◀

习题

1.3 节

1 下列各电子数量分别表示多少库[仑]的电荷?

(a) 6.482×10^{17}

(b) 1.24×10^{18}

(c) 2.46×10^{19}

(d) 1.628×10^{20}

2 如果电荷量由如下函数确定,试求流过元件的电流。

(a) $q(t)=(3t+8)$ mC

(b) $q(t)=(8t^2+4t-2)$C

(c) $q(t)=(3e^{-t}-5e^{-2t})$nC

(d) $q(t)=10\sin(120\pi t)$ pC

(e) $q(t)=20e^{-4t}\cos(50t)$ μC

3 如果流过元件的电流由如下函数确定,试求流过元件的电荷量 $q(t)$。

(a) $i(t)=3$A,$q(0)=$IC

(b) $i(t)=(2t+5)$ mA,$q(0)=0$

(c) $i(t)=20\cos(10t+\pi/6)\mu$A,$q(0)=2\mu$C

(d) $i(t)=10e^{-30t}\sin 40t$A,$q(0)=0$

4 在 20s 的时间内,7.4A 的电流流经电导体,流经任一横截面的电荷量是多少?

5 如果电流 $i(t)=\frac{1}{2}t$A,计算在 $0\leqslant t\leqslant 10$s 期间传递的总电荷量。

6 流入某元件的电荷量如图 1-20 所示,计算以下各个时刻的电流。

(a) $t=1$ms (b) $t=6$ms

(c) $t=10$ms

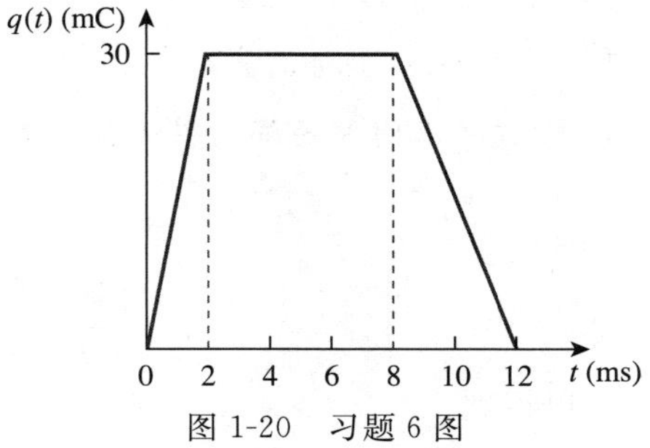

图 1-20 习题 6 图

7 流过一根导线的电荷量随时间变化的曲线如图 1-21 所示,画出相应的电流变化曲线。

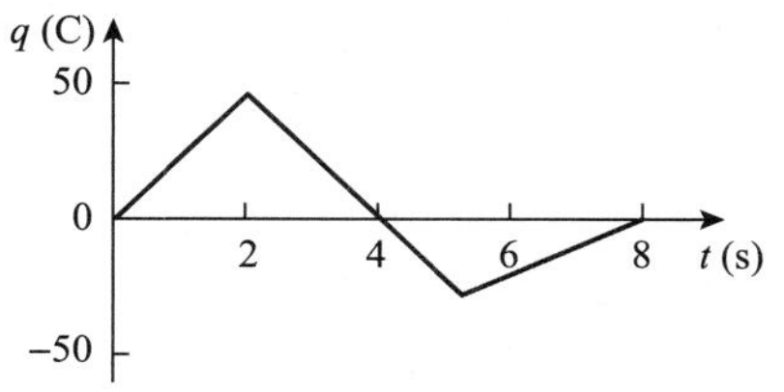

图 1-21　习题 7 图

8　流经器件中某一点的电流如图 1-22 所示，计算通过该点的总电荷量。

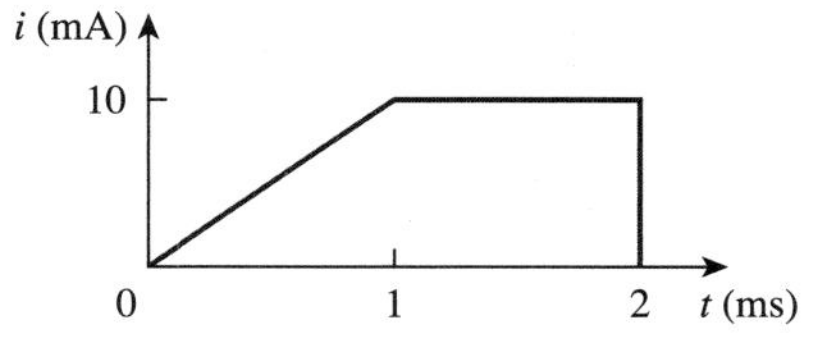

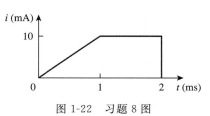

图 1-22　习题 8 图

9　流过某元件的电流如图 1-23 所示，计算下列各个时刻通过该元件的总电荷量。

(a) $t=1$s　(b) $t=3$s　(c) $t=5$s

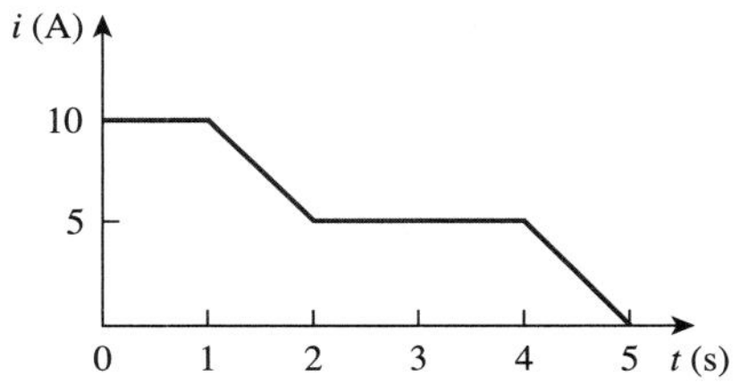

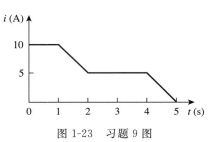

图 1-23　习题 9 图

1.4 节和 1.5 节

10　10kA 闪电击中物体的时间是 15μs，计算物体表面的总电荷量。

11　充电电池能够连续大约 12h 输出 90mA，计算以这样的速率所释放的电荷量为多少。如果其端电压为 1.5V，计算该电池输出的能量为多少。

12　如果流经某元件的电流为：

$$i(t)=\begin{cases}3t\text{A} & 0\leqslant t<6\text{s}\\ 18\text{A} & 6\leqslant t<10\text{s}\\ -12\text{A} & 10\leqslant t<15\text{s}\\ 0 & t\geqslant 15\text{s}\end{cases}$$

画出 $0<t<20$s 期间该元件中储存电荷的变化曲线。

13　从某元件正极流入的电荷为 $q=5\sin 4\pi t$ mC，且该元件两端的电压为 $v=3\cos 4\pi t$ V。

(a) 计算在 $t=0.3$s 时传递给该元件的功率。

(b) 计算在 0～0.6s 期间传递给该元件的能量。

14　如果某元件两端的电压 v 与流过该元件的电流 i 分别为：$v(t)=10\cos(2t)$ V，$i(t)=20(1-e^{-0.5t})$ mA。计算：

(a) $t=1$s，$q(0)=0$ 时，该元件中的总电荷量；

(b) $t=1$s 时，该元件消耗的功率。

15　流入某元件正极的电流为 $i(t)=6e^{-2t}$ mA，该元件两端的电压为 $v(t)=10\mathrm{d}i/\mathrm{d}t$ V。计算：

(a) 在 $t=0$ 到 $t=2$s 之间传递给该元件的电荷量；

(b) 该元件吸收的功率；

(c) 该元件在 $t=0$ 到 $t=3$s 之间吸收的能量。

1.6 节

16　图 1-24 给出了某元件的电流和电压波形。

(a) 画出 $t>0$s 时传递给该元件的功率曲线；

(b) 计算该元件在 $0<t<4$s 期间吸收的能量。

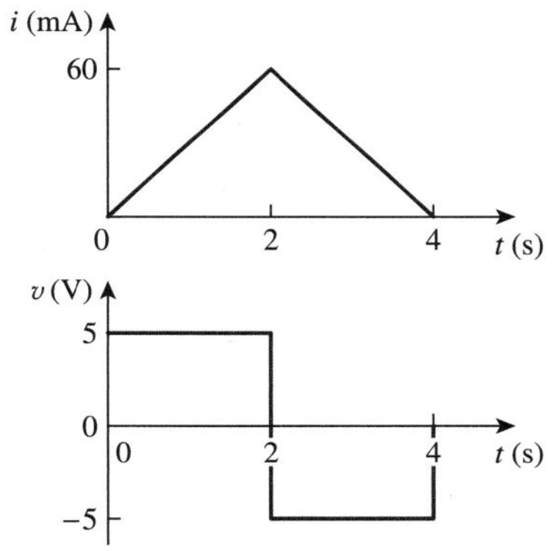

图 1-24　习题 16 图

17　图 1-25 给出一个由 5 个元件组成的电路，如果 $p_1=-205$W，$p_2=60$W，$p_4=45$W，$p_5=30$W，计算元件 3 所吸收的功率 p_3。

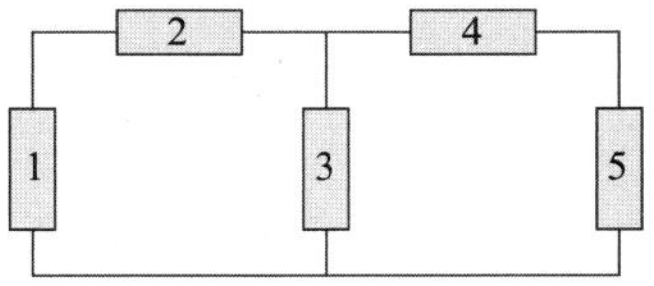

图 1-25　习题 17 图

18　计算图 1-26 中各个元件吸收的功率。

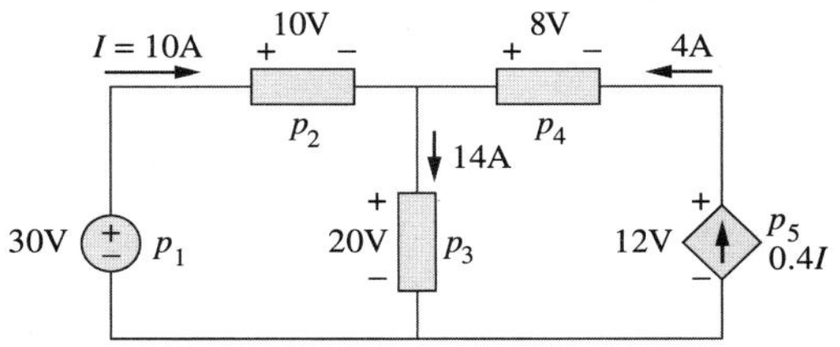

图 1-26　习题 18 图

19　计算图 1-27 所示电路网络中的 i 以及每个元件吸收的功率。

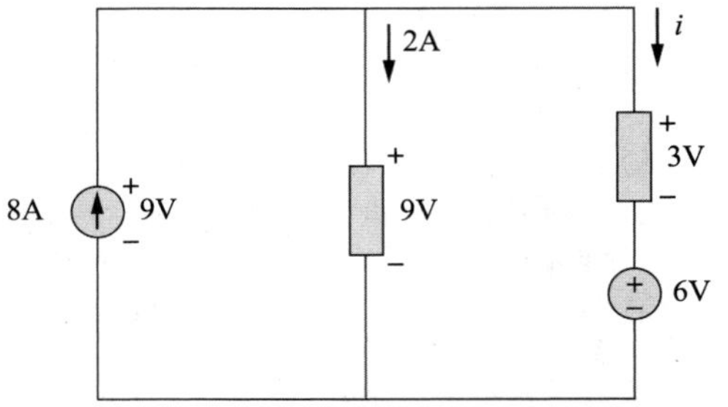

图 1-27　习题 19 图

20　计算图 1-28 中的 V_o 以及每个元件吸收的功率。

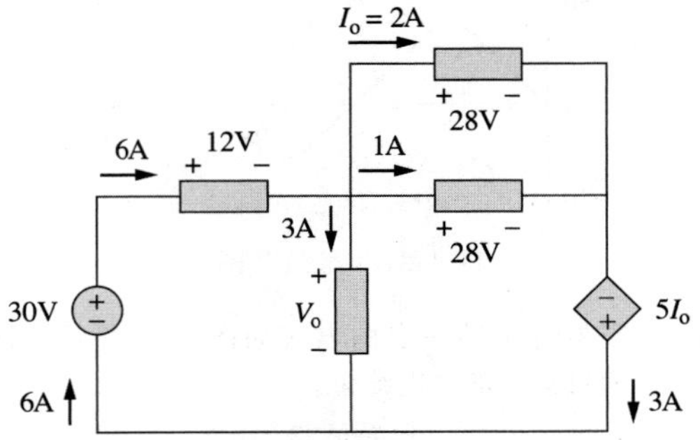

图 1-28　习题 20 图

第 2 章

基本定律

人们总是祈祷能够克服像山一样的困难，然而他们往往缺乏登攀的勇气。

——佚名

增强技能与拓展事业

ABET EC 2000 标准(3. b)，“设计和完成实验的能力，以及分析和解释实验数据的能力”

工程师既要能够设计实验、完成实验，又要能够分析数据、解释数据。绝大多数的高中生和大学生都要花时间做实验，并且需要分析实验数据和解释实验数据。笔者的建议是，今后在做实验的过程中，要花更多的时间分析和解释实验数据。这是什么意思呢？

在观察电压-电阻、电流-电阻或者功率-电阻曲线时，你真正看到的是什么？这样的曲线意义何在？与所学的理论一致吗？与期望的结果一样吗？如果不是，原因何在？显然，分析和解释实验数据必将提高分析问题和解决问题的能力。

然而，如果学生做的实验很少或根本不涉及实验的设计，如何才能提高学生的技能呢？

实际上，在这种情况下培养技能并没有想象中的那么困难，你所需要做的就是做实验并分析实验。将实验分解为最简单的组成部分，通过重新组合来尽量理解实验的设计思路，最终明白实验的设计者要教会你什么知识。虽然情况并非总是如此，但是在每个实验中，设计者都在试图教会你一些知识。

2.1 引言

第 1 章介绍了电路中的电流、电压和功率等基本概念，要确定这些量在给定电路中的具体数值，还需要掌握一些电路的基本定律，即欧姆定律和基尔霍夫定律，电路分析的方法和技术正是在这些基本定律的基础上建立起来的。

本章除介绍上述基本定律外，还将讨论电路分析与设计中常用的一些方法，包括电阻的串联、并联、分压、分流以及△电路与 Y 电路之间的互相变换等。本章将上述定律和方法的应用局限于电阻电路中。

2.2 欧姆定律

材料通常都具有阻止电荷流动的特性。这种物理性质，即阻碍电流的能力，称为电阻(resistance)，用符号 R 表示。均匀截面积为 A 的任何材料的电阻取决于截面积 A 及其长度 l，如图 2-1a 所示。电阻值的数学表示式为(实验室测量)：

$$R=\rho\frac{l}{A} \tag{2.1}$$

式中，ρ 称为电阻率(resistivity)，单位为欧·米(Ω·m)。良导体的电阻率小，如铜、铝；绝缘体的电阻率高，如云母、纸张。表 2-1 给出了某些

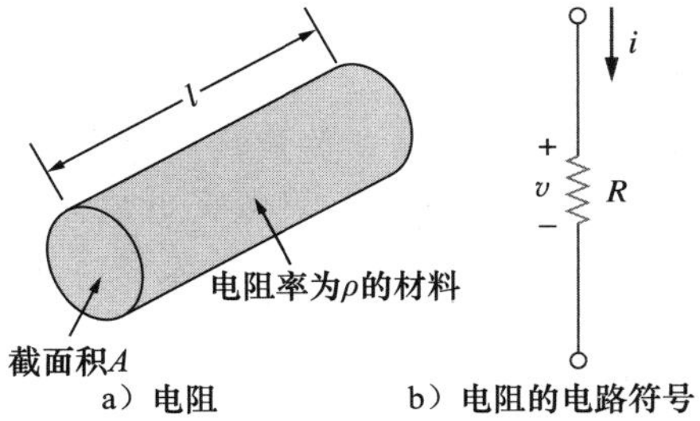

图 2-1　电阻及其电路符号

常见材料的电阻率 ρ，并标明了哪些材料是导体，哪些材料是绝缘体或半导体。

表 2-1 常见材料的电阻率

材料名称	电阻率(Ω·m)	用　途	材料名称	电阻率(Ω·m)	用　途
银	1.64×10^{-8}	导体	铜	1.72×10^{-8}	导体
铝	2.8×10^{-8}	导体	金	2.45×10^{-8}	导体
炭	4×10^{-2}	半导体	锗	47×10^{-2}	半导体
硅	6.4×10^{2}	半导体	纸张	10^{10}	绝缘体
云母	5×10^{11}	绝缘体	玻璃	10^{12}	绝缘体
聚四氟乙烯	3×10^{12}	绝缘体			

电路中对电流有抑制特性的元件称为*电阻*(resistor)。为了构造电路，电阻通常由合金和碳化合物制成，电阻的电路符号如图 2-1b 所示，图中 R 表示该电阻的电阻值。电阻是电路中最简单的无源元件。

德国物理学家格奥尔格·西蒙·欧姆(Georg Simon Ohm，1787—1854)因发现流过电阻的电流与电阻两端的电压之间的关系而闻名于世，该关系正是众所周知的欧姆定律(Ohm's law)。

欧姆定律：电阻两端的电压 v 与流过该电阻的电流 i 成正比。

也就是说

$$v\propto i \tag{2.2}$$

欧姆将这个比例常数定义为电阻 R(电阻是材料的一个属性，当元件的内部或外部条件改变时，例如温度发生变化，电阻值也会改变)。于是，式(2.2)可以写为：

$$\boxed{v=iR} \tag{2.3}$$

式(2.3)为欧姆定律的数学表达式，式中 R 的单位是欧姆，记作 Ω。

元件的电阻 R 表示其阻碍电流流过的能力，单位是欧姆(Ω)。

由式(2.3)可得

$$R=\frac{v}{i} \tag{2.4}$$

则

$$1\Omega=1\mathrm{V/A}$$

应用式(2.3)的欧姆定律时，必须注意电流的方向和电压的极性。电流 i 的方向与电压 v 的极性必须符合关联参考方向，如图 2-1b 所示。当 $v=iR$ 时，电流从高电位流向低电位。反之，当 $v=-iR$ 时，电流从低电位流向高电位。

历史珍闻

格奥尔格·西蒙·欧姆(Georg Simon Ohm，1787—1854)，德国物理学家，于 1826 年通过实验确定了描述电阻的电压和电流关系的基本定律——欧姆定律。欧姆的这项工作最初曾被某些反对者所否定。

(图片来源：SSPL via Getty Images)

欧姆出生于巴伐利亚州埃尔兰根的一个贫苦家庭，他一生致力于电学研究，发现了著名的欧姆定律。1841 年，伦敦皇家学院授予他科普利勋章(Copley Medal)。1849 年，慕尼黑大学授予他物理学首席教授职位。后人为了纪念他将电阻的单位命名为欧姆。

由于电阻值 R 可以从零变到无穷大，所以考虑两种极端情况下的电阻值 R 就很重要。$R=0$ 的电路称为*短路电路*(short circuit)，如图 2-2a 所示。在短路电路中，

$$v=iR=0 \tag{2.5}$$

表明电压为零，电流可以取任意值。在实际电路中，由良导体构成的导线通常为短路电路。

短路电路是电阻为零时的电路。

类似地，电阻值 $R=\infty$ 的电路称为*开路电路*(open circuit)，如图 2-2b 所示。对于开路电路而言，

$$i=\lim_{R\to\infty}\frac{v}{R}=0 \tag{2.6}$$

表明虽然两端的电压可以是任意值，但其电流为零。

开路电路是电阻值趋于无穷大时的电路。

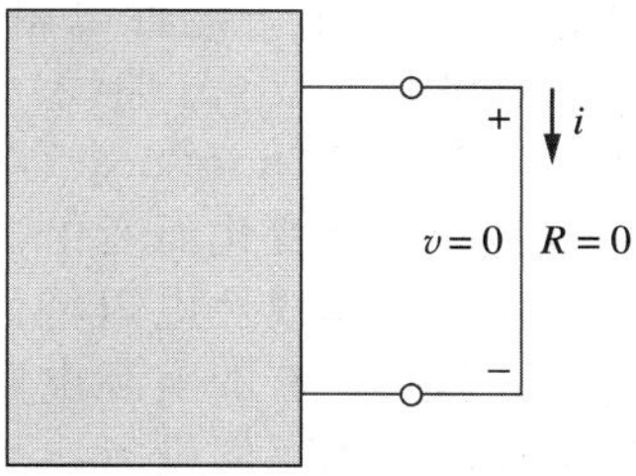

a）短路电路（R=0）

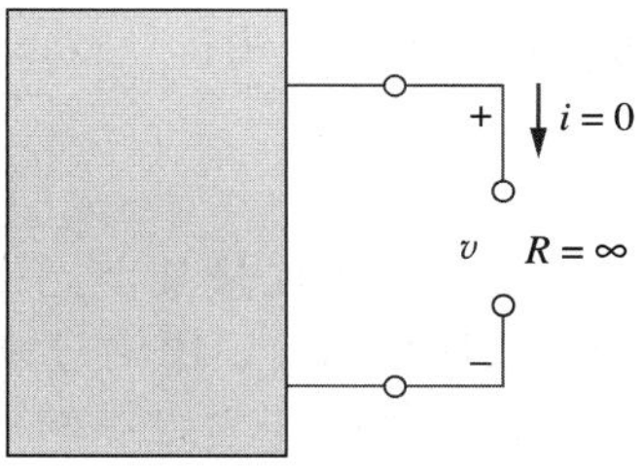

b）开路电路（R=∞）

图 2-2 短路电路与开路电路

电阻既可以是固定的，也可以是可变的。大多数电阻为固定的，其阻值保持恒定(常数)。两种常见的固定电阻(绕线电阻与复合电阻)如图 2-3 所示。当需要较大阻值时，可以采用复合电阻。固定电阻的电路符号如图 2-1b 所示。可变电阻的电阻值是可以调整的，其电路符号如图 2-4a 所示。常用的可变电阻称为*电位器*(potentiometer)，其电路符号如图 2-4b 所示。电位器是一种三端元件，其中一端为滑动抽头或滑片。移动滑动抽头(或滑片)时，滑动端与两个固定端之间的电阻值随之改变。与固定电阻一样，可变电阻器既可以是线绕的(如滑动电位器)，也可以是复合的(如合成可变电阻)，如图 2-5 所示。虽然在电路设计中可以采用图 2-3 与图 2-5 所示的电阻，但是，包括电阻器在内的大多数现代电路元件通常是贴片的或集成的，如图 2-6 所示。

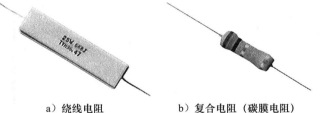

a）绕线电阻

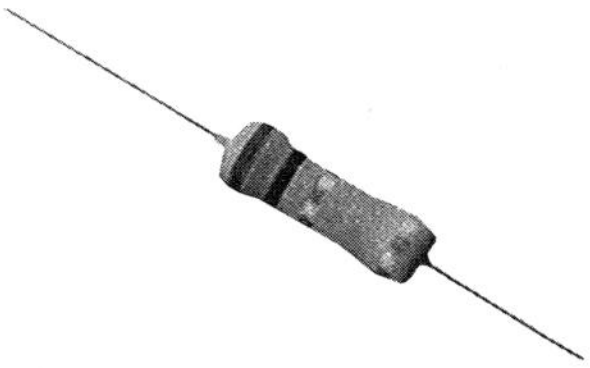

b）复合电阻（碳膜电阻）

图 2-3 固定电阻
（图片来源：Mark Dierker/McGraw-Hill Education）

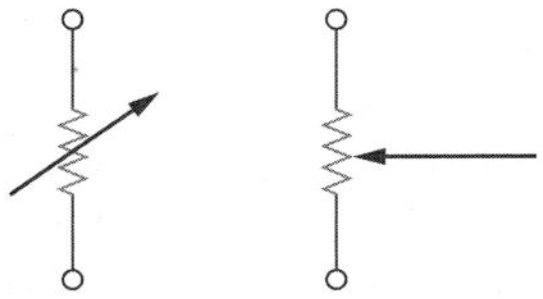

a）一般可变电阻　b）电位器

图 2-4 可变电阻的电路符号

a）合成可变电阻

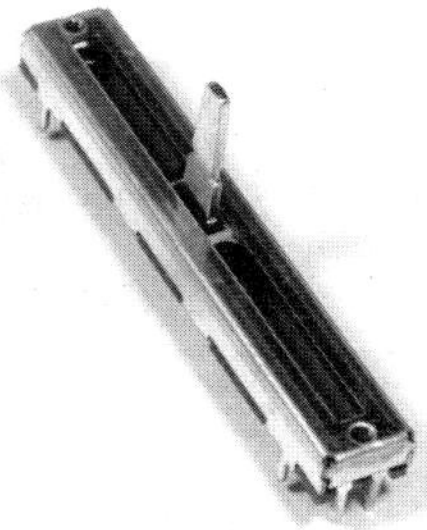

b）滑动电位器

图 2-5 可变电阻器
（图片来源：Mark Dierker/McGraw-Hill Education）

图 2-6 集成电路板上的电阻
（图片来源：Eric Tormey/Alamy）

应该指出的是，并非所有的电阻器都遵守欧姆定律。遵守欧姆定律的电阻元件称为线性(linear)电阻，线性电阻具有恒定的阻值，因此，其电流-电压特性曲线($i-v$ 曲线)是一条通过原点的直线，如图 2-7a 所示。非线性(nonlinear)电阻不遵守欧姆定律，其阻值随着流过它的电流变化而变化，其典型的 $i-v$ 特性曲线如图 2-7b 所示。具有非线性电阻特性的电路元件包括照明灯泡和二极管等。虽然所有的实际电阻在某些条件下都可能表现出非线性特征，但本书假设所涉及的电阻元件均为线性电阻。

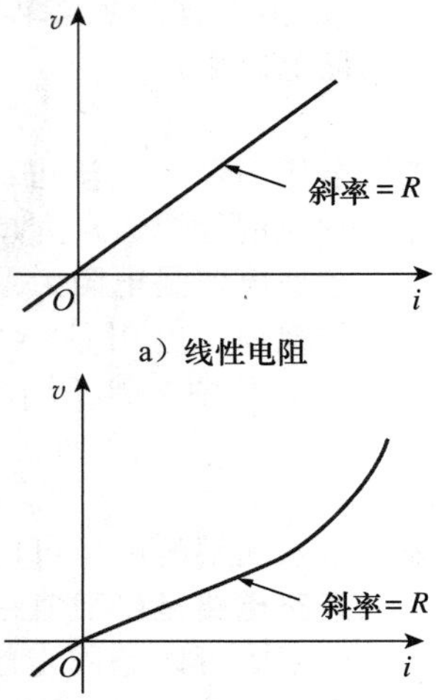

a）线性电阻

b）非线性电阻

图 2-7 电流-电压特性曲线

电路分析中另一个有用的量是电阻 R 的倒数，称为电导(conductance)，用符号 G 表示：

$$\boxed{G=\frac{1}{R}=\frac{i}{v}} \tag{2.7}$$

电导用来度量某个元件传导电流的强弱程度，电导的单位是姆欧(mho)，用倒过来的欧姆符号(℧)表示。虽然工程师常使用姆欧作为电导的单位，但本书采用国际单位制中电导的单位西门子(S)，

$$1\mathrm{S}=1\,℧=1\mathrm{A/V} \tag{2.8}$$

电导是元件传导电流的能力，其单位是西门子或姆欧。

可以用欧姆或西门子为单位来表示同一个电阻值，例如，10Ω 就等于 0.1S。由式(2.7)可得

$$i=Gv \tag{2.9}$$

电阻所消耗的功率可以用电阻 R 来表示，由式(1.7)与式(2.3)可得

$$p=vi=i^2R=\frac{v^2}{R} \tag{2.10}$$

同样，电阻消耗的功率也可以用电导 G 来表示：

$$p=vi=v^2G=\frac{i^2}{G} \tag{2.11}$$

由式(2.10)与式(2.11)可得到如下两个结论。

1. 电阻上消耗的功率既是电流的非线性函数，又是电压的非线性函数。

2. 因为 R 和 G 都是正值，所以电阻消耗的功率总是正的。因此，电阻总是消耗来自电路的功率，这也证实了电阻是无源元件，不可能产生能量。

例 2-1 一个电熨斗接 120V 电源时产生的电流为 2A，求该熨斗的阻值。

解：由欧姆定律可得

$$R=\frac{v}{i}=\frac{120}{2}=60(\Omega)$$

◀

练习 2-1 烤面包机的基本部件是一种将电能转换为热能的电阻元件，试求阻值为 15Ω 的烤面包机接 110V 电源时产生的电流是多少？ **答案**：7.333A。

例 2-2 电路如图 2-8 所示，试计算电流 i、电导 G 和功率 p。

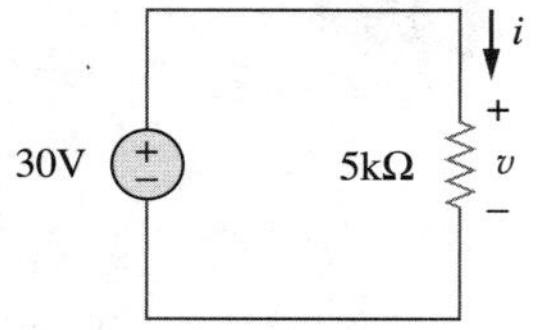

图 2-8 例 2-2 图

解：因为电阻两端接在电压源上，所以电阻两端的电压等于电压源的电压(30V)。因此，电流为

$$i=\frac{v}{R}=\frac{30}{5\times10^3}=6(\mathrm{mA})$$

电导为

$$G=\frac{1}{R}=\frac{1}{5\times10^{3}}=0.2(\mathrm{mS})$$

利用式(1.7)、式(2.10)或式(2.11)可以得到计算功率的几种不同方法：

$$p=vi=30\times(6\times10^{-3})=180(\mathrm{mW})$$

或

$$p=i^{2}R=(6\times10^{-3})^{2}\times5\times10^{3}=180(\mathrm{mW})$$

或

$$p=v^{2}G=30^{2}\times0.2\times10^{-3}=180(\mathrm{mW})$$ ◀

练习 2-2 电路如图 2-9 所示，试计算电压 v、电导 G 和功率 p。

答案： 30V，100μS，90mW。

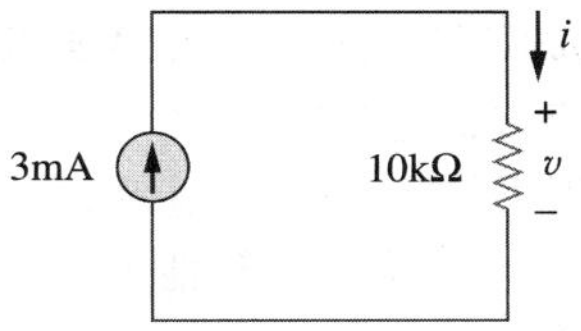

图 2-9 练习 2-2 图

例 2-3 电压为 $20\sin\pi t$ V 的电压源连接到一个 5kΩ 的电阻上，试求流经该电阻的电流及其消耗的功率。

解：

$$i=\frac{v}{R}=\frac{20\sin\pi t}{5\times10^{3}}=4\sin\pi t(\mathrm{mA})$$

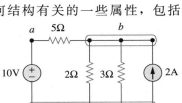

所以

$$p=vi=80\sin^{2}\pi t(\mathrm{mW})$$ ◀

练习 2-3 某电阻连接在电压源 $v=15\cos t$ V 两端，消耗的瞬时功率为 $30\cos^{2}t$ mW。求 i 与 R。

答案： $2\cos t$ mA，7.5kΩ。

†2.3 节点、支路与回路

由于电路中各元件可以用不同的方式相互连接，所以有必要理解关于网络拓扑的一些基本概念。为了区分电路与网络，可以将网络看成若干元件或器件的相互连接，而电路则是指具有一条或者多条闭合路径的网络。在讨论网络拓扑问题时，习惯采用的术语通常是网络，而不是电路。即使网络和电路指的是同一事物，本书也采用习惯方式来叙述。在网络拓扑中，我们将研究与网络中元件位置以及网络的几何结构有关的一些属性，包括节点、支路和回路等。

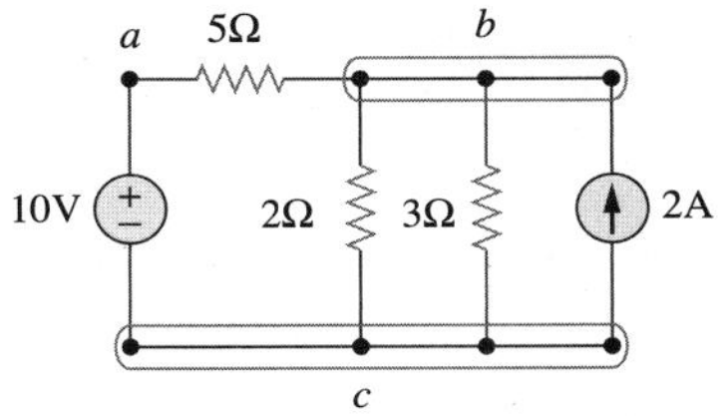

图 2-10 节点、支路与回路

支路表示网络中的单个元件，例如电压源、电阻等。

换言之，一条支路表示任意一个二端元件。图 2-10 所示的电路中包含 5 条支路，即 10V 电压源、2A 电流源以及三个电阻。

节点是指两条或多条支路的连接点。

电路中的节点通常用圆点来表示。如果用一根导线来连接两个节点，则这两个节点合并为一个节点，图 2-10 所示电路中包括 a、b、c 三个节点，图中构成节点 b 的三个点由理想导线连接在一起，从而成为一个点。同理，节点 c 是由四个点合并而成的。可以将仅包含三个节点的图 2-10 所示电路改画为图 2-11 所示电路，显然图 2-10 与图 2-11 中的两个电路是等效的。为了清楚起见，图 2-10 将节点 b 和节点 c 通过理想导线（导体）分散连接起来。

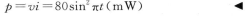

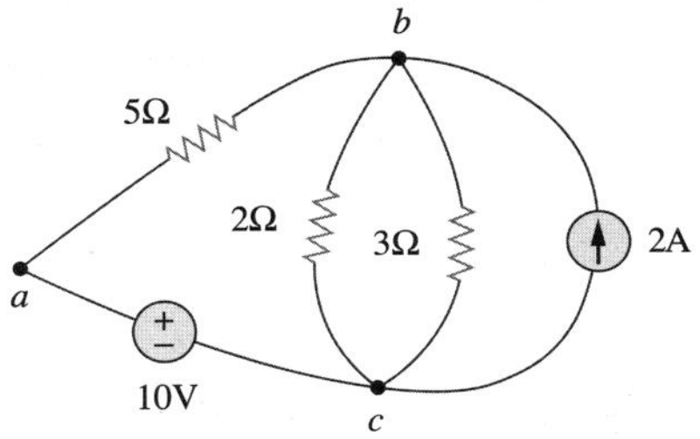

图 2-11 图 2-10 的三节点电路

回路是指电路中的任一闭合路径。

在电路中从一个节点出发，无重复地经过一组节点，之后再回到起始节点，所构成的一条闭合路径就称为回路。如果一个回路至少包含一条不属于其他任何闭合路径的支路，则称该回路为独立(independent)回路。由独立回路可以得到独立的方程组。

对于一组回路而言，如果其中一个回路不包含属于其他任何独立回路的支路，则可以构成一组独立回路。在图 2-11 中，第一个独立回路是包括 2Ω 电阻支路的封闭路径 $abca$，第二个独立回路是包含 3Ω 电阻和电流源的闭合路径，第三个独立回路是由 2Ω 电阻和 3Ω 电阻并联组成的闭合路径。这样就构成了一组独立回路。

包括 b 条支路、n 个节点和 l 个独立回路的网络满足如下网络拓扑的基本定理：

$$\boxed{b=l+n-1} \tag{2.12}$$

如下两个定义表明，电路拓扑对于研究电路中的电压和电流至关重要。

如果两个或多个元件共享唯一的一个节点，并传递同一电流，则称这种连接方式为串联。

如果两个或多个元件连接到相同的两个节点上，并且它们的两端是同一电压，则称这种连接方式为并联。

当不同元件顺序连接或者首尾相连时，它们就是串联的。例如，如果两个元件共享同一个节点，且没有其他元件连接到该节点上，则称这两个元件是串联的。连接到同一对端点上的元件是并联的。元件在电路中的连接可以既不串联也不并联。在图 2-10 所示的电路中，电压源和 5Ω 的电阻是串联的，因为流过它们的电流是同一电流；2Ω 电阻、3Ω 电阻和电流源是并联的，因为它们都连接到相同的两个节点 b 和 c 上，从而具有相同的端电压；而 5Ω 电阻和 2Ω 电阻既不串联也不并联。

例 2-4 确定图 2-12 所示电路中的支路数和节点数，并指出哪些元件是串联的，哪些元件是并联的。

解： 由于电路中包括四个元件，所以该电路有四条支路——10V 电压源支路、5Ω 电阻支路、6Ω 电阻支路和 2A 电流源支路。电路中包含三个节点，如图 2-13 所示。5Ω 电阻与 10V 电压源串联，因为流过它们的电流相同；6Ω 电阻与 2A 电流源并联，因为它们均与节点 2 和节点 3 相连。

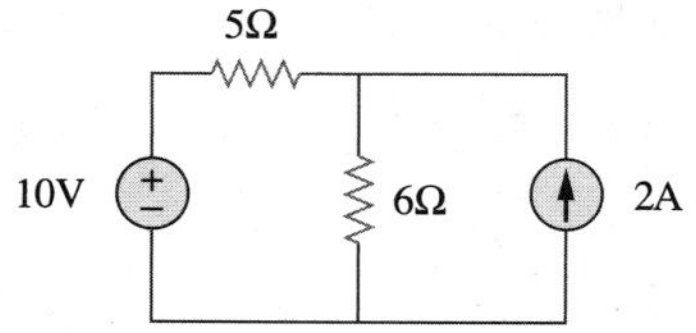

图 2-12　例 2-4 图

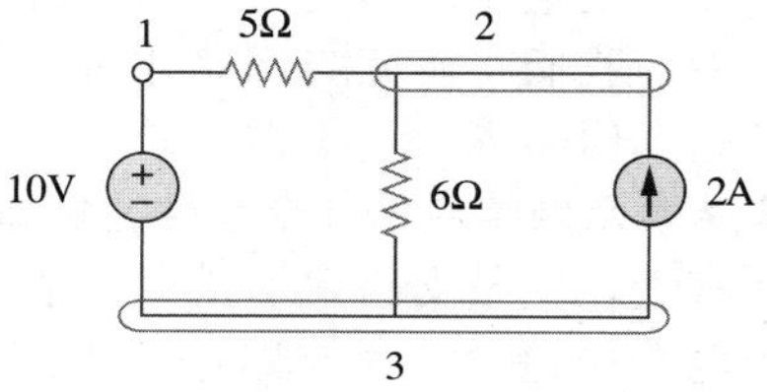

图 2-13　图 2-12 中的三个节点 ◀

练习 2-4　图 2-14 所示电路中有多少条支路，多少个节点？确定串联和并联的元件。

答案： 如图 2-15 所示，电路包含 5 条支路和 3 个节点，1Ω 电阻和 2Ω 电阻是并联的，4Ω 电阻与 10V 电压源也是并联的。

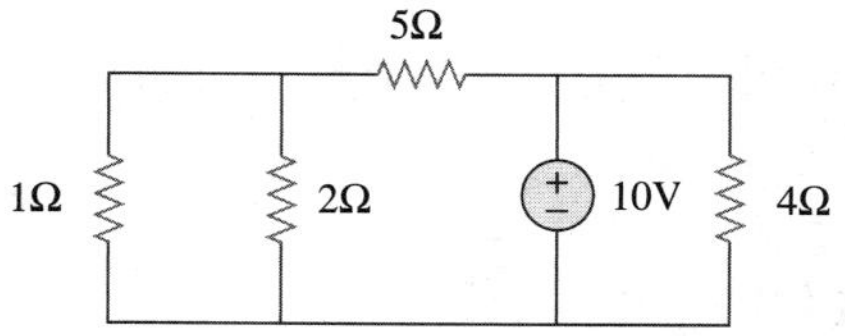

图 2-14　练习 2-4 图

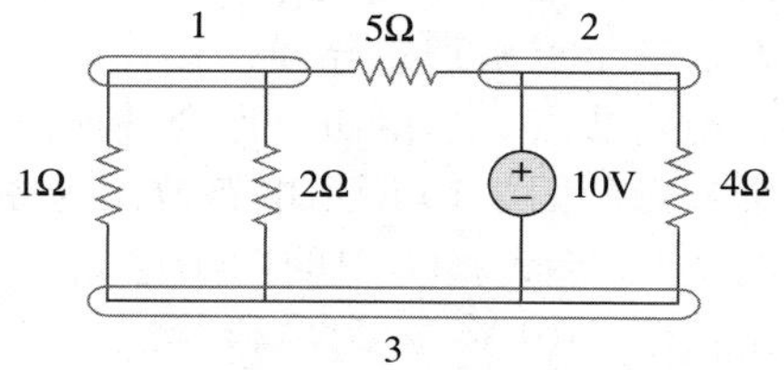

图 2-15　练习 2-4 的解答

2.4 基尔霍夫定律

分析电路时，只有欧姆定律还不够。将欧姆定律与基尔霍夫定律结合起来，就构成了分析各类电路的一组强有力的工具。基尔霍夫定律最初是由德国物理学家基尔霍夫(Kirchhoff，1824—1887)于1847年提出的，包括基尔霍夫电流定律(Kirchhoff's current law，KCL)和基尔霍夫电压定律(Kirchhoff's voltage law，KVL)。

基尔霍夫电流定律基于电荷守恒定律，即一个系统中电荷的代数和是不变的。

基尔霍夫电流定律(KCL)是指流入任一节点(或任一闭合界面)的电流代数和为零。

KCL 的数学表达式为

$$\boxed{\sum_{n=1}^{N} i_n = 0} \tag{2.13}$$

式中，N 为与该节点相连的支路数，i_n 为流入(或流出)该节点的第 n 条支路的电流。根据这一定律，可以认为流入节点的电流是正值，而流出节点的电流是负值，反之亦然。

历史珍闻

基尔霍夫(Kirchhoff，1824—1887)，德国物理学家，于1847年提出了电路网络中电压与电流关系的两个基本定律。基尔霍夫定律和欧姆定律共同构成了电路分析理论的基础。

基尔霍夫出生在东普鲁士柯尼斯堡的一个律师家庭，18岁时就进入柯尼斯堡大学读书，毕业后在柏林担任讲师。他与德国化学家罗伯特·本生(Robert Bunsen)合作从事光谱学方面的研究，于1860年发现了铯元素，于1861年发现了铷元素。基尔霍夫辐射定律也使他享誉世界。基尔霍夫在工程界、化学界和物理界都是著名人物。

(图片来源：Pixtal/age Fotostock RF)

为了证明 KCL，假定有一组电流 $i_k(t)(k=1, 2, \cdots)$ 流入某节点。这些电流在该节点处的代数和为

$$i_T(t)=i_1(t)+i_2(t)+i_3(t)+\cdots+i_k(t) \tag{2.14}$$

对式(2.14)两边取积分，得到

$$q_T(t)=q_1(t)+q_2(t)+q_3(t)+\cdots+q_k(t) \tag{2.15}$$

式中，$q_k(t)=\int i_k(t)\mathrm{d}t$，$q_T(t)=\int i_T(t)\mathrm{d}t$。但是电荷守恒定律要求该节点处电荷的代数和不能发生任何变化，即该节点存储的净电荷为零。因此，$q_T(t)=0 \rightarrow i_T(t)=0$，从而证明了 KCL 的正确性。

考虑图 2-16 中的节点，应用 KCL 定律可得

$$i_1+(-i_2)+i_3+i_4+(-i_5)=0 \tag{2.16}$$

这是因为 i_1、i_3、i_4 是流入该节点的电流，而 i_2、i_5 是流出该节点的电流，移项整理后得到

$$i_1+i_3+i_4=i_2+i_5 \tag{2.17}$$

式(2.17)可以看作 KCL 的另一种形式，即

流入节点的电流之和等于流出该节点的电流之和。

注意，KCL 也适用于任一闭合界面的情况，即 KCL 的一般情况，因为节点可以看作一个闭合面收缩后的一个点。在二维空间中，闭合界面就是一条闭合路径。正如图 2-17

所示的典型电路，流入图中闭合界面的总电流等于流出该界面的总电流。

KCL 的一个简单应用是并联电流源的合并，合并后的等效电流即各独立电流源所提供电流的代数和。如图 2-18a 所示的电流源可以合并为图 2-18b 所示的电流源。在节点 a 处应用 KCL 可以得到合并后的等效电流：

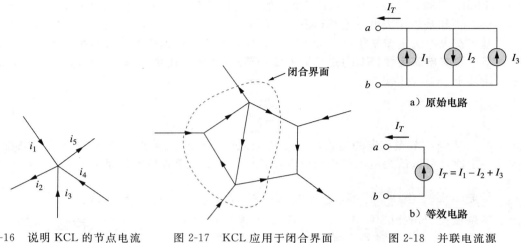

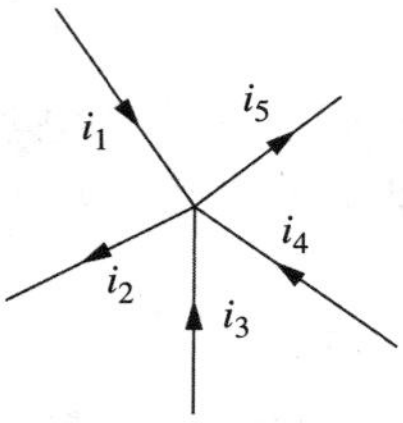

图 2-16 说明 KCL 的节点电流

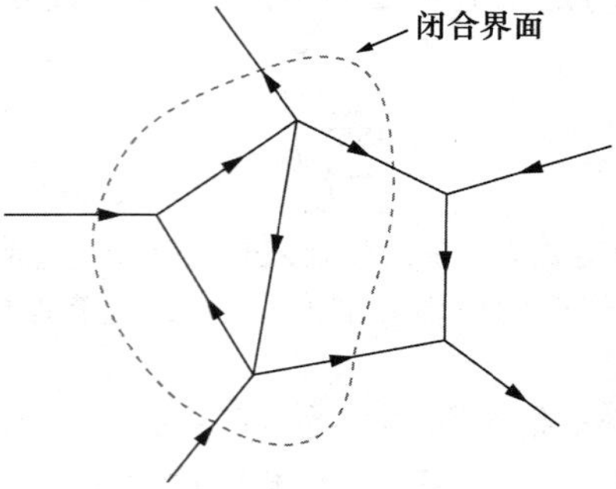

图 2-17 KCL 应用于闭合界面

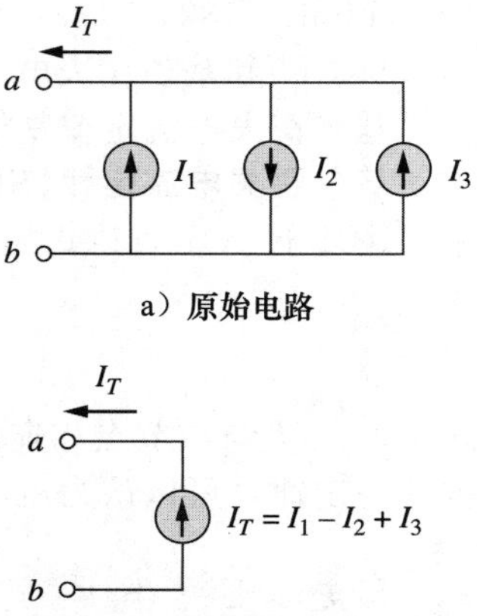

b）等效电路

图 2-18 并联电流源

$$I_T + I_2 = I_1 + I_3$$

或者

$$I_T = I_1 - I_2 + I_3 \tag{2.18}$$

串联电路中不可能包含两个不同的电流 I_1 和 I_2，除非 $I_1 = I_2$，否则就会违背基尔霍夫电流定律。

提示： 两个电源（或者两个电路）在端口处具有相同的伏安关系，则称它们是等效的。

基尔霍夫电压定律是基于能量守恒原理得到的。

基尔霍夫电压定律（KVL）是指任何闭合路径（或回路）上全部电压的代数和为零。

KVL 的数学表达式为

$$\boxed{\sum_{m=1}^{M} v_m = 0} \tag{2.19}$$

式中，M 为回路中的电压数量（或回路中的支路数），v_m 为第 m 个电压。

下面利用图 2-19 所示的电路来说明 KVL。各电压的正负符号是环绕回路时首先遇到的该电压端点的极性。环绕回路可以从任何一条支路开始，环绕的方向可以是顺时针，也可以是逆时针。假定从电压源开始，以顺时针方向环绕回路，那么电压依次是 $-v_1$、$+v_2$、$+v_3$、$-v_4$、$+v_5$。例如，以顺时针方向环绕到支路 3 时，首先遇到的是 v_3 的正极，所以得到电压 v_3 为正；而对于支路 4，首先遇到的是 v_4 的负极，所以得到电压 v_4 为负。因此，根据 KVL 得到

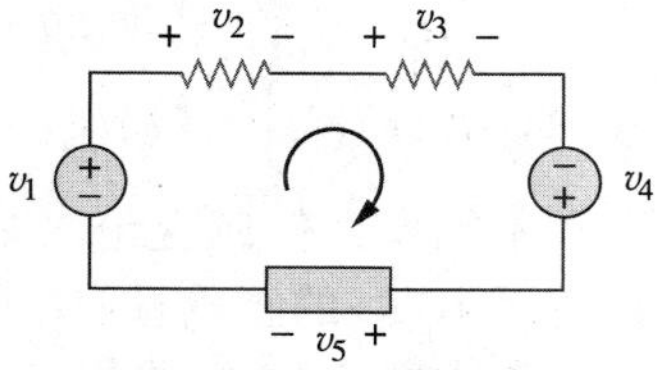

图 2-19 用于说明 KVL 的单回路电路

$$-v_1 + v_2 + v_3 - v_4 + v_5 = 0 \tag{2.20}$$

整理后得到

$$v_2 + v_3 + v_5 = v_1 + v_4 \tag{2.21}$$

式(2.21)可以解释为

$$电压降之和=电压升之和 \tag{2.22}$$

KVL 还有另一种形式。如果按逆时针方向环绕回路，则会得到 $+v_1$、$-v_5$、$+v_4$、$-v_3$、$-v_2$，除电压符号相反外，其他都与顺时针方向环绕的情况相同。因此，式(2.20)与式(2.21)是相同的。

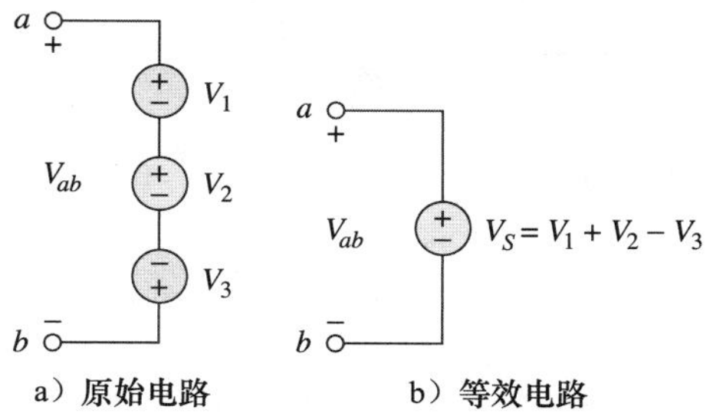

a）原始电路　　b）等效电路

图 2-20　串联电压源

当电压源串联时，可以用 KVL 求出总电压，总电压等于各个电压源的代数和。例如，对于图 2-20a 所示的电压源，利用 KVL 可以得到如图 2-20b 所示的等效电压源。

$$-V_{ab}+V_1+V_2-V_3=0$$

即

$$V_{ab}=V_1+V_2-V_3 \tag{2.23}$$

为了避免违背 KVL 定律，电路中不可能并联两个不同的电压 V_1 和 V_2，除非 $V_1=V_2$。

提示： 在回路中，KVL 有两种应用方式，顺时针方向或逆时针方向。无论沿哪种方向环绕，回路中电压的代数和均为零。

例 2-5 如图 2-21a 所示的电路，试求电压 v_1 和 v_2。

解： 为了求出 v_1 和 v_2，需应用欧姆定律和基尔霍夫电压定律。假定回路中电流 i 方向如图 2-21b 所示。

由欧姆定律可得

$$v_1=2i,\quad v_2=-3i \tag{2.5.1}$$

在回路中应用 KVL 定律可得

$$-20+v_1-v_2=0 \tag{2.5.2}$$

将式(2.5.1)代入式(2.5.2)得到

$$-20+2i+3i=0 \quad 或 \quad 5i=20 \quad \Rightarrow \quad i=4\text{A}$$

最后，将电流 i 代入式(2.5.1)得到

$$v_1=8\text{V},\qquad v_2=-12\text{V}$$ ◀

练习 2-5 求图 2-22 所示电路中的 v_1 和 v_2。 **答案：** 16V，−8V。

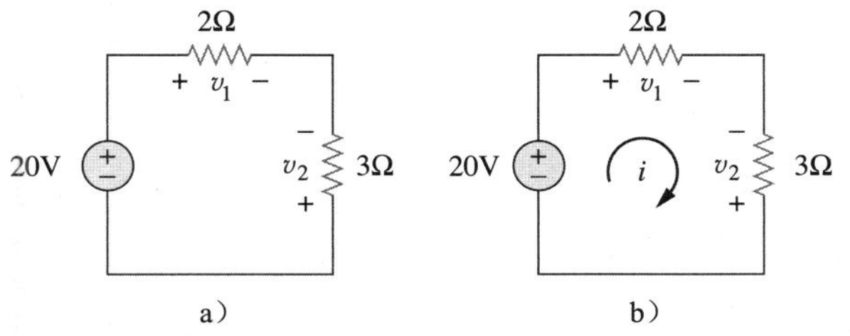

图 2-21　例 2-5 图

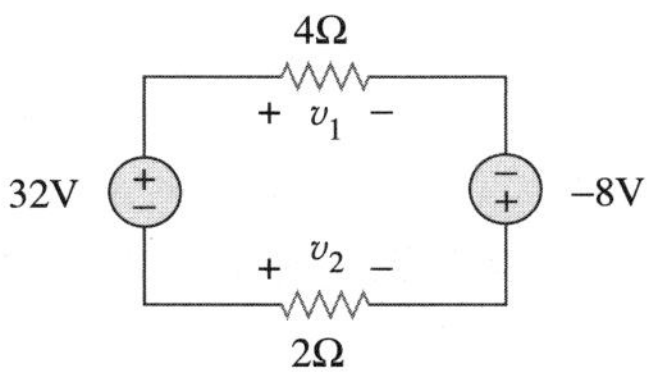

图 2-22　练习 2-5 图

例 2-6 计算图 2-23a 所示电路中的 v_o 与 i。

解： 按照图 2-23b 中所示的方向应用 KVL 定律，得到

$$-12+4i+2v_o-4+6i=0 \tag{2.6.1}$$

对 6Ω 电阻应用欧姆定律可得

$$v_o=-6i \tag{2.6.2}$$

将式(2.6.2)代入式(2.6.1)得到

$$-16+10i-12i=0 \quad \Rightarrow \quad i=-8\text{A}$$

因此，$v_o=48\text{V}$。 ◀

练习 2-6　求图 2-24 所示电路中的 v_x 与 v_o。　**答案**：20V，－10V。

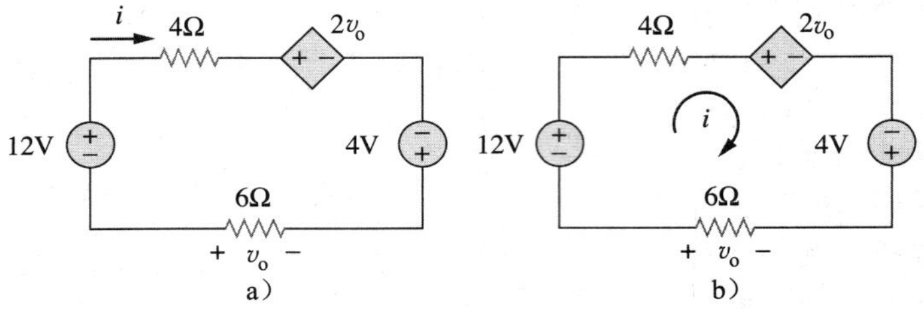

图 2-23　例 2-6 图

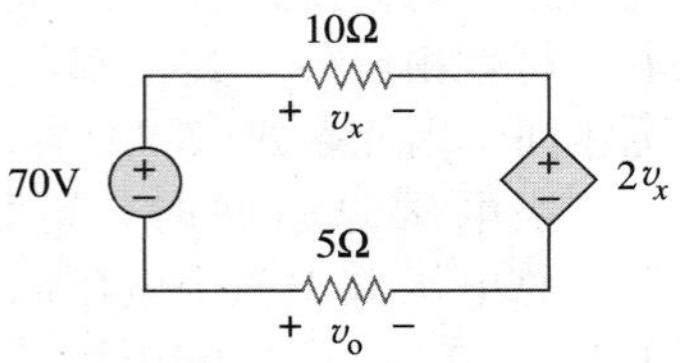

图 2-24　练习 2-6 图

例 2-7　求图 2-25 所示电路中的电流 i_o 与电压 v_o。

解：在节点 a 处应用 KCL 定律，得到

$$3+0.5i_o=i_o \quad \Rightarrow \quad i_o=6\text{A}$$

对于 4Ω 电阻，根据欧姆定律可得

$$v_o=4i_o=24\text{V}$$

◀

练习 2-7　求图 2-26 所示电路中的 v_o 与 i_o。　**答案**：12V，6A。

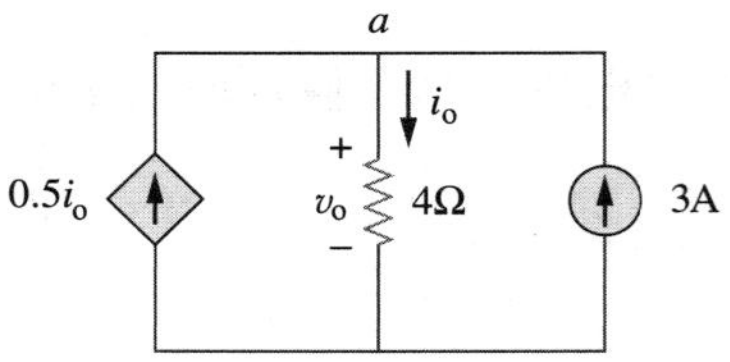

图 2-25　例 2-7 图

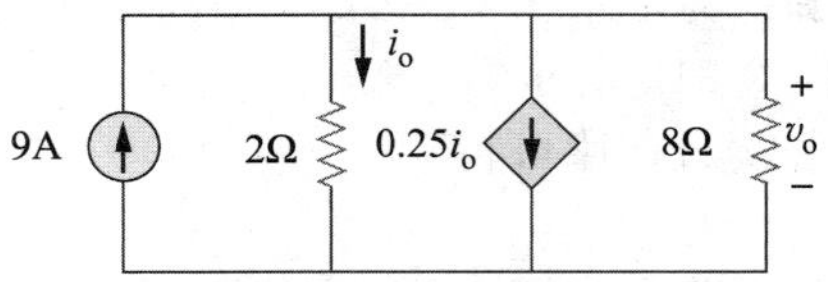

图 2-26　练习 2-7 图

例 2-8　求图 2-27a 所示电路中的各个电流与电压。

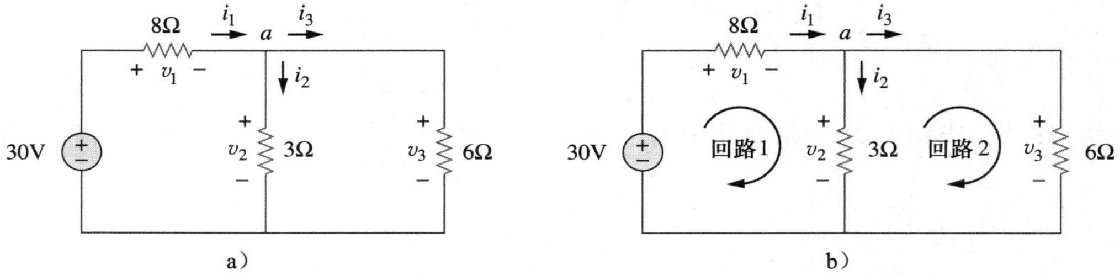

图 2-27　例 2-8 图

解：利用欧姆定律和基尔霍夫定律求解。由欧姆定律可得

$$v_1=8i_1,\quad v_2=3i_2,\quad v_3=6i_3 \tag{2.8.1}$$

根据欧姆定律，各电阻的电压与电流具有上述确定的伏安关系，因此，需要求出的是(v_1，v_2，v_3)或(i_1，i_2，i_3)。在节点 a 处，利用 KCL 可以得到

$$i_1-i_2-i_3=0 \tag{2.8.2}$$

对如图 2-27b 所示的回路 1 用 KVL 得到

$$-30+v_1+v_2=0$$

利用式(2.8.1)中的 i_1、i_2 表示上式中的 v_1 和 v_2，得到

$$-30+8i_1+3i_2=0$$

即

$$i_1=\frac{(30-3i_2)}{8} \tag{2.8.3}$$

对回路 2 应用 KVL 定律得到

$$-v_2+v_3=0 \quad \Rightarrow \quad v_3=v_2 \tag{2.8.4}$$

这正说明两个并联电阻两端的电压是相等的。利用式(2.8.1)中的 i_2 与 i_3 来分别表示 v_2 和 v_3，则式(2.8.4)变为

$$6i_3=3i_2 \quad \Rightarrow \quad i_3=\frac{i_2}{2} \tag{2.8.5}$$

将式(2.8.3)与式(2.8.5)代入式(2.8.2)，得到

$$\frac{30-3i_2}{8}-i_2-\frac{i_2}{2}=0$$

即 $i_2=2\text{A}$。由 i_2 的值，根据式(2.8.1)～式(2.8.5)可得 $i_1=3\text{A}$，$i_3=1\text{A}$，$v_1=24\text{V}$，$v_2=6\text{V}$，$v_3=6\text{V}$。◀

练习 2-8　求图 2-28 所示电路中的各个电流与电压值。

答案：$v_1=6\text{V}$，$v_2=4\text{V}$，$v_3=10\text{V}$，$i_1=3\text{A}$，$i_2=500\text{mA}$，$i_3=2.5\text{A}$。

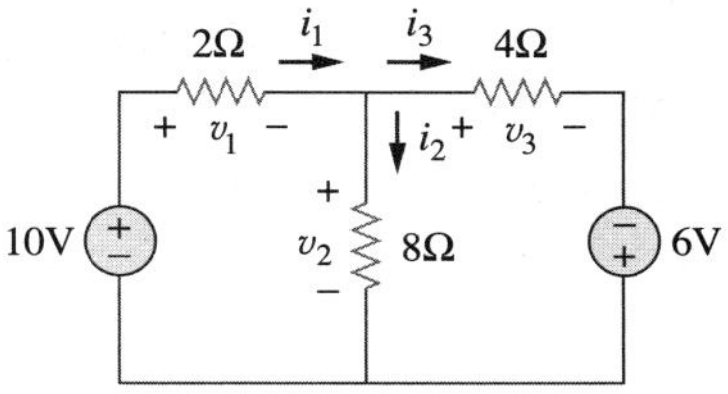

图 2-28　练习 2-8 图

2.5　串联电阻及其分压

在电路分析中串联电阻或并联电阻的合并问题经常出现，需引起足够的重视。一次合并其中的两个电阻就可以方便地实现多个串、并联电阻的合并。据此，考虑图 2-29 所示的单回路电路。图中两个电阻是串联的，因为流过这两个电阻的电流是同一电流。

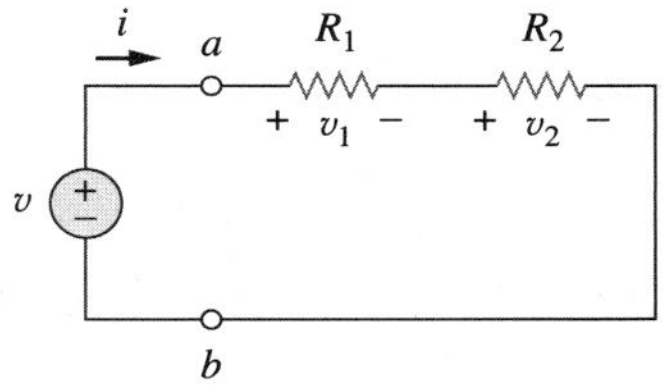

图 2-29　包含两个串联电阻的单回路电路

对每个电阻应用欧姆定律，则有

$$v_1=iR_1,\quad v_2=iR_2 \tag{2.24}$$

如果对该回路(沿顺时针方向)应用 KVL，则得到

$$-v+v_1+v_2=0 \tag{2.25}$$

合并式(2.24)与式(2.25)可得

$$v=v_1+v_2=i(R_1+R_2) \tag{2.26}$$

即

$$i=\frac{v}{R_1+R_2} \tag{2.27}$$

注意，式(2.26)又可以写成

$$v=iR_{\text{eq}} \tag{2.28}$$

表明这两个电阻可以用等效电阻 R_{eq} 来取代，并且

$$R_{\text{eq}}=R_1+R_2 \tag{2.29}$$

于是，图 2-29 所示的电路可以用图 2-30 中的等效电路来取代。图 2-29 与图 2-30 中的两个电路之所以等效，是因为这两个电路在 a、b 两端所呈现的电压-电流关系是完全相同的。诸如图 2-30 这样的等效电路对于简化电路的分析是非常有用的。

任意多个电阻串联后的等效电阻值等于各个电阻值之和。

对于 N 个串联的电阻，其等效电阻为

$$\boxed{R_{\text{eq}}=R_1+R_2+\cdots+R_N=\sum_{n=1}^{N}R_n} \tag{2.30}$$

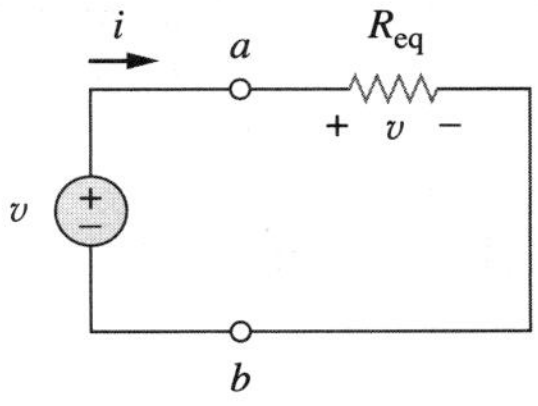

图 2-30　图 2-29 所示电路的等效电路

提示： 串联电阻的特性与阻值等于各电阻阻值之和的一个电阻的特性相同。

为了确定图 2-29 所示电路中各个电阻上的电压，可以将式(2.27)代入式(2.24)，得到

$$\boxed{v_1=\frac{R_1}{R_1+R_2}v,\qquad v_2=\frac{R_2}{R_1+R_2}v} \tag{2.31}$$

可以看出，电源电压在各电阻之间的电压分配与各电阻的阻值成正比，电阻值越大，电阻上的电压就越大，这称为分压原理(principle of voltage division)，而图 2-29 所示的电路称为分压电路(voltage divider)。一般情况下，如果电源电压为 v 的分压电路中包含 N 个电阻(R_1，R_2，…，R_N)串联，则第 n 个电阻(R_n)上的电压为

$$v_n=\frac{R_n}{R_1+R_2+\cdots+R_N}v \tag{2.32}$$

2.6　并联电阻及其分流

在如图 2-31 所示的电路中，两个电阻并联连接，因此它们两端具有相同的电压。由欧姆定律可得：

$$v=i_1R_1=i_2R_2$$

即

$$i_1=\frac{v}{R_1},\qquad i_2=\frac{v}{R_2} \tag{2.33}$$

在节点 a 处应用 KCL，得到总电流

$$i=i_1+i_2 \tag{2.34}$$

将式(2.33)代入式(2.34)可得

$$i=\frac{v}{R_1}+\frac{v}{R_2}=v\left(\frac{1}{R_1}+\frac{1}{R_2}\right)=\frac{v}{R_{eq}} \tag{2.35}$$

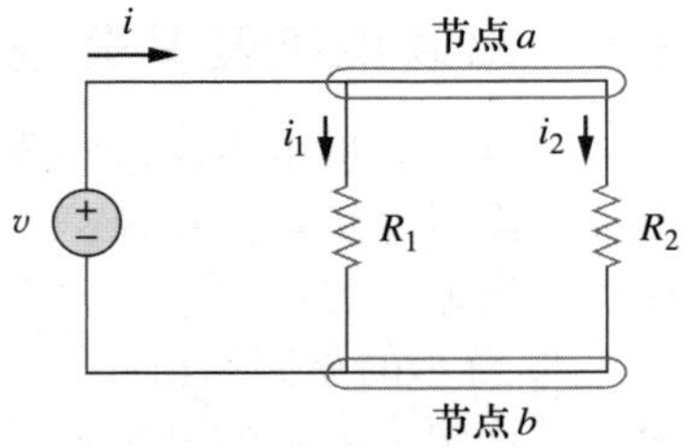

图 2-31　两个电阻的并联

式中，R_{eq} 为两个并联电阻的等效电阻值。

$$\frac{1}{R_{eq}}=\frac{1}{R_1}+\frac{1}{R_2} \tag{2.36}$$

或

$$\frac{1}{R_{eq}}=\frac{R_1+R_2}{R_1R_2}$$

即

$$\boxed{R_{eq}=\frac{R_1R_2}{R_1+R_2}} \tag{2.37}$$

两个并联电阻的等效电阻值等于各电阻值的乘积除以各电阻值之和。

必须强调的是，以上结论仅适用于两个电阻的并联。如果 $R_1=R_2$，则由式(2.37)可得 $R_{eq}=R_1/2$。

可以将式(2.36)扩展到 N 个电阻并联的一般情况，此时的等效电阻值为

$$\boxed{\frac{1}{R_{eq}}=\frac{1}{R_1}+\frac{1}{R_2}+\cdots+\frac{1}{R_N}} \tag{2.38}$$

由此可见，等效电阻 R_{eq} 总是小于其中最小的电阻值。当 $R_1=R_2=\cdots=R_N=R$ 时，有

$$R_{eq}=\frac{R}{N} \tag{2.39}$$

例如，四个 100Ω 的电阻并联连接时的等效电阻值为 25Ω。

在处理电阻并联的问题时，采用电导通常要比采用电阻更为方便。由式(2.38)可知，

N 个电阻并联后的等效电导为

$$\boxed{G_{eq}=G_1+G_2+G_3+\cdots+G_N} \tag{2.40}$$

式中，$G_{eq}=1/R_{eq}$，$G_1=1/R_1$，$G_2=1/R_2$，$G_3=1/R_3$，$\cdots$，$G_N=1/R_N$。式(2.40)表明：

并联电阻的等效电导等于各个电导之和。

提示： 并联电导的特性与电导值等于各电导之和的单个电导的特性相同。

图 2-31 所示的电路可以用图 2-32 所示的电路替代。容易看出式(2.30)与式(2.40)的相似性，即并联电阻等效电导的计算方法与串联电阻等效电阻的计算方法相同。同样，串联电阻等效电导的计算方法与并联电阻等效电阻的计算方法相同。因此，N 个电阻串联(如图 2-29 所示)的等效电导 G_{eq} 为

$$\boxed{\frac{1}{G_{eq}}=\frac{1}{G_1}+\frac{1}{G_2}+\frac{1}{G_3}+\cdots+\frac{1}{G_N}} \tag{2.41}$$

假定流入图 2-31 中节点 a 的总电流为 i，如何求得电流 i_1 与 i_2？我们知道并联等效电阻具有相同的电压 v，即

$$v=iR_{eq}=\frac{iR_1R_2}{R_1+R_2} \tag{2.42}$$

合并式(2.33)与式(2.42)，得到

$$\boxed{i_1=\frac{R_2 i}{R_1+R_2},\qquad i_2=\frac{R_1 i}{R_1+R_2}} \tag{2.43}$$

式(2.43)说明总电流被两个电阻支路分享，且支路电流与电阻值成反比，这个规律被称为*分流原理*(principle of current division)，图 2-31 所示的电路被称为*分流电路*(current divider)。可以看出，较大的电流流过较小电阻的支路。

一种极端的情况是假定图 2-31 所示电路中的一个电阻为零，例如 $R_2=0$，即 R_2 短路，如图 2-33a 所示。由式(2.43)可知，$R_2=0$ 意味着 $i_1=0$，$i_2=i$，这就是说，总电流 i 不流经 R_1，而只流过 $R_2=0$ 的短路支路，即阻值最小的支路。

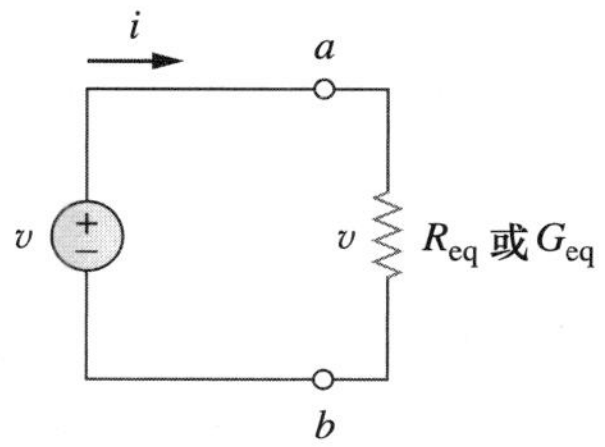

图 2-32 图 2-31 的等效电路

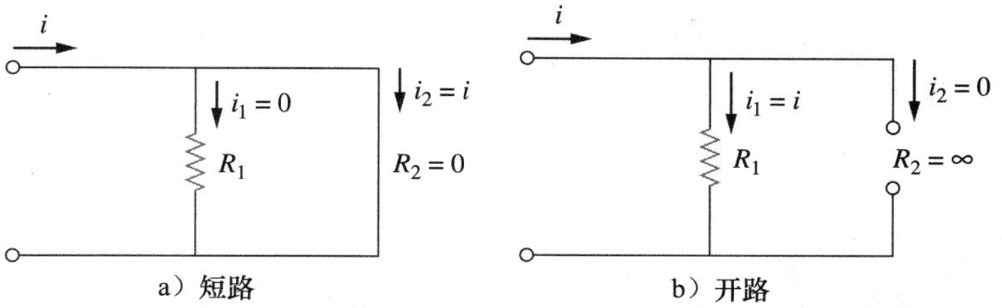

图 2-33 短路与开路

因此，如图 2-33a 所示，当一个电路被短路时，应该记住如下两点：

(1) 等效电阻 $R_{eq}=0$[参见 $R_2=0$ 时的式(2.37)]。

(2) 全部电流都从短路支路中流过。

另外一个极端情况是 $R_2=\infty$，即 R_2 为开路，如图 2-33b 所示。此时电流仍然从电阻最小的路径 R_1 流过。对式(2.37)取极限 $R_2\to\infty$，得到 $R_{eq}=R_1$。

若以 R_1R_2 分别去除式(2.43)的分子和分母，则有

$$i_1=\frac{G_1}{G_1+G_2}i \tag{2.44a}$$

$$i_2=\frac{G_2}{G_1+G_2}i \tag{2.44b}$$

因此，一般而言，如果电源电流为 i 的分流电路中包含 N 个电导(G_1，G_2，…，G_N)并联，则流经第 n 个电导(G_n)的电流

$$i_n=\frac{G_n}{G_1+G_2+\cdots+G_N}i \tag{2.45}$$

在电路分析过程中，通常需要合并串联和并联的电阻，从而将电阻网络简化为单个等效电阻(equivalent resistance)R_{eq}。该等效电阻即是网络端口之间的电阻，必须与原网络表现出相同的端口伏安特性。

例 2-9 求图 2-34 所示电路的 R_{eq}。

解： 为求出 R_{eq}，需要合并串联和并联的电阻。图中 6Ω 电阻与 3Ω 电阻并联，其等效电阻为(符号“‖”表示并联)

$$6\Omega\|3\Omega=\frac{6\times3}{6+3}\Omega=2\Omega$$

1Ω 电阻与 5Ω 电阻是串联的，所以其等效电阻为

$$1\Omega+5\Omega=6\Omega$$

于是，图 2-34 所示电路被简化为图 2-35a 所示的电路。由图 2-35a 可以看出两个 2Ω 的电阻是串联的，所以其等效电阻为

$$2\Omega+2\Omega=4\Omega$$

此时，该 4Ω 电阻又与 6Ω 电阻并联，其等效电阻为

$$4\Omega\|6\Omega=\frac{4\times6}{4+6}\Omega=2.4\Omega$$

这样，图 2-35a 所示的电路又可以简化为图 2-35b 所示电路。在图 2-35b 中三个电阻是串联的，因此，电路的等效电阻

$$R_{eq}=4\Omega+2.4\Omega+8\Omega=14.4\Omega$$ ◀

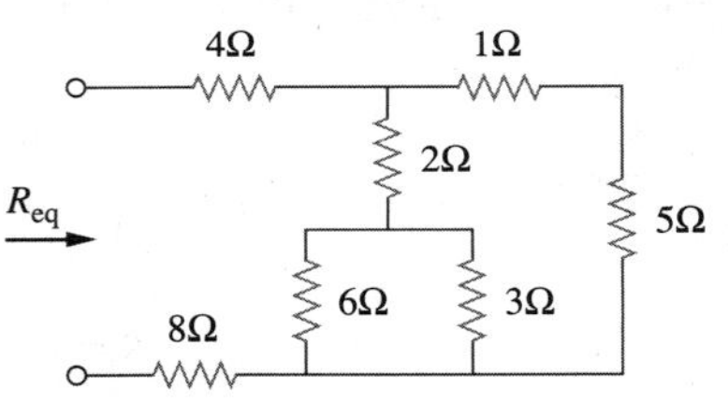

图 2-34 例 2-9 图

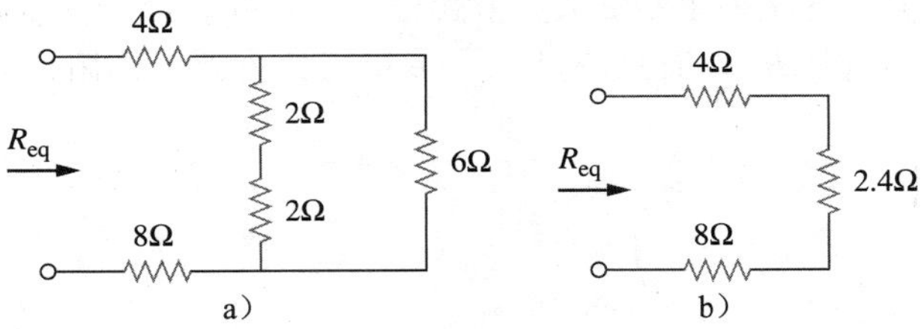

图 2-35 例 2-9 的等效电路

练习 2-9 合并图 2-36 所示电路中的电阻，求出该电路的 R_{eq}。 **答案：** 10Ω。

例 2-10 计算图 2-37 所示的电路的等效电阻 R_{ab}。

解： 3Ω 电阻与 6Ω 电阻的两端均分别接到节点 c 和节点 b，所以这两个电阻是并联的，合并后的阻值为

$$3\Omega\|6\Omega=\frac{3\times6}{3+6}\Omega=2\Omega \tag{2.10.1}$$

同理，12Ω 电阻与 4Ω 电阻的两端均分别接到节点 d 和节点 b，所以这两个电阻也是并联的，合并后的阻值为

$$12\Omega\|4\Omega=\frac{12\times4}{12+4}\Omega=3\Omega \tag{2.10.2}$$

1Ω 电阻与 5Ω 电阻是串联的，其等效电阻为

$$1\Omega+5\Omega=6\Omega \tag{2.10.3}$$

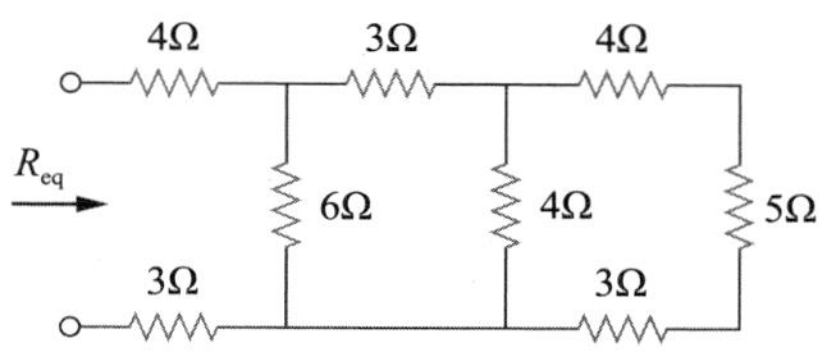

图 2-36　练习 2-9 图

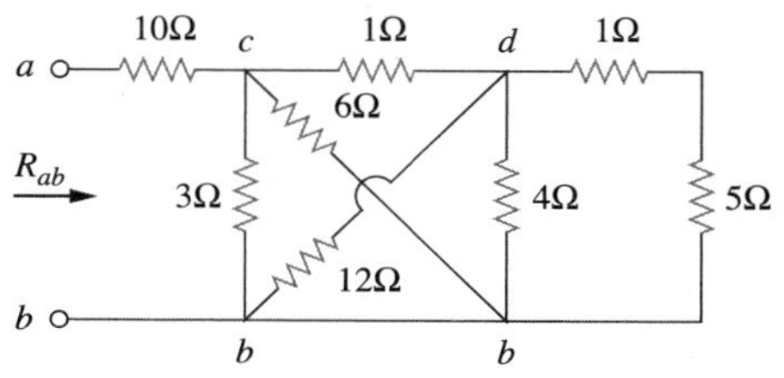

图 2-37　例 2-10 图

经上述三次合并后，图 2-37 所示的电路就简化为图 2-38a 所示的电路。而在图 2-38a 中，并联连接的 3Ω 电阻与 6Ω 电阻可合并为 2Ω 电阻，其计算方法与式(2.10.1)相同。该 2Ω 电阻又与 1Ω 电阻串联，从而可以合并为 1Ω＋2Ω＝3Ω 的电阻。于是，图 2-38a 所示的电路简化为图 2-38b 所示的电路，此电路中相互并联的 2Ω 电阻与 3Ω 电阻可以合并为

$$2\Omega \parallel 3\Omega=\frac{2\times 3}{2+3}\Omega=1.2\Omega$$

该 1.2Ω 电阻又与 10Ω 电阻串联，从而得到等效电阻为

$$R_{ab}=10\Omega+1.2\Omega=11.2\Omega$$

◀

练习 2-10　试求如图 2-39 所示电路的 R_{ab}。　**答案：** 19Ω。

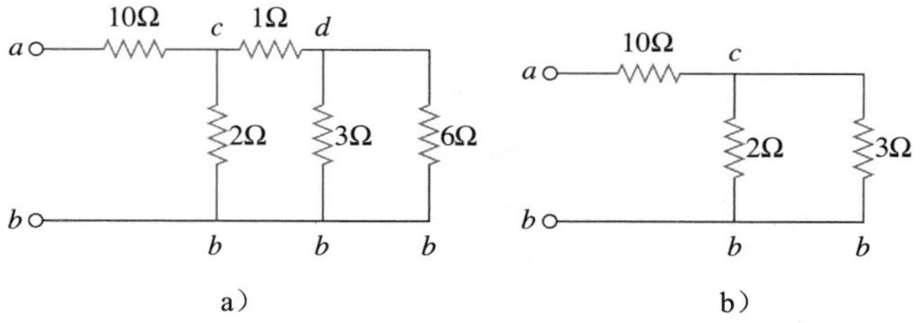

图 2-38　例 2-10 的等效电路

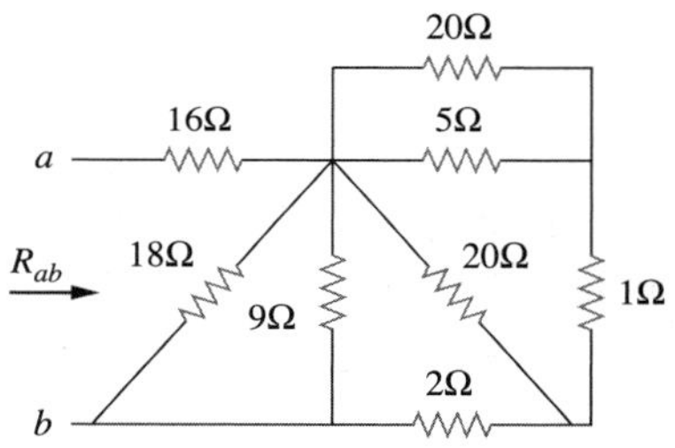

图 2-39　练习 2-10 图

例 2-11　试求如图 2-40a 所示电路的等效电导 G_{eq}。

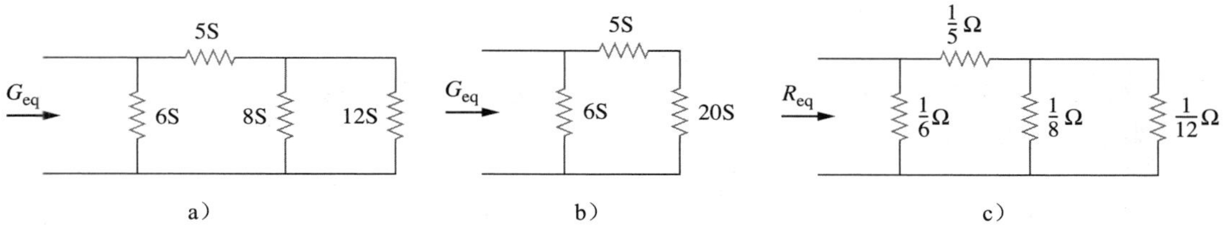

图 2-40　例 2-11 图

解： 8S 电阻与 12S 电阻在电路中是并联的，所以二者的等效电导为

$$8S+12S=20S$$

该 20S 电阻又与 5S 电阻串联，如图 2-40b 所示，于是合并后的电导为

$$\frac{20\times 5}{20+5}S=4S$$

该 4S 电阻又与 6S 电阻并联，因此

$$G_{eq}=6S+4S=10S$$

注意，图 2-40a 所示的电路与图 2-40c 所示的电路是相同的，只是图 2-40a 中的电阻单位为西门子，而图 2-40c 中的电阻单位为欧姆。要证明这两个电路是相同的，需求出图 2-40c 所示电路的等效电阻。

$$R_{eq}=\frac{1}{6}\left\|\left(\frac{1}{5}+\frac{1}{8}\right\|\frac{1}{12}\right)=\frac{1}{6}\left\|\left(\frac{1}{5}+\frac{1}{20}\right)=\frac{1}{6}\right\|\frac{1}{4}=\frac{\frac{1}{6}\times\frac{1}{4}}{\frac{1}{6}+\frac{1}{4}}\Omega=\frac{1}{10}\Omega$$

$$G_{eq}=\frac{1}{R_{eq}}=10\text{S}$$

与上述方法求得的 G_{eq} 一样。◀

练习 2-11　计算如图 2-41 所示电路的 G_{eq}。　**答案**：4S。

例 2-12　求如图 2-42a 所示电路的 i_o 和 v_o，并计算 3Ω 电阻所消耗的功率。

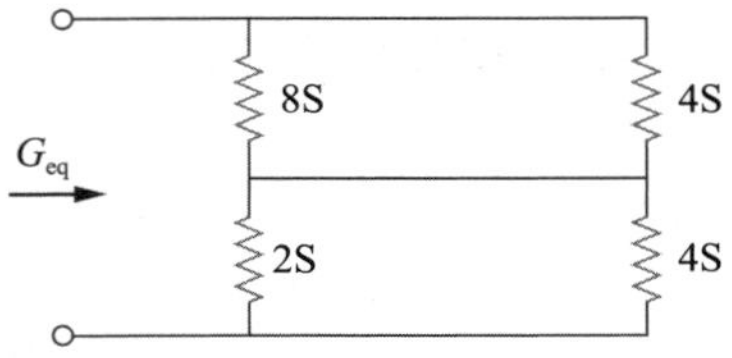

图 2-41　练习 2-11 图

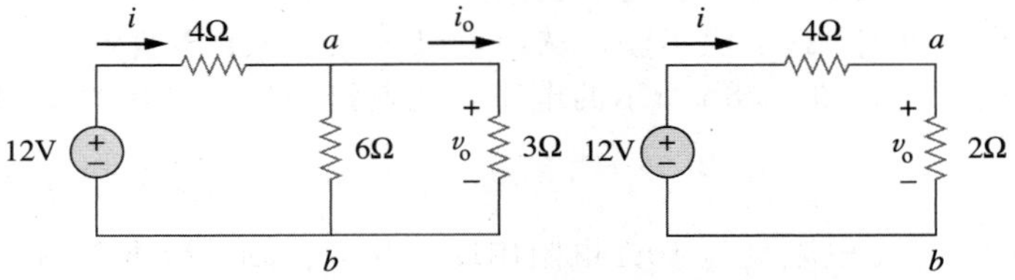

a）原电路　b）等效电路

图 2-42　例 2-12 图

解：6Ω 电阻与 3Ω 电阻并联，合并后的电阻为

$$6\Omega\|3\Omega=\frac{6\times3}{6+3}\Omega=2\Omega$$

简化电路如图 2-42b 所示。注意，v_o 不会受到电阻合并的影响，因为这两个电阻是并联的，因此具有相同的端电压。根据图 2-42b，可以采用两种方法求得 v_o。

一种方法是采用欧姆定律，得到

$$i=\frac{12}{4+2}\text{A}=2\text{A}$$

所以，$v_o=2i=2\times2\text{V}=4\text{V}$。另一种方式是采用电压分压原理，由于图 2-42b 中的 12V 电压被 4Ω 电阻和 2Ω 电阻分压，所以

$$v_o=\frac{2}{2+4}\times12\text{V}=4\text{V}$$

类似地，也可以采用两种方法得到 i_o。一种方法是在已经求得 v_o 后，对图 2-42a 中的 3Ω 电阻支路应用欧姆定律，可得

$$v_o=3i_o=4\text{V}\quad\Rightarrow\quad i_o=\frac{4}{3}\text{A}$$

另一种方法是在已经求得 i 后，对图 2-42a 所示电路应用分流原理，得到

$$i_o=\frac{6}{6+3}i=\frac{2}{3}\times2\text{A}=\frac{4}{3}\text{A}$$

3Ω 电阻所消耗的功率为

$$p_o=v_oi_o=4\times\frac{4}{3}\text{W}=5.333\text{W}$$ ◀

练习 2-12　求图 2-43 所示电路中的 v_1 与 v_2，并计算 12Ω 电阻和 40Ω 电阻所消耗的功率。

答案：$v_1=10\text{V}$，$i_1=833.3\text{mA}$，$p_1=8.333\text{W}$，$v_2=20\text{V}$，$i_2=500\text{mA}$，$p_2=10\text{W}$。

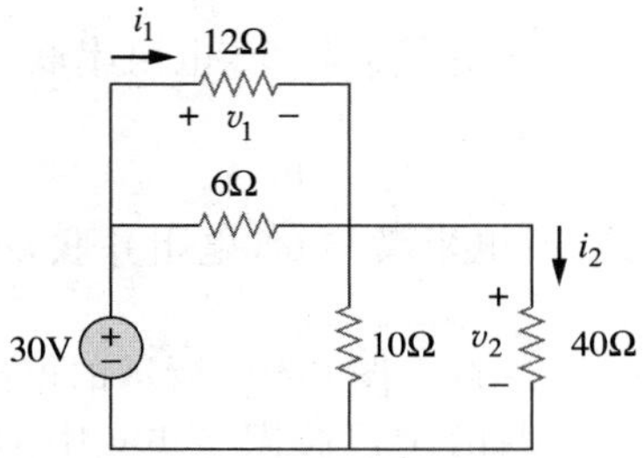

图 2-43　练习 2-12 图

例 2-13　在如图 2-44a 所示的电路中，求：(a) 电压

v_o；(b) 电流源提供的功率；(c) 每个电阻消耗的功率。

解：(a) 6kΩ 电阻与 12kΩ 电阻串联，合并后的电阻为 18kΩ，于是图 2-44a 所示电路可以简化为图 2-44b 所示电路。采用分流原理可以求出 i_1 与 i_2。

$$i_1=\frac{18\,000}{9\,000+18\,000}\times 30\text{mA}=20\text{mA}$$

$$i_2=\frac{9\,000}{9\,000+18\,000}\times 30\text{mA}=10\text{mA}$$

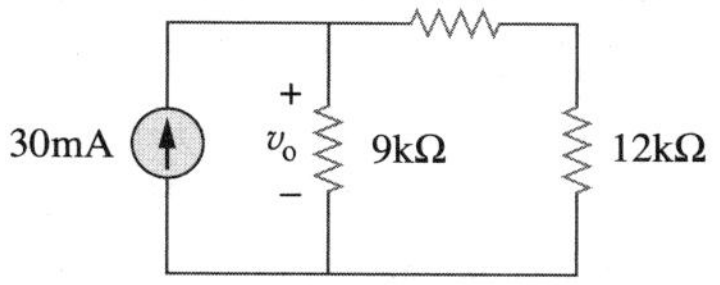

a）原电路

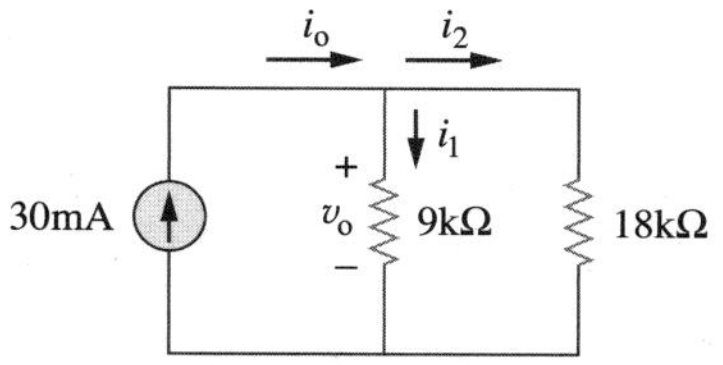

b）等效电路

图 2-44　例 2-13 图

注意，9kΩ 电阻与 18kΩ 电阻两端的电压是相同的，所以，$v_o=9\,000i_1=18\,000i_2=180(\text{V})$

(b) 电流源提供的功率为

$$p_o=v_oi_o=180\times 30\text{mW}=5.4\text{W}$$

(c) 12kΩ 电阻所消耗的功率为：

$$p=iv=i_2(i_2R)=i_2^2R$$
$$=(10\times 10^{-3})^2\times 12\,000\text{W}=1.2\text{W}$$

6kΩ 电阻所消耗的功率为：

$$p=i_2^2R=(10\times 10^{-3})^2\times 6\,000\text{W}=0.6\text{W}$$

9kΩ 电阻所消耗的功率为：

$$p=\frac{v_o^2}{R}=\frac{180^2}{9\,000}\text{W}=3.6\text{W}$$

或者

$$p=v_oi_1=180\times 20\text{mW}=3.6\text{W}$$

注意，电源提供的功率(5.4W)等于电路元件吸收(消耗)的功率[1.2+0.6+3.6=5.4(W)]，这是检查计算结果正确与否的一种方法。◀

练习 2-13　在图 2-45 所示的电路中，试求：(a) v_1 与 v_2；(b) 3kΩ 与 20kΩ 电阻消耗的功率；(c) 电流源提供的功率。

答案：(a) 45V，60V；(b) 675mW，180mW；(c) 1.8W。

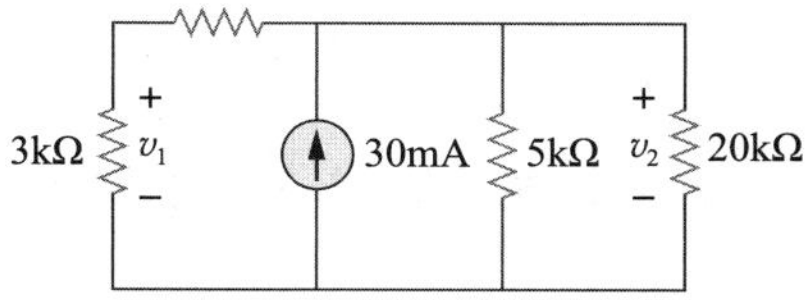

图 2-45　练习 2-13 图

†2.7　Y 电路与△电路间的变换

在电路分析中经常会遇到电阻既非并联又非串联的情况。在图 2-46 所示的桥式电路中，电阻 $R_1\sim R_6$ 既不串联也不并联，应该如何合并？可以利用三端等效网络来化简此类电路。三端等效网络包括如图 2-47 所示的 Y 网络和 T 网络，或者如图 2-48 所示的△网络和 Π 网络。这些电路可独立存在，也可作为大型电路的一部分，用于三相电路、滤波器以及匹配电路等电路网络中。本节主要介绍在电路中如何辨认这类三端网络，以及如何在电路分析中应用 Y 电路与△电路间的变换。

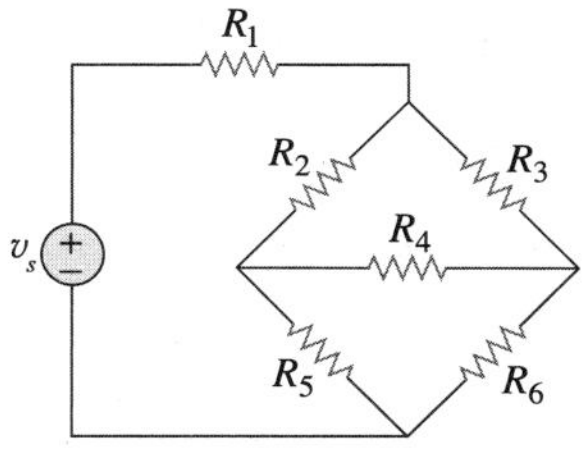

图 2-46　桥式网络

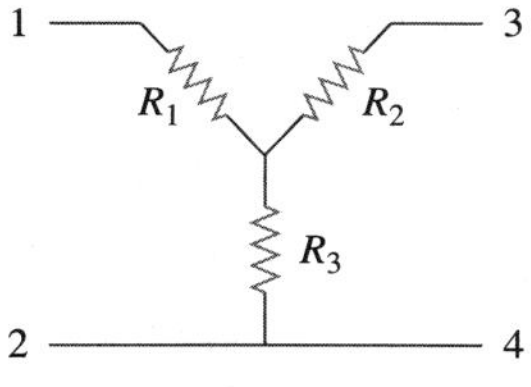

a）Y网络

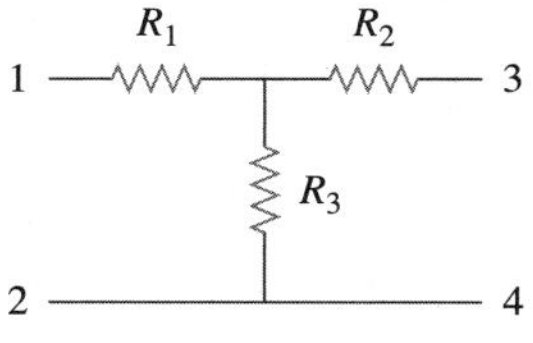

b）T网络

图 2-47　三端等效网络

2.7.1 △电路与Y电路间的变换

假设将包含△结构的电路转换为Y结构进行处理更为方便，用一个Y电路去替换一个△电路，并求出Y电路中的等效电阻。为了求出Y电路中的等效电阻，要对两个电路进行比较，并确保△(Π)电路中的每一对节点间的电阻值等于Y(T)电路中对应的每对节点间的电阻值。以图2-47和图2-48中的节点1和节点2为例，有：

$$R_{12}(\mathrm{Y})=R_1+R_3$$

$$R_{12}(\triangle)=R_b\parallel(R_a+R_c) \tag{2.46}$$

令 $R_{12}(\mathrm{Y})=R_{12}(\triangle)$ 有

$$R_{12}=R_1+R_3=\frac{R_b(R_a+R_c)}{R_a+R_b+R_c} \tag{2.47a}$$

同理：

$$R_{13}=R_1+R_2=\frac{R_c(R_a+R_b)}{R_a+R_b+R_c} \tag{2.47b}$$

$$R_{34}=R_2+R_3=\frac{R_a(R_b+R_c)}{R_a+R_b+R_c} \tag{2.47c}$$

式(2.47a)减去式(2.47c)可得

$$R_1-R_2=\frac{R_c(R_b-R_a)}{R_a+R_b+R_c} \tag{2.48}$$

式(2.47b)与式(2.48)相加可得

$$\boxed{R_1=\frac{R_bR_c}{R_a+R_b+R_c}} \tag{2.49}$$

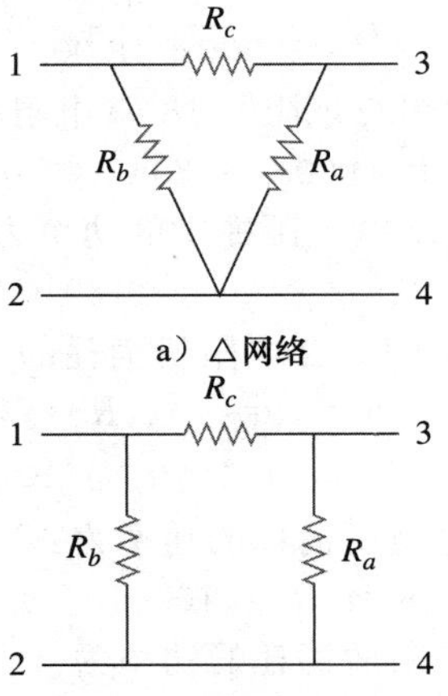

图2-48 同一网络的两种形式

式(2.47b)减去式(2.48)可得

$$\boxed{R_2=\frac{R_cR_a}{R_a+R_b+R_c}} \tag{2.50}$$

式(2.47a)减去式(2.49)可得

$$\boxed{R_3=\frac{R_aR_b}{R_a+R_b+R_c}} \tag{2.51}$$

式(2.49)～式(2.51)无须死记，将△电路变换为Y电路时，可增加一个节点 n，如图2-49所示，并按照如下变换规则进行转换。

Y电路各电阻值等于△电路中相邻两条支路电阻的乘积除以△电路中三个电阻的和。

根据上述变换规则即可由图2-49得到式(2.49)～式(2.51)。

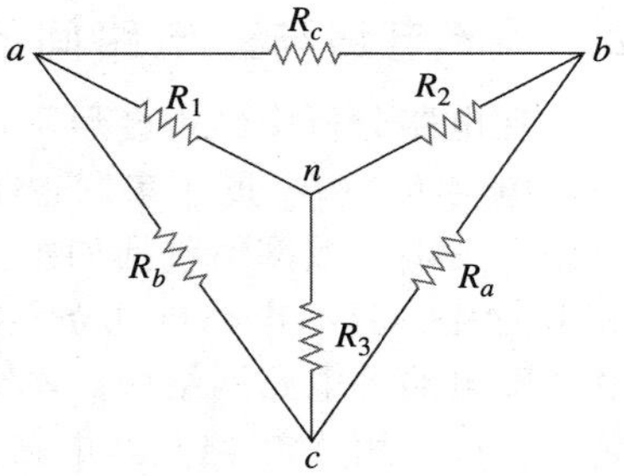

图2-49 Y电路与△电路变换电路

2.7.2 Y电路与△电路间的变换

为了求出将Y电路转换为等效△电路的转换公式，首先由式(2.49)～式(2.51)可以得到

$$R_1R_2+R_2R_3+R_3R_1=\frac{R_aR_bR_c(R_a+R_b+R_c)}{(R_a+R_b+R_c)^2}=\frac{R_aR_bR_c}{R_a+R_b+R_c} \tag{2.52}$$

用式(2.49)～式(2.51)分别去除式(2.52)得到

$$\boxed{R_a=\frac{R_1R_2+R_2R_3+R_3R_1}{R_1}} \tag{2.53}$$

$$R_b=\frac{R_1R_2+R_2R_3+R_3R_1}{R_2} \tag{2.54}$$

$$R_c=\frac{R_1R_2+R_2R_3+R_3R_1}{R_3} \tag{2.55}$$

由式(2.53)～式(2.55)以及图 2-49 可以得出如下 Y 电路与△电路间的变换规则。

△电路中各电阻值等于 Y 电路中所有电阻两两相乘之和除以相对应的 Y 电路支路电阻。

如果满足以下条件，则称 Y 电路与△电路是平衡的：

$$R_1=R_2=R_3=R_Y,\qquad R_a=R_b=R_c=R_\triangle \tag{2.56}$$

在上述条件下，变换公式变为：

$$R_Y=\frac{R_\triangle}{3}\quad 或\quad R_\triangle=3R_Y \tag{2.57}$$

R_Y 为什么小于 $R_\triangle$ 呢？这是因为 Y 联结有点像电阻的“串联”，而△联结则像“并联”。

注意，在进行变换时，并没有对电路元件做任何增减，只是利用等效的三端网络替代原有的三端网络，从而得到一个由电阻串联或并联构成的电路，以便计算 R_{eq}。

例 2-14 将图 2-50a 所示的△电路变换为等效的 Y 电路。

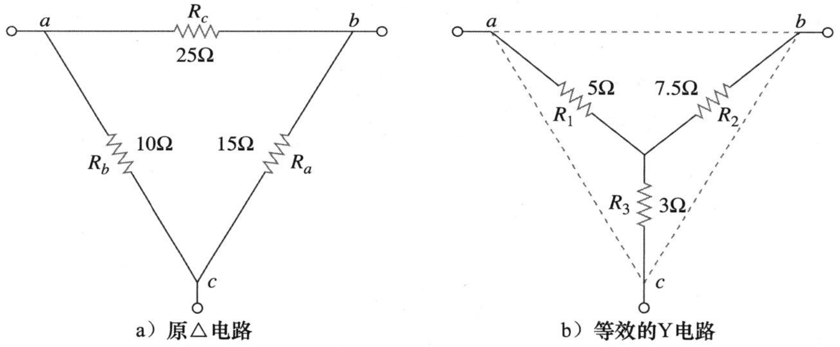

图 2-50　例 2-14 图

解： 由式(2.49)～式(2.51)，可得

$$R_1=\frac{R_bR_c}{R_a+R_b+R_c}=\frac{10\times 25}{15+10+25}=\frac{250}{50}=5(\Omega)$$

$$R_2=\frac{R_cR_a}{R_a+R_b+R_c}=\frac{25\times 15}{50}=7.5(\Omega)$$

$$R_3=\frac{R_aR_b}{R_a+R_b+R_c}=\frac{15\times 10}{50}=3(\Omega)$$

等效的 Y 电路如图 2-50b 所示。◀

练习 2-14　将图 2-51 所示的 Y 电路变换为△电路。

答案： $R_a=140\Omega$，$R_b=70\Omega$，$R_c=35\Omega$。

例 2-15 求图 2-52 所示电路的等效电阻 R_{ab}，并由此计算电流 i。

解： 1. **明确问题。** 本例所要解决的问题已经很明确，但要注意，完成这一步通常会花费相当的时间。

2. **列出问题的全部已知条件。** 如果去掉该电路中的电压源，显然会得到一个纯电阻电路。由于该电路既包括△电路又包括 Y 电路，因此电路元件的合并会变得更为复杂。一种

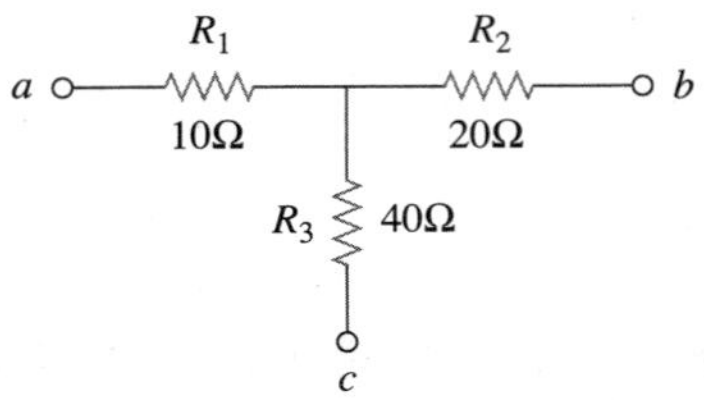

图 2-51 练习 2-14 图

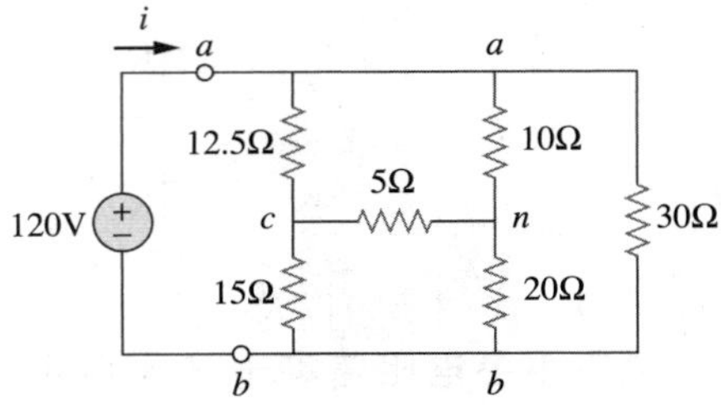

图 2-52 例 2-15 图

方法是采用 Y 电路与△电路间的变换来求解这个问题。首先要明确 Y 电路（该电路中包括两个 Y 电路，分别位于节点 n 和节点 c）和△电路（该电路中包括三个△电路：can、abn 和 cnb）的位置。

3. **确定备选方案**。可以采用不同的方法求解本题，由于 2.7 节讨论的主要问题是 Y 电路与△电路间的变换，所以采用该方法求解。求解等效电阻的另一个方法是在电路中插入一个放大器，并求出 ab 之间的电压，我们会在第 4 章学习这种方法。这里首先采用 Y 电路与△电路间的变换的方法来求解这个问题，之后再采用△电路与 Y 电路间的变换来检验结果的正确性。

4. **尝试求解**。该电路中有两个 Y 电路和三个△电路，只要将其中一个电路进行变换就可以简化电路。如果将由 5Ω、10Ω 和 20Ω 电阻构成的 Y 电路进行变换，并且选择：

$$R_1=10\Omega,\quad R_2=20\Omega,\quad R_3=5\Omega$$

于是，由式(2.53)～式(2.55)可得

$$R_a=\frac{R_1R_2+R_2R_3+R_3R_1}{R_1}=\frac{10\times20+20\times5+5\times10}{10}=\frac{350}{10}=35(\Omega)$$

$$R_b=\frac{R_1R_2+R_2R_3+R_3R_1}{R_2}=\frac{350}{20}=17.5(\Omega)$$

$$R_c=\frac{R_1R_2+R_2R_3+R_3R_1}{R_3}=\frac{350}{5}=70(\Omega)$$

将 Y 电路转换为△电路后的等效电路（暂时去掉电压源）如图 2-53a 所示。合并图中的三对并联电阻，得到

$$70\parallel30=\frac{70\times30}{70+30}=21(\Omega)$$

$$12.5\parallel17.5=\frac{12.5\times17.5}{12.5+17.5}=7.292(\Omega)$$

$$15\parallel35=\frac{15\times35}{15+35}=10.5(\Omega)$$

于是得到如图 2-53b 所示的等效电路。因此

$$R_{ab}=(7.292+10.5)\parallel21=\frac{17.792\times21}{17.792+21}=9.632(\Omega)$$

则

$$i=\frac{v_s}{R_{ab}}=\frac{120}{9.632}=12.458(\text{A})$$

这样就成功地解答了该问题，下面必须对答案做出评价。

5. **评价结果**。这一步必须确定所得到的答案是否正确，并对最终的结果做出评价。

检验本题的答案相当容易，下面通过△电路与 Y 电路间的变换求解本例来完成检验。下面将△电路 can 转换为 Y 电路。

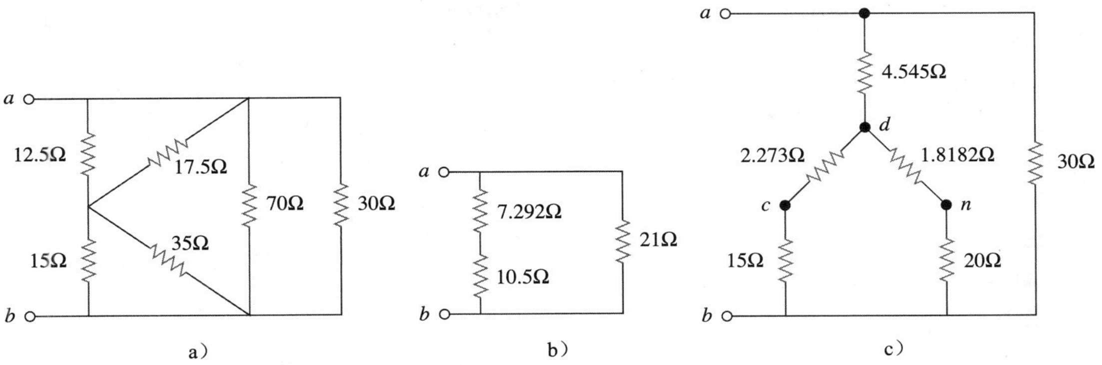

图 2-53　图 2-52 所示电路去掉电压源后的等效电路

设 $R_c=10\Omega$，$R_a=5\Omega$，由此得到(用 d 表示 Y 电路的中心)：

$$R_{ad}=\frac{R_cR_n}{R_a+R_c+R_n}=\frac{10\times12.5}{5+10+12.5}=4.545(\Omega)$$

$$R_{cd}=\frac{R_aR_n}{27.5}=\frac{5\times12.5}{27.5}=2.273(\Omega)$$

$$R_{nd}=\frac{R_aR_c}{27.5}=\frac{5\times10}{27.5}=1.8182(\Omega)$$

于是得到如图 2-53c 所示的电路，该电路图中节点 d 与 b 之间的电阻为两串联电阻支路的并联等效，即

$$R_{db}=\frac{(2.273+15)\times(1.8182+20)}{2.273+15+1.8182+20}=\frac{376.9}{39.09}=9.642(\Omega)$$

该电阻又与 4.545Ω 的电阻串联，二者串联后与 30Ω 的电阻并联，这样得到该电路的等效电阻为

$$R_{ab}=\frac{(9.642+4.545)\times30}{9.642+4.545+30}=\frac{425.6}{44.19}=9.631(\Omega)$$

于是

$$i=\frac{v_s}{R_{ab}}=\frac{120}{9.631}=12.46(\text{A})$$

由此可见，采用 Y 电路与△电路间的互相变换会得到相同的结果，这是一个非常好的检验过程。

6. **是否满意？** 通过确定电路的等效电阻已经求出了问题的解，并对答案进行了检验，因此所得到的答案显然是满意的，此时就可以提交结果了。◀

练习 2-15　试求图 2-54 所示桥式电路中的 R_{ab} 和 i。

答案： 40Ω，6A。

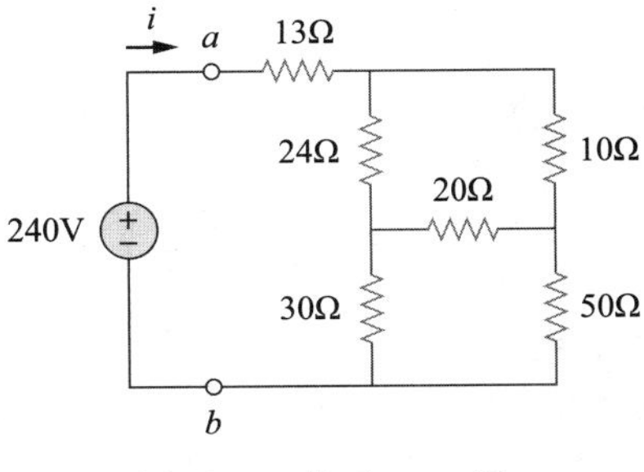

图 2-54　练习 2-15 图

习题

2.2 节

1 为了更好地理解欧姆定律，设计一个电路问题，并完成解决方案。至少使用两个电阻和一个电压源。建议同时使用两个电阻，或者每次使用一个电阻。

2 试求额定值为 60W、120V 的灯泡的热电阻。

3 某圆形横截面的硅棒长 4cm，如果该硅棒在室温下的电阻值为 240Ω，试求该硅棒的截面半径为多少？

4 (a)试计算图 2-55 中开关置于位置 1 时的电流 i。(b)当开关置于位置 2 时，试求电流 i。

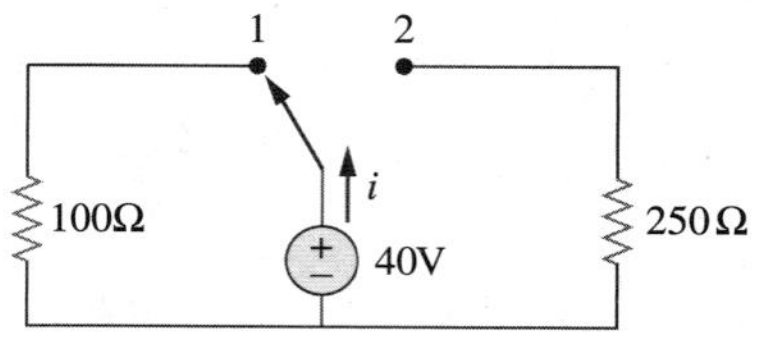

图 2-55　习题 4 图

2.3 节

5　在图 2-56 所示的网络图中，试求其节点数、支路数和回路数。

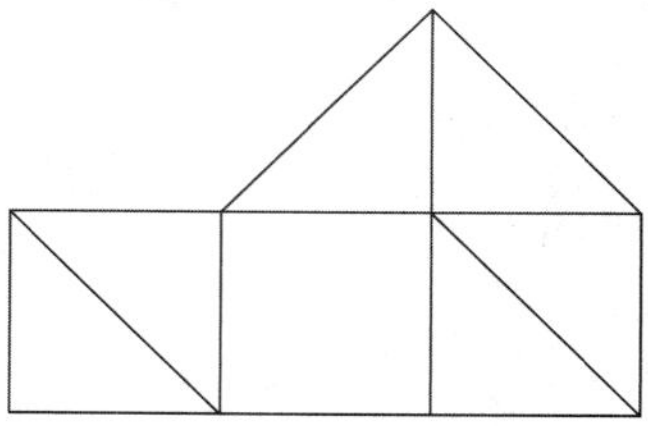

图 2-56　习题 5 图

6　在图 2-57 所示的网络图中，试确定其支路数和节点数。

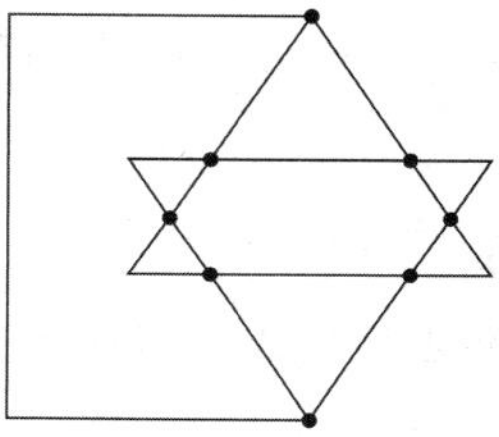

图 2-57　习题 6 图

7　试求图 2-58 所示电路的支路数和节点数。

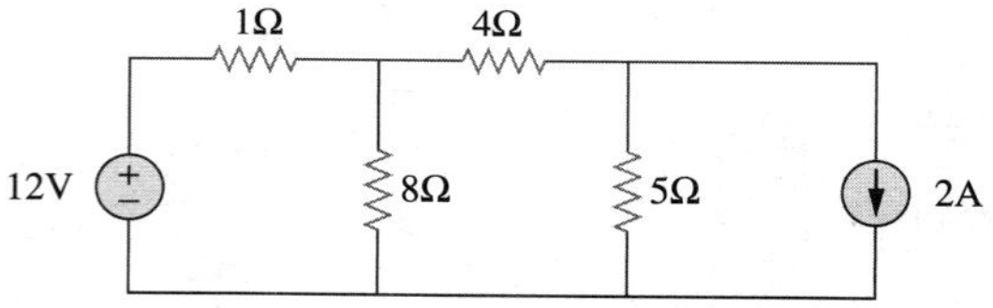

图 2-58　习题 7 图

2.4 节

8　为了更好地理解 KCL，设计一个电路问题，并完成解决方案。如图 2-59 所示，通过确定 i_a、i_b、i_c 的电流值设计电路问题，并求解电流 i_1、i_2 和 i_3。　**ED**

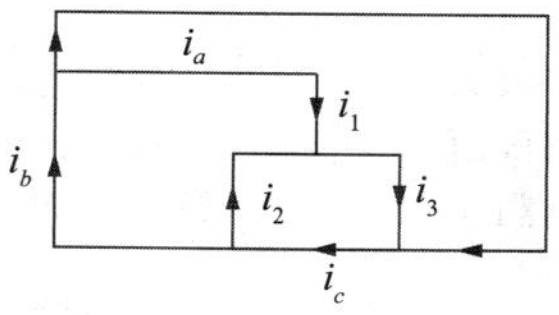

图 2-59　习题 8 图

9　求图 2-60 所示电路中的 i_1、i_2、i_3。

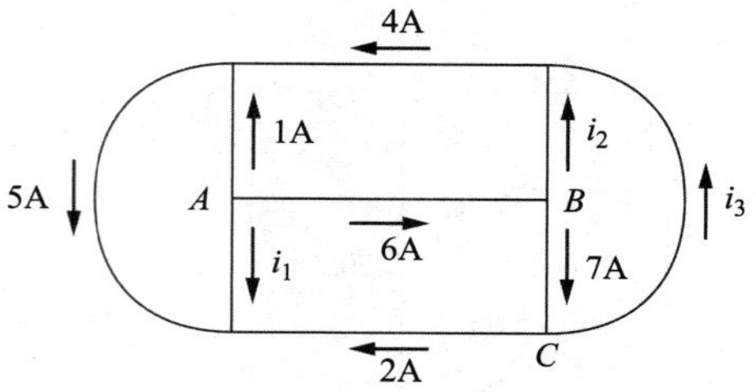

图 2-60　习题 9 图

10　求图 2-61 所示电路中的 i_1、i_2。

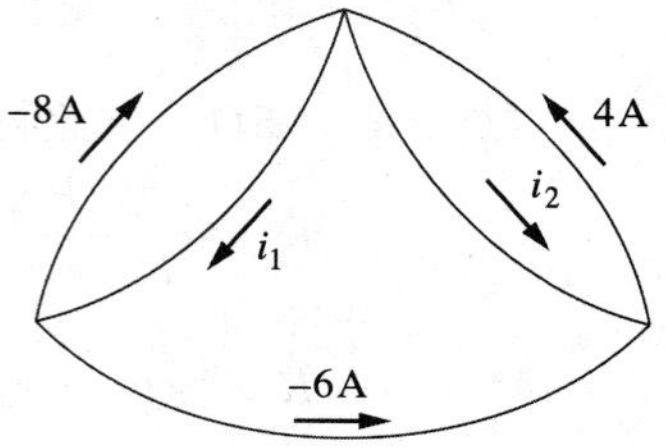

图 2-61　习题 10 图

11　在图 2-62 所示电路中，计算 V_1 和 V_2。

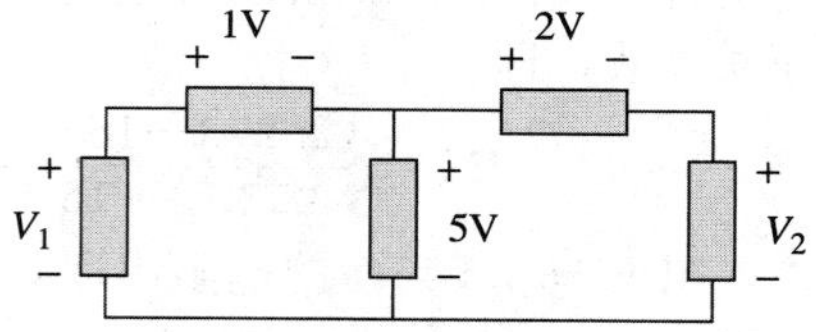

图 2-62　习题 11 图

12　在图 2-63 所示电路中，求 v_1、v_2、v_3。

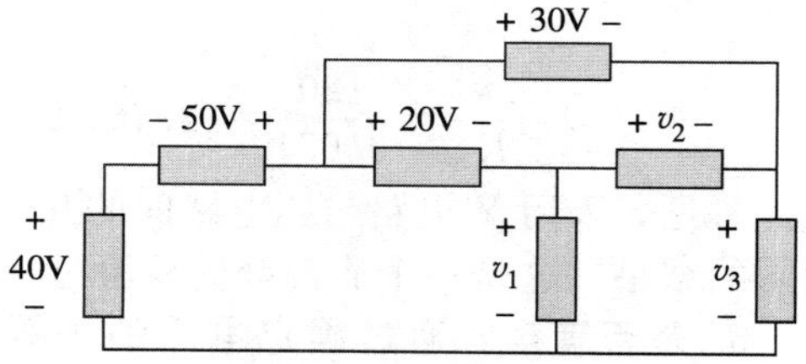

图 2-63　习题 12 图

13　如图 2-64 所示电路，利用 KCL 求出支路电流 I_1～I_4。

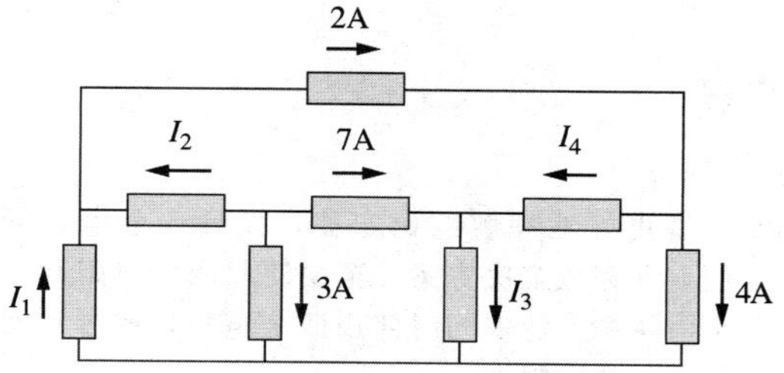

图 2-64　习题 13 图

14　在图 2-65 所示电路中，利用 KVL 计算支路电压 $V_1 \sim V_4$。

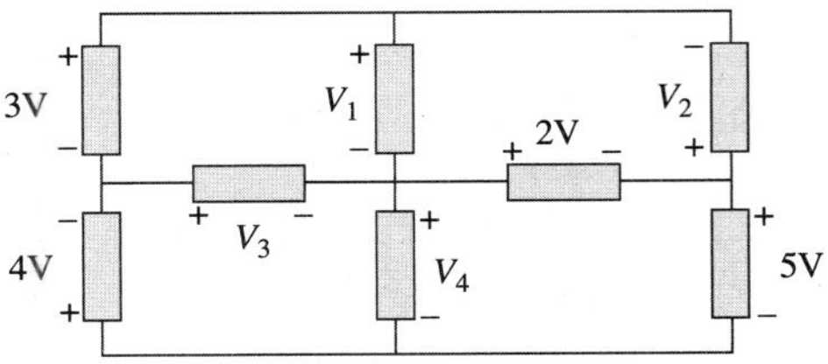

图 2-65　习题 14 图

15　计算图 2-66 所示电路中的 v 和 i_x。

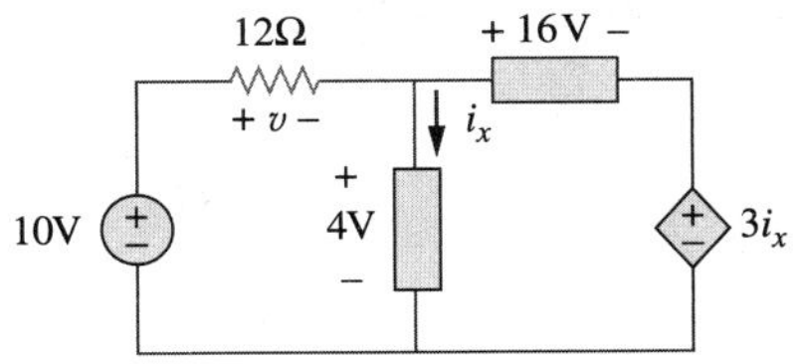

图 2-66　习题 15 图

16　求图 2-67 所示电路中的 V_o。

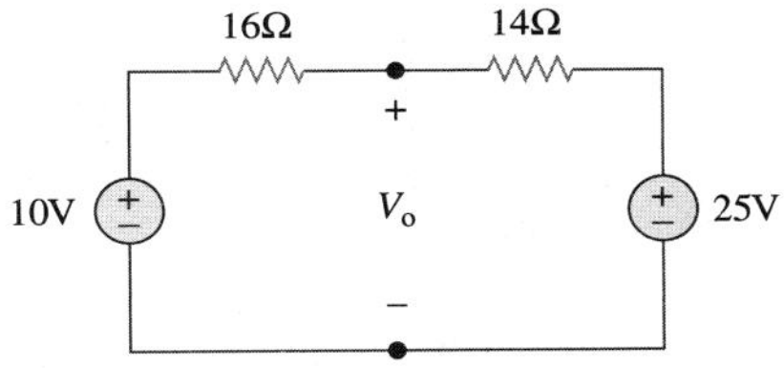

图 2-67　习题 16 图

17　求图 2-68 所示电路中的 $v_1 \sim v_3$。

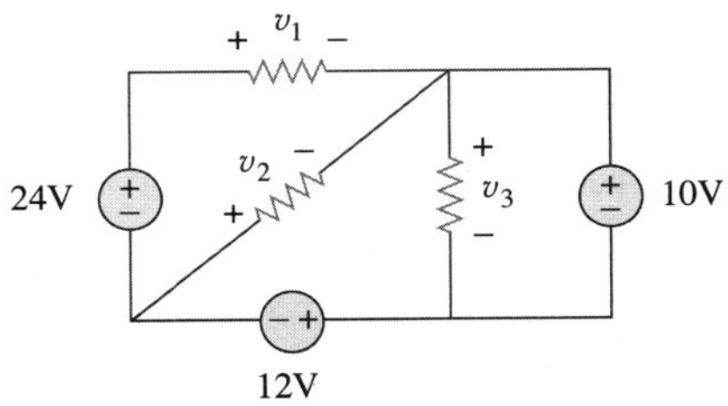

图 2-68　习题 17 图

18　求图 2-69 所示电路中的 I 和 V_{ab}。

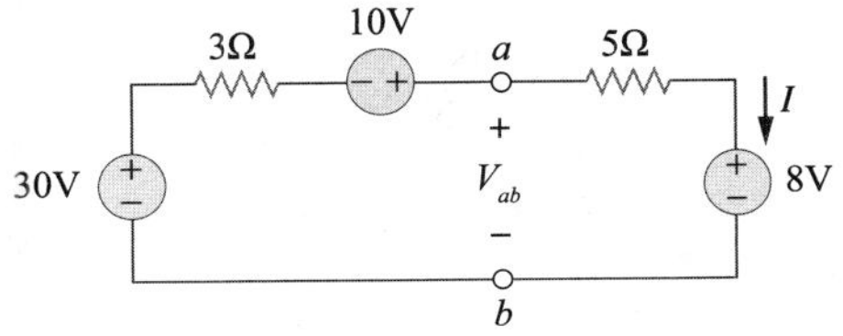

图 2-69　习题 18 图

19　在图 2-70 所示电路中，求 I、电阻消耗的功率以及各电源提供的功率。

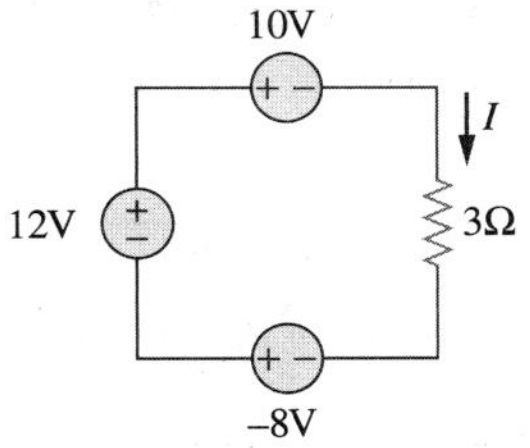

图 2-70　习题 19 图

20　确定图 2-71 所示电路中的 i_o。

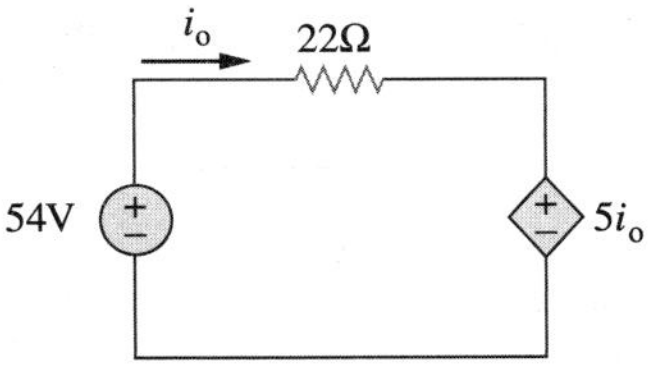

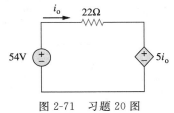

图 2-71　习题 20 图

21　求图 2-72 所示电路中的 V_x。

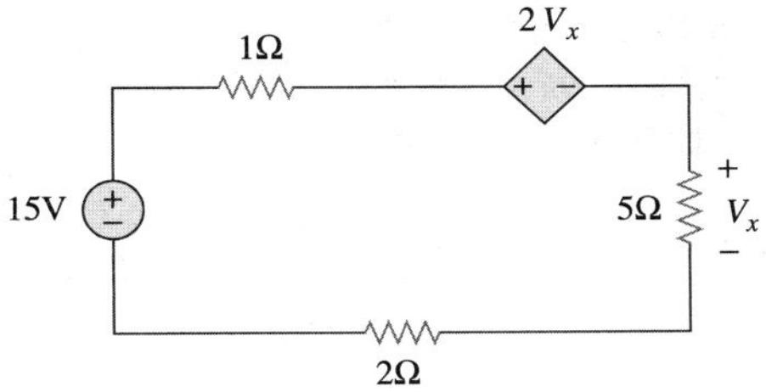

图 2-72　习题 21 图

22　求图 2-73 所示电路中的 V_o 以及受控源所消耗的功率。

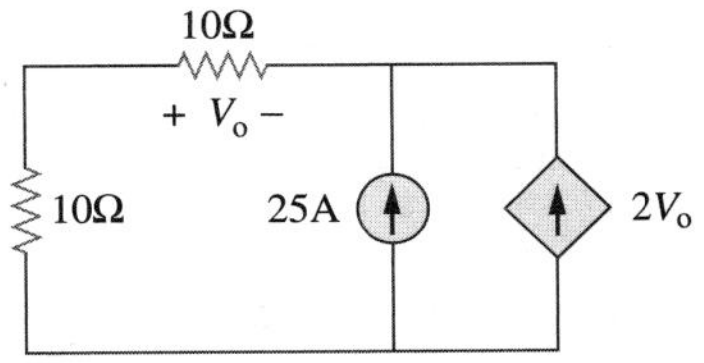

图 2-73　习题 22 图

23　在图 2-74 所示电路中，确定 v_x 以及 60Ω 电阻消耗的功率。

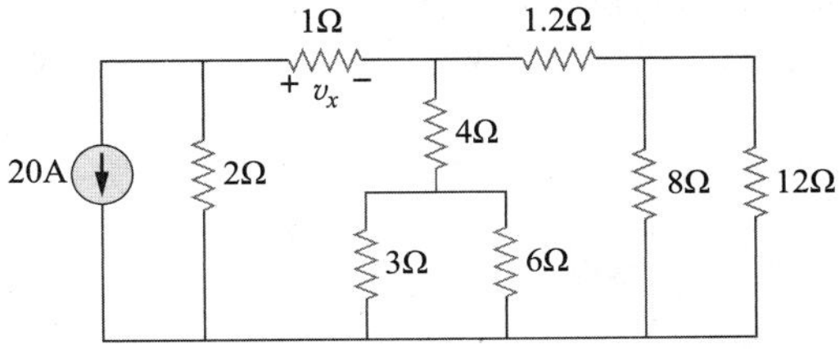

图 2-74　习题 23 图

24　对于图 2-75 所示的电路，试求用 α、R_1、R_2、

R_3 和 R_4 表示的 V_o/V_s，如果 $R_1=R_2=R_3=R_4$，求 α 取何值时，$|V_o/V_s|=10$。

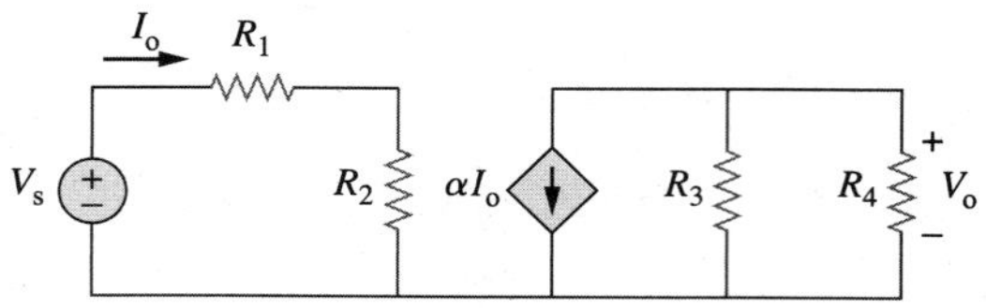

图 2-75　习题 24 图

25　在图 2-76 所示电路中，求流过 20kΩ 电阻的电流、20kΩ 电阻两端的电压，以及所消耗的功率。

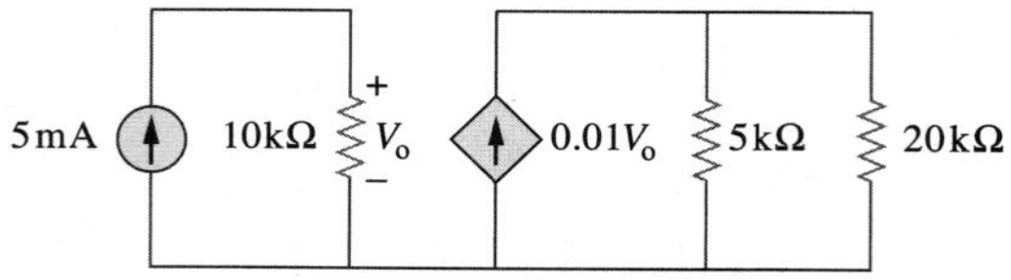

图 2-76　习题 25 图

2.5 节和 2.6 节

26　在图 2-77 所示的电路中，$i_o=3A$，计算 i_x 以及该电路消耗的总功率。

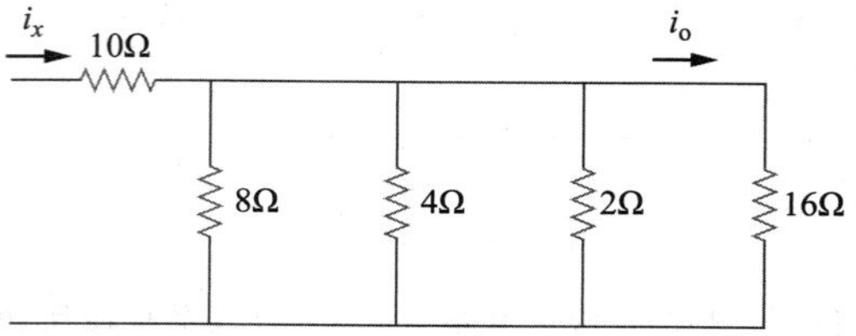

图 2-77　习题 26 图

27　计算图 2-78 所示电路中的 I_o。

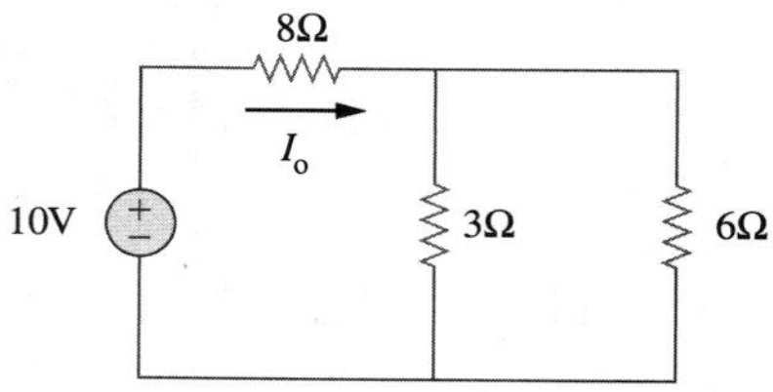

图 2-78　习题 27 图

28　为了更好地理解串联和并联电路，利用图 2-79，设计一个电路问题。**ED**

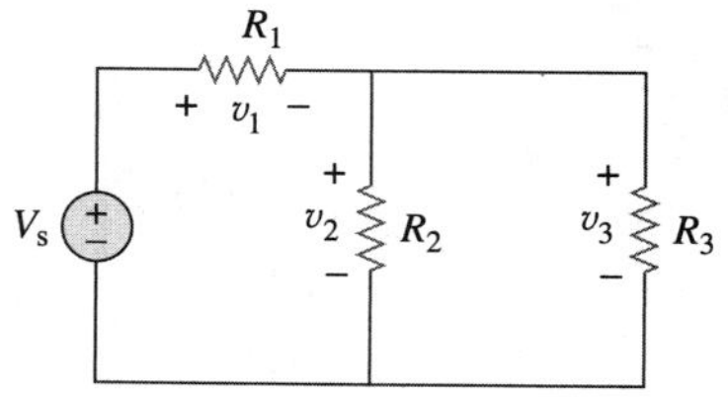

图 2-79　习题 28 图

29　图 2-80 中所有电阻均为 5Ω，求 R_{eq}。

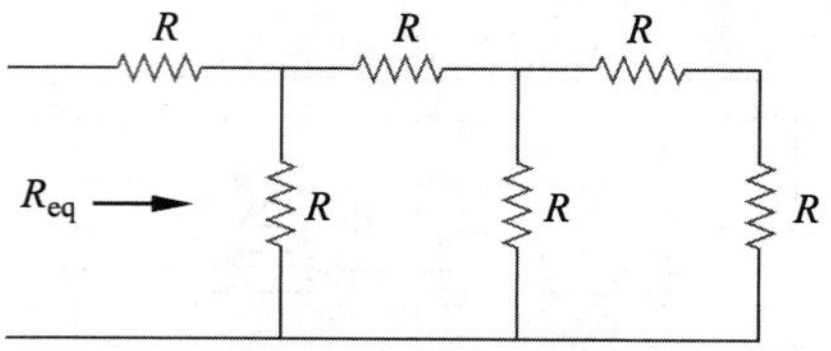

图 2-80　习题 29 图

30　求图 2-81 所示电路中的 R_{eq}。

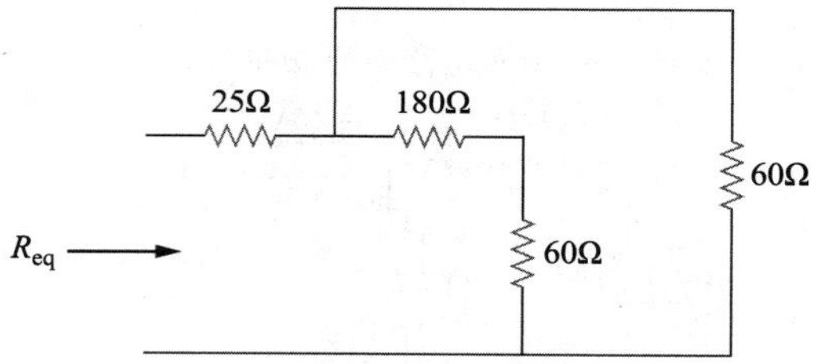

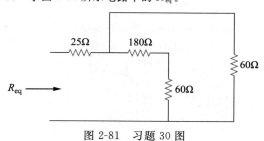

图 2-81　习题 30 图

31　对于图 2-82 所示电路，确定 $i_1 \sim i_5$。

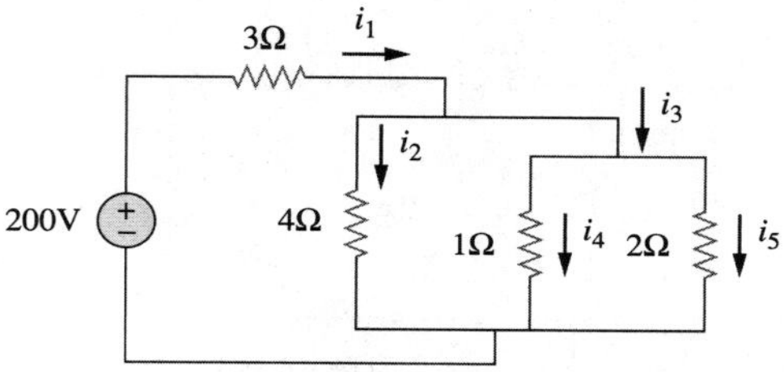

图 2-82　习题 31 图

32　求图 2-83 所示电路中的 $i_1 \sim i_4$。

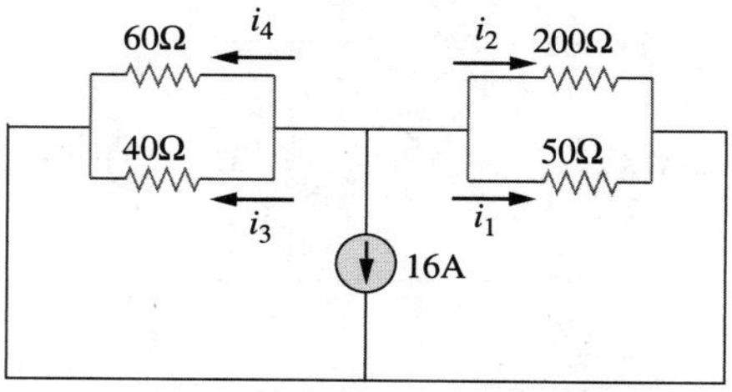

图 2-83　习题 32 图

33　求图 2-84 所示电路中的 v 和 i。

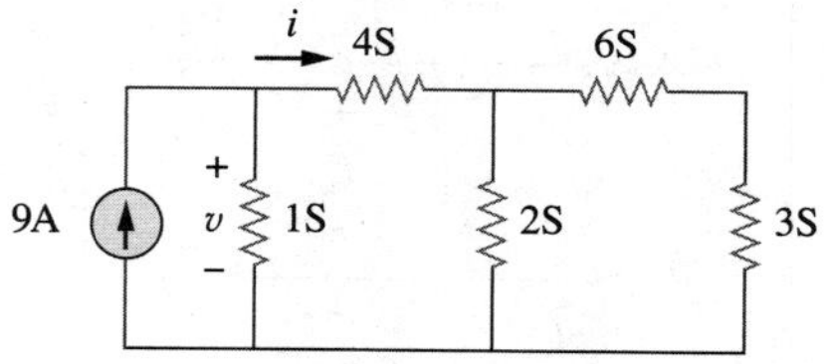

图 2-84　习题 33 图

34　利用电阻的串/并联合并，求出图 2-85 所示电路从电源端看到的等效电阻，并求该电路的总功耗。

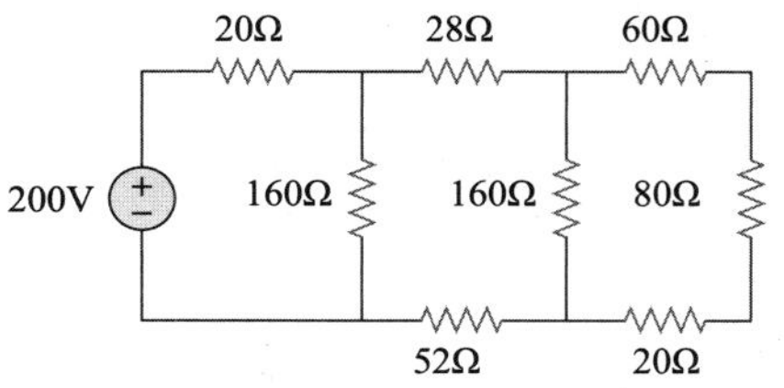

图 2-85　习题 34 图

35　计算图 2-86 所示电路中的 V_o 和 I_o。

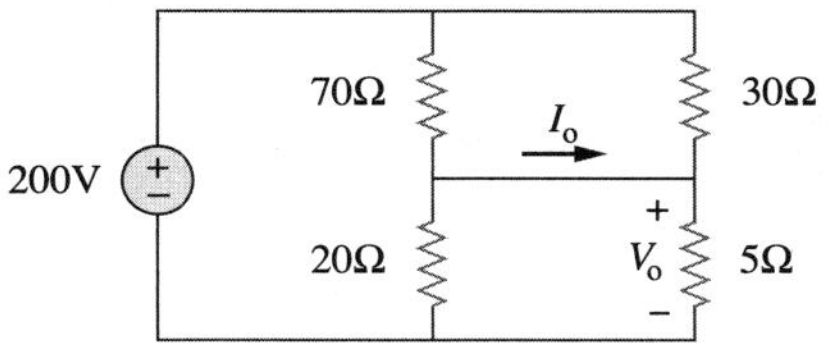

图 2-86　习题 35 图

36　求图 2-87 所示电路中的 i 和 v_o。

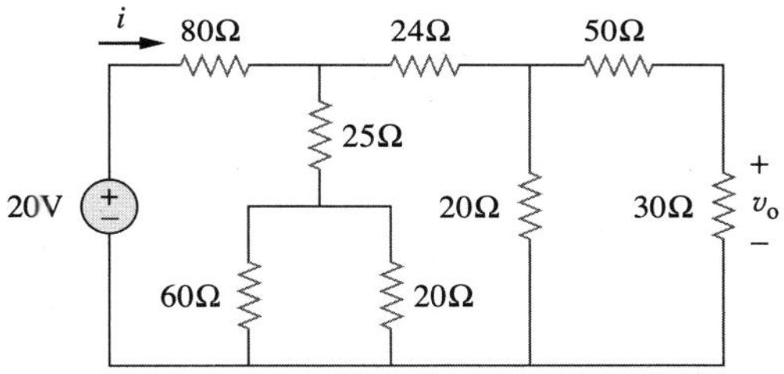

图 2-87　习题 36 图

37　求图 2-88 所示电路中的电阻 R。

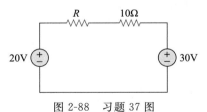

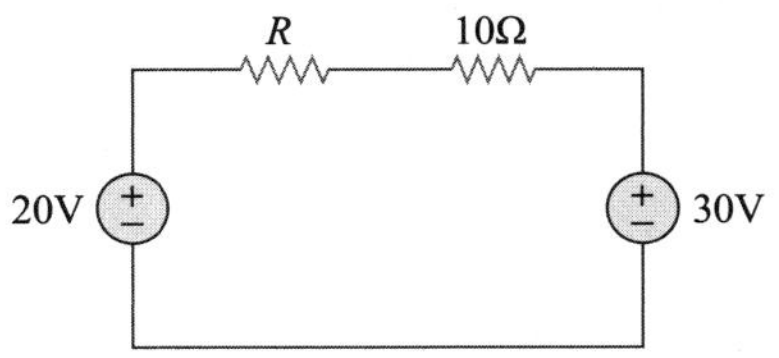

图 2-88　习题 37 图

38　求图 2-89 所示电路中的 i_o 与 R_{eq}。

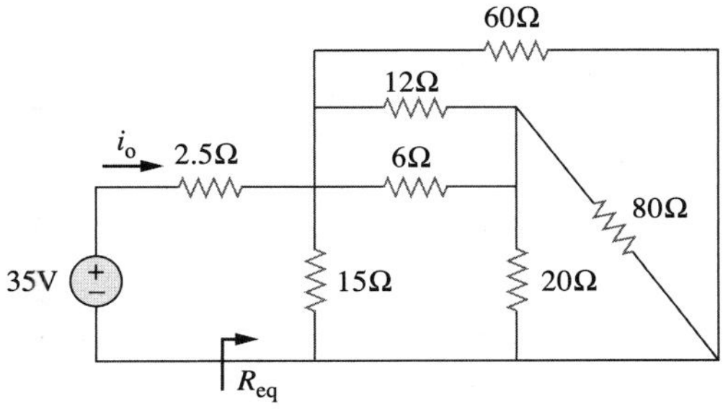

图 2-89　习题 38 图

39　计算图 2-90 所示各电路的等效电阻。

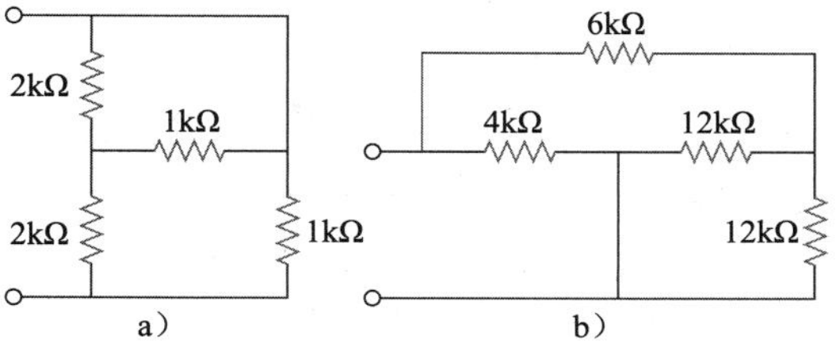

图 2-90　习题 39 图

40　在图 2-91 所示的梯形电路中，求 I 和 R_{eq}。

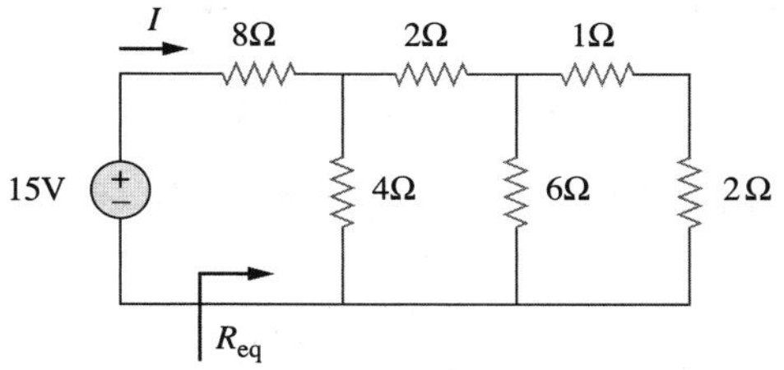

图 2-91　习题 40 图

41　如果图 2-92 所示电路中 $R_{eq}=50\Omega$，求 R。

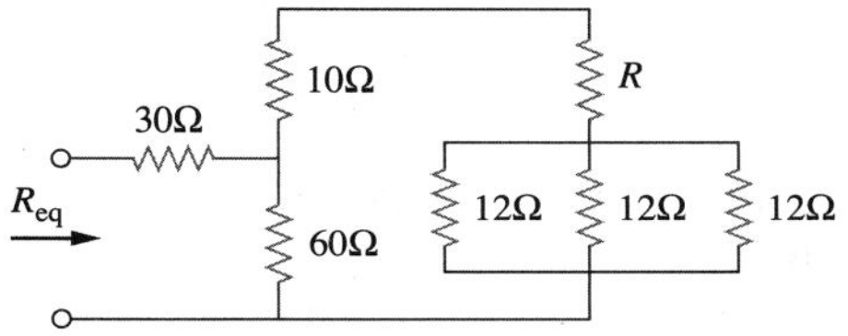

图 2-92　习题 41 图

42　将图 2-93 中各电路简化为 a、b 两端的单电阻电路。

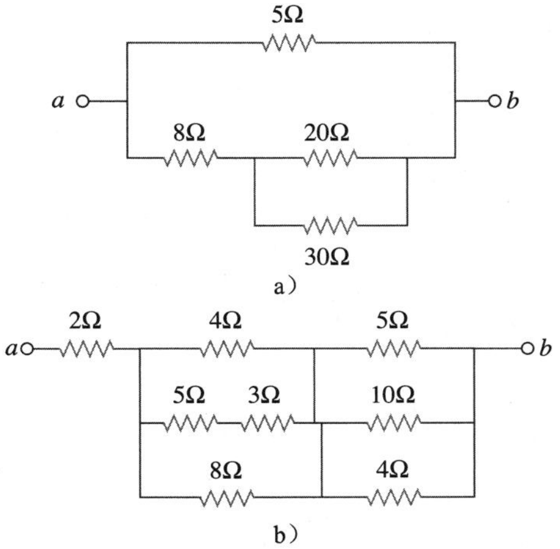

图 2-93　习题 42 图

43　计算图 2-94 所示各电路 a、b 两端的等效电阻 R_{ab}。

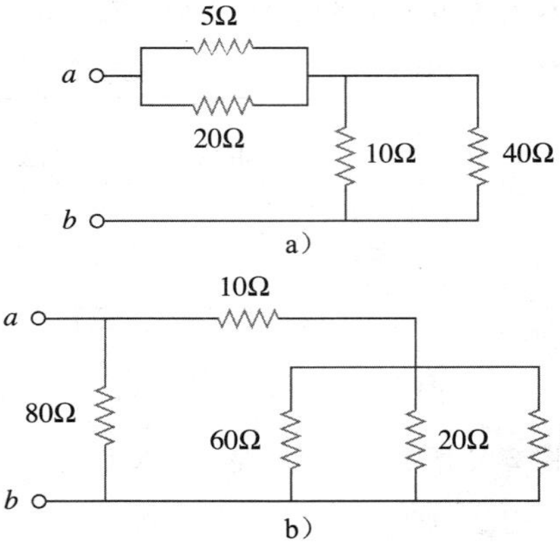

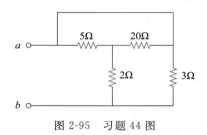

图 2-94　习题 43 图

44　求图 2-95 所示电路 a、b 两端的等效电阻。

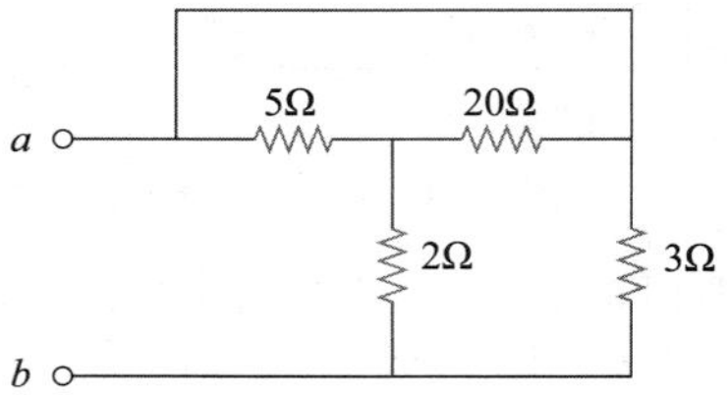

图 2-95　习题 44 图

45　求图 2-96 所示各电路中 a、b 两端的等效电阻。

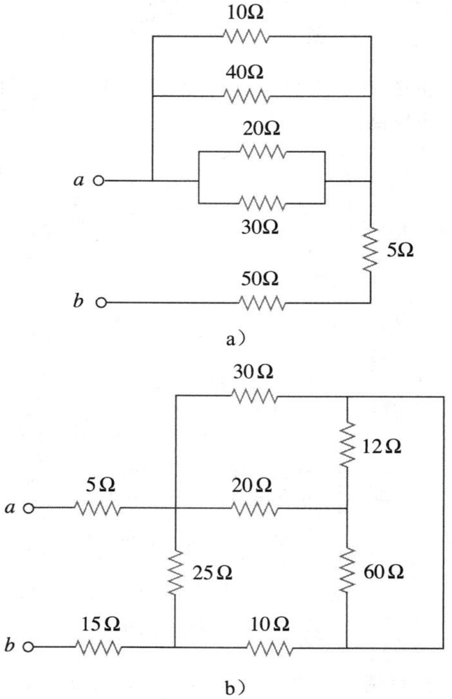

图 2-96　习题 45 图

46　求图 2-97 所示电路中的 I。

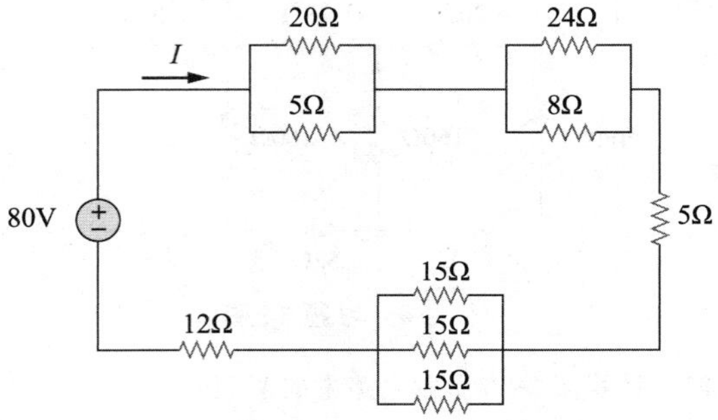

图 2-97　习题 46 图

47　求图 2-98 所示电路中的等效电阻 R_{ab}。

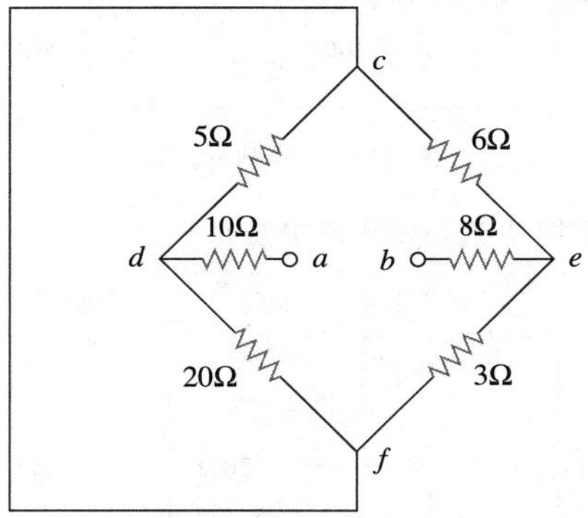

图 2-98　习题 47 图

2.7 节

48　将图 2-99 所示的两个 Y 电路变换为△电路。

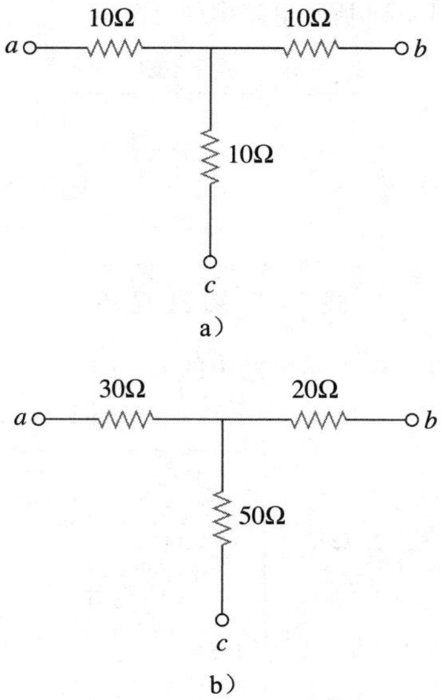

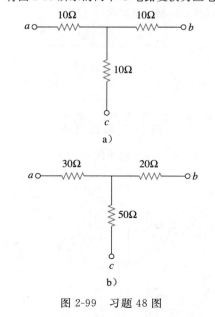

图 2-99　习题 48 图

49　将图 2-100 所示的△电路变换为 Y 电路。

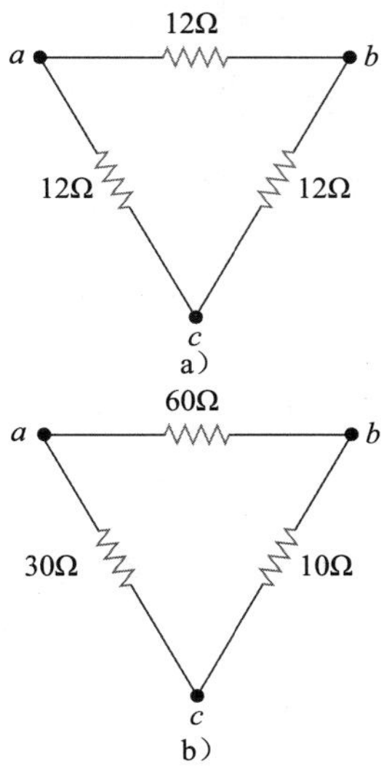

图 2-100　习题 49 图

50　为了更好地理解 Y-△变换，利用图 2-101 所示电路，设计一个电路问题。 **ED**

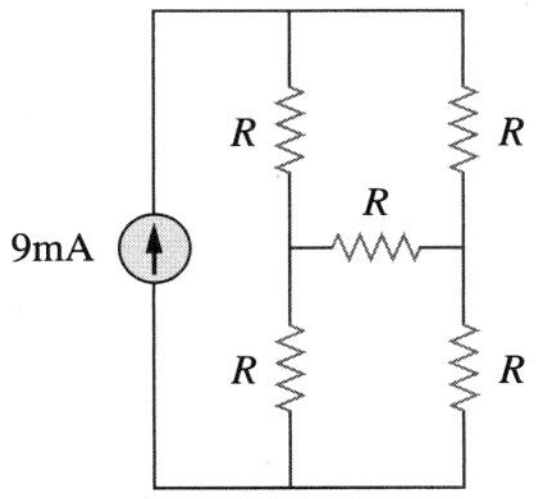

图 2-101　习题 50 图

51　对图 2-102 所示电路，求 a、b 两端的等效电阻。

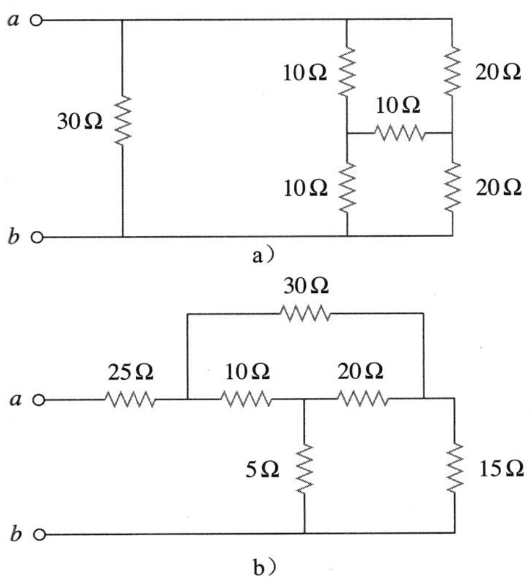

图 2-102　习题 51 图

*52　求图 2-103 所示电路中的等效电阻，该电路中所有电阻均为 3Ω。

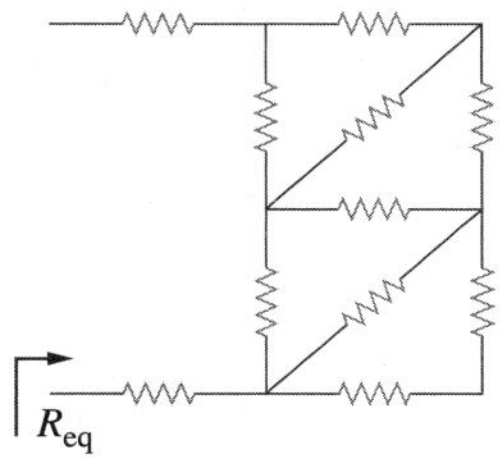

图 2-103　习题 52 图

*53　求图 2-104a 所示各电路中的等效电阻 R_{ab}，在图 2-104b 中所有电阻的阻值均为 30Ω。

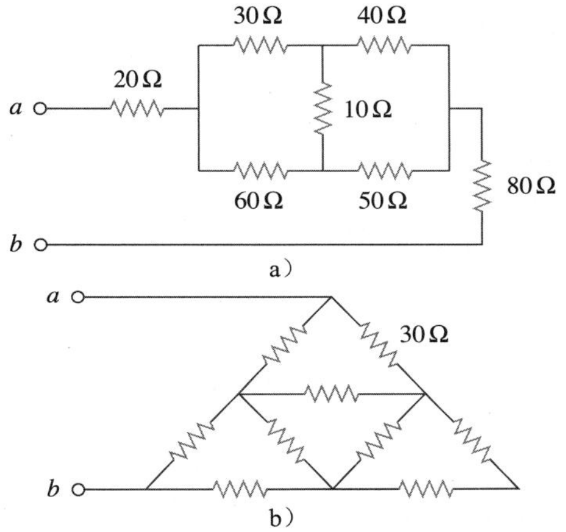

图 2-104　习题 53 图

54　在图 2-105 所示电路中，求：(a) a、b 两端的等效电阻；(b) c、d 两端的等效电阻。

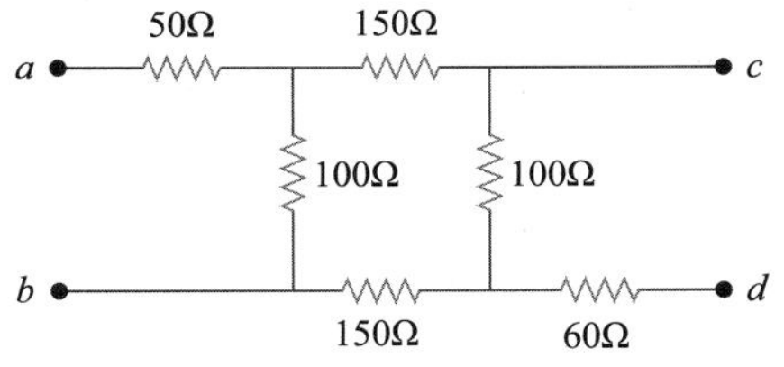

图 2-105　习题 54 图

55　计算图 2-106 所示电路中的 I_o。

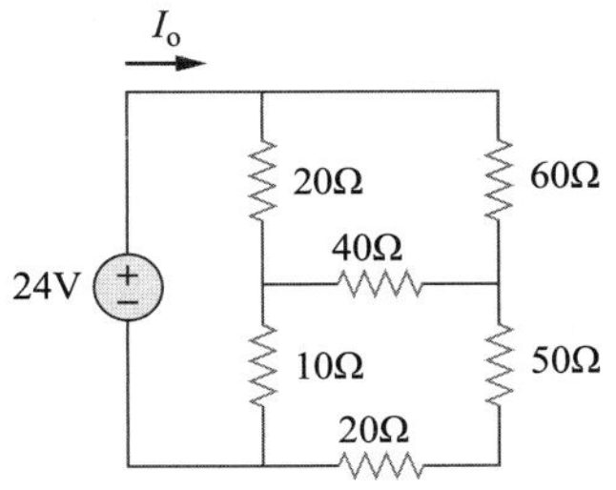

图 2-106　习题 55 图

56　计算图 2-107 所示电路中的 V。

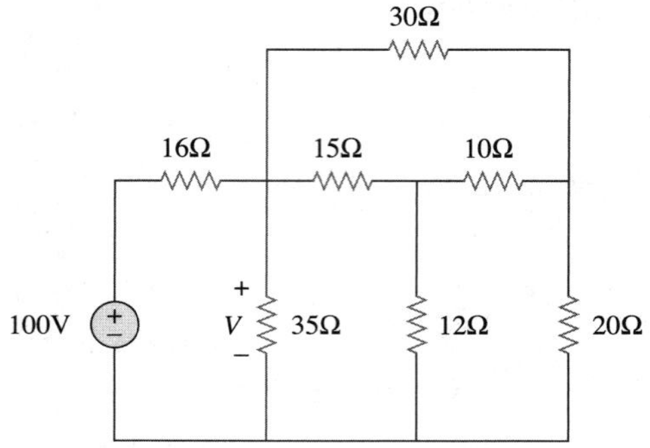

图 2-107　习题 56 图

* 57　求图 2-108 所示电路中的 R_{eq} 与 I。

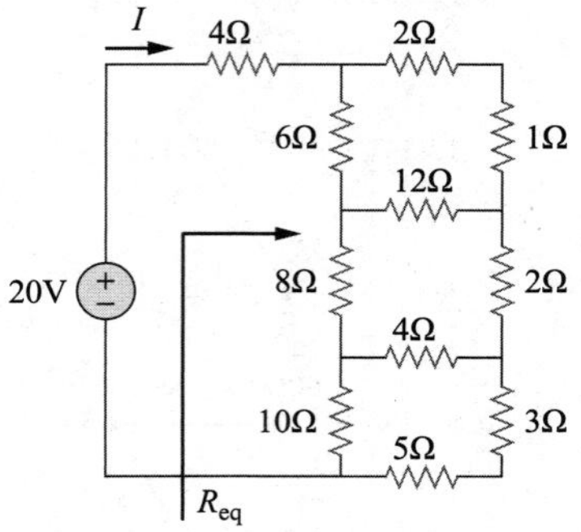

图 2-108　习题 57 图

第3章

分析方法

任何伟大的事业都不是一蹴而就的。拓展一项伟大的科学发现，描绘一幅精美的画卷，创作一首不朽的诗篇，成为著名人物(如一位名垂千古的将军)，这些伟大的目标都需要时间、耐心和毅力。伟大的事业需要点点滴滴地积累，逐步地达成。

——W. J. Wilmont Buxton

拓展事业

电子学领域的职业生涯

电子学是电路分析的应用领域之一。电子学(electronics)这一术语最初用于表示电流极小的电路，但现在的情况并非如此，功率半导体器件就可在大电流下运行。目前认为电子学是电荷在气体、真空或者半导体中运动的科学。现代电子学涉及晶体管和晶体管电路。早期的电路由分立元件组成，现代电路是在半导体基片或者芯片上制成的集成电路。

电子工程师正在检修电路板

(图片来源：Steve Allen/Stockbyte/Getty Images)

电路广泛用于自动化、通信、计算机和仪器仪表等。采用电路的设备数不胜数，收音机、电视机、计算机以及立体声系统等只是电路的几种常见应用。

电子工程师经常会使用、设计或构建由不同电路组成的电子系统，从而实现各种不同的功能。因此，理解并掌握电路的运行与分析方法对于工程师至关重要。电子学已经成为电气工程中不同于其他学科的一门专业学科。由于电子学领域的发展总是最先进的，所以电子工程师必须及时更新知识。做到这一点的最好办法就是成为专业机构中的一员，如成为电气与电子工程师协会(IEEE)的会员。IEEE是全球最大的专业技术协会，会员数量超过300 000，其会员从IEEE每年出版的大量杂志、期刊、学报和会议/论文集中受益匪浅。

3.1 引言

理解了电路理论的基本定律(欧姆定律和基尔霍夫定律)之后，本章将应用这些定律来进行电路分析的两种强大的方法：基于基尔霍夫电流定律(KCL)应用的节点分析法和基于基尔霍夫电压定律(KVL)应用的网孔分析法。这两种电路分析方法非常重要，所以本章是本书中最为重要的一章，学生应该给予足够的重视。

采用本章介绍的两种分析方法可以分析任意线性电路，通过获得一组联立方程组，求解得到所需的电流值或电压值。求解联立线性方程组的一种方法是克莱姆法则，即利用方程组中系数行列式的商来计算电路变量；另一种求解联立方程组的方法是应用MATLAB。

3.2 节点分析方法

节点分析法是利用节点电压作为电路变量进行电路分析。选择节点电压来代替元件电压作为电路变量使得分析过程更为方便，同时也会减少联立方程组中方程的数量。

提示：节点分析法也称为节点电压法。

为简单起见，假设本节所分析的电路不包含电压源，而包含电压源的电路分析将在下一节予以讨论。

节点分析法就是求出节点电压，假设电路中包含 n 个节点，且不包含电压源，则电路的节点分析可按照以下三个步骤完成：

1. 选择一个节点作为参考节点，其余 $(n-1)$ 个节点电压分别是 v_1，v_2，…，v_{n-1}。这些电压都是相对于参考节点的电位。

2. 对 $(n-1)$ 个非参考节点应用 KCL 列写方程组，此时需根据欧姆定律用节点电压来表示各支路电流。

3. 求解联立线性方程组从而求得未知节点的电压。

下面对上述三个步骤进行解释和应用。

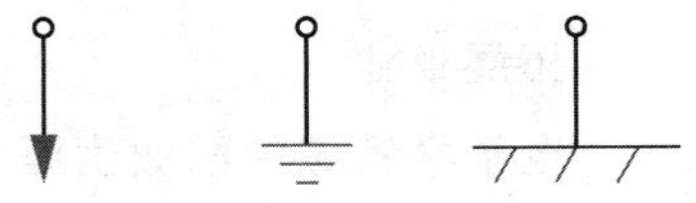

a）公共地　　b）地　　c）机壳地

图 3-1　表示参考节点的常用符号

节点分析法的第一步是选取一个节点作为**参考节点**（reference node）或**已知节点**（datum node），参考节点电位为零，通常称为**地**（ground）。参考节点可以用图 3-1 所示的三个符号表示。图 3-1c 所示的接地类型称为**机壳地**（chassis ground），通常用于箱体、机壳或底盘这类作为所有电路参考节点的设备中。当以地作为参考电位时，则采用图 3-1a 或图 3-1b 的地（earth ground）符号表示。本书将采用图 3-1b 所示的接地符号。

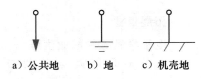

一旦选定了参考节点，就可以为非参考节点指定电压，例如在图 3-2a 所示电路中，节点 0 为参考节点（$v=0$），而节点 1 和节点 2 的电压分别指定为 v_1 和 v_2。记住，节点电压总是相对于参考节点定义的，每个节点电压为从参考节点到相应的非参考节点的电压升，即该节点相对于参考节点的电压。

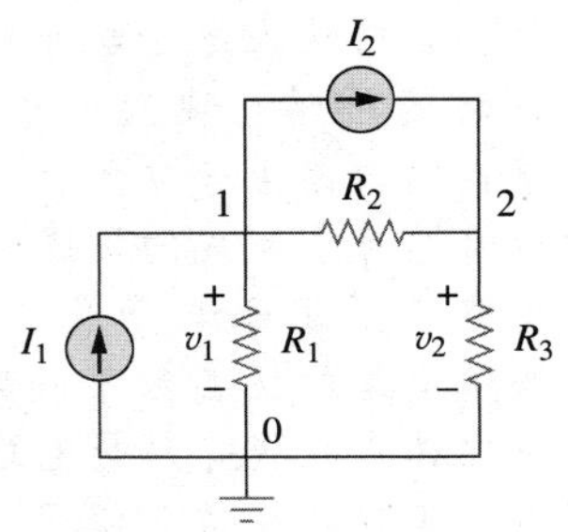

a）

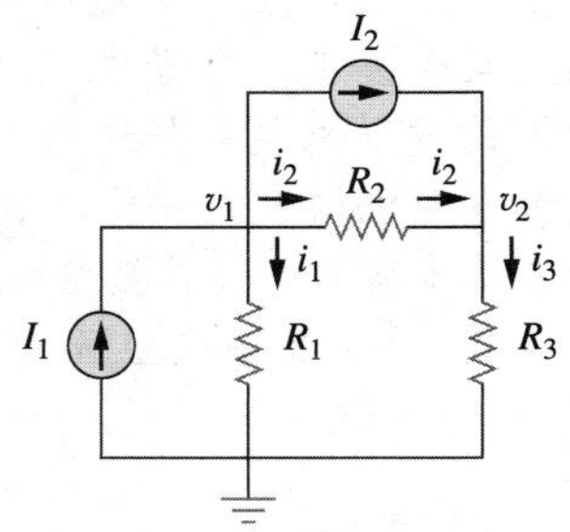

b）

图 3-2　应用节点分析法的典型电路

提示：非参考节点的个数等于独立方程的个数。

节点分析法的第二步是对每个非参考节点应用 KCL 列方程组，为了避免在同一电路中符号过多，现将图 3-2a 所示电路重画成图 3-2b，并在图中增加了电流 i_1、i_2 和 i_3 分别表示流过电阻 R_1、R_2 和 R_3 的电流。对节点 1 应用 KCL 定律，有

$$I_1=I_2+i_1+i_2 \tag{3.1}$$

对于节点 2 有：

$$I_2+i_2=i_3 \tag{3.2}$$

接着根据欧姆定律用节点电压来表示未知电流 i_1、i_2 和 i_3。必须牢记的一点是，由于电阻是无源元件，所以按照关联参考方向，电流总是从高电位流向低电位。

通过电阻的电流总是由高电位向低电位流动。

可将上述原理表示为

$$\boxed{i=\frac{v_{\text{higher}}-v_{\text{lower}}}{R}} \tag{3.3}$$

注意，该原理与第 2 章中对电阻的定义是一致的（见图 2-1）。于是，由图 3-2b 可得

$$i_1=\frac{v_1-0}{R_1}\quad 或者\quad i_1=G_1v_1$$

$$i_2=\frac{v_1-v_2}{R_2} \quad 或者 \quad i_2=G_2(v_1-v_2)$$
$$i_3=\frac{v_2-0}{R_3} \quad 或者 \quad i_3=G_3v_2 \tag{3.4}$$

将式(3.4)代入式(3.1)与式(3.2)，分别得到

$$I_1=I_2+\frac{v_1}{R_1}+\frac{v_1-v_2}{R_2} \tag{3.5}$$

$$I_2+\frac{v_1-v_2}{R_2}=\frac{v_2}{R_3} \tag{3.6}$$

采用电导表示时，式(3.5)与式(3.6)变为

$$I_1=I_2+G_1v_1+G_2(v_1-v_2) \tag{3.7}$$
$$I_2+G_2(v_1-v_2)=G_3v_2 \tag{3.8}$$

节点分析法的第三步是求解节点电压。如果对$(n-1)$个非参考节点应用 KCL，就可以得到$(n-1)$个联立方程组。在上例中，有两个非参考节点，得到式(3.5)和式(3.6)或者式(3.7)和式(3.8)两个联立方程组。对于图 3-2 所示电路，利用代入法、消元法、克莱姆法则或矩阵求逆法等标准方法求解式(3.5)与式(3.6)或者式(3.7)与式(3.8)，就可以得到节点电压 v_1 与 v_2。采用后两种方法时，必须将联立方程表示成矩阵形式，例如，式(3.7)与式(3.8)以矩阵形式表示为

$$\begin{bmatrix} G_1+G_2 & -G_2 \\ -G_2 & G_2+G_3 \end{bmatrix}\begin{bmatrix} v_1 \\ v_2 \end{bmatrix}=\begin{bmatrix} I_1-I_2 \\ I_2 \end{bmatrix} \tag{3.9}$$

解之即得到 v_1 与 v_2。式(3.9)的一般形式将在 3.6 节中讨论，求解联立方程还可以借助于计算器或计算机软件，如 MATLAB、Mathcad、Maple 和 Quattro Pro 等。

例 3-1 计算图 3-3a 所示电路中各节点的电压。

解： 在图 3-3a 中标出相应的电压、电流，得到用于分析的图 3-3b。应该注意应用 KCL 时电流的选取方法，图中除了电流源支路外，其余电流的方向标记可以是任意的，但必须保持一致(例如，若 i_2 由左边流入 4Ω 的电阻，则 i_2 必须从电阻的右边流出该电阻)，选定参考节点后，图中的 v_1、v_2 即为所求的相应于参考节点的电压。

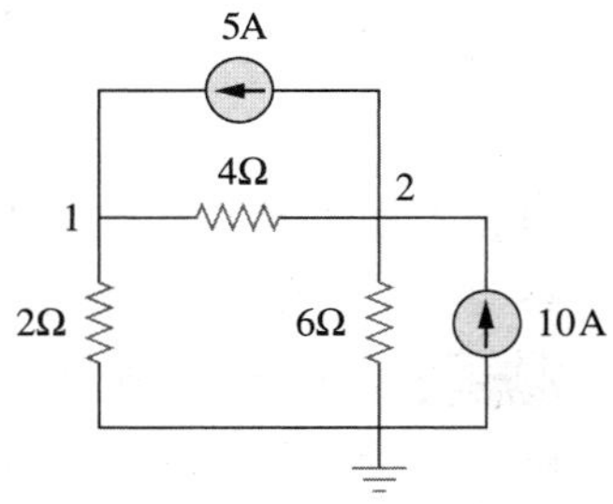

a）原电路

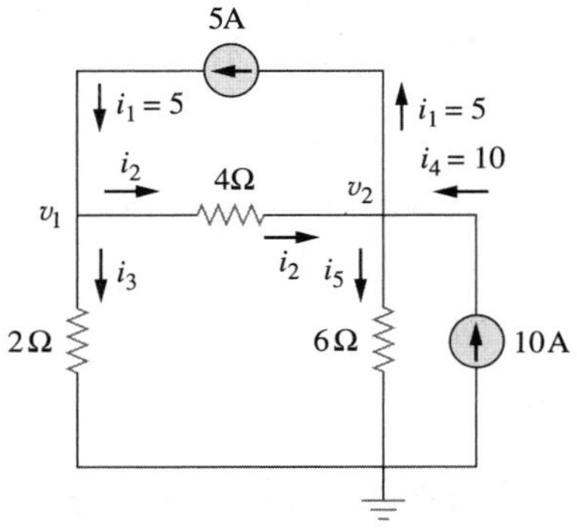

b）用于分析的电路

图 3-3 例 3-1 图

对于节点 1，应用 KCL 和欧姆定律可得

$$i_1=i_2+i_3 \quad \Rightarrow \quad 5=\frac{v_1-v_2}{4}+\frac{v_1-0}{2}$$

将后一个方程的两边同乘以 4，得

$$20=v_1-v_2+2v_1$$

即

$$3v_1-v_2=20 \tag{3.1.1}$$

对于节点 2，同理可得

$$i_2+i_4=i_1+i_5 \quad \Rightarrow \quad \frac{v_1-v_2}{4}+10=5+\frac{v_2-0}{6}$$

两边同乘以 12，得

$$3v_1-3v_2+120=60+2v_2$$

即

$$-3v_1+5v_2=60 \tag{3.1.2}$$

于是，得到两个联立的方程式(3.1.1)与式(3.1.2)，采用以下任何一种解法均可求出电压 v_1 与 v_2。

方法 1 采用消元法，将式(3.1.1)和式(3.1.2)相加，得到

$$4v_2=80 \quad \Rightarrow \quad v_2=20\text{V}$$

将 $v_2=20\text{V}$ 代入式(3.1.1)，得到

$$3v_1-20=20 \quad \Rightarrow \quad v_1=\frac{40}{3}=13.333(\text{V})$$

方法 2 利用克莱姆法则，将式(3.1.1)与式(3.1.2)写成矩阵形式

$$\begin{bmatrix} 3 & -1 \\ -3 & 5 \end{bmatrix}\begin{bmatrix} v_1 \\ v_2 \end{bmatrix}=\begin{bmatrix} 20 \\ 60 \end{bmatrix} \tag{3.1.3}$$

系数矩阵行列式的值为

$$\Delta=\begin{vmatrix} 3 & -1 \\ -3 & 5 \end{vmatrix}=15-3=12$$

于是，v_1 与 v_2 分别为

$$v_1=\frac{\Delta_1}{\Delta}=\frac{\begin{vmatrix} 20 & -1 \\ 60 & 5 \end{vmatrix}}{\Delta}=\frac{100+60}{12}=13.333(\text{V})$$

$$v_2=\frac{\Delta_2}{\Delta}=\frac{\begin{vmatrix} 3 & 20 \\ -3 & 60 \end{vmatrix}}{\Delta}=\frac{180+60}{12}=20(\text{V})$$

与采用消元法得到的结果相同。

如果要求电流值，则由节点电压值可以很容易地得到。

$$i_1=5\text{A}, \quad i_2=\frac{v_1-v_2}{4}=-1.6668(\text{A}), \quad i_3=\frac{v_1}{2}=6.666(\text{A}),$$

$$i_4=10\text{A}, \quad i_5=\frac{v_2}{6}=3.333(\text{A})$$

得到 i_2 为负值，表明其方向与假定的参考方向相反。◀

练习 3-1 求图 3-4 所示电路的节点电压。 **答案**：$v_1=-6\text{V}$，$v_2=-42\text{V}$。

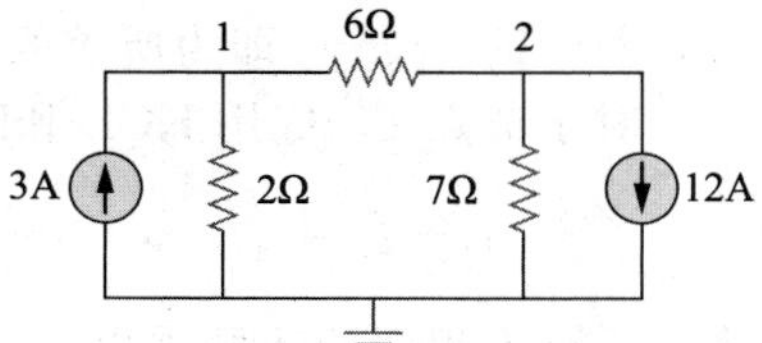

图 3-4 练习 3-1 图

例 3-2 求图 3-5a 所示电路的节点电压。

解：与例 3-1 电路包括两个非参考节点不同，本例电路中有三个非参考节点。三个节点电压 v_1、v_2、v_3 以及各支路电流的标记如图 3-5b 所示。

对于节点 1，有

$$3=i_1+i_x \quad \Rightarrow \quad 3=\frac{v_1-v_3}{4}+\frac{v_1-v_2}{2}$$

两边同时乘以 4，并移项整理得

$$3v_1-2v_2-v_3=12 \tag{3.2.1}$$

对于节点 2，有

$$i_x=i_2+i_3 \quad \Rightarrow \quad \frac{v_1-v_2}{2}=\frac{v_2-v_3}{8}+\frac{v_2-0}{4}$$

两边同乘以 8 并移项整理得

$$-4v_1+7v_2-v_3=0 \tag{3.2.2}$$

对于节点 3，有

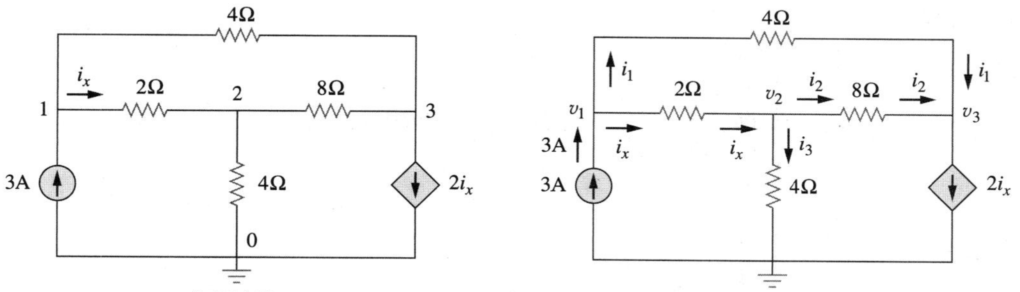

a）原电路　　　　b）用于分析的电路

图 3-5　例 3-2 图

$$i_1+i_2=2i_x \quad \Rightarrow \quad \frac{v_1-v_3}{4}+\frac{v_2-v_3}{8}=\frac{2(v_1-v_2)}{2}$$

两边同乘以 8，移项整理后再除以 3，得到

$$2v_1-3v_2+v_3=0 \tag{3.2.3}$$

于是，得到三个用于求解节点电压 v_1、v_2 和 v_3 的联立方程。下面将采用三种方法求解方程组。

方法 1　采用消元法，将式(3.2.1)与式(3.2.3)相加，得到

$$5v_1-5v_2=12$$

即

$$v_1-v_2=\frac{12}{5}=2.4(\mathrm{V}) \tag{3.2.4}$$

将式(3.2.2)与式(3.2.3)相加，得到

$$-2v_1+4v_2=0 \quad \Rightarrow \quad v_1=2v_2 \tag{3.2.5}$$

将式(3.2.5)代入式(3.2.4)，有

$$2v_2-v_2=2.4 \quad \Rightarrow \quad v_2=2.4\mathrm{V},\ v_1=2v_2=4.8(\mathrm{V})$$

由式(3.2.3)可得

$$v_3=3v_2-2v_1=3v_2-4v_2=-v_2=-2.4(\mathrm{V})$$

综上，

$$v_1=4.8\mathrm{V}, \quad v_2=2.4\mathrm{V},\ v_3=-2.4\mathrm{V}$$

方法 2　利用克莱姆法则，将式(3.2.1)与式(3.2.3)写成矩阵形式。

$$\begin{bmatrix} 3 & -2 & -1 \\ -4 & 7 & -1 \\ 2 & -3 & 1 \end{bmatrix}\begin{bmatrix} v_1 \\ v_2 \\ v_3 \end{bmatrix}=\begin{bmatrix} 12 \\ 0 \\ 0 \end{bmatrix} \tag{3.2.6}$$

由此可得：

$$v_1=\frac{\Delta_1}{\Delta}, \quad v_2=\frac{\Delta_2}{\Delta}, \quad v_3=\frac{\Delta_3}{\Delta}$$

式中，Δ、Δ_1、Δ_2 和 Δ_3 为待计算的行列式。计算 3×3 矩阵的行列式时，应重复添加该矩阵的前两行，并交叉相乘，具体过程如下所示：

$$\Delta=\begin{vmatrix} 3 & -2 & -1 \\ -4 & 7 & -1 \\ 2 & -3 & 1 \end{vmatrix}=\begin{vmatrix} 3 & -2 & -1 \\ -4 & 7 & -1 \\ 2 & -3 & 1 \\ 3 & -2 & -1 \\ -4 & 7 & -1 \end{vmatrix}=21-12+4+14-9-8=10$$

同理，可以得到

$$\Delta_1=\begin{vmatrix}12 & -2 & -1\\ 0 & 7 & -1\\ 0 & -3 & 1\\ 12 & -2 & -1\\ 0 & 7 & -1\end{vmatrix}=84+0+0-0-36-0=48$$

$$\Delta_2=\begin{vmatrix}3 & 12 & -1\\ -4 & 0 & -1\\ 2 & 0 & 1\\ 3 & 12 & -1\\ -4 & 0 & -1\end{vmatrix}=0+0-24-0-0+48=24$$

$$\Delta_3=\begin{vmatrix}3 & -2 & 12\\ -4 & 7 & 0\\ 2 & -3 & 0\\ 3 & -2 & 12\\ -4 & 7 & 0\end{vmatrix}=0+144+0-168-0-0=-24$$

于是得到

$$v_1=\frac{\Delta_1}{\Delta}=\frac{48}{10}=4.8(\mathrm{V}),\qquad v_2=\frac{\Delta_2}{\Delta}=\frac{24}{10}=2.4(\mathrm{V}),\qquad v_3=\frac{\Delta_3}{\Delta}=\frac{-24}{10}=-2.4(\mathrm{V})$$

与采用方法 1 所得的结果相同。

方法 3　利用 MATLAB 求解矩阵，式(3.2.6)可以写为

$$\boldsymbol{AV}=\boldsymbol{B}\quad\Rightarrow\quad\boldsymbol{V}=\boldsymbol{A}^{-1}\boldsymbol{B}$$

式中，$\boldsymbol{A}$ 为 3×3 方阵，$\boldsymbol{B}$ 为列向量，$\boldsymbol{V}$ 为由所要求的 v_1，v_2 和 v_3 组成的列向量。利用 MATLAB 计算 $\boldsymbol{V}$ 的程序如下：

```
>> A=[3 -2 -1; -4 7 -1;  2 -3  1];
>> B=[12 0 0]';
>> V= inv(A)* B
       4.8000
   V=  2.4000
      -2.4000
```

于是，$v_1=4.8\mathrm{V}$，$v_2=2.4\mathrm{V}$，$v_3=2.4\mathrm{V}$。与采用前两种方法得到的结果相同。◀

练习 3-2　求图 3-6 所示电路中三个非参考节点的电压。

答案： $v_1=32\mathrm{V}$，$v_2=-25.6\mathrm{V}$，$v_3=62.4\mathrm{V}$。

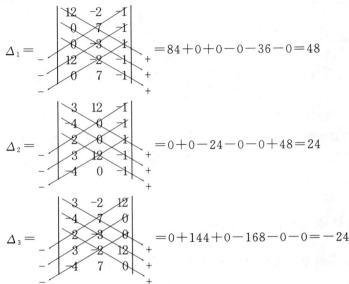

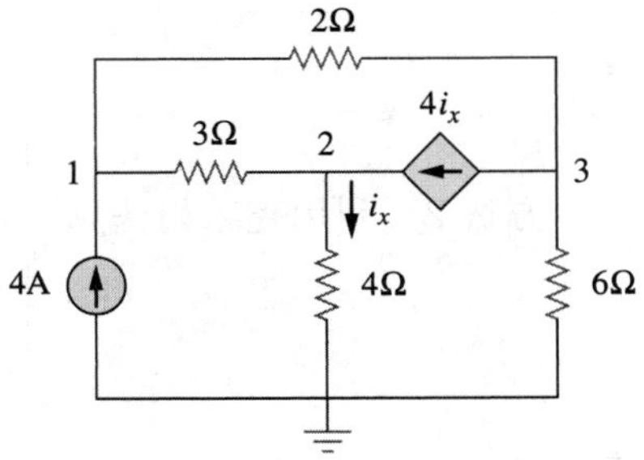

图 3-6　练习 3-2 图

3.3　含有电压源电路的节点分析法

下面讨论电压源对节点分析法的影响。以图 3-7 所示的电路为例，分以下两种情况进行讨论。

第 1 种情况　如果电压源接在参考节点与非参考节点之间，那么非参考节点的电压就等于电压源的电压。例如，在图 3-7 中，

$$v_1=10\mathrm{V}\tag{3.10}$$

因此，在这种情况下可以简化电路的分析。

第 2 种情况 如果电压源(独立源或受控源)接在两个非参考节点之间，则这两个非参考节点构成一个超节点(super node)。此时可以采用 KCL 和 KVL 确定节点电压。

超节点由两个非参考节点和其间的电压源(独立源或受控源)，以及与之并联的元件所组成。

提示： *超节点可以看成是包含电压源及其两个节点的一个封闭界面。*

在图 3-7 中，节点 2 和节点 3 组成了一个超节点(超节点可以由两个以上节点组成，如图 3-14 所示电路)。仍然可以采用上一节介绍的三个步骤分析含有超节点的电路，只是对超节点的处理方法有所不同。这是因为节点分析法的基本要素是应用 KCL，要求流过各元件的电流已知，而在超节点中，并不知道流过电压源的电流。但是，与普通节点一样，在超节点处必须满足 KCL。因此，在图 3-7 中的超节点处，

$$i_1+i_4=i_2+i_3 \tag{3.11a}$$

即

$$\frac{v_1-v_2}{2}+\frac{v_1-v_3}{4}=\frac{v_2-0}{8}+\frac{v_3-0}{6} \tag{3.11b}$$

为了对图 3-7 中的超节点应用基尔霍夫电压定律，现将该节点重新画于图 3-8 中，顺时针方向环绕回路一周，得到

$$-v_2+5+v_3=0 \quad \Rightarrow \quad v_2-v_3=5 \tag{3.12}$$

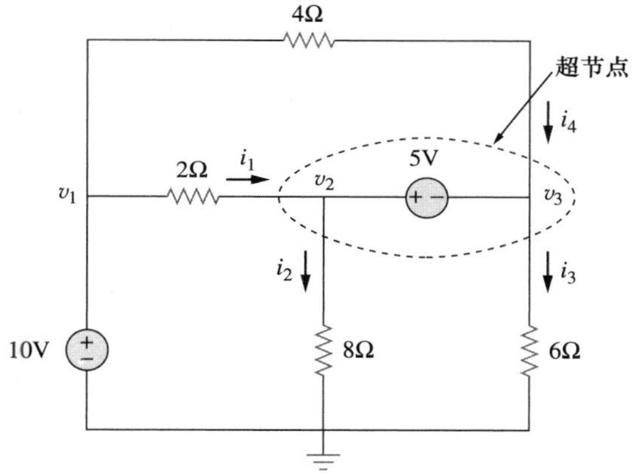

图 3-7 有超节点的电路

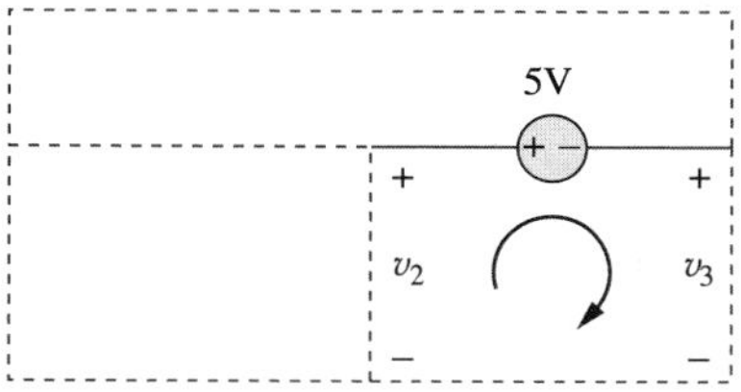

图 3-8 对超节点应用 KVL

由式(3.10)、式(3.11b)和式(3.12)就可以求得节点电压。

超节点具有如下三个属性：

1. 超节点内的电压源提供了一个求解节点电压所需的约束方程。
2. 超节点本身没有电压。
3. 超节点电路的求解要同时利用 KCL 和 KVL。

例 3-3 求图 3-9 所示电路中的节点电压。

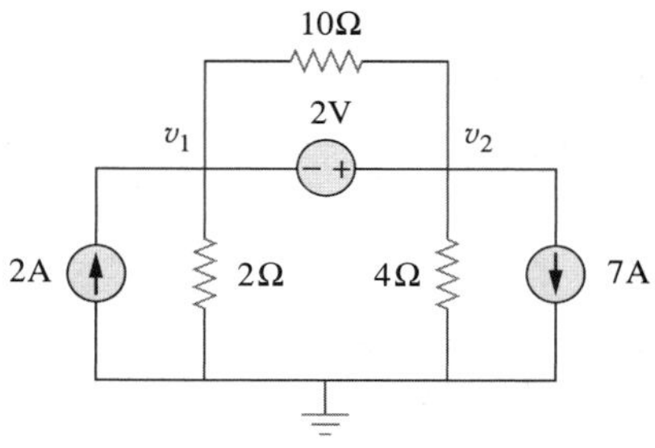

图 3-9 例 3-3 图

解： 该电路中的超节点包含 2V 电压源、节点 1、节点 2 以及 10Ω 电阻。对图 3-10a 所示电路中的超节点应用 KCL，可得

$$2=i_1+i_2+7$$

用节点电压表示 i_1 和 i_2，有

$$2=\frac{v_1-0}{2}+\frac{v_2-0}{4}+7 \quad \Rightarrow \quad 8=2v_1+v_2+28$$

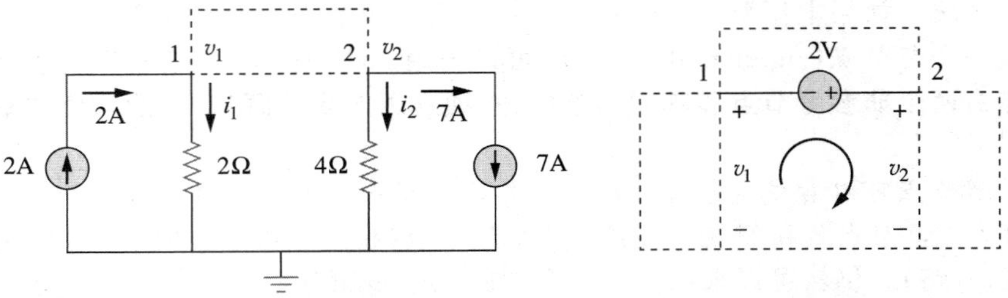

a）对超节点应用KCL　　b）对回路应用KVL

图 3-10　例 3-3 分析过程

即

$$v_2=-20-2v_1 \tag{3.3.1}$$

为了得到 v_1 与 v_2 之间的关系，对图 3-10b 所示的电路应用 KVL，绕回路一周可得：

$$-v_1-2+v_2=0 \quad \Rightarrow \quad v_2=v_1+2 \tag{3.3.2}$$

由式(3.3.1)与式(3.3.2)可得

$$v_2=v_1+2=-20-2v_1$$

即

$$3v_1=-22 \quad \Rightarrow \quad v_1=-7.333(\mathrm{V})$$

并且 $v_2=v_1+2=-7.333(\mathrm{V})$。注意，10Ω 电阻对电路的节点电压没有任何影响，因为它连接在超节点两端。◀

练习 3-3　求图 3-11 所示电路中的 v 与 i。　**答案：** $-400\mathrm{mV}$，2.8A。

例 3-4 求图 3-12 所示电路中的节点电压。

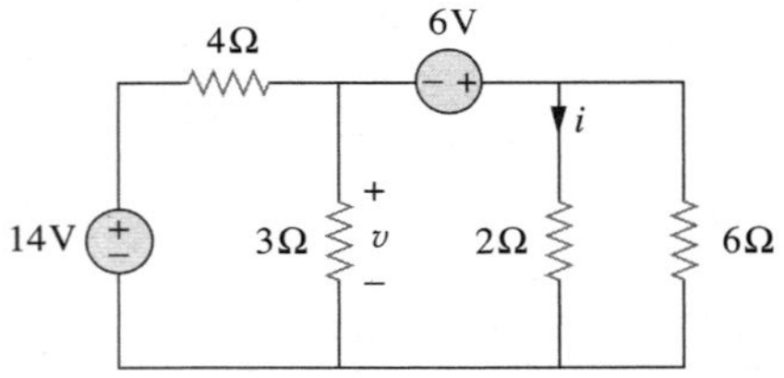

图 3-11　练习 3-3 图

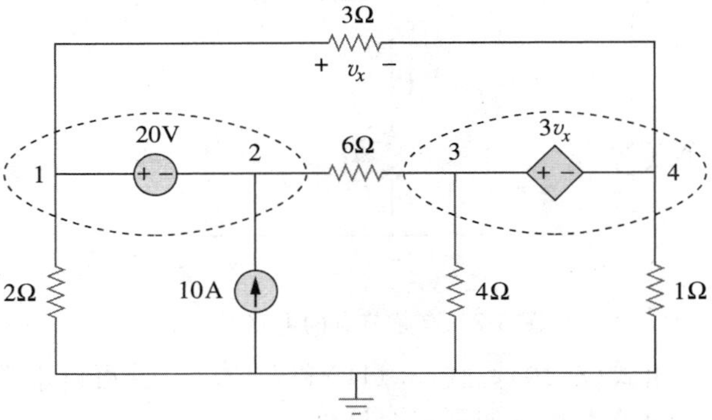

图 3-12　例 3-4 图

解： 节点 1 和节点 2 组成一个超节点，节点 3 和节点 4 也组成一个超节点，对这两个超节点分别应用 KCL，如图 3-13a 所示。在超节点 1、超节点 2 处，有

$$i_3+10=i_1+i_2$$

用节点电压表示上式可得

$$\frac{v_3-v_2}{6}+10=\frac{v_1-v_4}{3}+\frac{v_1}{2}$$

即

$$5v_1+v_2-v_3-2v_4=60 \tag{3.4.1}$$

在超节点 3、4 处有

$$i_1=i_3+i_4+i_5 \quad \Rightarrow \quad \frac{v_1-v_4}{3}=\frac{v_3-v_2}{6}+\frac{v_4}{1}+\frac{v_3}{4}$$

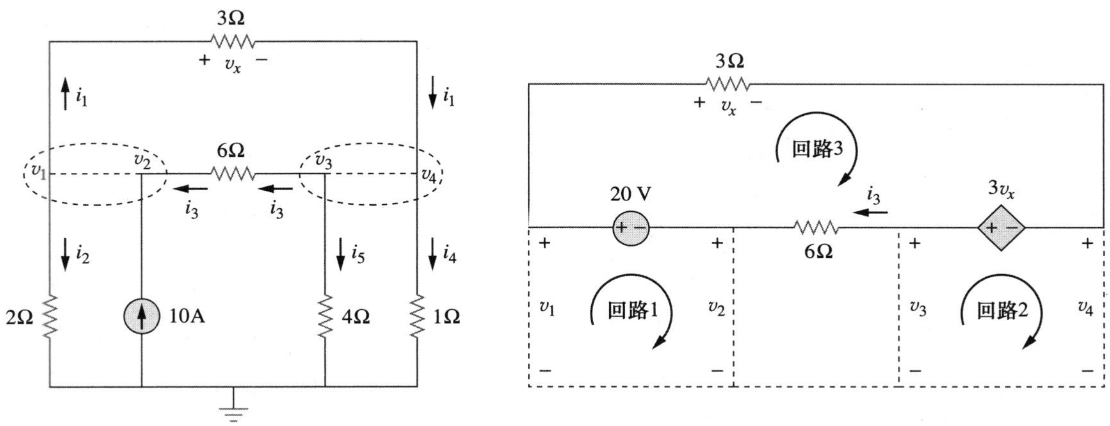

a）对两个超节点应用KCL　　b）对回路应用KVL

图 3-13　例 3-4 分析过程

即

$$4v_1+2v_2-5v_3-16v_4=0 \tag{3.4.2}$$

下面对包含电压源的支路应用 KVL，如图 3-13b 所示。对于回路 1，有

$$-v_1+20+v_2=0 \quad \Rightarrow \quad v_1-v_2=20 \tag{3.4.3}$$

对于回路 2，有

$$-v_3+3v_x+v_4=0$$

但是，由于 $v_x=v_1-v_4$，所以

$$3v_1-v_3-2v_4=0 \tag{3.4.4}$$

对于回路 3，有

$$v_x-3v_x+6i_3-20=0$$

因为 $6i_3=v_3-v_2$ 并且 $v_x=v_1-v_4$，所以

$$-2v_1-v_2+v_3+2v_4=20 \tag{3.4.5}$$

需要求解的四个节点电压为 v_1、v_2、v_3 和 v_4，只需从式(3.4.1)～式(3.4.5)的五个方程中选取四个即可联立求解。虽然第五个方程是多余的，但可以用它来检验结果的正确性。可以直接利用 MATLAB 求解式(3.4.1)～式(3.4.4)，也可以消去其中的一个节点电压，求解三个联立方程。由式(3.4.3)可得 $v_2=v_1-20$，将该式分别代入式(3.4.1)与式(3.4.2)，得到

$$6v_1-v_3-2v_4=80 \tag{3.4.6}$$

以及

$$6v_1-5v_3-16v_4=40 \tag{3.4.7}$$

式(3.4.4)、式(3.4.6)与式(3.4.7)写成矩阵形式为：

$$\begin{bmatrix}3 & -1 & -2\\ 6 & -1 & -2\\ 6 & -5 & -16\end{bmatrix}\begin{bmatrix}v_1\\ v_3\\ v_4\end{bmatrix}=\begin{bmatrix}0\\ 80\\ 40\end{bmatrix}$$

利用克莱姆法则，可得

$$\Delta=\begin{vmatrix}3 & -1 & -2\\ 6 & -1 & -2\\ 6 & -5 & -16\end{vmatrix}=-18,\ \Delta_1=\begin{vmatrix}0 & 3 & -2\\ 80 & 6 & -2\\ 40 & 6 & -16\end{vmatrix}=-480$$

$$\Delta_3=\begin{vmatrix}3 & 0 & -2\\6 & 80 & -2\\6 & 40 & -16\end{vmatrix}=-3120,\ \Delta_4=\begin{vmatrix}3 & -1 & 0\\6 & -1 & 80\\6 & -5 & 40\end{vmatrix}=840$$

因此，各个节点电压为

$$v_1=\frac{\Delta_1}{\Delta}=\frac{-480}{-18}=26.67(\text{V}),$$

$$v_3=\frac{\Delta_3}{\Delta}=\frac{-3210}{-18}=173.33(\text{V}),$$

$$v_4=\frac{\Delta_4}{\Delta}=\frac{840}{-18}=-46.67(\text{V})$$

并且 $v_2=v_1-20=6.667(\text{V})$，至此还未使用式(3.4.5)，可用其来检验结果的正确性。◀

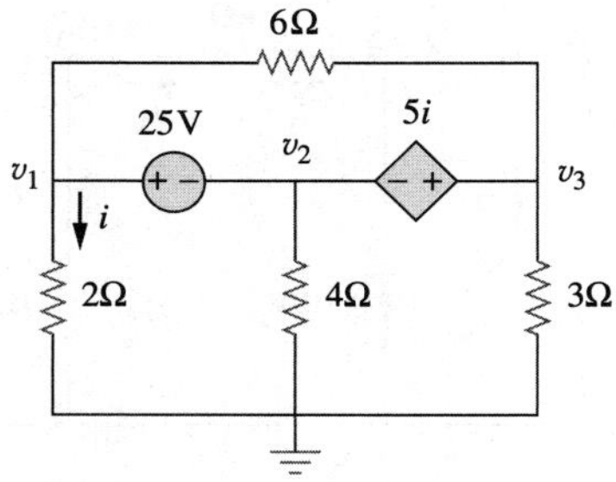

图 3-14　练习 3-4 图

练习 3-4　利用节点分析法求图 3-14 所示电路中的 v_1、v_2 与 v_3。

答案： $v_1=7.068\text{V}$，$v_2=-17.39\text{V}$，$v_3=1.6305\text{V}$。

3.4　网孔分析法

网孔分析法是将网孔电路作为电路变量进行电路分析的另一种重要方法，以网孔电流而不是元件电流作为电路变量，分析起来很方便，而且可以减少联立方程的个数。前面已经介绍过，回路是一条封闭路径，回路上的节点在该回路中只出现一次，而网孔也是回路，并且是不包含任何其他回路的回路。

节点分析法是采用 KCL 求解给定电路的未知电压的方法，而网孔分析法则是采用 KVL 来求解未知电流的方法。网孔分析法不像节点分析法那样通用，因为它仅适用于分析平面(planar)电路。所谓平面电路是指相互连接的没有交叉支路的电路，其电路图是平面的，否则称为非平面(nonplanar)电路。有些电路看起来有交叉支路，但是如果整理重画后没有交叉支路，那么仍然是平面电路。例如，图 3-15a 所示电路有两条交叉支路，但它等效于图 3-15b 所示的电路，因此，图 3-15a 所示电路为平面电路。然而，图 3-16 所示电路为非平面电路，因为没有任何方法可以把它重画为没有交叉支路的电路，对这类非平面电路可以采用节点分析法进行分析，本书不予讨论。

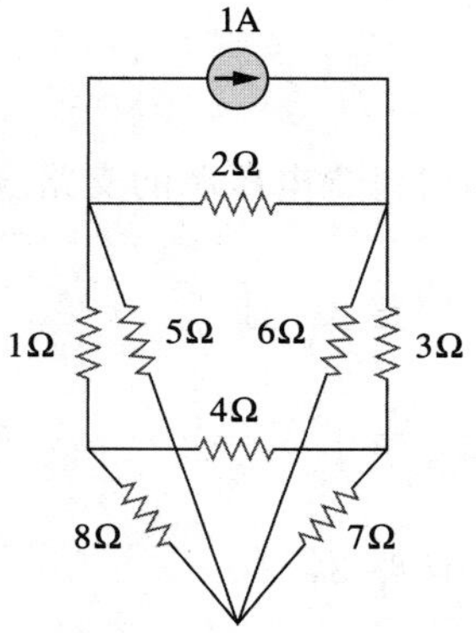

a）有交叉支路的平面电路

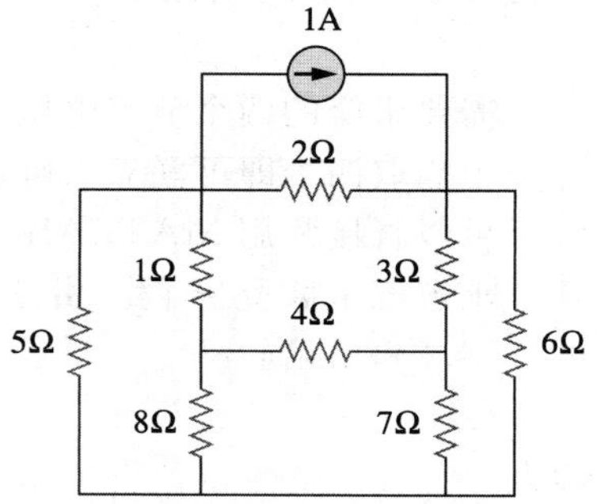

b）重画后的电路，没有交叉支路

图 3-15　平面电路

提示： 网孔分析法也称为回路分析法或网孔电流法。

为了更好地理解网孔分析法，首先应该进一步解释网孔的概念。

网孔是指不包含任何其他回路的一条回路。

例如，在图 3-17 中，路径 $abefa$ 和 $bcdeb$ 均为网孔，但路径 $abcdefa$ 就不是网孔。流经网孔的电流称为网孔电流(mesh current)，网孔分析法就是采用 KVL 求出给定电路的网孔电流的方法。

提示： 虽然 $abcdefa$ 是回路而不是网孔，但 KVL 仍然适用。从这个意义上讲，回路分析法与网孔分析法是一回事。

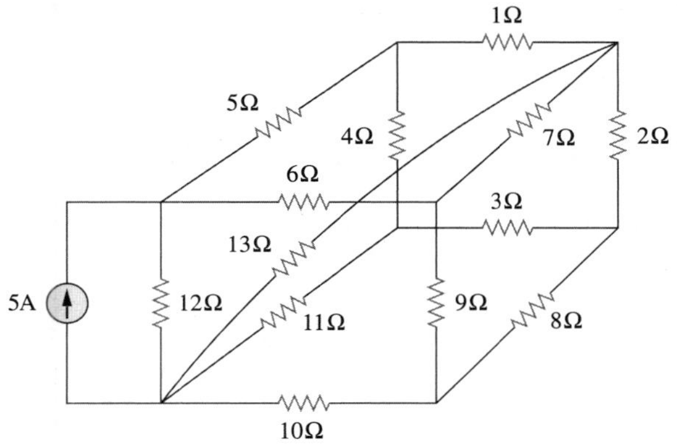

图 3-16　非平面电路

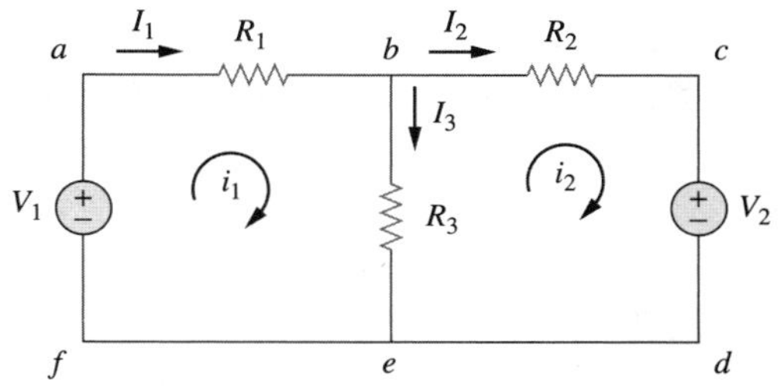

图 3-17　有两个网孔的电路

本节讨论不包含电流源的平面电路网孔分析法，下一节将考虑包括电流源的网孔分析法。对包含 n 个网孔的电路进行网孔分析时，应遵循如下三个步骤。

求解网孔电流的步骤：

1. 为 n 个网孔分别指定网孔电流 i_1，i_2，…，i_n。
2. 对 n 个网孔分别应用 KVL，并根据欧姆定律用网孔电流来表示各个电压。
3. 求解 n 个联立方程，得到网孔电流。

下面以图 3-17 所示电路为例来说明上述步骤。第一步，定义网孔 1 和网孔 2 的网孔电流分别为 i_1 和 i_2。虽然，各网孔电流的方向是任意的，但习惯上总是假定各网孔电流按顺时针方向流动。

提示：网孔电流的方向可以是任意的(顺时针方向或逆时针方向)，并不会影响解的有效性。

第二步，对各网孔应用 KVL。对网孔 1 应用 KVL 可得

$$-V_1+R_1i_1+R_3(i_1-i_2)=0$$

或

$$(R_1+R_3)i_1-R_3i_2=V_1 \tag{3.13}$$

对网孔 2 应用 KVL，得到

$$R_2i_2+V_2+R_3(i_2-i_1)=0$$

即

$$-R_3i_1+(R_2+R_3)i_2=-V_2 \tag{3.14}$$

注意，在式(3.13)中，i_1 的系数为第一个网孔中的电阻之和，而 i_2 的系数则是网孔 1 和网孔 2 共有电阻阻值的相反数，这一规律在式(3.14)中也是成立的。因此，上述规律可以作为写出网孔方程的快捷方法。3.6 节将对此做进一步的讨论。

提示：如果一个网孔电流假定为顺时针方向，而另一个网孔电流假定为逆时针方向，这种快捷方法就不适用了。

第三步，求解网孔电流。将式(3.13)与式(3.14)写成矩阵形式，得到

$$\begin{bmatrix} R_1+R_3 & -R_3 \\ -R_3 & R_2+R_3 \end{bmatrix}\begin{bmatrix} i_1 \\ i_2 \end{bmatrix}=\begin{bmatrix} V_1 \\ -V_2 \end{bmatrix} \tag{3.15}$$

解之即可得到网孔电流 i_1 和 i_2。可以选用任何一种方法求解上述联立方程，根据式(2.12)，如果电路中包含 n 个节点，b 条支路和 l 条独立回路(即网孔)，则 $l=b-n+1$。因此，采用网孔分析法求解电路参数需要 l 个独立方程的联立求解。

注意，支路电流与网孔电流是不同的，只有在孤立网孔的情况下，两者才是相同的。为区分这两类电流，下面用 i 表示网孔电流，用 I 表示支路电流，而用 I_1、I_2、I_3 表示网孔电流的代数和。由图 3-17 易知：

$$I_1=i_1,\quad I_2=i_2,\quad I_3=i_1-i_2 \tag{3.16}$$

例 3-5 利用网孔分析法求图 3-18 所示电路中的支路电流 I_1，I_2 和 I_3。

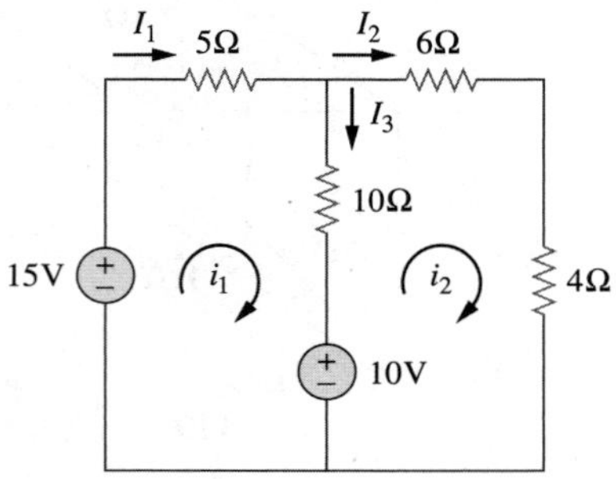

图 3-18 例 3-5 图

解：首先利用 KVL 求出网孔电流。对于网孔 1，有

$$-15+5i_1+10(i_1-i_2)+10=0$$

即

$$3i_1-2i_2=1 \tag{3.5.1}$$

对于网孔 2，有

$$6i_2+4i_2+10(i_2-i_1)-10=0$$

即

$$i_1=2i_2-1 \tag{3.5.2}$$

方法 1 采用代入法，将式(3.5.2)代入式(3.5.1)，得到

$$6i_2-3-2i_2=1 \quad\Rightarrow\quad i_2=1\text{A}$$

由式(3.5.2)，$i_1=2i_2-1=2-1=1\text{A}$，因此

$$I_1=i_1=1\text{A},\quad I_2=i_2=1\text{A},\quad I_3=i_1-i_2=0$$

方法 2 利用克莱姆法则，将式(3.5.1)与式(3.5.2)写成矩阵形式

$$\begin{bmatrix}3 & -2\\ -1 & 2\end{bmatrix}\begin{bmatrix}i_1\\ i_2\end{bmatrix}=\begin{bmatrix}1\\ 1\end{bmatrix}$$

各行列式为：

$$\Delta=\begin{vmatrix}3 & -2\\ -1 & 2\end{vmatrix}=6-2=4,\ \Delta_1=\begin{vmatrix}1 & -2\\ 1 & 2\end{vmatrix}=2+2=4,\ \Delta_2=\begin{vmatrix}3 & 1\\ -1 & 1\end{vmatrix}=3+1=4$$

所以

$$i_1=\frac{\Delta_1}{\Delta}=1(\text{A}),\ i_2=\frac{\Delta_2}{\Delta}=1(\text{A})$$

结果与方法 1 相同。◀

练习 3-5 计算图 3-19 所示电路中的网孔电流 i_1 与 i_2。

答案：$i_1=2.5\text{A}$，$i_2=0\text{A}$。

例 3-6 利用网孔分析法求图 3-20 所示电路中的电流 I_o。

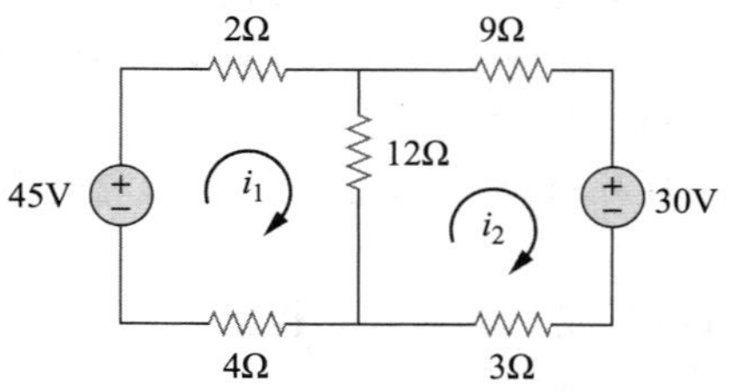

图 3-19 练习 3-5 图

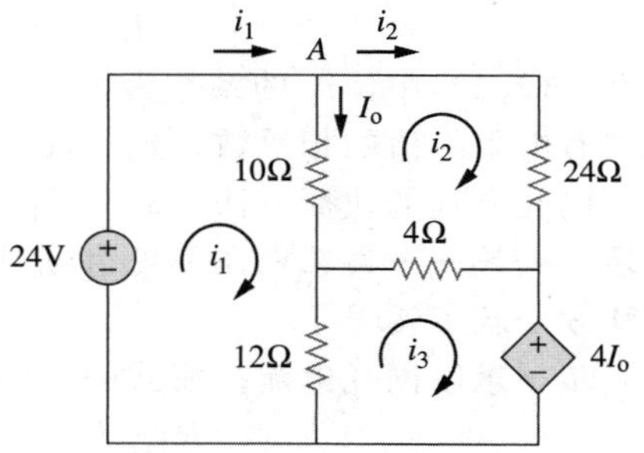

图 3-20 例 3-6 图

解：对三个网孔依次应用 KVL。对于网孔 1，有

$$-24+10(i_1-i_2)+12(i_1-i_3)=0$$

即

$$11i_1-5i_2-6i_3=12 \tag{3.6.1}$$

对于网孔 2，有

$$24i_2+4(i_2-i_3)+10(i_2-i_1)=0$$

即

$$-5i_1+19i_2-2i_3=0 \tag{3.6.2}$$

对于网孔 3，有

$$4I_o+12(i_3-i_1)+4(i_3-i_2)=0$$

但是在节点 A 处有 $I_o=i_1-i_2$，代入上式可得

$$4(i_1-i_2)+12(i_3-i_1)+4(i_3-i_2)=0$$

即

$$-i_1-i_2+2i_3=0 \tag{3.6.3}$$

式(3.6.1)到式(3.6.3)写成矩阵形式为

$$\begin{bmatrix} 11 & -5 & -6 \\ -5 & 19 & -2 \\ -1 & -1 & 2 \end{bmatrix}\begin{bmatrix} i_1 \\ i_2 \\ i_3 \end{bmatrix}=\begin{bmatrix} 12 \\ 0 \\ 0 \end{bmatrix}$$

得到各行列式的值为

$$\Delta=\begin{vmatrix} 11 & -5 & -6 \\ -5 & 19 & -2 \\ -1 & -1 & 2 \\ 11 & -5 & -6 \\ -5 & 19 & -2 \end{vmatrix}=418-30-10-114-22-50=192$$

$$\Delta_1=\begin{vmatrix} 12 & -5 & -6 \\ 0 & 19 & -2 \\ 0 & -1 & 2 \\ 12 & -5 & -6 \\ 0 & 19 & -2 \end{vmatrix}=456-24=432$$

$$\Delta_2=\begin{vmatrix} 11 & 12 & -6 \\ -5 & 0 & -2 \\ -1 & 0 & 2 \\ 11 & 12 & -6 \\ -5 & 0 & -2 \end{vmatrix}=24+120=144$$

$$\Delta_3=\begin{vmatrix} 11 & -5 & 12 \\ -5 & 19 & 0 \\ -1 & -1 & 0 \\ 11 & -5 & 12 \\ -5 & 19 & 0 \end{vmatrix}=60+228=288$$

利用克莱姆法则计算的各网孔电流为

$$i_1=\frac{\Delta_1}{\Delta}=\frac{432}{192}=2.25(\text{A}),\qquad i_2=\frac{\Delta_2}{\Delta}=\frac{144}{192}=0.75(\text{A}),\qquad i_3=\frac{\Delta_3}{\Delta}=\frac{288}{192}=1.5(\text{A})$$

所以，$I_o=i_1-i_2=1.5(\text{A})$。◀

练习 3-6　利用网孔分析法计算图 3-21 所示电路中的 I_o。　**答案：**-4A。

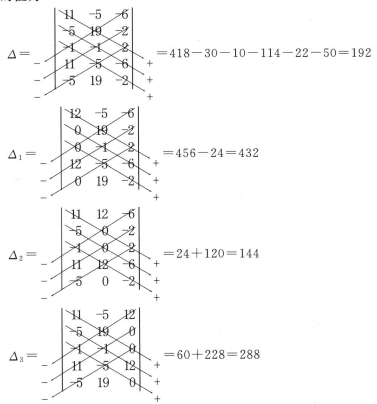

3.5 含有电流源电路的网孔分析法

将网孔分析法用于包含电流源(独立源或受控源)的电路时，分析过程会比较复杂。但实际上，由于电流源的存在，减少了方程的个数，求解反而会更容易些。考虑如下两种情况。

第1种情况 电流源仅存在于一个网孔中，如图3-22所示。设网孔电流 $i_2=-5\text{A}$，并对另一个网孔按照通常方法写出网孔方程为

$$-10+4i_1+6(i_1-i_2)=0 \quad \Rightarrow \quad i_1=-2\text{A} \tag{3.17}$$

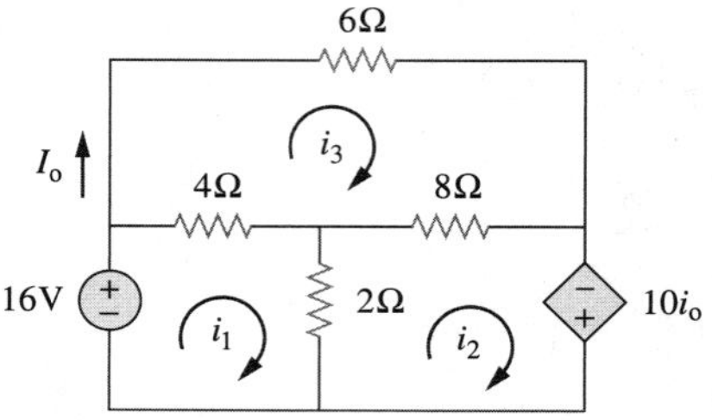

图3-21 练习3-6图

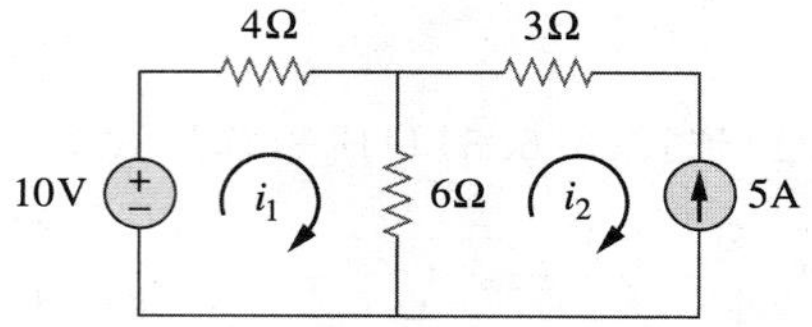

图3-22 含有电流源电路

第2种情况 电流源存在于两个网孔之间，如图3-23a所示，将电流源和与之相串联的元件去除后，得到一个超网孔(supermesh)，如图3-23b所示。

当两个网孔共有一个电流源(独立源或受控源)时，就产生一个超网孔。

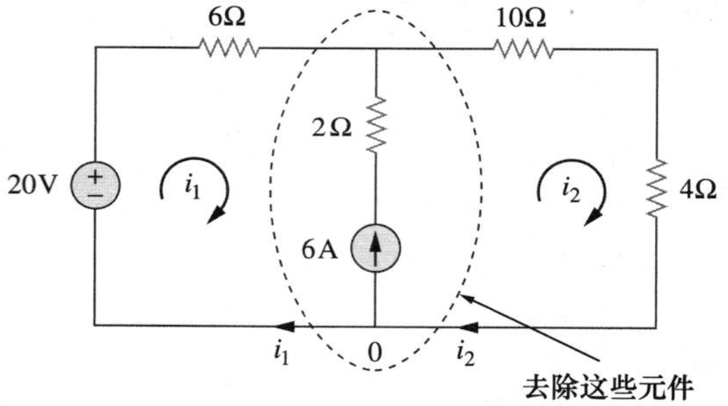

a）包含公共电流源的两个网孔

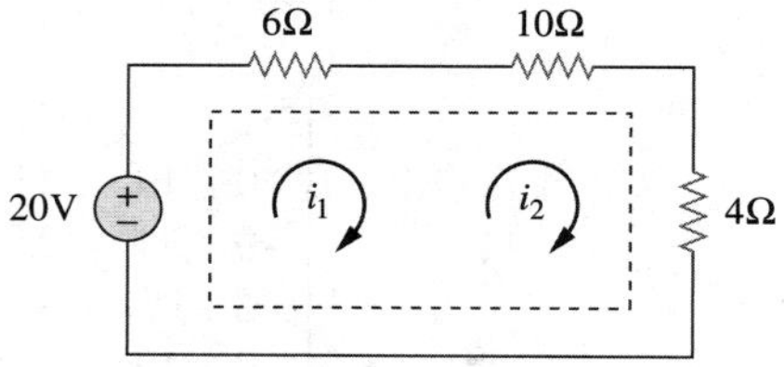

b）去除电流源后得到的超网孔

图3-23 超网孔电路

如图3-23b所示，所创建的超网孔由两个网孔的外围元件构成，并对其进行了不同的处理(如果一个电路包含两个或两个以上超网孔，应将其合并为一个更大的超网孔)。为什么要对超网孔进行不同的处理呢？因为网孔分析法应用KVL时必须知道各支路的电压，但电流源两端的电压是未知的。然而，超网孔必须与其他网孔一样要满足KVL的应用条件。因此，对图3-23b所示的超网孔应用KVL有：

$$-20+6i_1+10i_2+4i_2=0$$

即

$$6i_1+14i_2=20 \tag{3.18}$$

再对两个网孔共有支路上的节点应用KCL，对图3-23a中的节点0应用KCL得到：

$$i_2=i_1+6 \tag{3.19}$$

解方程式(3.18)与式(3.19)，得到：

$$i_1=-3.2\text{A}, \quad i_2=2.8\text{A} \tag{3.20}$$

超网孔具有如下三个属性：

1. 超网孔中的电流源提供了求解网孔电流所需的约束方程。

2. 超网孔本身没有电流。
3. 对超网孔要同时应用 KVL 和 KCL。

例 3-7 利用网孔分析法求图 3-24 所示电路中的 $i_1 \sim i_4$。

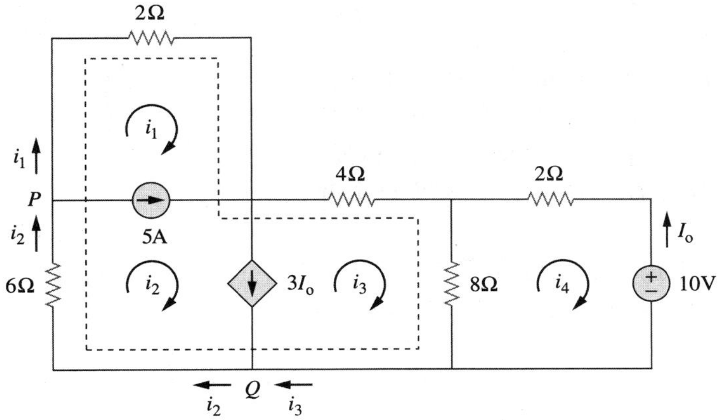

图 3-24 例 3-7 图

解： 网孔 1 与网孔 2 共有一个独立电流源，所以它们构成一个超网孔。同样，网孔 2 与网孔 3 共有一个受控电流源，所以它们又构成另一个超网孔。这两个网孔相交组成一个更大的超网孔，如图中虚线所示。对这一更大的超网孔应用 KVL，有

$$2i_1+4i_3+8(i_3-i_4)+6i_2=0$$

即

$$i_1+3i_2+6i_3-4i_4=0 \tag{3.7.1}$$

对于独立电流源，在节点 P 处应用 KCL，有

$$i_2=i_1+5 \tag{3.7.2}$$

对于受控电流源，在节点 Q 处应用 KCL，有

$$i_2=i_3+3I_o$$

但 $I_o=-i_4$，所以

$$i_2=i_3-3i_4$$

对网孔 4 应用 KVL，有：

$$2i_4+8(i_4-i_3)+10=0$$

即

$$5i_4-4i_3=-5$$

由式(3.7.1)～式(3.7.4)，得到

$$i_1=-7.5\text{A},\ i_2=-2.5\text{A},$$
$$i_3=3.93\text{A},\ i_4=2.143\text{A}$$ ◀

练习 3-7 利用网孔分析法求图 3-25 所示电路中的 i_1、i_2 和 i_3

答案： $i_1=4.632\text{A}$，$i_2=631.6\text{mA}$，$i_3=1.4736\text{A}$。

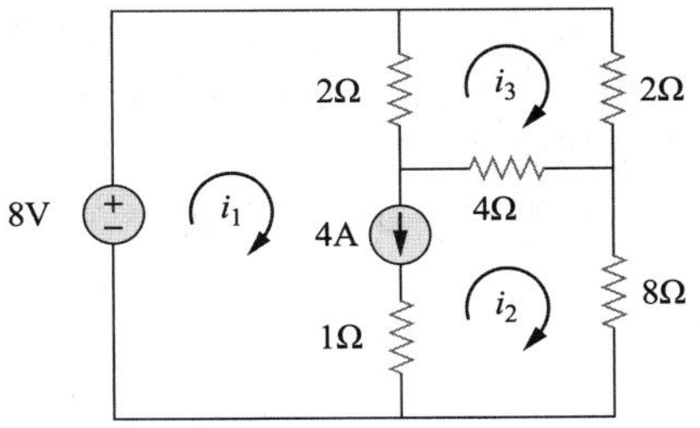

图 3-25 练习 3-7 图

†3.6 基于观察法的节点分析与网孔分析

本节给出节点分析法与网孔分析法的一般表达式，它是一种基于观察电路的快捷电路分析方法。

如果电路中的所有电源均为独立电流源，则无须像 3.2 节那样对各节点应用 KCL 得

到节点电压方程，可以通过对电路的观察写出方程组。下面以图 3-2 所示的电路为例，为方便起见，将其重新画为图 3-26a。该电路包括两个非参考节点，3.2 节推导出的节点方程为

$$\begin{bmatrix} G_1+G_2 & -G_2 \\ -G_2 & G_2+G_3 \end{bmatrix}\begin{bmatrix} v_1 \\ v_2 \end{bmatrix}=\begin{bmatrix} I_1-I_2 \\ I_2 \end{bmatrix} \tag{3.21}$$

观察式(3.21)可知，对角线上的各项分别等于与节点 1 和节点 2 相连接的电导之和，而非对角线上各项等于连接于节点之间电导的相反数。同样，式(3.21)等号右边各项为流入节点电流的代数和。

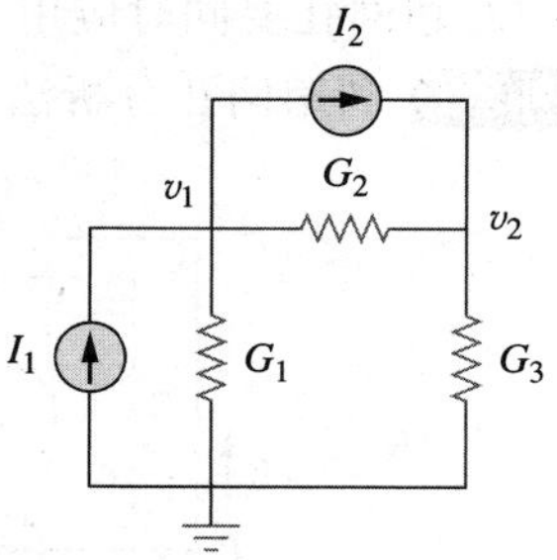

a）重画图3-2的电路

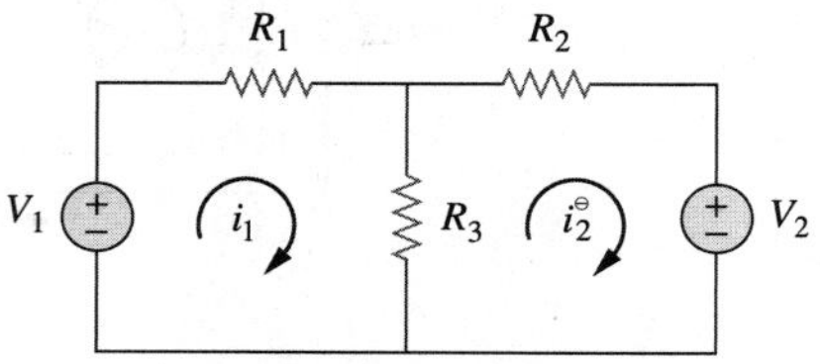

b）重画图3-17的电路

图 3-26 电路举例

一般而言，如果包含独立电流源的一个电路中具有 N 个非参考节点，则节点电压方程可以用电导表示为如下形式：

$$\begin{bmatrix} G_{11} & G_{12} & \cdots & G_{1N} \\ G_{21} & G_{22} & \cdots & G_{2N} \\ \vdots & \vdots & \vdots & \vdots \\ G_{N1} & G_{N2} & \cdots & G_{NN} \end{bmatrix}\begin{bmatrix} v_1 \\ v_2 \\ \vdots \\ v_N \end{bmatrix}=\begin{bmatrix} i_1 \\ i_2 \\ \vdots \\ i_N \end{bmatrix} \tag{3.22}$$

或简化为

$$\boldsymbol{G}\boldsymbol{v}=\boldsymbol{i} \tag{3.23}$$

式中，G_{kk}＝与节点 k 相连接的各电导之和；$G_{kj}=G_{jk}$＝直接与节点 k、j 相连接的电导之和的相反数，其中 $k\neq j$；v_k＝节点 k 处的未知电压；i_k＝直接与节点 k 相连接的所有独立电流源的代数和，且认为流入该节点的电流为正；$\boldsymbol{G}$ 为**电导矩阵**(conductance matrix)，$\boldsymbol{v}$ 为输出矢量，$\boldsymbol{i}$ 为输入矢量。

求解式(3.22)就可以得到未知的节点电压。应该记住，式(3.22)仅对具有独立电流源和线性电阻的电路有效。

同样，当线性电阻电路中仅包含独立电源时，可以用观察法得到网孔电流方程。为方便起见，将图 3-17 所示的电路重新画于图 3-26b。该电路有两个网孔，3.4 节推导出的网孔方程为

$$\begin{bmatrix} R_1+R_3 & -R_3 \\ -R_3 & R_2+R_3 \end{bmatrix}\begin{bmatrix} i_1 \\ i_2 \end{bmatrix}=\begin{bmatrix} V_1 \\ -V_2 \end{bmatrix} \tag{3.24}$$

由式(3.24)可以看出，各对角线元素为相关网孔中的电阻之和，而非对角线元素等于网孔 1 与网孔 2 共有电阻的相反数，式(3.24)右边各项为相关网孔中顺时针方向上所有独立电压源的代数和。

一般地，如果电路包含 N 个网孔，则其网孔电流方程可以用电阻表示为

$$\begin{bmatrix} R_{11} & R_{12} & \cdots & R_{1N} \\ R_{21} & R_{22} & \cdots & R_{2N} \\ \vdots & \vdots & \vdots & \vdots \\ R_{N1} & R_{N2} & \cdots & R_{NN} \end{bmatrix}\begin{bmatrix} i_1 \\ i_2 \\ \vdots \\ i_N \end{bmatrix}=\begin{bmatrix} v_1 \\ v_2 \\ \vdots \\ v_N \end{bmatrix} \tag{3.25}$$

或简化为

$$\boldsymbol{R}\boldsymbol{i}=\boldsymbol{v} \tag{3.26}$$

式中，R_{kk}＝网孔 k 中各电阻之和；$R_{kj}=R_{jk}$＝网孔 k 与网孔 j 的共有电阻之和的相反数，其中 $k\neq j$；i_k＝网孔 k 中顺时针方向的未知网孔电流；v_k＝网孔 k 中沿顺时针方向的所有独立电压源的代数和，其中电压升为正值。$\boldsymbol{R}$ 称为**电阻矩阵**(resistance matrix)，$\boldsymbol{i}$ 为输

出矢量，$\boldsymbol{v}$ 为输入矢量。求解式(3.25)就可以得到未知的网孔电流。

例 3-8 采用观察法写出图 3-27 所示电路的节点电压矩阵方程。

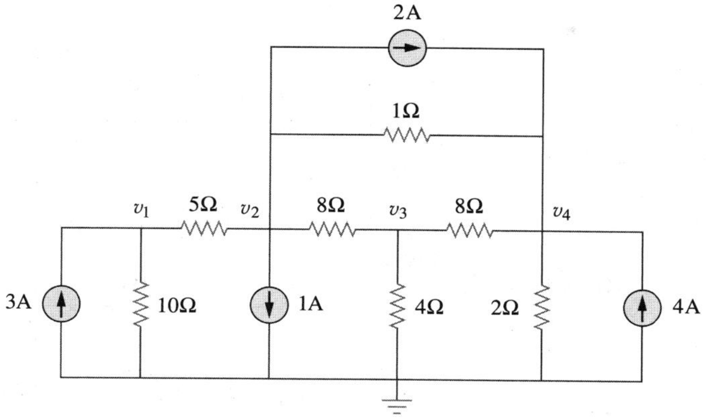

图 3-27 例 3-8 图

解：图 3-27 所示电路包含四个非参考节点，所以需要四个节点方程。即电导矩阵 $\boldsymbol{G}$ 应为 4×4 矩阵，矩阵 $\boldsymbol{G}$ 的对角线元素如下(单位为 S)。

$$G_{11}=\frac{1}{5}+\frac{1}{10}=0.3,\qquad G_{22}=\frac{1}{5}+\frac{1}{8}+\frac{1}{1}=1.325,$$

$$G_{33}=\frac{1}{8}+\frac{1}{8}+\frac{1}{4}=0.5,\quad G_{44}=\frac{1}{8}+\frac{1}{2}+\frac{1}{1}=1.625$$

非对角线元素为

$$G_{12}=-\frac{1}{5}=-0.2,\qquad G_{13}=G_{14}=0$$

$$G_{21}=-0.2,\qquad G_{23}=-\frac{1}{8}=0.125,\qquad G_{24}=-\frac{1}{1}=-1$$

$$G_{31}=0,\qquad G_{32}=-0.125,\qquad G_{34}=-\frac{1}{8}=-0.125$$

$$G_{41}=0,\qquad G_{42}=-1,\qquad G_{43}=-0.125$$

输入电流矢量 $\boldsymbol{i}$ 的各项如下(单位为 A)。

$$\boldsymbol{i}_1=3,\quad \boldsymbol{i}_2=-1-2=-3,\quad \boldsymbol{i}_3=0,\quad \boldsymbol{i}_4=2+4=6$$

因此，节点电压方程为

$$\begin{bmatrix}0.3 & -0.2 & 0 & 0\\ -0.2 & 1.325 & -0.125 & -1\\ 0 & -0.125 & 0.5 & -0.125\\ 0 & -1 & -0.125 & 1.625\end{bmatrix}\begin{bmatrix}v_1\\ v_2\\ v_3\\ v_4\end{bmatrix}=\begin{bmatrix}3\\ -3\\ 0\\ 6\end{bmatrix}$$

可以利用 MATLAB 求解上式，得到节点电压 v_1、v_2、v_3 和 v_4。 ◀

练习 3-8 利用观察法写出图 3-28 所示电路的节点电压方程。

答案：
$$\begin{bmatrix}1.25 & -0.2 & -1 & 0\\ -0.2 & 0.2 & 0 & 0\\ -1 & 0 & 1.25 & -0.25\\ 0 & 0 & -0.25 & 1.25\end{bmatrix}\begin{bmatrix}v_1\\ v_2\\ v_3\\ v_4\end{bmatrix}=\begin{bmatrix}0\\ 5\\ -3\\ 2\end{bmatrix}$$

例 3-9 利用观察法写出图 3-29 所示电路的网孔电流方程。

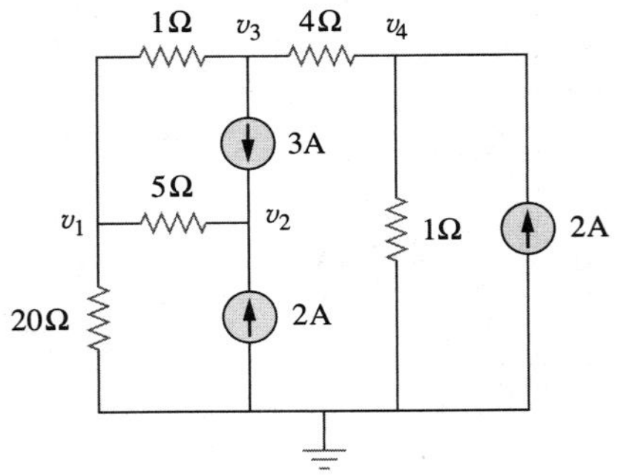

图 3-28 练习 3-8 图

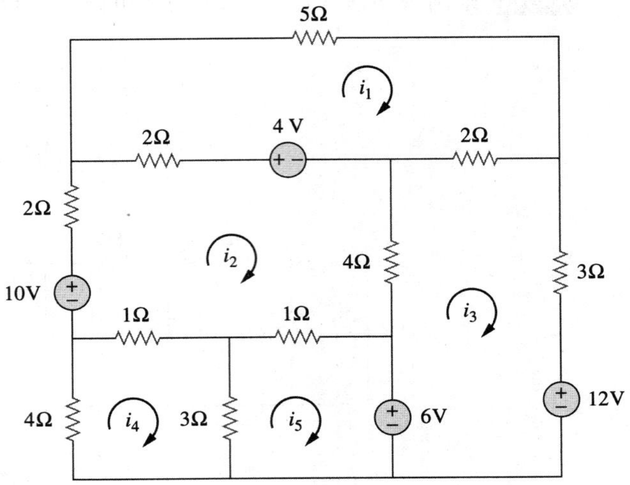

图 3-29 例 3-9 图

解： 图中所示电路有 5 个网孔，所以电阻矩阵为 5×5，对角线上各元素如下（单位为 Ω）。

$$R_{11}=5+2+2=9,\ R_{22}=2+4+1+1+2=10,$$
$$R_{33}=2+3+4=9,\ R_{44}=1+3+4=8,\ R_{55}=1+3=4$$

非对角线元素为

$$\begin{array}{llll} R_{12}=-2, & R_{13}=-2, & R_{14}=0=R_{15} & \\ R_{21}=-2, & R_{23}=-4, & R_{24}=-1, & R_{25}=-1 \\ R_{31}=-2, & R_{32}=-4, & R_{34}=0=R_{35} & \\ R_{41}=0, & R_{42}=-1, & R_{43}=0, & R_{45}=-3 \\ R_{51}=0, & R_{52}=-1, & R_{53}=0, & R_{54}=-3 \end{array}$$

输入电压矢量 v 的各项如下（单位为 V）：

$$v_1=4,\quad v_2=10-4=6,$$
$$v_3=-12+6=-6,\quad v_4=0,\quad v_5=-6$$

所以，网孔电流方程为

$$\begin{bmatrix} 9 & -2 & -2 & 0 & 0 \\ -2 & 10 & -4 & -1 & -1 \\ -2 & -4 & 9 & 0 & 0 \\ 0 & -1 & 0 & 8 & -3 \\ 0 & -1 & 0 & -3 & 4 \end{bmatrix}\begin{bmatrix} i_1 \\ i_2 \\ i_3 \\ i_4 \\ i_5 \end{bmatrix}=\begin{bmatrix} 4 \\ 6 \\ -6 \\ 0 \\ -6 \end{bmatrix}$$

由此可以利用 MATLAB 求出网孔电流 i_1、i_2、i_3、i_4 和 i_5。 ◀

练习 3-9 利用观察法写出图 3-30 所示电路的网孔电流方程。

答案：
$$\begin{bmatrix} 150 & -40 & 0 & 80 & 0 \\ -40 & 65 & -30 & -15 & 0 \\ 0 & -30 & 50 & 0 & -20 \\ -80 & -15 & 0 & 95 & 0 \\ 0 & 0 & -20 & 0 & 80 \end{bmatrix}\begin{bmatrix} i_1 \\ i_2 \\ i_3 \\ i_4 \\ i_5 \end{bmatrix}=\begin{bmatrix} 30 \\ 0 \\ -12 \\ 20 \\ -20 \end{bmatrix}$$

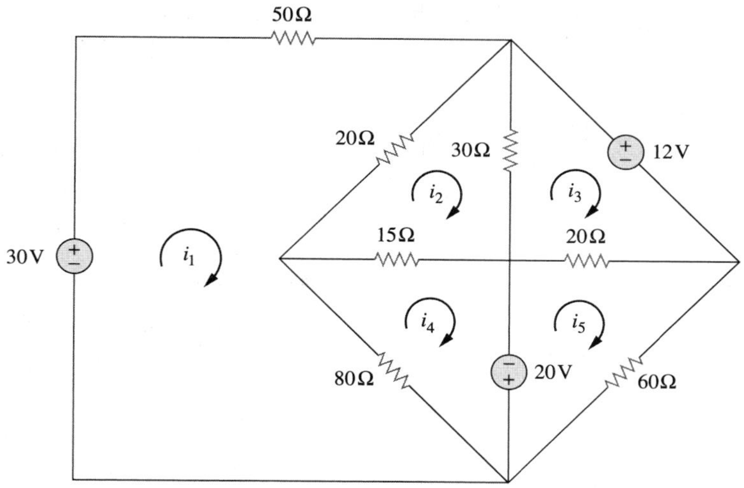

图 3-30 练习 3-9 图

3.7 节点分析法与网孔分析法的比较

节点分析法与网孔分析法为分析复杂电路网络提供了系统的解决方法。但是有人会问：在分析电路网络时，怎样才能知道采用哪一种方法更好、更有效呢？最佳方法的选取受到两个因素的制约。

第一个因素是特定网络本身的特征。包含大量串联元件、电压源或超网孔的电路网络更适合采用网孔分析法，而包含较多并联元件、电流源或超节点的电路网络，则适合应用节点分析法。此外，节点数少于网孔数的电路网络则宜采用节点分析法，而网孔数少于节点数的电路则宜采用网孔分析法。选取哪种分析方法的关键在于采用所选定方法得到的联立方程的个数更少。

第二个因素是所求电路的参数信息。如果求节点电压，可能用节点分析法较为有利；如果求支路电流或网孔电流，采用网孔分析法则更好些。

同时掌握这两种分析方法是很有帮助的，其原因有二：首先，如果可能，可以用一种方法来验证另一种方法得到的结果的正确性；其次，由于这两种方法都有其各自的局限性，因此适用于特定问题的分析方法可能只是其中的一种方法。另外，因为网孔分析法仅适用于平面电路网络，所以对非平面网络只能采用节点分析法。同时节点分析法更易于通过编程用计算机求解，从而适合解决难以通过手算来分析的复杂电路网络问题。

习题

3.2 节与 3.3 节

1 利用图 3-31，设计一个问题来更好地了解节点分析法。 **ED**

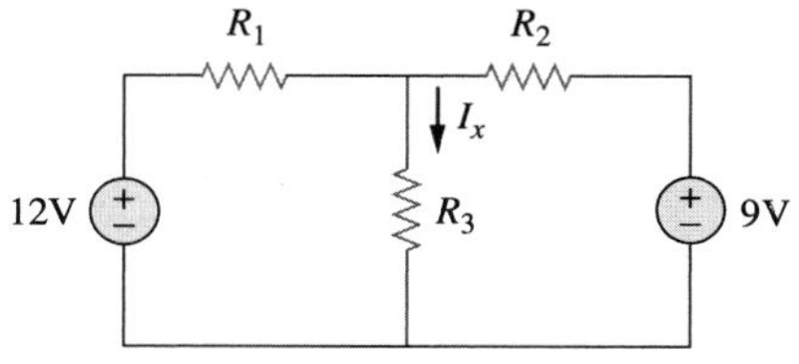

图 3-31 习题 1 图

2 计算图 3-32 所示电路中的 v_1 与 v_2。

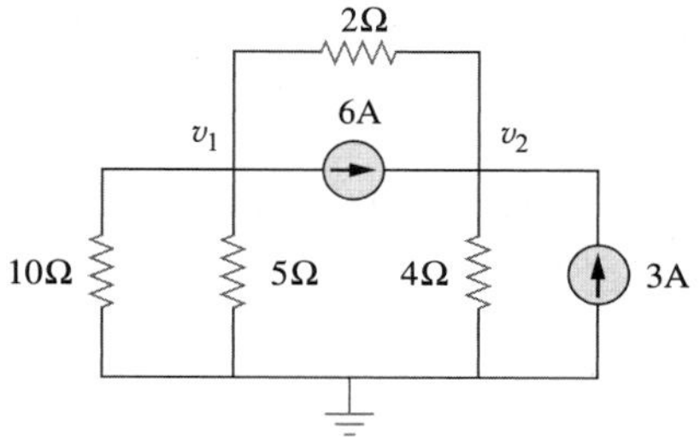

图 3-32 习题 2 图

3 计算图 3-33 所示电路中的电流 $I_1 \sim I_4$ 以及电压 v_o。

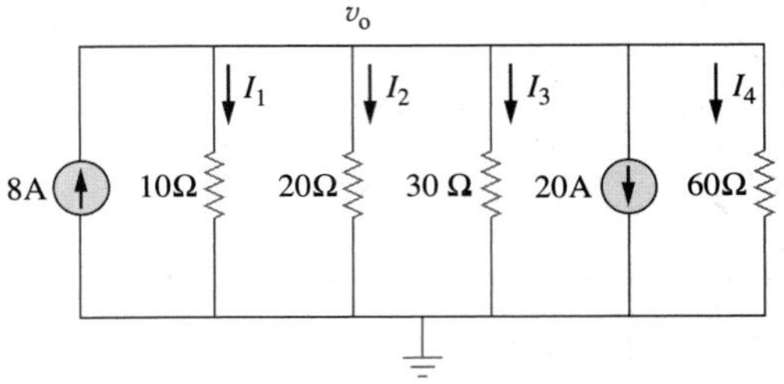

图 3-33 习题 3 图

4 计算图 3-34 所示电路中的电流 $i_1 \sim i_4$。

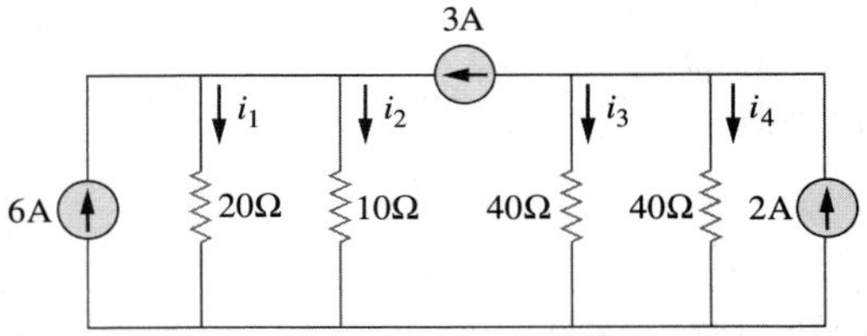

图 3-34 习题 4 图

5 计算图 3-35 所示电路中的 v_o。

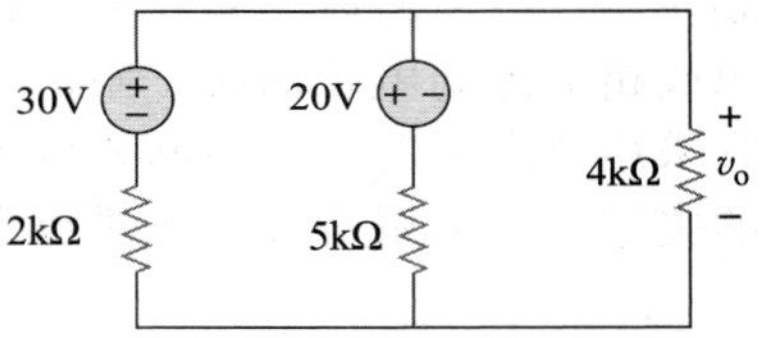

图 3-35 习题 5 图

6 利用节点分析法计算图 3-36 所示电路中的 V_1。

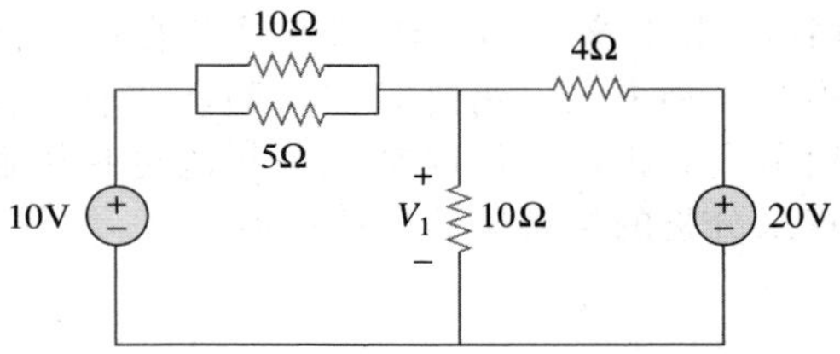

图 3-36 习题 6 图

7 利用节点分析法计算图 3-37 所示电路中的 V_x。

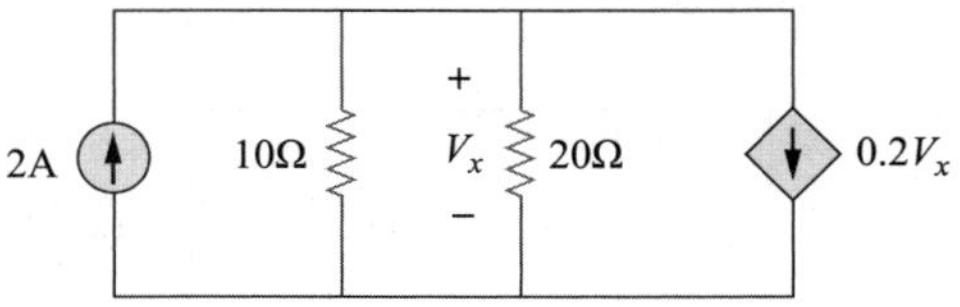

图 3-37 习题 7 图

8 利用节点分析法计算图 3-38 所示电路中的 v_o。

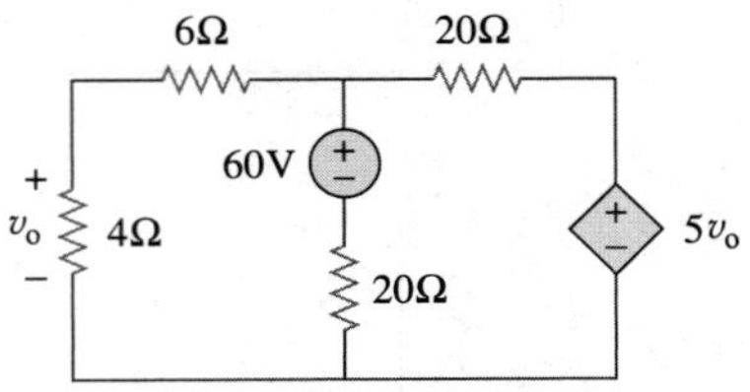

图 3-38 习题 8 图

9 利用节点分析法确定图 3-39 所示电路中的 I_b。

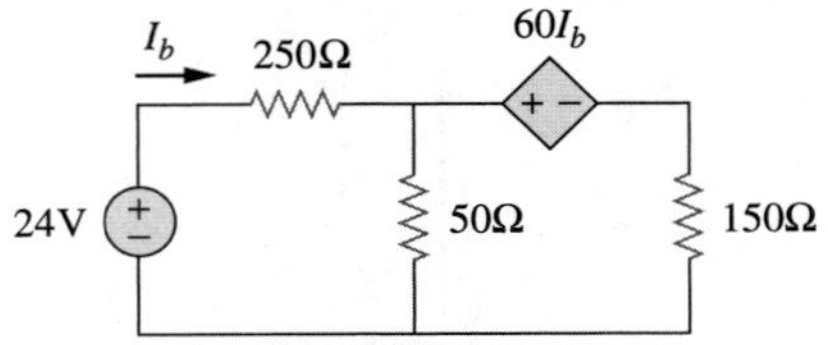

图 3-39 习题 9 图

10 计算图 3-40 所示电路中的 I_o。

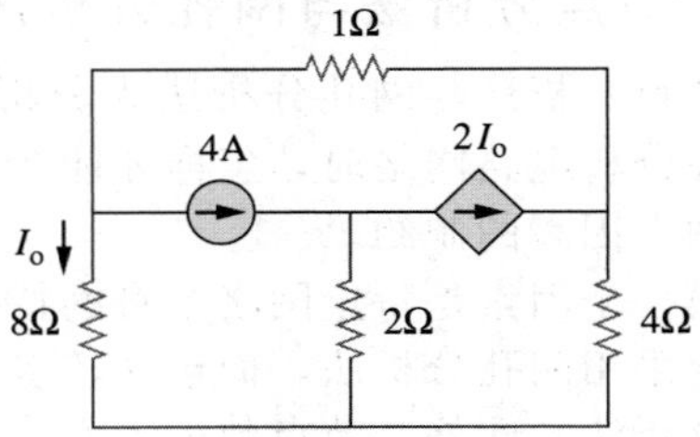

图 3-40 习题 10 图

11 计算图 3-41 所示电路中的 V_o 以及所有电阻消耗的功率。

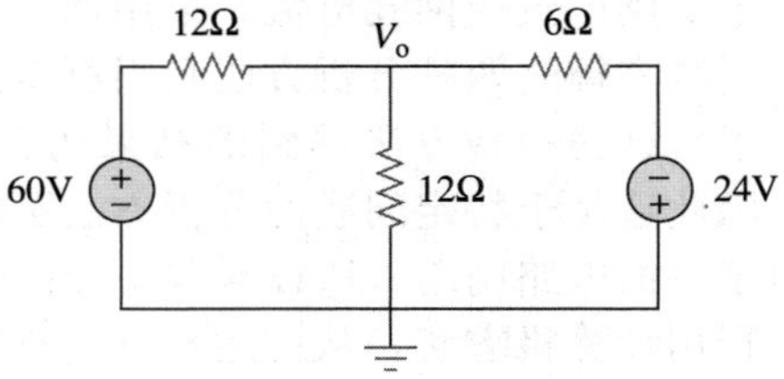

图 3-41 习题 11 图

12 利用节点分析法确定图 3-42 所示电路中的 V_o。

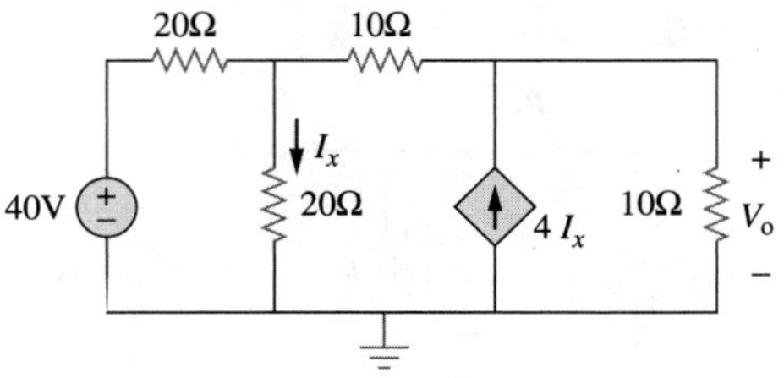

图 3-42 习题 12 图

13 利用节点分析法计算图 3-43 所示电路中的 v_1 与 v_2。

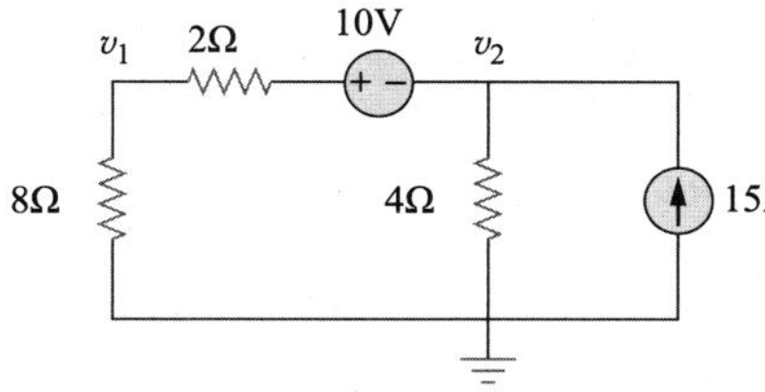

图 3-43 习题 13 图

14 利用节点分析法计算图 3-44 所示电路中的 v_o。

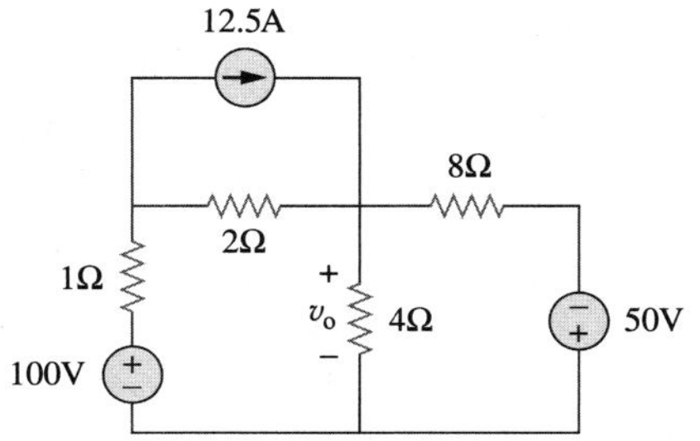

图 3-44 习题 14 图

15 利用节点分析法计算图 3-45 所示电路中的 i_o，并计算各电阻消耗的功率。

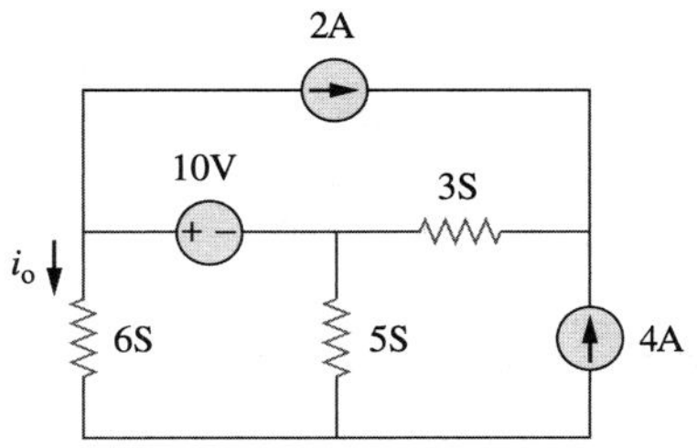

图 3-45 习题 15 图

16 利用节点分析法确定图 3-46 所示电路中的 v_1～v_3。

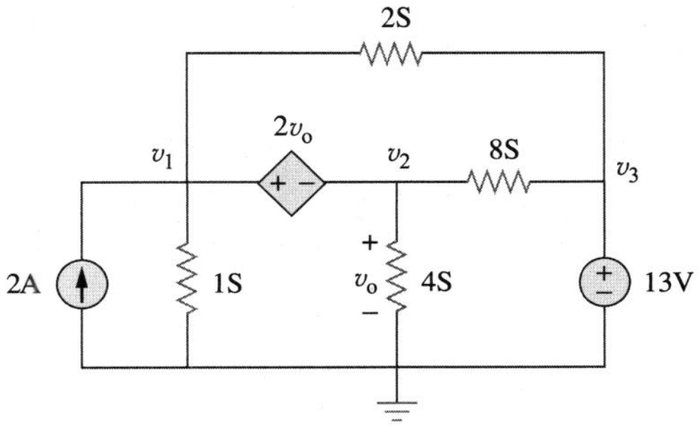

图 3-46 习题 16 图

17 利用节点分析法计算图 3-47 所示电路中的 i_o。

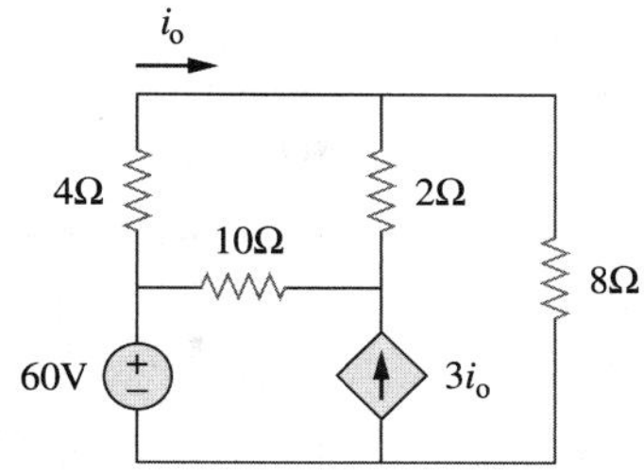

图 3-47 习题 17 图

18 利用节点分析法确定图 3-48 电路中的各节点电压。

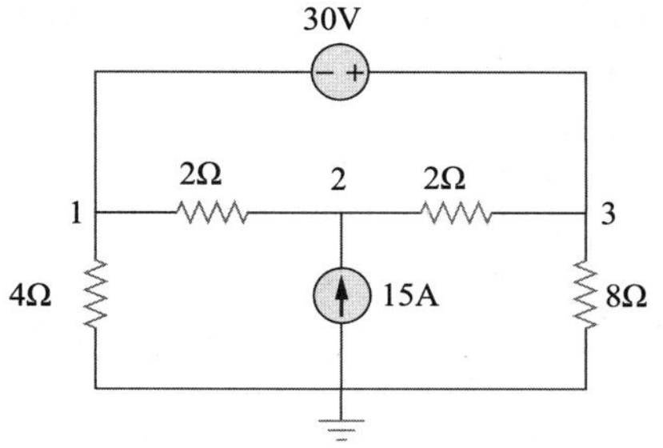

图 3-48 习题 18 图

19 利用节点分析法计算图 3-49 所示电路中的 v_1、v_2 和 v_3。

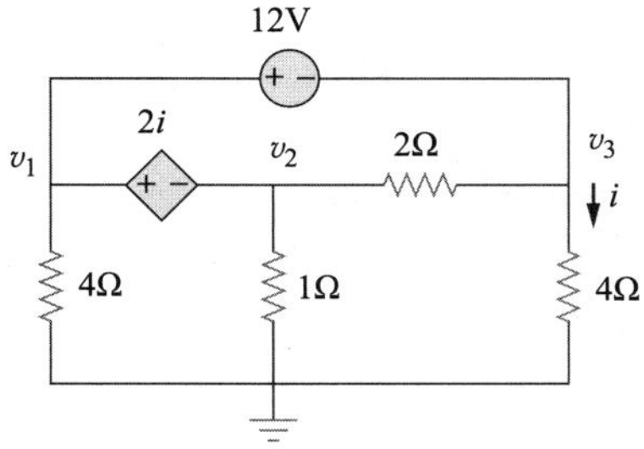

图 3-49 习题 19 图

20 利用节点分析法计算图 3-50 所示电路中的 v_1 和 v_2。

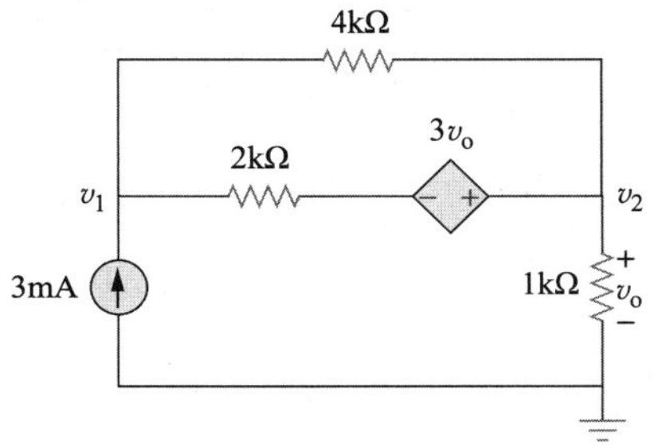

图 3-50 习题 20 图

21 确定图 3-51 所示电路中的 v_1 与 v_2。

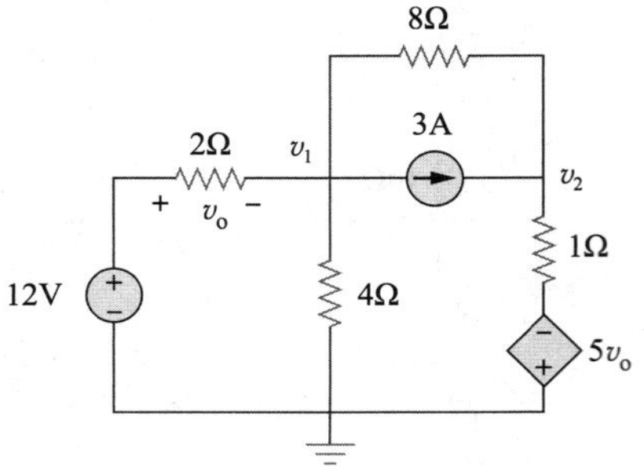

图 3-51 习题 21 图

22 利用节点分析法计算图 3-52 所示电路中的 V_o。

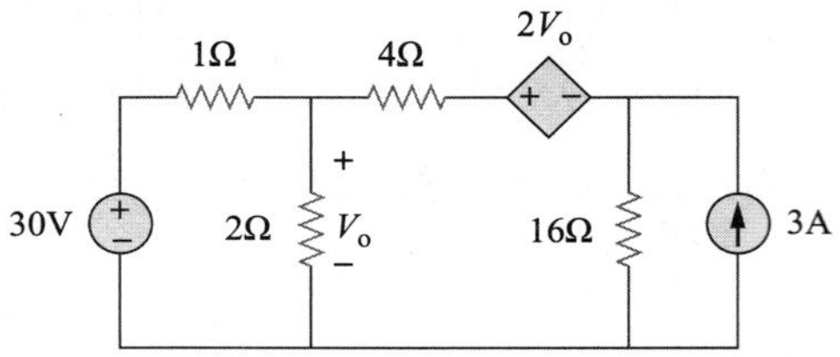

图 3-52 习题 22 图

23 利用节点分析法计算图 3-53 所示电路中的 v_o 和 i_o。

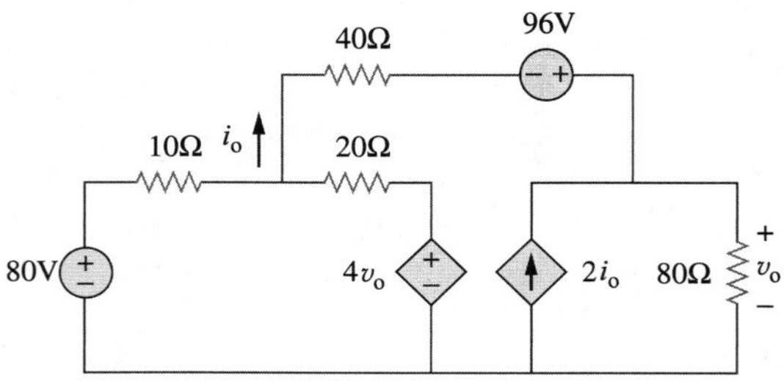

图 3-53 习题 23 图

24 确定图 3-54 所示电路中的节点电压 v_1、v_2 和 v_3。

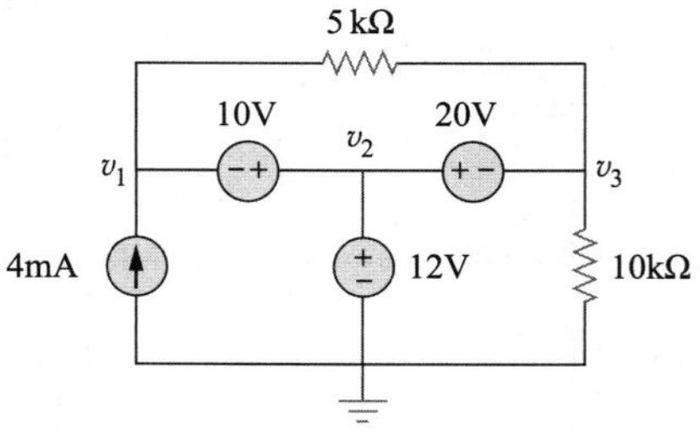

图 3-54 习题 24 图

3.4 节和 3.5 节

25 在图 3-55 所示电路中，哪一个电路是平面电路？对于平面电路，重画出没有交叉支路的电路。

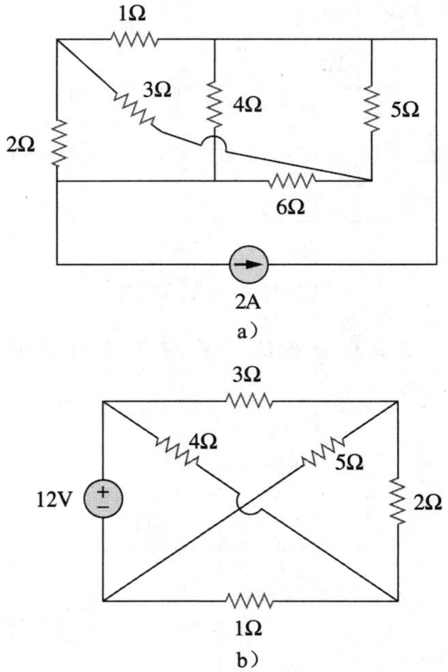

图 3-55 习题 25 图

26 确定图 3-56 所示电路中哪一个是平面电路，并重新画出没有交叉支路的电路。

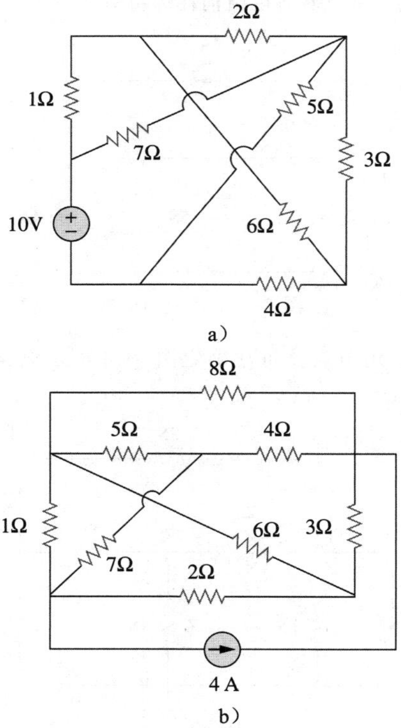

图 3-56 习题 26 图

27　利用网孔分析法重做习题 5。

28　利用网孔分析法计算图 3-57 所示电路中的 i_1、i_2 和 i_3。

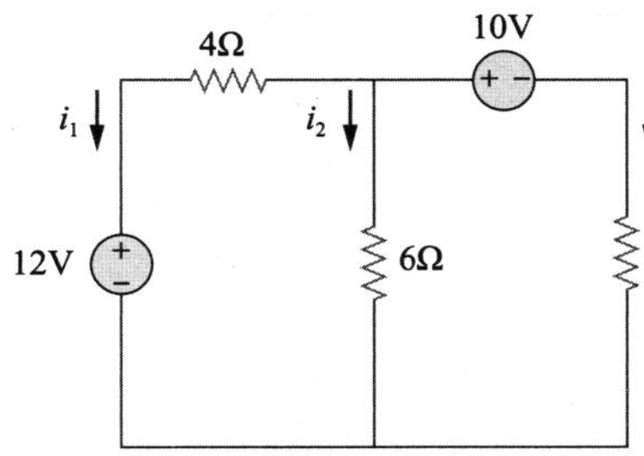

图 3-57　习题 28 图

29　利用网孔分析法计算习题 8。

30　利用习题 1 的图 3-31，设计一个问题以更好地了解网孔分析法。 **ED**

31　利用图 3-58 所示电路，设计一个问题以更好地了解使用矩阵计算的网孔分析法。 **ED**

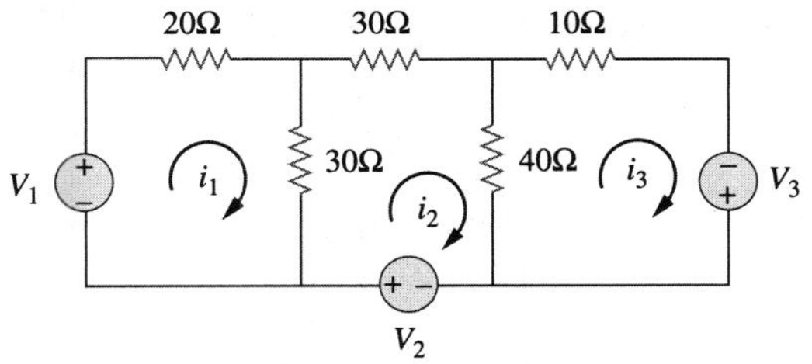

图 3-58　习题 31 图

32　利用网孔分析法计算图 3-59 所示电路中的电流 i_o。

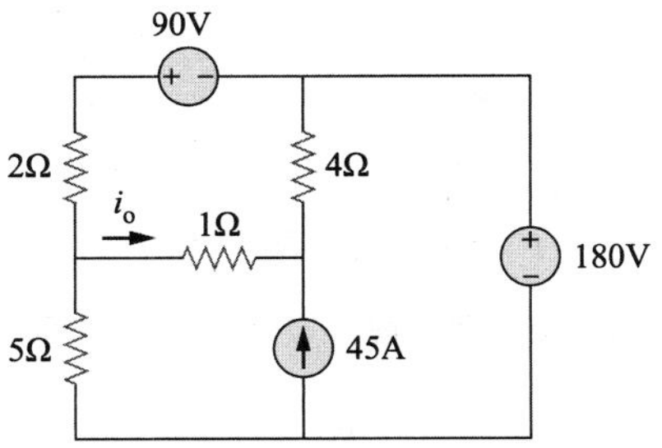

图 3-59　习题 32 图

33　计算图 3-60 所示电路中的网孔电流 i_1 和 i_2。

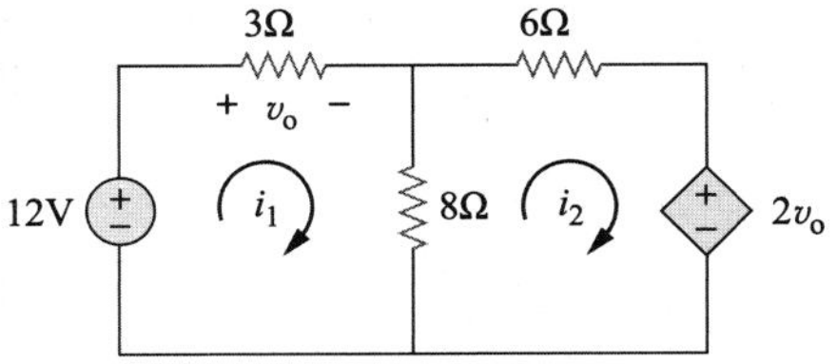

图 3-60　习题 33 图

34　求图 3-61 所示电路中的 v_o 与 i_o。

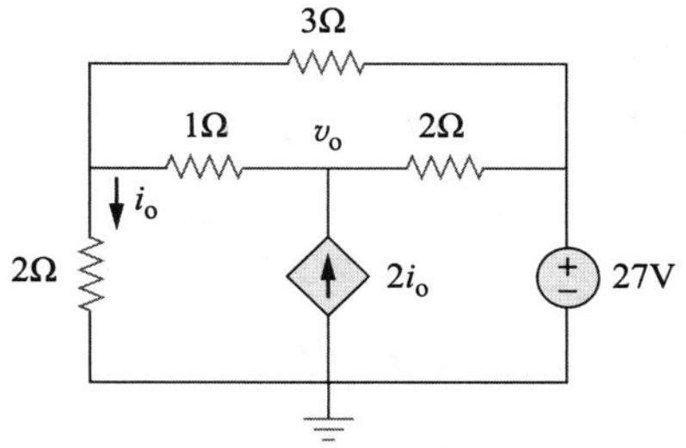

图 3-61　习题 34 图

35　利用网孔分析法确定图 3-62 所示电路中的电压 v_o。

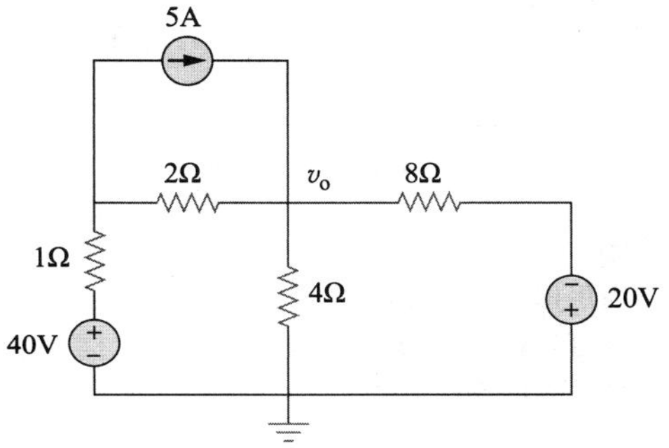

图 3-62　习题 35 图

36　求图 3-63 所示电路中的 v_1 和 v_2。

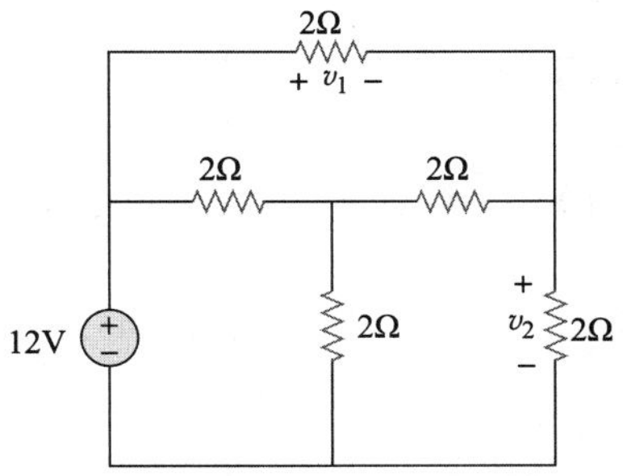

图 3-63　习题 36 图

37　在图 3-64 所示电路中，假定电流 $i_o = 15\text{mA}$，试求 R、V_1 和 V_2 的值。

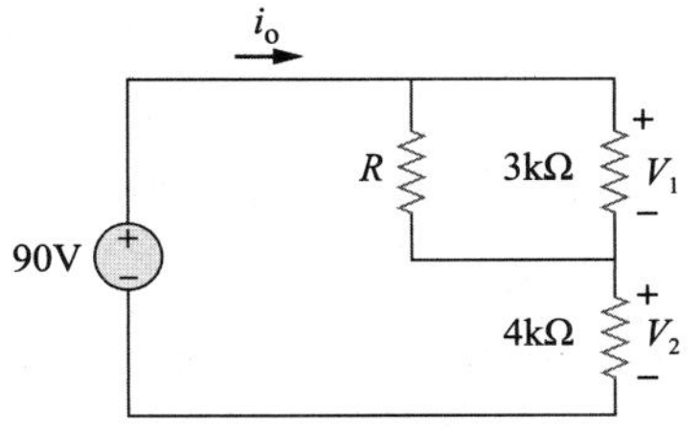

图 3-64　习题 37 图

38　利用网孔分析法重做习题 23。

39　计算图 3-65 所示电路中的电流增益 i_o/i_s。

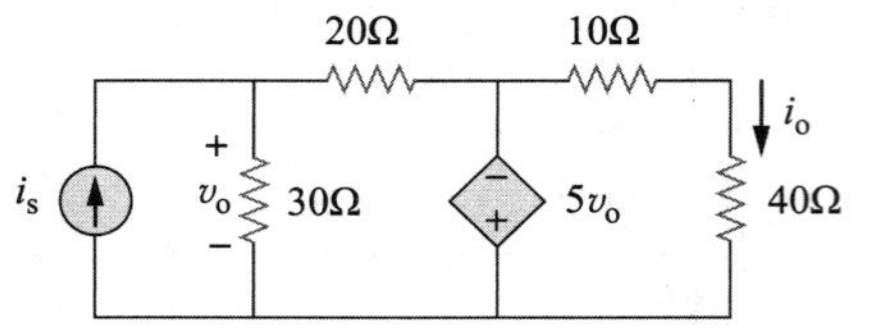

图 3-65 习题 39 图

40 求图 3-66 所示电路中的 v_x 和 i_x。

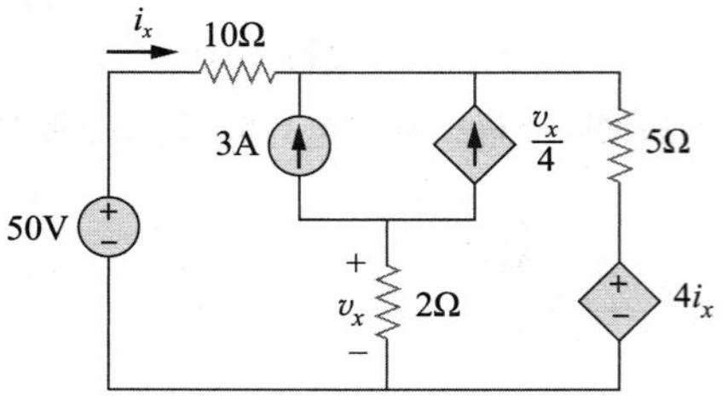

图 3-66 习题 40 图

3.6 节

41 利用图 3-67 设计一个问题，求出电压 V_o，从而更好地了解节点分析法，并尽力提出最容易计算的算法。 **ED**

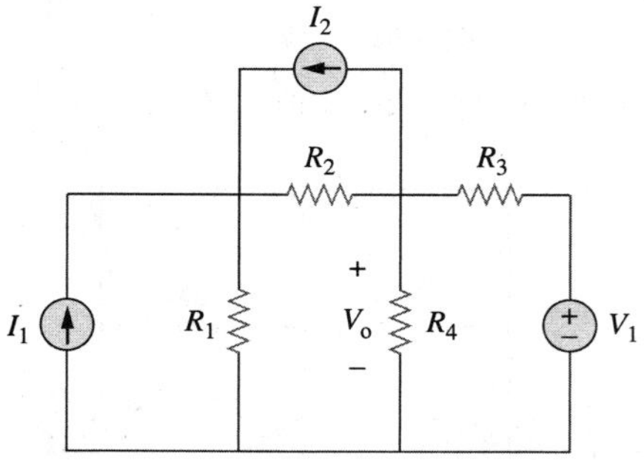

图 3-67 习题 41 图

42 通过观察法写出图 3-68 所示电路的节点电压方程。

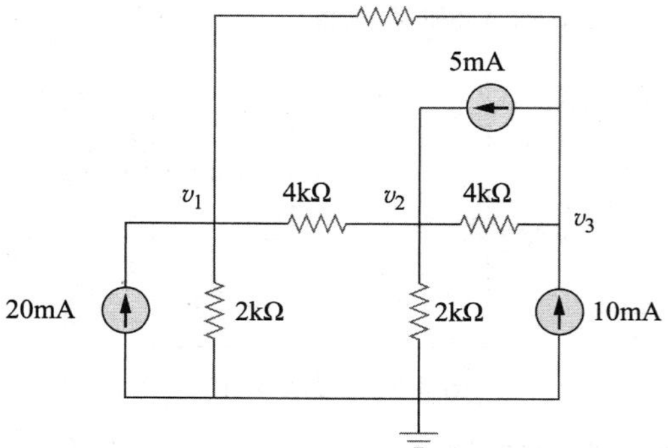

图 3-68 习题 42 图

43 通过观察法写出图 3-69 所示电路的节点电压方程，并确定 V_1 与 V_2 的值。

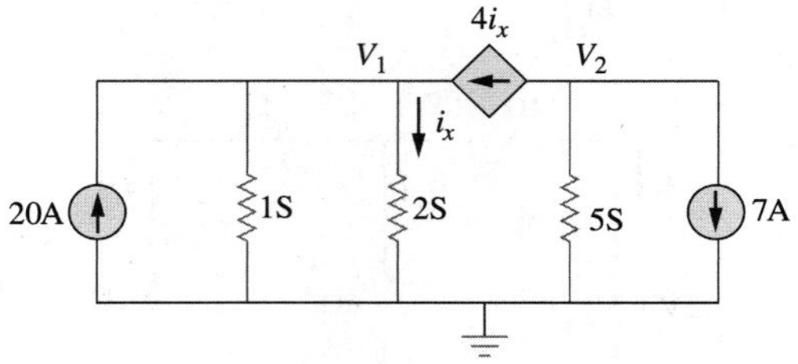

图 3-69 习题 43 图

44 通过观察法写出图 3-70 所示电路的网孔电流方程。

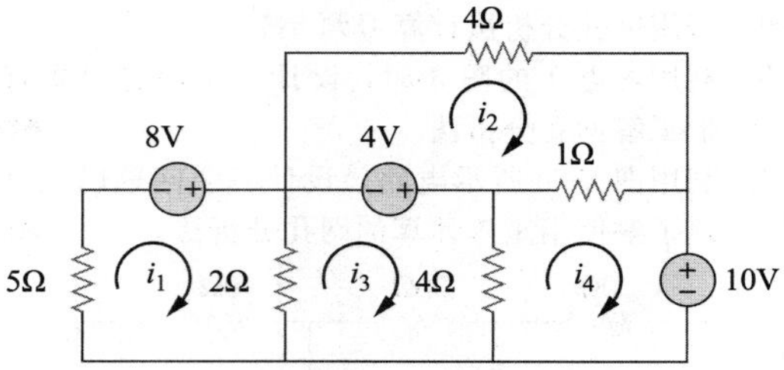

图 3-70 习题 44 图

45 写出图 3-71 所示电路的网孔电流方程。

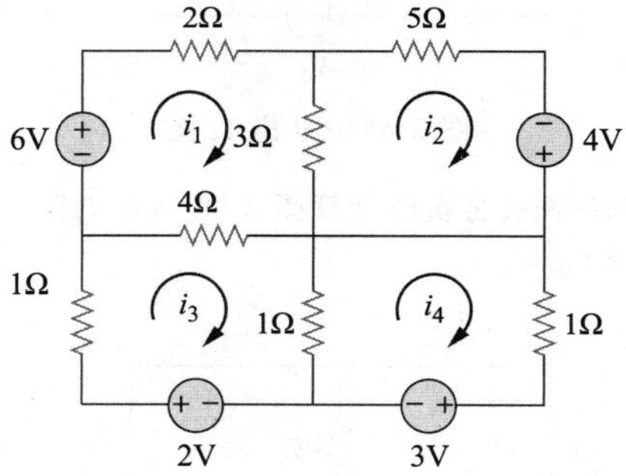

图 3-71 习题 45 图

46 通过观察法写出图 3-72 所示电路的网孔电流方程。

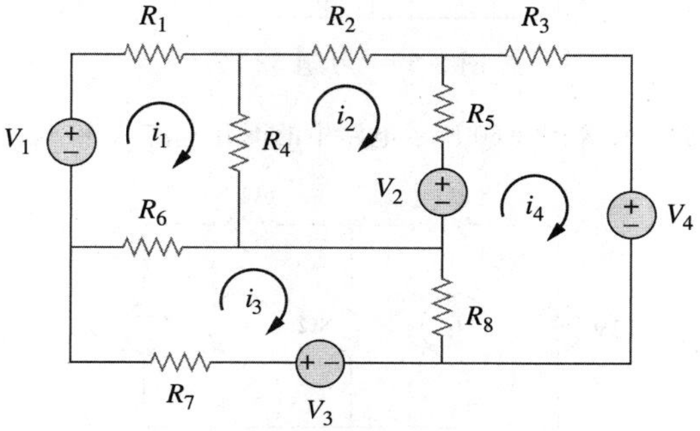

图 3-72 习题 46 图

第4章
电路定理

一名工程师的成功与他的沟通能力成正比！

——Charles K. Alexander

增强技能与拓展事业

加强沟通能力

学习电路分析课程是从事电子工程师工作的第一步，在学校期间加强沟通能力是准备工作的一部分，因为我们的大部分时间都用于相互交流。

业界人士经常抱怨刚毕业的工程师在书面与口头交流方面的欠缺。具备良好沟通能力的工程师将成为更有价值的人才。

你可能会说、会写，但是如何进行卓有成效的沟通呢？有效的沟通艺术是一位工程师成功的关键。

卓有成效的交际能力被许多人认为是行政晋升中最重要的一环
（图片来源：IT Stock/Punchstock）

对于工程师而言，良好的沟通能力是不断晋升的关键。在一项由美国公司进行的关于影响管理人员晋升因素的调查中，列举了22项个人因素的问题及其在晋升中的重要性。调查结果令人大吃一惊，“基于经验的技术能力”位列倒数第四。自信、有追求、灵活、成熟、能做出合理的决定、能与人合作以及刻苦工作等品格都排在前面，而“沟通能力”则位列第一。个人事业越发展就越需要人际沟通的能力。因此，应该将卓有成效的沟通作为个人职业道路上的一项重要手段和必备能力。

掌握有效的沟通方法是你一生都必须不断学习的事情。在校学习期间是开始培养沟通能力的最佳时机，要不断寻找机会培养和提高读、写、听、说能力。可以通过课堂展示、集体课程设计、参与学生社团活动和选修交流课程等培养这方面的能力，这比工作后再注意这个问题要有益得多。

4.1 引言

第3章中利用基尔霍夫定律分析电路的一个突出优点是无需对原电路结构进行任何更改即可完成电路的分析，其缺点就是对于大型的复杂电路而言，这种方法的求解过程相当烦琐。

随着电路应用领域的不断扩充，简单电路已演化为复杂电路。为了处理复杂电路，电路技术专家经过多年努力提出了一些可以简化电路分析的定理，其中包括戴维南(Thevenin)定理和诺顿(Norton)定理。由于这些定理适用于线性(linear)电路，因此本章首先讨论线性电路的概念，在此基础上进一步讨论叠加定理、电源变换以及最大功率传输等概念。

4.2 线性性质

线性性质是一种描述线性因果关系的元件属性。该属性适用于许多电路元件，本章仅讨论电阻元件。线性包括齐次性(比例性)和叠加性。

齐次性是指：如果输入(也称激励)乘以一个常数，那么输出(也称响应)也相应地乘以同一个常数。以电阻为例，根据欧姆定律，输入电流 i 与输出电压 v 之间的关系为：

$$v=iR \tag{4.1}$$

如果电流乘以常量 k，那么电压也增加 k 倍，即

$$\boxed{kiR=kv} \tag{4.2}$$

叠加性是指：各个输入之和的响应等于每个输入单独作用于系统时的响应之和。仍以电阻的电压-电流关系为例，如果

$$v_1=i_1R \tag{4.3a}$$

且

$$v_2=i_2R \tag{4.3b}$$

那么当输入为(i_1+i_2)时，有

$$\boxed{v=(i_1+i_2)R=i_1R+i_2R=v_1+v_2} \tag{4.4}$$

因此，由于电阻的电压-电流关系既满足齐次性又满足叠加性，所以称电阻为线性元件。

一般而言，如果一个电路既满足齐次性又满足叠加性，则为线性电路。线性电路中仅包含线性元件、线性受控源和线性独立源。

线性电路是指输出和输入呈线性关系(或者成比例关系)的电路。

本书只讨论线性电路。注意：由于功率 $p=i^2R=v^2/R$(二次函数，而不是线性函数)，因此功率和电压(或电流)之间的关系是非线性的。所以，本章的定理不适用于功率。

提示：例如，当电流 i_1 流过电阻 R 时，功率 $p_1=Ri_1^2$，当电流 i_2 流过电阻 R 时，功率 $p_2=Ri_2^2$。当电流(i_1+i_2)流过电阻 R 时，功率 $p_3=R(i_1+i_2)^2=Ri_1^2+Ri_2^2+2Ri_1i_2\neq p_1+p_2$。因此，功率关系是非线性的。

为了说明线性原理，以图 4-1 的线性电路为例。该线性电路内部没有独立源，电压源 v_s 是激励，即输入为 v_s，在电路输出端接一负载电阻 R，电阻 R 的电流 i 作为输出。假定 $v_s=10\text{V}$ 时，$i=2\text{A}$。那么根据线性原理，当 $v_s=1\text{V}$ 时，则 $i=0.2\text{A}$。同理，如果 $i=1\text{mA}$，则其输入必为 $v_s=5\text{mV}$。

例 4-1 当 $v_s=12\text{V}$ 和 $v_s=24\text{V}$ 时，分别求解图 4-2 所示电路中的 I_o。

图 4-1 输入为 v_s、输出为 i 的线性电路

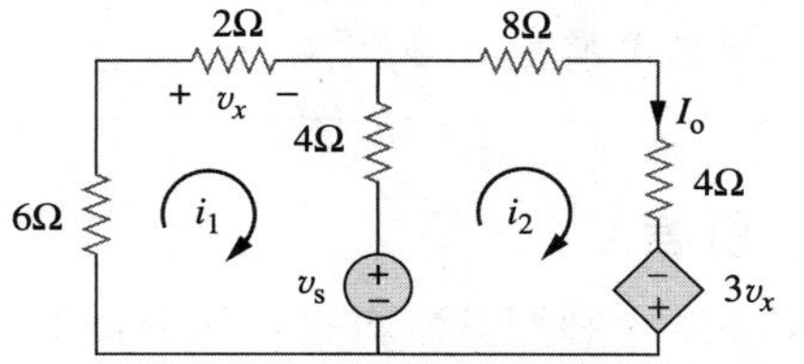

图 4-2 例 4-1 图

解：对两个回路应用 KVL，可得

$$12i_1-4i_2+v_s=0 \tag{4.1.1}$$

$$-4i_1+16i_2-3v_x-v_s=0 \tag{4.1.2}$$

而 $v_x=2i_1$，于是式(4.1.2)变为

$$-10i_1+16i_2-v_s=0 \tag{4.1.3}$$

将式(4.1.1)与式(4.1.3)相加，得到

$$2i_1+12i_2=0 \quad \Rightarrow \quad i_1=-6i_2$$

代入式(4.1.1)，可得

$$-76i_2+v_s=0 \Rightarrow i_2=\frac{v_s}{76}$$

当 $v_s=12\text{V}$ 时，

$$I_o=i_2=\frac{12}{76}=\frac{3}{19}(\text{A})$$

当 $v_s=24\text{V}$ 时，

$$I_o=i_2=\frac{24}{76}=\frac{6}{19}(\text{A})$$

这说明，当电压源为原来的 2 倍时，I_o 也变为原来的 2 倍。◀

练习 4-1 当 $i_s=30\text{A}$ 和 45A 时，求图 4-3 所示电路中的 v_o。 **答案：** 40V，60V。

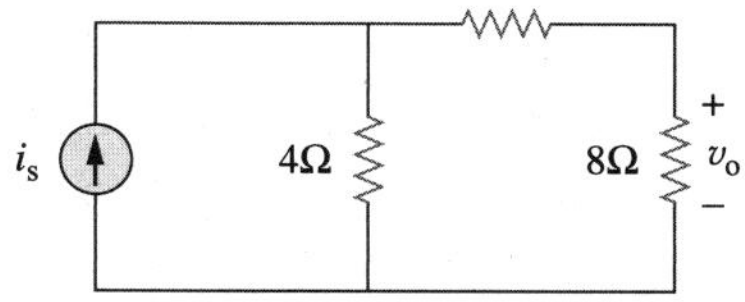

图 4-3 练习 4-1 图

例 4-2 在图 4-4 所示电路中，假定 $I_o=1\text{A}$，利用线性原理确定 I_o 的实际值。

解： 如果 $I_o=1\text{A}$，则 $V_1=(3+5)I_o=8\text{V}$，并且 $I_1=V_1/4=2\text{A}$，对节点 1 应用 KCL，可得

$$I_2=I_1+I_o=3\text{A}$$

$$V_2=V_1+2I_2=8+6=14(\text{V}), \quad I_3=\frac{V_2}{7}=2(\text{A})$$

对节点 2 应用 KCL，得

$$I_4=I_3+I_2=5\text{A}$$

因此，$I_s=5\text{A}$。这表明如果假定 $I_o=1\text{A}$，则得到电流源 $I_s=5\text{A}$，该电路中电流源实际为 15A，则此时实际得到的 $I_o=3\text{A}$。◀

练习 4-2 在图 4-5 所示电路中，假定 $V_o=1\text{V}$，试利用线性原理计算 V_o 的实际值。

答案： 16V。

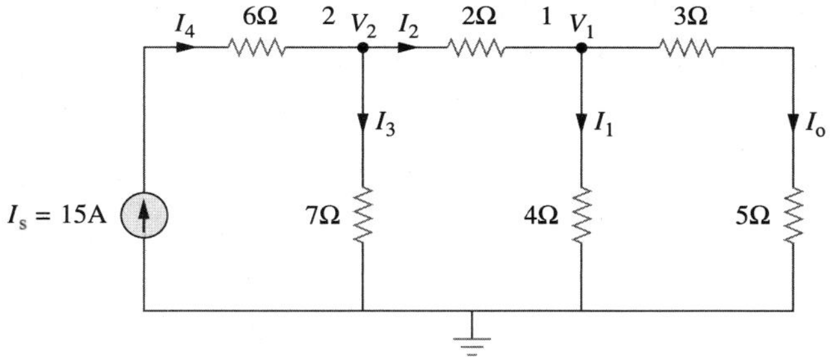

图 4-4 例 4-2 图

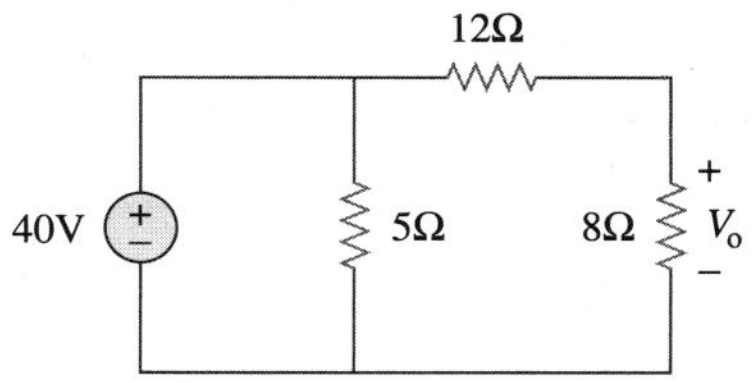

图 4-5 练习 4-2 图

4.3 叠加定理

当一个电路包含两个或多个独立电源时，求解电路特定变量值(电压或电流)的一种方法是利用第 3 章所学的节点分析法或网孔分析法，另一种方法是求出各独立源单独作用时的响应并相加，得到最终的响应，后一种方法称为叠加定理。

电路的线性性质是叠加定理的基础。

叠加定理是指线性电路中元件两端电压(或流经元件的电流)是每个独立源单独作用下在该元件两端的产生电压(或流经该元件的电流)的代数和。

提示： 叠加定理不仅仅局限于电路分析，对因果关系满足线性性质的其他许多领域同样适用。

采用叠加定理可以帮助我们分析包含多个独立源的线性电路，即分别计算各独立源对

电路的贡献，之后相加得到总的响应。但是，应用叠加定理必须注意如下两点：

1. 每次计算仅考虑一个独立源，其他独立源均应关闭(turn off)，即其他各电源要用0V(短路)来替代，而各电流源要用0A(开路)来替代。这样，就可以得到更为简单，更便于处理的电路。

提示：与关闭意思相同的常见术语包括：封闭(killed)、无效(made inactive)、失效(deadened)或置零(set equal zero)等。

2. 因为受控源受到电路变量的控制，所以应保持不变。

应用叠加定理时，必须按照如下三个步骤进行。

应用叠加定理的三个步骤：

1. 关闭除一个独立电源以外的其他所有独立电源，利用第2章和第3章介绍的分析方法，求出该独立源作用于电路的输出(电压或电流)。

2. 对其他各独立源重复步骤1。

3. 将各个独立源单独作用于电路时产生的响应相加，从而得到电路总的响应。

采用叠加定理分析电路的一个主要缺点是所涉及的计算比较多。如果待分析电路包含三个独立源，则必须分析计算三个由独立源单独作用的简化电路。叠加定理的优点在于，利用短路替代电压源，或利用开路替代电流源，的确可以降低电路的复杂程度，将复杂电路简化为简单电路。

必须牢记，叠加定理的基础是线性性质，因此它并不适用于各电源产生的功率，因为电阻吸收的功率随电压或电流的平方关系变化。如果要求功率，必须先利用叠加定理计算流经元件的电流(或元件两端的电压)，之后再计算功率。

例 4-3 利用叠加定理计算图4-6所示电路中的 v。

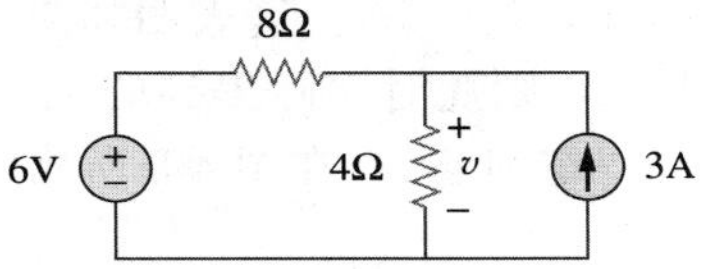

图 4-6 例 4-3 图

解：电路中包含两个电源，根据叠加定理，有

$$v=v_1+v_2$$

式中，v_1 与 v_2 分别为6V电压源和3A电流源单独作用时 v 的大小。为求出 v_1，应设电流源为零，如图4-7a所示，对图4-7a中回路应用KVL，得到

$$12i_1-6=0 \quad \Rightarrow \quad i_1=0.5(\text{A})$$

因此，

$$v_1=4i_1=2(\text{V})$$

另外，还可以采用分压原理计算 v_1，即

$$v_1=\frac{4}{4+8}\times 6=2(\text{V})$$

为求出 v_2，应设电压源为零，如图4-7b所示，利用分流原理可得

$$i_3=\frac{8}{4+8}\times 3=2(\text{A})$$

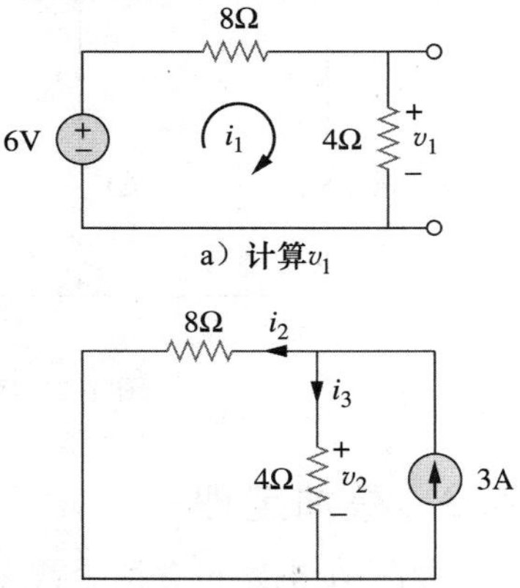

图 4-7 求解例 4-3 图

因此

$$v_2=4i_3=8(\text{V})$$

所以

$$v=v_1+v_2=2+8=10(\text{V})$$ ◀

练习 4-3 利用叠加定理求出图4-8所示电路中的 v_o。

答案：7.4V。

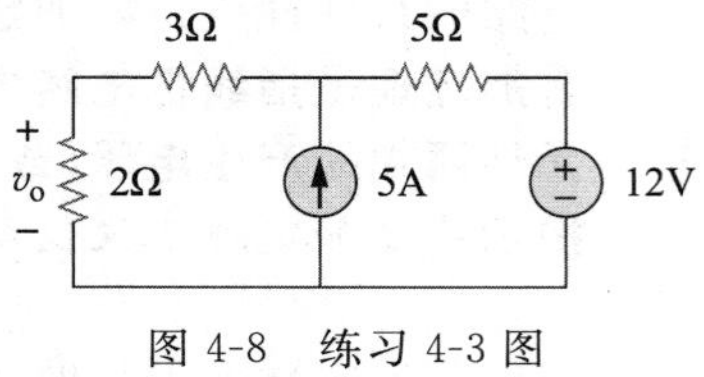

图 4-8 练习 4-3 图

例 4-4 利用叠加定理求出图4-9所示电路中的 i_o。

解：图 4-9 所示电路中包含一个受控源，计算过程中必须保持不变。令

$$i_o = i'_o + i''_o \qquad (4.4.1)$$

式中，i'_o 与 i''_o 分别为由 4A 电流源与 20V 电压源引起的响应。为求出 i'_o，须关闭 20V 电压源，从而得到如图 4-10a 所示电路。下面采用网孔分析法求 i'_o，对于回路 1，

$$i_1 = 4\text{A} \qquad (4.4.2)$$

对于回路 2，

$$-3i_1 + 6i_2 - 1i_3 - 5i'_o = 0 \qquad (4.4.3)$$

对于回路 3，

$$-5i_1 - 1i_2 + 10i_3 + 5i'_o = 0 \qquad (4.4.4)$$

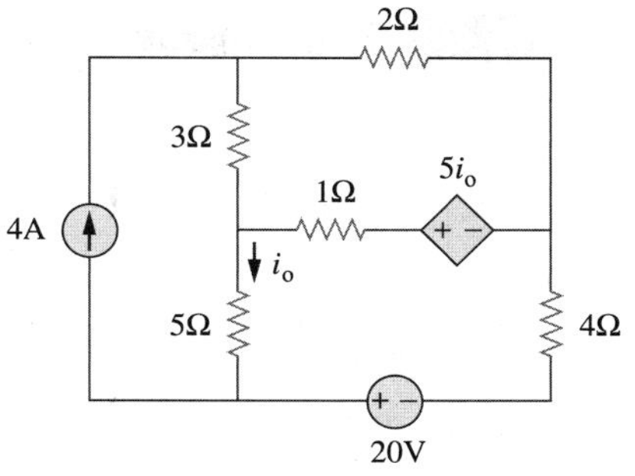

图 4-9　例 4-4 图

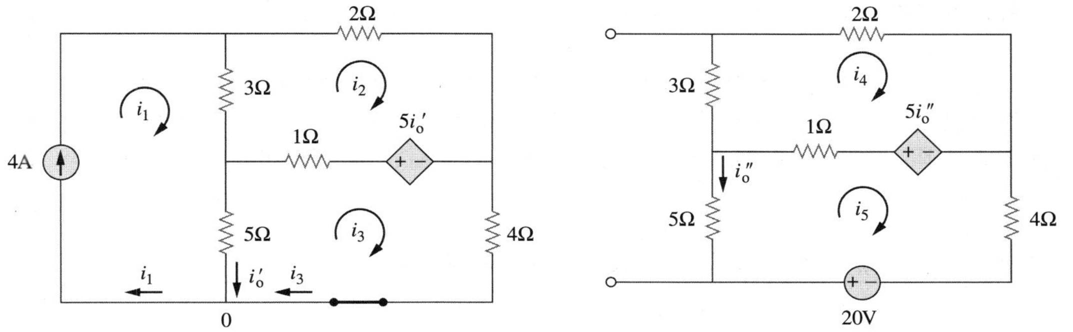

a) i'_o　　b) i''_o

图 4-10　求解例 4-4 图

但在节点 0 处，有

$$i_3 = i_1 - i'_o = 4 - i'_o \qquad (4.4.5)$$

将式(4.4.2)与式(4.4.5)代入式(4.4.3)与式(4.4.4)，得到两个联立方程：

$$3i_2 - 2i'_o = 8 \qquad (4.4.6)$$

$$i_2 + 5i'_o = 20 \qquad (4.4.7)$$

解得

$$i'_o = \frac{52}{17}(\text{A}) \qquad (4.4.8)$$

为求 i''_o，须关闭 4A 电流源，从而得到如图 4-10b 所示电路。对回路 4 应用 KVL，可得

$$6i_4 - i_5 - 5i''_o = 0 \qquad (4.4.9)$$

对回路 5，

$$-i_4 + 10i_5 - 20 + 5i''_o = 0 \qquad (4.4.10)$$

而 $i_5 = -i''_o$。将其代入式(4.4.9)和式(4.4.10)可得

$$6i_4 - 4i''_o = 0 \qquad (4.4.11)$$

$$i_4 + 5i''_o = -20 \qquad (4.4.12)$$

解得

$$i''_o = -\frac{60}{17}\text{A} \qquad (4.4.13)$$

将式(4.4.8)与式(4.4.13)代入式(4.4.1)，得到

$$i_o = -\frac{8}{17} = -0.4706(\text{A})$$

◀

练习 4-4　利用叠加定理计算图 4-11 所示电路中的 v_x。　　　**答案**：$v_x=31.25\text{V}$。

例 4-5　利用叠加定理计算图 4-12 所示电路中的 i。

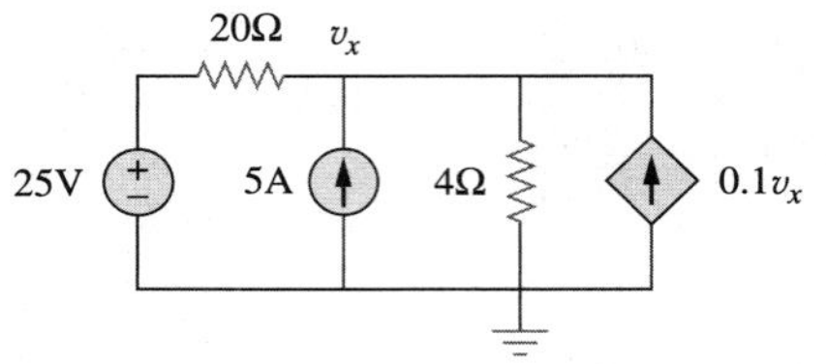

图 4-11　练习 4-4 图

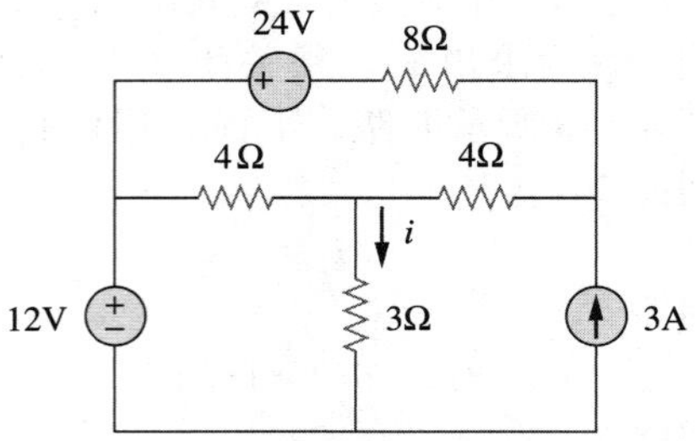

图 4-12　例 4-5 图

解：该电路中包含三个电源，所以

$$i=i_1+i_2+i_3$$

式中，i_1、i_2、i_3 分别为 12V 电压源、24V 电压源和 3A 电流源所产生的电流。

为求出 i_1，如图 4-13a 所示电路，将 4Ω 电阻(位于右侧的)和与之串联的 8Ω 电阻合并后得 12Ω 电阻，该 12Ω 电阻又与 4Ω 电阻并联，合并后得 12×4/16=3(Ω)。因此，

$$i_1=\frac{12}{6}=2(\text{A})$$

为求出 i_2，有如图 4-13b 所示电路，采用网孔分析法可得

$$16i_a-4i_b+24=0 \quad\Rightarrow\quad 4i_a-i_b=-6 \tag{4.5.1}$$

$$7i_b-4i_a=0 \quad\Rightarrow\quad i_a=\frac{7}{4}i_b \tag{4.5.2}$$

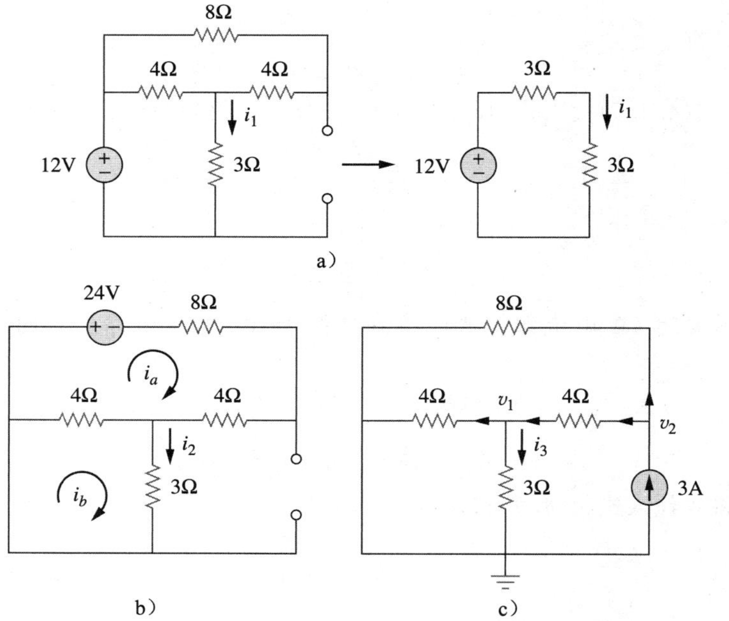

图 4-13　求解例 4-5 图

将式(4.5.2)代入式(4.5.1)可得

$$i_2=i_b=-1\text{A}$$

为求出 i_3，有如图 4-13c 所示电路，采用节点分析法可得

$$3=\frac{v_2}{8}+\frac{v_2-v_1}{4} \quad \Rightarrow \quad 24=3v_2-2v_1 \tag{4.5.3}$$

$$\frac{v_2-v_1}{4}=\frac{v_1}{4}+\frac{v_1}{3} \quad \Rightarrow \quad v_2=\frac{10}{3}v_1 \tag{4.5.4}$$

将式(4.5.4)代入式(4.5.3)得 $v_1=3$，且

$$i_3=\frac{v_1}{3}=1(\text{A})$$

于是

$$i=i_1+i_2+i_3=2-1+1=2(\text{A})$$ ◀

练习 4-5 利用叠加定理求出图 4-14 所示电路中的 I。 **答案：** 375mA。

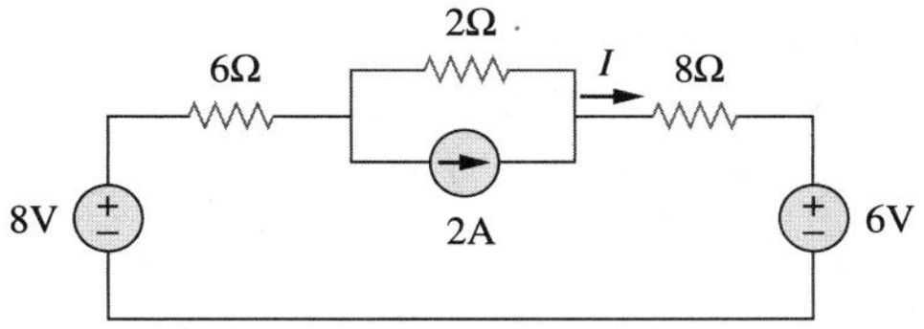

图 4-14 练习 4-5 图

4.4 电源变换

由前面章节的学习可知，串-并联合并与△-Y 变换等方法有助于简化电路，本节将介绍另一个简化电路的工具——电源变换。这些工具的基础是等效的概念，即等效电路是指与原电路具有相同的 $v-i$ 特性的电路。

由 3.6 节可知，当电路中的电源均为独立电流源(或独立电压源)时，仅通过观察法就可以写出电路的节点电压(或网孔电流)方程。因此，在电路分析时，如果能像图 4-15 那样，将与电阻串联的电压源变换为与电阻并联的电流源，(反之亦然)，就会使分析变得非常简便，这种变换被称为*电源变换*(source transformation)。

电源变换是指电流源 i_s 与电阻 R 的并联可以变换为电压源 v_s 与电阻 R 的串联(反之亦然)。

只要如图 4-15 所示的两个电路在端口 a-b 呈现相同的电压-电流关系，则二者就是等效的。可以很容易地证明这两个电路的等效关系，如果将两个电源均关闭，则两个电路在端口 a-b 的等效电阻均为 R。同时，当端口 a-b 短路时，则在左边电路中从 a 到 b 的短路电流为 $i_{sc}=v_s/R$，在右边电路中从 a 到 b 的短路电流为 $i_{sc}=i_s$。于是，为使这两个电路等效，就必须满足 $v_s/R=i_s$。因此，电源变换必须满足

$$v_s=i_sR \quad 或 \quad i_s=\frac{v_s}{R} \tag{4.5}$$

电源变换同样适用于受控源，但前提是必须对受控变量做细致的处理。如图 4-16 所示，受控电压源与电阻的串联可以变换为受控电流源与电阻的并联，反之亦然，但必须满足式(4.5)。

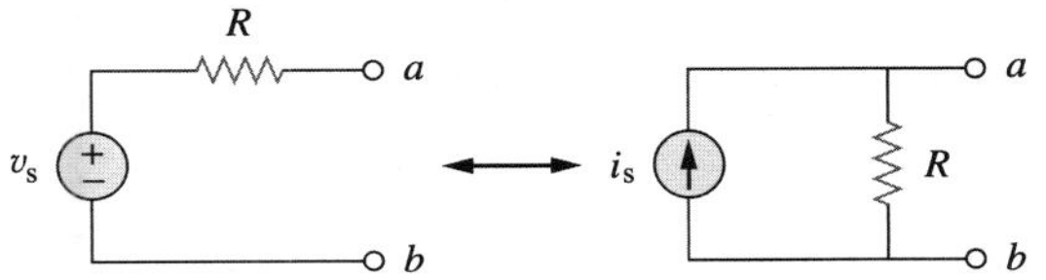

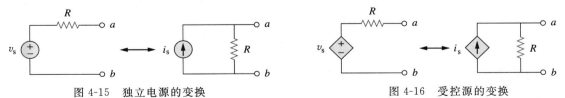

图 4-15 独立电源的变换

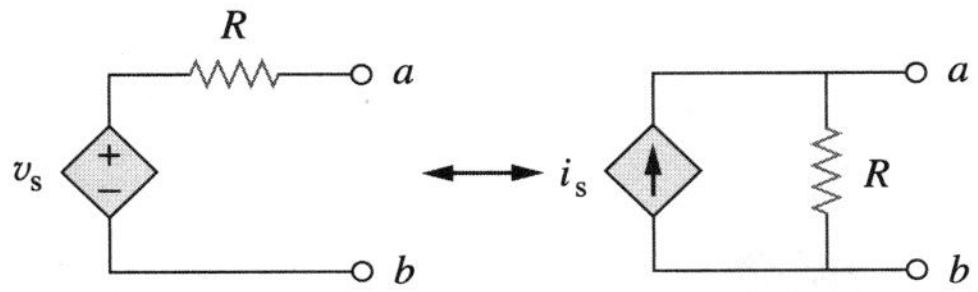

图 4-16 受控源的变换

与第 2 章所学的 Y 电路与△电路间的变换一样，电源变换并不会对电路的其他部分产生任何影响，因此，电源变换是一种通过电路形式的变换简化电路分析的有力工具。但是，在进行电源变换时，必须注意如下两点：

1. 如图 4-15(或图 4-16)所示，电流源的电流方向应该指向电压源的正极。

2. 由式(4.5)可知，在 $R=0$，即理想电压源的情况下，不能进行电源变换，然而实际电路中均为非理想电压源($R\neq0$)。同样，$R=\infty$的理想电流源也不能用电压源来取代。

例 4-6 利用电源变换的方法求图 4-17 所示电路中的 v_o。

解： 首先对图中的电流源和电压源分别进行变换，得到如图 4-18a 所示的电路。之后，将串联的 4Ω 电阻与 2Ω 电阻合并起来，同时对 12V 电压源进行变换，得到如图 4-18b 所示的电路。接着将并联的 3Ω 电阻与 6Ω 电阻合并为一个 2Ω 电阻，将 2A 电流源与 4A 电流源合并为一个 2A 电流源。这样，重复几次电源变换后，就会得到如图 4-18c 所示的电路。

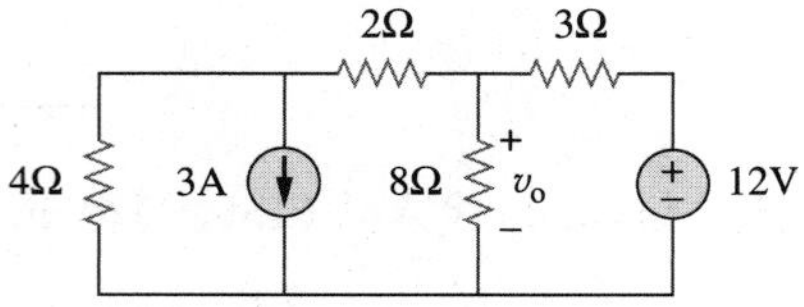

图 4-17 例 4-6 图

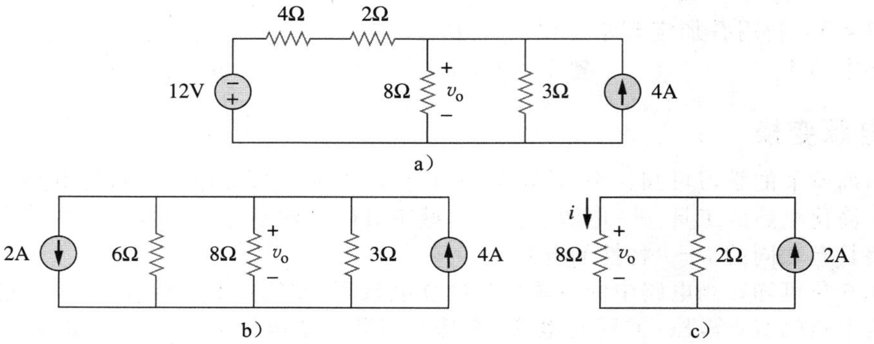

图 4-18 例 4-6 图

对图 4-18c 所示电路应用分流原理，得到

$$i=\frac{2}{2+8}\times 2=0.4(\mathrm{A})$$

且

$$v_o=8i=8\times 0.4=3.2(\mathrm{V})$$

另外，由于图 4-18c 中的 8Ω 电阻与 2Ω 电阻是并联的，其两端的电压应相同。因此，

$$v_o=(8\parallel 2)\times 2=\frac{8\times 2}{10}\times 2=3.2(\mathrm{V})$$ ◀

练习 4-6 利用电源变换的方法求图 4-19 所示电路中的 i_o。 **答案：** 1.78A。

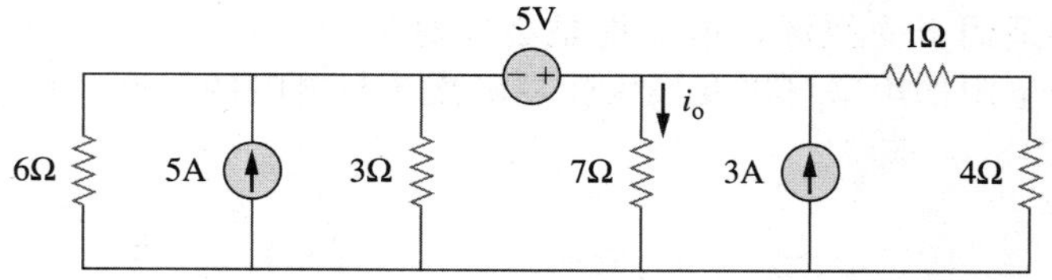

图 4-19 练习 4-6 图

例 4-7 利用电源变换的方法求图 4-20 所示电路中的 v_x。

解： 图 4-20 所示电路中包含一个电压控制电流源，对该受控电流源和 6V 电压源分别进行电源变换，得到如图 4-21a 所示电路。由于 18V 电压源没有与任何电阻串联，所以不能进行电源变换，图 4-21a 中两个并联的 2Ω 电阻可以合并为 1Ω 电阻，它又与 3A 的电流源相并联。再将该电流源变换为电

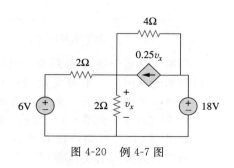

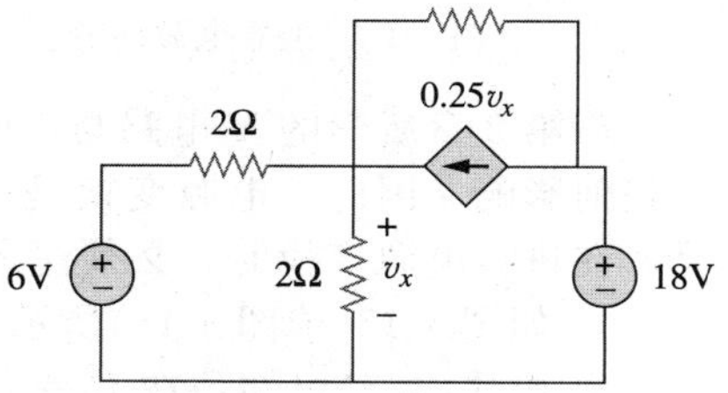

图 4-20 例 4-7 图

压源，得到如图 4-21b 所示电路，注意 v_x 的两个端点仍保持不变。对图 4-21b 的回路应用 KVL，得到

$$-3+5i+v_x+18=0 \tag{4.7.1}$$

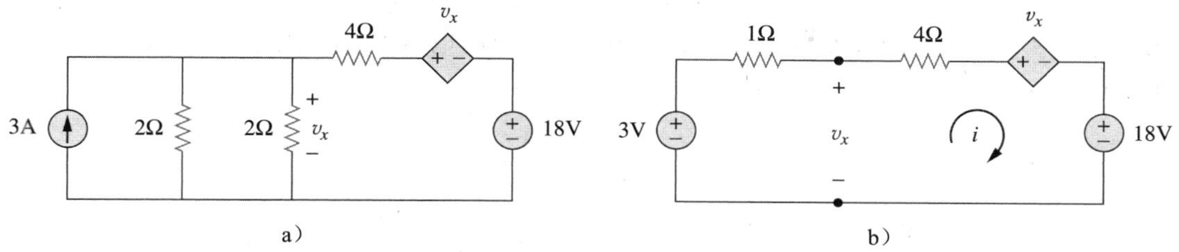

图 4-21 对图 4-20 所示电路进行电源变换后的电路图

对仅包含 3V 电压源，1Ω 电阻和 v_x 的回路应用 KVL，得到

$$-3+1i+v_x=0 \quad \Rightarrow \quad v_x=3-i \tag{4.7.2}$$

代入式(4.7.1)得到：

$$15+5i+3-i=0 \quad \Rightarrow \quad i=-4.5\text{A}$$

另外，对图 4-21b 中包含 v_x，4Ω 电阻，电压控制电压源和 18V 电压源的回路应用 KVL，同样可得

$$-v_x+4i+v_x+18=0 \quad \Rightarrow \quad i=-4.5\text{A}$$

所以

$$v_x=3-i=7.5(\text{V})$$ ◀

练习 4-7 利用电源变换的方法求图 4-22 所示电路中的 i_x。 **答案：** 7.059mA。

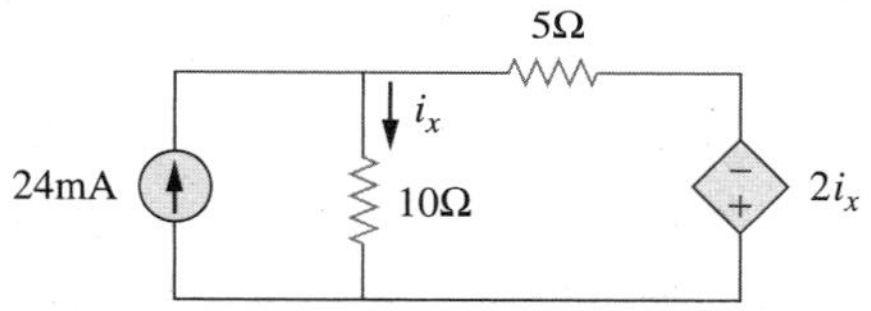

图 4-22 练习 4-7 图

4.5 戴维南定理

实际电路经常会出现这样的情况：电路中某个特定的元件(通常称为负载)是可变的，而其他元件则是固定不变的。典型的例子是家中的电源插座，它可以连接不同的家用电器，从而形成可变负载。可变元件每改变一次，就要对整个电路重新分析一遍。为了避免这个问题，戴维南定理提供了一种用等效电路取代电路中不变部分的方法。

根据戴维南定理，图 4-23a 所示的线性电路可以用图 4-23b 所示的电路来替代。(图 4-23 中的负载可以是一个电阻，也可以是另一个电路。)图 4-23b 中端口 a-b 左边的电路称为戴维南等效电路(Thevenin equivalent circuit)，它是由法国电报工程师利昂·戴维南(M. Leon Thevenin，1857—1926)于 1883 年提出的。

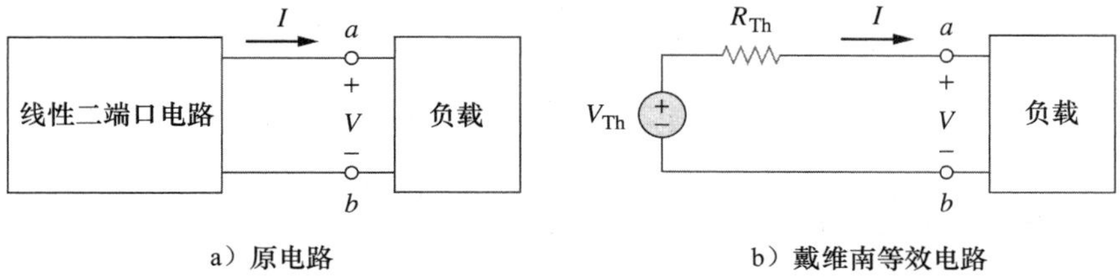

图 4-23 用戴维南等效电路替代线性二端口电路

戴维南定理是指线性二端口电路可以用一个由电压源 V_{Th} 和与之串联的电阻 R_{Th} 组成的等效电路所替代，其中 V_{Th} 为端口的开路电压，R_{Th} 为独立源关闭时端口的输入(或等效)电阻。

戴维南定理的证明将在4.7节中给出。现在的主要问题是如何求出戴维南等效电压V_{Th}与电阻R_{Th}。为此，假设图4-23所示的两个电路是等效的。如果两个电路具有相同的端口电压-电流关系，则称这两个电路是等效的。下面就找出使得图4-23所示两个电路等效的条件。如果使端口a-b开路(去掉负载)，即无电流流过，那么由于两电路等效，从而图4-23a中a-b两端的开路电压必定等于图4-23b中的电压V_{Th}，因此，V_{Th}就是端口的开路电压v_{oc}，如图4-24a所示，即：

$$V_{Th}=v_{oc} \tag{4.6}$$

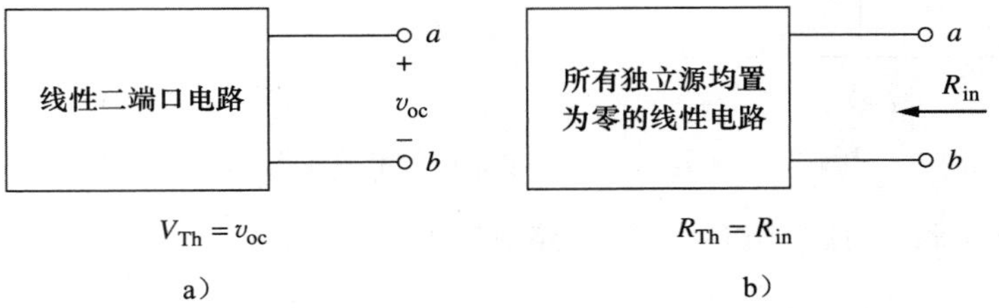

图4-24　确定V_{Th}与R_{Th}

移去负载使端口a-b开路的同时，将电路中的所有独立源关闭，由于两个电路是等效的，那么图4-23a中的a-b两端的输入电阻(即等效电阻)应该等于图4-23b中的R_{Th}，因此，R_{Th}就是当独立源关闭时端口的输入电阻，如图4-24b所示，即

$$R_{Th}=R_{in} \tag{4.7}$$

利用上述思想求戴维南电阻R_{Th}时，需要考虑下面两种情况。

情况1　当网络中不含有受控源时，关闭所有独立源。R_{Th}就是从a-b两端向网络看进去的输入电阻，如图4-24b所示。

情况2　当网络中包含受控源时，关闭所有独立源。如叠加定理一样，由于受控源受电路电量的控制，因而不能关闭。此时可以在a-b两端外加一个电压源v_o，并计算出相应的端口电流i_o，即可得到$R_{Th}=v_o/i_o$，如图4-25a所示，或者在a-b两端加入一个电流源i_o，如图4-25b所示，并计算出端口电压v_o，同样可得到$R_{Th}=v_o/i_o$。利用这两种方法所得到的结果是相同的，任何一种方法都可以假设v_o与i_o取任意值，例如假设$v_o=1V$或$i_o=1A$，甚至可以对v_o或i_o的取值不做任何假设。

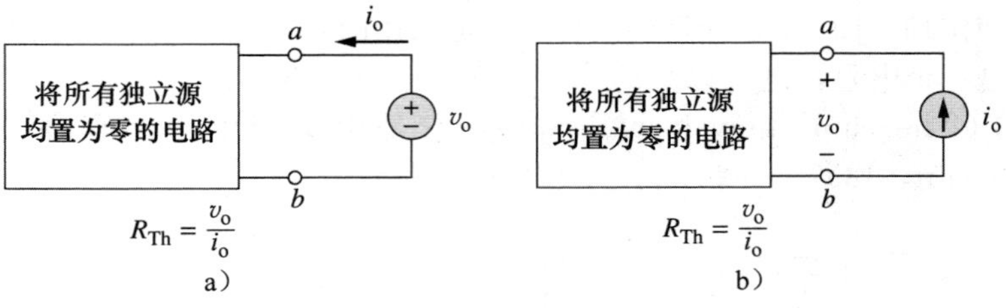

图4-25　电路中包含受控源时，求R_{Th}的方法

提示： 稍后还会介绍求R_{Th}的另一种方法，即$R_{Th}=\frac{v_{oc}}{i_{sc}}$。

经常会出现R_{Th}取负值的情况，此时的负电阻($v=-iR$)表示电路是提供功率的，当电路中含有受控源时，就可能出现这种情况，例4-10将说明这种情况。

戴维南定理在电路分析中是非常重要的。利用该定理可以简化电路，将大规模电路用一个独立电压源和一个串联电阻来替代，因而，戴维南定理在电路设计中是一个强有力的工具。

如前所述，带有可变负载的线性电路可以由戴维南等效电路替代除负载以外的电路，该等效电路的外部特性与原电路完全相同。在如图 4-26a 所示的终端接有负载 R_L 的线性电路中，一旦得到该负载端的戴维南等效电路，如图 4-26b 所示，就可以很容易地确定流过该负载的电流 I_L 和该负载两端的电压 V_L。由图 4-26b，可得：

$$I_L=\frac{V_{Th}}{R_{Th}+R_L} \tag{4.8a}$$

$$V_L=R_L I_L=\frac{R_L}{R_{Th}+R_L}V_{Th} \tag{4.8b}$$

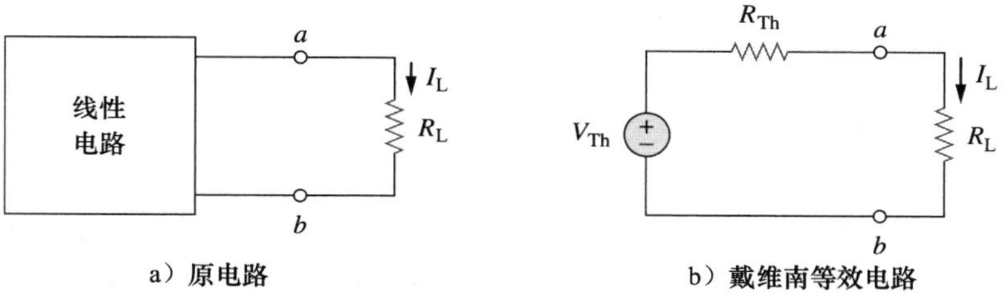

图 4-26　带有负载的电路

可以看出，戴维南等效电路就是一个简单的分压器，通过观察就可以很方便地得到负载电压 V_L。

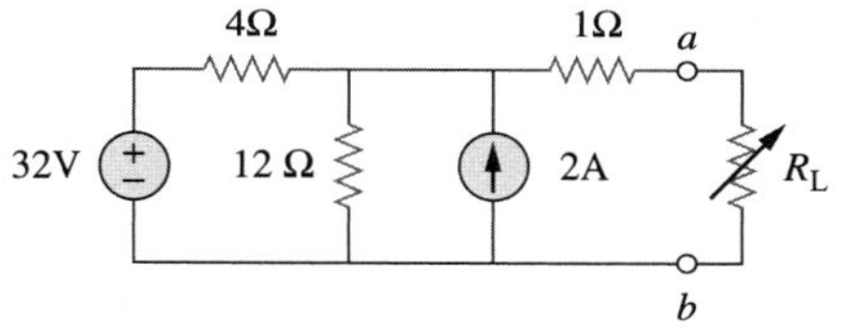

图 4-27　例 4-8 图

例 4-8 求图 4-27 所示电路中端口 a-b 两端左侧的戴维南等效电路，并求出当 $R_L=6\Omega$、16Ω 和 36Ω 时，流过 R_L 的电流。

解：计算 R_{Th} 时，关闭 32V 电压源(短路)和 2A 电流源(开路)，从而可得如图 4-28a 所示电路，于是

$$R_{Th}=4\parallel 12+1=\frac{4\times 12}{16}+1=4(\Omega)$$

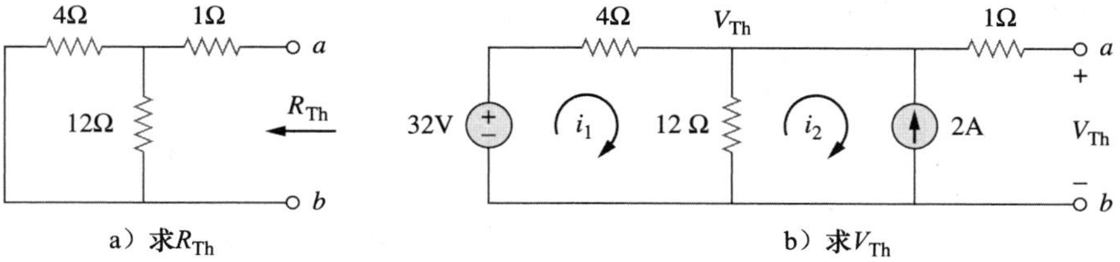

图 4-28　例 4-8 图

下面利用图 4-28b 所示电路计算 V_{Th}，对图中两个回路应用网孔分析法，得到：

$$-32+4i_1+12(i_1-i_2)=0,\quad i_2=-2\text{A}$$

得到 $i_1=0.5\text{A}$，于是

$$V_{Th}=12(i_1-i_2)=12\times(0.5+2.0)=30(\text{V})$$

另外，采用节点分析法求解更容易，由于没有电流流过 1Ω 电阻，因而可以忽略该电阻。对上面的节点应用 KCL，可得

$$\frac{32-V_{Th}}{4}+2=\frac{V_{Th}}{12}$$

或

$$96-3V_{Th}+24=V_{Th}\quad\Rightarrow\quad V_{Th}=30\text{V}$$

与上述结果相同。还可以采用电源变换的方法求解 V_{Th}。

戴维南等效电路如图 4-29 所示，由此可得流过 R_L 的电流为：

$$I_L=\frac{V_{Th}}{R_{Th}+R_L}=\frac{30}{4+R_L}$$

当 $R_L=6\Omega$ 时，

$$I_L=\frac{30}{10}=3(A)$$

当 $R_L=16\Omega$ 时，

$$I_L=\frac{30}{20}=1.5(A)$$

当 $R_L=36\Omega$ 时，

$$I_L=\frac{30}{40}=0.75(A)$$

◀

练习 4-8　利用戴维南定理求图 4-30 所示电路中端口 a-b 左侧的等效电路，并计算电流 I。

答案： $V_{Th}=6V$，$R_{Th}=3\Omega$，$I=1.5A$。

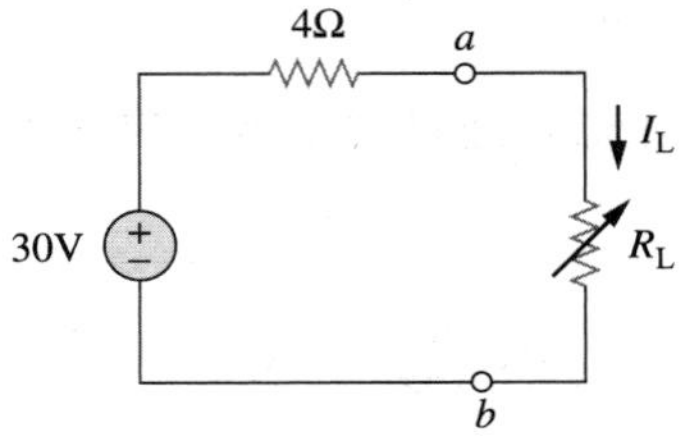

图 4-29　例 4-8 的戴维南等效电路

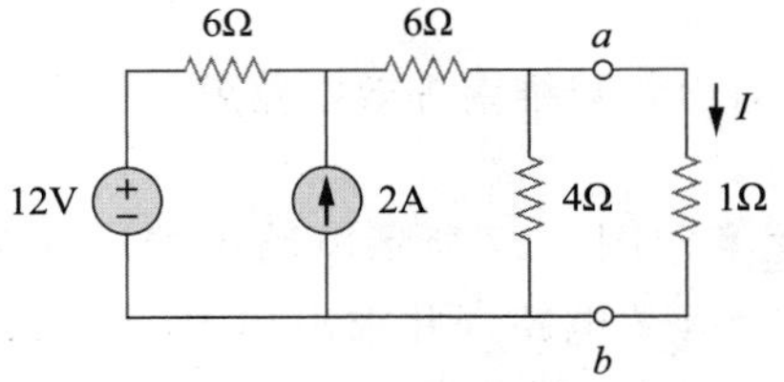

图 4-30　练习 4-8 图

例 4-9 求图 4-31 所示电路从端口 a-b 看进去的戴维南等效电路。

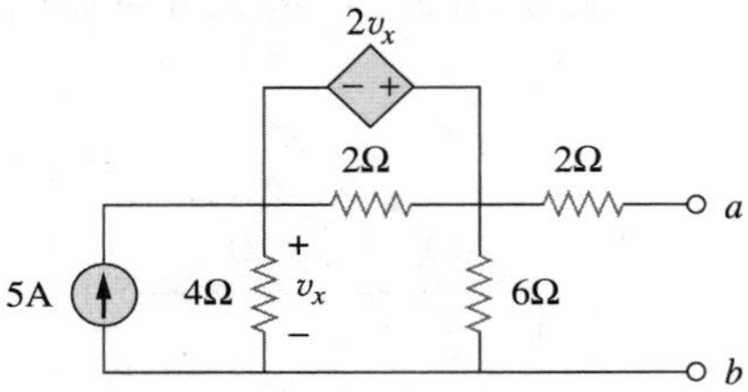

图 4-31　例 4-9 图

解： 与上例中的电路不同，本电路中含有一个受控源。为求出 R_{Th}，将独立源置为零，但受控源保留不变。然而，由于存在受控源，电路需在 a-b 两端外接一个电压源 v_o 来激励电路如图 4-32a 所示。为便于计算，可以假定 $v_o=1V$（该电路为线性电路），目的是要求出流过该端口的电流 i_o，从而得到 $R_{Th}=1/i_o$（另外，也可以外接一个 1A 的电流源，求出相应的电压 v_o，从而得到 $R_{Th}=v_o/1$）。

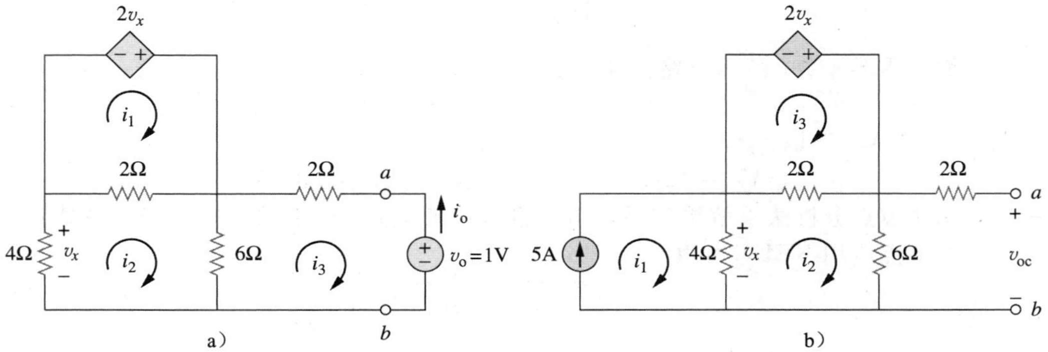

图 4-32　求例 4-9 中的 R_{Th} 与 V_{Th}

对图 4-32a 所示电路中的回路 1 应用网孔分析法，得到

$$-2v_x+2(i_1-i_2)=0 \quad \text{或} \quad v_x=i_1-i_2$$

而 $-4i_2=v_x=i_1-i_2$，因此，

$$i_1=-3i_2 \tag{4.9.1}$$

对回路 2 与回路 3 应用 KVL，可得

$$4i_2+2(i_2-i_1)+6(i_2-i_3)=0 \tag{4.9.2}$$

$$6(i_3-i_2)+2i_3+1=0 \tag{4.9.3}$$

解得

$$i_3=-\frac{1}{6}\text{A}$$

而 $i_o=-i_3=1/6(\text{A})$，因此，

$$R_{Th}=\frac{1}{i_o}=6(\Omega)$$

求 V_{Th} 就是求出图 4-32b 所示电路中的 v_{oc}，利用网孔分析法，可得

$$i_1=5 \tag{4.9.4}$$

$$-2v_x+2(i_3-i_2)=0 \quad \Rightarrow \quad v_x=i_3-i_2 \tag{4.9.5}$$

$$4(i_2-i_1)+2(i_2-i_3)+6i_2=0$$

即

$$12i_2-4i_1-2i_3=0 \tag{4.9.6}$$

而且，$4(i_1-i_2)=v_x$，解上述方程，可得 $i_2=\frac{10}{3}\text{A}$，因此，

$$V_{Th}=v_{oc}=6i_2=20(\text{V})$$

最后得到的戴维南等效电路如图 4-33 所示。◀

练习 4-9 求图 4-34 所示电路端口左侧的戴维南等效电路。

答案： $V_{Th}=5.333\text{V}$，$R_{Th}=444.4\text{m}\Omega$。

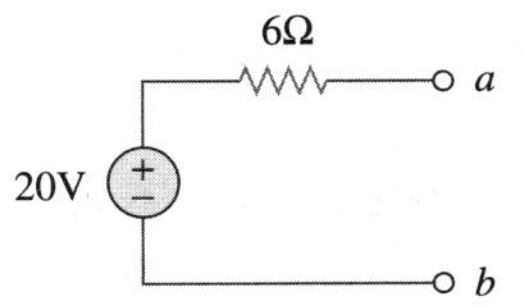

图 4-33 图 4-31 的戴维南等效电路

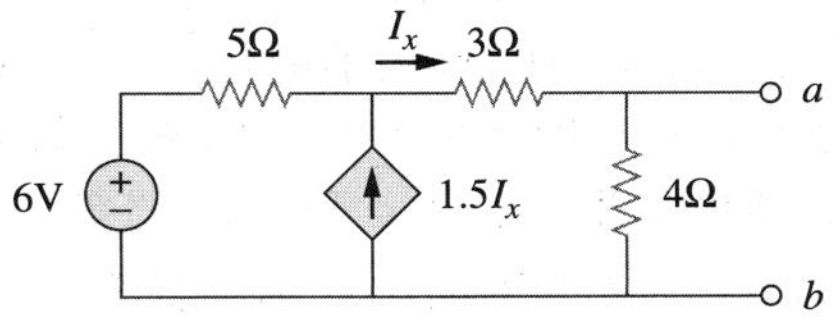

图 4-34 练习 4-9 图

例 4-10 试确定图 4-35a 所示电路从端口 a-b 看进去的戴维南等效电路。

解：1. 明确问题。 本例所要解决的问题已经很清楚，即要求解图 4-35a 所示电路的戴维南等效电路。

2. 列出已知条件。 本例电路中包含相互并联的 2Ω 电阻和 4Ω 电阻，这两个电阻又与受控电流源相并联，求解本题非常重要的一点是，电路中不包含独立电源。

3. 确定备选方案。 首先要考虑的问题是，由于本例电路中不包括独立电源。因此必须外接电源激励该电路。另外，如果没有独立电源，就无法求出 V_{Th} 的值，而仅能求解 R_{Th} 的值。

激励本例电路最简单的方法是利用 1V 电压源或者 1A 电流源。由于本例最终要求出等效电阻(正电阻或者负电阻)，所以最好采用电流源和节点分析法，这样可以在输出端得到电阻上的电压(因为流过电路的电流为 1A，所以 v_o 就等于 1 乘以等效电阻值)。

另一种方法是，利用 1V 电压源激励该电路，并采用网孔分析法求出等效电阻。

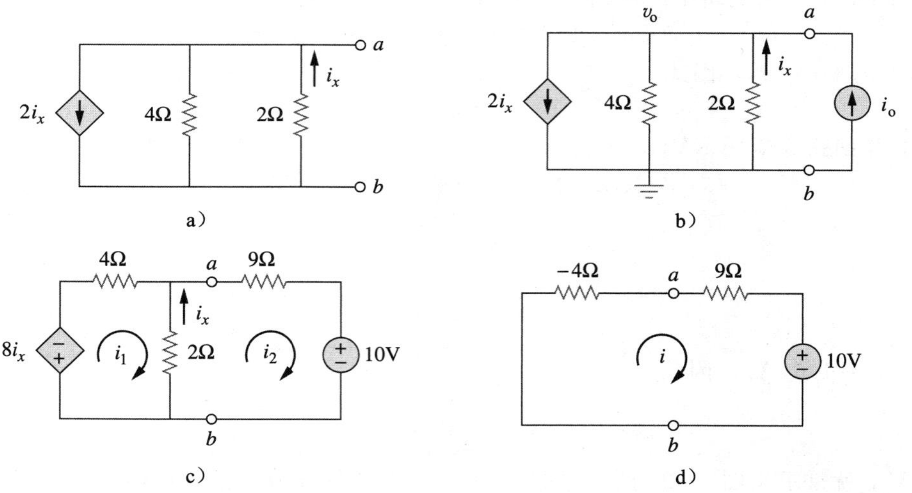

图 4-35 例 4-10 图

4. **尝试求解**。首先写出图 4-35b 中节点 a 处的节点方程，假定 $i_o=1\text{A}$。

$$2i_x+(v_o-0)/4+(v_o-0)/2+(-1)=0 \tag{4.10.1}$$

由于要求解的未知变量有两个，但仅有一个方程，因此，需要如下约束方程：

$$i_x=(0-v_o)/2=-v_o/2 \tag{4.10.2}$$

将式(4.10.2)代入式(4.10.1)，得到

$$2(-v_o/2)+(v_o-0)/4+(v_o-0)/2+(-1)=0$$

$$=\left(-1+\frac{1}{4}+\frac{1}{2}\right)v_o-1 \quad 或 \quad v_o=-4(\text{V})$$

由于 $v_o=1\times R_{\text{Th}}$，于是 $R_{\text{Th}}=v_o/1=-4(\Omega)$。

等效电阻值为负值表明，按照关联参考方向，图 4-35a 所示电路是提供功率的。当然，图 4-35a 中的电阻是不能提供功率的(它们吸收功率)，只有受控源是提供功率的。本例说明了如何利用受控源和电阻来模拟负电阻。

5. **评价结果**。首先，所得到的等效电阻为负值，在无源电路中是不可能出现这种情况的。但在本例的电路中，确实存在一个有源器件(即受控电流源)，因此，等效电路实际上应该是一个可以提供功率的有源电路。

下面对答案进行评价。评价的最佳方式是利用另一种不同的求解方法对结果进行验证，看是否能够得到相同的解。假设在原电路输出端串联连接一个 9Ω 电阻和一个 10V 电压源，并且在戴维南等效电路的输出端也连接同样的器件。为了使电路易于求解，可以利用电源变换的方法将相互并联的受控电流源和 4Ω 电阻变换为相互串联的受控电压源和 4Ω 电阻，这样就得到如图 4-35c 所示的电路。

于是，可以写出两个网孔方程：

$$8i_x+4i_1+2(i_1-i_2)=0$$

$$2(i_2-i_1)+9i_2+10=0$$

注意，现在仅得到两个方程，但存在三个未知量，因此，需要一个约束方程，即

$$i_x=i_2-i_1$$

这样就可以得到回路 1 的新方程，简化后可得

$$(4+2-8)i_1+(-2+8)i_2=0$$

或

$$-2i_1+6i_2=0 \quad 或 \quad i_1=3i_2$$
$$-2i_1+11i_2=-10$$

将上述第一个方程代入第二个方程可得：

$$-6i_2+11i_2=-10 \quad 或 \quad i_2=-10/5=-2(\mathrm{A})$$

由于图 4-35d 中仅有一个回路，所以利用戴维南等效电路很容易得到

$$-4i+9i+10=0 \quad 或 \quad i=-10/5=-2(\mathrm{A})$$

6. **是否满意？** 至此已经很清楚地求出了本例题所要求的等效电路，并且验证了答案的有效性（将利用等效电路得到的结果与对原电路增加负载后得到的结果进行比较）。可以将上述求解过程作为本题的答案。◀

练习 4-10　求图 4-36 所示电路的戴维南等效电路。

答案： $V_{\mathrm{Th}}=0\mathrm{V}$，$R_{\mathrm{Th}}=-7.5\Omega$。

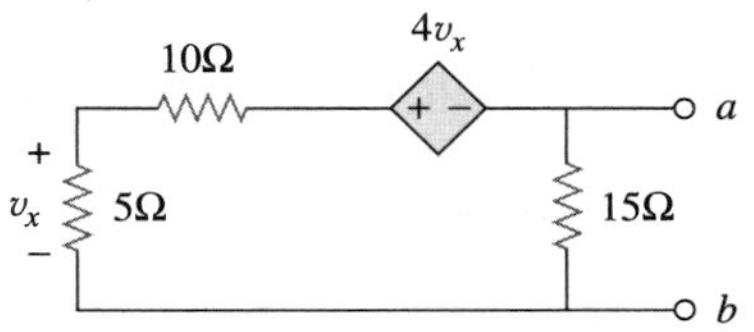

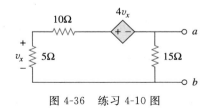

图 4-36　练习 4-10 图

4.6　诺顿定理

1926 年，也就是戴维南公布他的定理公布 43 年之后，贝尔电话实验室的美国工程师诺顿也提出了类似的定理——诺顿定理。

诺顿定理： 线性二端口电路可以用由电流源 I_{N} 和与之并联的电阻 R_{N} 构成的等效电路所替代，其中 I_{N} 为流过端口的短路电流，R_{N} 为独立电流源关闭时端口的输入电阻或等效电阻。

于是，图 4-37a 所示电路可以用图 4-37b 所示的等效电路替代。

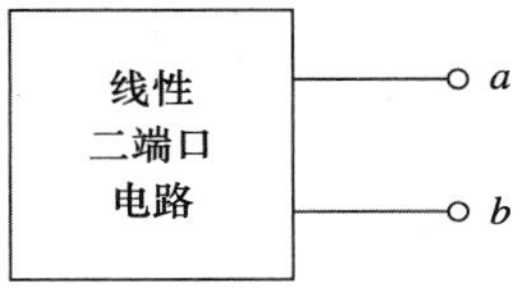

a）原电路

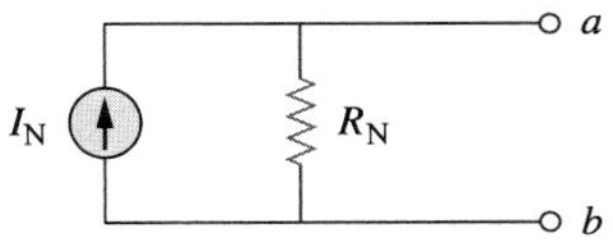

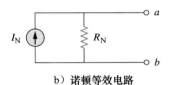

b）诺顿等效电路

图 4-37　诺顿等效电路

诺顿定理的证明将在下一节中给出，本节主要讨论如何确定 R_{N} 与 I_{N}。R_{N} 的确定方法与上一节中 R_{Th} 的确定方法基本相同。实际上，由电源变换的关系可知，戴维南等效电阻与诺顿等效电阻是相等的，即

$$\boxed{R_{\mathrm{N}}=R_{\mathrm{Th}}} \tag{4.9}$$

求诺顿等效电流 I_{N} 就是要求出图 4-37 所示两个电路中端点 a 流向端点 b 的短路电流。很明显，图 4-37b 所示电路的短路电流就是 I_{N}，该电流必定与图 4-37a 所示电路中从端点 a 流向端点 b 的短路电流相同，因为这两个电路是等效的，于是如图 4-38 所示，有

$$I_{\mathrm{N}}=i_{\mathrm{sc}} \tag{4.10}$$

在图 4-38 中，受控源与独立源的处理方法与采用戴维南定理时的处理方法相同。

诺顿定理与戴维南定理之间的密切关系为 $R_{\mathrm{N}}=R_{\mathrm{Th}}$，即式(4.9)和

$$\boxed{I_{\mathrm{N}}=\frac{V_{\mathrm{Th}}}{R_{\mathrm{Th}}}} \tag{4.11}$$

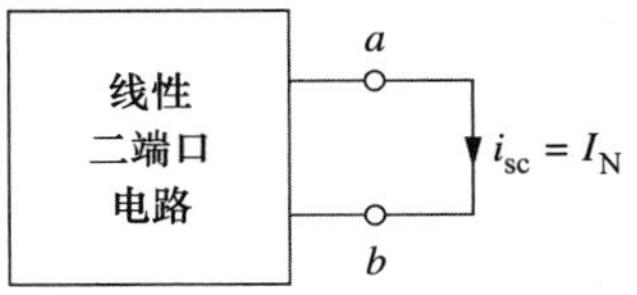

图 4-38　求诺顿等效电流 I_{N}

显然，这是电源变换的基本公式。正因为如此，通常也称电源变换为戴维南-诺顿变换。

提示： 戴维南等效电路与诺顿等效电路是通过电源变换联系起来的。

由于式(4.11)将 V_{Th}、I_{N} 和 R_{Th} 三者联系在一起，所以要确定戴维南等效电路或诺顿等效电路，就要求出：

- a-b 两端的开路电压 v_{oc}。
- 流过 a-b 的短路电流 i_{sc}。

- 所有独立源关闭时，a-b 两端的等效电阻或输入电阻 R_{in}。

只要用最简便的方法计算出上述三个参数中的两个，就可以根据欧姆定理求得第三个参数。例 4-11 将对这个问题举例说明。另外，因为

$$V_{Th}=v_{oc} \tag{4.12a}$$

$$I_N=i_{sc} \tag{4.12b}$$

$$R_{Th}=\frac{v_{oc}}{i_{sc}}=R_N \tag{4.12c}$$

所以，通过开路测试和短路测试就足以求出至少包含一个独立源电路的戴维南等效电路或诺顿等效电路。

例 4-11 试确定图 4-39 所示电路在端口 a-b 处的诺顿等效电路。

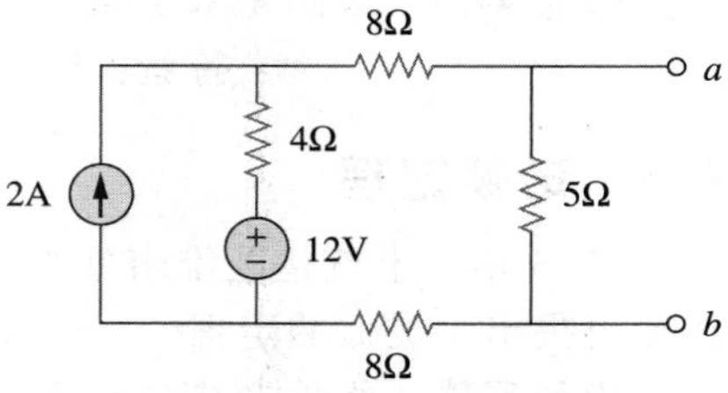

图 4-39 例 4-11 图

解：采用与求解戴维南等效电路中电阻 R_{Th} 一样的方法求 R_N，设电路中的独立源为零，从而得到图 4-40a 所示电路，由该电路可以求得 R_N，即

$$R_N=5\parallel(8+4+8)=5\parallel 20=\frac{20\times 5}{25}=4(\Omega)$$

求 I_N 时将 a-b 两端短路，得到图 4-40b 所示电路。忽略已被短路的 5Ω 电阻，利用网孔分析法可得

$$i_1=2\text{A},\ 20i_2-4i_1-12=0$$

由上述方程可得

$$i_2=1\text{A}=i_{sc}=I_N$$

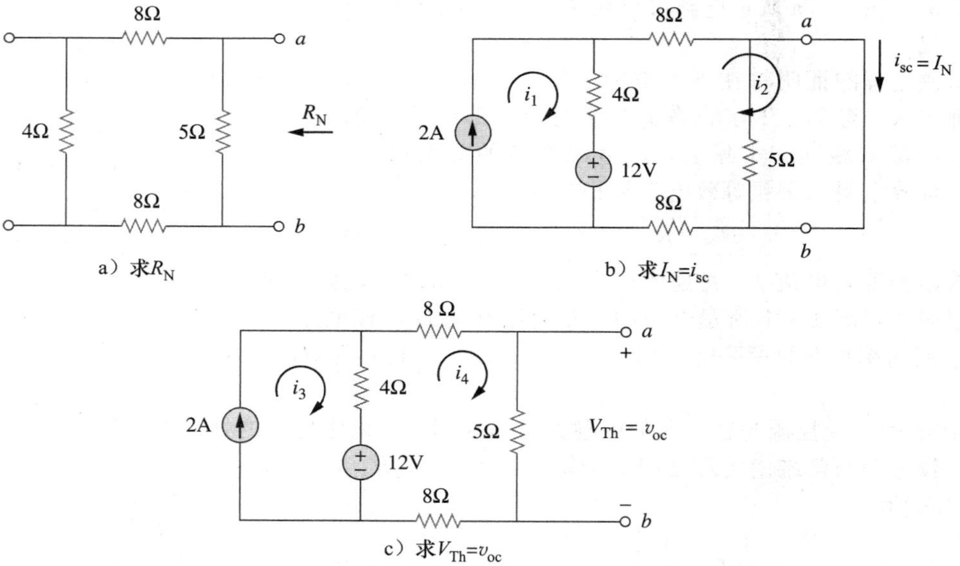

图 4-40 用于分析的电路

另外，还可以由 V_{Th}/R_{Th} 求出 I_N，其中 V_{Th} 为图 4-40c 所示电路中 a-b 两端的开路电压。利用网孔分析法，可得

$$i_3=2\text{A}$$

$$25i_4-4i_3-12=0\quad\Rightarrow\quad i_4=0.8(\text{A})$$

且

$$v_{oc}=V_{Th}=5i_4=4(\text{V})$$

因此

$$I_N = \frac{V_{Th}}{R_{Th}} = \frac{4}{4} = 1(\text{A})$$

结果与前面一样，这同时也验证了式(4.12c)，即 $R_{Th}=v_{oc}/i_{sc}=4(\Omega)$。于是诺顿等效电路如图 4-41 所示。◀

练习 4-11　求图 4-42 所示电路在端口 a-b 处的诺顿等效电路。

答案：$R_N=3\Omega$，$I_N=4.5\text{A}$。

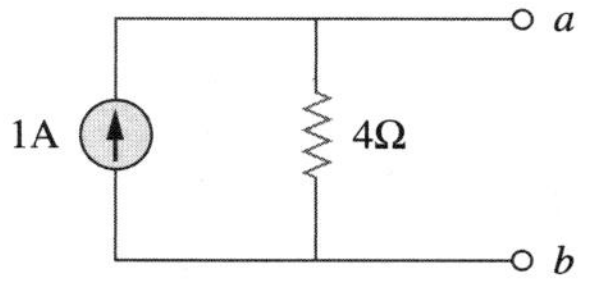

图 4-41　图 4-39 的诺顿等效电路

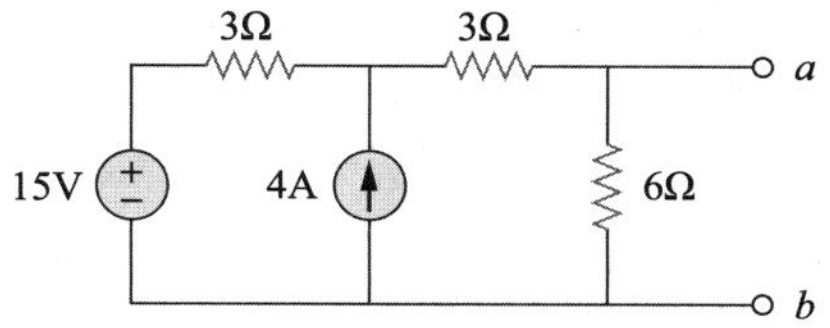

图 4-42　练习 4-11 图

例 4-12 利用诺顿定理，确定图 4-43 所示电路中端口 a-b 处的 R_N 与 I_N。

解：计算 R_N 时，将独立电压源置为零，端口 a-b 处连接一个电压 $v_o=1\text{V}$(或任意电压值)的电压源，得到如图 4-44a 所示的电路。图中由于 4Ω 电阻被短路，故将其忽略不计。同时 5Ω 电阻、电压源和受控电流源三者是并联的，因此，$i_x=0$。在节点 a 处，有 $i_o=\frac{1v}{5\Omega}=0.2\text{A}$，并且

$$R_N = \frac{v_o}{i_o} = \frac{1}{0.2} = 5(\Omega)$$

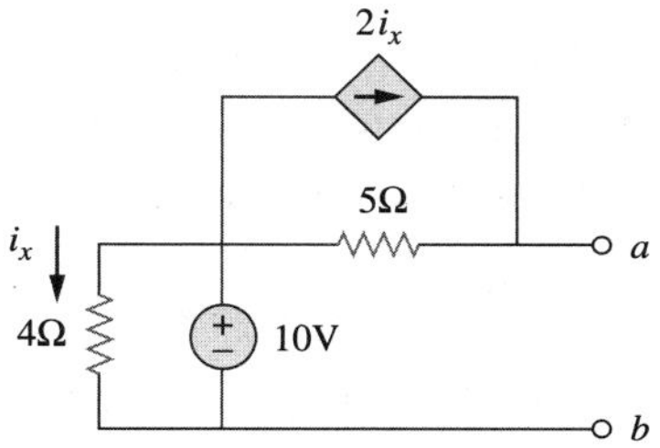

图 4-43　例 4-12 图

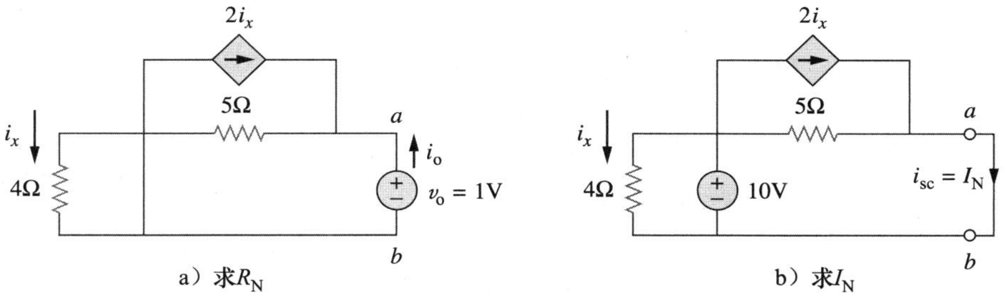

图 4-44　用于分析的电路

计算 I_N 时，将 a-b 两端短路，并求出如图 4-44b 所示电路中的电流 i_{sc}。可以看出，4Ω 电阻、10V 电压源、5Ω 电阻与受控电流源均为并联，因此，

$$i_x = \frac{10}{4} = 2.5(\text{A})$$

在节点 a 处应用 KCL 可得

$$i_{sc} = \frac{10}{5} + 2i_x = 2 + 2 \times 2.5 = 7(\text{A})$$

于是，

$$I_N = 7\text{A}$$ ◀

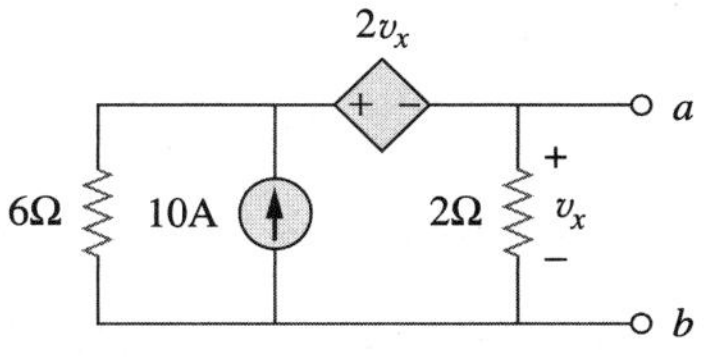

图 4-45　练习 4-12 图

练习 4-12　求图 4-45 所示电路端口 a-b 处的诺顿等效电路。

答案：$R_N=1\Omega$，$I_N=10\text{A}$。

†4.7　戴维南定理与诺顿定理的推导

本节将利用叠加定理证明戴维南定理与诺顿定理。

考虑如图 4-46a 所示的线性电路，假定该电路中包含有电阻、受控源和独立源。外部电源提供的电流通过端口 a-b 进入该电路。现在的目的是要证明图 4-46a 所示电路在端口 a-b 的电压-电流关系与图 4-46b 所示的戴维南等效电路在端口 a-b 的电压-电流关系相同。为简单起见，假定图 4-46a 所示的线性电路中包含两个独立电压源 v_{s1}、v_{s2} 和两个独立电流源 i_{s1}、i_{s2}。利用叠加定理可以得到任意电路变量，如端电压 v，即要考虑包括外部电源 i 在内的各独立源的贡献。根据叠加定理，端电压 v 为：

$$v=A_0i+A_1v_{s1}+A_2v_{s2}+A_3i_{s1}+A_4i_{s2} \tag{4.13}$$

式中，A_0、A_1、A_2、A_3 和 A_4 均为常数。式(4.13)等号右边各项为相关独立源的贡献，即 A_0i 是外部电流源 i 对 v 的贡献，A_1v_{s1} 是电压源 v_{s1} 对 v 的贡献，依此类推。将表示内部独立源贡献的各项合并为 B_0，则式(4.13)为

$$v=A_0i+B_0 \tag{4.14}$$

式中，$B_0=A_1v_{s1}+A_2v_{s2}+A_3i_{s1}+A_4i_{s2}$。下面计算常数 A_0 与 B_0 的值，当 a-b 两端开路时，$i=0$，并且 $v=B_0$，因此 B_0 为开路电压 v_{oc}，与 V_{Th} 相同，于是

$$B_0=V_{Th} \tag{4.15}$$

当所有内部电源都关闭时，$B_0=0$，此时电路可以用等效电阻 R_{eq} 来取代，R_{eq} 与 R_{Th} 相同，于是，式(4.14)为

$$v=A_0i=R_{Th}i \quad\Rightarrow\quad A_0=R_{Th} \tag{4.16}$$

将 A_0 与 B_0 的值代入式(4.14)，得到

$$v=R_{Th}i+V_{Th} \tag{4.17}$$

即图 4-46b 所示电路在端口 a-b 的电压-电流关系。因此，证明了图 4-46a 与图 4-46b 两个电路是等效的。

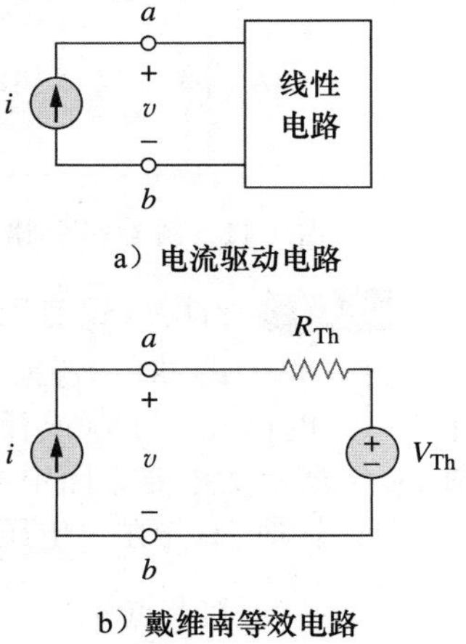

图 4-46　戴维南定理的推导

如图 4-47a 所示，当用电压源 v 驱动同一线性电路时，流入该电路的电流可由叠加定理表示为

$$i=C_0v+D_0 \tag{4.18}$$

式中，C_0v 是外部电压源 v 对电流 i 的贡献，D_0 是所有内部独立源对 i 的贡献之和。当端口 a-b 被短路时，$v=0$，于是 $i=D_0=-i_{sc}$，其中 i_{sc} 为从端口 a 流出的短路电流，与诺顿电流 I_N 相同，即

$$D_0=-I_N \tag{4.19}$$

当所有内部独立源均被关闭时，$D_0=0$，电路可以用等效电阻 R_{eq}（或等效电导 $G_{eq}=1/R_{eq}$）替代，R_{eq} 就是 R_{Th} 或 R_N。于是，式(4.18)变为

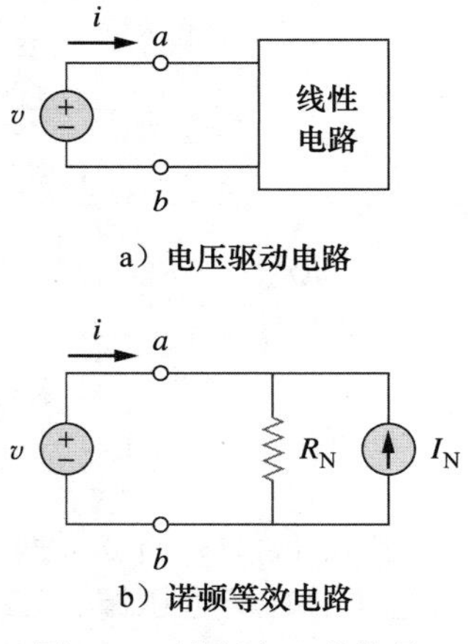

图 4-47　诺顿定理的推导

$$i=\frac{v}{R_{Th}}-I_N \tag{4.20}$$

即图 4-47b 所示电路在端口 a-b 处的电压-电流关系，从而证明了图 4-47a 与图 4-47b 两个电路是等效的。

4.8　最大功率传输定理

在许多实际电路的作用是为负载提供功率。在通信技术等应用中，希望传递给负载的

功率最大。本节在给定系统及其内部损耗的条件下，讨论负载的最大功率传输问题。需要注意，为负载传输最大功率会造成电路内部损耗大于或等于传输给负载的功率。

在计算线性电路传输给负载的最大功率时，戴维南等效电路是非常有用的。假定电路的负载 R_L 可调，如果除负载以外的整个电路用戴维南等效电路替代，如图 4-48 所示，则传输给负载的功率为

$$p=i^2R_L=\left(\frac{V_{Th}}{R_{Th}+R_L}\right)^2R_L \tag{4.21}$$

对于给定电路，V_{Th} 与 R_{Th} 是固定的。改变负载电阻 R_L 时，传输给负载的功率曲线如图 4-49 所示。由图 4-49 可以看出，当 R_L 很小或很大时，传输给负载的功率都很小，但当 R_L 取 0～∞的某个值时，传输给负载的功率存在最大值。下面证明当 $R_L=R_{Th}$ 时，功率会出现最大值。这就是**最大功率定理**(maximum power theorem)。

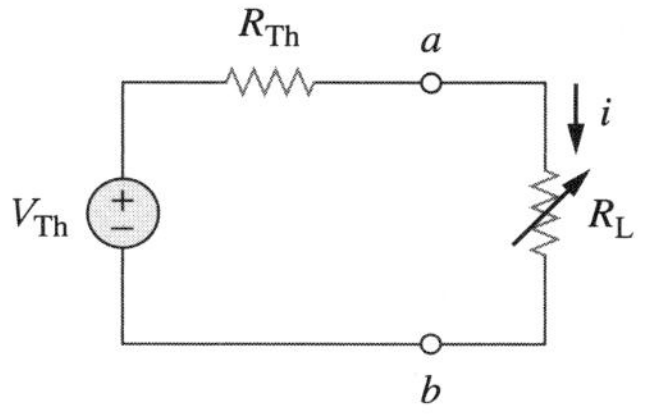

图 4-48　最大功率传输电路

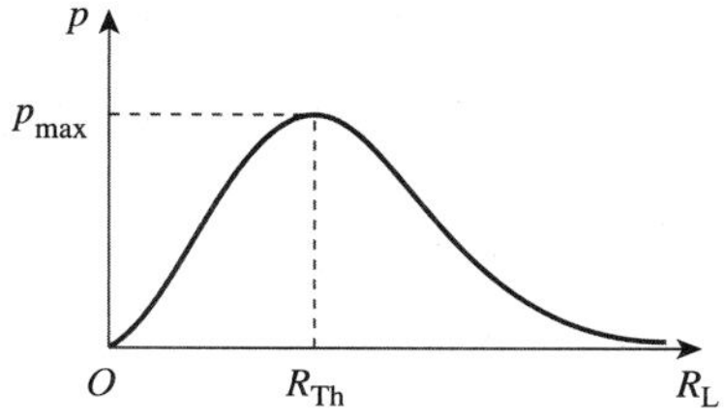

图 4-49　传递给负载的功率与电阻 R_L 之间的函数关系曲线

当负载电阻等于从负载端看进去的戴维南等效电阻($R_L=R_{Th}$)时，传输给负载的功率最大。

为了证明最大功率传输定理，对式(4.21)中的 p 关于 R_L 求微分，并令微分后的结果等于零，得到

$$\frac{dp}{dR_L}=V_{Th}^2\left[\frac{(R_{Th}+R_L)^2-2R_L(R_{Th}+R_L)}{(R_{Th}+R_L)^4}\right]$$

$$=V_{Th}^2\left[\frac{(R_{Th}+R_L-2R_L)}{(R_{Th}+R_L)^3}\right]=0$$

即

$$0=(R_{Th}+R_L-2R_L)=(R_{Th}-R_L) \tag{4.22}$$

于是得到

$$\boxed{R_L=R_{Th}} \tag{4.23}$$

式(4.23)说明当负载电阻 R_L 等于戴维南等效电阻 R_{Th} 时，可实现最大功率传输。只要证明 $d^2p/dR_L^2<0$，就可以说明满足式(4.23)的条件时，会实现最大功率传输。

将式(4.23)代入式(4.21)，得到所传输的最大功率

$$\boxed{p_{max}=\frac{V_{Th}^2}{4R_{Th}}} \tag{4.24}$$

只有当 $R_L=R_{Th}$ 时，式(4.24)成立；当 $R_L\neq R_{Th}$ 时，需利用式(4.21)计算传输给负载的功率。

提示： 只有当 $R_L=R_{Th}$ 时，称电源与负载相匹配。

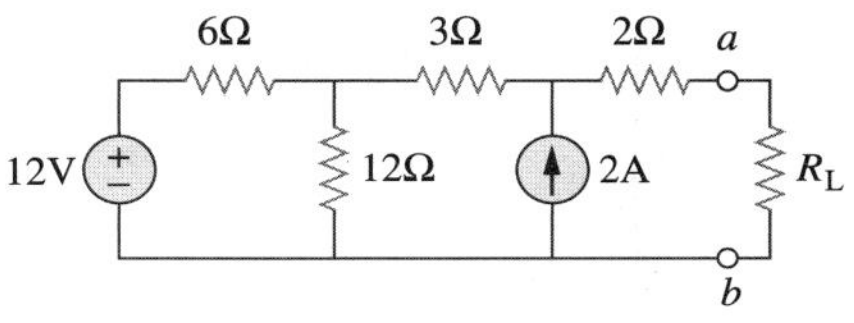

图 4-50　例 4-13 图

例 4-13 求图 4-50 所示电路中，实现最大功率传输时的负载电阻值 R_L，并计算相应的最大功率。

解： 需求出从端口 a-b 看进去的戴维南等效电阻 R_{Th} 以及端口 a-b 的戴维南电压 V_{Th}。为求出 R_{Th}，利用图 4-51a 所示电路可得

$$R_{Th}=2+3+6\parallel 12=5+\frac{6\times 12}{18}=9(\Omega)$$

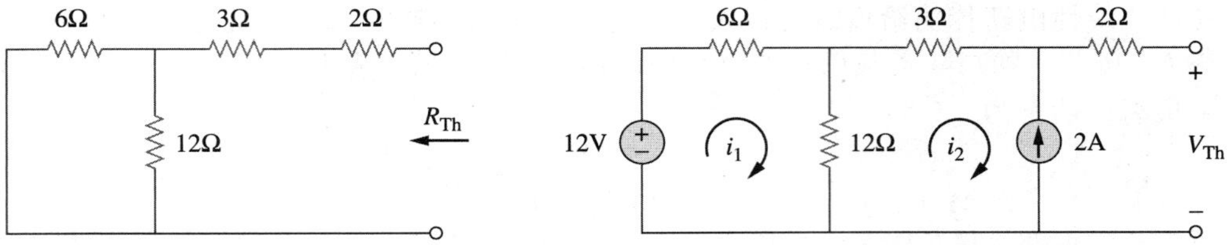

a）求R_{Th}　　b）求V_{Th}

图 4-51　例 4-13 图

为求出 V_{Th}，利用图 4-51b 所示电路，由网孔分析法可得

$$-12+18i_1-12i_2=0,\quad i_2=-2A$$

解得 $i_1=(-2/3)A$。对外回路应用 KVL 计算端口 a-b 的电压 V_{Th}，可得

$$-12+6i_1+3i_2+2\times 0+V_{Th}=0\quad\Rightarrow\quad V_{Th}=22V$$

实现最大功率传输时，负载电阻为

$$R_L=R_{Th}=9(\Omega)$$

此时，负载获得的最大功率为

$$p_{max}=\frac{V_{Th}^2}{4R_L}=\frac{22^2}{4\times 9}=13.44(W)$$ ◀

练习 4-13　试求图 4-52 所示电路实现最大功率传输时的电阻值 R_L，并计算相应的最大功率。

答案： 4.222Ω，2.901mW。

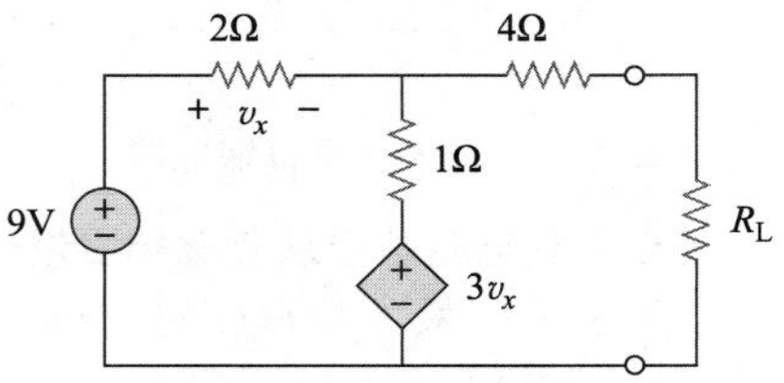

图 4-52　练习 4-13 图

习题

4.2 节

1　计算图 4-53 所示电路中的电流 i_o。当 $i_o=5A$ 时，输入电压为多少？

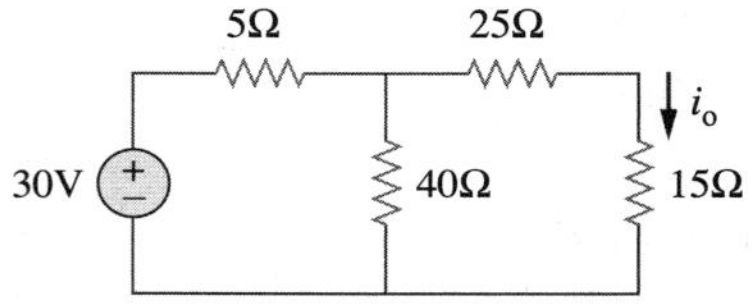

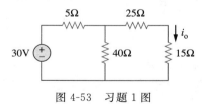

图 4-53　习题 1 图

2　利用图 4-54 所示电路，设计一个问题以更好地理解线性性质。 **ED**

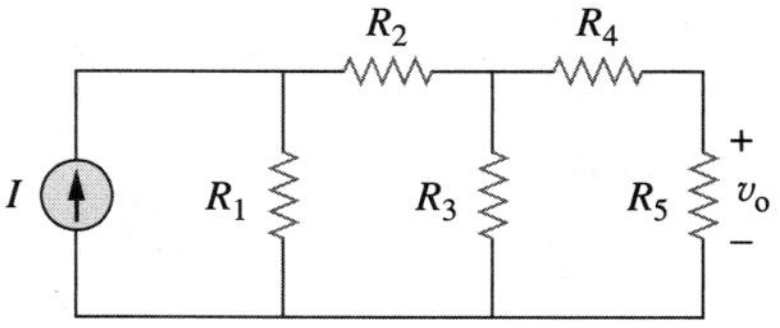

图 4-54　习题 2 图

3　(a) 在如图 4-55 所示电路中，如果 $v_s=1V$，试计算 v_o 与 i_o。

(b) 当 $v_s=10V$ 时，试计算 v_o 与 i_o。

(c) 如果用 10Ω 电阻替代图中各 1Ω 电阻，并且 $v_s=10V$，则 v_o 与 i_o 为多少？

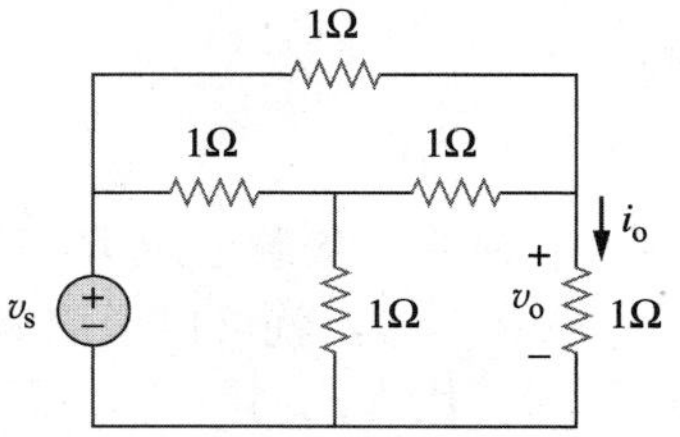

图 4-55　习题 3 图

4　利用线性性质确定图 4-56 所示电路中的 i_o。

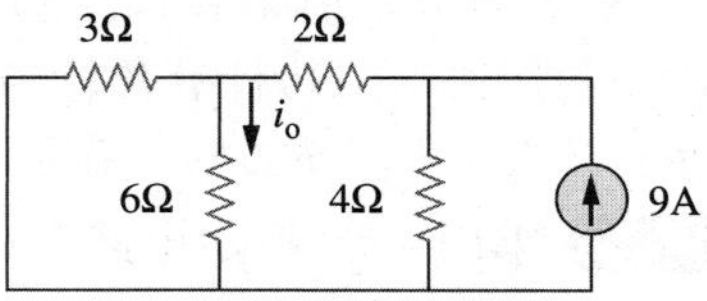

图 4-56　习题 4 图

5　在图 4-57 所示电路中，假定 $v_o=1V$，利用线性性质计算 v_o 的实际值。

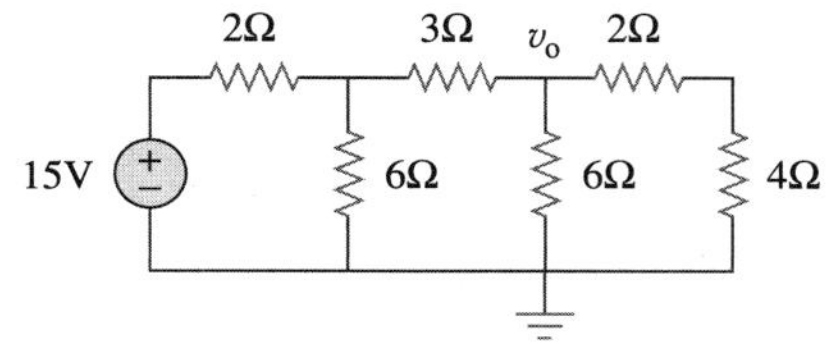

图 4-57　习题 5 图

6　在图 4-58 所示电路中，利用线性性质完成表 4-1。

表 4-1　习题 6 表格

实验	V_s	V_o
1	12V	4V
2		16V
3	1V	
4		−2V

图 4-58　习题 6 图

7　在图 4-59 所示电路中，假定 $V_o=1V$，利用线性性质计算 V_o 的实际值。

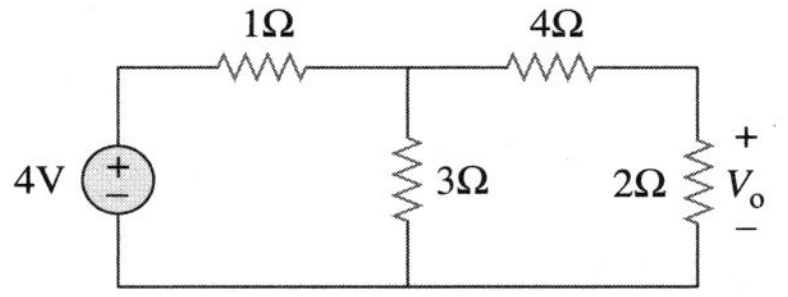

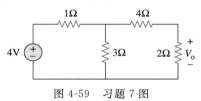

图 4-59　习题 7 图

4.3 节

8　在图 4-60 中，当 $V_s=40V$，$I_s=4A$ 时，$I=4A$；当 $V_s=20V$，$I_s=0$ 时，$I=1A$。利用叠加定理和线性性质计算当 $V_s=60V$，$I_s=-2A$ 时，I 的值。

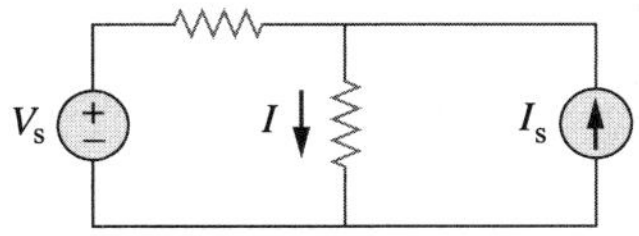

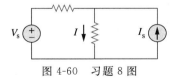

图 4-60　习题 8 图

9　利用图 4-61 所示电路，设计一个问题来加深对叠加定理的理解。注意，图中 k 可以给定一个不为零的特殊值从而使问题简单化。　**ED**

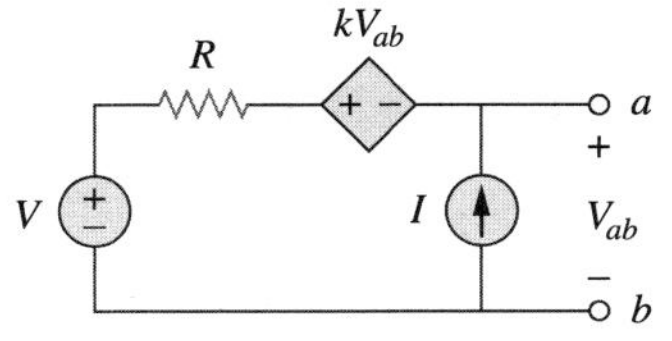

图 4-61　习题 9 图

10　利用叠加定理确定图 4-62 所示电路中的 v_o。

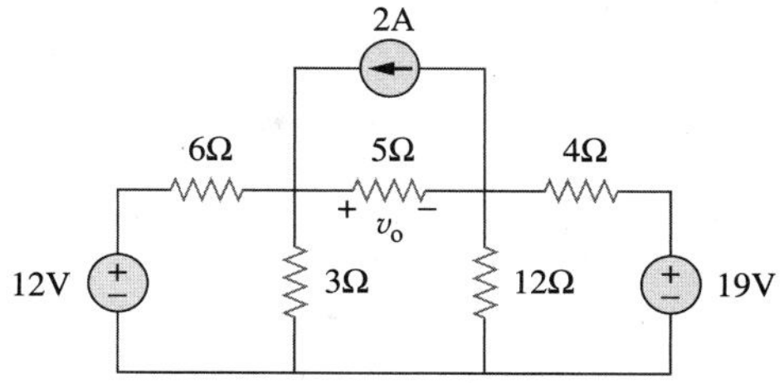

图 4-62　习题 10 图

4.4 节

11　使用电源变换将图 4-63 所示的端子 a 和 b 之间的电路缩减为一个带有单个电阻器的串联电压源。

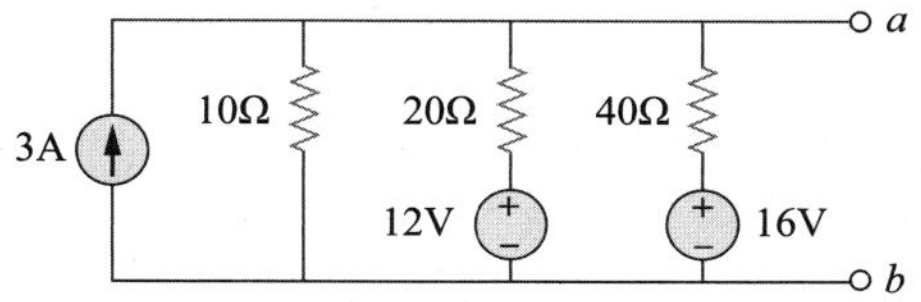

图 4-63　习题 11 图

12　利用图 4-64 所示电路设计一个问题以更好地理解电源变换。　**ED**

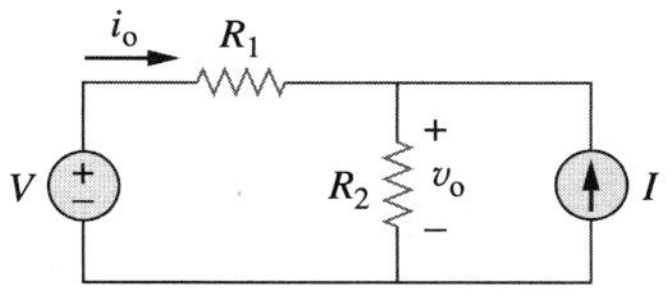

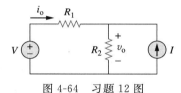

图 4-64　习题 12 图

13　利用电源变换的方法确定图 4-65 所示电路中的 i。

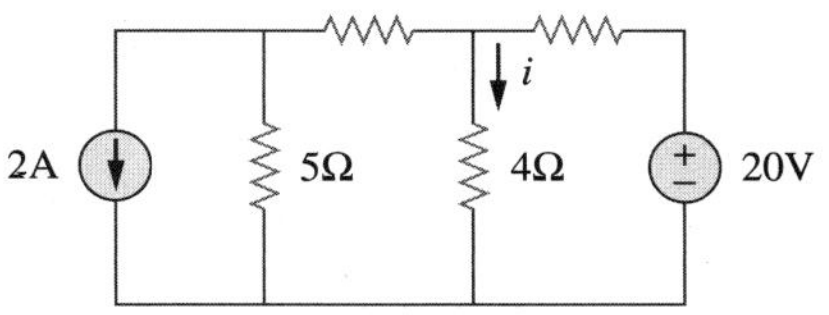

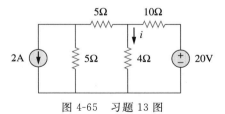

图 4-65　习题 13 图

14　对图 4-66 所示电路，利用电源变换的方法确定流过图中 8Ω 电阻的电流及其消耗的功率。

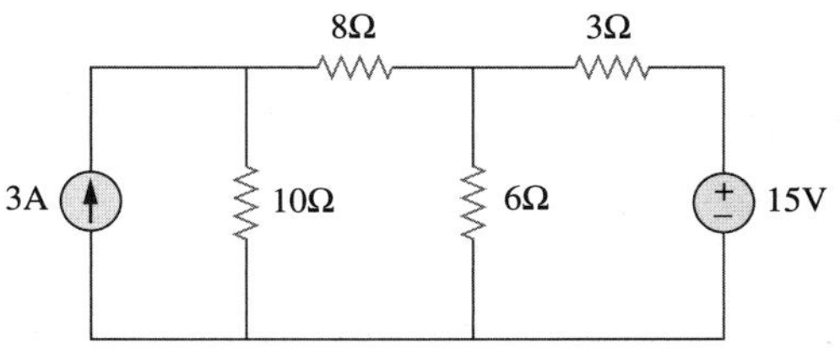

图 4-66　习题 14 图

15　利用电源变换的方法确定图 4-67 所示电路中的 V_x。

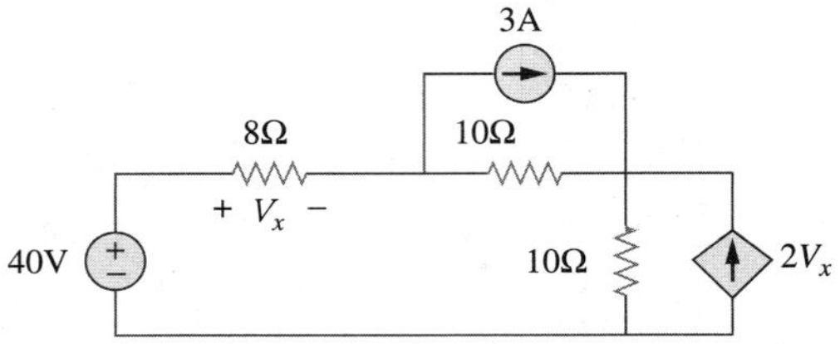

图 4-67　习题 15 图

16　利用电源变换的方法确定图 4-68 所示电路中的 v_o，并利用 PSpice 或 MultiSim 进行验证。

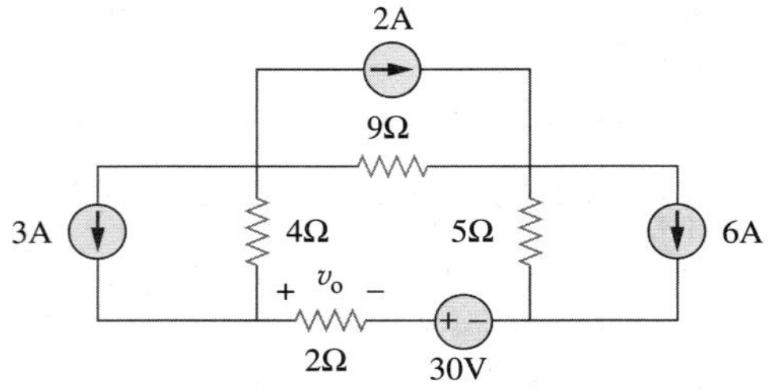

图 4-68　习题 16 图

17　利用电源变换的方法确定图 4-69 所示电路中的 i_o。

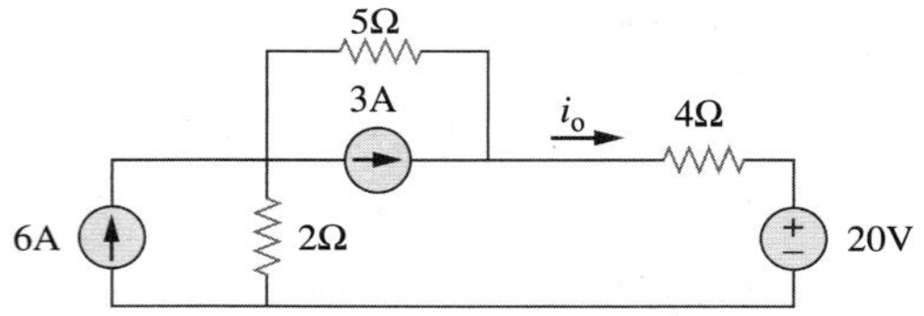

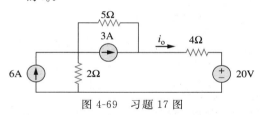

图 4-69　习题 17 图

18　利用电源变换的方法确定图 4-70 所示电路中的 v_x。

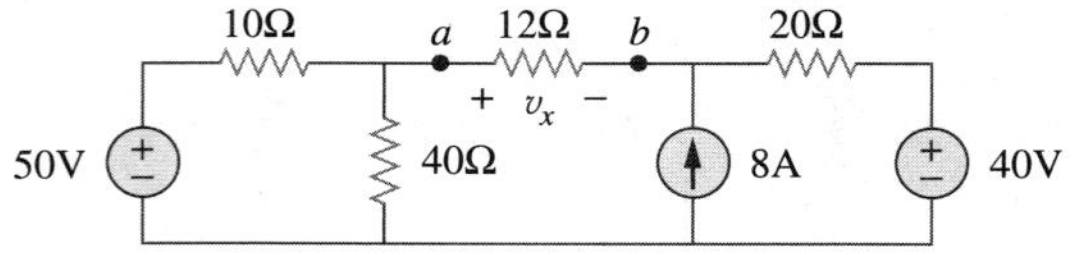

图 4-70　习题 18 图

19　利用电源变换的方法计算图 4-71 所示电路中的 I_o。

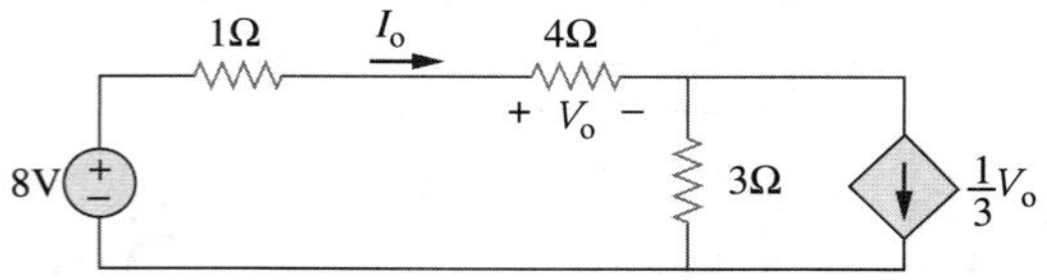

图 4-71　习题 19 图

20　利用电源变换的方法计算图 4-72 所示电路中的 v_o。

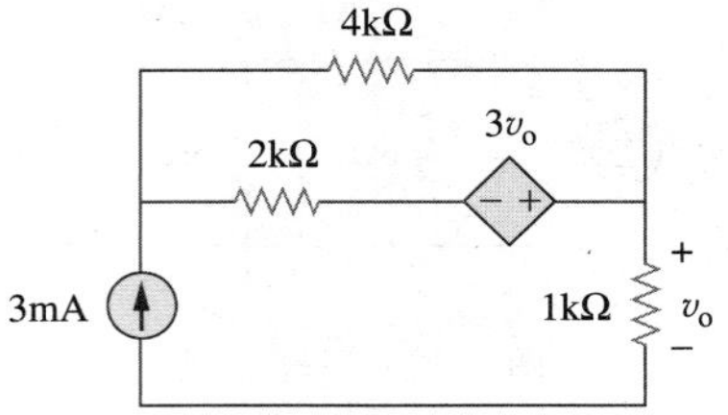

图 4-72　习题 20 图

21　利用电源变换的方法计算图 4-73 所示电路中的 i_x。

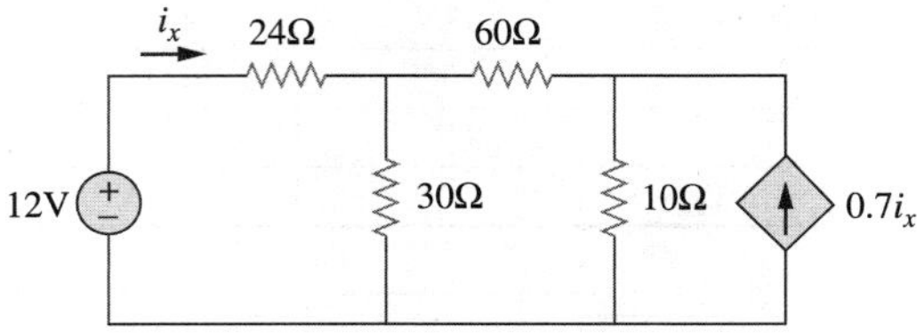

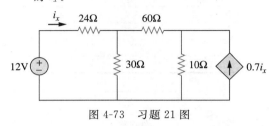

图 4-73　习题 21 图

22　利用电源变换的方法计算图 4-74 所示电路中的 v_x。

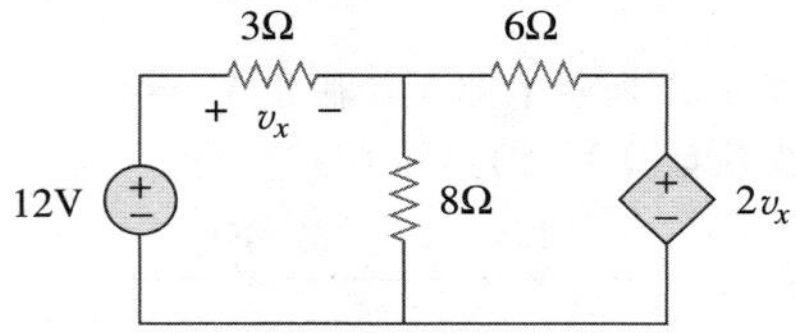

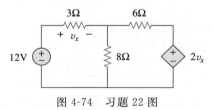

图 4-74　习题 22 图

23　利用电源变换的方法计算图 4-75 所示电路中的 i_x。

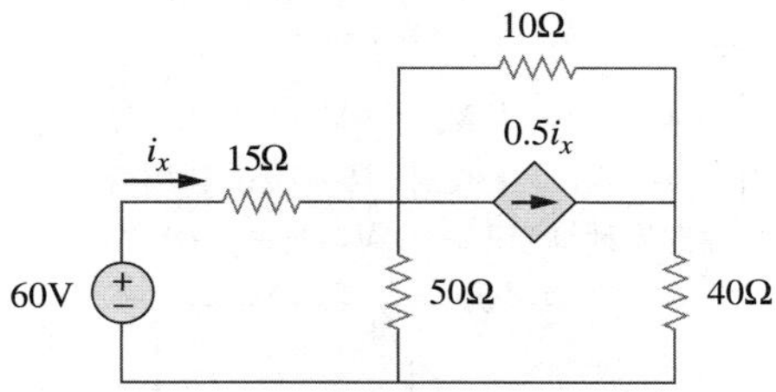

图 4-75　习题 23 图

4.5 节与 4.6 节

24　确定图 4-76 所示电路中 5Ω 电阻两端的戴维南等效电路，并计算流过 5Ω 电阻的电流。

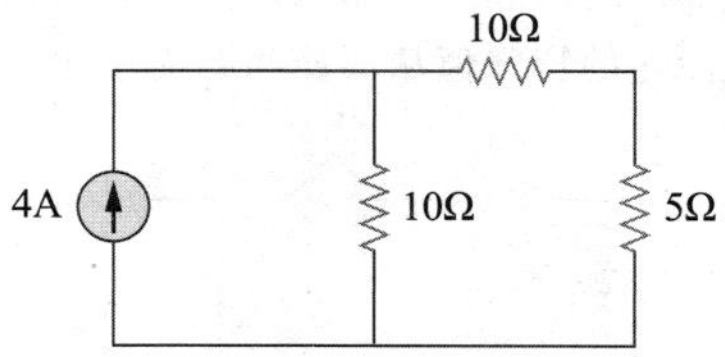

图 4-76　习题 24 图

25　利用与 4-77 所示电路，设计一个问题以更好地理解戴维南等效电路。 **ED**

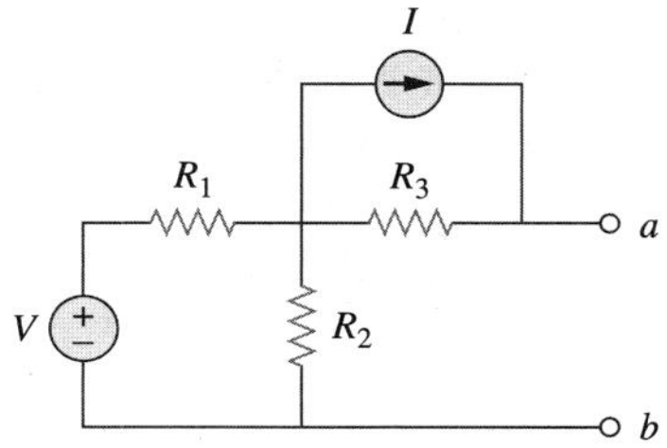

图 4-77　习题 25 图

26　利用戴维南等效电路确定习题 10 中的 v_o。

27　利用戴维南定理确定图 4-78 所示电路中的电流 i（提示：需求出 12Ω 电阻两端的戴维南等效电路）。

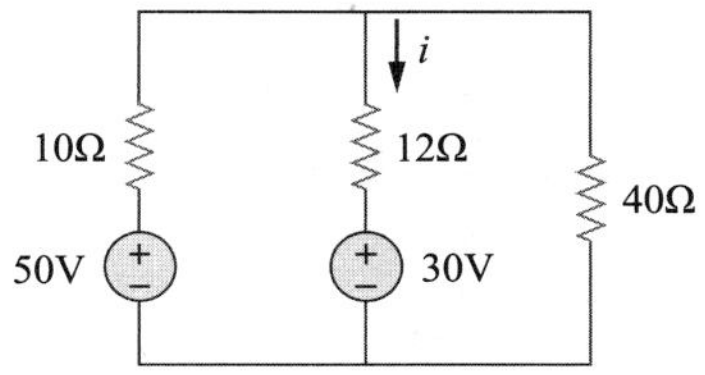

图 4-78　习题 27 图

28　求图 4-79 所示电路在端口 a-b 处的诺顿等效电路。

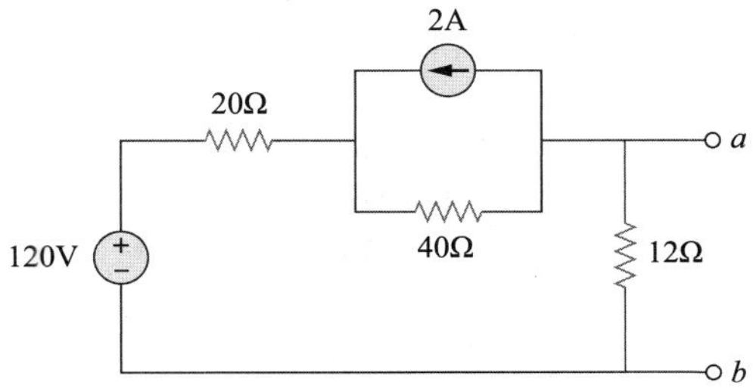

图 4-79　习题 28 图

29　利用戴维南定理确定图 4-80 所示电路中的 V_o。

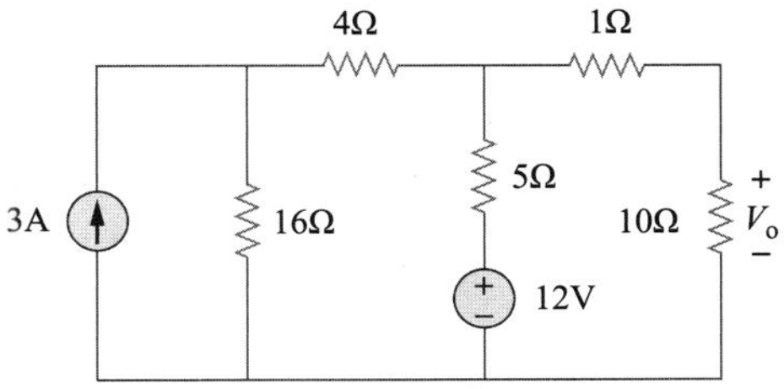

图 4-80　习题 29 图

30　求图 4-81 所示电路在端口 a-b 处的戴维南等效电路。

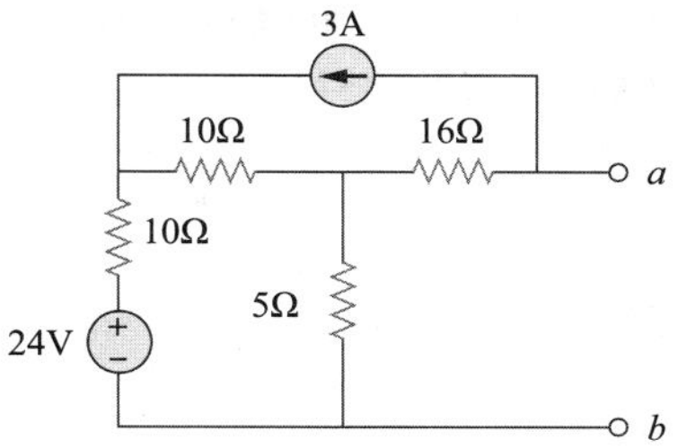

图 4-81　习题 30 图

31　求图 4-82 所示电路在端口 a-b 处的戴维南等效电路。

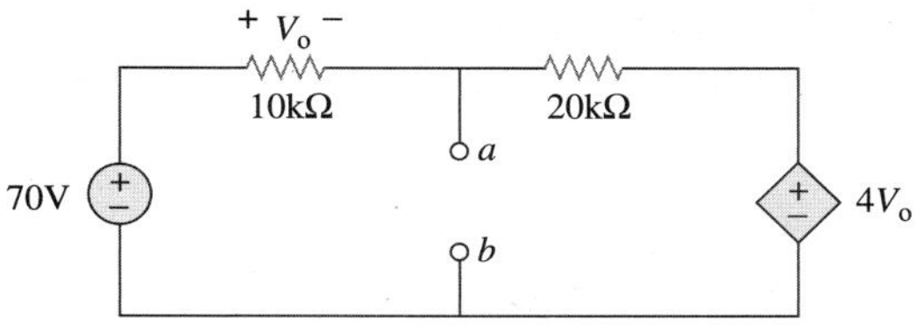

图 4-82　习题 31 图

32　求图 4-83 所示电路在端口 a-b 处的戴维南等效电路与诺顿等效电路。

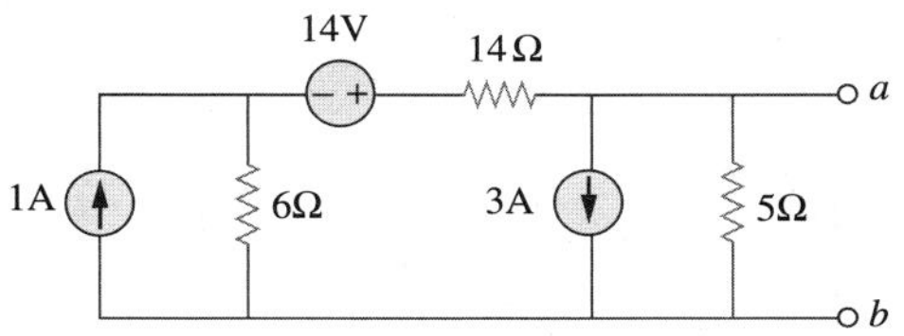

图 4-83　习题 32 图

* 33　求图 4-84 所示电路在端口 a-b 之间的戴维南等效电路。

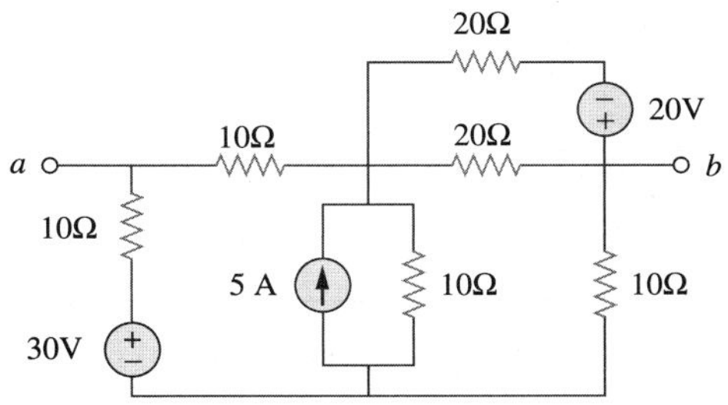

图 4-84　习题 33 图

34　求图 4-85 所示电路从端口 a-b 看进去的戴维南等效电路，并计算电流 i_x。

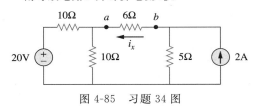

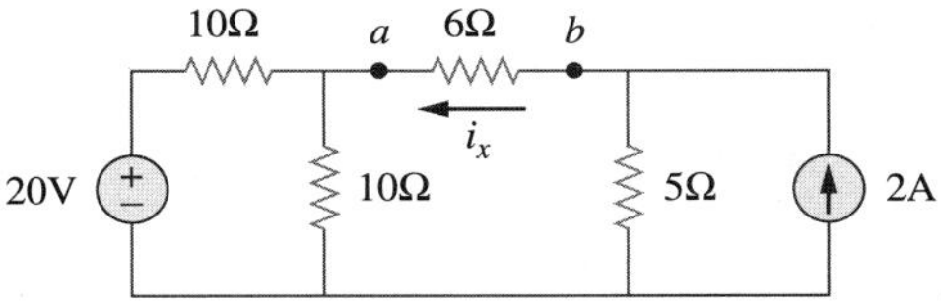

图 4-85　习题 34 图

35　在图 4-86 所示电路中，试确定从如下端口看进去的戴维南等效电路：

(a) a-b；　　(b) b-c。

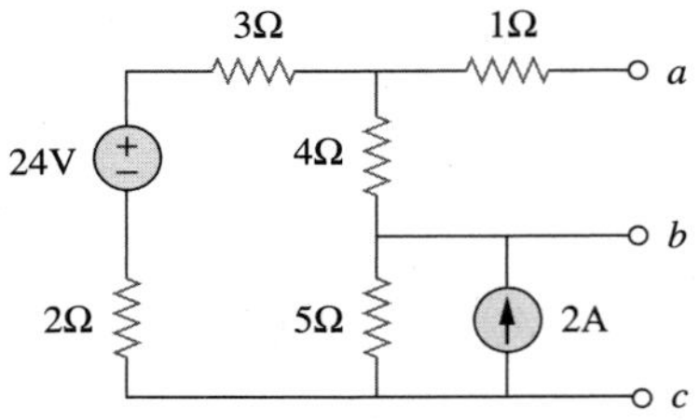

图 4-86　习题 35 图

36　求图 4-87 所示电路在端口 a-b 处的戴维南等效电路。

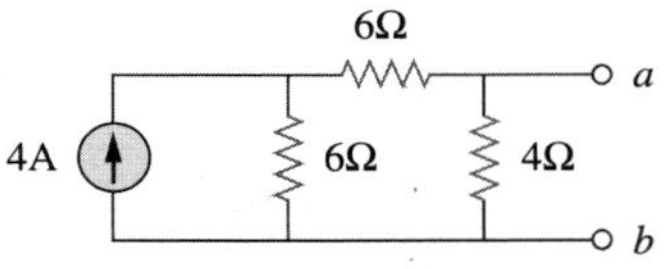

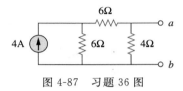

图 4-87　习题 36 图

37　利用图 4-88 所示电路，设计一个问题以更好地理解诺顿等效电路。**ED**

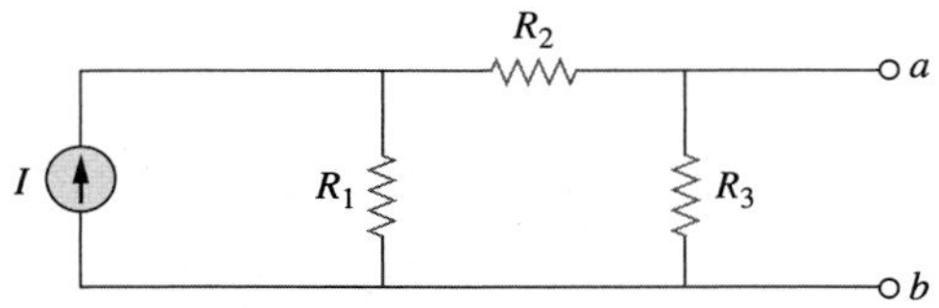

图 4-88　习题 37 图

38　求图 4-89 所示电路在端口 a-b 处的戴维南等效电路与诺顿等效电路。

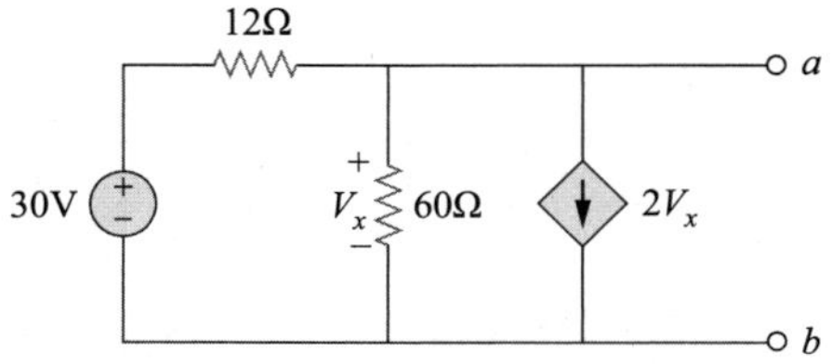

图 4-89　习题 38 图

39　确定图 4-90 所示电路在端口 a-b 处的诺顿等效电路。

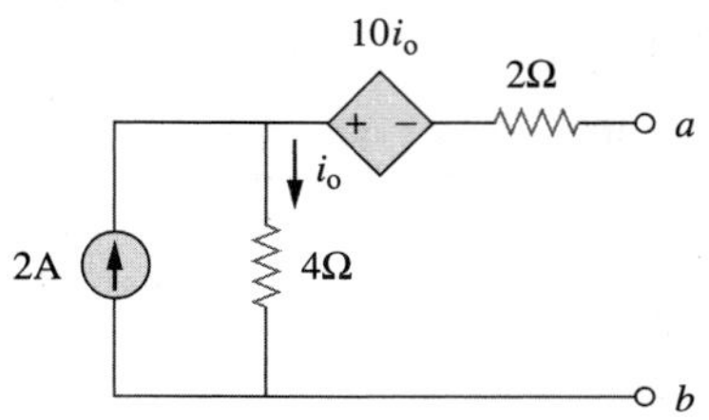

图 4-90　习题 39 图

40　求图 4-77 所示电路从端口 a-b 看进去的诺顿等效电路。这里 $V=40\text{V}$，$I=3\text{A}$，$R_1=10\Omega$，$R_2=40\Omega$，$R_3=20\Omega$。

41　求图 4-91 所示电路在端口 a-b 左侧的诺顿等效电路，并利用所得结果计算电流 i。

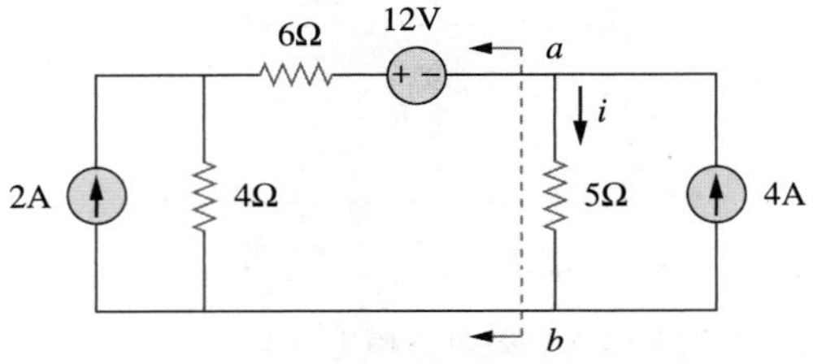

图 4-91　习题 41 图

42　在图 4-92 所示电路中，确定从如下端口看进去的诺顿等效电路：

(a) a-b　　(b) c-d

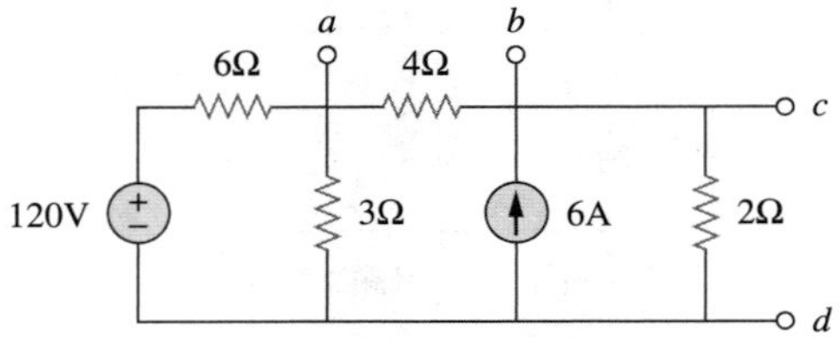

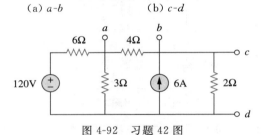

图 4-92　习题 42 图

43　在图 4-93 所示的晶体管模型中，确定从端口 a-b 看进去的戴维南等效电路。

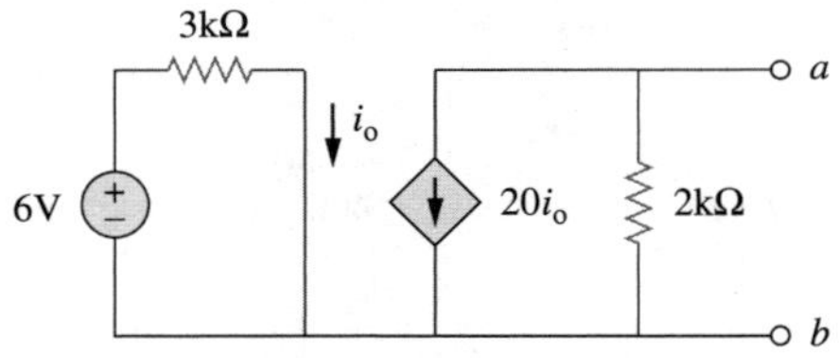

图 4-93　习题 43 图

44　求图 4-94 所示电路在端口 a-b 处的诺顿等效电路。

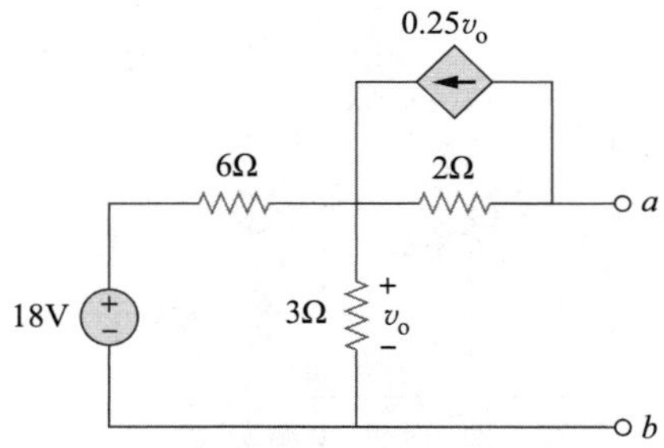

图 4-94　习题 44 图

45　求图 4-95 所示电路在端口 a-b 处的戴维南等效电路。

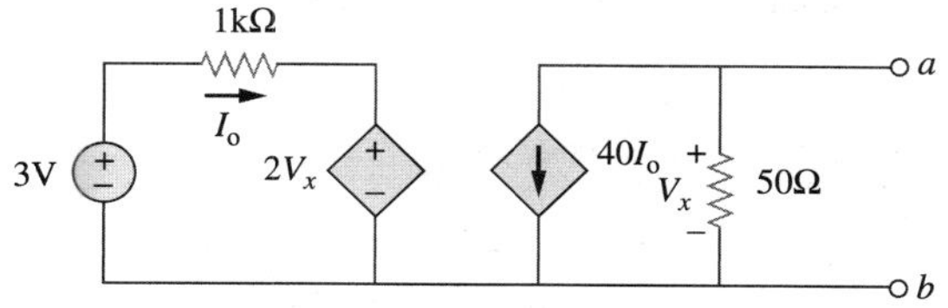

图 4-95 习题 45 图

*46 求图 4-96 所示电路的端口 a-b 处的诺顿等效电路。

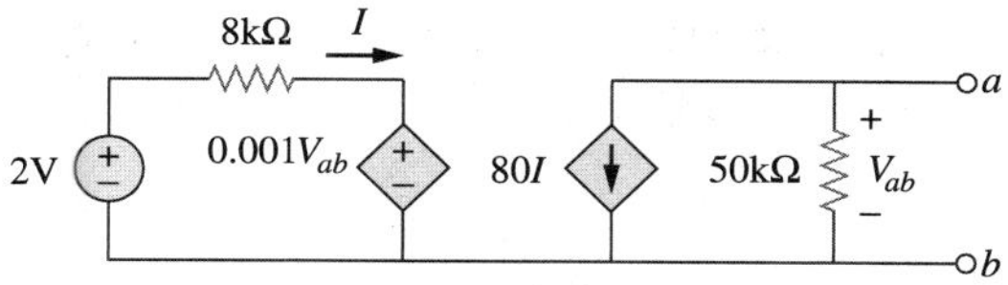

图 4-96 习题 46 图

47 利用诺顿定理计算图 4-97 所示电路中的 V_o。

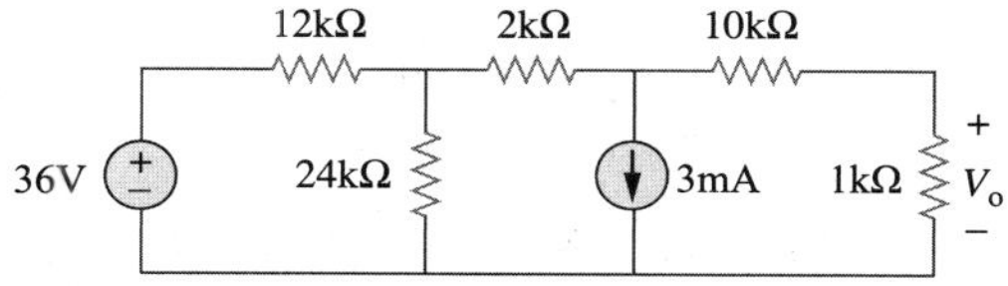

图 4-97 习题 47 图

48 求图 4-98 所示电路在端口 a-b 处的戴维南等效电路与诺顿等效电路。

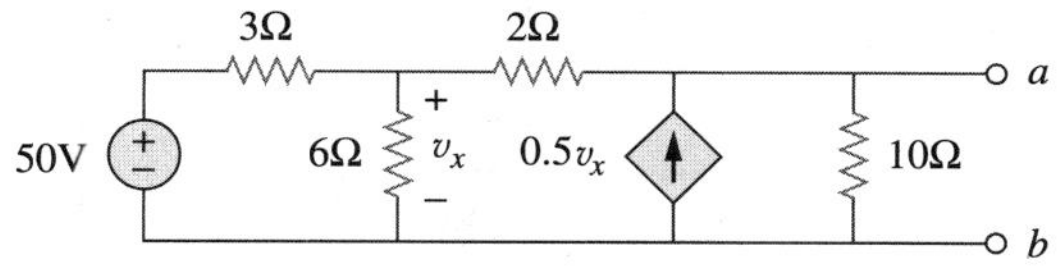

图 4-98 习题 48 图

49 如图 4-99 所示电路网络为与负载相连的双极型晶体管共射极放大器模型，求从负载端看进去的戴维南电阻。

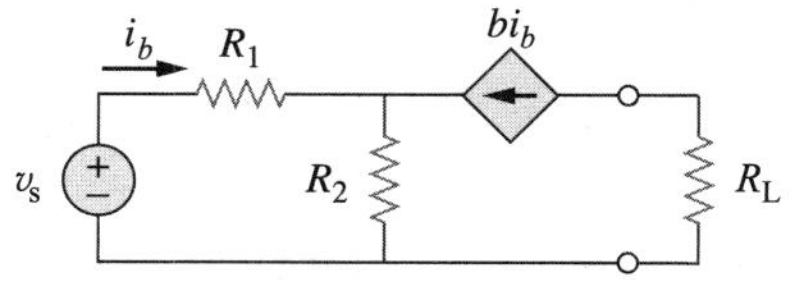

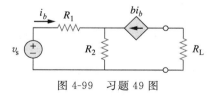

图 4-99 习题 49 图

50 求图 4-100 所示电路在端口 a-b 处的戴维南等效电路与诺顿等效电路。

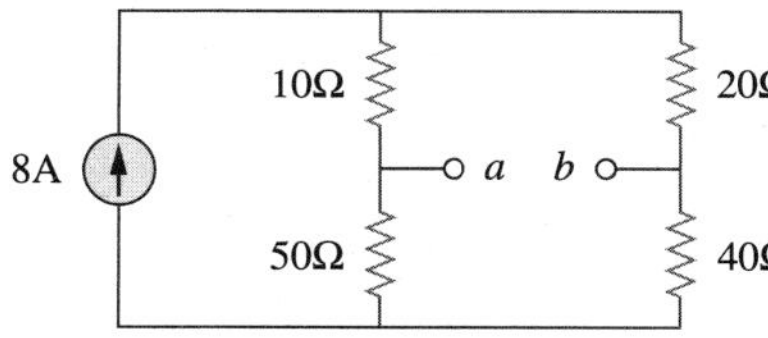

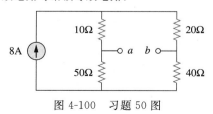

图 4-100 习题 50 图

*51 求图 4-101 所示电路在端口 a-b 处的戴维南等效电路与诺顿等效电路。

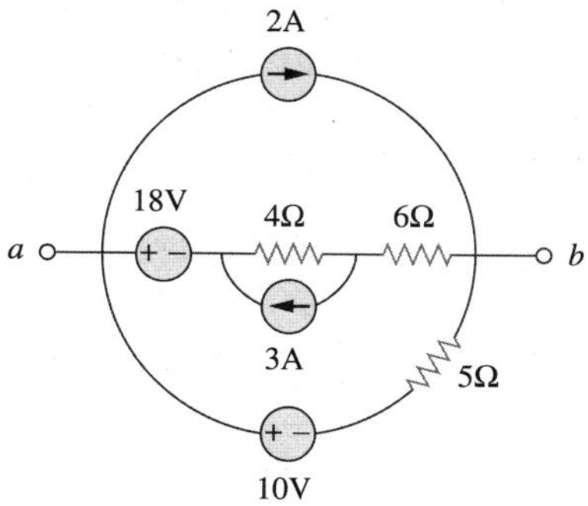

图 4-101 习题 51 图

52 求图 4-102 所示电路的诺顿等效电路。

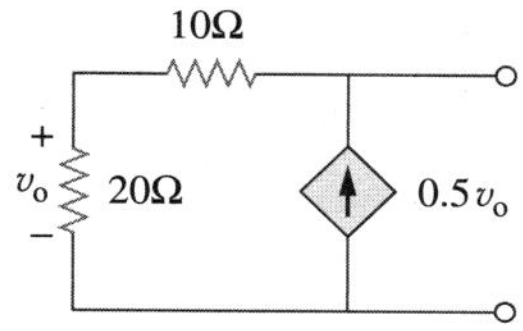

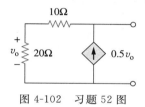

图 4-102 习题 52 图

53 求图 4-103 所示电路从端口 a-b 看进去的戴维南等效电路。

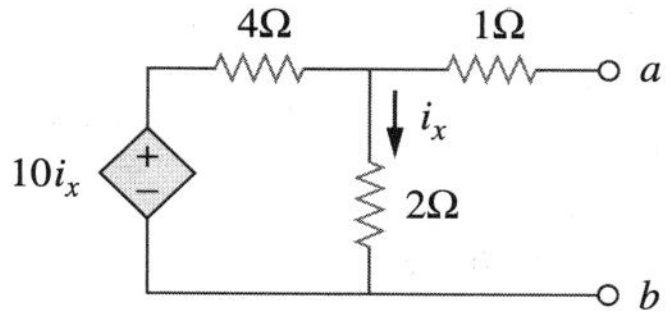

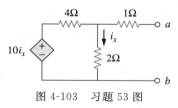

图 4-103 习题 53 图

54 在如图 4-104 所示电路中，试确定 V_o 与 I_o 之间的关系。

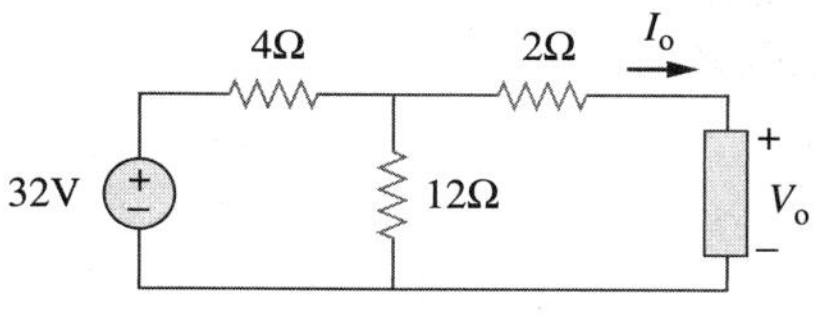

图 4-104 习题 54 图

4.8 节

55 在如图 4-105 所示电路中，试求传输给电阻 R 的最大功率。

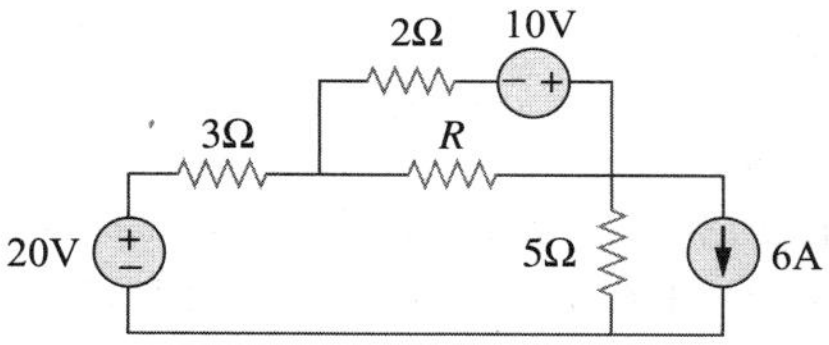

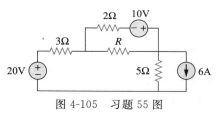

图 4-105 习题 55 图

56　在如图 4-106 所示电路中，调节可变电阻 R，直至其从电路中吸收最大功率。

(a) 试计算吸收最大功率时电阻 R 的阻值。

(b) 确定 R 吸收的最大功率的值。

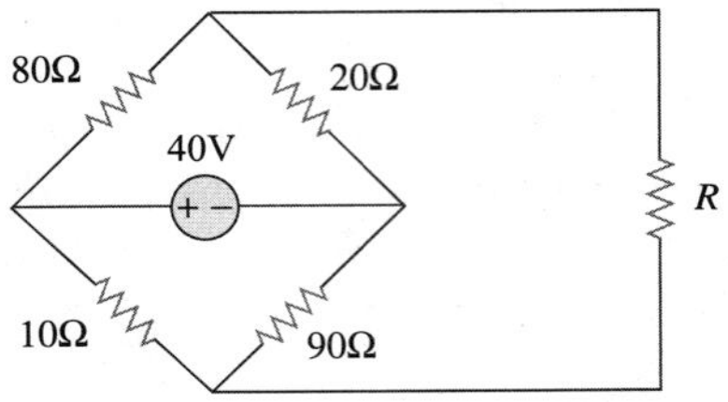

图 4-106　习题 56 图

* 57　在如图 4-107 所示电路中，要使传输给 10Ω 电阻的功率最大，试计算电阻 R 的阻值，并求出相应的最大功率。

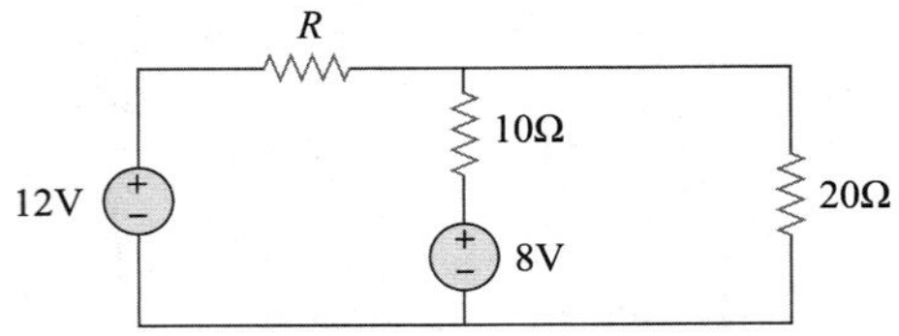

图 4-107　习题 57 图

58　在如图 4-108 所示电路中，求传输给电阻 R 的最大功率。

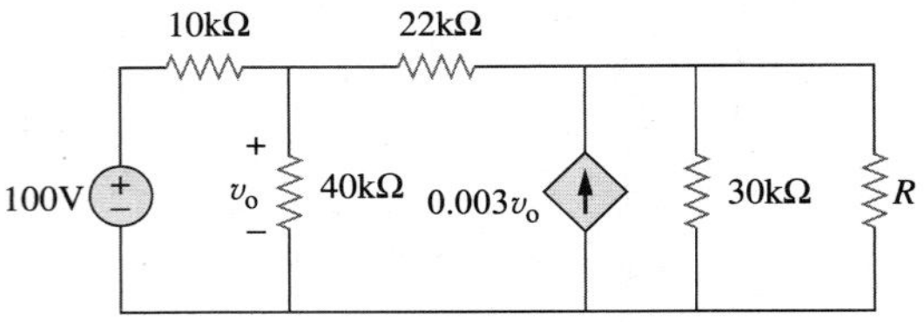

图 4-108　习题 58 图

59　在如图 4-109 所示电路中，试求传输给可变电阻 R 的最大功率。

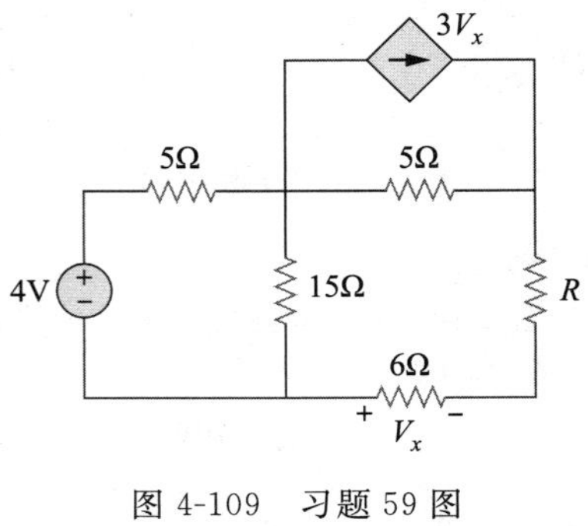

图 4-109　习题 59 图

60　在如图 4-110 所示电路中，端口 a-b 两端连接多大的电阻时才能从电路中吸收最大功率？该最大功率为多少？

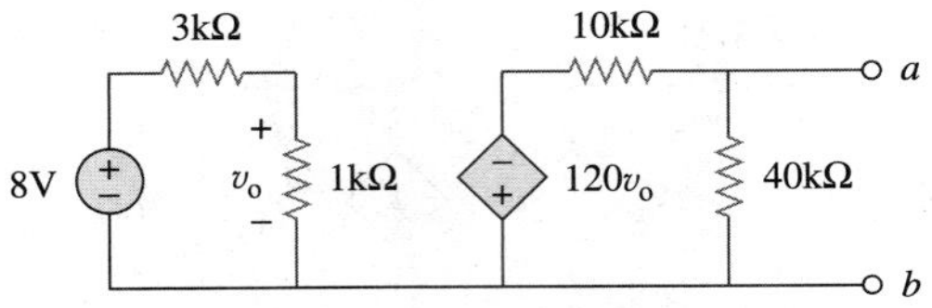

图 4-110　习题 60 图

61　(a) 求图 4-111 所示电路在端口 a-b 处的戴维南等效电路；

(b) 计算流过电阻 $R_L = 8\Omega$ 的电流；

(c) 求满足最大功率传输时的电阻 R_L 的阻值；

(d) 计算该最大功率。

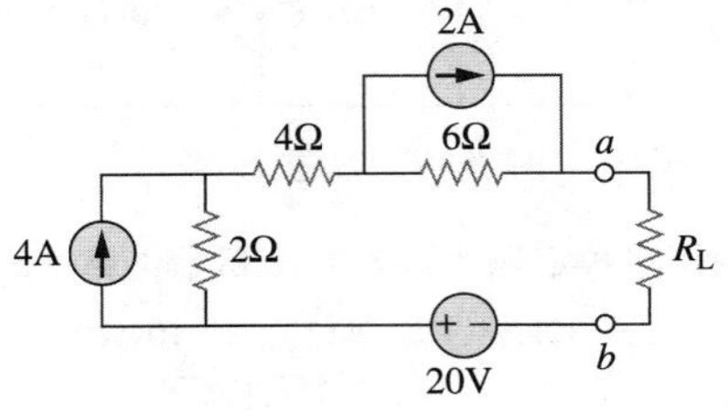

图 4-111　习题 61 图

62　在如图 4-112 所示电路中，试确定传输给可变电阻 R 的最大功率。

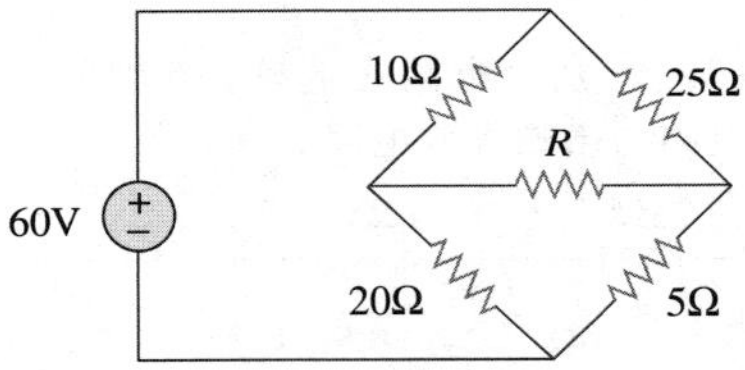

图 4-112　习题 62 图

63　在如图 4-113 所示的桥式电路中，求满足最大功率传输时的负载电阻 R_L 及其吸收的最大功率。

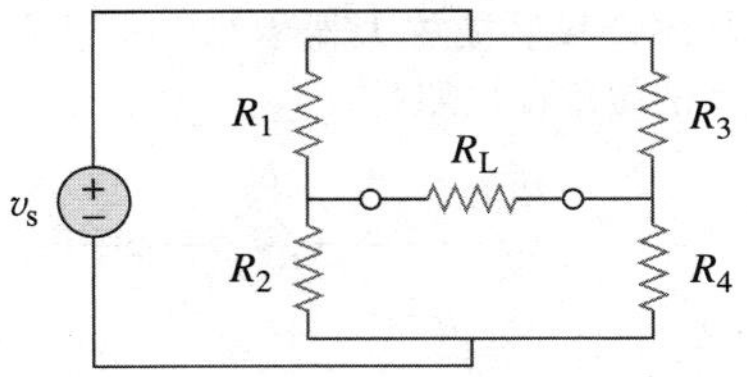

图 4-113　习题 63 图

* 64　在图 4-114 所示电路中，试确定传输给负载的最大功率为 3mW 时的电阻 R 的阻值。

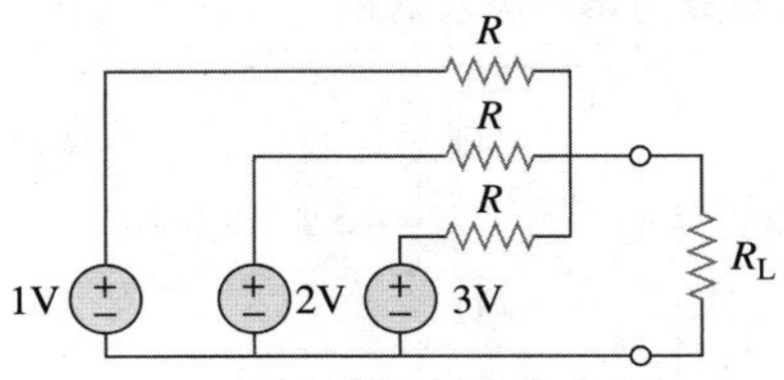

图 4-114　习题 64 图

第5章

运算放大器

不愿说理的人是顽固分子，不会说理的人是愚人，不敢说理的人则是奴隶。

——William Drummond

拓展事业

电子仪器领域的职业生涯

在工程学领域中，工程师应用物理学原理来设计各种造福人类的设备。但是，不通过实验测量人们就不可能掌握物理原理，更不可能去应用这些原理。物理学家常说，物理学实际上就是一门测量的科学。正如测量是理解物理世界的工具，科学仪器则是测量的工具一样。本章介绍的运算放大器是现代电子仪器的重要组成模块。因此，掌握运算放大器的基本原理对于实际电路的应用是非常重要的。

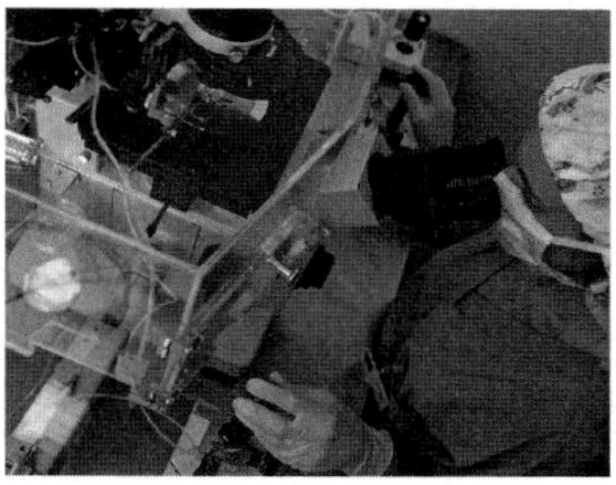

医学研究中使用的电子仪器
（图片来源：Corbis）

在科学与工程技术领域中，电子仪器的应用可谓无处不在。电子仪器迅猛普及，若在理工科教育中不接触电子仪器就是一件荒谬的事情。例如，物理学家、生理学家、化学家和生物学家都必须学会电子仪器的使用。特别是对于电子工程类专业的学生，熟练地操作数字和模拟仪器是至关重要的。这类仪器包括电流表、电压表、电阻表、示波器、频谱分析仪和信号发生器等。

除了不断提高操作仪器的技能之外，有的电子工程师还需专门学习电子仪器的设计与制造。他们乐在其中，大多数人都有所发明并申请了专利。电子仪器的专门人才可以在医学院、医院、研究所、航空工业和许多日常应用电子仪器的工业部门找到合适的工作。

5.1 引言

前面已经学习过了电路分析的基本定律和定理，本章学习一种非常重要的有源电路元件：运算放大器(operational amplifier)，或简称运放(op amp)。运放是一个多功能的电路模块。

提示： 运算放大器这一专业术语是John Ragazzini及其同事于1947年提出的，当时他们正在为美国国防研究委员会研制模拟计算机。第一个运算放大器采用的是真空管而不是晶体管。

运放是一个特性与电压控制电压源相类似的电子元件。

运算放大器也可以用于构成电压控制电流源或者电流控制电流源，它还可以对信号进行相加、放大、积分和微分等处理。因为它具有这些数字运算的能力，故被称为运算放大器，并广泛应用于模拟电路的设计之中。运算放大器有着多用途多样、价格便宜、使用方便的特点，所以在实际的电路设计中应用非常广泛。

提示： 运算放大器也可以看作是增益非常高的电压放大器。

本章首先介绍理想运算放大器，之后介绍非理想运算放大器。利用节点分析法，分析诸如反相器、电压跟随器、加法器和差分放大器等若干理想运算放大器电路。

5.2 运算放大器基础知识

当运算放大器的引脚上接入不同的电阻、电容等元件，它就能执行某些数学运算。

运算放大器是一种进行加、减、乘、除、微分与积分等运算的有源电路器件。

运算放大器是一种由电阻、电容、晶体管和二极管等构成的复杂有源电路器件，有关运算放大器内部的讨论已经超过了本书的研究范围，本书仅将运算放大器看作一个电路模块，并简单学习其引脚接入不同元件时的功能。

商用运算放大器具有多种集成电路封装形式，图 5-1 所示为一种典型的运算放大器。图 5-2a 所示的是典型的 8 脚双列直插封装(DIP)，其中引脚 8 是空引脚，而引脚 1 与引脚 5 一般不会用到。剩下 5 个重要的引脚分别为

1. 反相输入端，引脚 2；
2. 同相输入端，引脚 3；
3. 输出端，引脚 6；
4. 正电源端 V^+，引脚 7；
5. 负电源端 V^-，引脚 4。

图 5-1 一种典型的运算放大器
(图片来源：Mark Dierker/McGraw-Hill Education)

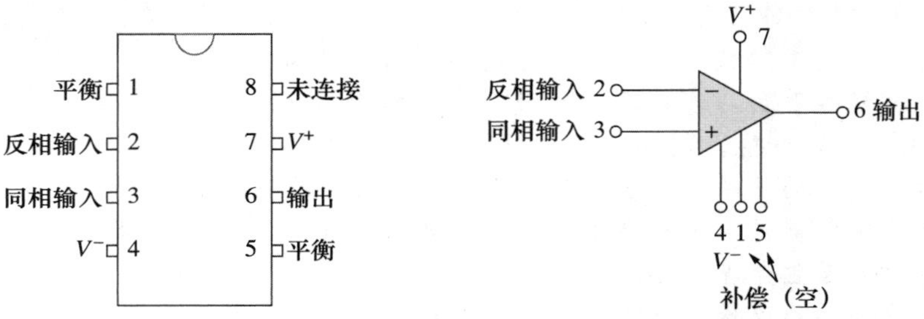

a）引脚图　　b）电路符号

图 5-2 典型运算放大器

提示：图 5-2a 所示的引脚图对应于仙童半导体公司(Fairchild Semiconductor)生产的 741 通用运算放大器。

如图 5-2b 所示运算放大器的电路符号为三角形，有两个输入和一个输出，两个输入以负(－)和正(＋)标记，分别指的是反相输入和同相输入。若输入加到同相端则输出与输入同相，若输入加到反相端则输出与其反相。

作为有源器件，运算放大器需要连接电压源为其供电，如图 5-3 所示。虽然在电路图中常常为了简单起见而不画出运放的电源，但是电源电流是不应该被忽视的。根据 KCL，

$$i_o = i_1 + i_2 + i_+ + i_- \tag{5.1}$$

运算放大器的等效电路模型如图 5-4 所示。其输出部分由一个受控电压源与一个电阻 R_o 的串联电路组成。由图 5-4 可知，输入电阻 R_i 是从输入端看进去的戴维南等效电阻，而输出电阻 R_o 是由输出端看进去的戴维南等效电阻。差分输入电压 v_d 为：

$$v_d = v_2 - v_1 \tag{5.2}$$

式中，v_1 是反相输入端与地之间的电压，v_2 为同相输入端与地之间的电压。运算放大器获取两输入端口之间的差分电压，然后乘以增益 A，将所得到的电压输出至输出端。因此，输出电压 v_o 为：

$$\boxed{v_o = Av_d = A(v_2 - v_1)} \tag{5.3}$$

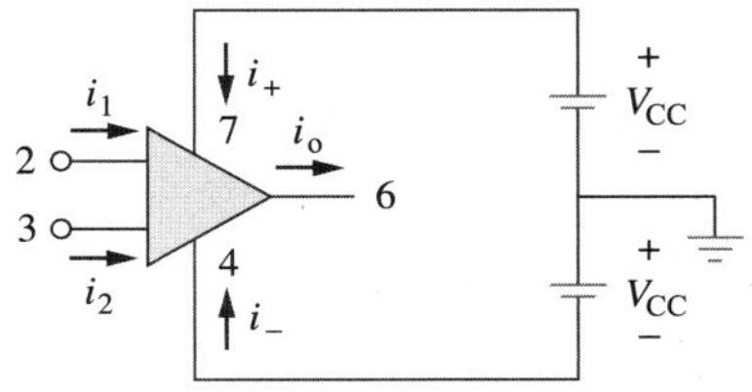

图 5-3　运算放大器供电电路

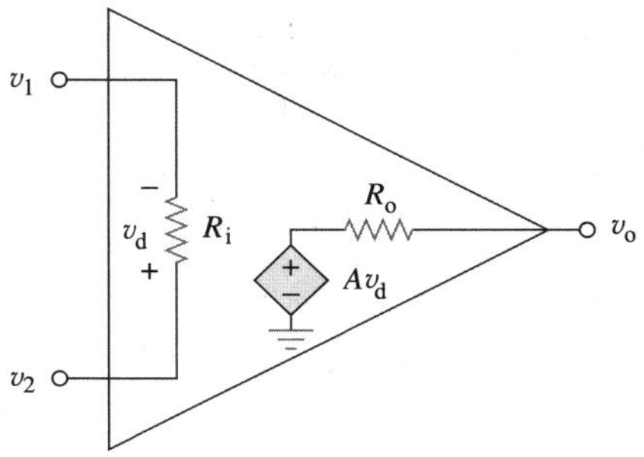

图 5-4　非理想运放等效电路

A 称为开环电压增益，因为此时输出电压完全没有反馈到输入电压之上。表 5-1 给出了开环电压增益 A，输入电阻 R_i，输出电阻 R_o 以及电源电压 v_{CC} 的一些典型值。

表 5-1　运算放大器参数的典型取值范围

参数	典型范围	理想值	参数	典型范围	理想值
开环电压增益 A	$10^5 \sim 10^8$	∞	输出电阻 R_o	10～100Ω	0Ω
输入电阻 R_i	$10^5 \sim 10^{13}\Omega$	$\infty\Omega$	电源电压 v_{CC}	5～24V	—

提示： 电压增益有时以分贝(dB)为单位表示，参见第 14 章的讨论。$A(\text{dB})=20\log_{10}A$

反馈这个概念对于学习运算放大器是十分重要的。当输出反馈至运算放大器的反相输入端时，此时就形成了一个负反馈。如例 5-1 所示，如果存在由输出到输入的反馈路径，那么此时的输出电压与输入电压之比则称为闭环增益。实验证明，在负反馈条件下，运算放大器的闭环增益与开环增益基本无关，因此实际运放也多应用于反馈电路之中。

运放的一个限制因素是不能超过 $|v_{CC}|$ 的，即输出电压受限于电源供电电压。图 5-5 表明，不同的差分输入电压 v_d 可使运放工作在三种不同的模式下：

1. 正饱和区，$v_o=V_{CC}$。
2. 线性区，$-V_{CC}\leqslant v_o=Av_d\leqslant V_{CC}$。
3. 负饱和区，$v_o=-V_{CC}$。

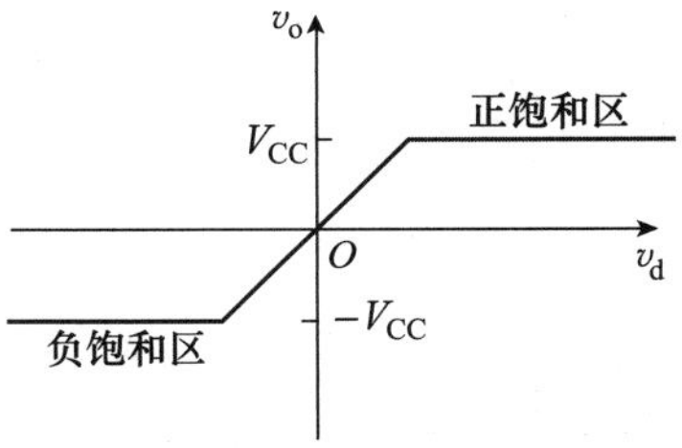

图 5-5　运放输出电压 v_o 与差分输入电压 v_d 的函数关系

如果我们增加 v_d 并使其超出线性范围，运放进入饱和状态，此时输出电压 $v_o=V_{CC}$ 或 $v_o=-V_{CC}$。而本书中，假设运算放大器均工作在线性状态下，即输出电压被限制在：

$$-V_{CC}\leqslant v_o\leqslant V_{CC} \tag{5.4}$$

虽然我们总是让运算放大器工作在线性状态下，但是在设计运算放大器时要时刻注意饱和状态，以避免所设计的运算放大器无法正常工作。

提示： 在本书中，我们假设运算放大器工作于线性状态，因此必须注意运算放大器的电压限制条件。

例 5-1 741 运放开环电压增益为 2×10^5，输入电阻为 2MΩ，输出电阻为 50Ω。如图 5-6a 所示电路，求其闭环增益 v_o/v_s，并确定 $v_s=2\text{V}$ 时的电流 i。

解： 利用图 5-4 所示非理想运放等效电路，图 5-6a 电路的等效电路如图 5-6b 所示。下面通过节点法求解，在节点 1 处应用 KCL 得

$$\frac{v_s-v_1}{10\times10^3}=\frac{v_1}{2000\times10^3}+\frac{v_1-v_o}{20\times10^3}$$

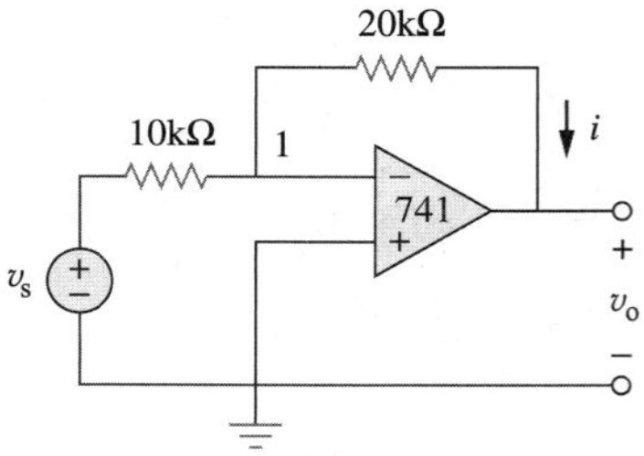

a）原电路

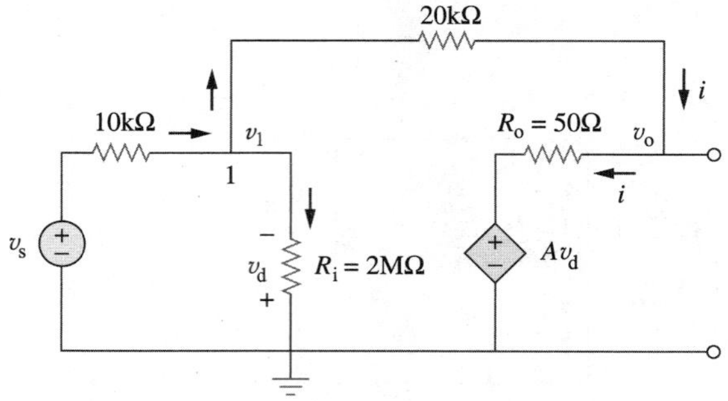

b）等效电路

图 5-6　例 5-1 图

两边同乘 2000×10^3，可得

$$200v_s = 301v_1 - 100v_o$$

即

$$2v_s \approx 3v_1 - v_o \quad \Rightarrow \quad v_1 = \frac{2v_s + v_o}{3} \tag{5.1.1}$$

在节点 O 处，

$$\frac{v_1 - v_o}{20 \times 10^3} = \frac{v_o - Av_d}{50}$$

又 $v_d = -v_1$ 且 $A = 200\,000$，可得

$$v_1 - v_o = 400(v_o + 200\,000v_1) \tag{5.1.2}$$

将式(5.1.1)中 v_1 代入式(5.1.2)，得

$$0 \approx 26\,667\,067v_o + 53\,333\,333v_s \quad \Rightarrow \quad \frac{v_o}{v_s} = -1.999\,969\,9$$

这就是闭环增益，因为 20kΩ 的反馈电阻将输出端与输入端形成一闭合回路，当 $v_s = 2V$ 时，$v_o = -3.999\,993\,98V$，由式(5.1.1)得 $v_1 = 20.066\,667\,\mu V$。因此，

$$i = \frac{v_1 - v_o}{20 \times 10^3} = 0.199\,99(mA)$$

通过此例可以看出，分析非理想运算放大器要处理的数据都非常大，因此其计算是非常烦琐的。◀

练习 5-1　如果将与例 5-1 中相同的运算放大器 741 应用于图 5-7 中，计算闭环增益 v_o/v_s，并求出当 $v_s = 1V$ 时的 i_o。　**答案**：9.000 41　657μA。

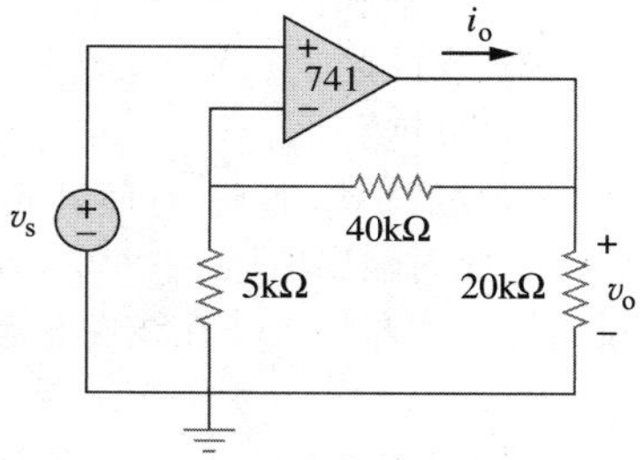

图 5-7　练习 5-1 图

5.3　理想运算放大器

为了便于理解运算放大器，假设理想运算放大器具有如下几个特点：

1. 开环增益为无穷大，$A \approx \infty$；
2. 输入电阻为无穷大，$R_i \approx \infty$；
3. 输出电阻为零，$R_o \approx 0$。

理想运算放大器是一个开环增益无穷大、输入电阻无穷大、输出电阻为零的放大器。

虽然理想运算放大器只是实际运算放大器的一种近似，但是现在大多数的运算放大器都具有相当大的增益及输入电阻，因此这种近似也是十分有效的。除了特别说明以外，本书中所涉及的运算放大器均是理想运算放大器。

理想运算放大器模型如图 5-8 所示，它是由图 5-4 所示非理想运算放大器推导出来的。理想运算放大器具有以下两个重要性质：

(1) 两个输入端的输入电流均为零：

$$\boxed{i_1=0,\quad i_2=0} \tag{5.5}$$

这是因为输入电阻无穷大，这也就相当于输入端开路，输入电流为零。而由式(5.1)可知，输出端的电流就不一定为零了。

(2) 两输入端电压差为零：

$$v_d=v_2-v_1=0 \tag{5.6}$$

即

$$\boxed{v_1=v_2} \tag{5.7}$$

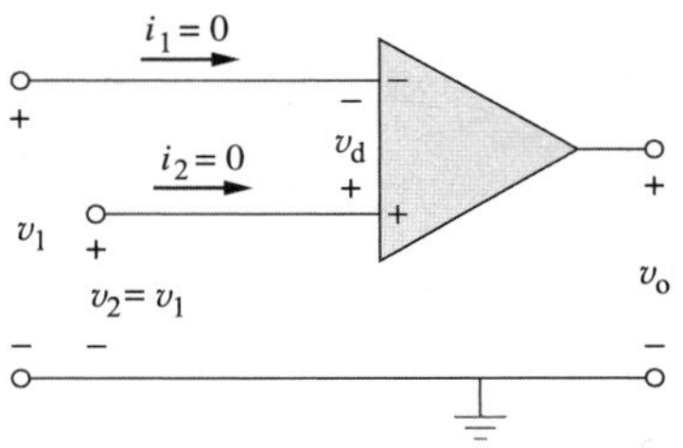

图 5-8　理想运算放大器模型

因此，理想运算放大器的输入电流为零，两输入端电压差为零。式(5.6)和式(5.7)非常重要，并且是以后分析运算放大器的关键所在。

提示： 计算电压时可以把两输入端看作是短路的，而计算电流时则可以把输入端和运算放大器内部当作开路。

例 5-2 利用理想运算放大器模型，试重新分析计算练习 5-1。

解： 与例 5-1 一样，我们也可以将图 5-7 中的运算放大器用图 5-6 所示方法进行等效模型替换，但实际并不需要这样做，仅利用式(5.5)与式(5.7)分析图 5-7，可得图 5-9 所示电路。需要注意

$$v_2=v_s \tag{5.2.1}$$

因为 $i_1=0$，所以 40kΩ 电阻与 5kΩ 上流过的电流是相等的。v_1 为 5kΩ 电阻两端的电压，由分压原理得

$$v_1=\frac{5}{5+40}v_o=\frac{v_o}{9} \tag{5.2.2}$$

由式(5.7)得

$$v_2=v_1 \tag{5.2.3}$$

将式(5.2.1)与式(5.2.2)代入式(5.2.3)，得到闭环增益为

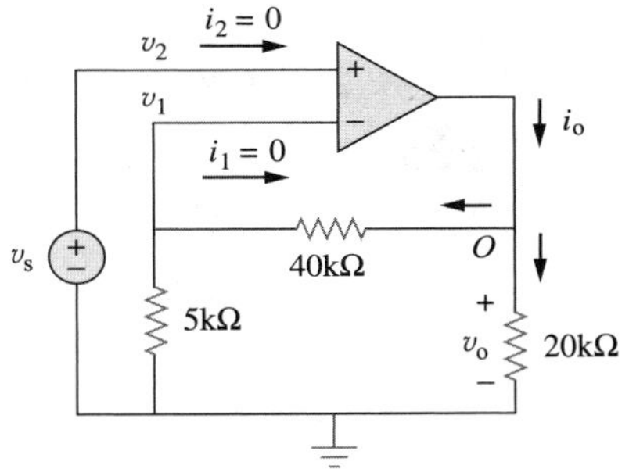

图 5-9　例 5-2 图

$$v_s=\frac{v_o}{9}\quad\Rightarrow\quad\frac{v_o}{v_s}=9 \tag{5.2.4}$$

该结果与练习 5-1 中采用非理想模型计算得到的闭环增益 9.000 41 非常接近。这表明理想运算放大器所带来的误差是非常小的。

在节点 O 处，

$$i_o=\frac{v_o}{40+5}+\frac{v_o}{20} \tag{5.2.5}$$

由式(5.2.4)可知，当 $v_s=1$ 时，$v_o=9\text{V}$，将 $v_o=9\text{V}$ 代入式(5.2.5)得

$$i_o=0.2+0.45=0.65(\text{mA})$$

这与练习 5-1 中采用非理想模型计算的输出电流 0.657mA 也是非常接近的。◀

练习 5-2　试利用理想运算放大器模型重新计算例 5-1。　**答案：** $-2200\mu\text{A}$。

5.4　反相放大器

本节开始将讨论一些实用的运算放大器电路，这些电路模块常用来设计更复杂的电

路。第一种运算放大器就是图 5-10 所示的反相放大器。在该电路中，同相输入端接地，v_1 通过电阻 R_1 接入反相输入端，反馈电阻 R_f 接在反相输入端与输出端之间。为了找出输入电压 v_i 与输出电压 v_o 之间的关系，对节点 1 应用 KCL 得：

$$i_1=i_2 \quad \Rightarrow \quad \frac{v_i-v_1}{R_1}=\frac{v_1-v_o}{R_f} \tag{5.8}$$

由于同相输入端接地，所以对于理想运算放大器而言 $v_1=v_2=0$，因此，

$$\frac{v_i}{R_1}=-\frac{v_o}{R_f}$$

即

$$\boxed{v_o=-\frac{R_f}{R_1}v_i} \tag{5.9}$$

电压增益为 $A_v=v_o/v_i=-R_f/R_1$。图 5-10 所示电路之所以称为反相器就是因为增益为负值。

反相放大器在对输入信号进行放大的同时也将其极性进行了翻转。

提示： 反相放大器的关键电路结构是输入信号与反馈信号都作用在运算放大器的反相输入端上。

从上面的分析可知，闭环增益的大小即反馈电阻除以输入电阻的值，这表明该增益其实只与运算放大器连接的外部元件有关。由式(5.9)可知，反相放大器的等效电路如图 5-11 所示。反相放大器的一个应用实例就是电流-电压转换器。

提示： 有两种类型的增益：一种是这里所讲运算放大器的闭环电压增益 Av，另一种则是运算放大器本身的开环电压增益 A。

例 5-3 如图 5-12 所示的运算放大器电路中，如果 $v_i=0.5\text{V}$，试计算：(a) 输出电压 v_o；(b) 流过 10kΩ 电阻的电流。

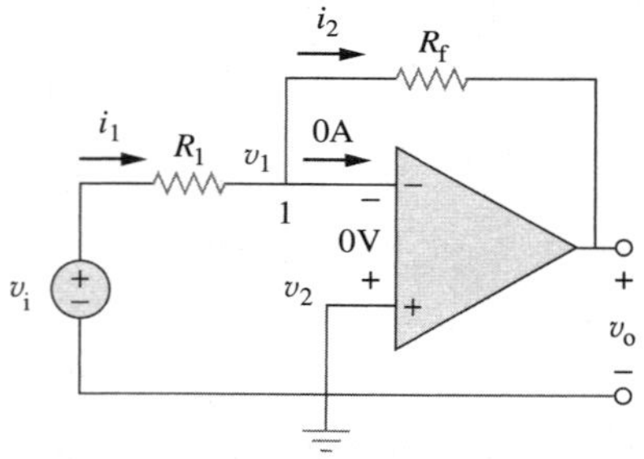

图 5-10 反相放大器

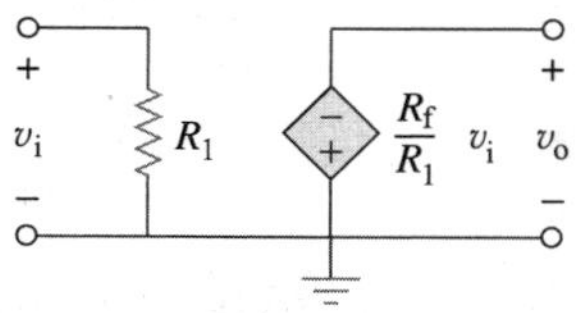

图 5-11 反相放大器等效电路

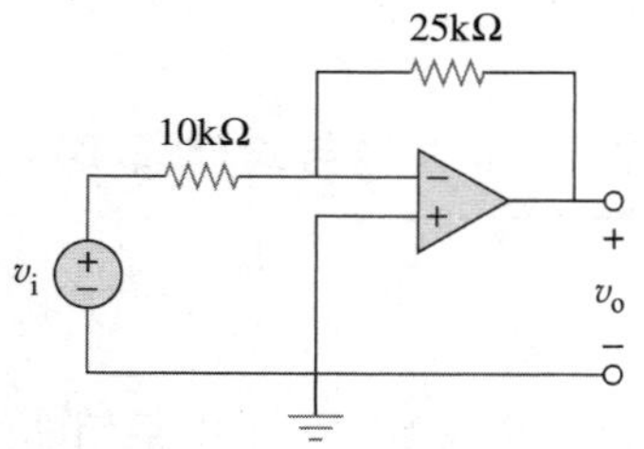

图 5-12 例 5-3 图

解： (a) 利用式(5.9)可得

$$\frac{v_o}{v_i}=-\frac{R_f}{R_1}=-\frac{25}{10}=-2.5$$

$$v_o=-2.5v_i=-2.5\times0.5=-1.25(\text{V})$$

(b) 流过 10kΩ 电阻电流为

$$i=\frac{v_i-0}{R_1}=\frac{0.5-0}{10\times10^3}=50(\mu\text{A})$$ ◀

练习 5-3 试求图 5-13 所示运算放大器的输出电压，并计算通过反馈电阻的电流。

答案： -3.15V，$11.25\mu\text{A}$。

例 5-4 试求图 5-14 所示运算放大器的输出电压 v_o。

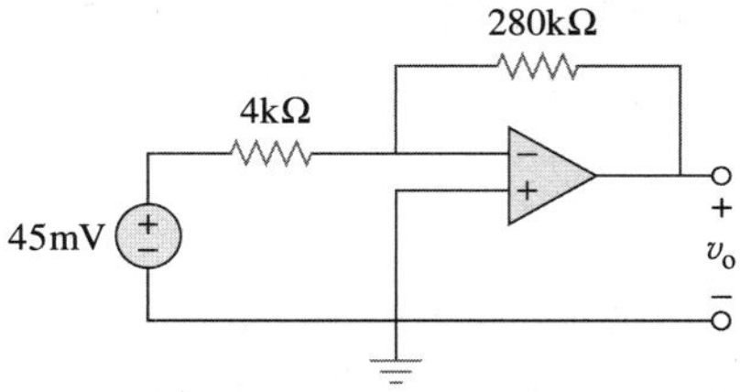

图 5-13　练习 5-3 图

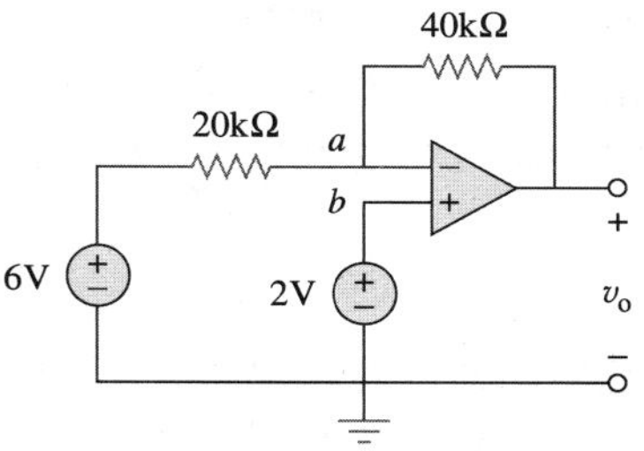

图 5-14　例 5-4 图

解： 对于节点 a 应用 KCL 得

$$\frac{v_a - v_o}{40} = \frac{6 - v_a}{20}$$

$$v_a - v_o = 12 - 2v_a \quad \Rightarrow \quad v_o = 3v_a - 12$$

理想运算放大器两输入端电压差为零，即 $v_a = v_b = 2\text{V}$，可得

$$v_o = 6 - 12 = -6\text{V}$$

若 $v_a = 0 = v_b$，则 $v_o = -12\text{V}$，与式(5.9)得到的结果相同。◀

练习 5-4　如图 5-15 所示为两类电流-电压转换器[也称跨阻放大器(transresistance amplifier)]。

(a) 证明对于图 5-15a 所示转换器，有

$$\frac{v_o}{i_s} = -R$$

(b) 证明对于图 5-15b 所示转换器，有

$$\frac{v_o}{i_s} = -R_1\left(1 + \frac{R_3}{R_1} + \frac{R_3}{R_2}\right)$$

证明略。

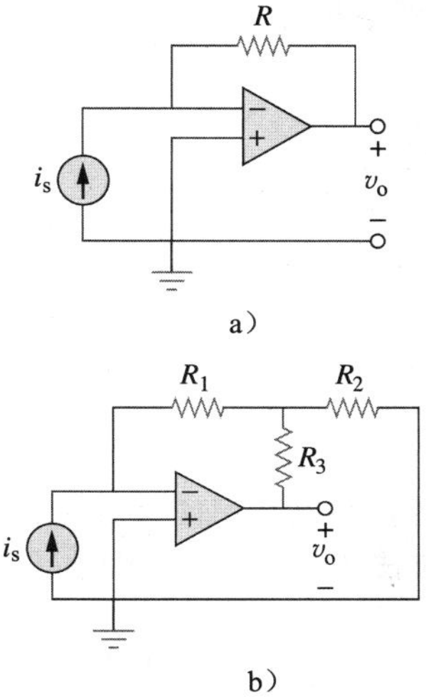

图 5-15　练习 5-4 图

5.5　同相放大器

运算放大器的另一个重要应用是如图 5-16 所示的同相放大器。在这种情况下，输入电压 v_i 直接与同相输入端相连，电阻 R_1 接在反相输入端与地之间，下面计算输出电压和电压增益。在反相输入端应用 KCL 得

$$i_1 = i_2 \quad \Rightarrow \quad \frac{0 - v_1}{R_1} = \frac{v_1 - v_o}{R_f} \tag{5.10}$$

$v_1 = v_2 = v_i$，代入式(5.10)得

$$\frac{-v_i}{R_1} = \frac{v_i - v_o}{R_f}$$

即

$$\boxed{v_o = \left(1 + \frac{R_f}{R_1}\right) v_i} \tag{5.11}$$

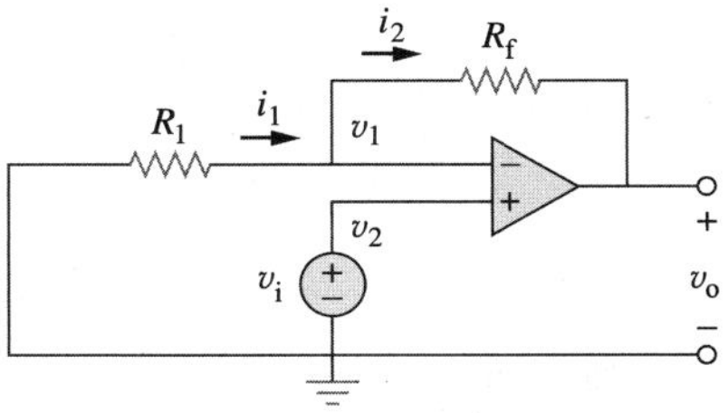

图 5-16　同相放大器

电压增益为 $A_v = v_o/v_i = 1 + R_f/R_1$，结果没有负号，因此输出与输入的极性是相同的，且电压增益只与外部电阻有关。

同相放大器是提供正电压增益的运算放大器电路。

注意，如果反馈电阻 $R_f=0$（短路）或者 $R_1=\infty$（开路）或者同时满足 $R_f=0$ 且 $R_1=\infty$，则电压增益为 1。在这些条件（$R_f=0$ 和 $R_1=\infty$）下，图 5-16 所示电路就变换成了图 5-17 中的电路，因为输入与输出相同，故称该电路为电压跟随器（或单位增益放大器）。对于电压跟随器有：

$$\boxed{v_o=v_i} \tag{5.12}$$

电压跟随器有着非常高的输入阻抗，因此可以用作中间级放大器（缓冲放大器），对前后两级电路进行阻抗匹配。如图 5-18 所示，电压跟随器使两极之间相互影响最小，同时消除级间负载。

例 5-5 对于图 5-19 所示电路，计算运算放大器输出电压 v_o。

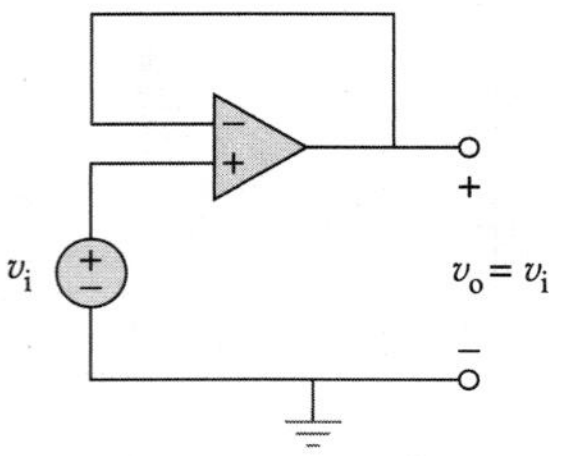

图 5-17 电压跟随器

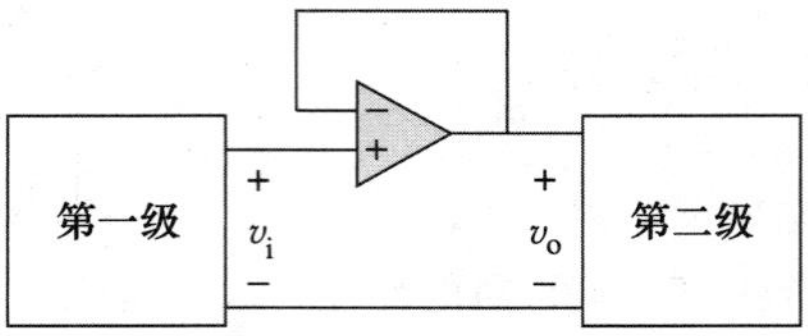

图 5-18 电压跟随器应用于两级电路间

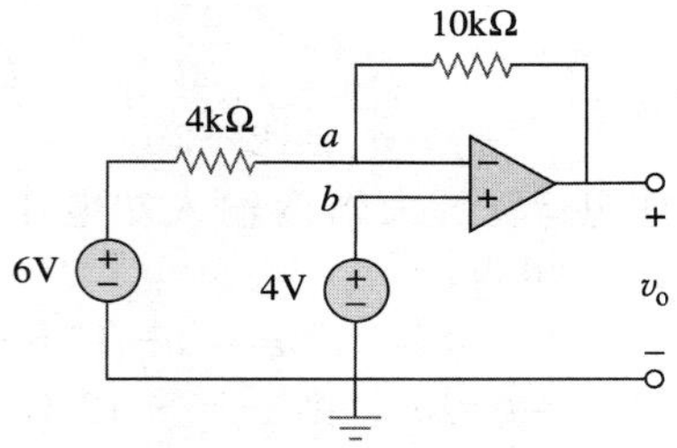

图 5-19 例 5-5 图

解： 可以采用两种方法：叠加定理法和节点分析法。

方法 1 由叠加定理法可得

$$v_o=v_{o1}+v_{o2}$$

式中，v_{o1} 是由 6V 电压源产生的输出，v_{o2} 是由 4V 电压源产生的输出。为了求出 v_{o1}，需要将 4V 电压源置零，此时的电路就相当于一个反相器，由式（5.9）得

$$v_{o1}=-\frac{10}{4}\times 6=-15(\text{V})$$

为了求出 v_{o2}，需将 6V 电压源置零，此时电路等相当于同相放大器，由式（5.11）得

$$v_{o2}=\left(1+\frac{10}{4}\right)\times 4=14(\text{V})$$

所以，

$$v_o=v_{o1}+v_{o2}=-15+14=-1(\text{V})$$

方法 2 对于节点 a 应用 KCL 得

$$\frac{6-v_a}{4}=\frac{v_a-v_o}{10}$$

由 $v_a=v_b=4\text{V}$，得

$$\frac{6-4}{4}=\frac{4-v_o}{10} \quad\Rightarrow\quad 5=4-v_o$$

解得 $v_o=-1\text{V}$，结果与方法一相同。◀

练习 5-5 计算图 5-20 中所示电路输出电压 v_o。

答案： 7V。

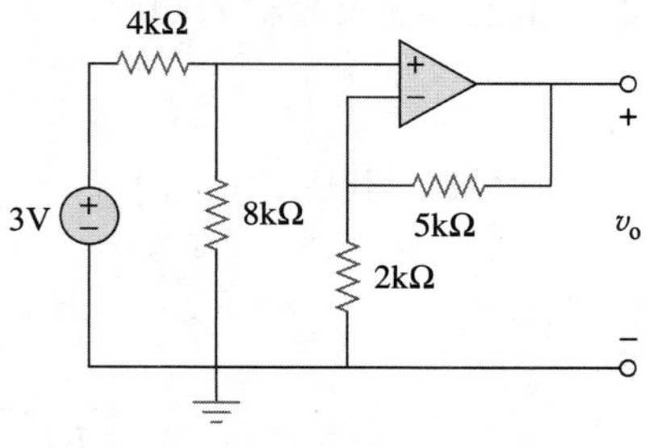

图 5-20 练习 5-5 图

5.6 加法放大器

运算放大器除了具有放大功能之外，它还可以进行加减运算。本节所学习的加法放大器就可以实现加法运算，而下节所介绍的差分放大器则可以实现减法运算的功能。

加法放大器是将多个输入合并，并且在输出端产生这些输入加权和的运算放大器。

如图 5-21 所示加法放大器是由反相放大器变化而来，它充分利用了反相放大器能够同时处理多个输入信号的优点。对图中节点 a 应用 KCL，同时考虑到输入端流入运放电流为零，可以得到

$$i=i_1+i_2+i_3 \tag{5.13}$$

而

$$i_1=\frac{v_1-v_a}{R_1},\qquad i_2=\frac{v_2-v_a}{R_2}$$
$$i_3=\frac{v_3-v_a}{R_3},\qquad i=\frac{v_a-v_o}{R_f} \tag{5.14}$$

其中 $v_a=0$，并将式(5.14)代入式(5.13)得

$$\boxed{v_o=-\left(\frac{R_f}{R_1}v_1+\frac{R_f}{R_2}v_2+\frac{R_f}{R_3}v_3\right)} \tag{5.15}$$

综上可知，输出电压为个输入电压的加权和，因此将图 5-21 所示电路称为加法器。很明显，加法器可以有三个以上的输入。

例 5-6 计算图 5-22 中运算放大器的输出电压 v_o 和输出电流 i_o。

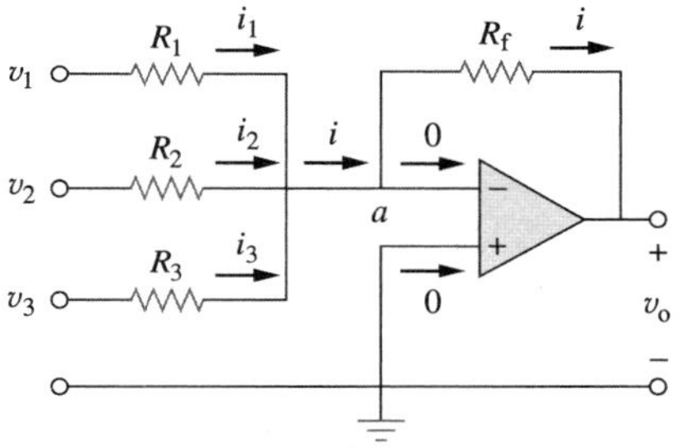

图 5-21　加法放大器

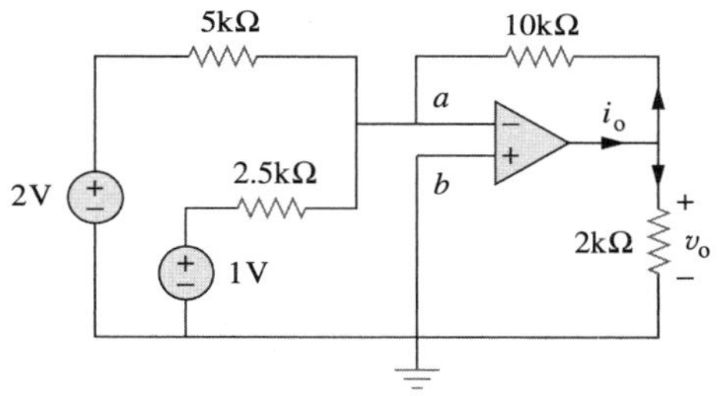

图 5-22　例 5-6 图

解：这是一个双输入的加法器，由式(5.15)得

$$v_o=-\left(\frac{10}{5}\times2+\frac{10}{2.5}\times1\right)$$
$$=-(4+4)=-8(\text{V})$$

电流 i_o 是流过 10kΩ 和 2kΩ 电阻的电流之和，由于 $v_a=v_b=0$，所以这两个电阻两端电压均为 $v_o=-8\text{V}$，因此，

$$i_o=\frac{v_o-0}{10}+\frac{v_o-0}{2}=-0.8-4=-4.8(\text{mA})$$

◀

练习 5-6 计算图 5-23 中运放的输出电压 v_o 和输出电流 i_o。

答案：−3.8V，−1.425mA。

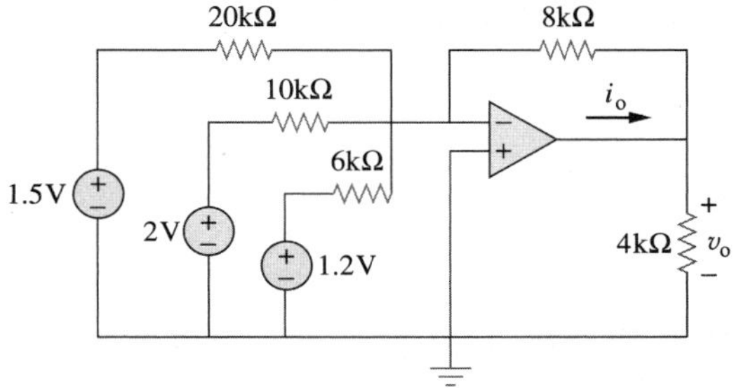

图 5-23　练习 5-6 图

5.7　差分放大器

差分(差动)放大器被广泛应用于需要放大两个输入信号之差的电路。差分放大器与普遍应用的仪表放大器(instrumentation amplifier)属于同一类放大器。

差分放大器是只对两输入信号差值进行放大而抑制共模信号的器件。

提示： 差分放大器也称为减法器(subtractor)，原因将稍后讨论。

分析图 5-24 所示电路，在节点 a 处应用 KCL，根据流入运放输入端电流为零，所以

$$\frac{v_1-v_a}{R_1}=\frac{v_a-v_o}{R_2}$$

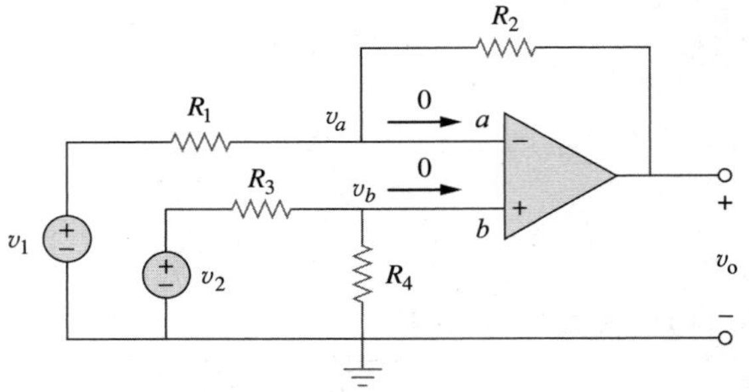

图 5-24 差分放大器

即

$$v_o=\left(\frac{R_2}{R_1}+1\right)v_a-\frac{R_2}{R_1}v_1 \tag{5.16}$$

对于节点 b，应用 KCL 得

$$\frac{v_2-v_b}{R_3}=\frac{v_b-0}{R_4}$$

即

$$v_b=\frac{R_4}{R_3+R_4}v_2 \tag{5.17}$$

而 $v_a=v_b$，将式(5.17)代入式(5.16)得

$$v_o=\left(\frac{R_2}{R_1}+1\right)\frac{R_4}{R_3+R_4}v_2-\frac{R_2}{R_1}v_1$$

即

$$\boxed{v_o=\frac{R_2(1+R_1/R_2)}{R_1(1+R_3/R_4)}v_2-\frac{R_2}{R_1}v_1} \tag{5.18}$$

由于差分放大器必须抑制两个输入端的共模信号，所以当 $v_1=v_2$ 时，放大器输出必为 $v_o=0$。当满足如下条件时，该性质成立。

$$\frac{R_1}{R_2}=\frac{R_3}{R_4} \tag{5.19}$$

因此，当图 5-24 所示运算放大器为差分放大器时，式(5.18)变为

$$v_o=\frac{R_2}{R_1}(v_2-v_1) \tag{5.20}$$

如果 $R_2=R_1$ 且 $R_3=R_4$，差分放大器则成为一个减法器(subtractor)，其输出为

$$v_o=v_2-v_1 \tag{5.21}$$

例 5-7 设计一个输入为 v_1、v_2 的运算放大器，使其输出 $v_o=-5v_1+3v_2$。

解： 根据要求，所设计的电路应满足

$$v_o=3v_2-5v_1 \tag{5.7.1}$$

这个电路可以通过两种方法来实现。

方法 1 如果仅采用一个运算放大器，则可以利用如图 5-24 所示的运算放大器。比较

式(5.7.1)与式(5.18)可以得出，

$$\frac{R_2}{R_1}=5 \quad \Rightarrow \quad R_2=5R_1 \tag{5.7.2}$$

且

$$5\,\frac{(1+R_1/R_2)}{(1+R_3/R_4)}=3 \quad \Rightarrow \quad \frac{\frac{6}{5}}{1+R_3/R_4}=\frac{3}{5}$$

即

$$2=1+\frac{R_3}{R_4} \quad \Rightarrow \quad R_3=R_4 \tag{5.7.3}$$

如果选择 $R_1=10\text{k}\Omega$ 且 $R_3=20\text{k}\Omega$，则 $R_2=50\text{k}\Omega$ 且 $R_4=20\text{k}\Omega$。

方法 2　如果采用多个运算放大器，则可以将一个反相放大器与一个两输入反相加法器串联，如图 5-25 所示电路。对于加法器而言，

$$v_o=-v_a-5v_1 \tag{5.7.4}$$

对于反相器而言，

$$v_a=-3v_2 \tag{5.7.5}$$

联合式(5.7.4)与式(5.7.5)可得

$$v_o=3v_2-5v_1$$

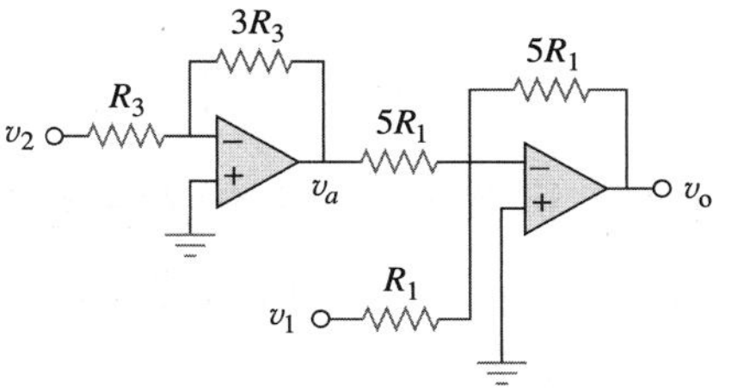

图 5-25　例 5-7 图

即所要求的设计，在图 5-25 中，可以选择 $R_1=10\text{k}\Omega$、$R_3=20\text{k}\Omega$ 或者 $R_1=R_3=10\text{k}\Omega$。◀

练习 5-7　设计一个增益为 7.5 的差分放大器。

答案： 典型值为 $R_1=R_3=20\text{k}\Omega$，$R_2=R_4=150\text{k}\Omega$。

例 5-8　图 5-26 所示的仪表放大器应用于过程控制或测量仪器中小信号进行放大，商业上一般为单片封装形式。试证明

$$v_o=\frac{R_2}{R_1}\left(1+\frac{2R_3}{R_4}\right)(v_2-v_1)$$

解： 由图 5-26 可知，A_3 是一个差分放大器，于是由式(5.20)得

$$v_o=\frac{R_2}{R_1}(v_{o2}-v_{o1}) \tag{5.8.1}$$

因为运算放大器 A_1 和 A_2 输入端没有电流流入，所以电流 i 流经三个电阻，如同三者串联一样，因此

$$v_{o1}-v_{o2}=i(R_3+R_4+R_3)=i(2R_3+R_4) \tag{5.8.2}$$

而

$$i=\frac{v_a-v_b}{R_4}$$

且 $v_a=v_1$，$v_b=v_2$。因此

$$i=\frac{v_1-v_2}{R_4} \tag{5.8.3}$$

将式(5.8.2)与式(5.8.3)代入式(5.8.1)，得

$$v_o=\frac{R_2}{R_1}\left(1+\frac{2R_3}{R_4}\right)(v_2-v_1)$$

得证。◀

练习 5-8　试求图 5-27 所示仪表放大器的电流 i_o。　**答案：** 800nA

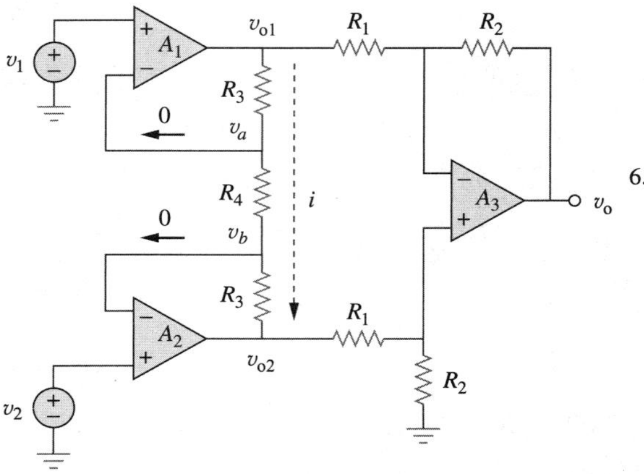

图 5-26 例 5-8 图

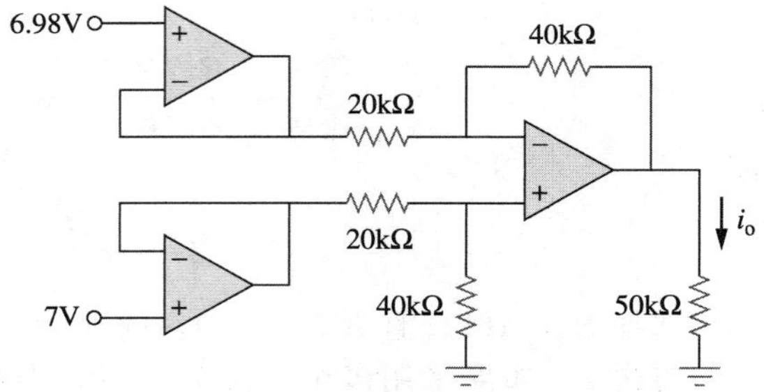

图 5-27 练习 5-8 图

5.8 运算放大器的级联电路

运算放大器是组成复杂电路的模块之一，而在实际应用中，为了获得更大的增益，常把几个运放级联起来(例如头尾相连)。这种首尾相连的电路称为级联。

级联是指两个或多个运算放大器首尾顺序相连，使得前一级的输出为下一级的输入。

若干个运算放大器相互级联时，其中每一个电路都成为一级(stage)，原输入信号经各级运算放大器放大。运算放大器的优势在于级联并不改变各自的输入输出关系，这是因为(理想)运算放大器的输入电阻为无穷大，输出电阻为零。图 5-28 给出了三个运算放大器的级联框图，前一级的输出是下一级的输入，所以级联运算放大器的总增益为各个运算放大器的增益的乘积，即

$$A = A_1 A_2 A_3 \tag{5.22}$$

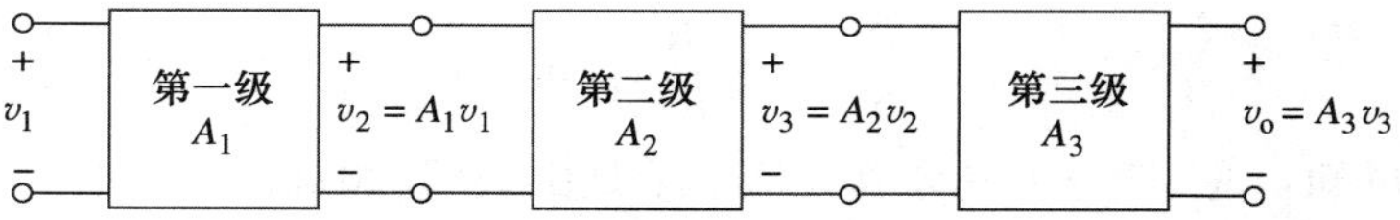

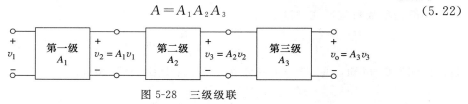

图 5-28 三级级联

虽然运算放大器的级联不影响输入输出关系，但是在实际设计运算放大器电路时，必须确保级联电路中下一级的负载不会使运算放大器的总输出处于饱和。

例 5-9 试求出图 5-29 所示电路中的 v_o 与 i_o。

解： 该电路由两个同相放大器级联而成。在第一级运算放大器的输出端，

$$v_a = \left(1+\frac{12}{3}\right)\times 20 = 100(\mathrm{mV})$$

在第二级运算放大器的输出端，

$$v_o = \left(1+\frac{10}{4}\right)v_a = (1+2.5)\times 100 = 350(\mathrm{mV})$$

所要求的电流 i_o 是流经 10kΩ 电阻的电流，

$$i_o = \frac{v_o - v_b}{10}(\mathrm{mA})$$

$v_a = v_b = 100\mathrm{mV}$，所以

$$i_o = \frac{(350-100)\times 10^{-3}}{10\times 10^3} = 25(\mu\mathrm{A})$$

◀

练习 5-9　试求图 5-30 所示运算放大器电路中的 v_o 与 i_o。　　**答案**：6V，24μA。

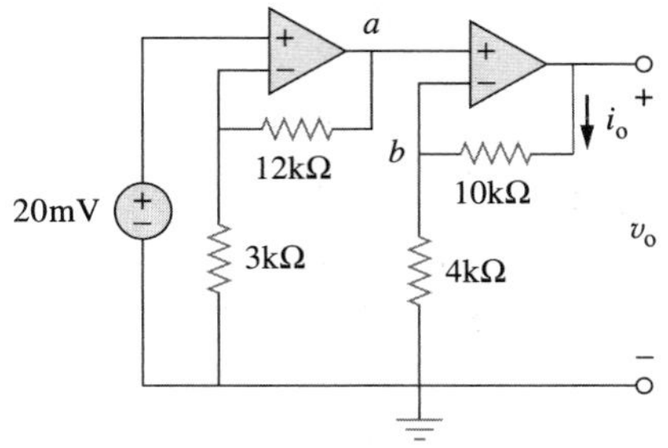

图 5-29　例 5-9 图

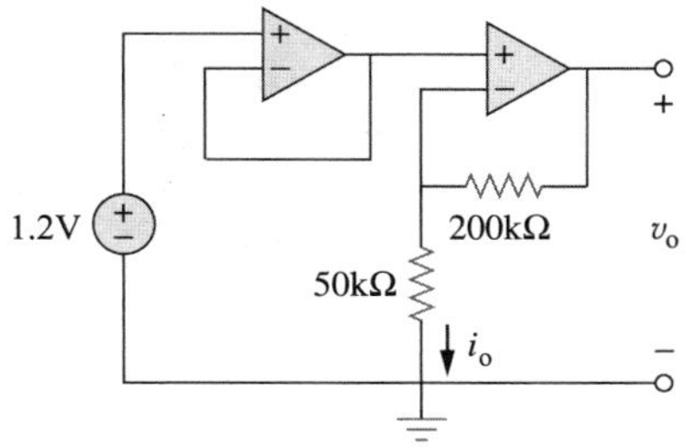

图 5-30　练习 5-9 图

例 5-10　如图 5-31 所示的电路中，已知 $v_1=1\text{V}$，$v_2=2\text{V}$ 试求输出电压 v_o。

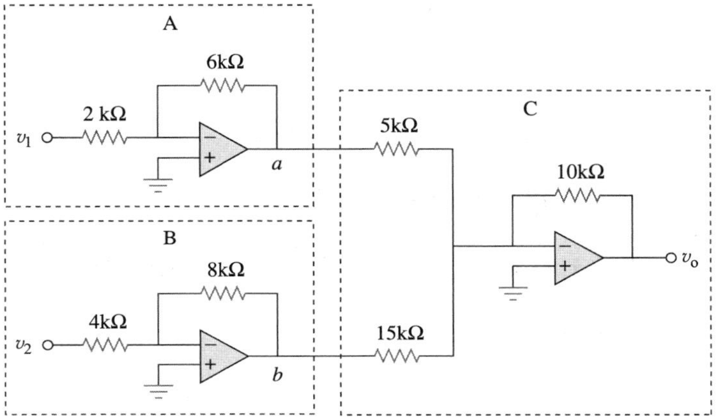

图 5-31　例 5-10 图

解：1. 明确问题。本例要解决的问题十分清楚。

2. **列出已知条件**。当输入 v_1 为 1V，v_2 为 2V 时，确定图 5-31 所示电路的输出电压。该运算放大器实际上由三个电路组成。第一个电路时输入为 v_1，增益为 $-3\times(-6\text{k}\Omega/2\text{k}\Omega)$ 的放大器；第二个电路是输入为 v_2，增益为 $-2\times(-8\text{k}\Omega/4\text{k}\Omega)$ 的放大器。第三个电路是对另两个电路的输出以不同增益放大后进行求和的加法器。

3. **确定备选方案**。可以采用不同的方法求解该电路，由于采用了理想运算放大器，因此纯数学的解法十分容易。第二种方法是利用 PSpice 来验证采用纯数学方法得到的结果。

4. **尝试求解**。令第一个运算放大器的输出为 v_{11}，第二个运算放大器的输出为 v_{22}。于是得到：

$$v_{11}=-3v_1=-3\times1=-3(\text{V})\quad v_{22}=-2v_2=-2\times2=-4(\text{V})$$

对于第三个运算放大器，

$$\begin{aligned}v_o&=-(10\text{k}\Omega/5\text{k}\Omega)v_{11}+[-(10\text{k}\Omega/15\text{k}\Omega)v_{22}]\\&=-2\times(-3)-(2/3)\times(-4)\\&=6+2.667=\mathbf{8.667(V)}\end{aligned}$$

5. **评价结果**。为了正确评价所得到的结果，需确定合理的校验方法，本题采用 PSpice 可以很容易地完成实验。下面就可以利用 PSpice 进行电路仿真，得到如图 5-32 所示的仿真结果。

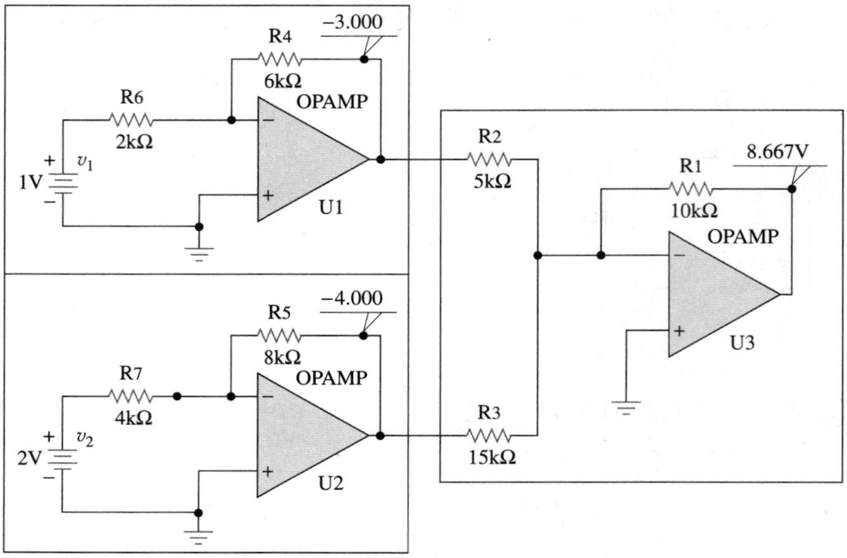

图 5-32 仿真结果

由此可见，采用两种完全不同的方法可以得到相同的结果，这是一种验证答案正确性的好方法。

6. **是否满意**？我们对所得到的结果满意，可以将上述求解过程作为该问题的正确答案。◀

练习 5-10 如图 5-33 所示电路，已知 $v_1=7V$，$v_2=3.1V$，试求 v_o。 **答案**：10V。

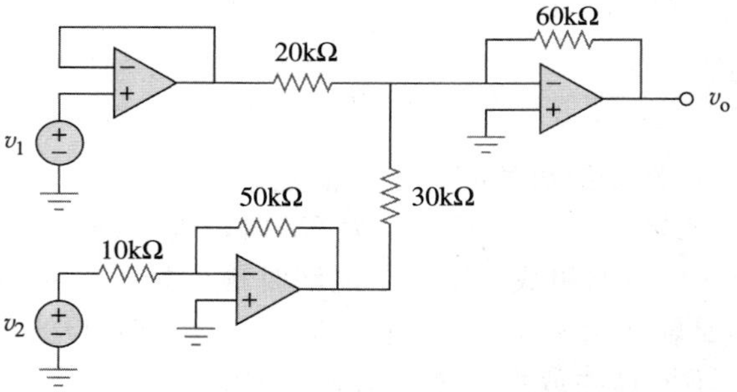

图 5-33 练习 5-10 图

习题

5.2 节

1 某运算放大器的等效电路模型如图 5-34 所示，试确定：

(a) 输入电阻 (b) 输出电阻

(c) 单位为 dB 的电压增益

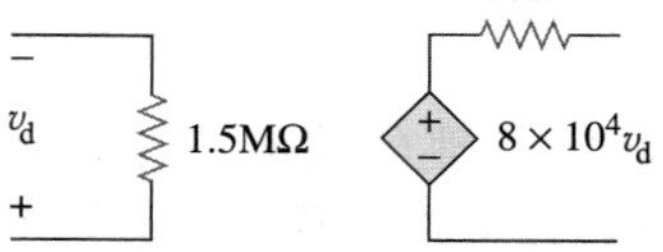

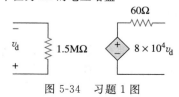

图 5-34 习题 1 图

2 某运算放大器的开环增益为 100 000，试计算当反相输入端施加 +10 μV 电压且同相输入端施加 +20 μV 电压时的电压输出。

3 假定某运算放大器的开环增益为 200 000，试计算当反相输入端施加 20μV 电压且同相输入端施加 +30μV 电压时的输出电压。

4 当同相输入端为 1mV 时，运算放大器的输出电压为 −4V，如果该运算放大器的开环增益为 2×10^6，试问其反相端的输入为多少？

5 对于图 5-35 所示电路，运放开环增益 100 000，输入电阻为 10kΩ，输出电阻为 100Ω，试利用非理想运放模型计算电压增益 v_o/v_i。

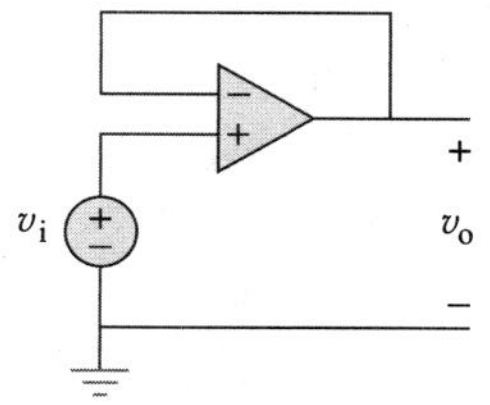

图 5-35　习题 5 图

6　试利用例 1 中所给的 741 运算放大器的参数，计算图 5-36 中的输出电压 v_o。

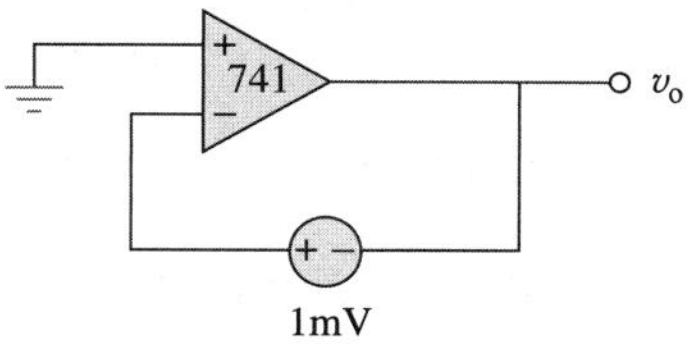

图 5-36　习题 6 图

7　如图 5-37 中的运算放大器，$R_i=100\text{k}\Omega$，$R_o=100\Omega$，$A=100\ 000$，试求其差分电压 v_d 与输出电压 v_o。

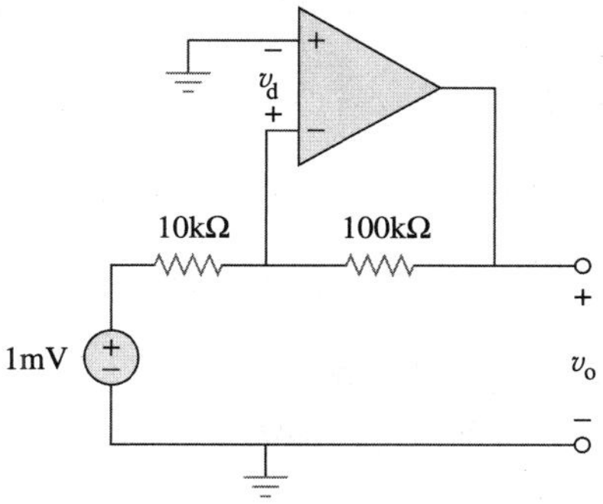

图 5-37　习题 7 图

5.3 节

8　求图 5-38 中运算放大器的输出电压 v_o。

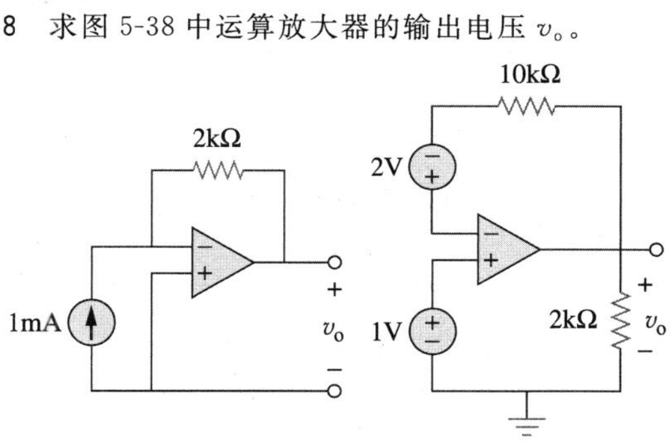

a)　　b)

图 5-38　习题 8 图

9　试求图 5-39 所示的各运算放大器电路中的 v_o。

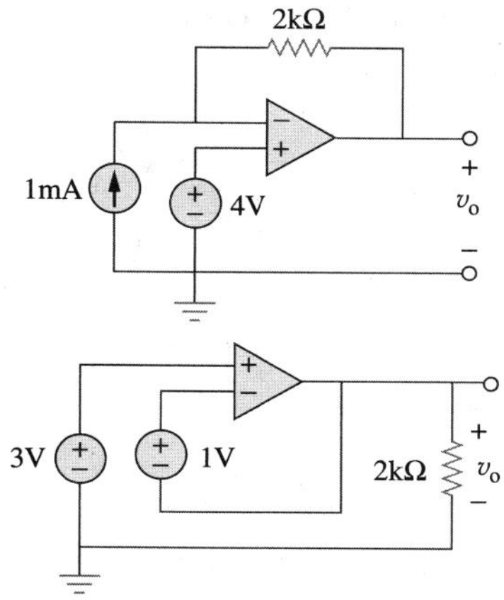

图 5-39　习题 9 图

10　试求出图 5-40 电路中的增益 v_o/v_s。

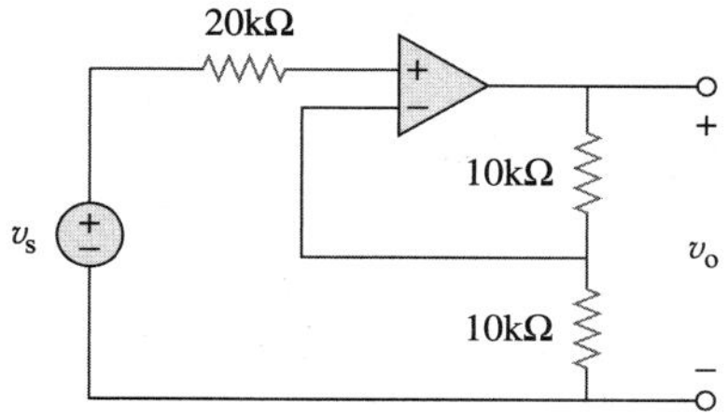

图 5-40　习题 10 图

11　利用图 5-41 设计一个问题，从而更好地理解理想运放是如何工作的。**ED**

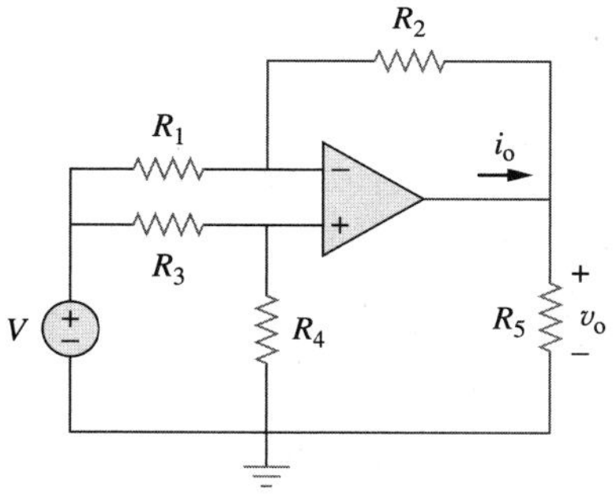

图 5-41　习题 11 图

12　计算图 5-42 中的电压比 v_o/v_s，假设该运算放大器是理想的。

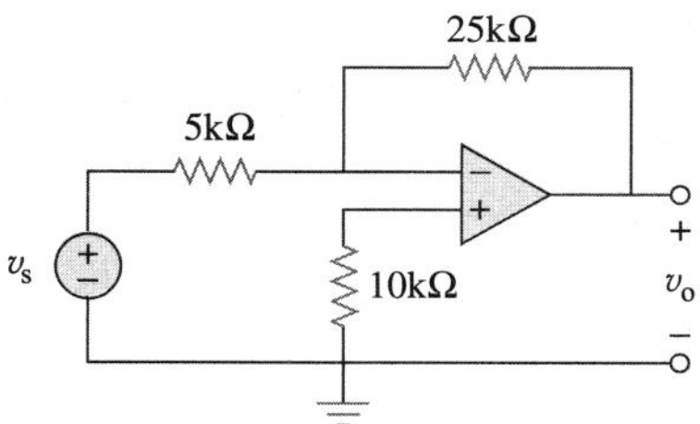

图 5-42　习题 12 图

13 求图 5-43 中的 v_o 与 i_o。

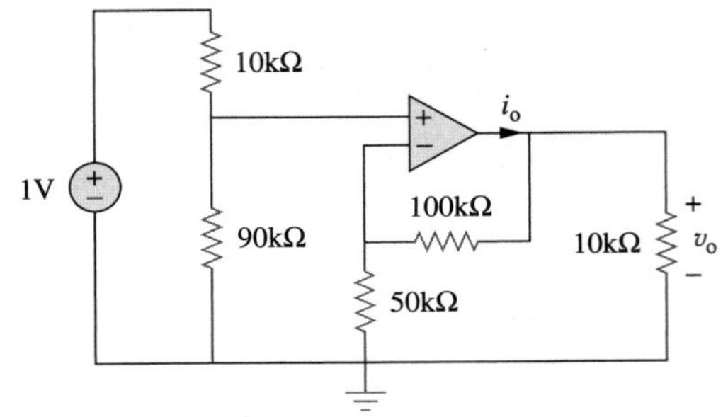

图 5-43 习题 13 图

14 求图 5-44 中的输出电压 v_o。

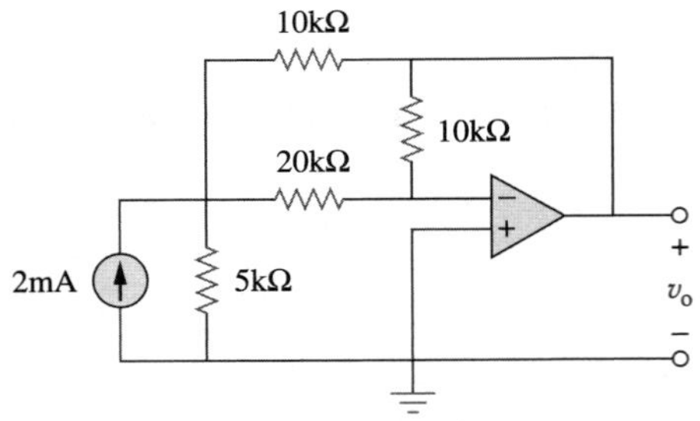

图 5-44 习题 14 图

5.4 节

15 (a) 确定图 5-45 中的 v_o/i_s 值；
(b) 当 $R_1=20\text{k}\Omega$，$R_2=25\text{k}\Omega$，$R_3=40\text{k}\Omega$ 时，试计算该比值。

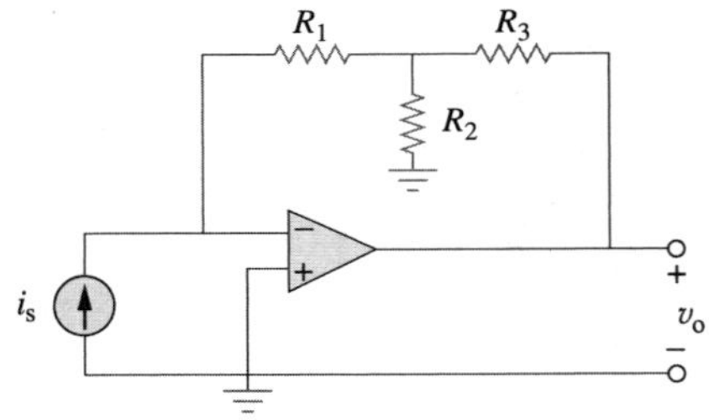

图 5-45 习题 15 图

16 利用图 5-46，设计一个问题，从而更好地理解反相放大器。 **ED**

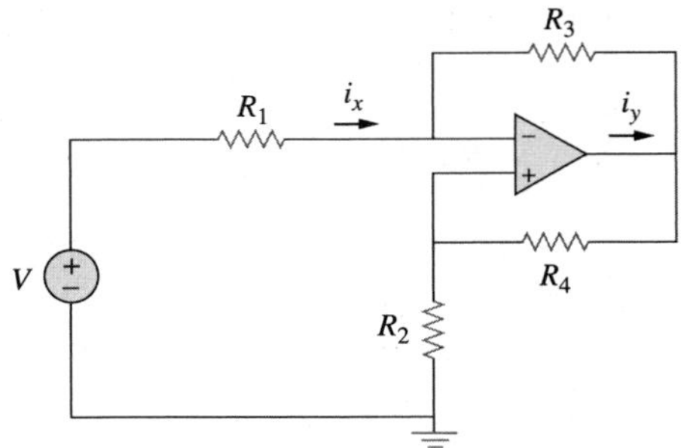

图 5-46 习题 16 图

17 图 5-47 中，当开关分别位于以下位置时，计算电压增益 v_o/v_i。
(a) 位置 1 (b) 位置 2 (c) 位置 3

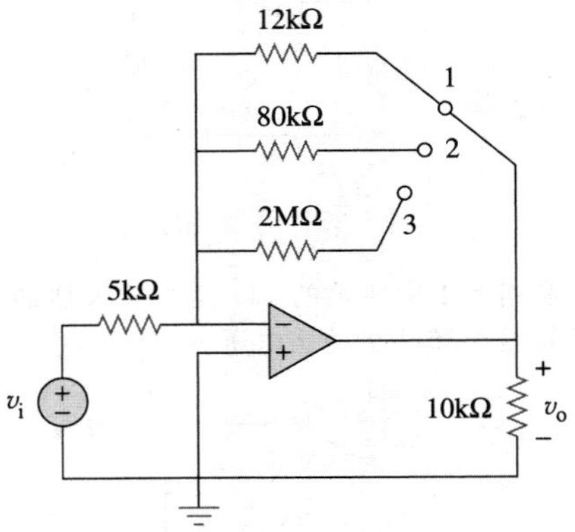

图 5-47 习题 17 图

* 18 电路如图 5-48 所示，求从端口 A-B 看进去的戴维南等效电路。

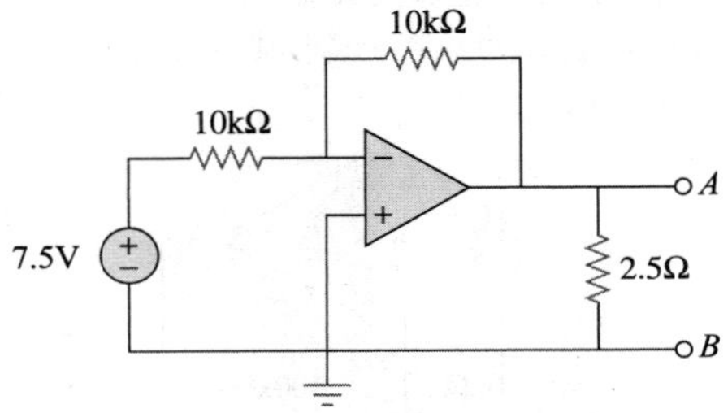

图 5-48 习题 18 图

19 求图 5-49 中的电流 i_o。

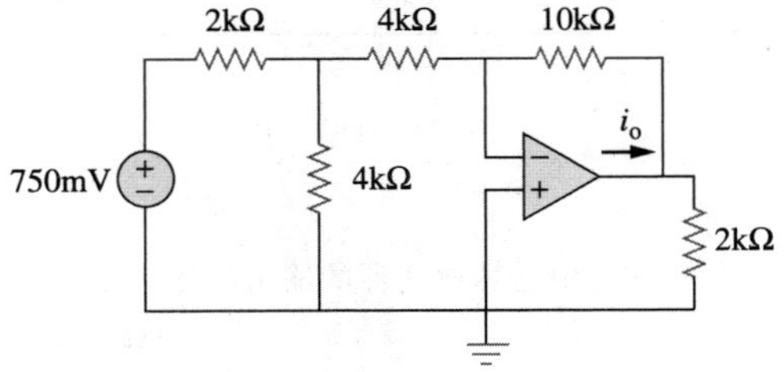

图 5-49 习题 19 图

20 当 $v_s=2\text{V}$ 时，计算图 5-50 中的电压 v_o。

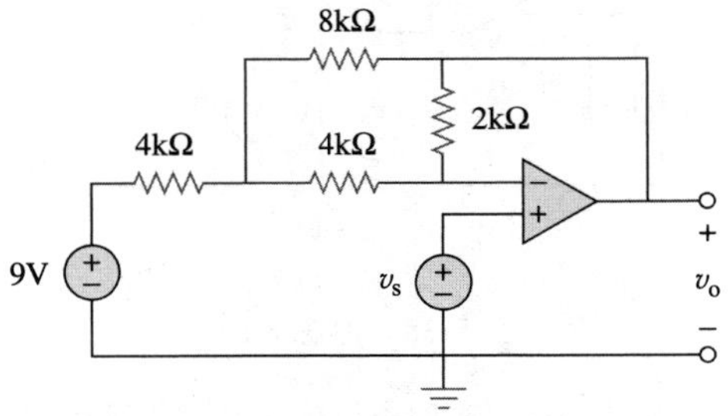

图 5-50 习题 20 图

21　计算图 5-51 中运算放大器的电压 v_o。

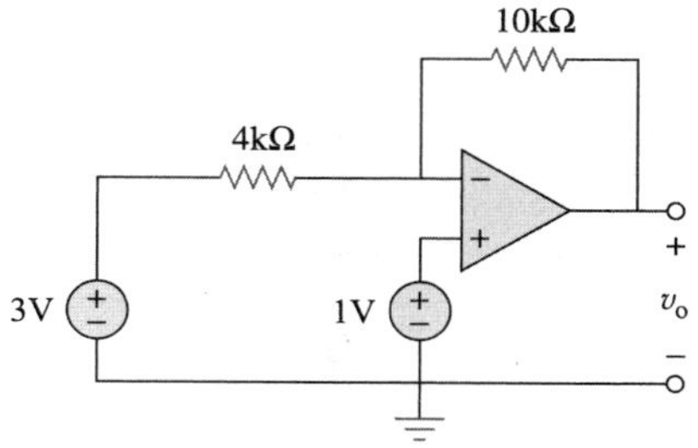

图 5-51　习题 21 图

22　设计一个增益为−15 的反相放大器。　**ED**

23　在图 5-52 所示电路中，试求电压增益 v_o/v_s。

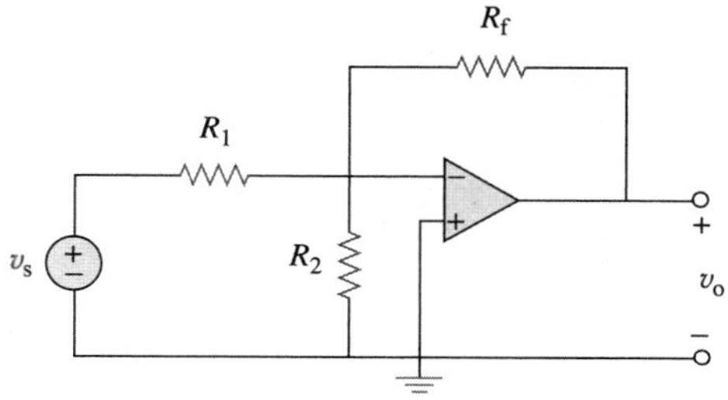

图 5-52　习题 23 图

24　在图 5-53 所示电路中，试求传输函数 $v_o = kv_s$ 中的 k。

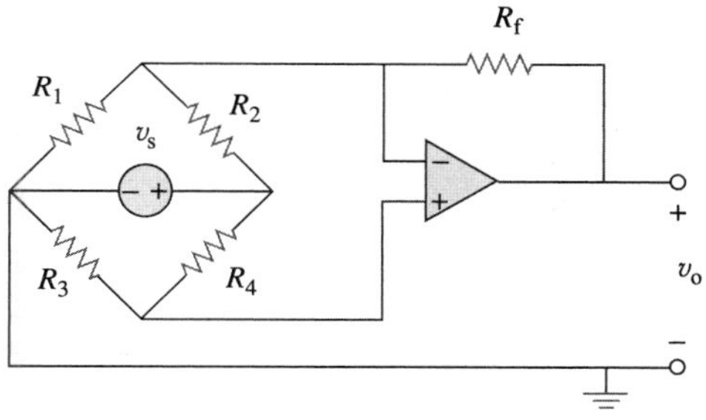

图 5-53　习题 24 图

5.5 节

25　计算图 5-54 中的 v_o。

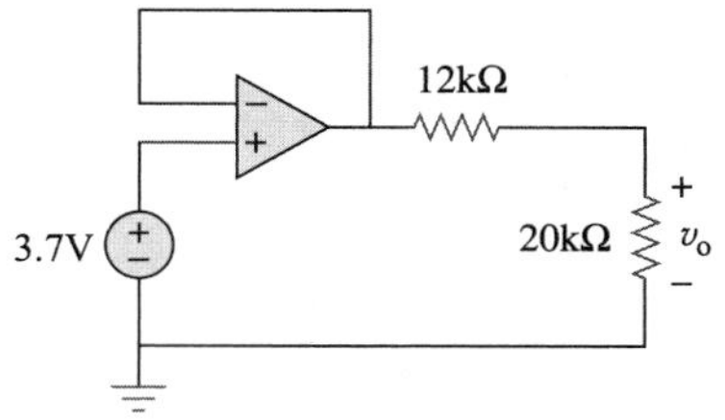

图 5-54　习题 25 图

26　利用图 5-55 设计一个问题，从而更好地理解反相放大器。　**ED**

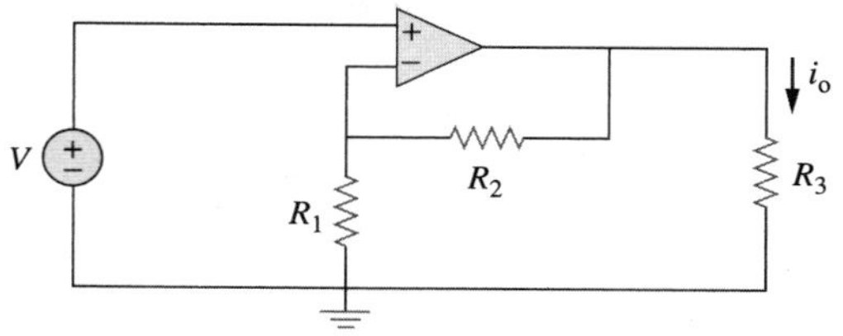

图 5-55　习题 26 图

27　求图 5-56 电路中的电压 v_o。

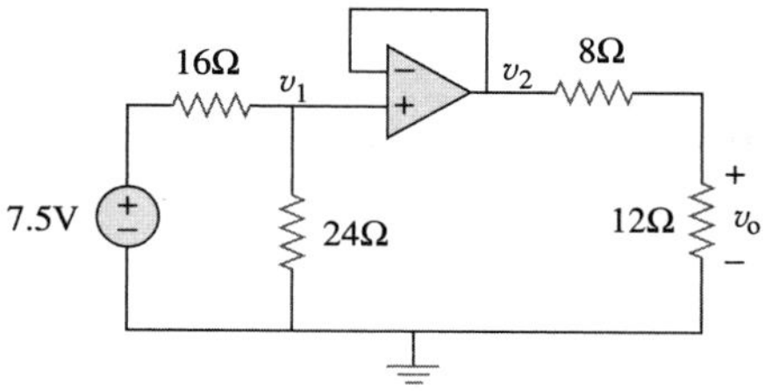

图 5-56　习题 27 图

28　求图 5-57 电路中的电流 i_o。

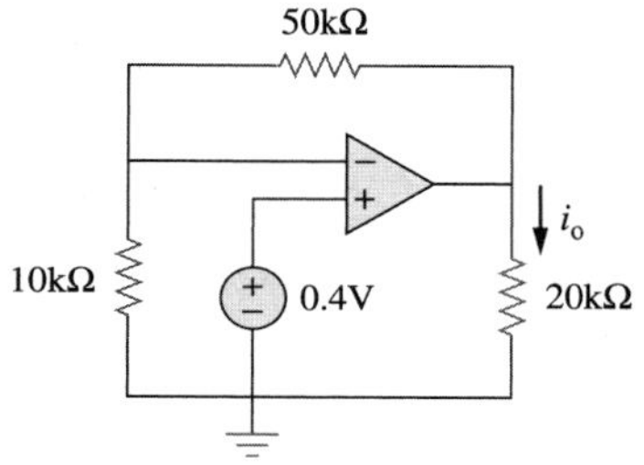

图 5-57　习题 28 图

29　求图 5-58 中运放电压增益 v_o/v_i。

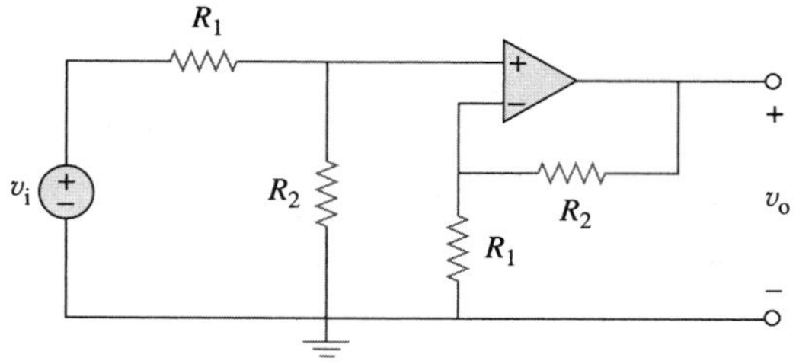

图 5-58　习题 29 图

30　图 5-59 所示电路中，计算电流 i_x 并求出 20kΩ 电阻吸收的功率。

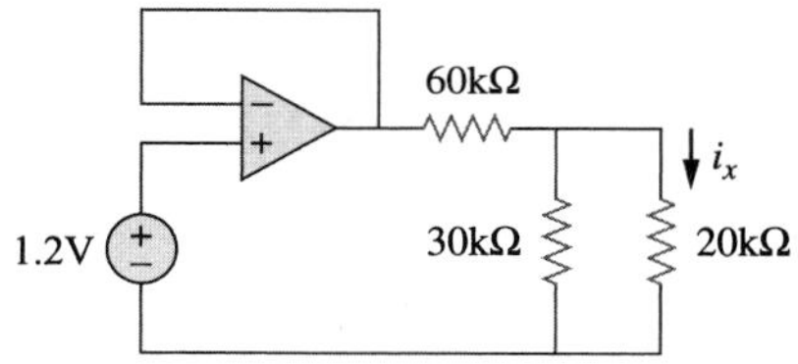

图 5-59　习题 30 图

31　求出图 5-60 中的电流 i_x。

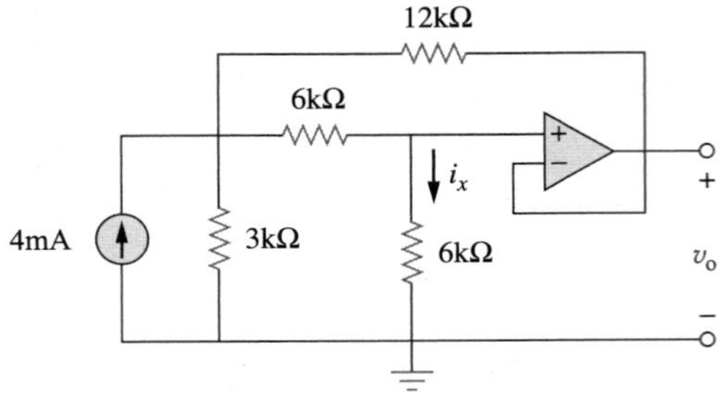

图 5-60　习题 31 图

32　计算图 5-61 电路中的 i_x 和 v_o，并求出 60kΩ 电阻吸收的功率。

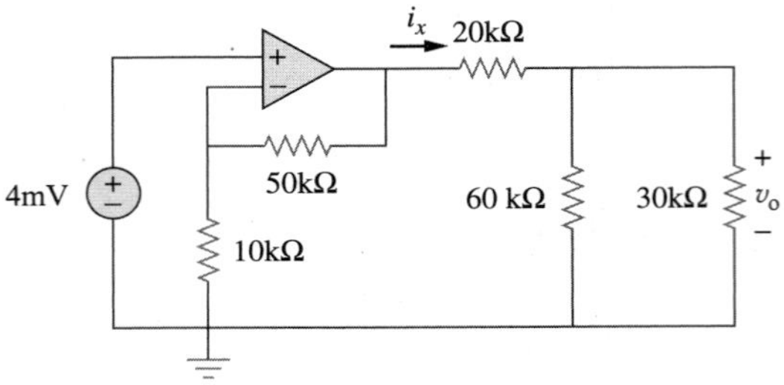

图 5-61　习题 32 图

33　计算图 5-62 电路中的 i_x，并求出 3kΩ 电阻吸收的功率。

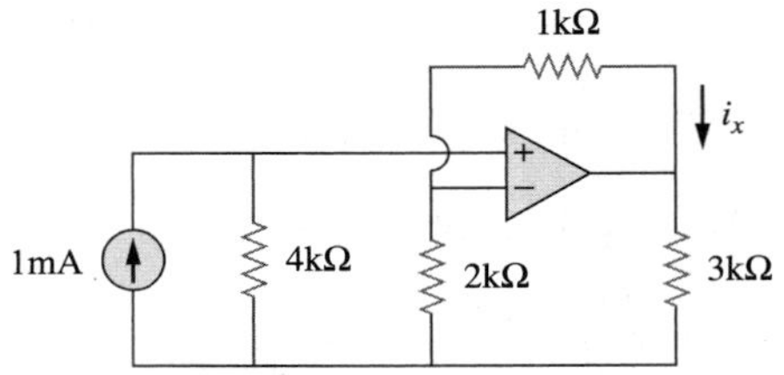

图 5-62　习题 33 图

34　如图 5-63 所示运算放大器电路，试用 v_1 和 v_2 表达出 v_o。

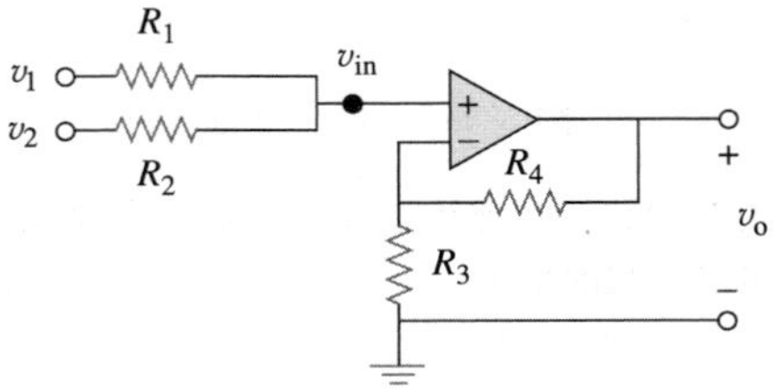

图 5-63　习题 34 图

35　设计一个增益为 7.5 的同相放大器。　**ED**

36　对于图 5-64 所示电路，求从端口 a-b 看进去的戴维南等效电路(提示：为求出 R_{Th}，需添加一个电流 i_o 并求出 v_o)。

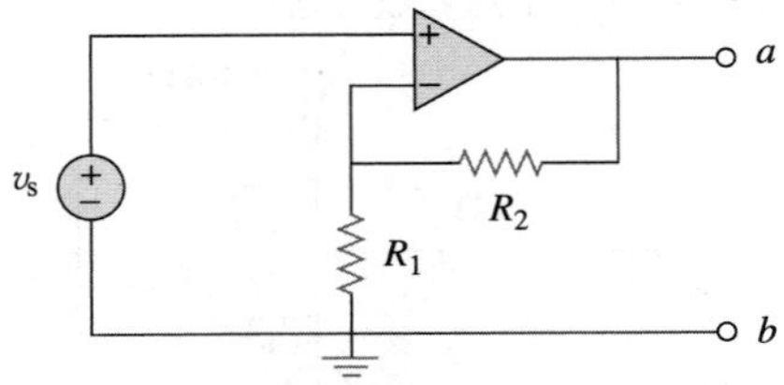

图 5-64　习题 36 图

5.6 节

37　求出图 5-65 所示加法放大器的输出电压。

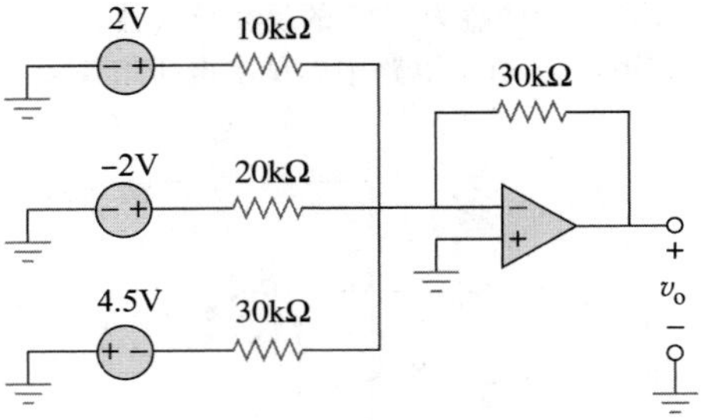

图 5-65　习题 37 图

38　利用图 5-66，设计一个问题，以更好地理解加法放大器。　**ED**

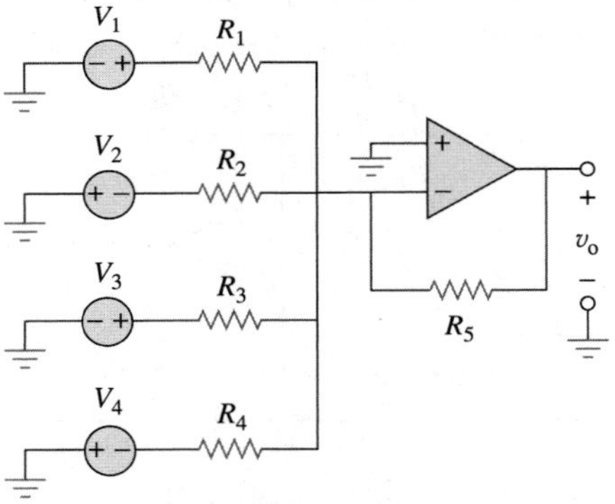

图 5-66　习题 38 图

39　图 5-67 所示电路，当 v_2 为何值时 $v_o = -16.5$V?

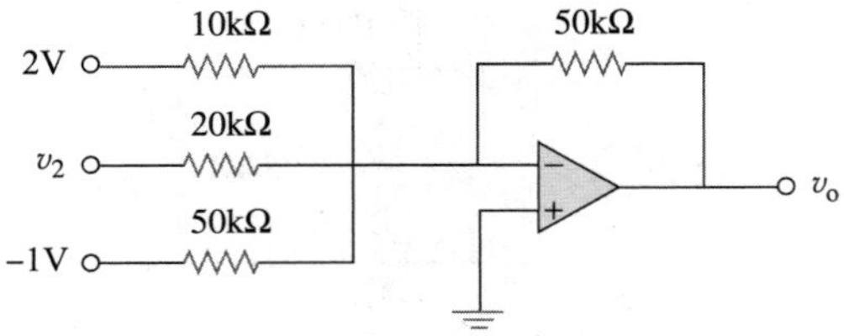

图 5-67　习题 39 图

40　如图 5-68 所示电路，试利用 v_1、v_2 表达出 v_o。

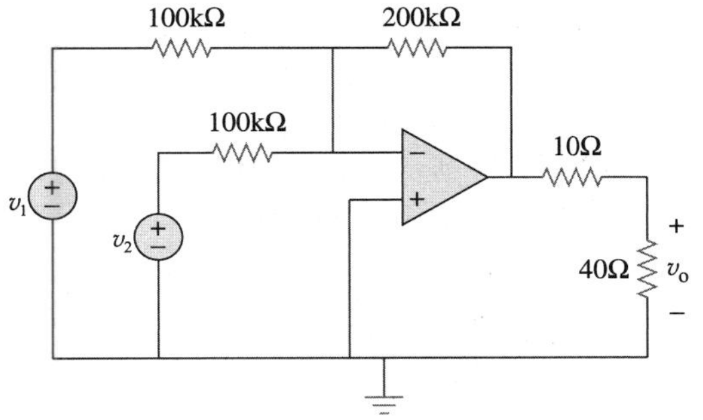

图 5-68　习题 40 图

41　均值放大器(averaging amplifier)是输出等于输入平均值的一种加法器。采用适当的输入电阻和反馈电阻，可以得到 $-v_{out}=\frac{1}{4}(v_1+v_2+v_3+v_4)$ 试采用 10kΩ 反馈电阻设计一个四输入均值放大器。 **ED**

42　三输入加法器的输入电阻为 $R_1=R_2=R_3=75\text{k}\Omega$，为了使其实现均值放大功能，所需的反馈电阻应为多大？

43　四输入加法器的输入电阻为 $R_1=R_2=R_3=R_4=80\text{k}\Omega$，为了使其实现均值放大功能，所需的反馈电阻应为多大？

44　证明图 5-69 所示电路中的输出电压为

$$v_o=\frac{(R_3+R_4)}{R_3(R_1+R_2)}(R_2v_1+R_1v_2)$$

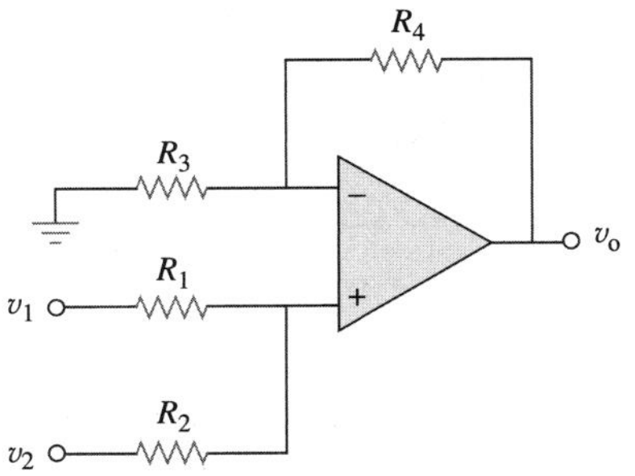

图 5-69　习题 44 图

45　设计一个功能如下的运算放大器电路： **ED**

$$v_o=3v_1-2v_2$$

电路中所有电阻都必须小于 100kΩ。

46　利用两个运算放大器设计一个功能如下的电路。 **ED**

$$-v_{out}=\frac{v_1-v_2}{3}+\frac{v_3}{2}$$

5.7 节

47　如图 5-70 所示电路为一个差分放大器，已知 $v_1=1\text{V}$，$v_2=2\text{V}$，试求 v_o。

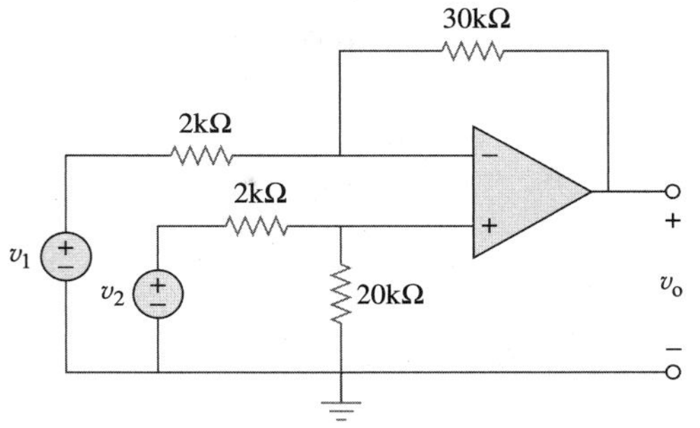

图 5-70　习题 47 图

48　图 5-71 所示电路是一个由电桥驱动的差分放大器，试求 v_o。

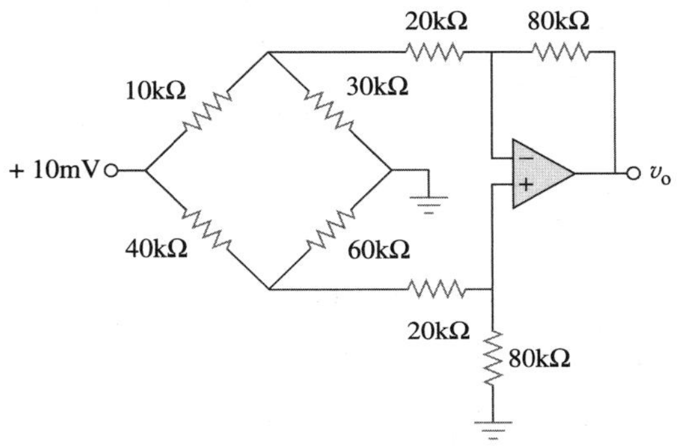

图 5-71　习题 48 图

49　设计一个增益为 4，各个输入端的共模输入电阻为 20kΩ 的差分放大器。 **ED**

50　设计一个将两输入信号之差放大 2.5 倍的电路。 **ED**

(a) 仅利用一个运算放大器。

(b) 利用两个运算放大器。

51　利用两个运算放大器设计一个减法器。 **ED**

* 52　设计一个运算放大器电路，使得 **ED**

$$v_o=4v_1+6v_2-3v_3-5v_4$$

要求所有电阻均位于 20～200kΩ 范围内。

* 53　增益固定的通用差分放大器如图 5-72a 所示，增益不变时，该放大器简单可靠。使得该放大器增益可调又不失简单性与精确性的一种方法是采用如图 5-72b 所示的电路，试证明：

(a) 对于图 5-72a 所示电路，有 $\frac{v_o}{v_i}=\frac{R_2}{R_1}$。

(b) 对于图 5-72b 所示电路，有

$$\frac{v_o}{v_i}=\frac{R_2}{R_1}\frac{1}{1+\frac{R_1}{2R_G}}。$$

(c) 对于图 5-72c 所示电路，有

$$\frac{v_o}{v_i}=\frac{R_2}{R_1}\left(1+\frac{R_2}{2R_G}\right)。$$

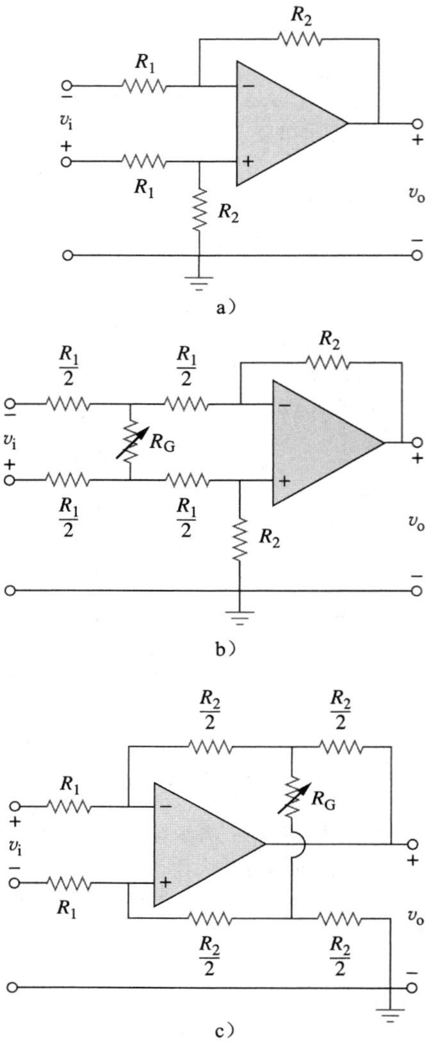

图 5-72　习题 53 图

5.8 节

54　如图 5-73 所示，当 $R=10\text{k}\Omega$ 时，求电压传输比 v_o/v_s。

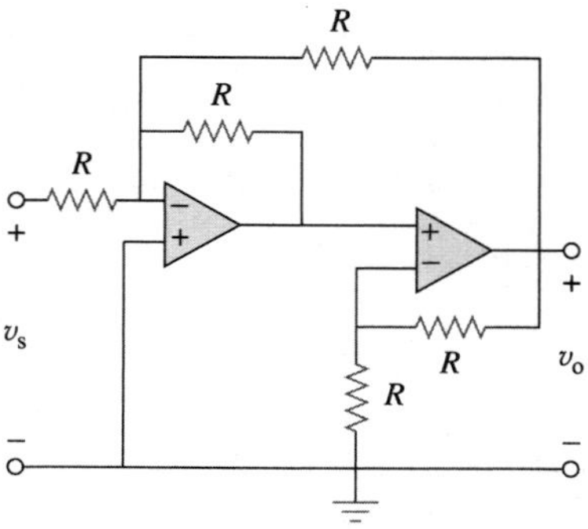

图 5-73　习题 54 图

55　在某电子设备中，需要一个总增益为 42dB 的三级放大器。其中前两级的电压增益相等，而第三级的增益是前一级增益的 1/4。试计算每一级的电压增益。

56　利用图 5-74 所示电路试设计一个问题，从而更好地理解运算放大器级联。 **ED**

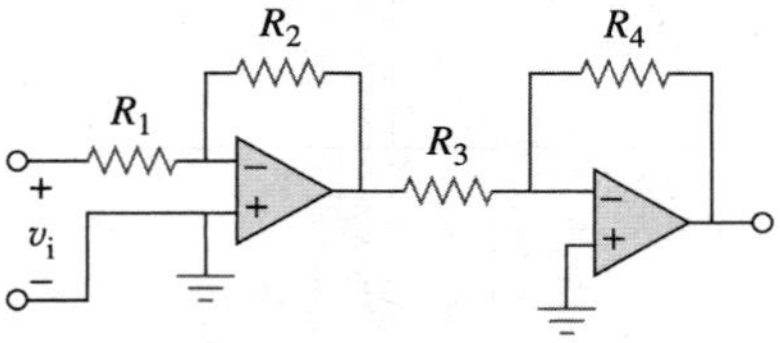

图 5-74　习题 56 图

57　试求图 5-75 电路中的输出电压 v_o。

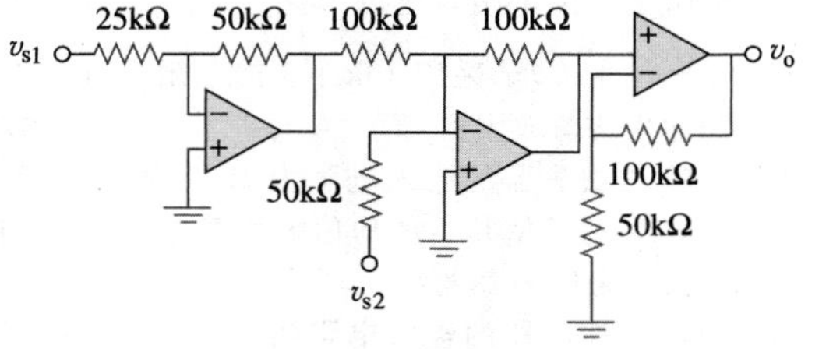

图 5-75　习题 57 图

58　求图 5-76 电路中的 i_o。

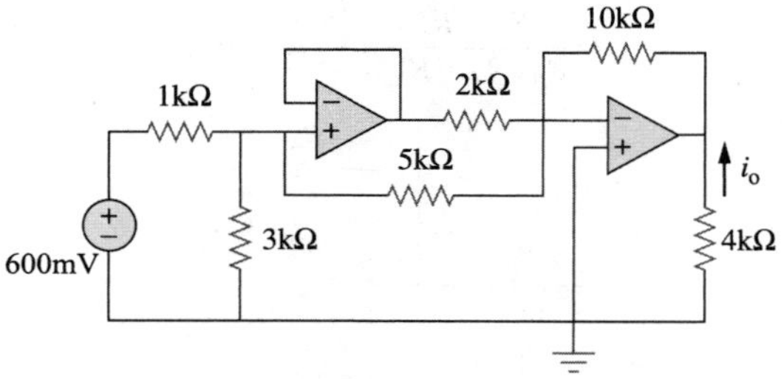

图 5-76　习题 58 图

59　在图 5-77 所示电路中，试确定电压增益 v_o/v_s。取 $R=10\text{k}\Omega$。

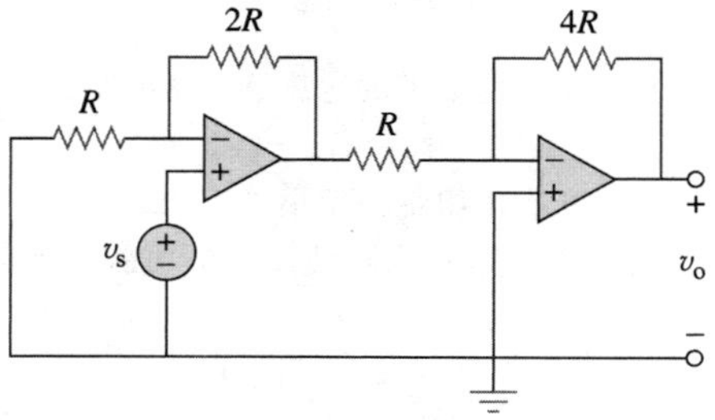

图 5-77　习题 59 图

60　在图 5-78 所示电路中，试确定电压增益 v_o/v_i。

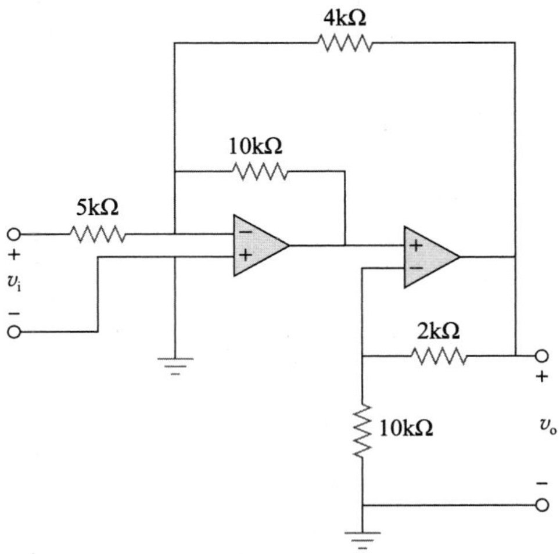

图 5-78 习题 60 图

61 求图 5-79 中的 v_o。

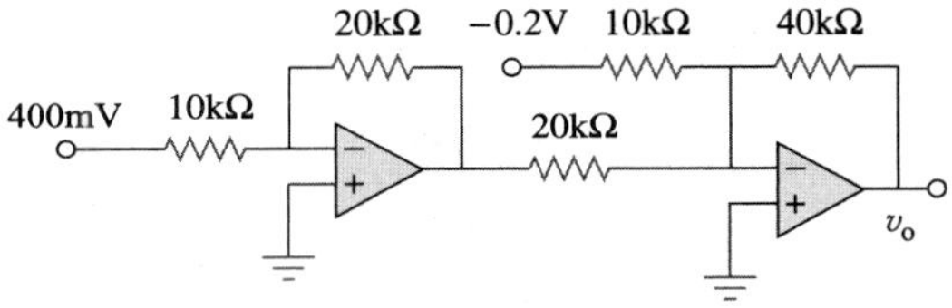

图 5-79 习题 61 图

62 求图 5-80 所示电路中的闭环电压增益 v_o/v_i。

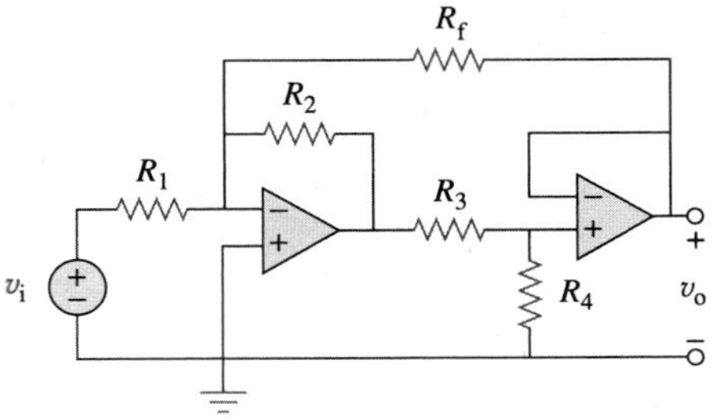

图 5-80 习题 62 图

63 求图 5-81 所示电路中的电压增益 v_o/v_i。

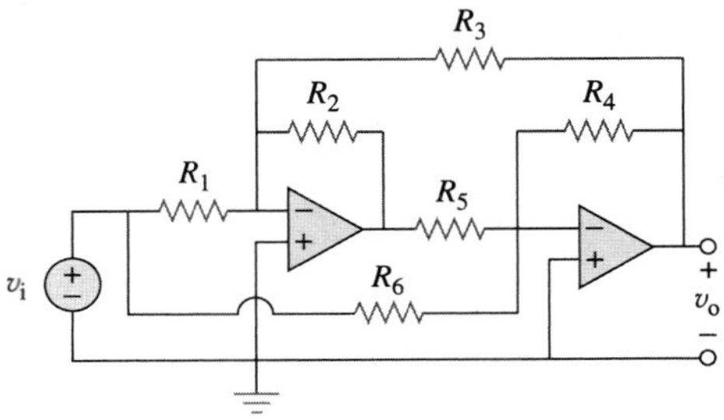

图 5-81 习题 63 图

64 求图 5-82 所示电路中的电压增益 v_o/v_s。

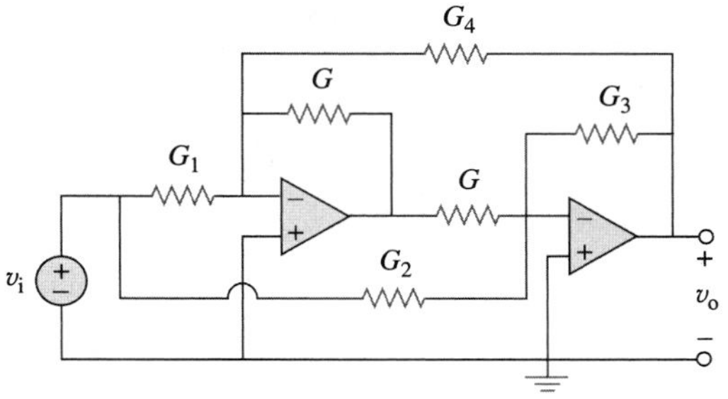

图 5-82 习题 64 图

65 计算图 5-83 电路中的 v_o。

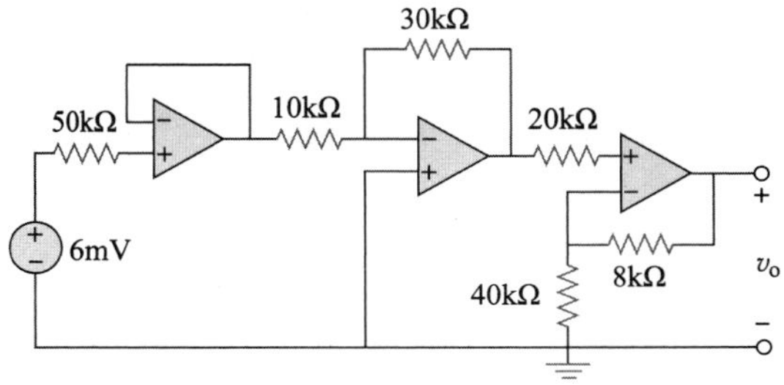

图 5-83 习题 65 图

66 计算图 5-84 电路中的 v_o。

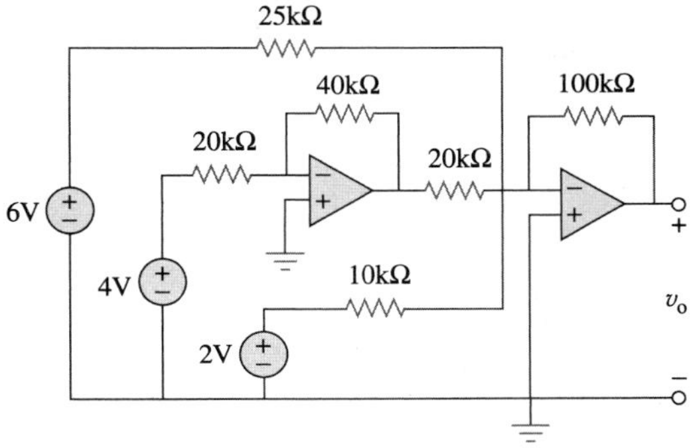

图 5-84 习题 66 图

67 求出图 5-85 中输出电压 v_o。

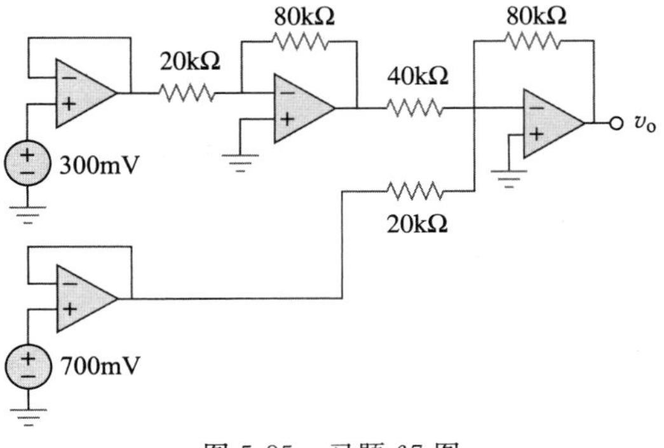

图 5-85 习题 67 图

68 求图 5-86 所示电路中 v_o，假设 $R_f=\infty$(开路)。

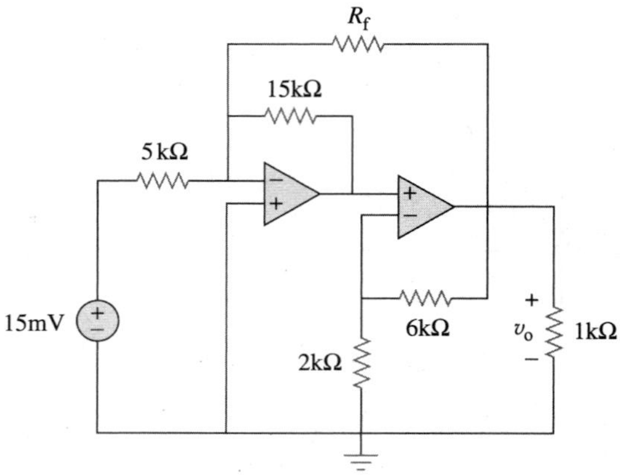

图 5-86 习题 68 图

69 如果 $R_f=10\text{k}\Omega$，重做上题。

70 求图 5-87 所示电路中 v_o。

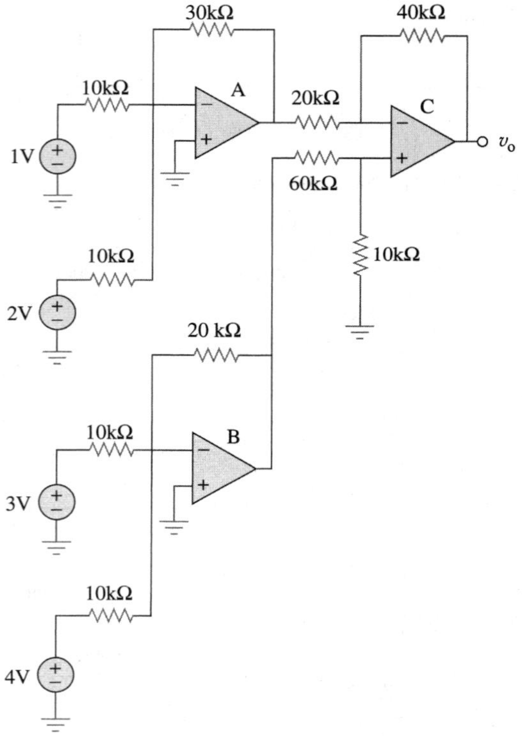

图 5-87 习题 70 图

71 求图 5-88 所示电路中 v_o。

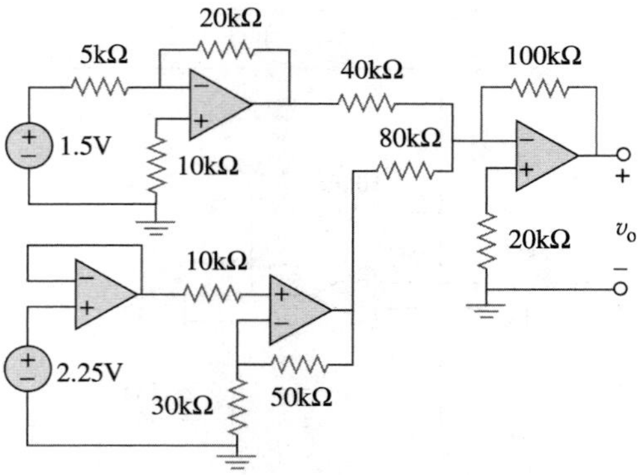

图 5-88 习题 71 图

72 求图 5-89 中的负载电压 v_L。

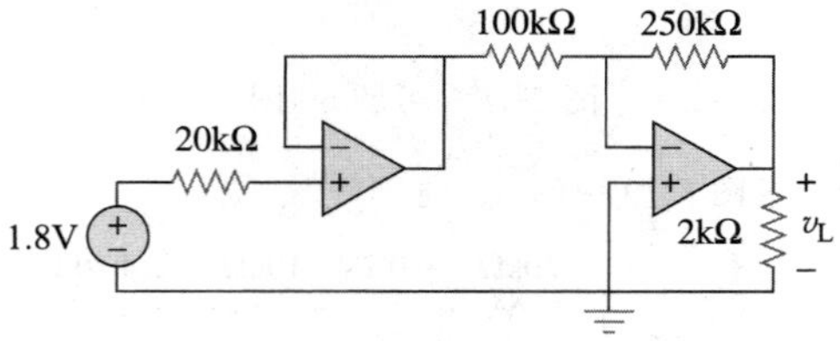

图 5-89 习题 72 图

73 求图 5-90 中的负载电压 v_L。

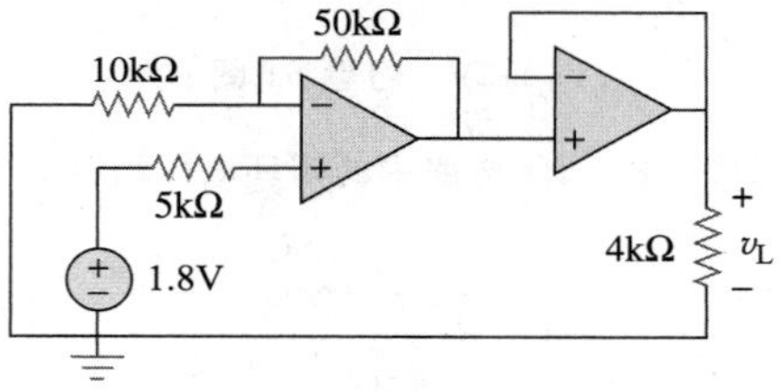

图 5-90 习题 73 图

74 求图 5-91 所示电路中 i_o。

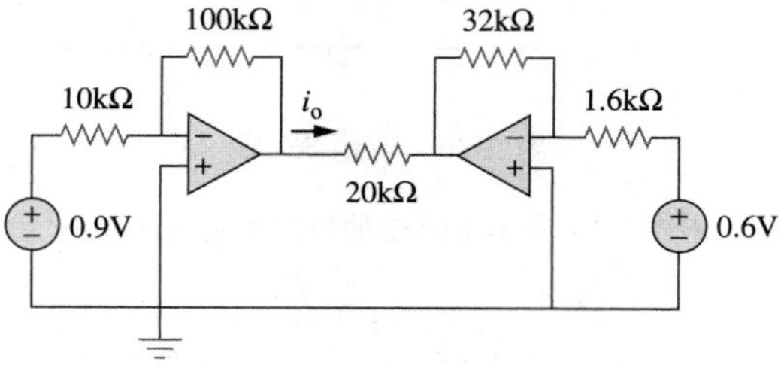

图 5-91 习题 74 图

第 6 章
电容与电感

在科学界，荣誉不总是归于那些提出理论观点的人，而常常归于将这些理论观点带向全世界的人。

——Francis Darwin

增强技能与拓展事业

ABET EC 2000(工程技术认证委员会)工程标准 2000(3.C)“设计系统，组件或者流程以满足预期需求的能力”

“设计系统、组件或者流程以满足预期需求的能力”是成为一个称职的工程师最基本的要求，也是一个工程师最需要掌握的技能。工程师的成功与他的沟通技巧有着直接的关系，但是具有这种设计的能力是进入工程师行业的敲门砖。

(图片来源：Charles Alexander)

当你遇到一个没有固定答案的问题时，寻找解决方法就是设计的过程。本书将探索关于设计的部分方法，而继续钻研解决问题的所有步骤、过程与方法，才能使你对设计过程的重要环节有更深入的了解和认识。

或许，在设计环节中最重要的部分就是对系统、组件、流程(或者统称为问题)有一个清晰明确的定义。很少有工程师可以将任务描述得完全清楚明了。因此，作为学生，你可以通过问你自己、同学或导师来提高描述问题的能力。

研究解决问题的其他可能的方法是设计过程中的另一个重要环节。同样，作为学生，你可以在你自己的设计过程中尽可能多地考虑问题的解决方法。

评价一个工程任务的解决质量也是非常重要的，这种能力可以在任何设计实践过程中得到锻炼。

6.1 概述

之前的讨论都局限在纯电阻电路中，本章将介绍两个重要的无源线性元件：电容和电感。与电阻消耗能量不同，电容和电感非但不会消耗能量，反而会将能量储存起来。因此，电容和电感又称为储能(storage)元件。

纯电阻电路的应用非常有限，通过了解电容和电感，我们将会学习到更重要而且更实用的电路。而且在第 3 章和第 4 章中学习到的电路分析方法也可以应用到包含电容和电感的电路中。

本章将分别介绍电容和电感以及它们的串并联方式。

提示：与耗能且不可逆的电阻相比，电感或电容能够储存或释放能量(具有记忆功能)。

6.2 电容

电容是一种可以存储电能的元件。和电阻一样，电容也是一种非常普遍的电子元件。

电容的应用也可扩展到电子、通信、计算机以及电力系统中，如用于无线接收器的调谐电路以及作为计算机系统的动态存储元件。

电容的经典结构见图 6-1。

一个电容包括两个导电板，中间由电介质隔开。

在很多实际应用中，导电板通常由铝箔制成，而电介质则由空气、陶瓷、纸或者云母充当。

当电容与电源相连时，一个导电板聚集正电荷 q，另一个导电板则聚集负电荷 $-q$，如图 6-2 所示。所以电容是一个存储电荷的元件。如果将电容储存的电荷量用 q 表示，那么它的值与加在其上的电压值成正比：

$$\boxed{q = Cv} \tag{6.1}$$

式中，C 是比例常数，也称作电容常数，电容的单位是法拉(F)，以纪念英国物理学家迈克尔·法拉第(1791—1867)。从式(6.1)中可以推导出如下定义：

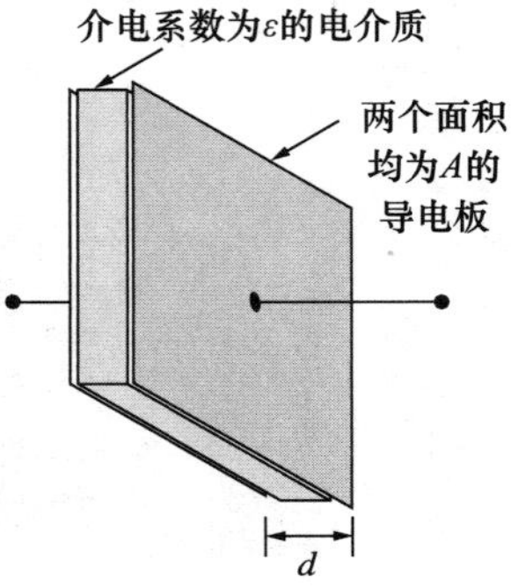

图 6-1　经典电容结构

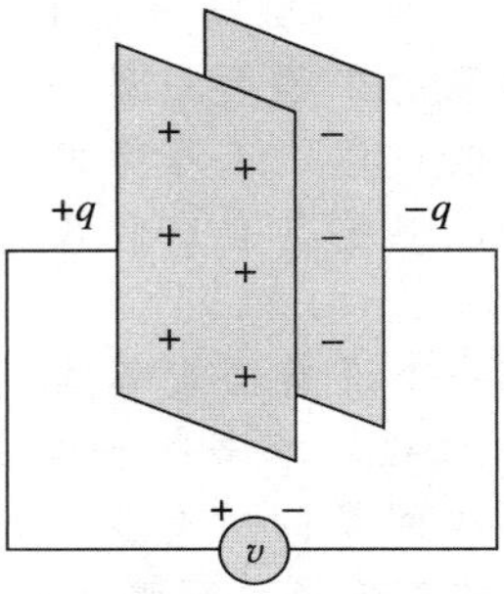

图 6-2　施加有电压 v 的电容

电容的容量是电容的一个导电板所携带的电荷与两个导电板之间电压的比值，单位为法拉(F)。

因此，1F＝1C/V

提示： 电容的容量也可以看作单位电压差下每个导电板上储存的电荷量。

历史珍闻

迈克尔·法拉第(Michael Faraday，1791—1867)，英国化学家和物理学家，最伟大的实验物理学家之一。

法拉第出生在伦敦，在他工作了 54 年的皇家科学研究院实现了少年时的梦想，那就是和当时最伟大的化学家汉弗莱·戴维一起工作。他在所有的物理学领域中都有建树，并且提出了电解、阳极和阴极这样的专有名词。他在 1831 年发现的电磁感应是工程学领域的重大突破，因为这项发现提供了一个发电的新方法，电动机和发电机都是基于这个原理。电容的单位就是以法拉第的名字来命名的，以纪念他在这个领域中做出的杰出贡献。

(图片来源：Stock Montage/Getty Images)

虽然电容常数 C 是导电板带电量 q 与作用于其上的电压 v 的比值，但是它却不依赖于 q 和 v，而是取决于电容器的物理参数。比如，在图 6-1 中所示的平行导电板电容的电容常数定义如下：

$$C=\frac{\varepsilon A}{d} \tag{6.2}$$

式中，A 是每个导电板的表面面积，d 是两个导电板之间的距离，ε 则是导电板间电介质的介电常数。虽然式(6.2)仅仅作用于平行板电容器，但是可以看出，电容常数取决于三个因素：

1. 导电板的表面面积——面积越大，电容常数越大。
2. 导电板的间距——距离越小，电容常数越大。
3. 电介质的介电常数——介电常数越高，电容常数越大。

提示： 由式(6.1)和式(6.2)可以看出，电容的电压值与电容大小成反比，如果 d 较小且 v 较高，会出现电弧放电现象。

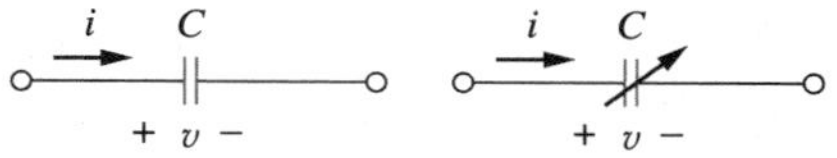

a）固定电容　b）可变电容

图 6-3　电容的电路符号

电容器有很多种类型和容值。通常来说，电容的容值在皮法到微法的范围内。根据填充的电介质的不同，电容又可分为固定电容(图 6-3a)和可变电容(图 6-3b)。图 6-3 分别给出了这两种电容的电路符号表达。注意到，根据无源符号约定，当 $v>0$ 且 $i>0$ 或者 $v<0$ 且 $i<0$ 时，电容被充电；当 $v\cdot i<0$ 时，电容放电。

图 6-4 给出了几种常见的固定电容。聚酯电容重量轻、稳定，而且在充电时其随温度的变化也是可预知的。除了聚酯电容，其他电介质，如云母和聚苯乙烯构成的电容也很常用。薄膜电容是以卷轴的形式存在金属或者塑料薄膜中。电解电容可以达到很高的电容量。图 6-5 展示了最常见的可变电容。微调(整垫)电容器通常与其他电容并联在一起，从而获得可变的电容量。可变空气电容(网格板)则是通过转动板轴来实现可变的电容量。可变电容通常用于无线接收装置，可实现接收到不同的电台。此外，电容还可以用来阻断直流电、通过交流电、调整相位、存储能量、发动电机以及抑制噪声。

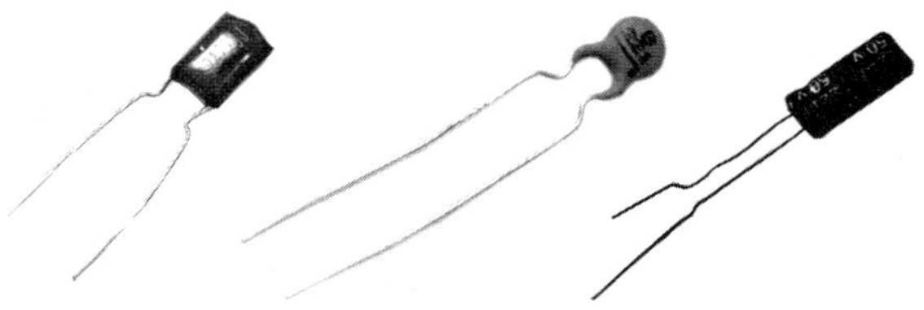

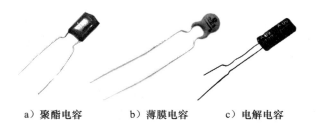

a）聚酯电容　b）薄膜电容　c）电解电容

图 6-4　固定电容

（图片来源：Mark Dierker/McGraw-Hill Education）

图 6-5　可变电容

（图片来源：Charles Alexander）

由于

$$i=\frac{\mathrm{d}q}{\mathrm{d}t} \tag{6.3}$$

为了得到电容中的电流和电压之间的关系，我们对式(6.1)左右两边求导，得到

$$\boxed{i=C\,\frac{\mathrm{d}v}{\mathrm{d}t}} \tag{6.4}$$

这就是在关联参考方向下的电容中电流与电压间的关系。图 6-6 所示的曲线关系显示，电容的电容量是独立于电压的。满足式(6.4)的电容被称作线性电容。对于一个非线性电容来说，其电流与电压

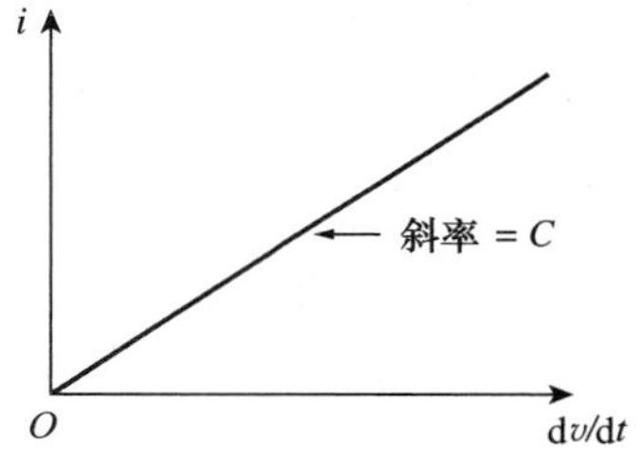

图 6-6　电容的电流和电压关系曲线

之间的关系曲线不是一条直线。虽然有些电容是非线性的，但大多数是线性电容。本书中讨论的都是线性电容。

提示： 由式(6.4)可知，要使电容承载电流，其电压必须随时间变化。因此，对于恒定电压，$i=0$。

电容上的电流和电压关系可以通过对式(6.4)两端积分得到

$$v(t)=\frac{1}{C}\int_{-\infty}^{t} i(\tau)\mathrm{d}\tau \tag{6.5}$$

或者

$$\boxed{v(t)=\frac{1}{C}\int_{t_0}^{t} i(\tau)\mathrm{d}\tau+v(t_0)} \tag{6.6}$$

式中，$v(t_0)=q(t_0)/C$ 是在 t_0 时刻作用在电容上的电压值。式(6.6)所示的电压值依赖于之前作用其上的电流值。这样，电容就有了记忆功能，也是电容被经常利用到的功能。

传输给电容上的瞬时功率为

$$p=vi=Cv\frac{\mathrm{d}v}{\mathrm{d}t} \tag{6.7}$$

因此，电容上累积的能量即

$$w=\int_{-\infty}^{t} p(\tau)\mathrm{d}\tau=C\int_{-\infty}^{t} v\frac{\mathrm{d}v}{\mathrm{d}\tau}\mathrm{d}\tau=C\int_{v(-\infty)}^{v(t)} v\mathrm{d}v=\frac{1}{2}Cv^2\Big|_{v(-\infty)}^{v(t)} \tag{6.8}$$

由于在 $t=-\infty$ 的时刻，电容处于不带电状态，因此 $v(-\infty)=0$，这样可得到如下公式：

$$\boxed{w=\frac{1}{2}Cv^2} \tag{6.9}$$

将式(6.1)代入式(6.9)，可以得到

$$w=\frac{q^2}{2C} \tag{6.10}$$

式(6.9)和式(6.10)描述了在电容的两个导电板间电场中存储的能量。由于一个理想的电容不会消耗能量，所以存储的能量是可以取回的。事实上，电容这个词的意思就是描述有容量可以存储电场能量的元件。

电容有以下这些重要的特性：

1. 从式(6.4)中可以看出，作用在电容上的电压不随时间而改变(即直流电)，通过电容的电流值为零。因此，**电容对于直流电路来说是开路的**。但是，如果一个电池(直流电压)与电容相连接，电容就会被充电。

2. 作用在电容上的电压必须是连续的。**电容上的电压不会产生突变**。电容会阻止阶跃电压对其充电。根据式(6.4)，电压的不连续变化需要无穷大的电流，这在物理学中是不可能实现的。作用在一个电容上的电压可以用图 6-7a 中的形式表达，然而实际上作用在电容上的阶跃电压却不能以图 6-7b 的形式表达。相反，通过电容的电流却可以有瞬间的改变。

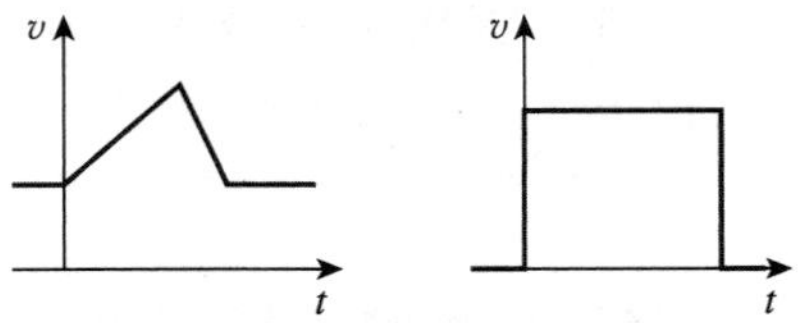

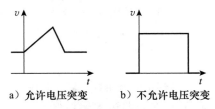

a）允许电压突变　b）不允许电压突变

图 6-7　电容两端的电压

提示： 可以利用式(6.9)来理解电容电压不能突变的性质。该式表明电容能量与电压的平方成正比关系，而能量的注入和释放是需要通过一段时间来完成的，因此电容电压不能突变。

3. 理想的电容是不会消耗能量的。它从电路中获取能量并将其储存在电场中，然后

将之前储存的能量释放到电路中。

4. 实际电容有一个平行模式漏电阻，如图 6-8 所示。然而，这个漏电阻可高达 100MΩ，因此可在很多实际应用中忽略不计。所以，本书所涉及的电容都假设为理想电容。

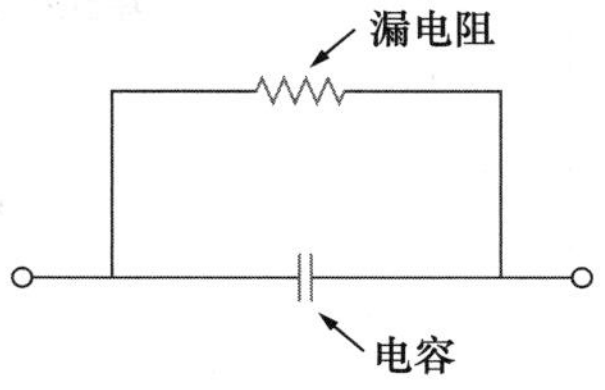

图 6-8 非理想电容的电路模型

例 6-1

(a) 一个 3pF 的电容两端加上 20V 的电压后，可以存储多少电荷？

(b) 电容可以存储的能量有多少？

解： (a) 由于 $q=Cv$，所以

$$q=3\times10^{-12}\times20=60(\mathrm{pC})$$

(b) 存储能量值为

$$w=\frac{1}{2}Cv^2=\frac{1}{2}\times3\times10^{-12}\times400=600(\mathrm{pJ})$$ ◀

练习 6-1 如果一个 4.5μF 的电容的一个导电板上的电荷为 0.12mC，那么作用在其上的电压是多少呢？存储了多少能量呢？ **答案：** 26.67V，1.6mJ。

例 6-2 当作用在一个 5μF 的电容上的电压为 $v(t)=10\cos(6000t)$V，计算其上的电流。

解： 根据定义，电流可以按下式计算

$$i=C\frac{\mathrm{d}v}{\mathrm{d}t}=5\times10^{-6}\frac{\mathrm{d}}{\mathrm{d}t}(10\cos6000t)$$
$$=-5\times10^{-6}\times6000\times10\sin6000t=-0.3\sin6000t(\mathrm{A})$$ ◀

练习 6-2 当一个 10μF 的电容连接到电压源为 $v(t)=75\sin(2000t)$V，计算通过电容的电流。 **答案：** $1.5\cos(2000t)$V。

例 6-3 假设 2μF 的电容的初始电压为零，计算当通过其上的电流为 $i(t)=6\mathrm{e}^{-3000t}$mA 时，作用在其上的电压。

解： 由于 $v(t)=\frac{1}{C}\int_0^t i\mathrm{d}\tau+v(0)$，且 $v(0)=0$

$$v=\frac{1}{2\times10^{-6}}\int_0^t 6\mathrm{e}^{-3000\tau}\mathrm{d}\tau\times10^{-3}$$
$$=\frac{3\times10^3}{-3000}\mathrm{e}^{-3000\tau}\Big|_0^t=(1-\mathrm{e}^{-3000t})\mathrm{V}$$ ◀

练习 6-3 当通过一个 100μF 的电容的电流为 $i(t)=50\sin120\pi t$mA 时，计算在 $t=1$ms 以及 $t=5$ms 时的电压，令 $v(0)=0$。 **答案：** 93.14mV，1.736V。

例 6-4 当作用在一个 200μF 的电容上的电压如图 6-9 所示时，计算通过它的电流。

解： 该电压波形可以以如下数学形式表述。

$$v(t)=\begin{cases}50t\mathrm{V}, & 0<t<1\\ (100-50t)\mathrm{V}, & 1<t<3\\ (-200+50t)\mathrm{V}, & 3<t<4\\ 0, & 其他\end{cases}$$

由于 $i=C\frac{\mathrm{d}v}{\mathrm{d}t}$ 而且 $C=200\mu\mathrm{F}$，对电压求导可得

$$i(t)=200\times10^{-6}\times\begin{cases}50, & 0<t<1\\ -50, & 1<t<3\\ 50, & 3<t<4\\ 0, & 其他\end{cases}=\begin{cases}10(\mathrm{mA}), & 0<t<1\\ -10(\mathrm{mA}), & 1<t<3\\ 10(\mathrm{mA}), & 3<t<4\\ 0, & 其他\end{cases}$$

这样，电流波形可由图 6-10 表示。◀

练习 6-4 当一个没有充过电的 1mF 电容上的电流如图 6-11 所示，计算当 $t=2\text{ms}$ 以及 $t=5\text{ms}$ 时的电压。 **答案：** 100mV，400mV。

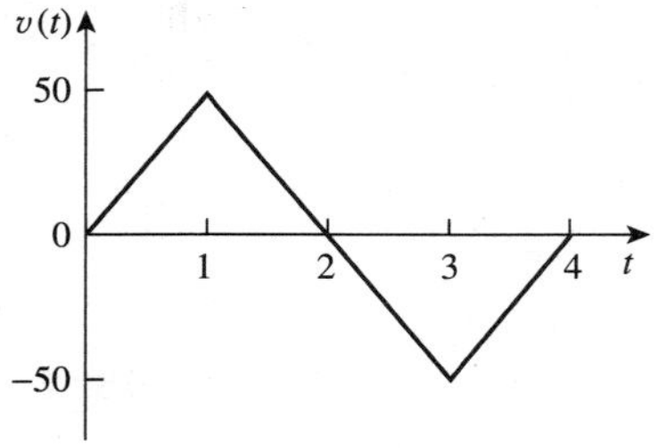

图 6-9 例 6-4 的电压图

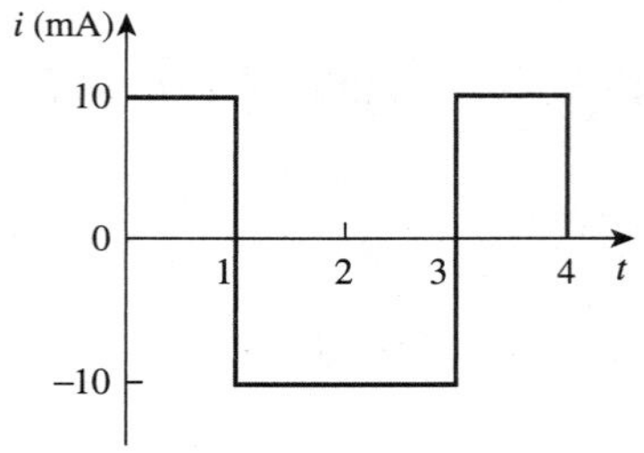

图 6-10 例 6-4 的电流波形图

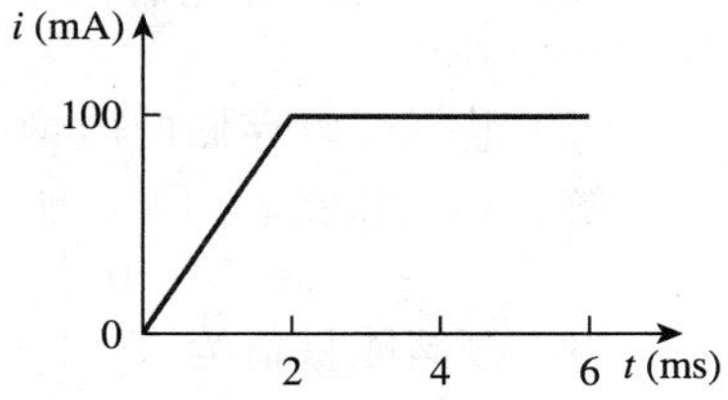

图 6-11 练习 6-4 图

例 6-5 计算图 6-12a 中每一个电容在直流电源下存储的能量。

解： 在直流电源下，我们可以将每个电容都看作是开路，如图 6-12b 所示。在 2kΩ 和 4kΩ 串联的电阻支路上的电流为

$$i=\frac{3}{3+2+4}\times 6\text{mA}=2\text{mA}$$

这样，作用在电容上的电压 v_1 和 v_2 分别为

$$v_1=2000i=4(\text{V}),\quad v_2=4000i=8(\text{V})$$

那么它们存储的能量为

$$w_1=\frac{1}{2}C_1v_1^2=\frac{1}{2}\times 2\times 10^{-3}\times 4^2=16(\text{mJ})$$

$$w_2=\frac{1}{2}C_2v_2^2=\frac{1}{2}\times 4\times 10^{-3}\times 8^2=128(\text{mJ})$$ ◀

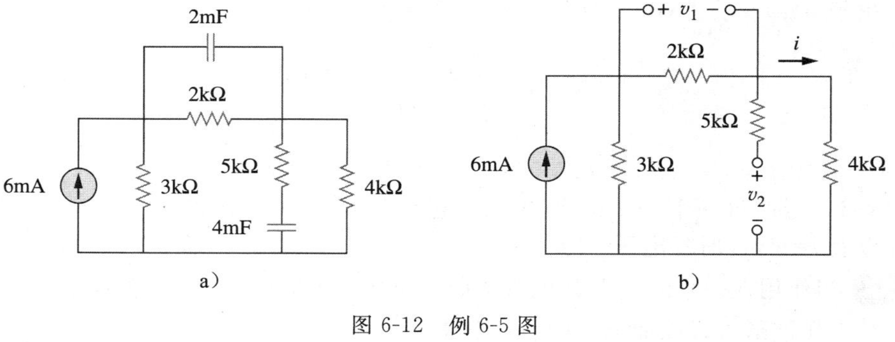

图 6-12 例 6-5 图

练习 6-5 在直流电源下，计算如图 6-13 中电容的存储能量。 **答案：** 20.25mJ，3.375mJ。

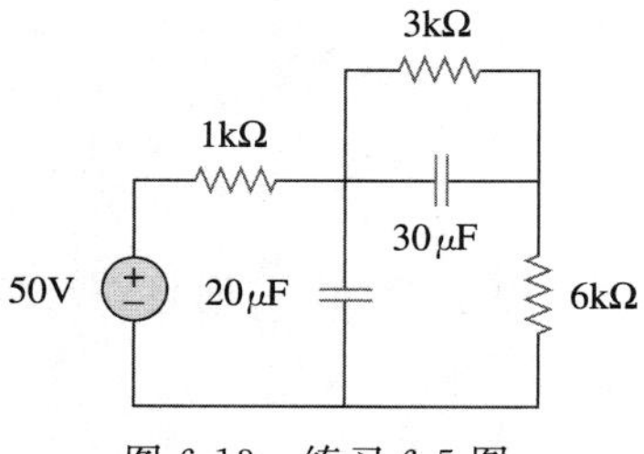

图 6-13 练习 6-5 图

6.3 电容的串并联

在电阻型电路中，串并联的结合是简化电路的一个重要工具。这个方法也可以应用到电容的串并联连接中，可以用一个简单的等效电容 C_{eq} 来代替这些电容。

为了得到 N 个并联电容的等效电容 C_{eq}，我们来考虑一下图 6-14a 的情况，其等效电路如图 6-14b 所示。这些电容两端的电压都是相同的。在

图 6-14a 上应用 KCL 可得

$$i=i_1+i_2+i_3+\cdots+i_N \tag{6.11}$$

但由于 $i_k=C_k\dfrac{\mathrm{d}v}{\mathrm{d}t}$，所以

$$\begin{aligned}i&=C_1\frac{\mathrm{d}v}{\mathrm{d}t}+C_2\frac{\mathrm{d}v}{\mathrm{d}t}+C_3\frac{\mathrm{d}v}{\mathrm{d}t}+\cdots+C_N\frac{\mathrm{d}v}{\mathrm{d}t}\\&=\left(\sum_{k=1}^{N}C_k\right)\frac{\mathrm{d}v}{\mathrm{d}t}=C_{\mathrm{eq}}\frac{\mathrm{d}v}{\mathrm{d}t}\end{aligned} \tag{6.12}$$

式中

$$\boxed{C_{\mathrm{eq}}=C_1+C_2+C_3+\cdots+C_N} \tag{6.13}$$

***N* 个并联电容的等效电容是每个电容相加的总和。**

可见，并联的电容和串联的电阻有同样的合并方式。

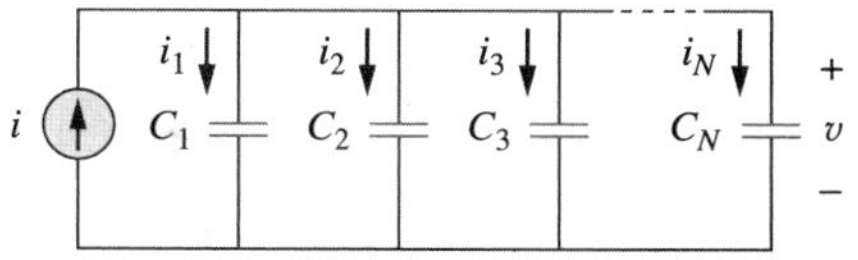

a)

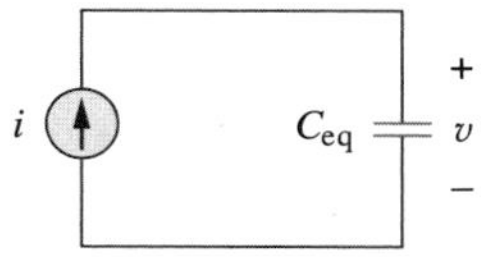

b)

图 6-14　电容的并联

下面来计算图 6-15a 中串联电容的等效电容，其等效电路如图 6-15b 所示。通过每个电容的电流量是相同的(因此具有相同的电荷量)，对这个图 6-15a 中的回路应用 KCL 可得

$$v=v_1+v_2+v_3+\cdots+v_N \tag{6.14}$$

由于 $v_k=\dfrac{1}{C_k}\displaystyle\int_{t_0}^{t}i(\tau)\mathrm{d}\tau+v_k(t_0)$，因此，

$$\begin{aligned}v&=\frac{1}{C_1}\int_{t_0}^{t}i(\tau)\mathrm{d}\tau+v_1(t_0)+\frac{1}{C_2}\int_{t_0}^{t}i(\tau)\mathrm{d}\tau+v_2(t_0)+\cdots+\frac{1}{C_N}\int_{t_0}^{t}i(\tau)\mathrm{d}\tau+v_N(t_0)\\&=\left(\frac{1}{C_1}+\frac{1}{C_2}\cdots+\frac{1}{C_N}\right)\int_{t_0}^{t}i(\tau)\mathrm{d}\tau+v_1(t_0)+v_2(t_0)+\cdots+v_N(t_0)\\&=\frac{1}{C_{\mathrm{eq}}}\int_{t_0}^{t}i(\tau)\mathrm{d}\tau+v(t_0)\end{aligned} \tag{6.15}$$

式中

$$\frac{1}{C_{\mathrm{eq}}}=\frac{1}{C_1}+\frac{1}{C_2}+\frac{1}{C_3}\cdots+\frac{1}{C_N} \tag{6.16}$$

根据 KVL，等效电容 C_{eq} 上的初始电压是每个电容在 t_0 时电压的总和。或者根据式(6.15)可得

$$v(t_0)=v_1(t_0)+v_2(t_0)+v_3(t_0)+\cdots+v_N(t_0)$$

串联电容的等效电容就是每个电容倒数之和的倒数。

可见，串联电容与并联电阻有同样的合并方式。当 $N=2$ 时，(即有两个电容串联)，式(6.16)可以写成

$$\frac{1}{C_{\mathrm{eq}}}=\frac{1}{C_1}+\frac{1}{C_2}$$

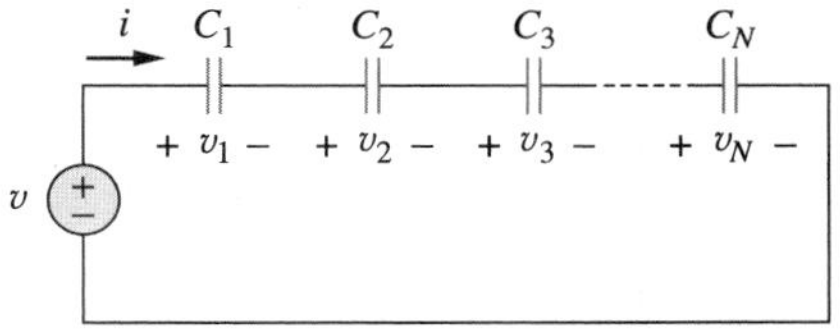

a)

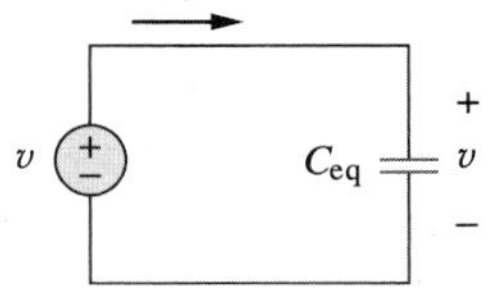

b)

图 6-15　电容的串联

即

$$\boxed{C_{\mathrm{eq}}=\frac{C_1+C_2}{C_1C_2}} \tag{6.17}$$

例 6-6 计算在图 6-16 所示电路中 a 和 b 间的等效电容。

解： 20μF 和 5μF 电容是串联的，它们的等效电容是

$$\frac{20\times5}{20+5}=4(\mu F)$$

$4\mu F$ 电容是与 $6\mu F$ 以及 $20\mu F$ 电容并联的，合并后的电容为

$$4+6+20=30(\mu F)$$

这样 $30\mu F$ 的电容又与 $60\mu F$ 的电容串联，这样，整个回路的等效电容为

$$C_{eq}=\frac{30+60}{30\times60}=20(\mu F)$$

◀

练习 6-6 计算图 6-17 所示电路终端的等效电容。 **答案**：$40\mu F$

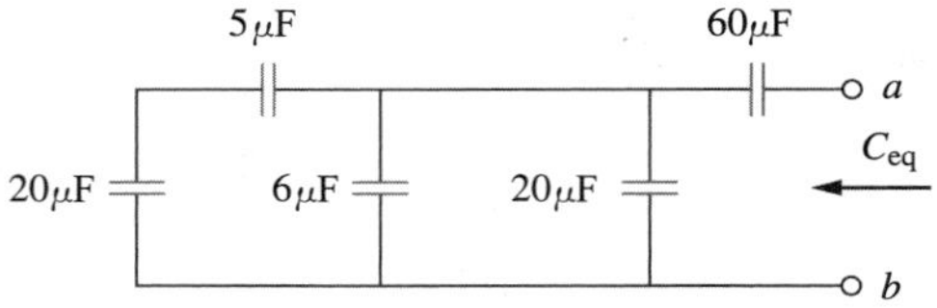

图 6-16 例 6-6 图

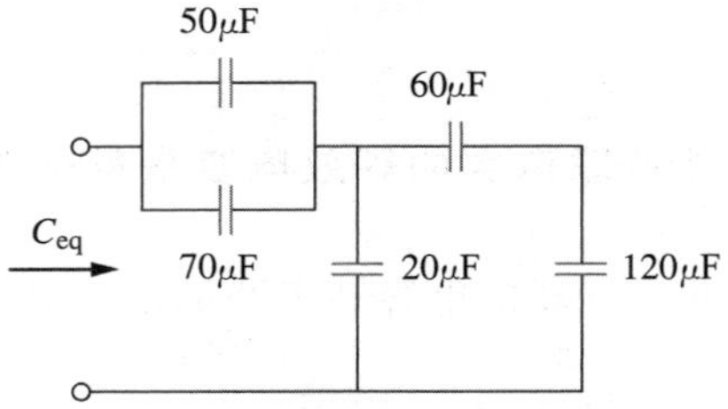

图 6-17 练习 6-6 图

例 6-7 计算图 6-18 中每个电容上的电压。

解：首先计算这个回路的等效电容，如图 6-19 所示。图 6-18 中所示的两个并联电容可以合并为 40+20=60(mF)的电容。这个 60mF 的电容又与 20mF 和 30mF 的电容串联，这样

$$C_{eq}=\frac{1}{\frac{1}{60}+\frac{1}{30}+\frac{1}{20}}\text{mF}=10\text{mF}$$

总电荷量为 $q_{eq}=C_{eq}v=10\times10^{-3}\times30=0.3(C)$

这是在 20mF 与 30mF 电容上的电荷量，因为它们与 30V 的电压源串联(由于 $i=\frac{dq}{dt}$，因此可以简单地把这个电荷看作是电流)，所以

$$v_1=\frac{q}{C_1}=\frac{0.3}{20\times10^{-3}}=15(V)\quad v_2=\frac{q}{C_2}=\frac{0.3}{30\times10^{-3}}=10(V)$$

当确定了 v_1 和 v_2，我们就可以应用 KVL 通过下式得到 v_3：

$$v_3=30-v_1-v_2=5(V)$$

或者说，由于 40mF 和 20mF 的电容并联，加在它们上面的电压是一样的，合并后的电容为 60mF。这个合并后的电容又与 20mF 以及 30mF 的电容串联，这样它们产生的电荷量也应该是相同的。所以，

$$v_3=\frac{q}{60}=\frac{0.3}{6\times10^{-3}}=5(V)$$

◀

练习 6-7 计算图 6-20 所示每个电容上的电压。

答案：$v_1=45V$，$v_2=45V$，$v_3=15V$，$v_4=30V$。

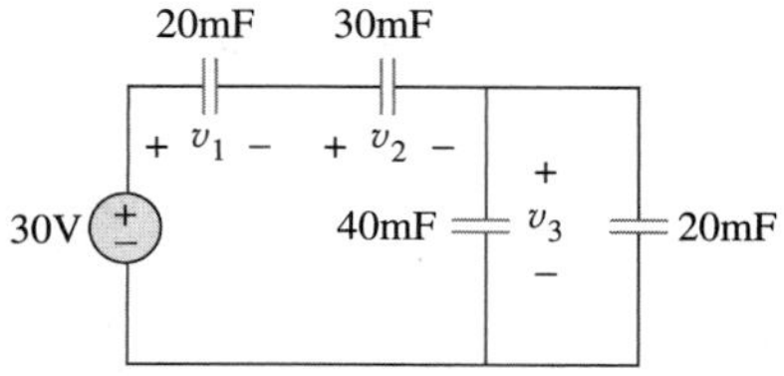

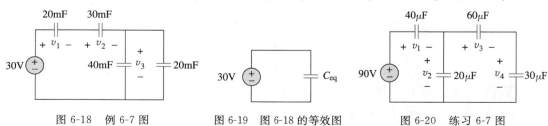

图 6-18 例 6-7 图

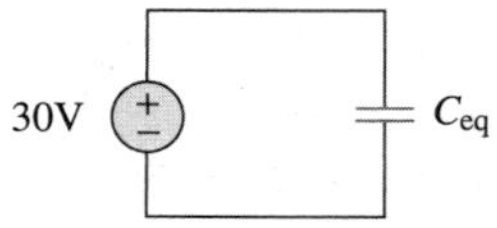

图 6-19 图 6-18 的等效图

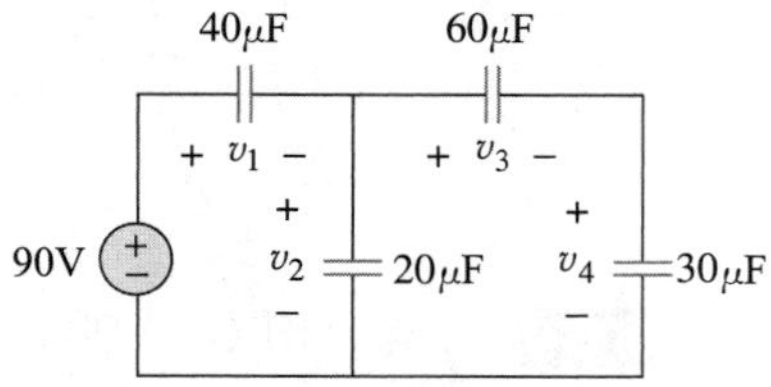

图 6-20 练习 6-7 图

6.4 电感

电感是一个可以利用其磁场储存能量的无源器件。在电子和电力系统中，电感有着广泛的应用，比如电力供应、变压器、无线电、电视机、雷达以及电动机。

任何有电流通过的导线都有感应特性，因此可以看作是一个电感。但是为了增强感应效果，一个实用的电感通常是一个由很多导线绕成的圆柱线圈，如图 6-21 所示。

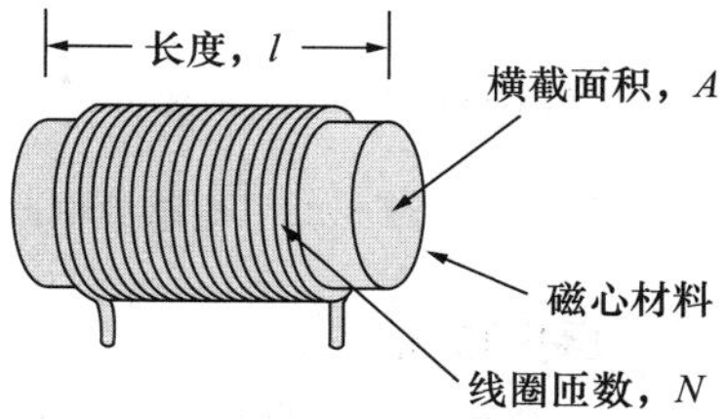

图 6-21　电感的典型形式

电感由导线绕成的线圈组成。

当电流通过电感时，这个电感上的电压与其电流变化的频率成正比。根据无源符号约定，

$$v=L\frac{\mathrm{d}i}{\mathrm{d}t} \tag{6.18}$$

式中，L 是比例常数，称作电感的感应系数。电感系数的单位是亨利(H)，以纪念其发明者，美国科学家约瑟夫·亨利(1797—1878)。从式(6.18)可以看出，1H=1V·s/A。

电感系数是电感在经历电流改变时产生的特性，由亨利(H)来衡量。

提示： 由式(6.18)可知，要使电感两端有电压，其电流必须随时间变化。因此，对于恒定电感电流，$v=0$。

电感的感应系数取决于它的实际尺寸及其导电性能。计算不同尺寸电感的感应系数式是由电磁感应理论推导出来的，具体过程可参见标准电工手册。例如，图 6-21 所示的一个螺线管电感，其感应系数为：

$$L=\frac{N^2\mu A}{l} \tag{6.19}$$

式中，N 是线圈匝数，l 是长度，A 是横截面积，μ 则是磁导率。从式(6.19)中可以看出提高电感系数的方法有：增加线圈匝数，采用具有更高磁导率的磁心，增加横截面积以及缩短螺线管长度。

与电容一样，商用电感也有不同的容量和类型。常用电感的感应系数可从通信系统中的几个微亨到电力系统中的几十亨。电感也有固定电感和可变电感之分。磁心可由铁、钢、塑料或是空气制成。关于电感也有线圈和扼流圈这样的术语。常用电感如图 6-22 所示。在无源符号国际惯例中，电感的电路符号如图 6-23 所示。

a）螺线管电感　b）环形电感　c）色码电感

图 6-22　不同类别的电感
（图片来源：Mark Dierker/McGraw-Hill Education）

式(6.18)给出了电感的电流和电压关系。图 6-24 是电感独立于电流的变化曲线，这样的电感称作线性电感。对于一个非线性电感，由于电感系数随电流而变化，所以根据式(6.18)所生成的曲线不是一条直线。除非特别声明，本书涉及的电感均是线性电感。

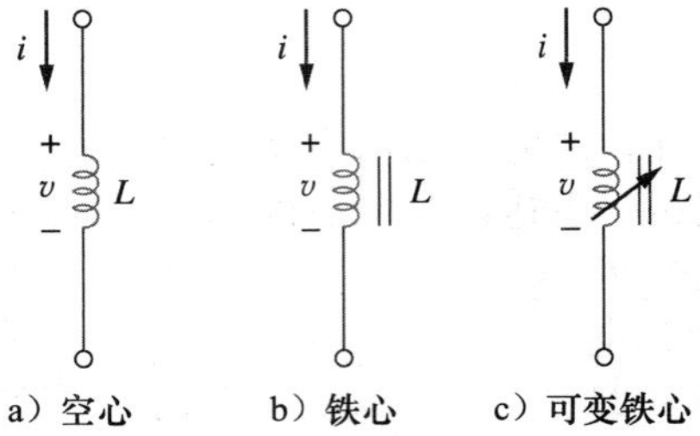

图 6-23 电感的电路符号

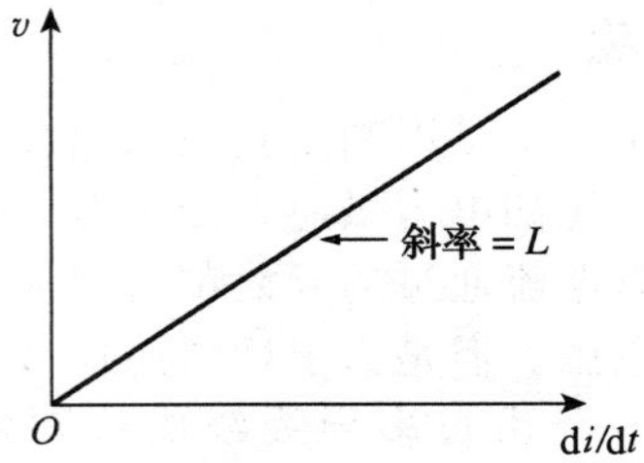

图 6-24 电感的电流和电压关系曲线

历史珍闻

约瑟夫·亨利(Joseph Henry，1797—1878)，美国物理学家，发现了电感效应并因此发明了电动机。

(图片来源：NOAA'S People Collection)

亨利出生在纽约州的奥尔巴尼市，毕业于奥尔巴尼专科学院，1832～1846 年间在普林斯顿大学任教。他是史密斯森协会(美国国立博物馆)的第一任会长。他进行了电磁感应的一系列实验并制造出可悬浮起数千磅(1 磅＝0.453 592 37kg)物体的强力磁场。有意思的是，亨利是在法拉第之前发现了电磁感应现象，但却没有成功发表他的这项研究。电感的单位"亨利"就是为了纪念他而命名的。

从式(6.18)所得到的电流和电压关系如下所示：

$$di=\frac{1}{L}v\,dt$$

积分后可得

$$i=\frac{1}{L}\int_{-\infty}^{t}v(\tau)d\tau \tag{6.20}$$

即

$$\boxed{i=\frac{1}{L}\int_{t_0}^{t}v(\tau)d\tau+i(t_0)} \tag{6.21}$$

式中，$i(t_0)$是$-\infty<t<t_0$ 时的总电流，且 $i(-\infty)=0$。令 $i(-\infty)=0$ 是因为在之前的所有时刻中，总有一个没有电流通过电感的时刻。

电感是在其磁场中储存能量的器件，储存的能量可由式(6.18)计算。传送到电感上的功率为

$$p=vi=\left(L\frac{di}{dt}\right)i \tag{6.22}$$

所以存储的能量为

$$\begin{aligned}w&=\int_{-\infty}^{t}p(\tau)d\tau=L\int_{-\infty}^{t}\frac{di}{d\tau}i\,d\tau\\&=L\int_{-\infty}^{t}i\,di=\frac{1}{2}Li^2(t)-\frac{1}{2}Li^2(-\infty)\end{aligned} \tag{6.23}$$

因为 $i(-\infty)=0$，所以

$$\boxed{w=\frac{1}{2}Li^2(t)} \tag{6.24}$$

电感具有如下的重要特性：

1. 从式(6.18)，可以看出，当电流恒定时，电感上的电压为零。**在直流电路中，电感相当于短路**。

2. 电感还有一个重要特性就是阻碍通过它的交变电流。通过电感的电流不能发生瞬时的改变。根据式(6.18)，如果电感上的电流产生不连续的变化需要无限的电压，物理上不可能实现。因此，电感会妨碍其上电流的阶跃变化。比如，通过一个电感的电流如图 6-25a 所示，而实际上，由于不连续性，通过电感的电流却不能像图 6-25b 所示那样。但是，电感上的电压却可以有阶跃性的变化。

3. 就理想的电容一样，理想的电感也不会消耗能量，因此储存的能量可以供以后使用。电感从电路中获取能量并储存起来，之后会将储存的能量释放到电路中。

4. 实际上电感都不是理想的，因此它们在一定程度上可被看作是电阻元件，如图 6-26 所示。这是由于实际电感都由导体材料制成，比如铜，这些导体材料多少都会产生电阻。这种电阻又称作绕组电阻 R_w，相当于在电路中与电感串联的电阻。R_w 的存在使得电感成为一个既储存能量又消耗能量的器件。由于 R_w 通常很小，因此在很多情况下可忽略不计。另外，由于线圈间的电容耦合，非理想电感还会产生相应的绕组电容 C_w。C_w 也非常小，因此除非在高频的情况下，C_w 通常也忽略不计。本书中所涉及的电感都假设为理想电感。

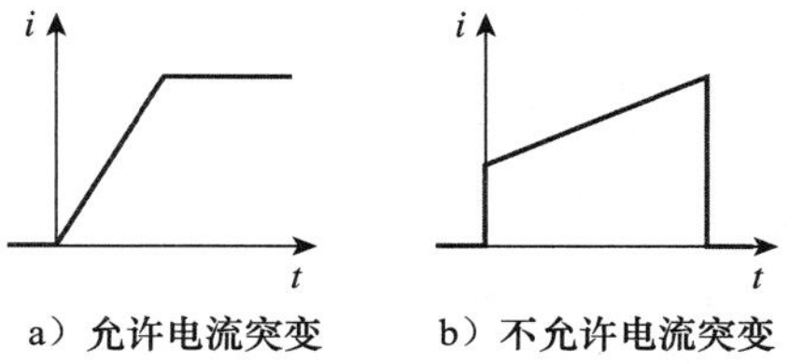

图 6-25　流经电感的电流

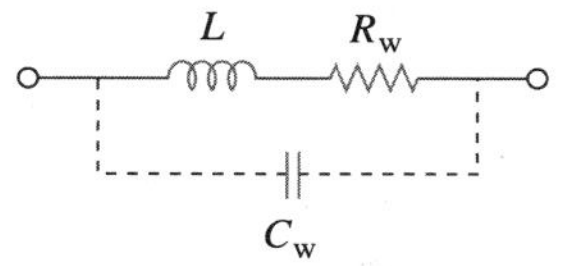

图 6-26　实际电感的电路模型

例 6-8 通过一个 0.1H 电感的电流为 $i(t)=10te^{-5t}$ A，计算该电感的两端的电压及其存储的能量。

解： 由于 $v=L\dfrac{di}{dt}$并且 $L=0.1$H，所以

$$v=0.1\frac{d}{dt}(10te^{-5t})=e^{-5t}+t\times(-5)e^{-5t}=e^{-5t}(1-5t)(\text{V})$$

储存的能量为

$$w=\frac{1}{2}Li^2=\frac{1}{2}\times0.1\times100t^2e^{-10t}=5t^2e^{-10t}(\text{J})$$ ◀

练习 6-8 通过一个 1mH 电感的电流为 $i(t)=60\cos(100t)$mA，计算其两端电压以及储存的能量。 **答案：** $-6\sin(100t)$mV，$1.8\cos^2(100t)\mu$J。

例 6-9 当加在 5H 电感两端的电压为

$$v=\begin{cases}30t^2, & t>0\\ 0, & t<0\end{cases}$$

计算通过该电感的电流。并假设 $i(v)>0$，计算当 $t=5$s 时，该电感所存储的能量。

解： 由于 $i=\dfrac{1}{L}\int_{t_0}^{t}v(\tau)d\tau+i(t_0)$且 $L=5$H，所以

$$i=\frac{1}{5}\int_0^t30\tau^2d\tau+0=6\times\frac{t^3}{3}=2t^3(\text{A})$$

功率为 $p=vi=60t^5$，所以存储的能量为

$$w=\int p\,\mathrm{d}t=\int_0^5 60t^5\,\mathrm{d}t=60\times\frac{t^6}{6}\bigg|_0^5=156.25(\mathrm{kJ})$$

或者，我们可以通过式(6.24)计算出能量值为

$$w\big|_0^5=\frac{1}{2}Li^2(5)-\frac{1}{2}Li^2(0)=\frac{1}{2}\times5\times(2\times5^3)^2-0=156.25(\mathrm{kJ})$$

结果与之前的计算相同。◀

练习 6-9 一个 2H 电感的终端电压为 $v=10(1-t)$V。计算在 $t=4$s 时，通过其上的电流以及该时刻存储的能量，假设 $i(0)=2$A。 **答案：** −18A，324J。

例 6-10 如图 6-27a 所示电路中，在直流电源下，计算：(a) i，v_C，以及 i_L；(b) 存储在电容和电感中的能量。

解： (a) 在直流电源下，将电容做开路处理，电感做短路处理，如图 6-27b 所示。因此

$$i=i_L=\frac{12}{1+5}=2(\mathrm{A})$$

电压 v_C 与加在 5Ω 电阻上的电压相等，因此

$$v_C=5i=10(\mathrm{V})$$

(b) 电容存储能量为

$$w_C=\frac{1}{2}Cv_C^2=\frac{1}{2}\times1\times10^2=50(\mathrm{J})$$

所以电感所储存的能量为

$$w_L=\frac{1}{2}Li_L^2=\frac{1}{2}\times2\times2^2=4(\mathrm{J})$$ ◀

练习 6-10 在直流电源下，计算图 6-28 所示电路中，电容和电感所对应的电压、电流以及它们所储存的能量。 **答案：** 15V，7.5A，450J，168.75J。

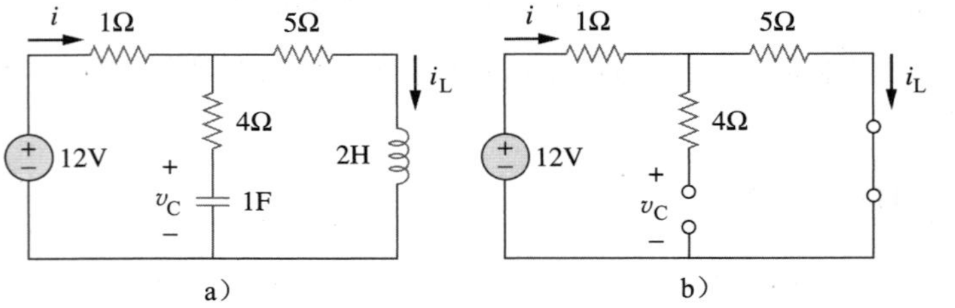

图 6-27 例 6-10 图

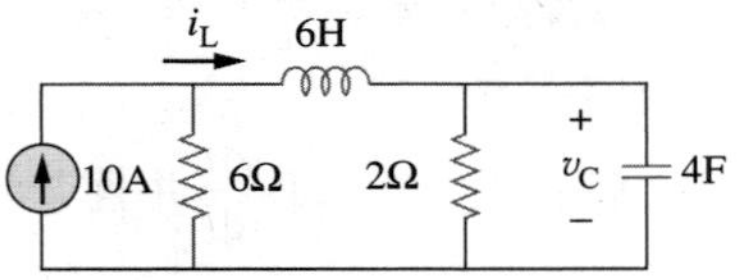

图 6-28 练习 6-10 图

6.5 电感的串并联

电感是一种无源元件，因此它们的串并联合并是十分重要的，需要了解怎样在实际电路中找到串并联电感的等效电感。

考虑一个由 N 个电感串联组成的电路，如图 6-29a 所示，它的等效电路如图 6-29b 所示。流经这些电感的电流是一样的，对该回路应用 KVL，可得

$$v=v_1+v_2+v_3+\cdots+v_N \tag{6.25}$$

将 $v_k=L_k\dfrac{\mathrm{d}i}{\mathrm{d}t}$ 代入得：

$$\begin{aligned}v&=L_1\frac{\mathrm{d}i}{\mathrm{d}t}+L_2\frac{\mathrm{d}i}{\mathrm{d}t}+L_3\frac{\mathrm{d}i}{\mathrm{d}t}+\cdots+L_N\frac{\mathrm{d}i}{\mathrm{d}t}\\&=(L_1+L_2+L_3+\cdots+L_N)\frac{\mathrm{d}i}{\mathrm{d}t}=\left(\sum_{k=1}^{N}L_k\right)\frac{\mathrm{d}i}{\mathrm{d}t}=L_{\mathrm{eq}}\frac{\mathrm{d}i}{\mathrm{d}t}\end{aligned} \tag{6.26}$$

式中

$$\boxed{L_{eq}=L_1+L_2+L_3+\cdots+L_N} \tag{6.27}$$

串联电感的等效电感系数是各电感的感应系数之和。

电感的串联组合与电阻的串联组合性质相同。

再来考虑一下由 N 个电感并联所组成的回路，如图 6-30a，其等效电路如图 6-30b 所示。这些电感两端所加电压是一样的，使用 KCL 可得

$$i=i_1+i_2+i_3+\cdots+i_N \tag{6.28}$$

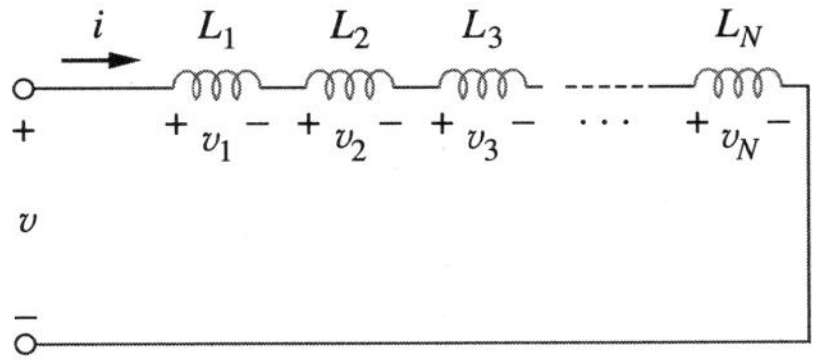

a）N个电感的串联

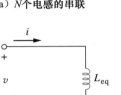

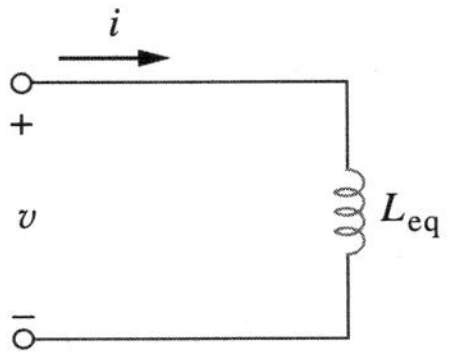

b）串联电感的等效电路

图 6-29　电感的串联

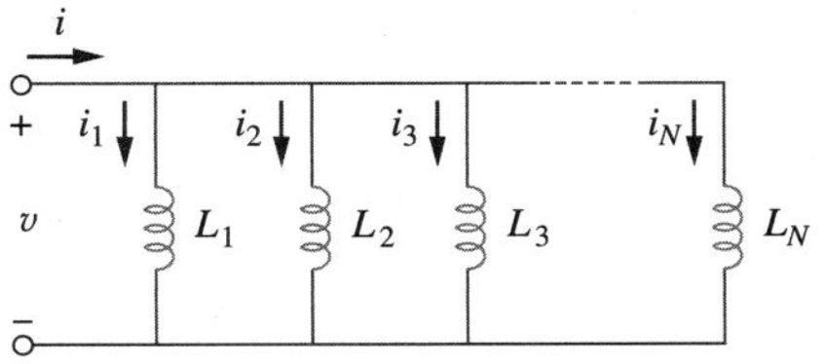

a）N个电感的并联

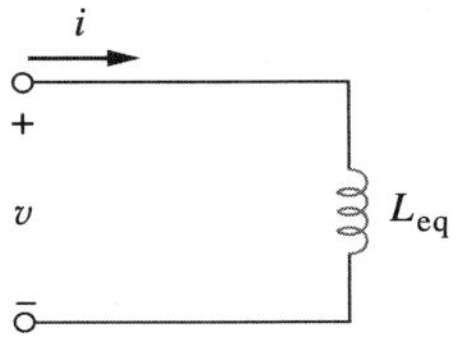

b）并联电感的等效电路

图 6-30　电感的并联

由于 $i_k=\dfrac{1}{L_k}\displaystyle\int_{t_0}^{t} v(\tau)\mathrm{d}\tau+i_k(t_0)$，因此，

$$\begin{aligned} i &=\frac{1}{L_1}\int_{t_0}^{t} v(\tau)\mathrm{d}\tau+i_1(t_0)+\frac{1}{L_2}\int_{t_0}^{t} v(\tau)\mathrm{d}\tau+i_2(t_0)+\cdots+\frac{1}{L_N}\int_{t_0}^{t} v(\tau)\mathrm{d}\tau+i_N(t_0) \\ &=\left(\frac{1}{L_1}+\frac{1}{L_2}+\cdots+\frac{1}{L_N}\right)\int_{t_0}^{t} v(\tau)\mathrm{d}\tau+i_1(t_0)+i_2(t_0)+\cdots+i_N(t_0) \\ &=\frac{1}{L_{eq}}\int_{t_0}^{t} v(\tau)\mathrm{d}\tau+i(t_0) \end{aligned} \tag{6.29}$$

式中

$$\boxed{\frac{1}{L_{eq}}=\frac{1}{L_1}+\frac{1}{L_2}+\frac{1}{L_3}+\cdots+\frac{1}{L_N}} \tag{6.30}$$

根据 KCL，在 $t=t_0$ 时刻通过 L_{eq} 的初始电流 $i(t_0)$是在 t_0 时刻通过所有电感的电流之和。因此，参照式(6.29)可得

$$i(t_0)=i_1(t_0)+i_2(t_0)+i_3(t_0)+\cdots+i_N(t_0)$$

并联电感的等效电感系数是每个电感的感应系数倒数和的倒数。

电感的并联与电阻的并联也具有相同的合并方式。

对于两个并联的电感($N=2$)，式(6.30)又可写作

$$\frac{1}{L_{eq}}=\frac{1}{L_1}+\frac{1}{L_2}\quad 或 \quad L_{eq}=\frac{L_1+L_2}{L_1L_2} \tag{6.31}$$

只要所有元件的类型都相同，那么在 2.7 节中所讨论的关于电阻的△-Y 变换都可以扩展到电容和电感的应用中来。

现在总结一下学过的三个基本电路元件的重要特性，见表 6-1。

表 6-1　三个基本电路元件的重要特性①

关系	电阻(R)	电容(C)	电感(L)
电压-电流	$v=iR$	$v=\frac{1}{C}\int_{t_0}^{t} i(\tau)\mathrm{d}\tau+v(t_0)$	$v=L\frac{\mathrm{d}i}{\mathrm{d}t}$
电流-电压	$i=\frac{v}{R}$	$i=C\frac{\mathrm{d}v}{\mathrm{d}t}$	$i=\frac{1}{L}\int_{t_0}^{t} v(\tau)\mathrm{d}\tau+i(t_0)$
功率或能量	$p=i^2R=\frac{v^2}{R}$	$w=\frac{1}{2}Cv^2$	$w=\frac{1}{2}Li^2$
串联	$R_{eq}=R_1+R_2$	$C_{eq}=\frac{C_1+C_2}{C_1C_2}$	$L_{eq}=L_1+L_2$
并联	$R_{eq}=\frac{R_1R_2}{R_1+R_2}$	$C_{eq}=C_1+C_2$	$L_{eq}=\frac{L_1L_2}{L_1+L_2}$
直流激励	相同	开路	短路
不能突变电路变量	无	v	i

① 采用关联参考方向约定。

例 6-11 计算图 6-31 所示电路的等效电感。

解： 10H、12H 和 20H 的电感串联，合并后它们相当于一个 42H 的电感。这个 42H 的电感又与 7H 的电感并联，因此合并后为

$$\frac{7\times42}{7+42}=6(\mathrm{H})$$

这个 6H 的电感与 4H 以及 8H 的电感串联，得到

$$L_{eq}=4+6+8=18(\mathrm{H})$$

◀

练习 6-11 计算图 6-32 中梯形电感网络的等效电感。　　**答案：** 25mH。

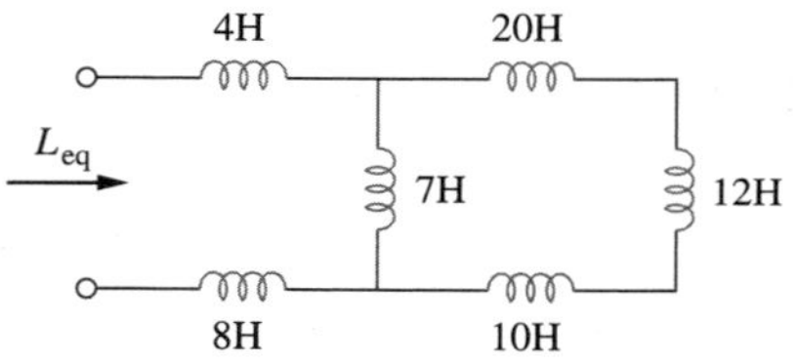

图 6-31　例 6-11 图

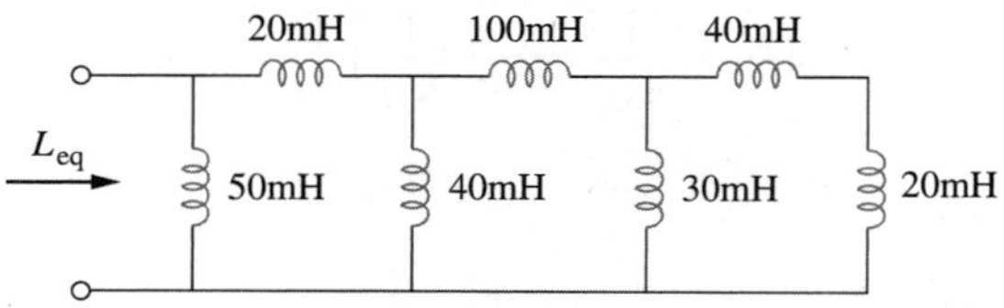

图 6-32　练习 6-11 图

例 6-12 图 6-33 所示电路中，$i(t)=4(2-\mathrm{e}^{-10t})$mA，当 $i_2(0)=-1$mA 时，计算：(a) $i_1(0)$；(b) $v(t)$、$v_1(t)$和 $v_2(t)$；(c) $i_1(t)$和 $i_2(t)$。

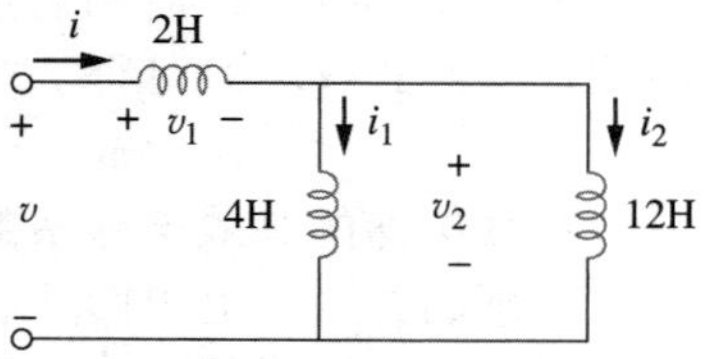

图 6-33　例 6-12 图

解： (a)因为 $i(t)=4(2-\mathrm{e}^{-10t})$mA，所以 $i(0)=4\times(2-1)=4(\mathrm{mA})$。由于 $i=i_1+i_2$，所以 $i_1(0)=i(0)-i_2(0)=4-(-1)=5(\mathrm{mA})$

(b) 等效电感为 $L_{eq}=2+\frac{4\times12}{4+12}=5(\mathrm{H})$

所以，

$$v(t)=L_{eq}\frac{\mathrm{d}i}{\mathrm{d}t}=5\times4\times(-1)\times(-10)\mathrm{e}^{-10t}\,\mathrm{mV}=200\mathrm{e}^{-10t}\,\mathrm{mV}$$

并且

$$v_1(t)=2\frac{\mathrm{d}i}{\mathrm{d}t}=2\times(-4)\times(-10)\mathrm{e}^{-10t}\,\mathrm{mV}=80\mathrm{e}^{-10t}\,\mathrm{mV}$$

由于 $v=v_1+v_2$，所以

$$v_2(t)=v(t)-v_1(t)=120\mathrm{e}^{-10t}\,\mathrm{mV}$$

(c) 电流 i_1 可由下式得到：

$$i_1(t)=\frac{1}{4}\int_0^t v_2\mathrm{d}t+i_1(0)=\left(\frac{120}{4}\int_0^t \mathrm{e}^{-10t}\mathrm{d}t+5\right)\mathrm{mA}$$

$$=(-3\mathrm{e}^{-10t}\big|_0^t+5)\mathrm{mA}=-3\mathrm{e}^{-10t}+3+5=(8-3\mathrm{e}^{-10t})\mathrm{mA}$$

同理，

$$i_2(t)=\frac{1}{12}\int_0^t v_2\mathrm{d}t+i_2(0)=\left(\frac{120}{12}\int_0^t \mathrm{e}^{-10t}\mathrm{d}t-1\right)\mathrm{mA}$$

$$=(-\mathrm{e}^{-10t}\big|_0^t-1)\mathrm{mA}=-\mathrm{e}^{-10t}+1-1=-\mathrm{e}^{-10t}\,\mathrm{mA}$$

可见，$i_1(t)+i_2(t)=i(t)$。◀

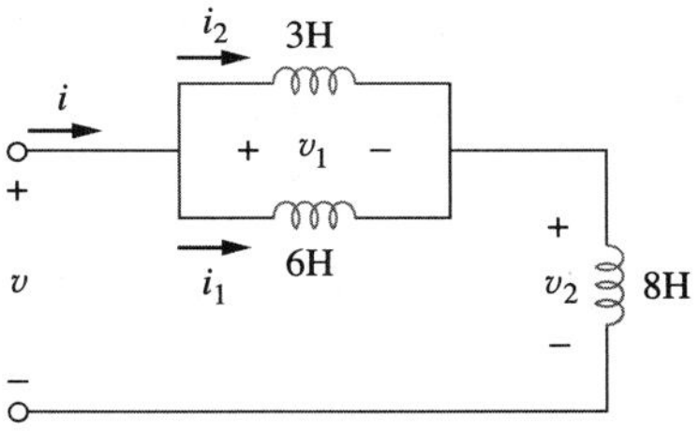

图 6-34　练习 6-12 图

练习 6-12　在图 6-34 所示电路中，$i_1(t)=600\mathrm{e}^{-2t}\,\mathrm{mA}$，如果 $i(0)=1.4\mathrm{A}$，计算：(a) $i_2(0)$；(b) $i_2(t)$和 $i(t)$；(c) $v_1(t)$、$v_2(t)$和 $v(t)$。

答案：(a) 800mA；(b) $(-0.4+12\mathrm{e}^{-2t})$A，$(-0.4+1.8\mathrm{e}^{-2t})$A；(c) $-36\mathrm{e}^{-2t}$V，$-7.2\mathrm{e}^{-2t}$V，$-28.8\mathrm{e}^{-2t}$V。

习题

6.2 节

1　如果 7.5F 电容上的电压为 $2t\mathrm{e}^{-3t}$V，计算通过它的电流及功率。

2　一个 50μF 的电容所存能量为 $w(t)=10\cos^2 377t$J，计算通过该电容的电流。

3　设计一个问题以更好地了解电容如何工作。**ED**

4　给定 $v(0)=1$V，流过 5F 电容器的电流为 $4\sin 4t$A。求电容器上的电压 $v(t)$。

5　若加载在 10μF 电容上的电压如图 6-35 所示，画出其上的电流波形。

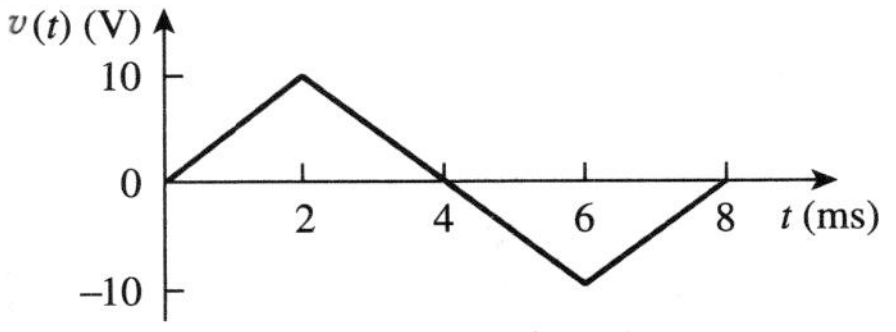

图 6-35　习题 5 图

6　当波形如图 6-36 所示电压加在一个 55μF 的电容上，画出通过其上的电路波形。

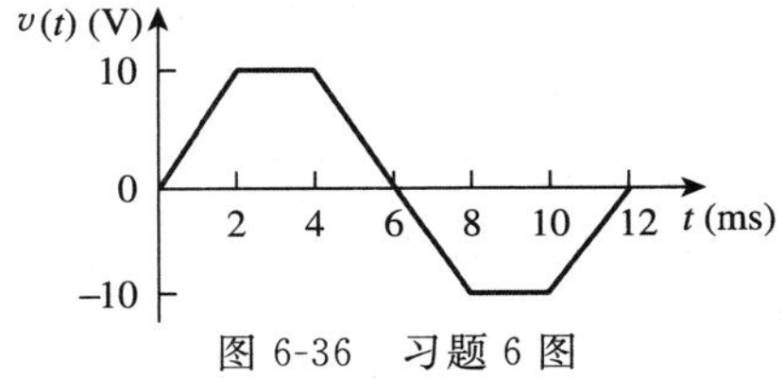

图 6-36　习题 6 图

7　当 $t=0$ 时刻，一个 25mF 电容两端电压为 10V。计算在 $t>0$，电流为 5tmA 时，该电容两端的电压。

8　一个 4mF 的电容两端电压如下所示：

$$v=\begin{cases}50\mathrm{V}, & t\leqslant 0\\ (A\mathrm{e}^{-100t}+B\mathrm{e}^{-600t})\mathrm{V}, & t\geqslant 0\end{cases}$$

如果它的初始电流为 2A，计算：

(a) 常数 A 和 B；

(b) 在 $t=0$ 时刻电容所存储的能量；

(c) 当 $t>0$ 时，通过电容的电路。

9　通过 0.5F 电容的电流是 $6(1-\mathrm{e}^{-t})$A，计算 $t=2$s 的电压，假设 $v(0)=0$。

10　加在 5mF 电感上的电压如图 6-37 所示，计算通过该电容的电流。

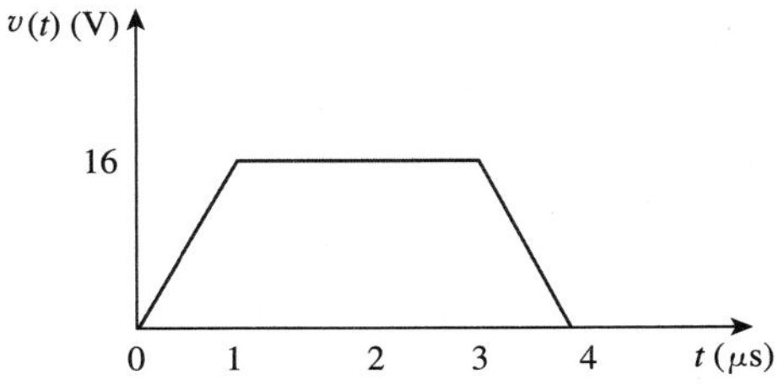

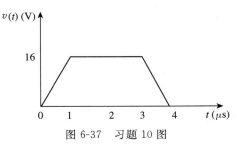

图 6-37　习题 10 图

11　如果通过一个 4mF 电容的电流波形如图 6-38 所示，假设 $v(0)=10$V，画出电压 $v(t)$ 的波形。

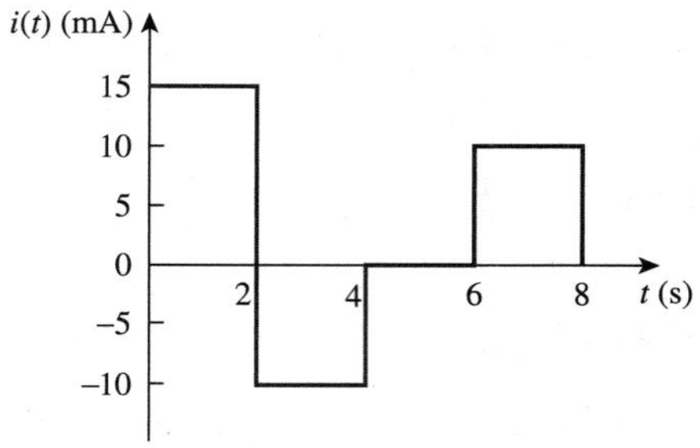

图 6-38 习题 11 图

12 一个 100mF 的电容与一个 12Ω 的电阻并联后连接在电压为 $45e^{-2000t}$ V 的电压源上，计算这个并联电路吸收的功率。

13 在如图 6-39 所示直流电路中，计算电容两端的电压。

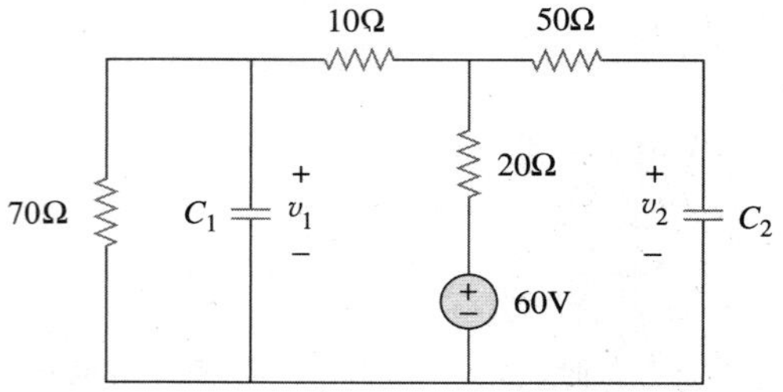

图 6-39 习题 13 图

6.3 节

14 一个 20pF 电容与一个 60pF 电容串联后，与串联的 30pF 电容和 70pF 电容并联，计算它们的等效电容。

15 两个电容(25μF 与 75μF)连接在 100V 的电压源上，分别计算当它们串联和并联时，每个电容所存储的能量。

16 图 6-40 所示终端 a-b 间的等效电容为 30μF，计算电容 C 的值。

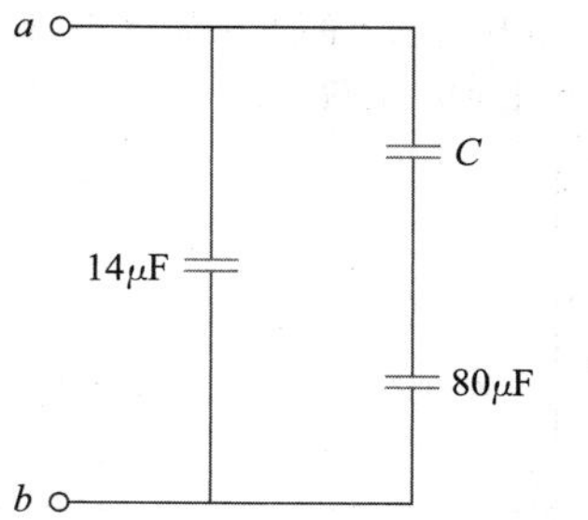

图 6-40 习题 16 图

17 计算图 6-41 中每个回路的等效电容。

18 如果图 6-42 中所有电容都为 4μF，计算所示终端间的等效电容。

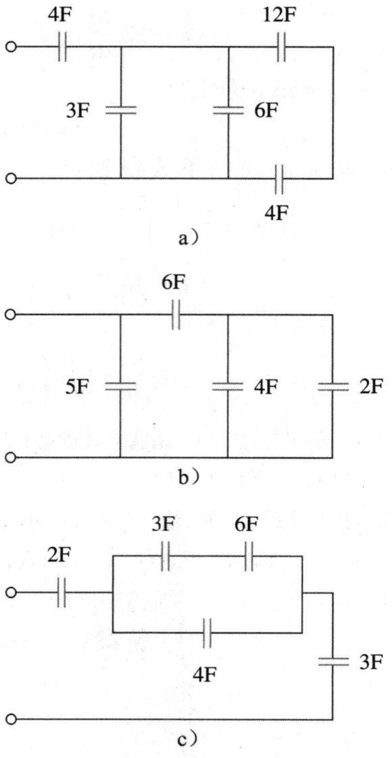

图 6-41 习题 17 图

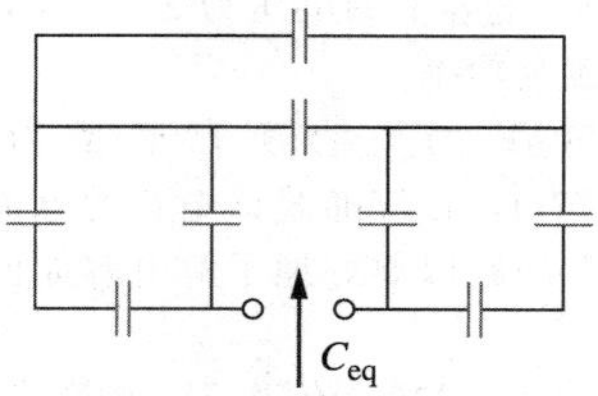

图 6-42 习题 18 图

19 计算图 6-43 所示电路终端 a 和 b 间的等效电容，所有电容单位均为 μF。

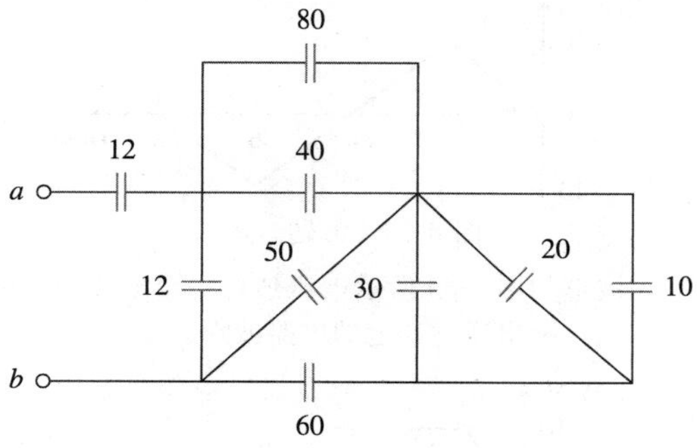

图 6-43 习题 19 图

20 计算图 6-44 所示电路终端 a 和 b 间的等效电容。

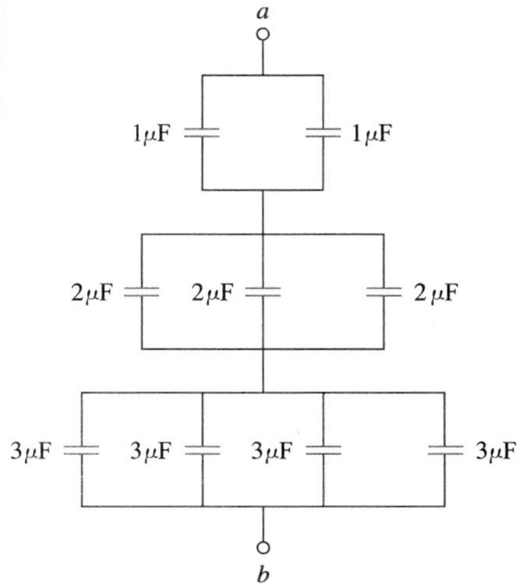

图 6-44　习题 20 图

21　计算图 6-45 所示电路终端 a 和 b 间的等效电容。

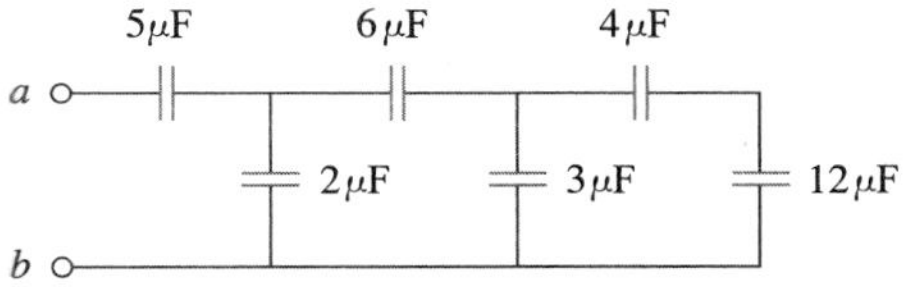

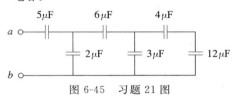

图 6-45　习题 21 图

22　计算图 6-46 所示电路终端 a 和 b 间的等效电容。

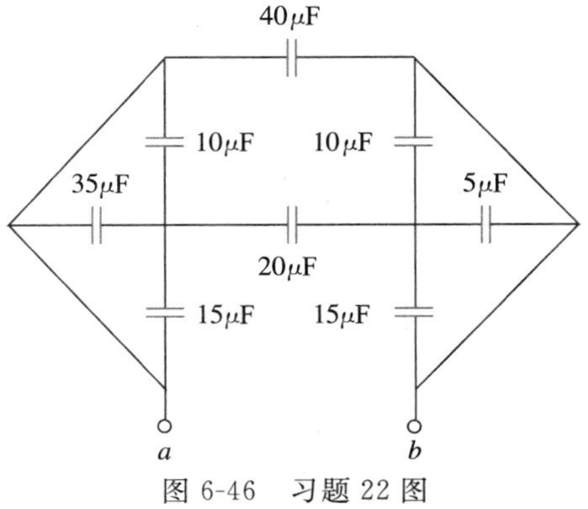

图 6-46　习题 22 图

23　利用图 6-47，设计一个问题来更好地理解电容在串并联时的工作方式。　**ED**

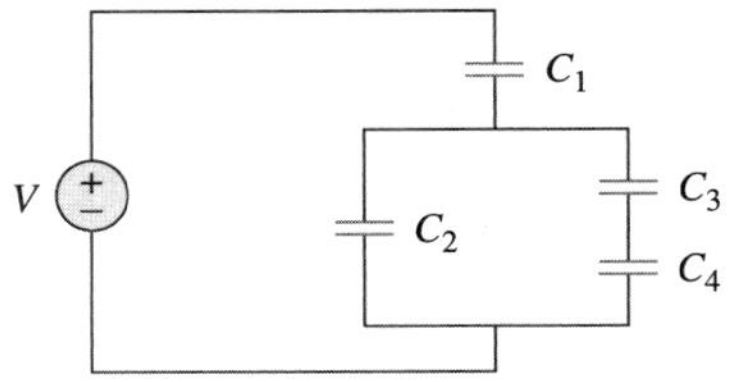

图 6-47　习题 23 图

24　对于图 6-48 所示电路，假设所有电容器最初都不充电，电源从零开始逐渐增加到 90V。每个电容器上的最终电压和存储的能量是多少？

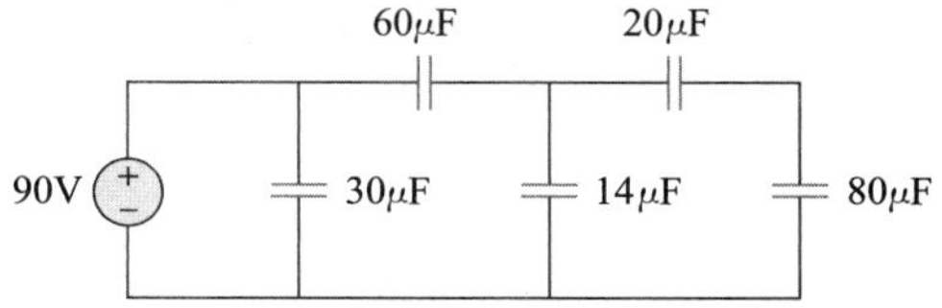

图 6-48　习题 24 图

25　(a) 两个电容如图 6-49a 所示方式串联，计算电压分布，假设初始状态为零。
(b) 两个电容如图 6-49b 所示方式并联，计算电压分布，假设初始状态为零。

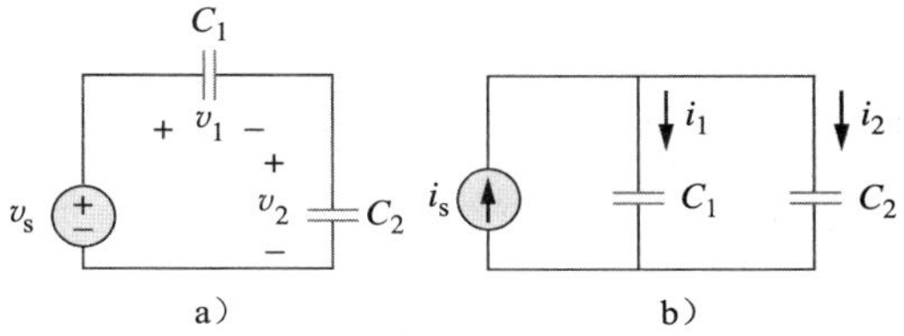

图 6-49　习题 25 图

26　三个分别是 5μF，10μF 以及 20μF 的电容并联在 150V 的电压源上，计算：
(a) 总电容；
(b) 每个电容上的电荷量；
(c) 并联后所存储的总能量。

27　四个 4μF 的电容有多种串并联的组合方式，计算可得到的最小及最大的等效电容。　**ED**

*28　计算图 6-50 所示网络的等效电容。

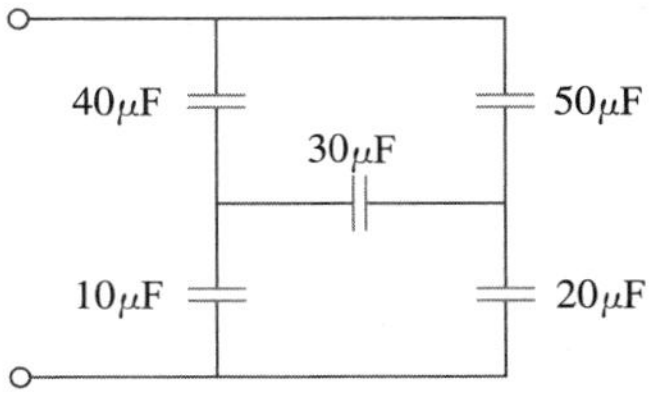

图 6-50　习题 28 图

29　计算图 6-51 所示每个电路的等效电容。

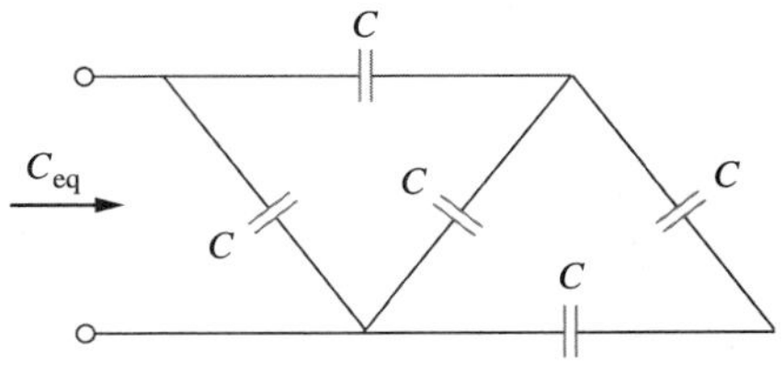

a)

图 6-51　习题 29 图

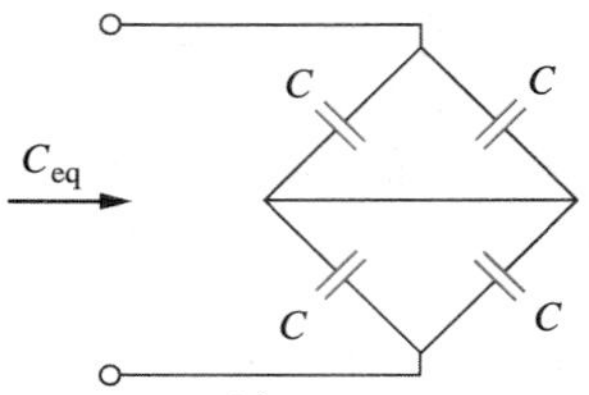

b)

图 6-51 （续）

30 假设电容初始状态未充电，计算图 6-52 所示电路中电压 $v_o(t)$。

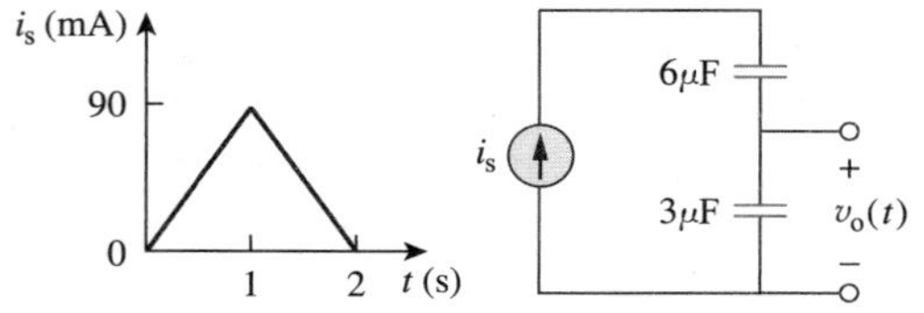

图 6-52 习题 30 图

31 当 $v(0)=0$ 时，计算图 6-53 所示电路中的 $v(t)$、$i_1(t)$、$i_2(t)$。

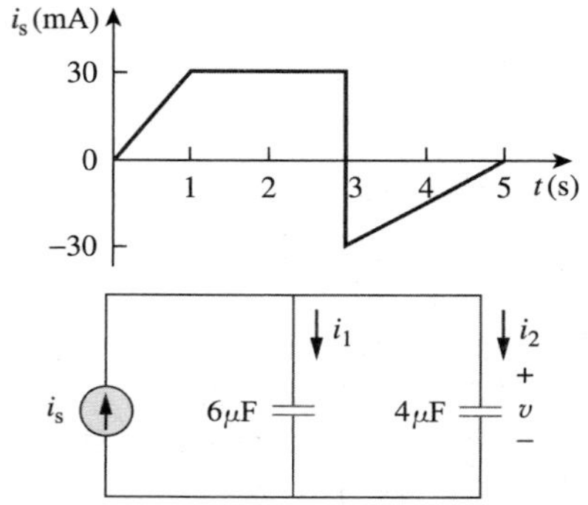

图 6-53 习题 31 图

32 在图 6-54 所示电路中，当 $i_s=50e^{-2t}$，$v_1(0)=50V$，$v_2(0)=20V$。计算：(a) $v_1(t)$和 $v_2(t)$；(b) 在 $t=0.5s$ 时每个电容所存储的能量。

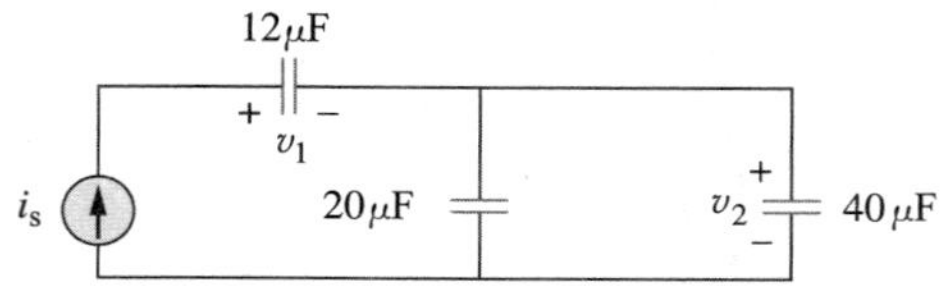

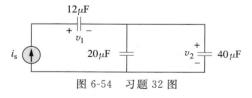

图 6-54 习题 32 图

33 计算图 6-55 所示电路的戴维南等效电路参数。注意包含电感和电阻的电路，其戴维南等效电路通常不存在，但本题是个特例。

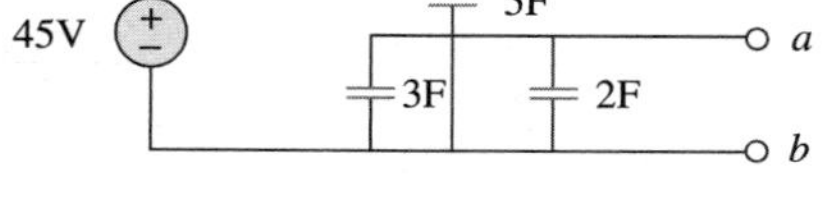

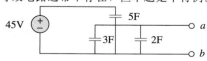

图 6-55 习题 33 图

6.4 节

34 通过一个 10mH 电感的电流是 $10e^{-t/2}$，计算在 $t=3s$ 时电感上的电压和功率。

35 一个电感上的电流在 2ms 内，由 50～100mA 线性变化，并产生 160mV 的电压，计算该电感值。

36 设计一个问题以更好地了解电感怎样工作。 **ED**

37 通过一个 12mH 电感的电流为 $4\sin 100t$ A，计算电感两端的电压，并且计算在 $t=(\pi/200)$s 时其上所存储的能量。

38 通过一个 40mH 电感的电流为

$$i(t)=\begin{cases}0, & t<0\\ te^{-2t}\text{ A}, & t>0\end{cases}$$

计算电压 $v(t)$。

39 通过一个 50mH 电感的电压为 $v(t)=(3t^2+2t+4)$V，$t>0$。计算通过其上电流 $i(t)$，假设 $i(0)=0$A。

40 通过一个 5mH 电感的电流波形如图 6-56 所示，计算在 $t=1$ms、2ms 和 5ms 时电感两端电压。

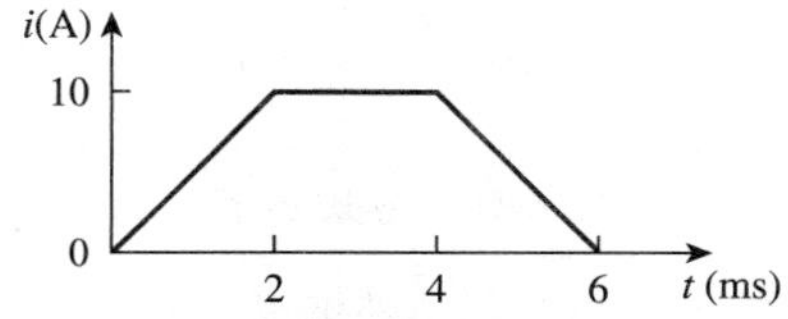

图 6-56 习题 40 图

41 通过一个 2H 电感的电压为 $20(1-e^{-2t})$V，若初始电流为 0.3A，计算在 $t=1s$ 时电感上的电流及其所存储能量。

42 如果在一个 5H 电感两端所加电压波形如图 6-57 所示，计算流经其电流，假设 $i(0)=-1$A。

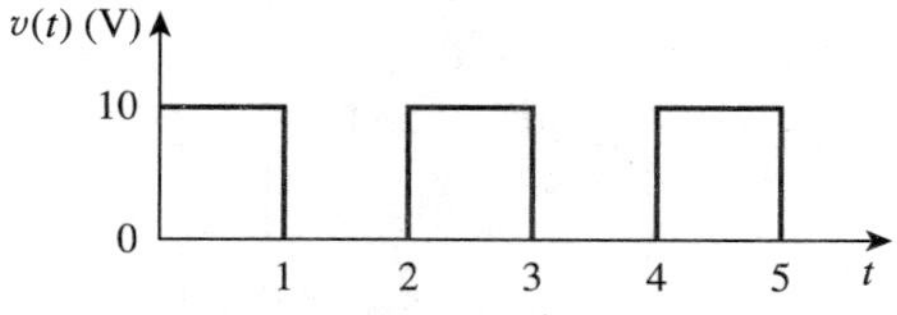

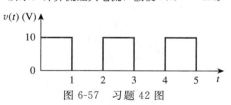

图 6-57 习题 42 图

43 当一个 80mH 电感上的电流从 0 增加到 60mA（稳态）时，它所存储的能量是多少？

*44 一个 100mH 的电感与一个 2kΩ 的电阻并联，流经电感的电流为 $i(t)=50e^{-400t}$ mA。
(a) 计算电感两端电压 v_L。(b)计算电阻两端电压 v_R。(c)$v_R(t)+v_L(t)=0$ 吗？(d)计算在 $t=0$ 时刻，电感所存储能量。

45 当作用在一个 10mH 电感上的电压波形如图 6-58 所示，计算 $0<t<2s$ 时电感上的电流 $i(t)$，假设 $i(0)=0$。

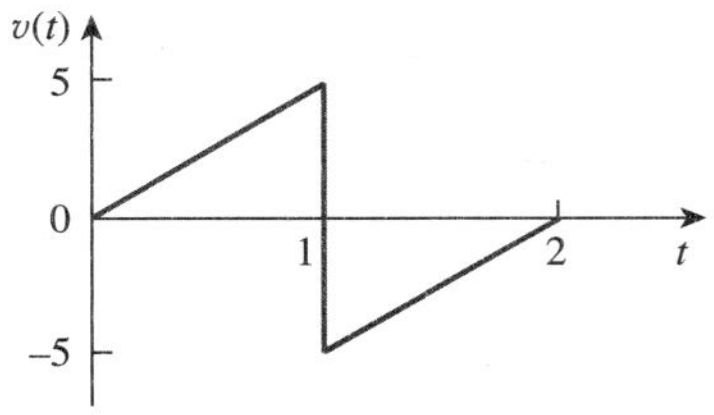

图 6-58　习题 45 图

46　计算在图 6-59 所示直流电路中，计算电容上的电压 v_C、电感上的电流 i_L，以及它们分别储存的能量。

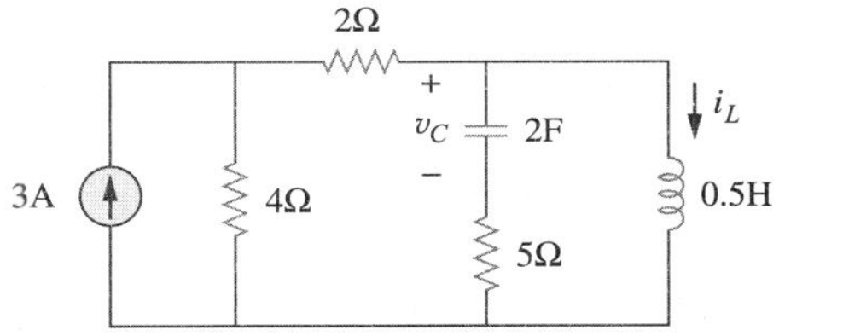

图 6-59　习题 46 图

47　如图 6-60 所示直流电路，计算电阻 R 的值，以满足电感与电容存储相同的能量值。　**ED**

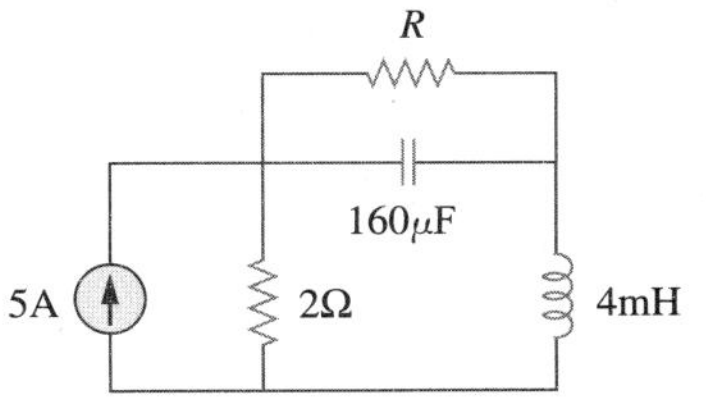

图 6-60　习题 47 图

48　假设图 6-61 所示直流电路已达到稳态，计算电流 i 以及电流 v。

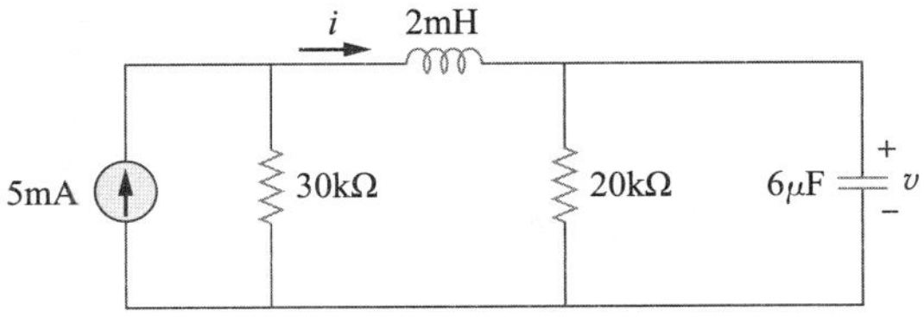

图 6-61　习题 48 图

6.5 节

49　计算图 6-62 所示电路的等效电感，假设所有电感均为 10mH。

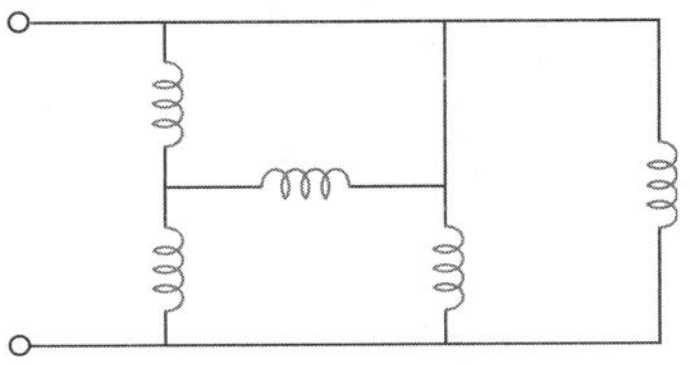

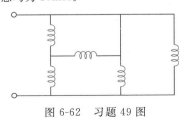

图 6-62　习题 49 图

50　一个能量存储网络中，16mH 和 14mH 电感串联后，与 24mH 和 36mH 串联后的电感并联，计算它们的等效电感。

51　计算如图 6-63 所示电路 a-b 终端间的等效电感。

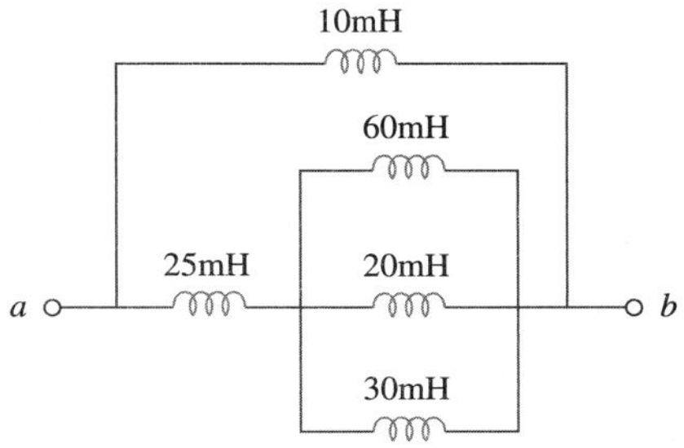

图 6-63　习题 51 图

52　利用图 6-64，设计一个问题来更好地了解电感的串并联关系。　**ED**

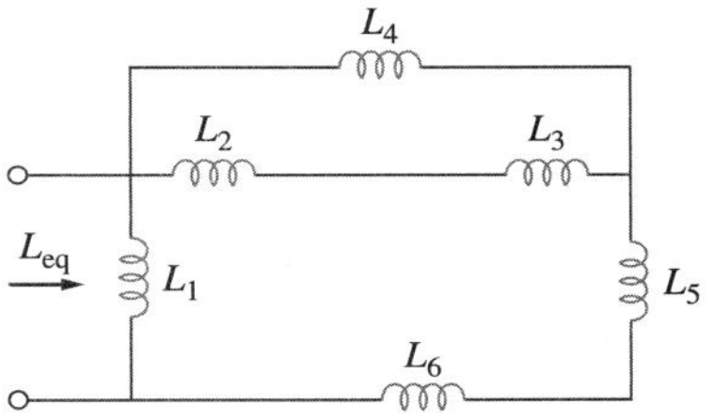

图 6-64　习题 52 图

53　计算图 6-65 所示电路终端间的等效电感。

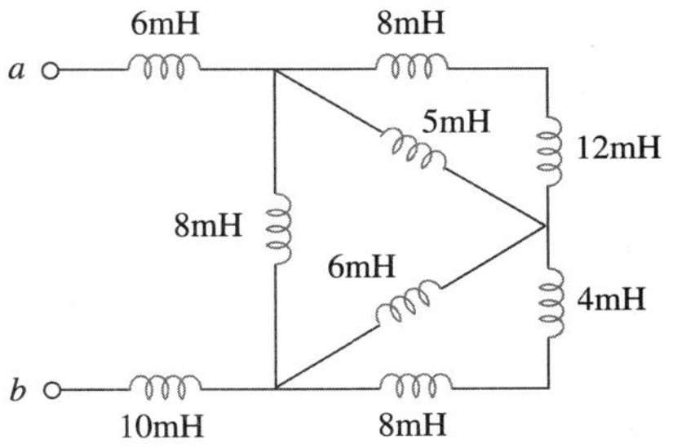

图 6-65　习题 53 图

54　计算图 6-66 所示电路终端间的等效电感。

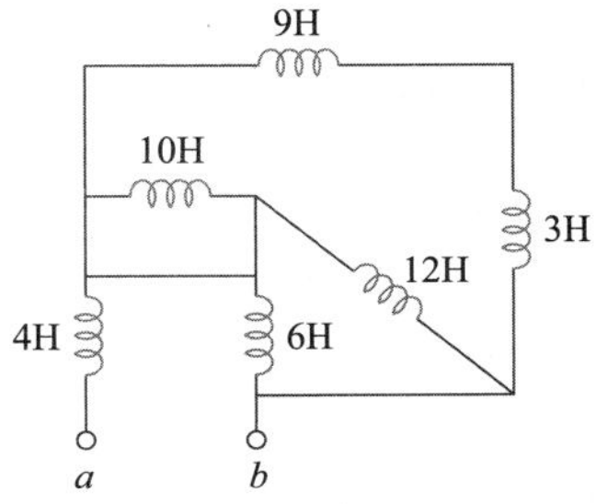

图 6-66　习题 54 图

55　计算图 6-67 所示电路终端间的等效电感。

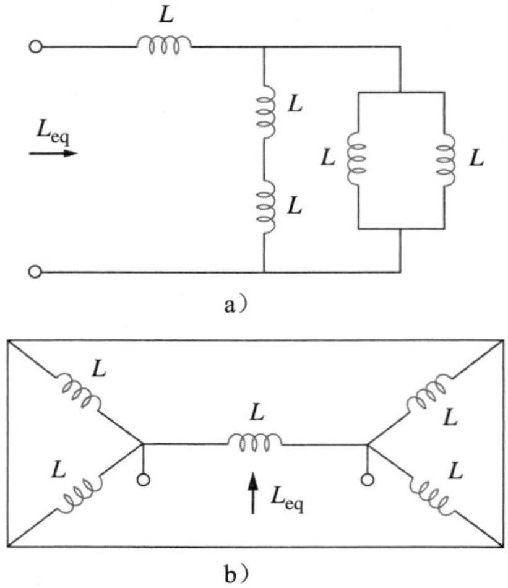

图 6-67　习题 55 图

56　计算图 6-68 所示电路终端间的等效电感。

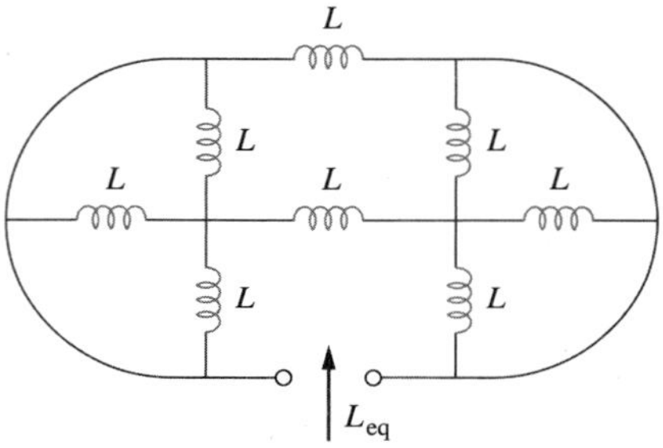

图 6-68　习题 56 图

*57　计算图 6-69 所示电路终端间的等效电感。

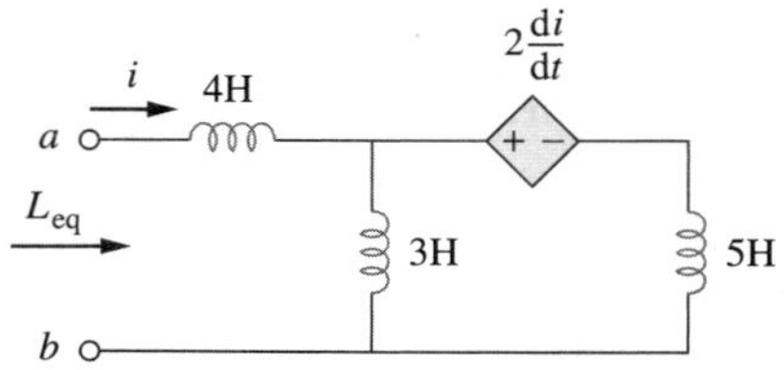

图 6-69　习题 57 图

58　流经一个 3H 电感的电流波形如图 6-70 所示，画出在 $0<t<6$s 内电感两端的电压波形。

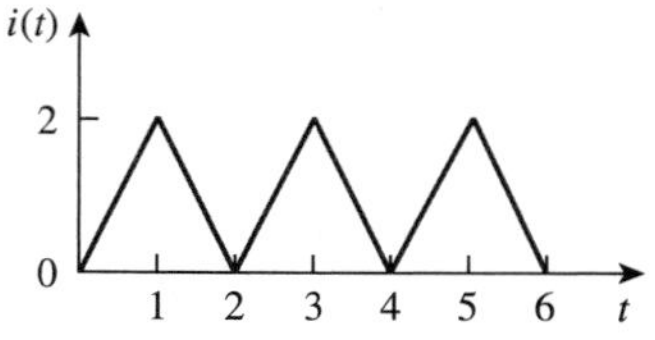

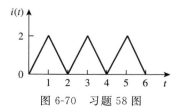

图 6-70　习题 58 图

59　(a) 两电感串联如图 6-71a 所示，试推导出如下式：

$$v_1=\frac{L_1}{L_1+L_2}v_s,\quad v_2=\frac{L_2}{L_1+L_2}v_s$$

假设初始状态为零。

(b) 两电感并联如图 6-71b 所示，试推导出如下式：

$$i_1=\frac{L_2}{L_1+L_2}i_s,\quad i_2=\frac{L_1}{L_1+L_2}i_s$$

假设初始状态为零。

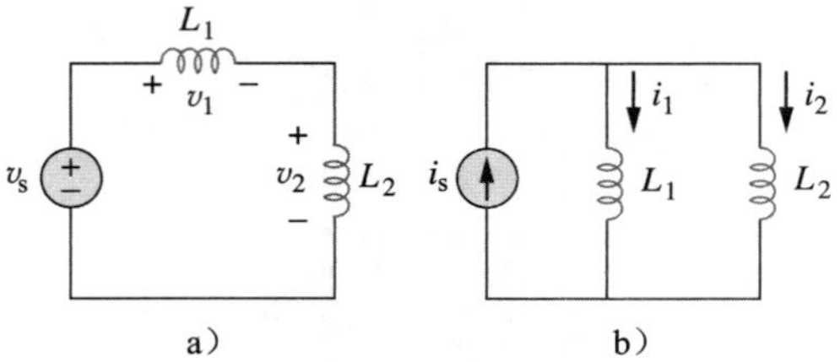

图 6-71　习题 59 图

60　分析图 6-72 所示电路，$i_o(0)=2$A，计算 $t>0$ 时，$i_o(t)$和 $v_o(t)$。

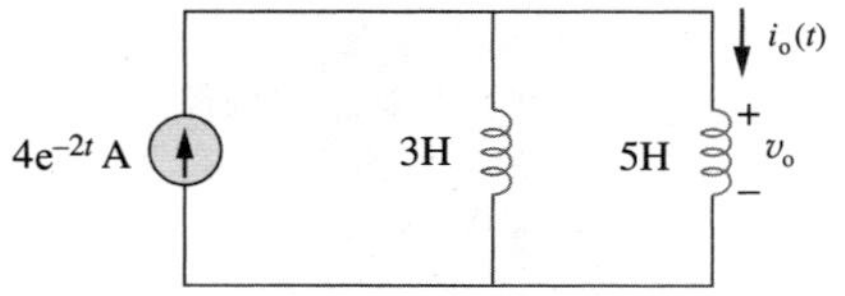

图 6-72　习题 60 图

61　分析图 6-73 所示电路，计算：(a) 在 $i_s=3e^t$ mA 时的 L_{eq}、$i_1(t)$和 $i_2(t)$；(b) 在 $t=1$s 时，20mH 的电感上所存储的能量。

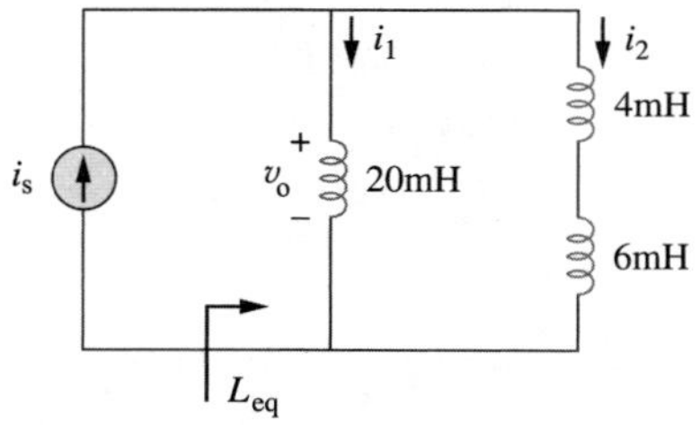

图 6-73　习题 61 图

62　分析图 6-74 所示电路，计算在 $t>0$、$v(t)=12e^{-3t}$ mV、$i_1(0)=-10$mA 时，计算：(a) $i_2(0)$；(b) $i_1(t)$和 $i_2(t)$。

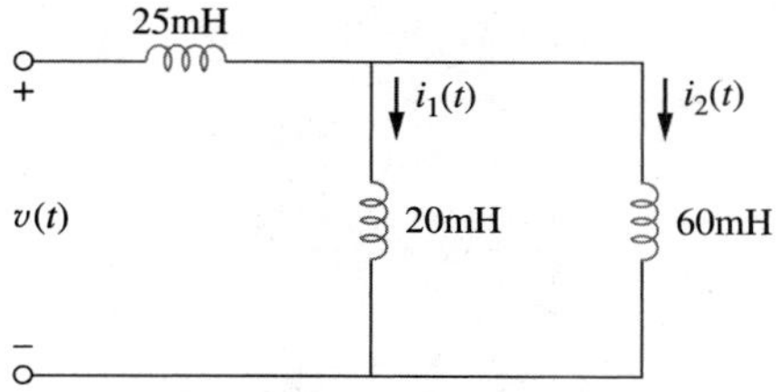

图 6-74　习题 62 图

63 分析图 6-75 所示电路，画出电压 v_o。

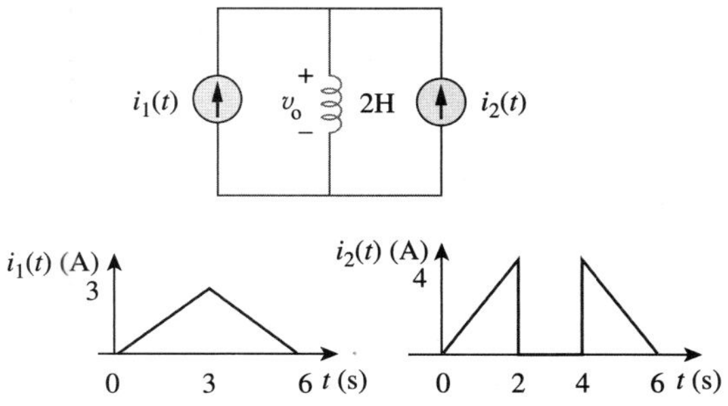

图 6-75 习题 63 图

64 图 6-76 所示电路中的开关一直处于 A 位置，在 $t=0$ 时刻，开关从 A 拨到 B。该开关是一个断通开关，因此电感上的电流不会受外界影响。计算：

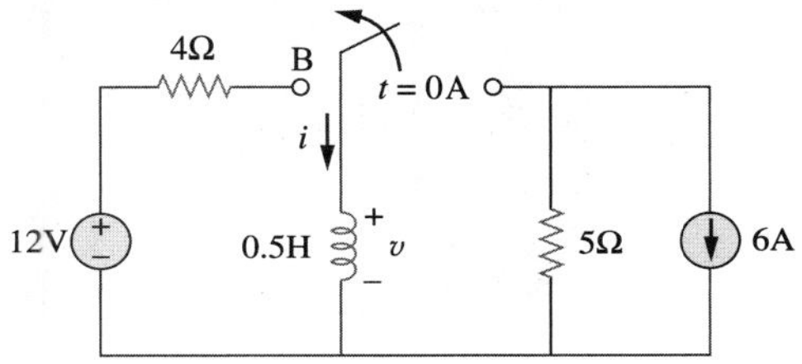

图 6-76 习题 64 图

(a) 当 $t>0$ 时的 $i(t)$；

(b) 开关刚打到 B 位置时 v 的值；

(c) 开关打到 B 位置很长时间后的 $v(t)$。

65 如图 6-77 所示电路中的电感初始状态被充电，在 $t=0$ 时与一个黑盒子相连。在 $t\geqslant0$，$i_1(0)=4\text{A}$、$i_2(0)=-2\text{A}$，并且 $v(t)=50e^{200t}$ mV 时，计算：

(a) 每个电感初始能量；

(b) 在 $t=0$ 到 $t=\infty$ 间，向黑盒子输入的能量；

(c) 在 $t\geqslant0$ 时，$i_1(t)$ 以及 $i_2(t)$；

(d) 在 $t\geqslant0$ 时，$i(t)$。

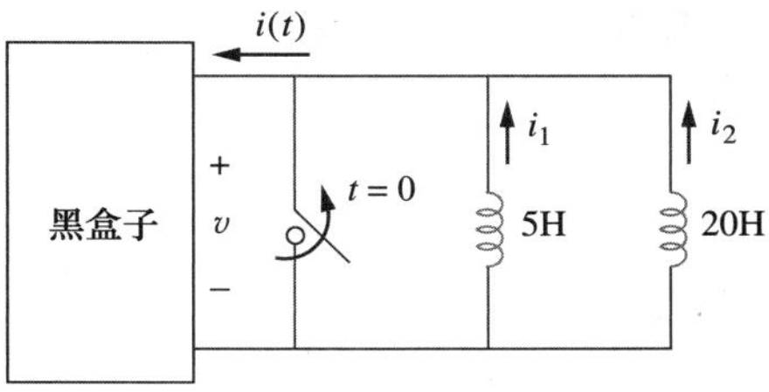

图 6-77 习题 65 图

66 假设通过 20mH 电感的电流 $i(t)$，在任何时候都与电感上的电压在数量上保持相等，当 $i(0)=2\text{A}$ 时，计算 $i(t)$。

第7章

一阶电路

我相信21世纪是工程师的时代！计算机是工程师成功实现这一目标的最重要因素！这就是为什么计算机软件和计算机硬件如此重要！

——Charles K. Alexander

拓展事业

计算机工程领域的职业生涯

最近几十年，电气工程教育经历了巨大的变化。由于计算机的快速发展，许多大学的系名已经逐渐更名为电气与计算机工程系。在现代科学和教育中，计算机占有重要地位。它们已经全面普及并且帮助改变了研究、开发、生产、商业和娱乐的现状。科学家、工程师、医生、律师、老师、航空公司的飞行员、商人——几乎任何人都得益于计算机储存的大量信息和计算机短时间内处理那些信息的能力。互联网这种计算机通信网络在商业、教育和图书馆学等领域至关重要。计算机的应用正在飞速发展。

计算机中的超大规模集成电路

（图片来源：Courtesy Brian Fast, Cleveland State University）

计算机工程教育应该提供软件、硬件设计，以及基本的建模技术，它应该包括数据结构、数字系统、计算机体系结构、微处理器、接口、软件工程、操作系统等课程。

计算机工程专业的电气工程师可以在计算机产业和众多使用计算机的行业找到工作。软件公司的数量和规模快速增长，为那些熟练编程的人提供了就业机会。加入IEEE计算机学会是学习计算机知识的好办法，该学会赞助了多种杂志、期刊和会议。

7.1 概述

现在，我们已经学习了三个无源元件（电阻、电容和电感）和一个有源元件（运算放大器），接下来将讨论包含两个或三个的无源元件的各种组合电路。在本章中，我们将研究两种类型的简单的电路：一种电路包括一个电阻和一个电容，另一种电路包括一个电阻和一个电感。它们分别被称为 *RC* 电路和 *RL* 电路，在电子、通信和控制系统中有着广泛的应用。

像分析电阻电路一样，我们将分析在 *RC* 或 *RL* 电路中基尔霍夫定律的应用。唯一的区别是对纯电阻电路使用基尔霍夫定律产生代数方程，而对 *RC* 和 *RL* 电路使用基尔霍夫定律产生微分方程，这比代数方程更难以解决。*RC* 和 *RL* 的微分方程电路是一阶的，因此，该类电路被统称为一阶电路。

一阶电路的特点是其响应能由一阶微分方程描述。

对于两种类型的一阶电路（*RC* 和 *RL*），有两种方法来激发电路。第一种方式是通过电路中储能元件的初始条件。在这些所谓的*无源电路*（source-free circuit）中，我们假设能量初始存储在电容或电感元件中。该能量使得电流流入电路，并在电阻上逐渐消耗。无源电路不包含独立电源，但可能包含非独立电源。第二种激发一阶电路的方式是独立电源。在这一章中，独立电源为直流电源（在后面的章节中，我们将考虑正弦和指数电源）。我们将在本章中学习两种类型的一阶电路及其两种激发方式，共计四种情况。

7.2 无源 RC 电路

当 RC 电路的直流电源突然中断时，一个无源 RC 电路形成，已经存储在电容中的能量被释放到电阻上。考虑到一个电阻和一个已经充电的电容的串联组合，如图 7-1 中所示。（电阻和电容可能是由电阻和电容重新组合的等效电阻和等效电容。）

提示： 电路的响应就是电路对于激励的反应行为。

为了确定电路响应，我们假设认为电容上的电压为 $v(t)$。因为电容已充电，我们可以假定在时间 $t=0$ 时，初始电压是

$$v(0)=V_0 \tag{7.1}$$

与之对应，所存储的能量

$$w(0)=\frac{1}{2}CV_0^2 \tag{7.2}$$

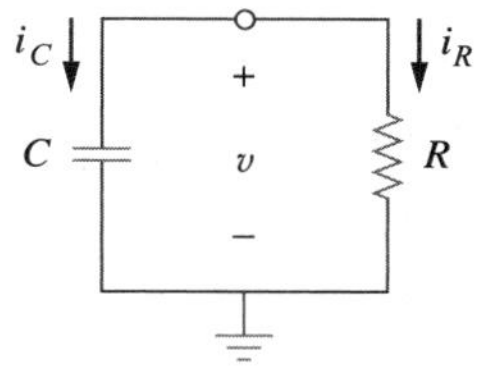

图 7-1 无源 RC 电路

在该电路的顶部节点应用 KCL 方程

$$i_C+i_R=0 \tag{7.3}$$

根据定义，$i_C=C\mathrm{d}v/\mathrm{d}t$ 和 $i_R=v/R$，因此

$$C\frac{\mathrm{d}v}{\mathrm{d}t}+\frac{v}{R}=0 \tag{7.4a}$$

即

$$\frac{\mathrm{d}v}{\mathrm{d}t}+\frac{v}{RC}=0 \tag{7.4b}$$

这是一个一阶微分方程，因为其中只含有 v 的一阶导数。为了解决这个问题，我们重新变换公式，得到

$$\frac{\mathrm{d}v}{v}=-\frac{1}{RC}\mathrm{d}t \tag{7.5}$$

两边积分，我们得到

$$\ln v=-\frac{t}{RC}+\ln A$$

$\ln A$ 是积分常数。因此，

$$\ln\frac{v}{A}=-\frac{t}{RC} \tag{7.6}$$

解得

$$v(t)=A\mathrm{e}^{-t/RC}$$

由初始条件 $v(0)=A=V_0$ 可得

$$v(t)=V_0\mathrm{e}^{-t/RC} \tag{7.7}$$

这表明，RC 电路的电压响应是初始电压的指数衰减。由于响应源于初始存储能量和电路的物理特性，而非外部电压源或电流源，因此该响应被称为电路的自然响应（natural response）。

电路的自然响应指电路本身在没有外部源激发的条件下的电压和电流变化。

提示： 自由响应只与电路自身的性质有关，不涉及外部电源。实际上，电路发生自由响应仅仅是因为电容器中的初始储能。

图 7-2 中说明了自然响应。请注意，在 $t=0$ 时，初始条件为式(7.1)。随着 t 的增加，

电压减小到零。电压减小的速度由时间常数(time constant)表示，用希腊字母 τ 表示。

电路的时间常数表示响应衰减到它的初始值的 1/e 或 36.8%所需要的时间。[⊖]

这意味着，在 $t=\tau$，式(7.7)变为

$$V_0 e^{-\tau/RC}=V_0 e^{-1}=0.368V_0$$

即

$$\boxed{\tau=RC} \tag{7.8}$$

代入时间常数，式(7.7)可写为

$$\boxed{v(t)=V_0 e^{-t/\tau}} \tag{7.9}$$

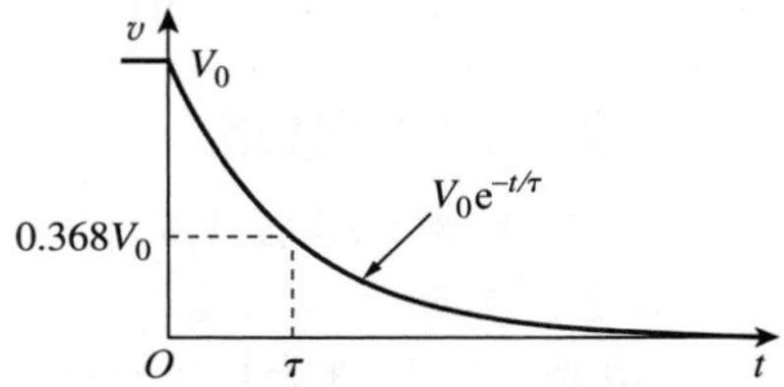

图 7-2 RC 电路的电压响应

借助计算器很容易求出 $v(t)/V_0$ 的值，从表 7-1 中可以明显看出，电压 $v(t)$ 在 5τ(5 个时间常数)后不到原电压值的 1%。因此，我们往往习惯假设电容器在 5 个时间常数后完全放电(或充电)。换句话说，如果电路不再充电，它需要 5τ 的时间达到其最终状态或稳定状态。请注意，每经过一个时间间隔 τ，电压降低至其前一个值的 36.8%，$v(t+\tau)=v(t)/e=0.368v(t)$，与 t 的值无关。

表 7-1 $v(t)/V_0=e^{-t/\tau}$ 的值

t	τ	2τ	3τ	4τ	5τ
$v(t)/V_0$	0.367 88	0.135 34	0.049 79	0.018 32	0.006 74

由式(7.8)可知，时间常数越小，电压降低得越快，即响应速度越快。如图 7-4 中所示，由于电路中存储的能量快速损耗，时间常数小的电路能快速响应，迅速达到稳定状态(或最终状态)；而时间常数大的电路响应较慢，需要更长的时间才能达到稳定状态。无论时间常数是大还是小，电路在 5 个时间常数内都能达到稳定状态。

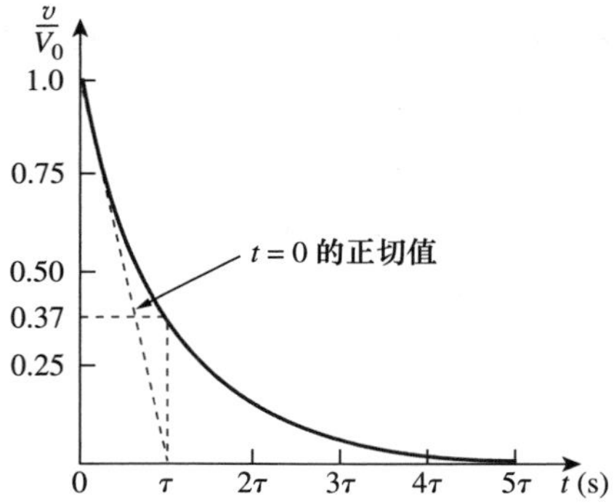

图 7-3 从响应曲线测定时间常数 τ

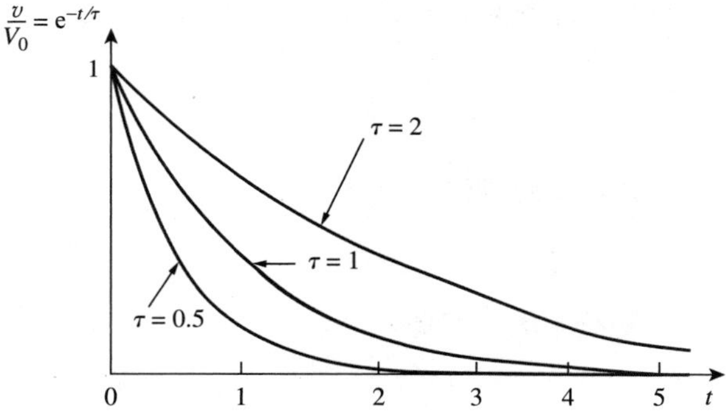

图 7-4 τ 取不同值的时间常数的 $v/V_0=e^{-t/\tau}$ 曲线

随着式(7.9)中电压 $v(t)$，我们可以发现电流 $i_R(t)$

$$i_R(t)=\frac{v(t)}{R}=\frac{V_0}{R}e^{-t/\tau} \tag{7.10}$$

⊖ 可以从另外一个角度来看待时间常数，在式(7.7)中求 $v(t)$，当 $t=0$ 时有

$$\frac{d}{dt}\left(\frac{v}{V_0}\right)\bigg|_{t=0}=-\frac{1}{\tau}e^{-t/\tau}\bigg|_{t=0}=-\frac{1}{\tau}$$

因此，时间常数是初始衰减率，即从某一特定值以恒定的速率衰减到零所需要的时间。时间常数的初始斜率解释通常用于确定示波器上显示的响应曲线的 τ，画出图 7-3 中($t=0$ 时响应曲线)的切线，切线与时间轴相交于 $t=\tau$ 点。

在电阻上消耗的功率是

$$p(t)=vi_R=\frac{V_0^2}{R}e^{-2t/\tau} \tag{7.11}$$

到时间 t 时电阻器吸收的能量是

$$\begin{aligned}w_R(t)&=\int_0^t p(\lambda)\mathrm{d}\lambda=\int_0^t \frac{V_0^2}{R}e^{-2\lambda/\tau}\mathrm{d}\lambda\\&=-\frac{\tau V_0^2}{2R}e^{-2\lambda/\tau}\Big|_0^t=\frac{1}{2}CV_0^2(1-e^{-2t/\tau}),\qquad \tau=RC\end{aligned} \tag{7.12}$$

请注意，$t\to\infty$，$w_R(\infty)\to\frac{1}{2}CV_0^2$，与最初存储在电容器中的能量 $w_C(0)$是相同的。最初存储在电容器中的能量最终被耗散在电阻上。

提示： 当电路是由一个电容、几个电阻和受控源组成时，电容两端的电阻可以由一个戴维南等效电阻替代，从而形成一个简单的 RC 电路。同样，几个电容也可以用戴维南定理来等效为一个电容。

总结：

处理无源 RC 电路的关键是找出：

1. 通过电容器的初始电压 $v(0)=V_0$。
2. 时间常数 τ。

根据这两条，我们求得电容器电压的响应 $v_C(t)=v(t)=v(0)e^{-t/\tau}$。一旦得到电容器电压，其他变量(电容器电流 i_R，电阻器上的电压 v_R 和电阻器的电流 i_R)可以被确定。利用公式 $\tau=RC$ 找到的时间常数，R 通常是电容器两端的戴维南等效电阻，即取出电容器 C 并且计算出在其端口的等效电阻 $R=R_{Th}$。

提示： 无论输出如何定义，时间常数都是相同的。

例 7-1 令 $v_C(0)=15$V，当 $t>0$ 时，计算 v_C、v_x 和 i_x。

解： 我们首先需要使图 7-5 中的电路符合图 7-1 的标准 RC 电路。求出电容器两端的等效电阻或是等效的戴维南电阻，得到电容器电压 v_C。在此基础上我们就可以得出 v_x 和 v_i。

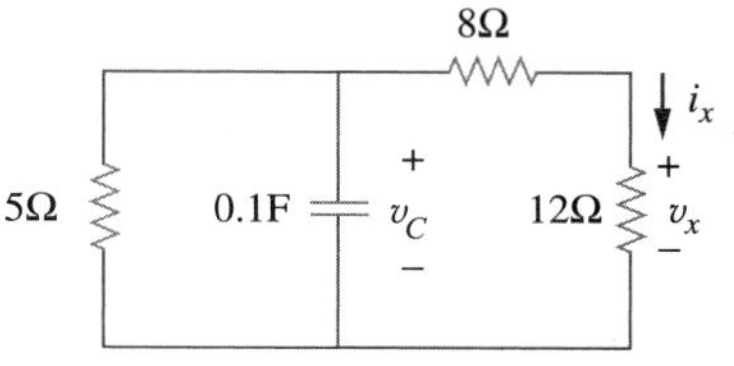

图 7-5　例 7-1 图

8Ω 电阻和 12Ω 电阻串联得到 20Ω 电阻，20Ω 电阻与 5Ω 电阻并联，所以等效电阻为

$$R_{eq}=\frac{20\times5}{20+5}=4(\Omega)$$

因此，其等效电路如图 7-6 所示，这类似于图 7-1。时间常数为

$$\tau=R_{eq}C=4\times0.1=0.4(\mathrm{s})$$

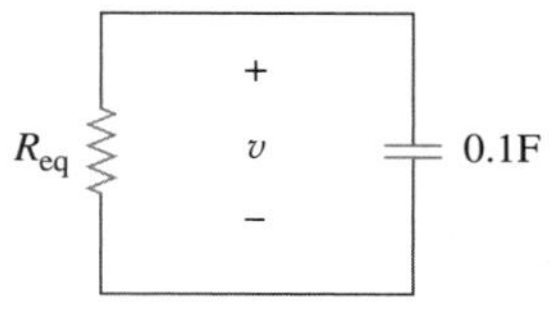

图 7-6　图 7-5 的等效电路

因此

$$v=v(0)e^{-t/\tau}=15e^{-t/0.4}(\mathrm{V}),\qquad v_C=v=15e^{-2.5t}(\mathrm{V})$$

在图 7-5 中，我们可以使用分压原理得到 v_x

$$v_x=\frac{12}{12+8}v=0.6\times15e^{-2.5t}=9e^{-2.5t}(\mathrm{V})$$

最终

$$i_x=\frac{v_x}{12}=0.75e^{-2.5t}(\mathrm{A})$$

◀

练习 7-1 在图 7-7 中，让 $v_C(0)=60\text{V}$，当 $t\geqslant 0$ 时确定 v_C、v_x 和 i_o。

答案： $60\text{e}^{-0.25t}\text{V}$，$20\text{e}^{-0.25t}\text{V}$，$-5\text{e}^{-0.25t}\text{A}$。

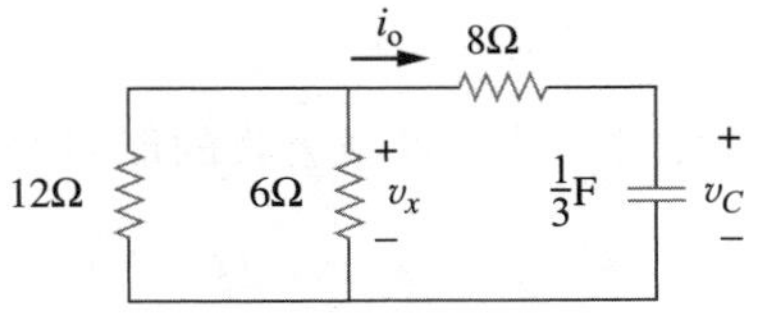

图 7-7 练习 7-1 图

例 7-2 图 7-8 所示的电路中的开关已闭合很长一段时间，它在 $t=0$ 时打开。求 $t\geqslant 0$ 的 $v(t)$，并计算存储在电容器中的初始能量。

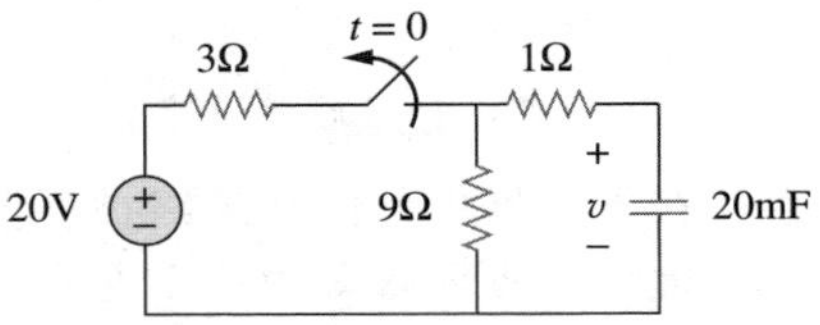

图 7-8 例 7-2 图

解： $t<0$ 时，该开关是闭合的，对直流电源来说电容器相当于断路，如图 7-9a 所示。使用分压原理有

$$v_C(t)=\frac{9}{9+3}\times 20=15(\text{V}),\quad t<0$$

由于电容两端的电压不能瞬时变化，电容两端电压在 $t=0^-$ 与 $t=0$ 是相同的，即

$$v_C(0)=V_0=15\text{V}$$

当 $t>0$ 时，开关打开，得到如图 7-9b 所示的 RC 电路。（注意，图 7-9b 所示的 RC 电路是无源的，图 7-8 中的独立源是需要提供 V_0 或在电容器中的初始能量。）1Ω 电阻和 9Ω 电阻串联得

$$R_{\text{eq}}=1+9=10(\Omega)$$

时间常数为

$$\tau=R_{\text{eq}}C=10\times 20\times 10^{-3}=0.2(\text{s})$$

因此，$t\geqslant 0$ 时，电容两端的电压是

$$v(t)=v_C(0)\text{e}^{-t/\tau}=15\text{e}^{-t/0.2}(\text{V})$$

即

$$v(t)=15\text{e}^{-5t}(\text{V})$$

在电容器中存储的初始能量是

$$w_C(0)=\frac{1}{2}Cv_C^2(0)=\frac{1}{2}\times 20\times 10^{-3}\times 15^2=2.25(\text{J})$$ ◀

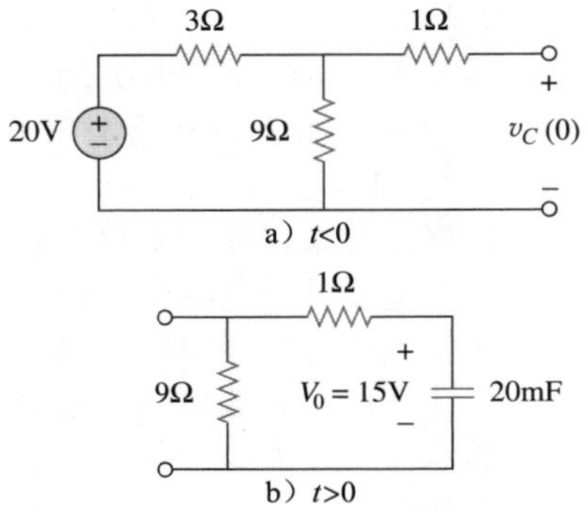

图 7-9 求解例 7-2 图

练习 7-2 在图 7-10 所示电路中，当 $t=0$ 时，开关打开，当 $t\geqslant 0$ 计算 $v(t)$ 和 $w_C(0)$。

答案： $8\text{e}^{-2t}\text{V}$，5.33J。

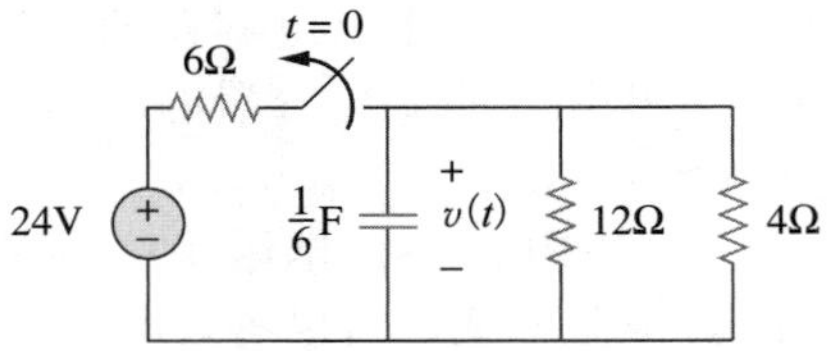

图 7-10 练习 7-2 图

7.3 无源 *RL* 电路

如图 7-11 所示，电路中电阻器和电感器的串联。为了确定电路响应，假设通过电感的电流为 $i(t)$。选择电感器电流作为响应，以充分利用电感电流不能瞬时改变的性质。在 $t=0$ 时，我们假设该电感器具有的初始电流 I_0，即

$$i(0)=I_0 \tag{7.13}$$

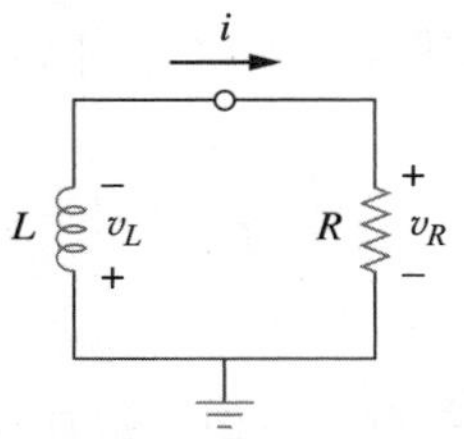

图 7-11 无源 *RL* 电路

与之相应的存储在电感中的能量

$$w(0)=\frac{1}{2}LI_0^2 \tag{7.14}$$

对图 7-11 中的回路应用 KVL 可得

$$v_L+v_R=0 \tag{7.15}$$

因为 $v_1=L\mathrm{d}i/\mathrm{d}t$，$v_R=iR$，所以

$$L\frac{\mathrm{d}i}{\mathrm{d}t}+Ri=0$$

即

$$\frac{\mathrm{d}i}{\mathrm{d}t}+\frac{R}{L}i=0 \tag{7.16}$$

整理可得

$$\int_{I_0}^{i(t)}\frac{\mathrm{d}i}{i}=-\int_0^t\frac{R}{L}\mathrm{d}t$$

$$\ln i\Big|_{I_0}^{i(t)}=-\frac{Rt}{L}\Big|_0^t \quad\Rightarrow\quad \ln i(t)-\ln I_0=-\frac{Rt}{L}+0$$

即

$$\ln\frac{i(t)}{I_0}=-\frac{Rt}{L} \tag{7.17}$$

可得

$$i(t)=I_0\mathrm{e}^{-Rt/L} \tag{7.18}$$

这表明，RL 电路的自由响应是初始电流的指数衰减。电流响应显示在图 7-12 中。从式(7.18)中可得 RL 电路的时间常数的是

$$\boxed{\tau=\frac{L}{R}} \tag{7.19}$$

代入式(7.18)，可得

$$\boxed{i(t)=I_0\mathrm{e}^{-t/\tau}} \tag{7.20}$$

在式(7.20)中，我们可以发现电阻上的电压是

$$v_R(t)=iR=I_0R\mathrm{e}^{-t/\tau} \tag{7.21}$$

电阻的功率是

$$p=v_Ri=I_0^2R\mathrm{e}^{-2t/\tau} \tag{7.22}$$

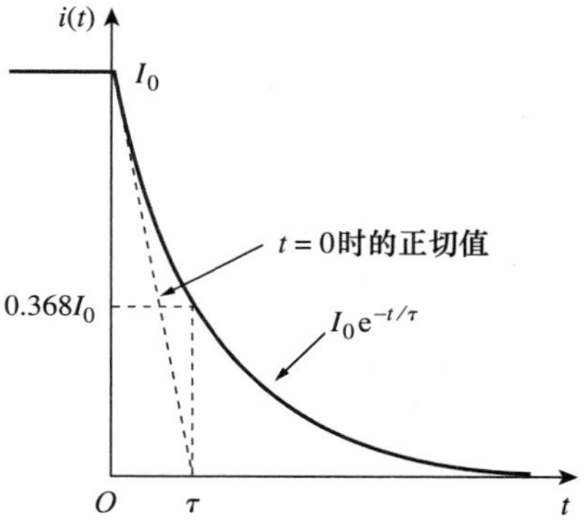

图 7-12　电流响应的 RL 电路

电阻吸收的能量是

$$w_R(t)=\int_0^t p(\lambda)\mathrm{d}\lambda=\int_0^t I_0^2\mathrm{e}^{-2\lambda/\tau}\mathrm{d}\lambda=-\frac{\tau}{2}I_0^2R\mathrm{e}^{-2\lambda/\tau}\Big|_0^t,\qquad \tau=\frac{L}{R}$$

即

$$w_R(t)=\frac{1}{2}LI_0^2(1-\mathrm{e}^{-2t/\tau}) \tag{7.23}$$

注意，$t\to\infty$，$w_R(\infty)\to\frac{1}{2}LI_0^2$，与最初存储在电感上的能量 $w_L(0)$ 一样，见式(7.14)。可见，最初存储在电感中的能量最终耗散在电阻上。

提示： 电路的时间常数越小，响应衰减速度越快。电路的时间常数越大，响应衰减速度越慢。无论时间常数的大小如何，响应衰减在 5τ 后的都不到初始值的 1%(即达到稳定状态)。

图 7-12 给出了关于 τ 的初始斜率解释的图解。

总结：

处理无源 RL 电路的关键是找到：

1. 通过电感器的初始电流 $i(0)=I_0$。
2. 电路的时间常数 τ。

根据这两条，我们能得到电感器的电流响应 $i_L(t)=i(t)=i(0)\mathrm{e}^{-t/\tau}$。一旦确定了电感电流 i_L，其他变量(电感电压 v_L、电阻上的电压 v_R 和电阻电流 i_R)可以由公式求得。需要注意的是，在一般情况下，式(7.19)中的 R 是电感器两端的戴维南电阻。

提示：当电路由一个电感、几个电阻和受控源组成时，电感两端的电阻可以由一个戴维南等效电阻替代，从而形成一个简单的 RL 电路。同样，几个电感也可以用戴维南定理来等效为一个电感。

例 7-3 在图 7-13 中，假设 $i(0)=10\text{A}$，计算 $i(t)$和 $i_x(t)$。

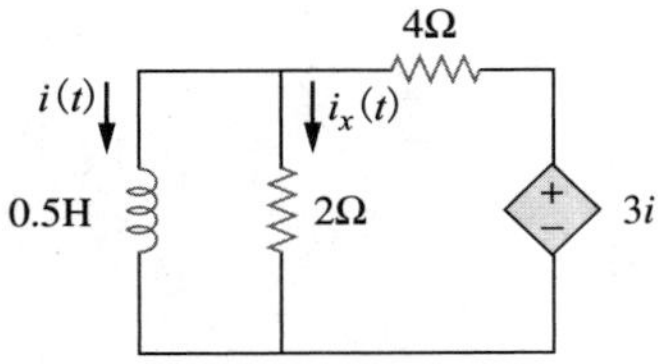

图 7-13 例 7-3 图

解：有两种方法可以解决这个问题。其中一个方法是，先求得电感端子的等效电阻，然后使用式(7.20)计算电流。另一种方法是通过基尔霍夫电压法计算电流。无论采取哪种方法，都要先求出通过电感的电流。

方法 1 等效电阻与电感两端的戴维南电阻是一样的。由于存在非独立源，在电感的 $a-b$ 两端插入一个电压源 $v_o=1\text{V}$，如图 7-14a 所示。(也可以在两端插入一个 1A 电流源)对两个环路应用 KVL 可得

$$2(i_1-i_2)+1=0 \quad \Rightarrow \quad i_1-i_2=-\frac{1}{2} \tag{7.3.1}$$

$$6i_2-2i_1-3i_1=0 \quad \Rightarrow \quad i_2=\frac{5}{6}i_1 \tag{7.3.2}$$

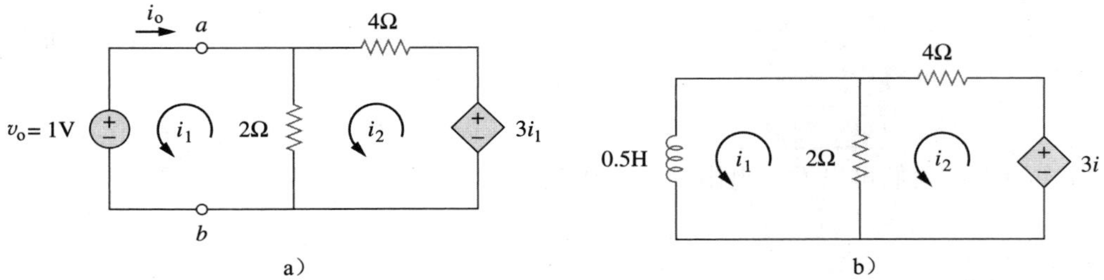

图 7-14 求解例 7-3 的电路

将式(7.3.2)代入式(7.3.1)给出

$$i_1=-3\text{A}, \quad i_o=-i_1=3\text{A}$$

因此，

$$R_{\text{eq}}=R_{\text{Th}}=\frac{v_o}{i_o}=\frac{1}{3}\Omega$$

时间常数为

$$\tau=\frac{L}{R_{\text{eq}}}=\frac{\frac{1}{2}}{\frac{1}{3}}=\frac{3}{2}(\text{s})$$

因此，通过电感的电流是

$$i(t)=i(0)\mathrm{e}^{-t/\tau}=10\mathrm{e}^{-(2/3)t}\text{A}, \quad t>0$$

方法 2 在图 7-14b 所示的电路中，可以直接应用 KVL。对于回路 1，

$$\frac{1}{2}\frac{\mathrm{d}i_1}{\mathrm{d}t}+2(i_1-i_2)=0$$

即

$$\frac{\mathrm{d}i_1}{\mathrm{d}t}+4i_1-4i_2=0 \tag{7.3.3}$$

对于回路 2，

$$6i_2-2i_1-3i_1=0 \quad \Rightarrow \quad i_2=\frac{5}{6}i_1 \tag{7.3.4}$$

将式(7.3.4)代入式(7.3.3)得出

$$\frac{\mathrm{d}i_1}{\mathrm{d}t}+\frac{2}{3}i_1=0$$

变换得

$$\frac{\mathrm{d}i_1}{i_1}=-\frac{2}{3}\mathrm{d}t$$

因为 $i_1=i$，用 i 来代替 i_1 可得

$$\ln i\Big|_{i(0)}^{i(t)}=-\frac{2}{3}t\Big|_0^t$$

即

$$\ln\frac{i(t)}{i(0)}=-\frac{2}{3}t$$

可得

$$i(t)=i(0)\mathrm{e}^{-(2/3)t}=10\mathrm{e}^{-(2/3)t}\,\mathrm{A}, \qquad t>0$$

这与方法一结果相同。

电感两端的电压是

$$v=L\frac{\mathrm{d}i}{\mathrm{d}t}=0.5\times10\times\left(-\frac{2}{3}\right)\mathrm{e}^{-(2/3)t}=-\frac{10}{3}\mathrm{e}^{-(2/3)t}(\mathrm{V})$$

由于电感和 2Ω 电阻并联，所以

$$i_x(t)=\frac{v}{2}=-1.6667\mathrm{e}^{-(2/3)t}(\mathrm{A}), \qquad t>0$$

◀

练习 7-3 在如图 7-15 的电路中，假设 $i(0)=12\mathrm{A}$，计算 i 和 v_x。

答案： $12\mathrm{e}^{-2t}\mathrm{A}$，$-12\mathrm{e}^{-2t}\mathrm{V}$，$t>0$。

例 7-4 图 7-16 所示的电路中，开关一直处于关闭状态，当 $t=0$ 时，开关打开，求 $t>0$ 时的响应 $i(t)$。

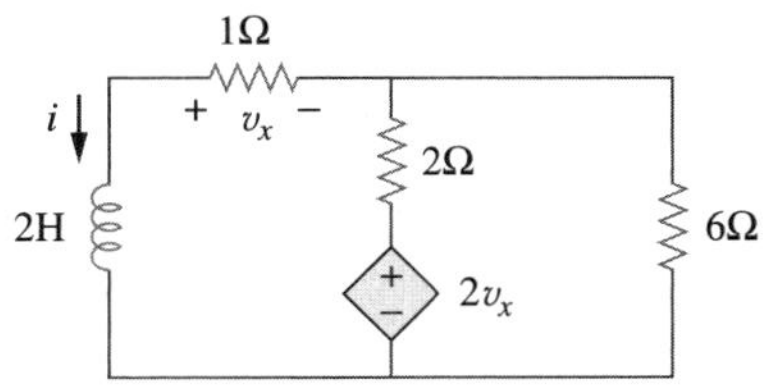

图 7-15 练习 7-3 图

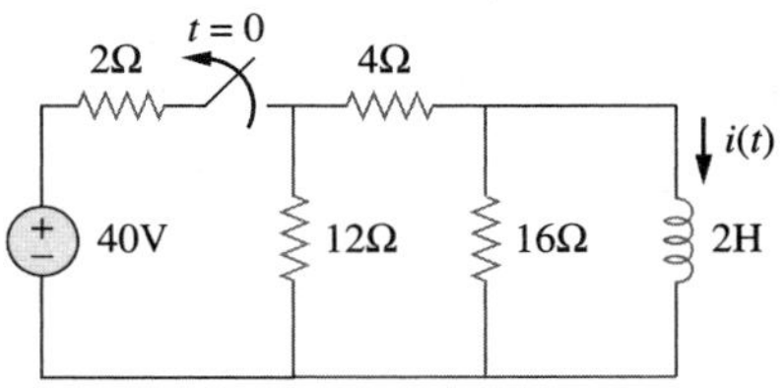

图 7-16 例 7-4 图

解： 当 $t<0$ 时，开关关闭，对于直流电，电感相当于短路电路。16Ω 电阻被短路，所得到的电路如图 7-17a 所示。为求出图 7-17a 中的 i_1，将 4Ω 电阻和 12Ω 电阻并联，以获得

$$\frac{4\times12}{4+12}=3(\Omega)$$

因此

$$i_1=\frac{40}{2+3}=8(\mathrm{A})$$

图 7-17a 中，用分流法可得

$$i(t)=\frac{12}{12+4}i_1=6(\mathrm{A}),\qquad t<0$$

因为通过电感的电流不能瞬时改变

$$i(0)=i(0^-)=6\mathrm{A}$$

当 $t>0$ 时，开关打开，电压源断开，得到无源 RL 电路如图 7-17b 所示，则总电阻为

$$R_{\mathrm{eq}}=(12+4)\parallel 16=8(\Omega)$$

时间常数为

$$\tau=\frac{L}{R_{\mathrm{eq}}}=\frac{2}{8}=\frac{1}{4}(\mathrm{s})$$

因此，

$$i(t)=i(0)\mathrm{e}^{-t/\tau}=6\mathrm{e}^{-4t}(\mathrm{A})$$ ◀

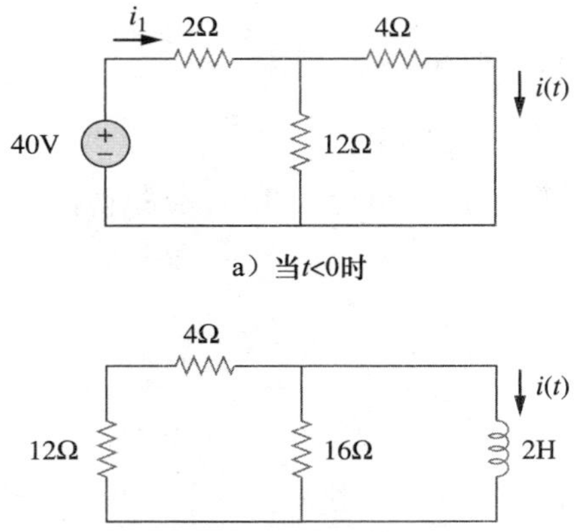

a）当$t<0$时

b）当$t>0$时

图 7-17　求解例 7-4 的电路

练习 7-4　在图 7-18 所示电路中，当 $t>0$ 时求 $i(t)$。　**答案：** $5\mathrm{e}^{-2t}$A，$t>0$。

例 7-5　在图 7-19 所示电路中，假设开关打开，电路已达稳定，求 i_o，v_o 和 i。

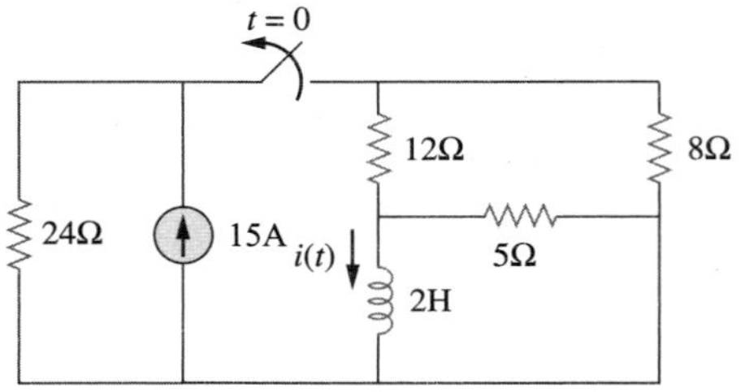

图 7-18　练习 7-4 图

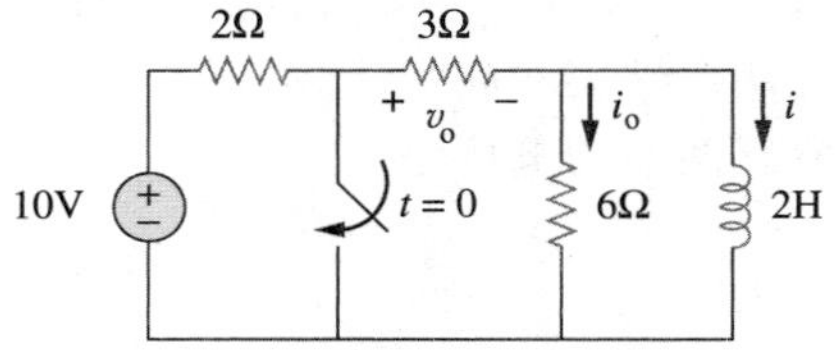

图 7-19　例 7-5 图

解： 首先求出通过电感的电流 i，然后通过它得到其他的值。当 $t<0$ 时，开关处于打开状态，电感相当于短路，6Ω 电阻被短路，如图 7-20a 所示。其中，$i_o=0$ 并且

$$i(t)=\frac{10}{2+3}=2(\mathrm{A}),\qquad t<0$$

$$v_o(t)=3i(t)=6\mathrm{V},\qquad t<0$$

因此，$i(0)=2\mathrm{A}$。

当 $t>0$ 时，开关闭合，使得电压源被短路，得到无源 RL 电路如图 7-20b 所示。在电感的两端，等效电阻为

$$R_{\mathrm{Th}}=3\parallel 6=2(\Omega)$$

时间常数为

$$\tau=\frac{L}{R_{\mathrm{Th}}}=1(\mathrm{s})$$

因此，

$$i(t)=i(0)\mathrm{e}^{-t/\tau}=2\mathrm{e}^{-t}(\mathrm{A}),\qquad t>0$$

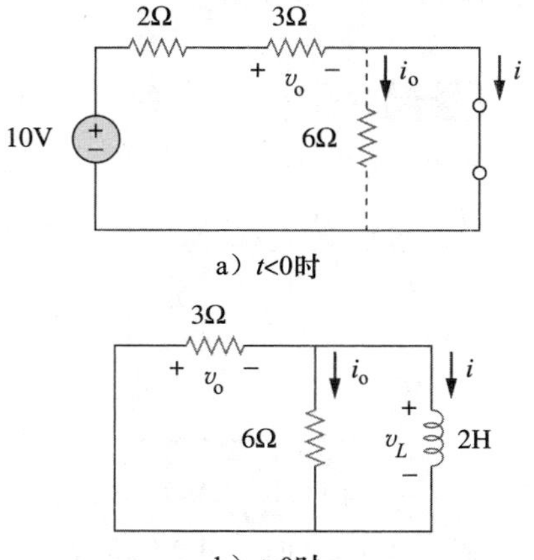

a）$t<0$时

b）$t>0$时

图 7-20　例 7-5 图

由于电感和 6Ω 电阻及 3Ω 电阻并联，所以

$$v_o(t)=-v_L=-L\frac{\mathrm{d}i}{\mathrm{d}t}=-2\times(-2\mathrm{e}^{-t})=4\mathrm{e}^{-t}(\mathrm{V}),\qquad t>0$$

$$i_o(t)=\frac{v_L}{6}=-\frac{2}{3}\mathrm{e}^{-t}(\mathrm{A}),\qquad t>0$$

因此，对于所有的时间段，

$$i_o(t)=\begin{cases}0\text{A}, & t<0\\ -\dfrac{2}{3}e^{-t}\text{A}, & t>0\end{cases},\quad v_o(t)=\begin{cases}6\text{V}, & t<0\\ 4e^{-t}\text{V}, & t>0\end{cases}$$

$$i(t)=\begin{cases}2\text{A}, & t<0\\ 2e^{-t}\text{A}, & t\geqslant 0\end{cases}$$

注意，当 $t=0$ 时，电感的电流是连续的，而通过 6Ω 电阻的电流从 0 下降到 $-2/3$A，3Ω 电阻两端的电压从 6V 降到 4V。还应注意，无论图 7-21 中的 i 和 i_o 哪个被定义为输出，时间常数都是相同的。◀

练习 7-5 对如图 7-22 所示电路，求对所有 t 的 i、i_o 和 v_o。假设开关已闭合且稳态，注意，打开与理想电流源串联的开关将在电流源两端形成无穷大的电压，显然这是不可能的。为了解决这个问题，可以在电流源上并联一个分流电阻(等效为一个电压源与一个电阻串联)。在大多数情况下，像这样的电流源电路更符合实际。这些电路允许电源像一个理想的电流源一样工作，且可以超出它的工作范围，但当负载变得太大(比如开路)时电压会受到限制。

答案： $i=\begin{cases}16\text{A}, & t<0\\ 16e^{-2t}\text{A}, & t\geqslant 0\end{cases}$，$i_o=\begin{cases}8\text{A}, & t<0\\ -5.333e^{-2t}\text{A}, & t>0\end{cases}$，$v_o=\begin{cases}32\text{V}, & t<0\\ 10.667e^{-2t}\text{V}, & t>0\end{cases}$

7.4 奇异函数

我们在学习本章下半部分之前，需要考虑到一些数学概念，这将有助于我们对暂态分析的理解。奇异函数的基本概念将帮助我们理解一阶电路对于独立直流电压或者电流源的暂态响应。

奇异函数(也称*开关函数*)在电路分析中是非常有用的。它们近似于电路中的开关操作产生的信号，在电路一些现象的细节描述中非常有效，特别是接下来的章节中将要讨论的 *RC* 或 *RL* 电路的阶跃响应。

奇异函数及其导数都是不连续的。

电路分析中最广泛使用的三种奇异函数是*单位阶跃*(unit step)函数、*单位冲激*(unit impulse)函数和*单位斜坡*(unit ramp)函数。

单位阶跃函数 $u(t)$ 在 t 的值是负数时为 0，在 t 的值是正数时为 1。

数学表示为

$$\boxed{u(t)=\begin{cases}0, & t<0\\ 1, & t>0\end{cases}} \tag{7.24}$$

单位阶跃函数当 $t=0$ 时是不确定的，此刻函数值突然从 0 变为 1。它像其他的数学函数如正弦和余弦一样是无量纲的。图 7-23 所示即为单位阶跃函数。如果在 $t=t_0(t_0>0)$ 时发生突变，单元阶跃函数变为

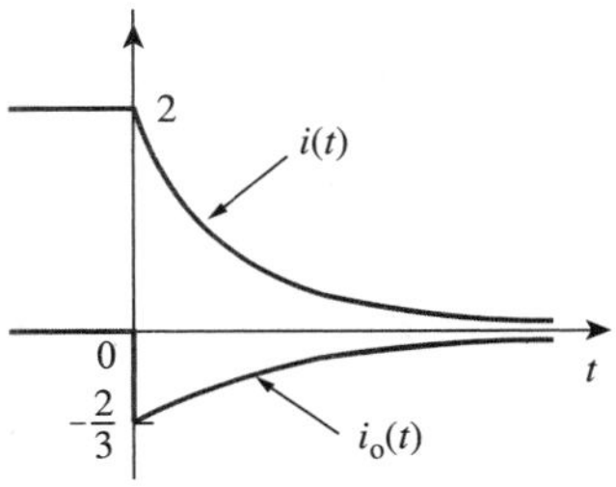

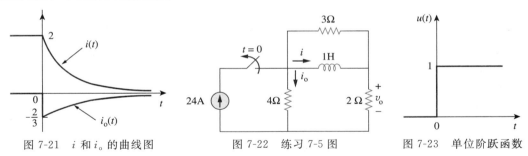

图 7-21 i 和 i_o 的曲线图

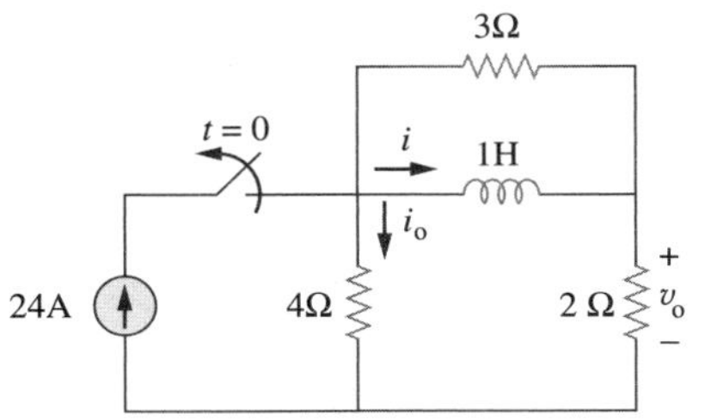

图 7-22 练习 7-5 图

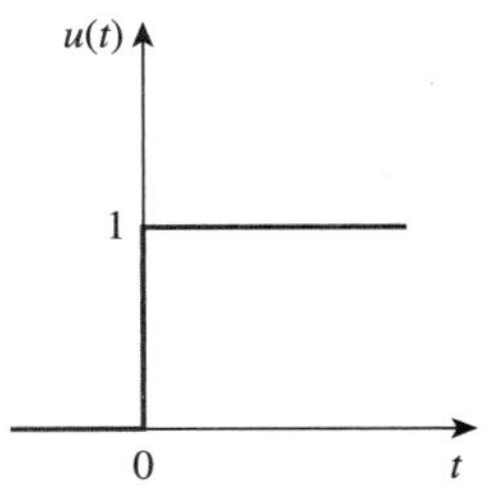

图 7-23 单位阶跃函数

$$u(t-t_0)=\begin{cases}0, & t<t_0\\1, & t>t_0\end{cases} \tag{7.25}$$

表示 $u(t)$ 被延迟 t_0，如图 7-24a 所示。只需将 t 替换成 $t-t_0$，式(7.24)即可变成式(7.25)。如果在 $t=-t_0$ 时发生突变，单位阶跃函数变为

$$u(t+t_0)=\begin{cases}0, & t<-t_0\\1, & t>-t_0\end{cases} \tag{7.26}$$

表示 $u(t)$ 被提前 t_0，如图 7-24b 所示。

提示：可以写成 $u[f(t)]=1$，$f(t)>0$，这里 $f(t)$ 可能是 $(t-t_0)$ 或 $(t+t_0)$，由式(7.24)可得出式(7-25)和式(7-26)。

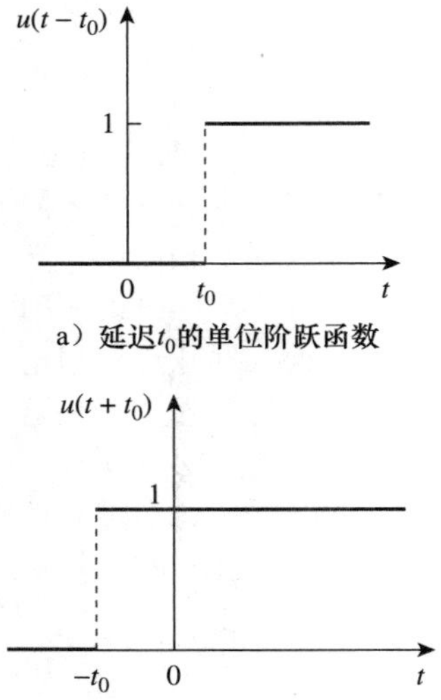

a）延迟 t_0 的单位阶跃函数

b）提前 t_0 的单位阶跃函数

图 7-24　延迟和提前 t_0 的单位阶跃函数

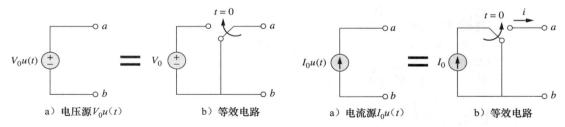

使用阶跃函数可以表示电压或电流的急剧变化，类似于控制系统和数字计算机的电路中发生的变化。例如，电压

$$v(t)=\begin{cases}0, & t<t_0\\V_0, & t>t_0\end{cases} \tag{7.27}$$

可以表示为单位阶跃函数

$$v(t)=V_0u(t-t_0) \tag{7.28}$$

如果令 $t_0=0$，那么 $v(t)$ 便成为阶跃电压 $V_0u(t)$，如图 7-25a 中所示，其等效电路如图 7-25b 所示。在图 7-25b 中可知，当 $t<0$ 时，a-b 端是短路的，$t=0$ 时，端电压 $v=V_0$。

同样地，图 7-26 中的电流源 $I_0u(t)$，其等效电路如图 7-26b 所示。注意，当 $t<0$ 时，电路开路($i=0$)，当 $t>0$ 时，$i=I_0$。

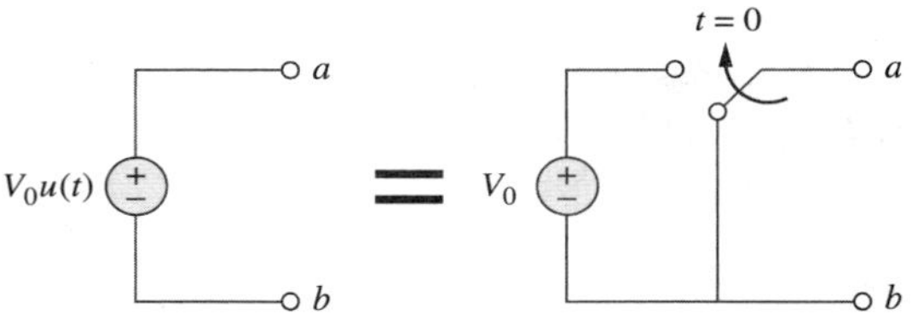

a）电压源 $V_0u(t)$　　b）等效电路

图 7-25　电压源及其等效电路

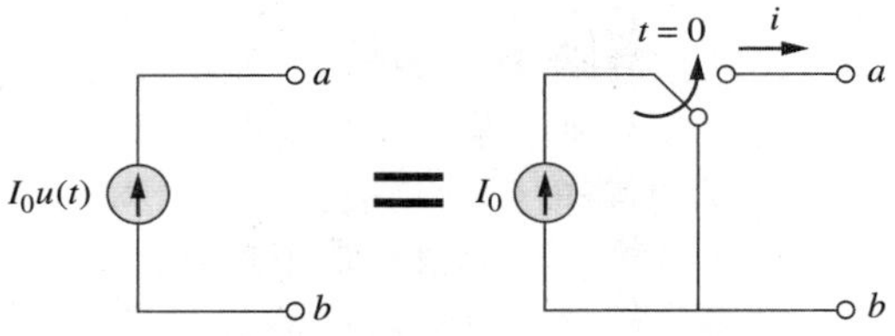

a）电流源 $I_0u(t)$　　b）等效电路

图 7-26　电流源及其等效电路

单位阶跃函数 $u(t)$ 的导数是单位冲激函数 $\delta(t)$，记作

$$\boxed{\delta(t)=\frac{\mathrm{d}}{\mathrm{d}t}u(t)=\begin{cases}0, & t<0\\\text{未定义}, & t=0\\0, & t>0\end{cases}} \tag{7.29}$$

单位冲激函数也被称为狄拉克函数，如图 7-27 所示。

单位冲激函数 $\boldsymbol{\delta(t)}$ 除了在 $\boldsymbol{t=0}$ 时值是不确定的，其余处处为零。

电流和电压的脉冲会在电路有开关操作或有脉冲源的时候产生。虽然单位冲激函数在物理上不可实现(就像理想电源、理想电阻等)，但它是一个非常有用的数学工具。

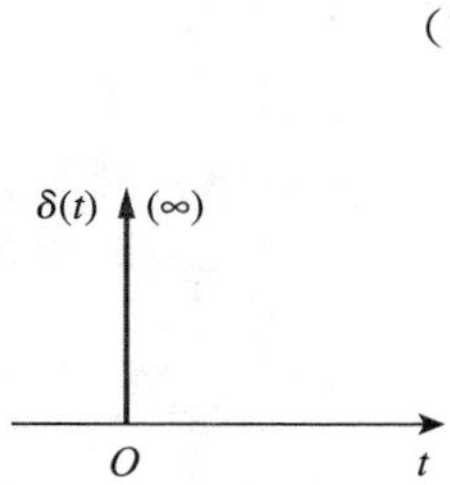

图 7-27　单位冲激函数

单位脉冲可被视为施加或所得的尖锥，它可视化为一个非常短持续时间脉冲的单位面积。数学表示为

$$\int_{0^-}^{0^+}\delta(t)\,\mathrm{d}t=1 \tag{7.30}$$

式中 $t=0^-$ 表示 $t=0$ 时刻之前，$t=0^+$ 表示 $t=0$ 时刻之后。出于这个原因，一般习惯在箭头旁边写 1(表示单位面积)，用来象征单位冲激函数，如图 7-27 所示。冲激函数的单位面积被称为冲激函数的强度(strength)。当一个冲激函数的强度大于单位冲激函数时，那么它的面积等同于它的强度。例如，冲激函数 $10\delta(t)$的面积为 10。图 7-28 显示了 $5\delta(t+2)$、$10\delta(t)$和$-4\delta(t-3)$三种冲激函数。

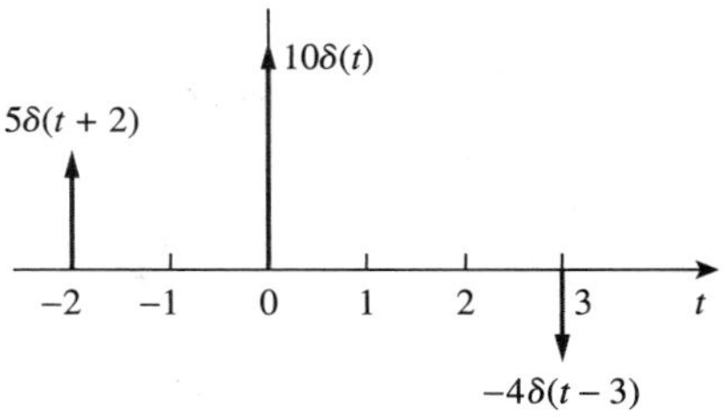

图 7-28　三种冲激函数

为了说明冲激函数如何影响其他函数，对其积分得

$$\int_a^b f(t)\delta(t-t_0)\mathrm{d}t \tag{7.31}$$

$a<t_0<b$ 时，因为除 $t=t_0$ 点之外 $\delta(t-t_0)=0$，所以除 t_0 点之外的被积函数为零。所以，

$$\int_a^b f(t)\delta(t-t_0)\mathrm{d}t=\int_a^b f(t_0)\delta(t-t_0)\mathrm{d}t=f(t_0)\int_a^b \delta(t-t_0)\mathrm{d}t=f(t_0)$$

即

$$\boxed{\int_a^b f(t)\delta(t-t_0)\mathrm{d}t=f(t_0)} \tag{7.32}$$

这表明，当一个函数与冲激函数相乘时，得到的值出现在冲激函数发生的点上。这就是冲激函数的抽样或筛选(Sampling or Sifting)性质。式(7.31)的特殊值出现在 $t_0=0$ 时，此时式(7.32)可写为

$$\int_{0^-}^{0^+} f(t)\delta(t)\mathrm{d}t=f(0) \tag{7.33}$$

单位斜坡函数 $r(t)$是单位阶跃函数 $u(t)$的变形，记作

$$r(t)=\int_{-\infty}^{t} u(\lambda)\mathrm{d}\lambda=tu(t) \tag{7.34}$$

即

$$\boxed{r(t)=\begin{cases}0, & t\leqslant 0\\ t, & t\geqslant 0\end{cases}} \tag{7.35}$$

单位斜坡函数在 t 的值为负时值为零，在 t 的值为正时存在单元斜率

图 7-29 所示为单位斜坡函数。在一般情况下，斜坡函数以恒定的速率变化。

如图 7-30 所示，单位斜坡函数可以被延迟或提前，对于延迟的单位斜坡函数，

$$r(t-t_0)=\begin{cases}0, & t\leqslant t_0\\ t-t_0, & t\geqslant t_0\end{cases} \tag{7.36}$$

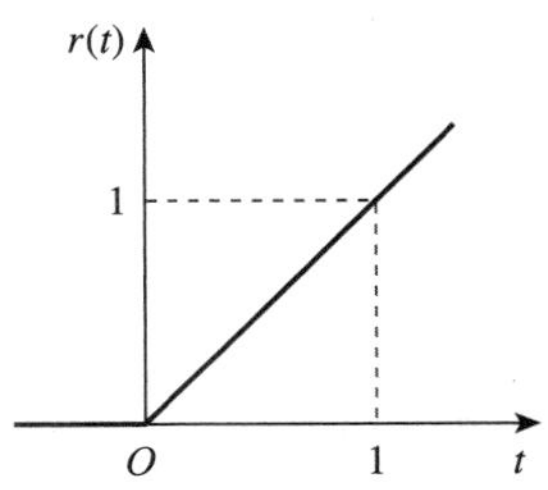

图 7-29　单位斜坡函数

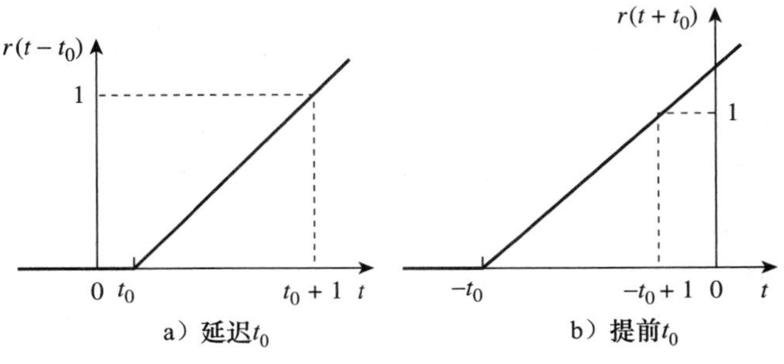

图 7-30　延迟 t_0 与提前 t_0 的单位斜坡函数

对于提前的单位斜坡函数，

$$r(t+t_0)=\begin{cases}0, & t\leqslant -t_0\\ t+t_0, & t\geqslant -t_0\end{cases} \tag{7.37}$$

我们应该记住这三个奇异函数(冲激、阶跃、斜坡)之间的关系：

$$\delta(t)=\frac{\mathrm{d}u(t)}{\mathrm{d}t},\quad u(t)=\frac{\mathrm{d}r(t)}{\mathrm{d}t} \tag{7.38}$$

或变为积分形式：

$$u(t)=\int_{-\infty}^{t}\delta(\lambda)\mathrm{d}\lambda,\quad r(t)=\int_{-\infty}^{t}u(\lambda)\mathrm{d}\lambda \tag{7.39}$$

虽然还有许多其他的奇异函数，但本章只讨论这三个(冲激函数、单位阶跃函数和斜坡函数)奇异函数。

例 7-6 表示图 7-31 中的单位阶跃电压，计算并画出它的导数。

提示： 门函数常被用于控制其他信号的通过或被阻止。

解： 图 7-31 中这种类型的脉冲被称为门函数。门函数可以视为另一种阶跃函数，在 t 等于某个值时打开，在 t 等于另一个值时关闭。如图 7-31 中所示的门函数，在 $t=2\text{s}$ 时打开，在 $t=5\text{s}$ 时关闭。如图 7-32a 所示，该门函数由两个阶跃函数组成。从图中可明显看出

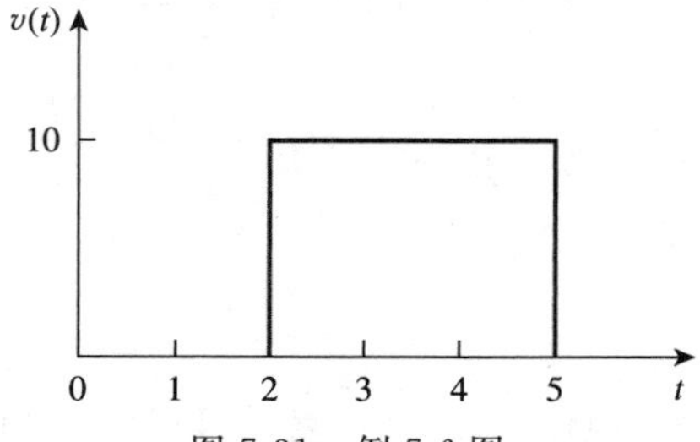

图 7-31　例 7-6 图

$$v(t)=10u(t-2)-10u(t-5)=10[u(t-2)-u(t-5)]$$

求导可得

$$\frac{\mathrm{d}v}{\mathrm{d}t}=10[\delta(t-2)-\delta(t-5)]$$

导数如图 7-32b 所示，图 7-32b 可通过观察直接由图 7-31 得出：当 $t=2\text{s}$ 时，电压瞬间增加 10V，导致 $10\delta(t-2)$；当 $t=5\text{s}$ 时，电压瞬间降低 10V，导致 $-10\delta(t-5)$。◀

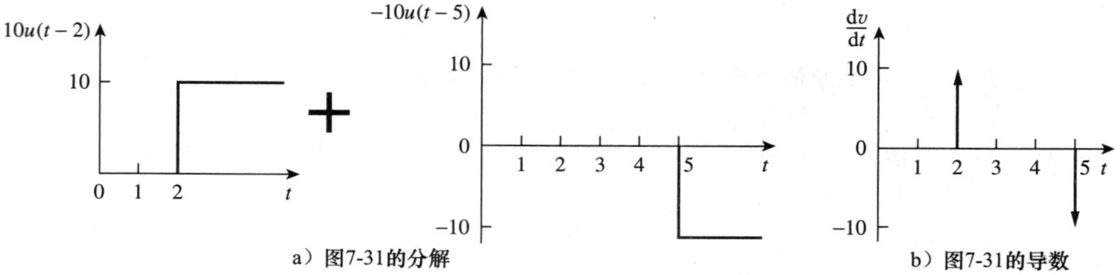

图 7-32　例 7-6 的求解结果

练习 7-6 表示图 7-33 中所示的阶跃电流，求其积分并画图。

答案： $10[u(t)-2u(t-2)+u(t-4)]$，$10[r(t)-2r(t-2)+r(t-4)]$，见图 7-34。

例 7-7 用奇异函数来表示图 7-35 中的锯齿波(sawtooth)函数。

解： 解决此问题有三种方法。第一种方法只需观察给定的函数，而其他方法涉及一些图形操作的函数。

方法 1　通过观察图 7-35 中的 $v(t)$，不难注意到 $v(t)$ 由几个奇异函数组成。所以，我们令

$$v(t)=v_1(t)+v_2(t)+\cdots \tag{7.7.1}$$

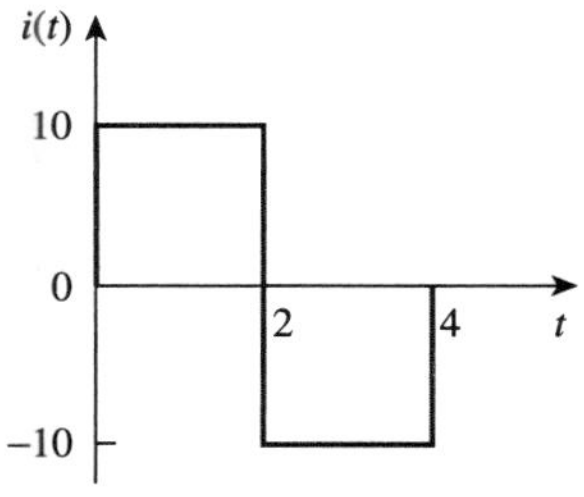

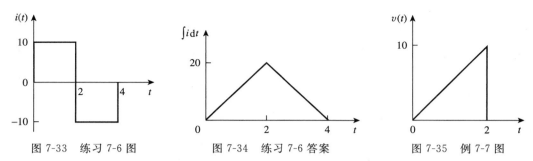

图 7-33　练习 7-6 图

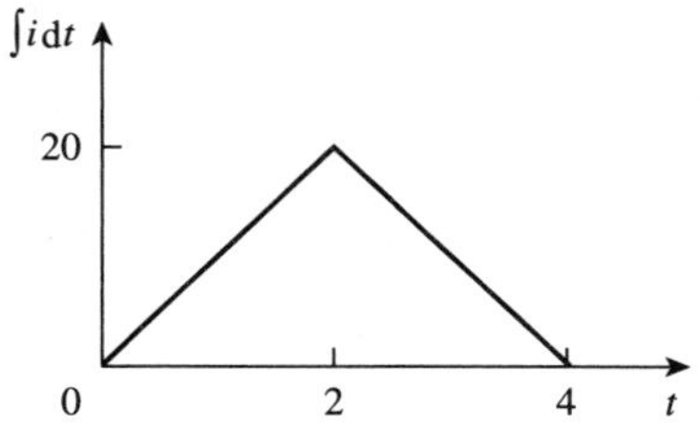

图 7-34　练习 7-6 答案

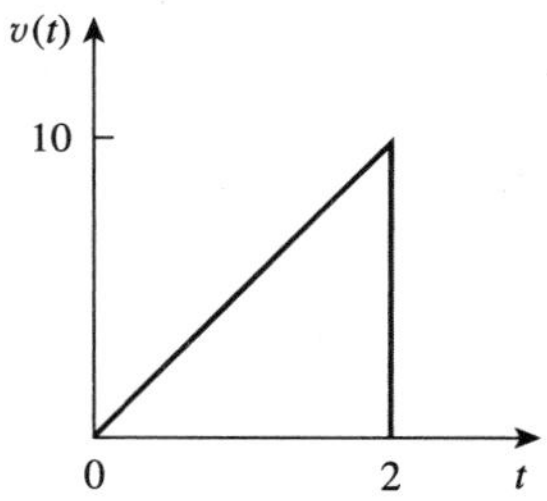

图 7-35　例 7-7 图

函数 $v_1(t)$ 的斜率为 5，如图 7-36a 所示，即

$$v_1(t)=5r(t) \tag{7.7.2}$$

由于 $v_1(t)$ 将趋于无穷大，为了得到 $v(t)$，在 $t=2$s 时需要加入另一个函数。令这个函数为 v_2，它的斜率为 −5，如图 7-36b 所示，即

$$v_2(t)=-5r(t-2) \tag{7.7.3}$$

将 v_1 和 v_2 相加得到如图 7-36c 所示的信号。显然，这个信号与图 7-35 中所表示的 $v(t)$ 不同。不同之处是当 $t>2$s 时有一个常数 10，所以还需增加第三个信号 v_3，即

$$v_3=-10u(t-2) \tag{7.7.4}$$

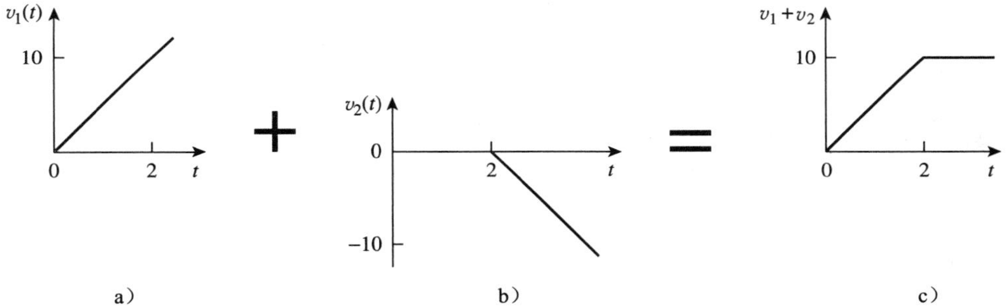

图 7-36　图 7-35 的部分分解

至此，得到图 7-37 所示的 $v(t)$，将式(7.7.2)～式(7.7.4)代入式(7.7.1)可得

$$v(t)=5r(t)-5r(t-2)-10u(t-2)$$

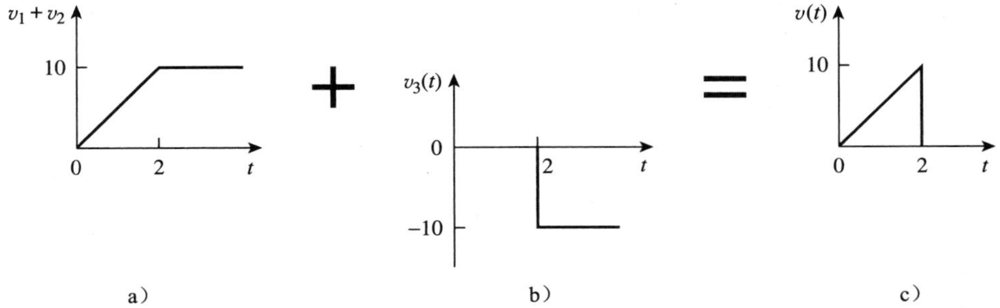

图 7-37　图 7-35 的完整分解

方法 2　仔细观察图 7-35 可知，$v(t)$ 是由一个斜坡函数和一个门函数组成的，因此，

$$\begin{aligned}v(t)&=5t[u(t)-u(t-2)]\\&=5tu(t)-5tu(t-2)\\&=5r(t)-5(t-2+2)u(t-2)\\&=5r(t)-5(t-2)u(t-2)-10u(t-2)\end{aligned}$$

$$=5r(t)-5r(t-2)-10u(t-2)$$

与方法1的结果一致。

方法3 此方法类似于方法2。观察图7-35可知：$v(t)$是由一个斜坡函数和一个单位阶跃函数组成的，如图7-38所示。因此，

$$v(t)=5r(t)u(-t+2)$$

如果可以用$[1-u(t)]$来代替$u(-t)$，那么也可以用$[1-u(t-2)]$来代替$u(-t+2)$，因此，

$$v(t)=5r(t)[1-u(t-2)]$$

与方法2一样可以简单地得到正确答案。◀

练习7-7 用奇异函数表示图7-39中的$i(t)$。

答案：$[2u(t)-2r(t)+4r(t-2)-2r(t-3)]$A。

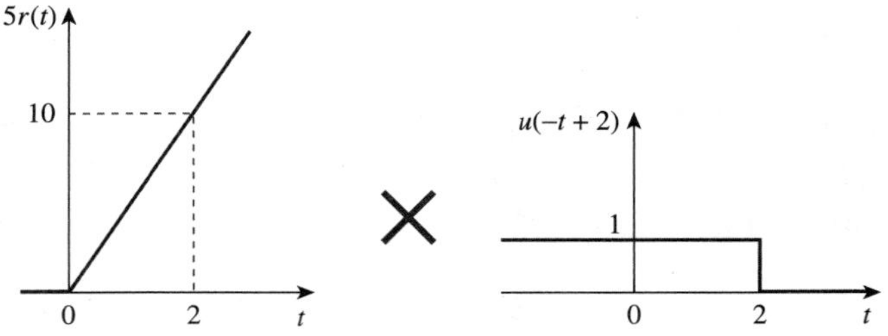

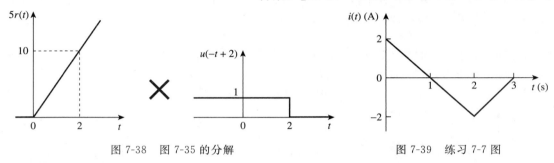

图7-38 图7-35的分解

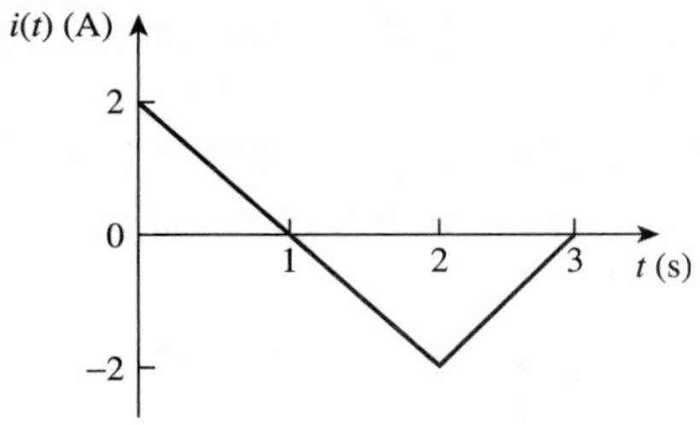

图7-39 练习7-7图

例7-8 信号为

$$g(t)=\begin{cases}3, & t<0\\ -2, & 0<t<1\\ 2t-4, & t>1\end{cases}$$

试用阶跃函数和斜坡函数表示$g(t)$。

解：信号$g(t)$可以被视为在$t<0$、$0<t<1$和$t>1$这三个区间内三个特定函数的组合。

当$t<0$时，$g(t)$可被看作3乘以$u(-t)$，其中$u(-t)=1$；当$t>0$时，$u(-t)=0$。当$0<t<1$时，函数可以被看作-2乘以一个门函数$[u(t)-u(t-1)]$。当$t>1$时，函数可以被看作$(2t-4)$乘以单位阶跃函数$u(t-1)$，因此，

$$\begin{aligned}g(t)&=3u(-t)-2[u(t)-u(t-1)]+(2t-4)u(t-1)\\&=3u(-t)-2u(t)+(2t-4+2)u(t-1)\\&=3u(-t)-2u(t)+2(t-1)u(t-1)\\&=3u(-t)-2u(t)+2r(t-1)\end{aligned}$$

用$[1-u(t)]$代替$u(-t)$可以避免一些麻烦，得到

$$g(t)=3[1-u(t)]-2u(t)+2r(t-1)=3-5u(t)+2r(t-1)$$

另外，也可以用例7-7中的方法1来求$g(t)$。◀

练习7-8 如果

$$h(t)=\begin{cases}0, & t<0\\ -4, & 0<t<2\\ 3t-8, & 2<t<6\\ 0, & t>6\end{cases}$$

用奇异函数表达出$h(t)$。

答案：$-4u(t)+2u(t-2)+3r(t-2)-10u(t-6)-3r(t-6)$。

例 7-9 计算下列冲激函数的积分：

$$\int_0^{10}(t^2+4t-2)\delta(t-2)\mathrm{d}t$$

$$\int_{-\infty}^{\infty}[\delta(t-1)\mathrm{e}^{-t}\cos t+\delta(t+1)\mathrm{e}^{-t}\sin t]\mathrm{d}t$$

解：对于第一个积分，利用式(7.32)的筛选性质可得

$$\int_0^{10}(t^2+4t-2)\delta(t-2)\mathrm{d}t=(t^2+4t-2)\big|_{t=2}=4+8-2=10$$

类似地，对于第二个积分，

$$\int_{-\infty}^{\infty}[\delta(t-1)\mathrm{e}^{-t}\cos t+\delta(t+1)\mathrm{e}^{-t}\sin t]\mathrm{d}t$$
$$=\mathrm{e}^{-t}\cos t\ \big|_{t=1}+\mathrm{e}^{-t}\sin t\ \big|_{t=-1}$$
$$=\mathrm{e}^{-1}\cos 1+\mathrm{e}^{1}\sin(-1)=0.1988-2.2873=-2.0885$$ ◀

练习 7-9 求下列积分： **答案**：28，－1。

$$\int_{-\infty}^{\infty}(t^3+5t^2+10)\delta(t+3)\mathrm{d}t,\qquad \int_0^{10}\delta(t-\pi)\cos 3t\,\mathrm{d}t$$

7.5 *RC* 电路的阶跃响应

当直流电源突然作用于 *RC* 电路时，这个电压或电流源可以建模为一个阶跃函数，电路的响应被称为阶跃响应。

电路的阶跃响应是电路受到阶跃函数激励时的行为，激发它的可以是电压源或电流源。

图 7-40a 中所示的 *RC* 电路可以用图 7-40b 中所示电路代替，V_s 是一个连续直流电压源。选择电容上的电压作为电路响应，假设在电容上的初始电压为 V_0，虽然这对阶跃响应来说不是必要的。因为电容的电压不能瞬时改变，所以

$$v(0^-)=v(0^+)=V_0 \tag{7.40}$$

式中，$v(0^-)$是在开关切换之前电容两端的电压，$v(0^+)$是开关切换后的电压。应用 KCL，可得

$$C\frac{\mathrm{d}v}{\mathrm{d}t}+\frac{v-V_s u(t)}{R}=0$$

即

$$\frac{\mathrm{d}v}{\mathrm{d}t}+\frac{v}{RC}=\frac{V_s}{RC}u(t) \tag{7.41}$$

式中，v 是电容两端的电压。当 $t>0$ 时，式(7.41)可以写成

$$\frac{\mathrm{d}v}{\mathrm{d}t}+\frac{v}{RC}=\frac{V_s}{RC} \tag{7.42}$$

重新整理可得

$$\frac{\mathrm{d}v}{\mathrm{d}t}=-\frac{v-V_s}{RC}$$

即

$$\frac{\mathrm{d}v}{v-V_s}=-\frac{\mathrm{d}t}{RC} \tag{7.43}$$

两边积分，并加入初始条件，可得

$$\ln(v-V_s)\Big|_{V_0}^{v(t)}=-\frac{t}{RC}\Big|_0^t$$

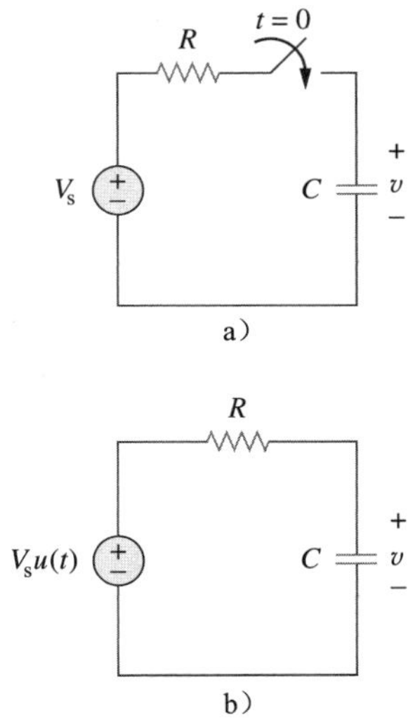

图 7-40 输入为电压阶跃的 *RC* 电路

$$\ln[v(t)-V_s]-\ln(V_0-V_s)=-\frac{t}{RC}+0$$

即

$$\ln\frac{v-V_s}{V_0-V_s}=-\frac{t}{RC} \tag{7.44}$$

以指数形式表示为

$$\frac{v-V_s}{V_0-V_s}=e^{-t/\tau}, \qquad \tau=RC$$

$$v-V_s=(V_0-V_s)e^{-t/\tau}$$

即

$$v(t)=V_s+(V_0-V_s)e^{-t/\tau}, \qquad t>0 \tag{7.45}$$

因此，

$$\boxed{v(t)=\begin{cases}V_0, & t<0\\ V_s+(V_0-V_s)e^{-t/\tau}, & t>0\end{cases}} \tag{7.46}$$

当一个直流电压源突然作用于 RC 电路上时，假设电容早已完成初始充电，电路的响应被称为完全响应(complete response，或全响应)。对术语“完全”的理解将在后面的学习中更加深刻。假设 $V_s>V_0$，$v(t)$如图 7-41 所示。

如果假设电容最初不带电，式(7.46)中，使 $V_0=0$，可得

$$v(t)=\begin{cases}0, & t<0\\ V_s(1-e^{-t/\tau}), & t>0\end{cases} \tag{7.47}$$

也可转换为

$$v(t)=V_s(1-e^{-t/\tau})u(t) \tag{7.48}$$

这是一个 RC 电路在电容最初不带电条件下的完整阶跃响应。通过电容的电流可在式 $i(t)=C\mathrm{d}v/\mathrm{d}t$ 中代入式(7.47)得到

$$i(t)=C\frac{\mathrm{d}v}{\mathrm{d}t}=\frac{C}{\tau}V_s e^{-t/\tau}, \qquad \tau=RC, \qquad t>0$$

即

$$i(t)=\frac{V_s}{R}e^{-t/\tau}u(t) \tag{7.49}$$

图 7-42 显示了电容上的电压 $v(t)$和通过电容的电流 $i(t)$。

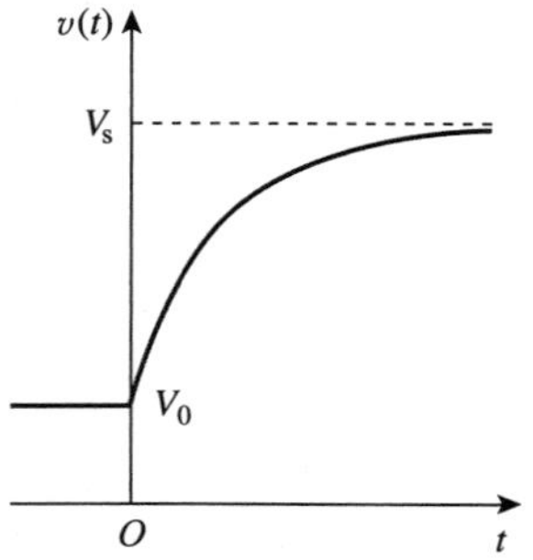

图 7-41　电容器初始充电的 RC 电路的响应

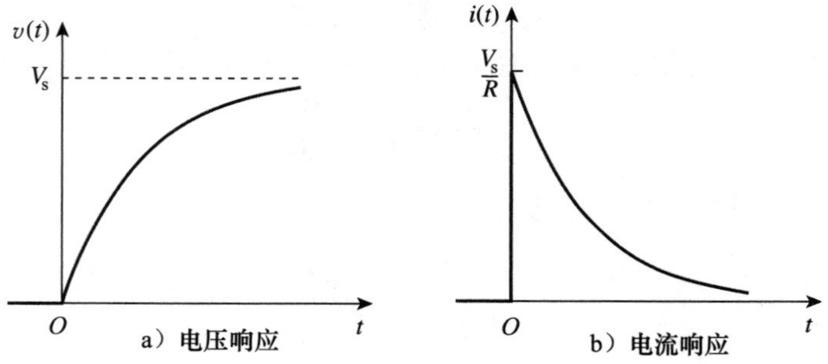

图 7-42　初始电路未充电的 RC 电路阶跃响应

除了上面公式的推导，还有一个系统化的方法，或者说更简便的方法，来求出 RC 或 RL 电路的阶跃响应。仔细观察式(7.45)，它比式(7.48)更一般化。显而易见的是，$v(t)$

由两部分组成，有两种经典方法可以分解这两部分。第一种是把它拆分成一个“自由响应和一个强迫响应”，第二种是把它拆分成“一个瞬态响应和一个稳态响应”。用自由响应和强迫响应写出完全响应或全响应的公式：

全响应=自由响应+强迫响应
（自由响应：存储的能量；强迫响应：独立源）

即

$$v=v_{\mathrm{n}}+v_{\mathrm{f}} \tag{7.50}$$

其中

$$v_{\mathrm{n}}=V_0\mathrm{e}^{-t/\tau}$$

并且

$$v_{\mathrm{f}}=V_{\mathrm{s}}(1-\mathrm{e}^{-t/\tau})$$

我们所熟悉的电路的自由响应 v_{n}，已经在7.2节讨论过。v_{f} 被称为强迫响应，因为它是电路在受到外部“能量”(这里是电压源)的影响下产生的。它代表了电路被输入激励迫使产生的响应。随着自由响应和强迫响应的瞬态分量的消失，只留下强迫响应的稳态分量。

另一种方法是将全响应拆分成两个部分：瞬态响应和稳态响应。

全响应=瞬态响应+稳态响应
（瞬态响应：暂时部分；稳态响应：永久部分）

即

$$v=v_{\mathrm{t}}+v_{\mathrm{ss}} \tag{7.51}$$

其中

$$v_{\mathrm{t}}=(V_0-V_{\mathrm{s}})\mathrm{e}^{-t/\tau} \tag{7.52a}$$

并且

$$v_{\mathrm{ss}}=V_{\mathrm{s}} \tag{7.52b}$$

瞬态响应(transient response)v_{t} 是暂时的，它是全响应中随着时间接近无穷大衰减至零的那部分。

瞬态响应是电路的暂时响应，随着时间的推移会完全消失。

稳态响应(steady-state response)v_{ss} 是全响应中除去瞬态响应后剩下的部分。

电路的稳态响应是施加外部激励后很长一段时间后电路的响应。

全响应的第一部分是对电源的响应，而第二部分是响应的永久的部分。在一定的条件下，自由响应和瞬态响应是相同的，此时强迫响应和稳态响应也是一样的。

无论采用哪种方法，式(7.45)中的全响应都可写成

$$\boxed{v(t)=v(\infty)+[v(0)-v(\infty)]\mathrm{e}^{-t/\tau}} \tag{7.53}$$

提示：式(7.53)表明完整的响应是瞬态响应和稳态响应的和。

其中 $v(0)$ 是 $t=0^+$ 时的初始电压，$v(\infty)$ 是最终稳态值。因此，求得 RC 电路的阶跃响应需要求出下列三个值：

1. 电容初始电压 $v(0)$。
2. 最后的电容电压 $v(\infty)$。
3. 时间常数 τ。

提示：一旦知道 $v(0)$、$v(\infty)$ 和 τ，那我们可以用公式 $x(t)=x(\infty)+[x(0)-x(\infty)]\mathrm{e}^{-t/\tau}$ 来求本章内几乎所有的电路问题。

根据给定的电路，我们可以求得当 $t<0$ 时的 $v(0)$ 和当 $t>0$ 时的 $v(\infty)$ 和 τ。这些一旦被确定，就可以用式(7.53)来确定响应。在下一节可以看到，这样的方法也适用于 RL 电路。

需要注意的是，如果开关切换的时间不是在 $t=0$ 时刻，而是有一个时间延迟 $t=t_0$，那么响应就会有一个时间延迟，此时式(7.53)就可写成

$$v(t)=v(\infty)+[v(t_0)-v(\infty)]e^{-(t-t_0)/\tau} \tag{7.54}$$

记住，$v(t_0)$是 $t=t_0^+$ 时的方程初始值，式(7.53)或式(7.54)仅适用于阶跃响应，即输入激励是恒定的。

例 7-10 如图 7-43 所示，开关在 A 位置已达稳态，当 $t=0$ 时，开关拨到 B 位置，求当 $t>0$ 时的 $v(t)$，并计算当 $t=1$s 和 4s 时的 $v(t)$。

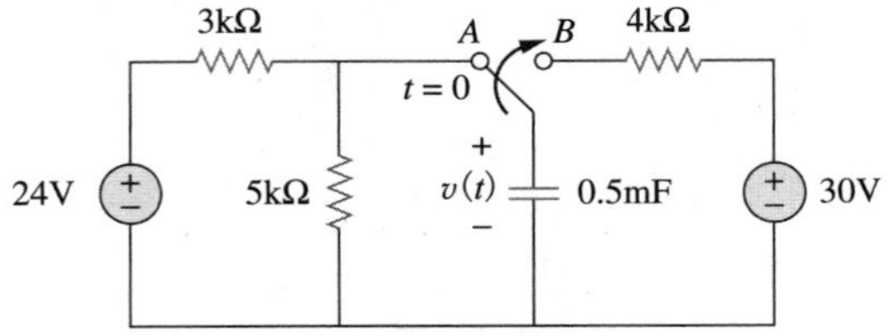

图 7-43 例 7-10 图

解： 当 $t<0$ 时，开关处于 A 位置，电容对于直流电源来说就是开路，但是电压 v 与 5kΩ 电阻上的电压一致。因此，在 $t=0$ 之前电容器两端的电压通过分压原理可得

$$v(0^-)=\frac{5}{5+3}\times 24=15(\text{V})$$

因为电容的电压的不能瞬时变化，所以

$$v(0)=v(0^-)=v(0^+)=15\text{V}$$

当 $t>0$ 时，开关处于 B 位置。与电容相连的戴维南等效电阻 $R_{\text{Th}}=4\text{k}\Omega$，时间常数是

$$\tau=R_{\text{Th}}C=4\times 10^3\times 0.5\times 10^{-3}=2(\text{s})$$

由于电容为稳态时对于直流电源就像一个开路，$v(\infty)=30\text{V}$，因此

$$\begin{aligned}v(t)&=v(\infty)+[v(0)-v(\infty)]e^{-t/\tau}\\&=30+(15-30)e^{-t/2}=(30-15e^{-0.5t})\text{V}\end{aligned}$$

当 $t=1$s 时，

$$v(1)=30-15e^{-0.5}=20.9(\text{V})$$

当 $t=4$s 时，

$$v(4)=30-15e^{-2}=27.97(\text{V})$$ ◀

练习 7-10 如图 7-44 所示电路中，假设开关处于打开状态且电路已达稳态，当 $t=0$ 时开关闭合，求 $t>0$ 时的 $v(t)$，并求当 $t=0.5$ 时的电压值。

答案： $(9.375+5.625e^{-2t})$V，11.444V。

例 7-11 如图 7-45 所示，开关处于闭合状态已达稳态，当 $t=0$ 时开关打开。求所有时刻的 i 和 v。

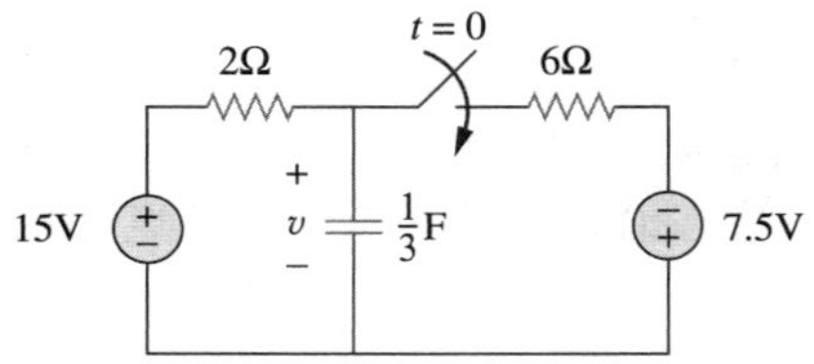

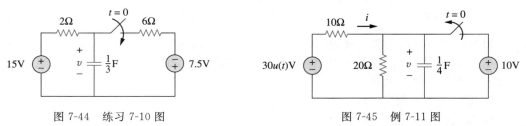

图 7-44 练习 7-10 图

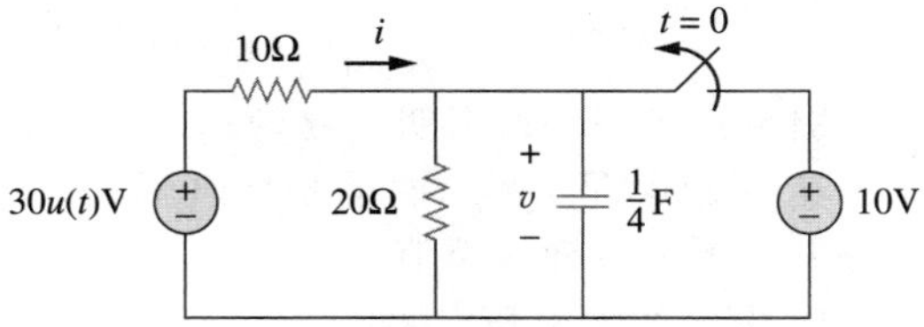

图 7-45 例 7-11 图

解： 通过电阻的电流 i 可以是不连续的，而电容电压必须连续。因此，最好我们先求得 v，再通过 v 求得 i。

按单位阶跃函数的定义，有

$$30u(t)=\begin{cases}0, & t<0\\30, & t>0\end{cases}$$

当 $t<0$ 时，开关被关闭，并且 $30u(t)=0$，所以，$30u(t)$的电压源被短路，可视为对于 v

没有任何贡献。开关长时间关闭，电路已达稳态，电容电压也已经达到稳态且电容可被视为一个开路。因此，当 $t<0$ 时，电路如图 7-46a 所示，可得

$$v=10\text{V},\qquad i=-\frac{v}{10}=-1(\text{A})$$

由于电容的电压不能瞬时改变，所以

$$v(0)=v(0^-)=10\text{V}$$

当 $t>0$ 时，开关被打开，10V 的电压源从电路中断开。$30u(t)$ 电压源开始生效，因此，电路变成图 7-46b 所示。很长一段时间后，电路达到稳定状态并且电容再次开路，通过分压法可得 $u(\infty)$，

$$v(\infty)=\frac{20}{20+10}\times 30=20(\text{V})$$

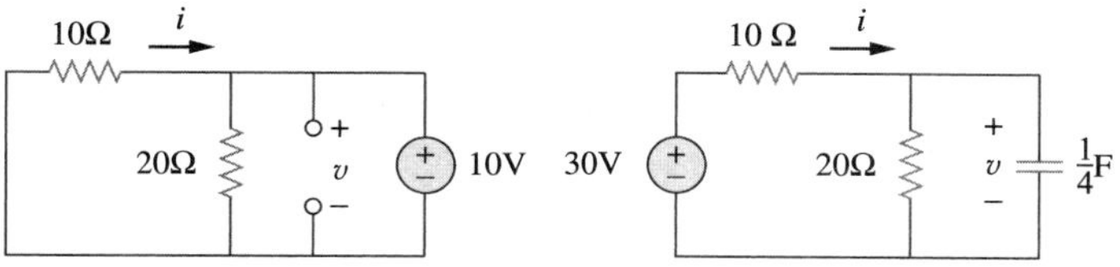

a) $t<0$　　b) $t>0$

图 7-46 求解例 7-11 图

电容器两端的戴维南等效电阻是

$$R_{\text{Th}}=10\parallel 20=\frac{10\times 20}{30}=\frac{20}{3}(\Omega)$$

时间常数为

$$\tau=R_{\text{Th}}C=\frac{20}{3}\times\frac{1}{4}=\frac{5}{3}(\text{s})$$

因此，

$$\begin{aligned}v(t)&=v(\infty)+[v(0)-v(\infty)]\text{e}^{-t/\tau}\\&=20+(10-20)\text{e}^{-(3/5)t}=(20-10\text{e}^{-0.6t})\text{V}\end{aligned}$$

接下来求解 i，从图 7-46b 中可以看出，i 是通过 20Ω 电阻和电容的电流总和，即

$$i=\frac{v}{20}+C\,\frac{\text{d}v}{\text{d}t}=1-0.5\text{e}^{-0.6t}+0.25\times(-0.6)\times(-10)\text{e}^{-0.6t}=(1+\text{e}^{-0.6t})\text{A}$$

从图 7-46b 可知，$v+10i=30$，因此

$$v=\begin{cases}10\text{V}, & t<0\\(20-10\text{e}^{-0.6t})\text{V}, & t\geqslant 0\end{cases}$$

$$i=\begin{cases}-1\text{A}, & t<0\\(1+\text{e}^{-0.6t})\text{A}, & t>0\end{cases}$$

注意，电容的电压是连续的，而电阻的电流不是。◀

练习 7-11 如图 7-47 所示，当 $t=0$ 时开关闭合，求所有时刻的 $i(t)$ 和 $v(t)$。注意当 $t<0$ 时 $u(-t)=1$，当 $t>0$ 时 $u(-t)=0$。同样 $u(-t)=1-u(t)$。

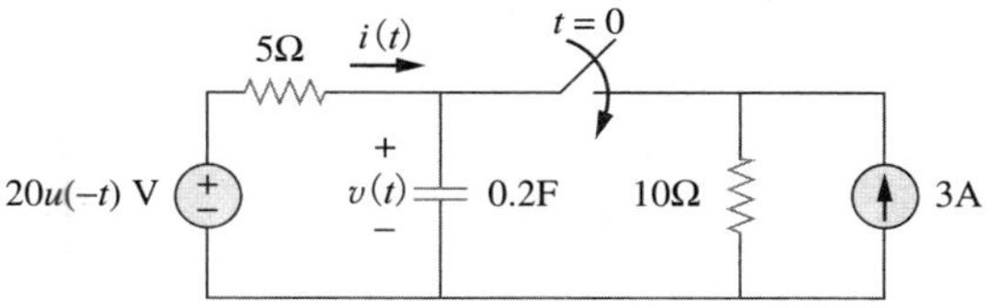

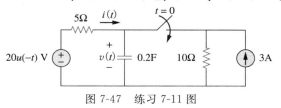

图 7-47 练习 7-11 图

答案：

$$v=\begin{cases}20\text{V}, & t<0\\10(1+\text{e}^{-1.5t})\text{V}, & t>0\end{cases}$$

$$i(t)=\begin{cases}0, & t<0\\-2(1+\text{e}^{-1.5t})\text{A}, & t>0\end{cases}$$

7.6 *RL* 电路的阶跃响应

图 7-48a 所示的 *RL* 电路可替换为图 7-48b 中所示电路。我们的目标是求出通过电感的电流 i，即电路的响应，通过式(7.50)～式(7.53)，而非基尔霍夫定律。令响应为瞬态响应和稳态响应的和，有

$$i=i_t+i_{ss} \tag{7.55}$$

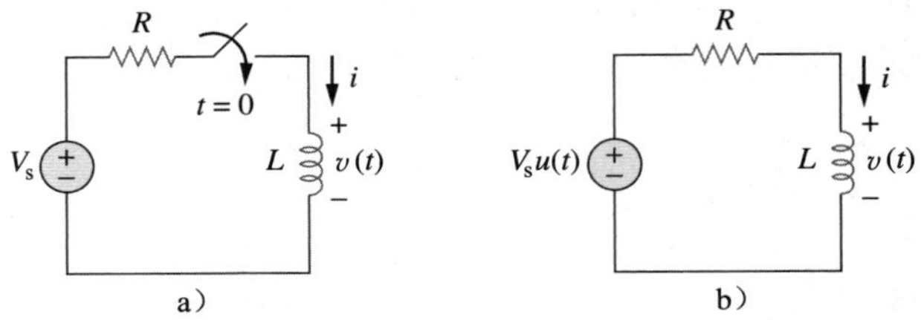

图 7-48 输入为阶跃响应的 *RL* 电路

瞬态响应始终是呈指数衰减的，即

$$i_t=Ae^{-t/\tau},\qquad \tau=\frac{L}{R} \tag{7.56}$$

式中，A 是一个常数。

在图 7-48b 中所示电路，稳态响应的值是开关关闭且电路已达稳态时的电流值。我们知道，瞬态响应在 5 个时间常数后基本消失。在那个时候，电感变成短路，它两端的电压是零。整个电源电压加到电阻 R 上。因此，稳态响应为

$$i_{ss}=\frac{V_s}{R} \tag{7.57}$$

将式(7.56)和式(7.57)代入式(7.55)中可得

$$i=Ae^{-t/\tau}+\frac{V_s}{R} \tag{7.58}$$

现在，由 i 的初始值确定常数 A 的值。令 I_0 作为通过电感的初始电流，由电源 V_s 以外的电源提供，由于通过电感的电流不能瞬间改变，所以

$$i(0^+)=i(0^-)=I_0 \tag{7.59}$$

当 $t=0$ 时，式(7.58)变成

$$I_0=A+\frac{V_s}{R}$$

基于上式，可得 A 为

$$A=I_0-\frac{V_s}{R}$$

把 A 代入式(7.58)可得

$$i(t)=\frac{V_s}{R}+\left(I_0-\frac{V_s}{R}\right)e^{-t/\tau} \tag{7.60}$$

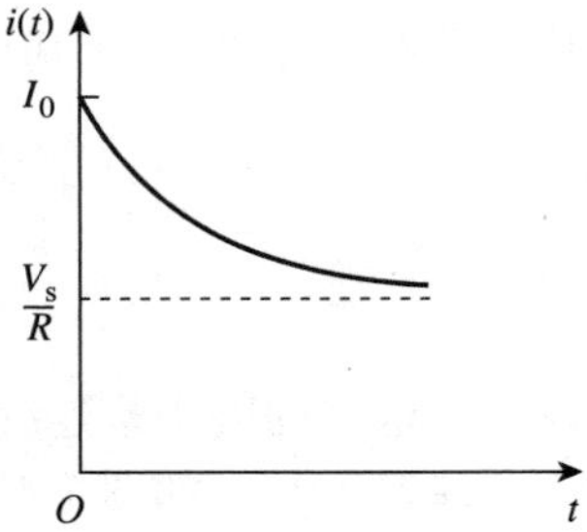

图 7-49 初始电流为 I_0 的 *RL* 电路的全响应

这是 *RL* 电路的全响应，如图 7-49 中所示。式(7.60)也可写为

$$\boxed{i(t)=i(\infty)+[i(0)-i(\infty)]e^{-t/\tau}} \tag{7.61}$$

式中，$i(0)$ 和 $i(\infty)$ 分别是 i 的初始值和最终值。因此，求得 *RL* 电路的阶跃响应需要求出下列三个值：

1. $t=0$ 时通过电感的初始电流 $i(0)$。

2. t 接近无穷大时通过电感的电流 $i(\infty)$。

3. 时间常数 τ。

根据给定的条件，我们可以求得当 $t<0$ 时的 $i(0)$ 和当 $t>0$ 时的 $i(\infty)$ 和 τ。这些值一旦被确定，我们就可以用式(7.61)来确定响应。需要注意的是，这种方法仅适用于阶跃响应。

同样，如果开关切换的时刻不是在 $t=0$ 时刻，而是有一个时间延迟 $t=t_0$，那么响应就会有一个时间延迟，此时式(7.61)可写成

$$i(t)=i(\infty)+[i(t_0)-i(\infty)]\mathrm{e}^{-(t-t_0)/\tau} \tag{7.62}$$

如果 $I_0=0$，那么

$$i(t)=\begin{cases}0, & t<0\\ \dfrac{V_s}{R}(1-\mathrm{e}^{-t/\tau}), & t>0\end{cases} \tag{7.63a}$$

即

$$i(t)=\frac{V_s}{R}(1-\mathrm{e}^{-t/\tau})u(t) \tag{7.63b}$$

这是在没有初始电感电流的条件下的 RL 电路的阶跃响应。电感两端的电压由 $v=L\mathrm{d}i/\mathrm{d}t$ 结合式(7.63)可得

$$v(t)=L\frac{\mathrm{d}i}{\mathrm{d}t}=V_s\frac{L}{\tau R}\mathrm{e}^{-t/\tau},\qquad \tau=\frac{L}{R},\qquad t>0$$

即

$$v(t)=V_s\mathrm{e}^{-t/\tau}u(t) \tag{7.64}$$

图 7-50 表示式(7.63)和式(7.64)中的阶跃响应。

例 7-12 如图 7-51 所示电路，假设开关关闭且电路已达稳态，求 $t>0$ 时的 $i(t)$。

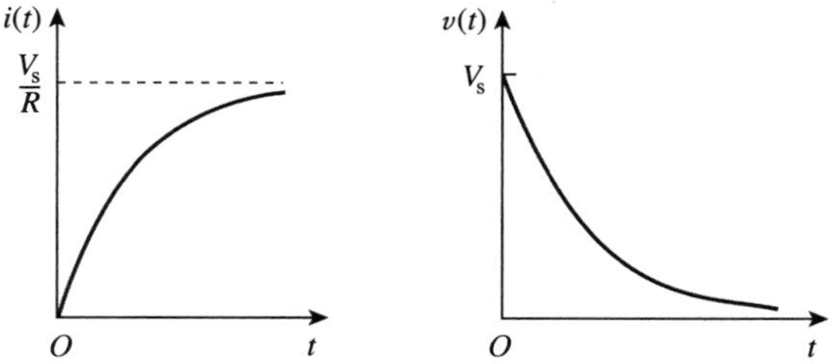

a）电流响应　　b）电压响应

图 7-50　没有初始电感电流时 RL 电路的阶跃响应

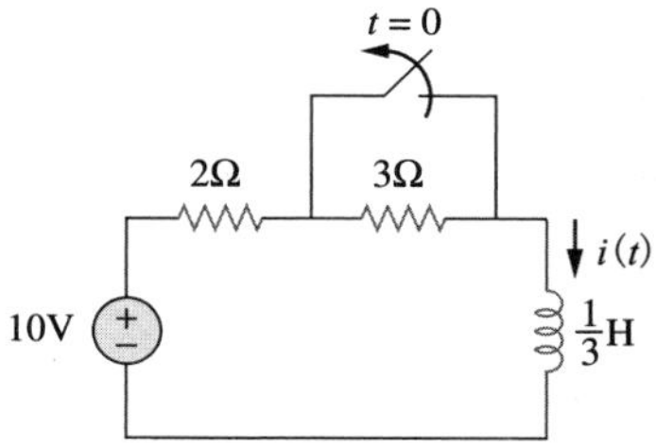

图 7-51　例 7-12 图

解： 当 $t<0$ 时，3Ω 的电阻被短路，并且此时电感短路。当 $t=0^-$ 时(即仅在 $t=0$ 前一瞬间)通过电感的电流是

$$i(0^-)=\frac{10}{2}=5(\mathrm{A})$$

由于电感的电流不能瞬时改变，所以

$$i(0)=i(0^+)=i(0^-)=5\mathrm{A}$$

当 $t>0$ 时，开关打开。2Ω 和 3Ω 电阻是串联的，所以

$$i(\infty)=\frac{10}{2+3}=2(\mathrm{A})$$

电感两端的戴维南等效电阻是

$$R_{Th}=2+3=5(\Omega)$$

时间常数为

$$\tau=\frac{L}{R_{Th}}=\frac{\frac{1}{3}}{5}=\frac{1}{15}(s)$$

因此，

$$i(t)=i(\infty)+[i(0)-i(\infty)]e^{-t/\tau}=2+(5-2)e^{-15t}=(2+3e^{-15t})A,\quad t>0$$

检查：在图 7-51 中 KVL 一定满足，即

$$10=5i+L\frac{di}{dt}$$

$$5i+L\frac{di}{dt}=[10+15e^{-15t}]+\left[\frac{1}{3}(3)(-15)e^{-15t}\right]=10$$

这证实了结果。◀

练习 7-12 图 7-52 中的开关关闭且电路已达稳态，当 $t=0$ 时开关打开，求当 $t>0$ 时的 $i(t)$。 **答案：**$(4+2e^{-10t})A$。

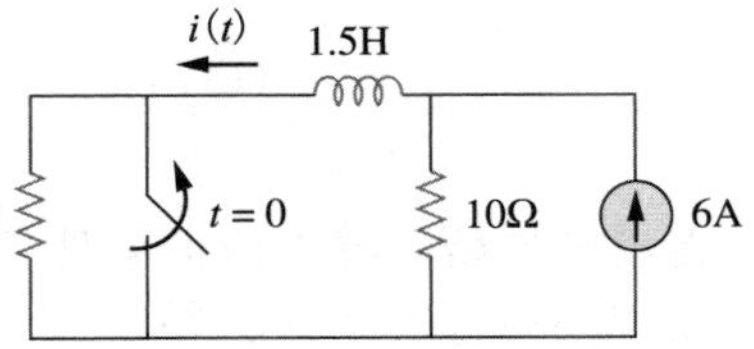

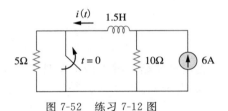

图 7-52 练习 7-12 图

例 7-13 如图 7-53 所示，当 $t=0$ 时开关 S_1 关闭，开关 S_2 在 4s 后关闭，求当 $t>0$ 时的 $i(t)$，确定当 $t=2s$ 和 $t=5s$ 时 $i(t)$的值。

解：我们需要考虑三个时间区间：$t<0$、$0\leqslant t\leqslant 4$ 和 $t>4$，当 $t<0$ 时开关 S_1 和 S_2 是处于打开状态，所以 $i(t)=0$。由于电感电流不能瞬间改变，

$$i(0^-)=i(0)=i(0^+)=0$$

当 $0\leqslant t\leqslant 4$，S_1 关闭，所以 4Ω 和 6Ω 是串联的。（记住，此时 S_2 仍然是打开的。）因此，假设现在 S_1 永远关闭，

$$i(\infty)=\frac{40}{4+6}=4(A),\quad R_{Th}=4+6=10(\Omega)$$

$$\tau=\frac{L}{R_{Th}}=\frac{5}{10}=\frac{1}{2}(s)$$

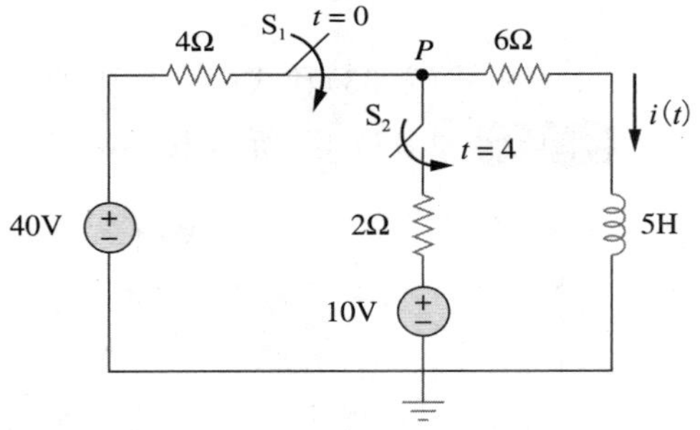

图 7-53 例 7-13 图

因此，

$$i(t)=i(\infty)+[i(0)-i(\infty)]e^{-t/\tau}=4+(0-4)e^{-2t}=4(1-e^{-2t})A,\quad 0\leqslant t\leqslant 4$$

对于 $t>4$，S_2 是关闭的，10V 的电压源连接到电路。这个突然的变化不会影响电感电流，因为电流不能瞬时改变。因此，最初的电流是

$$i(4)=i(4^-)=4\times(1-e^{-8})\approx 4(A)$$

为求出 $i(\infty)$，将图 7-53 中的点 P 处的电压设为 v，由 KCL 方程可得

$$\frac{40-v}{4}+\frac{10-v}{2}=\frac{v}{6}\quad\Rightarrow\quad v=\frac{180}{11}(V)$$

$$i(\infty)=\frac{v}{6}=\frac{30}{11}=2.727(A)$$

电感两端的戴维南等效电阻为

$$R_{Th}=4\parallel 2+6=\frac{4\times 2}{6}+6=\frac{22}{3}(\Omega)$$

时间常数为

$$\tau=\frac{L}{R_{\text{Th}}}=\frac{5}{\frac{22}{3}}=\frac{15}{22}(\text{s})$$

因此，

$$i(t)=i(\infty)+[i(4)-i(\infty)]\mathrm{e}^{-(t-4)/\tau},\quad t>4$$

由于有时间延迟，e 的指数需为$(t-4)$，因此

$$i(t)=2.727+(4-2.727)\mathrm{e}^{-(t-4)/\tau},\quad \tau=\frac{15}{22}$$
$$=2.727+1.273\mathrm{e}^{-1.4667(t-4)},\quad t>4$$

综上可得

$$i(t)=\begin{cases}0, & t<0\\ 4(1-\mathrm{e}^{-2t}), & 0<t<4\\ 2.727+1.273\mathrm{e}^{-1.4667(t-4)}, & t>4\end{cases}$$

$t=2$s 时，

$$i(2)=4\times(1-\mathrm{e}^{-4})=3.93(\text{A})$$

$t=5$s 时，

$$i(5)=2.727+1.273\mathrm{e}^{-1.4667}=3.02(\text{A})$$

◀

练习 7-13 如图 7-54 所示，当 $t=0$ 时开关 S_1 关闭，当 $t=2$s 时开关 S_2 关闭，求所有时刻下的 $i(t)$，计算 $i(1)$和 $i(3)$。

答案：

$$i(t)=\begin{cases}0, & t<0\\ 4(1-\mathrm{e}^{-9t}), & 0\leqslant t\leqslant 2\\ 7.2-3.2\mathrm{e}^{-5(t-2)}, & t>2\end{cases}$$

$i(1)=1.9997$A，　$i(3)=3.589$A。

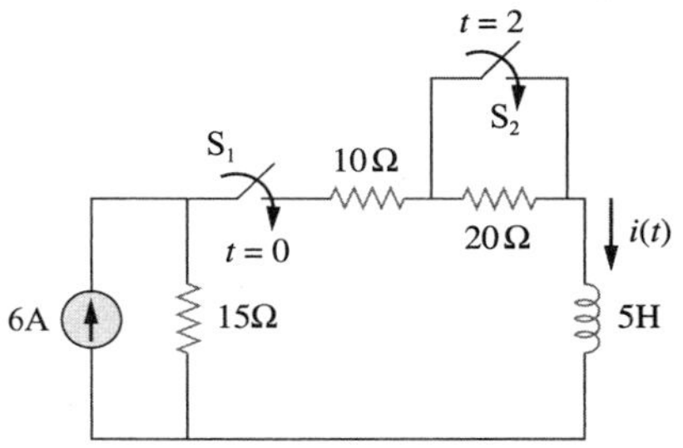

图 7-54 练习 7-13 图

†7.7 一阶运算放大电路

运算放大器电路包含一个具有一阶作用的存储单元。由于现实的原因，电感很难运用到运放电路中。因此，我们考虑的运算放大器是 RC 类型的电路。

像往常一样，我们用节点分析法来分析运算放大器电路。有时，戴维南等效电路可以降低运算放大器电路的难度。下面的三个例子将会阐释这些概念，第一个处理无源运算放大器电路，而其他两个涉及阶跃响应。这三个经过精心挑选的例子涵盖了所有可能的 RC 类型的运算放大器电路，电路的类型则取决于电容的位置，电容可以放在输入、输出或在反馈回路中。

例 7-14 在图 7-55a 所示的运算放大电路中，$v(0)=3$V，$R_f=80$kΩ，$R_1=20$kΩ，$C=5\mu$F，求当 $t>0$ 时的 v_o。

解： 该题有两种方法可解。

方法 1 如图 7-55a 所示电路，利用节点分析法推导出相应的差分方程。假设点 1 处的电压为 v_1，则在此点应用 KCL 得

$$\frac{0-v_1}{R_1}=C\frac{\mathrm{d}v}{\mathrm{d}t}\tag{7.14.1}$$

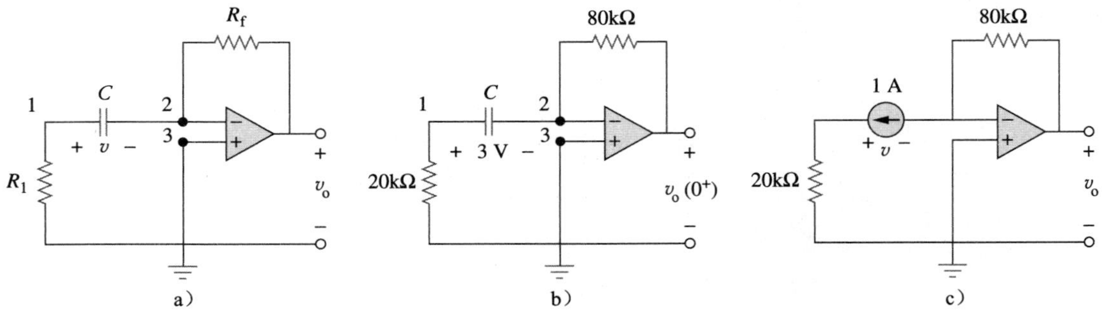

图 7-55 例 7-14 图

因为节点 2 和节点 3 电位一定相同，所以节点 2 处的电位是零。因此 $v_1-0=v$ 或 $v_1=v$，式(7.14.1)可写成

$$\frac{\mathrm{d}v}{\mathrm{d}t}+\frac{v}{CR_1}=0 \tag{7.14.2}$$

此方程与式(7.4b)类似，所以我们可以同样用 7.2 节中的方法来解决此问题。求解过程如下，

$$v(t)=V_0\mathrm{e}^{-t/\tau},\quad \tau=R_1C \tag{7.14.3}$$

式中，V_0 是电容两端的初始电压。$v(0)=3\mathrm{V}=V_0$ 且 $\tau=20\times10^3\times5\times10^{-6}=0.1(\mathrm{s})$。因此，

$$v(t)=3\mathrm{e}^{-10t} \tag{7.14.4}$$

在节点 2 应用 KCL，

$$C\frac{\mathrm{d}v}{\mathrm{d}t}=\frac{0-v_o}{R_f}$$

即

$$v_o=-R_fC\frac{\mathrm{d}v}{\mathrm{d}t} \tag{7.14.5}$$

现在可求得

$$v_o=-80\times10^3\times5\times10^{-6}\times(-30\mathrm{e}^{-10t})=12\mathrm{e}^{-10t}(\mathrm{V}),\quad t>0$$

方法 2 采用式(7.53)中的方法，需要求出 $v_o(0^+)$、$v_o(\infty)$ 和 τ，由于 $v_0(0^+)=v_0(0^-)=3\mathrm{V}$，在图 7-55b 中的节点 2 处应用 KCL，可得

$$\frac{3}{20\,000}+\frac{0-v_o(0^+)}{80\,000}=0$$

或 $v_o(0^+)=12\mathrm{V}$。由于电路是无源的，$v(\infty)=0\mathrm{V}$。为了求 τ，需要算出电容两端的等效电阻。假设将电容挪走，取而代之的是一个 1A 的电流源，如图 7-55c 所示，对输入回路应用 KVL 方程，

$$20\,000\times1-v=0 \quad\Rightarrow\quad v=20\mathrm{kV}$$

且

$$R_{eq}=\frac{v}{1}=20(\mathrm{k}\Omega)$$

因为 $\tau=R_{eq}C=0.1\mathrm{s}$，所以

$$\begin{aligned}v_o(t)&=v_o(\infty)+[v_o(0)-v_o(\infty)]\mathrm{e}^{-t/\tau}\\&=0+(12-0)\mathrm{e}^{-10t}=12^{-10t}(\mathrm{V}),\quad t>0\end{aligned}$$

结果与方法一的相同。 ◀

练习 7-14　图 7-56 所示的运算放大电路中，假设 $v(0)=4\text{V}$，$R_f=50\text{k}\Omega$，$R_1=10\text{k}\Omega$，$C=10\mu\text{F}$，求当 $t>0$ 时的 v_o。　**答案：** $-4e^{-2t}\text{V}$，$t>0$。

例 7-15　图 7-57 所示电路中，求得 $v(t)$ 和 $v_o(t)$

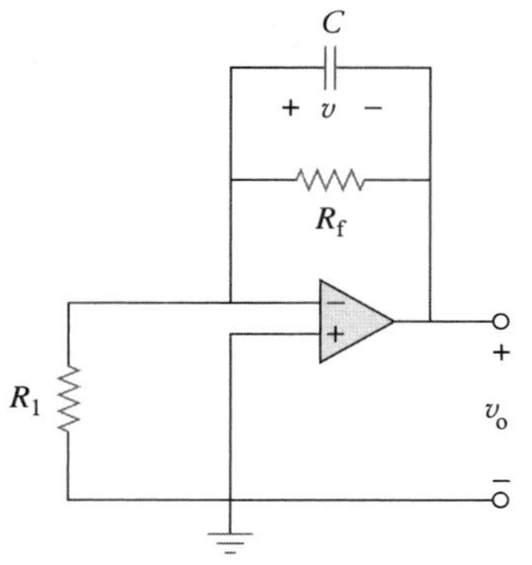

图 7-56　练习 7-14 图

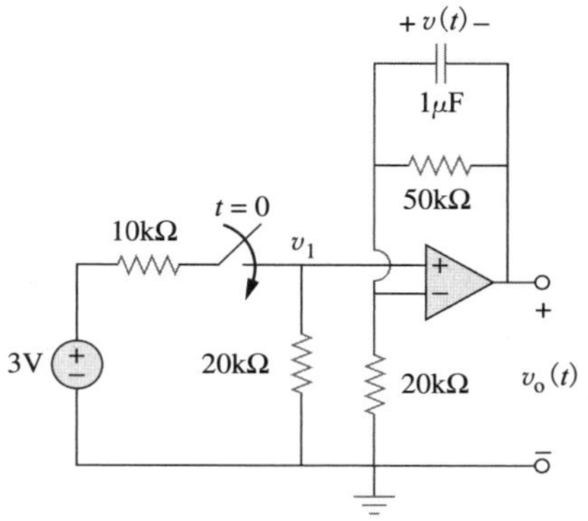

图 7-57　例 7-15 图

解： 这个问题有两种方法可以解决，就像例 7-14 一样。这里我们只用第二种方法。由于解决的是阶跃响应，可以将式(7.53)写成

$$v(t)=v(\infty)+[v(0)-v(\infty)]e^{-t/\tau}\qquad t>0 \tag{7.15.1}$$

其中，我们只需要找到的时间常数 τ、初始值 $v(0)$ 和的最终值 $v(\infty)$。因为输入为阶跃信号，所以电压直接作用到电容上。因为没有电流进入到运算放大器的输入端，所以运算放大器的反馈回路构成一个 RC 电路，其时间常数为

$$\tau=RC=50\times10^3\times10^{-6}=0.05(\text{s}) \tag{7.15.2}$$

当 $t<0$ 时，开关打开，电容两端没有电压。因此 $v(0)=0$。当 $t>0$ 时，节点 1 处的电压由分压法可得

$$v_1=\frac{20}{20+10}\times3=2(\text{V}) \tag{7.15.3}$$

因为在输入回路中没有存储元件，v_1 对于所有的 t 保持不变。在稳定状态下，电容相当于开路，所以这个运算放大器电路是同相放大器。从而

$$v_o(\infty)=\left(1+\frac{50}{20}\right)v_1=3.5\times2=7(\text{V}) \tag{7.15.4}$$

但是

$$v_1-v_o=v \tag{7.15.5}$$

所以

$$v(\infty)=2-7=-5(\text{V})$$

将 τ、$v(0)$ 和 $v(\infty)$ 代入式(7.15.1)可得

$$v(t)=-5+[0-(-5)]e^{-20t}=5(e^{-20t}-1)\text{V},\qquad t>0 \tag{7.15.6}$$

从式(7.15.3)、式(7.15.5)和式(7.15.6)中可得：

$$v_o(t)=v_1(t)-v(t)=(7-5e^{-20t})\text{V},\qquad t>0 \tag{7.15.7}$$ ◀

练习 7-15　在图 7-58 所示运算放大电路中，求得 $v(t)$ 和 $v_o(t)$。

答案：（注意，当 $t<0$ 时，因为输入端一直为 0V，所以电容上的电压和输出电压全都等于 0V。）$40(1-e^{-10t})u(t)\text{mV}$，$40(e^{-10t}-1)u(t)\text{mV}$。

例 7-16　在图 7-59 所示运算放大电路中，$v_i=2u(t)\text{V}$，$R_1=20\text{k}\Omega$，$R_f=50\text{k}\Omega$，$R_2=R_3=10\text{k}\Omega$，$C=2\mu\text{F}$。求当 $t>0$ 时的响应 $v_o(t)$。

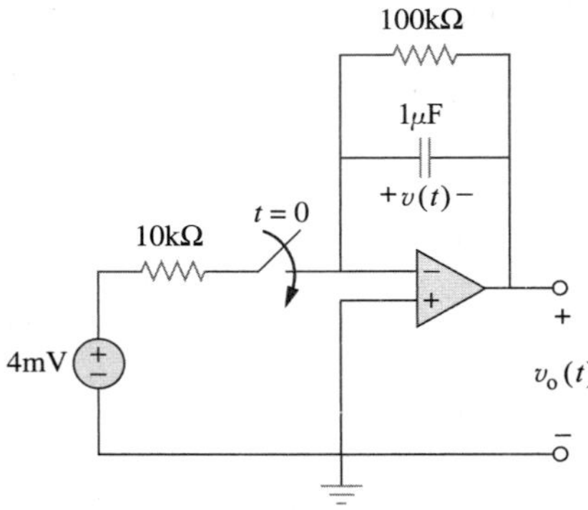

图 7-58 练习 7-15 图

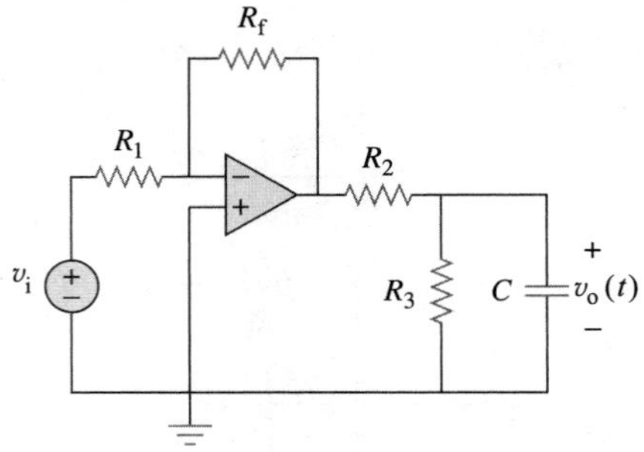

图 7-59 例 7-16 图

解：注意，在例 7-14 中的电容位于输入回路中，例 7-15 中的电容位于反馈回路中。在这个例子中，电容位于运算放大器的输出端。同样，可以直接使用节点分析法解决这个问题。使用戴维南等效电路可以简化该问题。

暂时移除电容并求出其两端的戴维南等效电阻。为了获得 V_{Th}，由图 7-60a 中的电路可知，该电路是一个反相放大器，有

$$V_{ab}=-\frac{R_f}{R_1}v_i$$

由分压法可得

$$V_{Th}=\frac{R_3}{R_2+R_3}V_{ab}=-\frac{R_3}{R_2+R_3}\frac{R_f}{R_1}v_i$$

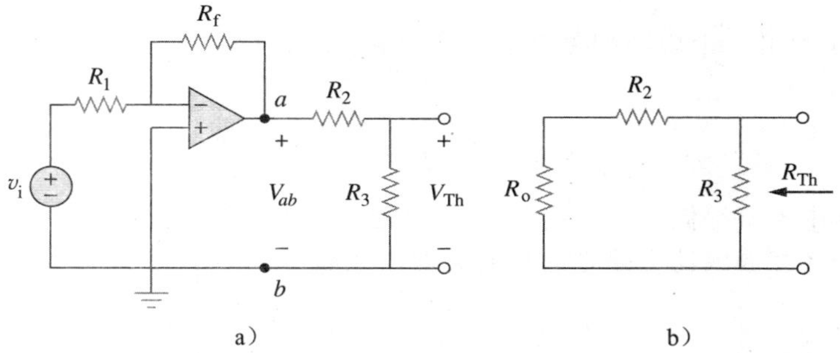

图 7-60 求解图 7-59 中电容两端的 V_{Th} 和 R_{Th}

为了求出 R_{Th}，考虑图 7-60b 所示电路。这里的 R_o 是运算放大器的输出电阻。假设运算放大器是理想的，$R_o=0$，并且

$$R_{Th}=R_2\|R_3=\frac{R_2R_3}{R_2+R_3}$$

将给定的数值代入，得

$$V_{Th}=-\frac{R_3}{R_2+R_3}\frac{R_f}{R_1}v_i=-\frac{10}{20}\times\frac{50}{20}\times 2u(t)=-2.5u(t)$$

$$R_{Th}=\frac{R_2R_3}{R_2+R_3}=5\text{k}\Omega$$

图 7-61 所示的戴维南等效电路与图 7-40 类似。因此，解决方案与式(7.48)类似，即

$$v_o(t)=-2.5(1-e^{-t/\tau})u(t)$$

这里 $\tau=R_{Th}C=5\times10^3\times2\times10^{-6}=0.01(\text{s})$，因此 $t>0$ 时的阶跃响应为

$$v_o(t)=2.5(e^{-100t}-1)u(t)\text{V}$$ ◀

练习 7-16　图 7-62 中，$v_i=4.5u(t)$V，$R_1=20$kΩ，$R_f=40$kΩ，$R_2=R_3=10$kΩ，$C=2\mu$F，求阶跃响应 $v_o(t)$　**答案：** $13.5(1-e^{-50t})u(t)$V。

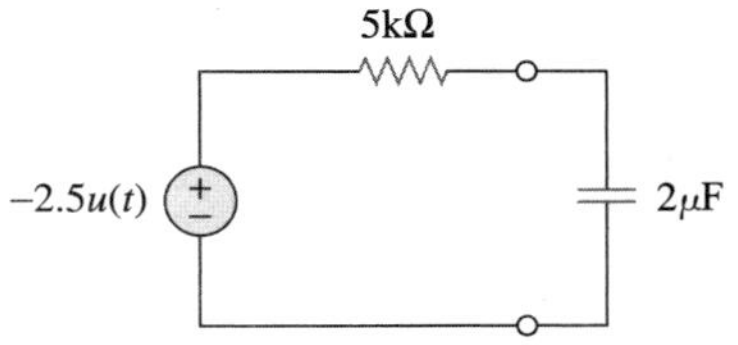

图 7-61　图 7-59 的戴维南等效电路

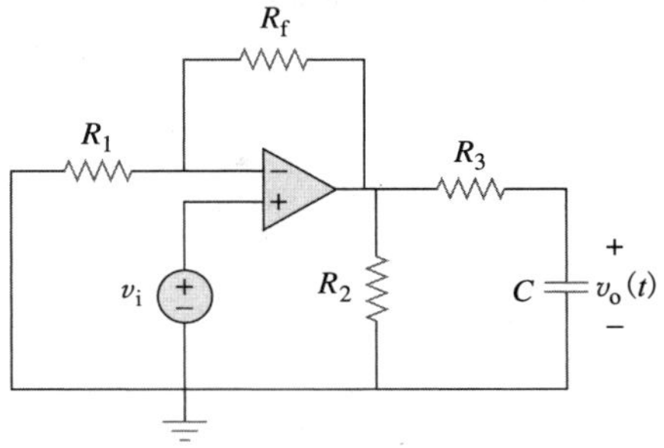

图 7-62　练习 7-16 图

习题

7.2 节

1　图 7-63 所示电路中，$v(t)=56e^{-200t}$V，$t>0$；$i(t)=8e^{-200t}$mA，$t>0$。

(a) 求 R 和 C。

(b) 求时间常数 τ。

(c) 求从 $t=0$ 开始电压减小到其初始值的一半时所需要的时间。

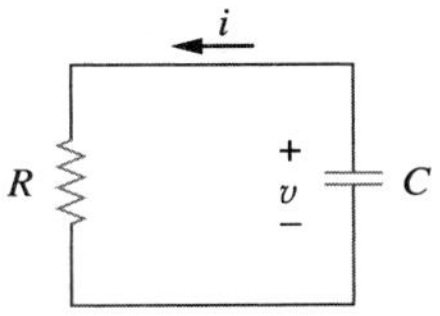

图 7-63　习题 1 图

2　求图 7-64 所示的 RC 电路的时间常数 τ。

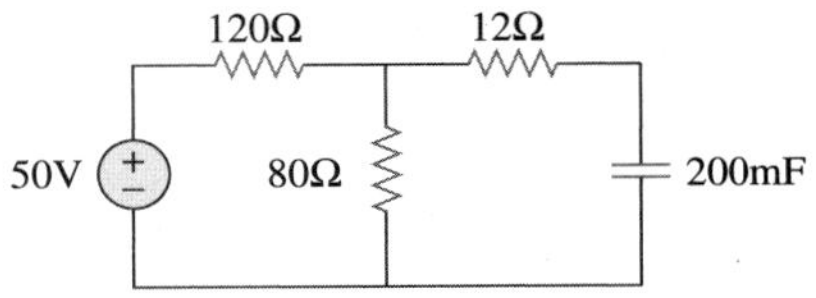

图 7-64　习题 2 图

3　求图 7-65 所示电路的时间常数 τ。

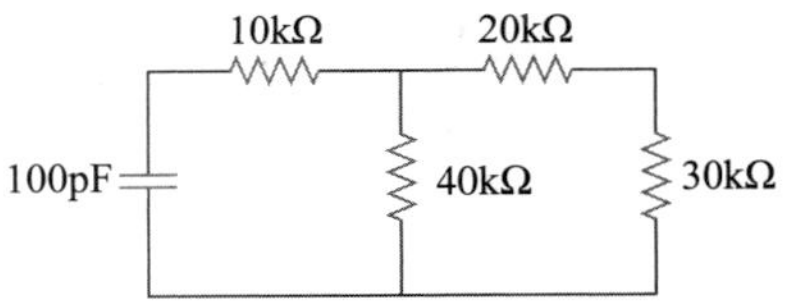

图 7-65　习题 3 图

4　图 7-66 中，开关在 A 位置已达稳态，假设开关在 $t=0$ 时从 A 位置切换到 B 位置。当 $t>0$ 时，求 v。

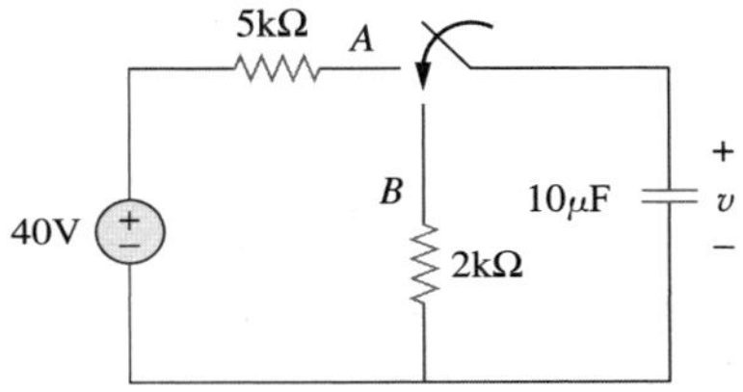

图 7-66　习题 4 图

5　利用图 7-67，设计一个问题来更好地理解无源 RC 电路。 **ED**

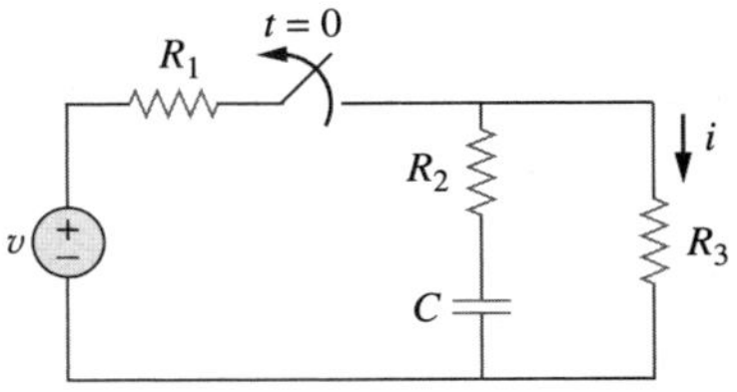

图 7-67　习题 5 图

6　图 7-68 中，开关处于关闭状态且电路已达稳态，当 $t=0$ 时开关关闭。求当 $t\geqslant 0$ 时 $v(t)$。

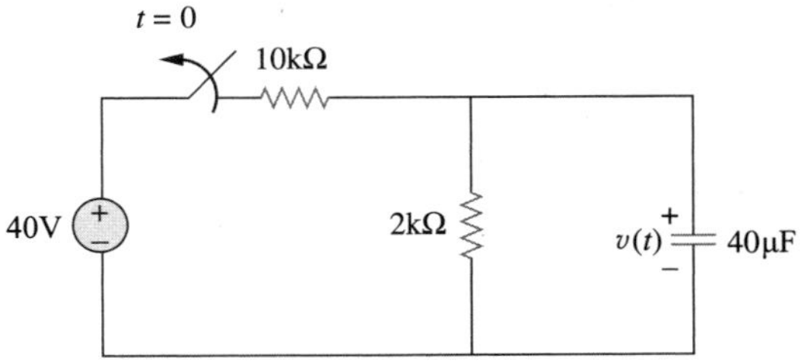

图 7-68　习题 6 图

7　图 7-69 中，假设开关在 A 位置已达稳态，当 $t=0$ 时开关切换到 B 位置，当 $t=1$s 时，开关由 B 切换到 C，求当 $t\geqslant 0$ 时的 $v_C(t)$。

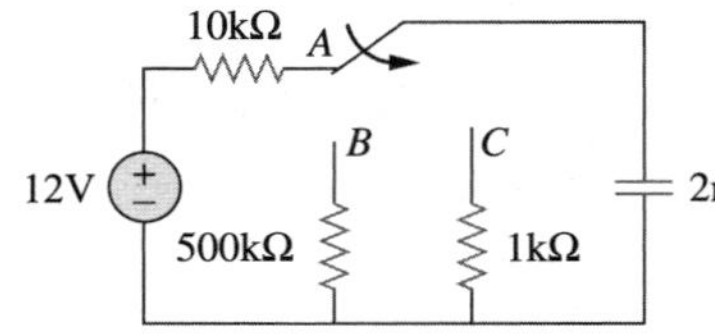

图 7-69　习题 7 图

8　在图 7-70 所示电路中，如果当 $t>0$ 时 $v=10e^{-4t}$ V，$i=0.2e^{-4t}$ A。

(a) 求 R 和 C；

(b) 求时间常数 τ；

(c) 求电容的初始能量；

(d) 求存储能量降到初始值的 50%时所需的时间。

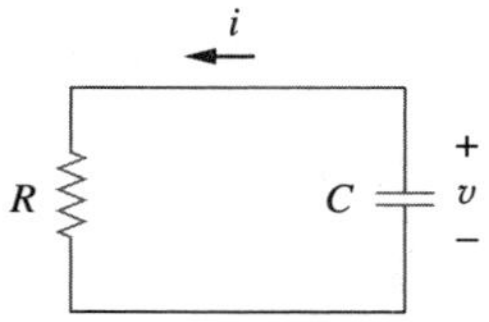

图 7-70　习题 8 图

9　在图 7-71 中，开关在 $t=0$ 时打开，求当 $t>0$ 时的 v_o。

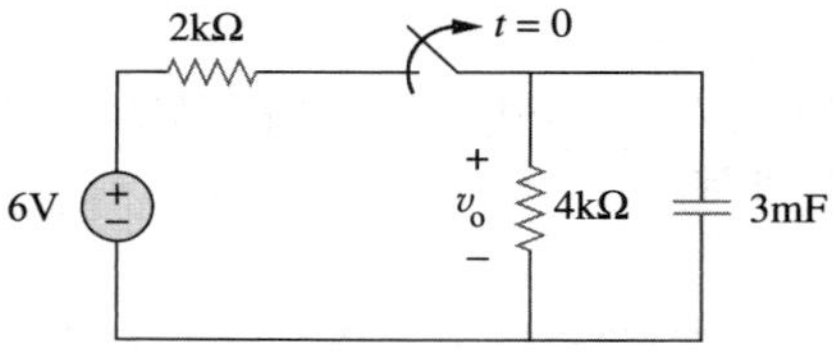

图 7-71　习题 9 图

10　在图 7-72 中，求当 $t>0$ 时的 τ，以及电容电压从 $t=0$ 开始降到其初始值的 1/3 时所需的时间。

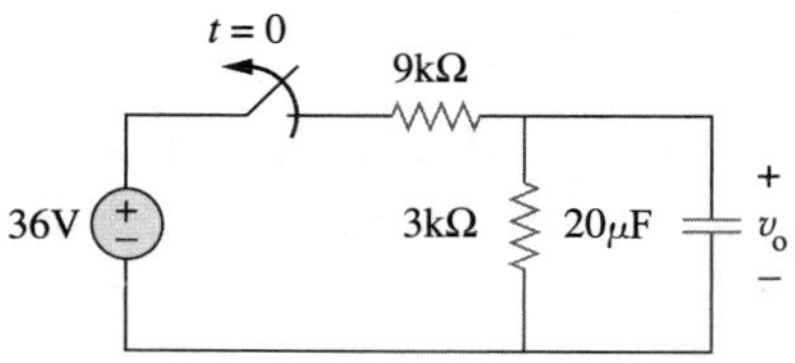

图 7-72　习题 10 图

7.3 节

11　在图 7-73 中，求 $t>0$ 时的 i_o。

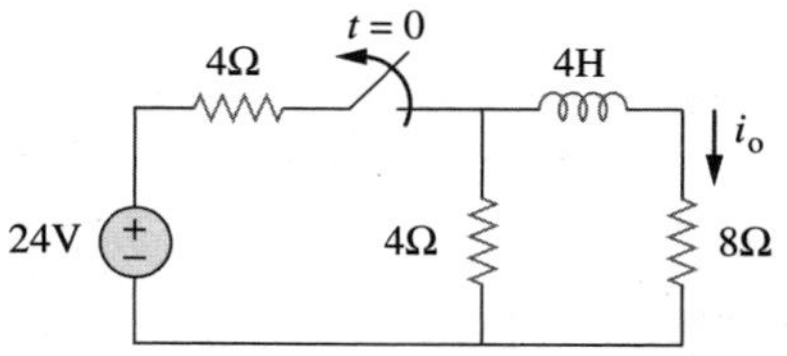

图 7-73　习题 11 图

12　利用图 7-74，设计一个问题来更好地理解无源 RL 电路。**ED**

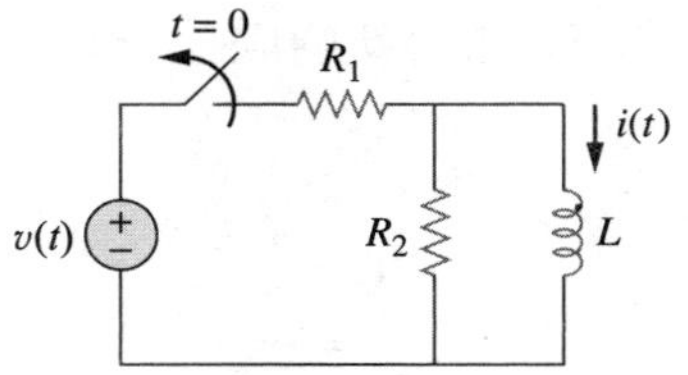

图 7-74　习题 12 图

13　图 7-75 所示电路中，$v(t)=80e^{-10^3t}$ V，$t>0$；$i(t)=5e^{-10^3t}$ mA，$t>0$。

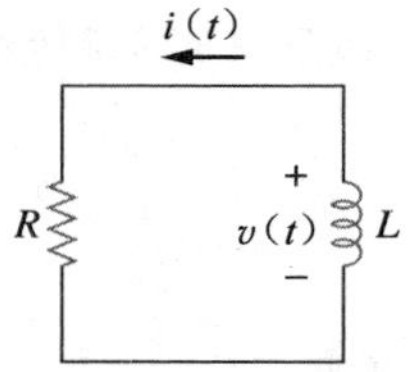

图 7-75　习题 13 图

(a) 求 R、L 和 τ。

(b) 求在 $0<t<0.5$ms 内电阻上消耗的能量。

14　求如图 7-76 所示电路中的时间常数。

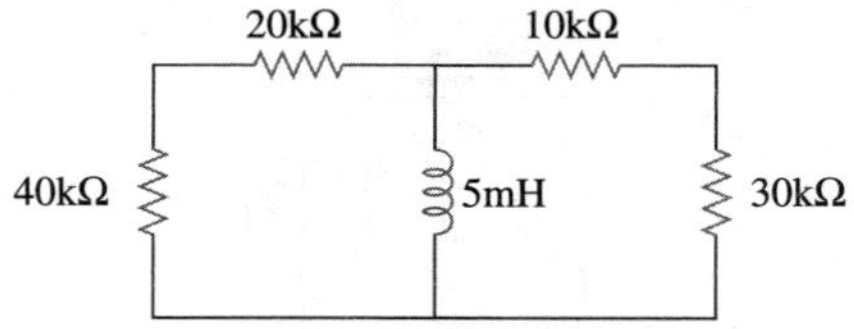

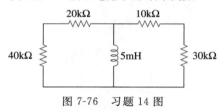

图 7-76　习题 14 图

15　求如图 7-77 所示的各个电路中的时间常数 τ。

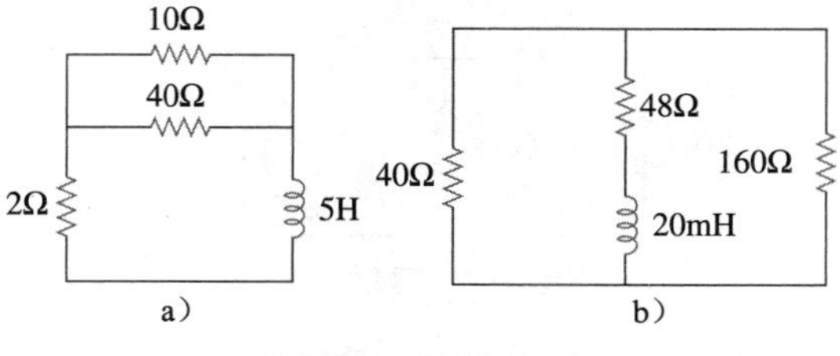

图 7-77　习题 15 图

16　求如图 7-78 所示的各个电路中的时间常数 τ。

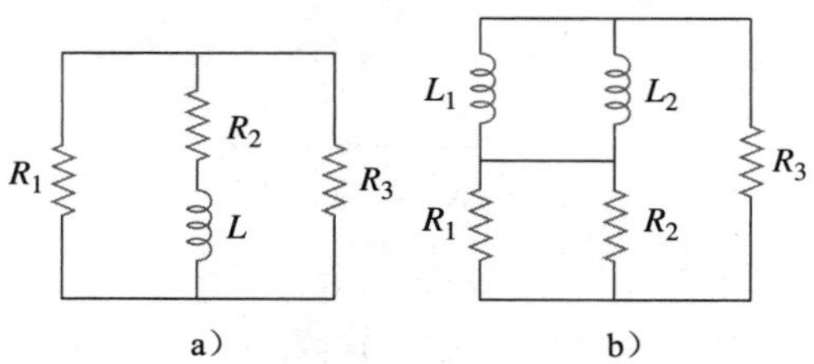

图 7-78　习题 16 图

17 在图 7-79 所示电路中，若 $i(0)=6\text{A}$，并且 $v(t)=0$，求 $v_o(t)$。

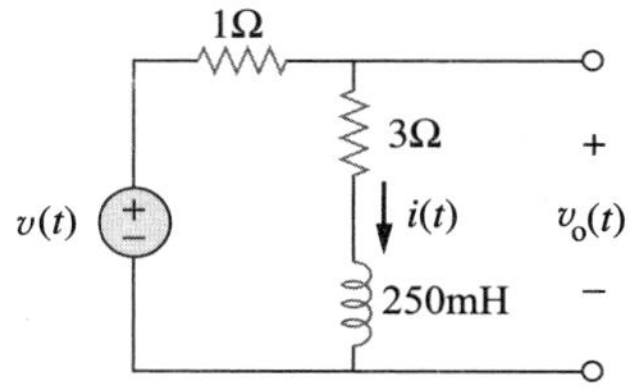

图 7-79　习题 17 图

18 在图 7-80 所示电路中，若 $i(0)=5\text{A}$，并且 $v(t)=0$，求 $v_o(t)$。

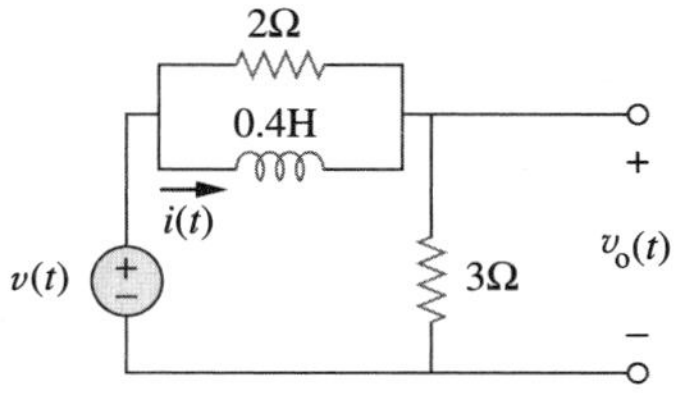

图 7-80　习题 18 图

19 在图 7-81 所示电路中，若 $i(0)=6\text{A}$，求当 $t>0$ 时的 $i(t)$。

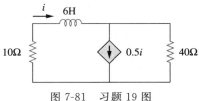

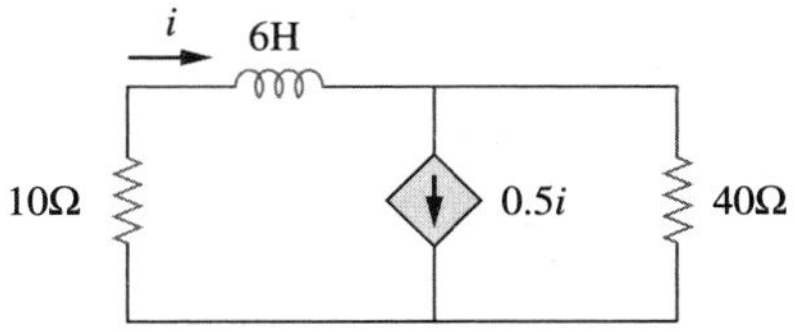

图 7-81　习题 19 图

20 在图 7-82 所示电路中，$v=90\text{e}^{-50t}\text{V}$ 且 $t>0$ 时 $i=30\text{e}^{-50t}\text{A}$。

(a) 求 L 和 R。

(b) 求时间常数 τ。

(c) 在 10ms 内初始能量减少多少。

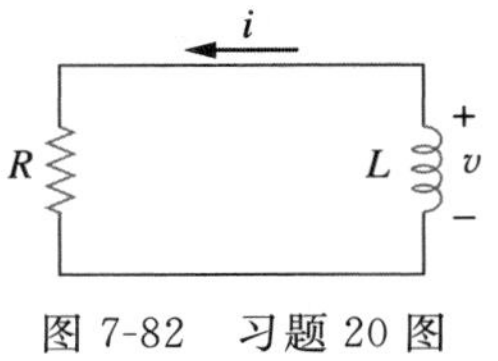

图 7-82　习题 20 图

21 如图 7-83 所示，当电容存储的稳态能量是 1J 时，求 R 的值。 **ED**

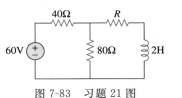

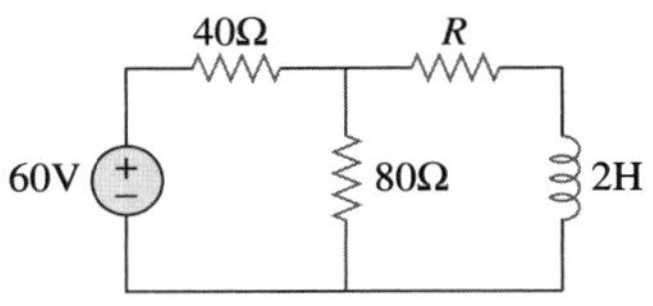

图 7-83　习题 21 图

22 在图 7-84 所示电路中，假设 $i(0)=10\text{A}$，求当 $t>0$ 时的 $i(t)$ 和 $v(t)$。

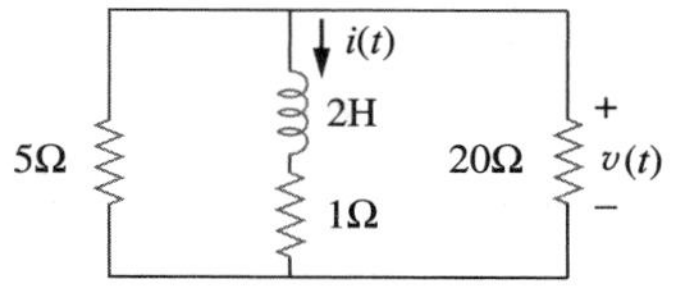

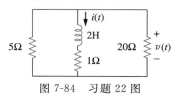

图 7-84　习题 22 图

23 在图 7-85 所示电路中，$v_o(0)=10\text{V}$，当 $t>0$ 时，求 v_o 和 v_x。

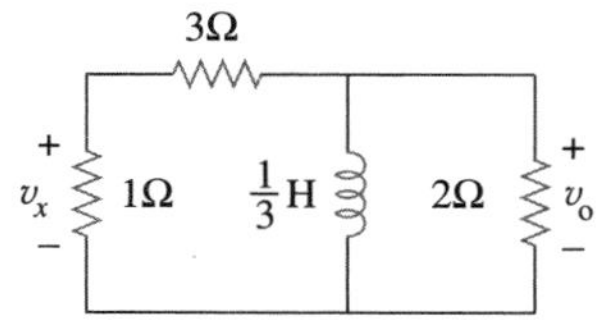

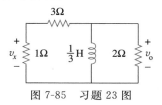

图 7-85　习题 23 图

7.4 节

24 用奇异函数来表达下列信号。

(a) $v(t)=\begin{cases}0, & t<0\\ -5, & t>0\end{cases}$

(b) $i(t)=\begin{cases}0, & t<1\\ -10, & 1<t<3\\ 10, & 3<t<5\\ 0, & t>5\end{cases}$

(c) $x(t)=\begin{cases}t-1, & 1<t<2\\ 1, & 2<t<3\\ 4-t, & 3<t<4\\ 0, & \text{其他}\end{cases}$

(d) $y(t)=\begin{cases}2, & t<0\\ -5, & 0<t<1\\ 0, & t>1\end{cases}$

25 设计一个问题以更好地理解奇异函数。 **ED**

26 用奇异函数表示图 7-86 中所示信号。

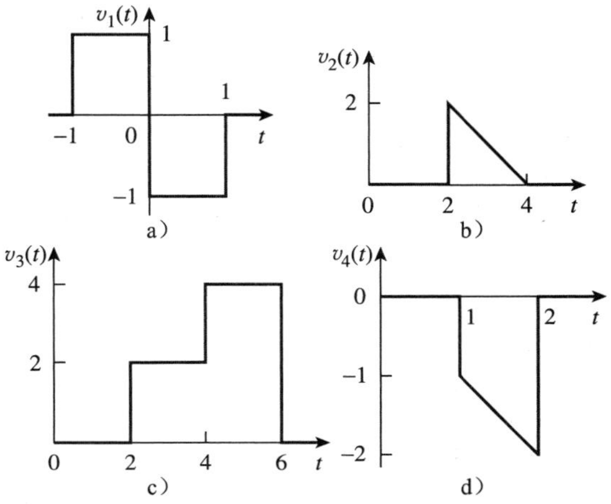

图 7-86　习题 26 图

27　用阶跃函数表示出图 7-87 所示的 $v(t)$。

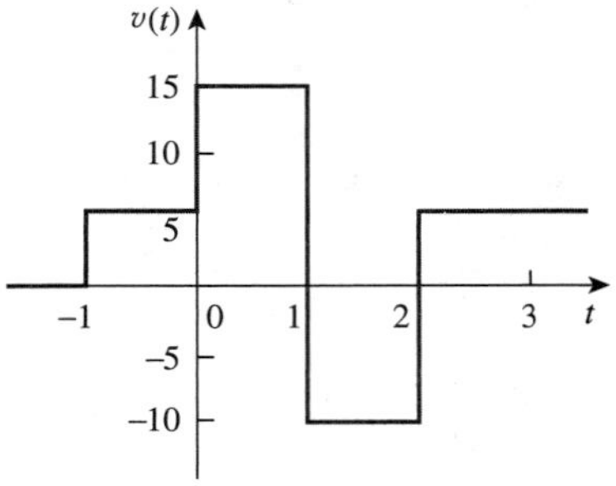

图 7-87　习题 27 图

28　画出下列式子代表的波形：

$$i(t)=r(t)-r(t-1)-u(t-2)-r(t-2)+r(t-3)+u(t-4)$$

29　画出下列函数的曲线。

(a) $x(t)=10e^{-t}u(t-1)$，

(b) $y(t)=10e^{-(t-1)}u(t)$，

(c) $z(t)=\cos 4t\delta(t-1)$

30　计算下列冲激函数的积分：

(a) $\int_{-\infty}^{\infty} 4t^2\delta(t-1)dt$

(b) $\int_{-\infty}^{\infty} 4t^2\cos 2\pi t\delta(t-0.5)dt$

31　计算下列积分：

(a) $\int_{-\infty}^{\infty} e^{-4t^2}\delta(t-2)dt$

(b) $\int_{-\infty}^{\infty} [5\delta(t)+e^{-t}\delta(t)+\cos 2\pi t\delta(t)]dt$

32　计算下列积分：

(a) $\int_{1}^{t} u(\lambda)d\lambda$

(b) $\int_{0}^{4} r(t-1)dt$

(c) $\int_{1}^{5} (t-6)^2\delta(t-2)dt$

33　在 10mH 电感上的电压为 $15\delta(t-2)$mV，假设电感初始未充电，求电感电流。

34　计算下列微分：

(a) $\frac{d}{dt}[u(t-1)u(t+1)]$

(b) $\frac{d}{dt}[r(t-6)u(t-2)]$

(c) $\frac{d}{dt}[\sin 4tu(t-3)]$

35　计算下列等式：

(a) $\frac{dv}{dt}+2v=0$，　$v(0)=-1$V

(b) $2\frac{di}{dt}-3i=0$，　$i(0)=2$A

36　参照初始条件，对下列不等式求 v。

(a) $dv/dt+v=u(t)$，　$v(0)=0$

(b) $2dv/dt-v=3u(t)$，　$v(0)=-6$

37　电路的描述如下：

$$4\frac{dv}{dt}+v=10$$

(a) 求电路的时间常数 τ。

(b) 求 v 的最终值 $v(\infty)$。

(c) 如果 $v(0)=2$，求 $t\geqslant 0$ 时的 $v(t)$。

38　电路的描述如下：

$$\frac{di}{dt}+3i=2u(t)$$

如果 $i(0)=0$，求当 $t>0$ 时的 $i(t)$。

7.5 节

39　在图 7-88 所示的电路中，求每个电路 $t<0$ 和 $t>0$ 时的电容电压。

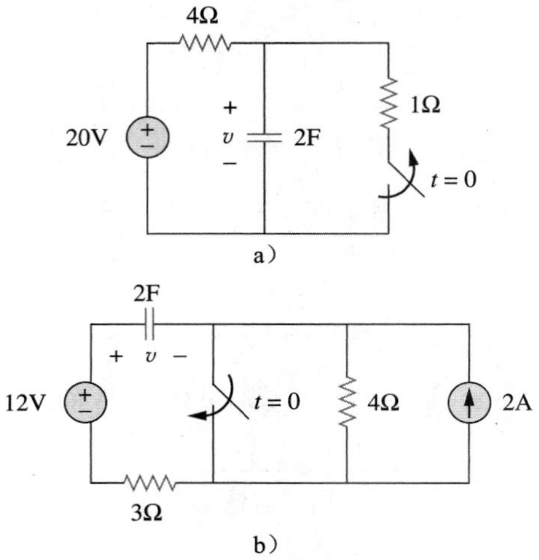

图 7-88　习题 39 图

40　在图 7-89 所示的电路中，求每个电路 $t<0$ 和 $t>0$ 时的电容电压。

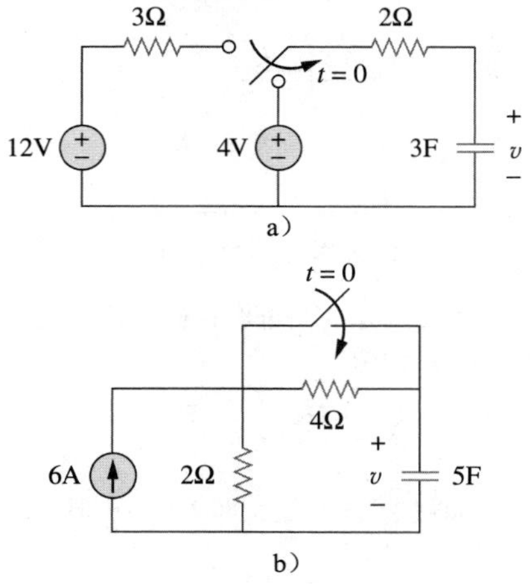

图 7-89　习题 40 图

41　利用图 7-90，设计一个问题以更好地理解 RC 电路的阶跃响应。 **ED**

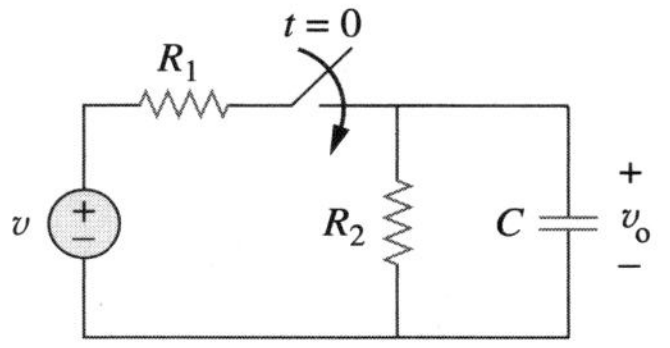

图 7-90　习题 41 图

42　(a) 在图 7-91 中，开关处于打开状态且电路已达稳态，当 $t=0$ 时关闭，求 $v_o(t)$。
(b) 开关处于关闭状态已达稳态，当 $t=0$ 时打开，求 $v_o(t)$。

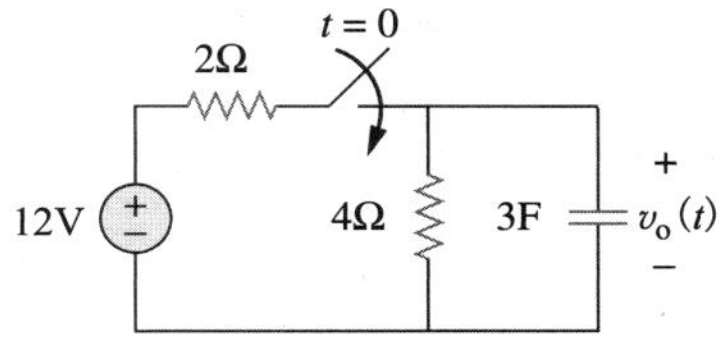

图 7-91　习题 42 图

43　在图 7-92 所示电路中，求 $t<0$ 和 $t>0$ 时的 $i(t)$。

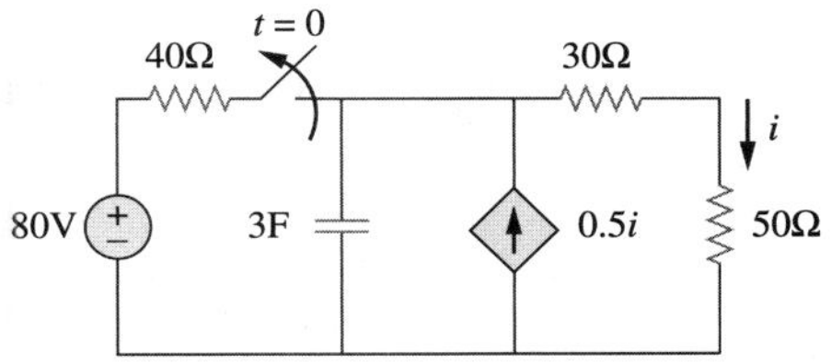

图 7-92　习题 43 图

44　在图 7-93 所示电路中，开关处于 a 位置且电路已达稳态，当 $t=0$ 时，开关切换到 b 位置，求 $t>0$ 时的 $i(t)$。

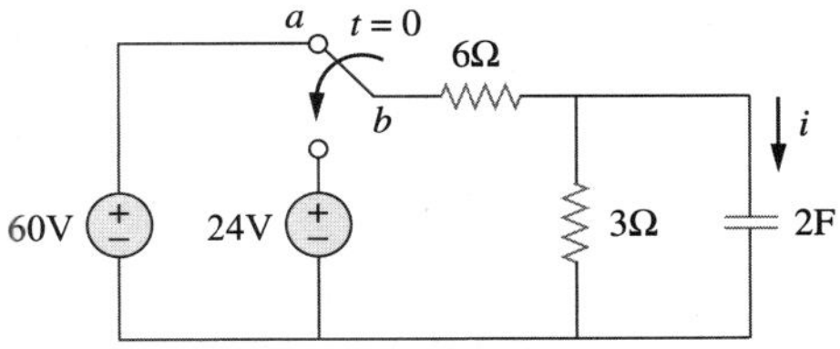

图 7-93　习题 44 图

45　在图 7-94 所示电路中，$v_s=30u(t)$，假设 $v_o(0)=5\text{V}$，求 v_o。

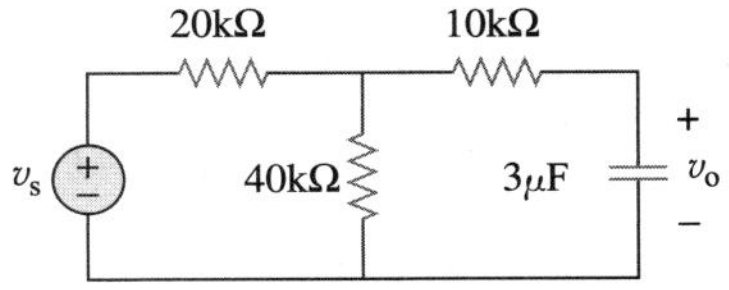

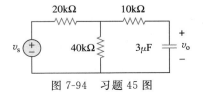

图 7-94　习题 45 图

46　在图 7-95 所示电路中，$i_s(t)=5u(t)$，求 $v(t)$。

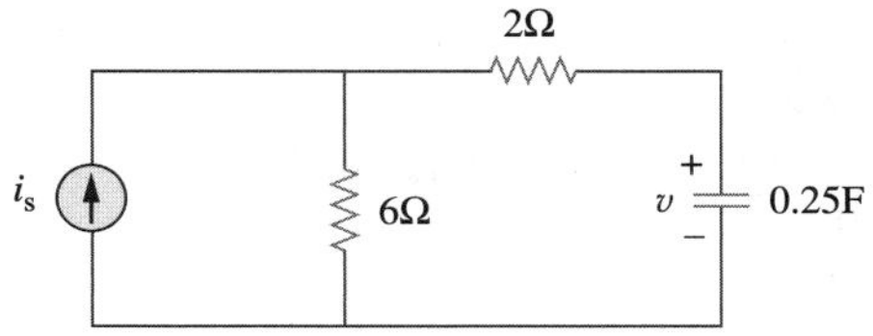

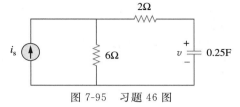

图 7-95　习题 46 图

47　在图 7-96 所示电路中，如果 $v(0)=0$，求当 $t>0$ 时的 $v(t)$。

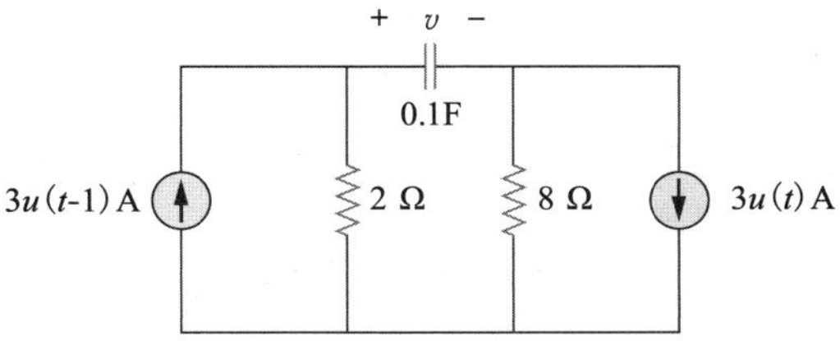

图 7-96　习题 47 图

48　在图 7-97 所示电路中，求 $v(t)$和 $i(t)$。

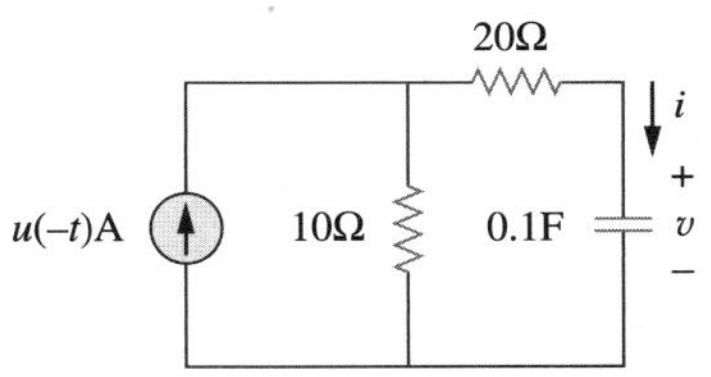

图 7-97　习题 48 图

49　图 7-98a 所示波形应用在图 7-98b 所示电路上，假设 $v(0)=0$，求 $v(t)$。

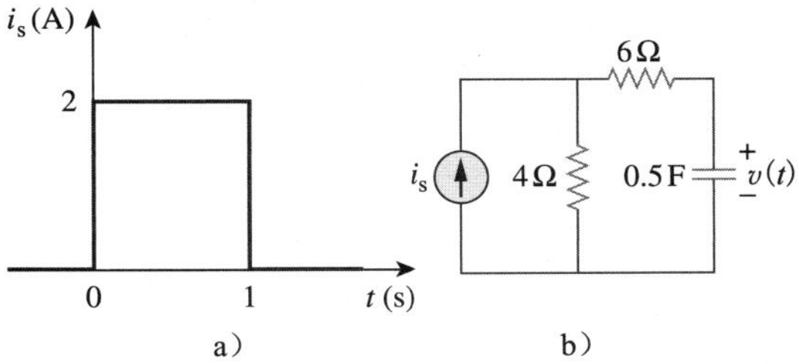

图 7-98　习题 49 图

*50　在图 7-99 所示电路中，如果 $R_1=R_2=1\text{k}\Omega$，$R_3=2\text{k}\Omega$，且 $C=0.125\text{mF}$，当 $t>0$ 时，求 i_x。

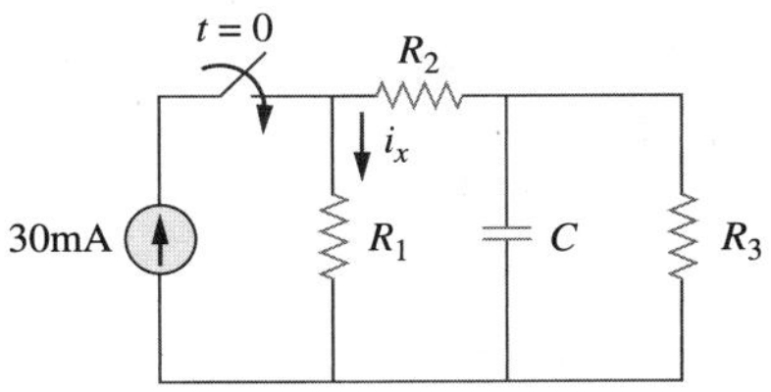

图 7-99　习题 50 图

7.6 节

51 在 7.6 节中，用 KVL 方程而不是用短路方法来求式(7.60)。

52 利用图 7-100，设计一个问题以更好地理解 RL 电路的阶跃响应。 **ED**

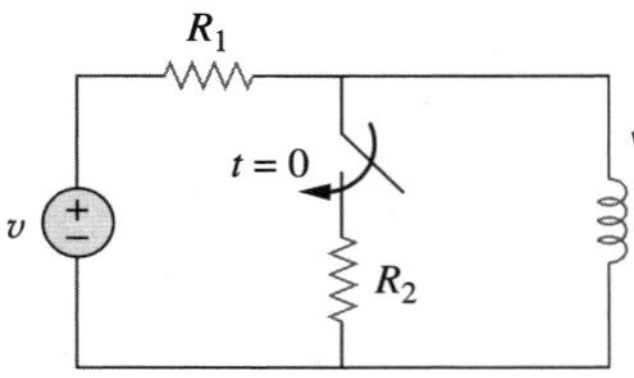

图 7-100 习题 52 图

53 在图 7-101 中，求每个电路在 $t<0$ 和 $t>0$ 时的电感电流 $i(t)$。

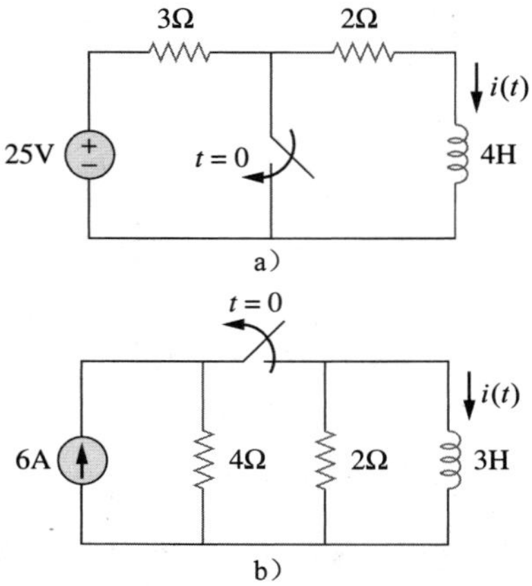

图 7-101 习题 53 图

54 在图 7-102 中，求每个电路在 $t<0$ 和 $t>0$ 时的电感电流。

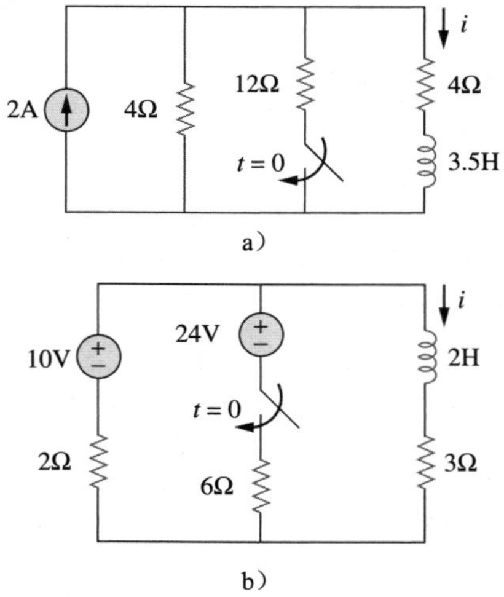

图 7-102 习题 54 图

55 在图 7-103 所示电路中，求当 $t<0$ 和 $t>0$ 时的 $v(t)$。

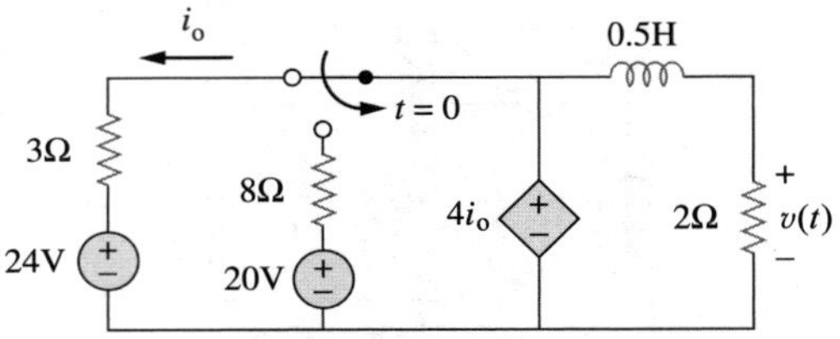

图 7-103 习题 55 图

56 在图 7-104 所示电路中，求当 $t>0$ 时的 $v(t)$。

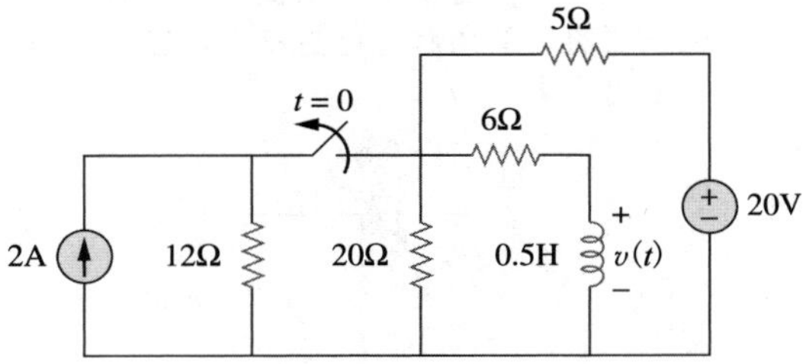

图 7-104 习题 56 图

57 如图 7-105 所示电路，求当 $t>0$ 时的 $i_1(t)$和 $i_2(t)$。

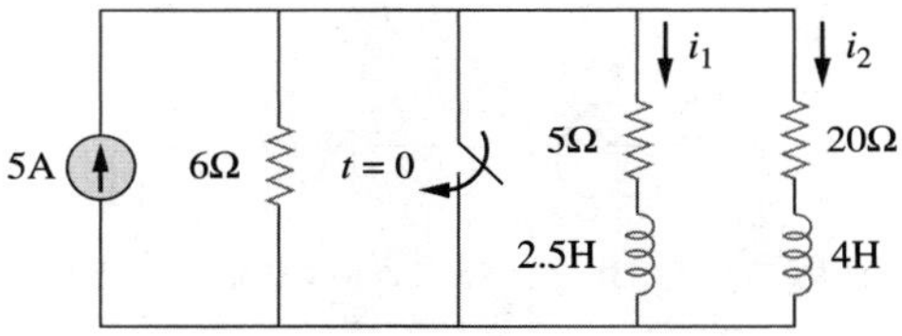

图 7-105 习题 57 图

58 在习题 17 中，若 $i(0)=10\text{A}$ 且 $v(t)=20u(t)\text{V}$，重做该题。

59 在图 7-106 中，若 $u_s=18u(t)$，求阶跃响应 $v_o(t)$。

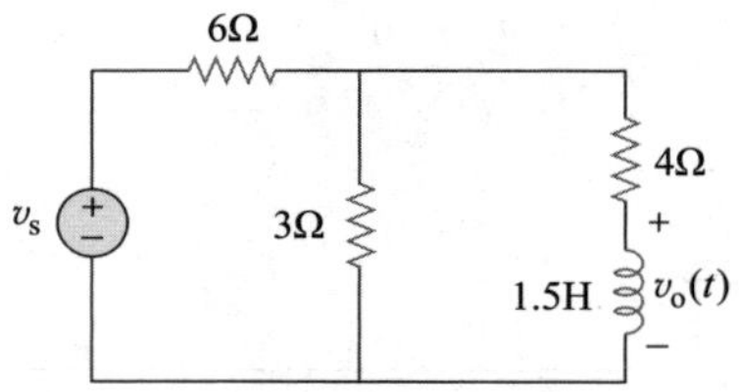

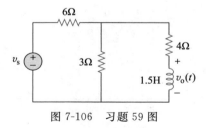

图 7-106 习题 59 图

60 在图 7-107 中，如果电感初始电流为零，求当 $t>0$ 时的 $v(t)$。

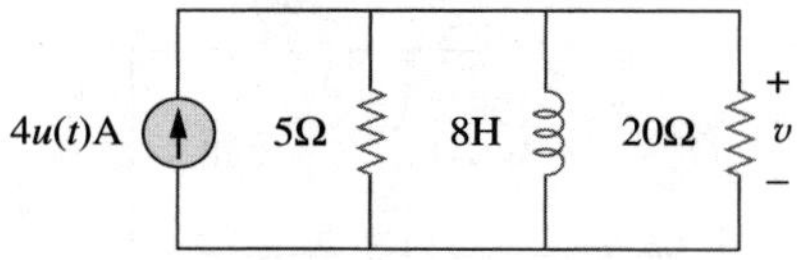

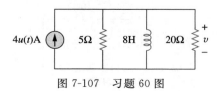

图 7-107 习题 60 图

61　在图 7-108 所示电路中，当 $t=0$ 时 i_s 从 5A 改到 10A，即 $i_s=5u(-t)+10u(t)$，求 v 和 i。

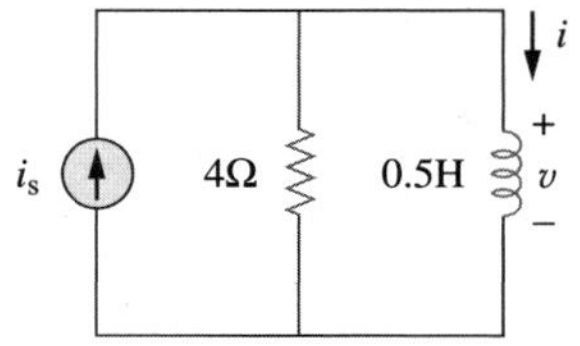

图 7-108　习题 61 图

62　在图 7-109 所示电路中，如果 $i(0)=0$，求 $i(t)$。

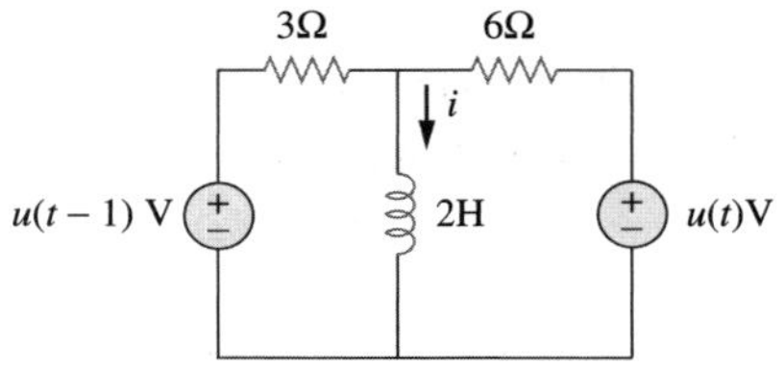

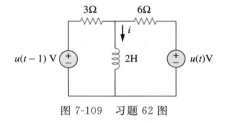

图 7-109　习题 62 图

63　在图 7-110 所示电路中，求 $v(t)$ 和 $i(t)$。

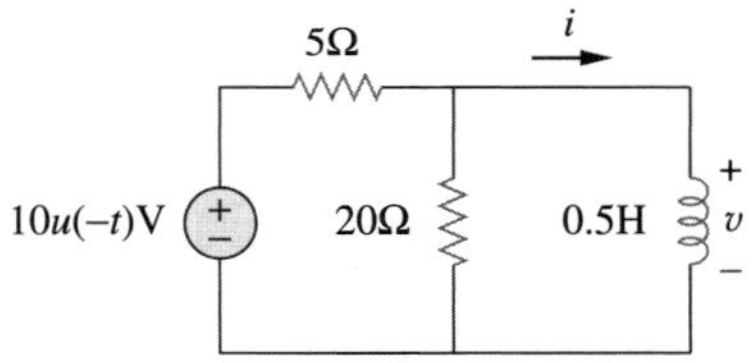

图 7-110　习题 63 图

64　在图 7-111 所示电路中，$v_{in}(t)=[40-40u(t)]$V，求 $i_L(t)$ 和电路在 $t=0$s 到 $t=\infty$s 时所消耗的能量。

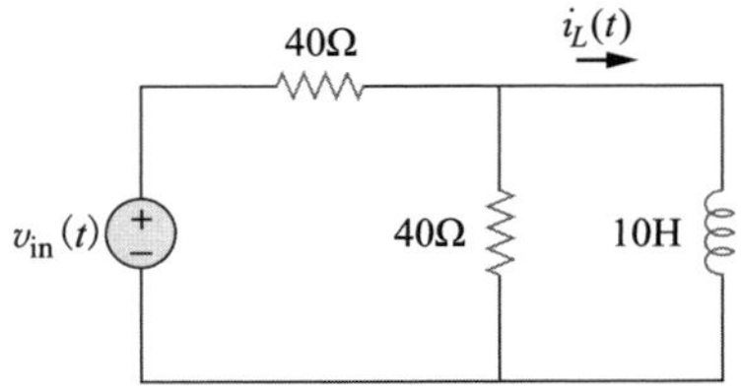

图 7-111　习题 64 图

65　图 7-112a 所示波形应用在图 7-112b 所示电路上，求 $i(t)$。

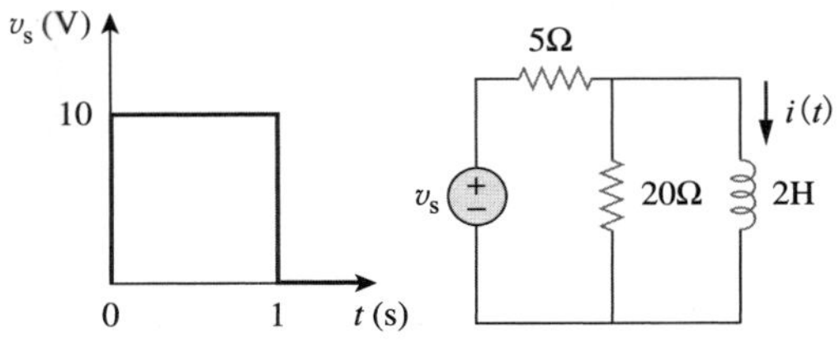

a)　　b)

图 7-112　习题 65 图

7.7 节

66　利用图 7-113 所示电路，设计一个问题来更好地理解一阶运算放大电路。**ED**

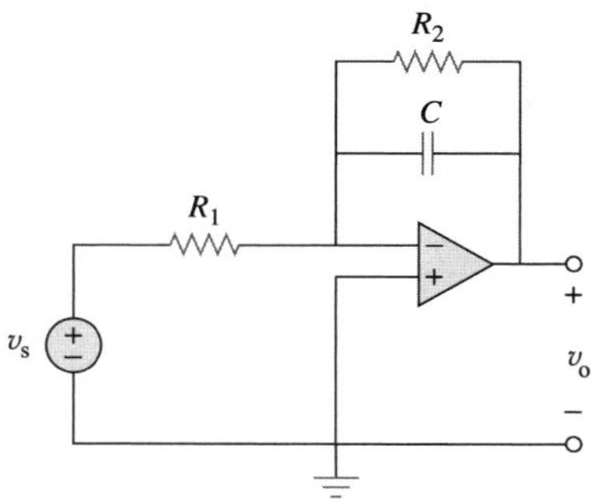

图 7-113　习题 66 图

67　在图 7-114 所示电路中，$v(0)=5$V，$R=10$kΩ，$C=1\mu$F。求当 $t>0$ 时的 $v_o(t)$。

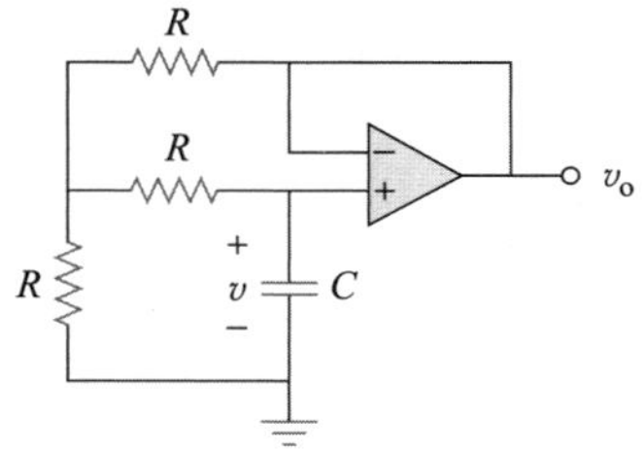

图 7-114　习题 67 图

68　在图 7-115 所示电路中，求当 $t>0$ 时的 v_o。

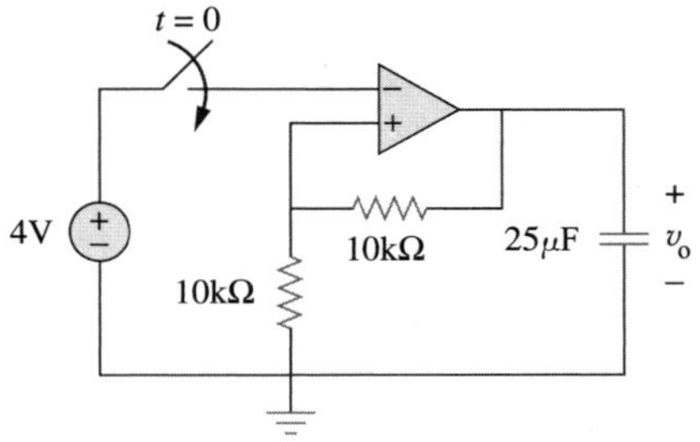

图 7-115　习题 68 图

69　在图 7-116 所示电路中，求当 $t>0$ 时的 $v_o(t)$。

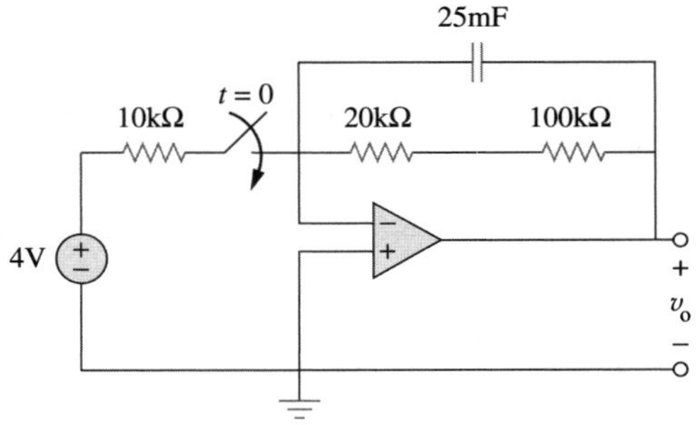

图 7-116　习题 69 图

70 在图 7-117 所示运放电路中，$v_s=20\text{mV}$，求当 $t>0$ 时 $v(t)$。

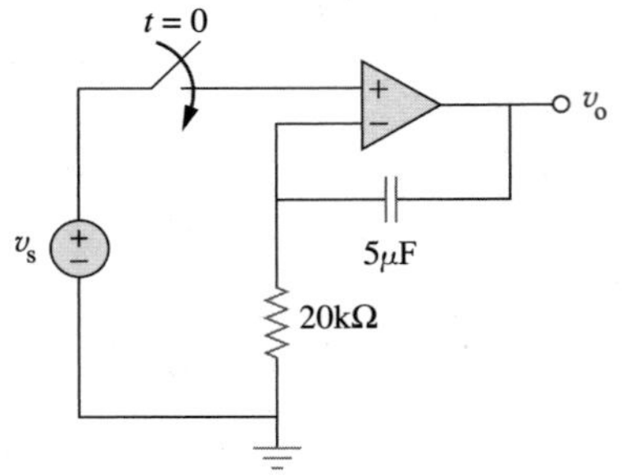

图 7-117 习题 70 图

71 在图 7-118 所示运放电路中，$v_o=0$ 且 $v_s=3\text{V}$，求当 $t>0$ 时的 $v(t)$。

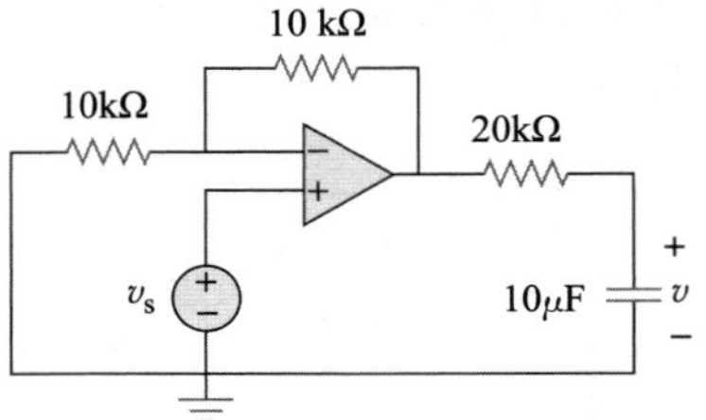

图 7-118 习题 71 图

72 在图 7-119 所示运放电路中，假设 $v(0)=-2\text{V}$，$R=10\text{k}\Omega$，$C=10\mu\text{F}$，求 i_o。

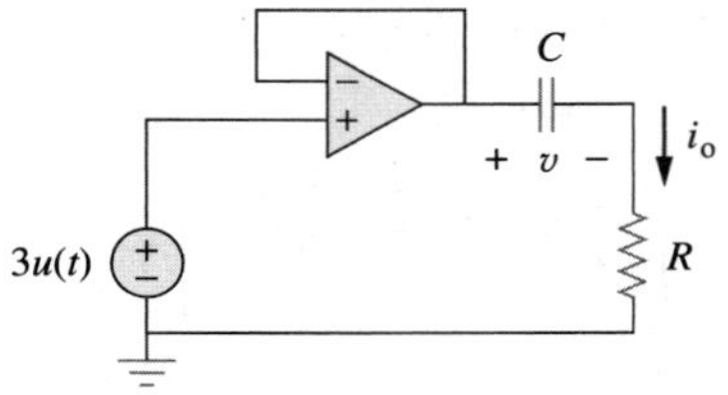

图 7-119 习题 72 图

73 在图 7-120 所示运放电路中，让 $R_1=10\text{k}\Omega$，$R_f=20\text{k}\Omega$，$C=20\mu\text{F}$，且 $v(0)=1\text{V}$，求 v_o。

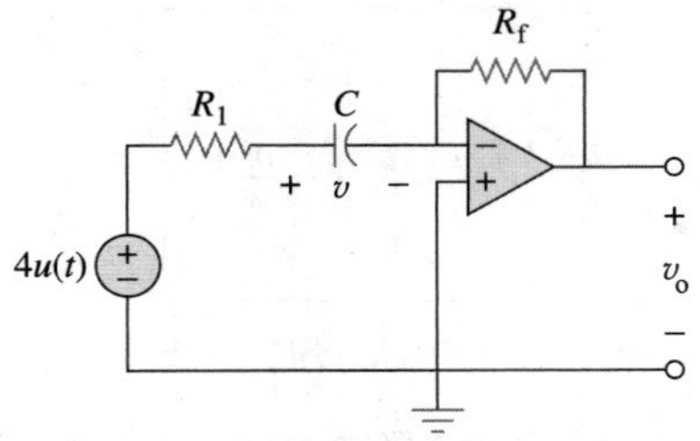

图 7-120 习题 73 图

74 在图 7-121 所示电路中，$i_s=10u(t)\mu\text{A}$，假设电容最初没有充电，求当 $t>0$ 时的 $v_o(t)$。

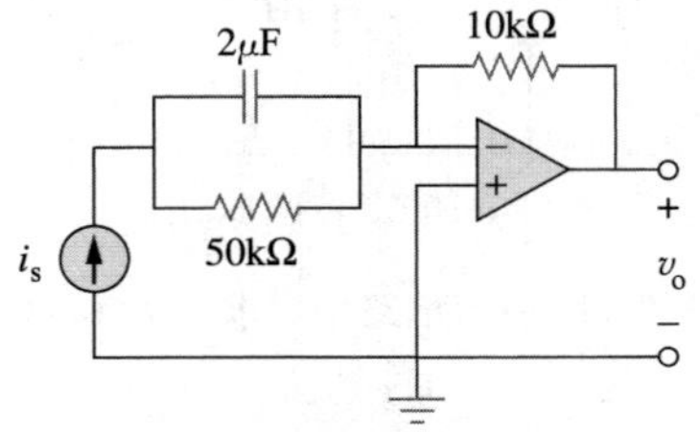

图 7-121 习题 74 图

75 在图 7-122 所示电路中，$v_s=4u(t)\text{V}$，$v(0)=1\text{V}$ 求 v_o 和 i_o。

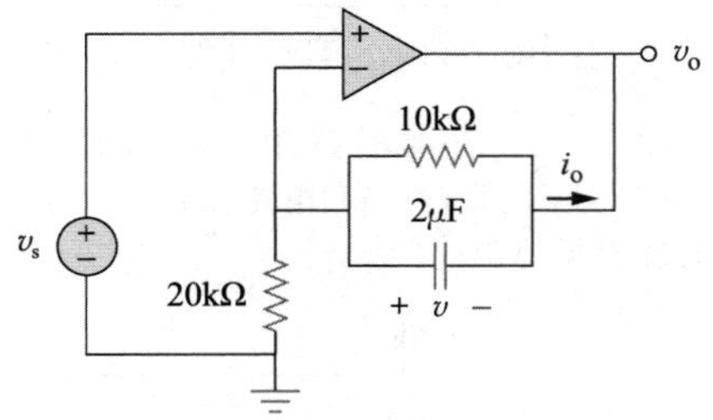

图 7-122 习题 75 图

第 8 章 二阶电路

如果有能力获得工程硕士学位，就一定要去实现它，这能使你的事业获得更大的成功。如果想要进行科学研究，或者在工程方面有更高的造诣，抑或在大学教书，拥有自己的企业，那就需要攻读博士学位。

——Charles K. Alexander

增强技能与拓展事业

在毕业后，为了增加就业机会，你需要透彻理解一系列工程领域的基本知识。如果可能的话，当完成本科学位后，最好能够通过努力获得硕士学位。

在工程上，每个学位代表一个学生所获得的某种技能。在学士期间，你学习的是工程语言以及工程设计的基础。在硕士期间，你将获得处理先进工程项目和在口头、书面方面有效沟通的能力。博士学位代表你彻底掌握了解决工程尖端问题的能力，并且能够与别人沟通成果。

如果你不知道毕业后从事什么样的工作，攻读硕士学位将增强你的职业选择能力。因为学士学位你只获得工程基础知识，工程硕士学位将补充管理类的相关知识。获得 MBA 最好的时间是若你成为工程师几年后想通过加强商业技能来进一步发展事业，是攻读 MBA 学位的最佳时机。

工程师应不断进行自我学习，无论是在职的或全职的。或许没有比加入一个专业团体(如 IEEE)并成为一个活跃的成员这样更好的方法来拓展你的事业。

增强技能与拓展事业包括对目标的理解、对变化的适应、对机遇到来的预期和对个人所处环境的规划

(图片来源：IEEE Magazine)

8.1 引言

前一章中，我们讨论了带有单个储能元件(一个电容或一个电感)的电路，因为它们的响应是用一阶微分方程描述的，所以称为一阶电路。在这一章中，我们将考虑包含两个储能元件且响应由包含二阶导数的微分方程描述的电路，即二阶(second-order)电路。

二阶电路的典型例子是 *RLC* 电路，其中三种无源器件均存在。图 8-1a 和图 8-1b 就是这种电路的例子，图 8-1c 和图 8-1d 分别是 *RL* 和 *RC* 电路。从图 8-1 中可以看出，一个二阶电路可能有两个不同类型或同一类型的储能元件(相同类型的元件不能用一个等效元件来替代)。含有两个储能元件的运算放大器电路也可以是二阶电路。与一阶电路相比，二阶电路包含几个电阻以及有源和无源的电源。

二阶电路的特点是其响应能由二阶微分方程描述，它包含电阻和两个等效的储能元件。

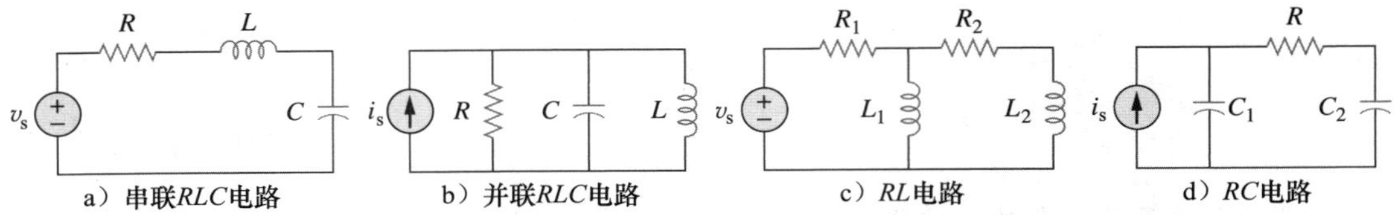

图 8-1 二阶电路的典型例子

对于二阶电路的分析类似于一阶电路，首先考虑由存储元件初始条件激励的电路。尽管这些电路可能包含非独立电源，但它们依然是无源电路，并将发生自然响应。稍后将考虑有独立源激励的电路，这些电路有自由响应和强迫响应。这一章主要考虑直流独立源，正弦源和指数源的情况将在后面的章节介绍。

本章首先学习如何计算电路变量及其导数的初始条件，因为这对于分析二阶电路非常重要。然后考虑图 8-1 所示串联及并联 RLC 电路在两种情况下的激励：能量存储元件的初始条件和阶跃输入。接下来学习其他类型的二阶电路，包括运算放大器电路。

8.2 计算初值和终值

在处理二阶电路时面临的主要问题是获得电路变量的初值和终值，通常比较容易得到 v 和 i 的初值和终值，但是求解它们的导数(dv/dt、di/dt)是比较困难的，因此本节将详细讲解 $v(0)$、$i(0)$、$dv(0)/dt$、$dv(0)/dt$、$di(0)/dt$、$i(\infty)$、$v(\infty)$的求解。除了特别说明外，本章中的 v 代表电容电压，i 代表电感电流。

在确定初始条件时需要牢记两点：

首先，在进行电路分析时，必须谨慎处理电容电压 $v(t)$的极性和电感电流 $i(t)$的方向。v 和 i 的定义必须严格遵守无源符号的国际惯例(见图 6-3、图 6-23)。应该仔细观察这些符号是如何定义及应用的。

其次，记住电容电压总是连续的，故

$$v(0^+)=v(0^-) \tag{8.1a}$$

电感电流也是连续的，故

$$i(0^+)=i(0^-) \tag{8.1b}$$

式中，假设开关切换发生在 $t=0$，$t=0^-$ 表示开关闭合前时刻，$t=0^+$ 表示开关闭合后的时刻。

因此，在计算初始条件时，首先关注那些不能立即改变的变量，利用式(8.1)求解电容电压和电感电流。下面的例子给出了具体的计算方法。

例 8-1 图 8-2 中的开关已经闭合了很长时间，在 $t=0$ 时刻将其打开。求解：(a) $i(0^+)$，$v(0^+)$；(b) $di(0^+)/dt$，$dv(0^+)/dt$；(c) $i(\infty)$，$v(\infty)$。

解：(a) 如果在 $t=0$ 时刻之前开关已经闭合了很长时间，就意味着在 $t=0$ 时刻电路已经达到了直流稳态。在直流稳态时，电感相当于短路，而电容相当于断路，故我们可以得到如图 8-3a 所示的电路。在 $t=0^-$ 时，有

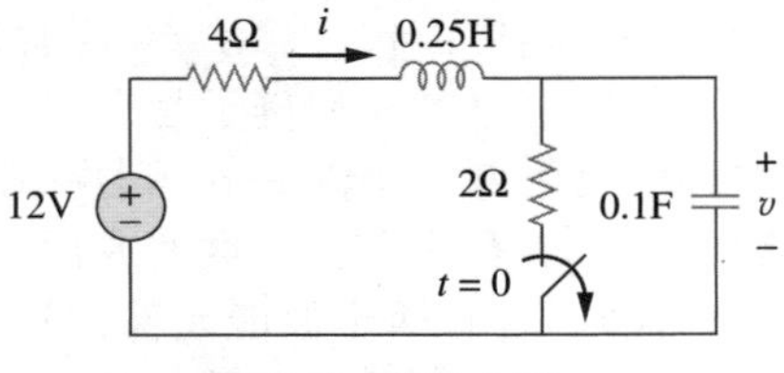

图 8-2 例 8-1 图

$$i(0^-)=\frac{12}{4+2}=2(\mathrm{A}),\qquad v(0^-)=2i(0^-)=4(\mathrm{V})$$

由于电感电流和电容电压不会突变，所以

$$i(0^+)=i(0^-)=2\mathrm{A},\qquad v(0^+)=v(0^-)=4\mathrm{V}$$

(b) 在 $t=0^+$ 时刻，开关打开；等效电路图如 8-3b 所示。相同的电流流过电感和电容。因此，

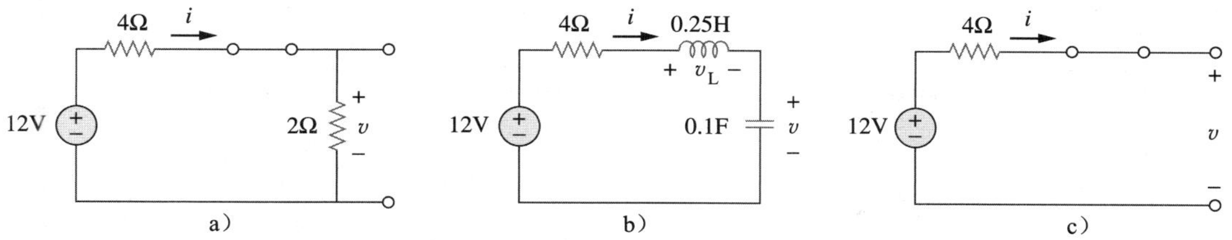

图 8-3　图 8-2 的等效电路

$$i_C(0^+)=i_C(0^-)=2A$$

由于 $C\mathrm{d}v/\mathrm{d}t=i_C$，$\mathrm{d}v/\mathrm{d}t=i_C/C$ 得到

$$\frac{\mathrm{d}v(0^+)}{\mathrm{d}t}=\frac{i_C(0^+)}{C}=\frac{2}{0.1}=20(\mathrm{V/s})$$

同理，由于 $L\mathrm{d}i/\mathrm{d}t=v_L$，$\mathrm{d}i/\mathrm{d}t=v_L/L$，在图 8-3b 中应用 KVL 可以得到 v_L。结果如下：

$$-12+4i(0^+)+v_L(0^+)+v(0^+)=0$$

即

$$v_L(0^+)=12-8-4=0$$

所以

$$\frac{\mathrm{d}i(0^+)}{\mathrm{d}t}=\frac{v_L(0^+)}{L}=\frac{0}{0.25}=0(\mathrm{A/s})$$

（c）$t>0$ 时电路发生暂态变化。但当 $t\to\infty$ 时，电路又重新达到稳定状态。电感相当于短路，电容相当于开路，所以电路转化成图 8-3c 所示形式，可以得到

$$i(\infty)=0\mathrm{A},\quad v(\infty)=12\mathrm{V}$$ ◀

练习 8-1　在图 8-4 中的开关已经打开很长时间，但是在 $t=0$ 时关闭。求解：（a）$i(0^+)$，$v(0^+)$；（b）$\mathrm{d}i(0^+)/\mathrm{d}t$，$\mathrm{d}v(0^+)/\mathrm{d}t$；（c）$i(\infty)$，$v(\infty)$。

答案：（a）2A，4V，（b）50A/s，0V/s，（c）12A，24V

例 8-2　图 8-5 所示的电路图中，计算：（a）$i_L(0^+)$，$v_C(0^+)$，$v_R(0^+)$；（b）$\mathrm{d}i_L(0^+)/\mathrm{d}t$，$\mathrm{d}v_C(0^+)/\mathrm{d}t$，$\mathrm{d}v_R(0^+)/\mathrm{d}t$；（c）$i_L(\infty)$，$v_C(\infty)$，$v_R(\infty)$。

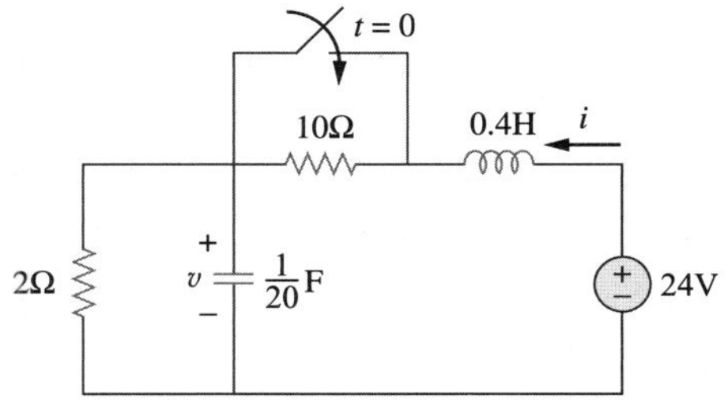

图 8-4　练习 8-1 图

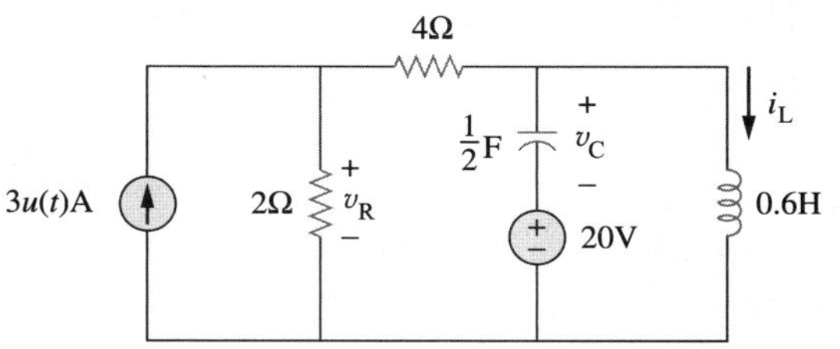

图 8-5　例 8-2 图

解：（a）当 $t<0$ 时，$3u(t)=0$。当 $t=0^-$ 时，电路已经达到了稳定状态，电感相当于短路，电容相当于开路，如图 8-6 所示。可得

$$i_L(0^-)=0,\quad v_R(0^-)=0,\quad v_C(0^-)=-20\mathrm{V} \tag{8.2.1}$$

虽然在 $t=0^-$ 时刻，不要求计算这些参量的导数，但很明显它们都是 0，因为电路已经达到稳定状态，并未发生改变。

当 $t>0$ 时，$3u(t)=3$，故等效电路图如图 8-6b 所示。由于电感电路和电容电压不会立即发生改变，所以

$$i_L(0^+)=i_L(0^-)=0,\quad v_C(0^+)=v_C(0^-)=-20\mathrm{V} \tag{8.2.2}$$

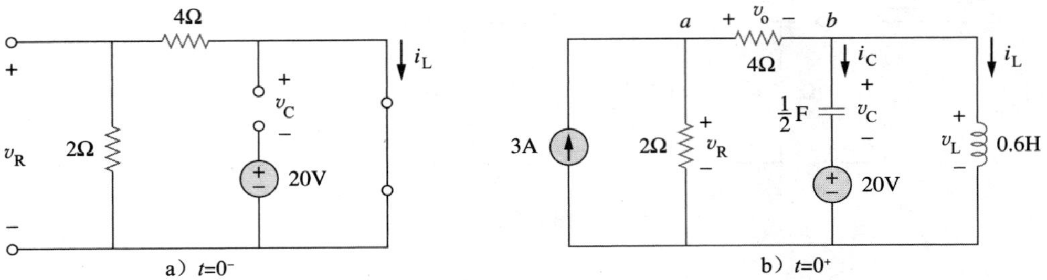

图 8-6 图 8-5 中电路的两种情况

尽管不要求计算 4Ω 电阻对应的电压，但可以通过它利用 KVL 和 KCL 定理。将其定义为 v_o。针对节点 a 使用 KCL 定理得到

$$3=\frac{v_R(0^+)}{2}+\frac{v_o(0^+)}{4} \tag{8.2.3}$$

对图 8-6b 的中间环路应用 KVL 定理得到

$$-v_R(0^+)+v_o(0^+)+v_C(0^+)+20=0 \tag{8.2.4}$$

因为 $v_C(0^+)=-20V$，从式(8.2.2)和式(8.2.4)推出

$$v_R(0^+)=v_o(0^+) \tag{8.2.5}$$

根据式(8.2.3)和式(8.2.5)得到

$$v_R(0^+)=v_o(0^+)=4V \tag{8.2.6}$$

(b) 由于 $L\mathrm{d}i/\mathrm{d}t=v_L$，可得

$$\frac{\mathrm{d}i_L(0^+)}{\mathrm{d}t}=\frac{v_L(0^+)}{L}$$

根据图 8-6b 的右边环路，应用 KVL 定理可以得到

$$v_L(0^+)=v_C(0^+)+20=0$$

所以

$$\frac{\mathrm{d}i_L(0^+)}{\mathrm{d}t}=0 \tag{8.2.7}$$

同理，由于 $C\mathrm{d}v_C/\mathrm{d}t=i_C$，所以 $\mathrm{d}V_C/\mathrm{d}t=i_C/C$。针对图 8-6b 中节点 b 利用 KCL 定理可以得到 i_C

$$\frac{v_o(0^+)}{4}=i_C(0^+)+i_L(0^+) \tag{8.2.8}$$

由于 $v_o(0^+)=4V$，$i_L(0^+)=0$，$i_C(0^+)=4/4=1(A)$

所以

$$\frac{\mathrm{d}v_C(0^+)}{\mathrm{d}t}=\frac{i_C(0^+)}{C}=\frac{1}{0.5}=2(V/s) \tag{8.2.9}$$

为了得到 $\mathrm{d}v_R(0^+)/\mathrm{d}t$，针对节点 a 利用 KCL 得到

$$3=\frac{v_R}{2}+\frac{v_o}{4}$$

对上式每项求导，并令 $t=0^+$，得到

$$0=2\frac{\mathrm{d}v_R(0^+)}{\mathrm{d}t}+\frac{\mathrm{d}v_o(0^+)}{\mathrm{d}t} \tag{8.2.10}$$

同样对图 8-6b 的中间环路利用 KVL 得到

$$-v_R+v_C+20+v_o=0$$

对上式每项进行求导，令 $t=0^+$，得到

$$-\frac{\mathrm{d}v_R(0^+)}{\mathrm{d}t}+\frac{\mathrm{d}v_C(0^+)}{\mathrm{d}t}+\frac{\mathrm{d}v_o(0^+)}{\mathrm{d}t}=0$$

将 $\mathrm{d}v_C(0^+)/\mathrm{d}t=2$ 代入得到

$$\frac{\mathrm{d}v_R(0^+)}{\mathrm{d}t}=2+\frac{\mathrm{d}v_o(0^+)}{\mathrm{d}t} \tag{8.2.11}$$

通过式(8.2.10)和式(8.2.11)得到

$$\frac{\mathrm{d}v_R(0^+)}{\mathrm{d}t}=\frac{2}{3}\mathrm{V/s}$$

还可以求解出 $\mathrm{d}i_R(0^+)/\mathrm{d}t$。由于 $v_R=5i_R$，所以

$$\frac{\mathrm{d}i_R(0^+)}{\mathrm{d}t}=\frac{1}{5}\frac{\mathrm{d}v_R(0^+)}{\mathrm{d}t}=\frac{1}{5}\times\frac{2}{3}=\frac{2}{15}(\mathrm{A/s})$$

(c) 当 $t\to\infty$ 时，电路达到稳定状态，得到等效电路如图 8-6a 所示，3A 电流源有效，根据分流原理可得

$$i_L(\infty)=\frac{2}{2+4}\times 3\mathrm{A}=1\mathrm{A}$$

$$v_R(\infty)=\frac{4}{2+4}\times 3\times 2=4(\mathrm{V}),\qquad v_C(\infty)=-20\mathrm{V} \tag{8.2.12}$$ ◀

练习 8-2　电路图如图 8-7 所示，求解：(a) $i_L(0^+)$，$v_C(0^+)$，$v_R(0^+)$；(b) $\mathrm{d}i_L(0^+)/\mathrm{d}t$，$\mathrm{d}v_C(0^+)/\mathrm{d}t$，$\mathrm{d}v_R(0^+)/\mathrm{d}t$；(c) $i_L(\infty)$，$v_C(\infty)$，$v_R(\infty)$

答案： (a) −6A，0，0；
(b) 0，20V/s，0；
(c) −2A，20V，20V。

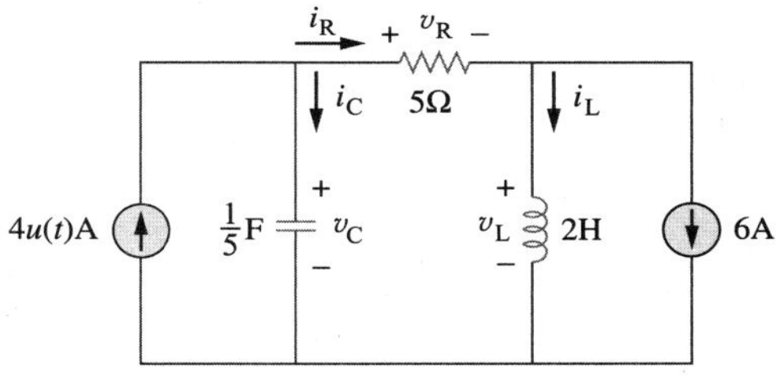

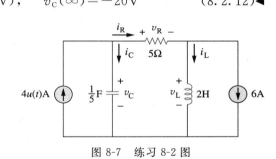

图 8-7　练习 8-2 图

8.3　无源串联 *RLC* 电路

理解串联 *RLC* 电路的自然响应是理解滤波器设计和通信网络研究的基础。

分析图 8-8 中的串联 *RLC* 电路。电路中包含存储在电容和电感的初始能量，其中能量用初始电容电压 V_0 和初始电感电流 I_0 表示。因此，在 $t=0$ 时刻

$$v(0)=\frac{1}{C}\int_{-\infty}^{0}\mathrm{d}t=V_0 \tag{8.2a}$$

$$i(0)=I_0 \tag{8.2b}$$

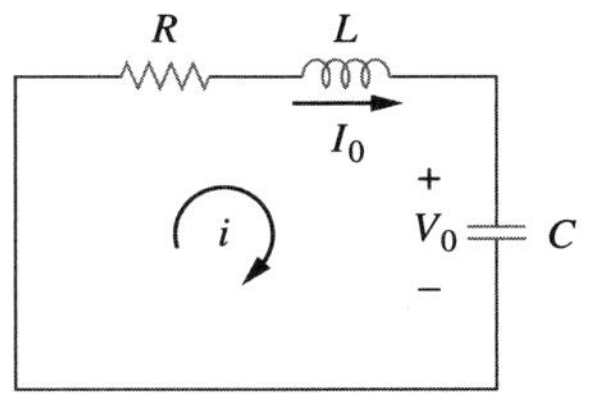

图 8-8　无源串联 *RLC* 电路

对于图 8-8 中的环路利用 KVL 定理得

$$Ri+L\frac{\mathrm{d}i}{\mathrm{d}t}+\frac{1}{C}\int_{-\infty}^{t}i(\tau)\mathrm{d}t=0 \tag{8.3}$$

为消除式(8.3)中的积分，对 t 进行求导并整理得到

$$\frac{\mathrm{d}^2 i}{\mathrm{d}t^2}+\frac{R}{L}\frac{\mathrm{d}i}{\mathrm{d}t}+\frac{i}{LC}=0 \tag{8.4}$$

上式是一个二阶差分方程(second-order differential equation)，所以本章中的 *RLC* 电路称为二阶电路。为了求解式(8.4)，需要知道两个初始条件，即 i 的初始值及其一阶导数，

或是某个 i 和 v 的初值。i 的初值可以通过式(8.2b)求解。通过式(8.2a)和式(8.3)可以得到 i 的一阶导数的初值。即

$$Ri(0)+L\frac{\mathrm{d}i(0)}{\mathrm{d}t}+V_0=0$$

即

$$\frac{\mathrm{d}i(0)}{\mathrm{d}t}=-\frac{1}{L}(RI_0+V_0) \tag{8.5}$$

利用式(8.2b)和式(8.5)的两个初始条件可以求解式(8.4)。在上一章中求解一阶电路的经验是采用指数形式，因此，令

$$i=A\mathrm{e}^{st} \tag{8.6}$$

式中，A 和 s 是需要求解的常数。将式(8.6)代入式(8.4)中，并求一阶导数，可以得到

$$As^2\mathrm{e}^{st}+\frac{AR}{L}s\mathrm{e}^{st}+\frac{A}{LC}\mathrm{e}^{st}=0$$

即

$$A^{st}\left(s^2+\frac{R}{L}s+\frac{1}{LC}\right)=0 \tag{8.7}$$

由于 $i=A\mathrm{e}^{st}$ 是需要求解的，故只有括号中的表达式为 0：

$$s^2+\frac{R}{L}s+\frac{1}{LC}=0 \tag{8.8}$$

这个二次方程是微分方程式(8.4)的*特征方程*。方程的根取决于 i 的特征。故式(8.8)的两个根为

$$s_1=-\frac{R}{2L}+\sqrt{\left(\frac{R}{2L}\right)^2-\frac{1}{LC}} \tag{8.9a}$$

$$s_2=-\frac{R}{2L}-\sqrt{\left(\frac{R}{2L}\right)^2-\frac{1}{LC}} \tag{8.9b}$$

进一步化简上式得到

$$\boxed{s_1=-\alpha+\sqrt{\alpha^2-\omega_0^2},\qquad s_2=-\alpha-\sqrt{\alpha^2-\omega_0^2}} \tag{8.10}$$

其中

$$\boxed{\alpha=\frac{R}{2L},\qquad \omega_0=\frac{1}{\sqrt{LC}}} \tag{8.11}$$

式中，s_1 和 s_2 称为*自然频率*(单位为 Np/s)，因为它们与电路的自然响应有关系。ω_0 是*谐振频率*或*无阻尼固有频率*，表示每秒转过的弧度。α 是*奈培频率*或*阻尼系数*。将 α 和 ω_0 代入后，式(8.8)可以表示为

$$s^2+2\alpha s+\omega_0^2=0$$

提示： Np 是以苏格兰数学家约翰·奈培(1550—1617)命名的无量纲单位。

变量 ω 和 s 是比较重要的，我们将在后面部分介绍。

提示： α/ω_0 是阻尼系数 ξ。

式(8.10)中 s 的两个值表明 i 有两个解，每个解对应式(8.6)的一种形式。即

$$i_1=A_1\mathrm{e}^{s_1t},\quad i_2=A_2\mathrm{e}^{s_2t} \tag{8.12}$$

由于式(8.4)是一个线性方程，所以两个解 i_1 和 i_2 的线性组合也是式(8.4)的解。即式(8.4)的完整解或者全解是 i_1 和 i_2 的线性组合。因此，串联 RLC 电路的自然响应如下：

$$i(t)=A_1 e^{s_1 t}+A_2 e^{s_2 t} \tag{8.13}$$

其中常量 A_1 和 A_2 取决于式(8.2b)和式(8.5)的初值 $i(0)$ 和 $\mathrm{d}i(0)/\mathrm{d}t$。

通过式(8.10)，我们可以推测出解的 3 种形式：

1. 当 $\alpha>\omega_0$，为过阻尼情况；
2. 当 $\alpha=\omega_0$，为临界阻尼情况；
3. 当 $\alpha<\omega_0$，为欠阻尼情况。

提示：当电路的特征方程的两个根不相等且为实数时，响应为过阻尼；当根相等且为实数时，响应为临界阻尼；当根为复数时，响应为欠阻尼。

下面将分别讨论以上各种情况。

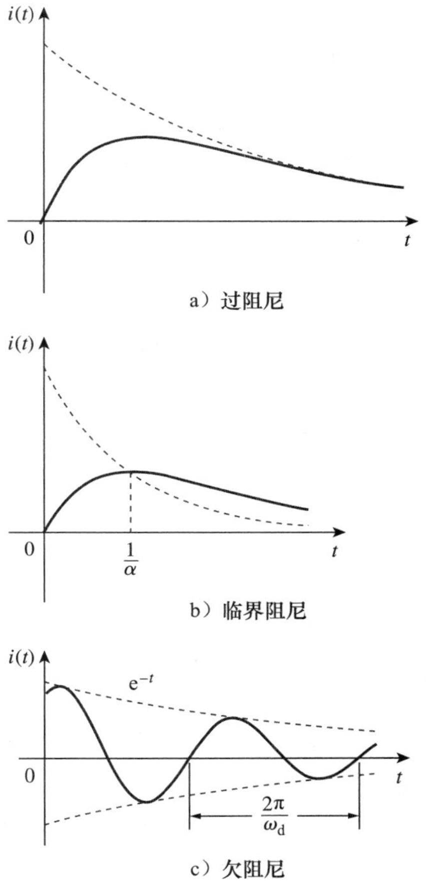

图 8-9 三种阻尼情况

过阻尼情况($\alpha>\omega_0$)：

从式(8.9)和式(8.10)可以看出，当 $\alpha>\omega_0$ 时，$C>4L/R^2$。此时根 s_1 和 s_2 为正实根。解为

$$\boxed{i(t)=A_1 e^{s_1 t}+A_2 e^{s_2 t}} \tag{8.14}$$

随着 t 的增大，解的值减小且趋近于 0。图 8-9a 是过阻尼响应的典型例子。

临界阻尼情况($\alpha=\omega_0$)：

当 $\alpha=\omega_0$，$C=4L/R^2$ 时，得到

$$s_1=s_2=-\alpha=-\frac{R}{2L} \tag{8.15}$$

此时，式(8.13)需要满足

$$i(t)=A_1 e^{-\alpha t}+A_2 e^{-\alpha t}=A_3 e^{-\alpha t}$$

式中，$A_3=A_1+A_2$。这不能作为方程解，因为两个初始条件不能满足于单一的常数 A_3。错误出在何处？在临界阻尼的特殊情况下，复指数解决方案的假设是不正确的。现在回到式(8.4)，当 $\alpha=\omega_0=R/2L$，式(8.4)变为

$$\frac{\mathrm{d}^2 i}{\mathrm{d}t^2}+2\alpha\frac{\mathrm{d}i}{\mathrm{d}t}+\alpha^2 i=0$$

即

$$\frac{\mathrm{d}}{\mathrm{d}t}\left(\frac{\mathrm{d}i}{\mathrm{d}t}+\alpha i\right)+\alpha\left(\frac{\mathrm{d}i}{\mathrm{d}t}+\alpha i\right)=0 \tag{8.16}$$

假设

$$f=\frac{\mathrm{d}i}{\mathrm{d}t}+\alpha i \tag{8.17}$$

则式(8.16)变为

$$\frac{\mathrm{d}f}{\mathrm{d}t}+\alpha i=0$$

上式为一阶微分方程，解为 $f=A_1 e^{-\alpha t}$，A_1 为常数。式(8.17)变为

$$\frac{\mathrm{d}i}{\mathrm{d}t}+\alpha i=A_1 e^{-\alpha t}$$

即

$$e^{\alpha t}\frac{\mathrm{d}i}{\mathrm{d}t}+e^{\alpha t}\alpha i=A_1 \tag{8.18}$$

上式可以转变为

$$\frac{\mathrm{d}}{\mathrm{d}t}(\mathrm{e}^{\alpha t}i)=A_1 \tag{8.19}$$

对左右两边进行积分为

$$\mathrm{e}^{\alpha t}i=A_1t+A_2$$

即

$$i=(A_1t+A_2)\mathrm{e}^{\alpha t} \tag{8.20}$$

式中，A_2 也为常数。因此，临界阻尼电路的自然响应是两项之和：负指数项和负指数乘以线性项。

$$\boxed{i(t)=(A_2+A_1t)\mathrm{e}^{-\alpha t}} \tag{8.21}$$

典型的临界阻尼响应如图 8-9b 所示。事实上，图 8-9b 是 $i(t)=t\mathrm{e}^{-\alpha t}$ 的形式。当 $t=1/\alpha$ 时，达到最大值，即常数 e^{-1}/α，之后慢慢减小并趋近于 0。

欠阻尼情况($\alpha<\omega_0$)：

当 $\alpha<\omega_0$ 时，$C<4L/R$。根的形式如下

$$s_1=-\alpha+\sqrt{-(\omega_0^2-\alpha^2)}=-\alpha+\mathrm{j}\omega_\mathrm{d} \tag{8.22a}$$

$$s_2=-\alpha-\sqrt{-(\omega_0^2-\alpha^2)}=-\alpha+\mathrm{j}\omega_\mathrm{d} \tag{8.22b}$$

式中，$\mathrm{j}=\sqrt{-1}$，$\omega_\mathrm{d}=\sqrt{\omega_0^2-\alpha^2}$，表示阻尼频率。$\omega_0$ 和 ω_d 都是自然频率，因为它们决定自然响应；ω_0 称为欠阻尼频率，ω_d 称为过阻尼频率。自然响应为

$$i(t)=A_1\mathrm{e}^{-(\alpha-\mathrm{j}\omega_\mathrm{d})t}+A_2\mathrm{e}^{-(\alpha+\mathrm{j}\omega_\mathrm{d})t}=\mathrm{e}^{-\alpha t}(A_1\mathrm{e}^{\mathrm{j}\omega_\mathrm{d}}+A_2\mathrm{e}^{-\mathrm{j}\omega_\mathrm{d}}) \tag{8.23}$$

运用欧拉公式：

$$\mathrm{e}^{\mathrm{j}\theta}=\cos\theta+\mathrm{j}\sin\theta,\qquad \mathrm{e}^{-\mathrm{j}\theta}=\cos\theta-\mathrm{j}\sin\theta \tag{8.24}$$

得到

$$\begin{aligned} i(t)&=\mathrm{e}^{-\alpha t}[A_1(\cos\omega_\mathrm{d}t+\mathrm{j}\sin\omega_\mathrm{d}t)+A_2(\cos\omega_\mathrm{d}t-\mathrm{j}\sin\omega_\mathrm{d}t)] \\ &=\mathrm{e}^{-\alpha t}[(A_1+A_2)\cos\omega_\mathrm{d}t+\mathrm{j}(A_1-A_2)\sin\omega_\mathrm{d}t] \end{aligned} \tag{8.25}$$

令 $A_1+A_2=B_1$，$\mathrm{j}(A_1-A_2)=B_2$，上式转换为

$$\boxed{i(t)=\mathrm{e}^{-\alpha t}(B_1\cos\omega_\mathrm{d}t+B_2\sin\omega_\mathrm{d}t)} \tag{8.26}$$

根据正弦和余弦函数的性质，可以看出此时自然响应具有指数衰减和振荡的性质。该响应的时间常数为 $1/\alpha$，周期为 $T=2\pi/\omega_\mathrm{d}$。图 8-9c 是一个典型的欠阻尼响应。(在图 8-9 中，假设 $i(0)=0$。)

一旦确定上述串联 RLC 电路中的电感电流 $i(t)$，则元件电压等其他电路参量也很容易确定。例如，电阻电压为 $v_\mathrm{R}=Ri$，电感电压为 $v_\mathrm{L}=L\mathrm{d}i/\mathrm{d}t$。首先计算关键变量电感电流 $i(t)$，可以方便利用式(8.1b)计算其他参量。

RLC 网络的特性总结如下：

1. 可以从阻尼的角度来描述 RLC 网络，即初始储能逐渐损耗，这一点从持续下降的幅度响应便可证实。阻尼效应是由电阻 R 引起的，阻尼因子 α 决定了阻尼响应的频率。如果 $R=0$，则 $\alpha=0$，得到 LC 电路，其中欠阻尼自然频率为 $1/\sqrt{LC}$。由于这种情况中的 $\alpha<\omega_0$，该响应为无阻尼振荡。这个电路被称为无损电路，因为没有损耗或阻尼元件。通过调整 R 的值，响应可以为无阻尼、过阻尼或欠阻尼情况。

提示： $R=0$ 产生理想的正弦响应。由于 L 和 C 的内在损耗，在实际中并不能用 L 和 C 来实现正弦响应。参见图 6-8 和图 6-26，可以利用振荡器来实现理想的正弦响应。

提示： 例 8-5 和例 8-7 证明了调整 R 带来的影响。

提示： 如图 8-1c 和图 8-1d 所示，带有两个相同类型储能元件的二阶电路的响应不能振荡。

2. 由于存在两种类型的储能元件，有可能发生振荡响应，能量在 L 和 C 两个元件之间来回流动。由于欠阻尼响应出现的阻尼振荡现象被称为振铃。它源于储能元件 L 和 C 的能力，能量将在二者之间来回转移。

3. 通过观察图 8-9 可以发现，不同响应的波形是不同的，过阻尼和临界阻尼响应的波形较难区分。临界阻尼是欠阻尼和过阻尼之间的边界，它衰减得最快。相同初始条件下，过阻尼情况拥有最长的稳定时间，因为它需要最长的时间损耗初始存储能量。如果期望得到最快无振荡或振铃的响应，临界阻尼电路是正确的选择。

提示： 在实际的电路中，要寻找的过阻尼电路应尽可能地与临界阻尼电路接近。

例 8-3 在图 8-8 中 $R=40\Omega$，$L=4\text{H}$，$C=\dfrac{1}{4}\text{F}$，计算电路的特征根。判断自然响应为过阻尼、欠阻尼还是临界阻尼？

解： 首先计算

$$\alpha=\frac{R}{2L}=\frac{40}{2\times 4}=5,\qquad \omega_0=\frac{1}{\sqrt{LC}}=\frac{1}{\sqrt{4\times\dfrac{1}{4}}}=1$$

根为

$$s_{1,2}=-\alpha\pm\sqrt{\alpha^2-\omega_0^2}=-5\pm\sqrt{25-1}$$

即

$$s_1=-1.101,\qquad s_2=-9.899$$

由于 $\alpha>\omega_0$，所以该响应为过阻尼的。也可从负实根得出相同的结论。 ◀

练习 8-3 如果图 8-8 中的 $R=10\Omega$，$L=5\text{H}$，$C=2\text{mF}$ 求解 α、ω_0、s_1、s_2。电路中的自然响应为哪种类型？ **答案：** 1，10，$-1\pm\text{j}9.95$，欠阻尼。

例 8-4 求出图 8-10 电路中的 $i(t)$。假设电路在 $t=0^-$ 时刻达到稳定状态。

解： $t<0$ 时，开关闭合，电容相当于开路，电感相当于短路。等效电路如图 8-11a 所示。因此，在 $t=0$ 时，

$$i(0)=\frac{10}{4+6}=1(\text{A}),\qquad v(0)=6i(0)=6(\text{V})$$

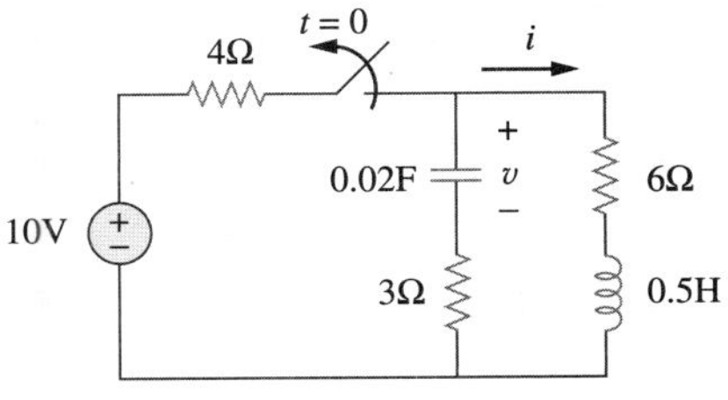

图 8-10 例 8-4 图

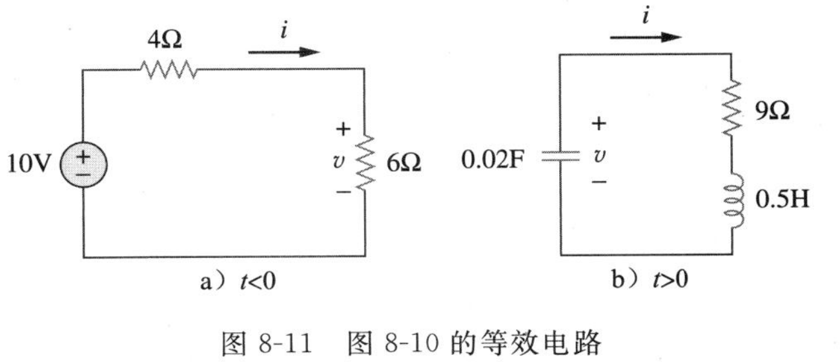

图 8-11 图 8-10 的等效电路

其中 $i(0)$ 为初始电感电流，$v(0)$ 为电容电压初始值。

当 $t>0$ 时，开关打开，电压源断开。等效电路如图 8-11b 所示，为无源系列 RLC 电路。观察 3Ω 和 6Ω 电阻，在开关打开时（见图 8-10）为串联，结合图 8-11b 给出的 $R=9\Omega$，根的计算如下：

$$\alpha=\frac{R}{2L}=\frac{9}{2\times\dfrac{1}{2}}=9,\qquad \omega_0=\frac{1}{\sqrt{LC}}=\frac{1}{\sqrt{\dfrac{1}{2}\times\dfrac{1}{50}}}=10$$

$$s_{1,2}=-\alpha\pm\sqrt{\alpha^2-\omega_0^2}=-9\pm\sqrt{81-100}$$

即

$$s_{1,2}=-9\pm j4.359$$

因此，该响应为欠阻尼($\alpha<\omega$)，即

$$i(t)=e^{-9t}(A_1\cos 4.359t+A_2\sin 4.359t) \tag{8.4.1}$$

下面利用初始条件计算 A_1 和 A_2。当 $t=0$ 时，

$$i(0)=1=A_1 \tag{8.4.2}$$

通过式(8.5)得

$$\left.\frac{di}{dt}\right|_{t=0}=-\frac{1}{L}[Ri(0)+v(0)]=-2(9\times1-6)=-6(A/s) \tag{8.4.3}$$

其中 $v(0)=v_0=-6V$，这是因为图 8-11b 中 v 的极性和图 8-8 中的是相反的。对式(8.4.1)中的 $i(t)$ 求微分得

$$\frac{di}{dt}=-9e^{-9t}(A_1\cos 4.359t+A_2\sin 4.359t)+4.359e^{-9t}(-A_1\sin 4.359t+A_2\cos 4.359t)$$

对式(8.4.3)在 $t=0$ 时刻得到

$$-6=-9(A_1+0)+4.359(-0+A_2)$$

式(8.4.2)中的 $A_1=1$，则

$$-6=-9+4.359A_2$$

$$A_2=0.6882$$

将 A_1 和 A_2 的值代入到式(8.4.1)中得到最终的答案：

$$i(t)=e^{-9t}(\cos 4.359t+0.6882\sin 4.359t)A$$ ◀

练习 8-4 图 8-12 中的电路在 $t=0^-$ 时刻已经达到稳定状态。在 $t=0^-$ 时刻，将之前闭合于 a 位置的开关移动到 b 位置，计算 $t>0$ 时刻 $i(t)$ 的值。

答案： $e^{-2.5t}(10\cos 1.6583t-15.076\sin 1.6583t)A$。

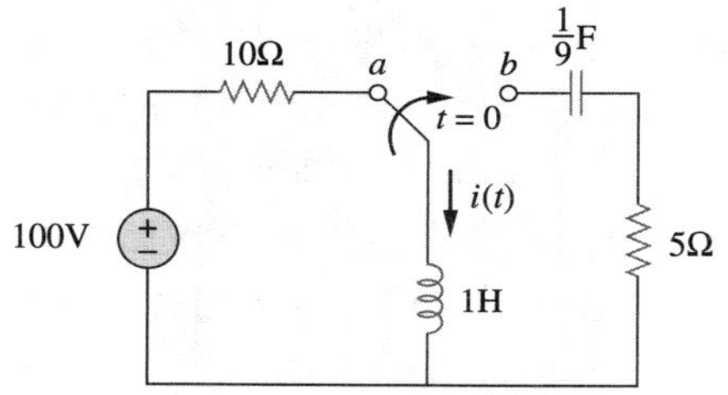

图 8-12 练习 8-4 图

8.4 无源并联 *RLC* 电路

并联 *RLC* 电路具有很多实际的应用，尤其是在通信网络和滤波器的设计中。

考虑图 8-13 中的并联 *RLC* 电路。假设电感电流的初始值为 I_0，电容电压的初始值为 V_0，得到

$$i(0)=I_0=\frac{1}{L}\int_{-\infty}^{0}v(t)dt \tag{8.27a}$$

$$v(0)=V_0 \tag{8.27b}$$

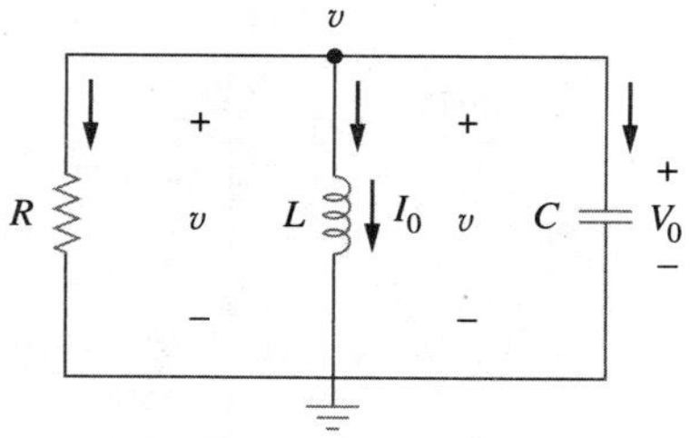

图 8-13 无源并联 *RLC* 电路

由于三个元件是并联的，它们具有相同的电压 v。根据无源符号约定，电流从顶部节点进入每个元件，在顶点处运用 KCL 定理得到

$$\frac{v}{R}+\frac{1}{L}\int_{-\infty}^{t}v dt+C\frac{dv}{dt}=0 \tag{8.28}$$

对上式中的 t 进行微分并除以 C 得到

$$\frac{d^2v}{dt^2}+\frac{1}{RC}\frac{dv}{dt}+\frac{1}{LC}v=0 \tag{8.29}$$

用 s 代替一阶微分，s^2 代替二阶微分，便可得到特征方程。与通过式(8.8)建立式(8.4)的

方法相同，得到的特征方程如下：

$$s^2+\frac{1}{RC}s+\frac{1}{LC}=0 \tag{8.30}$$

特征方程的根为

$$s_{1,2}=-\frac{1}{2RC}\pm\sqrt{\left(\frac{1}{2RC}\right)^2-\frac{1}{LC}}$$

即

$$\boxed{s_{1,2}=-\alpha\pm\sqrt{\alpha^2-\omega_0^2}} \tag{8.31}$$

其中，

$$\boxed{\alpha=\frac{1}{2RC},\quad \omega_0=\frac{1}{\sqrt{LC}}} \tag{8.32}$$

这些表示跟前面章节中的一致，因为它们的作用相同。解的可能情况也有三种，取决于 $\alpha>\omega_0$，$\alpha=\omega_0$ 还是 $\alpha<\omega_0$。下面分别讨论各种情况。

过阻尼情况($\alpha>\omega_0$)：

通过式(8.32)可知，当 $L>4R^2C$ 时，$\alpha>\omega_0$。特征方程的根为正实根。响应为

$$\boxed{v(t)=A_1\mathrm{e}^{s_1t}+A_2\mathrm{e}^{s_2t}} \tag{8.33}$$

临界阻尼情况($\alpha=\omega_0$)：

当 $L=4R^2C$ 时，$\alpha=\omega_0$。根相同并且都是实数，响应为

$$\boxed{v(t)=(A_1+A_2t)\mathrm{e}^{-\alpha t}} \tag{8.34}$$

欠阻尼情况($\alpha<\omega_0$)：

当 $L<4R^2C$ 时，$\alpha<\omega_0$。在这种情况下，根为复数，可以用下式描述：

$$s_{1,2}=-\alpha\pm\mathrm{j}\omega_d \tag{8.35}$$

其中

$$\omega_d=\sqrt{\omega_0^2-\alpha^2} \tag{8.36}$$

响应为

$$\boxed{v(t)=\mathrm{e}^{-\alpha t}(A_1\cos\omega_d t+A_2\sin\omega_d t)} \tag{8.37}$$

三种情况中的常数 A_1 和 A_2 可以由初始条件决定。为此需要 $v(0)$和 $\mathrm{d}v(0)/\mathrm{d}t$ 的值。第一项可以根据式(8.27b)得到。结合式(8.27)和式(8.28)可以得到第二项的值，结果如下：

$$\frac{V_0}{R}+I_0+C\frac{\mathrm{d}v(0)}{\mathrm{d}t}=0$$

即

$$\frac{\mathrm{d}v(0)}{\mathrm{d}t}=-\frac{(V_0+RI_0)}{RC} \tag{8.38}$$

电压的波形和图 8-9 相似，取决于该电路是过阻尼、欠阻尼或者临界阻尼。

按照如上所述求解并联 *RLC* 电路中的电压 $v(t)$，可以很容易地获得元件电流等其他电路参量。例如，电阻电流为 $i_R=v/R$，电容电流为 $i_C=C\mathrm{d}v/\mathrm{d}t$。首先计算关键变量电容电压 $v(t)$，可以方便利用式(8.1a)计算其他参量。注意，第一次求解电感电流 $i(t)$是在 *RLC* 串联电路，然而求解电容电压 $v(t)$是在并联 *RLC* 电路中。

例 8-5 在图 8-13 中的并联电路中，求解当 $t>0$ 时的 $v(t)$，假设 $v(0)=5\text{V}$，$i(0)=0$，$L=1\text{H}$，$C=10\text{mF}$，考虑电阻分别为 $R=1.923\Omega$，$R=5\Omega$，$R=6.25\Omega$ 的情况。

解：第 1 种情况　当 $R=1.923\Omega$ 时，

$$\alpha=\frac{1}{2RC}=\frac{1}{2\times1.923\times10\times10^{-3}}=26$$

$$\omega_0=\frac{1}{\sqrt{LC}}=\frac{1}{\sqrt{1\times10\times10^{-3}}}=10$$

由于 $\alpha>\omega_0$，在这种情况中，响应为过阻尼。特征方程的根为

$$s_{1,2}=-\alpha\pm\sqrt{\alpha^2-\omega_0^2}=-2,\ -50$$

响应为

$$v(t)=A_1\mathrm{e}^{-2t}+A_2\mathrm{e}^{-50t} \tag{8.5.1}$$

运用初始条件求解 A_1 和 A_2，可得

$$v(0)=5=A_1+A_2 \tag{8.5.2}$$

$$\frac{\mathrm{d}v(0)}{\mathrm{d}t}=-\frac{v(0)+Ri(0)}{RC}=\frac{5+0}{1.923\times10\times10^{-3}}=260$$

对式(8.5.1)求微分得到

$$\frac{\mathrm{d}v}{\mathrm{d}t}=-2A_1\mathrm{e}^{-2t}-50A_2\mathrm{e}^{-50t}$$

在 $t=0$ 时刻，

$$-260=-2A_1-50A_2 \tag{8.5.3}$$

根据式(8.5.2)和式(8.5.3)，可以得到 $A_1=-0.2083$，$A_2=5.208$。将 A_1 和 A_2 代入式(8.5.1)得到

$$v(t)=-0.2083\mathrm{e}^{-2t}+5.208\mathrm{e}^{-50t} \tag{8.5.4}$$

第 2 种情况　当 $R=5\Omega$ 时，

$$\alpha=\frac{1}{2RC}=\frac{1}{2\times5\times10\times10^{-3}}=10$$

ω_0 仍为 10，所以 $\alpha=\omega_0=10$，该响应为临界阻尼。因此，$s_1=s_2=-10$，且

$$v(t)=(A_1+A_2t)\mathrm{e}^{-10t} \tag{8.5.5}$$

利用初始条件求解 A_1 和 A_2，可得

$$v(0)=5=A_1 \tag{8.5.6}$$

$$\frac{\mathrm{d}v(0)}{\mathrm{d}t}=-\frac{v(0)+Ri(0)}{RC}=\frac{5+0}{5\times10\times10^{-3}}=100$$

对式(8.5.5)求解微分可得

$$\frac{\mathrm{d}v}{\mathrm{d}t}=(-10A_1-10A_2t+A_2)\mathrm{e}^{-10t}$$

在 $t=0$ 时刻，

$$100=-10A_1+A_2 \tag{8.5.7}$$

根据式(8.5.6)和式(8.5.7)，可以得到 $A_1=5$ 和 $A_2=-50$，因此

$$v(t)=(5-50t)\mathrm{e}^{-10t}\ \mathrm{V} \tag{8.5.8}$$

第 3 种情况　当 $R=6.25\Omega$ 时，

$$\alpha=\frac{1}{2RC}=\frac{1}{2\times6.25\times10\times10^{-3}}=8$$

ω_0 仍为 10，所以 $\alpha<\omega_0$，该响应为欠阻尼情况。特征方程的根为

$$s_{1,2}=-\alpha\pm\sqrt{\alpha^2-\omega_0^2}=-8\pm\mathrm{j}6$$

因此，

$$v(t)=(A_1\cos 6t+A_2\sin 6t)\mathrm{e}^{-8t} \tag{8.5.9}$$

求解 A_1 和 A_2：

$$v(0)=5=A_1 \tag{8.5.10}$$

$$\frac{\mathrm{d}v(0)}{\mathrm{d}t}=-\frac{v(0)+Ri(0)}{RC}=\frac{5+0}{6.25\times 10\times 10^{-3}}=-80$$

对式(8.5.9)求解微分，可得

$$\frac{\mathrm{d}v}{\mathrm{d}t}=(-8A_1\cos 6t-8A_2\sin 6t-6A_1\sin 6t+6A_2\cos 6t)\mathrm{e}^{-8t}$$

在 $t=0$ 时刻，

$$-80=-8A_1+6A_2 \tag{8.5.11}$$

根据式(8.5.10)和式(8.5.11)，可以得到 $A_1=5$ 和 $A_2=-6.667$。因此

$$v(t)=(5\cos 6t-6.667\sin 6t)\mathrm{e}^{-8t} \tag{8.5.12}$$

注意，随着 R 值的增加，阻尼的程度降低，响应情况也有所不同。三种情况如图 8-14 所示。◀

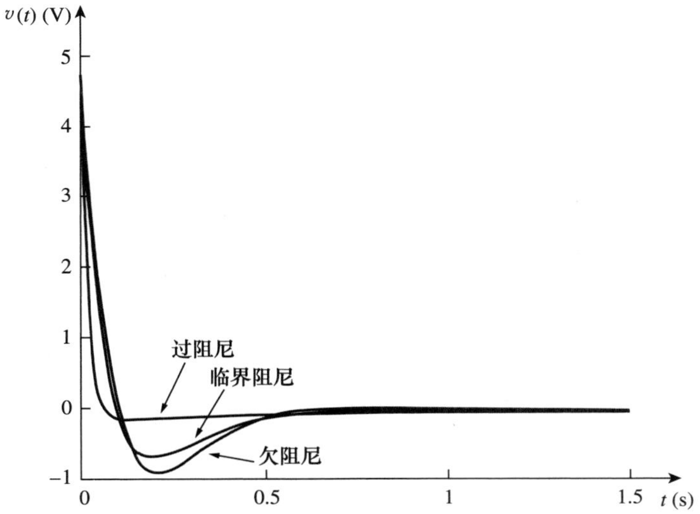

图 8-14　例 8-5 中三种程度的阻尼响应

练习 8-5　在图 8-13 中，令 $R=2\Omega$，$L=0.4\text{H}$，$C=25\text{mH}$，$v(0)=0$，$i(0)=50\text{mA}$，求 $t>0$ 时的 $v(t)$。

答案： $-2t\mathrm{e}^{-10t}u(t)\text{V}$。

例 8-6　$t>0$ 时，求解图 8-15 中的 RLC 电路中的 $v(t)$。

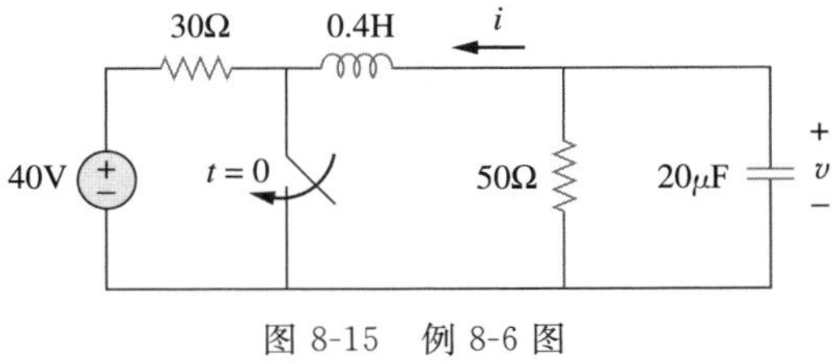

图 8-15　例 8-6 图

解： 当 $t<0$ 时，开关打开，电感相当于短路，电容相当于开路。电容的初始电压相当于 50Ω 电阻的电压，即

$$v(0)=\frac{50}{30+50}\times 40=\frac{5}{8}\times 40=25(\text{V}) \tag{8.6.1}$$

电感值的初始电流为

$$i(0)=-\frac{40}{30+50}=-0.5(\text{A})$$

电流的方向如图 8-15 所示，与图 8-13 中 I_0 的方向一致，这和电流从电感器正端流入的法

则是一致的(见图 6-23)。为了求解 v，需要将式 $\mathrm{d}v/\mathrm{d}t$，写为

$$\frac{\mathrm{d}v(0)}{\mathrm{d}t}=-\frac{v(0)+Ri(0)}{RC}=-\frac{25-50\times0.5}{50\times20\times10^{-6}}=0 \tag{8.6.2}$$

当 $t>0$ 时，开关闭合。与 30Ω 电阻连接的电压源与其他电路分离，并行 RLC 电路类似于独立电压源，如图 8-16 所示。求解特征方程的根为：

$$\alpha=\frac{1}{2RC}=\frac{1}{2\times50\times20\times10^{-6}}=500$$

$$\omega_0=\frac{1}{\sqrt{LC}}=\frac{1}{\sqrt{0.4\times20\times10^{-6}}}=354$$

$$s_{1,2}=-\alpha\pm\sqrt{\alpha^2-\omega_0^2}=-500\pm\sqrt{250\,000-124\,997.6}=-500\pm354$$

即

$$s_1=-854,\quad s_2=-146$$

由于 $\alpha>\omega_0$，得到过阻尼响应为

$$v(t)=A_1\mathrm{e}^{-854t}+A_2\mathrm{e}^{-146t} \tag{8.6.3}$$

当 $t=0$ 时，代入式(8.6.1)的条件得到

$$v(0)=25=A_1+A_2 \quad\Rightarrow\quad A_2=25-A_1 \tag{8.6.4}$$

对式(8.6.3)中的 v 进行求导得到

$$\frac{\mathrm{d}v}{\mathrm{d}t}=-854A_1\mathrm{e}^{-854t}-146A_2\mathrm{e}^{-164t}$$

代入式(8.6.2)的条件得到

$$\frac{\mathrm{d}v(0)}{\mathrm{d}t}=0=-854A_1-146A_2$$

即

$$0=854A_1+146A_2 \tag{8.6.5}$$

求解式(8.6.4)和式(8.6.5)得到

$$A_1=-5.156,\quad A_2=30.16$$

因此式(8.6.3)被转换为

$$v(t)=-5.156\mathrm{e}^{-854t}+30.16\mathrm{e}^{-146t}\,(\mathrm{V})$$ ◀

练习 8-6 对于图 8-17 中的电路，求解当 $t>0$ 时的 $v(t)$。**答案**：$150(\mathrm{e}^{-10t}-\mathrm{e}^{-2.5t})\,\mathrm{V}$

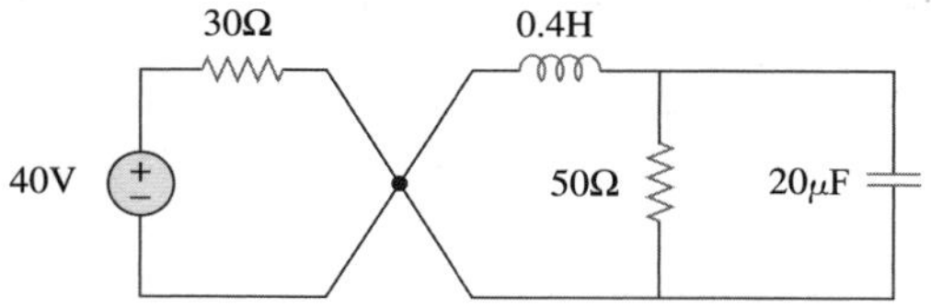

图 8-16 $t>0$ 时的电路，右边的并联 RLC 电路与左边的电路相互独立

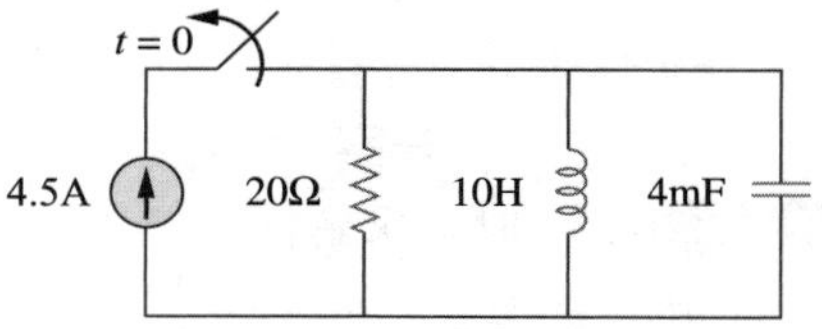

图 8-17 练习 8-6 图

8.5 串联 RLC 电路的阶跃响应

正如前一章所学习的，直流电源的突然作用会产生阶跃响应。在图 8-18 所示的串联 RLC 电路中，当 $t>0$ 时，针对环路应用 KVL 定理，得到

$$L\frac{\mathrm{d}i}{\mathrm{d}t}+Ri+v=V_s \tag{8.39}$$

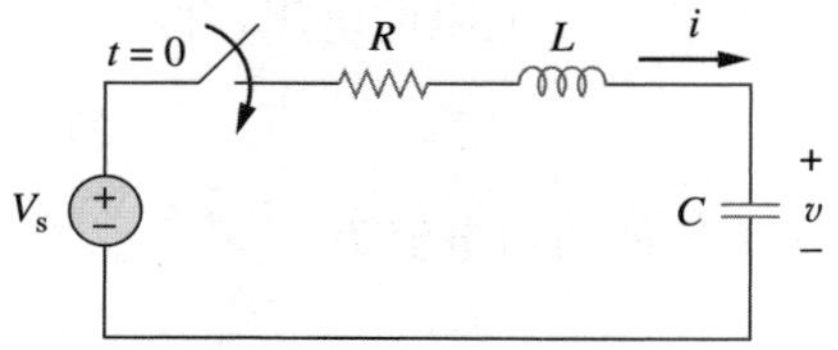

图 8-18 串联 RLC 电路的阶跃响应

其中

$$i=C\frac{\mathrm{d}v}{\mathrm{d}t}$$

将 i 代入到式(8.39)中，整理得到

$$\frac{\mathrm{d}^2v}{\mathrm{d}t^2}+\frac{R}{L}\frac{\mathrm{d}v}{\mathrm{d}t}+\frac{v}{LC}=\frac{V_s}{LC} \tag{8.40}$$

式(8.40)的形式和式(8.4)相同。它们系数相同(其在决定频率参数时是至关重要的)，但是变量不同。[同样地，观察式(8.47)。]因此，串联 RLC 电路的特征方程并未受到直流电源的影响。

式(8.40)的解中包含两个部分：暂态响应 $v_t(t)$ 和稳态响应 $v_{ss}(t)$，即

$$v(t)=v_t(t)+v_{ss}(t) \tag{8.41}$$

暂态响应就是当 $V_s=0$ 时式(8.40)的解，和 8.3 节的求解方式是相同的。过阻尼情况、欠阻尼情况、临界阻尼情况的自然频率 v_t 如下：

$$v_t(t)=A_1\mathrm{e}^{s_1t}+A_2\mathrm{e}^{s_2t}(\text{过阻尼}) \tag{8.42a}$$

$$v_t(t)=(A_1+A_2t)\mathrm{e}^{-\alpha t}(\text{临界阻尼}) \tag{8.42b}$$

$$v_t(t)=(A_1\cos\omega_d t+A_2\sin\omega_d t)\mathrm{e}^{-\alpha t}(\text{欠阻尼}) \tag{8.42c}$$

稳态响应为平稳阶段或者最终情况下 $v(t)$。在图 8-18 的电路中，电容电压的值和电源电压 V_s 是相同的。故

$$v_{ss}(t)=v(\infty)=V_s \tag{8.43}$$

因此，过阻尼、欠阻尼、临界阻尼情况下的全解为

$$v(t)=V_s+A_1\mathrm{e}^{s_1t}+A_2\mathrm{e}^{s_2t}\quad(\text{过阻尼}) \tag{8.44a}$$

$$v(t)=V_s+(A_1+A_2t)\mathrm{e}^{-\alpha t}\quad(\text{临界阻尼}) \tag{8.44b}$$

$$v(t)=V_s+(A_1\cos\omega_d t+A_2\sin\omega_d t)\mathrm{e}^{-\alpha t}\quad(\text{欠阻尼}) \tag{8.44c}$$

常数 A_1 和 A_2 可以通过初始条件 $v(0)$ 和 $\mathrm{d}v(0)/\mathrm{d}t$ 获得。记住，v 和 i 分别为电容电压和电感电流。因此，式(8.44)仅仅用来求解 v。由于电容电压 $v_C=v$，可以得到 $i=C\mathrm{d}v/\mathrm{d}t$，通过电容、电感、电阻的电流是相同的。故电阻电压为 $v_R=iR$，电感电压为 $v_L=L\mathrm{d}i/\mathrm{d}t$。

另外，可以直接求解任何变量 $x(t)$ 的全响应，通解形式为

$$x(t)=x_{ss}(t)+x_t(t) \tag{8.45}$$

式中，终值为 $x_{ss}(t)=x(\infty)$，$x_t(t)$ 为暂态响应。终值的求解如 8.2 节所述。暂态响应和式(8.42)形式相同，有关常量可以通过式(8.44)、$x(0)$ 和 $\mathrm{d}x(0)/\mathrm{d}t$ 求解。

例 8-7 图 8-19 所示的电路中，求解 $t>0$ 时 $v(t)$ 和 $i(t)$。考虑以下几种情况：$R=5\Omega$，$R=4\Omega$，$R=1\Omega$。

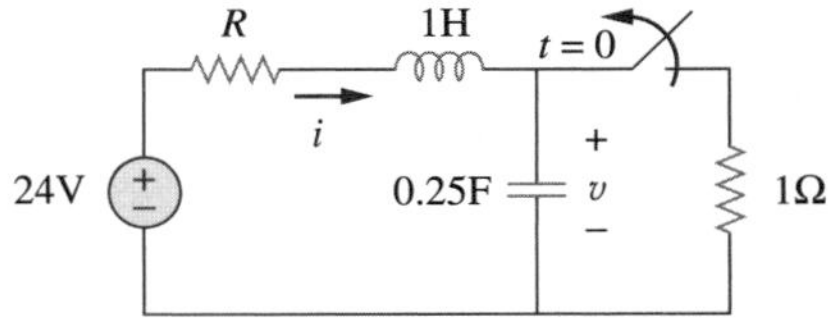

图 8-19 例 8-7 图

解：第 1 种情况 $R=5\Omega$。当 $t<0$ 时，开关闭合，电容相当于开路，电感相当于短路，初始电流为

$$i(0)=\frac{24}{5+1}=4(\mathrm{A})$$

电容的电压和 1Ω 电阻两端的电压是相同的。即

$$v(0)=1i(0)=4(\mathrm{V})$$

当 $t>0$ 时，开关打开，1Ω 电阻没有连接上。剩下的是串联 RLC 电路中的电压源。特征根如下：

$$\alpha=\frac{R}{2L}=\frac{5}{2\times1}=2.5,\quad \omega_0=\frac{1}{\sqrt{LC}}=\frac{1}{\sqrt{1\times0.25}}=2$$

$$s_{1,2}=-\alpha\pm\sqrt{\alpha^2-\omega_0^2}=-1,\ -4$$

由于 $\alpha>\omega_0$，得到过阻尼自然响应。全响应为

$$v(t)=v_{ss}+(A_1e^{-t}+A_2e^{-4t})$$

式中 v_{ss} 为稳定响应，它是电容电压的终值。在图 8-19 中，$v_{ss}=24\text{V}$。所以，

$$v(t)=24+(A_1e^{-t}+A_2e^{-4t}) \tag{8.7.1}$$

利用初始条件求解常数 A_1 和 A_2，可得

$$v(0)=4=24+A_1+A_2$$

即

$$-20=A_1+A_2 \tag{8.7.2}$$

电感电流的值并不能立刻改变，因为电感和电容是串联的，所以它的值和电容在 $t=0^+$ 时刻的电流值相同，因此，

$$i(0)=C\frac{dv(0)}{dt}=4 \quad\Rightarrow\quad \frac{dv(0)}{dt}=\frac{4}{C}=\frac{4}{0.25}=16$$

在利用该条件之前，需要对式(8.7.1)进行求导，可得

$$\frac{dv}{dt}=-A_1e^{-t}-4A_2e^{-4t} \tag{8.7.3}$$

当 $t=0$ 时，

$$\frac{dv(0)}{dt}=16=-A_1-4A_2 \tag{8.7.4}$$

通过式(8.7.2)和式(8.7.4)可以求出，$A_1=-64/3$，$A_2=4/3$。将 A_1 和 A_2 的值代入到式(8.7.1)，得到

$$v(t)=24+\frac{4}{3}(-16e^{-t}+e^{-4t}) \tag{8.7.5}$$

由于 $t>0$ 时，电感和电容串联，故电感电流和电容电流是相同的。所以，

$$i(t)=C\frac{dv}{dt}$$

将式(8.7.3)乘以 $C=0.25$，并将 A_1 和 A_2 的值代入得到

$$i(t)=\frac{4}{3}(4e^{-t}-e^{-4t}) \tag{8.7.6}$$

注意，$i(0)=4\text{A}$，与期望的相同。

第 2 种情况 $R=4\Omega$。当 $t<0$ 时，开关闭合，电容相当于开路，电感相当于短路，初始电流为

$$i(0)=\frac{24}{4+1}=4.8(\text{A})$$

初始电容电压为

$$v(0)=1i(t)=4.8(\text{V})$$

特征根为

$$\alpha=\frac{R}{2L}=\frac{4}{2\times1}=2$$

ω_0 仍为 2。这种情况下，$s_1=s_2=-\alpha=-2$，得到临界阻尼自然响应。全响应为

$$v(t)=v_{ss}+(A_1+A_2t)e^{-2t}$$

其中，$v_{ss}=24\text{V}$，得到

$$v(t)=24+(A_1+A_2t)e^{-2t} \tag{8.7.7}$$

需要利用初始条件求解常数 A_1 和 A_2，可得

$$v(0)=4.8=24+A_1 \quad \Rightarrow \quad A_1=-19.2 \tag{8.7.8}$$

因为 $i(0)=C\mathrm{d}v(0)/\mathrm{d}t=4.8$，所以

$$\frac{\mathrm{d}v(0)}{\mathrm{d}t}=\frac{4.8}{C}=19.2$$

通过式(8.7.7)可得

$$\frac{\mathrm{d}v}{\mathrm{d}t}=(-2A_1-2A_2t+A_2)\mathrm{e}^{-2t} \tag{8.7.9}$$

当 $t=0$ 时，

$$\frac{\mathrm{d}v(0)}{\mathrm{d}t}=19.2=-2A_1+A_2 \tag{8.7.10}$$

通过式(8.7.8)和式(8.7.10)可以求出，$A_1=-19.2$，$A_2=-19.2$。将 A_1 和 A_2 的值代入到式(8.7.7)，得到

$$v(t)=24-19.2(1+t)\mathrm{e}^{-2t} \tag{8.7.11}$$

电感电流和电容电流是相同的。所以

$$i(t)=C\frac{\mathrm{d}v}{\mathrm{d}t}$$

将式(8.7.9)乘以 $C=0.25$，并将 A_1 和 A_2 的值代入得到

$$i(t)=(4.8+9.6t)\mathrm{e}^{-2t} \tag{8.7.12}$$

注意，$i(0)=4.8\mathrm{A}$，与期望的相同。

第 3 种情况　$R=1\Omega$。初始电感电流为

$$i(0)=\frac{24}{1+1}=12(\mathrm{A})$$

电容初始电压和 1Ω 电阻两端电压是相同的，所以，

$$v(0)=1i(0)=12\mathrm{V}$$

$$\alpha=\frac{R}{2L}=\frac{1}{2\times 1}=0.5$$

由于 $\alpha=0.5$，$\omega_0=2$。得到欠阻尼响应为

$$s_{1,2}=-\alpha\pm\sqrt{\alpha^2-\omega_0^2}=-0.5\pm \mathrm{j}1.936$$

全响应为

$$v(t)=24+(A_1\cos 1.936t+A_2\sin 1.936t)\mathrm{e}^{-0.5t} \tag{8.7.13}$$

求解 A_1 和 A_2，可得

$$v(0)=12=24+A_1 \quad \Rightarrow \quad A_1=-12 \tag{8.7.14}$$

因为 $i(0)=C\mathrm{d}v(0)/\mathrm{d}t=12$，所以

$$\frac{\mathrm{d}v(0)}{\mathrm{d}t}=\frac{12}{C}=48 \tag{8.7.15}$$

由于

$$\frac{\mathrm{d}v}{\mathrm{d}t}=\mathrm{e}^{-0.5t}(-1.936A_1\sin 1.936t+1.936A_2\cos 1.936t)-0.5\mathrm{e}^{-0.5t}(A_1\cos 1.936t+A_2\sin 1.936t) \tag{8.7.16}$$

当 $t=0$ 时，

$$\frac{\mathrm{d}v(0)}{\mathrm{d}t}=48=(-0+1.936A_2)-0.5(A_1+0)$$

将 $A_1=-12$，$A_2=21.694$ 代入，式(8.7.13)变为

$$v(t)=24+(21.694\sin 1.936t-12\cos 1.936t)\mathrm{e}^{-0.5t} \tag{8.7.17}$$

电感电流为

$$i(t)=C\frac{\mathrm{d}v}{\mathrm{d}t}$$

将式(8.7.9)乘以 $C=0.25$，并将 A_1 和 A_2 的值代入得到

$$i(t)=(3.1\sin 1.936t+12\cos 1.936t)\mathrm{e}^{-0.5t} \tag{8.7.18}$$

注意，$i(0)=12\mathrm{A}$，与期望的相同。

图 8-20 画出了三种情况下的响应，可以看出临界阻尼响应在 24V 附近增长最快。◀

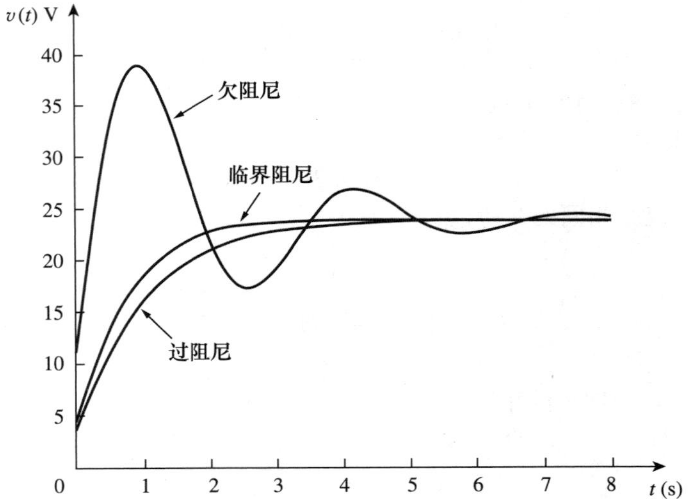

图 8-20 例 8-7 三种阻尼的响应

练习 8-7 在图 8-21 中，开关在 a 位置闭合很长时间，在 $t=0$ 时刻，开关移动到 b 位置。求 $t>0$ 时的 $v(t)$ 和 $v_R(t)$。

答案：$[15-(1.7321\sin 3.464t+3\cos 3.464t)\mathrm{e}^{-2t}]\mathrm{V}$，$(3.464\mathrm{e}^{-2t}\sin 3.464t)\mathrm{V}$。

8.6 并联 *RLC* 电路的阶跃响应

图 8-22 所示的并联 RLC 电路中，需要求解由于直流电流源的突然作用而产生的 i。针对顶点节点运用 KCL 定理，得到

$$\frac{v}{R}+i+C\frac{\mathrm{d}v}{\mathrm{d}t}=I_s \tag{8.46}$$

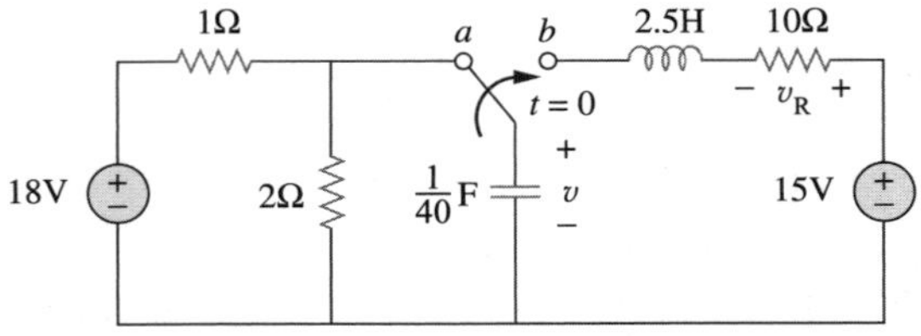

图 8-21 练习 8-7 图

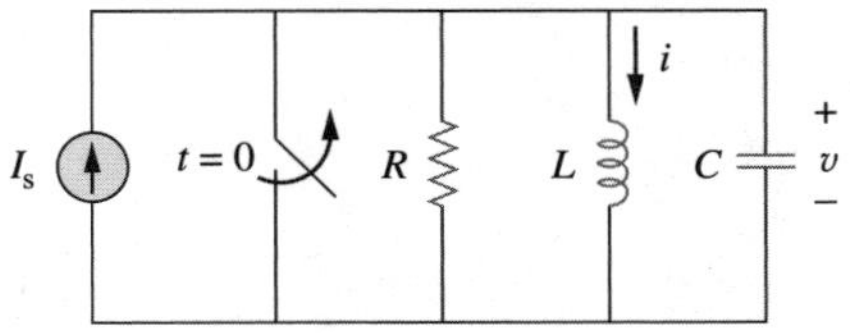

图 8-22 带有电流的并联 RLC 电路

由于

$$v=L\frac{\mathrm{d}i}{\mathrm{d}t}$$

将 v 代入式(8.46)并在两边同时除以 LC 得到

$$\frac{d^2 i}{dt^2}+\frac{1}{RC}\frac{di}{dt}+\frac{i}{LC}=\frac{I_s}{LC} \tag{8.47}$$

式(8.47)与式(8.29)具有相同的特征方程。

式(8.47)的全解包括暂态响应 $i_t(t)$ 和稳态响应 $i_{ss}(t)$，即

$$i(t)=i_t(t)+i_{ss}(t) \tag{8.48}$$

暂态响应与之前8.3节得到的相同。稳态响应为稳定状态或者最终的 i 值。在图8-22所示电路中，电感电流的终值与电源电流 I_s 相同。故

$$\boxed{\begin{aligned} &i(t)=I_s+A_1 e^{s_1 t}+A_2 e^{s_2 t} \quad (\text{过阻尼})\\ &i(t)=I_s+(A_1+A_2 t)e^{-\alpha t} \quad (\text{临界阻尼})\\ &i(t)=I_s+(A_1\cos\omega_d t+A_2\sin\omega_d t)e^{-\alpha t} \quad (\text{欠阻尼})\end{aligned}} \tag{8.49}$$

每一项中的常数 A_1 和 A_2 可以通过初始条件 i 和 di/dt 决定。记住，式(8.49)中仅仅利用了电感电流 i。然而电阻电流为 $i_R=v/R$，同样电容电流为 $i_C=C dv/dt$。另外，任何变量 $x(t)$ 的全响应的直接形式如下：

$$x(t)=x_{ss}(t)+x_t(t) \tag{8.50}$$

式中，x_{ss} 和 x_t 分别为它的终值和暂态响应。

例 8-8 在图8-23所示的电路中，求 $t>0$ 时的 $i(t)$ 和 $i_R(t)$。

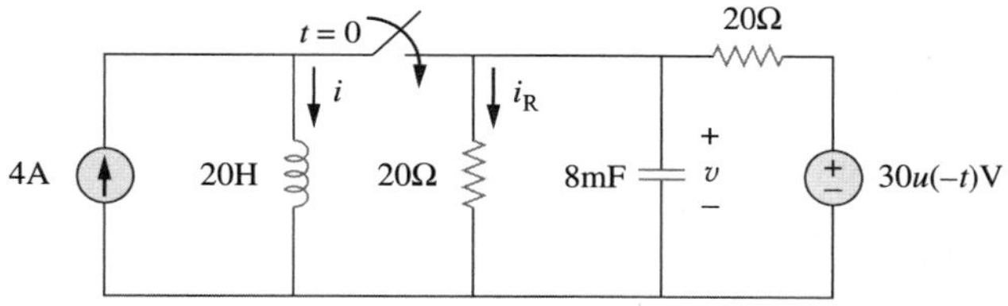

图 8-23 例 8-8 图

解：当 $t<0$ 时，开关断开，电路被分成两个独立的子电路。4A的电流经过电感，所以

$$i(0)=4\text{A}$$

当 $t<0$ 时，$30u(-t)=30$，当 $t>0$ 时，为 $30u(-t)=0$。所以当 $t<0$ 时，电源电压有效。电容相当于开路，它两端的电压和20Ω电阻两端的电压相同。分压后，初始电容电压为

$$v(0)=\frac{20}{20+20}\times 30=15(\text{V})$$

当 $t>0$ 时，开关闭合，得到仅有一个电流源的并联 RLC 电路。电压源为0相当于短路。两个20Ω电阻并联，并联后的电阻为 $R=20\Omega \| 20\Omega=10\Omega$。特征根为

$$\alpha=\frac{1}{2RC}=\frac{1}{2\times 10\times 8\times 10^{-3}}=6.25$$

$$\omega_0=\frac{1}{\sqrt{LC}}=\frac{1}{\sqrt{20\times 8\times 10^{-3}}}=2.5$$

$$s_{1,2}=-\alpha\pm\sqrt{\alpha^2-\omega_0^2}=-6.25\pm\sqrt{39.0625-6.25}=-6.25\pm 5.7282$$

即

$$s_1=-11.978, \quad s_2=-0.5218$$

由于 $\alpha>\omega_0$，得到过阻尼的情况。因此

$$i(t)=I_s+A_1 e^{-11.978t}+A_2 e^{-0.5218t} \tag{8.8.1}$$

其中 $I_s=4$，为 $i(t)$ 的终值。利用初值条件求解 A_1 和 A_2。当 $t=0$ 时，

$$i(0)=4=4+A_1+A_2$$
$$A_2=-A_1 \tag{8.8.2}$$

对式(8.8.1)中的 $i(t)$ 进行求导，可得

$$\frac{di}{dt}=-11.978A_1e^{-11.978t}-0.5218A_2e^{-0.5218t}$$

所以当 $t=0$ 时，

$$\frac{di(0)}{dt}=-11.978A_1-0.5218A_2 \tag{8.8.3}$$

由于

$$L\frac{di(0)}{dt}=v(0)=15 \quad \Rightarrow \quad \frac{di(0)}{dt}=\frac{15}{L}=\frac{15}{20}=0.75$$

将上式代入到式(8.8.3)并结合式(8.8.2)，得到

$$0.75=(11.978-0.5218)A_2 \quad \Rightarrow \quad A_2=0.0655$$

所以，$A_1=-0.0655$，$A_2=0.0655$。将 A_1 和 A_2 的值代入到式(8.8.1)得到全解为

$$i(t)=4+0.0655(e^{-0.5218t}-e^{-11.978t})$$

利用 $i(t)$，得到 $v(t)=L\,di/dt$，且

$$i_R(t)=\frac{v(t)}{20}=\frac{L}{20}\frac{di}{dt}=0.785e^{-11.978t}-0.0342e^{-0.5218t}$$ ◀

练习 8-8 图 8-24 所示电路中，求 $t>0$ 时的 $i(t)$ 和 $v(t)$。

答案：$[10(1-\cos 0.25t)]$A，$(50\sin 0.25t)$V。

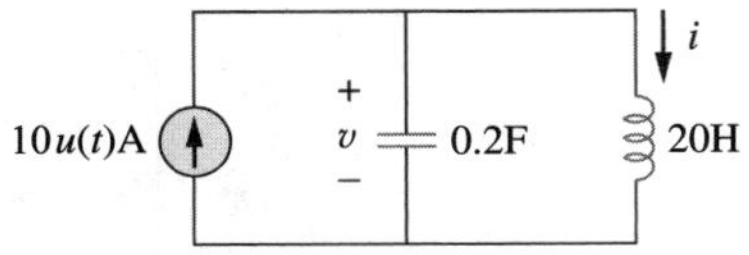

图 8-24 练习 8-8 图

8.7 一般二阶电路

现在我们已经掌握了串联和并联 *RLC* 电路，下面将在此基础上学习二阶电路。尽管串联和并联 *RLC* 电路是人们研究最多的，但运放等其他二阶电路也很有用。对于任意二阶电路，设阶跃响应为 $x(t)$(可能为电压或电流)，则求解 $x(t)$ 的具体步骤为：

1. 假设初始条件为 $x(0)$ 和 $dx(0)/dt$，终值为 $x(\infty)$，如 8.2 节介绍的方法。

2. 关闭独立电源并利用 KCL 和 KVL 定理求解暂态响应 $x_t(t)$。得到二阶微分方程后，求解特征根。判断该响应是过阻尼、临界阻尼或欠阻尼情况，求解响应中的未知常数。

提示：一个电路刚看起来可能比较复杂，但是为了求解暂态响应，关闭电源后，合并储能元件，那么这个电路可简化为一阶电路，或者构成并联/串联 *RLC* 电路。如果能简化为一阶电路，解答便和第 7 章所述一样简单。如果能构成并联/串联 *RLC* 电路，可以采用这章前面介绍的解法。

3. 求解出稳态响应：

$$x_{ss}(t)=x(\infty) \tag{8.51}$$

式中，$x(\infty)$ 为 x 的终值，根据步骤 1 求解。

4. 全响应包括暂态响应和稳态响应：

$$x(t)=x_t(t)+x_{ss}(t) \tag{8.52}$$

最终根据初始条件 $x(0)$ 和 $dx(0)/dt$，求解响应中的常数，如步骤 1。

可运用上述的步骤求解任意二阶电路的阶跃响应，包括放大器等。后面的例子将解释上面的 4 个步骤。

提示：本章的问题也可以用拉普拉斯变换来解答，具体方法将在第 15 章和 16 章讨论。

例 8-9 图 8-25 所示电路中，求 $t>0$ 时的全响应 v 和 i。

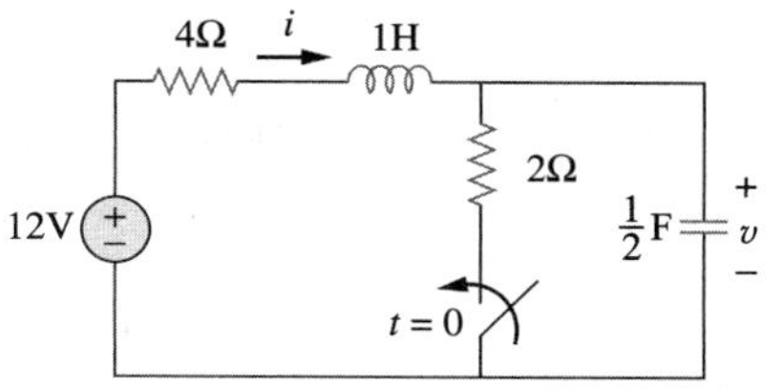

图 8-25 例 8-9 图

解：首先求初值和终值。当 $t=0^-$ 时，电路到达稳定状态。开关打开，等效电路如图 8-26a 所示。得到

$$v(0^-)=12\text{V},\quad i(0^-)=0$$

当 $t=0^+$ 时，开关闭合，等效电路 8.26b 所示。通过连续电容电压和电感电流，可知

$$v(0^+)=v(0^-)=12\text{V},\quad i(0^+)=i(0^-)=0 \tag{8.9.1}$$

运用 $C\text{d}u/\text{d}t=i_C$ 或者 $\text{d}u/\text{d}t=i_C/C$ 得到 $\text{d}v(0^+)/\text{d}t$。针对图 8-26b 中的节点 a 利用 KCL 定理得到

$$i(0^+)=i_C(0^-)+\frac{v(0^+)}{2}$$

$$0=i_C(0^+)+\frac{12}{2}\quad\Rightarrow\quad i_C(0^+)=-6\text{A}$$

因此，

$$\frac{\text{d}v(0^+)}{\text{d}t}=\frac{-6}{0.5}=-12(\text{V/s}) \tag{8.9.2}$$

如图 8-26b 所示，电感相当于短路，电容相当于开路后，可以求出终值，即

$$i(\infty)=\frac{12}{4+2}=2(\text{A}),\quad v(\infty)=2i(\infty)=4(\text{V}) \tag{8.9.3}$$

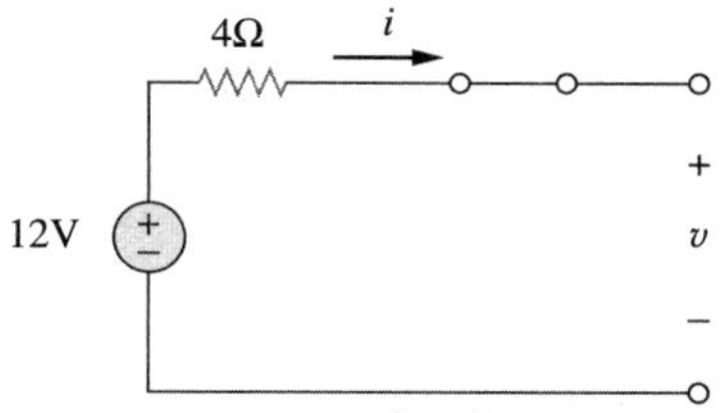

a) $t<0$

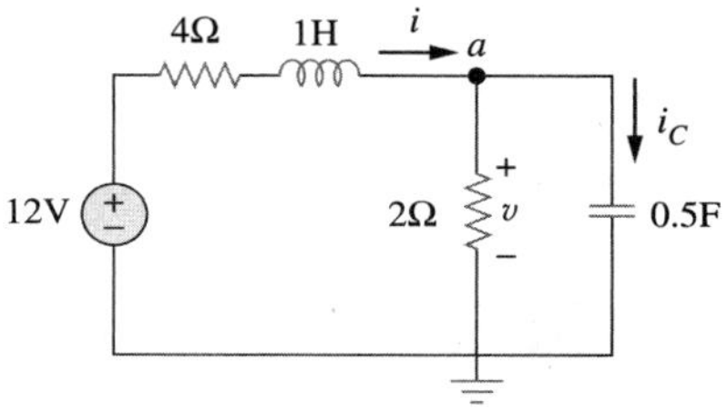

b) $t>0$

图 8-26 图 8-25 的等效电路

下面求当 $t>0$ 时的暂态响应。关闭 12V 的电压源，得到图 8-27 所示的电路。针对图 8-27 中的节点 a 利用 KCL 定理得到：

$$i=\frac{v}{2}+\frac{1}{2}\frac{\text{d}v}{\text{d}t} \tag{8.9.4}$$

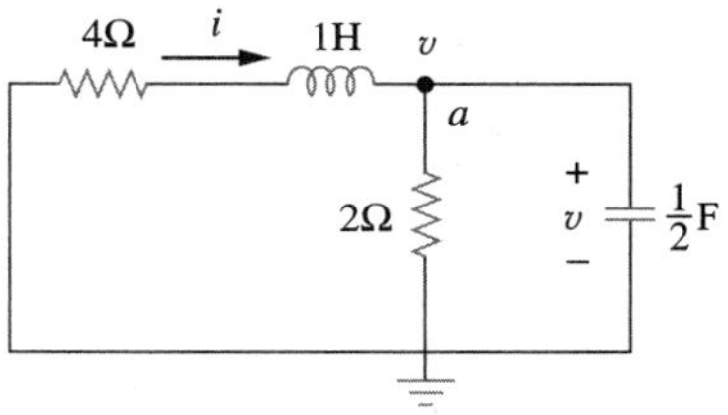

图 8-27 例 8-9 的暂态响应

针对左边的回路利用 KVL 定理得到

$$4i+1\frac{\text{d}i}{\text{d}t}+v=0 \tag{8.9.5}$$

由于需要求解电压 v，将式(8.9.4)中的 i 代入到式(8.9.5)中，得到

$$2v+2\frac{\text{d}v}{\text{d}t}+\frac{1}{2}\frac{\text{d}v}{\text{d}t}+\frac{1}{2}\frac{\text{d}^2v}{\text{d}t^2}+v=0$$

即

$$\frac{\text{d}^2v}{\text{d}t^2}+5\frac{\text{d}v}{\text{d}t}+6v=0$$

由此可以得到特征方程如下

$$s^2+5s+6=0$$

根分别为 $s=-2$，$s=-3$。所以自由响应为

$$v_t(t)=A\text{e}^{-2t}+B\text{e}^{-3t} \tag{8.9.6}$$

其中 A 和 B 是后面需要求解的常数。稳态响应为

$$v_{ss}(t)=v(\infty)=4 \tag{8.9.7}$$

全响应为

$$v(t)=v_t+v_{ss}=4+Ae^{-2t}+Be^{-3t} \tag{8.9.8}$$

现在利用初值求解常数 A 和 B。通过式(8.9.1)得到 $v(0)=12$，将其代入到式(8.9.8)中得到

$$12=4+A+B \quad \Rightarrow \quad A+B=8 \tag{8.9.9}$$

对式(8.9.8)中的 v 进行求导得到

$$\frac{dv}{dt}=-2Ae^{-2t}-3Be^{-3t} \tag{8.9.10}$$

将式(8.9.2)代入到式(8.9.10)中得到

$$-12=-2A-3B \quad \Rightarrow \quad 2A+3B=12 \tag{8.9.11}$$

通过式(8.9.9)和式(8.9.11)得到

$$A=12, \quad B=-4$$

因此式(8.9.8)变为

$$v(t)=4+12e^{-2t}-4e^{-3t}\,(\mathrm{V}), \quad t>0 \tag{8.9.12}$$

通过 v 可以得到图 8-26b 中其他变量的值，例如：

$$\begin{aligned} i &= \frac{v}{2}+\frac{1}{2}\frac{dv}{dt}=2+6e^{-2t}-2e^{-3t}-12e^{-2t}+6e^{-3t} \\ &= 2-6e^{-2t}+4e^{-3t}\,(\mathrm{A}), \quad t>0 \end{aligned} \tag{8.9.13}$$

注意，$i(0)=0$ 与式(8.9.1)的相同。◀

练习 8-9 图 8-28 所示的电路中，求 $t>0$ 时的 v 和 i，参考练习 7-5。

答案：$12(1-e^{-5t})$V，$3(1-e^{-5t})$A。

例 8-10 如图 8-29 所示，求 $t>0$ 时的 $v_o(t)$。

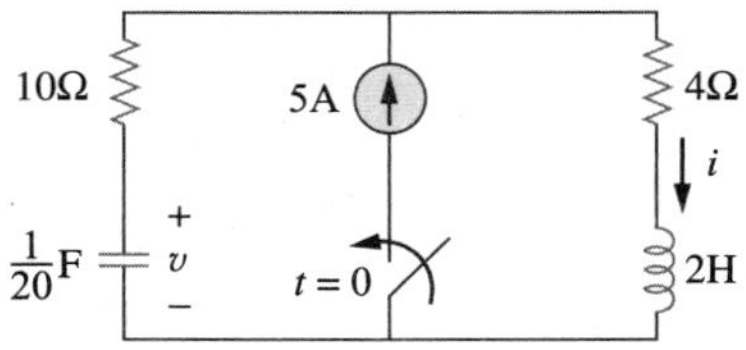

图 8-28 练习 8-9 图

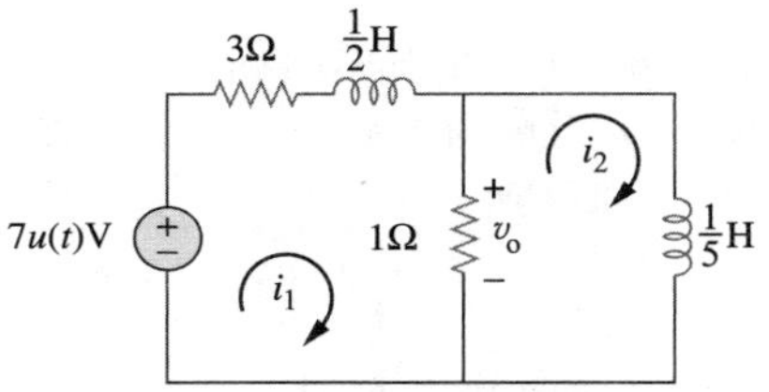

图 8-29 例 8-10 图

解：这是带有两个电感的二阶电路，首先确定网络电流 i_1 和 i_2，它们恰好是流过电感的电流，需要确定这些电流的初值和终值。

当 $t<0$ 时，$7u(t)=0$，因此 $i_1(0^+)=0=i_2(0^+)$。当 $t>0$ 时，$7u(t)=7$ 所以等效电路如图 8-30a 所示。由于电感电流的连续性，有

$$i_1(0^+)=i_1(0^-)=0, \quad i_2(0^+)=i_2(0^-)=0 \tag{8.10.1}$$

$$v_{L2}(0^+)=v_o(0^+)=1[i_1(0^+)-i_2(0^+)]=0 \tag{8.10.2}$$

对左边的回路在 $t=0^+$ 时应用 KVL 得

$$7=3i_1(0^+)+v_{L1}(0^+)+v_o(0^+)$$

即

$$v_{L1}(0^+)=7\mathrm{V}$$

由于 $L_1 di_1/dt=v_{L1}$，所以

$$\frac{di_1(0^+)}{dt}=\frac{v_{L1}}{L_1}=\frac{7}{\frac{1}{2}}=14\,(\mathrm{V/s}) \tag{8.10.3}$$

类似地，由于 $L_2 di_2/dt=v_{L2}$，所以

$$\frac{di_2(0^+)}{dt}=\frac{v_{L2}}{L_2}=0 \tag{8.10.4}$$

在 $t\to\infty$ 时，电路达到稳定状态，电感可以用短路来代替，如图 8-30b 所示。由此可以得到

$$i_1(\infty)=i_2(\infty)=\frac{7}{3}\text{A} \tag{8.10.5}$$

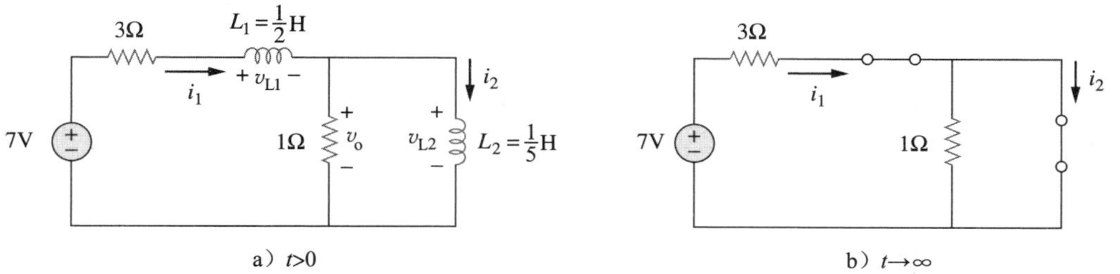

图 8-30　图 8-29 的等效电路

接下来，我们通过移除电压源的方法来获得暂态响应，如图 8-31 所示。在两个网孔中应用 KVL 得到

$$4i_1-i_2+\frac{1}{2}\frac{di_1}{dt}=0 \tag{8.10.6}$$

和

$$i_2+\frac{1}{5}\frac{di_2}{dt}-i_1=0 \tag{8.10.7}$$

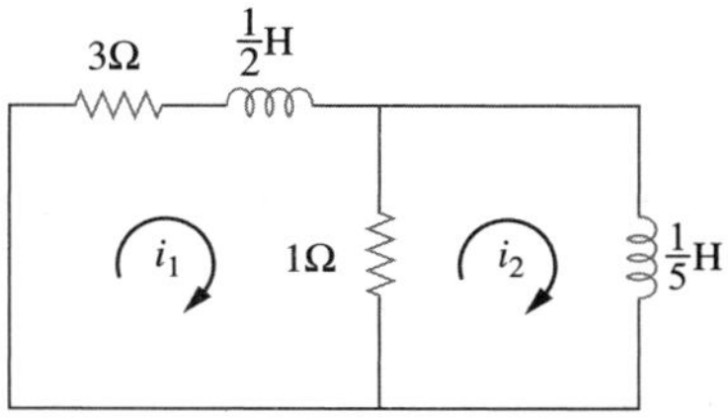

图 8-31　求解例 8-10 的暂态响应

由公式(8.10.6)可得

$$i_2=4i_1+\frac{1}{2}\frac{di_2}{dt} \tag{8.10.8}$$

把公式(8.10.8)代入(8.10.7)可得

$$4i_1+\frac{1}{2}\frac{di_1}{dt}+\frac{4}{5}\frac{di_1}{dt}+\frac{1}{10}\frac{d^2i_1}{dt^2}-i_1=0$$

$$\frac{d^2i_1}{dt^2}+13\frac{di_1}{dt}+30i_1=0$$

从这些公式中可以得到特征方程：

$$s^2+13s+30=0$$

根 $s=-3$ 和 $s=-10$。因此，暂态响应是

$$i_{1n}=Ae^{-3t}+Be^{-10t} \tag{8.10.9}$$

其中 A 和 B 是常数。稳态响应是

$$i_{1ss}=i_1(\infty)=\frac{7}{3}\text{A} \tag{8.10.10}$$

从式(8.10.9)和式(8.10.10)可得全响应是

$$i_1(t)=\frac{7}{3}+Ae^{-3t}+Be^{-10t} \tag{8.10.11}$$

最终由初值求得 A 和 B。从式(8.10.1)和式(8.10.11)得到

$$0=\frac{7}{3}+A+B \tag{8.10.12}$$

对式(8.10.11)求导，之后设 $t=0$，计算式(8.10.3)，可得

$$14=-3A-10B \tag{8.10.13}$$

由式(8.10.12)和式(8.10.13)可得 $A=-4/3$，$B=-1$。因此

$$i_1(t)=\frac{7}{3}-\frac{4}{3}e^{-3t}-e^{-10t} \tag{8.10.14}$$

现在由 i_1 求解 i_2，对图 8-30a 左边回路应用 KVL 得到

$$7=4i_1-i_2+\frac{1}{2}\frac{di_1}{dt} \quad \Rightarrow \quad i_2=-7+4i_1+\frac{1}{2}\frac{di_1}{dt}$$

把 i_1 代入式(8.10.14)可得

$$i_2(t)=-7+\frac{28}{3}-\frac{16}{3}e^{-3t}-4e^{-10t}+2e^{-3t}+5e^{-10t}=\frac{7}{3}-\frac{10}{3}e^{-3t}+e^{-10t} \tag{8.10.15}$$

从图 8-29 可得

$$v_o(t)=1[i_1(t)-i_2(t)] \tag{8.10.16}$$

把式(8.10.14)和式(8.10.15)代入式(8.10.16)得到

$$v_o(t)=2(e^{-3t}-e^{-10t}) \tag{8.10.17}$$

注意 $v_o=0$，符合式(8.10.2)的初值。◀

练习 8-10 求图 8-32 所示电路在 $t>0$ 时的 $v_o(t)$。(提示：首先求出 v_1 和 v_2)

答案：$8(e^{-t}-e^{-6t})$V，$t>0$。

8.8 二阶运算放大器电路

如果一个运算放大器电路带有两个储能元件，而这两个元件又不能合并为一个独立的元件，那么这个电路就是二阶的。因为电感体积大且笨重，所以很少用在实际的运算放大器电路中。因此，本节仅考虑 *RC* 二阶运算放大器电路，这种电路应用广泛，例如滤波器和振荡器。

提示：在二阶电路中使用运算放大器可以不必使用电感，这在有些不适于出现电感的应用中是很有用的。

二阶运算放大器电路的计算遵循 8.7 节给出的四个步骤。

例 8-11 在图 8-33 所示的运算放大器中，计算 $v_s=10u(t)$mV 且 $t>0$ 时的 $v_o(t)$。令 $R_1=R_2=10\text{k}\Omega$，$C_1=20\mu\text{F}$，$C_2=100\mu\text{F}$。

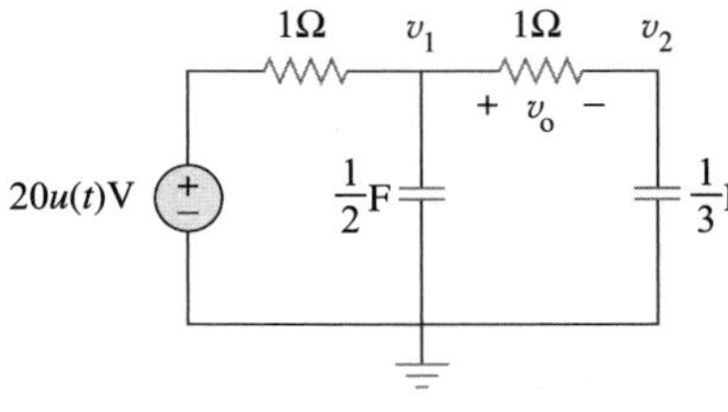

图 8-32 练习 8-10 图

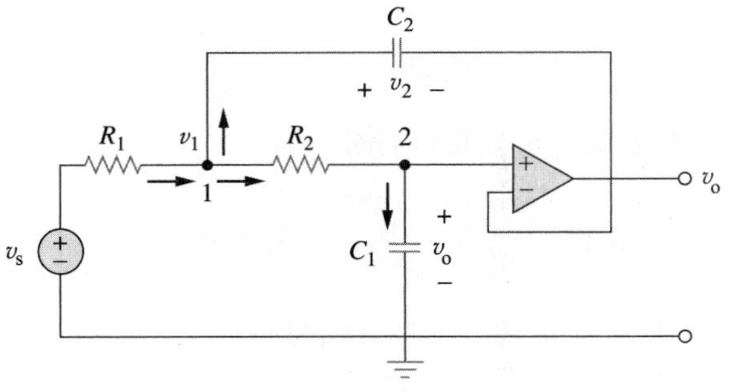

图 8-33 例 8-11 图

解：尽管可以利用前面给出的四个步骤来解决这个问题，但是求解过程还是会有一些不同。电压跟随器的结构使得 C_1 两端的电压是 v_o。在节点 1 利用 KVL 得

$$\frac{v_s-v_1}{R_1}=C_2\frac{dv_2}{dt}+\frac{v_1-v_o}{R_2} \tag{8.11.1}$$

在节点 2，利用 KCL 得

$$\frac{v_1-v_o}{R_2}=C_1\frac{dv_o}{dt} \tag{8.11.2}$$

其中

$$v_2=v_1-v_o \tag{8.11.3}$$

尝试消去式(8.11.2)～式(8.11.3)中的 v_1 和 v_2。把式(8.11.2)和式(8.11.3)代入式(8.11.1)中，得

$$\frac{v_s-v_1}{R_1}=C_2\frac{\mathrm{d}v_1}{\mathrm{d}t}-C_2\frac{\mathrm{d}v_o}{\mathrm{d}t}+C_1\frac{\mathrm{d}v_o}{\mathrm{d}t} \tag{8.11.4}$$

从式(8.11.2)可得

$$v_1=v_o+R_2C_1\frac{\mathrm{d}v_o}{\mathrm{d}t} \tag{8.11.5}$$

把式(8.11.5)代入式(8.11.4)中，得到

$$\frac{v_s}{R_1}=\frac{v_o}{R_1}+\frac{R_2C_1}{R_1}\frac{\mathrm{d}v_o}{\mathrm{d}t}+C_2\frac{\mathrm{d}v_o}{\mathrm{d}t}+R_2C_1C_2\frac{\mathrm{d}^2v_o}{\mathrm{d}t^2}-C_2\frac{\mathrm{d}v_o}{\mathrm{d}t}+C_1\frac{\mathrm{d}v_o}{\mathrm{d}t}$$

即

$$\frac{\mathrm{d}^2v_o}{\mathrm{d}t^2}+\left(\frac{1}{R_1C_2}+\frac{1}{R_2C_2}\right)\frac{\mathrm{d}v_o}{\mathrm{d}t}+\frac{v_o}{R_1R_2C_1C_2}=\frac{v_s}{R_1R_2C_1C_2} \tag{8.11.6}$$

代入 R_1、R_2、C_1、C_2，式(8.11.6)变成

$$\frac{\mathrm{d}^2v_o}{\mathrm{d}t^2}+2\frac{\mathrm{d}v_o}{\mathrm{d}t}+5v_o=5v_s \tag{8.11.7}$$

为了获得暂态响应，设式(8.11.7)的 $v_s=0$，和关闭电源的效果相同。特征方程是

$$s^2+2s+5=0$$

复数根 $s_{1,2}=-1\pm \mathrm{j}2$。因此，暂态响应是

$$v_{ot}=\mathrm{e}^{-t}(A\cos 2t+B\sin 2t) \tag{8.11.8}$$

其中 A 和 B 是需要确认的未知常数。

当 $t\to\infty$ 时，电路达到稳定状态，电容可以用开路来代替。因为在稳定状态下，没有电流流过 C_1 和 C_2，而且没有电流进入理想运算放大器的输入端，电流不会流过 R_1 和 R_2。

因此，

$$v_o(\infty)=v_1(\infty)=v_s$$

那么稳态响应是

$$v_{oss}=v_o(\infty)=v_s=10\mathrm{mV},\quad t>0 \tag{8.11.9}$$

全响应是

$$v_o(t)=v_{ot}+v_{oss}=10+\mathrm{e}^{-t}(A\cos 2t+B\sin 2t)(\mathrm{mV}) \tag{8.11.10}$$

为了确定 A 和 B，需要初始值。当 $t<0$，$v_s=0$。因此，

$$v_o(0^-)=v_2(0^-)=0$$

当 $t>0$，电源开始工作。然而，由于电容电压的连续性，所以

$$v_o(0^+)=v_2(0^+)=0 \tag{8.11.11}$$

由式(8.11.3)可得

$$v_1(0^+)=v_2(0^+)+v_o(0^+)=0$$

因此，由式(8.11.2)得

$$\frac{\mathrm{d}v_o(0^+)}{\mathrm{d}t}=\frac{v_1-v_o}{R_2C_2}=0 \tag{8.11.12}$$

现在将式(8.11.11)代入全响应的表达式(8.11.10)，在 $t=0$ 时，

$$0=10+A \quad\Rightarrow\quad A=-10 \tag{8.11.13}$$

对式(8.11.10)求导得

$$\frac{\mathrm{d}v_o}{\mathrm{d}t}=\mathrm{e}^{-t}(-A\cos 2t-B\sin 2t-2A\sin 2t+2B\cos 2t)$$

设 $t=0$，并结合式(8.11.12)，得到

$$0=-A+2B \qquad (8.11.14)$$

从式(8.11.13)和式(8.11.14)可得 $A=-10$，$B=-5$。因此，阶跃响应变为

$$v_o(t)=10-e^{-t}(10\cos 2t+5\sin 2t)(\text{mV}),\quad t>0$$ ◀

练习 8-11　图 8-34 所示的运算放大器电路中，$v_s=10u(t)$ V。计算 $t>0$ 时的 $v_o(t)$。假设 $R_1=R_2=10\text{k}\Omega$，$C_1=20\mu\text{F}$，$C_2=100\mu\text{F}$。

答案：$(10-12.5e^{-t}+2.5e^{-5t})$ V，$t>0$。

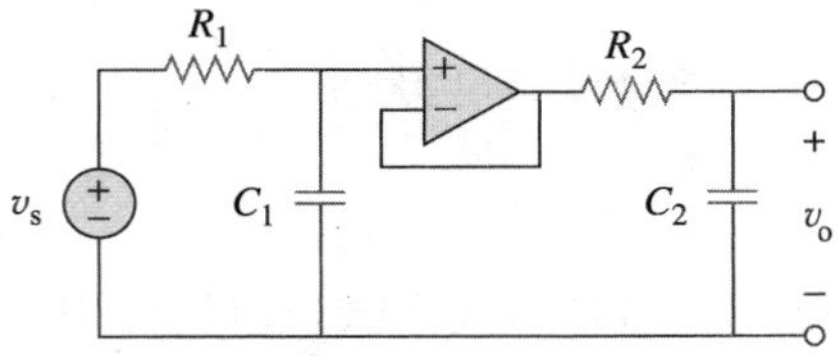

图 8-34　练习 8-11 图

习题

8.2 节

1　对于图 8-35 所示的电路，计算：(a) $i(0^+)$ 和 $v(0^+)$；(b) $di(0^+)/dt$ 和 $dv(0^+)/dt$；(c) $i(\infty)$ 和 $v(\infty)$。

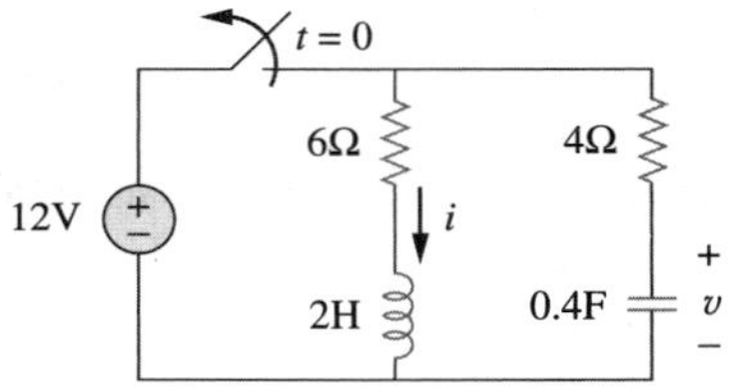

图 8-35　习题 1 图

2　利用图 8-36 设计一个问题以更好地理解初始值和最终值的求解。 **ED**

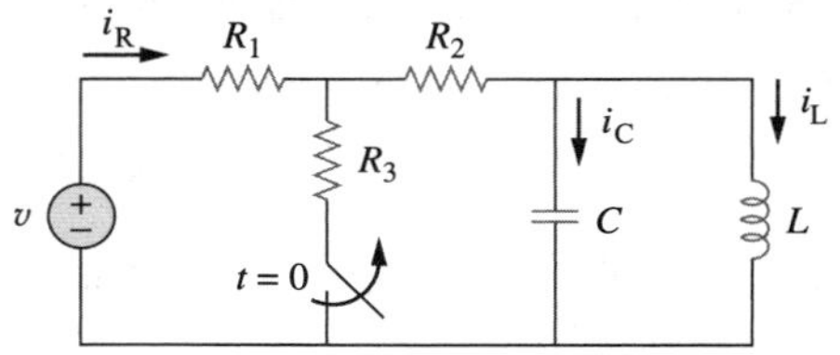

图 8-36　习题 2 图

3　对于图 8-37 所示电路，计算：(a) $i_L(0^+)$、$v_C(0^+)$ 和 $v_R(0^+)$；(b) $di_L(0^+)/dt$、$dv_C(0^+)/dt$ 和 $dv_R(0^+)/dt$；(c) $i_L(\infty)$、$v_C(\infty)$ 和 $v_R(\infty)$。

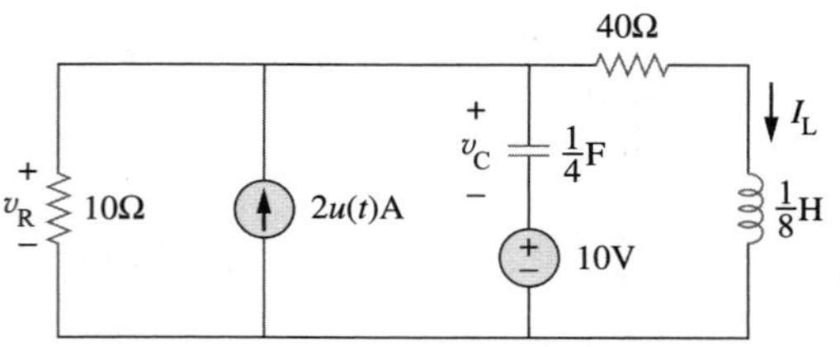

图 8-37　习题 3 图

4　对于图 8-38 所示的电路，计算(a) $v(0^+)$ 和 $i(0^+)$；(b) $dv(0^+)/dt$ 和 $di(0^+)/dt$；(c) $v(\infty)$ 和 $i(\infty)$。

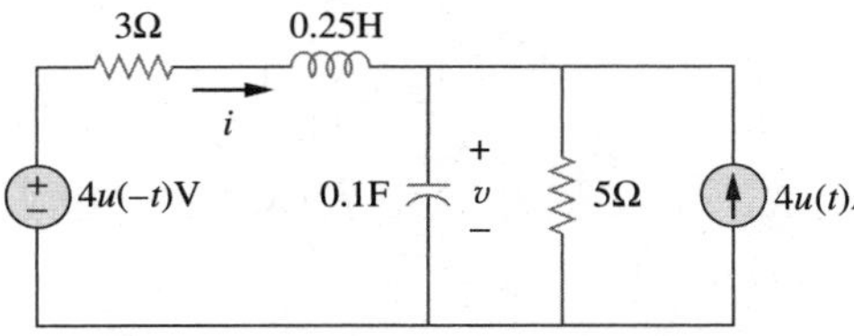

图 8-38　习题 4 图

5　对于图 8-39 所示的电路，计算(a) $i(0^+)$ 和 $v(0^+)$；(b) $di(0^+)/dt$ 和 $dv(0^+)/dt$；(c) $i(\infty)$ 和 $v(\infty)$。

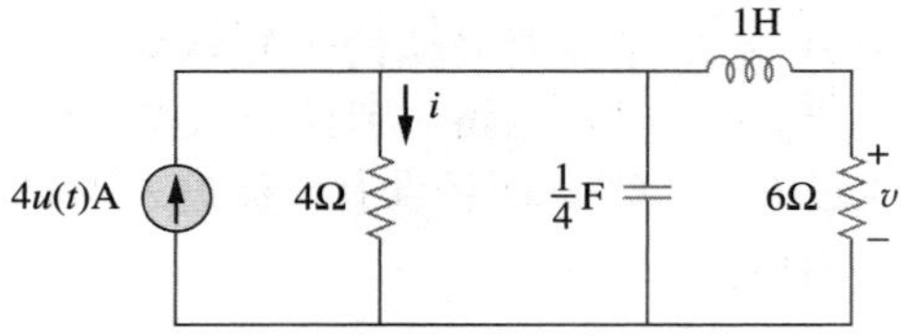

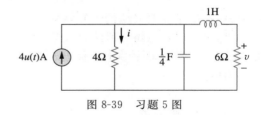

图 8-39　习题 5 图

6　对于图 8-40 的电路，计算(a) $v_R(0^+)$ 和 $v_L(0^+)$；(b) $dv_R(0^+)/dt$ 和 $dv_L(0^+)/dt$；(c) $v_R(\infty)$ 和 $v_L(\infty)$

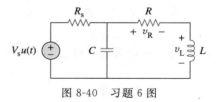

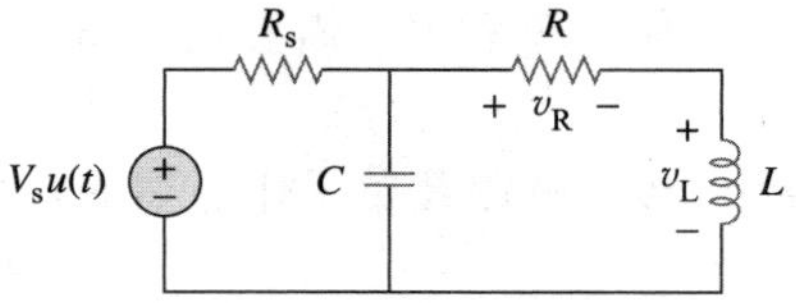

图 8-40　习题 6 图

8.3 节

7　串联 RLC 电路中，$R=20\text{k}\Omega$，$L=0.2\text{mH}$，$C=5\mu\text{F}$。电路表现为以下哪种阻尼形式？

8　设计一个问题来更好地理解无电源 RLC 电路。 **ED**

9　RLC 电路的电流可表述为 $\dfrac{d^2i}{dt^2}+10\dfrac{di}{dt}+25i=0$。如果 $i(0)=10\text{A}$，$di(0)/dt=0$。求当 $t>0$ 时的 $i(t)$。

10　RLC 网络中描述电压的差分方程为

$$\frac{d^2v}{dt^2}+5\frac{dv}{dt}+4v=0$$

如果 $v(0)=0$，$dv(0)/dt=10(V/s)$，求 $i(t)$。

11　RLC 电路的自然响应可由差分方程描述，$\frac{d^2v}{dt^2}+2\frac{dv}{dt}+v=0$。初始条件 $v(0)=10V$，$dv(0)/dt=0$。求 $v(t)$。

12　如果 $R=50\Omega$，$L=1.5H$，C 取何值可以构成以下形式的 RLC 串联电路：(a) 过阻尼；(b) 临界阻尼；(c) 欠阻尼。

13　对于图 8-41 所示的电路，计算构成临界阻尼响应的 R 值。

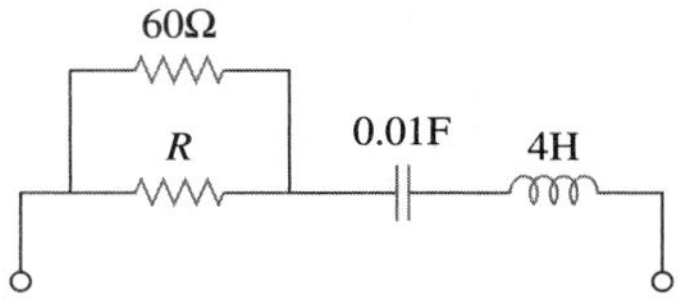

图 8-41　习题 13 图

14　在 $t=0$ 时，图 8-42 中的开关由 A 转向 B（确认开关必须在 A 断开前，连接到点 B，断开前连接开关）。令 $v(0)=0$，找出 $t>0$ 时的 $v(t)$。

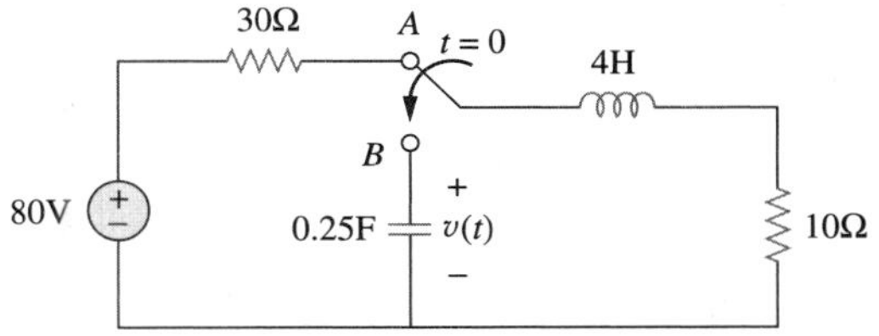

图 8-42　习题 14 图

15　串联 RLC 电路的响应是

$$v_C(t)=30-e^{-20t}+30e^{-10t}(V)$$
$$i_L(t)=40e^{-20t}-60e^{-10t}(mA)$$

式中，v_C 和 i_L 分别是电容电压和电感电流。确定 R、L、C 值。

16　计算图 8-43 所示电路在 $t>0$ 时的 $i(t)$。

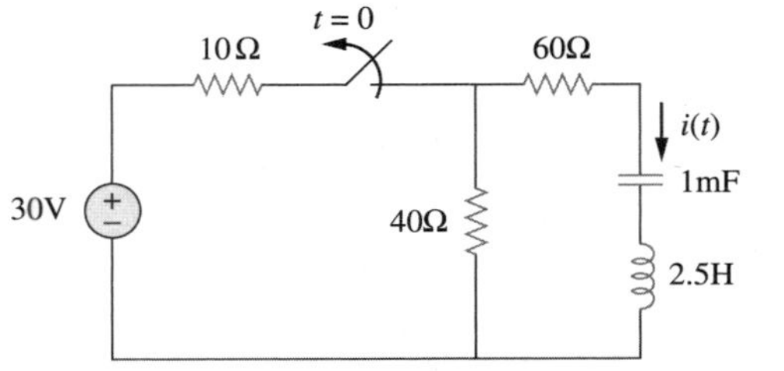

图 8-43　习题 16 图

17　在图 8-44 的电路中，开关瞬间由 A 转向 B。确定 $t>0$ 时的 $v(t)$。

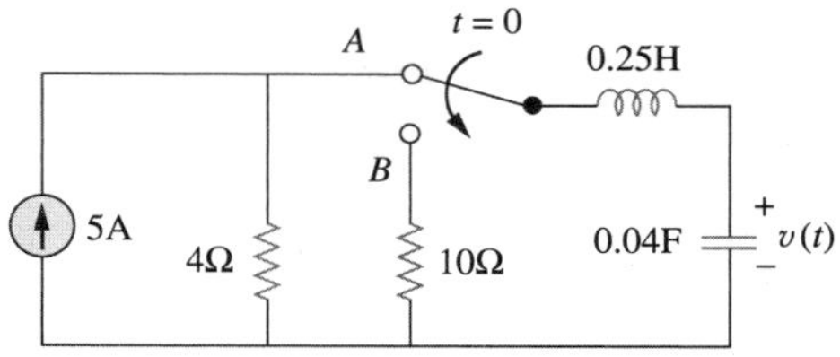

图 8-44　习题 17 图

18　对于图 8-45 所示的电路，计算 $t>0$ 时的电容电压，假设 $t=0^-$ 时已达稳态。

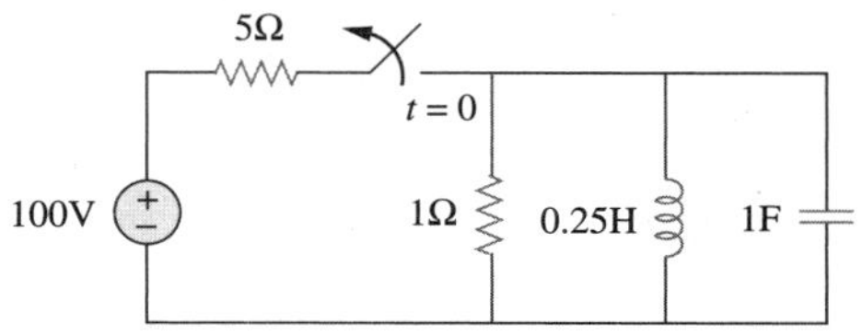

图 8-45　习题 18 图

19　对图 8-46 所示的电路，计算 $t>0$ 时的 $v(t)$。

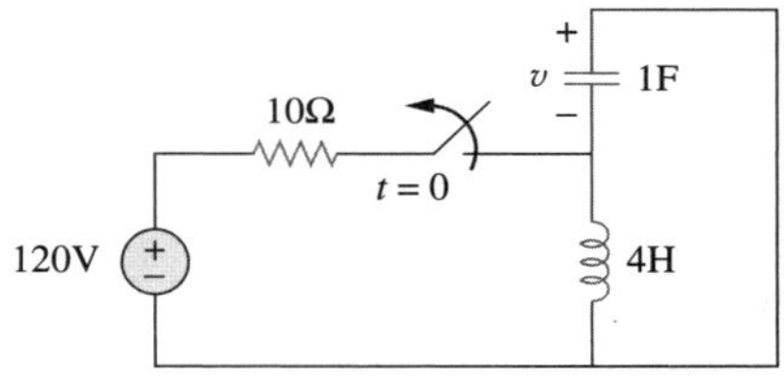

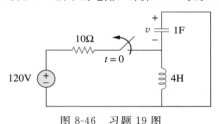

图 8-46　习题 19 图

20　图 8-47 所示电路的开关长期处于闭合状态，在 $t=0$ 时断开。确定 $t>0$ 时的 $i(t)$。

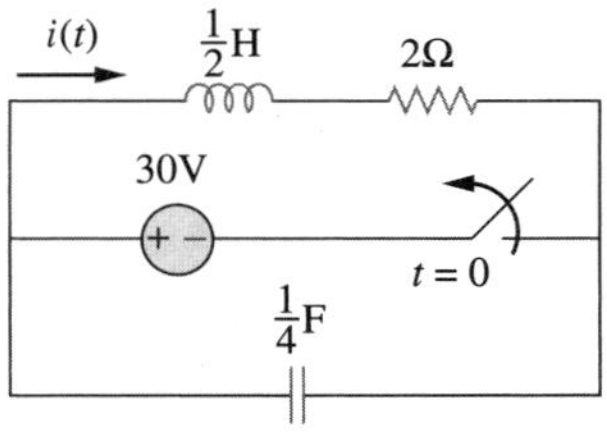

图 8-47　习题 20 图

8.4 节

21　假设 $R=2k\Omega$，设计一个具有如下特征方程的并联 RLC 电路：

$$s^2+100s+10^6=0$$

22　图 8-48 所示的电路中，C 取何值时电路为欠阻尼且阻尼系数为 $1(\alpha=1)$?

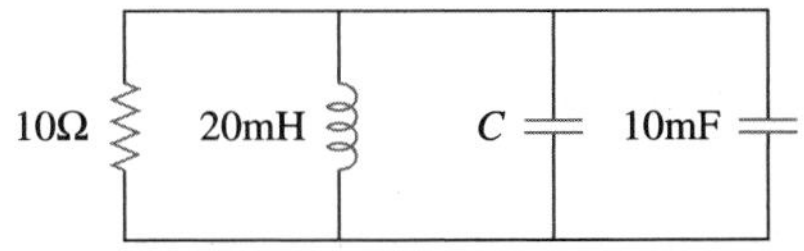

图 8-48　习题 22 图

23 图 8-49 所示的开关在 $t=0$ 时从 A 转向 B(确认开关必须在 A 断开前，连接到点 B，即先通后断开关)。求 $t>0$ 时的 $i(t)$。

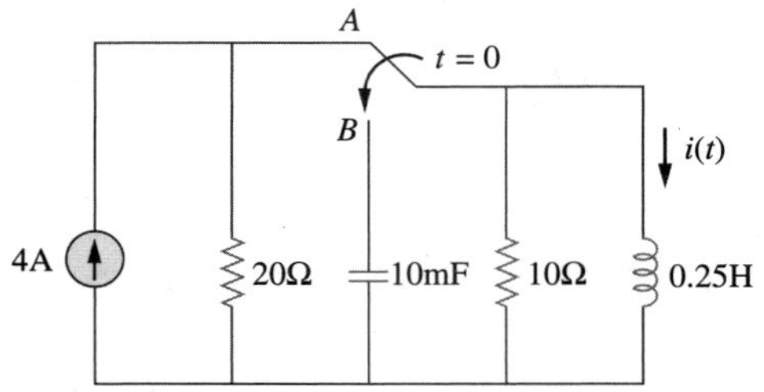

图 8-49 习题 23 图

24 利用图 8-50 设计一个问题来更好地理解无源 RLC 电路。 **ED**

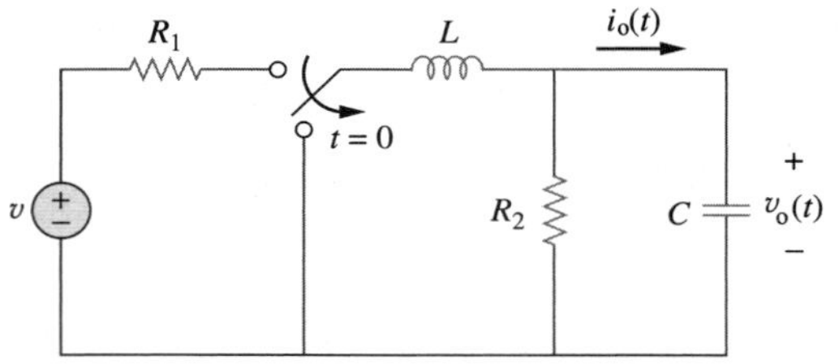

图 8-50 习题 24 图

8.5 节

25 一个 RLC 电路的阶跃响应如下所示：

$$\frac{d^2 i}{dt^2}+2\frac{di}{dt}+5i=0$$

如果 $i(0)=2$，$i(0)=2$，$di(0)/dt=4$，求 $i(t)$。

26 RLC 电路的支路电压表达式为：

$$\frac{d^2 v}{dt^2}+4\frac{dv}{dt}+8v=24$$

如果初始状态为 $v(0)=0=dv(0)/dt$，确定 $v(t)$。

27 串联 RLC 电路的表达式为：

$$L\frac{d^2 i}{dt^2}+R\frac{di}{dt}+\frac{i}{c}=10$$

当 $L=0.5\text{H}$，$R=4\Omega$，$C=0.2\text{F}$ 时，求电路的响应。令 $i(0)=1$，$di(0)/dt=0$。

28 计算下列给定初始条件下的各项的差分方程。

(a) $d^2v/dt^2+4v=12$，$v(0)=0$，$dv(0)/dt=2$；

(b) $d^2i/dt^2+5di/dt+4i=8$，$i(0)=-1$ $di(0)/dt=0$；

(c) $d^2v/dt^2+2dv/dt+v=3$，$v(0)=5$ $dv(0)/dt=1$；

(d) $d^2i/dt^2+2di/dt+5i=10$，$i(0)=4$ $di(0)/dt=-2$。

29 串联 RLC 电路的阶跃响应是

$$v_C=(40-10e^{-2000t}-10e^{-4000t})\text{V},\ t>0$$

$$i_L(t)=(3e^{-2000t}+6e^{-4000t})\text{mA},\ t>0$$

(a) 计算 C；(b) 确定该电路的阻尼类型。

30 对于图 8-51 的电路，计算 $t>0$ 时的 $i(t)$。

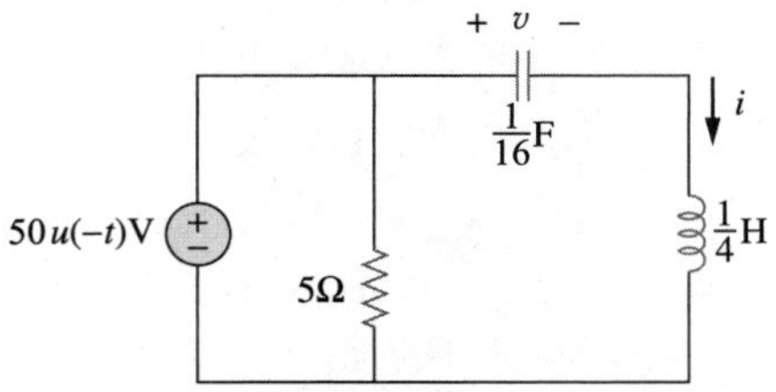

图 8-51 习题 30 图

31 利用图 8-52 设计一个问题来更好地理解串联 RLC 电路的阶跃响应。 **ED**

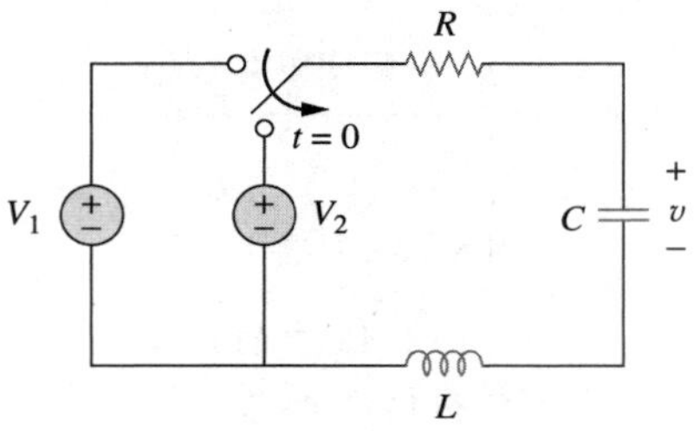

图 8-52 习题 31 图

32 对于图 8-53 所示电路，计算 $t>0$ 时的 $v(t)$ 和 $i(t)$。

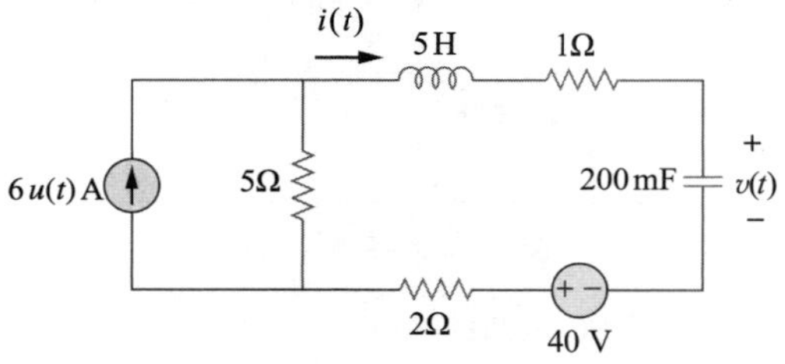

图 8-53 习题 32 图

*33 对于图 8-54 所示的电路，确定 $t>0$ 时的 $i(t)$。

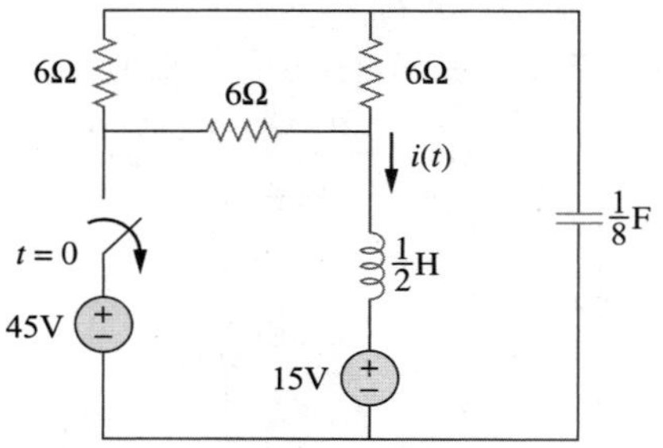

图 8-54 习题 33 图

34 对于图 8-55 所示电路，确定 $t>0$ 时的 $i(t)$。

35 对于图 8-56 所示电路，计算 $t>0$ 时的 $v(t)$。

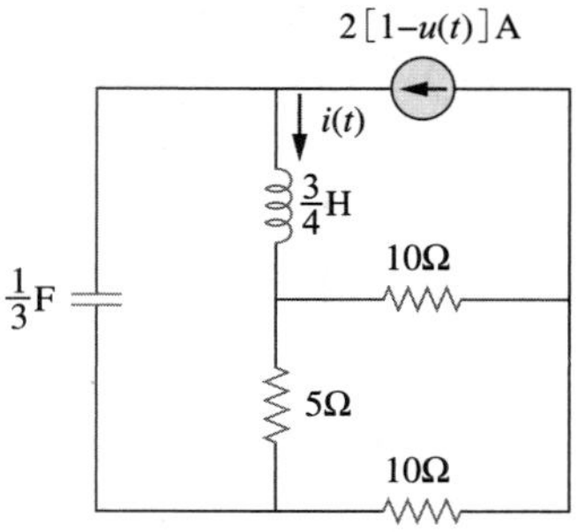

图 8-55　习题 34 图

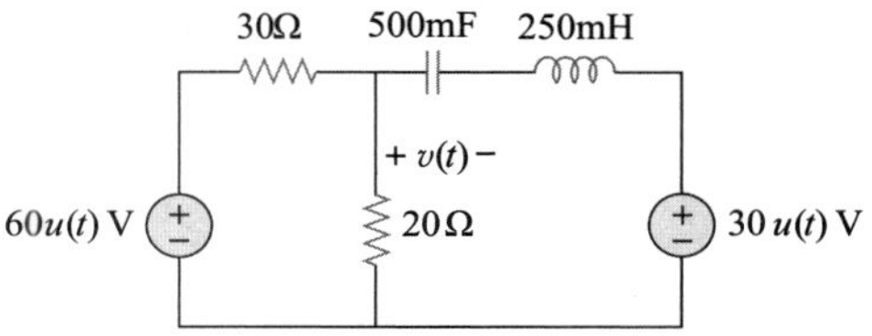

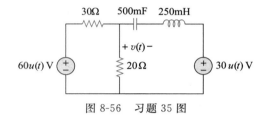

图 8-56　习题 35 图

* 36　对于图 8-57 所示电路，计算 $t>0$ 时的 $i(t)$。

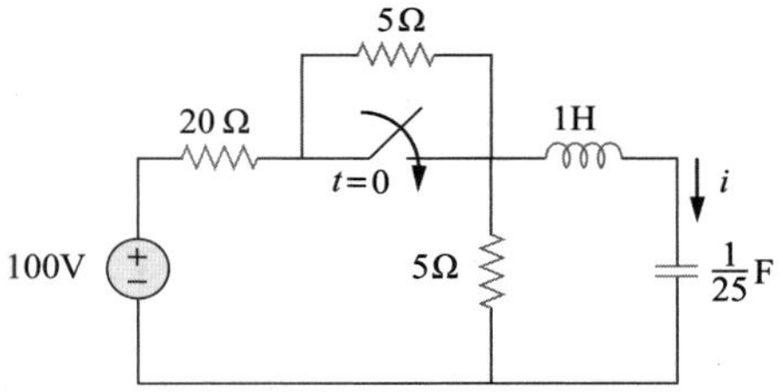

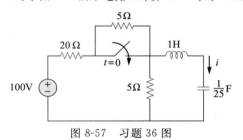

图 8-57　习题 36 图

* 37　对于图 8-58 所示的网络，计算 $t>0$ 时的 $v(t)$。

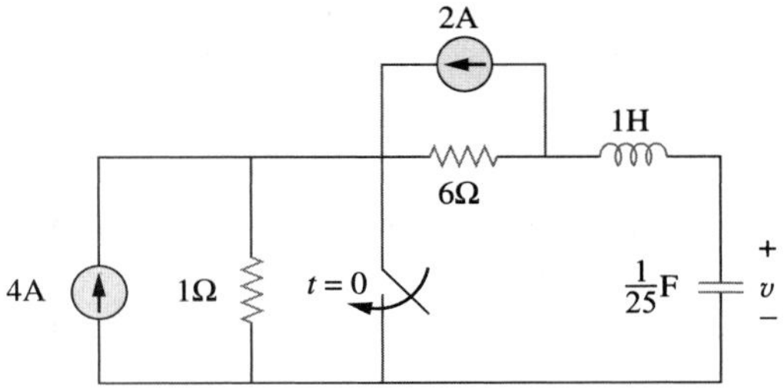

图 8-58　习题 37 图

38　图 8-59 所示电路达到稳态后，在 $t=0$ 时刻断开。计算 R 和 C 使得 $\alpha=8\text{Np/s}$，$\omega_d=30\text{rad/s}$。

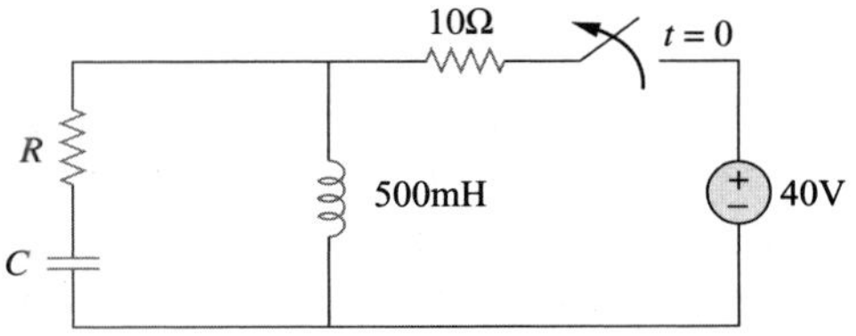

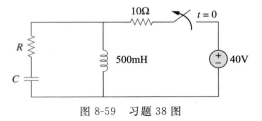

图 8-59　习题 38 图

39　串联 RLC 电路参数如下：$R=1\text{k}\Omega$，$L=1\text{H}$，$C=10\text{nH}$。电路表现为哪种阻尼形式？

8.6 节

40　对于图 8-60 所示的电路，计算 $t>0$ 时的 $v(t)$和 $i(t)$。

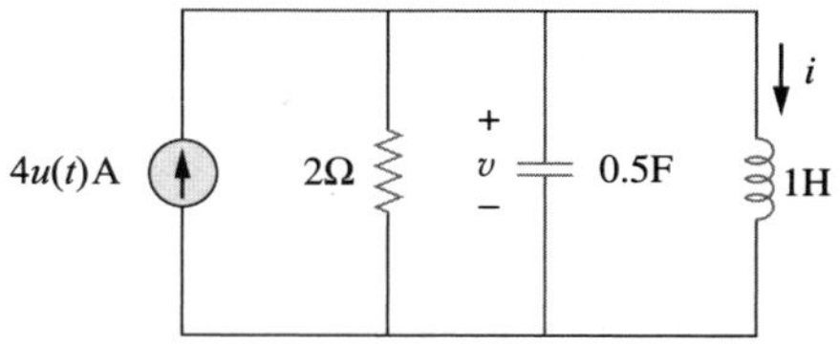

图 8-60　习题 40 图

41　利用图 8-61 设计一个问题来更好地理解并联 RLC 电路的阶跃响应。　**ED**

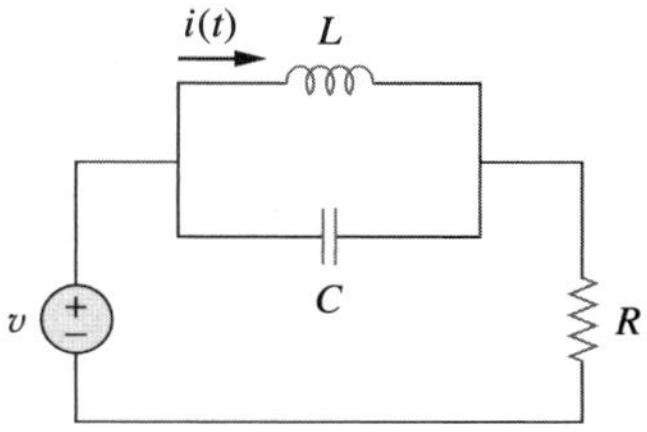

图 8-61　习题 41 图

42　计算图 8-62 所示电路的输出电压 $v_o(t)$。

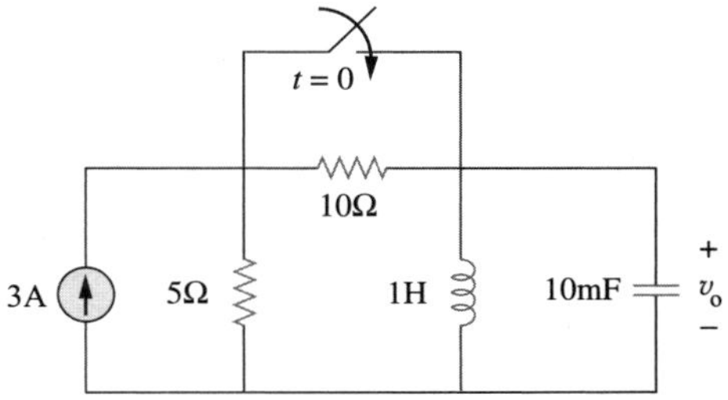

图 8-62　习题 42 图

43　对于图 8-63 所示电路，计算 $t>0$ 时的 $v(t)$ 和 $i(t)$。

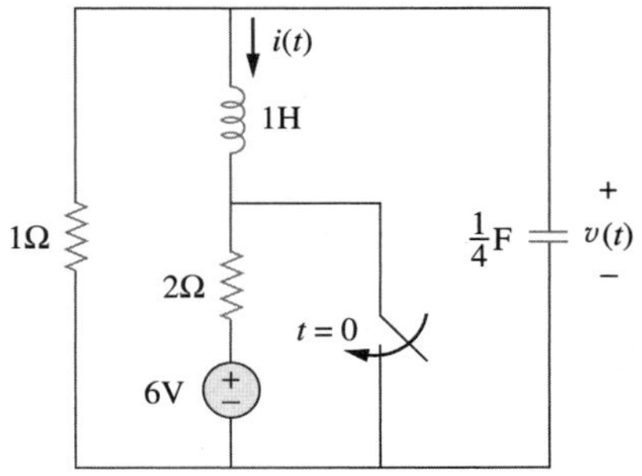

图 8-63　习题 43 图

44　对于图 8-64 所示电路，计算 $t>0$ 时的 $i(t)$。

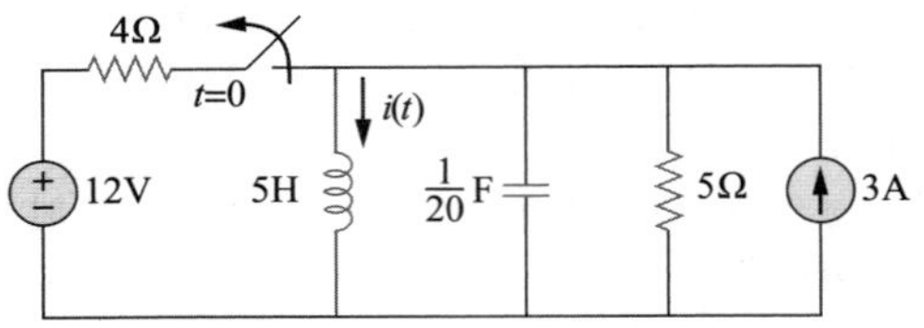

图 8-64　习题 44 图

45　对于图 8-65 所示电路，计算 $t>0$ 时的 $i(t)$。

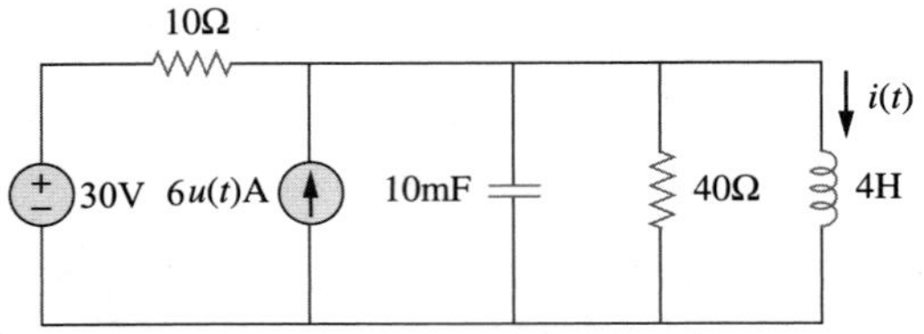

图 8-65　习题 45 图

46　对于图 8-66 所示的电路，计算 $t>0$ 时的 $v(t)$。

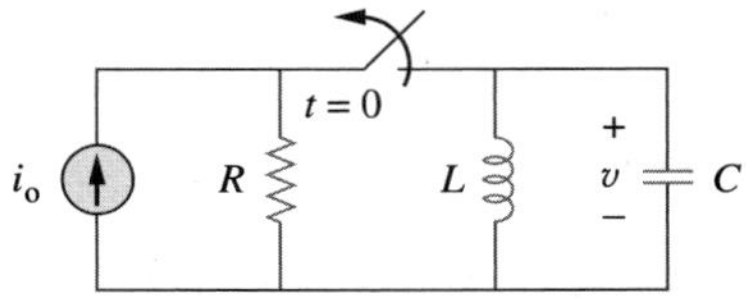

图 8-66　习题 46 图

47　并联 RLC 电路的阶跃响应是

$v=[10+20e^{-300t}(\cos 400t-2\sin 400t)]$V，$t\geqslant 0$

当电感是 50mH 时。计算 R 和 C。

8.7 节

48　图 8-67 所示电路中，已断开一天的开关在 $t=0$ 时闭合。计算 $t>0$ 时用来描述 $i(t)$ 的差分电路。

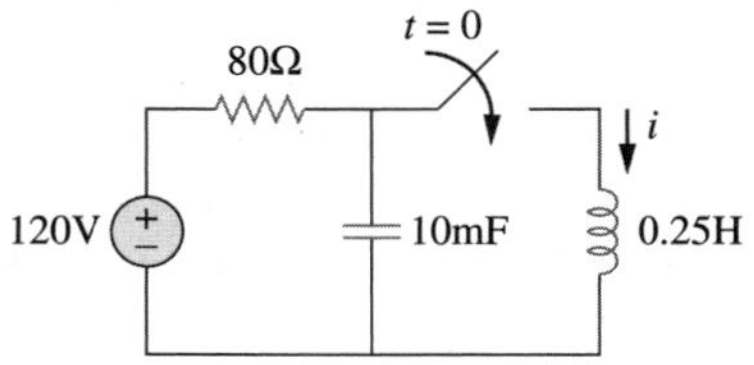

图 8-67　习题 48 图

49　利用图 8-68 设计一个问题，从而更好地理解一般二阶电路。 **ED**

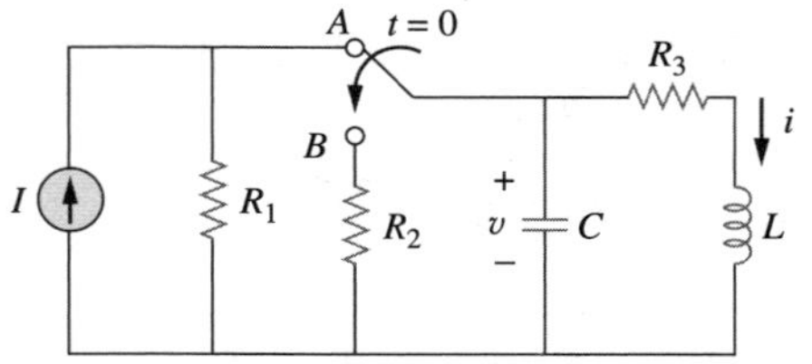

图 8-68　习题 49 图

50　对于图 8-69 所示的电路，计算 $t>0$ 时的 $v(t)$。假设 $v(0^+)=4$V，$i(0^+)=2$A。

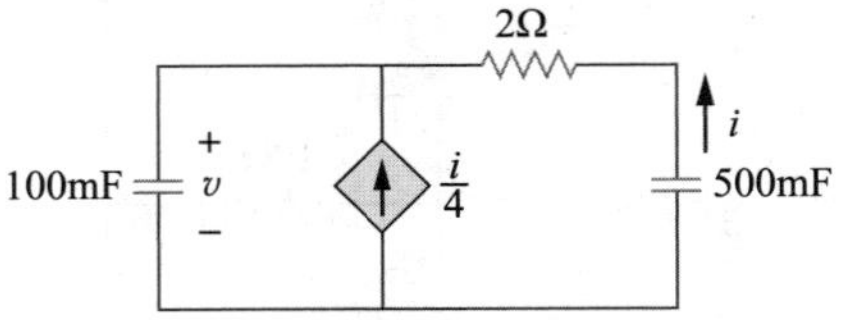

图 8-69　习题 50 图

51　对于图 8-70 所示的电路，计算 $t>0$ 时的 $i(t)$。

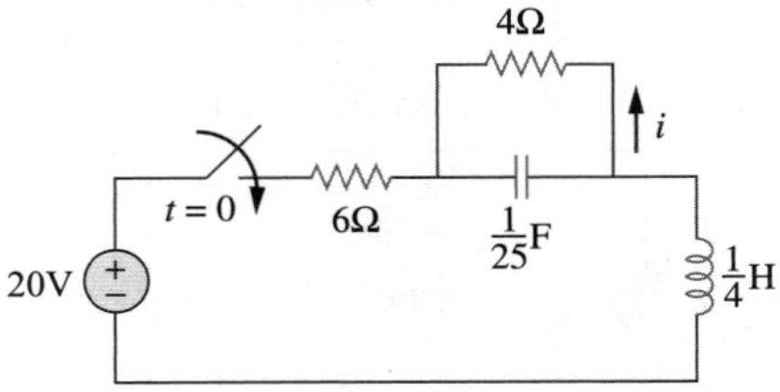

图 8-70　习题 51 图

52　如果图 8-71 所示电路中的开关已经长时间关闭。$t=0$ 时刻开关打开，求电路的特征方程与 $t>0$ 时的 i_x 和 v_R。

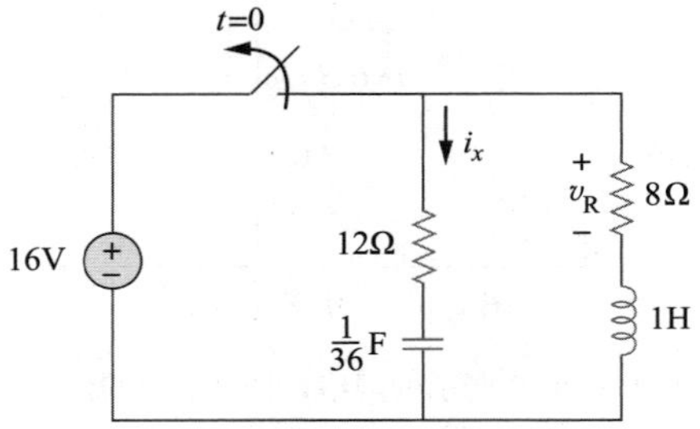

图 8-71　习题 52 图

53　图 8-72 的电路长期处于 1 状态，在 $t=0$ 时转向 2。计算：

(a) $v(0^+)$，$dv(0^+)/dt$；(b) 在 $t\geqslant 0$ 时的 $v(t)$。

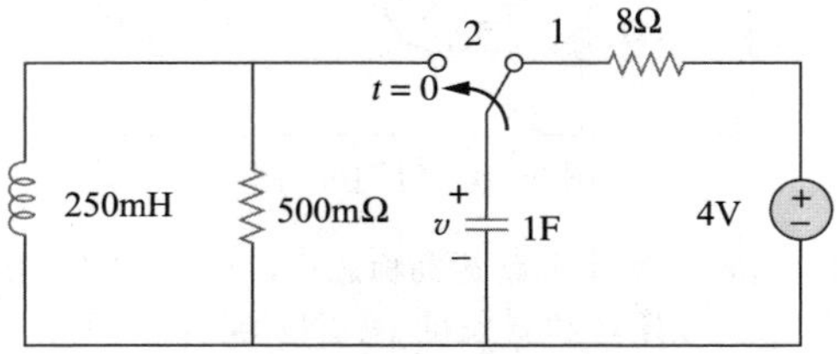

图 8-72　习题 53 图

54　在 $t<0$ 时，图 8-73 的开关处于位置 1。在 $t=0$ 时，开关转向电容顶部。注意这是一个先通后断开关，即开关一直和位置 1 相连，直到它和电容顶部的连接建立后才断开与位置 1 的连接。计算 $v(t)$。

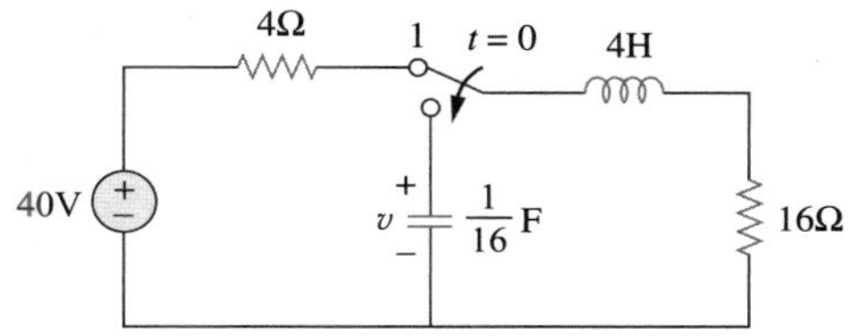

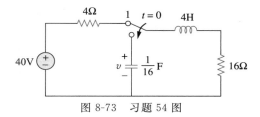

图 8-73　习题 54 图

55　对于图 8-74 的电路，计算 $t>0$ 时的 i_1 和 i_2。

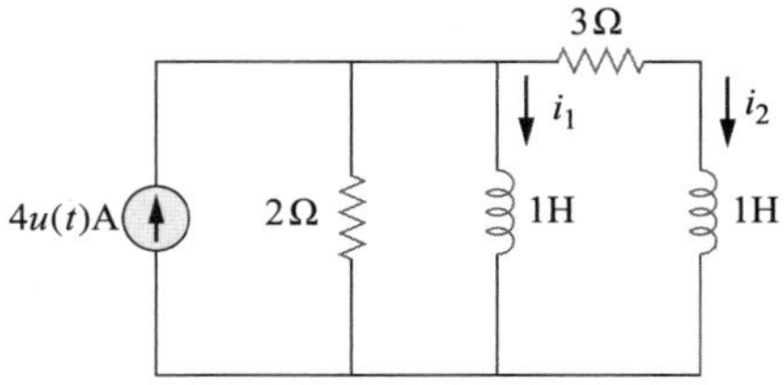

图 8-74　习题 55 图

56　对于习题 5 对应的电路，计算 $t>0$ 时的 i 和 v。

57　对于图 8-75 所示的电路，令 $R=3\Omega$，$L=2\text{H}$，$C=1/18\text{F}$，计算 $t>0$ 时的响应 $v_R(t)$。

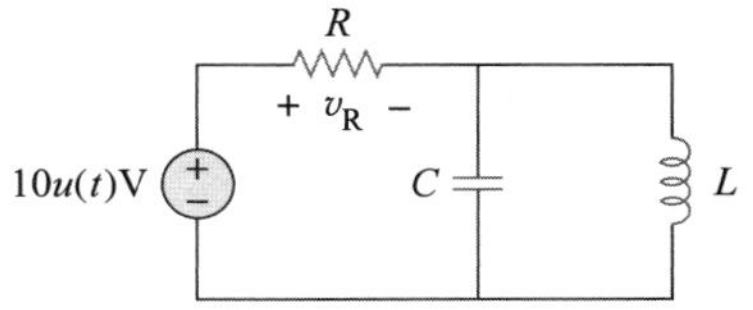

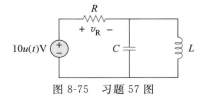

图 8-75　习题 57 图

8.8 节

58　对于图 8-76 所示的运算放大器电路，计算 $i(t)$ 的差分电路。

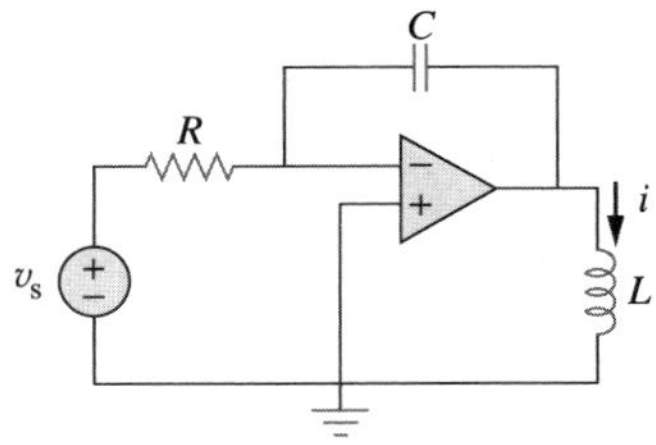

图 8-76　习题 58 图

59　利用图 8-77 设计一个问题，以更好地理解二阶运算放大器电路。　**ED**

60　计算图 8-78 所示的运算放大器电路的差分方程。如果 $v_1(0^+)=2\text{V}$，$v_2(0^+)=0\text{V}$，计算在 $t>0$ 时的 v_o。令 $R=100\text{k}\Omega$，$C=1\mu\text{F}$。

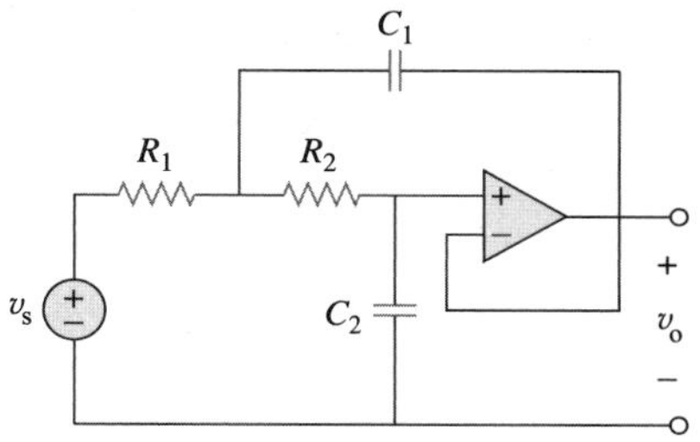

图 8-77　习题 59 图

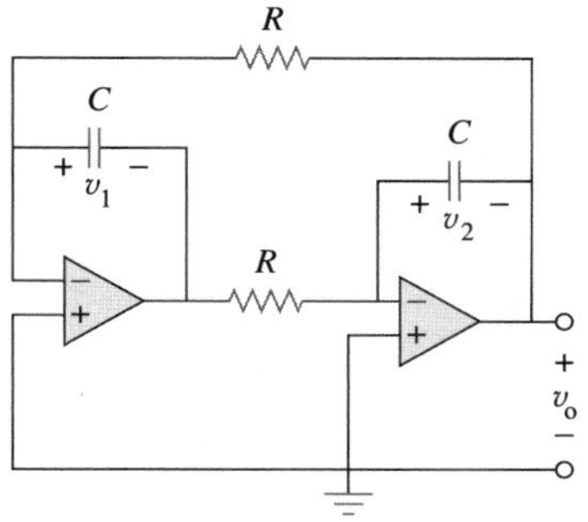

图 8-78　习题 60 图

61　计算图 8-79 所示的运算放大器电路 $v_o(t)$ 的差分方程。

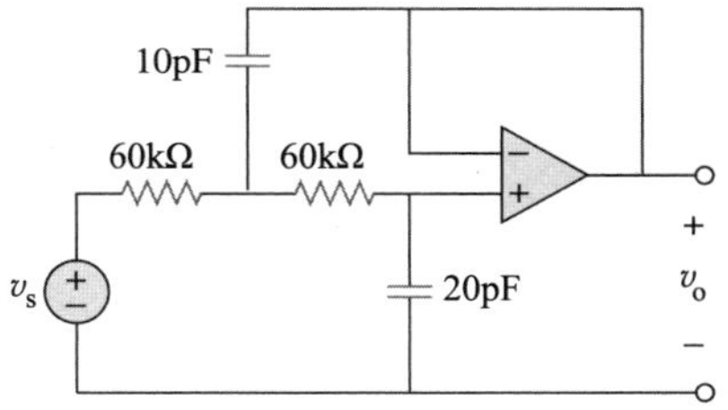

图 8-79　习题 61 图

*62　在图 8-80 所示的运算放大器电路中，计算 $t>0$ 时的 $v_o(t)$。令 $v_{in}=u(t)$，$R_1=R_2=10\text{k}\Omega$，$C_1=C_2=100\mu\text{F}$。

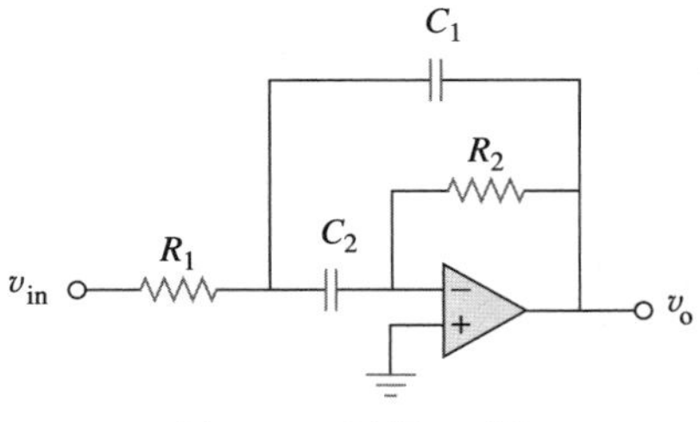

图 8-80　习题 62 图

第二部分

交流电路

第9章
正弦量与相量

无知而不知者，是愚人——躲开他；无知而知之者，是孩童——教育他；知之而不知者，在熟睡——唤醒他；知之而知之者，是智者——追随他。

——波斯格言

增强技能与拓展事业

ABET 工程标准 2000(3.d)，“在多学科团队中发挥作用的能力”

“在多学科团队中发挥作用的能力”对于职业工程师而言是极为重要的。工程师很少独立地从事某项工作，他们通常是某个团队的组成部分，并在团队中工作。需要提醒学生的是，你并不需要与团队中的任何人一样，只要能够成为团队中有作用的一分子即可。

团队中通常包括许多具有不同学科背景的工程师，以及市场、金融等非工科学科的工作人员。

学生通过参加所选课程的学习小组就可以很容易地培养并增强这方面的技能。显然，在非工程课程学习小组以及非本专业工程课程学习小组工作，同样会帮助学生获得在多学科团队中发挥作用的宝贵经验。

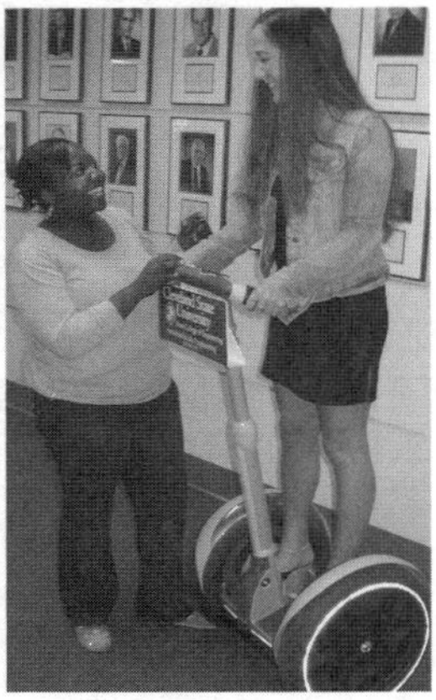

(图片来源：Charles Alexander)

历史珍闻

尼古拉·特斯拉(Nikola Tesla，1856—1943)与**乔治·威斯丁豪斯**(George Westinghouse，1846—1914)提出了电能传输与配送的重要模式——交流电。

如今，交流发电已经成为电能高效、经济传输的重要形式，然而，在19世纪末期，交流电与直流电之间哪种电能传输形式更好一直是争论的热点，双方都有强有力的支持者。直流电一方的倡导者托马斯·爱迪生因其大量卓越的贡献而赢得了极高的声誉。正是特斯拉的成功才使交流发电得到认可，而交流发电真正的商业成功则源于乔治·威斯丁豪斯及其领导的包括特斯拉在内的杰出团队。另外两个有影响的人物是斯科特(Scott)与拉曼(Lamme)。

乔治·威斯丁豪斯

(图片来源：Bettmann/Getty Images)

对交流发电的早期成功做出重要贡献的是特斯拉于1888年获得的多相交流电动机的专利。感应电动机和多相发电与配电系统的成功实现使交流电战胜直流电成为主要的能源形式。

9.1 引言

到目前为止，前面各章主要限于讨论直流电路，即由恒定电源(时不变电源)激励的电路。为简单起见，同时也是出于教学和历史发展的考虑，限定电路的强迫函数为直流电源。从历史发展的角度来看，在 19 世纪末之前，直流电源一直是提供电力的主要方式。19 世纪末，直流电与交流电之争开始显现，双方都有相应的电气工程师作为支持者，但由于交流电在长距离传送中更为高效、经济，二者之争最终以交流电系统的胜利而告终。因此，本教材也按照历史事件的发展顺序，首先介绍直流电源的有关内容。

下面开始介绍电源电压或电源电流随时间变化的电路分析问题，本章专门讨论正弦时变激励，即激励为正弦信号的电路分析。

正弦信号是指具有正弦或余弦函数形式的信号。

正弦电流通常称为*交流电*(alternating current，ac)，这种电流以规则的时间间隔出现极性反转，并交替地表现出正值和负值。由正弦电流源或正弦电压源激励的电路称为*交流电路*(ac circuit)。

之所以要讨论正弦交流电路有很多原因。首先，许多自然现象本身呈现出正弦特性。例如钟摆的运动、琴弦的振动、海洋表面的波纹、欠阻尼二阶系统的自然响应等，而这些仅仅是自然现象的一小部分实例。其次，正弦信号易于产生和传输，世界各国输送给家庭、工厂、实验室等的电压均呈正弦交流形式。同时，正弦信号也是通信系统和电力工业系统中主要的信号传输形式。再次，由傅里叶分析可知，任何实际的周期信号都可以表示为许多正弦信号之和，因此，在周期信号分析中，正弦信号起着重要的作用。最后，正弦信号在数学上易于处理，其导数与积分仍然是正弦信号。正是基于上述原因，使得正弦激励函数成为电路分析中一个极为重要的函数。

与第 7 章和第 8 章介绍的阶跃函数类似，正弦激励函数也会引起暂态响应与稳态响应。其中暂态响应随时间而消失，最终仅存在稳态响应，当暂态响应与稳态响应相比可以忽略时，则称电路工作在正弦稳定状态下。本章讨论的主要内容即*正弦稳态响应*(sinusoidal steady-state response)。

本章首先介绍正弦信号与相量的基本知识，之后介绍阻抗与导纳的概念，接着将直流电路中介绍过的基尔霍夫定律和欧姆定律等基本电路定律引入交流电路。

9.2 正弦信号

正弦电压可以表示为

$$v(t)=V_{\mathrm{m}}\sin\omega t \tag{9.1}$$

式中，V_{m} 为正弦电压的*幅度*或*振幅*(amplitude)；ω 为*角频率*(angular frequency)，单位是 rad/s；ωt 为正弦电压的*辐角*(argument)。

该正弦电压 $v(t)$与其辐角 ωt 之间的函数关系如图 9-1a 所示，$v(t)$与时间 t 之间的函数关系如图 9-1b 所示。显然，该正弦电压每隔 T 就会重复一遍，所以称 T 为该正弦电压的*周期*(period)。由图 9-1 所示的两个波形可知，$\omega T=2\pi$，即

$$\boxed{T=\frac{2\pi}{\omega}} \tag{9.2}$$

将式(9.1)中的 t 用$(t+T)$代替，即可证明 $v(t)$每隔 T 重复一次，即

$$\begin{aligned} v(t+T)&=V_{\mathrm{m}}\sin\omega(t+T)=V_{\mathrm{m}}\sin\omega\left(t+\frac{2\pi}{\omega}\right) \\ &=V_{\mathrm{m}}\sin(\omega t+2\pi)=V_{\mathrm{m}}\sin\omega t=v(t) \end{aligned} \tag{9.3}$$

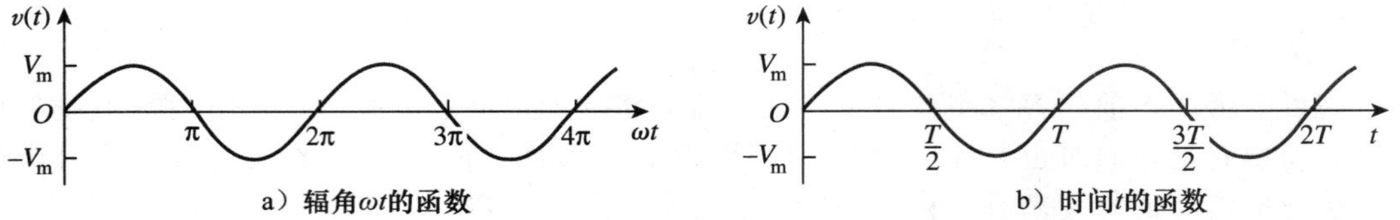

图 9-1 $V_m\sin\omega t$ 的波形

因此，

$$\boxed{v(t+T)=v(t)} \tag{9.4}$$

也就是说，在$(t+T)$和 t 两个时刻，v 取值相同，因此称 $v(t)$是周期性的(periodic)。一般而言，

周期函数是指对所有时间 T 和所有整数 n，满足条件 $f(t)=f(t+nT)$的函数。

周期函数的周期(period)T 是指一个完整循环的时间(秒)或者每个循环的秒数，周期的倒数是指每秒的循环个数，称为正弦信号的循环频率(cyclic frequency)f。因此，

$$\boxed{f=\frac{1}{T}} \tag{9.5}$$

显然，由式(9.2)与式(9.5)可以得到

$$\omega=2\pi f \tag{9.6}$$

式中，ω 的单位为弧度/秒(rad/s)，f 的单位为赫兹(Hz)。

提示：频率 f 的单位是以德国物理学家赫兹(1857—1894)的名字命名的。

历史珍闻

赫兹(Hertz，1857—1894)，德国实验物理学家，证明了电磁波遵循与光波相同的基本定律。他的研究工作证实了麦克斯韦(Maxwell)于 1864 年提出的著名理论以及电磁波存在的预言。

赫兹出生在德国汉堡的一个富裕家庭，就读于柏林大学，并师从著名物理学家赫尔曼·冯·赫尔姆霍茨(Hermann von Helmholtz)攻读博士学位，之后在卡尔斯鲁厄大学担任教授，并开始了对电磁波的研究与探索。赫兹成功地制造并检测到电磁波，成为首位证明光是一种电磁能量的科学家，1877 年，赫兹首先发现了分子结构中电子的光电效应。虽然赫兹的一生仅有短短 37 年，但他对电磁波的发现为电磁波成功用于无线电、电视、通信系统等领域铺平了道路。后人将频率的单位以他的名字命名，就是为了纪念赫兹做出的杰出贡献。

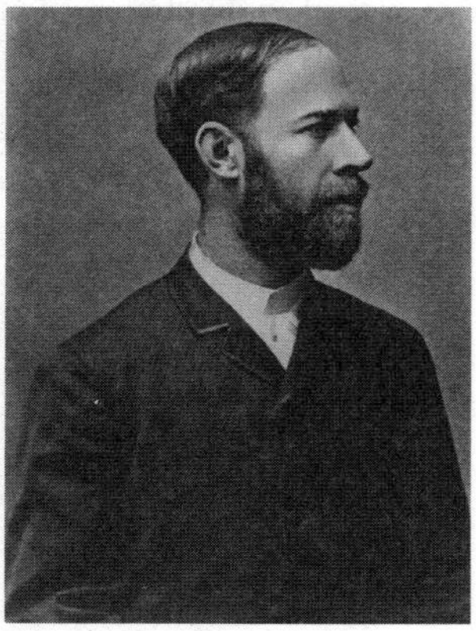

(图片来源：Hulton Archive/Getty Images)

下面考虑正弦电压的一般表达式：

$$v(t)=V_m\sin(\omega t+\phi) \tag{9.7}$$

式中，$(\omega t+\phi)$为辐角，ϕ 为相位(phase)，辐角与相位的单位均为弧度或度。

下面考察如图 9-2 所示的两个正弦电压信号 $v_1(t)$与 $v_2(t)$：

$$v_1(t)=V_m\sin\omega t,\qquad v_2(t)=V_m\sin(\omega t+\phi) \tag{9.8}$$

图 9-2 中 v_2 的起点在时间上先出现，因此称 v_2 超前(lead)v_1 相位 ϕ 或称 v_1 滞后(lag)v_2 相位 ϕ。如果 $\phi\neq0$，则称 v_1 与 v_2 不同相(out of phase)。如果 $\phi=0$，则称 v_1 与 v_2 同相

(in phase)，即二者到达最小值和最大值的时刻完全相同。以上对 v_1 与 v_2 进行比较的条件是二者具有相同的频率，但未必具有相同的幅度。

正弦信号既可以用正弦函数表示，也可以用余弦函数表示。对两个正弦信号进行比较时，将二者表示为幅度为正的正弦函数或余弦函数会比较方便。在表示正弦信号时通常会用到如下三角函数恒等式：

$$\begin{aligned}\sin(A \pm B) &= \sin A\cos B \pm \cos A\sin B \\ \cos(A \pm B) &= \cos A\cos B \mp \sin A\sin B\end{aligned} \tag{9.9}$$

利用上述恒等式容易证明

$$\begin{aligned}\sin(\omega t \pm 180^\circ) &= -\sin\omega t \\ \cos(\omega t \pm 180^\circ) &= -\cos\omega t \\ \sin(\omega t \pm 90^\circ) &= \pm\cos\omega t \\ \cos(\omega t \pm 90^\circ) &= \mp\sin\omega t\end{aligned} \tag{9.10}$$

利用这些关系式即可将正弦函数转换为余弦函数，反之亦然。

除利用式(9.9)与式(9.10)给出的三角恒等式表示正、余弦函数之间的关系外，还可以采用图形方法对正、余弦信号进行联系和比较。在图 9-3a 所示的坐标系中，水平轴表示余弦分量的幅度，垂直轴(箭头向下)表示正弦分量的幅度。角度的正负与常用的极坐标系的规定相同，即从水平轴开始，逆时针为正。这种图形表示方法可用于确定两个正弦信号之间的关系，例如，由图 9-3a 可见，$\cos\omega t$ 的辐角减去 90°就得到 $\sin\omega t$，即 $\cos(\omega t - 90^\circ) = \sin\omega t$。类似地，$\sin\omega t$ 的辐角加上 180°就得到 $-\sin\omega t$，即 $\sin(\omega t + 180^\circ) = -\sin\omega t$，如图 9-3b 所示。

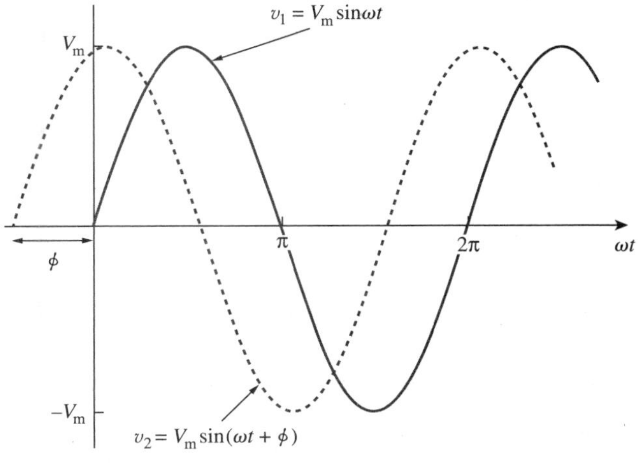

图 9-2 具有不同相位的两个正弦电压信号

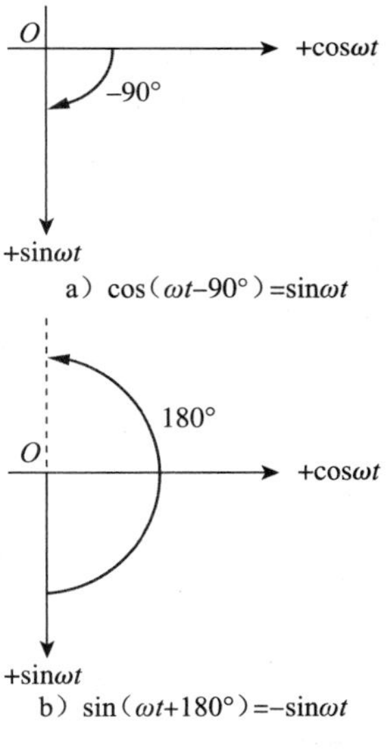

图 9-3 联系余弦函数与正弦函数的图形方法

当一个信号具有正弦形式，另一个信号具有余弦形式，且二者频率相同时，还可利用上述图形方法实现这两个同频正弦信号的相加运算。如图 9-4a 所示，要实现信号 $A\cos\omega t$ 与 $B\sin\omega t$ 的相加运算，其中 A 为 $\cos\omega t$ 的幅度，B 为 $\sin\omega t$ 的幅度，则相加后用余弦函数表示的正弦信号的幅度和相位可以用三角关系得到，即

$$A\cos\omega t + B\sin\omega t = C\cos(\omega t - \theta) \tag{9.11}$$

式中，

$$C = \sqrt{A^2 + B^2}, \quad \theta = \arctan\frac{B}{A} \tag{9.12}$$

例如，$3\cos\omega t$ 与 $-4\sin\omega t$ 相加的图形表示如图 9-4 所示，由此可以得到

$$3\cos\omega t-4\sin\omega t=5\cos(\omega t+53.1^\circ) \tag{9.13}$$

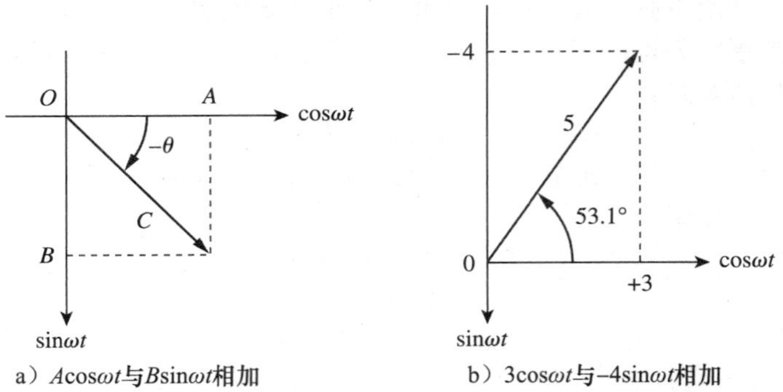

图 9-4 图形方法实现同频正弦信号的相加运算

与式(9.9)、式(9.10)给出的三角恒等式相比，上述图形方法的优点是无须记忆。但是，一定不要将图形方法中的正弦坐标轴和余弦坐标轴与下一节即将讨论的复数坐标轴混淆。对于图 9-3 与图 9-4 还应该注意的是，虽然垂直坐标轴的正方向通常是向上的，但在图形法中正弦函数的正方向是向下的。

例 9-1 试求正弦信号 $v(t)=12\cos(50t+10^\circ)$V 的幅度、相位、周期和频率。

解：幅度 $V_m=12$V，相位 $\phi=10^\circ$，角频率 $\omega=50$rad/s，周期 $T=2\pi/\omega=0.1257$s，频率 $f=1/T=7.958$Hz。◀

练习 9-1 已知正弦信号 $30\sin(4\pi t-45^\circ)$，试计算其幅度、相位、角频率、周期和频率。 **答案**：30，-75°，12.57rad/s，500ms，2Hz。

例 9-2 计算 $v_1=-10\cos(\omega t+50^\circ)$与 $v_2=12\sin(\omega t-10^\circ)$之间的相位角，并说明哪一个信号超前。

方法 1 为了比较 v_1 与 v_2，必须将二者表达为相同的形式。如果用幅度为正的余弦函数表示，则有

$$v_1=-10\cos(\omega t+50^\circ)=10\cos(\omega t+50^\circ-180^\circ)$$
$$v_1=10\cos(\omega t-130^\circ) \quad 或 \quad v_1=10\cos(\omega t+230^\circ) \tag{9.2.1}$$

而且，

$$v_2=12\sin(\omega t-10^\circ)=12\cos(\omega t-10^\circ-90^\circ)$$
$$v_2=12\cos(\omega t-100^\circ) \tag{9.2.2}$$

由式(9.2.1)与式(9.2.2)可以推出，v_1 与 v_2 之间的相位差为 30°，可以将 v_2 写成

$$v_2=12\cos(\omega t-130^\circ+30^\circ) \quad 或 \quad v_2=12\cos(\omega t+260^\circ) \tag{9.2.3}$$

比较式(9.2.1)与式(9.2.3)可知，v_2 比 v_1 超前 30°。

方法 2 将 v_1 利用正弦函数表示为

$$v_1=-10\cos(\omega t+50^\circ)=10\sin(\omega t+50^\circ-90^\circ)$$
$$=10\sin(\omega t-40^\circ)=10\sin(\omega t-10^\circ-30^\circ)(\text{V})$$

而 $v_2=12\sin(\omega t-10^\circ)$。比较二者可知，$v_1$ 较 v_2 滞后 30°，与 v_2 较 v_1 超前 30°是一样的。

方法 3 可将 v_1 看成是相移为 $+50^\circ$ 的 $-10\cos\omega t$，如图 9-5 所示。类似地，可将 v_2 看作相移为 -10° 的 $12\sin\omega t$。可见，v_2 超前 v_1 的相位为 30°，即 $90^\circ-50^\circ-10^\circ=30^\circ$。◀

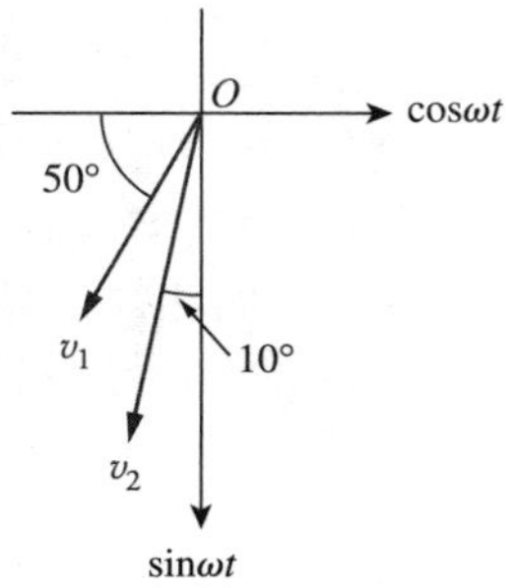

图 9-5 例 9-2 的图

练习 9-2 求 $i_1=-4\sin(377t+55^\circ)$与 $i_2=5\cos(377t-65^\circ)$

之间的相位角，并判断 i_1 是超前还是滞后于 i_2。　　**答案**：210°，i_1 超前于 i_2。

9.3　相量

正弦信号可以很容易地用相量来表示，处理相量要比处理正、余弦函数更为方便。

相量是一个表示正弦信号的幅度和相位的复数。

相量提供了一种分析由正弦电源激励的线性电路的简单方法，否则这类电路的求解将很困难，利用相量求解交流电路的概念是由斯坦梅茨于 1893 年首次提出的。在定义相量并将其用于电路分析之前，需要完整地复习有关复数的知识。

提示：查尔斯·普洛特斯·斯坦梅茨(Charles Proteus Steinmetz，1865—1923)是一位德裔奥地利数学家和电气工程师。

历史珍闻

查尔斯·普洛特斯·斯坦梅茨(Charles Proteus Steinmetz，1865—1923)，德裔奥地利数学家和工程师，在交流电路的分析中引入了相量方法(本章将予以介绍)，并以其在磁滞理论方面的出色研究而闻名。

(图片来源：Bettmann/Getty Images)

斯坦梅茨出生于德国的布雷斯劳，一岁时就失去了母亲。青年时期他由于自己的政治活动被迫离开德国，当时，他在布雷斯劳大学即将完成其数学博士论文。他移居瑞士后不久又去了美国，并于 1893 年受雇于通用电气公司。同年，他发表了一篇论文，首次将复数应用于交流电路的分析中。他一生出版了多部教科书，基于那篇论文的一部著作《交流现象的理论与计算》于 1897 年由麦格劳-希尔(McGraw-Hill)出版社出版。1901 年，斯坦梅茨成为美国电气工程协会(即后来的 IEEE)的主席。

复数 z 的直角坐标形式为：

$$z=x+\mathrm{j}y \tag{9.14a}$$

式中，$\mathrm{j}=\sqrt{-1}$，x 是 z 的实部，y 是 z 的虚部。这里变量 x 与 y 并不表示二维矢量分析中的具体位置，而是复数 z 在复平面上的实部和虚部。尽管如此，复数运算与二维矢量运算之间仍然存在一定的相似性。

复数 z 也可以表示为极坐标形式或指数形式：

$$z=r\angle\phi=r\mathrm{e}^{\mathrm{j}\phi} \tag{9.14b}$$

式中，r 为 z 的模，ϕ 为 z 的相位。至此，我们得到复数 z 的三种表示形式：

$$\begin{aligned} z&=x+\mathrm{j}y && \text{直角坐标形式}\\ z&=r\angle\phi && \text{极坐标形式}\\ z&=r\mathrm{e}^{\mathrm{j}\phi} && \text{指数形式} \end{aligned} \tag{9.15}$$

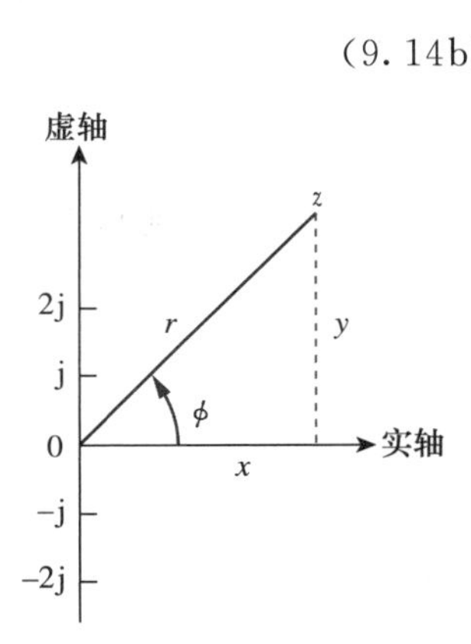

图 9-6　复数 $z=x+\mathrm{j}y=r\angle\phi$ 的表示方法

直角坐标形式与极坐标形式之间的关系如图 9-6 所示，图中 x 轴表示复数 z 的实部，y 轴表示复数 z 的虚部。给定 x 与 y，即可得到 r 与 ϕ：

$$r=\sqrt{x^2+y^2},\quad \phi=\arctan\frac{y}{x} \tag{9.16a}$$

反之，如果已知 r 与 ϕ，也可以求得 x 与 y：

$$x = r\cos\phi, \quad y = r\sin\phi \tag{9.16b}$$

于是，复数 z 可以写作

$$\boxed{z = x + \mathrm{j}y = r\underline{/\phi} = r(\cos\phi + \mathrm{j}\sin\phi)} \tag{9.17}$$

复数的加减运算利用直角坐标表示更为方便，而乘除运算则用极坐标更好。已知复数：

$$z = x + \mathrm{j}y = r\underline{/\phi}, \quad z_1 = x_1 + \mathrm{j}y_1 = r_1\underline{/\phi_1}$$
$$z_2 = x_2 + \mathrm{j}y_2 = r_2\underline{/\phi_2}$$

则有如下运算公式。

加法：

$$z_1 + z_2 = (x_1 + x_2) + \mathrm{j}(y_1 + y_2) \tag{9.18a}$$

减法：

$$z_1 - z_2 = (x_1 - x_2) + \mathrm{j}(y_1 - y_2) \tag{9.18b}$$

乘法：

$$z_1 z_2 = r_1 r_2 \underline{/\phi_1 + \phi_2} \tag{9.18c}$$

除法：

$$\frac{z_1}{z_2} = \frac{r_1}{r_2}\underline{/\phi_1 - \phi_2} \tag{9.18d}$$

倒数：

$$\frac{1}{z} = \frac{1}{r}\underline{/-\phi} \tag{9.18e}$$

平方根：

$$\sqrt{z} = \sqrt{r}\,\underline{/\phi/2} \tag{9.18f}$$

共轭复数：

$$z^* = x - \mathrm{j}y = r\underline{/-\phi} = r\mathrm{e}^{-\mathrm{j}\phi} \tag{9.18g}$$

由式(9-18e)可以看出：

$$\frac{1}{\mathrm{j}} = -\mathrm{j} \tag{9.18h}$$

相量表达方式的依据是欧拉恒等式。一般而言，

$$\boxed{\mathrm{e}^{\pm\mathrm{j}\phi} = \cos\phi \pm \mathrm{j}\sin\phi} \tag{9.19}$$

上式表明可以将 $\cos\phi$ 与 $\sin\phi$ 分别看作 $\mathrm{e}^{\mathrm{j}\phi}$ 的实部与虚部，即

$$\cos\phi = \mathrm{Re}(\mathrm{e}^{\mathrm{j}\phi}) \tag{9.20a}$$
$$\sin\phi = \mathrm{Im}(\mathrm{e}^{\mathrm{j}\phi}) \tag{9.20b}$$

式中，Re 与 Im 分列表示实部(real part)与虚部(imaginary part)。已知正弦信号 $v(t) = V_\mathrm{m}\cos(\omega t + \phi)$，则利用式(9.20a)可将 $v(t)$ 表示为

$$v(t) = V_\mathrm{m}\cos(\omega t + \phi) = \mathrm{Re}(V_\mathrm{m}\mathrm{e}^{\mathrm{j}(\omega t + \phi)}) \tag{9.21}$$

即

$$v(t) = \mathrm{Re}(V_\mathrm{m}\mathrm{e}^{\mathrm{j}\phi}\mathrm{e}^{\mathrm{j}\omega t}) \tag{9.22}$$

因此，

$$\boxed{v(t) = \mathrm{Re}(\mathbf{V}\mathrm{e}^{\mathrm{j}\omega t})} \tag{9.23}$$

其中，

$$\mathbf{V} = V_\mathrm{m}\mathrm{e}^{\mathrm{j}\phi} = V_\mathrm{m}\underline{/\phi} \tag{9.24}$$

$\mathbf{V}$ 称为正弦信号 $v(t)$ 的相量表示，换句话说，相量就是正弦信号的幅度与相位的复数

表示。式(9.20a)或式(9.20b)均可用于推导相量的概念，但习惯上通常采用式(9.20a)作为标准形式。

提示： 相量可以看作省略了时间依赖关系的正弦信号的等效数学表达式。

理解式(9.23)与式(9.24)的一种方法是在复平面上画出正弦矢量 $\mathbf{V}e^{j\omega t}=V_m e^{j(\omega t+\phi)}$，随着时间的增加，该正弦矢量在半径为 V_m 的圆周上沿逆时针方向以角速度 ω 做圆周运动，如图 9-7a 所示。$v(t)$可以看作正弦矢量 $\mathbf{V}e^{j\omega t}$ 在实轴上的投影，如图 9-7b 所示。正弦矢量在 $t=0$ 时刻的值就是正弦信号 $v(t)$的相量 $\mathbf{V}$，正弦矢量也可以看作旋转相量。所以，只要将正弦信号表示为一个相量，其中便隐含 $e^{j\omega t}$ 项。因此，在进行相量运算时，切记相量的频率 ω 是非常重要的，否则，就会出现严重的错误。

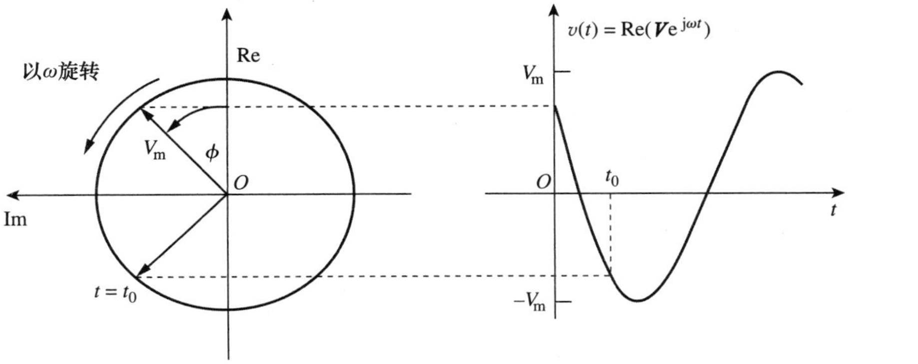

a）沿逆时针方向旋转的正弦矢量　　b）矢量在实轴上的投影随时间变化的函数曲线

图 9-7　$\mathbf{V}e^{j\omega t}$ 的表示方法

提示： 如果利用正弦函数取代余弦函数表示相量，则 $v(t)=V_m\sin(\omega t+\phi)=\mathrm{Im}[V_m e^{j(\omega t+\phi)}]$，并且对应的相量与式(9.24)具有相同的形式。

式(9.23)表明，要得到对应已知相量 $\mathbf{V}$ 的正弦信号，只需用时间因子 $e^{j\omega t}$ 乘以该相量后取实部即可。相量作为一个复数，同样可以表示为直角坐标形式、极坐标形式和指数形式。相量也有模值和相位(方向)，因此与矢量具有类似的特性，常用黑斜体字母表示。例如，相量 $\mathbf{V}=V_m\angle\phi$ 与 $\mathbf{I}=I_m\angle-\theta$ 的图形表示如图 9-8 所示。这种相量的图形表示法称为相量图。

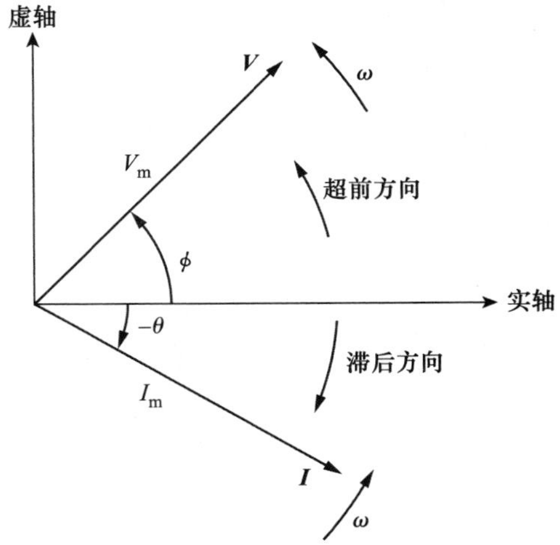

图 9-8　$\mathbf{V}=V_m\angle\phi$ 和 $\mathbf{I}=I_m\angle-\theta$ 的相量图

提示： 通常采用小写斜体字母(如 z)表示复数，采用黑斜体字母(如 $\mathbf{V}$)表示相量，因为相量与矢量是类似的。

式(9.21)～式(9.23)表明，求取与正弦信号相对应的相量时，首先要将正弦信号表示为余弦函数形式，以便将正弦信号写成复数的实部，之后去掉时间因子 $e^{j\omega t}$，其余部分即对应于正弦信号的相量。通过去掉时间因子的方法，即可将正弦信号从时域转换到相量域，该转换关系可以归纳为：

$$\boxed{\underset{(\text{时域表示})}{v(t)=V_m\cos(\omega t+\phi)} \quad\Leftrightarrow\quad \underset{(\text{相量域表示})}{\mathbf{V}=V_m\angle\phi}} \tag{9.25}$$

已知正弦信号 $v(t)=V_m\cos(\omega t+\phi)$，则其对应的相量为 $\boldsymbol{V}=V_m\angle\phi$，以表格形式表示的式(9.25)如表 9-1 所示，表中不但给出了余弦函数对应的相量，而且给出了正弦函数对应的相量。由式(9.25)可见，确定正弦信号的相量表示时，只需将该信号表示为余弦函数形式，之后取其幅度和相位即可。反过来，如果已知相量，也可以将该相量在时域表示为余弦函数形式，该余弦函数的幅度与相量的幅度相等，辐角等于 ωt 加上相量的相位角。这种在不同的域表示信息的思想在工程领域中是至关重要的。

表 9-1 正弦信号－相量的转换关系

时域表示	$V_m\cos(\omega t+\phi)$	$V_m\sin(\omega t+\phi)$	$I_m\cos(\omega t+\theta)$	$I_m\sin(\omega t+\theta)$
相量域表示	$V_m\angle\phi$	$V_m\angle\phi-90°$	$I_m\angle\theta$	$I_m\angle\theta-90°$

注意，在式(9.25)中去掉了频率(时间)因子 $e^{j\omega t}$，因为 ω 是常量，所以在相量域表示中没有明确写出频率。然而，电路的响应仍然取决于频率。因此，相量域通常也称为频率域。

由式(9.23)与式(9.24)可知 $v(t)=\text{Re}(\boldsymbol{V}e^{j\omega t})=V_m\cos(\omega t+\phi)$，因此，

$$\frac{dv}{dt}=-\omega V_m\sin(\omega t+\phi)=\omega V_m\cos(\omega t+\phi+90°)$$
$$=\text{Re}(\omega V_m e^{j\omega t}e^{j\phi}e^{j90°})=\text{Re}(j\omega\boldsymbol{V}e^{j\omega t}) \tag{9.26}$$

这说明 $v(t)$的导数被转换为相量域中的 $j\omega\boldsymbol{V}$，即

$$\underset{(\text{时域})}{\frac{dv}{dt}} \iff \underset{(\text{相量域})}{j\omega\boldsymbol{V}} \tag{9.27}$$

提示：正弦信号的微分等效于其对应的相量乘以 $j\omega$。

类似地，$v(t)$的积分被转换为相量域中的 $\boldsymbol{V}/\omega t$，即

$$\underset{(\text{时域})}{\int v\,dt} \iff \underset{(\text{相量域})}{\frac{\boldsymbol{V}}{j\omega}} \tag{9.28}$$

提示：正弦信号的积分等效于其对应的相量除以 $j\omega$。

式(9.27)表明信号在时域中的微分对应于相量域中乘以 $j\omega$，而式(9.28)表明信号在时域中的积分对应于相量域中除以 $j\omega$。式(9.27)与式(9.28)在确定电路的稳态解时非常有用，而且无须知道所求电路变量的初始值，这也是相量的重要应用之一。

除了在时域微分与时域积分中的应用外，相量的另一重要应用是同频正弦信号的叠加，后面通过例 9-6 可以很好地说明这种应用。

提示：同频正弦信号的叠加等效于它们的对应相量叠加。

$v(t)$与 $\boldsymbol{V}$ 之间的区别可归纳如下：

1. $v(t)$是瞬时或时域表示，而 $\boldsymbol{V}$ 是频域或相量域表示。
2. $v(t)$是与时间有关的，而 $\boldsymbol{V}$ 与时间无关(学生常常会忘记这一区别)。
3. $v(t)$始终是没有复数项的实数，而 $\boldsymbol{V}$ 通常为复数。

最后，必须牢记的是，相量分析仅适用于频率恒定的情况，即只有当两个或多个正弦信号具有相同的频率时，才能应用相量进行运算。

例 9-3 计算如下复数的值：

(a) $(40\angle 50°+20\angle -30°)^{1/2}$

(b) $\dfrac{10\angle -30°+(3-j4)}{(2+j4)(3-j5)^*}$

解：(a) 利用极坐标与直角坐标之间的转换关系可得

$$40\angle 50° = 40(\cos 50° + j\sin 50°) = 25.71 + j30.64$$

$$20\angle -30° = 20[\cos(-30°) + j\sin(-30°)] = 17.32 - j10$$

相加后得到

$$40\angle 50° + 20\angle -30° = 43.03 + j20.64 = 47.72\angle 25.63°$$

取其平方根后得到

$$(40\angle 50° + 20\angle -30°)^{1/2} = 6.91\angle 12.81°$$

(b) 利用极坐标与直角坐标转换关系，经过相加、相乘和相除的运算，可得

$$\frac{10\angle -30° + (3-j4)}{(2+j4)(3-j5)^*} = \frac{8.66 - j5 + (3-j4)}{(2+j4)(3+j5)}$$

$$= \frac{11.66 - j9}{-14 + j22} = \frac{14.73\angle -37.66°}{26.08\angle 122.47°} = 0.565\angle -160.13°$$ ◀

练习 9-3　试计算下列复数的值：

(a) $[(5+j2)(-1+j4) - 5\angle 60°]^*$

(b) $\dfrac{10+j5+3\angle 40°}{-3+j4} + 10\angle 30° + j5$

答案：(a) $-15.5-j13.67$；(b) $8.293+j7.2$。

例 9-4　试将下列正弦信号转换为相量：

(a) $i = 6\cos(50t - 40°)$ A

(b) $v = -4\sin(30t + 50°)$ V

解：(a) $i = 6\cos(50t - 40°)$ 的相量为

$$\boldsymbol{I} = 6\angle -40° \text{A}$$

(b) 由于 $-\sin A = \cos(A + 90°)$，则

$$v = -4\sin(30t + 50°) = 4\cos(30t + 50° + 90°) = 4\cos(30t + 140°)(\text{V})$$

于是 v 的相量为

$$\boldsymbol{V} = 4\angle 140° \text{V}$$ ◀

练习 9-4　试以相量来表示下列正弦量：

(a) $v = 7\cos(2t + 40°)$ V

(b) $i = -4\sin(10t + 10°)$ A

答案：

(a) $\boldsymbol{V} = 7\angle 40°$ V；(b) $\boldsymbol{I} = 4\angle 100°$ A。

例 9-5　试求如下相量所表示的正弦信号：

(a) $\boldsymbol{I} = -3 + j4$(A)

(b) $\boldsymbol{V} = j8e^{-j20°}$(V)

解：(a) $\boldsymbol{I} = -3 + j4 = 5\angle 126.87°$(A)，将其转换到时域，有

$$i(t) = 5\cos(\omega t + 126.87°) \text{A}$$

(b) 由 $j = 1\angle 90°$，所以，

$$\boldsymbol{V} = j8\angle -20° = (1\angle 90°)(8\angle -20°)$$

$$= 8\angle 90° - 20° = 8\angle 70°(\text{V})$$

将其转到时域，可得

$$v(t) = 8\cos(\omega t + 70°) \text{V}$$ ◀

练习 9-5　试求对应于如下相量的正弦信号：

(a) $\mathbf{V}=-25\angle 40°\text{V}$

(b) $\mathbf{I}=\text{j}(12-\text{j}5)\text{A}$

答案：

(a) $v(t)=25\cos(\omega t-140°)\text{V}$ 或 $25\cos(\omega t+220°)\text{V}$；

(b) $i(t)=13\cos(\omega t+67.38°)\text{A}$。

例 9-6 已知 $i_1(t)=4\cos(\omega t+30°)\text{A}$，$i_2(t)=5\sin(\omega t-20°)\text{A}$，试求上述两信号之和。

解：本题用于说明相量的一个重要应用：用于计算同频正弦信号之和。电流 $i_1(t)$ 为标准形式，其相量为

$$\mathbf{I}_1=4\angle 30°\text{A}$$

下面将 $i_2(t)$ 表示为余弦函数的标准形式，将正弦函数转换为余弦函数的方法是减 90°，于是，

$$i_2=5\cos(\omega t-20°-90°)=5\cos(\omega t-110°)(\text{A})$$

其相量为

$$\mathbf{I}_2=5\angle -110°\text{A}$$

如果令 $i=i_1+i_2$，则有

$$\begin{aligned}\mathbf{I}=\mathbf{I}_1+\mathbf{I}_2&=4\angle 30°+5\angle -110°\\&=3.464+\text{j}2-1.71-\text{j}4.698=1.754-\text{j}2.698=3.218\angle -56.97°(\text{A})\end{aligned}$$

将上述结果转换到时域，得到

$$i(t)=3.218\cos(\omega t-56.97°)\text{A}$$

当然，也可以利用式(9.9)计算(i_1+i_2)，但这种方法较为困难。◀

练习 9-6 如果 $v_1=-10\sin(\omega t-30°)\text{V}$，$v_2=20\cos(\omega t+45°)\text{V}$，试求 $v=v_1+v_2$。

答案： $v(t)=29.77\cos(\omega t+49.98°)\text{V}$。

例 9-7 试利用相量方法，确定由如下微积分方程描述的电路中的电流 $i(t)$。

$$4i+8\int i\,\text{d}t-3\frac{\text{d}i}{\text{d}t}=50\cos(2t+75°)$$

解：首先将方程中的每一项都由时域转换到相量域。利用式(9.27)与式(9.28)即可得到该方程的相量形式，即

$$4\mathbf{I}+\frac{8\mathbf{I}}{\text{j}\omega}-3\text{j}\omega\mathbf{I}=50\angle 75°$$

由于 $\omega=2$，所以

$$\mathbf{I}(4-\text{j}4-\text{j}6)=50\angle 75°$$

$$\mathbf{I}=\frac{50\angle 75°}{4-\text{j}10}=\frac{50\angle 75°}{10.77\angle -68.2°}=4.642\angle 143.2°(\text{A})$$

将上述相量转换到时域，有

$$i(t)=4.642\cos(2t+143.2°)\text{A}$$

需要注意的是，这仅仅是电路的稳态解，无须知道其初始值即可求解。◀

练习 9-7 利用相量方法，确定由如下微积分方程描述的电路中的电压 $v(t)$。

$$2\frac{\text{d}v}{\text{d}t}+5v+10\int v\,\text{d}t=50\cos(5t-30°)$$

答案： $v(t)=5.3\cos(5t-88°)\text{V}$。

9.4 电路元件的相量关系

掌握了如何在相量域或频域中表示电压和电流之后，如何将相量方法应用于包含无源

元件 R、L、C 的电路中呢？方法是将电路中各元件的电压-电流关系由时域转换到频域。转换时仍需遵循无源符号国际惯例。

首先介绍电阻。如果流过电阻 R 的电流为 $i=I_m\cos(\omega t+\phi)$，则由欧姆定律可知，其两端的电压为

$$v=iR=RI_m\cos(\omega t+\phi) \tag{9.29}$$

该电压的相量表示为

$$\mathbf{V}=RI_m\angle\phi \tag{9.30}$$

而电流的相量表示为 $\mathbf{I}=I_m\angle\phi$，因此，

$$\mathbf{V}=R\mathbf{I} \tag{9.31}$$

式(9.31)表明，电阻在相量域中的电压-电流关系服从欧姆定律，与时域的情况相同，图 9-9 给出了相量域中电阻的电压-电流关系。由式(9.31)可以看出，电阻的电压与电流是同相的，如图 9-10 的相量图所示。

对于电感而言，假设流过电感的电流为 $i=I_m\cos(\omega t+\phi)$，则电感两端电压为

$$v=L\frac{di}{dt}=-\omega LI_m\sin(\omega t+\phi) \tag{9.32}$$

由式(9.10)可知 $-\sin A=\cos(A+90°)$，于是电感两端的电压可以写为

$$v=\omega LI_m\cos(\omega t+\phi+90°) \tag{9.33}$$

转换为相量，得到

$$\mathbf{V}=\omega LI_m e^{j(\phi+90°)}=\omega LI_m e^{j\phi}e^{j90°}=\omega LI_m\angle\phi+90° \tag{9.34}$$

而 $I_m\angle\phi=\mathbf{I}$，且由式(9.19)可知 $e^{j90°}=j$，因此

$$\mathbf{V}=j\omega L\mathbf{I} \tag{9.35}$$

式(9.35)表明，电感两端电压的幅度为 ωLI_m，相位为$(\phi+90°)$，电压与电流的相位差为 90°并且电流滞后于电压。图 9-11 给出了电感的电压-电流关系，图 9-12 为二者的相量图。

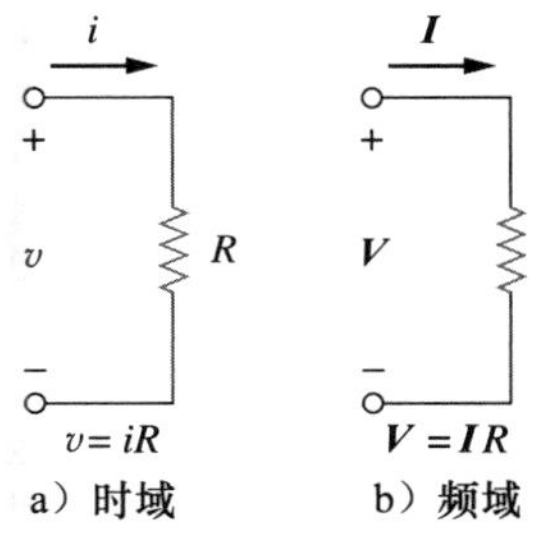

图 9-9　电阻的电压-电流关系

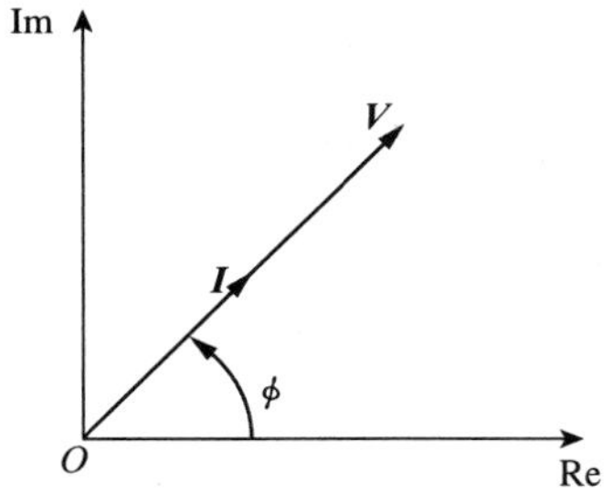

图 9-10　电阻的相量图

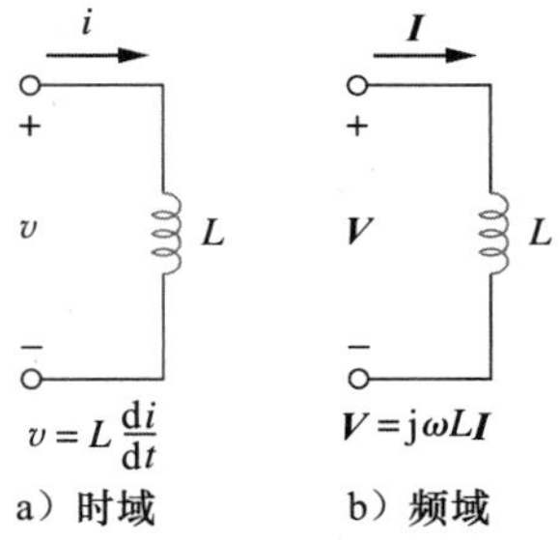

图 9-11　电感的电压-电流关系

提示：虽然说电感的电压超前于电流 90°同样是正确的，但习惯上通常说电流相对于电压的相位关系。

对于电容 C 而言，假设电容两端的电压为 $v=V_m\cos(\omega t+\phi)$，则流过电容的电流为

$$i=C\frac{dv}{dt} \tag{9.36}$$

可以按照分析电感的步骤，或将式(9.27)用于式(9.36)，得到

$$\mathbf{I}=j\omega C\mathbf{V}\quad\Rightarrow\quad\mathbf{V}=\frac{\mathbf{I}}{j\omega C} \tag{9.37}$$

式(9.37)表明，对于电容而言，电压与电流的相位差为 90°，且电流超前于电压。图 9-13 给出了电容的电压-电流关系，图 9-14 为二者的相量图。表 9-2 总结了电路无源元件的时域与频域表示。

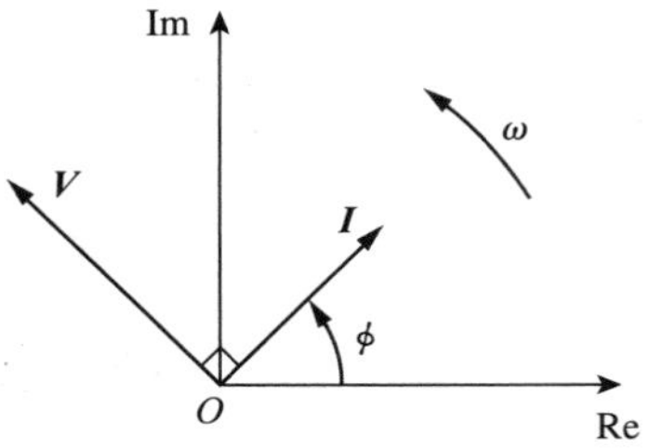

图 9-12 电感的相量图
（$\boldsymbol{I}$ 滞后于 $\boldsymbol{V}$）

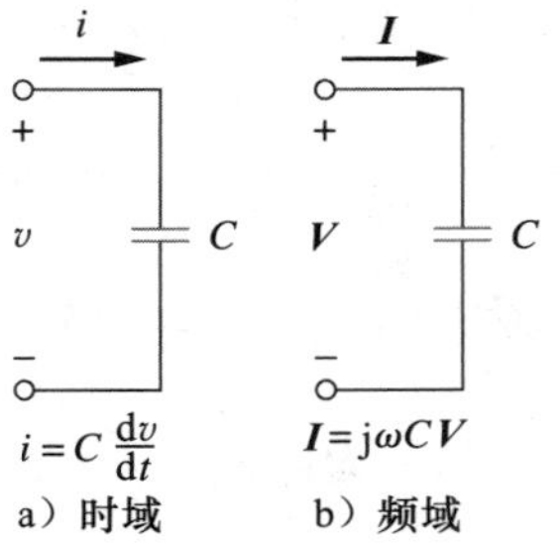

图 9-13 电容的电压-电流关系

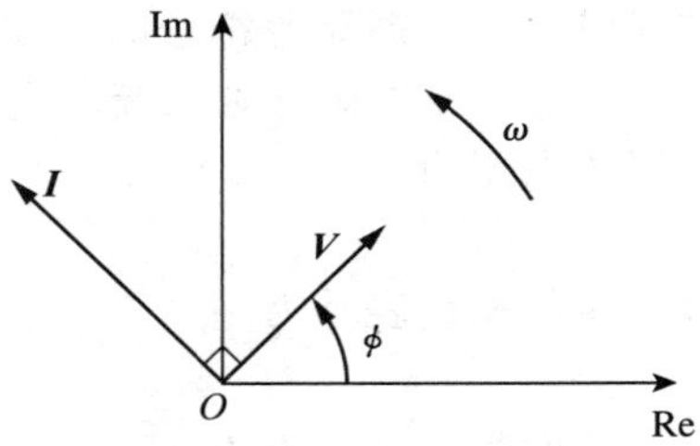

图 9-14 电感的相量图

例 9-8 0.1H 电感两端的电压为 $v=12\cos(60t+45°)$，计算该电感的稳态电流。

解：对于电感器而言，$\boldsymbol{V}=j\omega L\boldsymbol{I}$，其中 $\omega=60\text{rad/s}$，$\boldsymbol{V}=12\angle 45°$，因此，

$$\boldsymbol{I}=\frac{\boldsymbol{V}}{j\omega L}=\frac{12\angle 45°}{j60\times 0.1}=\frac{12\angle 45°}{6\angle 90°}=2\angle -45°(\text{A})$$

将该电流转换到时域，得到

$$i(t)=2\cos(60t-45°)\text{A}$$ ◀

表 9-2 电路无源元件的时域与频域表示

元件	时域	频域
R	$v=Ri$	$\boldsymbol{V}=R\boldsymbol{I}$
L	$v=L\frac{di}{dt}$	$\boldsymbol{V}=j\omega L\boldsymbol{I}$
C	$i=C\frac{dv}{dt}$	$\boldsymbol{V}=\frac{\boldsymbol{I}}{j\omega C}$

练习 9-8 若 50μF 电容两端的电压为 $v=10\cos(100t+30°)\text{V}$，计算流过该电容的电流。

答案：$50\cos(100t+120°)\text{mA}$。

9.5 阻抗与导纳

前一节介绍了三个无源元件 R、L、C 的电压-电流关系为

$$\boldsymbol{V}=R\boldsymbol{I},\quad \boldsymbol{V}=j\omega L\boldsymbol{I},\quad \boldsymbol{V}=\frac{\boldsymbol{I}}{j\omega C} \tag{9.38}$$

利用相量电压与相量电流之比表示上述方程可得

$$\frac{\boldsymbol{V}}{\boldsymbol{I}}=R,\quad \frac{\boldsymbol{V}}{\boldsymbol{I}}=j\omega L,\quad \frac{\boldsymbol{V}}{\boldsymbol{I}}=\frac{1}{j\omega C} \tag{9.39}$$

由以上三个表达式，即可得到任意一种无源元件欧姆定律的相量形式，即

$$\boxed{\boldsymbol{Z}=\frac{\boldsymbol{V}}{\boldsymbol{I}}\quad 或\quad \boldsymbol{V}=\boldsymbol{Z}\boldsymbol{I}} \tag{9.40}$$

式中，$\boldsymbol{Z}$ 是一个与频率有关的量，称之为阻抗(impedance)，单位为 Ω。

电路的阻抗是指相量电压 $\boldsymbol{V}$ 与相量电流 $\boldsymbol{I}$ 之比，单位为 Ω。

阻抗表示电路对正弦电流的阻碍程度。虽然阻抗是两个相量之比，但它本身不是相量，因为阻抗并不遵循正弦规律变化。

由式(9.39)可以得到电阻、电感与电容的阻抗。表 9-3 总结了这些元件的阻抗与导纳。由表可知：$\boldsymbol{Z}_L=j\omega L$，$\boldsymbol{Z}_C=-j/\omega C$。下面考虑角频率的两个极端情况，当 $\omega=0$ 时(直流源)，$\boldsymbol{Z}_L=0$，$\boldsymbol{Z}_C\to\infty$，证实了以前学过的知识，电感对直流相当于短路，电容对直流相当于开路；当 $\omega\to\infty$ 时(高频情况)，$\boldsymbol{Z}_L\to\infty$，$\boldsymbol{Z}_C=0$，表明对高频而言，电感相当于开路，电容相当于短路。图 9-15 说明了上述两种极端情况。

表 9-3 无源元件的阻抗与导纳

元件	阻抗	导纳
R	$\boldsymbol{Z}=R$	$\boldsymbol{Y}=\frac{1}{R}$
L	$\boldsymbol{Z}=j\omega L$	$\boldsymbol{Y}=\frac{1}{j\omega L}$
C	$\boldsymbol{Z}=\frac{1}{j\omega C}$	$\boldsymbol{Y}=j\omega C$

阻抗作为一个复数，可以用直角坐标形式表示为

$$\mathbf{Z}=R\pm \mathrm{j}X \tag{9.41}$$

式中，$R=\mathrm{Re}\mathbf{Z}$ 为电阻(resistance)，$X=\mathrm{Im}\mathbf{Z}$ 为电抗(reactance)。电抗 X 可以为正值，也可以为负值。如果 X 为正值，则称阻抗为感性的，如果 X 为负值，则称阻抗为容性的。因此，阻抗 $\mathbf{Z}=R+\mathrm{j}X$ 称为感性(inductive)阻抗或滞后阻抗，因为流过该阻抗的电流滞后于该阻抗两端的电压。而阻抗 $\mathbf{Z}=R-\mathrm{j}X$ 则称为容性(canacitive)阻抗或超前阻抗，因为流过该阻抗的电流超前于该阻抗两端的电压。阻抗、电阻、电抗的单位均为欧姆。阻抗也可以表示为极坐标形式：

$$\mathbf{Z}=|\mathbf{Z}|\angle\theta \tag{9.42}$$

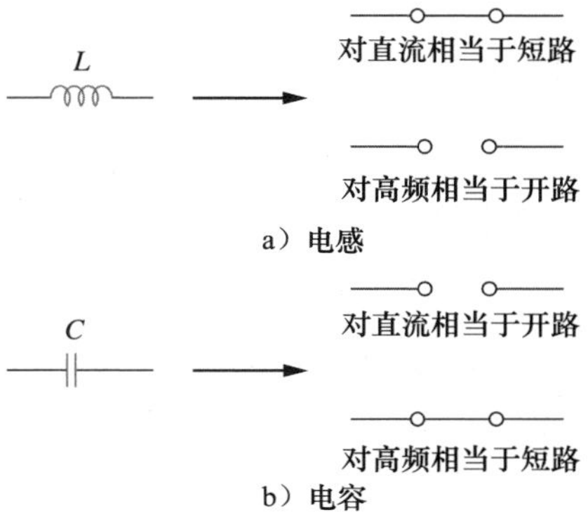

图 9-15　直流与高频时的等效电路

比较式(9.41)与式(9.42)可以推出

$$\boxed{\mathbf{Z}=R\pm \mathrm{j}X=|\mathbf{Z}|\angle\theta} \tag{9.43}$$

式中

$$|\mathbf{Z}|=\sqrt{R^2+X^2},\qquad \theta=\arctan\frac{\pm X}{R} \tag{9.44}$$

且

$$R=|\mathbf{Z}|\cos\theta,\qquad X=|\mathbf{Z}|\sin\theta \tag{9.45}$$

有时候采用阻抗的倒数，即导纳(admittance)运算起来比较方便。

导纳 Y 定义为阻抗的倒数，单位为西门子(S)。

元件(电路)的导纳 $\mathbf{Y}$ 等于流过该元件(电路)的相量电流与该元件(电路)两端的相量电压之比，即

$$\boxed{\mathbf{Y}=\frac{1}{\mathbf{Z}}=\frac{\mathbf{I}}{\mathbf{V}}} \tag{9.46}$$

由式(9.39)可以得到电阻、电感与电容的导纳，表 9-3 已将其总结在内。导纳 $\mathbf{Y}$ 作为一个复数，可以表示为

$$\boxed{\mathbf{Y}=G+\mathrm{j}B} \tag{9.47}$$

式中，$G=\mathrm{Re}\mathbf{Y}$ 称为电导(conductance)，而 $B=\mathrm{Im}\mathbf{Y}$ 称为电纳(susceptance)。导纳、电导与电纳的单位均为西门子(S)。由式(9.41)与式(9.47)可得

$$G+\mathrm{j}B=\frac{1}{R+\mathrm{j}X} \tag{9.48}$$

分母有理化后得到

$$G+\mathrm{j}B=\frac{1}{R+\mathrm{j}X}\cdot\frac{R-\mathrm{j}X}{R-\mathrm{j}X}=\frac{R-\mathrm{j}X}{R^2+X^2} \tag{9.49}$$

由实部、虚部分别对应相等，得到

$$G=\frac{R}{R^2+X^2},\qquad B=-\frac{X}{R^2+X^2} \tag{9.50}$$

由此可见，$G\neq 1/R$，这与纯电阻电路不同。当然，如果 $X=0$，则有 $G=1/R$。

例 9-9 试求如图 9-16 所示电路的 $v(t)$ 与 $i(t)$。

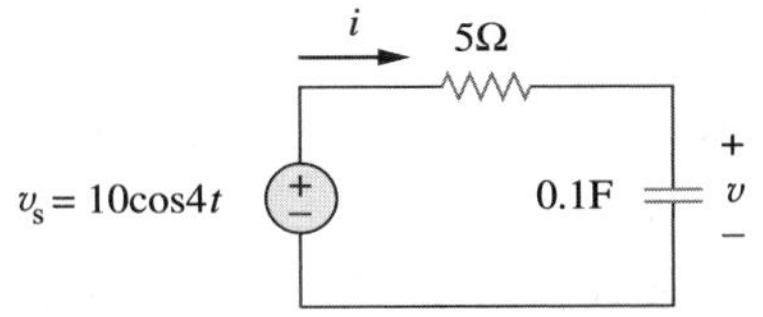

图 9-16　例 9-9 图

解：由电压源 $v_s=10\cos 4t$，$\omega=4$，可得

$$\mathbf{V}_s=10\angle 0°\text{V}$$

其阻抗为

$$\mathbf{Z}=5+\frac{1}{\text{j}\omega C}=5+\frac{1}{\text{j}4\times 0.1}=(5-\text{j}2.5)\Omega$$

于是电流为

$$\mathbf{I}=\frac{\mathbf{V}_s}{\mathbf{Z}}=\frac{10\angle 0°}{5-\text{j}2.5}=\frac{10(5+\text{j}2.5)}{5^2+2.5^2}=1.6+\text{j}0.8=1.789\angle 26.57°(\text{A}) \tag{9.9.1}$$

电容两端的电压为

$$\mathbf{V}=\mathbf{I}\mathbf{Z}_C=\frac{\mathbf{I}}{\text{j}\omega C}=\frac{1.789\angle 26.57°}{\text{j}4\times 0.1}=\frac{1.789\angle 26.57°}{0.4\angle 90°}=4.47\angle -63.43°(\text{V}) \tag{9.9.2}$$

将式(9.9.1)与式(9.9.2)中的 $\mathbf{I}$ 与 $\mathbf{V}$ 转换到时域，得到

$$i(t)=1.789\cos(4t+26.57°)\text{A}$$
$$v(t)=4.47\cos(4t-63.43°)\text{V}$$

可以看出，$i(t)$超前 $v(t)90°$，与预期一致。◀

练习 9-9 求图 9-17 所示电路中的 $v(t)$与 $i(t)$。

答案：$8.944\sin(10t+93.43°)$ V，$4.472\sin(10t+3.43°)$A。

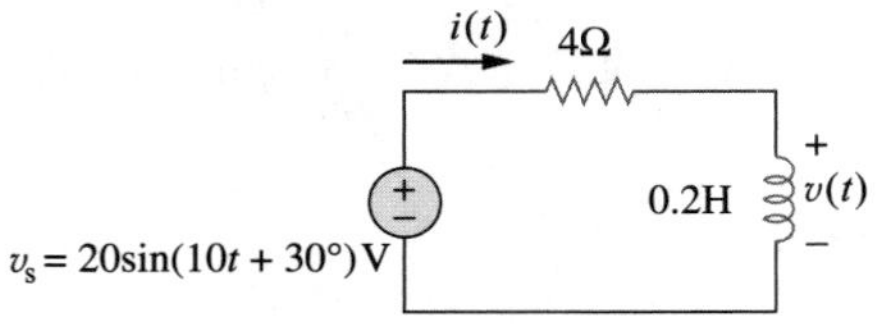

图 9-17 练习 9-9 图

†9.6 频域中的基尔霍夫定律

在频域中进行电路分析时，必须利用基尔霍夫电流定律和电压定律。因此，本节将推导这两个定律在频域中的形式。

对于 KVL 而言，设 v_1，v_2，…，v_n 为闭合回路中的电压，则有

$$v_1+v_2+\cdots+v_n=0 \tag{9.51}$$

在正弦稳定状态下，各电压可以用余弦函数表示。于是，式(9.51)变为

$$V_{m1}\cos(\omega t+\theta_1)+V_{m2}\cos(\omega t+\theta_2)+\cdots+V_{mn}\cos(\omega t+\theta_n)=0 \tag{9.52}$$

也可以写为

$$\text{Re}(V_{m1}\text{e}^{\text{j}\theta_1}\text{e}^{\text{j}\omega t})+\text{Re}(V_{m2}\text{e}^{\text{j}\theta_2}\text{e}^{\text{j}\omega t})+\cdots+\text{Re}(V_{mn}\text{e}^{\text{j}\theta_n}\text{e}^{\text{j}\omega t})=0$$

即

$$\text{Re}[(V_{m1}\text{e}^{\text{j}\theta_1}+V_{m2}\text{e}^{\text{j}\theta_2}+\cdots+V_{mn}\text{e}^{\text{j}\theta_n})\text{e}^{\text{j}\omega t}]=0 \tag{9.53}$$

如果令 $\mathbf{V}_k=V_{mk}\text{e}^{\text{j}\theta_k}$，则

$$\text{Re}[(\mathbf{V}_1+\mathbf{V}_2+\cdots+\mathbf{V}_n)\text{e}^{\text{j}\omega t}]=0 \tag{9.54}$$

由于 $\text{e}^{\text{j}\omega t}\neq 0$，所以

$$\mathbf{V}_1+\mathbf{V}_2+\cdots+\mathbf{V}_n=0 \tag{9.55}$$

表明基尔霍夫电压定律对于相量依然成立。

按照类似的推导过程，可以证明基尔霍夫电流定律同样对相量成立。如果令 i_1，i_2，…，i_n 为 t 时刻流入或流出网络中一个闭合平面的电流，则有

$$i_1+i_2+\cdots+i_n=0 \tag{9.56}$$

如果 $\mathbf{I}_1$，$\mathbf{I}_2$，…，$\mathbf{I}_n$ 为正弦信号 i_1，i_2，…，i_n 的相量形式，则

$$\mathbf{I}_1+\mathbf{I}_2+\cdots+\mathbf{I}_n=0 \tag{9.57}$$

此即频域中的基尔霍夫电流定律。

一旦证明了 KCL 与 KVL 在频域中成立，即可很容易地进行电路分析，如阻抗合并、

节点分析与网孔分析、叠加定理以及电源转换等。

9.7　阻抗合并

考虑如图 9-18 所示的 N 个串联阻抗，流过各阻抗的电流为同一电流 $\boldsymbol{I}$。沿该回路应用 KVL，可得

$$\boldsymbol{V}=\boldsymbol{V}_1+\boldsymbol{V}_2+\cdots+\boldsymbol{V}_N=\boldsymbol{I}(\boldsymbol{Z}_1+\boldsymbol{Z}_2+\cdots+\boldsymbol{Z}_N) \tag{9.58}$$

输入端的等效阻抗为

$$\boldsymbol{Z}_{\text{eq}}=\frac{\boldsymbol{V}}{\boldsymbol{I}}=\boldsymbol{Z}_1+\boldsymbol{Z}_2+\cdots+\boldsymbol{Z}_N$$

即

$$\boxed{\boldsymbol{Z}_{\text{eq}}=\boldsymbol{Z}_1+\boldsymbol{Z}_2+\cdots+\boldsymbol{Z}_N} \tag{9.59}$$

上式表明，串联阻抗的总阻抗(等效阻抗)等于各个阻抗之和，这与电阻串联的结论类似。

如果 $N=2$，如图 9-19 所示，则流过阻抗的电流为

$$\boldsymbol{I}=\frac{\boldsymbol{V}}{\boldsymbol{Z}_1+\boldsymbol{Z}_2} \tag{9.60}$$

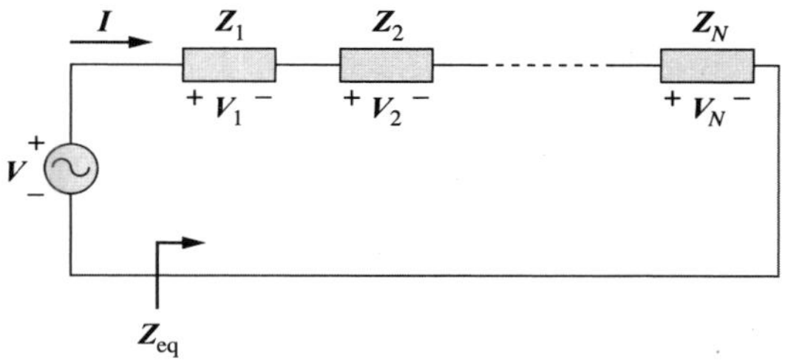

图 9-18　N 个阻抗的串联

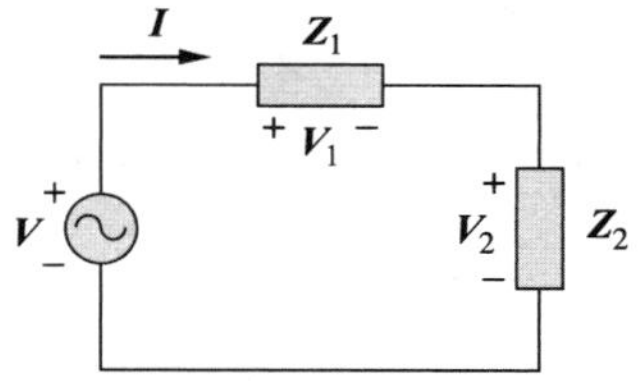

图 9-19　分压原理

由于 $\boldsymbol{V}_1=\boldsymbol{Z}_1\boldsymbol{I}$ 且 $\boldsymbol{V}_2=\boldsymbol{Z}_2\boldsymbol{I}$，所以

$$\boxed{\boldsymbol{V}_1=\frac{\boldsymbol{Z}_1}{\boldsymbol{Z}_1+\boldsymbol{Z}_2}\boldsymbol{V},\qquad \boldsymbol{V}_2=\frac{\boldsymbol{Z}_2}{\boldsymbol{Z}_1+\boldsymbol{Z}_2}\boldsymbol{V}} \tag{9.61}$$

即分压公式。

同理，可以得到图 9-20 所示的 N 个并联阻抗的等效阻抗或等效导纳，各阻抗两端的电压是相同的，对顶部节点应用 KCL，可以得到

$$\begin{aligned}\boldsymbol{I}&=\boldsymbol{I}_1+\boldsymbol{I}_2+\cdots+\boldsymbol{I}_N\\&=\boldsymbol{V}\left(\frac{1}{\boldsymbol{Z}_1}+\frac{1}{\boldsymbol{Z}_2}+\cdots+\frac{1}{\boldsymbol{Z}_N}\right)\end{aligned} \tag{9.62}$$

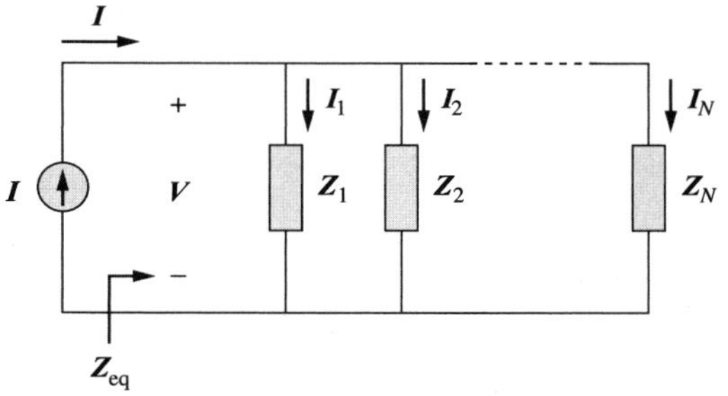

图 9-20　N 个阻抗并联

其等效阻抗为

$$\frac{1}{\boldsymbol{Z}_{\text{eq}}}=\frac{\boldsymbol{I}}{\boldsymbol{V}}=\frac{1}{\boldsymbol{Z}_1}+\frac{1}{\boldsymbol{Z}_2}+\cdots+\frac{1}{\boldsymbol{Z}_N} \tag{9.63}$$

等效导纳为

$$\boxed{\boldsymbol{Y}_{\text{eq}}=\boldsymbol{Y}_1+\boldsymbol{Y}_2+\cdots+\boldsymbol{Y}_N} \tag{9.64}$$

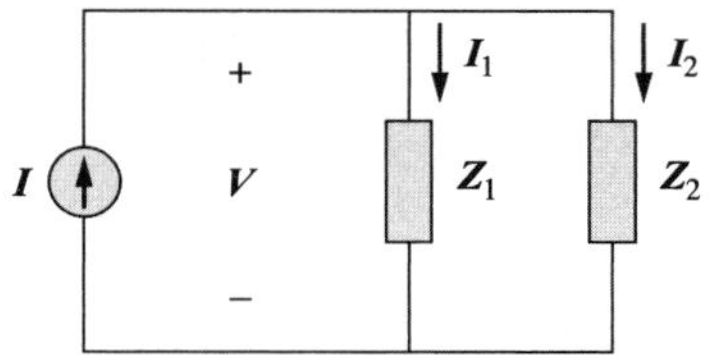

图 9-21　分流原理

式(9.64)表明，并联导纳的等效导纳等于各导纳之和。

当 $N=2$ 时，如图 9-21 所示，其等效

阻抗为

$$\boldsymbol{Z}_{eq}=\frac{1}{\boldsymbol{Y}_{eq}}=\frac{1}{\boldsymbol{Y}_1+\boldsymbol{Y}_2}=\frac{1}{1/\boldsymbol{Z}_1+1/\boldsymbol{Z}_2}=\frac{\boldsymbol{Z}_1\boldsymbol{Z}_2}{\boldsymbol{Z}_1+\boldsymbol{Z}_2} \tag{9.65}$$

又因为

$$\boldsymbol{V}=\boldsymbol{I}\boldsymbol{Z}_{eq}=\boldsymbol{I}_1\boldsymbol{Z}_1=\boldsymbol{I}_2\boldsymbol{Z}_2$$

因此，流过各阻抗的电流为

$$\boxed{\boldsymbol{I}_1=\frac{\boldsymbol{Z}_2}{\boldsymbol{Z}_1+\boldsymbol{Z}_2}\boldsymbol{I},\quad \boldsymbol{I}_2=\frac{\boldsymbol{Z}_1}{\boldsymbol{Z}_1+\boldsymbol{Z}_2}\boldsymbol{I}} \tag{9.66}$$

即分流原理。

电阻电路 Y 电路与△电路间的变换与△电路与 Y 电路间的变换同样适用于阻抗电路。对于图 9-22 所示的阻抗电路，其变换公式如下。

Y 电路与△的电路间的变换：

$$\boxed{\begin{aligned}\boldsymbol{Z}_a&=\frac{\boldsymbol{Z}_1\boldsymbol{Z}_2+\boldsymbol{Z}_2\boldsymbol{Z}_3+\boldsymbol{Z}_3\boldsymbol{Z}_1}{\boldsymbol{Z}_1}\\ \boldsymbol{Z}_b&=\frac{\boldsymbol{Z}_1\boldsymbol{Z}_2+\boldsymbol{Z}_2\boldsymbol{Z}_3+\boldsymbol{Z}_3\boldsymbol{Z}_1}{\boldsymbol{Z}_2}\\ \boldsymbol{Z}_c&=\frac{\boldsymbol{Z}_1\boldsymbol{Z}_2+\boldsymbol{Z}_2\boldsymbol{Z}_3+\boldsymbol{Z}_3\boldsymbol{Z}_1}{\boldsymbol{Z}_3}\end{aligned}} \tag{9.67}$$

△电路与 Y 的电路间的变换：

$$\boxed{\begin{aligned}\boldsymbol{Z}_1&=\frac{\boldsymbol{Z}_b\boldsymbol{Z}_c}{\boldsymbol{Z}_a+\boldsymbol{Z}_b+\boldsymbol{Z}_c}\\ \boldsymbol{Z}_2&=\frac{\boldsymbol{Z}_c\boldsymbol{Z}_a}{\boldsymbol{Z}_a+\boldsymbol{Z}_b+\boldsymbol{Z}_c}\\ \boldsymbol{Z}_3&=\frac{\boldsymbol{Z}_a\boldsymbol{Z}_b}{\boldsymbol{Z}_a+\boldsymbol{Z}_b+\boldsymbol{Z}_c}\end{aligned}} \tag{9.68}$$

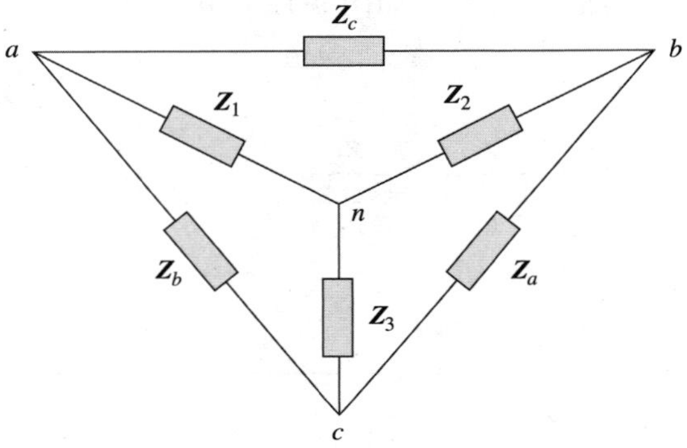

图 9-22 叠加的 Y 电路与△电路

在△电路或 Y 电路中，如果其三条支路上的阻抗均相等，则称该△电路或者 Y 电路为平衡的。

如果△-Y 电路是平衡的，则式(9.67)与式(9.68)变为

$$\boxed{\boldsymbol{Z}_{\triangle}=3\boldsymbol{Z}_{Y}\quad 或 \quad \boldsymbol{Z}_{Y}=\frac{1}{3}\boldsymbol{Z}_{\triangle}} \tag{9.69}$$

式中，$\boldsymbol{Z}_Y=\boldsymbol{Z}_1=\boldsymbol{Z}_2=\boldsymbol{Z}_3$，$\boldsymbol{Z}_{\triangle}=\boldsymbol{Z}_a=\boldsymbol{Z}_b=\boldsymbol{Z}_c$。

通过本节的学习可知，之前学习的分压原理、分流原理、电路化简、阻抗等效以及 Y-△变换等均适用于交流电路。第 10 章还将证明，与直流电路分析相同，叠加定理、节点分析法、网孔分析法、电源变换、戴维南定理以及诺顿定理等电路分析方法同样适用于交流电路分析。

例 9-10 求如图 9-23 所示电路的输入阻抗，假定电路的工作角频率为 $\omega=50\text{rad/s}$。

解：设 $\boldsymbol{Z}_1$ 为 2mF 电容的阻抗，$\boldsymbol{Z}_2$ 为 3Ω 电阻与 10mF 电容串联的阻抗，$\boldsymbol{Z}_3$ 为 0.2H 电感与 8Ω 电阻串联的阻抗，则有

$$\boldsymbol{Z}_1=\frac{1}{\mathrm{j}\omega C}=\frac{1}{\mathrm{j}50\times2\times10^{-3}}=-\mathrm{j}10(\Omega)$$

$$\boldsymbol{Z}_2=3+\frac{1}{\mathrm{j}\omega C}=3+\frac{1}{\mathrm{j}50\times10\times10^{-3}}=(3-\mathrm{j}2)(\Omega)$$

$$Z_3 = 8 + j\omega L = 8 + j50 \times 0.2 = (8 + j10)(\Omega)$$

于是，输入阻抗为

$$Z_{in} = Z_1 + Z_2 \parallel Z_3 = -j10 + \frac{(3-j2)(8+j10)}{11+j8}$$
$$= -j10 + \frac{(44+j14)(11-j8)}{11^2+8^2} = (-j10 + 3.22 - j1.07)(\Omega)$$

因此，

$$Z_{in} = (3.22 - j11.07)\Omega$$ ◀

练习 9-10　计算图 9-24 所示电路在 $\omega = 10\text{rad/s}$ 时的输入阻抗。

答案：$(149.52 - j195)\Omega$

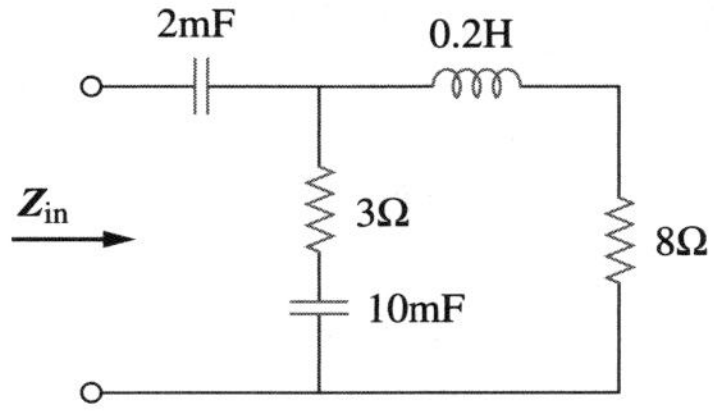

图 9-23　例 9-10 图

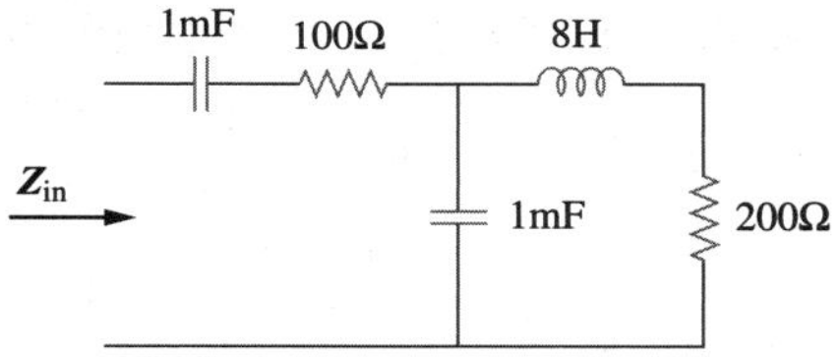

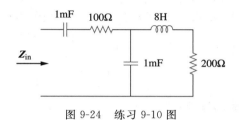

图 9-24　练习 9-10 图

例 9-11　求图 9-25 所示电路中的 $v_o(t)$。

解：为了进行频域分析，首先必须将如图 9-25 所示的时域电路转换为如图 9-26 所示的频域等效电路，转换过程如下。

$$v_s = 20\cos(4t - 15°)\text{V} \quad \Rightarrow \quad \mathbf{V}_s = 20\angle{-15°}\text{V}, \quad \omega = 4\text{rad/s}$$

$$10\text{mF} \quad \Rightarrow \quad \frac{1}{j\omega C} = \frac{1}{j4 \times 10 \times 10^{-3}} = -j25(\Omega)$$

$$5\text{H} \quad \Rightarrow \quad j\omega L = j4 \times 5 = j20(\Omega)$$

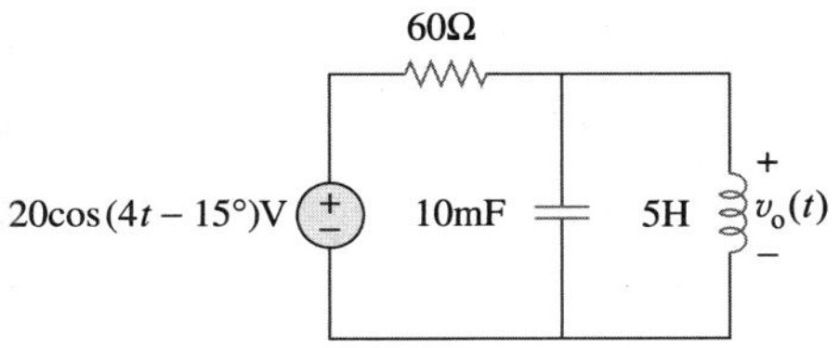

图 9-25　例 9-11 图

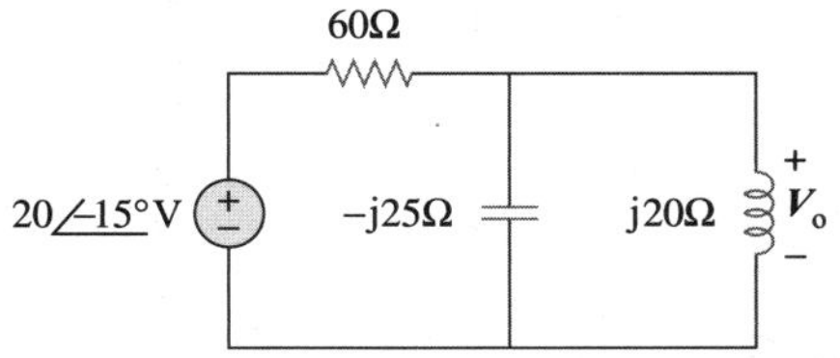

图 9-26　图 9-25 所示电路的频域等效电路

设 Z_1 为 60Ω 电阻器的阻抗，Z_2 为 10mF 电容器与 5H 电感器的并联阻抗，则 $Z_1 = 60\Omega$ 且

$$Z_2 = -j25 \parallel j20 = \frac{-j25 \times j20}{-j25 + j20} = j100(\Omega)$$

由分压原理可得

$$\mathbf{V}_o = \frac{Z_2}{Z_1 + Z_2}\mathbf{V}_s = \frac{j100}{60 + j100}(20\angle{-15°})$$
$$= (0.8575\angle{30.96°})(20\angle{-15°}) = 17.15\angle{15.96°}(\text{V})$$

将其转换到时域得到

$$v_o(t) = 17.15\cos(4t + 15.96°)\text{V}$$ ◀

练习 9-11　计算如图 9-27 所示电路中的 v_o。　**答案**：$v_o(t) = 35.36\cos(10t - 105°)\text{V}$。

例 9-12 计算图 9-28 所示电路中的电流 $\boldsymbol{I}$。

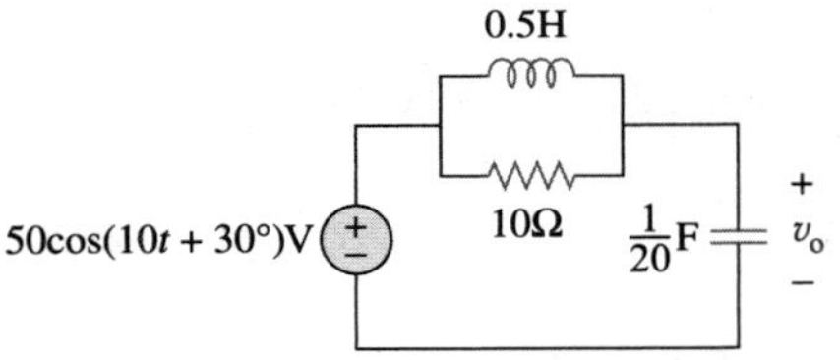

图 9-27 练习 9-11 图

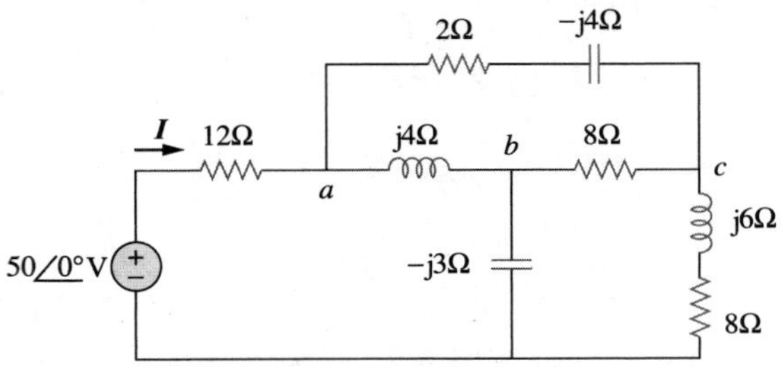

图 9-28 例 9-12 图

解：电路中与节点 a，b，c 相连接的△电路可以转换为如图 9-29 所示的 Y 电路。利用式(9.68)可以求出该 Y 网络中的各阻抗为

$$\boldsymbol{Z}_{an}=\frac{\mathrm{j}4(2-\mathrm{j}4)}{\mathrm{j}4+2-\mathrm{j}4+8}=\frac{4(4+\mathrm{j}2)}{10}=1.6+\mathrm{j}0.8(\Omega)$$

$$\boldsymbol{Z}_{bn}=\frac{\mathrm{j}4\times 8}{10}=\mathrm{j}3.2\Omega,\qquad \boldsymbol{Z}_{cn}=\frac{8(2-\mathrm{j}4)}{10}=1.6-\mathrm{j}3.2(\Omega)$$

电源两端的总阻抗为

$$\boldsymbol{Z}=12+\boldsymbol{Z}_{an}+(\boldsymbol{Z}_{bn}-\mathrm{j}3)\parallel(\boldsymbol{Z}_{cn}+\mathrm{j}6+8)=12+1.6+\mathrm{j}0.8+(\mathrm{j}0.2)\parallel(9.6+\mathrm{j}2.8)$$

$$=13.6+\mathrm{j}0.8+\frac{\mathrm{j}0.2(9.6+\mathrm{j}2.8)}{9.6+\mathrm{j}3}=13.6+\mathrm{j}1=13.64\underline{/4.204^{\circ}}(\Omega)$$

所求的电流为

$$\boldsymbol{I}=\frac{\mathbf{V}}{\boldsymbol{Z}}=\frac{50\underline{/0^{\circ}}}{13.64\underline{/4.204^{\circ}}}=3.666\underline{/-4.204^{\circ}}(\mathrm{A})$$ ◀

练习 9-12 试求如图 9-30 所示电路中的 $\boldsymbol{I}$。 **答案**：$9.546\underline{/33.8^{\circ}}$A。

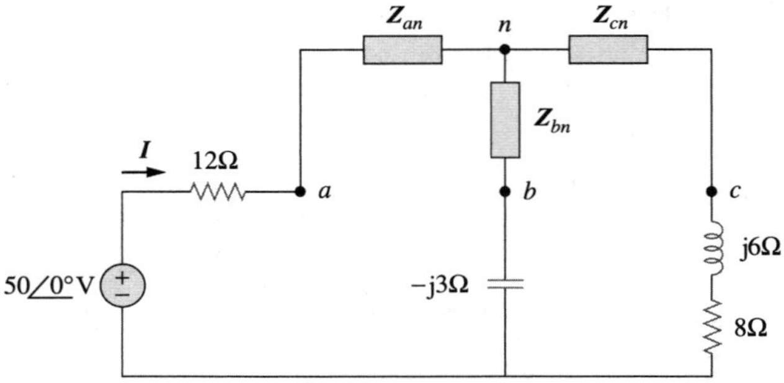

图 9-29 图 9-28 经△电路与 Y 电路间的变换后的电路

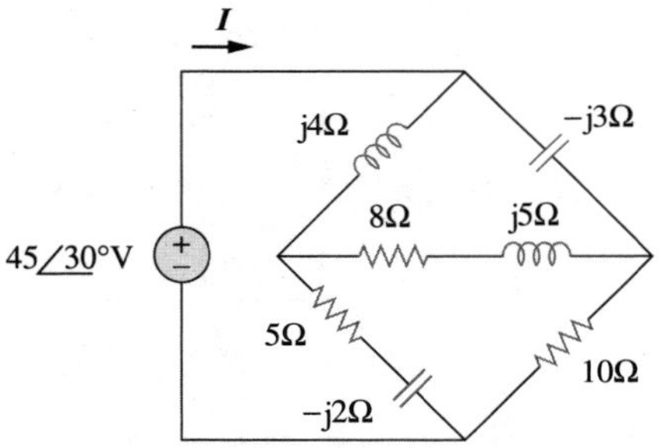

图 9-30 练习 9-12 图

习题

9.2 节

1 已知正弦电压 $v(t)=50\cos(30t+10^{\circ})$V。试求：(a) 振幅 V_{m}；(b) 周期 T；(c) 频率 f；(d) $f=10$ms 时的 $v(t)$。

2 某线性电路中的电流为 $i_{\mathrm{s}}=15\cos(25\pi t+25^{\circ})$A。
(a) 该电流的振幅为多少？
(b) 角频率为多少？
(c) 试求该电流的频率 f。
(d) 计算 $t=2$ms 时的 i_{s}。

3 将如下函数表达为余弦函数形式。
(a) $10\sin(\omega t+30^{\circ})$
(b) $-9\sin(8t)$
(c) $-20\sin(\omega t+45^{\circ})$

4 设计一个问题以更好地理解正弦曲线。 **ED**

5 已知 $v_1=45\sin(\omega t+30^{\circ})$V 和 $v_2=50\cos(\omega t-$

$30°$)V，试确定这两个正弦信号之间的相位角，并指出哪一个是滞后的。

6 对于如下各组正弦信号，试确定哪一个是超前的，超前多少？

(a) $v(t)=10\cos(4t-60°)$和 $i(t)=4\sin(4t+50°)$

(b) $v_1(t)=4\cos(377t+10°)$和 $v_2(t)=-20\cos 377t$

(c) $x(t)=13\cos 2t+5\sin 2t$ 和 $y(t)=15\cos(2t-11.8°)$

9.3 节

7 如果 $f(\phi)\cos\phi+j\sin\phi$，试证明 $f(\phi)=e^{j\phi}$。

8 计算下列各复数，并将计算结果表示为直角坐标形式。

(a) $\dfrac{60\angle 45°}{7.5-j10}+j2$

(b) $\dfrac{32\angle -20°}{(6-j8)(4+j2)}+\dfrac{20}{-10+j24}$

(c) $20+(16\angle -50°)(5+j12)$

9 试计算下列各复数，并将计算结果表示为极坐标形式。

(a) $5\angle 30°\left(6-j8+\dfrac{3\angle 60°}{2+j}\right)$

(b) $\dfrac{(10\angle 60°)(35\angle -50°)}{(2+j6)-(5+j)}$

10 设计一个问题以更好地理解相量。 **ED**

11 试求如下信号对应的相量。

(a) $v(t)=21\cos(4t-15°)$V

(b) $i(t)=-8\sin(10t+70°)$mA

(c) $v(t)=120\sin(10t-50°)$V

(d) $i(t)=-60\cos(30t+10°)$mA。

12 设 $X=4\angle 40°$，$Y=20\angle -30°$，计算以下各量并将计算结果表示为极坐标形式。

(a) $(\boldsymbol{X}+\boldsymbol{Y})\boldsymbol{X}^*$

(b) $(\boldsymbol{X}-\boldsymbol{Y})^*$

(c) $(\boldsymbol{X}+\boldsymbol{Y})/\boldsymbol{X}$

13 计算如下复数：

(a) $\dfrac{2+j3}{1-j6}+\dfrac{7-j8}{-5+j11}$

(b) $\dfrac{(5\angle 10°)(10\angle -40°)}{(4\angle -80°)(-6\angle 50°)}$

(c) $\begin{vmatrix} 2+j3 & -j2 \\ -j2 & 8-j5 \end{vmatrix}$

14 化简如下各表达式：

(a) $\dfrac{(5-j6)-(2+j8)}{(-3+j4)(5-j)+(4-j6)}$

(b) $\dfrac{(240\angle 75°+160\angle -30°)(60-j80)}{(67+j84)(20\angle 32°)}$

(c) $\left(\dfrac{10+j20}{3+j4}\right)^2\sqrt{(10+j5)(16-j20)}$

15 计算如下各行列式的值：

(a) $\begin{vmatrix} 10+j6 & 2-j3 \\ -5 & -1+j \end{vmatrix}$

(b) $\begin{vmatrix} 20\angle -30° & -4\angle -10° \\ 16\angle 0° & 3\angle 45° \end{vmatrix}$

(c) $\begin{vmatrix} 1-j & -j & 0 \\ j & 1 & -j \\ 1 & j & 1+j \end{vmatrix}$

16 将如下各正弦信号转换为相量：

(a) $-20\cos(4t+135°)$

(b) $8\sin(20t+30°)$

(c) $20\cos 2t+15\sin 2t$

17 电压 v_1 与 v_2 串联时，其和为 $v=v_1+v_2$。如果 $v_1=10\cos(50t-\pi/3)$V，$v_2=12\cos(50t+30°)$V，试求 v。

18 计算如下各相量所对应的正弦信号。

(a) $\boldsymbol{V}_1=60\angle 15°$V，$\omega=1$

(b) $\boldsymbol{V}_2=6+j8$V，$\omega=40$

(c) $\boldsymbol{I}_1=2.8e^{-j\pi/3}$A，$\omega=377$

(d) $\boldsymbol{I}_2=-0.5-j1.2$A，$\omega=10^3$

19 利用相量计算如下各式的值。

(a) $3\cos(20t+10°)-5\cos(20t-30°)$

(b) $40\sin 50t+30\cos(50t-45°)$

(c) $20\sin 400t+10\cos(400t+60°)-5\sin(400t-20°)$

20 某线性网络的输入电流为 $7.5\cos(10t+30°)$A，输入电压为 $120\cos(10t+75°)$V，计算相应的阻抗。

21 化简如下各式：

(a) $f(t)=5\cos(2t+15°)-4\sin(2t-30°)$

(b) $g(t)=8\sin t+4\cos(t+50°)$

(c) $h(t)=\int_0^t(10\cos 40t+50\sin 40t)dt$

22 某交流电压为 $v(t)=55\cos(5t+45°)$V，利用相量计算 $10v(t)+4\dfrac{dv}{dt}-2\int_{-\infty}^{t}v(t)dt$ 假定 $t=-\infty$时的积分值为 0。

23 利用相量分析计算如下各式：

(a) $v=[110\sin(20t+30°)+220\cos(20t-90°)]$V

(b) $i=[30\cos(5t+60°)-20\sin(5t+60°)]$A

24 利用向量法确定下列微积分方程中的 $v(t)$

(a) $v(t)+\int v dt=10\cos t$

(b) $\dfrac{dv}{dt}+5v(t)+4\int v dt=20\sin(4t+10°)$

25 利用相量法确定下列方程中的 $i(t)$。

(a) $2\dfrac{di}{dt}+3i(t)=4\cos(2t-45°)$

(b) $10\int i\,\mathrm{d}t+\frac{\mathrm{d}i}{\mathrm{d}t}+6i(t)=5\cos(5t+22°)\mathrm{A}$

26 某 RLC 串联电路的回路方程为

$$\frac{\mathrm{d}i}{\mathrm{d}t}+2i+\int_{-\infty}^{t} i\,\mathrm{d}t=\cos 2t\,\mathrm{A}$$

假定 $t=-\infty$ 时的积分值为 0，利用相量法求 $i(t)$。

27 某 RLC 并联电路的节点方程为

$$\frac{\mathrm{d}v}{\mathrm{d}t}+50v+100\int v\,\mathrm{d}t=110\cos(377t-10°)\mathrm{V}$$

假定 $t=-\infty$ 时的积分值为 0，试利用相量法确定 $v(t)$。

9.4 节

28 计算流过一个与电压源 $v_s=156\cos(377t+45°)$V 相连接的 15Ω 电阻的电流。

29 给定 $v_c(0)=2\cos(155°)$V，如果流过一个 2μF 电容的电流为 $i=4\sin(10^6t+25°)$A，试求电容两端的瞬时电压。

30 将电压 $v(t)=100\cos(60t+20°)$V 作用于相互并联的 40kΩ 电阻与 50μF 电容两端，求流过该电阻与电容的稳态电流。

31 某 RLC 串联电路中，$R=80\Omega$，$L=240$mH，$C=5$mF，如果输入电压为 $v(t)=10\cos 2t$，求流过该电路的电流。

32 利用图 9-31 所示电路，试设计一个问题，以更好地理解电路元件的相量关系。 **ED**

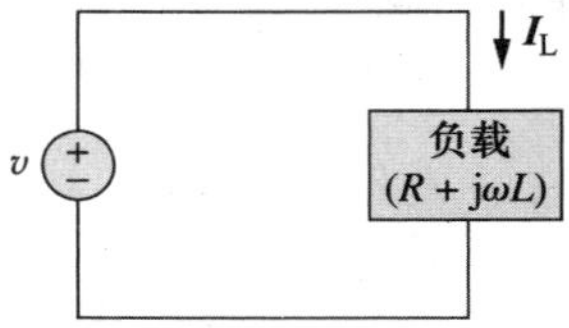

图 9-31 习题 32 图

33 某 RL 串联电路接到 110V 交流电源上，如果电阻两端的电压为 85V，求电感两端的电压。

34 角频率 ω 取何值时，图 9-32 所示电路的强迫相应 v_o 为零？

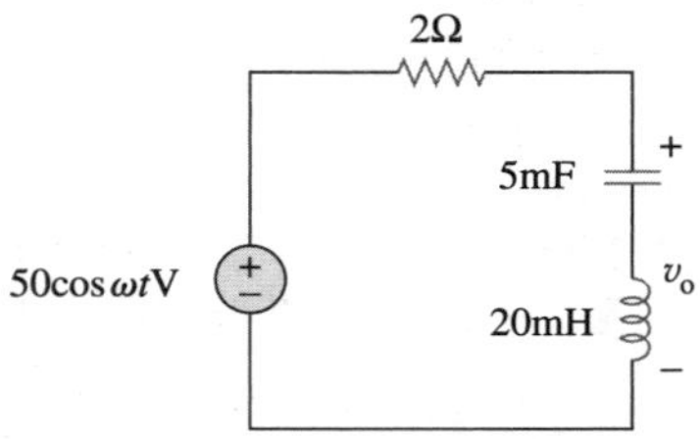

图 9-32 习题 34 图

9.5 节

35 在图 9-33 所示电路中，求 $v_s(t)=50\cos 200t$V 时的稳态电流 i。

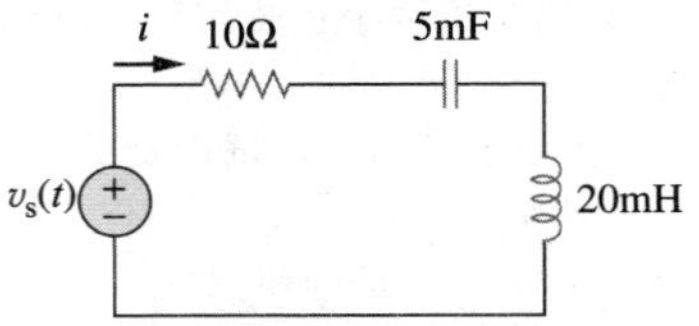

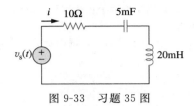

图 9-33 习题 35 图

36 利用图 9-34 所示电路设计一个问题，以更好地理解阻抗。 **ED**

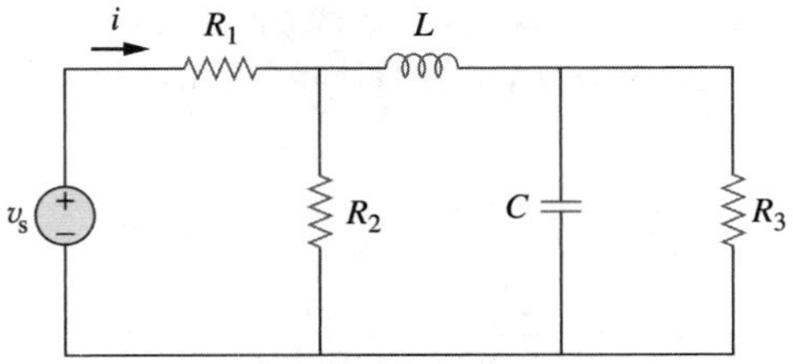

图 9-34 习题 36 图

37 计算图 9-35 所示电路中的导纳 $\boldsymbol{Y}$。

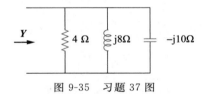

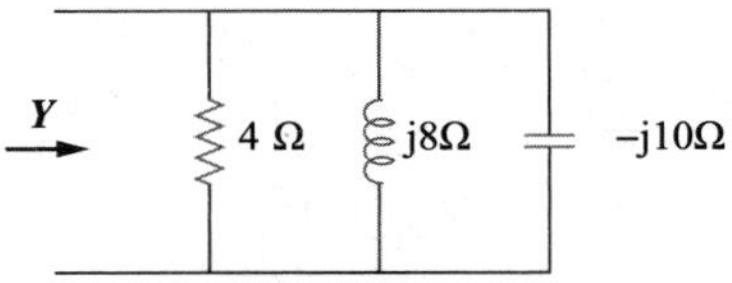

图 9-35 习题 37 图

38 利用图 9-36 设计一个问题以更好地理解导纳。 **ED**

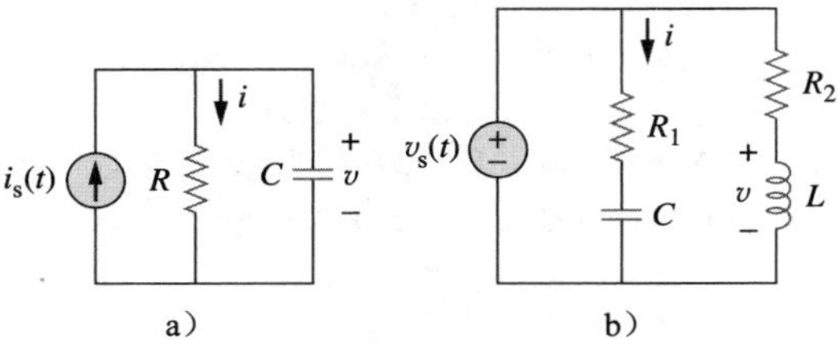

图 9-36 习题 38 图

39 计算图 9-37 所示电路中的 Z_{eq}，并利用该结果计算电流 $\boldsymbol{I}$，假设 $\omega=10$rad/s。

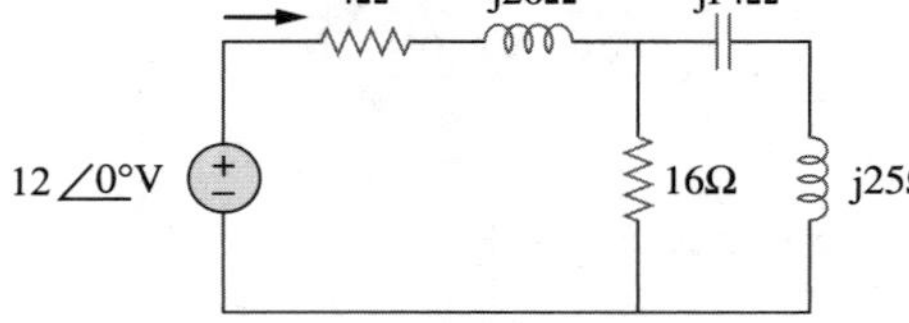

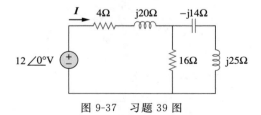

图 9-37 习题 39 图

40 计算图 9-38 所示电路在下列几种情况下的 i_o：

(a) $\omega=1$rad/s；

(b) $\omega=5$rad/s；

(c)$\omega=10\text{rad/s}$。

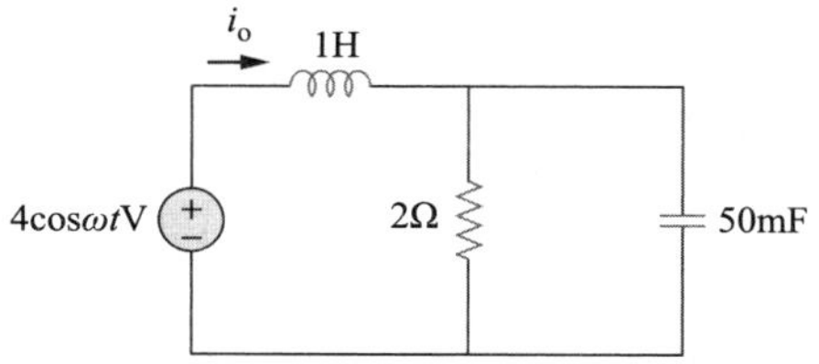

图 9-38　习题 38 图

41　计算图 9-39 所示 RLC 电路中的 $v(t)$。

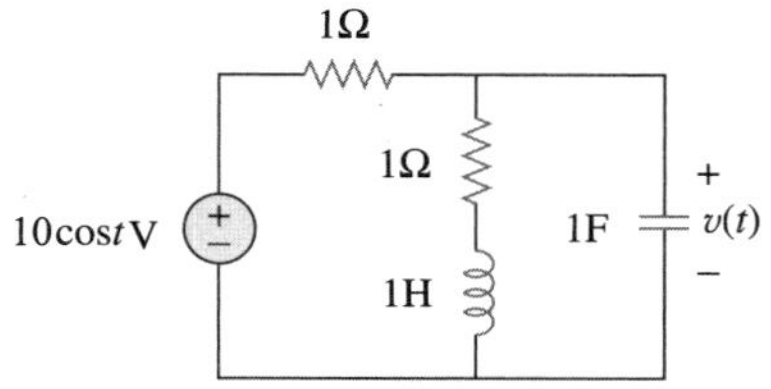

图 9-39　习题 41 图

42　计算如图 9-40 所示电路总的 $v_o(t)$。

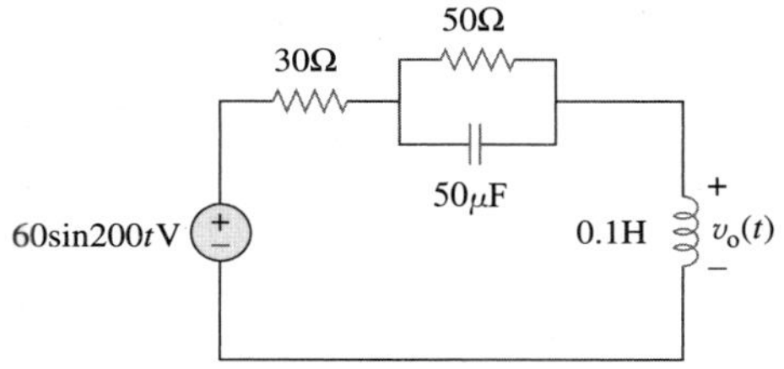

图 9-40　习题 42 图

43　计算如图 9-41 所示电路总的 $\boldsymbol{I}_o$。

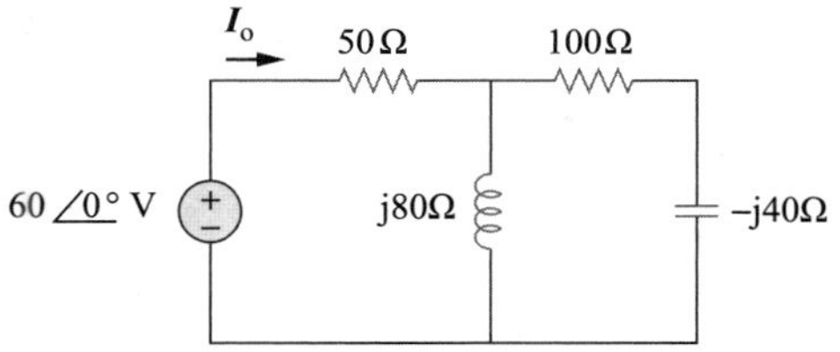

图 9-41　习题 43 图

44　计算如图 9-42 所示电路总的 $i(t)$。

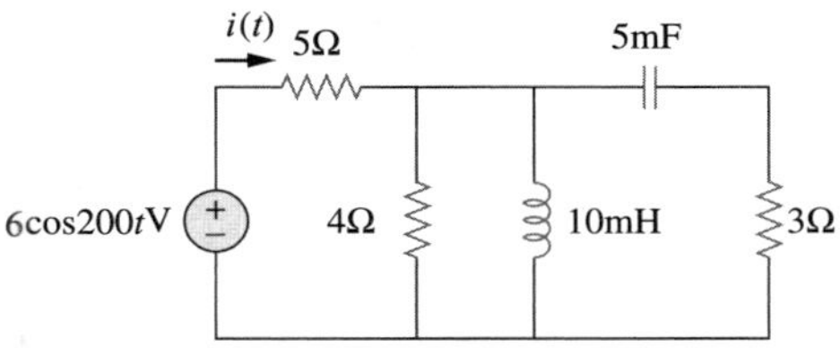

图 9-42　习题 44 图

45　计算如图 9-43 所示电路中的 $i_s(t)$。

46　如果流过图 9-44 所示电路中 1Ω 电阻的电流 i_x 为 $500\sin200t\text{mA}$，试求 $v_s(t)$。

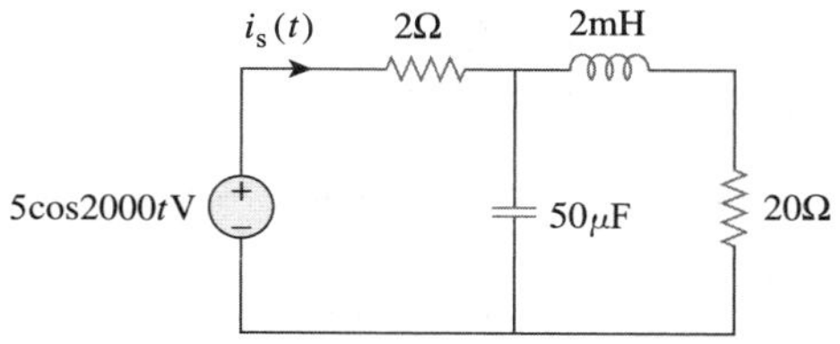

图 9-43　习题 45 图

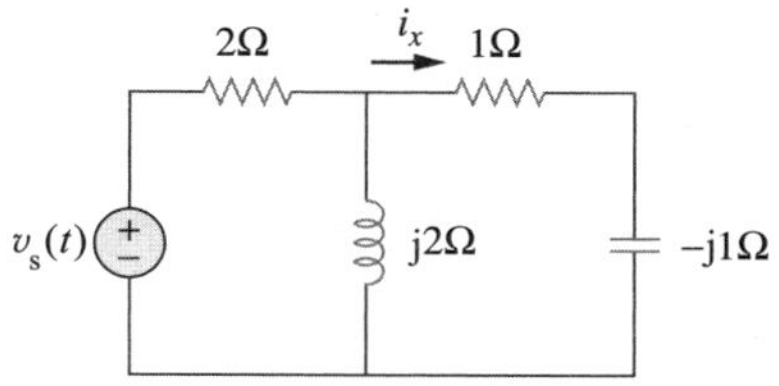

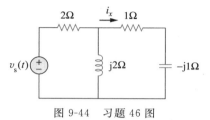

图 9-44　习题 46 图

47　计算图 9-45 所示电路中 v_x，假定 $i_s(t)=5\cos(100t+40°)\text{A}$。

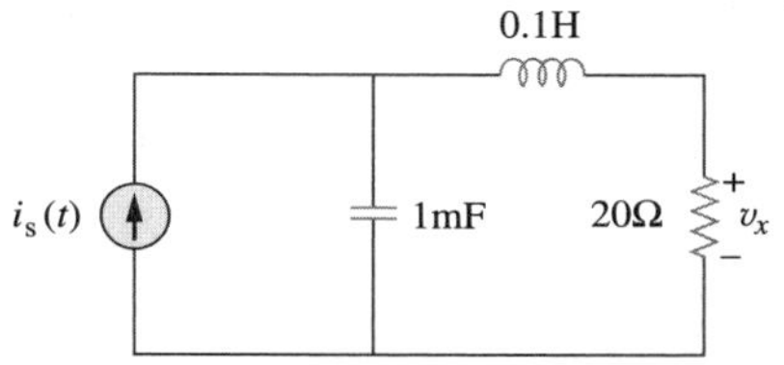

图 9-45　习题 47 图

48　如果图 9-46 所示电路中 2Ω 电阻两端的电压 v_o 为 $10\cos2t\text{V}$，试求 i_s。

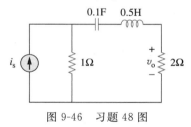

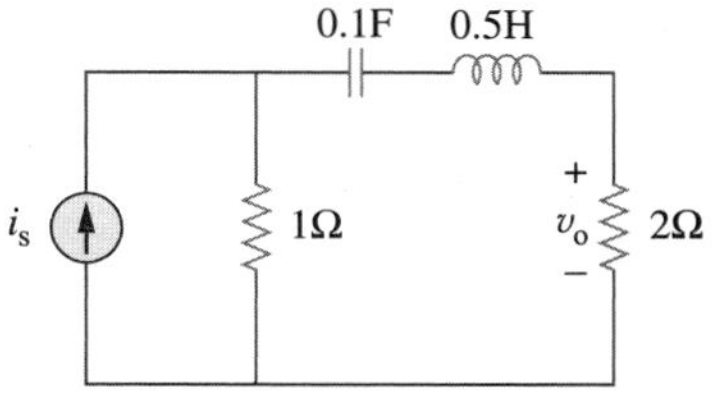

图 9-46　习题 48 图

49　如果图 9-47 所示电路中 $\mathbf{V}_o=8\angle30°\text{V}$，试求 $\boldsymbol{I}_s$。

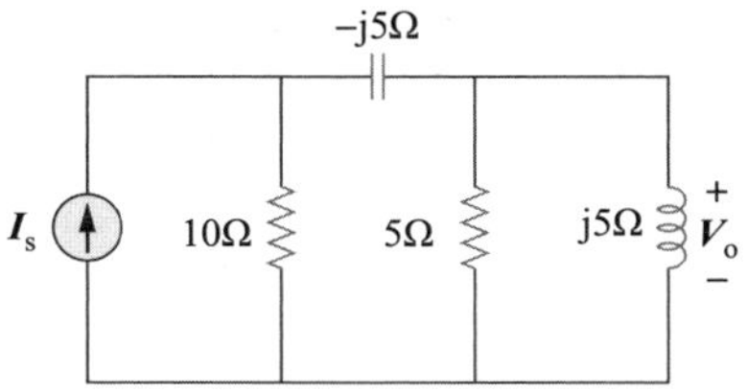

图 9-47　习题 49 图

9.7 节

50　计算图 9-48 所示电路在 $\omega=377\text{rad/s}$ 时的输入阻抗。

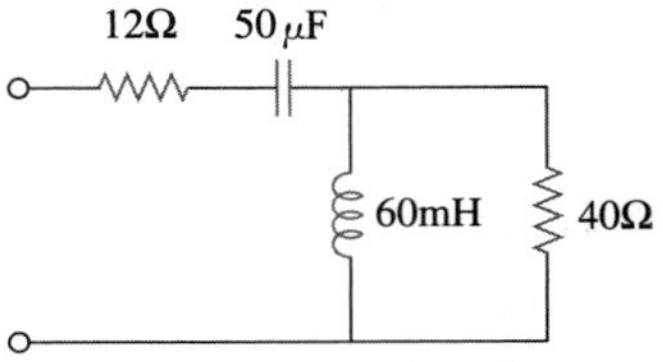

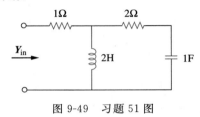

图 9-48　习题 50 图

51　计算图 9-49 所示电路在 $\omega=1\text{rad/s}$ 时的输入导纳。

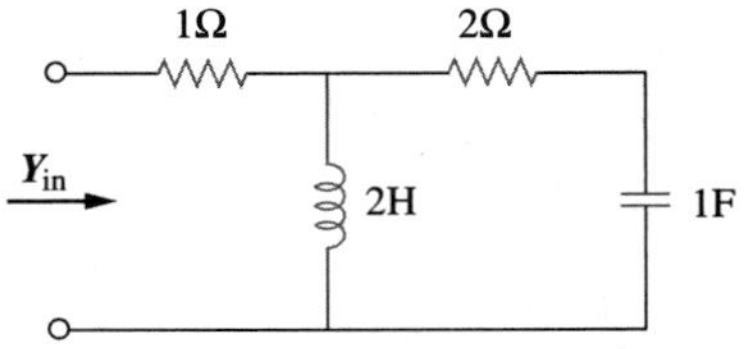

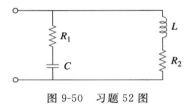

图 9-49　习题 51 图

52　利用图 9-50 所示电路设计一个问题以更好地理解阻抗合并。 **ED**

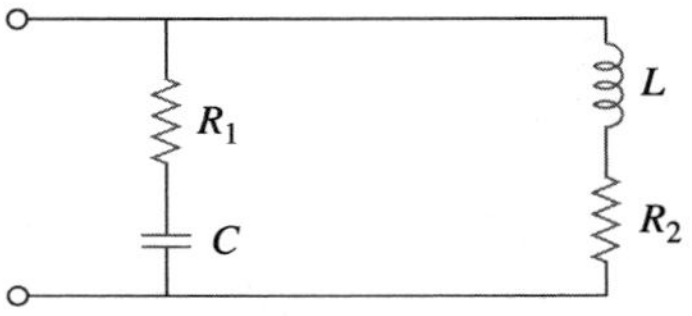

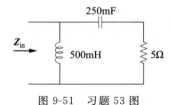

图 9-50　习题 52 图

53　计算图 9-51 所示电路在 $\omega=10\text{rad/s}$ 时的输入阻抗 $\boldsymbol{Z}_{in}$。

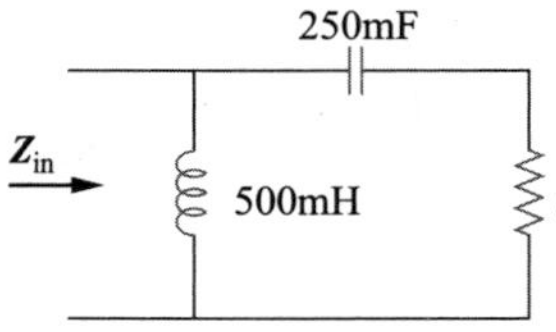

图 9-51　习题 53 图

54　求如图 9-52 所示电路中的 $\boldsymbol{Z}_{in}$。

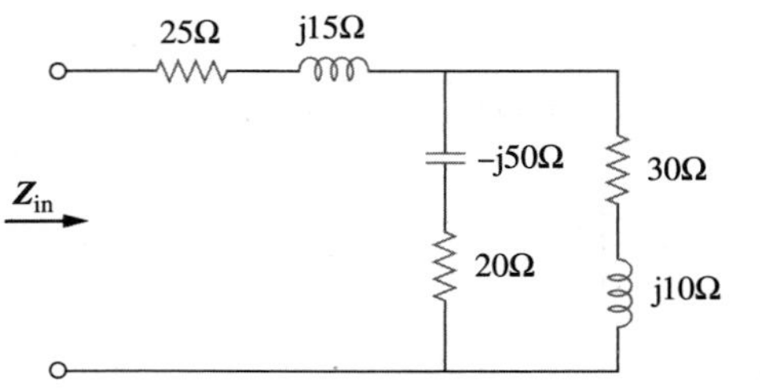

图 9-52　习题 54 图

55　试求如图 9-53 所示电路中的 $\boldsymbol{Z}_{eq}$。

56　计算图 9-54 所示电路在 $\omega=10\text{krad/s}$ 时的输入阻抗 $\boldsymbol{Z}_{in}$。

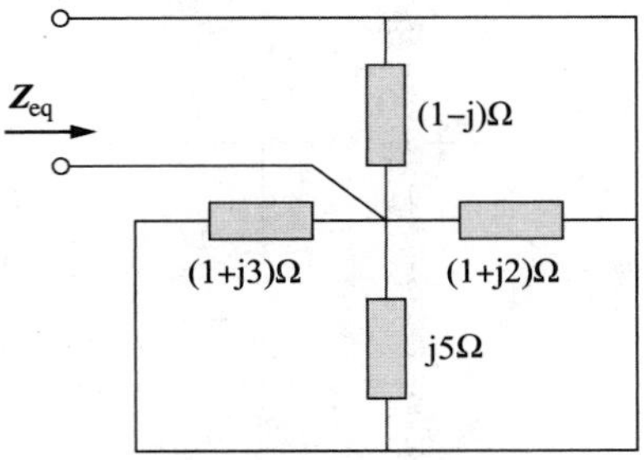

图 9-53　习题 55 图

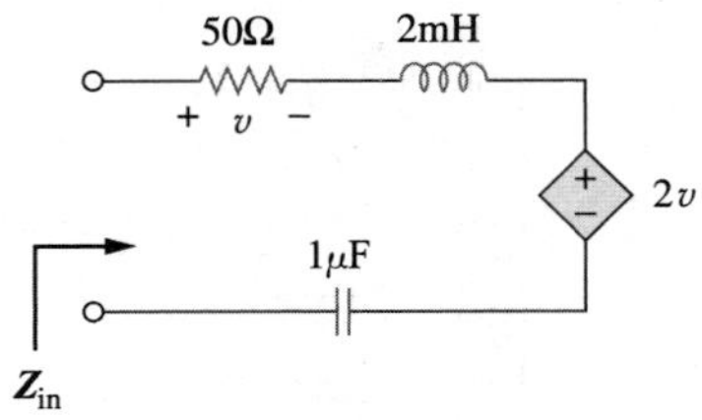

图 9-54　习题 56 图

57　求如图 9-55 所示电路的 $\boldsymbol{Z}_T$ 与 $\boldsymbol{I}$。

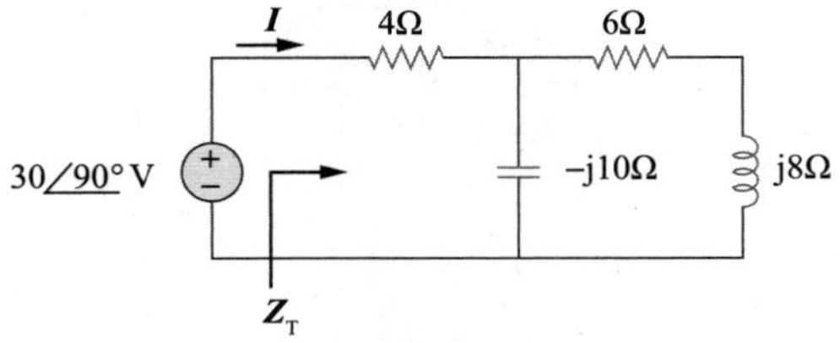

图 9-55　习题 57 图

58　求如图 9-56 所示电路的 $\boldsymbol{Z}_T$ 与 $\boldsymbol{I}$。

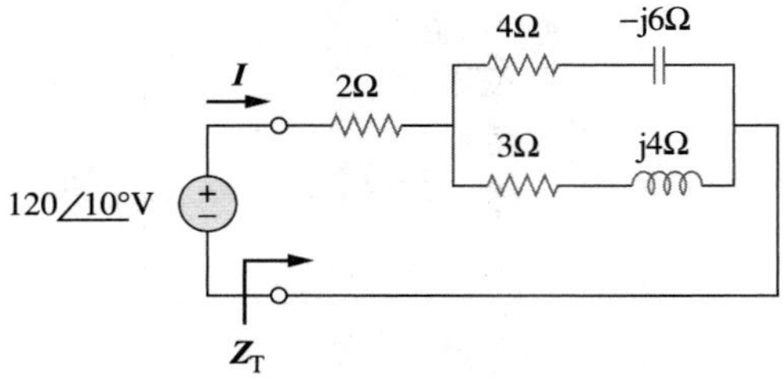

图 9-56　习题 58 图

59　计算图 9-57 所示电路中的 $\boldsymbol{Z}_T$ 与 $\boldsymbol{V}_{ab}$。

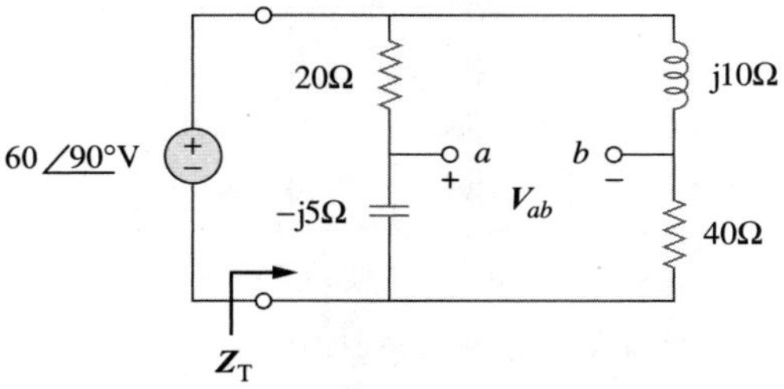

图 9-57　习题 59 图

60　计算图 9-58 所示各电路在 $\omega = 10^3$ rad/s 时的输入导纳。

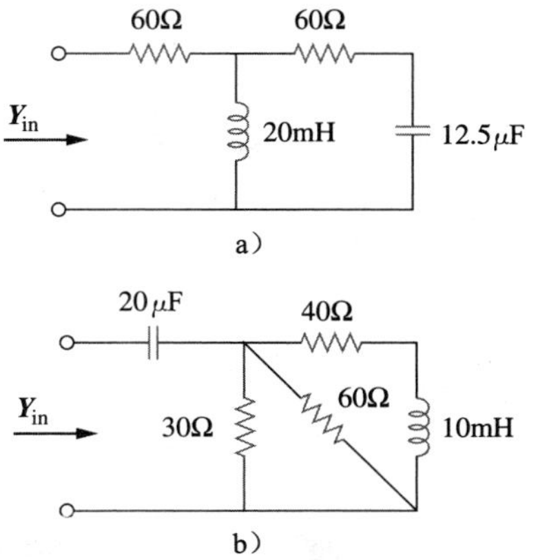

图 9-58　习题 60 图

61　求图 9-59 所示电路中的 Y_{eq}。

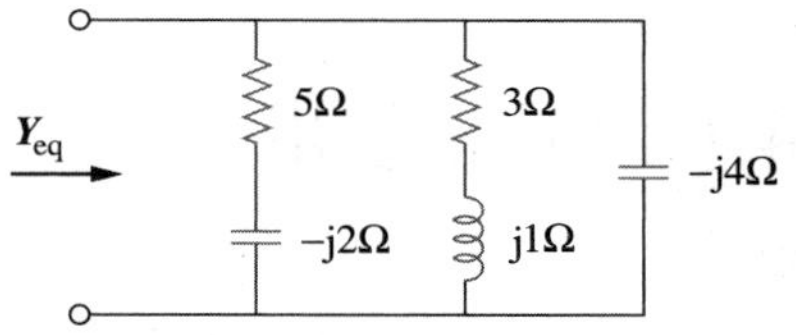

图 9-59　习题 61 图

62　求图 9-60 所示电路的等效导纳 Y_{eq}。

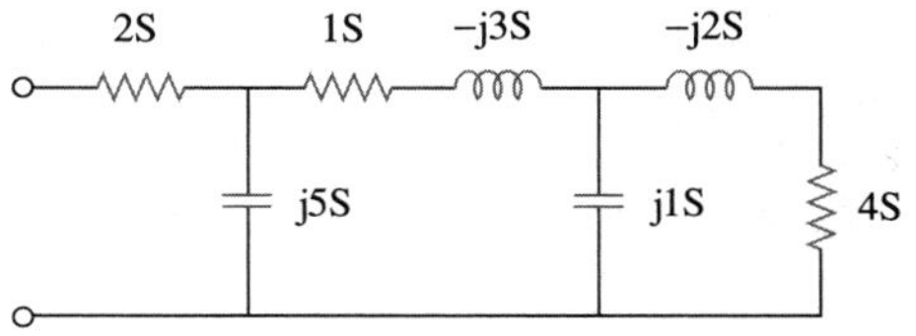

图 9-60　习题 62 图

第10章

正弦稳态分析

我的朋友分为三类：爱我的人、恨我的人和不关心我的人。爱我的人让我学会温柔善良，恨我的人让我学会小心谨慎，不关心我的人让我学会独立。

——Ivan Panin

拓展事业

软件工程领域的职业生涯

软件工程是指在计算机程序的设计、构建以及验证过程中处理科学计算的实际应用问题，以及开发、处理和维护相关文档的工程领域。软件工程是电子工程的一个分支。目前，需要采用各类软件执行程序任务的学科越来越多，可编程微电子系统的应用越来越广泛，因此软件工程也变得日益重要。

NASA 飞轮的 AutoCAD 模型三维打印技术
(图片来源：Charles K. Alexander)

不能将软件工程师的角色与计算机科学家的角色相混淆。软件工程师是一个实践工作者，而不是理论家。软件工程师必须具备良好的计算机编程技能，熟悉编程语言，特别是熟悉应用日益普及的C++语言。由于软件与硬件是密切相关的，因此，软件工程师必须全面掌握硬件设计的相关知识。最重要的是，软件工程师还应该具备一定的与所开发软件的具体应用领域相关的专业知识。

总之，软件工程领域为乐于从事编程和软件开发的人士提供了广阔的职业空间，大量有趣的、具有挑战性的机遇都青睐受过研究生教育的人，同样，更高的回报总是属于那些准备充分的人。

10.1 引言

第9章介绍了利用相量法确定电路对正弦输入信号的强迫响应或稳态响应的方法，并且证明了欧姆定律与基尔霍夫定律同样适用于交流电路。本章将介绍如何利用节点分析法、网孔分析法、戴维南定理、诺顿定理、叠加定理以及电源变换等分析交流电路。由于这些方法已经在直流电路的分析中讲解过，因此本章的重点在于举例说明。

分析交流电路通常包括3个步骤：

1. 将电路转换到相量域或频域。
2. 利用相应的电路分析方法(节点分析法、网孔分析法、叠加定理等)求解电路。
3. 将所求得的相量转换到时域。

如果所求解的问题已经属于频域，则无须进行步骤1。在步骤2中，分析方法与直流电路的分析方法相同，只是在交流电路分析中出现了复数运算的问题。掌握了第9章的知识，步骤3就变得易于处理了。

提示：利用相量实现交流电路的频域分析要比时域分析容易得多。

10.2　节点分析法

节点分析法的基础是基尔霍夫电流定律。正如 9.6 节所述，由于 KCL 同样适用于相量，因此，可以利用节点分析法求解交流电路。下面通过例题予以说明。

例 10-1　利用节点分析法求如图 10-1 所示电路中的 i_x。

解：首先将该电路转换到频域。

$$20\cos 4t \Rightarrow 20\underline{/0^\circ},\quad \omega=4\text{rad/s}$$
$$1\text{H} \Rightarrow j\omega L=j4$$
$$0.5\text{H} \Rightarrow j\omega L=j2$$
$$0.1\text{F} \Rightarrow \frac{1}{j\omega C}=-j2.5$$

于是，得到频域中的等效电路如图 10-2 所示。

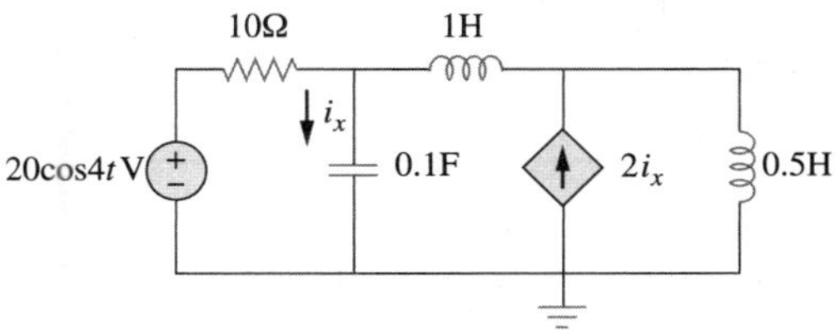

图 10-1　例 10-1 图

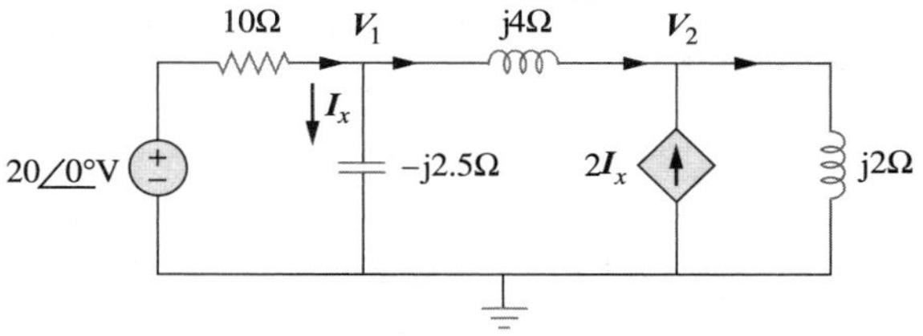

图 10-2　图 10-1 的频域等效电路

在节点 1 处应用 KCL，得到

$$\frac{20-\mathbf{V}_1}{10}=\frac{\mathbf{V}_1}{-j2.5}+\frac{\mathbf{V}_1-\mathbf{V}_2}{j4}$$

即

$$(1+j1.5)\mathbf{V}_1+j2.5\mathbf{V}_2=20 \tag{10.1.1}$$

在节点 2 处有

$$2\mathbf{I}_x+\frac{\mathbf{V}_1-\mathbf{V}_2}{j4}=\frac{\mathbf{V}_2}{j2}$$

但 $\mathbf{I}_x=\mathbf{V}_1/-j2.5$，将其代入后得到

$$\frac{2\mathbf{V}_1}{-j2.5}+\frac{\mathbf{V}_1-\mathbf{V}_2}{j4}=\frac{\mathbf{V}_2}{j2}$$

化简后得到

$$11\mathbf{V}_1+15\mathbf{V}_2=0 \tag{10.1.2}$$

将式(10.1.1)与式(10.1.2)写成矩阵形式为

$$\begin{bmatrix}1+j1.5 & j2.5\\ 11 & 15\end{bmatrix}\begin{bmatrix}\mathbf{V}_1\\ \mathbf{V}_2\end{bmatrix}=\begin{bmatrix}20\\ 0\end{bmatrix}$$

相关的行列式为

$$\Delta=\begin{vmatrix}1+j1.5 & j2.5\\ 11 & 15\end{vmatrix}=15-j5$$

$$\Delta_1=\begin{vmatrix}20 & j2.5\\ 0 & 15\end{vmatrix}=300,\quad \Delta_2=\begin{vmatrix}1+j1.5 & 20\\ 11 & 0\end{vmatrix}=-220$$

于是，

$$\mathbf{V}_1=\frac{\Delta_1}{\Delta}=\frac{300}{15-\mathrm{j}5}=18.97\angle 18.43^\circ\mathrm{V}$$

$$\mathbf{V}_2=\frac{\Delta_2}{\Delta}=\frac{-220}{15-\mathrm{j}5}=13.91\angle 198.3^\circ\mathrm{V}$$

将上述结果转换到时域，可得

$$i_x=7.59\cos(4t+108.4^\circ)\mathrm{A}$$ ◀

练习 10-1 利用节点分析法求如图 10-3 所示电路中的 $v_1(t)$ 与 $v_2(t)$。

答案：$v_1(t)=11.325\cos(2t+60.01^\circ)\mathrm{V}$，$v_2(t)=33.02\cos(2t+57.12^\circ)\mathrm{V}$。

例 10-2 计算如图 10-4 所示电路中的 $\mathbf{V}_1$ 与 $\mathbf{V}_2$。

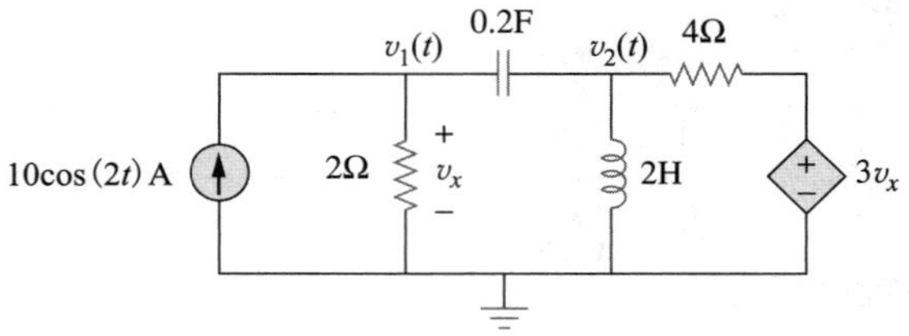

图 10-3 练习 10-1 图

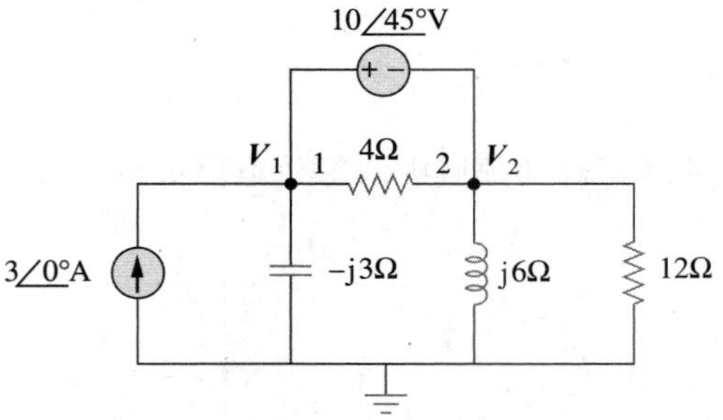

图 10-4 例 10-2 图

解：节点 1 与节点 2 组成一个超节点(广义节点)，如图 10-5 所示。在该超节点处应用 KCL，得到

$$3=\frac{\mathbf{V}_1}{-\mathrm{j}3}+\frac{\mathbf{V}_2}{\mathrm{j}6}+\frac{\mathbf{V}_2}{12}$$

即

$$36=\mathrm{j}4\mathbf{V}_1+(1-\mathrm{j}2)\mathbf{V}_2 \tag{10.2.1}$$

电压源连接在节点 1 与节点 2 之间，所以

$$\mathbf{V}_1=\mathbf{V}_2+10\angle 45^\circ \tag{10.2.2}$$

将式(10.2.2)代入式(10.2.1)，得到

$$36-40\angle 135^\circ=(1+\mathrm{j}2)\mathbf{V}_2 \quad\Rightarrow\quad \mathbf{V}_2=31.41\angle -87.18^\circ\mathrm{V}$$

由式(10.2.2)可得

$$\mathbf{V}_1=\mathbf{V}_2+10\angle 45^\circ=25.78\angle -70.48^\circ\mathrm{V}$$ ◀

练习 10-2 计算如图 10-6 所示电路中的 $\mathbf{V}_1$ 与 $\mathbf{V}_2$。

答：

$$\mathbf{V}_1=96.8\angle 69.66^\circ\mathrm{V},\ \mathbf{V}_2=16.88\angle 165.72^\circ\mathrm{V}。$$

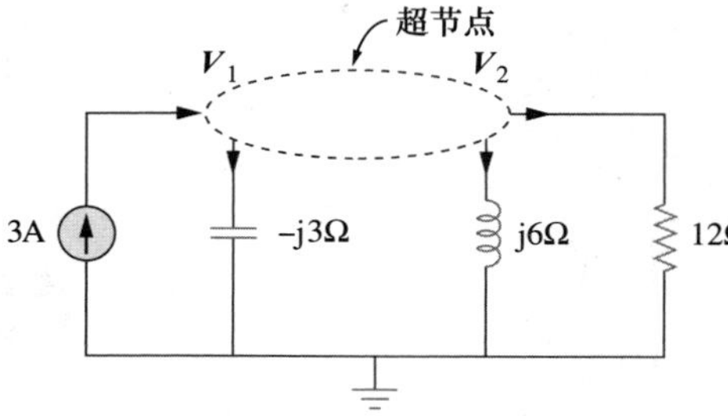

图 10-5 图 10-4 中的超节点

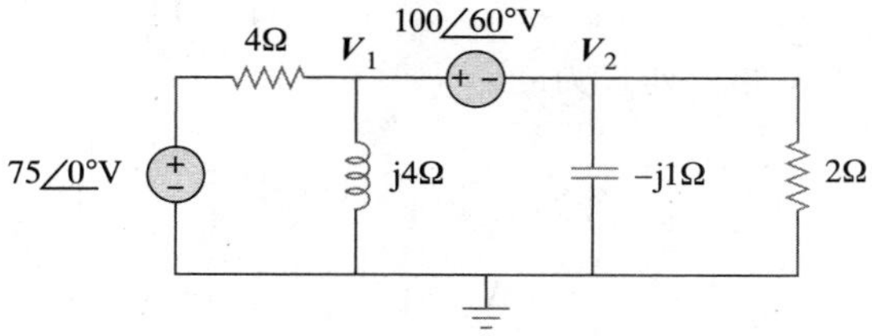

图 10-6 练习 10-2 图

10.3　网孔分析法

网孔分析法的基础是基尔霍夫电压定律。9.6 节已经说明 KVL 对于交流电路的有效性，下面通过举例予以说明。注意，网孔分析法本质上仅适用于平面电路。

例 10-3 试利用网孔分析法确定如图 10-7 所示电路中的电流。

解：对网孔 1 应用 KVL，可得

$$(8+j10-j2)\boldsymbol{I}_1-(-j2)\boldsymbol{I}_2-j10\boldsymbol{I}_3=0 \tag{10.3.1}$$

对网孔 2 应用 KVL，可得

$$(4-j2-j2)\boldsymbol{I}_2-(-j2)\boldsymbol{I}_1-(-j2)\boldsymbol{I}_3+20\angle 90^\circ=0 \tag{10.3.2}$$

对网孔 3 而言，$\boldsymbol{I}_3=5\text{A}$，将其代入式(10.3.1)与式(10.3.2)，得到

$$(8+j8)\boldsymbol{I}_1+j2\boldsymbol{I}_2=j50 \tag{10.3.3}$$

$$j2\boldsymbol{I}_1+(4-j4)\boldsymbol{I}_2=-j20-j10 \tag{10.3.4}$$

将式(10.3.3)与式(10.3.4)写成矩阵形式为：

$$\begin{bmatrix}8+j8 & j2\\ j2 & 4-j4\end{bmatrix}\begin{bmatrix}\boldsymbol{I}_1\\ \boldsymbol{I}_2\end{bmatrix}=\begin{bmatrix}j50\\ -j30\end{bmatrix}$$

相关的行列式为

$$\Delta=\begin{vmatrix}8+j8 & j2\\ j2 & 4-j4\end{vmatrix}=32(1+j)(1-j)+4=68$$

$$\Delta_2=\begin{vmatrix}8+j8 & j50\\ j2 & -j30\end{vmatrix}=340-j240=416.17\angle -35.22^\circ$$

$$\boldsymbol{I}_2=\frac{\Delta_2}{\Delta}=\frac{416.17\angle -35.22^\circ}{68}=6.12\angle -35.22^\circ\text{A}$$

所求的电流为

$$\boldsymbol{I}_o=-\boldsymbol{I}_2=6.12\angle 144.78^\circ\text{A}$$ ◀

练习 10-3　利用网孔分析法求图 10-8 所示电路中的 $\boldsymbol{I}_o$。　**答案**：$5.969\angle 65.45^\circ\text{A}$。

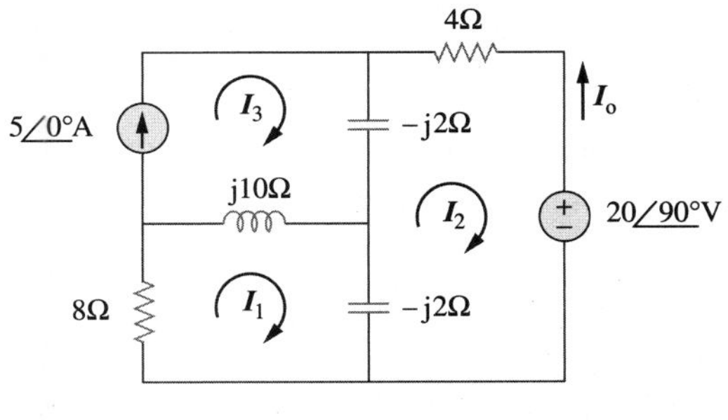

图 10-7　例 10-3 图

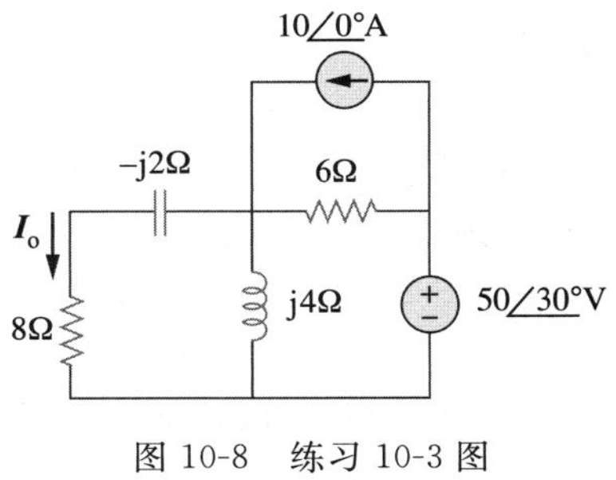

图 10-8　练习 10-3 图

例 10-4 利用网孔分析法求解如图 10-9 所示电路中的 $\boldsymbol{V}_o$。

解：由于网孔 3 与网孔 4 之间包括电流源，所以网孔 3 与网孔 4 组成一个超网孔（广义网孔）。如图 10-10 所示。对网孔 1 运用 KVL，可得

$$-10+(8-j2)\boldsymbol{I}_1-(-j2)\boldsymbol{I}_2-8\boldsymbol{I}_3=0$$

即

$$(8-j2)\boldsymbol{I}_1+j2\boldsymbol{I}_2-8\boldsymbol{I}_3=10 \tag{10.4.1}$$

对于网孔 2，有

$$\boldsymbol{I}_2=-3 \tag{10.4.2}$$

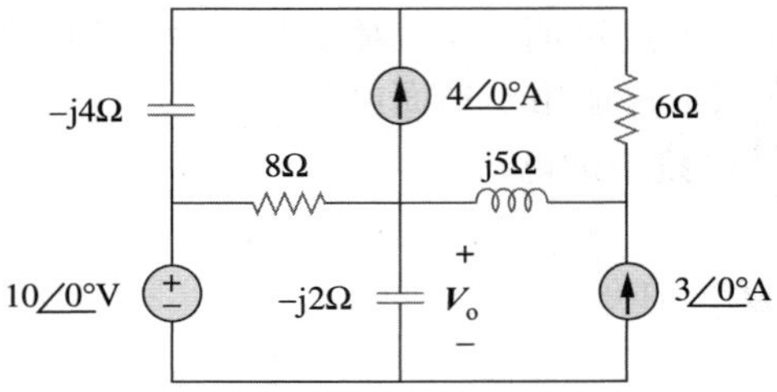

图 10-9　例 10-4 图

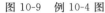

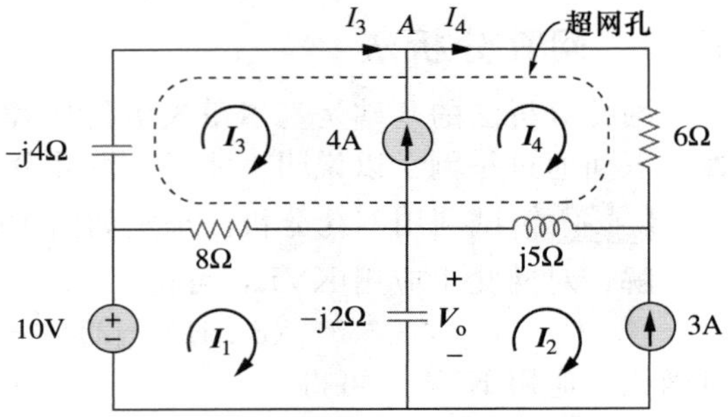

图 10-10　图 10-9 的电路分析

对于超网孔，有

$$(8-\mathrm{j}4)\boldsymbol{I}_3-8\boldsymbol{I}_1+(6+\mathrm{j}5)\boldsymbol{I}_4-\mathrm{j}5\boldsymbol{I}_2=0 \tag{10.4.3}$$

由于网孔 3 与网孔 4 之间存在电流源，因此在节点 A 处，有

$$\boldsymbol{I}_4=\boldsymbol{I}_3+4 \tag{10.4.4}$$

方法 1　将上述四个方程的求解通过消元化简为两个方程。

将式(10.4.1)与式(10.4.2)合并后得到

$$(8-\mathrm{j}2)\boldsymbol{I}_1-8\boldsymbol{I}_3=10+\mathrm{j}6 \tag{10.4.5}$$

将式(10.4.2)～式(10.4.4)合并后得到

$$-8\boldsymbol{I}_1+(14+\mathrm{j})\boldsymbol{I}_3=-24-\mathrm{j}35 \tag{10.4.6}$$

由式(10.4.5)与式(10.4.6)可得矩阵方程为

$$\begin{bmatrix}8-\mathrm{j}2 & -8\\ -8 & 14+\mathrm{j}\end{bmatrix}\begin{bmatrix}\boldsymbol{I}_1\\ \boldsymbol{I}_3\end{bmatrix}=\begin{bmatrix}10+\mathrm{j}6\\ -24-\mathrm{j}35\end{bmatrix}$$

相关的行列式为

$$\Delta=\begin{vmatrix}8-\mathrm{j}2 & -8\\ -8 & 14+\mathrm{j}\end{vmatrix}=112+\mathrm{j}8-\mathrm{j}28+2-64=50-\mathrm{j}20$$

$$\Delta_1=\begin{vmatrix}10+\mathrm{j}6 & -8\\ -24-\mathrm{j}35 & 14+\mathrm{j}\end{vmatrix}=140+\mathrm{j}10+\mathrm{j}84-6-192-\mathrm{j}280=-58-\mathrm{j}186$$

于是，电流 $\boldsymbol{I}_1$ 为

$$\boldsymbol{I}_1=\frac{\Delta_1}{\Delta}=\frac{-58-\mathrm{j}186}{50-\mathrm{j}20}=3.618\underline{/274.5^\circ}(\mathrm{A})$$

所求电压 $\boldsymbol{V}_\mathrm{o}$ 为

$$\begin{aligned}\boldsymbol{V}_\mathrm{o}&=-\mathrm{j}2(\boldsymbol{I}_1-\boldsymbol{I}_2)=-\mathrm{j}2(3.618\underline{/274.5^\circ}+3)\\&=-7.2134-\mathrm{j}6.568=9.756\underline{/222.32^\circ}(\mathrm{V})\end{aligned}$$

方法 2　利用 MATLAB 求解式(10.4.1)～式(10.4.4)，首先将上述四个方程写成矩阵形式为

$$\begin{bmatrix}8-\mathrm{j}2 & \mathrm{j}2 & -8 & 0\\ 0 & 1 & 0 & 0\\ -8 & -\mathrm{j}5 & 8-\mathrm{j}4 & 6+\mathrm{j}5\\ 0 & 0 & -1 & 1\end{bmatrix}\begin{bmatrix}\boldsymbol{I}_1\\ \boldsymbol{I}_2\\ \boldsymbol{I}_3\\ \boldsymbol{I}_4\end{bmatrix}=\begin{bmatrix}10\\ -3\\ 0\\ 4\end{bmatrix} \tag{10.4.7a}$$

即　　$\boldsymbol{AI}=\boldsymbol{B}$

求 $\boldsymbol{A}$ 的逆矩阵即可得到 $\boldsymbol{I}$：

$$\boldsymbol{I}=\boldsymbol{A}^{-1}\boldsymbol{B} \tag{10.4.7b}$$

以下为利用 MATLAB 求解的程序和得到的结果：

```
>> A = [(8-j*2)  j*2    -8        0;
        0        1      0         0;
        -8       -j*5   (8-j*4)   (6+j*5);
        0        0      -1        1];
>> B = [10 -3 0 4]';
>> I = inv(A)*B

I =
   0.2828 - 3.6069i
  -3.0000
  -1.8690 - 4.4276i
   2.1310 - 4.4276i
>> Vo = -2*j*(I(1) - I(2))

Vo =
  -7.2138 - 6.5655i
```

与采用方法 1 得到的结果相同。◀

练习 10-4　计算如图 10-11 所示电路中的电流 $\boldsymbol{I}_o$。　**答案**：$6.089\angle 5.94^\circ$A。

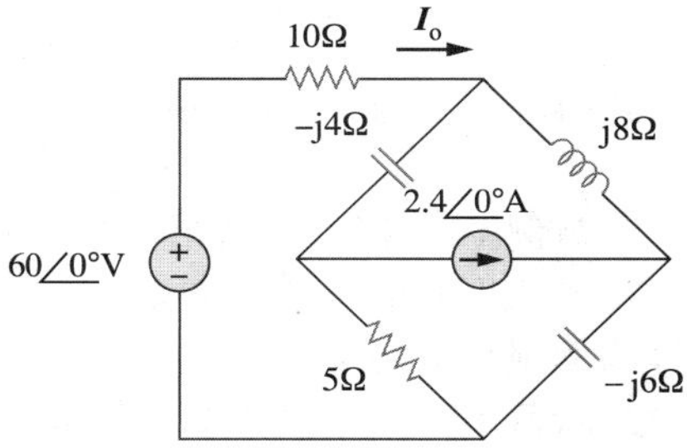

图 10-11　练习 10-4 图

10.4　叠加定理

由于交流电路是线性电路，所以叠加定理在交流电路中的应用与在直流电路中的应用是相同的。如果电路中包括以不同频率工作的若干个电源，叠加定理将变得更为重要。在这种情况下，由于阻抗取决于频率，因此对于不同的频率必须采用不同的频域电路，总响应则是时域中各个响应之和。在向量域或频域中叠加响应是不正确的，因为在正弦分析中，指数因子 $e^{j\omega t}$ 是隐含的，即对于不同的角频率该指数因子是变化的，因此，在相量域中不同频率响应的叠加是没有任何意义的。因此，当电路中包括以不同频率工作的电源时，必须在时域中完成各频率响应的叠加。

例 10-5　利用叠加定理计算图 10-7 所示电路中的 $\boldsymbol{I}_o$。

解：令

$$\boldsymbol{I}_o=\boldsymbol{I}_o'+\boldsymbol{I}_o'' \tag{10.5.1}$$

式中，$\boldsymbol{I}_o'$ 和 $\boldsymbol{I}_o''$ 分别为由电压源与电流源引起的电流。为了求解 $\boldsymbol{I}_o'$，考虑图 10-12a 所示的电路。如果设 $\boldsymbol{Z}$ 为 $-$j2 与 8+j10 的并联阻抗，则有

$$\boldsymbol{Z}=\frac{-j2(8+j10)}{-2j+8+j10}=0.25-j2.25$$

于是，电流 $\boldsymbol{I}_o'$ 为

$$\boldsymbol{I}_o'=\frac{j20}{4-j2+\boldsymbol{Z}}=\frac{j20}{4.25-j4.25}$$

即

$$\boldsymbol{I}_o'=-2.353+j2.353 \tag{10.5.2}$$

为了求解 $\boldsymbol{I}_o''$，考虑图 10-12b 所示电路。对于网孔 1，有

$$(8+j8)\boldsymbol{I}_1-j10\boldsymbol{I}_3+j2\boldsymbol{I}_2=0 \tag{10.5.3}$$

对于网孔 2，有

$$(4-j4)\boldsymbol{I}_2+j2\boldsymbol{I}_1+j2\boldsymbol{I}_3=0 \tag{10.5.4}$$

对于网孔 3，有

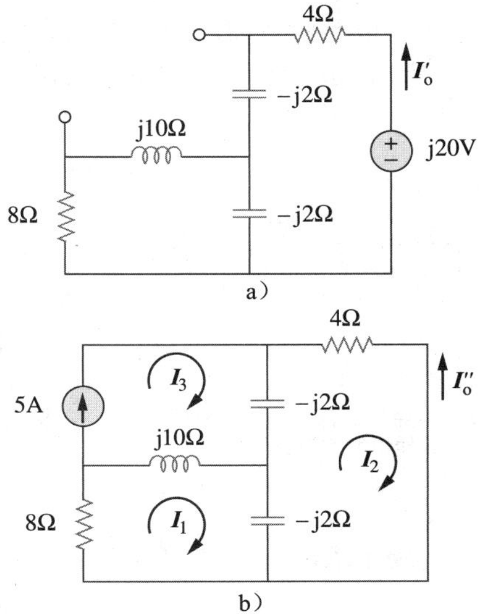

图 10-12　求解例 10-5 图

$$\boldsymbol{I}_3=5 \tag{10.5.5}$$

由式(10.5.4)与式(10.5.5)可得

$$(4-\mathrm{j}4)\boldsymbol{I}_2+\mathrm{j}2\boldsymbol{I}_1+\mathrm{j}10=0$$

利用 $\boldsymbol{I}_2$ 表示 $\boldsymbol{I}_1$ 可得

$$\boldsymbol{I}_1=(2+\mathrm{j}2)\boldsymbol{I}_2-5 \tag{10.5.6}$$

将式(10.5.5)与式(10.5.6)代入式(10.5.3)得到

$$(8+\mathrm{j}8)[(2+\mathrm{j}2)\boldsymbol{I}_2-5]-\mathrm{j}50+\mathrm{j}2\boldsymbol{I}_2=0$$

即

$$\boldsymbol{I}_2=\frac{90-\mathrm{j}40}{34}=2.647-\mathrm{j}1.176$$

于是，电流 $\boldsymbol{I}''_o$ 为

$$\boldsymbol{I}''_o=-\boldsymbol{I}_2=-2.647+\mathrm{j}1.176 \tag{10.5.7}$$

由式(10.5.2)与式(10.5.7)可得

$$\boldsymbol{I}_o=\boldsymbol{I}'_o+\boldsymbol{I}''_o=-5+\mathrm{j}3.529=6.12\underline{/144.78^\circ}(\mathrm{A})$$

与例 10-3 得到的结果一致。可以看出，利用叠加定理求解本例并非最佳方法，求解过程要比用原电路求解复杂一倍。然而，从下面的例 10-6 中可以看到，利用叠加定理求解该例则是最简单的办法。◀

练习 10-5 利用叠加定理求解如图 10-8 所示电路中的 $\boldsymbol{I}_o$。 **答案**：5.97 $\underline{/65.45^\circ}$A。

例 10-6 利用叠加定理求解如图 10-13 所示电路中的 v_o。

解：本题的电路工作在三个不同的频率(直流电压源的 $\omega=0$)下，求解本例的一种方法是利用叠加定理，将所求的响应分解为三个单一频率响应的叠加。因此，设

$$v_o=v_1+v_2+v_3 \tag{10.6.1}$$

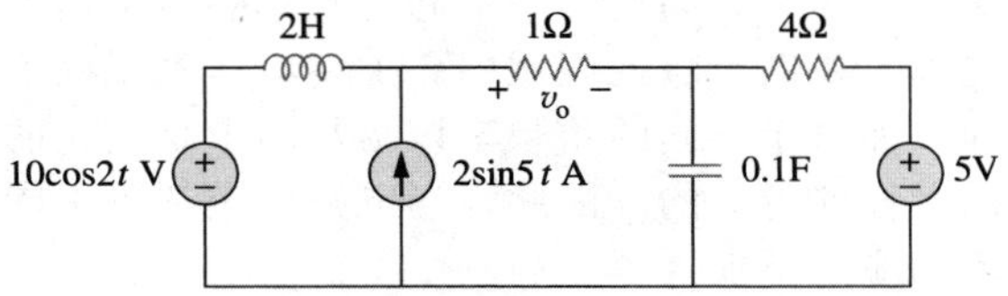

图 10-13 例 10-6 图

式中，v_1 为由 5V 直流电压源引起的响应，v_2 为由 $10\cos 2t$V 电压源引起的响应，v_3 为由 $2\sin 5t$A 电流源引起的响应。

为了求出 v_1，需将除 5V 直流电压源以外的其他电源均设置为零。我们知道在稳定状态下，电容对直流相当于开路，电感对直流相当于短路，或者从另一个角度讲，由于 $\omega=0$，所以 $\mathrm{j}\omega L=0$，$1/\mathrm{j}\omega C=\infty$。此时的等效电路如图 10-14a 所示。由分压原理可知

$$-v_1=\frac{1}{1+4}\times 5=1(\mathrm{V}) \tag{10.6.2}$$

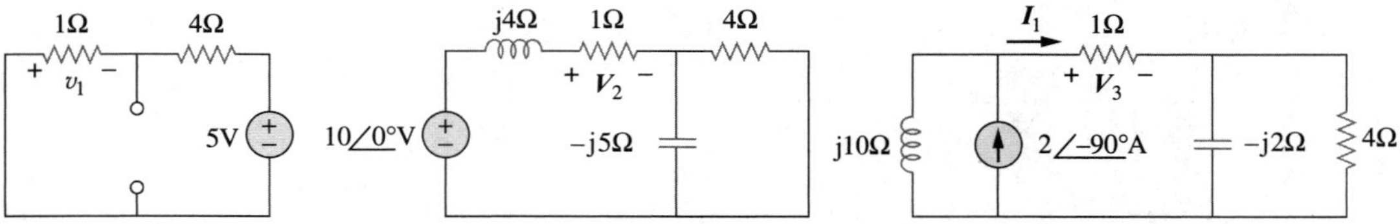

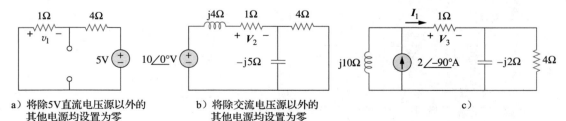

a）将除5V直流电压源以外的其他电源均设置为零　b）将除交流电压源以外的其他电源均设置为零　c）

图 10-14 求解例 10-6 图

为了求出 v_2，需将 5V 直流电源与 $2\sin 5t$A 电流源设置为零，并将该电路转换到频域：

$$10\cos 2t \quad\Rightarrow\quad 10\underline{/0^\circ},\qquad \omega=2\mathrm{rad/s}$$

$$2\mathrm{H}\quad\Rightarrow\quad \mathrm{j}\omega L=\mathrm{j}4\Omega$$

$$0.1\text{F} \quad \Rightarrow \quad \frac{1}{\text{j}\omega C}=-\text{j}5\Omega$$

此时的等效电路如图 10-14b 所示。设

$$\boldsymbol{Z}=-\text{j}5 \| 4=\frac{-\text{j}5\times 4}{4-\text{j}5}=2.439-\text{j}1.951$$

由分压原理可知

$$\boldsymbol{V}_2=\frac{1}{1+\text{j}4+\boldsymbol{Z}}(10\angle 0^\circ)=\frac{10}{3.439+\text{j}2.049}=2.498\angle -30.79^\circ$$

变换到时域为

$$v_2=2.498\cos(2t-30.79^\circ) \tag{10.6.3}$$

为了求出 v_3，需将两个电压源均设置为零，并将相应的电路转换到频域。

$$2\sin 5t \quad \Rightarrow \quad 2\angle -90^\circ, \quad \omega=5\text{rad/s}$$

$$2\text{H} \quad \Rightarrow \quad \text{j}\omega L=\text{j}10\Omega$$

$$0.1\text{F} \quad \Rightarrow \quad \frac{1}{\text{j}\omega C}=-\text{j}2\Omega$$

此时的等效电路如图 10-14c 所示。设

$$\boldsymbol{Z}_1=-\text{j}2 \| 4=\frac{-\text{j}2\times 4}{4-\text{j}2}=0.8-\text{j}1.6\Omega$$

由分流原理可知

$$\boldsymbol{I}_1=\frac{\text{j}10}{\text{j}10+1+\boldsymbol{Z}_1}(2\angle -90^\circ)\text{A}$$

$$\boldsymbol{V}_3=\boldsymbol{I}_1\times 1=\frac{\text{j}10}{1.8+\text{j}8.4}\times(-\text{j}2)=2.328\angle -80^\circ(\text{V})$$

转换到时域为

$$v_3=2.33\cos(5t-80^\circ)=2.33\sin(5t+10^\circ)(\text{V}) \tag{10.6.4}$$

将式(10.6.2)～式(10.6.4)代入式(10.6.1)，可得

$$v_o(t)=-1+2.498\cos(2t-30.79^\circ)+2.33\sin(5t+10^\circ)(\text{V})$$ ◀

练习 10-6　利用叠加定理计算如图 10-15 所示电路中的 v_o。

答案：$[4.631\sin(5t-81.12^\circ)+1.051\cos(10t-86.24^\circ)]$V。

10.5　电源变换

频域中的电源变换包括将与阻抗串联的电压源转换为阻抗并联的电流源，或反之，如图 10-16 所示。将一种类型的电源转换成另一种类型的电源时，必须牢记如下关系：

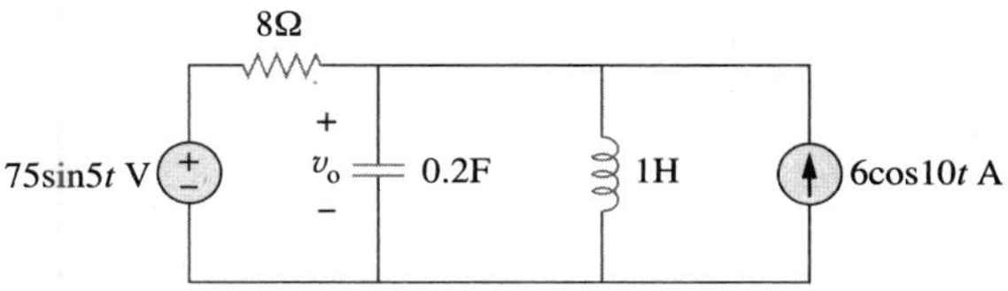

图 10-15　练习 10-6 图

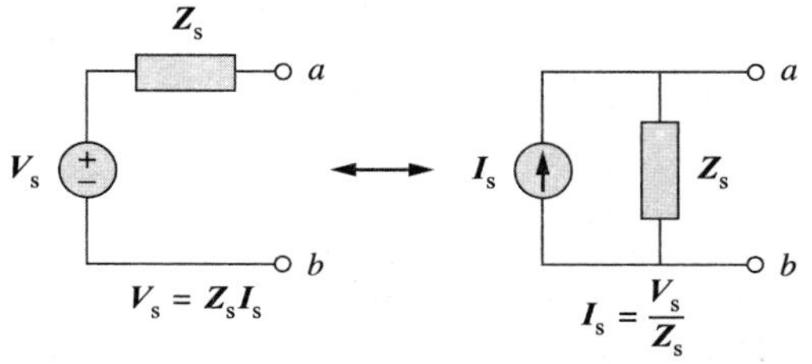

图 10-16　电源变换

$$\boxed{\boldsymbol{V}_s=\boldsymbol{Z}_s\boldsymbol{I}_s \quad \Leftrightarrow \quad \boldsymbol{I}_s=\frac{\boldsymbol{V}_s}{\boldsymbol{Z}_s}} \tag{10.1}$$

例 10-7　利用电压源变换方法计算如图 10-17 所示电路中的 $\boldsymbol{V}_x$。

解：将图 10-17 中的电压源转换为电流源，得到如图 10-18a 所示的电路，其中，

$$\boldsymbol{I}_s=\frac{20\angle -90^\circ}{5}=4\angle -90^\circ=-j4(\text{A})$$

5Ω 电阻与(3+j4)Ω 阻抗并联后，得到

$$\boldsymbol{Z}_1=\frac{5(3+j4)}{8+j4}=2.5+j1.25\Omega$$

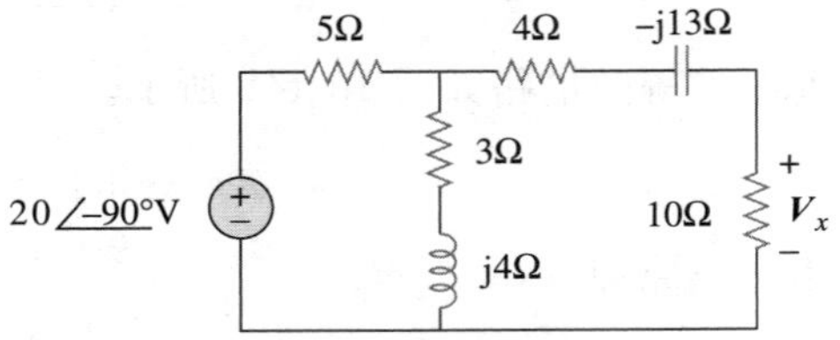

图 10-17 例 10-7 图

再将电流源转换为电压源，得到如图 10-18b 所示的电路，其中，

$$\boldsymbol{V}_s=\boldsymbol{I}_s\boldsymbol{Z}_1=-j4(2.5+j1.25)=5-j10(\text{V})$$

由分压原理可知

$$\boldsymbol{V}_x=\frac{10}{10+2.5+j1.25+4-j13}(5-j10)=5.519\angle -28^\circ(\text{V})$$ ◀

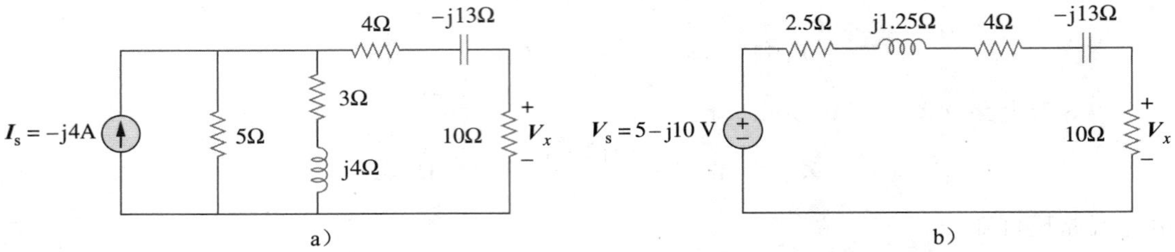

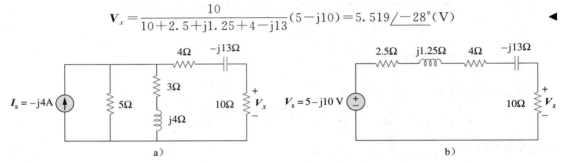

图 10-18 求解例 10-7 图

练习 10-7 利用电源变换的概念求解图 10-19 所示电路中的 $\boldsymbol{I}_o$。

答案：$9.863\angle 99.46^\circ$A。

10.6 戴维南等效电路与诺顿等效电路

戴维南定理与诺顿定理在交流电路中的应用与在直流电路中的应用是相同的，唯一的不同只是需要进行复数运算。戴维南等效电路的频域形式如图 10-20 所示，其中的线性电路用一个电压源和与之串联的阻抗来取代。诺顿等效电路的频域形式如图 10-21 所示，其中的线性电路用一个电流源和与之并联的阻抗来取代。上述两种等效电路之间的关系为：

$$\boxed{\boldsymbol{V}_{Th}=\boldsymbol{Z}_N\boldsymbol{I}_N,\qquad \boldsymbol{Z}_{Th}=\boldsymbol{Z}_N} \tag{10.2}$$

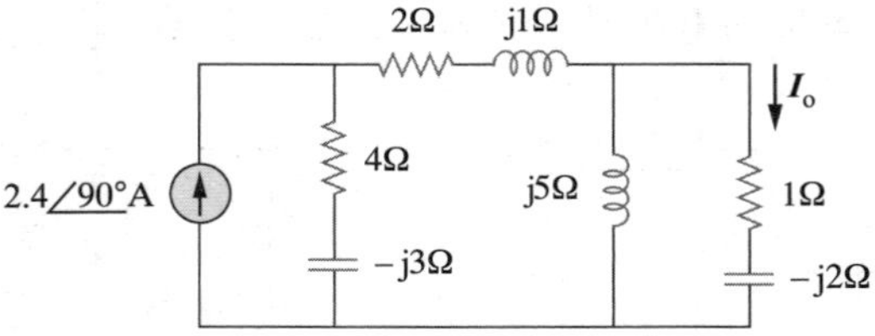

图 10-19 练习 10-7 图

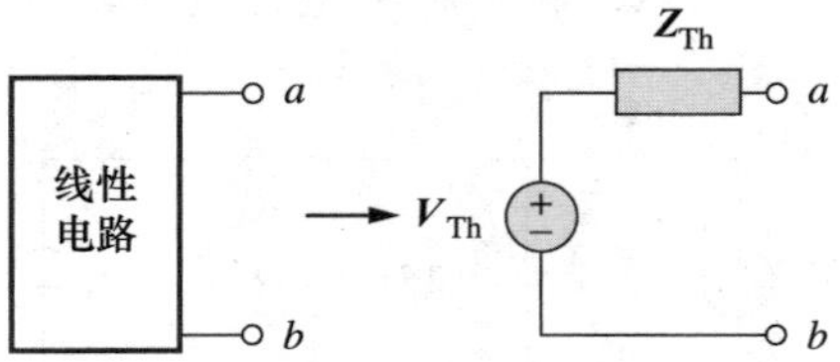

图 10-20 戴维南等效电路

这组关系恰好是前一节介绍的电源变换关系，其中 $\boldsymbol{V}_{Th}$ 为开路电压，$\boldsymbol{I}_N$ 为短路电流。

如果电路中包括以不同频率工作的电源(见例 10-6)，就必须针对各个频率确定其戴维南等效电路或诺顿等效电路。这样就会得到若

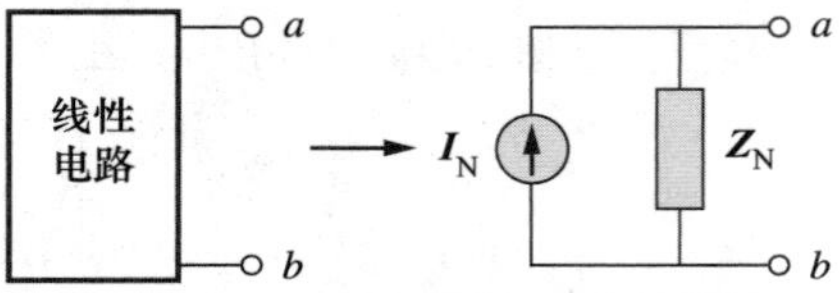

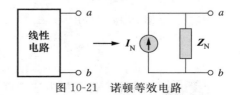

图 10-21 诺顿等效电路

干个完全不同的等效电路，每一个电路对应一个不同的频率，而不是用等效电源和等效阻抗组成等效电路。

例 10-8 确定如图 10-22 所示电路在端口 a-b 处的戴维南等效电路。

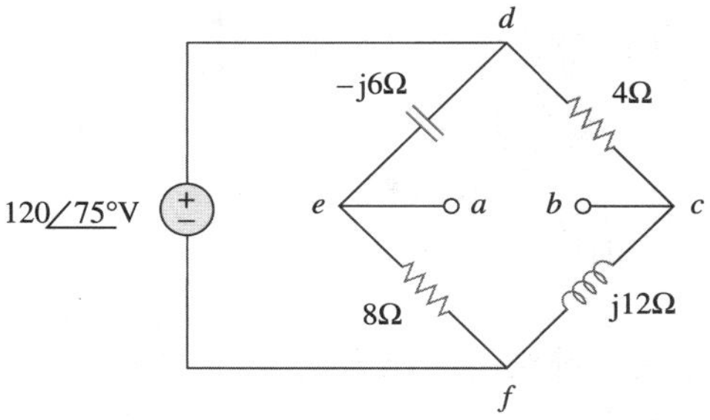

图 10-22　例 10-8 图

解：将电压源设置为零即可求出 $\mathbf{Z}_{Th}$。如图 10-23a 所示，8Ω 电阻与 −j6Ω 电抗相并联，于是，合并后的阻抗为

$$\mathbf{Z}_1 = -j6 \parallel 8 = \frac{-j6 \times 8}{8 - j6} = 2.88 - j3.84(\Omega)$$

同理，4Ω 电阻与 j12Ω 电抗相并联，合并后的电阻为

$$\mathbf{Z}_2 = 4 \parallel j12 = \frac{j12 \times 4}{4 + j12} = 3.6 + j1.2(\Omega)$$

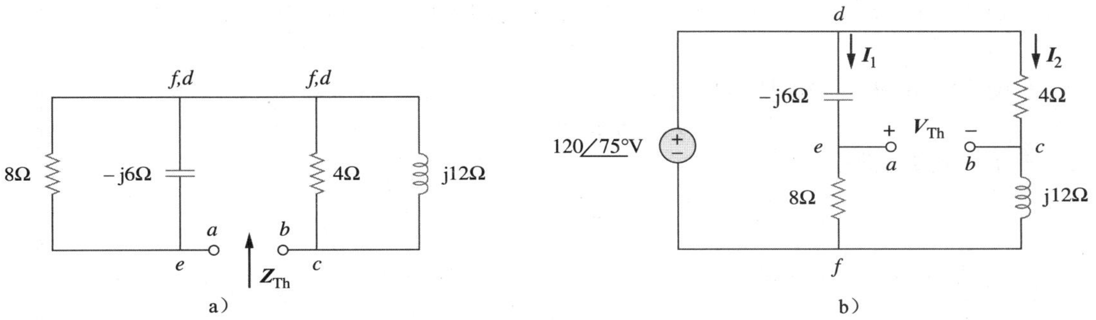

图 10-23　求解例 10-8 图

戴维南阻抗为 $\mathbf{Z}_1$ 与 $\mathbf{Z}_2$ 的串联，即

$$\mathbf{Z}_{Th} = \mathbf{Z}_1 + \mathbf{Z}_2 = (6.48 - j2.64)\Omega$$

为了求解 $\mathbf{V}_{Th}$，考虑图 10-23b 所示电路，图中 $\mathbf{I}_1$ 与 $\mathbf{I}_2$ 分别为

$$\mathbf{I}_1 = \frac{120\angle 75^\circ}{8 - j6}\text{A}, \quad \mathbf{I}_2 = \frac{120\angle 75^\circ}{4 + j12}\text{A}$$

沿图 10-23b 所示电路中的回路 $bcdeab$ 应用 KVL，得到

$$\mathbf{V}_{Th} - 4\mathbf{I}_2 + (-j6)\mathbf{I}_1 = 0$$

于是，

$$\begin{aligned}\mathbf{V}_{Th} = 4\mathbf{I}_2 + j6\mathbf{I}_1 &= \frac{480\angle 75^\circ}{4 + j12} + \frac{720\angle 75^\circ + 90^\circ}{8 - j6} \\ &= 37.95\angle 3.43^\circ + 72\angle 201.87^\circ \\ &= -28.936 - j24.55 = 37.95\angle 220.31^\circ(\text{V})\end{aligned}$$

◀

练习 10-8 求如图 10-24 所示电路在端口 a-b 处的戴维南等效电路。

答案：$\mathbf{Z}_{Th} = (12.4 - j3.2)\Omega$，$\mathbf{V}_{Th} = 63.24\angle -51.57^\circ\text{V}$。

例 10-9 求图 10-25 所示电路从端口 a-b 看进去的戴维南等效电路。

解：为了求出 $\mathbf{V}_{Th}$，对如图 10-26a 所示电路中的节点 1 应用 KCL，可得

$$15 = \mathbf{I}_o + 0.5\mathbf{I}_o \quad \Rightarrow \quad \mathbf{I}_o = 10\text{A}$$

对如图 10-26a 所示电路的右边回路应用 KVL，得到

$$-\mathbf{I}_o(2 - j4) + 0.5\mathbf{I}_o(4 + j3) + \mathbf{V}_{Th} = 0$$

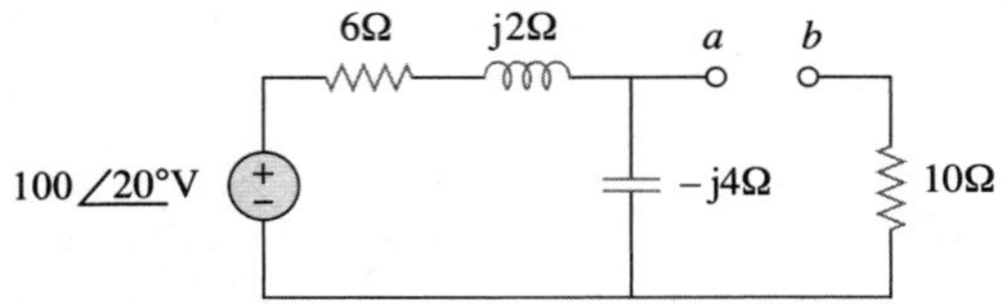

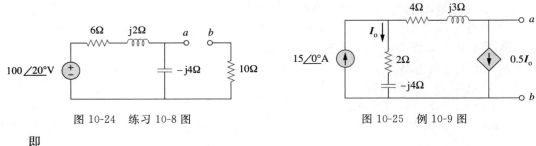

图 10-24　练习 10-8 图

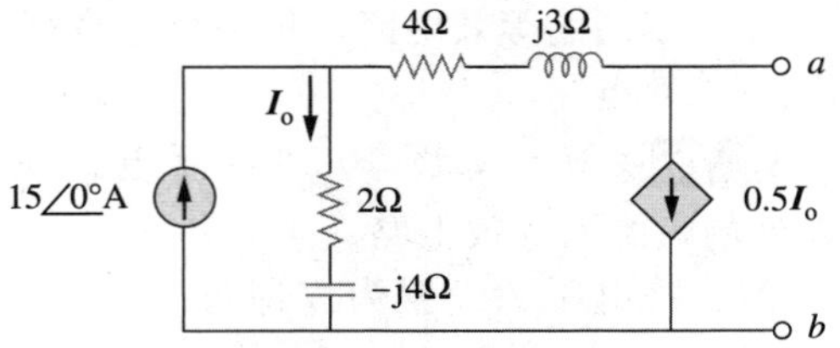

图 10-25　例 10-9 图

即

$$V_{Th}=10(2-j4)-5(4+j3)=-j55$$

于是，戴维南电压为

$$V_{Th}=55\angle -90°\text{V}$$

为了求出 Z_{Th}，需将独立电源去掉，由于存在受控电流源，所以需要在端口 a-b 处连接一个 3A 的电流源(这里的 3A 是为了运算方便任意选取的，是一个可以被离开节点的总电流整除的数)，如图 10-26b 所示。在节点处应用 KCL，可得

$$3=I_o+0.5I_o \quad \Rightarrow \quad I_o=2\text{A}$$

对图 10-26b 中的外围回路应用 KVL，有

$$V_s=I_o(4+j3+2-j4)=2(6-j)$$

于是，戴维南阻抗为

$$Z_{Th}=\frac{V_s}{I_s}=\frac{2(6-j)}{3}=(4-j0.6667)\Omega$$ ◀

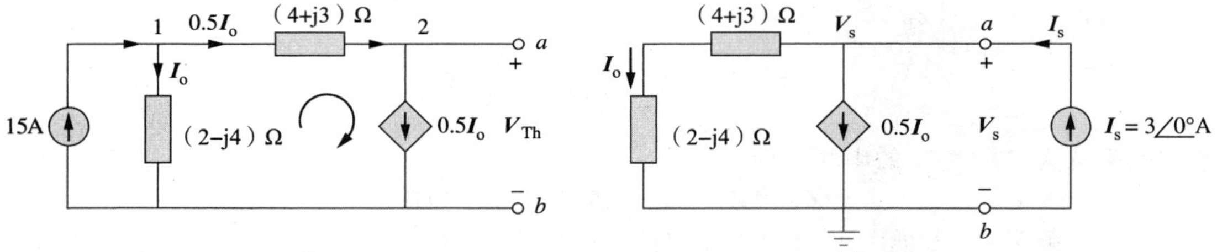

a）　　b）

图 10-26　求解例 10-9 图

练习 10-9　确定图 10-27 所示电路从端口 a-b 看进去的戴维南等效电路。

答案：$Z_{Th}=4.473\angle -7.64°\Omega$，$V_{Th}=7.35\angle 72.9°\text{V}$。

例 10-10　利用诺顿定理计算图 10-28 所示电路中的电流 I_o。

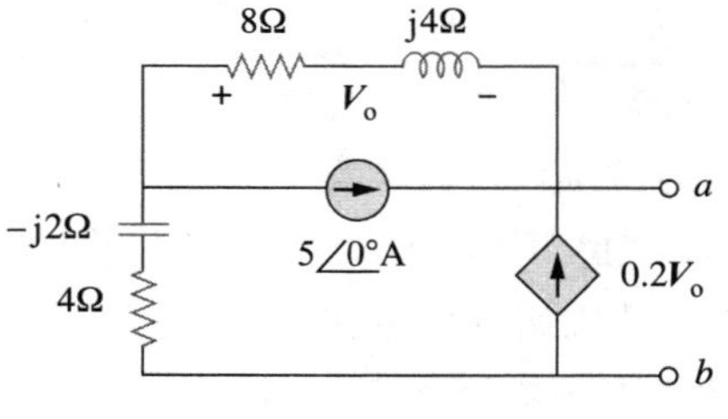

图 10-27　练习 10-9 图

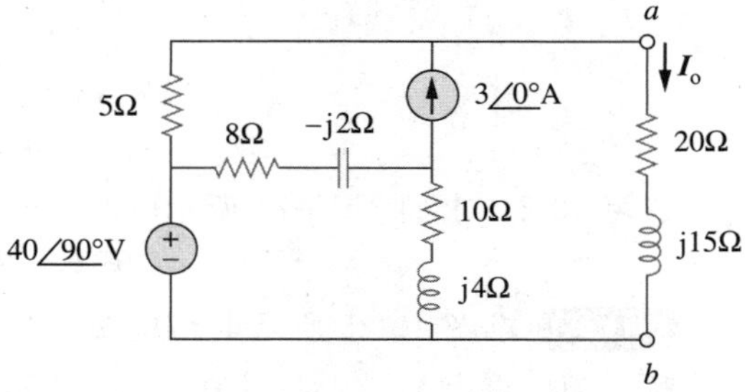

图 10-28　例 10-10 图

解：首先要确定端口 a-b 处的诺顿等效电路。Z_N 的求法与 Z_{Th} 的求法相同，将各电源设置为零，得到图 10-29a 所示电路，其中阻抗(8−j2)与(10+j4)被短路了，于是

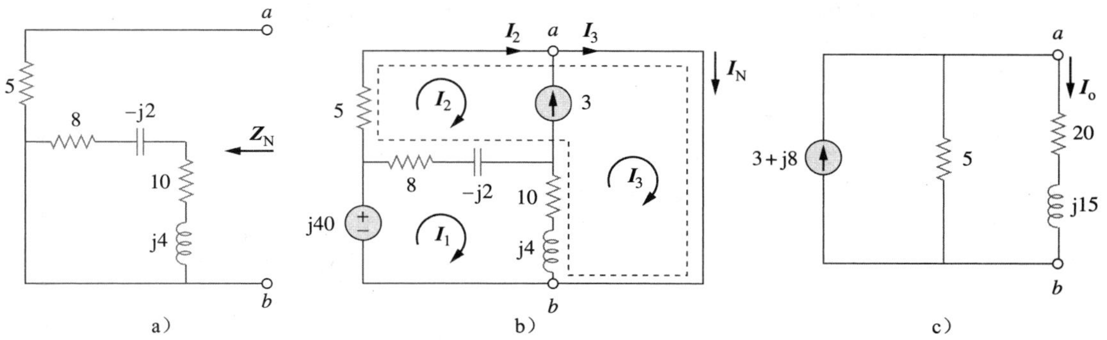

图 10-29　求解例 10-10 图

$$Z_N=5\Omega$$

为了求出 I_N，将端口 a-b 短路，如图 10-29b 所示，利用网孔分析法求解。由于网孔 2 与网孔 3 之间存在电流源，所以网孔 2 与网孔 3 形成一个超网孔。对于网孔 1，有

$$-j40+(18+j2)I_1-(8-j2)I_2-(10+j4)I_3=0 \qquad (10.10.1)$$

对于超网孔，有

$$(13-j2)I_2+(10+j4)I_3-(18+j2)I_1=0 \qquad (10.10.2)$$

由于网孔 2 与网孔 3 之间电流源的存在，于是在节点 a 处有

$$I_3=I_2+3 \qquad (10.10.3)$$

将式(10.10.1)和式(10.10.2)相加，得到

$$-j40+5I_2=0 \quad \Rightarrow \quad I_2=j8$$

由式(10.10.3)可得

$$I_3=I_2+3=3+j8$$

于是，诺顿电流为

$$I_N=I_3=(3+j8)\text{A}$$

图 10-29c 给出了诺顿等效电路以及端口 a-b 两端的负载阻抗。由分流原理，可得

$$I_o=\frac{5}{5+20+j15}I_N=\frac{3+j8}{5+j3}$$
$$=1.465\angle 38.48^\circ\text{A}$$ ◀

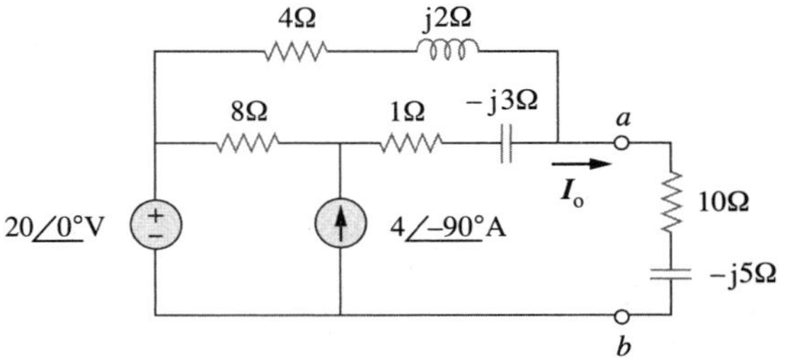

图 10-30　练习 10-10 图

练习 10-10　确定如图 10-30 所示电路从端口 a-b 看进去的诺顿等效电路，并利用所求出的等效电路求出 I_o。

答案：$Z_N=3.176+j0.706\Omega$，$I_N=8.396\angle -32.68^\circ\text{A}$，$I_o=1.9714\angle -2.10^\circ\text{A}$。

10.7　交流运算放大器电路

只要运算放大器工作在线性区域，10.1 节介绍的分析交流电路的三个步骤就同样适用于运算放大器电路。通常假设运算放大器是理想的(参见 5.2 节)，正如第 5 章所讨论的，分析运算放大器电路的关键是牢记理想运算放大器的两个重要特性：

1. 运算放大器两个输入端无电流流入。
2. 运算放大器输入端的电压为零。

下面举例说明交流运算放大器电路的分析。

例 10-11 计算图 10-31a 所示运算放大器电路的 $v_o(t)$，假定 $v_s(t)=3\cos1000t\,\mathrm{V}$。

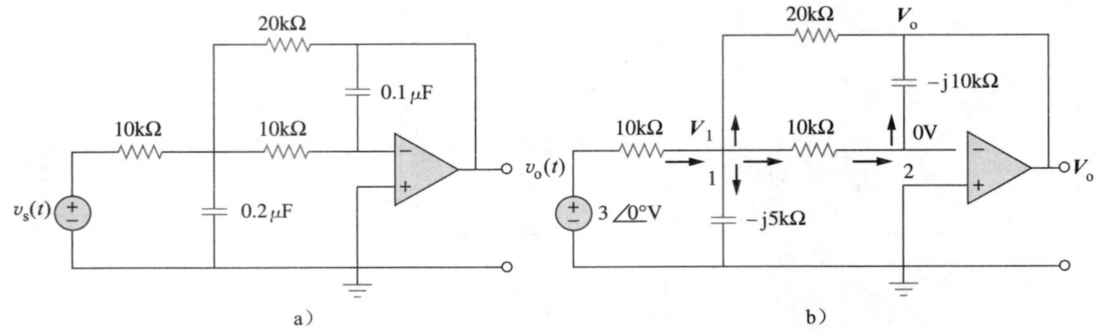

图 10-31　例 10-11 图

解：首先将电路转换到频域，如图 10-31b 所示，图中 $\boldsymbol{V}_s=3\angle 0°$，$\omega=1000\mathrm{rad/s}$。在节点 1 处应用 KCL 得到

$$\frac{3\angle 0°-\boldsymbol{V}_1}{10}=\frac{\boldsymbol{V}_1}{-\mathrm{j}5}+\frac{\boldsymbol{V}_1-0}{10}+\frac{\boldsymbol{V}_1-\boldsymbol{V}_o}{20}$$

即

$$6=(5+\mathrm{j}4)\boldsymbol{V}_1-\boldsymbol{V}_o \tag{10.11.1}$$

在节点 2 处应用 KCL 得到

$$\frac{\boldsymbol{V}_1-0}{10}=\frac{0-\boldsymbol{V}_o}{-\mathrm{j}10}$$

即

$$\boldsymbol{V}_1=-\mathrm{j}\boldsymbol{V}_o \tag{10.11.2}$$

将式(10.11.2)代入式(10.11.1)有

$$6=-\mathrm{j}(5+\mathrm{j}4)\boldsymbol{V}_o-\boldsymbol{V}_o=(3-\mathrm{j}5)\boldsymbol{V}_o$$

$$\boldsymbol{V}_o=\frac{6}{3-\mathrm{j}5}=1.029\angle 59.04°$$

所以，

$$v_o(t)=1.029\cos(1000t+59.04°)\mathrm{V}$$

◀

练习 10-11　试求图 10-32 所示运算放大器电路的 v_o 与 i_o，假定 $v_s=12\cos5000t\,\mathrm{V}$。

答案：$4\sin5000t\,\mathrm{V}$，$400\sin5000t\,\mu\mathrm{A}$。

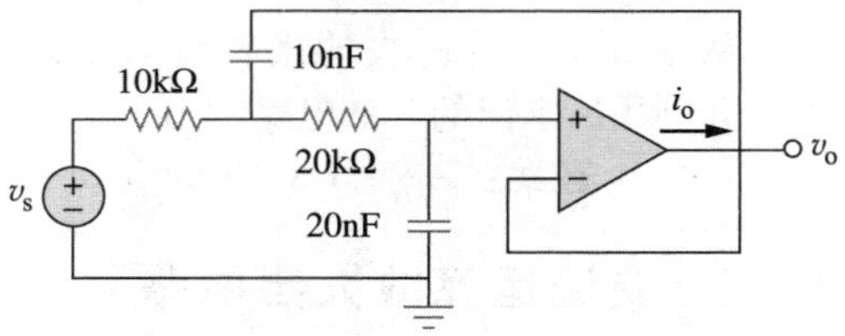

图 10-32　练习 10-11 图

例 10-12 计算图 10-33 所示电路的闭环增益与相移，假定 $R_1=R_2=10\mathrm{k}\Omega$，$C_1=2\mathrm{F}$，$C_2=1\mathrm{F}$，$\omega=200\mathrm{rad/s}$。

解：图 10-33 中反馈阻抗和输入阻抗分别为

$$\boldsymbol{Z}_f=R_2\left\|\frac{1}{\mathrm{j}\omega C_2}\right.=\frac{R_2}{1+\mathrm{j}\omega R_2C_2}$$

$$\boldsymbol{Z}_i=R_1+\frac{1}{\mathrm{j}\omega C_1}=\frac{1+\mathrm{j}\omega R_1C_1}{\mathrm{j}\omega C_1}$$

由于图 10-33 所示电路是一个反相放大器，因此闭环增益为

$$\boldsymbol{G}=\frac{\boldsymbol{V}_o}{\boldsymbol{V}_s}=-\frac{\boldsymbol{Z}_f}{\boldsymbol{Z}_i}=\frac{-\mathrm{j}\omega C_1R_2}{(1+\mathrm{j}\omega R_1C_1)(1+\mathrm{j}\omega R_2C_2)}$$

将给定的 R_1、R_2、C_1、C_2、ω 的值代入后得到

$$G=\frac{-\mathrm{j}4}{(1+\mathrm{j}4)(1+\mathrm{j}2)}=0.434\underline{/130.6^\circ}$$

所以，该运算放大器电路的闭环增益为 0.434，相移为 130.6°。◀

练习 10-12　试求如图 10-34 所示电路的闭环增益与相移，假定 $R=10\text{k}\Omega$，$C=1\mu\text{F}$，$\omega=1000\text{rad/s}$。

答案：1.0147，−5.6°。

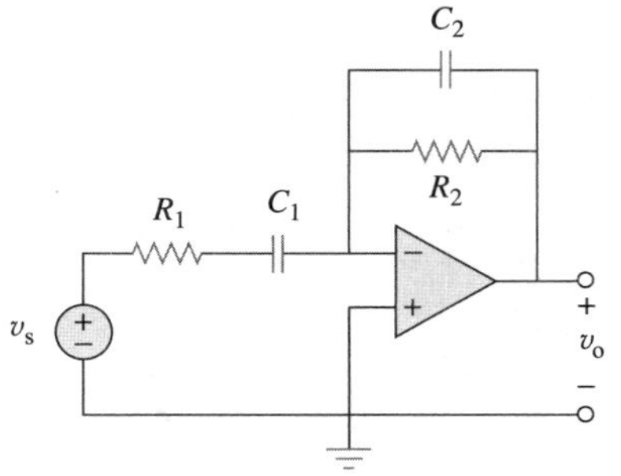

图 10-33　例 10-12 图

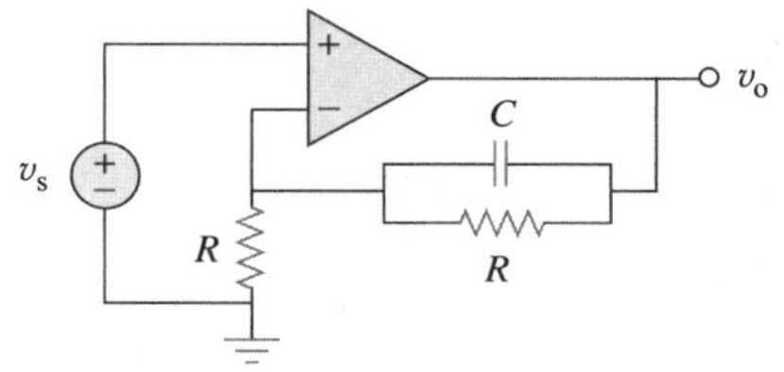

图 10-34　练习 10-12 图

习题

10.2 节

1　计算图 10-35 所示电路中的 i_o。

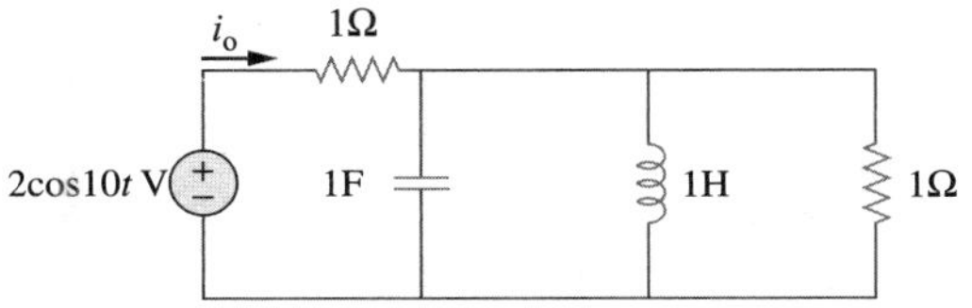

图 10-35　习题 1 图

2　利用图 10-36 所示电路设计一个问题，从而更好地理解节点分析法。**ED**

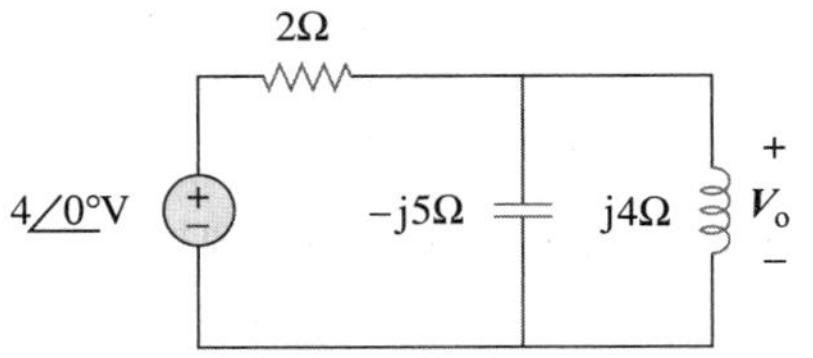

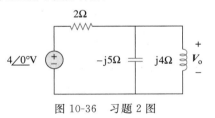

图 10-36　习题 2 图

3　计算图 10-37 所示电路中的 v_o

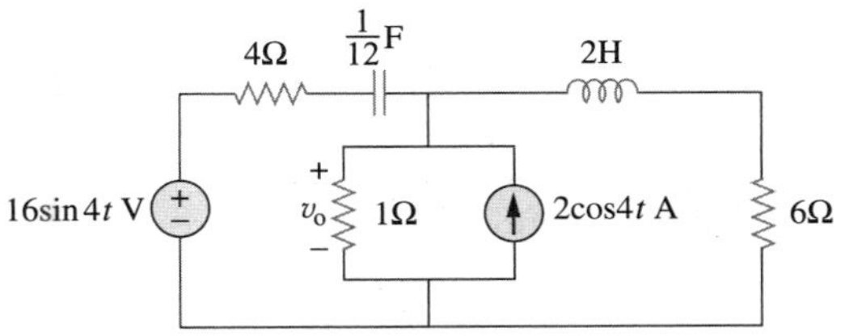

图 10-37　习题 3 图

4　计算图 10-38 所示电路中的 $v_o(t)$

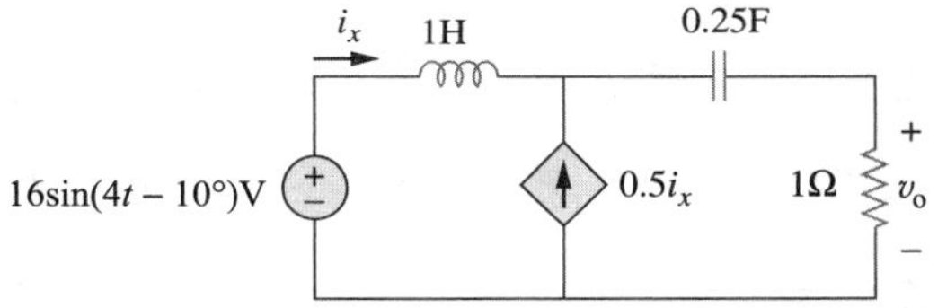

图 10-38　习题 4 图

5　计算图 10-39 所示电路中的 V_x

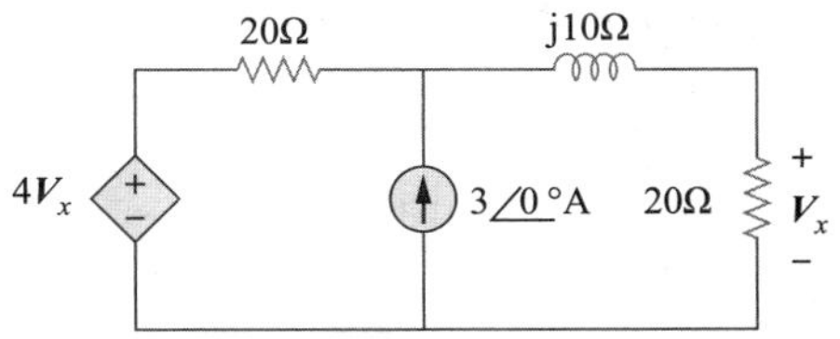

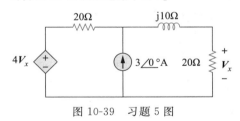

图 10-39　习题 5 图

6　利用节点分析法计算图 10-40 所示电路中的 V_o。

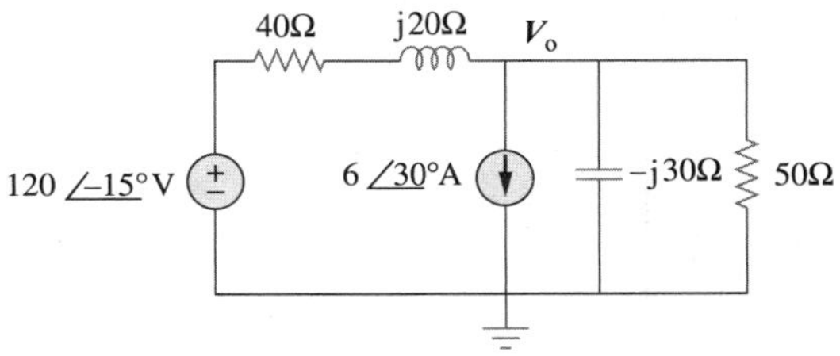

图 10-40　习题 6 图

7　利用图 10-41 所示电路设计一个问题，以更好地理解节点分析法。**ED**

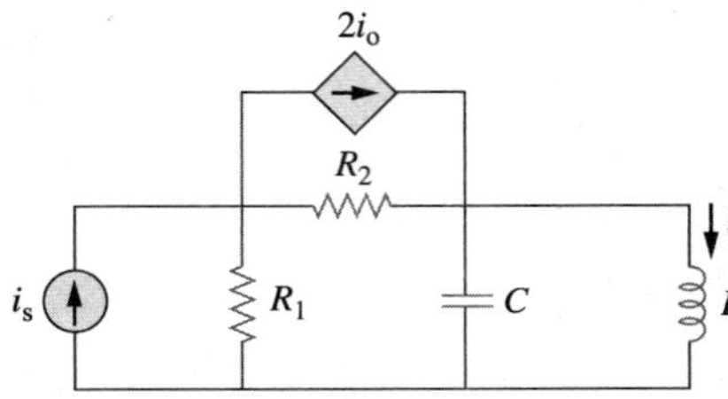

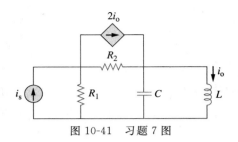

图 10-41 习题 7 图

8 在图 10-42 所示电路中，$v_s(t)=V_m\sin\omega t$，$v_o(t)=A\sin(\omega t+\phi)$，试推导 A 与 ϕ 的表达式。

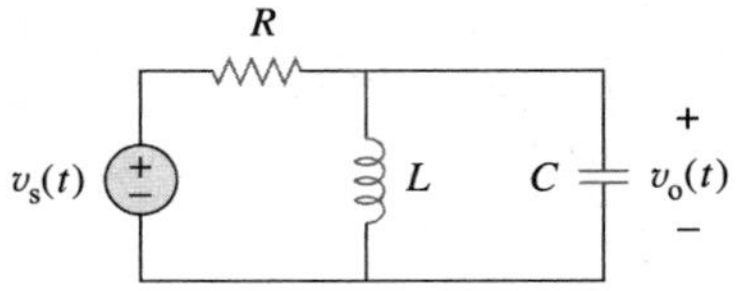

图 10-42 习题 8 图

9 对于图 10-43 所示各电路，试求 $\omega=0$，$\omega\to\infty$ 以及 $\omega^2=1/LC$ 是的 $\boldsymbol{V}_o/\boldsymbol{V}_i$。

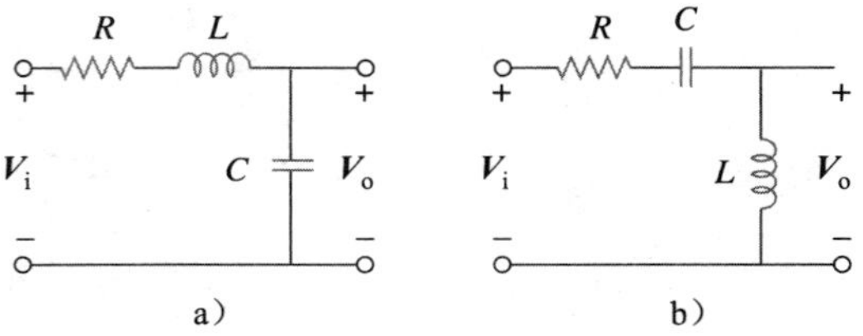

图 10-43 习题 9 图

10 计算图 10-44 所示电路中的 $\boldsymbol{V}_o/\boldsymbol{V}_s$。

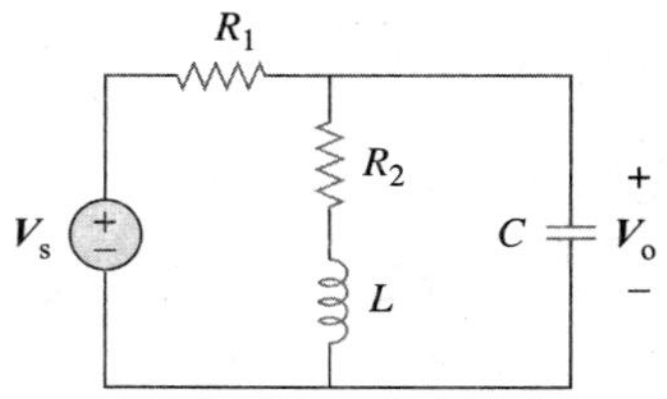

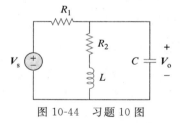

图 10-44 习题 10 图

11 利用节点分析法计算图 10-45 所示电路中的电压 $\boldsymbol{V}$。

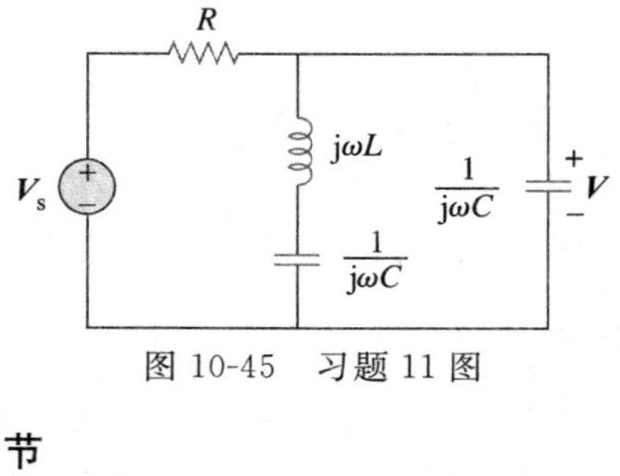

图 10-45 习题 11 图

10.3 节

12 设计一个问题以更好地理解网孔分析法。 **ED**

13 利用网孔分析法计算图 10-46 所示电路中的 i_o。

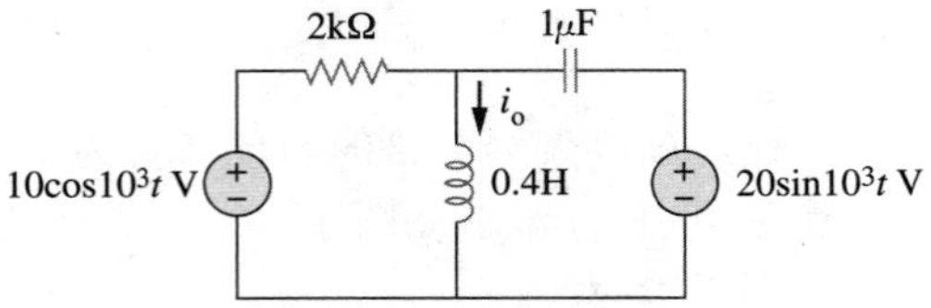

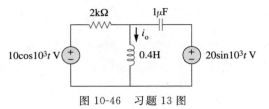

图 10-46 习题 13 图

14 利用图 10-47 所示电路设计一个问题，以更好地理解网孔分析法。 **ED**

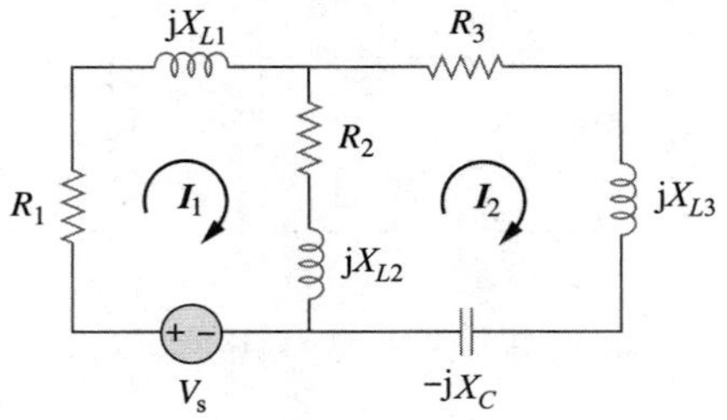

图 10-47 习题 14 图

10.4 节

15 利用叠加定理求解如图 10-48 所示电路中的 i_o。

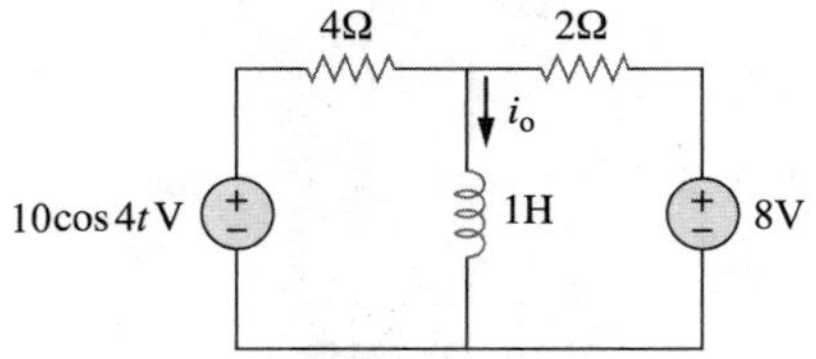

图 10-48 习题 15 图

16 计算图 10-49 所示电路中的 v_o，假设 $v_s=[6\cos(2t)+4\sin(4t)]$V。

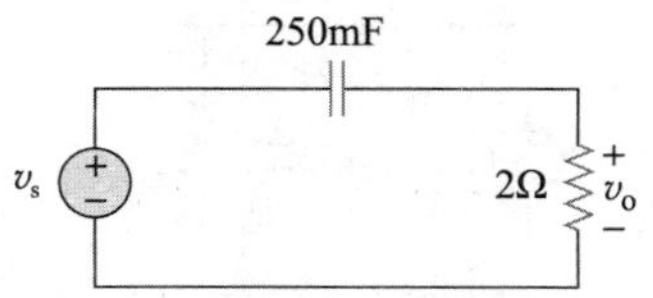

图 10-49 习题 16 图

17 利用图 10-50 所示电路设计一个问题，以更好地理解叠加定理。 **ED**

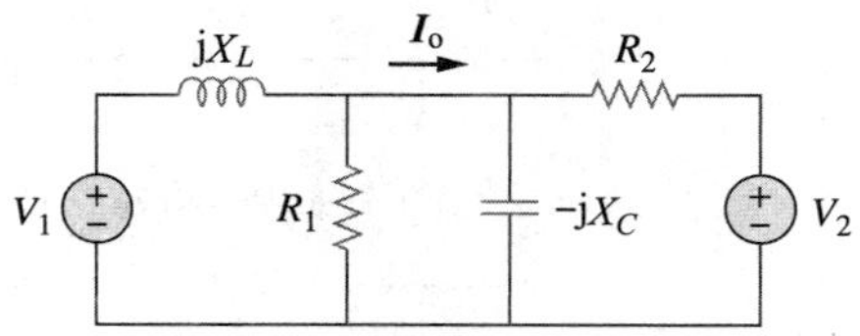

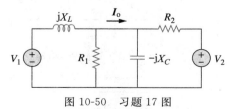

图 10-50 习题 17 图

18 利用叠加定理计算图 10-51 所示电路中的 i_x。

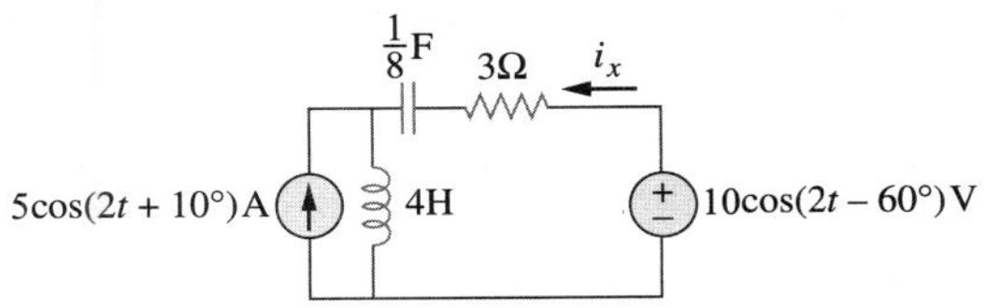

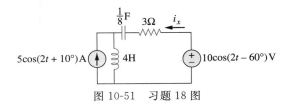

图 10-51　习题 18 图

19　假定 $v_s=50\sin 2t$ V，$i_s=12\cos(6t+10°)$ A。利用叠加定理求解如图 10-52 所示电路中的 v_x。

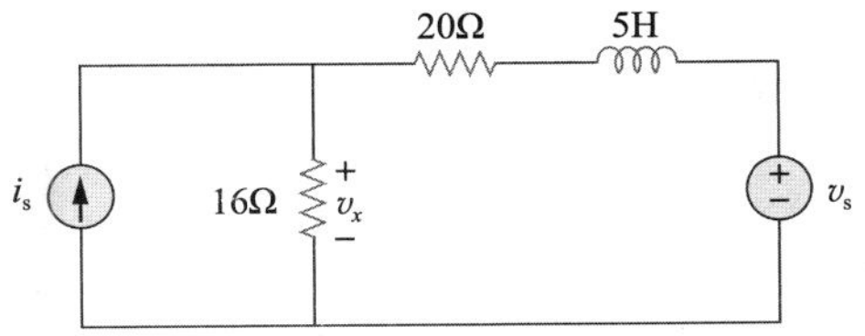

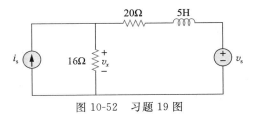

图 10-52　习题 19 图

20　利用叠加定理计算图 10-53 所示电路中的 $i(t)$。

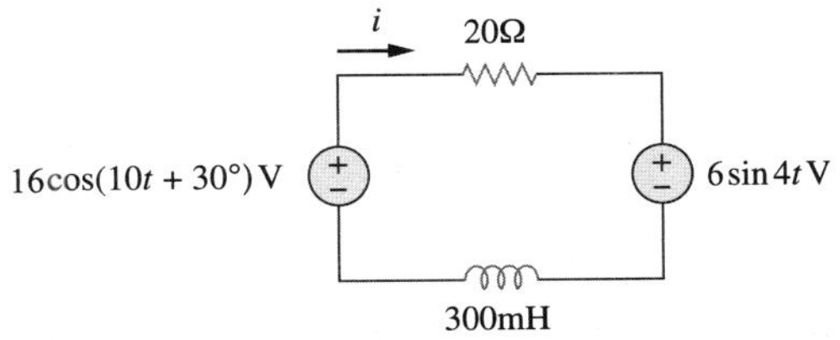

图 10-53　习题 20 图

21　利用叠加定理计算图 10-54 所示电路中的 $v_o(t)$。

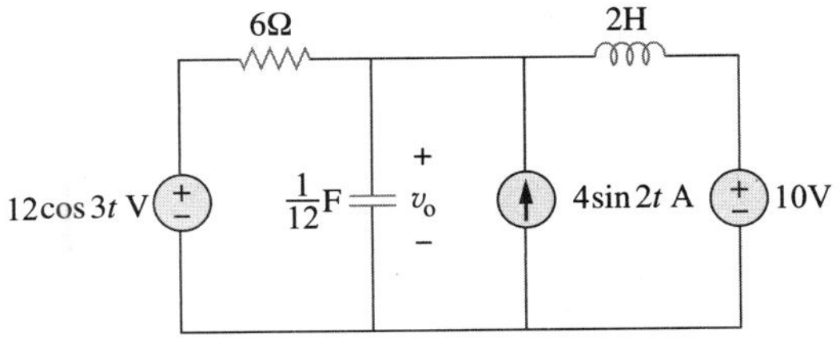

图 10-54　习题 21 图

22　利用电源变换方法求解如图 10-55 所示电路中的 i。

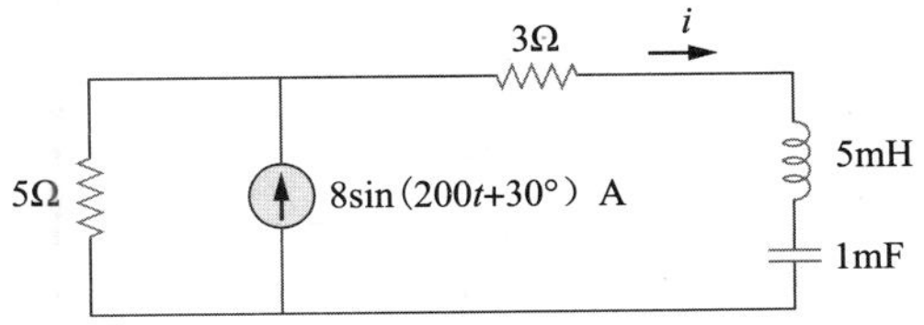

图 10-55　习题 22 图

23　利用图 10-56 所示电路设计一个问题，以更好地理解电源变换方法。**ED**

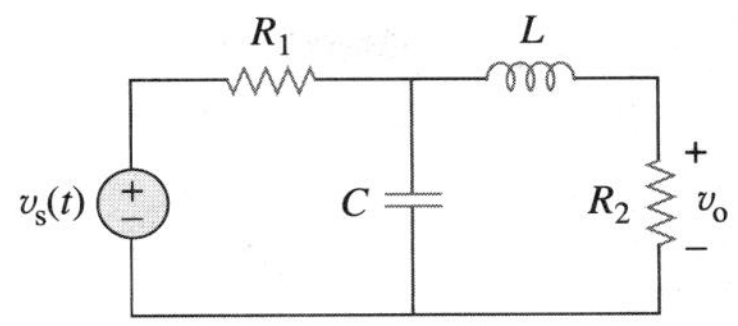

图 10-56　习题 23 图

24　利用电源变换方法求解习题 17 电路中的 **I**。

25　利用电源变换方法重做习题 6。

10.6 节

26　求图 10-57 所示各电路在端口 a-b 处的戴维南等效电路与诺顿等效电路。

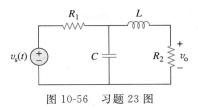

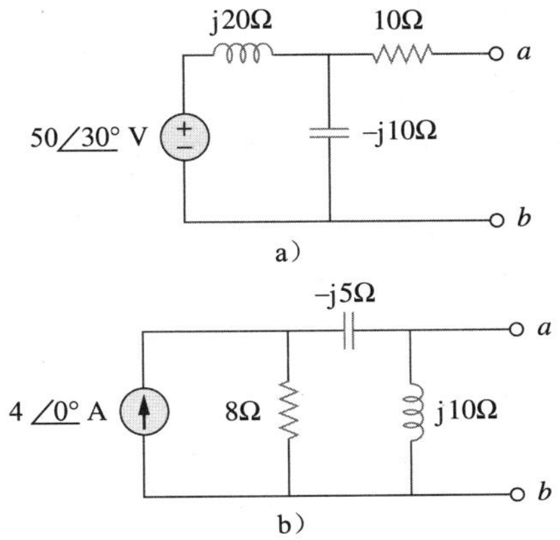

图 10-57　习题 26 图

27　求图 10-58 所示各电路在端口 a-b 处的戴维南等效电路与诺顿等效电路。

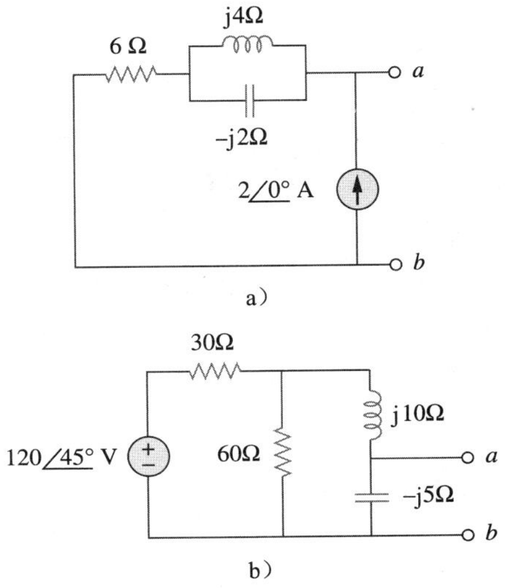

图 10-58　习题 27 图

28　利用图 10-59 设计一个问题，以更好地理解戴维南等效电路和诺顿等效电路。**ED**

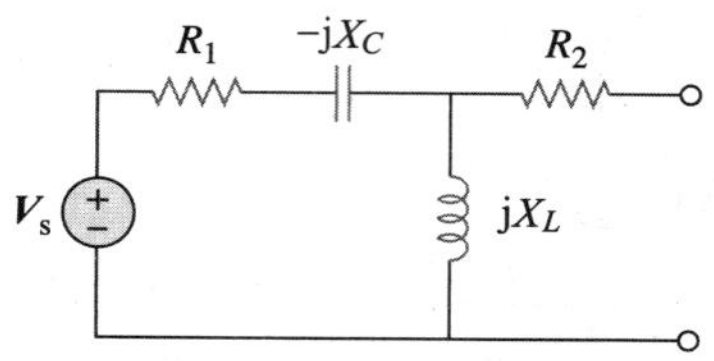

图 10-59 习题 28 图

29 求图 10-60 所示各电路在端口 a-b 处的戴维南等效电路。

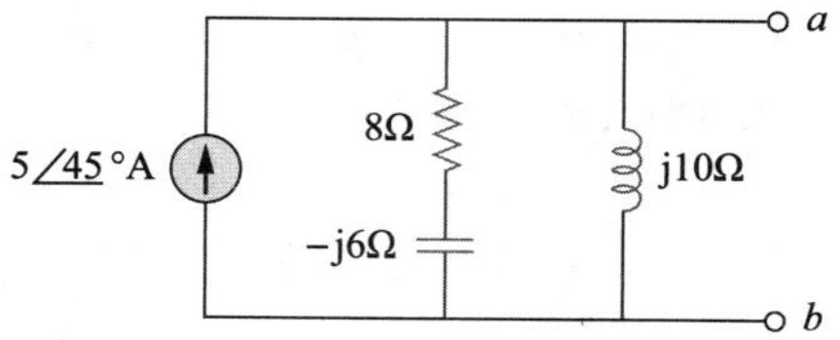

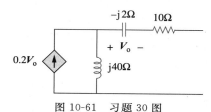

图 10-60 习题 29 图

30 计算如图 10-61 所示电路的输出阻抗。

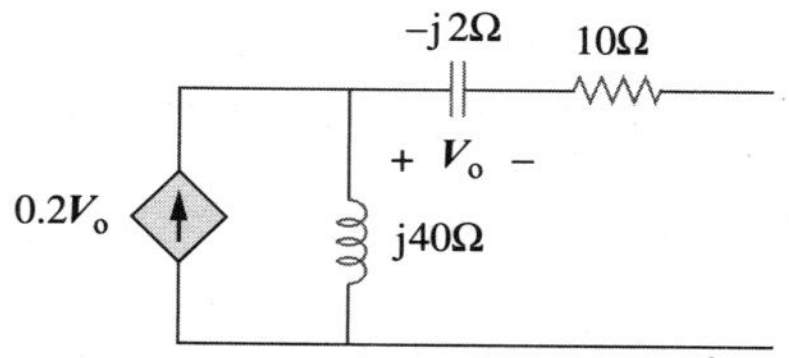

图 10-61 习题 30 图

31 利用图 10-62 所示电路设计一个问题，以更好地理解诺顿定理。 **ED**

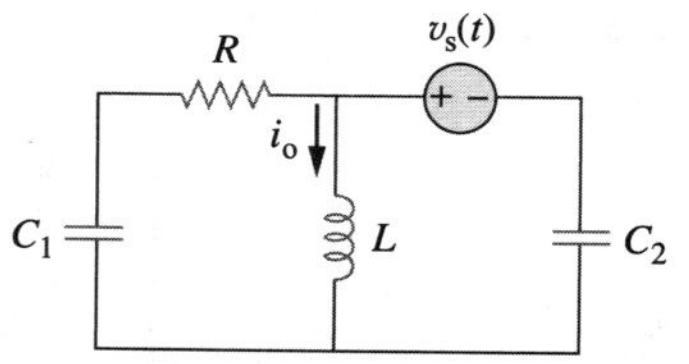

图 10-62 习题 31 图

10.7 节

32 对于图 10-63 所示的微分器电路，计算 $\mathbf{V}_o/\mathbf{V}_s$，并求出当 $v_s(t)=V_m\sin\omega t$ 且 $\omega=1/RC$ 时的输出 $v_o(t)$。

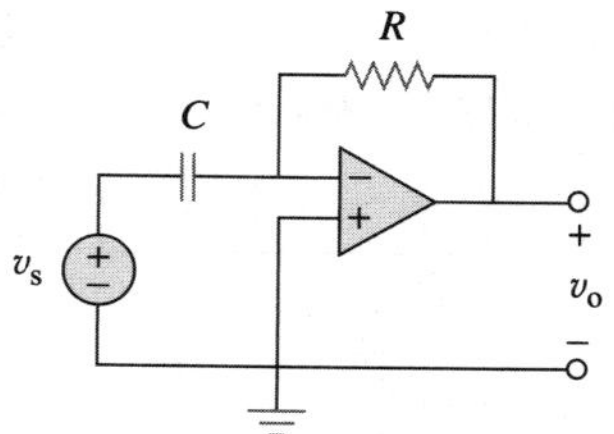

图 10-63 习题 32 图

33 利用图 10-64 所示电路设计一个问题，以更好地理解交流运算放大器电路。 **ED**

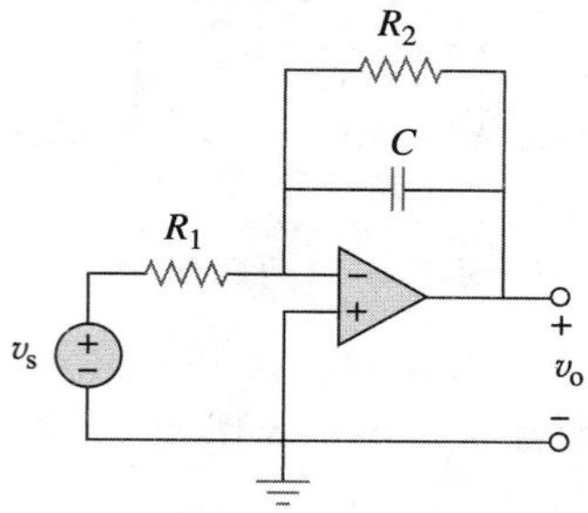

图 10-64 习题 33 图

34 计算图 10-65 所示运算放大器电路的 v_o。

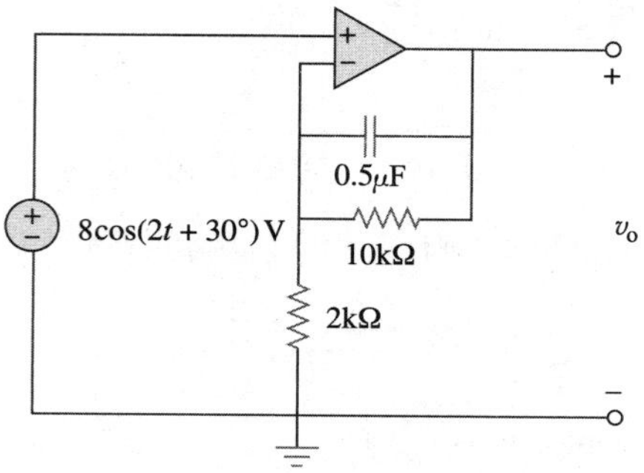

图 10-65 习题 34 图

35 计算图 10-66 所示运算放大器电路在 $v_s=4\cos 10^4 t$ V 时的 v_o。

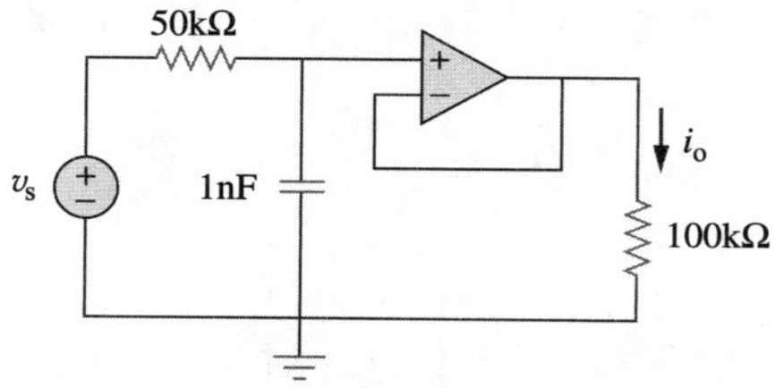

图 10-66 习题 35 图

36 如果输入阻抗定义为 $\mathbf{Z}_{in}=\mathbf{V}_s/\mathbf{I}_s$，试求在 $R_1=10\text{k}\Omega$，$R_2=20\text{k}\Omega$，$C_1=10\text{nF}$，$C_2=20\text{nF}$，$\omega=5000\text{rad/s}$ 时如图 10-67 所示运算放大器的输入阻抗。

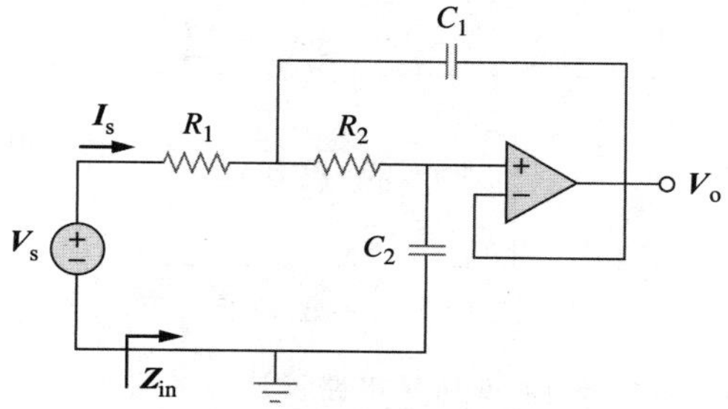

图 10-67 习题 36 图

37　计算图 10-68 所示运算放大器电路的电压增益 $\mathbf{A}_v=\mathbf{V}_o/\mathbf{V}_s$，并求出 $\omega=0$、$\omega\to\infty$、$\omega=1/R_1C_1$、$\omega=1/R_2C_2$ 四种情况下的 $\mathbf{A}_v$。

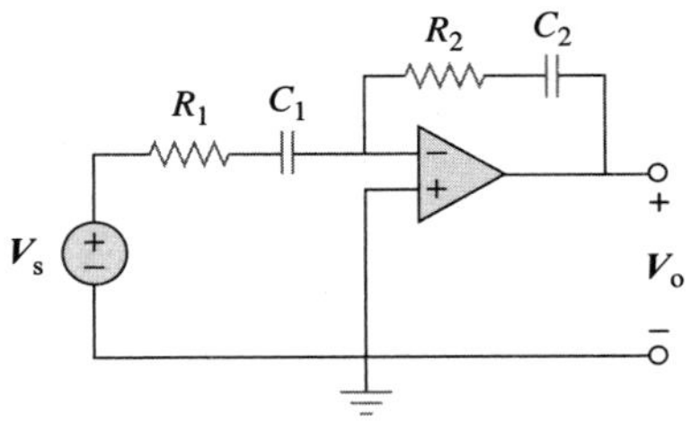

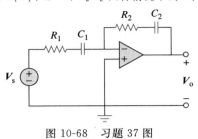

图 10-68　习题 37 图

38　计算图 10-69 所示运算放大器电路的 $v_o(t)$。

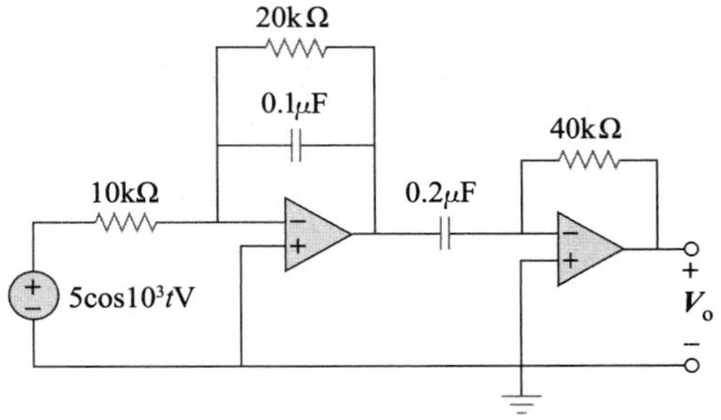

图 10-69　习题 38 图

第11章 交流功率分析

有四件事是永远不可挽回的：说出去的话、射出去的箭、流逝的时间和错过的机会。

——Omar Ibn Al-Halif

拓展事业

电力系统工程领域的职业生涯

1831年，迈克尔·法拉第(Michael Faraday)发现交流发电机的基本原理是工程领域中一项重大突破，它提供了一种产生电能的便捷途径，而电能恰恰是我们目前日常使用的各类电子、电气以及机电设备所必需的能源。

三线式配电系统的低压杆式变压器
(图片来源：Dennis Wise/Getty Images)

电能是由诸如矿物燃料(天然气，石油、煤)、核燃料(铀)、水利能源(江河落差)、地热能(热水、热流)、风能、湖汐能以及生物能(垃圾)等不同形式的能源转换得到的，在电力工程领域中会详细研究电能产生的各种不同途径，而且电力工程已经成为电子工程中一门不可或缺的子学科。电气工程师应该熟练掌握电能的分析、产生、传输，配送以及成本计算等基本知识。

电力行业包括成千上万个电力供应系统，大到为各大区域供电的大型互联电网，小到为各个社区和工厂供电的小型电力公司。由于电力行业所固有的复杂性，使得其不同的部门需要大量的电气工程工作人员，如发电厂、输电与配电、电力系统维护、科学研究、数据获取与数据流控制，以及管理等等。由于各地都需要用电，电力公司也就各处都有，同时也提供了令人兴奋的培训机会和稳定的就业机会。

11.1 引言

之前对交流电路的分析主要集中于电压与电流的计算，本章主要介绍交流电路的功率分析。

交流功率分析具有极其重要的意义。功率是电气设备、电子系统与通信系统中最为重要的物理量，因为上述系统中均存在从一点到另一点的功率传输。同时，各种工业用电设备或家用电子设备——电扇、电动机、照明灯、熨斗、电视机、个人计算机等都有一个额定功率值，即设备正常工作所要求的功率，如果超过额定功率将造成设备的永久性损坏。最常用的电功率为50Hz或60Hz的交流电。用交流电取代直流电即可实现从发电厂到用户的高压电传输。

本章首先定义并推导瞬时功率与平均功率，之后介绍其他功率的概念。

11.2 瞬时功率与平均功率

第2章已经介绍过，元件吸收的瞬时功率 $p(t)$ 等于该元件两端的瞬时电压 $v(t)$ 与流

经该元件的瞬时电流 $i(t)$ 的乘积。假设采用无源符号的国际惯例，则有

$$\boxed{p(t)=v(t)i(t)} \tag{11.1}$$

瞬时功率(单位为瓦特)是指任一瞬间的功率。

瞬时功率是元件吸收能量的速率。

提示： 瞬时功率也可以认为是电路元件在某个特定时刻所吸收的功率，瞬时功率通常用小写字母表示。

下面考虑电路元件的任意组合在正弦信号激励下吸收的瞬时功率的一般情况，如图 11-1 所示。令电路终端的电压与电流为：

$$v(t)=V_m\cos(\omega t+\theta_v) \tag{11.2a}$$

$$i(t)=I_m\cos(\omega t+\theta_i) \tag{11.2b}$$

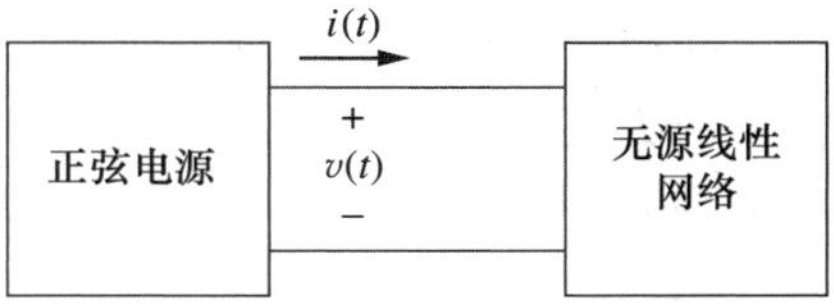

图 11-1　正弦电源与无源线性网络

式中，V_m 与 I_m 为振幅(即峰值)，θ_v 与 θ_i 分别为电压与电流的相位角。于是，电路吸收的瞬时功率为

$$p(t)=v(t)i(t)=V_mI_m\cos(\omega t+\theta_v)\cos(\omega t+\theta_i) \tag{11.3}$$

利用三角恒等式：

$$\cos A\cos B=\frac{1}{2}[\cos(A-B)+\cos(A+B)] \tag{11.4}$$

将式(11.3)写为

$$p(t)=\frac{1}{2}V_mI_m\cos(\theta_v-\theta_i)+\frac{1}{2}V_mI_m\cos(2\omega t+\theta_v+\theta_i) \tag{11.5}$$

上式表明，瞬时功率包括两部分，第一部分为常量，与时间无关，其值取决于电压与电流之间的相位差，第二部分为正弦函数，其频率为 2ω，是电压角频率或电流角频率的两倍。

式(11.5)中 $p(t)$ 的波形图如图 11-2 所示，图中 $T=2\pi/\omega$ 为电压或电流的周期。由图可见，$p(t)$ 为周期信号，$p(t)=p(t+T_0)$，其周期为 $T_0=T/2$，因为 $p(t)$ 的频率是电压频率或电流频率的 2 倍。同时还可以观察到，在一个周期的部分时间 $p(t)$ 为正，其余时间 $p(t)$ 为负，当 $p(t)$ 为正时，电路吸收功率；而当 $p(t)$ 为负时，电源吸收功率，也就是说功率由电路传送到电源，这种情况在电路中包括储能元件(电感器电容)时是可能的。

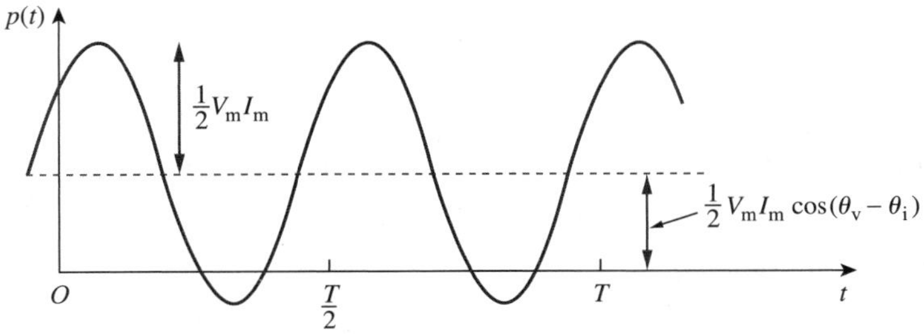

图 11-2　电路的瞬时功率 $p(t)$

由于瞬时功率是随时间而变化的，因此难以测量。平均功率则容易测量。实际上，用于测量功率的仪器——功率表(瓦特计)所测得的就是平均功率。

平均功率(单位为瓦特)是指一个周期内瞬时功率的平均值。

平均功率可以表示为

$$P=\frac{1}{T}\int_0^T p(t)\mathrm{d}t \tag{11.6}$$

式(11.6)是对周期 T 取平均的，如果在 $p(t)$ 的实际周期，即 $T_0=T/2$ 内取积分，同

样会得到相同的结果。

将式(11.5)中的 $p(t)$ 代入式(11.6)，有

$$P=\frac{1}{T}\int_0^T\frac{1}{2}V_mI_m\cos(\theta_v-\theta_i)\mathrm{d}t+\frac{1}{T}\int_0^T\frac{1}{2}V_mI_m\cos(2\omega t+\theta_v+\theta_i)\mathrm{d}t$$
$$=\frac{1}{2}V_mI_m\cos(\theta_v-\theta_i)\frac{1}{T}\int_0^T\mathrm{d}t+\frac{1}{2}V_mI_m\frac{1}{T}\int_0^T\cos(2\omega t+\theta_v+\theta_i)\mathrm{d}t \tag{11.7}$$

式(11.7)中的第一项为常数，常数的平均仍为原来的常数，第二项为正弦函数的积分，因为正弦函数正半周的面积与其负半周的面积相互抵消，所以正弦函数在一个周期内的平均为零，因此，式(11.7)中的第二项为零，于是平均功率为

$$P=\frac{1}{2}V_mI_m\cos(\theta_v-\theta_i) \tag{11.8}$$

由于 $\cos(\theta_v-\theta_i)=\cos(\theta_i-\theta_v)$，所以重要的是电压与电流之间的相位差。

注意，$p(t)$ 是随时间变化的，而 P 是与时间无关的。如果要求瞬时功率．必须求出时域中的 $v(t)$ 与 $i(t)$，但是要求平均功率时，只需要电压与电流可以在时域中表达，如式(11.8)，或可以在频域中表达。式(11.2)中 $v(t)$ 与 $i(t)$ 的向量形式分别为 $\mathbf{V}=V_m\angle\theta_v$ 与 $\mathbf{I}=I_m\angle\theta_i$，$P$ 既可以用式(11.8)计算，也可以用向量 $\mathbf{V}$ 与 $\mathbf{I}$ 计算。利用相量计算时，由于

$$\frac{1}{2}\mathbf{VI}^*=\frac{1}{2}V_mI_m\angle\theta_v-\theta_i=\frac{1}{2}V_mI_m[\cos(\theta_v-\theta_i)+\mathrm{j}\sin(\theta_v-\theta_i)] \tag{11.9}$$

可以看出，式(11.9)中的实部即式(11.8)所定义的平均功率 P，于是：

$$\boxed{P=\frac{1}{2}\mathrm{Re}[\mathbf{VI}^*]=\frac{1}{2}V_mI_m\cos(\theta_v-\theta_i)} \tag{11.10}$$

下面考虑式(11.10)的两种特殊情况。当 $\theta_v=\theta_i$ 时，电压与电流同相，意指纯电阻电路或电阻性负载 R，并且

$$P=\frac{1}{2}V_mI_m=\frac{1}{2}I_m^2R=\frac{1}{2}|\mathbf{I}|^2R \tag{11.11}$$

式中，$|\mathbf{I}|^2=\mathbf{I}\times\mathbf{I}^*$。式(11.11)表明，纯电阻电路在任何时刻均吸收功率。当 $\theta_v-\theta_i=\pm90°$ 时，为纯电抗电路，且

$$P=\frac{1}{2}V_mI_m\cos90°=0 \tag{11.12}$$

表明纯电抗电路吸收的平均功率为零。总之，

电阻性负载(R)在任何时刻均吸收功率，而电抗负载(L 或 C)吸收的平均功率为零。

例 11-1 已知 $v(t)=120\cos(377t+45°)\mathrm{V}$，$i(t)=10\cos(377t-10°)\mathrm{A}$，求图 11-1 所示无源线性网络所吸收的瞬时功率与平均功率。

解：瞬时功率为

$$p=vi=1200\cos(377t+45°)\cos(377t-10°)$$

利用三角恒等式：

$$\cos A\cos B=\frac{1}{2}[\cos(A+B)+\cos(A-B)]$$

得到

$$p=600[\cos(754t+35°)+\cos55°]$$

即

$$p(t)=[344.2+600\cos(754t+35°)]\mathrm{W}$$

平均功率为

$$P=\frac{1}{2}V_{\mathrm{m}}I_{\mathrm{m}}\cos(\theta_{\mathrm{v}}-\theta_{\mathrm{i}})=\frac{1}{2}\times120\times10\times\cos[45^{\circ}-(-10^{\circ})]=600\cos55^{\circ}=344.2(\mathrm{W})$$

即上述 $p(t)$ 中的常数项。◀

练习 11-1 已知 $v(t)=330\cos(10t+20^{\circ})\mathrm{V}$，$i(t)=33\sin(10t+60^{\circ})\mathrm{A}$，试计算如图 11-1 所示无源线性网络所吸收的瞬时功率与平均功率。

答案：$3.5+5.445\cos(20t-10^{\circ})\mathrm{kW}$，3.5kW。

例 11-2 当阻抗 $\boldsymbol{Z}=30-\mathrm{j}70\Omega$ 两端的电压 $\boldsymbol{V}=120\angle0^{\circ}$ 时，计算该负载吸收的平均功率。

解：流过该阻抗的电流为

$$\boldsymbol{I}=\frac{\boldsymbol{V}}{\boldsymbol{Z}}=\frac{120\angle0^{\circ}}{30-\mathrm{j}70}=\frac{120\angle0^{\circ}}{76.16\angle-66.8^{\circ}}=1.576\angle66.8^{\circ}\ \mathrm{A}$$

平均功率为

$$P=12V_{\mathrm{m}}I_{\mathrm{m}}\cos(\theta_{\mathrm{v}}-\theta_{\mathrm{i}})=12\times120\times1.576\cos(0-66.8^{\circ})=37.24(\mathrm{W})$$ ◀

练习 11-2 如果流过阻抗 $\boldsymbol{Z}=40\angle-22^{\circ}\ \Omega$ 的电流为 $\boldsymbol{I}=33\angle30^{\circ}\ \mathrm{A}$，试求传递给阻抗的平均功率。

答案：20.19kW

例 11-3 对于如图 11-3 所示电路，求电源提供的平均功率与电阻器吸收的平均功率。

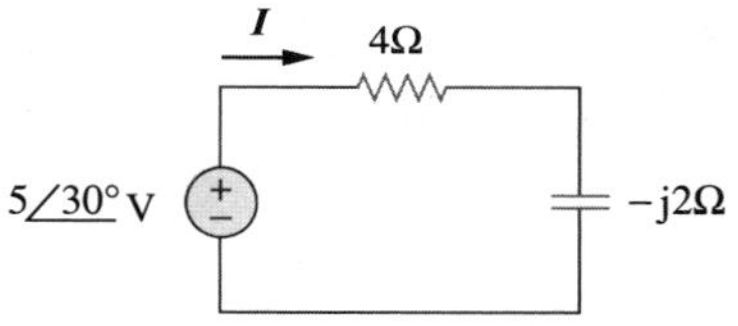

图 11-3 例 11-3 图

解：电路中电流 $\boldsymbol{I}$ 为

$$\boldsymbol{I}=\frac{5\angle30^{\circ}}{4-\mathrm{j}2}=\frac{5\angle30^{\circ}}{4.472\angle-26.57^{\circ}}=1.118\angle56.57^{\circ}(\mathrm{A})$$

电压源提供的平均功率为

$$P=\frac{1}{2}\times5\times1.118\cos(30^{\circ}-56.57^{\circ})=2.5(\mathrm{W})$$

流过电阻的电流为

$$\boldsymbol{I}_{\mathrm{R}}=\boldsymbol{I}=1.118\angle56.57^{\circ}\ \mathrm{A}$$

电阻两端的电压为

$$\boldsymbol{V}_{\mathrm{R}}=4\boldsymbol{I}_{\mathrm{R}}=4.47256.57^{\circ}(\mathrm{V})$$

该电阻器吸收的平均功率为

$$P=12\times4.472\times1.118=2.5(\mathrm{W})$$

由此可见，电阻吸收的平均功率与电源提供的平均功率相同，电容吸收的平均功率为零。◀

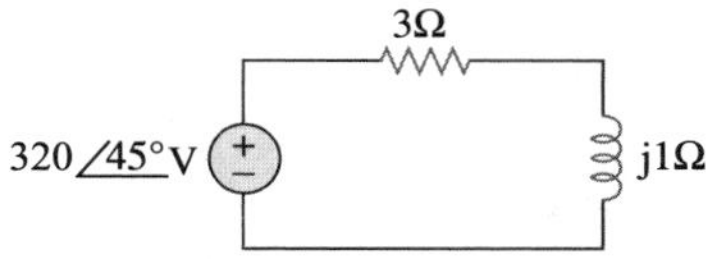

图 11-4 练习 11-3 图

练习 11-3 在如图 11-4 所示电路中，试计算电阻与电感吸收的平均功率，并求电压源提供的平均功率。

答案：15.361kW，0W，15.361kW。

例 11-4 求图 11-5a 所示电路中各电源产生的平均功率以及各无源元件吸收的平均功率。

解：应用网孔分析法，如图 11-5b 所示。

对于网孔 1，有

$$\boldsymbol{I}_1=4\mathrm{A}$$

对于网孔 2，有

$$(\mathrm{j}10-\mathrm{j}5)\boldsymbol{I}_2-\mathrm{j}10\boldsymbol{I}_1+60\angle30^{\circ}=0,\qquad \boldsymbol{I}_1=4\mathrm{A}$$

即 $\mathrm{j}5\boldsymbol{I}_2=-60\angle30^{\circ}+\mathrm{j}40\quad\Rightarrow\quad\boldsymbol{I}_2=-12\angle-60^{\circ}+8=10.58\angle79.1^{\circ}(\mathrm{A})$

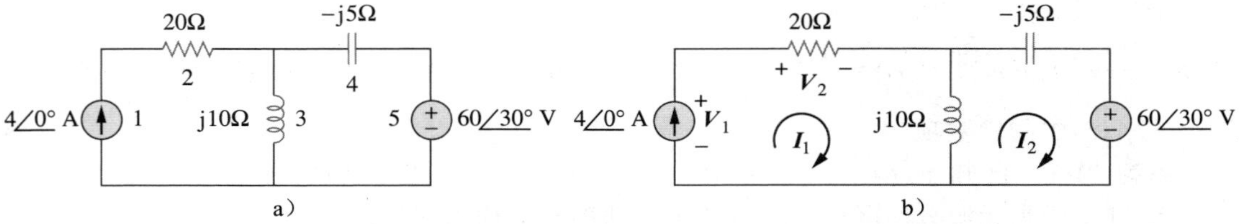

图 11-5 例 11-4 图

对于电压源而言，流过它的电流为 $\boldsymbol{I}_2=10.58\angle 79.1^\circ$ A，其两端的电压为 $60\angle 30^\circ$ V，于是平均功率为

$$P_5=\frac{1}{2}\times 60\times 10.58\cos(30^\circ-79.1^\circ)=207.8(\mathrm{W})$$

按照无源符号规约(见图 11-8)，从 $\boldsymbol{I}_2$ 的方向与电压源的极性来看，这个平均功率是被电压源吸收的，也就是说，该电路将平均功率传递给电压源。

对于电流源而言，流过它的电流为 $\boldsymbol{I}_1=4\angle 0^\circ$，它两端的电压为

$$\boldsymbol{V}_1=20\boldsymbol{I}_1+\mathrm{j}10(\boldsymbol{I}_1-\boldsymbol{I}_2)=80+\mathrm{j}10(4-2-\mathrm{j}10.39)=183.9+\mathrm{j}20=184.9846.21^\circ(\mathrm{V})$$

于是，该电流源提供的平均功率为

$$P_1=-\frac{1}{2}\times 184.984\times 4\cos(6.21^\circ-0)=-367.8(\mathrm{W})$$

根据无源符号规约，平均功率为负，表示该电流源向电路提供功率。

对于电阻而言，流过它的电流为 $\boldsymbol{I}_1=4\angle 0^\circ$，其两端的电压为 $20\boldsymbol{I}_1=80\angle 0^\circ$，于是，该电阻吸收的功率为

$$P_2=12\times 80\times 4=160(\mathrm{W})$$

对于电容而言，流过它的电流为 $\boldsymbol{I}_2=10.58\angle 79.1^\circ$ A，其两端的电压为 $-\mathrm{j}5\boldsymbol{I}_2=(5\angle -90^\circ)(10.58\angle 79.1^\circ)=52.9\angle 79.1^\circ-90^\circ$，因此，电容吸收的平均功率为

$$P_4=12\times 52.9\times 10.58\cos(-90^\circ)=0$$

对于电感而言，流过它的电流为 $\boldsymbol{I}_1-\boldsymbol{I}_2=2-\mathrm{j}10.39=10.58\angle 79.1^\circ$，其两端的电压为 $\mathrm{j}10(\boldsymbol{I}_1-\boldsymbol{I}_2)=105.8\angle -79.1^\circ+90^\circ$，因此，电感吸收的平均功率为

$$P_3=12\times 105.8\times 10.58\cos 90^\circ=0$$

可见，电感器与电容器吸收的功率均为零，并且电流源提供的总功率等于电阻器与电压源吸收的功率，即

$$P_1+P_2+P_3+P_4+P_5=207.8+-367.8+160+0+0=0$$

表明功率是守恒的。◀

练习 11-4 试计算如图 11-6 所示电路中五个元件分别吸收的平均功率。

答案： 40V 电压源，−60W，j20V 电压源，−40W；电阻，100W，其他，0W。

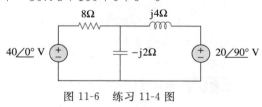

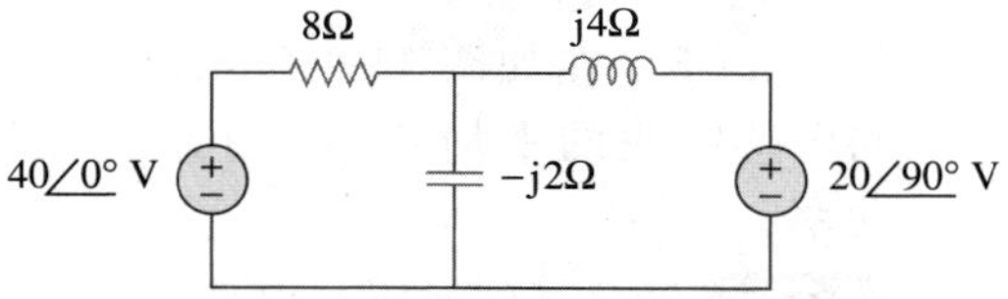

图 11-6 练习 11-4 图

11.3 最大平均功率传输

4.8 节解决了电阻性供电网络为其负载 R_L 提供功率的最大功率传输问题。如果用戴维南等效表示供电电路，则可以证明，当负载电阻等于戴维南电阻，即 $R_L=R_{Th}$ 时，传输给负载的功率最大。下面将该结果扩展到交流电路中。

考虑如图 11-7 所示电路，图中交流电路与负载 $\boldsymbol{Z}_L$ 相连接，并以戴维南等效电路表示

该交流电路。负载通常用阻抗表示，可以是电动机、天线、电视机等的模型。戴维南阻抗 $\mathbf{Z}_{Th}$ 与负载阻抗 $\mathbf{Z}_L$ 的直角坐标表示式为

$$\mathbf{Z}_{Th}=R_{Th}+jX_{Th} \tag{11.13a}$$

$$\mathbf{Z}_L=R_L+jX_L \tag{11.13b}$$

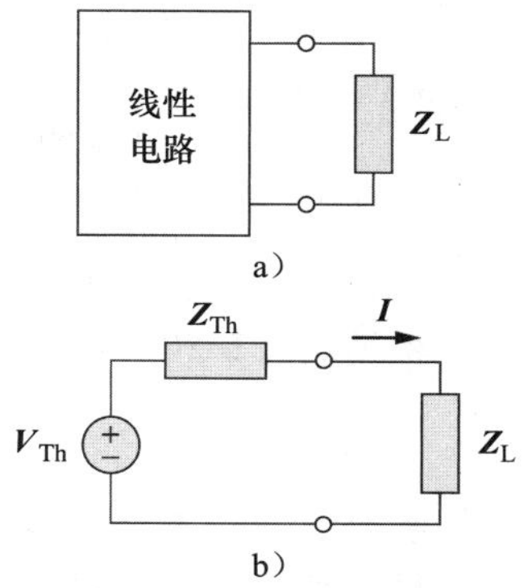

图 11-7　确定最大平均功率传输条件

流过负载的电流为

$$\mathbf{I}=\frac{\mathbf{V}_{Th}}{\mathbf{Z}_{Th}+\mathbf{Z}_L}=\frac{\mathbf{V}_{Th}}{(R_{Th}+jX_{Th})(R_L+jX_L)} \tag{11.14}$$

由式(11.11)可知，传递给负载的平均功率为

$$P=\frac{1}{2}\left|\mathbf{I}\right|^2R_L=\frac{|\mathbf{V}_{Th}|^2R_L/2}{(R_{Th}+R_L)^2+(X_{Th}+X_L)^2} \tag{11.15}$$

需要调节负载参数 R_L 与 X_L，使得 P 最大。为此，令 $\partial P/\partial R_L=0$，$\partial P/\partial X_L=0$。由式(11.15)可得

$$\frac{\partial P}{\partial X_L}=\frac{|\mathbf{V}_{Th}|^2R_L(X_{Th}+X_L)}{[(R_{Th}+R_L)^2+(X_{Th}+X_L)^2]^2} \tag{11.16a}$$

$$\frac{\partial P}{\partial R_L}=\frac{|\mathbf{V}_{Th}|^2[(R_{Th}+R_L)^2+(X_{Th}+X_L)^2-2R_L(R_{Th}+R_L)]}{2[(R_{Th}+R_L)^2+(X_{Th}+X_L)^2]^2} \tag{11.16b}$$

令 $\partial P/\partial X_L=0$ 得到

$$X_L=-X_{Th} \tag{11.17}$$

令 $\partial P/\partial R_L=0$ 得到

$$R_L=\sqrt{R_{Th}^2+(X_{Th}+X_L)^2} \tag{11.18}$$

合并式(11.17)与式(11.18)得到如下结论：为实现最大平均功率传输，所选择的 $\mathbf{Z}_L$ 必须满足 $X_L=-X_{Th}$ 且 $R_L=-R_{Th}$，即

$$\mathbf{Z}_L=R_L+jX_L=R_{Th}-jX_{Th}=\mathbf{Z}_{Th}^* \tag{11.19}$$

对于最大平均功率传输而言，负载阻抗 $\mathbf{Z}_L$ 必须等于戴维南阻抗 $\mathbf{Z}_{Th}$ 的共轭复数。

提示：当 $\mathbf{Z}_L=\mathbf{Z}_{Th}^*$ 时，称负载与电源是匹配的。

上述结果称为正弦稳态条件下的最大平均功率传输定理(maximum average power transfer theorem)在式(11.15)中令 $R_L=R_{Th}$ 且 $X_L=-X_{Th}$，得到最大平均功率为

$$\boxed{P_{max}=\frac{|\mathbf{V}_{Th}|^2}{8R_{Th}}} \tag{11.20}$$

在负载为纯实数的情况下，在式(11.18)中，令 $X_L=0$，可以得到最大功率传输条件为

$$R_L=\sqrt{R_{Th}^2+(X_{Th})^2}=|\mathbf{Z}_{Th}| \tag{11.21}$$

式(11.21)表明，对于纯电阻负载而言，最大功率传输条件为：负载阻抗(即电阻)等于戴维南阻抗的模。

例 11-5 求图 11-8 所示电路中负载阻抗 $\mathbf{Z}_L$ 的值，并计算相应的最大平均功率。

解：首先确定负载两端的戴维南等效电路。由图 11-9a 所示电路可以求出

$$\mathbf{Z}_{Th}=(j5+4)\parallel(8-j6)=j5+\frac{4(8-j6)}{4+8-j6}=2.933+j4.467(\Omega)$$

由图 11-9b 所示的电路可以求出 $\mathbf{V}_{Th}$，由分压原理，

$$\mathbf{V}_{Th}=\frac{8-j6}{4+8-j6}\times10=7.454\angle{-10.3^\circ}(V)$$

当负载阻抗从电路中吸收的平均功率最大时，其阻抗为

$$\mathbf{Z}_L=\mathbf{Z}_{Th}^*=(2.933-j4.467)\Omega$$

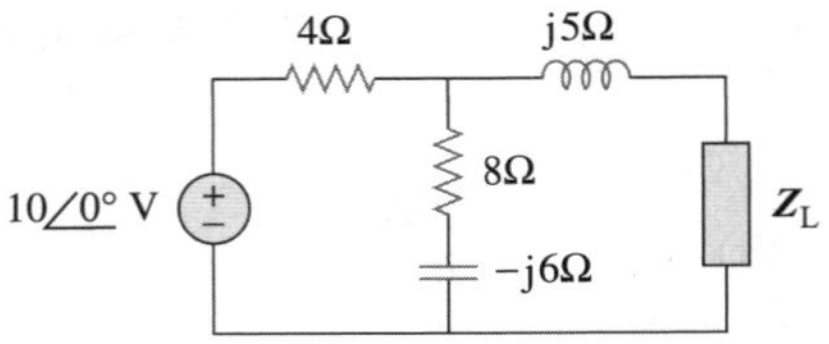

图 11-8 例 11-5 图

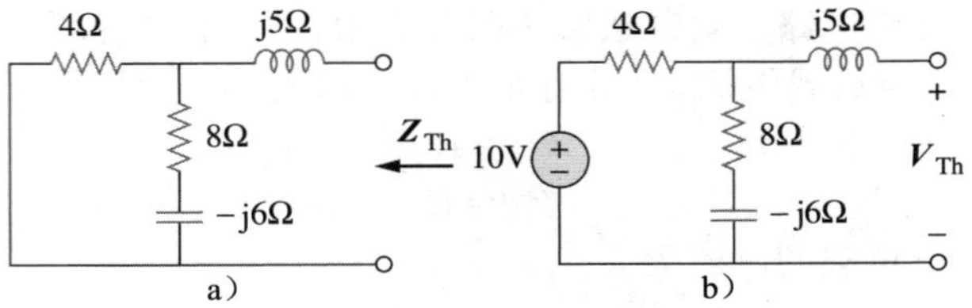

图 11-9 图 11-8 的戴维南等效电路

根据式(11.20)，最大平均功率为

$$P_{max}=\frac{|\mathbf{V}_{Th}|^2}{8R_{Th}}=\frac{(7.454)^2}{8\times 2.933}=2.368(\text{W})$$ ◀

练习 11-5 对于图 11-10 所示电路，试求吸收最大平均功率时的负载阻抗 $\mathbf{Z}_L$，并计算该最大平均功率。

答案：(3.415−j0.7317)Ω，51.47W。

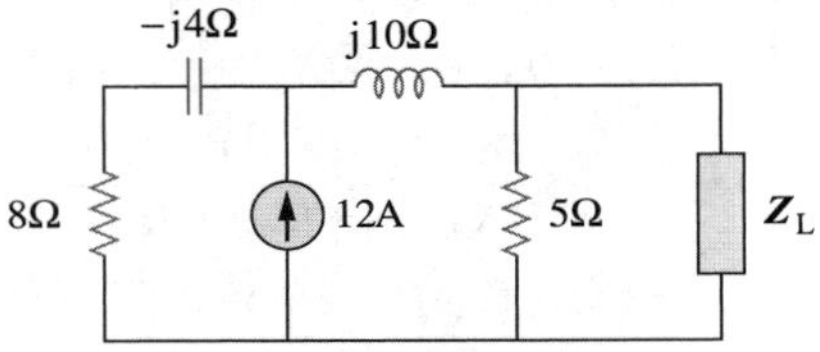

图 11-10 练习 11-5 图

例 11-6 在如图 11-11 所示电路中，求吸收最大平均功率时的 R_L 值，并计算该功率。

解：首先求出 R_L 两端的戴维南等效电路。

$$\mathbf{Z}_{Th}=(40-j30)\parallel j20=\frac{j20(40-j30)}{j20+40-j30}=9.412+j22.35\Omega$$

由分压原理，有

$$\mathbf{V}_{Th}=\frac{j20}{j20+40-j30}\times 150\angle 30^\circ=72.76\angle 134^\circ(\text{V})$$

吸收最大平均功率的 R_L 值为

$$R_L=|\mathbf{Z}_{Th}|=\sqrt{9.412^2+22.35^2}=24.25(\Omega)$$

流过该负载的电流为

$$\mathbf{I}=\frac{\mathbf{V}_{Th}}{\mathbf{Z}_{Th}+R_L}=\frac{72.76\angle 134^\circ}{33.66+j22.35}=1.8\angle 100.42^\circ(\text{A})$$

R_L 吸收的最大平均功率为

$$P_{max}=\frac{1}{2}|\mathbf{I}|^2R_L=\frac{1}{2}\times 1.8^2\times 24.25=39.29(\text{W})$$ ◀

练习 11-6 在图 11-12 所示电路中，调节电阻器 R_L 至能吸收最大平均功率，试计算 R_L 其吸收的最大平均功率值。 **答案**：30Ω，6.863W。

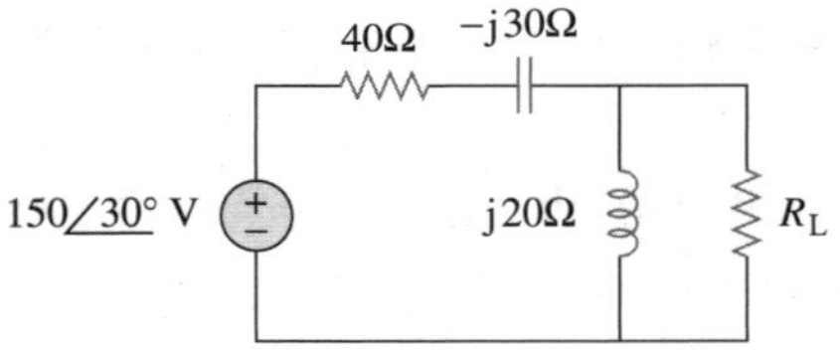

图 11-11 例 11-6 图

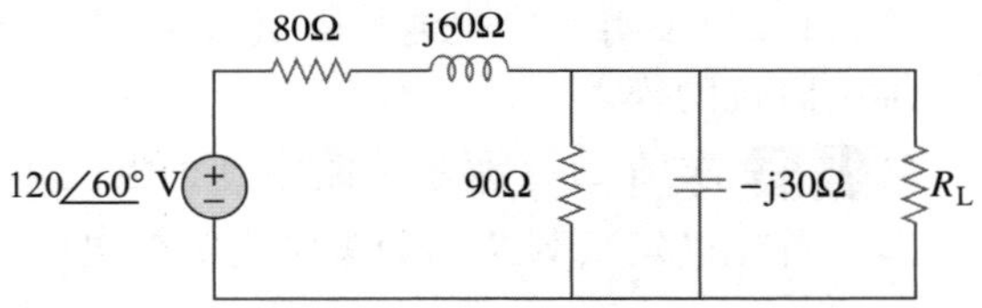

图 11-12 练习 11-6 图

11.4 有效值

有效值的概念源于对测量交流电压源或电流源传递给电阻性负载的有效功率的需求。

周期性电流的有效值是指与该周期性电流传递给电阻器的平均功率相等的直流电流值。

在图 11-13 所示电路中，图 11-13a 中的电路为交流电路，图 11-13b 中的电路为直流电路。我们的目的是求出与正弦电流 i 传递给电阻器 R 的平均功率相等的有效值电流 I_{eff}，该交流电路中，电阻吸收的平均功率为：

$$P=\frac{1}{T}\int_0^T i^2R\,dt=\frac{R}{T}\int_0^T i^2\,dt \tag{11.22}$$

而在直流电路中，电阻吸收的功率为

$$P=I_{eff}^2R \tag{11.23}$$

令式(11.22)与式(11.23)相等，即可求出

$$I_{eff}=\sqrt{\frac{1}{T}\int_0^T i^2\,dt} \tag{11.24}$$

交流电压有效值的求解方法与交流电流有效值的求解方法相同，即

$$V_{eff}=\sqrt{\frac{1}{T}\int_0^T v^2\,dt} \tag{11.25}$$

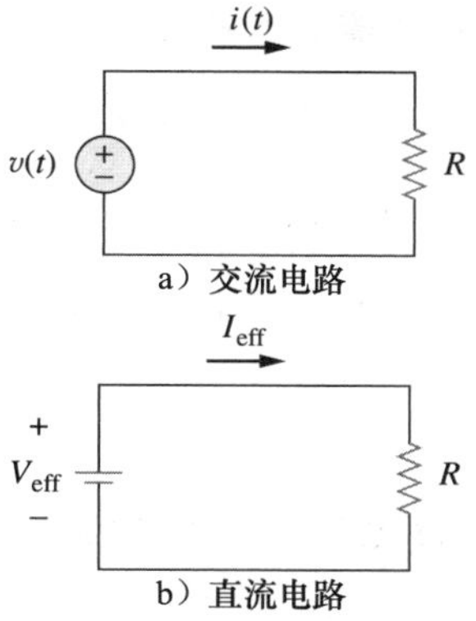

图 11-13　求解有效值电流

上式表明，有效值就是周期信号平方的方均根。因此，有效值通常也称为方均根值(root-mean-square)，简称 rms 值，写作

$$I_{eff}=I_{rms},\qquad V_{eff}=V_{rms} \tag{11.26}$$

对于任意周期函数 $x(t)$，其有效值(rms 值)为

$$\boxed{X_{rms}=\sqrt{\frac{1}{T}\int_0^T x^2\,dt}} \tag{11.27}$$

周期信号的有效值就是它的方均根(rms)值。

式(11.27)表明，为了求得 $x(t)$的 rms 值，首先求出其平方值 x^2，之后求平均值，即

$$\frac{1}{T}\int_0^T x^2\,dt$$

最后再求该均值的平方根($\sqrt{\ }$)。常数的 rms 值仍然是它本身，正弦信号 $i(t)=I_m\cos\omega t$ 的有效值或 rms 值为

$$I_{rms}=\sqrt{\frac{1}{T}\int_0^T I_m^2\cos^2\omega t\,dt}=\sqrt{\frac{I_m^2}{T}\int_0^T \frac{1}{2}(1+\cos 2\omega t)\,dt}=\frac{I_m}{\sqrt{2}} \tag{11.28}$$

同理，对于 $v(t)=V_m\cos\omega t$，其有效值为

$$V_{rms}=\frac{V_m}{\sqrt{2}} \tag{11.29}$$

必须牢记的是，式(11.28)与式(11.29)仅适用于正弦信号。

利用 rms 值来表示式(11.8)中的平均功率，可得

$$P=\frac{1}{2}V_mI_m\cos(\theta_v-\theta_i)=\frac{V_m}{\sqrt{2}}\frac{I_m}{\sqrt{2}}\cos(\theta_v-\theta_i)=V_{rms}I_{rms}\cos(\theta_v-\theta_i) \tag{11.30}$$

类似地，式(11.11)表示的电阻 R 吸收的平均功率可以写为

$$P=I_{rms}^2R=\frac{V_{rms}^2}{R} \tag{11.31}$$

对于给定的正弦电压电流而言，由于其平均值为零，所以通常用它的最大值或 rms 值来表示。电力公司一般用 rms 值而不是峰值标称相量大小，例如，民用电压 110 V(我国为 220 V)就是电力公司供电电压的 rms 值。在功率分析中，利用有效值表示电压与电流是比较方便的。另外，模拟电压表与电流表的读数分别为被测电压或电流的 rms 值。

例 11-7 求图 11-14 所示电流波形的 rms 值，如果该电流流过一个 2Ω 电阻，试求该电阻吸收的平均功率。

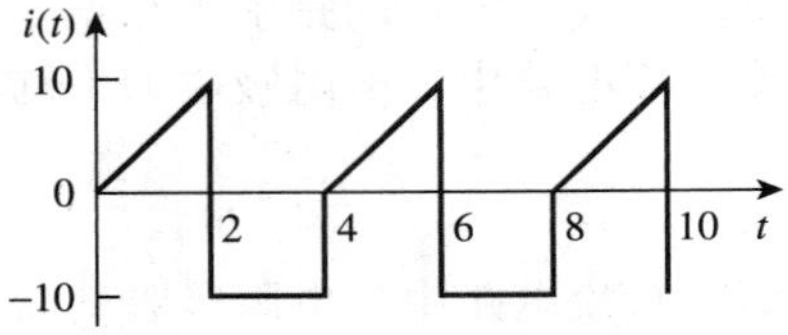

图 11-14　例 11-7 图

解：图示电流波形的周期为 $T=4$，一个周期内该电流波形的表达式为

$$i(t)=\begin{cases}5t, & 0<t<2\\ -10, & 2<t<4\end{cases}$$

其 rms 值为

$$I_{\rm rms}=\sqrt{\frac{1}{T}\int_0^T i^2 {\rm d}t}=\sqrt{\frac{1}{4}\left[\int_0^2(5t)^2{\rm d}t+\int_2^4(-10)^2{\rm d}t\right]}$$

$$=\sqrt{\frac{1}{4}\left[25\times\frac{t^3}{3}\Big|_0^2+100t\Big|_2^4\right]}=\sqrt{\frac{1}{4}\left(\frac{200}{3}+200\right)}=8.165({\rm A})$$

2Ω 电阻吸收的平均功率为

$$P=I_{\rm rms}^2R=8.165^2\times2=133.3({\rm W})$$ ◀

练习 11-7　求如图 11-15 所示电流波形的 rms 值，如果该电流流过一个 9Ω 电阻，计算该电阻吸收的平均功率。　**答案**：9.238A，768W。

例 11-8 如图 11-16 所示波形为半波整流正弦波，试求其 rms 值以及 10Ω 电阻消耗的平均功率。

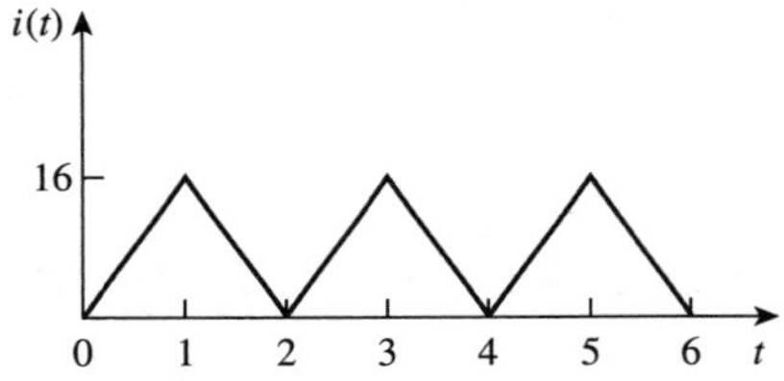

图 11-15　练习 11-7 图

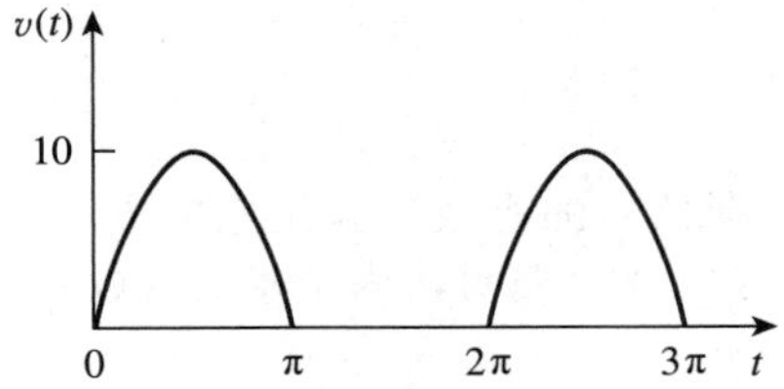

图 11-16　例 11-8 图

解：该电压波形的周期为 $T=2\pi$，并且 $v(t)$ 可表示为

$$v(t)=\begin{cases}10\sin t, & 0<t<\pi\\ 0, & \pi<t<2\pi\end{cases}$$

其 rms 值为

$$V_{\rm rms}^2=\frac{1}{T}\int_0^T v^2(t){\rm d}t=\frac{1}{2\pi}\left[\int_0^\pi(10\sin t)^2{\rm d}t+\int_\pi^{2\pi}0^2{\rm d}t\right]$$

但由于 $\sin^2 t=\frac{1}{2}(1-\cos2t)$，所以

$$V_{\rm rms}^2=\frac{1}{2\pi}\int_0^\pi\frac{100}{2}(1-\cos2t){\rm d}t=\frac{50}{2\pi}\left(t-\frac{\sin2t}{2}\right)\Big|_0^\pi$$

$$=\frac{50}{2\pi}\left(\pi-\frac{1}{2}\sin2\pi-0\right)=25,\quad V_{\rm rms}=5{\rm V}$$

电阻吸收的平均功率为

$$P=\frac{V_{\rm rms}^2}{R}=\frac{5^2}{10}=2.5({\rm W})$$ ◀

练习 11-8　求图 11-17 所示的全波整流正弦波的 rms 值，并计算 6Ω 电阻消耗的平均功率。

答案：70.71V，833.3W。

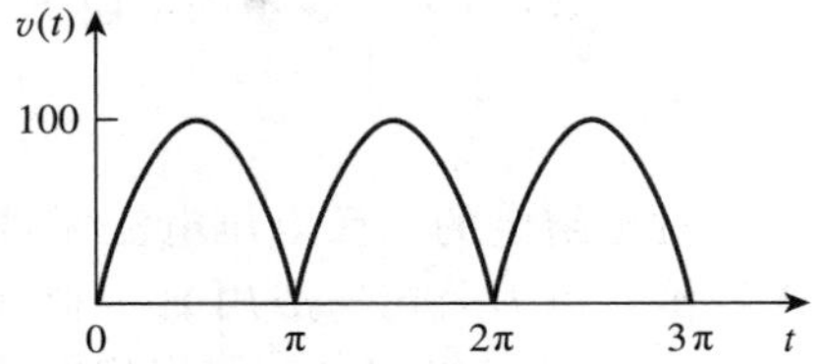

图 11-17　练习 11-8 图

11.5 视在功率与功率因数

由 11.2 节可知，如果电路终端的电压与电流为

$$v(t)=V_m\cos(\omega t+\theta_v),\quad i(t)=I_m\cos(\omega t+\theta_i) \tag{11.32}$$

或用相量形式表示为 $\mathbf{V}=V_m\angle\theta_v$，$\mathbf{I}=I_m\angle\theta_i$ 则其平均功率为

$$P=\frac{1}{2}V_m I_m\cos(\theta_v-\theta_i) \tag{11.33}$$

由 11.4 节可知

$$P=V_{rms}I_{rms}\cos(\theta_v-\theta_i)=S\cos(\theta_v-\theta_i) \tag{11.34}$$

式(11.34)中出现了新的一项：

$$\boxed{S=V_{rms}I_{rms}} \tag{11.35}$$

平均功率为两项的乘积，其中乘积 $V_{rms}I_{rms}$ 被称为*视在功率*(apparent power)S，因子 $\cos(\theta_v-\theta_i)$ 称为功率因数(power factor，pf)。

视在功率(单位为 V·A)是指电压与电流的有效值乘积。

之所以称为视在功率。是因为与直流电阻性电路相类似，功率表面上看应该是电压与电流之乘积。视在功率的单位为伏安或 V·A，以区别于单位为瓦特的平均功率或有功功率。功率因数是无量纲的，它等于平均功率与视在功率之比，即

$$\boxed{\mathrm{pf}=\frac{P}{S}=\cos(\theta_v-\theta_i)} \tag{11.36}$$

由于角度$(\theta_v-\theta_i)$的余弦值为功率因数，因此将该角度称为*功率因数角*(power factor angle)。如果 $\mathbf{V}$ **为负载两端的电压，**$\mathbf{I}$ 为流过负载的电流，则功率因数角等于负载阻抗的辐角。这是因为

$$\mathbf{Z}=\frac{\mathbf{V}}{\mathbf{I}}=\frac{V_m\angle\theta_v}{I_m\angle\theta_i}=\frac{V_m}{I_m}\angle\theta_v-\theta_i \tag{11.37}$$

另外，由于

$$\mathbf{V}_{rms}=\frac{\mathbf{V}}{\sqrt{2}}=V_{rms}\angle\theta_v \tag{11.38a}$$

和

$$\mathbf{I}_{rms}=\frac{\mathbf{I}}{\sqrt{2}}=I_{rms}\angle\theta_i \tag{11.38b}$$

则阻抗为

$$\mathbf{Z}=\frac{\mathbf{V}}{\mathbf{I}}=\frac{\mathbf{V}_{rms}}{\mathbf{I}_{rms}}=\frac{V_{rms}}{I_{rms}}\angle\theta_v-\theta_i \tag{11.39}$$

功率因数是电压与电流的相位角之差的余弦值。同时也是负载阻抗辐角的余弦值。

由式(11.36)可知，功率因数可以看作由视在功率得到有功功率或平均功率所必须相乘的一个因子，其值在 0～1 之间。对于纯电阻性负载而言，电压与电流是同相的，所以 $\theta_v-\theta_i=0$ 且 pf＝1，也就是说，此时视在功率等于平均功率。对于纯电抗负载而言，$(\theta_v-\theta_i)=\pm90°$且 pf＝0，此时平均功率为零。在这两种极端情况之间，pf 可以说是超前的或滞后的。超前功率因数是指电流超前于电压，此时电路负载呈电容性，滞后功率因数是指电流滞后于电压，此时电路负载呈电感性。

提示：由式(11.36)可知，功率因数也可以看成是负载消耗的有功功率与负载的视在功率之比。

例 11-9 当激励电压为 $v(t)=120\cos(100\pi t-20°)$ V 时，流过某串接负载的电流为 $i(t)=4\cos(100\pi t+10°)$ A，试求该负载的视在功率与功率因数，并确定构成该串接负载的元件值。

解：视在功率为

$$S=V_{\text{rms}}I_{\text{rms}}=\frac{120}{\sqrt{2}}\frac{4}{\sqrt{2}}=240(\text{V}\cdot\text{A})$$

功率因数为

$$\text{pf}=\cos(\theta_v-\theta_i)=\cos(-20°-10°)=0.866(\text{超前})$$

由于电流超前于电压，因此 pf 为超前的。功率因数还可以由负载阻抗求得，

$$\boldsymbol{Z}=\frac{\boldsymbol{V}}{\boldsymbol{I}}=\frac{120\angle-20°}{4\angle10°}=30\angle-30°=25.98-\text{j}15(\Omega)$$

$$\text{pf}=\cos(-30°)=0.866(\text{超前})$$

负载阻抗 $\boldsymbol{Z}$ 可以看作一个 25.98Ω 的电阻与一个电容的串联，该电容的容抗为

$$X_C=-15=-\frac{1}{\omega C}$$

即

$$C=\frac{1}{15\omega}=\frac{1}{15\times100\pi}=212.2(\mu\text{F})$$ ◀

练习 11-9 当激励电压为 $v(t)=320\cos(377t+10°)$ V 时，确定阻抗为 $\boldsymbol{Z}=(60+\text{j}40)\Omega$ 的负载的视在功率与功率因数。 **答案**：0.8321(滞后)，$710\angle33.69°$ V · A。

例 11-10 试确定如图 11-18 所示电路从电源端看进去的功率因数，并计算电源输出的平均功率。

解：电路的总阻抗为

$$\boldsymbol{Z}=6+4\parallel(-\text{j}2)=6+\frac{-\text{j}2\times4}{4-\text{j}2}=6.8-\text{j}1.6=7\angle-13.24°(\Omega)$$

由于阻抗为电容性的，故功率因数为

$$\text{pf}=\cos(-13.24)=0.9734(\text{超前})$$

电路的 rms 值为

$$\boldsymbol{I}_{\text{rms}}=\frac{\boldsymbol{V}_{\text{rms}}}{\boldsymbol{Z}}=\frac{30\angle0°}{7\angle-13.24°}=4.286\angle13.24°(\text{A})$$

电源提供的平均功率为

$$P=V_{\text{rms}}I_{\text{rms}}\text{pf}=30\times4.286\times0.9734=125(\text{W})$$

即

$$P=I_{\text{rms}}^2R=4.286^2\times6.8=125(\text{W})$$

式中，R 为阻抗 Z 的电阻部分。 ◀

练习 11-10 计算图 11-19 所示电路从电源端看进去的功率因数，以及该电源提供的平均功率。 **答案**：0.936(滞后)，2.008kW。

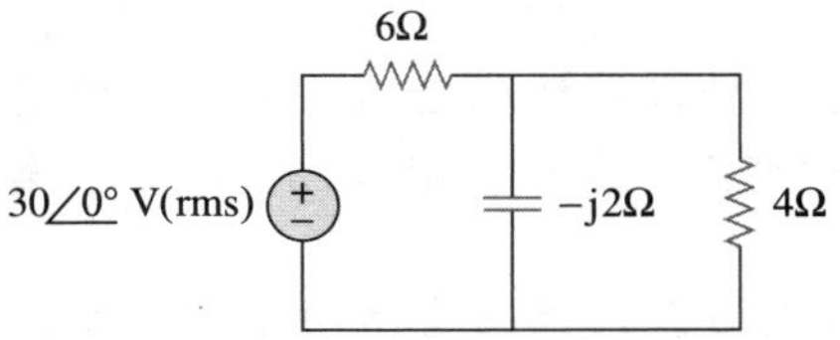

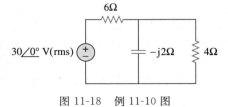

图 11-18 例 11-10 图

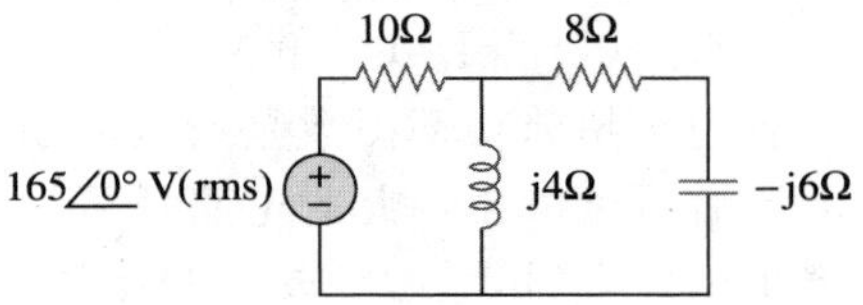

图 11-19 练习 11-10 图

11.6 复功率

为了得到尽可能简单的功率关系式，提出了复功率(complex power)的概念，可用于表示并联负载的全部影响。由于复功率包含了给定负载吸收功率的全部信息，所以复功率在功率分析中是一个非常重要的概念。

考虑如图 11-20 所示的交流负载。如果给定电压 $v(t)$ 与电流 $i(t)$ 形式为 $\mathbf{V}=V_m\angle\theta_v$ 与 $\mathbf{I}=I_m\angle\theta_i$ 假定采用无源符号规约(见图 11-20)，则该交流负载所吸收的复功率 $\mathbf{S}$ 为电压与电流共轭复数的乘积，即

$$\mathbf{S}=\frac{1}{2}\mathbf{V}\mathbf{I}^* \tag{11.40}$$

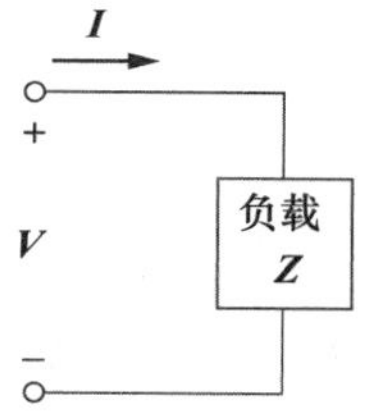

图 11-20　某负载的电压相量与电流相量

用有效值表示为

$$\mathbf{S}=\mathbf{V}_{rms}\mathbf{I}_{rms}^* \tag{11.41}$$

式中，

$$\mathbf{V}_{rms}=\frac{\mathbf{V}}{\sqrt{2}}=V_{rms}\angle\theta_v \tag{11.42}$$

$$\mathbf{I}_{rms}=\frac{\mathbf{I}}{\sqrt{2}}=I_{rms}\angle\theta_i \tag{11.43}$$

于是，式(11.42)可以写为

$$\mathbf{S}=V_{rms}I_{rms}\angle\theta_v-\theta_i=V_{rms}I_{rms}\cos(\theta_v-\theta_i)+\mathrm{j}V_{rms}I_{rms}\sin(\theta_v-\theta_i) \tag{11.44}$$

该式同样可以由式(11.9)得到。由式(11.44)可以看出，复功率的大小即为视在功率，因此，复功率的单位为伏・安(V・A)，而且，复功率的辐角就是功率因数角。

提示：在不致混淆的情况下，电压或电流有效值的下标 rms 通常可以省略。

复功率还可以用负载阻抗 $\mathbf{Z}$ 表示，由式(11.37)可知，负载阻抗 $\mathbf{Z}$ 可以写为

$$\mathbf{Z}=\frac{\mathbf{V}}{\mathbf{I}}=\frac{\mathbf{V}_{rms}}{\mathbf{I}_{rms}}=\frac{V_{rms}}{I_{rms}}\angle\theta_v-\theta_i \tag{11.45}$$

因此，$\mathbf{V}_{rms}=\mathbf{Z}\mathbf{I}_{rms}$，将该关系代入式(11.41)可得

$$\mathbf{S}=\mathbf{I}_{rms}^2\mathbf{Z}=\frac{V_{rms}^2}{\mathbf{Z}^*}=\mathbf{V}_{rms}\mathbf{I}_{rms}^* \tag{11.46}$$

又因 $\mathbf{Z}=R+\mathrm{j}X$，则式(11.46)变为

$$\mathbf{S}=I_{rms}^2(R+\mathrm{j}X)=P+\mathrm{j}Q \tag{11.47}$$

式中，P 与 Q 分别为复功率的实部与虚部，即

$$P=\mathrm{Re}(\mathbf{S})=I_{rms}^2R \tag{11.48}$$

$$Q=\mathrm{Im}(\mathbf{S})=I_{rms}^2X \tag{11.49}$$

P 为平均功率或有功功率，其值取决于负载电阻 R，而 Q 为无功功率(或正交功率)，其值取决于负载的电抗 X。

比较式(11.44)与式(11.47)可得

$$P=V_{rms}I_{rms}\cos(\theta_v-\theta_i),\quad Q=V_{rms}I_{rms}\sin(\theta_v-\theta_i) \tag{11.50}$$

有功功率 P 就是传递给负载的平均功率，单位为瓦特，是唯一有用的功率，也是负载实际消耗的功率。无功功率 Q 是电源与负载电抗部分能量交换的一个度量，单位为乏(volt-amperereactive，var)，区别于有功功率的单位瓦特(W)。由第 6 章可知，电路中的储能元件既不消耗功率也不提供功率，只是与网络中的其他部分来回交换能量。同样，无功功率也是在负载与电源之间来回转换，且在转换过程中没有损耗。应该注意到：

1. 对于电阻性负载(pf=1)，$Q=0$。

2. 对于电容性负载(超前 pf)，$Q<0$。

3. 对于电感性负载(滞后 pf)，$Q>0$。

复功率(单位为 V·A)是电压相量有效值与电流相量有效值的共轭复数的乘积，它的值是一个复数，其实部为有功功率 P，虚部为无功功率 Q。

引入复功率后，就可以由电压相量与电流相量直接得到有功功率和无功功率：

$$\begin{array}{l}\text{复功率}=\boldsymbol{S}=P+\mathrm{j}Q=\boldsymbol{V}_{\mathrm{rms}}(\boldsymbol{I}_{\mathrm{rms}})^{*}=|\boldsymbol{V}_{\mathrm{rms}}||\boldsymbol{I}_{\mathrm{rms}}|\angle\theta_{\mathrm{v}}-\theta_{\mathrm{i}}\\ \text{视在功率}=S=|\boldsymbol{S}|=|\boldsymbol{V}_{\mathrm{rms}}||\boldsymbol{I}_{\mathrm{rms}}|=\sqrt{P^{2}+Q^{2}}\\ \text{有功功率}=P=\mathrm{Re}(\boldsymbol{S})=S\cos(\theta_{\mathrm{v}}-\theta_{\mathrm{i}})\\ \text{无功功率}=Q=\mathrm{Im}(\boldsymbol{S})=S\sin(\theta_{\mathrm{v}}-\theta_{\mathrm{i}})\\ \text{功率因数}=\dfrac{P}{S}=\cos(\theta_{\mathrm{v}}-\theta_{\mathrm{i}})\end{array} \tag{11.51}$$

可见，复功率是包含了给定负载的所有与功率有关的信息。

通常利用三角形法表示 $\boldsymbol{S}$、P、Q 三者之间的关系，称为功率三角形(power triangle)，如图 11-21a 所示，它与图 11-21b 所示的表示 $|\boldsymbol{Z}|$、R、X 三者之间关系的阻抗三角形类似，功率三角形包括四项——视在功率/复数功率、有功功率、无功功率与功率因数角。给定其中两项，就可以很方便地由功率三角形得到另外两项。如图 11-22 所示，当 $\boldsymbol{S}$ 位于第一象限时，则达到电感性负载和滞后的功率因数；位于第四象限时，则得到电容性负载和超前的功率因数。当然，复功率 $\boldsymbol{S}$ 也可能位于第二象限或第三象限，这就要求负载阻抗具有负电阻，这种情况在有源电路中是可能的。

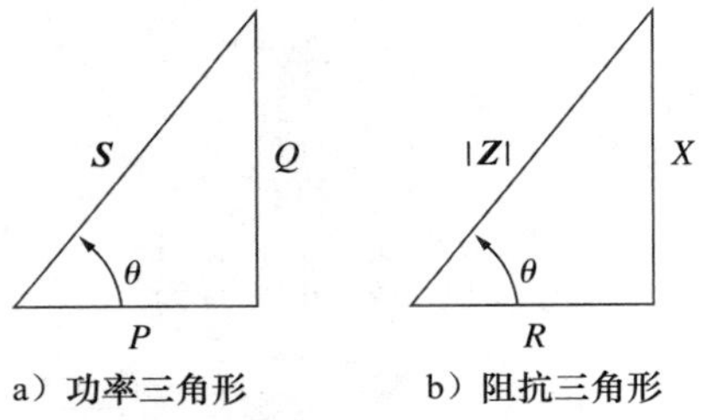

图 11-21 功率和阻抗三角形

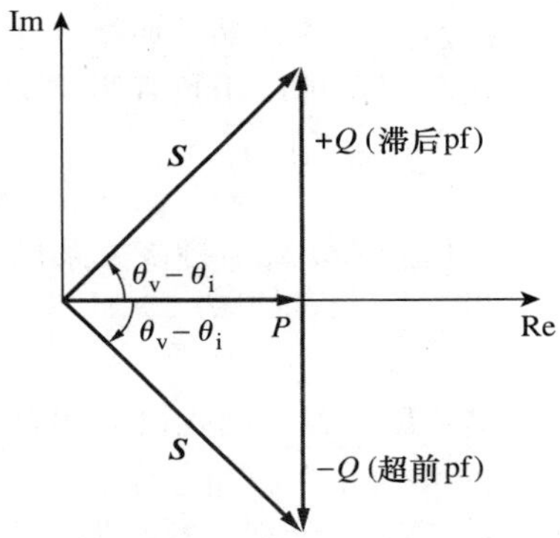

图 11-22 功率三角形

提示：复功率 $\boldsymbol{S}$ 包含了负载的所有功率信息，$\boldsymbol{S}$ 的实部为有功功率 P，虚部为无功功率 Q，$\boldsymbol{S}$ 的幅度为视在功率 S，其相位角的余弦值为功率因数 pf。

例 11-11 某负载两端的电压为 $v(t)=60\cos(\omega t-10°)$V，而沿电压降落方向流过该负载的电流为 $i(t)=1.5\cos(\omega t+50°)$A。试求：(a) 复功率与视在功率；(b) 有功功率与无功功率；(c) 功率因数与负载阻抗。

解：(a) 电压相量与电流相量的 rms 值为

$$\boldsymbol{V}_{\mathrm{rms}}=\frac{60}{\sqrt{2}}\angle-10°\ \mathrm{V},\qquad \boldsymbol{I}_{\mathrm{rms}}=\frac{1.5}{\sqrt{2}}\angle+50°\ \mathrm{A}$$

复功率为

$$\boldsymbol{S}=\boldsymbol{V}_{\mathrm{rms}}\boldsymbol{I}_{\mathrm{rms}}^{*}=\left(\frac{60}{\sqrt{2}}\angle-10°\right)\left(\frac{1.5}{\sqrt{2}}\angle-50°\right)=45\angle-60°\ \mathrm{V\cdot A}$$

视在功率为

$$S=|\boldsymbol{S}|=45\mathrm{V\cdot A}$$

(b) 将复功率写为直角坐标形式，得到

$$\boldsymbol{S}=45\angle-60°=45[\cos(-60°)+\mathrm{j}\sin(-60°)]=22.5-\mathrm{j}38.97(\mathrm{V\cdot A})$$

由于 $\boldsymbol{S}=P+jQ$，因此有功功率为

$$P=22.5\text{W}$$

无功功率为

$$Q=-38.97\text{var}$$

(c) 功率因数为

$$\text{pf}=\cos(-60°)=0.5(\text{超前})$$

无功功率是负的，表示 pf 是超前的。负载阻抗为

$$\boldsymbol{Z}=\frac{\boldsymbol{V}}{\boldsymbol{I}}=\frac{60\angle -10°}{1.5\angle +50°}=40\angle -60°(\Omega)$$

这是一个电容性阻抗。◀

练习 11-11　某负载的 $\boldsymbol{V}_{\text{rms}}=110\angle 85°$ V，$\boldsymbol{I}_{\text{rms}}=400\angle 15°$ mA，试求：(a) 复功率与视在功率；(b) 有功功率；(c) 功率因数与负载阻抗。

答案：(a) $44\angle 70°$ V·A，44 V·A；(b) 15.05W，41.35var；(c) 0.342(滞后)，(94.06+j258.4)Ω。

例 11-12 某负载从有效值 120V 的正弦电源中提取了 12kV·A 的功率，其功率因数为 0.856(滞后)，试计算：(a) 传递给该负载的平均功率与无功功率；(b) 峰值电流；(c) 负载阻抗。

解：(a) 已知 $\text{pf}=\cos\theta=0.856$，于是功率角为 $\theta=\arccos 0.856=31.13°$。如果视在功率为 $S=12\,000$V·A，则平均功率为

$$P=S\cos\theta=12\,000\times 0.856=10.272(\text{kW})$$

无功功率为

$$Q=S\sin\theta=12\,000\times 0.517=6.204(\text{kV}\cdot\text{A})$$

(b) 由于 pf 是滞后的，所以复功率为

$$\boldsymbol{S}=P+\text{j}Q=10.272+\text{j}6.204(\text{kV}\cdot\text{A})$$

由 $\boldsymbol{S}=\boldsymbol{V}_{\text{rms}}\boldsymbol{I}_{\text{rms}}^{*}$ 可得

$$\boldsymbol{I}_{\text{rms}}^{*}=\frac{\boldsymbol{S}}{\boldsymbol{V}_{\text{rms}}}=\frac{10\,272+\text{j}6204}{120\angle 0°}=85.6+\text{j}51.7=100\angle 31.13°(\text{A})$$

即 $\boldsymbol{I}_{\text{rms}}=100\angle -31.13°$，其峰值电流为

$$I_{\text{m}}=\sqrt{2}I_{\text{rms}}=\sqrt{2}\times 100=141.4(\text{A})$$

(c) 负载阻抗为

$$\boldsymbol{Z}=\frac{\boldsymbol{V}_{\text{rms}}}{\boldsymbol{I}_{\text{rms}}}=\frac{120\angle 0°}{100\angle -31.13°}=1.2\angle 31.13°(\Omega)$$

这是一个电感性阻抗。◀

练习 11-12　某正弦电源给负载 $\boldsymbol{Z}=250\angle -75°\ \Omega$ 提供的无功功率为 100kvar，试确定：(a) 功率因数；(b) 传递给该负载的视在功率；(c) rms 值电压。

答案：(a) 0.2588(超前)；(b) 103.53kvar；(c) 5.087kV。

†11.7　交流功率守恒

功率守恒原理不仅适用于直流电路(参见 1.5 节)，而且适用于交流电路。为了说明这一原理，考虑如图 11-23a 所示电路，图中负载 $\boldsymbol{Z}_1$ 与 $\boldsymbol{Z}_2$ 并联在交流电压源 $\boldsymbol{V}$ 两端，利用 KCL，可得

$$\boldsymbol{I}=\boldsymbol{I}_1+\boldsymbol{I}_2 \tag{11.52}$$

实际上，在例 11-3 与例 11-4 中已经可以看到，交流电路中的平均功率是守恒的。

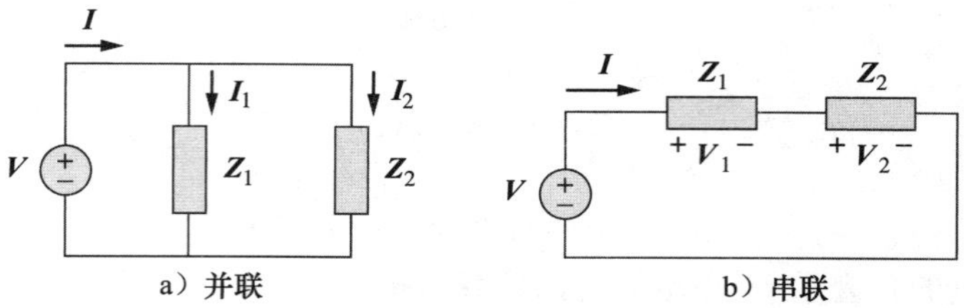

图 11-23 交流电压源给几个负载的供电

该电源提供的复功率为

$$\boldsymbol{S}=\boldsymbol{V}\boldsymbol{I}^{*}=\boldsymbol{V}(\boldsymbol{I}_1^{*}+\boldsymbol{I}_2^{*})=\boldsymbol{V}\boldsymbol{I}_1^{*}+\boldsymbol{V}\boldsymbol{I}_2^{*}=\boldsymbol{S}_1+\boldsymbol{S}_2 \tag{11.53}$$

式中，$\boldsymbol{S}_1$ 与 $\boldsymbol{S}_2$ 分别表示传递给负载 $\boldsymbol{Z}_1$ 与 $\boldsymbol{Z}_2$ 的复功率。

如果两个负载与电压源相串联，如图 11-23b 所示，则由 KVL 可知

$$\boldsymbol{V}=\boldsymbol{V}_1+\boldsymbol{V}_2 \tag{11.54}$$

电源提供的复功率为

$$\boldsymbol{S}=\boldsymbol{V}\boldsymbol{I}^{*}=(\boldsymbol{V}_1+\boldsymbol{V}_2)\boldsymbol{I}^{*}=\boldsymbol{V}_1\boldsymbol{I}^{*}+\boldsymbol{V}_2\boldsymbol{I}^{*}=\boldsymbol{S}_1+\boldsymbol{S}_2 \tag{11.55}$$

其中，$\boldsymbol{S}_1$ 与 $\boldsymbol{S}_2$ 分别表示传送到负载 $\boldsymbol{Z}_1$ 与 $\boldsymbol{Z}_2$ 上的复功率。

由式(11.53)与式(11.55)可得出结论：无论负载是串联的还是并联的(或是混联的)，电源提供的总功率就等于传递给负载的总功率。一般而言，如果电源连接 N 个负载。则有

$$\boxed{\boldsymbol{S}=\boldsymbol{S}_1+\boldsymbol{S}_2+\cdots+\boldsymbol{S}_N} \tag{11.56}$$

上式表明网络中总的复功率等于各元件复功率之和(该关系对于有功功率与无功功率也成立，但对于视在功率不成立)。这就是交流功率守恒原理：

电源的复功率、有功功率、无功功率分别等于各个负载上的复功率、有功功率、无功功率之和。

由上述分析可知，网络中来自电源的有功(无功)功率等于流入到电路其他元件中的有功(无功)功率。

提示：事实上，交流功率的所有形式——瞬时功率、有功功率、无功功率与复功率都是守恒的。

例 11-13 图 11-24 所示为一个电压源通过传输线给一个负载供电，传输线的阻抗可以表示为一个(4+j2)Ω 的阻抗和一个回路，试求(a)电源吸收的有功功率与无功功率；(b)传输线吸收的有功功率与无功功率；(c)负载吸收的有功功率与无功功率。

解：总阻抗为

$$\boldsymbol{Z}=(4+\mathrm{j}2)+(15-\mathrm{j}10)=19-\mathrm{j}8$$
$$=20.62\,\angle{-22.83^\circ}(\Omega)$$

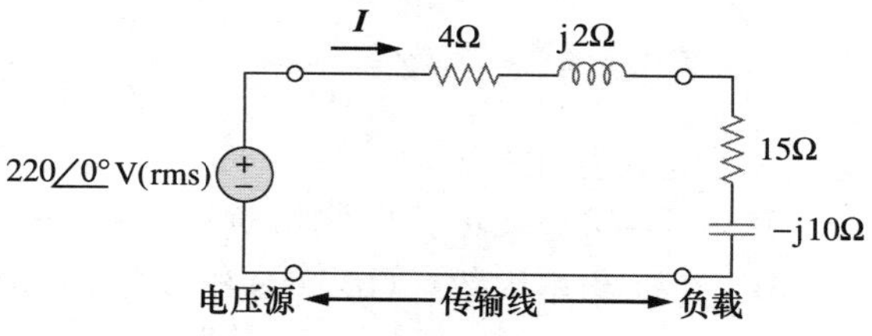

图 11-24 例 11-13 图

流过电路的电流为

$$\boldsymbol{I}=\frac{\boldsymbol{V}_s}{\boldsymbol{Z}}=\frac{220\,\angle 0^\circ}{20.62\,\angle{-22.83^\circ}}$$
$$=10.67\,\angle 22.83^\circ(\mathrm{A})\mathrm{rms}$$

(a) 对于电源而言，复功率为

$$\boldsymbol{S}_s=\boldsymbol{V}_s\boldsymbol{I}^{*}=(220\,\angle 0^\circ)(10.67\,\angle{-22.83^\circ})=2347.4\,\angle{-22.83^\circ}=(2163.5-\mathrm{j}910.8)\mathrm{V\cdot A}$$

由此可得，电源吸收的有功功率为 2163.5W，无功功率为 910.8var(超前)。

(b) 对于传输线而言，电压为

$$\boldsymbol{V}_{\text{line}}=(4+\mathrm{j}2)\boldsymbol{I}=(4.472\,\angle 26.57^\circ)(10.67\,\angle 22.83^\circ)=47.72\,\angle 49.4^\circ(\mathrm{V})\mathrm{rms}$$

传输线吸收的复功率为

$\boldsymbol{S}_{\text{line}}=\boldsymbol{V}_{\text{line}}\boldsymbol{I}^{*}=(47.72\angle 49.4^\circ)(10.67\angle -22.83^\circ)=509.2\angle 26.57^\circ=455.4+\text{j}227.7(\text{V}\cdot\text{A})$

即

$$\boldsymbol{S}_{\text{line}}=|\boldsymbol{I}|^2\boldsymbol{Z}_{\text{line}}=10.67^2(4+\text{j}2)=455.4+\text{j}227.7(\text{V}\cdot\text{A})$$

(c) 对于负载而言，电压为

$\boldsymbol{V}_{\text{L}}=(15-\text{j}10)\boldsymbol{I}=(18.03\angle -33.7^\circ)(10.67\angle 22.83^\circ)=192.38\angle -10.87^\circ(\text{V})\text{rms}$

负载吸收的复功率为

$\boldsymbol{S}_{\text{L}}=\boldsymbol{V}_{\text{L}}\boldsymbol{I}^{*}=(192.38\angle -10.87^\circ)(10.67\angle -22.83^\circ)=2053\angle -33.7^\circ=(1708-\text{j}1139)(\text{V}\cdot\text{A})$

由此可得，负载吸收的有功功率为 1708W，无功功率为 1139var(超前)。可以注意到 $\boldsymbol{S}_{\text{s}}=\boldsymbol{S}_{\text{line}}+\boldsymbol{S}_{\text{L}}$，以上计算利用的是电压与电流的有效值。◀

练习 11-13　在如图 11-25 所示电路中，60Ω 电阻吸收的平均功率为 240W，试求 $\boldsymbol{V}$ 与电路中各支路的复功率，该电路总的复功率为多少(假设流过 60Ω 电阻的电流无相移)？

答案：$240.7\angle 21.45^\circ$ V(rms)；20Ω 电阻，656V・A；(30−j10)Ω 阻抗，(480−j160)V・A；(60+j20)Ω 阻抗，(240+j80)V・A；总的复功率，(1376−j80)V・A。

例 11-14　在图 11-26 所示电路中，$\boldsymbol{Z}_1=60\angle -30^\circ\ \Omega$ 和 $\boldsymbol{Z}_2=40\angle 45^\circ\ \Omega$，计算电源提供的且从电源端口看进去的总的：(a) 视在功率；(b) 有功功率；(c) 无功功率；(d) pf。

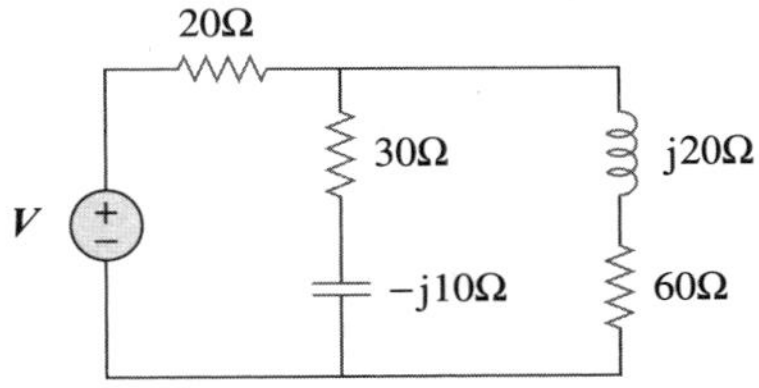

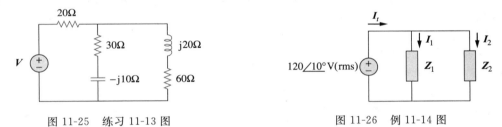

图 11-25　练习 11-13 图

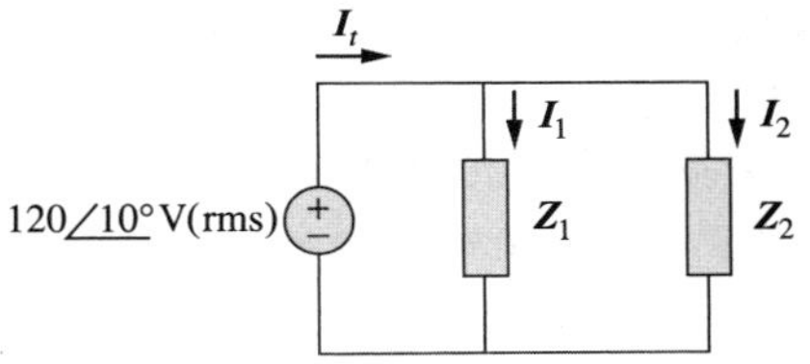

图 11-26　例 11-14 图

解：流过 $\boldsymbol{Z}_1$ 的电流为

$$\boldsymbol{I}_1=\frac{\boldsymbol{V}}{\boldsymbol{Z}_1}=\frac{120\angle 10^\circ}{60\angle -30^\circ}=2\angle 40^\circ(\text{A})\text{rms}$$

流过 $\boldsymbol{Z}_2$ 的电流为

$$\boldsymbol{I}_2=\frac{\boldsymbol{V}}{\boldsymbol{Z}_2}=\frac{120\angle 10^\circ}{40\angle 45^\circ}=3\angle -35^\circ(\text{A})\text{rms}$$

阻抗吸收的复功率分别为

$$\boldsymbol{S}_1=\frac{V_{\text{rms}}^2}{\boldsymbol{Z}_1^*}=\frac{120^2}{60\angle 30^\circ}=240\angle -30^\circ=207.85-\text{j}120(\text{V}\cdot\text{A})$$

$$\boldsymbol{S}_2=\frac{V_{\text{rms}}^2}{\boldsymbol{Z}_2^*}=\frac{120^2}{40\angle -45^\circ}=360\angle 45^\circ=254.6+\text{j}254.6(\text{V}\cdot\text{A})$$

总的复功率为

$$\boldsymbol{S}_{\text{t}}=\boldsymbol{S}_1+\boldsymbol{S}_2=(462.4+\text{j}134.6)\text{V}\cdot\text{A}$$

(a) 总的视在功率为

$$|\boldsymbol{S}_{\text{t}}|=\sqrt{462.4^2+134.6^2}=481.6(\text{V}\cdot\text{A})$$

(b) 总的有功功率为

$$P_{\text{t}}=\text{Re}(\boldsymbol{S}_{\text{t}})=462.4\text{W},\qquad P_{\text{t}}=P_1+P_2$$

(c) 总的无功功率为

$$Q_t = \mathrm{Im}(\boldsymbol{S}_t) = 134.6\mathrm{var}, \quad Q_t = Q_1 + Q_2$$

(d) $\mathrm{pf} = P_t / |\boldsymbol{S}_t| = 462.4/481.6 = 0.96$（滞后）

通过求解电源提供的复功率 $\boldsymbol{S}_s$ 可以检验上述结果的正确性。

$$\begin{aligned}\boldsymbol{I}_t = \boldsymbol{I}_1 + \boldsymbol{I}_2 &= (1.532 + \mathrm{j}1.286) + (2.457 - \mathrm{j}1.721)\\ &= 4 - \mathrm{j}0.435 = 4.024\angle -6.21^\circ(\mathrm{A})\mathrm{rms}\\ \boldsymbol{S}_s = \boldsymbol{V}\boldsymbol{I}_t^* &= (120\angle 10^\circ)(4.024\angle 6.21^\circ)\\ &= 482.88\angle 16.21^\circ = 463 + \mathrm{j}135(\mathrm{V \cdot A})\end{aligned}$$

与上面结果一致。◀

练习 11-14 两个相互并联负载分别为 2kW、pf=0.75（超前）和 4kW、pf=0.95（滞后）。试计算这两个负载的 pf，并求解电源提供的复功率。

答案：0.9972（超前），(6−j0.4495)kV·A。

11.8 功率因数的校正

大多数家用负载（如洗衣机、空调器、电冰箱等）以及工业负载（如感应电动机）通常呈现电感性负载特性且功率因数（滞后）较小。虽然负载的电感性不能改变，但是可以提高其功率因数。

不改变原始负载的电压或电流，提高功率因数的过程称为功率因数校正（power factor correction）。

提示：换言之，功率因数校正可以看作是增加一个与负载并联的电抗元件（一般是电容），从而使功率因数接近于单位 1 的过程。

由于大多数负载是电感性的，如图 11-27a 所示，所以给负载并联一个电容就可以改善或者校正负载的功率因数，如图 11-27b 所示。增加电容后的效果既可以用功率三角形予以说明，也可以用相关电流的相量图予以说明。图 11-28 给出了用于说明并联电容作用的相量图，假设图 11-27a 所示电路的功率因数为 $\cos\theta_1$，而图 11-27b 所示电路的功率因数为 $\cos\theta_2$。显然，如图 11-28 所示，并联电容后，供电电压与电流之间的相位角从 θ_1 减小到 θ_2，因而提高了功率因数。同时，由图 11-28 所示的相量幅度可见，在相同供电电压下，图 11-27a 所示电路提取的电流要比图 11-27b 所示电路提取的电流 I 要大。电流越大，损耗的功率就越大（因为 $P = I_L^2 R$，两者呈平方关系），供电公司收取用户的电费也就越多。因此，减小电流或提高功率因数使其尽可能接近单位 1，对于供电公司和用户都是有利的。选取适当的电容，就可以使电压与电流完全同相，从而使功率因数等于 1。

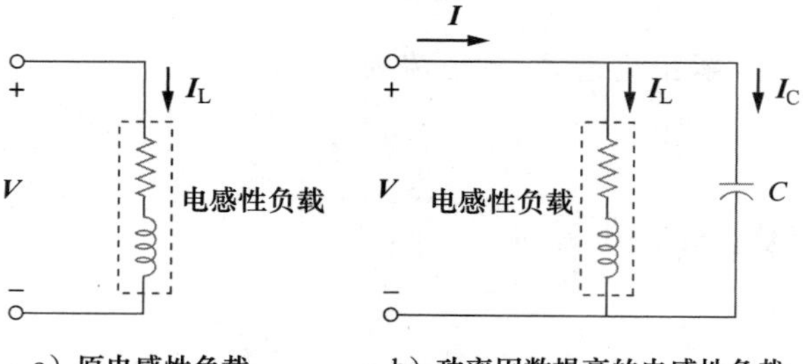

a）原电感性负载　　b）功率因数提高的电感性负载

图 11-27 功率因数校正

提示：电感性负载可以建模为电感与电阻的串联组合。

也可以从另一个角度来研究功率因数校正问题。考虑如图 11-29 所示的功率三角形，如果原始电感性负载的视在功率为 S_1，则有

$$P = S_1\cos\theta_1, \quad Q_1 = S_1\sin\theta_1 = P\tan\theta_1 \tag{11.57}$$

在不改变有功功率的情况下，如果将功率因数从 $\cos\theta_1$ 提高到 $\cos\theta_2$，即 $P = S_2\cos\theta_2$，则新的无功功率为

$$Q_2 = P\tan\theta_2 \tag{11.58}$$

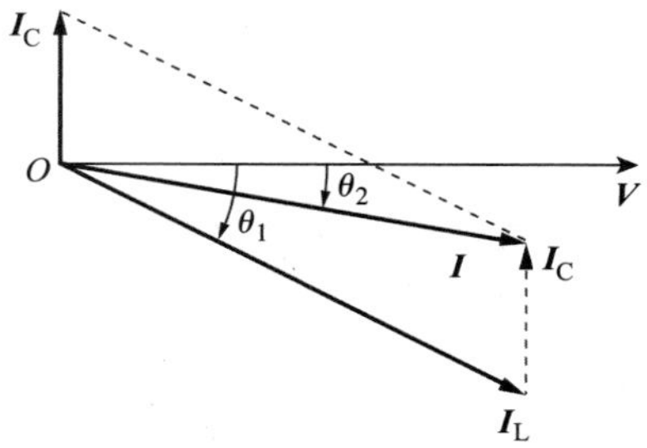

图 11-28　说明与电感性负载相并联的电容作用的相量图

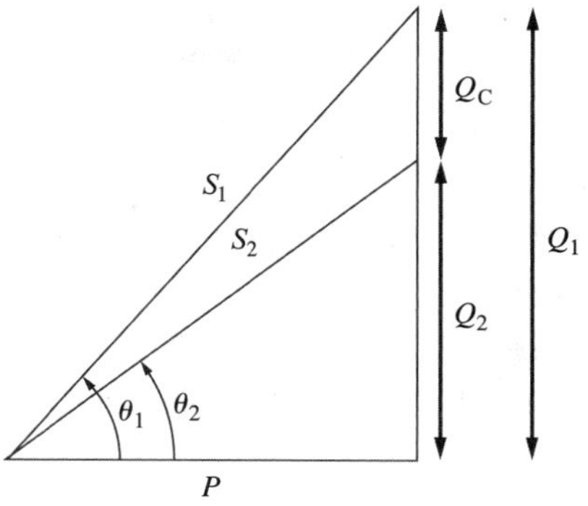

图 11-29　说明功率因数校正的功率三角形

无功功率的降低是由并联电容引起的，也就是说，

$$Q_C = Q_1 - Q_2 = P(\tan\theta_1 - \tan\theta_2) \tag{11.59}$$

但由式(11.46)可知 $Q_C = V_{rms}^2/X_C = \omega C V_{rms}^2$，于是，所需的并联电容的容值 C 可由下式确定：

$$\boxed{C = \frac{Q_C}{\omega V_{rms}^2} = \frac{P(\tan\theta_1 - \tan\theta_2)}{\omega V_{rms}^2}} \tag{11.60}$$

应注意的是，由于电容消耗的平均功率为零，所以负载消耗的有功功率不会受到功率因数校正的影响。

虽然实际的负载大多是电感性负载，但也有可能出现电容性负载，即负载工作时的功率因数超前的。在这种情况下，负载两端应该连接一个电感以实现功率因数校正，所需的分流电感的电感值可按下式计算：

$$Q_L = \frac{V_{rms}^2}{X_L} = \frac{V_{rms}^2}{\omega L} \quad \Rightarrow \quad L = \frac{V_{rms}^2}{\omega Q_L} \tag{11.61}$$

式中，$Q_L = Q_1 - Q_2$，为新、旧无功功率之差。

例 11-15 某负载与 120V(rms)、60Hz 电力线相连后，在滞后功率因数为 0.8 时，该负载吸收的功率为 4kW。求将 pf 提高到 0.95 所需并联的电容量。

解： 如果 pf=0.8，则有

$$\cos\theta_1 = 0.8 \quad \Rightarrow \quad \theta_1 = 36.87°$$

其中 θ_1 为电压与电流之间的相位差。由已知的有功功率与 pf 可以得到视在功率为

$$S_1 = \frac{P}{\cos\theta_1} = \frac{4000}{0.8} = 5000(\text{V} \cdot \text{A})$$

无功功率为

$$Q_1 = S_1 \sin\theta = 5000\sin 36.87 = 3000(\text{var})$$

当 pf 提高到 0.95 时，

$$\cos\theta_2 = 0.95 \quad \Rightarrow \quad \theta_2 = 18.19°$$

有功功率 P 并未改变，但视在功率发生了变化，其新值为

$$S_2 = \frac{P}{\cos\theta_2} = \frac{4000}{0.95} = 4210.5(\text{V} \cdot \text{A})$$

新的无功功率为

$$Q_2 = S_2 \sin\theta_2 = 1314.4\text{var}$$

新、旧无功功率之差是由于负载上并联了电容，因此由电容引起的无功功率为

$$Q_C = Q_1 - Q_2 = 3000 - 1314.4 = 1685.6(\text{var})$$

且

$$C = \frac{Q_C}{\omega V_{\text{rms}}^2} = \frac{1685.6}{2\pi \times 60 \times 120^2} = 310.5(\mu\text{F})$$

注意：购买电容通常要满足所需的电压，在本例中，电容的最大峰值电压为 170V，因此建议购买标称的 200V 电容。◀

练习 11-15 某负载在 pf=0.85(滞后)时的功率为 140kvar，求该负载的 pf 从 0.85(滞后)提高到 1 所需并联的电容值，假定利用 110V(rms)、60Hz 电力线给负载供电。

答案：30.69mF。

习题[⊖]

1 如果 $v(t)=160\cos 50t$ V，$i(t)=-33\sin(50t-30°)$ A。计算瞬时功率与平均功率。

2 已知图 11-30 所示电路，试求各元件提供或吸收的平均功率。

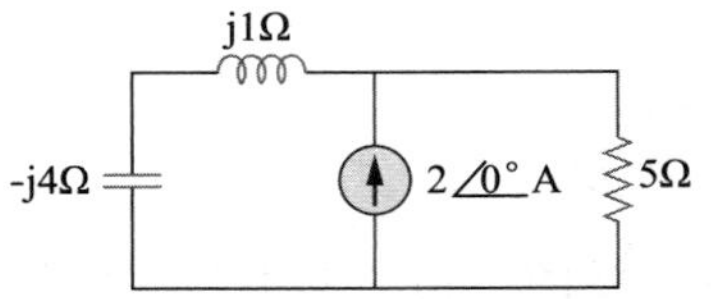

图 11-30 习题 2 图

3 某负载由 60Ω 电阻与 90μF 电容并联组成，如果该负载与电压源 $v_s(t)$ ± $160\cos 2000t$ V 相连，试求传递给负载的平均功率。

4 利用图 11-31 所示电路设计一个问题，从而更好地理解瞬时功率和平均功率。 **ED**

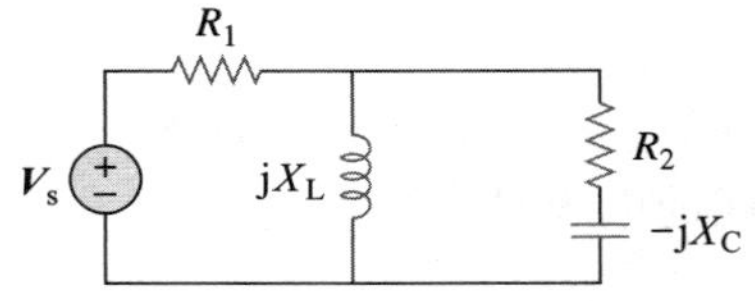

图 11-31 习题 4 图

5 假定图 11-32 所示电路中，$v_s=8\cos(2t-40°)$ V，试求传递给各无源元件的平均功率。

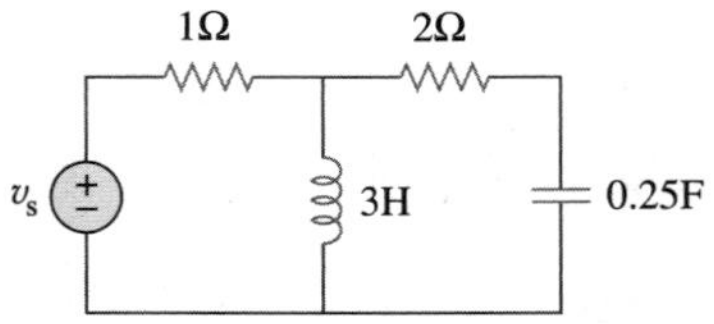

图 11-32 习题 5 图

6 在图 11-33 所示电路中，$i_s=6\cos 10^3 t$ A，试求 50Ω 电阻吸收的平均功率。

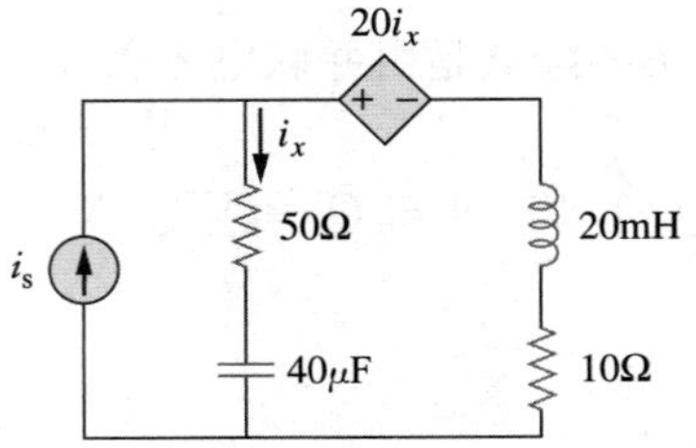

图 11-33 习题 6 图

7 已知如图 11-34 所示电路，试求 10Ω 电阻吸收的平均功率。

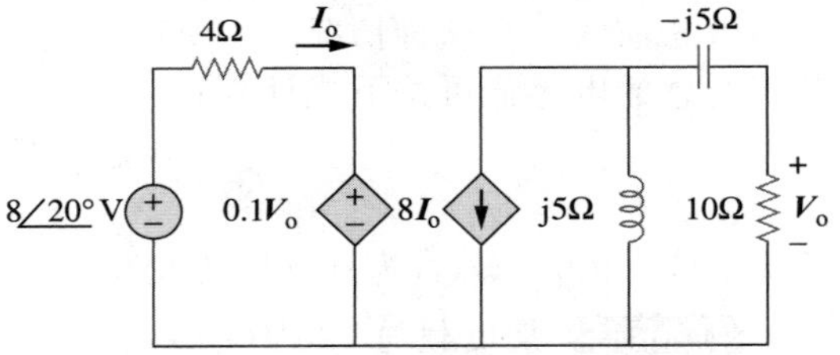

图 11-34 习题 7 图

8 在图 11-35 所示电路中，试确定 40Ω 电阻吸收的平均功率。

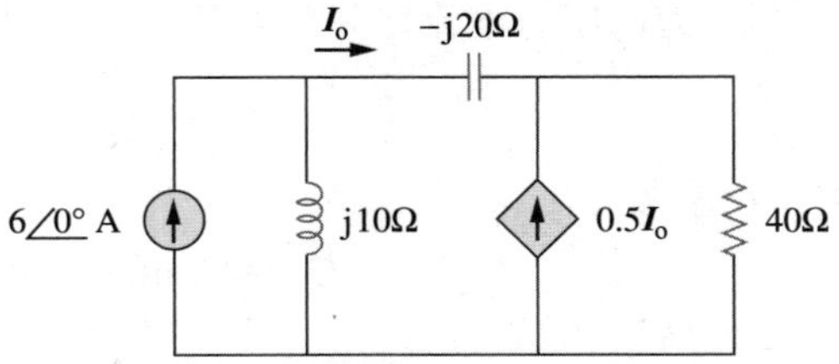

图 11-35 习题 8 图

9 在图 11-36 所示的运算放大器电路中，$V_s=10\angle 30°$ V，试求 20kΩ 电阻吸收的平均功率。

⊖ 从习题 22 开始，除非特殊说明，所有电流和电压值为 rms 值。

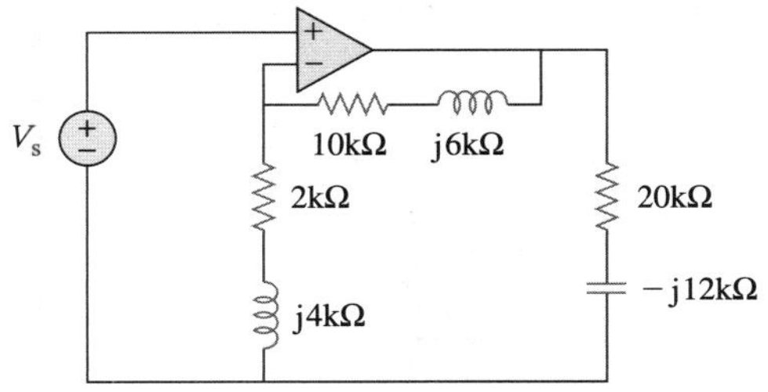

图 11-36　习题 9 图

10　在图 11-37 所示的运算放大器电路中，试求电阻吸收的总的平均功率。

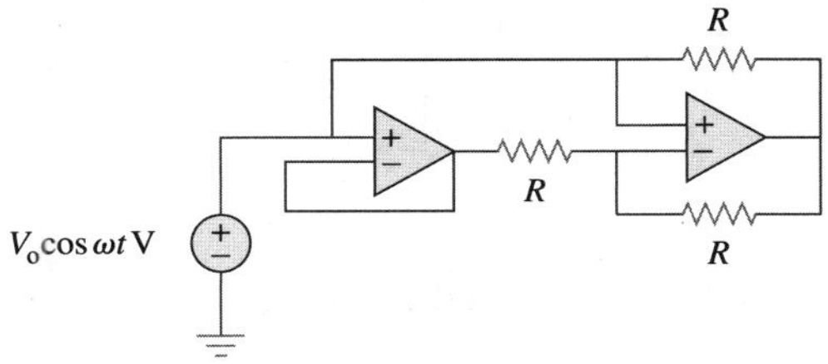

图 11-37　习题 10 图

11　在如图 11-38 所示的网络中，假定端口阻抗为

$$Z_{ab}=\frac{R}{\sqrt{1+\omega^2R^2C^2}}\angle -\arctan\omega RC$$

求 $R=10\text{k}\Omega$，$C=200\text{nF}$，$i=33\sin(377t+22^\circ)$时，该网络消耗的平均功率。

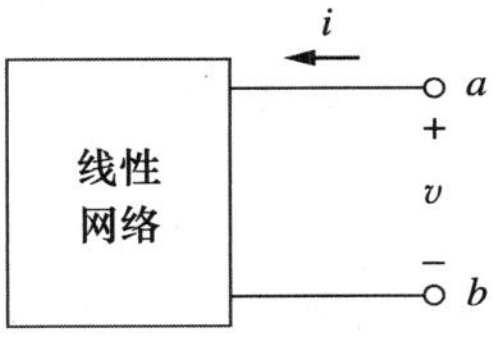

图 11-38　习题 11 图

11.3 节

12　对于图 11-39 所示电路，试确定实现最大功率传输(对于 Z_L)时的负载阻抗 Z_L，并计算负载吸收的最大功率值。

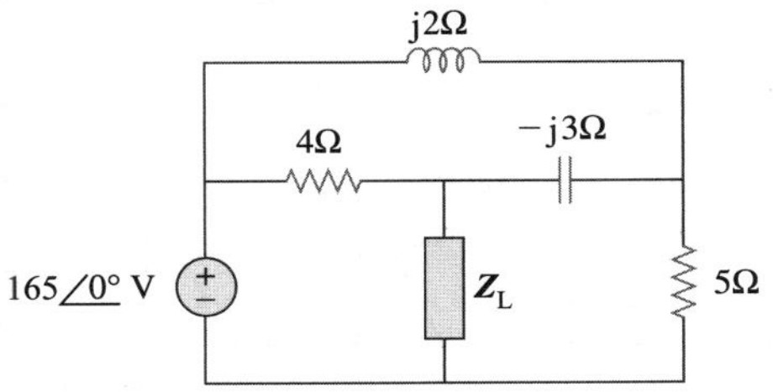

图 11-39　习题 12 图

13　电源的戴维南阻抗为 $Z_{Th}=(120+j60)\Omega$，戴维南峰值电压为 $V_{Th}=(110+j0)$V，试确定该电源可提供的最大平均功率。

14　利用图 11-40 所示电路设计一个问题，从而更好地理解传输到负载 Z 的最大平均功率。 **ED**

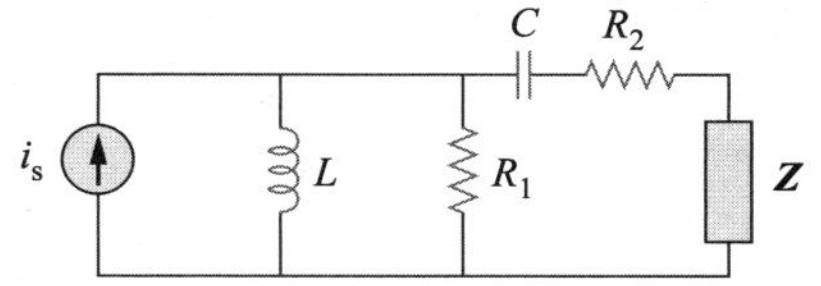

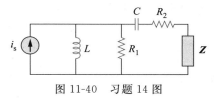

图 11-40　习题 14 图

15　在 11-41 所示电路中，试确定吸收最大功率的阻抗 Z_L 以及该最大功率。

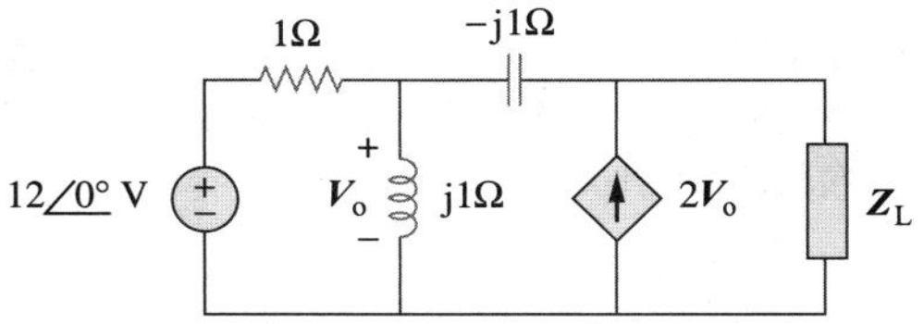

图 11-41　习题 15 图

16　在图 11-42 所示电路中，试求传递给负载 Z_L 的最大功率和此时的 Z_L 值。

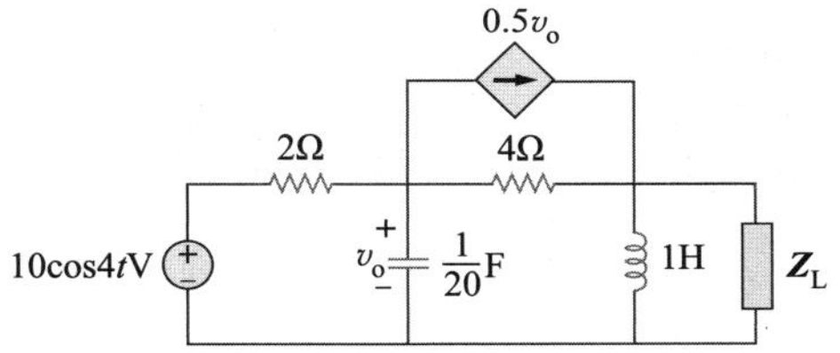

图 11-42　习题 16 图

17　计算图 11-43 所示电路中 Z_L，使得 Z_L 吸收的平均功率最大，并求出 Z_L 吸收的最大平均功率的值？

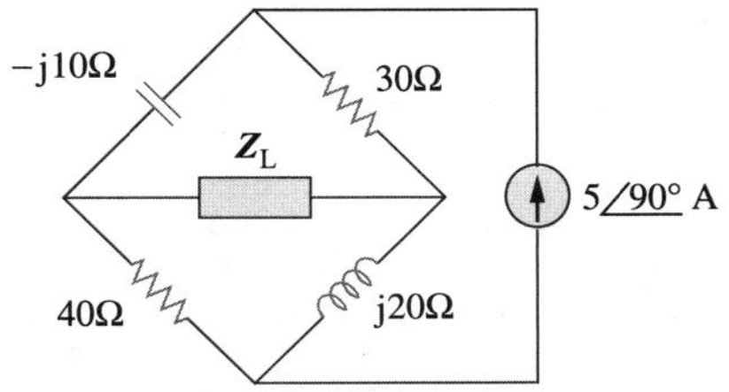

图 11-43　习题 17 图

18　求如图 11-44 所示电路中实现最大功率传输的 Z_L。

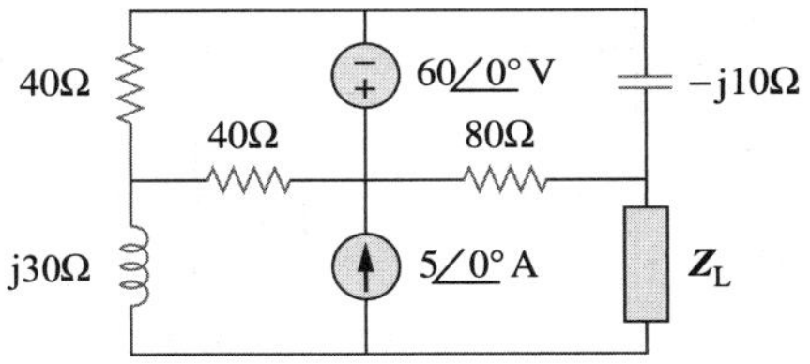

图 11-44　习题 18 图

19 调节图 11-45 所示电路中的可变电阻 R 使其吸收最大的平均功率，试求该电阻值以及所吸收的最大平均功率。

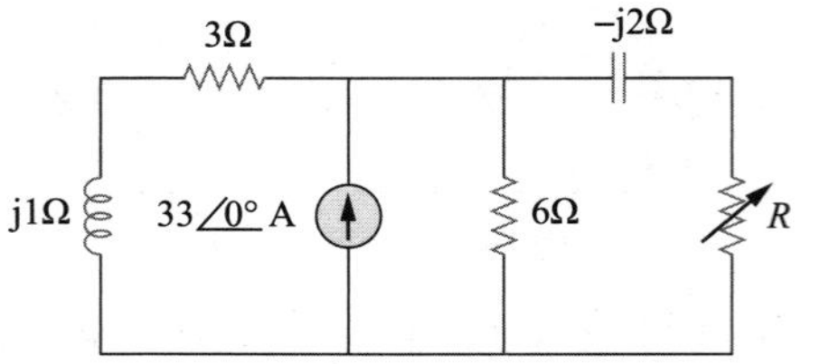

图 11-45 习题 19 图

20 调节图 11-46 所示电路中的负载电阻 R_L 使其吸收最大的平均功率，试计算该电阻值 R_L 以及所吸收的最大平均功率。

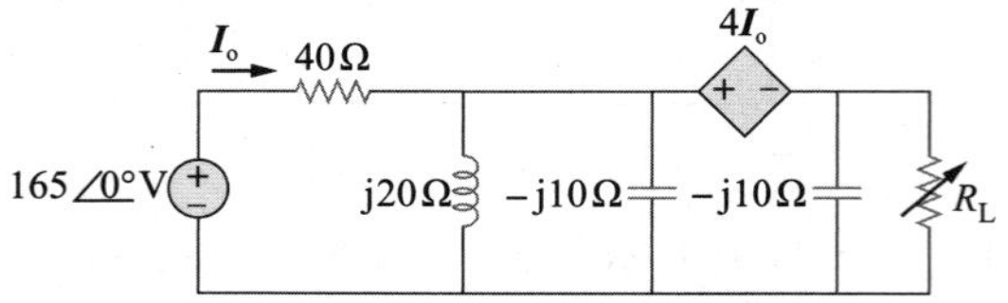

图 11-46 习题 20 图

21 假定负载阻抗为纯电阻，试问如图 11-47 所示电路中端口 a-b 两端应该连接多大的负载才能使传递给该负载的功率最大？

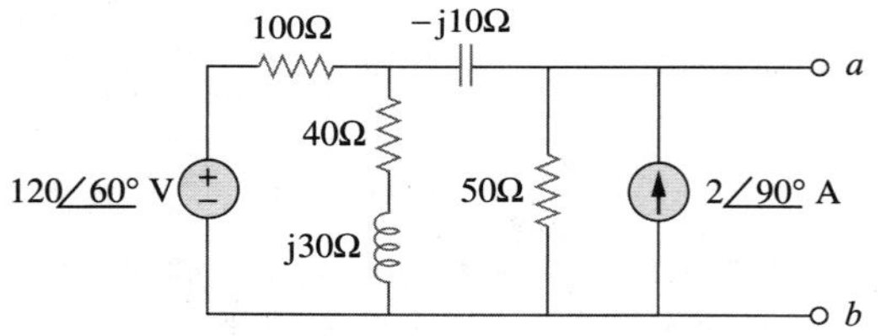

图 11-47 习题 21 图

11.4 节

22 求如图 11-48 所示移位正弦波的 rms 值。

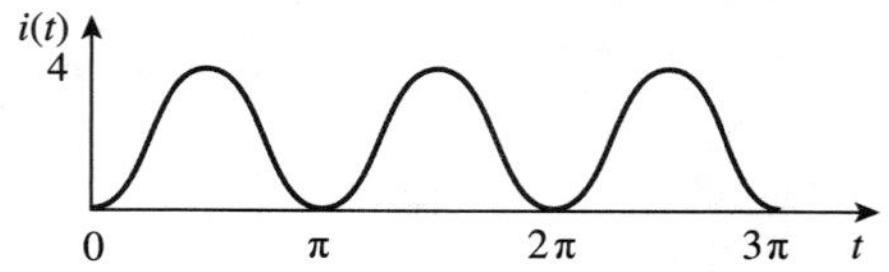

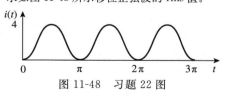

图 11-48 习题 22 图

23 利用图 11-49 所示的电压波形图设计一个问题，从而更好地理解波形的 rms 值。 **ED**

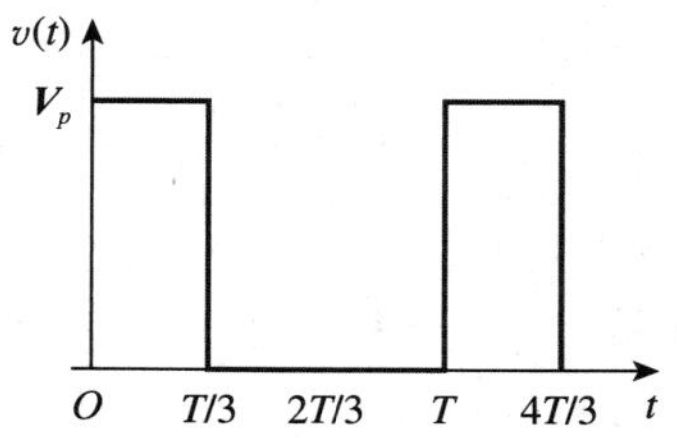

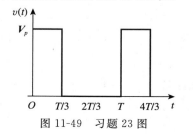

图 11-49 习题 23 图

24 确定图 11-50 所示波形的 rms 值。

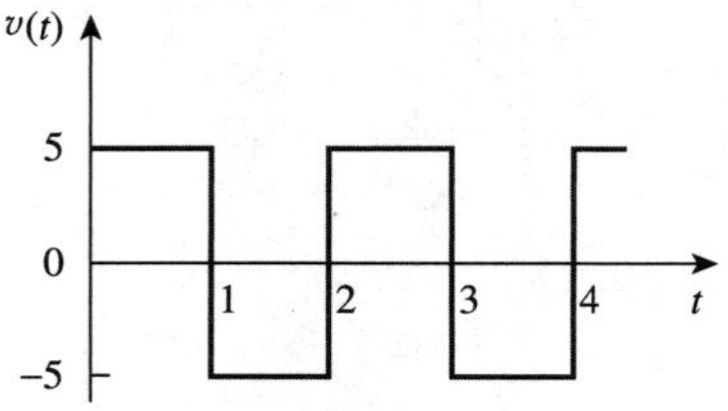

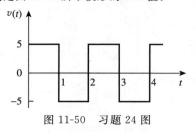

图 11-50 习题 24 图

25 求图 11-51 所示信号的 rms 值。

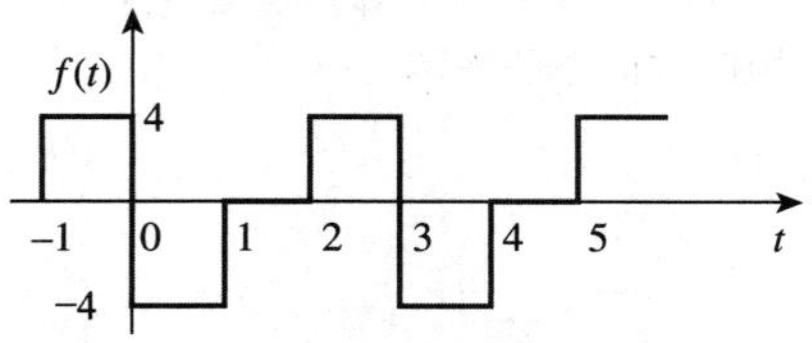

图 11-51 习题 25 图

26 求图 11-52 所示电压波形的有效值。

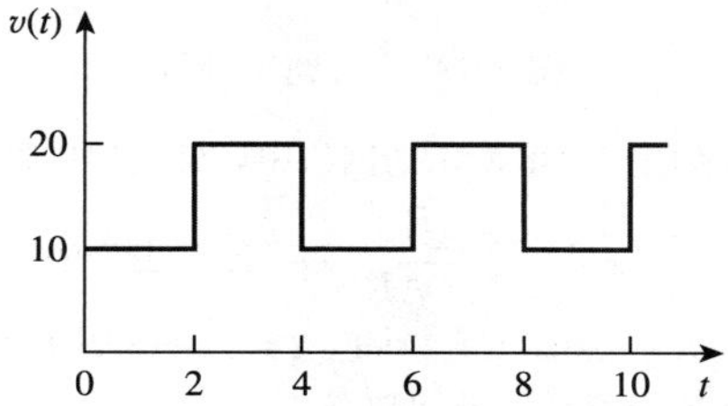

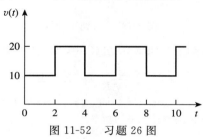

图 11-52 习题 26 图

27 计算图 11-53 所示电流波形的 rms 值。

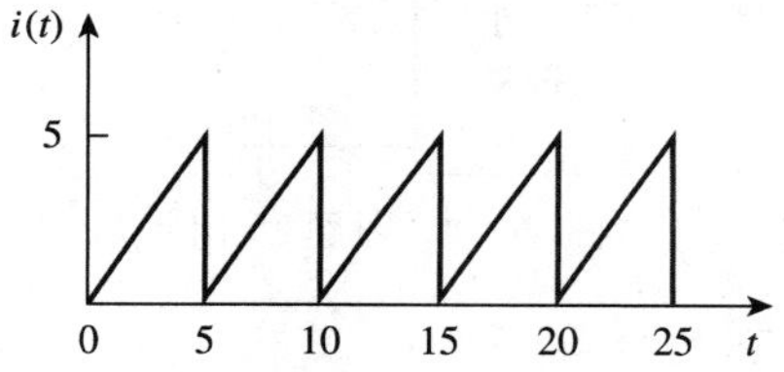

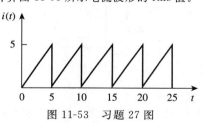

图 11-53 习题 27 图

28 求图 11-54 所示电压波形的 rms 值，以及将该电压施加于 2Ω 电阻两端时，该电阻吸收的平均功率。

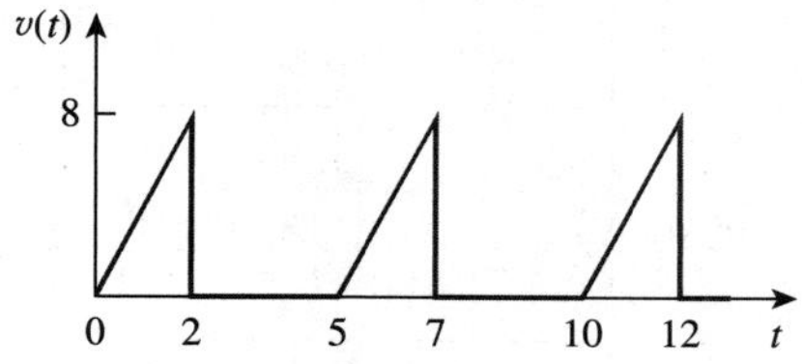

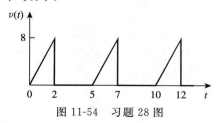

图 11-54 习题 28 图

29 计算图 11-55 所示电流波形的有效值，以及该电流通过 12Ω 电阻时，传递给电阻的平均功率。

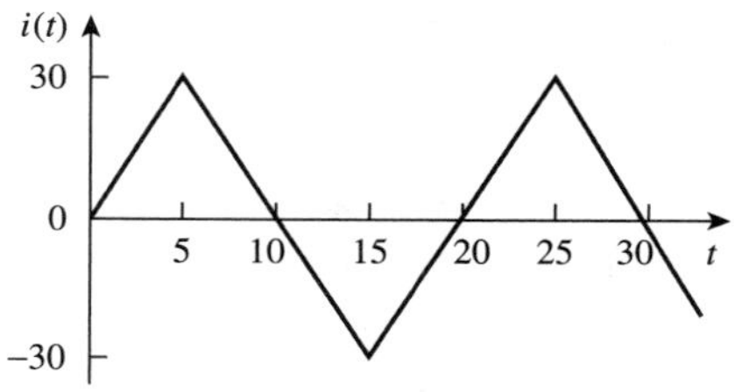

图 11-55　习题 29 图

30　计算图 11-56 所示波形的 rms 值。

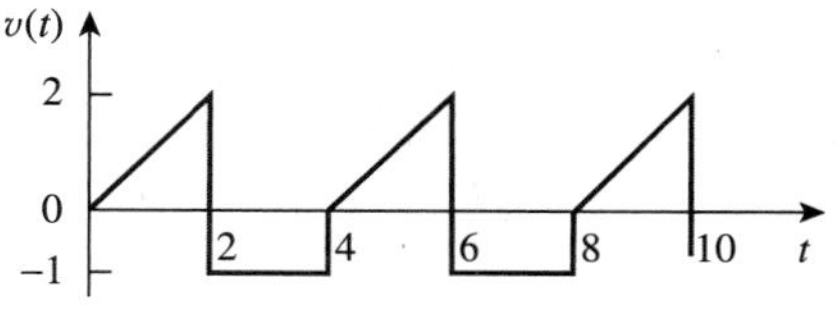

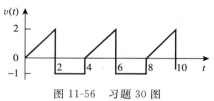

图 11-56　习题 30 图

31　求图 11-57 所示信号的 rms 值。

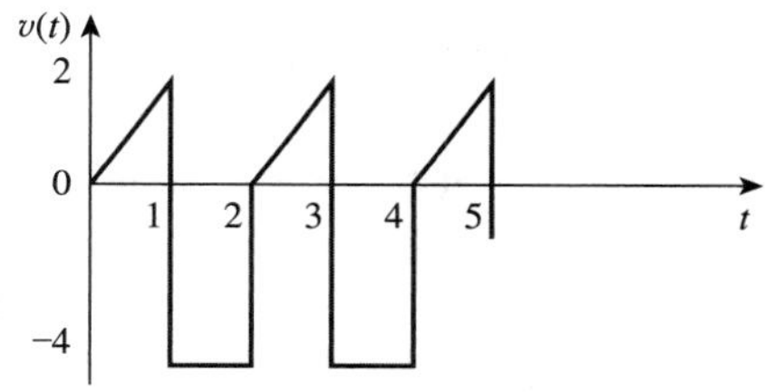

图 11-57　习题 31 图

32　试确定如图 11-58 所示电流波形的 rms 值。

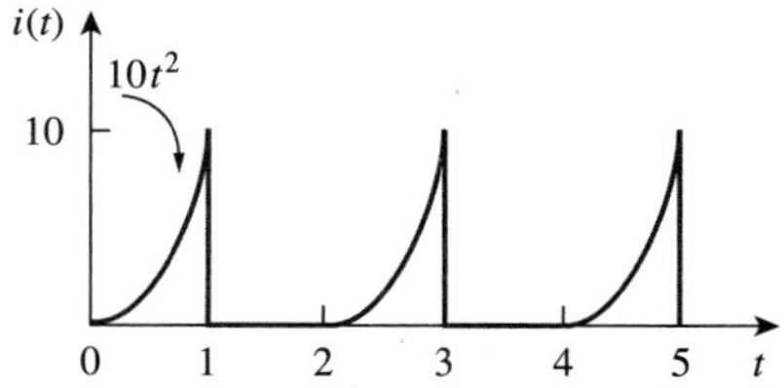

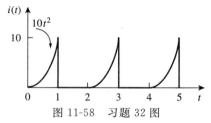

图 11-58　习题 32 图

33　确定如图 11-59 所示波形的 rms 值。

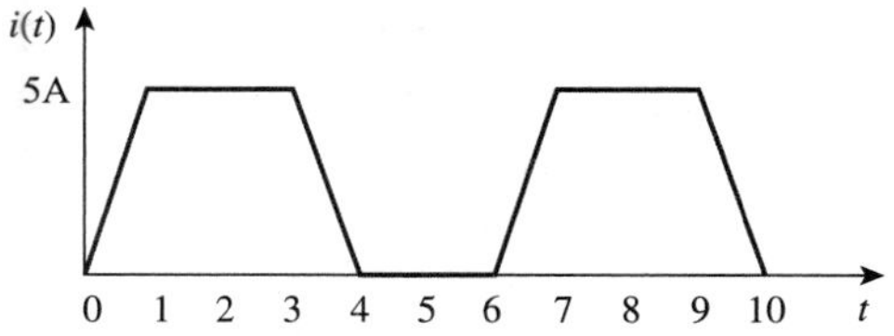

图 11-59　习题 33 图

34　求图 11-60 所示信号 $f(t)$ 的有效值。

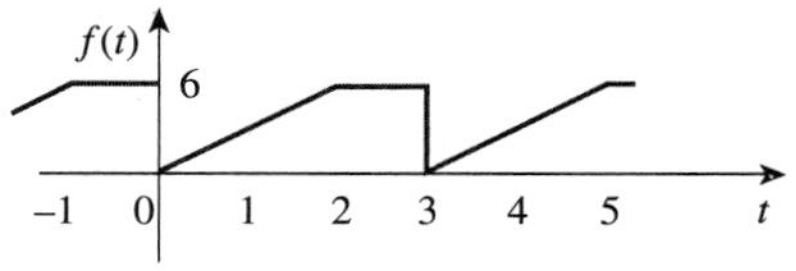

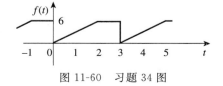

图 11-60　习题 34 图

35　某周期电压波形的一个周期如图 11-61 所示，试求该电压的有效值。注意，该周期的起点为 $t=0$，终点为 $t=6$s。

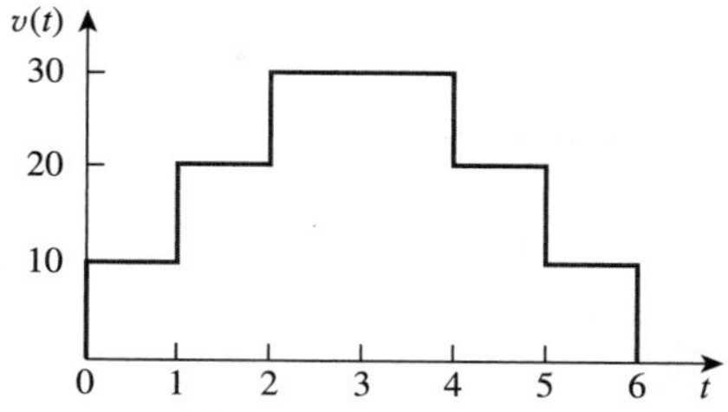

图 11-61　习题 35 图

36　计算如下各函数的 rms 值。

(a) $i(t)=10$A

(b) $v(t)=(4+3\cos 5t)$V

(c) $i(t)=(8-6\sin 2t)$A

(d) $v(t)=(5\sin t+4\cos t)$V

37　设计一个问题，从而更好地理解多个电流信号之和的 rms 值的计算方法。**ED**

11.5 节

38　对于如图 11-62 所示的电力系统，试求：(a) 平均功率；(b) 无功功率；(c) 功率因数。注意，220V 为 rms 值。

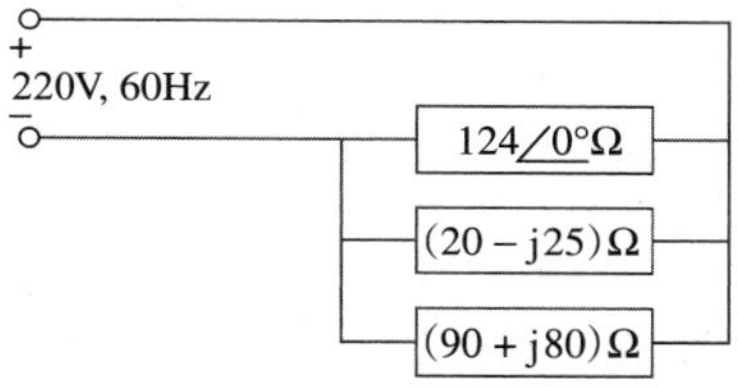

图 11-62　习题 38 图

39　给阻抗为 $\boldsymbol{Z}_{\mathrm{L}}=(4.2+\mathrm{j}3.6)\Omega$ 的某交流电动机供电的电源为 220V、60Hz，(a) 试求 pf、P、Q；(b) 试确定将功率因数校正为 1 的与该电动机并联的电容值。

40　设计一个问题，从而更好地理解视在功率和功率因数。**ED**

41　确定图 11-63 所示各电路的功率因数，并指出各功率因数是超前的还是滞后的。

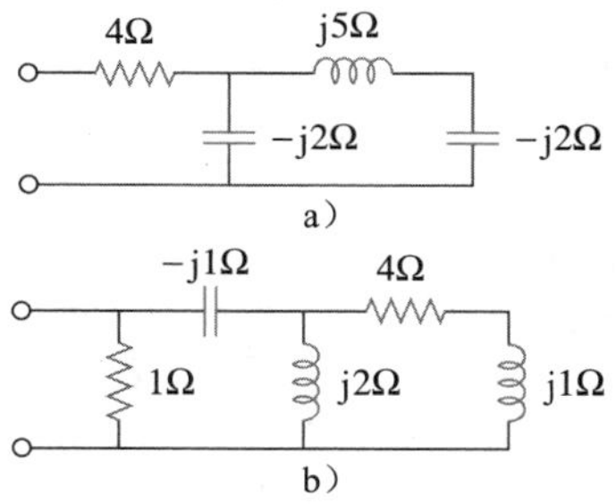

图 11-63　习题 41 图

11.6 节

42　将 110V(rms)、60Hz 电源作用于负载阻抗 Z，功率因数为 0.707(滞后)时进入该负载的视在功率为 120V·A。
(a) 试计算复功率；
(b) 试求流过该负载的 rms 电流值；
(c) 试确定 Z；
(d) 假定 $Z=R+j\omega L$，试求 R 与 L 的值。

43　设计一个问题以更好地理解复功率。　**ED**

44　试求 v_s 传递给如图 11-64 所示网络的复功率，设 $v_s=100\cos 2000t$ V。

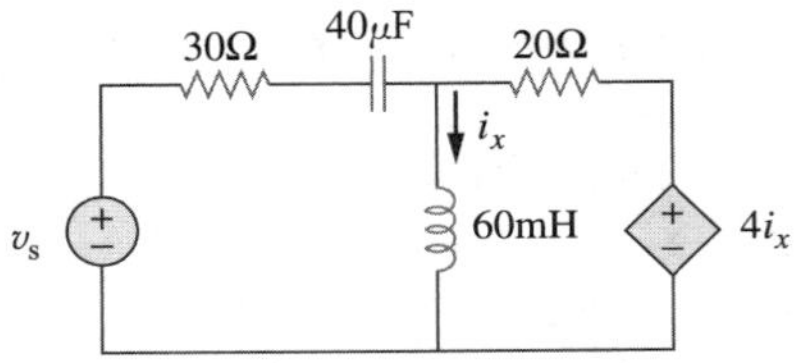

图 11-64　习题 44 图

45　某负载两端的电压以及流过该负载的电流为：

$$v(t)=20+60\cos 100t\ \text{V},$$
$$i(t)=(1-0.5\sin 100t)\ \text{A}$$

试求：
(a) 该电压与电流的 rms 值；
(b) 该负载消耗的平均功率。

46　对如下电压与电流相量，试计算复功率、视在功率、有功功率和无功功率，并指出 pf 是超前的还是滞后的。
(a) $\mathbf{V}=220\angle 30^\circ$ V(rms)，$\mathbf{I}=0.5\angle 60^\circ$ A(rms)。
(b) $\mathbf{V}=250\angle -10^\circ$ V(rms)，
$\mathbf{I}=6.2\angle -25^\circ$ A(rms)。
(c) $\mathbf{V}=20\angle 30^\circ$ V(rms)，
$\mathbf{I}=2.4\angle -15^\circ$ A(rms)。
(d) $\mathbf{V}=160\angle 45^\circ$ V(rms)，$\mathbf{I}=8.5\angle 90^\circ$ A(rms)。

47　对于如下几种情况，试求其复功率、平均功率与无功功率。
(a) $v(t)=112\cos(\omega t+10^\circ)$ V，
$i(t)=4\cos(\omega t-50^\circ)$ A。
(b) $v(t)=160\cos(377t)$ V，
$i(t)=4\cos(377t+45^\circ)$ A。
(c) $\mathbf{V}=80\angle 60^\circ$ V(rms)，$\mathbf{Z}=50\angle 30^\circ$ Ω。
(d) $\mathbf{I}=10\angle 60^\circ$ A(rms)，$\mathbf{Z}=100\angle 45^\circ$ Ω。

48　试确定以下几种情况下的复功率。
(a) $P=269$W，$Q=150$var(电容性)。
(b) $Q=2000$var，pf=0.9(超前)。
(c) $S=600$V·A，$Q=450$var(电感性)。
(d) $V_{rms}=220$V，1kW，$|\mathbf{Z}|=40\Omega$(电感性)。

49　确定以下几种情况的复功率。
(a) $P=4$kW，pf=0.86(超前)。
(b) $S=2$kV·A，$P=1.6$kW(电容性)。
(c) $\mathbf{V}_{rms}=208\angle 20^\circ$ V，$\mathbf{I}_{rms}=6.5\angle -50^\circ$ A。
(d) $\mathbf{V}_{rms}=120\angle 30^\circ$ V，$\mathbf{Z}=(40+j60)\Omega$。

50　试确定以下几种情况下的总阻抗。
(a) $P=1000$W，pf=0.8(超前)，$V_{rms}=220$V；
(b) $P=1500$W，$Q=2000$var(电感性)，
$I_{rms}=12$A；
(c) $\mathbf{S}=4500\angle 60^\circ$ V·A，$\mathbf{V}=120\angle 45^\circ$ V。

51　对于如图 11-65 所示的整体电路，试计算：(a) 功率因数；(b) 电源传递的平均功率；(c) 无功功率；(d) 视在功率；(e) 复功率。

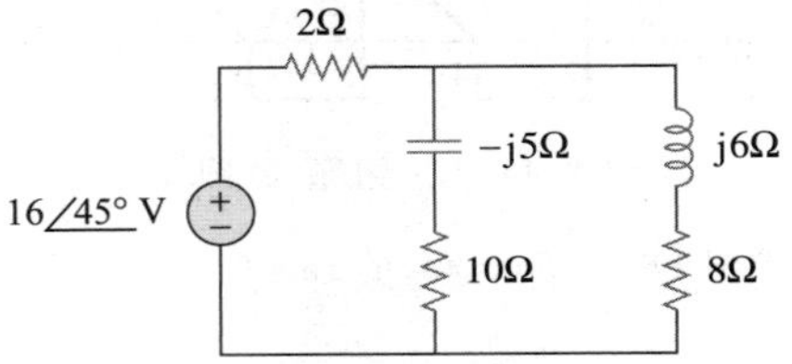

图 11-65　习题 51 图

52　在图 11-66 所示电路中，器件 A 在功率因数为 0.8(滞后)下接收的功率为 2kW，器件 B 在功率因数为 0.4(超前)下接收的功率为 3kV·A，器件 C 为感性元件，消耗的功率为 1kW，接收的功率为 500var。
(a) 试确定整个系统的功率因数。
(b) 试求 $\mathbf{V}_s=120\angle 45^\circ$ V(rms)时的 $\mathbf{I}$。

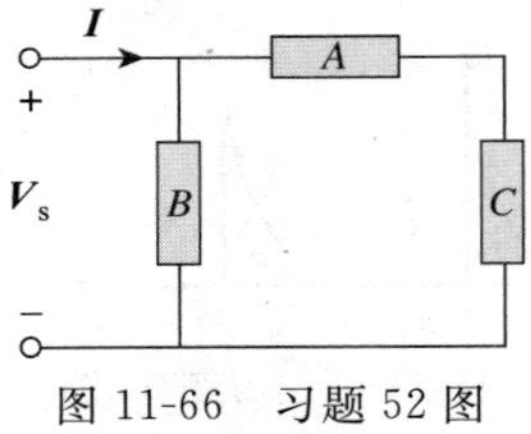

图 11-66　习题 52 图

53　在图 11-67 所示电路中，负载 A 在功率因数为 0.8(超前)下接收的功率为 4kV·A，负载 B 在功率因数为 0.6(滞后)下接收的功率为 2.4kV·A，器件 C 为感性负载，消耗的功率为 1kW，接收的功率为 500var。
(a) 试确定 $\mathbf{I}$；
(b) 试计算该电路组合的功率因数。

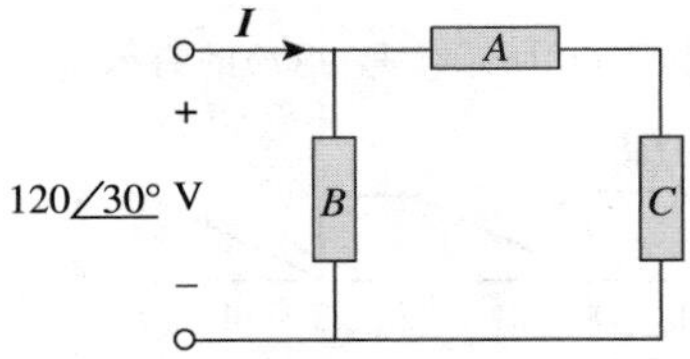

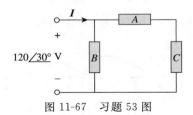

图 11-67　习题 53 图

11.7 节

54　对于图 11-68 所示网络，试求各元件吸收的复功率。

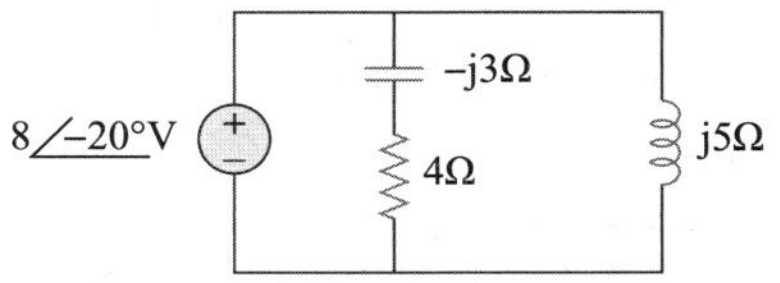

图 11-68　习题 54 图

55　利用图 11-69 所示电路设计一个问题，从而更好地理解交流电路的功率守恒定理。**ED**

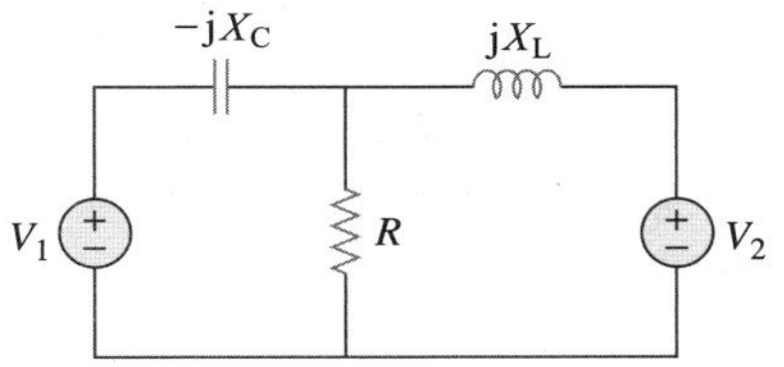

图 11-69　习题 55 图

56　对于图 11-70 所示电路，试求 $\boldsymbol{V}_o$ 与输入功率因数。

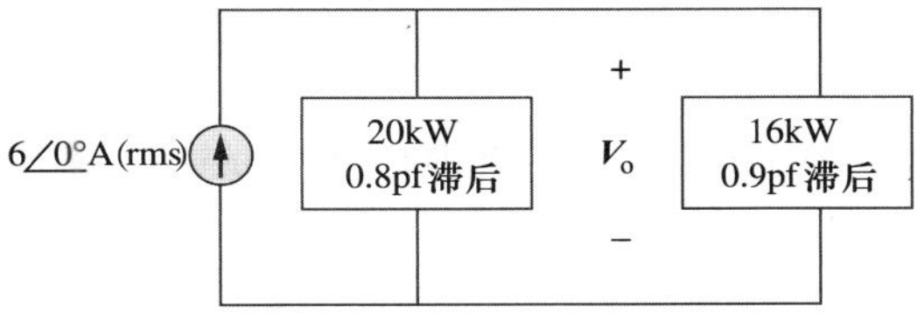

图 11-70　习题 56 图

57　已知如图 11-71 所示电路，试求 $\boldsymbol{I}_o$ 与电源提供的总的复功率。

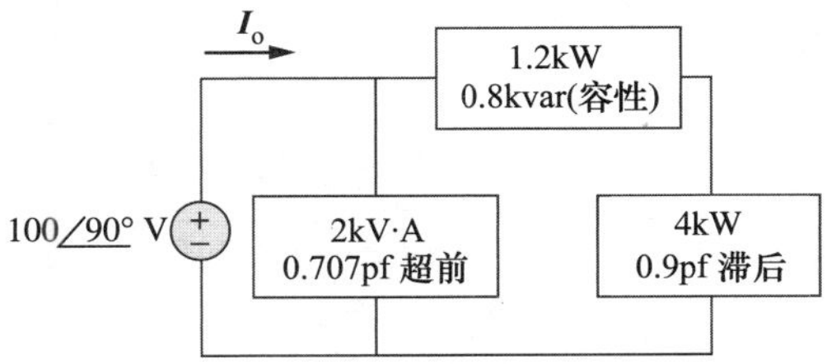

图 11-71　习题 57 图

58　对于图 11-72 所示电路，试求 $\boldsymbol{V}_s$。

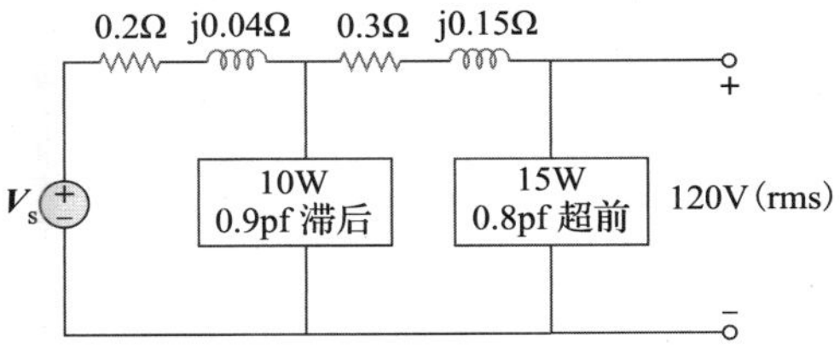

图 11-72　习题 58 图

59　求图 11-73 所示电路中的 $\boldsymbol{I}_o$。

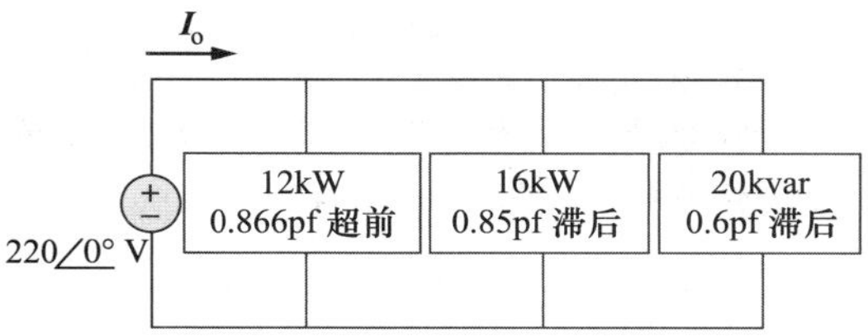

图 11-73　习题 59 图

60　在图 11-74 所示电路中，如果电压源提供的功率为 2.5kW 与 0.4kvar(超前)，试确定 $\boldsymbol{I}_s$。

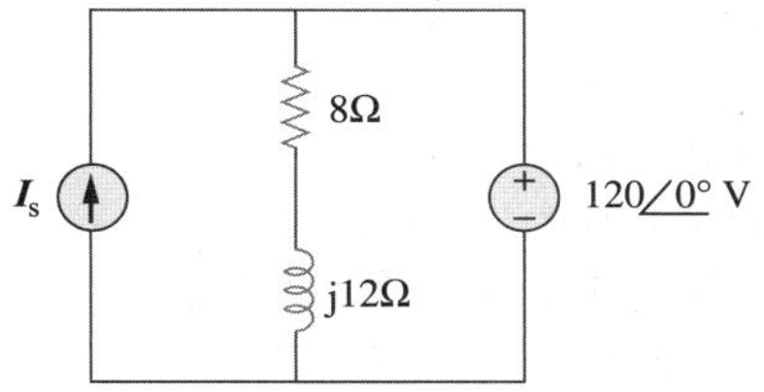

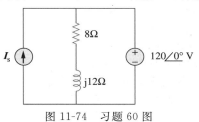

图 11-74　习题 60 图

61　在图 11-75 所示运算放大器电路中，如果 $v_s = 4\cos 10^4 t$，试求传递给 50kΩ 电阻的平均功率。

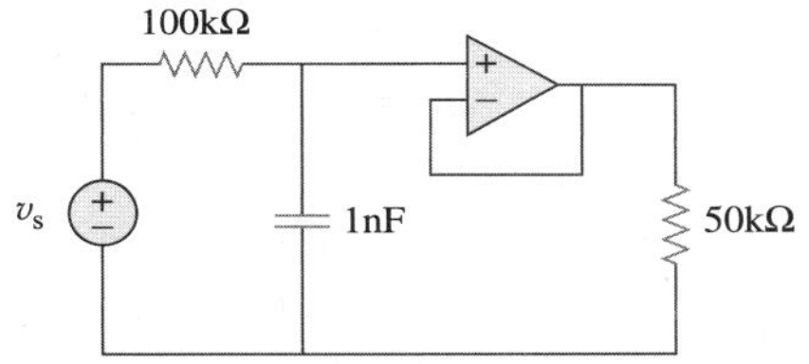

图 11-75　习题 61 图

62　确定图 11-76 所示运算放大器电路中，6kΩ 电阻器吸收的平均功率。

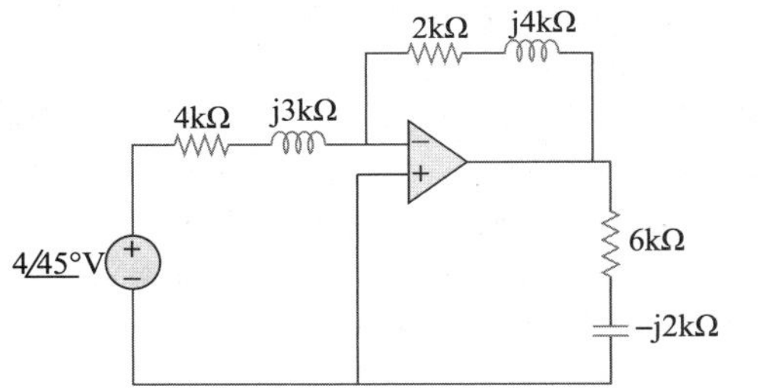

图 11-76　习题 62 图

63　对于图 11-77 所示的运算放大器电路，试计算：

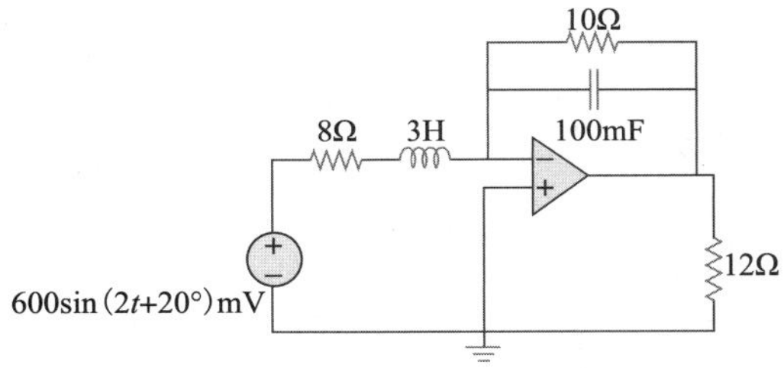

图 11-77　习题 63 图

(a) 电压源传递的复功率；

(b) 12Ω 电阻消耗的平均功率。

64 计算如图 11-78 所示 *RLC* 串联电路中，电流源提供的复功率。

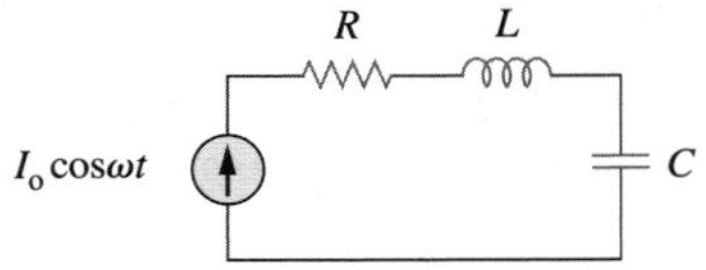

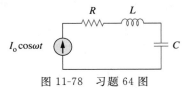

图 11-78 习题 64 图

11.8 节

65 参见如图 11-79 所示电路。

(a) 功率因数为多少？

(b) 消耗的平均功率为多少？

(c) 能够将功率因数校正为单位 1 的与负载并联的电容的容值为多少？

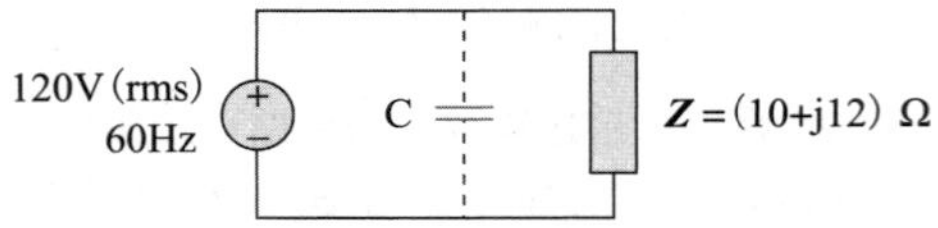

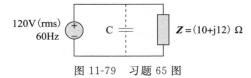

图 11-79 习题 65 图

66 设计一个问题，从而更好地理解功率因数校正。 **ED**

67 三个负载与 120 $\angle 0^\circ$ V(rms)电源并联连接，在 pf=0.85(滞后)时，负载 1 吸收的功率为 60kvar，在 pf=1 时，负载 2 吸收的功率为 90kW 与 50kvar 超前，负载 3 吸收的功率为 100kW。

(a) 试求等效阻抗；

(b) 试计算该并联电路的功率因数；

(c) 试确定电源提供的电流。

68 相互并联的两个负载在功率因数为 0.8(滞后)时从 120V(rms)、60Hz 电力线提取的总功率为 2.4kW，其中一个负载在功率因数为 0.707(滞后)下吸收的功率为 1.5kW. 试确定：

(a) 第二个负载的功率因数；

(b) 将两个负载的功率因数校正为 0.9(滞后)所需的并联元件值。

69 某 240V(rms)，60Hz 电源某负载供电，该负载为 10kW(电阻性)、15kvar(电容性)以及 22kvar(电感性)，试求：

(a) 视在功率；

(b) 从电流源提取的电流；

(c) 额定的无功功率以及将功率因数提高到 0.96(滞后)所需的电容值。

(d) 在新的功率因数条件下，从电源提取的电流。

70 某 120V(rms)、60Hz 电源给两个相互并联的负载供电，如图 11-80 所示。

(a) 试求该并联负载的功率因数；

(b) 试计算将功率因数提高到 1，所需并联的电容值。

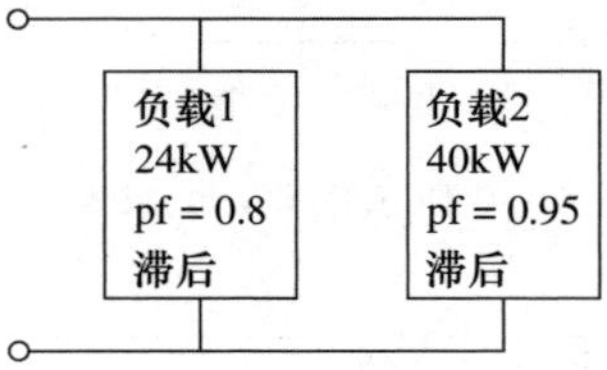

图 11-80 习题 70 图

71 对于图 11-81 所示的供电系统，试计算：

(a) 总的复功率；

(b) 功率因数；

(c) 构建单位功率因数所需的并联电容。

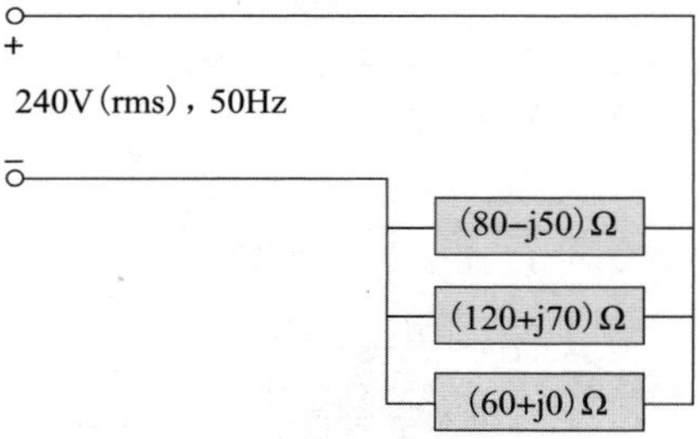

图 11-81 习题 71 图

第12章 三相电路

不能原谅别人的人，实际上也就毁坏了自己必须通过的桥。

——George Herbert

增强技能与拓展事业

ABET EC 2000 标准(3.e)，“确认、表达并解决工程问题的能力”

培养和提高“确认、表达并解决工程问题的能力”是本书的主要任务。按照本书提出的六步法，求解问题的过程就是实践这一技能的最佳方式，建议读者在任何可能的情况下，都采用这六个步骤解题。你会发现，这一解题过程对于非工程课程也有很好的效果。

ABET EC 2000 标准(f)，“对于职业责任与伦理道德的理解”

“对于职业责任与伦理道德的理解”是每个工程师都必须思考的。从某种程度上说，这种理解对于我们每一个人而言都非常重要。下面就通过一些实例帮助读者理解这句话的含义。最佳实例之一是工程师有责任回答“尚未提出的问题”。打个比方，你打算出售一辆传动系统有问题的小汽车，在售车过程中，可能的买主会问你右前轮轴承是否有问题，你回答没问题。但是，作为一名工程师，即便买主没有询问，你也必须告知买主该车的传动系统有问题。

(图片来源：Clearles Alexander)

一个人的职业与道德责任表现为不损害周围人以及你所负责的人的利益。显然，培养这种能力需要一定的时间和成熟度。建议读者在日常活动中不断地探索职业道德以加深自己的理解。

12.1 引言

至此，本书介绍的内容仅涉及单相电路。单相交流电力系统由负载与发电机组成，二者通过一对电线(传输线)相连，图 12-1a 所示为一个单相两线系统。图中 V_p 为电源电压的幅度，ϕ 为相位。实际应用中更常见的是如图 12-1b 所示的单相三线系统，该系统包括两个完全相同的电源(相同的振幅、相同的相位)，通过两根外接线与一根中性线与两个负载相连接。例如，常见的家用供电系统就是单相三线系统，因为其终端电压具有相同的振幅和相同的相位。这种系统允许接入 120V 或 240V 的用电设备。

提示：爱迪生利用三线取代四线，从而发明了三线系统。

交流电源以相同的频率、不同的相位工作的电路或系统称为多相(polyphase)系统，图 12-2 所示为一个两相三线系统，图 12-3 所示为一个三相四线系统。与单相系统不同，两相系统中的发电机包括两个相互垂直的绕组，其产生的两个电压相位相差 90°。同理，三相系统中的发电机包括三个幅度与频率相同但相位彼此相差120°的绕组。三相系统是迄今为止应用最普遍、最经济的多相系统，因此，本章主要讨论三相系统。

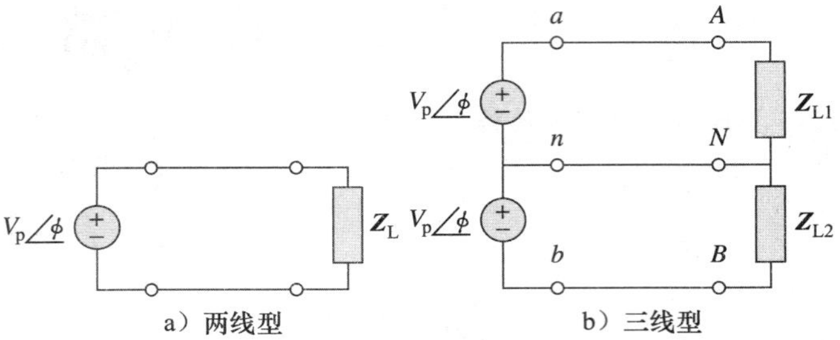

图 12-1　单相系统

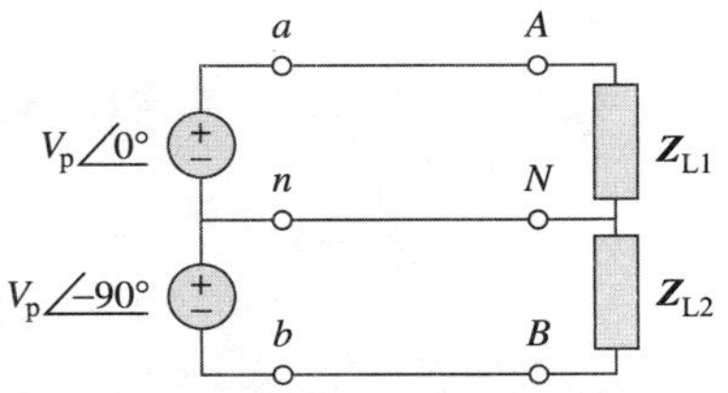

图 12-2　两相三线系统

三相系统之所以重要，至少有三个原因。首先，几乎所有的电厂产生并配送的都是三相电，其工作频率在美国是60Hz($\omega=377$rad/s)，而在其他一些国家和地区是50Hz($\omega=314$rad/s)。当需要单相或两相输入时，可以从三相系统中提取，而无须独立产生。即使需求超过三相时，例如铝厂为了将铝熔化，需要48相电源，这时也可以通过对已有三相电源进行一定的处理而获得。其次，三相系统的瞬时功率是恒定的(而非波动的)，详见12.7节的讨论。这样可以实现均匀的功率传输，并且减少三相机器的振动。最后，对于相同的功率而言，三相系统较单相系统更为经济，而且三相系统所需的传输线数量少于等效的单相系统所需的传输线数量。

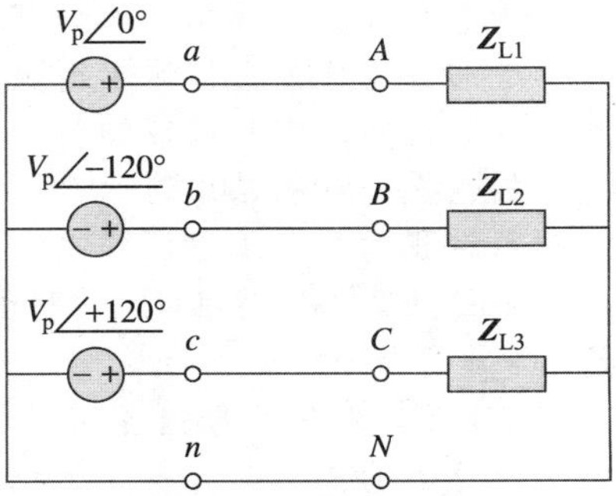

图 12-3　三相四线系统

历史珍闻

(图片来源：Library of Congress(LC-USZ62-61761)

尼古拉·特斯拉(Nikola Tesla，1856—1943)，克罗地亚裔美国工程师，在他的多项发明中，感应电动机与首个多相交流电源系统对交、直流电之争的尘埃落定产生了极大的影响，有力地促进了交流电的普及与应用。同时，他还负责确定了美国地区的交流供电系统的标准工作频率为60Hz。

特斯拉出生于奥匈帝国(现在的克罗地亚)的一个牧师家庭。他拥有惊人的记忆力，对数学有极其浓厚的兴趣。1884年，特斯拉移居美国并首次为托马斯·爱迪生工作。当时美国正处于“电流之争”中，以乔治·威斯丁豪斯(George Westinghouse，1846—1914)为首的一方主张采用交流电，而以托马斯·爱迪生为首的坚持采用直流电。由于特斯拉对于交流电的浓厚兴趣，他离开了爱迪生。并加入了威斯丁豪斯的行列。通过与威斯丁豪斯的合作，特斯拉提出的多相交流发电、输电和配电系统赢得了极高的声誉并被业界所接受。他一生拥有700多项专利，他的其他发明包括高压设备(特斯拉线圈)以及无线传输系统等。磁通密度的单位——特斯拉，就是为了纪念他而以他的名字命名的。

本章首先讨论平衡(对称)三相电压，之后分析对称三相系统的四种可能结构，并讨论非平衡(非对称)三相系统。

12.2　对称三相电压

三相电压通常是由三相交流发电机产生的，三相交流发电机的横截面图如图 12-4 所示。发电机主要由转动磁铁(称为转子)及其周围环绕的静止绕组(称为定子)组成，端子为 a-a'、b-b'和 c-c'的三个分离绕组在物理上围绕定子 120°等间隔排列。例如，端子 a-a'表示绕组的一端进入纸面，而另一端则从纸面出来。随着转子的转动，其磁场“切割”来自三个绕组的磁通量而在绕组中产生感应电压。因为绕组彼此间隔 120°，所以绕组中产生的感应电压幅度相等，相位相差 120°(如图 12-5 所示)。由于每个绕组本身可以看作是一个单相发电机，所以三相发电机既可以给单相负载供电，也可以给三相负载供电。

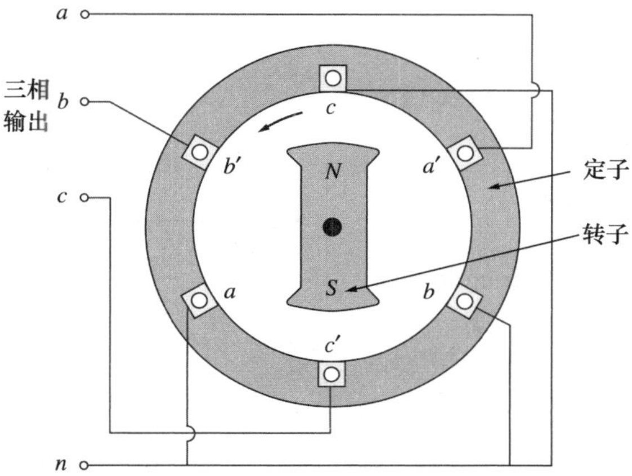

图 12-4　三相交流发电机横截面

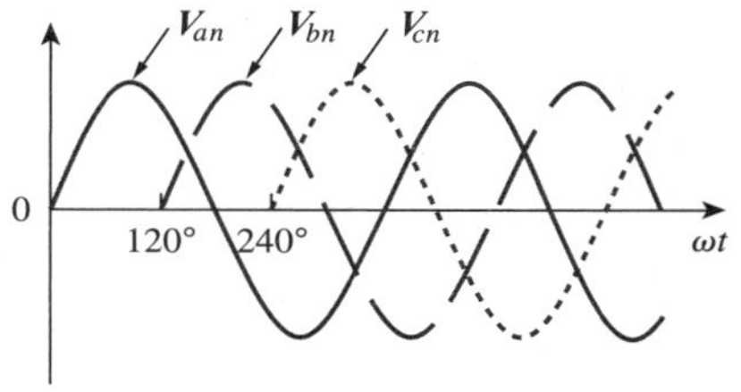

图 12-5　相位彼此相差 120°的发电机输出电压

典型的三相系统是由通过三条或四条线路(即传输线)与负载相连接的三个电压源组成的(三相电流源是极其少见的)。三相系统与三个单相电路是等效的。三相系统中的电压源既可以是 Y 联结(星形联结)，如图 12-6a 所示；也可以是△联结(三角形联结)，如图 12-6b 所示。

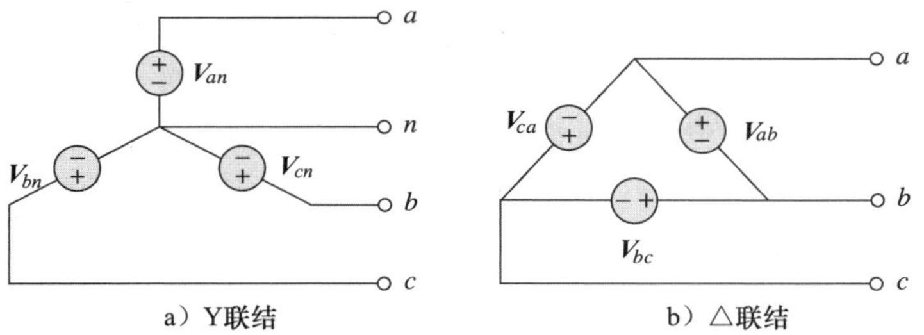

图 12-6　三相电压源

首先讨论如图 12-6a 所示的 Y 联结电压源。电压 $\mathbf{V}_{an}$、$\mathbf{V}_{bn}$ 与 $\mathbf{V}_{cn}$ 分别表示线路 a、b、c 与中性线 n 之间的电压，这些电压称为**相电压**(phase voltage)。如果这些电压源具有相同的幅度和频率，单相位彼此相差 120°，则称这组电压为**平衡的或对称的**(balanced)。对称三相意味着：

$$\mathbf{V}_{an}+\mathbf{V}_{bn}+\mathbf{V}_{cn}=0 \tag{12.1}$$

$$|\mathbf{V}_{an}|=|\mathbf{V}_{bn}|=|\mathbf{V}_{cn}| \tag{12.2}$$

对称相电压是幅度相等，但相位彼此相差 120°的电压。

由于三相电压相位彼此相差 120°，所以就会出现两种可能的组合方式。一种如

图 12-7a 所示，其数学表达式如下：

$$\begin{aligned} V_{an} &= V_p \angle 0^\circ \\ V_{bn} &= V_p \angle -120^\circ \\ V_{cn} &= V_p \angle -240^\circ = V_p \angle +120^\circ \end{aligned} \tag{12.3}$$

式中，V_p 为相电压的有效值，即 rms 值。这种组合成为 *abc* 顺序(abc sequence)或正序(positive sequence)。按照这种相序，V_{an} 超前于 V_{bn}，从而 V_{bn} 超前于 V_{cn}。当图 12-4 中的转子沿逆时针方向转动时，就会得到这种相序。另一种可能如图 12-7b 所示，其数学表达式为：

$$\begin{aligned} V_{an} &= V_p \angle 0^\circ \\ V_{cn} &= V_p \angle -120^\circ \\ V_{bn} &= V_p \angle -240^\circ = V_p \angle +120^\circ \end{aligned} \tag{12.4}$$

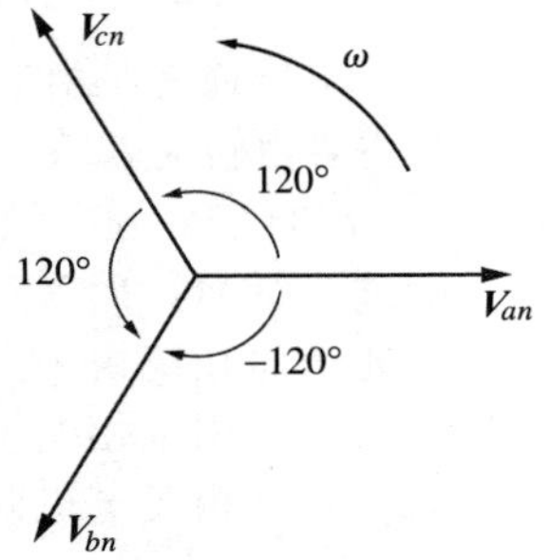

a) 正序*abc*

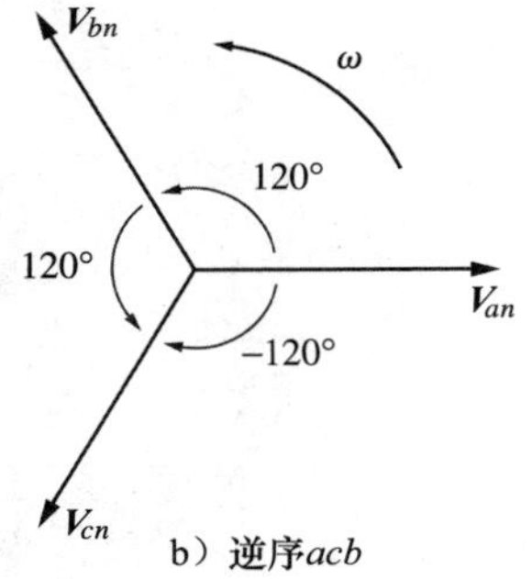

b) 逆序*acb*

图 12-7 相序

提示：按照电力系统的一般习惯，除非特别说明，本章出现的电压与电流均指有效值。

这种组合称为 *acb* 顺序(acb sequence)或逆序(negative sequence)。对于这种相序而言，V_{an} 超前于 V_{cn}，从而 V_{cn} 超前于 V_{bn}。当图 12-4 中转子沿顺时针方向转动时，就会产生 *acb* 顺序。容易证明，式(12.3)与式(12.4)中的电压满足式(12.1)与式(12.2)。例如，由式(12.3)可得

$$\begin{aligned} V_{an} + V_{bn} + V_{cn} &= V_p \angle 0^\circ + V_p \angle -120^\circ + V_p \angle +120^\circ \\ &= V_p(1.0 - 0.5 - j0.866 - 0.5 + j0.866) = 0 \end{aligned} \tag{12.5}$$

相序是指电压经过各自最大值的时间次序。

相序由相量图中相量经过某一固定点的次序来决定。

提示：随着时间增加，各相量(即正弦矢量)以角速度 ω 转动。

在图 12-7a 中，当相量以频率 ω 沿逆时针方向转动时，它们以次序 *abcabca*……经过水平轴，因此，相序为 *abc* 或 *bca* 或 *cab*。同理，图 12-7b 中的相量沿逆时针方向转动时，它们经过水平轴的次序为 *acbacba*……，此即 *acb* 顺序。相序在三相电配电系统中是非常重要的，它决定了与电源相联结的电动机的转动方向。

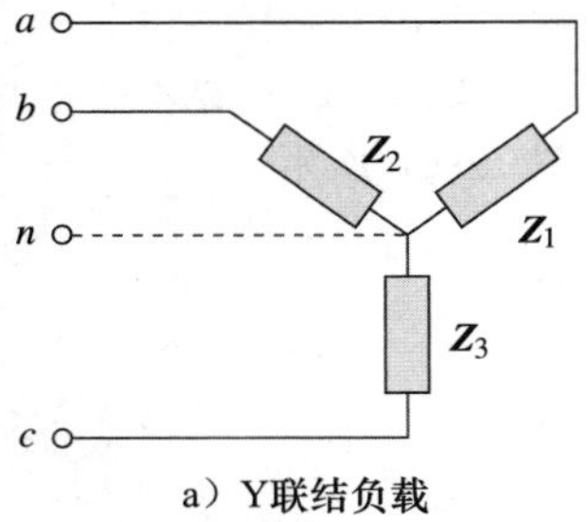

a) Y联结负载

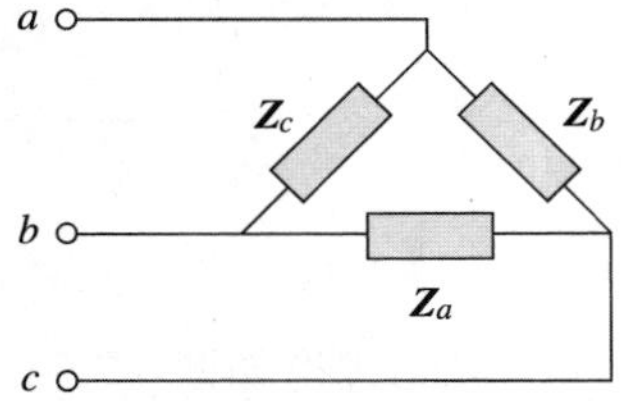

b) △联结负载

图 12-8 三相负载联结的两种可能结构

与发电机的联结方式类似，根据终端应用的不同，三相负载的联结也可以分为 Y 联结与△联结。Y 联结负载如图 12-8a 所示，△联结负载如图 12-8b 所示。图 12-8a 中的中性线可以有，也可以没有，取决于该系统为四线系统还是三线系统(当然，中性线联结对于△联结在拓扑结构上是不可能的)。如果各相负载阻抗的大小和相位不相等，则相应的 Y 联结或△联结负载称为非平衡的或非对称的(unbalanced)。

对称负载是指各相阻抗在大小和相位上都相等的负载。

对于对称 Y 联结负载而言：

$$Z_1 = Z_2 = Z_3 = Z_Y \tag{12.6}$$

其中，$\boldsymbol{Z}_{\mathrm{Y}}$ 为每一相的负载阻抗。对于△联结负载而言，

$$\boldsymbol{Z}_a=\boldsymbol{Z}_b=\boldsymbol{Z}_c=\boldsymbol{Z}_{\triangle} \tag{12.7}$$

其中，$\boldsymbol{Z}_{\triangle}$ 为每一相的负载阻抗。由式(9.69)可知：

$$\boldsymbol{Z}_{\triangle}=3\boldsymbol{Z}_{\mathrm{Y}},\qquad \boldsymbol{Z}_{\mathrm{Y}}=\frac{1}{3}\boldsymbol{Z}_{\triangle} \tag{12.8}$$

因此，利用式(12.8)即可实现 Y 联结负载与△联结负载之间的相互转换。

提示： Y 联接负载由与中性线节点相联结的三个阻抗组成，而△联接负载由联结成回路的三个阻抗组成。在两种联结情况下，三个阻抗相等时称负载是平衡的或对称的。

由于三相电源与三相负载都可以采用 Y 联结或△联结，所以就会出现四种可能的联结情况：

- Y-Y 联结(即 Y 联结的电源与 Y 联结的负载)
- Y-△联结
- △-△联结
- △-Y 联结

以下几节将逐个讨论这些可能的联结结构。

这里应该指出的是，负载的对称△联结要比对称联结更为常用。这是因为在负载的△联结中可以很方便地每一相中增加或去掉负载。而对于负载的 Y 联结而言，由于中性线可以不接，所以每一相负载的增减就非常困难。另外，电源的△联结实际上不是常用的，因为如果三相电压稍不平衡，就会出现环路电流而构成△网孔。

例 12-1 确定以下电压组的相序：

$$v_{an}=200\cos(\omega t+10^\circ)$$
$$v_{bn}=200\cos(\omega t-230^\circ),\qquad v_{cn}=200\cos(\omega t-110^\circ)$$

解：

将已知电压用相量形式表示为

$$\boldsymbol{V}_{an}=200\,\underline{/10^\circ}\ \mathrm{V},\qquad \boldsymbol{V}_{bn}=200\,\underline{/-230^\circ}\ \mathrm{V},\qquad \boldsymbol{V}_{cn}=200\,\underline{/-110^\circ}\ \mathrm{V}$$

由此可见，$\boldsymbol{V}_{an}$ 超前 $\boldsymbol{V}_{cn}$ 120°，$\boldsymbol{V}_{cn}$ 又超前 $\boldsymbol{V}_{bn}$ 120°，因次，相序为 acb 相序。◀

练习 12-1　已知 $\boldsymbol{V}_{bn}=110\,\underline{/30^\circ}$，试求 $\boldsymbol{V}_{an}$ 与 $\boldsymbol{V}_{cn}$，假定为正序(abc)。

答案： $110\,\underline{/150^\circ}$ V，$110\,\underline{/-90^\circ}$ V。

12.3　对称 Y-Y 联结

由于任何对称的三相系统都可以化简为等效的 Y-Y 联结系统，因此本节首先分析 Y-Y 系统。对该系统的分析是解决所有对称三相系统的关键所在。

对称 Y-Y 系统是一个由对称 Y 联结电源与对称 Y 联结负载构成的三相系统。

考虑如图 12-9 所示为对称四线 Y-Y 系统，图中 Y 联结负载与 Y 联结电源相连。假定负载是对称的，即各负载阻抗是相等的。虽然阻抗 $\boldsymbol{Z}_{\mathrm{Y}}$ 表示各相的总的负载阻抗，但它可看作各相的源阻抗 $\boldsymbol{Z}_s$、线阻抗 $\boldsymbol{Z}_l$ 与负载阻抗 $\boldsymbol{Z}_L$ 之和，因为这三个阻抗是相互串联的。如图 12-9 所示，$\boldsymbol{Z}_s$ 表示发电机各相绕组的内阻抗，$\boldsymbol{Z}_l$ 表示连接电源相与负载相之间的线阻抗，$\boldsymbol{Z}_L$ 表示各相的负载阻抗，$\boldsymbol{Z}_n$ 为中性线阻抗。因此，一般有

$$\boldsymbol{Z}_{\mathrm{Y}}=\boldsymbol{Z}_s+\boldsymbol{Z}_l+\boldsymbol{Z}_L \tag{12.9}$$

与 $\boldsymbol{Z}_L$ 相比，$\boldsymbol{Z}_s$ 与 $\boldsymbol{Z}_l$ 通常是非常小的，如果没有给出电源阻抗或线阻抗，可以假定 $\boldsymbol{Z}_{\mathrm{Y}}=\boldsymbol{Z}_L$。无论怎样，总可以将阻抗合并在一起，如图 12-9 所示的 Y-Y 系统即可简化为如图 12-10 所示的系统。

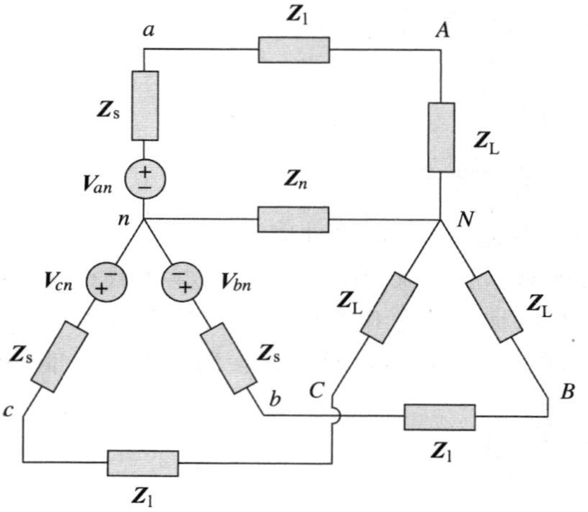

图 12-9　包括电源阻抗、输电线阻抗和负载阻抗在内的对称 Y-Y 系统

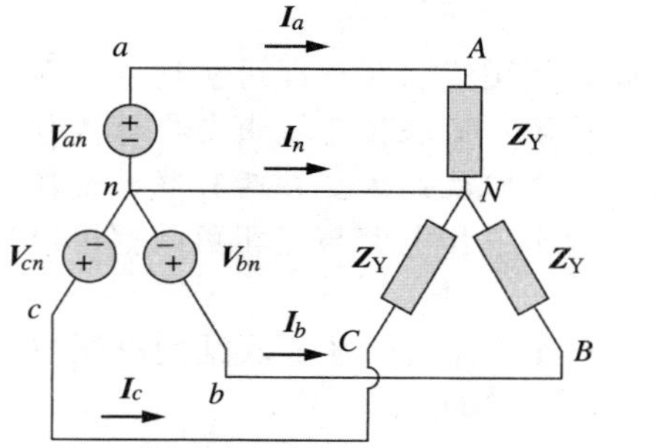

图 12-10　对称 Y-Y 联结

对于正序而言，相电压(即输电线与中性线之间的电压)为：

$$\mathbf{V}_{an}=V_p\angle 0^\circ$$
$$\mathbf{V}_{bn}=V_p\angle -120^\circ,\quad \mathbf{V}_{cn}=V_p\angle +120^\circ \tag{12.10}$$

而输电线与输电线之间的电压简称线电压(line voltage)，线电压 $\mathbf{V}_{ab}$、$\mathbf{V}_{bc}$、$\mathbf{V}_{ca}$ 是与相电压有关的。例如，

$$\begin{aligned}\mathbf{V}_{ab}&=\mathbf{V}_{an}+\mathbf{V}_{nb}=\mathbf{V}_{an}-\mathbf{V}_{bn}=V_p\angle 0^\circ-V_p\angle -120^\circ\\&=V_p\left(1+\frac{1}{2}+\mathrm{j}\frac{\sqrt{3}}{2}\right)=\sqrt{3}V_p\angle 30^\circ\end{aligned} \tag{12.11a}$$

同理，可以得到

$$\mathbf{V}_{bc}=\mathbf{V}_{bn}-\mathbf{V}_{cn}=\sqrt{3}V_p\angle -90^\circ \tag{12.11b}$$

$$\mathbf{V}_{ca}=\mathbf{V}_{cn}-\mathbf{V}_{an}=\sqrt{3}V_p\angle -210^\circ \tag{12.11c}$$

因此，线电压 V_L 的幅度是相电压 V_p 的$\sqrt{3}$倍，即

$$\boxed{V_L=\sqrt{3}V_p} \tag{12.12}$$

式中，

$$V_p=|\mathbf{V}_{an}|=|\mathbf{V}_{bn}|=|\mathbf{V}_{cn}| \tag{12.13}$$

且

$$V_L=|\mathbf{V}_{ab}|=|\mathbf{V}_{bc}|=|\mathbf{V}_{ca}| \tag{12.14}$$

而且，线电压超前相应的相电压 30°，图 12-11a 也可以说明这种情况，图中还指出如何由相电压来确定线电压 $\mathbf{V}_{ab}$。而图 12-11b 所示为三个线电压的相量图，由该图可见，$\mathbf{V}_{ab}$ 超前 $\mathbf{V}_{bc}$ 120°，$\mathbf{V}_{bc}$ 超前 $\mathbf{V}_{ca}$ 120°，所以与相电压一样，线电压之和也为零。

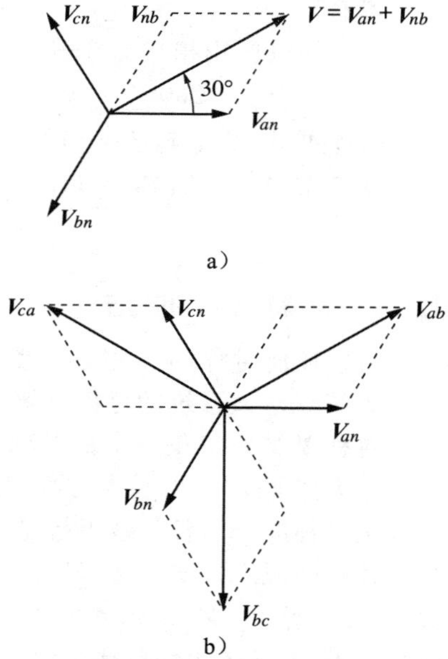

图 12-11　说明线电压与相电压之间关系的相量图

对图 12-10 中的各相应用 KVL，得到线电流为

$$\mathbf{I}_a=\frac{\mathbf{V}_{an}}{\mathbf{Z}_Y},\quad \mathbf{I}_b=\frac{\mathbf{V}_{bn}}{\mathbf{Z}_Y}=\frac{\mathbf{V}_{an}\angle -120^\circ}{\mathbf{Z}_Y}=\mathbf{I}_a\angle -120^\circ$$
$$\mathbf{I}_c=\frac{\mathbf{V}_{cn}}{\mathbf{Z}_Y}=\frac{\mathbf{V}_{an}\angle -240^\circ}{\mathbf{Z}_Y}=\mathbf{I}_a\angle -240^\circ \tag{12.15}$$

可以推断出，线电流之和为零，即

$$\boldsymbol{I}_a+\boldsymbol{I}_b+\boldsymbol{I}_c=0 \tag{12.16}$$

于是有

$$\boldsymbol{I}_n=-(\boldsymbol{I}_a+\boldsymbol{I}_b+\boldsymbol{I}_c)=0 \tag{12.17a}$$

或

$$\boldsymbol{V}_{nN}=\boldsymbol{Z}_n\boldsymbol{I}_n=0 \tag{12.17b}$$

即中性线两端的电压为零。因此，去掉中性线并不会对系统产生任何影响。实际上，在长距离电力传输中，多个三线系统的导体就是利用大地本身作为系统的中性线导体。以这种方式设计的电力系统在所有关键点都要良好接地，以保证安全。

线电流(line current)是各条线路中的电流，而相电流(phase current)则是电源或负载的各相电流。但是在Y-Y系统中，线电流与相电流是相等的，习惯上总是假定线电流是由电源流向负载的，所以仅用一个下标字母表示线电流。

分析对称Y-Y系统的另一种方法是按“每一相”来计算。首先看其中一相，例如a相，其等效电路如图12-12所示。通过单相分析，得到线电流$\boldsymbol{I}_a$为

$$\boldsymbol{I}_a=\frac{\boldsymbol{V}_{an}}{\boldsymbol{Z}_{\mathrm{Y}}} \tag{12.18}$$

由$\boldsymbol{I}_a$以及相序关系，可以确定其他线电流。因此，只要系统是对称的，仅分析其中一相即可，即使在没有中性线的情况下，也可以采用与三线系统相同的分析方法。

例12-2 计算图12-13所示三线Y-Y系统的线电流。

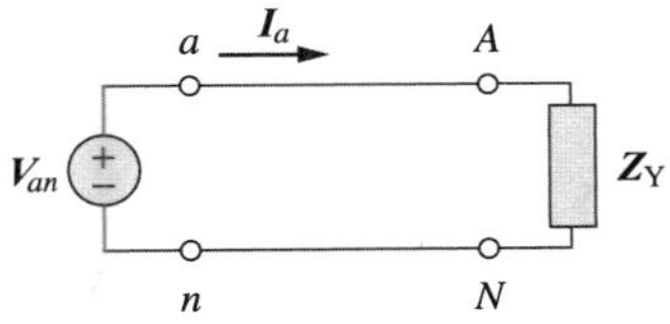

图12-12 单相等效电路

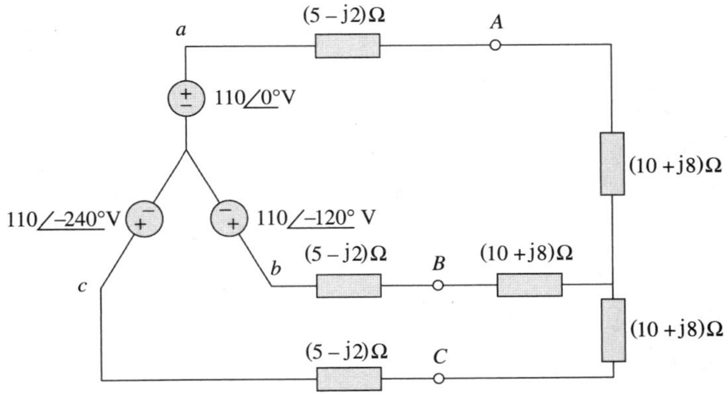

图12-13 例12-2的三线Y-Y系统

解： 图12-13所示的三相电路是对称的，可以用如图12-12所示的单相等效电路来取代。由单相电路分析可以确定$\boldsymbol{I}_a$为

$$\boldsymbol{I}_a=\frac{\boldsymbol{V}_{an}}{\boldsymbol{Z}_{\mathrm{Y}}}$$

其中，$\boldsymbol{Z}_{\mathrm{Y}}=(5-\mathrm{j}2)+(10+\mathrm{j}8)=15+\mathrm{j}6=16.155\,\angle 21.8^\circ\ \Omega$。因此，

$$\boldsymbol{I}_a=\frac{110\,\angle 0^\circ}{16.155\,\angle 21.8^\circ}=6.81\,\angle -21.8^\circ(\mathrm{A})$$

由于图12-13的源电压是正序的，所以线电流也是**正序**的，于是

$$\boldsymbol{I}_b=\boldsymbol{I}_a\,\angle -120^\circ=6.81\,\angle -141.8^\circ(\mathrm{A})$$

$$\boldsymbol{I}_c=\boldsymbol{I}_a\,\angle -240^\circ=6.81\,\angle -261.8^\circ\ \mathrm{A}=6.81\,\angle 98.2^\circ(\mathrm{A})$$

◀

练习12-2 各相阻抗为(0.4+j0.3)Ω的Y联结对称三相发电机与各相负载阻抗为(24+j19)Ω的Y联结对称负载相连。联结发电机与负载的线路阻抗为每相(0.6+j0.7)Ω，

假定电源电压为正序，并且 $\boldsymbol{V}_{an}=120\underline{/30^\circ}$ V。试求：(a) 线电压，(b) 线电流。

答案：(a) $207.85\underline{/60^\circ}$ V，$207.85\underline{/-60^\circ}$ V，$207.85\underline{/-180^\circ}$ V。

(b) $3.75\underline{/-8.66^\circ}$ A，$3.75\underline{/-128.66^\circ}$ A，$3.75\underline{/-111.34^\circ}$ A。

12.4 对称 Y-△联结

对称 Y-△系统是指由对称 Y 联结电源与对称△联结负载构成的系统。

对称 Y-△系统如图 12-14 所示，图中电源为 Y 联结，而负载为△联结。当然，这样的系统中没有从电源到负载的中性线。假定电源为正序，则各相电压为

$$\boldsymbol{V}_{an}=V_p\underline{/0^\circ}$$

$$\boldsymbol{V}_{bn}=V_p\underline{/-120^\circ}, \quad \boldsymbol{V}_{cn}=V_p\underline{/+120^\circ} \tag{12.19}$$

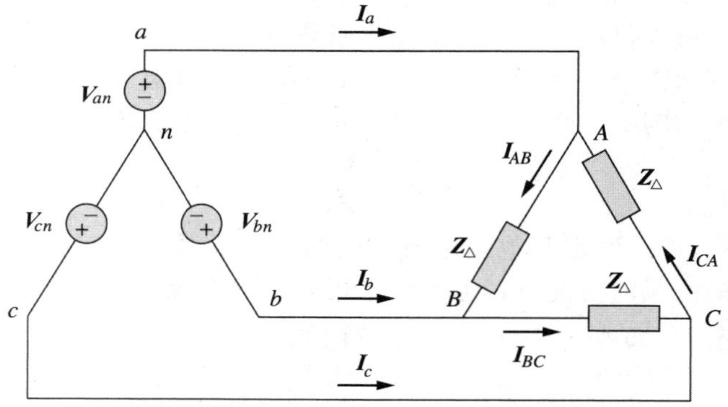

图 12-14 对称 Y-△系统

提示：这种系统是实际中使用最多的三相系统，因为三相电源通常是 Y 联结的，而三相负载通常是△联结的。

由 12.3 节可知，线电压为

$$\boldsymbol{V}_{ab}=\sqrt{3}V_p\underline{/30^\circ}=\boldsymbol{V}_{AB}, \quad \boldsymbol{V}_{bc}=\sqrt{3}V_p\underline{/-90^\circ}=\boldsymbol{V}_{BC}$$

$$\boldsymbol{V}_{ca}=\sqrt{3}V_p\underline{/-210^\circ}=\boldsymbol{V}_{CA} \tag{12.20}$$

由此可见，在该系统结构中，线电压等于负载阻抗两端的电压，由这些电压可以确定各相电流为

$$\boldsymbol{I}_{AB}=\frac{\boldsymbol{V}_{AB}}{\boldsymbol{Z}_\triangle}, \quad \boldsymbol{I}_{BC}=\frac{\boldsymbol{V}_{BC}}{\boldsymbol{Z}_\triangle}, \quad \boldsymbol{I}_{CA}=\frac{\boldsymbol{V}_{CA}}{\boldsymbol{Z}_\triangle} \tag{12.21}$$

上述负载电流具有相同的幅度，但相位相差 120°。

求解相电流的另一种方法是应用 KVL。例如，对回路 *aABbna* 应用 KVL，可以得到

$$-\boldsymbol{V}_{an}+\boldsymbol{Z}_\triangle\boldsymbol{I}_{AB}+\boldsymbol{V}_{bn}=0$$

即

$$\boldsymbol{I}_{AB}=\frac{\boldsymbol{V}_{an}-\boldsymbol{V}_{bn}}{\boldsymbol{Z}_\triangle}=\frac{\boldsymbol{V}_{ab}}{\boldsymbol{Z}_\triangle}=\frac{\boldsymbol{V}_{AB}}{\boldsymbol{Z}_\triangle} \tag{12.22}$$

与式(12.21)一样。这是求解相电流的更一般的方法。

在节点 *A*、*B*、*C* 处应用 KCL，即可由相电流求得线电流，于是

$$\boldsymbol{I}_a=\boldsymbol{I}_{AB}-\boldsymbol{I}_{CA}, \quad \boldsymbol{I}_b=\boldsymbol{I}_{BC}-\boldsymbol{I}_{AB}, \quad \boldsymbol{I}_c=\boldsymbol{I}_{CA}-\boldsymbol{I}_{BC} \tag{12.23}$$

因为 $\boldsymbol{I}_{CA}=\boldsymbol{I}_{AB}\underline{/-240^\circ}$，所以

$$\begin{aligned}\boldsymbol{I}_a&=\boldsymbol{I}_{AB}-\boldsymbol{I}_{CA}=\boldsymbol{I}_{AB}(1-1\underline{/-240^\circ})\\&=\boldsymbol{I}_{AB}(1+0.5-j0.866)=\boldsymbol{I}_{AB}\sqrt{3}\underline{/-30^\circ}\end{aligned} \tag{12.24}$$

表明线电流 I_L 的大小是相电流 I_p 的$\sqrt{3}$倍，即

$$\boxed{I_L=\sqrt{3}\,I_p} \qquad (12.25)$$

其中，

$$I_L=|\boldsymbol{I}_a|=|\boldsymbol{I}_b|=|\boldsymbol{I}_c| \qquad (12.26)$$

且

$$I_p=|\boldsymbol{I}_{AB}|=|\boldsymbol{I}_{BC}|=|\boldsymbol{I}_{CA}| \qquad (12.27)$$

而且，在正序假定下，线电流较其相应的相电流滞后30°。图 12-15 为说明相电流与线电流之间关系的相量图。

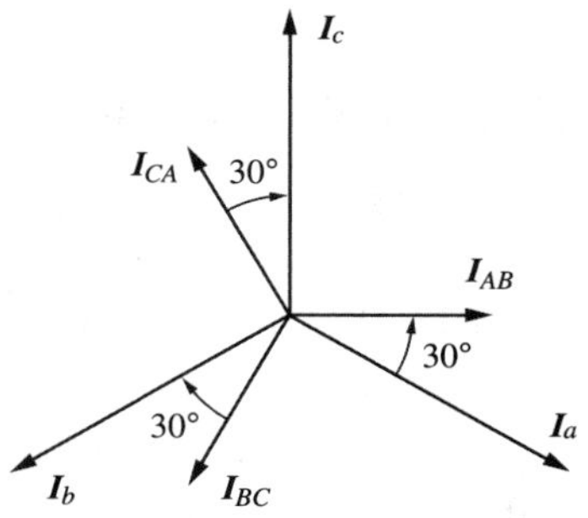

图 12-15 说明相电流与线电流之间关系的相量图

分析 Y-△电路的另一种方法是将△联结的负载转换为等效的 Y 联结负载。由式(12.8)给出△-Y 的转换公式可得

$$\boxed{\boldsymbol{Z}_Y=\frac{\boldsymbol{Z}_\triangle}{3}} \qquad (12.28)$$

转换后即可得到如图 12-10 所示的 Y-Y 系统。图 12-14 所示三相的 Y-△系统可以用图 12-16 所示的单相等效电路来取代。这样就可以仅计算线电流，之后再利用式(12.25)以及各相电流超前于其对应的线电流 30°的性质确定相电流。

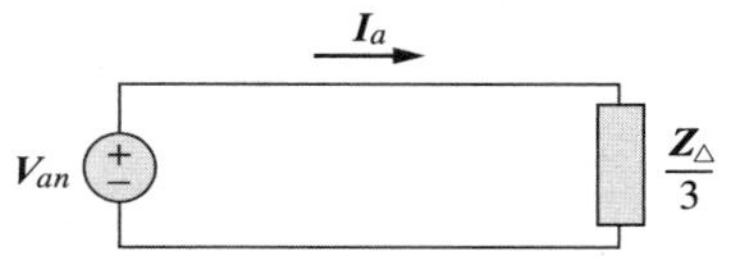

图 12-16 对称 Y-△电路的单相等效电路

例 12-3 某对称 *abc* 相序 Y 联结电源 $\boldsymbol{V}_{an}=100\angle 10°$ V，与一个各相阻抗为(8+j4)Ω 的对称△联结负载相连，计算相电流与线电流。

解： 本例可以用两种方法求解。

方法 1 负载阻抗为：

$$\boldsymbol{Z}_\triangle=8+j4=8.944\angle 26.57°\ \Omega$$

如果相电压 $\boldsymbol{V}_{an}=100\angle 10°$，则线电压为：

$$\boldsymbol{V}_{ab}=\boldsymbol{V}_{an}\sqrt{3}\angle 30°=100\sqrt{3}\angle 10°+30°=\boldsymbol{V}_{AB}$$

即

$$\boldsymbol{V}_{AB}=173.2\angle 40°\ \text{V}$$

相电流为：

$$\boldsymbol{I}_{AB}=\frac{\boldsymbol{V}_{AB}}{\boldsymbol{Z}_\triangle}=\frac{173.2\angle 40°}{8.944\angle 26.57°}\text{A}=19.36\angle 13.43°\ \text{A}$$

$$\boldsymbol{I}_{BC}=\boldsymbol{I}_{AB}\angle -120°=19.36\angle -106.57°\ \text{A}$$

$$\boldsymbol{I}_{CA}=\boldsymbol{I}_{AB}\angle +120°=19.36\angle 133.43°\ \text{A}$$

线电流为：

$$\boldsymbol{I}_a=\boldsymbol{I}_{AB}\sqrt{3}\angle -30°=\sqrt{3}\times 19.36\angle 13.43°-30°\ \text{A}=33.53\angle -16.57°\ \text{A}$$

$$\boldsymbol{I}_b=\boldsymbol{I}_a\angle -120°=33.53\angle -136.57°\ \text{A}$$

$$\boldsymbol{I}_c=\boldsymbol{I}_a\angle +120°=33.53\angle 103.43°\ \text{A}$$

方法 2 由单相电路分析，可得

$$\boldsymbol{I}_a=\frac{\boldsymbol{V}_{an}}{\boldsymbol{Z}_\triangle/3}=\frac{100\angle 10°}{2.981\angle 26.57°}\text{A}=33.54\angle -16.57°\ \text{A}$$

与方法 1 所得结果相同。其他线电流可以利用 *abc* 相序确定。◀

练习 12-3 对称 Y 联结电源的一个线电压为 $\boldsymbol{V}_{AB}=120\angle -20°$ V，如果该电源与负载为 $20\angle 40°$ Ω 的负载△联结，试在 *abc* 相序情况下，求相电流与线电流。

答案：$6\angle{-60^\circ}$ A，$6\angle{-180^\circ}$ A，$6\angle{60^\circ}$ A，$10.392\angle{-90^\circ}$ A，$10.392\angle{150^\circ}$ A，$10.392\angle{30^\circ}$ A。

12.5 对称△-△联结

一个对称△-△系统是指电源与负载均为△对称联结的系统。

电源与负载均为联结的系统如图 12-17 所示。为了确定相电流与线电流，假定采用正序，则△联结电源的相电压为：

$$\boldsymbol{V}_{ab}=V_{\mathrm{p}}\angle{0^\circ},\quad \boldsymbol{V}_{bc}=V_{\mathrm{p}}\angle{-120^\circ},\quad \boldsymbol{V}_{ca}=V_{\mathrm{p}}\angle{+120^\circ} \tag{12.29}$$

线电压与相电压相同。对如图 12-17 所示系统，假设无输电线阻抗，则△联结电源的相电压等于负载阻抗两端的电压，即

$$\boldsymbol{V}_{ab}=\boldsymbol{V}_{AB},\quad \boldsymbol{V}_{bc}=\boldsymbol{V}_{BC},\quad \boldsymbol{V}_{ca}=\boldsymbol{V}_{CA} \tag{12.30}$$

因此，相电流为：

$$\boldsymbol{I}_{AB}=\frac{\boldsymbol{V}_{AB}}{Z_\triangle}=\frac{\boldsymbol{V}_{ab}}{Z_\triangle},\quad \boldsymbol{I}_{BC}=\frac{\boldsymbol{V}_{BC}}{Z_\triangle}=\frac{\boldsymbol{V}_{bc}}{Z_\triangle},\quad \boldsymbol{I}_{CA}=\frac{\boldsymbol{V}_{CA}}{Z_\triangle}=\frac{\boldsymbol{V}_{ca}}{Z_\triangle} \tag{12.31}$$

与前一节相同，负载为△联结，所以前一节推导的部分公式在这里仍然适用。在节点 A、B、C 处应用 KCL，即可由相电流确定线电流，即

$$\boldsymbol{I}_a=\boldsymbol{I}_{AB}-\boldsymbol{I}_{CA},\quad \boldsymbol{I}_b=\boldsymbol{I}_{BC}-\boldsymbol{I}_{AB},\quad \boldsymbol{I}_c=\boldsymbol{I}_{CA}-\boldsymbol{I}_{BC} \tag{12.32}$$

而且，正如前一节所述，各线电流较其相应的相电流相位滞后 30°，线电流 I_{L} 的大小为相电流 I_{p} 的$\sqrt{3}$倍：

$$I_{\mathrm{L}}=\sqrt{3}I_{\mathrm{p}} \tag{12.33}$$

分析△-△型电路的另一种方法是将电源与负载转换为等效的 Y 联结。我们已经知道 $Z_{\mathrm{Y}}=Z_\triangle/3$，将△联结的电源转换为 Y 联结电源的方法，参见下一节的内容。

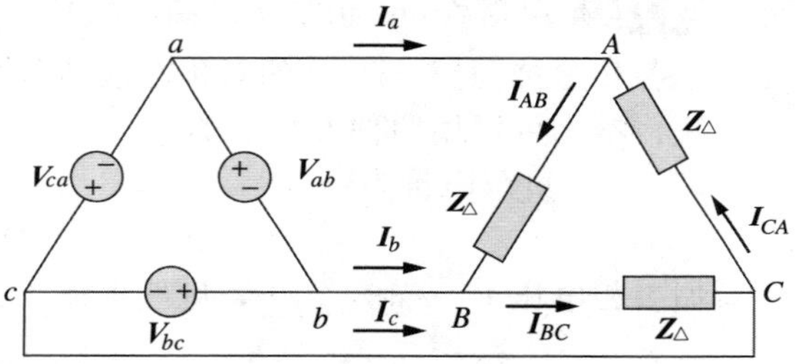

图 12-17 对称△-△联结

例 12-4 阻抗为(20−j15)Ω 对称△联结负载接到一个对称△联结正序发电机 $\boldsymbol{V}_{ab}=330\angle{0^\circ}$ V。计算负载的相电流与线电流。

解：每相的负载阻抗为

$$\boldsymbol{Z}_\triangle=20-\mathrm{j}15=25\angle{-36.87^\circ}(\Omega)$$

由于 $\boldsymbol{V}_{AB}=\boldsymbol{V}_{ab}$，所以相电流为

$$\boldsymbol{I}_{AB}=\frac{\boldsymbol{V}_{AB}}{\boldsymbol{Z}_\triangle}=\frac{330\angle{0^\circ}}{25\angle{-36.87}}=13.2\angle{36.87^\circ}(\mathrm{A})$$

$$\boldsymbol{I}_{BC}=\boldsymbol{I}_{AB}\angle{-120^\circ}=13.2\angle{-83.13^\circ}(\mathrm{A})$$

$$\boldsymbol{I}_{CA}=\boldsymbol{I}_{AB}\angle{+120^\circ}=13.2\angle{156.87^\circ}(\mathrm{A})$$

对于△负载而言，其线电流总是滞后于其相应的相电流 30°，并且其幅度为相电流的$\sqrt{3}$倍。所以，线电流为

$$\boldsymbol{I}_a=\boldsymbol{I}_{AB}\sqrt{3}\angle{-30^\circ}=(13.2\angle{36.87^\circ})(\sqrt{3}\angle{-30^\circ})=22.86\angle{6.87^\circ}\ \mathrm{A}$$

$$\boldsymbol{I}_b=\boldsymbol{I}_a\angle{-120^\circ}=22.86\angle{-113.13^\circ}\ \mathrm{A}$$

$$\boldsymbol{I}_c=\boldsymbol{I}_a\angle{+120^\circ}=22.86\angle{126.87^\circ}\ \mathrm{A}$$

◀

练习 12-4 某正序、对称△联结的电源为一对称△联结的负载供电，如果负载的各相

阻抗为(18+j12)Ω 且 $\boldsymbol{I}_a = 9.609\angle 35^\circ$，试求 $\boldsymbol{I}_{AB}$ 与 $\boldsymbol{V}_{AB}$。

答案：$5.548\angle 65^\circ$ A，$120\angle 98.69^\circ$ V。

12.6 对称△-Y 联结

△-Y 对称系统是指由对称△联结的电源与对称 Y 联结的负载组成的系统。

考虑如图 12-18 所示的电路。假定采用 abc 相序，则△联结电源的相电压为：

$$\boldsymbol{V}_{ab} = V_p\angle 0^\circ, \quad \boldsymbol{V}_{bc} = V_p\angle -120^\circ, \quad \boldsymbol{V}_{ca} = V_p\angle +120^\circ \tag{12.34}$$

上述电压既是相电压，也是线电压。

计算线电流的方法很多。其中一种方法是对如图 12-18 所示的回路 $aANBba$ 应用 KVL，得到

$$-\boldsymbol{V}_{ab} + \boldsymbol{Z}_Y\boldsymbol{I}_a - \boldsymbol{Z}_Y\boldsymbol{I}_b = 0$$

即

$$\boldsymbol{Z}_Y(\boldsymbol{I}_a - \boldsymbol{I}_b) = \boldsymbol{V}_{ab} = V_p\angle 0^\circ$$

于是，

$$\boldsymbol{I}_a - \boldsymbol{I}_b = \frac{V_p\angle 0^\circ}{\boldsymbol{Z}_Y} \tag{12.35}$$

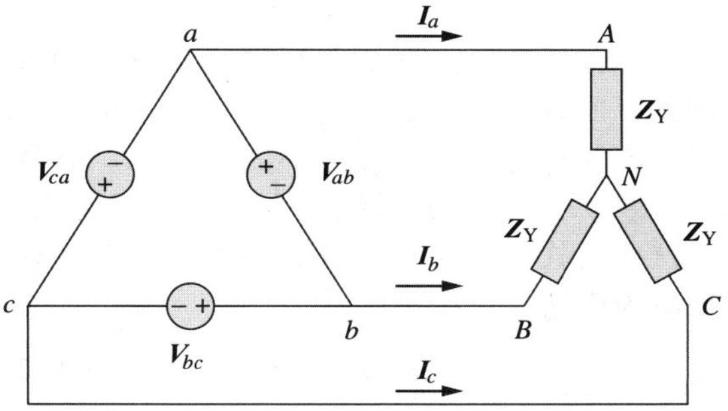

图 12-18 对称△-Y 联结

但是，按照 abc 相序，$\boldsymbol{I}_b$ 较 $\boldsymbol{I}_a$ 滞后 120°，即 $\boldsymbol{I}_b = \boldsymbol{I}_a\angle -120^\circ$，因此：

$$\boldsymbol{I}_a - \boldsymbol{I}_b = \boldsymbol{I}_a(1 - 1\angle -120^\circ) = \boldsymbol{I}_a\left(1 + \frac{1}{2} + \mathrm{j}\frac{\sqrt{3}}{2}\right) = \boldsymbol{I}_a\sqrt{3}\angle 30^\circ \tag{12.36}$$

将式(12.36)代入式(12.35)，得到

$$\boldsymbol{I}_a = \frac{V_p/\sqrt{3}\angle -30^\circ}{\boldsymbol{Z}_Y} \tag{12.37}$$

考虑到正序关系，即可确定其他线电流 $\boldsymbol{I}_b$ 与 $\boldsymbol{I}_c$，即**可确定** $\boldsymbol{I}_b = \boldsymbol{I}_a\angle -120^\circ$，$\boldsymbol{I}_c = \boldsymbol{I}_a\angle +120^\circ$。负载的相电流等于线电流。

确定线电流的另一种方法是将△联结的电源利用其等效的 Y 联结电源来取代，如图 12-19 所示。由 12.3 节可知，Y 联结电源的线电压较其相应的相电压超前。因此，将 Y 联结电源相应的线电压除以$\sqrt{3}$，并移相−30°，就可以得到等效 Y 联结的各相电压，于是，等效 Y 联结电源的相电压为

$$\boldsymbol{V}_{an} = \frac{V_p}{\sqrt{3}}\angle -30^\circ, \quad \boldsymbol{V}_{bn} = \frac{V_p}{\sqrt{3}}\angle -150^\circ, \quad \boldsymbol{V}_{cn} = \frac{V_p}{\sqrt{3}}\angle +90^\circ \tag{12.38}$$

如果△联结电源的各相源阻抗为 $\boldsymbol{Z}_s$，则由式(9.69)可知，等效的 Y 联结电源的各相源阻抗为 $\boldsymbol{Z}_s/3$。

一旦将电源转换为 Y 联结，电路就成为一个 Y-Y 系统。因此，可以利用如图 12-20 所示的单相等效电路进行分析，由此可得 a 相的线电流为

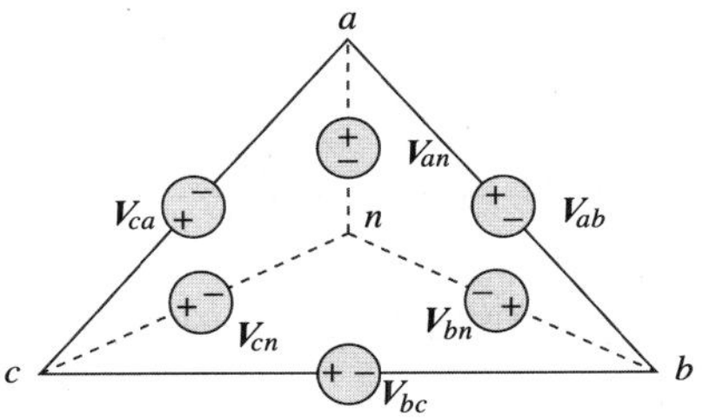

图 12-19 电源的△联结转换为等效 Y 联结

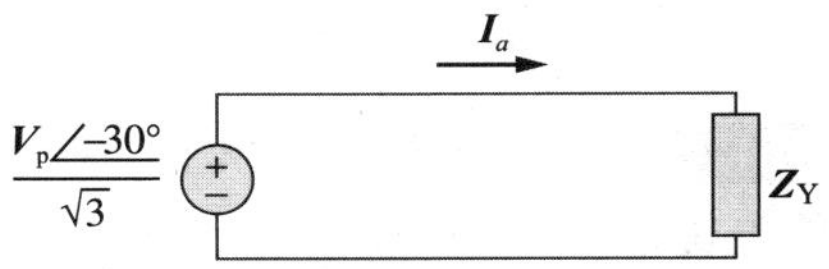

图 12-20 单相等效电路

$$\boldsymbol{I}_a=\frac{V_p/\sqrt{3}\angle -30^\circ}{\boldsymbol{Z}_Y} \tag{12.39}$$

与式(12.37)是相同的。

另外，还可以将Y联结负载转换为等效的△联结负载，所得到的系统为△-△系统，其分析方法参见12.5节。可以注意到

$$\boldsymbol{V}_{AN}=\boldsymbol{I}_a\boldsymbol{Z}_Y=\frac{V_p}{\sqrt{3}}\angle -30^\circ$$

$$\boldsymbol{V}_{BN}=\boldsymbol{V}_{AN}\angle -120^\circ,\quad \boldsymbol{V}_{CN}=\boldsymbol{V}_{AN}\angle +120^\circ \tag{12.40}$$

如前所述，△联结负载要比Y联结负载更符合实际需求，由于各负载通过传输线之间相连，所以改变△联结负载的任何一相负载是非常方便的。然而，△联结电源是很不实用的，因为相电压出现任意小的不平衡，都会导致不希望出现的环路电流。

表12-1总结了四种联结方式的相电流/电压和线电流/电压的计算公式。建议不必记忆这些公式，而要理解公式的推导过程。对相应的三相电路直接应用KCL与KVL即可推导出表中所列的公式。

表12-1 对称三相系统相电压/电流和线电压/电流的公式总结

联结方式	相电压/电流	线电压/电流
Y-Y	$\boldsymbol{V}_{an}=V_p\angle 0^\circ$ $\boldsymbol{V}_{bn}=V_p\angle -120^\circ$ $\boldsymbol{V}_{cn}=V_p\angle +120^\circ$ 同线电流	$\boldsymbol{V}_{ab}=\sqrt{3}V_p\angle 30^\circ$ $\boldsymbol{V}_{bc}=\boldsymbol{V}_{ab}\angle -120^\circ$ $\boldsymbol{V}_{ca}=\boldsymbol{V}_{ab}\angle +120^\circ$ $\boldsymbol{I}_a=\boldsymbol{V}_{an}/\boldsymbol{Z}_Y$ $\boldsymbol{I}_b=\boldsymbol{I}_a\angle -120^\circ$ $\boldsymbol{I}_c=\boldsymbol{I}_a\angle +120^\circ$
Y-△	$\boldsymbol{V}_{an}=V_p\angle 0^\circ$ $\boldsymbol{V}_{bn}=V_p\angle -120^\circ$ $\boldsymbol{V}_{cn}=V_p\angle +120^\circ$ $\boldsymbol{I}_{AB}=\boldsymbol{V}_{AB}/\boldsymbol{Z}_\triangle$ $\boldsymbol{I}_{BC}=\boldsymbol{V}_{BC}/\boldsymbol{Z}_\triangle$ $\boldsymbol{I}_{CA}=\boldsymbol{V}_{CA}/\boldsymbol{Z}_\triangle$	$\boldsymbol{V}_{ab}=\boldsymbol{V}_{AB}=\sqrt{3}V_p\angle 30^\circ$ $\boldsymbol{V}_{bc}=\boldsymbol{V}_{BC}=\boldsymbol{V}_{ab}\angle -120^\circ$ $\boldsymbol{V}_{ca}=\boldsymbol{V}_{CA}=\boldsymbol{V}_{ab}\angle +120^\circ$ $\boldsymbol{I}_a=\boldsymbol{I}_{AB}\sqrt{3}\angle -30^\circ$ $\boldsymbol{I}_b=\boldsymbol{I}_a\angle -120^\circ$ $\boldsymbol{I}_c=\boldsymbol{I}_a\angle +120^\circ$ 同相电压
△-△	$\boldsymbol{V}_{ab}=V_p\angle 0^\circ$ $\boldsymbol{V}_{bc}=V_p\angle -120^\circ$ $\boldsymbol{V}_{ca}=V_p\angle +120^\circ$ $\boldsymbol{I}_{AB}=\boldsymbol{V}_{ab}/\boldsymbol{Z}_\triangle$ $\boldsymbol{I}_{BC}=\boldsymbol{V}_{bc}/\boldsymbol{Z}_\triangle$ $\boldsymbol{I}_{CA}=\boldsymbol{V}_{ca}/\boldsymbol{Z}_\triangle$	$\boldsymbol{I}_a=\boldsymbol{I}_{AB}\sqrt{3}\angle -30^\circ$ $\boldsymbol{I}_b=\boldsymbol{I}_a\angle -120^\circ$ $\boldsymbol{I}_c=\boldsymbol{I}_a\angle +120^\circ$ 同相电压
△-Y	$\boldsymbol{V}_{ab}=V_p\angle 0^\circ$ $\boldsymbol{V}_{bc}=V_p\angle -120^\circ$ $\boldsymbol{V}_{ca}=V_p\angle +120^\circ$ 同线电流	$\boldsymbol{I}_a=\frac{V_p\angle -30^\circ}{\sqrt{3}\boldsymbol{Z}_Y}$ $\boldsymbol{I}_b=\boldsymbol{I}_a\angle -120^\circ$ $\boldsymbol{I}_c=\boldsymbol{I}_a\angle +120^\circ$

注：假设电源为正序或 abc 相序。

例12-5 一相阻抗为$(40+\mathrm{j}25)\Omega$的对称Y联结负载由线电压为210V的对称、正序△联结的电源供电，如果以$\boldsymbol{V}_{ab}$作为参考电压，计算相电流。

解：负载阻抗为

$$\mathbf{Z}_Y = 40 + j25 = 47.17\,\underline{/32^\circ}(\Omega)$$

电源电压为

$$\mathbf{V}_{ab} = 210\,\underline{/0^\circ}\ \text{V}$$

将△联结电源转换为 Y 联结电源，有

$$\mathbf{V}_{an} = \frac{\mathbf{V}_{ab}}{\sqrt{3}}\underline{/-30^\circ} = 121.2\,\underline{/-30^\circ}(\text{V})$$

于是线电流为

$$\mathbf{I}_a = \frac{\mathbf{V}_{an}}{\mathbf{Z}_Y} = \frac{121.2\,\underline{/-30^\circ}}{47.12\,\underline{/32^\circ}} = 2.57\,\underline{/-62^\circ}(\text{A})$$

$$\mathbf{I}_b = \mathbf{I}_a\,\underline{/-120^\circ} = 2.57\,\underline{/-178^\circ}(\text{A})$$

$$\mathbf{I}_c = \mathbf{I}_a\,\underline{/120^\circ} = 2.57\,\underline{/58^\circ}(\text{A})$$

相电流与线电流相同。 ◀

练习 12-5 在某对称△-Y 电路中，$\mathbf{V}_{ab} = 240\angle 15^\circ$，$\mathbf{Z}_Y = (12 + j15)\Omega$，计算线电流。

答案：$7.21\,\underline{/-66.34^\circ}$ A，$7.21\,\underline{/+173.66^\circ}$ A，$7.21\,\underline{/53.66^\circ}$ A。

12.7 对称系统中的功率

本节讨论对称三相系统中的功率。首先计算负载吸收的瞬时功率，为此要求在时域中分析电路，对于 Y 联结负载而言，其相电压为

$$v_{AN} = \sqrt{2}V_p\cos\omega t,\qquad v_{BN} = \sqrt{2}V_p\cos(\omega t - 120^\circ)$$
$$v_{CN} = \sqrt{2}V_p\cos(\omega t + 120^\circ) \tag{12.41}$$

由于 V_p 定义为相电压的有效值，所以因子$\sqrt{2}$是必须的。如果 $\mathbf{Z}_Y = Z\,\underline{/\theta}$，则相电流较其相电压滞后 θ 角，因此，

$$i_a = \sqrt{2}I_p\cos(\omega t - \theta),\qquad i_b = \sqrt{2}I_p\cos(\omega t - \theta - 120^\circ)$$
$$i_c = \sqrt{2}I_p\cos(\omega t - \theta + 120^\circ) \tag{12.42}$$

其中，I_p 为相电流的有效值。负载的总的瞬时功率等于三相瞬时功率之和，即

$$\begin{aligned} p &= p_a + p_b + p_c = v_{AN}i_a + v_{BN}i_b + v_{CN}i_c \\ &= 2V_pI_p[\cos\omega t\cos(\omega t - \theta) + \cos(\omega t - 120^\circ)\cos(\omega t - \theta - 120^\circ) + \\ &\quad \cos(\omega t + 120^\circ)\cos(\omega t - \theta + 120^\circ)] \end{aligned} \tag{12.43}$$

利用三角恒等式

$$\cos A\cos B = \frac{1}{2}[\cos(A + B) + \cos(A - B)] \tag{12.44}$$

可以得到

$$\begin{aligned} p &= V_pI_p[3\cos\theta + \cos(2\omega t - \theta) + \cos(2\omega t - \theta - 240^\circ) + \cos(2\omega t - \theta + 240^\circ)] \\ &= V_pI_p(3\cos\theta + \cos\alpha + \cos\alpha\cos 240^\circ + \sin\alpha\sin 240^\circ + \cos\alpha\cos 240^\circ - \sin\alpha\sin 240^\circ) \\ &= V_pI_p\left[3\cos\theta + \cos\alpha + 2\left(-\frac{1}{2}\right)\cos\alpha\right] = 3V_pI_p\cos\theta \end{aligned} \tag{12.45}$$

其中，

$$\alpha = 2\omega t - \theta$$

因此，对称三相系统中总的瞬时功率是恒定的，而不像各相的瞬时功率那样随时间而变化，无论负载是 Y 联结还是△联结，这个结果都是成立的。这是采用三相系统发电、配电的重要原因之一。稍后将介绍另一个原因。

由下总的瞬时功率不随时间变化，所以无论是△联结负载还是 Y 联结负载，其各相的

平均功率 P_p 为 $p/3$，即

$$P_p = V_p I_p \cos\theta \tag{12.46}$$

各项的无功功率为

$$Q_p = V_p I_p \sin\theta \tag{12.47}$$

各项的视在功率为

$$S_p = V_p I_p \tag{12.48}$$

各项的复功率为

$$\boldsymbol{S}_p = P_p + jQ_p = \boldsymbol{V}_p \boldsymbol{I}_p^* \tag{12.49}$$

其中，$\boldsymbol{V}_p$ 和 $\boldsymbol{I}_p$ 分别是幅度为 V_p 和 I_p 的相电压和相电流。总的平均功率为各相平均功率之和，

$$P = P_a + P_b + P_c = 3P_p = 3V_p I_p \cos\theta = \sqrt{3} V_L I_L \cos\theta \tag{12.50}$$

对于 Y 联结负载而言，$I_L = I_p$，但 $V_L = \sqrt{3} V_p$，而对于△联结负载而言，$I_L = \sqrt{3} I_p$，但 $V_L = V_p$。因此式(12.50)既适用于 Y 联结负载，又适用于△联结负载。同理，总的无功功率为

$$Q = 3V_p I_p \sin\theta = 3Q_p = \sqrt{3} V_L I_L \sin\theta \tag{12.51}$$

总的复功率为

$$\boxed{\boldsymbol{S} = 3\boldsymbol{S}_p = 3\boldsymbol{V}_p \boldsymbol{I}_p^* = 3I_p^2 \boldsymbol{Z}_p = \frac{3V_p^2}{\boldsymbol{Z}_p^*}} \tag{12.52}$$

其中，$\boldsymbol{Z}_p = Z_p \underline{/\theta}$ 为各项的负载阻抗($\boldsymbol{Z}_p$ 可以是 $\boldsymbol{Z}_Y$ 或 $\boldsymbol{Z}_\triangle$)。另外，式(12.52)还可以写为

$$\boxed{\boldsymbol{S} = P + jQ = \sqrt{3} V_L I_L \underline{/\theta}} \tag{12.53}$$

需要记住的是，V_p、I_p、V_L 与 I_L 均为有效值，θ 为负载阻抗的辐角，也是相电压与相电流之间的相位差。

采用三相系统进行配电的另一个重要优势在于：与单相系统相比，在相同线电压与相同吸收功率 P_L 的条件下，三相系统所需的输电线比单相系统少。下面将对这两种情况进行比较，假定两系统中的输电线采用相同的材料(例如电阻率为 ρ 的铜材)，输电线具有相同的长度 l，并且负载为电阻性的(功率因数为 1)。对于如图 12-21a 所示的两线单相系统而言，$I_L = P_L / V_L$，于是两线系统中的功率损耗为

$$P_{loss} = 2I_L^2 R = 2R \frac{P_L^2}{V_L^2} \tag{12.54}$$

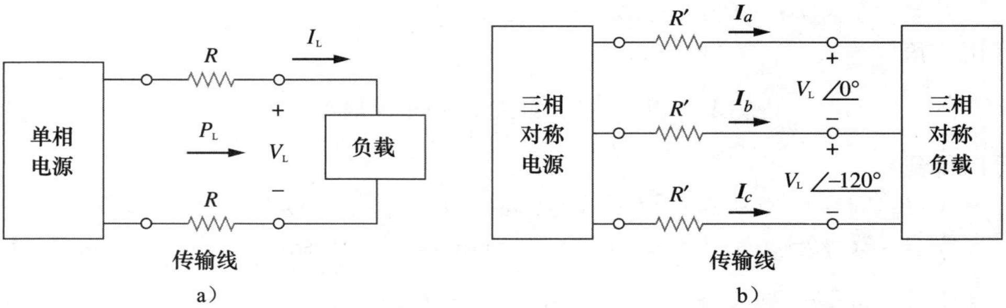

图 12-21 不同系统功率损耗的比较

对于如图 12-21b 所示的三相三线系统而言，由式(12.50)可得，

$$I_L' = |\boldsymbol{I}_a| = |\boldsymbol{I}_b| = |\boldsymbol{I}_c| = P_L / \sqrt{3} V_L,$$

于是，三相系统的功率损耗为：

$$P_{loss}' = 3I_L'^2 R' = 3R' \frac{P_L^2}{3V_L^2} = R' \frac{P_L^2}{V_L^2} \tag{12.55}$$

式(12.54)与式(12.55)表明，对于传递相同的总功率 P_L 以及相同的线电压 V_L，有

$$\frac{P_{loss}}{P'_{loss}}=\frac{2R}{R'} \tag{12.56}$$

但由第 2 章可知，$R=\rho l/(\pi r^2)$ 且 $R'=\rho l/(\pi r'^2)$，其中 r 和 r' 为导线的半径，因此，

$$\frac{P_{loss}}{P'_{loss}}=\frac{2r'^2}{r^2} \tag{12.57}$$

如果两个系统的损耗功耗相同，则 $r^2=r'^2$。两系统所需的材料之比由输电线数量及其体积决定，且

$$\frac{\text{单相系统的材料}}{\text{三相系统的材料}}=\frac{2(\pi r^2 l)}{3(\pi r'^2 l)}=\frac{2r^2}{3r'^2}=\frac{2}{3}\times 2=1.333 \tag{12.58}$$

式(12.58)表明，单相系统所用的材料比三相系统多 33%，或者说，三相系统仅使用等效单相系统所需材料的 75%即可，换而言之，传递相同的功率时，三相系统所需的材料要比单相系统所需的材料少得多。

例 12-6 参看如图 12-13 所示电路(例 12-2 图)，确定电源与负载总的平均功率、无功功率及复功率。

解： 由于系统是对称的，所以仅参考一项即可，对于 a 相有

$$\boldsymbol{V}_p=110\angle 0^\circ\ \text{V} \quad 和 \quad \boldsymbol{I}_p=6.81\angle -21.8^\circ\ \text{A}$$

于是电源吸收的负功率为

$$\boldsymbol{S}_s=-3\boldsymbol{V}_p\boldsymbol{I}_p^*=-3(110\angle 0^\circ)(6.81\angle 21.8^\circ)=-2247\angle 21.8^\circ=-(2087+j834.6)\text{V}\cdot\text{A}$$

即电源提供的有效功率为-2087W，无功功率为-834.6var。

负载吸收的复功率为

$$\boldsymbol{S}_L=3|\boldsymbol{I}_p|^2\boldsymbol{Z}_p$$

式中，

$$\boldsymbol{Z}_p=10+j8=12.81\angle 38.66^\circ \quad 且 \quad \boldsymbol{I}_p=\boldsymbol{I}_a=6.81\angle -21.8^\circ。$$

因此，

$$\boldsymbol{S}_L=3(6.81)^2 12.81\angle 38.66^\circ=1782\angle 38.66^\circ=(1392+j1113)(\text{V}\cdot\text{A})$$

于是，负载吸收的有功功率为 1391.7W，无功功率为 1113.3var。两复功率之差为线路阻抗$(5-j2)\Omega$ 吸收的复功率。下面求出线路吸收的复功率予以验证：

$$\boldsymbol{S}_l=3|\boldsymbol{I}_p|^2\boldsymbol{Z}_l=3\times 6.81^2\times(5-j2)=(695.6-j278.3)(\text{V}\cdot\text{A})$$

恰好是 $\boldsymbol{S}_s$ 与 $\boldsymbol{S}_L$ 之差，即，结果得到验证。 ◀

练习 12-6 在练习题 12-2 的 Y-Y 电路中，试计算电源端负载端的复功率。

答案： $-(1054+j843.3)$V·A，$(1012+j801.6)$V·A。

例 12-7 三相电动机可看作是对称 Y 负载。当供电线电压为 220V，线电流为 18.2A 时，电动机吸收的功率为 5.6kW，确定该电动机的功率因数。

解：

视在功率为

$$S=\sqrt{3}V_L I_L=\sqrt{3}\times 220\times 18.2=6935.13(\text{V}\cdot\text{A})$$

由于有功功率为

$$P=S\cos\theta=5600(\text{W})$$

所以，功率因数为

$$\text{pf}=\cos\theta=\frac{P}{S}=\frac{5600}{6935.13}=0.8075$$ ◀

练习 12-7 某功率因数为 0.85(滞后)的 30kW 三相电动机与线电压为 440V 的对称电源相连，试计算该电动机所需的线电流。 **答案**：46.31A。

例 12-8 两个对你负载与 240kV(rms)、60Hz 电力线相连，如图 12-22a 所示，负载 1 在功率因数为 0.6(滞后)时提取的功率为 30kW，负载 2 在功率因数为 0.8(滞后)时提取的功率为 45kvar，假定相序为 abc。

试求：(a) 合并负载吸收的复功率、有功功率与无功功率；

(b) 线电流；

(c) 将功率因数提高到 0.9(滞后)，求与负载相并联的三个△联结电容器的额定功率(kvar)以及每个电容器的容值。

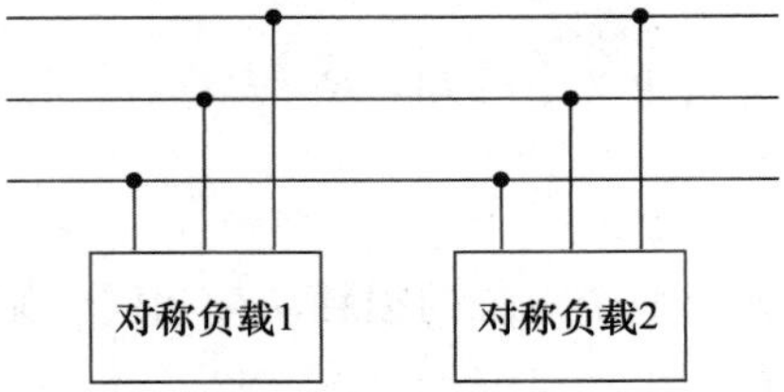

a) 原始对称负载

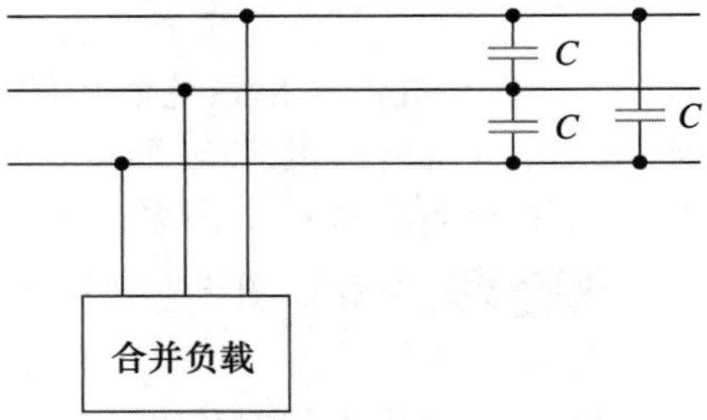

b) 功率因数提高的合并负载

图 12-22 例 12-8 图

解：

(a) 对于负载 1，已知 $P_1=30\text{kW}$ 且 $\cos\theta_1=0.6$，则 $\sin\theta_1=0.8$，所以

$$S_1=\frac{P_1}{\cos\theta_1}=\frac{30\text{kW}}{0.6}=50\text{kV}\cdot\text{A}$$

且 $Q_1=S_1\sin\theta_1=50\times0.8\text{kvar}=40\text{kvar}$，所以负载 1 的复功率为

$$\boldsymbol{S}_1=P_1+\text{j}Q_1=(30+\text{j}40)\text{kV}\cdot\text{A} \tag{12.8.1}$$

对于负载 2，已知 $Q_2=45\text{kvar}$ 且 $\cos\theta_2=0.8$ 则有 $\sin\theta_2=0.6$ 所以

$$S_2=\frac{Q_2}{\sin\theta_2}=\frac{45\text{kV}\cdot\text{A}}{0.6}=75\text{kV}\cdot\text{A} \tag{12.8.2}$$

且 $P_2=S_2\cos\theta_2=75\times0.8=60\text{kW}$，因此，负载 2 的复功率为

$$\boldsymbol{S}_2=P_2+\text{j}Q_2=(60+\text{j}45)\text{kV}\cdot\text{A} \tag{12.8.3}$$

其功率因数为 $\cos43.36°=0.727$(滞后)，有功功率为 90kW，无功功率为 85kvar。

(b) 由于 $S=\sqrt{3}V_\text{L}I_\text{L}$，所以线电流为

$$I_\text{L}=\frac{S}{\sqrt{3}V_\text{L}} \tag{12.8.4}$$

将其用于计算各负载的线电流，需要注意的是各负载两端的线电压均为 $V_\text{L}=240\text{kV}$。于是对于负载 1，

$$I_\text{L1}=\frac{50\,000}{\sqrt{3}\times240\,000}=120.28(\text{mA})$$

由于功率因数是滞后的，所以线电流滞后于线电压 $\theta_1=\arccos0.6=53.13°$，因此，

$$\boldsymbol{I}_{a1}=120.28\underline{/-53.13°}\ \text{mA}$$

对于负载 2：

$$I_\text{L2}=\frac{75\,000}{\sqrt{3}\times240\,000}=180.42(\text{mA})$$

线电流滞后于线电压 $\theta_2=\arccos0.8=36.87°$，所以

$$\boldsymbol{I}_{a2}=180.42\underline{/-36.87°}\ \text{mA}$$

所以总的线电流为

$$\boldsymbol{I}_a=\boldsymbol{I}_{a1}+\boldsymbol{I}_{a2}=120.28\underline{/-53.13°}+180.42\underline{/-36.87°}$$

$$=(72.168-j96.224)+(144.336-j108.252)$$
$$=216.5-j204.472=297.8\angle{-43.36°}\text{(mA)}$$

另外，利用式(12.8.4)也可以由总的复功率确定线电流，

$$I_L=\frac{123\,800}{\sqrt{3}\times 240\,000}=297.82\text{(mA)}$$

且

$$\boldsymbol{I}_a=297.82\angle{-43.36°}\text{ mA}$$

与前面计算出的结果是一致的。另外两相的线电流 $\boldsymbol{I}_b$ 与 $\boldsymbol{I}_c$ 可以按照 abc 相序得到(即 $\boldsymbol{I}_b=297.82\angle{-163.36°}$ mA 且 $\boldsymbol{I}_c=297.82\angle{76.64°}$ mA)。

(c) 要将功率因数提高到 0.9(滞后)，所需要的无功功率可以利用式(11.59)求出，

$$Q_C=P(\tan\theta_{old}-\tan\theta_{new})$$

其中，$P=90$kW，$\theta_{old}=43.36°$，$\theta_{new}=\arccos 0.9=25.84°$。所以

$$Q_C=90\,000(\tan 43.36°-\tan 25.84°)=41.4\text{kvar}$$

此即三个电容器的无功功率，于是，每个电容器的额定功率应为 $Q'_C=13.8$kvar。由式(11.66)可得各电容器的电容值为

$$C=\frac{Q'_C}{\omega V_{rms}^2}$$

由于电容器是△联结，如图 12-22b 所示，所以上式中的 V_{rms} 为线电压，即 240kW，于是

$$C=\frac{13\,800}{2\pi\times 60\times 240\,000^2}=635.5\text{pF}$$ ◀

练习 12-8　假定如图 12-22a 所示的两个对称负载由 840V(rms)、60Hz 电源供电。负载 1 为 Y 联结，每相的阻抗为(30+j40)Ω。负载 2 为对称三相电动机，在功率因数为 0.8 滞后时提取的功率为 48kW。假定相序为 abc，试计算：(a) 合并负载吸收的复功率；(b) 将功率因数提高到 1，与负载相并联的三个△联结电容器的额定功率(kvar)；(c) 在功率因数为 1 的情况下，从电源提取的电流。

答案：(a) (56.47+j47.29)kV·A；(b) 15.7kvar；(c) 38.813A。

†12.8　非对称三相系统

如果不讨论非对称系统，本章的知识结构就显得不完整。在如下两种可能的情况下会出现非对称系统：(1)电源的大小不相等，或者相位角不相等；(2)负载阻抗不相等。

非对称系统是由非对称的电压源或非对称负载形成的。

为了简化分析，假定电源电压是对称的，而负载是非对称的。

非对称系统可以直接利用网孔分析法和节点分析法求解。图 12-23 所示为一个非对称三相系统，该系统由对称的电源电压(图中未画出)与非对称 Y 联结负载(图中已画出)组成。由于负载是非对称的，所以 $\boldsymbol{Z}_A$、$\boldsymbol{Z}_B$、$\boldsymbol{Z}_C$ 不相等。由欧姆定律确定的线电流为

$$\boxed{\boldsymbol{I}_a=\frac{\boldsymbol{V}_{AN}}{\boldsymbol{Z}_A},\quad \boldsymbol{I}_b=\frac{\boldsymbol{V}_{BN}}{\boldsymbol{Z}_B},\quad \boldsymbol{I}_c=\frac{\boldsymbol{V}_{CN}}{\boldsymbol{Z}_C}}\qquad(12.59)$$

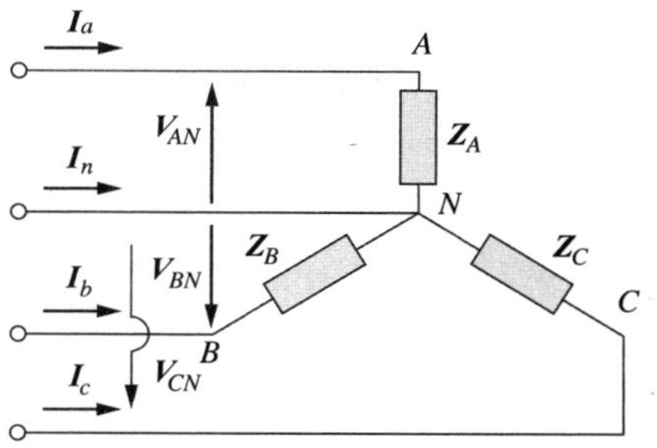

图 12-23　非对称三相系统

这组非对称线电流会在中性线中产生电流，而对称系统中的中性线电流为零。在节点 N 处应用 KCL 可以得到中性线电流为

$$\boxed{\boldsymbol{I}_n=-(\boldsymbol{I}_a+\boldsymbol{I}_b+\boldsymbol{I}_c)}\qquad(12.60)$$

在没有中性线的三线系统中，仍然可以利用网孔分析法求出线电流 $\boldsymbol{I}_a$、$\boldsymbol{I}_b$ 与 $\boldsymbol{I}_c$。在这种情况下，节点 N 处必须满足 KCL，于是有 $\boldsymbol{I}_a+\boldsymbol{I}_b+\boldsymbol{I}_c=0$。对于△-Y、Y-△或△-△非对称三线系统的分析也是相同的。前面已经提到，在远距离电力传输中需要采用多路三线系统，并以大地本身作为中性线的导体。

计算非对称三相系统的功率必须先利用式(12.46)～式(12.49)分别求出每相的功率，但总功率不是单相功率的3倍，而是全部三相功率之和。

提示：专门处理非对称三相系统的方法称为对称元件法，已超出本书的讨论范围。

例 12-9 图 12-23 所示的非对称 Y 联结负载由 100V 对称电压，abc 相序电源供电。如果 $\boldsymbol{Z}_A=15\Omega$，$\boldsymbol{Z}_B=(10+\mathrm{j}5)\Omega$，$\boldsymbol{Z}_C=(6-\mathrm{j}8)\Omega$，计算线电流与中性线电流。

解：利用式(12.59)可求得线电流

$$\boldsymbol{I}_a=\frac{100\angle 0^\circ}{15}=6.67\angle 0^\circ(\mathrm{A})$$

$$\boldsymbol{I}_b=\frac{100\angle 120^\circ}{10+\mathrm{j}5}=\frac{100\angle 120^\circ}{11.18\angle 26.56^\circ}=8.94\angle 93.44^\circ(\mathrm{A})$$

$$\boldsymbol{I}_c=\frac{100\angle -120^\circ}{6-\mathrm{j}8}=\frac{100\angle -120^\circ}{10\angle -53.13^\circ}=10\angle -66.87^\circ(\mathrm{A})$$

利用式(12.60)，得到中性线电流为

$$\begin{aligned}\boldsymbol{I}_n&=-(\boldsymbol{I}_a+\boldsymbol{I}_b+\boldsymbol{I}_c)\\&=-(6.67-0.54+\mathrm{j}8.92+3.93-\mathrm{j}9.2)\\&=-10.06+\mathrm{j}0.28=10.06\angle 178.4^\circ(\mathrm{A})\end{aligned}$$

练习 12-9　图 12-24 所示的非对称△联结负载，由线电压为 200V 的正序对称电源供电。以 $\boldsymbol{V}_{ab}$ 作为参考电压求线电流。

答案：$39.71\angle -41.06^\circ$ A，$64.12\angle -139.8^\circ$ A，$70.13\angle 74.27^\circ$ A。

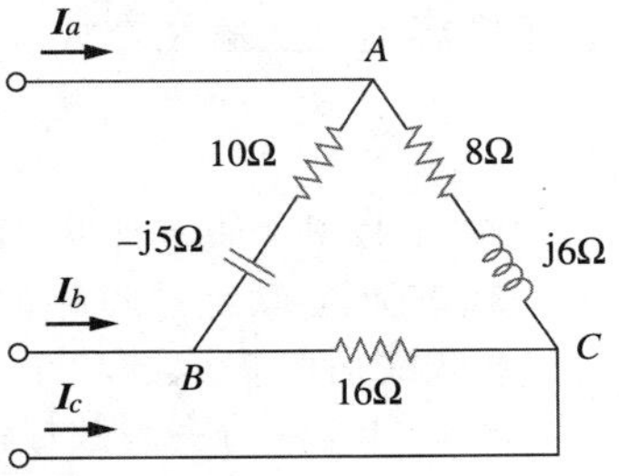

图 12-24　练习 12-9 的非对称△联结负载

例 12-10 对于图 12-25 所示的非对称电路，试求：(a) 线电流；(b) 负载吸收的总复功率；(c) 电源提供的总复功率。

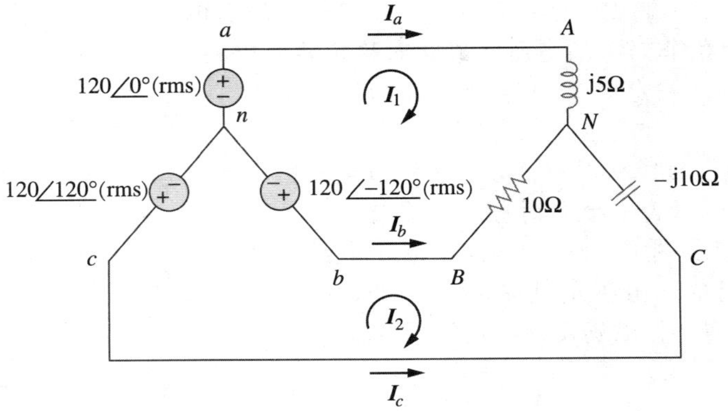

图 12-25　例 12-10 图

解：(a) 利用网孔分析法求解线电流。对于网孔 1，有

$$120\angle -120^\circ-120\angle 0^\circ+(10+\mathrm{j}5)\boldsymbol{I}_1-10\boldsymbol{I}_2=0$$

即

$$(10+j5)\boldsymbol{I}_1-10\boldsymbol{I}_2=120\sqrt{3}\angle 30^\circ \tag{12.10.1}$$

对于网孔 2，有

$$120\angle 120^\circ-120\angle -120^\circ+(10-j10)\boldsymbol{I}_2-10\boldsymbol{I}_1=0$$

即

$$-10\boldsymbol{I}_1+(10-j10)\boldsymbol{I}_2=120\sqrt{3}\angle -90^\circ \tag{12.10.2}$$

式(12.10.1)与式(12.10.2)构成的矩阵方程为

$$\begin{bmatrix}10+j5 & -10\\ -10 & 10-j10\end{bmatrix}\begin{bmatrix}\boldsymbol{I}_1\\ \boldsymbol{I}_2\end{bmatrix}=\begin{bmatrix}120\sqrt{3}\angle 30^\circ\\ 120\sqrt{3}\angle -90^\circ\end{bmatrix}$$

其行列式为

$$\Delta=\begin{vmatrix}10+j5 & -10\\ -10 & 10-j10\end{vmatrix}=50-j50=70.71\angle -45^\circ$$

$$\Delta_1=\begin{vmatrix}120\sqrt{3}\angle 30^\circ & -10\\ 120\sqrt{3}\angle -90^\circ & 10-j10\end{vmatrix}=207.85(13.66-j13.66)=4015\angle -45^\circ$$

$$\Delta_2=\begin{vmatrix}10+j5 & 120\sqrt{3}\angle 30^\circ\\ -10 & 120\sqrt{3}\angle -90^\circ\end{vmatrix}=207.85(13.66-j5)=3023.4\angle -20.1^\circ$$

于是，网孔电流为

$$\boldsymbol{I}_1=\frac{\Delta_1}{\Delta}=\frac{4015.23\angle -45^\circ}{70.71\angle -45^\circ}=56.78(\text{A})$$

$$\boldsymbol{I}_2=\frac{\Delta_2}{\Delta}=\frac{3023.4\angle -20.1^\circ}{70.71\angle -45^\circ}=42.75\angle 24.9^\circ\ \text{A}$$

因此，线电流为

$$\boldsymbol{I}_a=\boldsymbol{I}_1=56.78\text{A},\quad \boldsymbol{I}_c=-\boldsymbol{I}_2=42.75\angle -155.1^\circ(\text{A})$$

$$\boldsymbol{I}_b=\boldsymbol{I}_2-\boldsymbol{I}_1=38.78+j18-56.78=25.46\angle 135^\circ(\text{A})$$

(b) 下面计算负载吸收的复功率。对于 A 相，有

$$\boldsymbol{S}_A=|\boldsymbol{I}_a|^2\boldsymbol{Z}_A=56.78^2\times j5=j16\,120(\text{V}\cdot\text{A})$$

对于 B 相，有

$$\boldsymbol{S}_B=|\boldsymbol{I}_b|^2\boldsymbol{Z}_B=25.46^2\times 10=6480(\text{V}\cdot\text{A})$$

对于 C 相，有

$$\boldsymbol{S}_C=|\boldsymbol{I}_c|^2\boldsymbol{Z}_C=42.75^2\times -j10=-j18\,276(\text{V}\cdot\text{A})$$

于是，负载吸收的总复功率为

$$\boldsymbol{S}_\text{L}=\boldsymbol{S}_A+\boldsymbol{S}_B+\boldsymbol{S}_C=6480-j2156(\text{V}\cdot\text{A})$$

(c) 下面通过求解电源吸收的功率来验证上述结果。对于 A 相电压源，有

$$\boldsymbol{S}_a=-\boldsymbol{V}_{an}\boldsymbol{I}_a^*=-(120\angle 0^\circ)\times 56.78=-6813.6(\text{V}\cdot\text{A})$$

对于 B 相电压源，有

$$\begin{aligned}\boldsymbol{S}_b=-\boldsymbol{V}_{bn}\boldsymbol{I}_b^*&=-(120\angle -120^\circ)(25.46\angle -135^\circ)\\&=-3055.2\angle 105^\circ=790-j2951.1(\text{V}\cdot\text{A})\end{aligned}$$

对于 C 相电压源，有

$$\begin{aligned}\boldsymbol{S}_c=-\boldsymbol{V}_{cn}\boldsymbol{I}_c^*&=-(120\angle 120^\circ)(42.75\angle 155.1^\circ)\\&=-5130\angle 275.1^\circ=-456.03+j5109.7(\text{V}\cdot\text{A})\end{aligned}$$

三相电源吸收的总复功率为

$$\boldsymbol{S}_s = \boldsymbol{S}_a + \boldsymbol{S}_b + \boldsymbol{S}_c = (-6480 + j2156)\,\text{V} \cdot \text{A}$$

显然，$\boldsymbol{S}_s + \boldsymbol{S}_L = 0$，证实了交流功率守恒原理。◀

练习 12-10 试求如图 12-26 所示非对称三相电路的线电流以及负载吸收的有功功率。

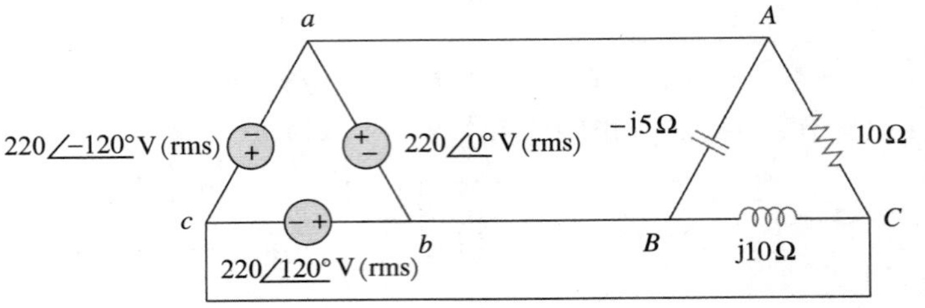

图 12-26 练习 12-10 图

答案：$64\angle 80.1^\circ$ A，$38.1\angle -60^\circ$ A，$42.5\angle -135^\circ$ A，4.84kW。

习题

12.2 节

1 如果某对称 Y 联结三相发电机的 $V_{ab}=400\text{V}$，试求如下两种相序的相电压。

(a) abc (b) acb

2 如果某对称三相电路的 $\boldsymbol{V}_{an}=120\angle 30^\circ$ V 和 $\boldsymbol{V}_{cn}=120\angle -90^\circ$ V，试问该电路的相序是什么？并确定。

3 给定一个电压值为 $\boldsymbol{V}_{bn}=440\angle 130^\circ$ V 和 $\boldsymbol{V}_{cn}=440\angle 10^\circ$ V 的对称 Y 联结三相发电机，确定其相序并求出 $\boldsymbol{V}_{an}$ 的值。

4 某相序为 abc、$\boldsymbol{V}_L=440\text{V}$ 的三相系统为阻抗为 $\boldsymbol{Z}_L=4030^\circ\Omega$ 的 Y 形联结负载供电，试求线电流。

5 对于某 Y 联结的负载，终端处三路输电线与中性线之间电压的时域表达式为：

$$v_{AN}=120\cos(\omega t+32^\circ)\text{V}$$
$$v_{BN}=120\cos(\omega t-88^\circ)\text{V}$$
$$v_{CN}=120\cos(\omega t+152^\circ)\text{V}$$

写出线电压 v_{AB}、v_{BC} 以及 v_{CA} 的时域表达式。

12.3 节

6 利用图 12-27 所示电路设计一个问题，以更好地理解 Y-Y 联结电路。**ED**

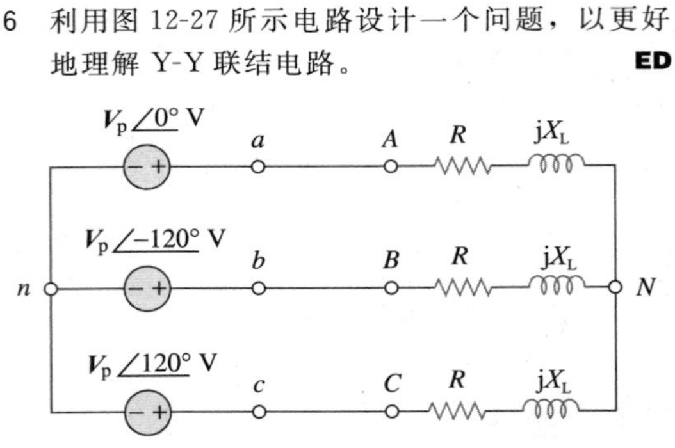

图 12-27 习题 6 图

7 确定如图 12-28 所示三相电路的线电流。

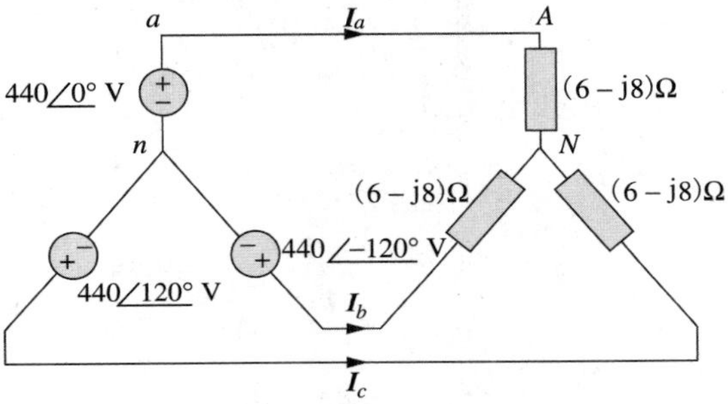

图 12-28 习题 7 图

8 在某对称三相 Y-Y 系统中，电压源为 abc 相序，且 $\boldsymbol{V}_{an}=100\angle 20^\circ$ V(rms)，每相的线路阻抗为 $(0.6+j1.2)\Omega$，而负载的每相阻抗为 $(10+j14)\Omega$。试计算电流与负载电压。

9 某对称 Y-Y 四线系统的相电压为：

$$\boldsymbol{V}_{an}=120\angle 0^\circ,\quad \boldsymbol{V}_{bn}=120\angle -120^\circ$$
$$\boldsymbol{V}_{cn}=120\angle 120^\circ\ \text{V}$$

每相的负载阻抗为 $(19+j13)\Omega$，每相的线路阻抗为 $(1+j2)\Omega$，试求线电流与中性线电流。

10 对于图 12-29 所示电路，试确定中性线电流。

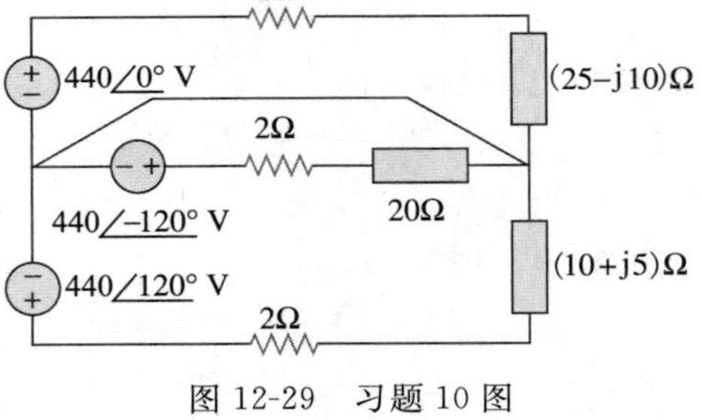

图 12-29 习题 10 图

12.4 节

11　在图 12-30 所示的系统中，电源为正序，$\boldsymbol{V}_{an}=240\angle 0°$ V，且相阻抗为 $\boldsymbol{Z}_{\mathrm{p}}=(2-\mathrm{j}3)\Omega$。试计算线电压与线电流。

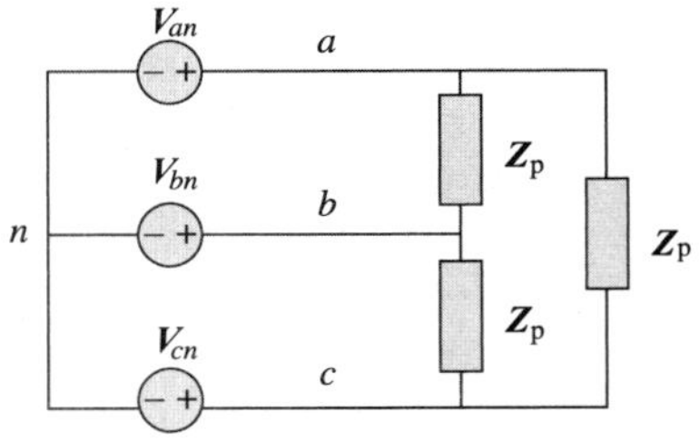

图 12-30　习题 11 图

12　利用图 12-31 所示电路设计一个问题，以更好地理解 Y-△联结电路。　**ED**

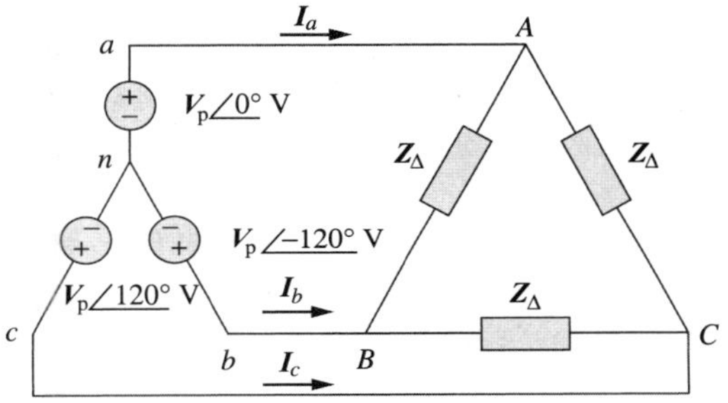

图 12-31　习题 12 图

13　某对称△联结负载的相电流 $\boldsymbol{I}_{AC}=5\angle -30°$ A。(a) 假设电路按正序工作，试确定三个线电流；(b) 如果线电压 $\boldsymbol{V}_{AB}=110\angle 0°$ V，试计算负载阻抗。

14　某对称△联结的线电流为 $\boldsymbol{I}_{a}=5\angle -25°$ A，求其相电流 $\boldsymbol{I}_{AB}$，$\boldsymbol{I}_{BC}$，$\boldsymbol{I}_{CA}$。

15　图 12-32 所示网络中，如果 $\boldsymbol{V}_{an}=220\angle 60°$ V，试求负载相电流 $\boldsymbol{I}_{AB}$、$\boldsymbol{I}_{BC}$ 与 $\boldsymbol{I}_{CA}$。

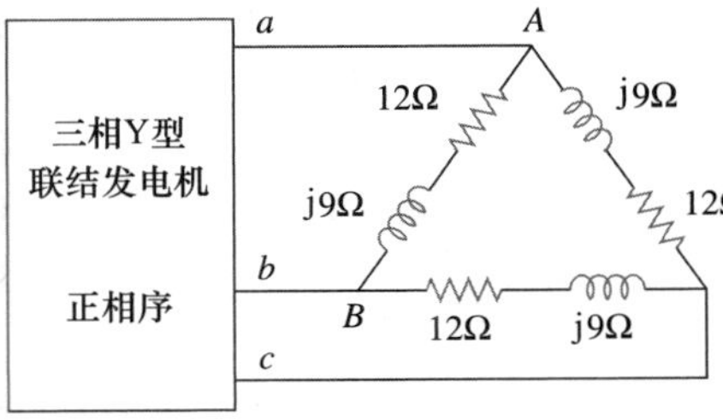

图 12-32　习题 15 图

12.5 节

16　对于图 12-33 所示的△-△联结电路，试计算相电流和线电流。

17　利用图 12-34 所示电路设计一个问题，以更好地理解△-△联结电路。　**ED**

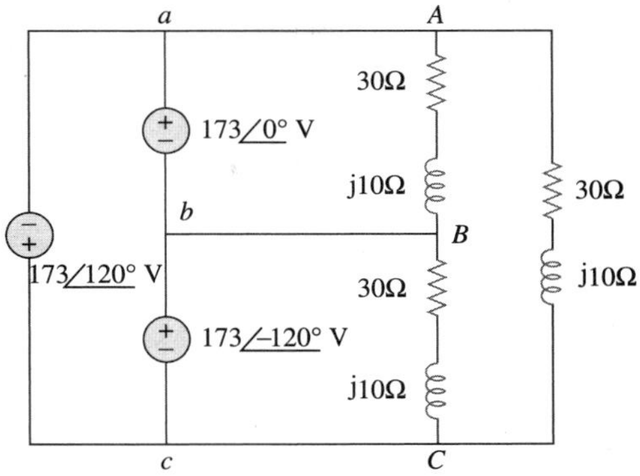

图 12-33　习题 16 图

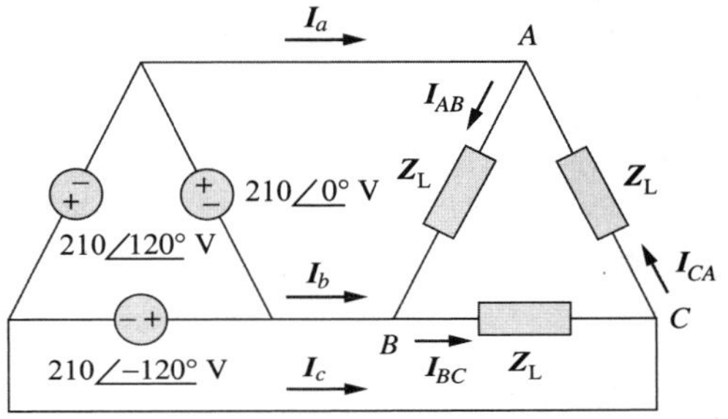

图 12-34　习题 17 图

18　在图 12-35 所示电路中，由 230V 发电机组成的△联结电源与每相阻抗为 $\boldsymbol{Z}_{\mathrm{L}}=(10+\mathrm{j}8)\Omega$ 的对称△联结负载相连。

(a) 确定 $\boldsymbol{I}_{AC}$；

(b) 求 $\boldsymbol{I}_{b}$ 的值

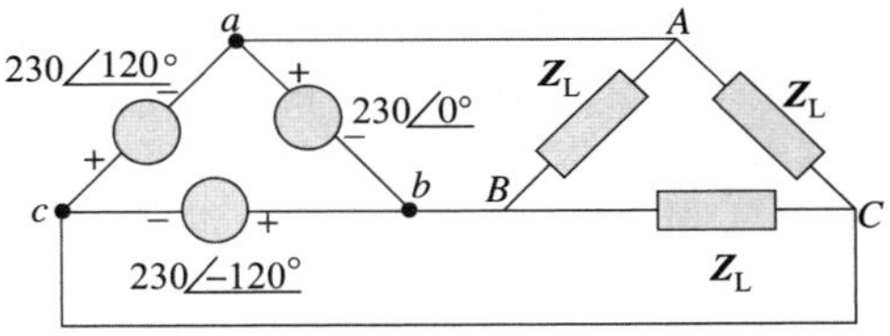

图 12-35　习题 18 图

19　一个对称的 Y 联结电源线电压为 208V(rms)，与大小为 $\boldsymbol{Z}_{\mathrm{p}}=5\angle 60°$ Ω 的△联结负载相连。

(a) 求线电流；

(b) 用两个功率表连接线 A 与线 C，确定负载所消耗的总功率。

20　某对称△联结电源的相电压 $\boldsymbol{V}_{ab}=416\angle 30°$ V，且相序为正序。如果该电源与一对称△联结负载相连，试求线电流与相电流。假设每相的负载阻抗为 $60\angle 30°$ Ω，每相的线路阻抗为 $(1+\mathrm{j}1)\Omega$。

12.6 节

21　利用图 12-36 所示电路设计一个问题，以更

好地理解对称△联结电源如何向对称 Y 联结的负载供电。 **ED**

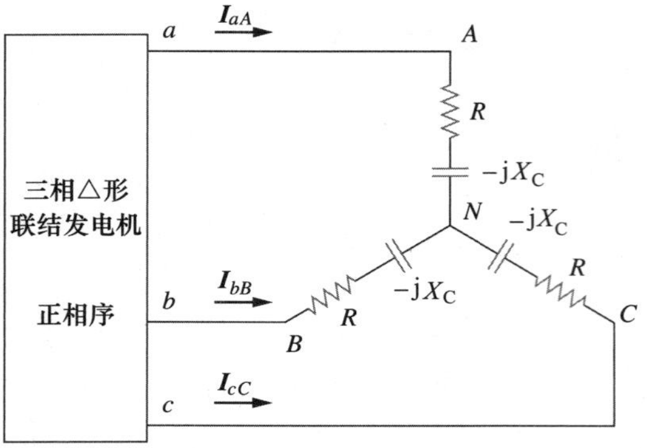

图 12-36　习题 21 图

22 某 Y 联结负载的线电压大小为 440V，且在 60Hz 时的相序为正序。如果对称负载 $\boldsymbol{Z}_1=\boldsymbol{Z}_2=\boldsymbol{Z}_3=25\angle 30^\circ\ \Omega$，试求所有线电流与相电压。

12.7 节

23 在图 12-37 所示电路中，线电压的 rms 值为 208V，试求传递给负载的平均功率。

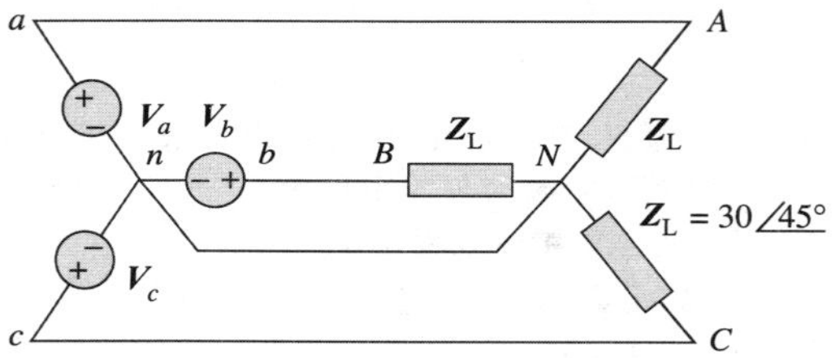

图 12-37　习题 23 图

24 线电压为 240V 的 60Hz 三相电源给某对称△联结负载供电，各相负载在功率因数为 0.8（滞后）时提取的功率为 6kW。试求：(a) 每相的负载阻抗；(b) 线电流；(c) 使得从电源获得的电流最小所需的与各相负载相并联的电容值。

25 设计一个问题以更好地理解对称三相系统中的功率。 **ED**

26 某三相电源传递给相电压为 208V、功率因数为 0.9（滞后）的某 Y 联结负载的功率为 4800V·A。试计算电源的线电流与线电压。

27 某相阻抗为(10－j16)Ω 的对称 Y 联结负载与线电压为 220V 的对称三相发电机相连接，试确定线电流与负载吸收的复功率。

28 某 4200V 三相输电线的各相负载为(4＋j)Ω，如果在功率因数为 0.75（滞后）时提供给负载的功率为 1MV·A，试求：

(a) 复功率；

(b) 线路的功率损耗；

(c) 发送端电压。

29 为某 Y 联结负载供电的三相系统在功率因数为 0.6（超前）时测得的总功率为 12kW，如果线电压为 208V，试计算线电流 $\boldsymbol{I}_L$ 与负载阻抗 $\boldsymbol{Z}_Y$。

30 某对称△联结负载在功率因数为 0.8（滞后）时，从电源提取的功率为 5kW。如果三相系统的线电压有效值为 400V，试求线电流。

31 某对称三相发电机传递给各相阻抗为(30－j40)Ω 的 Y 联结负载的功率为 7.2kW，试求线电流与线电压。

32 某对称 Y 联结负载通过每相阻抗为(0.5＋j2)Ω 的对称输电线与发电机相连。如果负载额定值为 450kW，功率因数 0.708（滞后），线电压 440V，试求发电机的线电压。

33 某三相负载由三个 100Ω 电阻器构成，既可以联结为星形，又可以联结为三角形。试确定三相电源线电压为 110V 时，哪一种联结从电源吸收的平均功率最大。假设输电线路阻抗为零。

34 如下三个相互并联的三相负载由对称三相电源供电：

负载 1：250kV·A，pf＝0.8（滞后）

负载 2：300kV·A，pf＝0.95（超前）

负载 3：450kV·A，pf＝1

如果线电压为 13.8kV，试计算线电流与电源的功率因数。假设输电线路阻抗为零。

35 各相阻抗由 20Ω 电阻与 10Ω 感性电抗组成，如果线电压为 220V(rms)，试计算如下两种情况下负载吸收的平均功率：(a) 三相负载为△联结；(b) 三相负载为 Y 联结。

36 某 $\boldsymbol{V}_L=240$V(rms)的对称三相电源，在功率因数为 0.6（滞后）时为两个 Y 联结并联负载提供的功率为 8kV·A，如果其中一个负载在功率因数为 1 时吸收的功率为 3kW，试计算第二个负载的各相阻抗。

12.8 节

37 考虑图 12-38 所示 Y-△系统，如果 $\boldsymbol{Z}_1=(8+j6)\Omega$，$\boldsymbol{Z}_2=(4.2-j2.2)\Omega$，$\boldsymbol{Z}_3=10\Omega$。求(a) 相电流 $\boldsymbol{I}_{AB}$、$\boldsymbol{I}_{BC}$、$\boldsymbol{I}_{CA}$；(b) 线电流 $\boldsymbol{I}_{aA}$、$\boldsymbol{I}_{bB}$、$\boldsymbol{I}_{cC}$。

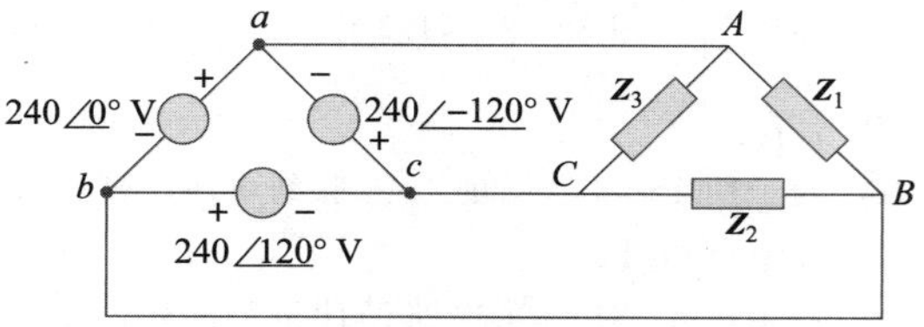

图 12-38　习题 37 图

38　某四线 Y-Y 电路中，$\mathbf{V}_{an}=120\angle 120^\circ$，$\mathbf{V}_{bn}=120\angle 0^\circ$，$\mathbf{V}_{cn}=120\angle -120^\circ$ V。如果阻抗为 $\mathbf{Z}_{AN}=20\angle 0^\circ$ Ω，$\mathbf{Z}_{BN}=30\angle 0^\circ$ Ω，$\mathbf{Z}_{CN}=40\angle 30^\circ$ Ω 试求中性线电流。

39　利用图 12-39 所示电路设计一个问题，以更好地理解非对称三相系统。**ED**

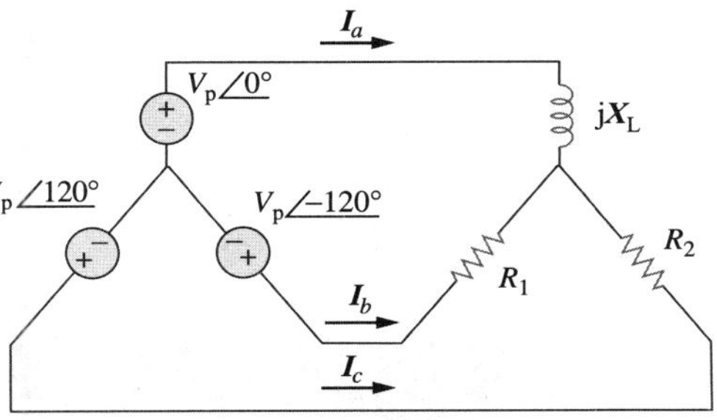

图 12-39　习题 39 图

40　某 $V_P=210$V(rms)的对称三相 Y 联结电源三相阻抗为 $\mathbf{Z}_A=80\Omega$、$\mathbf{Z}_B=(60+j90)\Omega$、$\mathbf{Z}_C=j80\Omega$ 的 Y 联结三相负载供电，试计算线电流以及传递给负载的复功率。假设电路中连接有中性线。

41　线电压为 240V(rms)的正序三相电源驱动图 12-40 所示的非对称负载，试求相电流与总复功率。

42　利用图 12-41 所示电路设计一个问题，以更好地理解非对称三相系统。**ED**

43　试确定图 12-42 所示的三相电路的线电流。假设 $\mathbf{V}_a=110\angle 0^\circ$ V，$\mathbf{V}_b=110\angle -120^\circ$ V，$\mathbf{V}_c=110\angle 120^\circ$ V。

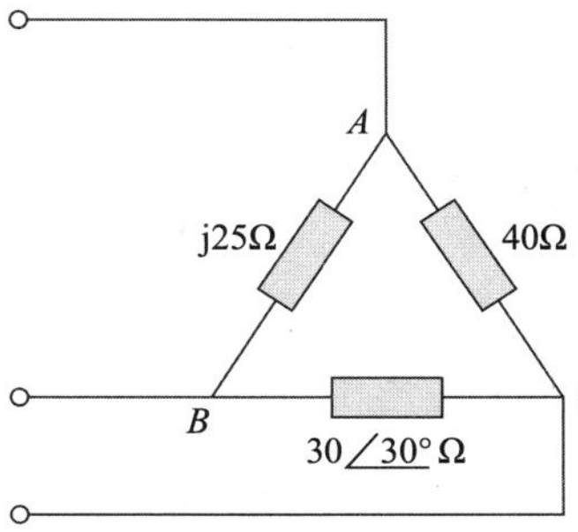

图 12-40　习题 41 图

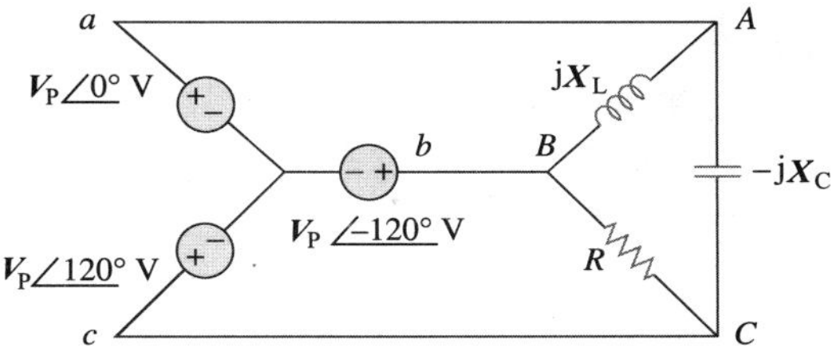

图 12-41　习题 42 图

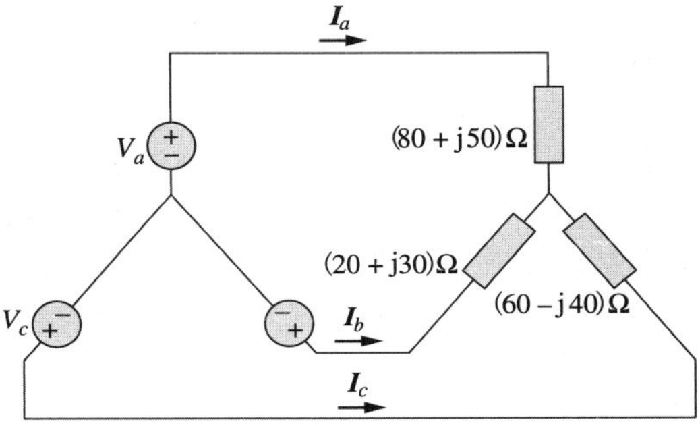

图 12-42　习题 43 图

第13章

磁耦合电路

如果你想快乐长寿，就请宽恕邻居的无心之错、忘记朋友的怪癖，只记住他们令你欣慰的闪光之处；抹去昨天发生的一切不快，在今天的崭新篇章上写下快乐与幸福。

——佚名

拓展事业

电磁学领域的职业生涯

电磁学是电子工程(物理学)的一个分支学科，主要研究电磁场理论及其应用。在电磁学中，电子电路分析方法适用于低频范围。

空间卫星遥测接收站

(图片来源：Digital Vision/Getty Images)

电磁学(EM)原理在许多相关学科中应用广泛，例如电子机械、机电能量转换、雷达气象、遥感、卫星通信、生物电磁学、电磁干扰与电磁兼容、等离子体以及光纤等。EM设备包括电动机、发电机、变压器、电磁铁、磁悬浮、天线、雷达、微波炉、微波清洗机、超导体和心电记录仪等。要完成这些设备的设计就必须完全掌握电磁学定律与电磁学原理的相关知识。

电磁学被认为是电子工程领域中较难的学科，原因之一在于电磁现象相当抽象。但是，你如果对数学感兴趣并且能将看不见的电磁现象可视化，就应该考虑成为一个电磁学专家，因为该领域的电子工程师是非常少的。在微波工业、广播/电视发射站、电磁研究实验室以及很多通信行业都需要电磁学领域的电子工程师。

历史珍闻

詹姆斯·克拉克·麦克斯韦(James Clerk Maxwell，1831—1879)，剑桥大学数学专业毕业。1865年他发表了生平最有影响的论文，从数学上统一了法拉第定律与安培定律，由此所确立的电场与磁场之间的关系成为电子工程中的一个重要研究领域——电磁场与电磁波的理论基础。美国电气与电子工程师协会(IEEE)将该原理的图形表示为其标识商标，其中直线箭头代表电流，曲线箭头代表电磁场。该关系正是大家熟知的**右手定则**(right-hand rule)。麦克斯韦是一位非常活跃的理论家、科学家，因“麦克斯韦方程”而闻名于世，磁通量的单位——麦克斯韦，就是以他的名字命名的。

(图片来源：Bettmann/Getty Images)

13.1 引言

前面章节介绍的电路可以看作是传导耦合(conductively coupled)的，因为一个回路通过电流的传导而影响其相邻回路。当两个相互接触或者不接触的回路之间通过其中一个回路所产生的磁场而相互影响时，则称为*磁耦合*(magnetically coupled)。

变压器就是基于磁耦合概念设计出来的一种电子设备，即利用磁耦合绕组将能量从一个电路转换到另一个电路。变压器是电子电路中的关键电路元件，在电力系统中，利用变压器实现交流电压或交流电流的升高或降低。在无线电广播与电视接收机电路中，利用变压器实现阻抗匹配，将电路的两部分相互隔离开来，同样也可实现交流电压或交流电流的升高或降低。

本章首先介绍互感的概念，从而引入确定电流耦合元件电压极性的同名端标记法则。之后基于互感的概念介绍一种重要的电路元件——*变压器*(transformer)，包括线性变压器、理想变压器、自耦变压器以及三相变压器等。

13.2 互感

当两个电感器(或线圈)距离较近时，电流在一个线圈中引起的磁通量会对另一个线圈产生影响，从而在另一个线圈中产生感应电压，这种现象称为*互感*(mutual inductance)。

首先讨论一个由 N 匝线圈构成的电感，当电流 i 流过该线圈时，在其周围产生磁通量 ϕ(见图 13-1)，按照法拉第定律，该线圈中的感应电压正比于线圈的匝数 N 以及磁通量 ϕ 关于时间的变化率，即：

$$v=N\frac{\mathrm{d}\phi}{\mathrm{d}t} \tag{13.1}$$

但是，磁通量 ϕ 是由电流 i 产生的，所以磁通量的任何变化都是由电流的变化引起的，于是，式(13.1)可以写为

$$v=N\frac{\mathrm{d}\phi}{\mathrm{d}i}\frac{\mathrm{d}i}{\mathrm{d}t} \tag{13.2}$$

即

$$v=L\frac{\mathrm{d}i}{\mathrm{d}t} \tag{13.3}$$

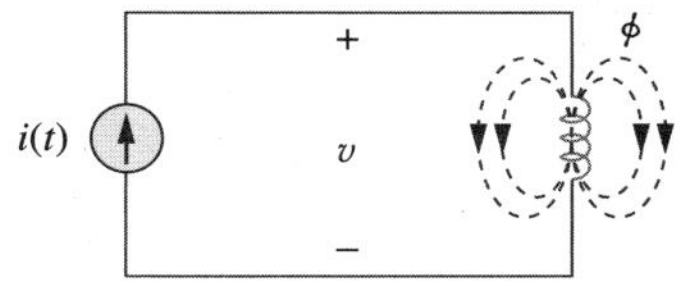

图 13-1 N 匝线圈产生的磁通量

此即电感器的电压-电流关系，由式(13.2)与式(13.3)可以得到电感器的电感值 L 为

$$L=N\frac{\mathrm{d}\phi}{\mathrm{d}i} \tag{13.4}$$

该电感通常称为*自感*(self-inductance)，因为表示的是同一线圈中时变电流与其感应电压之间的关系。

下面考虑两个彼此相邻的，自感分别为 L_1 与 L_2 的线圈(见图 13-2)。线圈 1 有 N_1 匝，线圈 2 有 N_2 匝。为简单起见，假定第 2 个电感器中无电流，此时，由线圈 1 引起的磁通量 ϕ_1 由两个分量组成：一个分量 ϕ_{11} 仅与线圈 1 交链，而另一个分量 ϕ_{12} 与两个线圈交链。因此，

$$\phi_1=\phi_{11}+\phi_{12} \tag{13.5}$$

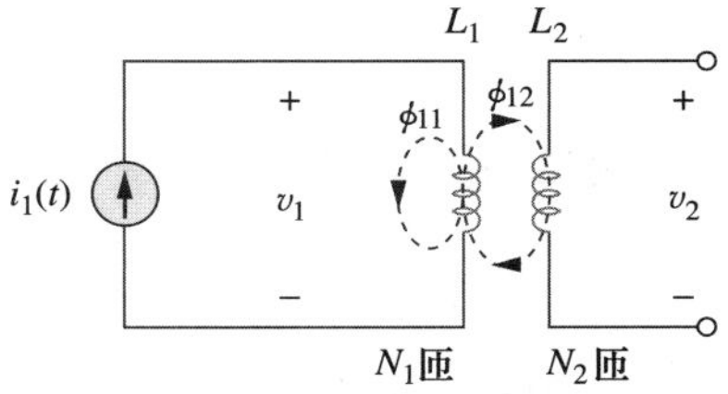

图 13-2 线圈 2 相对于线圈 1 的互感量 M_{21}

虽然这两个线圈在物理上是分离的，但称之为*磁耦合*(magnetically coupled)。因为全部磁通量 ϕ_1 与线圈 1 交链，所以线圈 1 的感应电压为

$$v_1=N_1\frac{\mathrm{d}\phi_1}{\mathrm{d}t} \tag{13.6}$$

仅磁通量 ϕ_{12} 与线圈 2 交链，因此，线圈 2 的感应电压为

$$v_2 = N_2 \frac{d\phi_{12}}{dt} \tag{13.7}$$

另外，考虑到磁通量是电流 i 流过线圈 1 产生的，所以式(13.6)可以写成

$$v_1 = N_1 \frac{d\phi_1}{di_1}\frac{di_1}{dt} = L_1 \frac{di_1}{dt} \tag{13.8}$$

式中，$L_1 = N_1 d\phi_1/di_1$ 为线圈 1 的自感量。同理，式(13.7)可以写成

$$v_2 = N_2 \frac{d\phi_{12}}{di_1}\frac{di_1}{dt} = M_{21} \frac{di_1}{dt} \tag{13.9}$$

式中，

$$M_{21} = N_2 \frac{d\phi_{12}}{di_1} \tag{13.10}$$

M_{21} 成为线圈 2 相对于线圈 1 的*互感*(mutual inductance)，下标 21 表示互感 M_{21} 是联系线圈 2 的感应电压与线圈 1 中的电流的物理量。因此，线圈 2 两端的开路互感电压(感应电压)为

$$\boxed{v_2 = M_{21} \frac{di_1}{dt}} \tag{13.11}$$

下面假定流过线圈 2 的电流为 i_2，而线圈 1 中无电流(见图 13-3)，则由线圈 2 引起的磁通量 ϕ_2 由 ϕ_{22} 与 ϕ_{21} 组成，其中 ϕ_{22} 仅与线圈 2 交链，ϕ_{21} 与两个线圈交链，所以

$$\phi_2 = \phi_{21} + \phi_{22} \tag{13.12}$$

整个磁通量 ϕ_2 与线圈 2 交链，所以，线圈 2 的感应电压为

$$v_2 = N_2 \frac{d\phi_2}{dt} = N_2 \frac{d\phi_2}{di_2}\frac{di_2}{dt} = L_2 \frac{di_2}{dt} \tag{13.13}$$

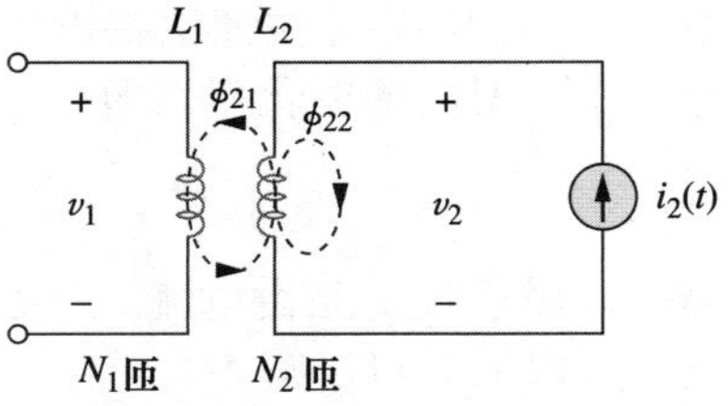

图 13-3 线圈 1 相对于线圈 2 的互感量 M_{12}

式中，$L_2 = N_2 d\phi_2/di_2$ 为线圈 2 的自感。由于仅磁通量 ϕ_{21} 与线圈 1 交链，所以线圈 1 中的感应电压为

$$v_1 = N_1 \frac{d\phi_{21}}{dt} = N_1 \frac{d\phi_{21}}{di_2}\frac{di_2}{dt} = M_{12} \frac{di_2}{dt} \tag{13.14}$$

式中

$$M_{12} = N_1 \frac{d\phi_{21}}{di_2} \tag{13.15}$$

M_{12} 称为线圈 1 相对于线圈 2 的互感，因此，线圈 1 两端的开路互感电压为：

$$\boxed{v_1 = M_{12} \frac{di_2}{dt}} \tag{13.16}$$

下一节中将会证明 M_{12} 与 M_{21} 是相等的，即

$$M_{12} = M_{21} = M \tag{13.17}$$

M 称为两个线圈之间的互感，与自感 L 相同，互感 M 的单位为亨利(H)。注意，仅当两个电感器或线圈距离很近，且电路由时变电源驱动时，才存在互感耦合。前面章节已经介绍过，电感器对于直流电路而言相当于短路。

由图 13-2 与图 13-3 两种情况可以看出，如果感应电压是由另一个电路中的时变电流引起的，则有互感存在。这是电感器的一个特性，即电感器产生的电压会反作用于靠近它的另一个电感器中的时变电流。

互感是指一个电感器在与其相邻的电感器两端感应出电压的能力，单位为亨利(H)。

虽然互感 M 总是正的，但是，与自感电压 $L\mathrm{d}i/\mathrm{d}t$ 一样，互感电压 $M\mathrm{d}i/\mathrm{d}t$ 既可以是正的也可以是负的。然而，与自感电压 $L\mathrm{d}i/\mathrm{d}t$ 的极性由电流参考方向和电压参考极性(符合无源符号约定)决定不同，确定互感电压 $M\mathrm{d}i/\mathrm{d}t$ 的极性并不是很容易，因为互感包含四个端点。正确选择 $M\mathrm{d}i/\mathrm{d}t$ 极性的方法是：检查两个线圈的物理缠绕方向，并利用楞次定律与右手准则来判定感应电压的极性。但是，由于在电路图中画出线圈的缠绕结构是很不方便的，因此在电路分析中通常采用同名端规则予以简化。按照规则，在两个磁耦合线圈的一端标上一个圆点，表示电流由该点流入线圈时磁通量的方向，如图 13-4 所示。在电路中，线圈外通常已经标记了圆点，无须担心应如何标示。通过圆点与同名端规则即可确定互感电压的极性。

如果电流进入一个线圈的同名端，则在第二个线圈的同名端处，互感电压的参考极性为正。

如果电流从一个线圈的同名端流出，则在第二个线圈的同名端处，互感电压的参数极性为负。

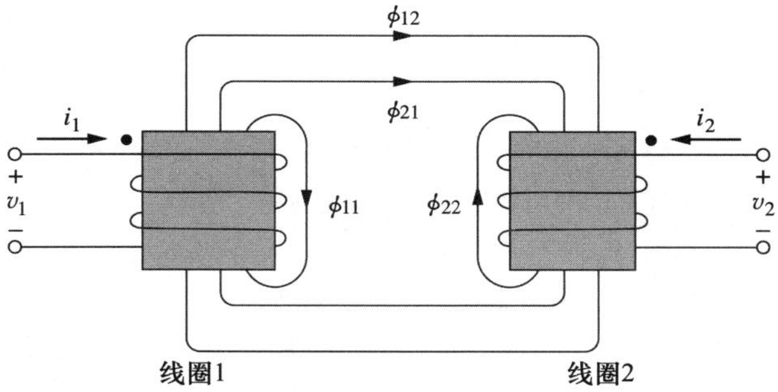

图 13-4 同名端规则的说明

因此，互感电压的参数极性取决于施感电流的参考方向与耦合线圈的同名端。同名端规则在四对互感耦合线圈中的应用如图 13-5 所示。对于图 13-5a 所示的耦合线圈，互感电压 v_2 的符号取决于 v_2 的参考极性与电流 i_1 的方向。由于 i_1 进入线圈 1 的同名端且 v_2 在线圈 2 同名端处为正，所以互感电压为 $+M\mathrm{d}i_1/\mathrm{d}t$。对于图 13-5b 所示的线圈，电流 i_1 进入线圈 1 的同名端，且互感电压 v_2 在线圈 2 的同名端处为负，所以互感电压为 $-M\mathrm{d}i_1/\mathrm{d}t$。按照同样的方法可以得到如图 13-5c 与图 13-5d 所示线圈的互感电压。

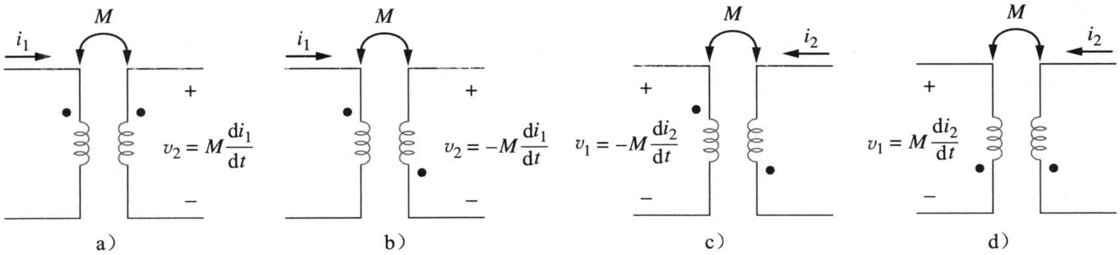

图 13-5 同名端规则的应用

如图 13-6 所示为串联耦合线圈的同名端规则。对于如图 13-6a 所示线圈，总的电感量为

$$\boxed{L=L_1+L_2+2M \quad (\text{同向串联连接})} \tag{13.18}$$

对于如图 13-6b 所示线圈，有

$$\boxed{L=L_1+L_2-2M \quad (\text{反向串联连接})} \tag{13.19}$$

掌握确定互感电压极性的方法之后，就可以分析包含互感的电路。首先考虑如图 13-7a 所示电路。对于线圈 1 应用 KVL，可得

$$v_1=i_1R_1+L_1\frac{\mathrm{d}i_1}{\mathrm{d}t}+M\frac{\mathrm{d}i_2}{\mathrm{d}t} \tag{13.20a}$$

对于线圈 2 应用 KVL，可得

$$v_2=i_2R_2+L_2\frac{\mathrm{d}i_2}{\mathrm{d}t}+M\frac{\mathrm{d}i_1}{\mathrm{d}t} \tag{13.20b}$$

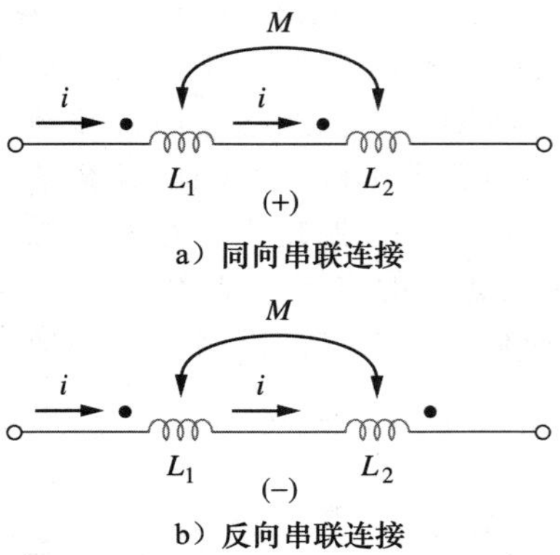

a）同向串联连接

b）反向串联连接

图 13-6 串联线圈的同名端规则，正负号表示互感电压的极性

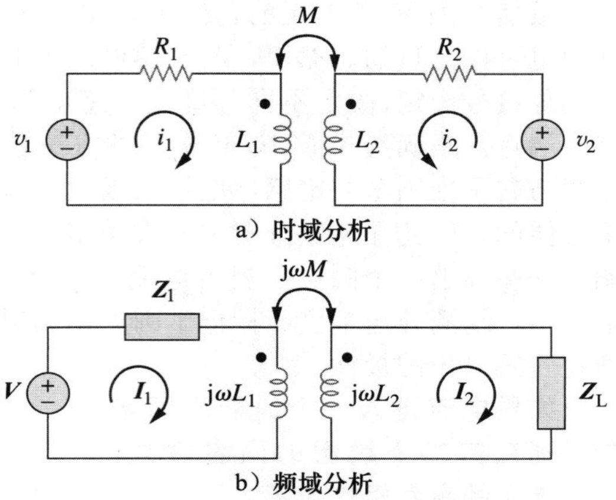

a）时域分析

b）频域分析

图 13-7 包含耦合线圈的电路分析

式(13.20)的频域表示为

$$\boldsymbol{V}_1=(R_1+\mathrm{j}\omega L_1)\boldsymbol{I}_1+\mathrm{j}\omega M\boldsymbol{I}_2 \tag{13.21a}$$

$$\boldsymbol{V}_2=\mathrm{j}\omega M\boldsymbol{I}_1+(R_2+\mathrm{j}\omega L_2)\boldsymbol{I}_2 \tag{13.21b}$$

另一个例子是在频域中分析如图 13-7b 所示电路，对线圈 1 应用 KVL，得到

$$\boldsymbol{V}=(\boldsymbol{Z}_1+\mathrm{j}\omega L_1)\boldsymbol{I}_1-\mathrm{j}\omega M\boldsymbol{I}_2 \tag{13.22a}$$

对线圈 2 应用 KVL，得到

$$0=-\mathrm{j}\omega M\boldsymbol{I}_1+(\boldsymbol{Z}_L+\mathrm{j}\omega L_2)\boldsymbol{I}_2 \tag{13.22b}$$

求解式(13.2)与式(13.22)即可确定各电流。

为了准确地解决问题，检查每一个步骤并验证每一个假设是非常重要的。解决互感耦合电路问题通常需要两步或更多的步骤来确定符号和互感电压。

实验表明，如果根据所求值和符号将问题分成多个步骤，将会使问题更加容易解决。在分析包含图 13-8a 所示的互感耦合电路时，建议使用图 13-8b 所示的模型。

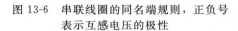

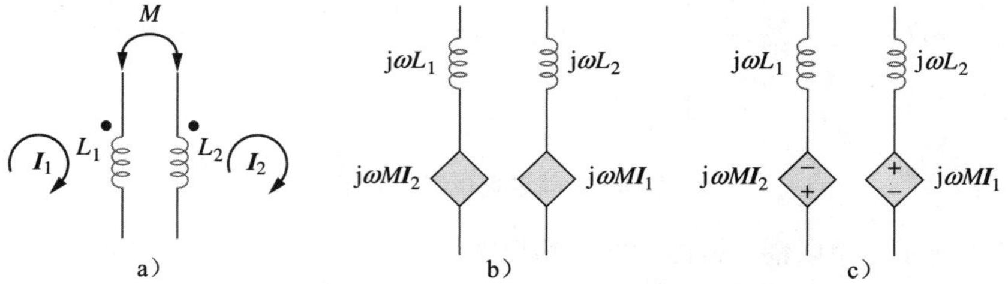

图 13-8 互感耦合的简易分析模型

注意，模型中并不包含符号，因为确定电压值之后才能确定相应的符号。显然，电流 $\boldsymbol{I}_1$ 引起的感应电压在第二个线圈中的值为 $\mathrm{j}\omega\boldsymbol{I}_1$，$\boldsymbol{I}_2$ 引起的感应电压在第一个线圈中的值为 $\mathrm{j}\omega\boldsymbol{I}_2$。得到这两个值后，可以通过图 13-8c 所示的两个电路来确定正确的符号。

由于 $\boldsymbol{I}_1$ 从 L_1 的同名端流入，所以它在 L_2 中产生的感应电压使得电流从 L_2 的同名端流出，即电源的上端为正、下端为负，如图 13-8c 所示。$\boldsymbol{I}_2$ 从 L_2 的同名端流出，它在 L_1 中产生的感应电压使得电流从 L_1 的同名端流入，即非独立源的下端为正、上端为负，如图 13-8c 所示。现在需要分析两个非独立源，分析过程中可以对每一步假设进行验证。

现阶段不需要关注互感线圈的同名端确定问题，与电路中 R、L、C 的计算类似，互感 M 的计算要求将电磁学理论应用于实际线圈的物理属性中。本书假设电路问题中的互感与同名端的位置是“已知的”，即与电路元件 R、L、C 同等看待。

例 13-1 计算图 13-9 所示电路中的相量电流 $\boldsymbol{I}_1$ 和 $\boldsymbol{I}_2$。

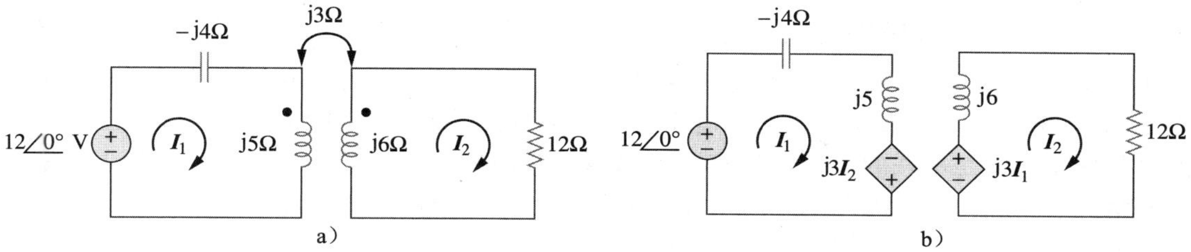

图 13-9 例 13-1 图

解：对于线圈 1 应用 KVL，得到

$$-12+(-\mathrm{j}4+\mathrm{j}5)\boldsymbol{I}_1-\mathrm{j}3\boldsymbol{I}_2=0$$

即

$$\mathrm{j}\boldsymbol{I}_1-\mathrm{j}3\boldsymbol{I}_2=12 \tag{13.1.1}$$

对于线圈 2 应用 KVL，得到

$$-\mathrm{j}3\boldsymbol{I}_1+(12+\mathrm{j}6)\boldsymbol{I}_2=0$$

即

$$\boldsymbol{I}_1=\frac{(12+\mathrm{j}6)\boldsymbol{I}_2}{\mathrm{j}3}=(2-\mathrm{j}4)\boldsymbol{I}_2 \tag{13.1.2}$$

将上式代入式(13.1.1)，可以得到：

$$(\mathrm{j}2+4-\mathrm{j}3)\boldsymbol{I}_2=(4-\mathrm{j})\boldsymbol{I}_2=12$$

即

$$\boldsymbol{I}_2=\frac{12}{4-\mathrm{j}}=2.91\angle 14.04^\circ\ \mathrm{A} \tag{13.1.3}$$

由式(13.1.2)与式(13.1.3)得到：

$$\begin{aligned}\boldsymbol{I}_1&=(2-\mathrm{j}4)\boldsymbol{I}_2=(4.472\angle -63.43^\circ)(2.91\angle 14.04^\circ)\\&=13.01\angle -49.39^\circ\ \mathrm{A}\end{aligned}$$

◀

练习 13-1 计算图 13-10 所示电路中的电压 $\boldsymbol{V}_o$。 **答案**：$20\angle -135^\circ$ V。

例 13-2 计算如图 13-11 所示电路的网孔电流。

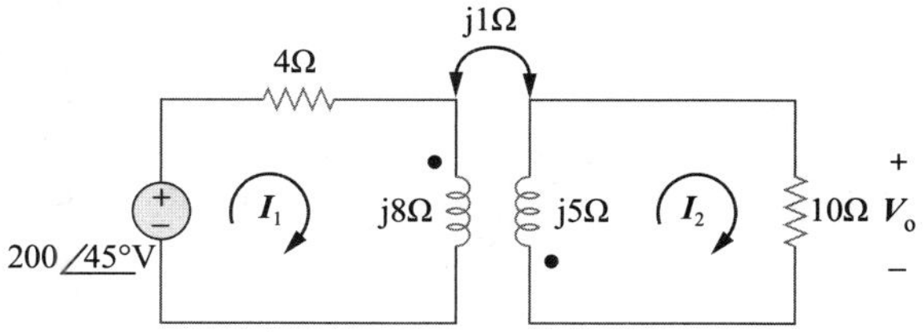

图 13-10 练习 13-1 图

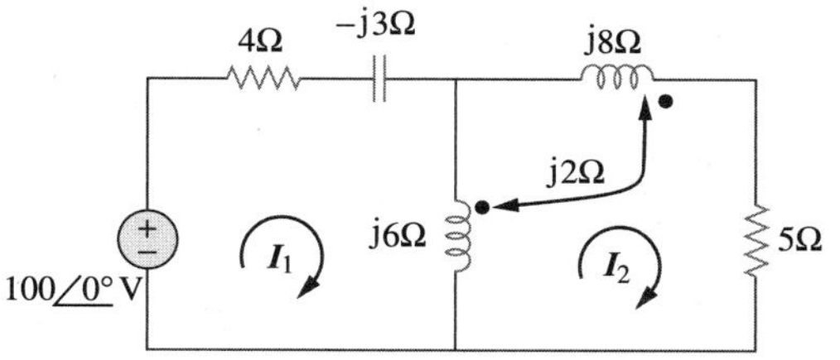

图 13-11 例 13-2 图

解：分析磁耦合电路的关键是要知道互感电压的极性，这就需要利用同名端规则。在图 13-11 所示电路中，假设线圈 1 是电抗为 6Ω 的线圈，线圈 2 是电抗为 8Ω 的线圈。为了判断电流 $\boldsymbol{I}_2$ 在线圈 1 中产生的互感电压的极性，观察到 $\boldsymbol{I}_2$ 是从线圈 2 的同名端流出的，由于 KVL 是沿顺时针方向应用的，因此互感电压极性为负，即 $-\mathrm{j}2\boldsymbol{I}_2$。

另外，还可以重新画出相关的电路以确定互感电压的极性，如图 13-12 所示，由此即可方便地确定互感电压为 $\boldsymbol{V}_1=-2\mathrm{j}\boldsymbol{I}_2$。

因此，对于如图 13-11 所示电路的网孔 1，应用 KVL 可得：

$$-100+\boldsymbol{I}_1(4-\mathrm{j}3+\mathrm{j}6)-\mathrm{j}6\boldsymbol{I}_2-\mathrm{j}2\boldsymbol{I}_2=0$$

即

$$100=(4+\mathrm{j}3)\boldsymbol{I}_1-\mathrm{j}8\boldsymbol{I}_2 \tag{13.2.1}$$

同理，为了确定由电流 $\boldsymbol{I}_1$ 在线圈 2 中产生的互感电压，需将电路的相关部分重绘于图 13-12，利用同名端规则可得互感电压 $\boldsymbol{V}_2=-2\mathrm{j}\boldsymbol{I}_1$。另外，由图 13-11 可见，电流 $\boldsymbol{I}_2$ 所经过的两个线圈是串联的。且该电流是流出两个线圈的同名端的，所以式(13.18)适用于这种情况。因此，对于如图 13-11 所示电路的网孔 2，应用 KVL 可得：

$$0=-2\mathrm{j}\boldsymbol{I}_1-\mathrm{j}6\boldsymbol{I}_1+(\mathrm{j}6+\mathrm{j}8+\mathrm{j}2\times2+5)\boldsymbol{I}_2$$

即

$$0=-\mathrm{j}8\boldsymbol{I}_1+(5+\mathrm{j}18)\boldsymbol{I}_2 \tag{13.2.2}$$

将式(13.2.1)与式(13.2.2)写成矩阵形式，得到

$$\begin{bmatrix}100\\0\end{bmatrix}=\begin{bmatrix}4+\mathrm{j}3 & -\mathrm{j}8\\-\mathrm{j}8 & 5+\mathrm{j}18\end{bmatrix}\begin{bmatrix}\boldsymbol{I}_1\\\boldsymbol{I}_2\end{bmatrix}$$

相关的行列式为

$$\Delta=\begin{vmatrix}4+\mathrm{j}3 & -\mathrm{j}8\\-\mathrm{j}8 & 5+\mathrm{j}18\end{vmatrix}=30+\mathrm{j}87$$

$$\Delta_1=\begin{vmatrix}100 & -\mathrm{j}8\\0 & 5+\mathrm{j}18\end{vmatrix}=100(5+\mathrm{j}18)$$

$$\Delta_2=\begin{vmatrix}4+\mathrm{j}3 & 100\\-\mathrm{j}8 & 0\end{vmatrix}=\mathrm{j}800$$

于是，得到网孔电流为

$$\boldsymbol{I}_1=\frac{\Delta_1}{\Delta}=\frac{100(5+\mathrm{j}18)}{30+\mathrm{j}87}=\frac{1868.2\angle 74.5^\circ}{92.03\angle 71^\circ}=20.3\angle 3.5^\circ(\mathrm{A})$$

$$\boldsymbol{I}_2=\frac{\Delta_2}{\Delta}=\frac{\mathrm{j}800}{30+\mathrm{j}87}=\frac{800\angle 90^\circ}{92.03\angle 71^\circ}=8.693\angle 19^\circ(\mathrm{A})$$ ◀

练习 13-2 计算图 13-13 所示电路中的电流相量 $\boldsymbol{I}_1$ 与 $\boldsymbol{I}_2$。

答案：$\boldsymbol{I}_1=17.889\angle 86.57^\circ$ A，$\boldsymbol{I}_2=26.83\angle 86.57^\circ$ A。

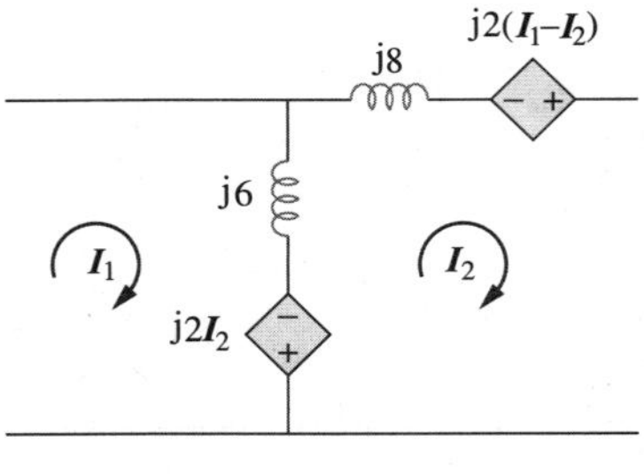

图 13-12 例 13-2 的电路重绘

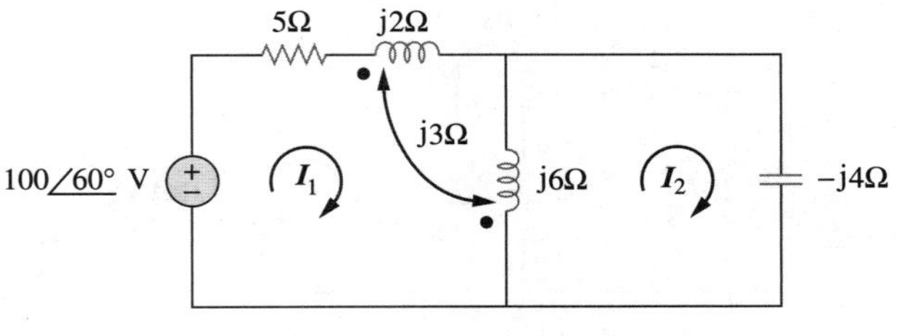

图 13-13 练习 13-2 图

13.3 耦合电路中的能量

由本书第 6 章可知，电感器中存储的能量为：

$$w=\frac{1}{2}Li^2 \tag{13.23}$$

下面将确定磁耦合线圈中储存的能量。

考虑图 13-14 所示电路。假设电流 i_1 与 i_2 的初始值均为零，于是线圈中的初始储能为零。如果令 i_1 由 0 增加到 $\boldsymbol{I}_1$，且 $i_2=0$ 保持不变，则线圈 1 中的功率为

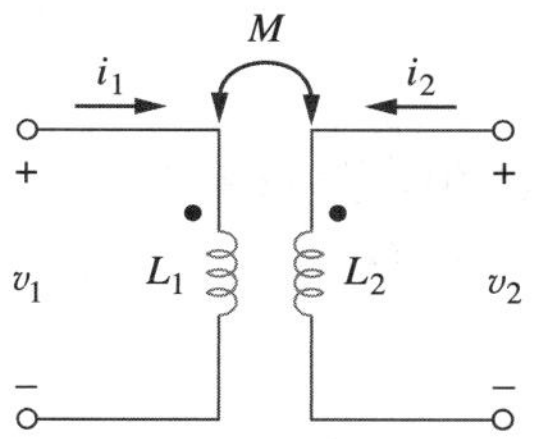

图 13-14 推导耦合电路存储的能量

$$p_1(t)=v_1 i_1=i_1 L_1 \frac{\mathrm{d}i_1}{\mathrm{d}t} \tag{13.24}$$

该电路中储存的能量为

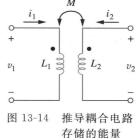

$$w_1=\int p_1 \mathrm{d}t=L_1\int_0^{I_1} i_1 \mathrm{d}i_1=\frac{1}{2}L_1 I_1^2 \tag{13.25}$$

如果 $i_1=i_1$ 保持不变，但 i_2 从 0 增加到 I_2，则在线圈 1 中的互感电压为 $M_{12}\mathrm{d}i_2/\mathrm{d}t$，由于 i_1 保持不变，所以线圈 2 中的互感电压为 0。于是线圈中的功率为

$$p_2(t)=i_1 M_{12}\frac{\mathrm{d}i_2}{\mathrm{d}t}+i_2 v_2=I_1 M_{12}\frac{\mathrm{d}i_2}{\mathrm{d}t}+i_2 L_2\frac{\mathrm{d}i_2}{\mathrm{d}t} \tag{13.26}$$

该电路中储存的能量为

$$w_2=\int p_2 \mathrm{d}t=M_{12}I_1\int_0^{I_2}\mathrm{d}i_2+L_2\int_0^{I_2}i_2\mathrm{d}i_2=M_{12}I_1 I_2+\frac{1}{2}L_2 I_2^2 \tag{13.27}$$

当 i_1 与 i_2 均到达恒定值时，线圈中储存的总能量为

$$w=w_1+w_2=\frac{1}{2}L_1 I_1^2+\frac{1}{2}L_2 I_2^2+M_{12}I_1 I_2 \tag{13.28}$$

如果交换上述电流达到其终端的顺序，即 i_2 先从 0 增加到 I_2，之后 i_1 再从 0 增加到 I_1，则线圈中储存的总能量为：

$$w=\frac{1}{2}L_1 I_1^2+\frac{1}{2}L_2 I_2^2+M_{21}I_1 I_2 \tag{13.29}$$

由于无论电流如何到达其终值，电路中所储存的能量都是相同的，因此，比较式(13.28)与式(13.29)，得到如下结论

$$M_{12}=M_{21}=M \tag{13.30a}$$

且

$$w=\frac{1}{2}L_1 I_1^2+\frac{1}{2}L_2 I_2^2+MI_1 I_2 \tag{13.30b}$$

推导上式的设定条件是，线圈电流均从同名端流入，如果一个电流从一个同名端流入，另一个电流从另一个同名端流出，则互感电压为负，因此，互感能量 MI_1I_2 也为负，在这种情况下：

$$w=\frac{1}{2}L_1 I_1^2+\frac{1}{2}L_2 I_2^2-MI_1 I_2 \tag{13.31}$$

另外，由 I_1 与 I_2 为任意值，所以可以用 i_1 与 i_2 取代，于是得到电路中储存的瞬时能量的一般表达式为

$$\boxed{w=\frac{1}{2}L_1 i_1^2+\frac{1}{2}L_2 i_2^2\pm Mi_1 i_2} \tag{13.32}$$

当两个电流均从线圈的同名端流入或者流出时，上式中的互感项取正号，否则，互感项取负号。

现在推导互感 M 的上限。由于无源电路中储存的能量不可能为负的，所以$\left(\frac{1}{2}L_1 i_1^2+\frac{1}{2}L_2 i_2^2-Mi_1 i_2\right)$必须大于或等于零：

$$\frac{1}{2}L_1 i_1^2+\frac{1}{2}L_2 i_2^2-Mi_1 i_2\geqslant 0 \tag{13.33}$$

为了得到完全平方，在式(13.33)右边加一项并减一项 $i_1 i_2\sqrt{L_1L_2}$，从而得到

$$\frac{1}{2}(i_1\sqrt{L_1}-i_2\sqrt{L_2})^2+i_1i_2(\sqrt{L_1L_2}-M)\geqslant 0 \tag{13.34}$$

式中，第一项平方项不可能为负，其最小值为零。因此，式(13.34)右边第二项必须大于零，即

$$\sqrt{L_1L_2}-M\geqslant 0$$

即

$$M\leqslant\sqrt{L_1L_2} \tag{13.35}$$

因此，互感 M 不能大于线圈自感的几何平均值。互感 M 接近于其上限的程度由耦合系数(coefficient of coupling) k 决定：

$$k=\frac{M}{\sqrt{L_1L_2}} \tag{13.36}$$

即

$$\boxed{M=k\sqrt{L_1L_2}} \tag{13.37}$$

式中，$0\leqslant k\leqslant 1$，或 $0\leqslant M\leqslant\sqrt{L_1L_2}$。耦合系数是指由一个线圈产生的总磁通量中与另一个线圈交链的部分。例如，在图 13-2 所示电路中，

$$k=\frac{\phi_{12}}{\phi_1}=\frac{\phi_{12}}{\phi_{11}+\phi_{12}} \tag{13.38}$$

而在图 13-3 所示电路中，

$$k=\frac{\phi_{21}}{\phi_2}=\frac{\phi_{21}}{\phi_{21}+\phi_{22}} \tag{13.39}$$

如果一个线圈产生的磁通全部与另一线圈交链，则 $k=1$，即为 100%耦合，或者称这两个线圈是完全耦合的(perfectly coupled)。当 $k<0.5$ 时，称这两个线圈为松散耦合(loosely coupled)；当 $k>0.5$ 时，称这两个线圈为紧耦合(tightly coupled)。

耦合系数 k 是两个线圈之间磁耦合程度的一种度量：$0\leqslant k\leqslant 1$。

k 值的大小取决于两个线圈的接近程度、磁心、方向以及缠绕方式。图 13-15 所示为松散耦合线圈与和紧耦合线圈两种情况。射频电路中使用的空心变压器一般是松散耦合的，而电力系统中使用的铁心变压器都是紧耦合的。13.4 节讨论的线性变压器大多数是空心的，而 13.5 节与 13.6 节讨论的理想变压器基本上都是铁心变压器。

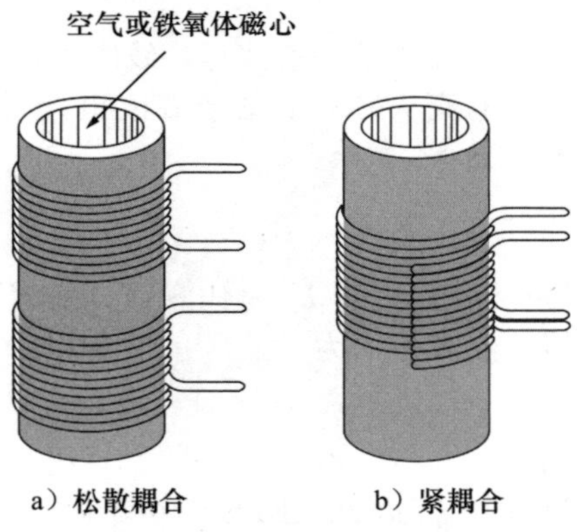

图 13-15　线圈剖面视图

例 13-3　对于图 13-16 所示电路，计算耦合系数，并计算当 $v=60\cos(4t+30°)$ V 时，耦合电感器在 $t=1$s 时储存的能量。

解：耦合系数为

$$k=\frac{M}{\sqrt{L_1L_2}}=\frac{2.5}{\sqrt{20}}=0.56$$

表明两个电感器是紧耦合的，为了求出所存储的能量，需计算出电流，而要得到电流，就必须确定该电路的频域等效电路。

$$60\cos(4t+30°)\quad\Rightarrow\quad 60\angle 30°,\quad \omega=4\text{rad/s}$$

$$5\text{H}\quad\Rightarrow\quad \text{j}\omega L_1=\text{j}20\Omega$$

$$2.5\text{H}\quad\Rightarrow\quad \text{j}\omega M=\text{j}10\Omega$$

$$4\text{H} \quad \Rightarrow \quad \text{j}\omega L_2 = \text{j}16\Omega$$

$$\frac{1}{16}\text{F} \quad \Rightarrow \quad \frac{1}{\text{j}\omega C} = -\text{j}4\Omega$$

频域等效电路如图 13-17 所示。下面利用网孔分析法确定电流。对于网孔 1，有：

$$(10+\text{j}20)\boldsymbol{I}_1 + \text{j}10\boldsymbol{I}_2 = 60 \angle 30^\circ \tag{13.3.1}$$

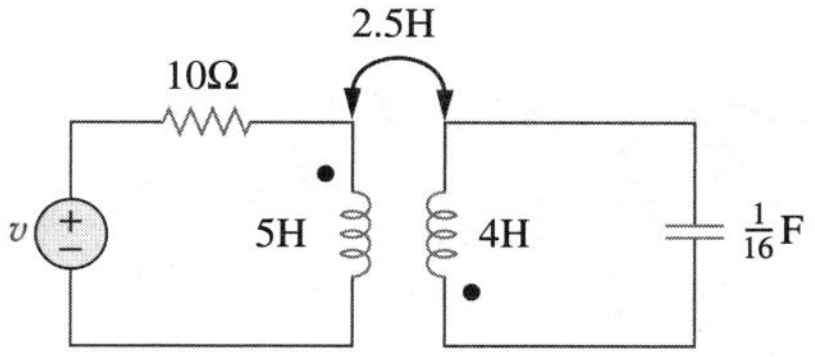

图 13-16 例 13-3 图

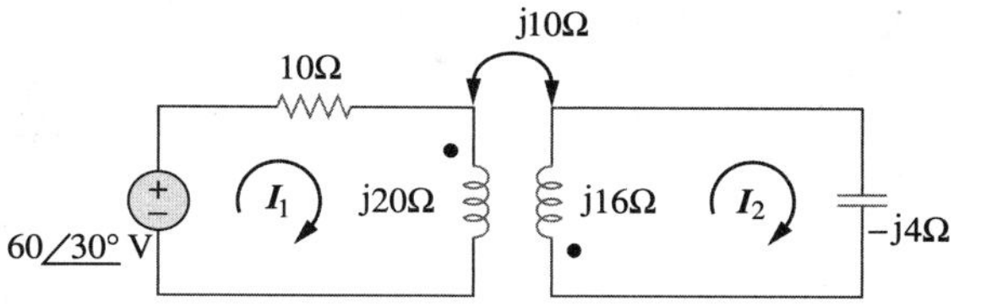

图 13-17 图 13-16 的频域等效电路

对于网孔 2，有

$$\text{j}10\boldsymbol{I}_1 + (\text{j}16 - \text{j}4)\boldsymbol{I}_2 = 0$$

即

$$\boldsymbol{I}_1 = -1.2\boldsymbol{I}_2 \tag{13.3.2}$$

将上式代入式(13.3.1)，得到

$$\boldsymbol{I}_2(-12-\text{j}14) = 60 \angle 30^\circ \quad \Rightarrow \quad \boldsymbol{I}_2 = 3.254 \angle 160.6^\circ \text{ A}$$

并且，

$$\boldsymbol{I}_1 = -1.2\boldsymbol{I}_2 = 3.905 \angle -19.4^\circ \text{ A}$$

变换到时域，有

$$i_1 = 3.905\cos(4t - 19.4^\circ)\text{A}, \qquad i_2 = 3.254\cos(4t + 160.6^\circ)\text{A}$$

当 $t=1s$ 时，$4t=4\text{rad}=229.2^\circ$，所以

$$i_1 = 3.905\cos(229.2^\circ - 19.4^\circ) = -3.389(\text{A})$$

$$i_2 = 3.254\cos(229.2^\circ + 160.6^\circ) = 2.824(\text{A})$$

耦合线圈中存储的总能量为

$$\begin{aligned} w &= \frac{1}{2}L_1 i_1^2 + \frac{1}{2}L_2 i_2^2 + M i_1 i_2 \\ &= \frac{1}{2}\times 5\times(-3.389)^2 + \frac{1}{2}\times 4\times(2.824)^2 + 2.5\times(-3.389)\times 2.824 = 20.73(\text{J}) \end{aligned}$$ ◀

练习 13-3 对于如图 13-18 所示电路，试确定耦合系数，并计算当 $t=1.5\text{s}$ 时，耦合电感器中存储的能量。

答案：0.7071，246.2J。

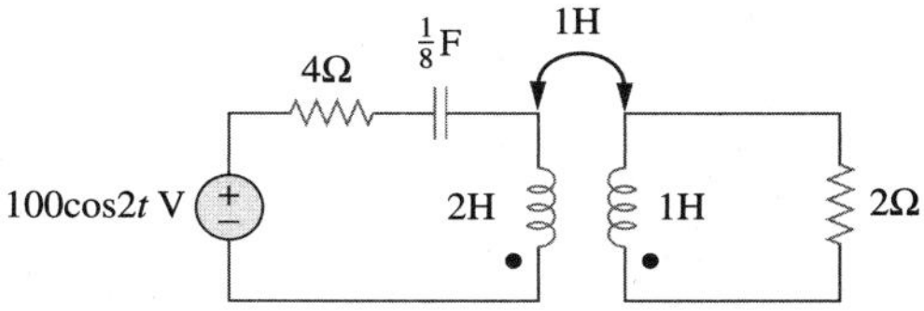

图 13-18 练习 13-3 图

13.4 线性变压器

本节介绍一个新的电路元件——变压器，变压器是利用互感现象设计的一种磁耦合器件。

变压器一般是由两个(或多个)磁耦合线圈组成的四端器件。

如图 13-19 所示，直接与电压源相连接的线圈称为一次绕组(primary winding)，而与负载相连接的线圈称为二次绕组(secondary winding)，图中 R_1 与 R_2 用于计算绕组的消

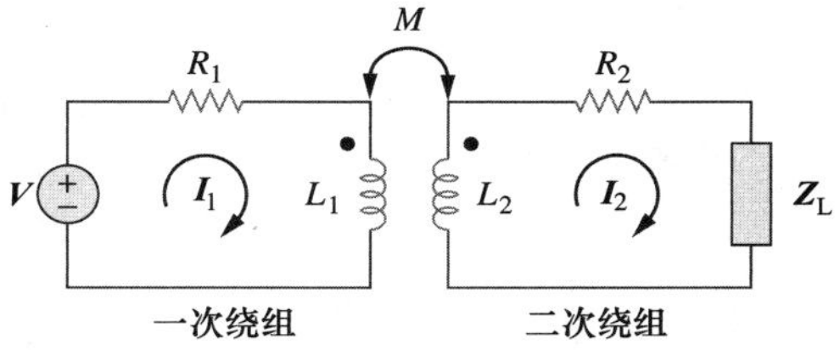

图 13-19 线性变压器

耗(功率)。绕组缠绕在磁性线性材料上制成的变压器称为线性变压器，所谓磁性线性材料是指磁导率为常数的材料，例如空气、塑料、胶木与木头等。实际上，绝大多数材料都是磁性线性的。有时候也将线性变压器称为空心变压器(air-core transformer)，尽管其磁心未必都是空气的。线性变压器通常用于收音机与电视机等装置中，图 13-20 给出了各种不同类型的变压器。

提示： 也可以将线性变压器看作磁通量与绕组内电流成正比的变压器。

a）大型变电站变压器
（图片来源：James Watson）

b）音频变压器
（图片来源：Jensen Transformers,Inc., Chatsworth, CA）

图 13-20　不同类型的变压器

下面确定从电源端看进去的变压器输入阻抗 $\boldsymbol{Z}_{in}$，$\boldsymbol{Z}_{in}$ 决定了一次电路的特征，对图 13-19 所示电路中的两个网孔应用 KVL，得到

$$\mathbf{V}=(R_1+j\omega L_1)\boldsymbol{I}_1-j\omega M\boldsymbol{I}_2 \tag{13.40a}$$

$$0=-j\omega M\boldsymbol{I}_1+(R_2+j\omega L_2+\boldsymbol{Z}_L)\boldsymbol{I}_2 \tag{13.40b}$$

式(13.40b)中，用 $\boldsymbol{I}_1$ 表示 $\boldsymbol{I}_2$，并代入式(13.40a)，得到输入阻抗为

$$\boldsymbol{Z}_{in}=\frac{\mathbf{V}}{\boldsymbol{I}_1}=R_1+j\omega L_1+\frac{\omega^2M^2}{R_2+j\omega L_2+\boldsymbol{Z}_L} \tag{13.41}$$

上式表明，输入阻抗由两项组成，第一项$(R_1+j\omega L_1)$为一次阻抗，第二项为一次绕组与二次绕组之间的耦合产生的阻抗，可以看作是由二次阻抗映射到一次阻抗，因此，也称为反射阻抗(reflected impedance)$\boldsymbol{Z}_R$，即

$$\boxed{\boldsymbol{Z}_R=\frac{\omega^2M^2}{R_2+j\omega L_2+\boldsymbol{Z}_L}} \tag{13.42}$$

注意，式(13.41)或式(13.44)给出的结果并不会受到变压器同名端位置的影响，因为利用$-M$ 取代式中的 M 后，其结果是相同的。

提示： 有些学者也将反射阻抗称为耦合阻抗。

通过 13.2 节与 13.3 节磁耦合电路分析的过程可知，这类电路的分析不像前面几章介绍的电路分析那样容易。因此，通常用没有磁耦合的等效电路来取代磁耦合电路，以便于分析。下面就利用没有互感的 T 形等效电路或 Π 形等效电路取代图 13-21 所示的线性变压器。

一次绕组与二次绕组的电压电流关系矩阵方程为：

$$\begin{bmatrix}\boldsymbol{V}_1\\ \boldsymbol{V}_2\end{bmatrix}=\begin{bmatrix}\mathrm{j}\omega L_1 & \mathrm{j}\omega M\\ \mathrm{j}\omega M & \mathrm{j}\omega L_2\end{bmatrix}\begin{bmatrix}\boldsymbol{I}_1\\ \boldsymbol{I}_2\end{bmatrix} \tag{13.43}$$

由矩阵求逆，可得

$$\begin{bmatrix}\boldsymbol{I}_1\\ \boldsymbol{I}_2\end{bmatrix}=\begin{bmatrix}\dfrac{L_2}{\mathrm{j}\omega(L_1L_2-M^2)} & \dfrac{-M}{\mathrm{j}\omega(L_1L_2-M^2)}\\ \dfrac{-M}{\mathrm{j}\omega(L_1L_2-M^2)} & \dfrac{L_1}{\mathrm{j}\omega(L_1L_2-M^2)}\end{bmatrix}\begin{bmatrix}\boldsymbol{V}_1\\ \boldsymbol{V}_2\end{bmatrix} \tag{13.44}$$

现在需要将式(13.43)与式(13.44)同相应的 T 网络和 Π 网络的方程匹配。

对于图 13-22 所示的 T(Y)网络而言，由网孔分析法得到的矩阵方程为

$$\begin{bmatrix}\boldsymbol{V}_1\\ \boldsymbol{V}_2\end{bmatrix}=\begin{bmatrix}\mathrm{j}\omega(L_a+L_c) & \mathrm{j}\omega L_c\\ \mathrm{j}\omega L_c & \mathrm{j}\omega(L_b+L_c)\end{bmatrix}\begin{bmatrix}\boldsymbol{I}_1\\ \boldsymbol{I}_2\end{bmatrix} \tag{13.45}$$

如果图 13-21 与图 13-22 所示电路是等效的，则式(13.43)与式(13.45)必须相同。由式(13.43)与式(13.45)中阻抗矩阵各项相等，可得

$$\boxed{L_a=L_1-M,\quad L_b=L_2-M,\quad L_c=M} \tag{13.46}$$

对于如图 13-23 所示的 Π(或△)网络而言，由节点分析法得到矩阵方程为

$$\begin{bmatrix}\boldsymbol{I}_1\\ \boldsymbol{I}_2\end{bmatrix}=\begin{bmatrix}\dfrac{1}{\mathrm{j}\omega L_A}+\dfrac{1}{\mathrm{j}\omega L_C} & -\dfrac{1}{\mathrm{j}\omega L_C}\\ -\dfrac{1}{\mathrm{j}\omega L_C} & \dfrac{1}{\mathrm{j}\omega L_B}+\dfrac{1}{\mathrm{j}\omega L_C}\end{bmatrix}\begin{bmatrix}\boldsymbol{V}_1\\ \boldsymbol{V}_2\end{bmatrix} \tag{13.47}$$

令式(13.44)与式(13.47)中导纳矩阵各项相等，可得

$$\boxed{L_A=\frac{L_1L_2-M^2}{L_2-M},\quad L_B=\frac{L_1L_2-M^2}{L_1-M},\quad L_C=\frac{L_1L_2-M^2}{M}} \tag{13.48}$$

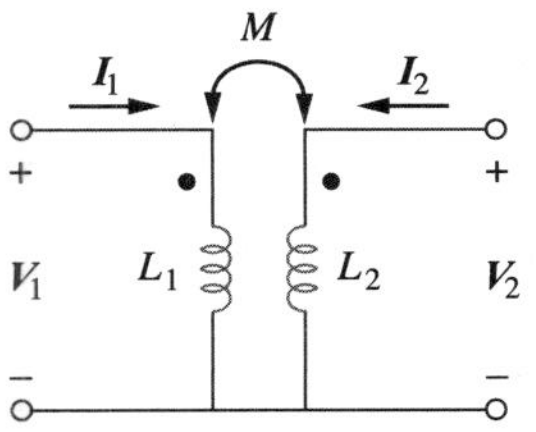

图 13-21　确定线性变压器的等效电路

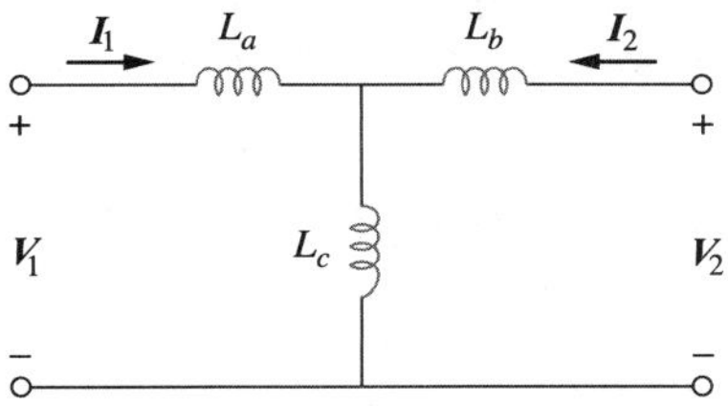

图 13-22　等效 T 电路

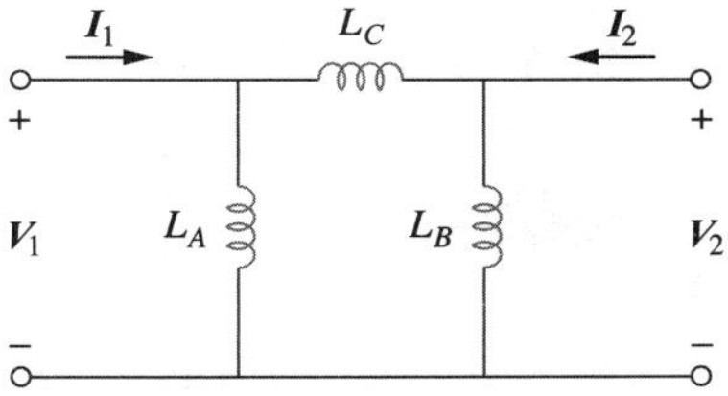

图 13-23　等效 Π 形电路

注意，在图 13-22 与图 13-23 中，各电感是没有磁耦合的，同时，改变图 13-21 所示电路中同名端的位置会使得 M 变为 $-M$。例 13-6 将会说明，M 为负值在物理上是不可实现的，但是其等效电路模型在数学意义上仍然是有效的。

例 13-4 在图 13-24 所示电路中。试计算输入阻抗与电流 $\boldsymbol{I}_1$。假定 $\boldsymbol{Z}_1=(60-\mathrm{j}100)\Omega$，$\boldsymbol{Z}_2=(30+\mathrm{j}40)\Omega$ 且 $\boldsymbol{Z}_L=(80+\mathrm{j}60)\Omega$。

解：由式(13.41)可得

$$\begin{aligned}\boldsymbol{Z}_{in}&=\boldsymbol{Z}_1+\mathrm{j}20+\frac{5^2}{\mathrm{j}40+\boldsymbol{Z}_2+\boldsymbol{Z}_L}=60-\mathrm{j}100+\mathrm{j}20+\frac{25}{110+\mathrm{j}140}\\&=60-\mathrm{j}80+0.14\angle{-51.84^\circ}=60.09-\mathrm{j}80.11=100.14\angle{-53.1^\circ}(\Omega)\end{aligned}$$

因此，

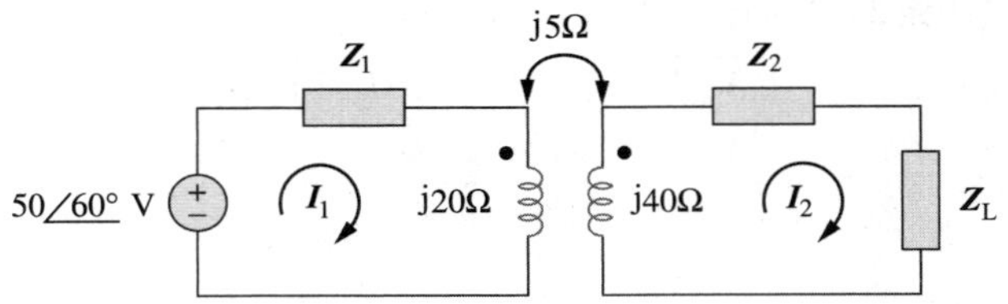

图 13-24 例 13-4 图

$$I_1=\frac{V}{Z_{in}}=\frac{50\angle 60^\circ}{100.14\angle -53.1^\circ}=0.5\angle 113.1^\circ(\mathrm{A})$$ ◀

练习 13-4 求图 13-25 所示电路的输入阻抗以及电压源的电流。

答案：$8.58\angle 58.05^\circ\ \Omega$，$4.662\angle -58.05^\circ$ A。

例 13-5 确定图 13-26a 所示线性变压器的 T 等效电路。

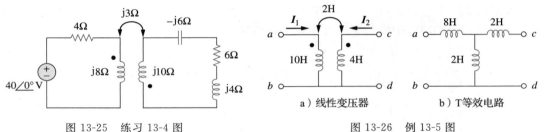

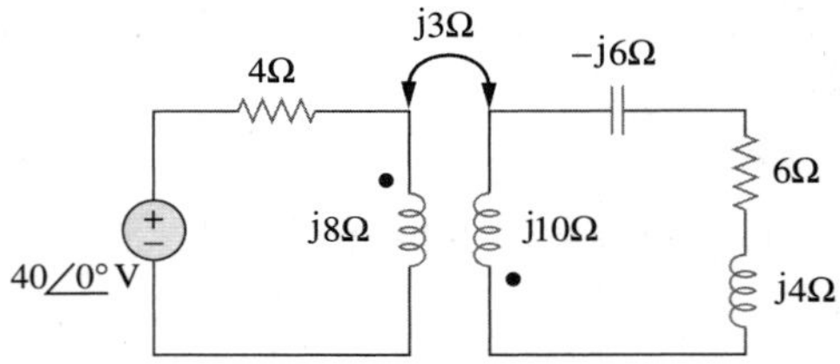

图 13-25 练习 13-4 图

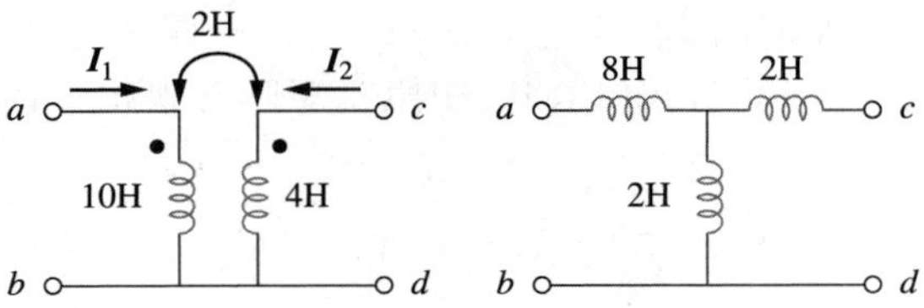

a）线性变压器 b）T等效电路

图 13-26 例 13-5 图

解：已知 $L_1=10\mathrm{H}$，$L_2=4\mathrm{H}$，$M=2\mathrm{H}$，于是，T 网络的参数如下。

$$L_a=L_1-M=10-2=8(\mathrm{H})$$

$$L_b=L_2-M=4-2=2(\mathrm{H}) \quad L_c=M=2\mathrm{H}$$

T 等效电路如图 13-26b 所示。已经假定一次绕组与二次绕组的电流参考方向和电压极性符合图 13-21 所示情况。否则就需要用 M 取代 $-M$，参见例 13-6。 ◀

练习 13-5 求图 13-26a 所示线性变压器的 Π 等效网络。

答案：$L_A=18\mathrm{H}$，$L_B=4.5\mathrm{H}$，$L_C=18\mathrm{H}$。

例 13-6 利用线性变压器的 T 等效电路求解图 13-27(与练习 13-1 的电路相同)所示电路中的 I_1、I_2 与 V_o。

解：图 13-27 所示电路与图 13-10 所示电路相同，只是电流 I_2 的参考方向相反，仅需使磁耦合绕组的电流参考方向符合图 13-21 所示情况即可。

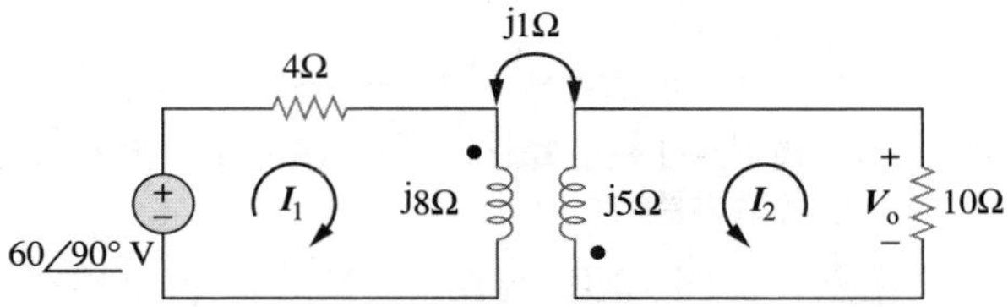

图 13-27 例 13-6 图①

将磁耦合绕组用其等效 T 电路取代，图 13-27 所示电路的相关部分如图 13-28a 所示。比较图 13-28a 与图 13-21 可知，有两处不同。首先，由于电流参考方向与电压极性不同，必须用 $-M$ 取代 M，从而使得图 13-28a 所示电路符合图 13-21 所示情况。其次，图 13-21 所示电路为时

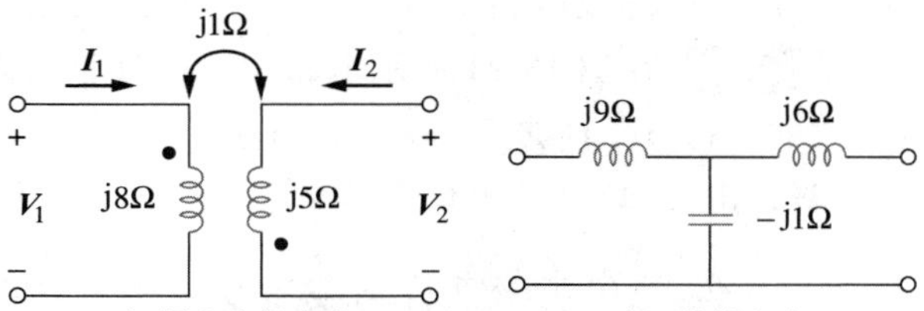

a）耦合绕组电路 b）T等效电路

图 13-28 例 13-6 图②

域电路，而图 13-28a 所示电路为频域电路，不同之处在于因子 $j\omega$，也就是说，图 13-21 中的 L 应该用 $j\omega L$ 取代，M 应该用 $j\omega M$ 取代。由下本题并未规定 ω 的值，因此可以假定 $\omega=1\text{rad/s}$ 或者其他值，这并不会影响本题的求解。明确以上两处不同后，可得

$$L_a=L_1-(-M)=8+1=9(\text{H})$$

$$L_b=L_2-(-M)=5+1=6(\text{H}),\qquad L_c=-M=-1\text{H}$$

于是，耦合绕组的 T 等效电路如图 13-28b 所示。

利用如图 13-28b 所示的 T 等效电路取代图 13-27 中的两个耦合绕组，得到如图 13-29 所示的等效电路，于是就可以利用节点电压分析法或网孔电流分析法求解该电路。由网孔电流分析法，可得

$$j6=\boldsymbol{I}_1(4+j9-j1)+\boldsymbol{I}_2(-j1) \quad (13.6.1)$$

和

$$0=\boldsymbol{I}_1(-j1)+\boldsymbol{I}_2(10+j6-j1) \quad (13.6.2)$$

由式(13.6.2)可得

$$\boldsymbol{I}_1=\frac{(10+j5)}{j}\boldsymbol{I}_2=(5-j10)\boldsymbol{I}_2 \quad (13.6.3)$$

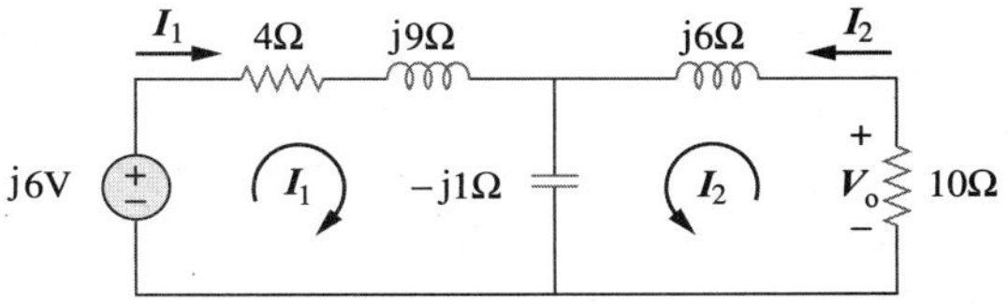

图 13-29　例 13-6 图③

将式(13.6.3)代入式(13.6.1)得到

$$j6=(4+j8)(5-j10)\boldsymbol{I}_2-j\boldsymbol{I}_2=(100-j)\boldsymbol{I}_2\approx 100\boldsymbol{I}_2$$

由于 100 比 1 大得多，所以上式中(100−j)的虚部可以忽略，于是，(100−j)约等于 100。因此，

$$\boldsymbol{I}_2=\frac{j6}{100}=j0.06=0.06\,\underline{/90^\circ}(\text{A})$$

由式(13.6.3)得到

$$\boldsymbol{I}_1=(5-j10)j0.06=(0.6+j0.3)\text{A}$$

和

$$\boldsymbol{V}_o=-10\boldsymbol{I}_2=-j0.6=0.6\,\underline{/-90^\circ}(\text{V})$$

上述结果与练习题 13-1 的答案一致。当然，图 13-10 中的 $\boldsymbol{I}_2$ 方向与图 13-27 中 $\boldsymbol{I}_2$ 的方向相反，但是这并不会影响 $\boldsymbol{V}_o$。只是本题中 $\boldsymbol{I}_2$ 的值与练习题 13-1 中 $\boldsymbol{I}_2$ 的值符号相反。利用 T 等效模型取代磁耦合绕组的优点是，在图 13-29 所示电路中无再考虑考虑耦合绕组中的同名端问题。◀

练习 13-6　试利用 T 等效电路取代磁耦合绕组，求解例 13-1(见图 13-9)。

答案：$13\,\underline{/-49.4^\circ}$ A，$2.91\,\underline{/14.04^\circ}$ A。

13.5　理想变压器

理想变压器是一种完全耦合(即 $k=1$)的变压器。它由缠绕在高磁导串的公共磁心上的绕组构成(两个或多个线圈)，由于磁心的磁导率高，所以磁通量与所有绕组交链，从而得到完全耦合的变压器。

为了说明理想变压器是两个完全耦合的电感值趋于无穷的耦合绕组的极限情况，下面考虑如图 13-14 所示电路。在频域中可以得到

$$\boldsymbol{V}_1=j\omega L_1\boldsymbol{I}_1+j\omega M\boldsymbol{I}_2 \quad (13.49a)$$

$$\boldsymbol{V}_2=j\omega M\boldsymbol{I}_1+j\omega L_2\boldsymbol{I}_2 \quad (13.49b)$$

由式(13.49a) 可得 $\boldsymbol{I}_1=(\boldsymbol{V}_1-j\omega M\boldsymbol{I}_2)/j\omega L_1$(也可以从此式得到电流之比，以替代下面要用到的功率守恒方法)，将其代入式(13.49b) 得到

$$\boldsymbol{V}_2=j\omega L_2\boldsymbol{I}_2+\frac{M\boldsymbol{V}_1}{L_1}-\frac{j\omega M^2\boldsymbol{I}_2}{L_1}$$

但在完全耦合($k=1$)条件下，$M=\sqrt{L_1L_2}$，所以，

$$\boldsymbol{V}_2=\mathrm{j}\omega L_2\boldsymbol{I}_2+\frac{\sqrt{L_1L_2}\boldsymbol{V}_1}{L_1}-\frac{\mathrm{j}\omega L_1L_2\boldsymbol{I}_2}{L_1}=\sqrt{\frac{L_2}{L_1}}\boldsymbol{V}_1=n\boldsymbol{V}_1$$

式中，$n=\sqrt{L_2L_1}$，称为完全耦合变压器的匝数比(turns ratio)。当 L_1、L_2、$M\to\infty$，且 n 保持不变时，耦合绕组就变为理想变压器了。因此，当变压器具有如下属性时，称之为理想变器。

1. 绕组具有非常大的电抗(L_1、L_2、$M\to\infty$)；
2. 耦合系数等于单位 1($k=1$)；
3. 一次绕组与二次绕组是无损耗的($R_1=0=R_2$)。

理想变压器是一次绕组与二次绕组具有无穷大自感的、完全耦合的、无损变压器。

铁心变压器是理想变压器的最佳近似，通常用于电力系统或电子设备中。

图 13-30a 所示为一个典型的理想变压器，其电路符号如图 13-30b 所示，图中两绕组之间的竖线表示铁心，以区别于线性变压器中的空气心。一次绕组为 N_1 匝，二次绕组为 N_2 匝。

当正弦电压作用于变压器的一次绕组上时，如图 13-31 所示，两个绕组中通过的磁通量相同，按照法拉第定理，一次绕组两端的电压为

$$v_1=N_1\frac{\mathrm{d}\phi}{\mathrm{d}t} \tag{13.50a}$$

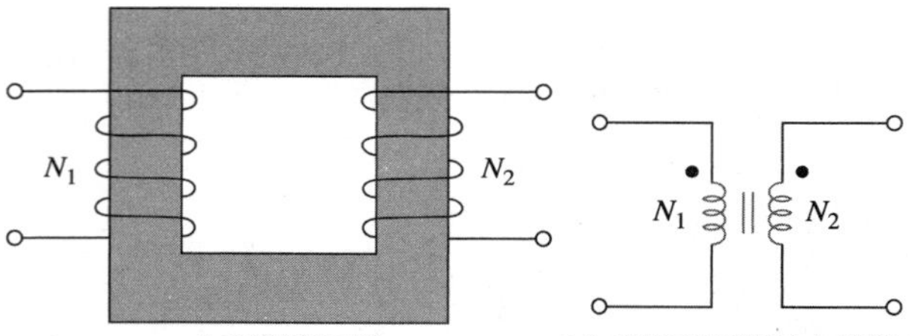

a）理想变压器

b）理想变压器的电路符号

图 13-30 理想变压器及其电路符号

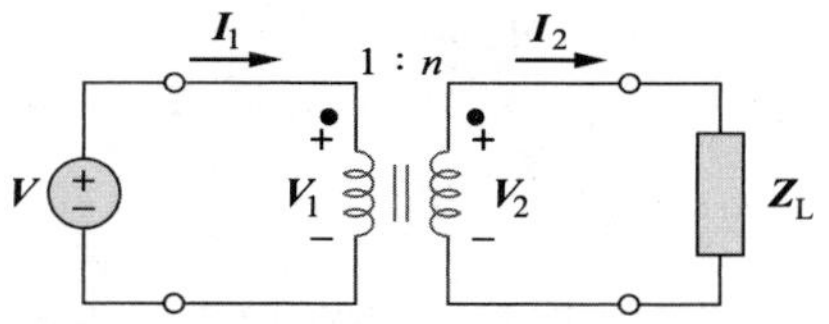

图 13-31 理想变压器中一次变量与二次变量之间的关系

而二次绕组两端的电压为

$$v_2=N_2\frac{\mathrm{d}\phi}{\mathrm{d}t} \tag{13.50b}$$

用式(13.50b)除以式(13.50a)，得到

$$\frac{v_2}{v_1}=\frac{N_2}{N_1}=n \tag{13.51}$$

式中，n 仍然是匝数比。利用相量电压 $\boldsymbol{V}_1$ 与 $\boldsymbol{V}_2$，而不是瞬时值 v_1 与 v_2 表示时，式(13.51)可以写为

$$\boxed{\frac{\boldsymbol{V}_2}{\boldsymbol{V}_1}=\frac{N_2}{N_1}=n} \tag{13.52}$$

按照功率守恒定理，由于理想变压器没有任何损耗，所以一次绕组提供的能量必定等于二次绕组吸收的能量，这意味着

$$v_1i_1=v_2i_2 \tag{13.53}$$

采用相量表示后，由式(13.53)与式(13.52)可得

$$\frac{\boldsymbol{I}_1}{\boldsymbol{I}_2}=\frac{\boldsymbol{V}_2}{\boldsymbol{V}_1}=n \tag{13.54}$$

即一次电流、二次电流与匝数比之间的关系同电压与匝数比之间的关系是相反的，因此，

$$\boxed{\frac{\mathbf{I}_2}{\mathbf{I}_1}=\frac{N_1}{N_2}=\frac{1}{n}} \tag{13.55}$$

当 $n=1$ 时，一般称该变压器为隔离变压器(isolation transformer)；当 $n>1$ 时，称为升压变压器(step-up transformer)，因为从一次电压到二次电压是升高的($\mathbf{V}_2>\mathbf{V}_1$)；当 $n<1$ 时，称为降压变压器(step-down transformer)，因为从一次电压到二次电压是降低的($\mathbf{V}_2<\mathbf{V}_1$)。

降压变压器是指二次电压低于一次电压的变压器。

升压变压器是指二次电压高于一次电压的变压器。

变压器的额定值通常用 V_1/V_2 来表示。额定值为 2400V/120V 的变压器，是指其一次电压为 2400V，二次电压为 120V(降压变压器)。注意，额定电压值均指有效值。

电力公司通常产生适当大小的电压，并利用升压变压器将电压升高，从而在传输线上实现以极高的电压和很低的电流输送电力，以节省大量的相关费用。而到了用户住宅附近，再利用降压变压器使电压降至 120V。

掌握如何确定图 13-31 所示变压器的电压极性与电流方向非常重要。如果图中 $\mathbf{V}_1$ 或 $\mathbf{V}_2$ 的极性改变，或者 $\mathbf{I}_1$ 或 $\mathbf{I}_2$ 的方向改变，都应该将式(13.51)～式(13.55)中的 n 替换为 $-n$。于是，得到如下两个简单规则：

1. 如果同名端处的 $\mathbf{V}_1$ 与 $\mathbf{V}_2$ 均为正，或者均为负，则在式(13.52)中采用 $+n$，否则，就采用 $-n$。

2. 如果 $\mathbf{I}_1$ 与 $\mathbf{I}_2$ 均进入或者均流出同名端，则在式(13.55)中采用 $-n$，否则，就采用 $+n$。

图 13-32 所示的四个电路可以很好地说明上述规则。

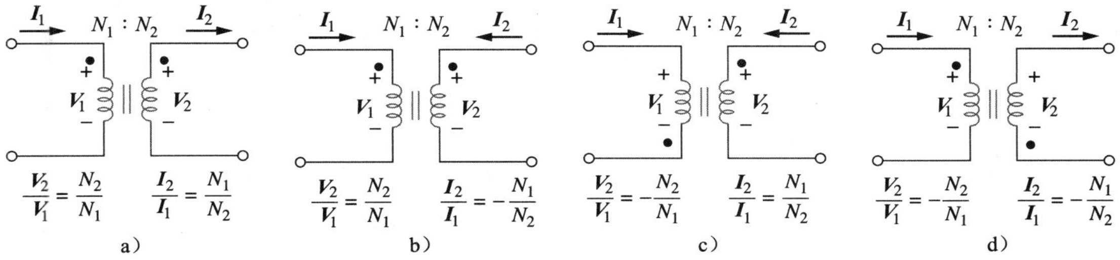

图 13-32　说明理想变压器电压极性与电流方向的四个典型电路

利用式(13.52)与式(13.55)，便可以用 $\mathbf{V}_2$ 来表示 $\mathbf{V}_1$，用 $\mathbf{I}_2$ 来表示 $\mathbf{I}_1$，反之亦然，所以

$$\mathbf{V}_1=\frac{\mathbf{V}_2}{n},\qquad \mathbf{V}_2=n\mathbf{V}_1 \tag{13.56}$$

$$\mathbf{I}_1=n\mathbf{I}_2,\qquad \mathbf{I}_2=\frac{\mathbf{I}_1}{n} \tag{13.57}$$

一次绕组的复功率为

$$\boxed{\mathbf{S}_1=\mathbf{V}_1\mathbf{I}_1^*=\frac{\mathbf{V}_2}{n}(n\mathbf{I}_2)^*=\mathbf{V}_2\mathbf{I}_2^*=\mathbf{S}_2} \tag{13.58}$$

上式表明，一次复功率没有损耗地都传送到二次侧，即变压器不吸收功率，这一结论应该是可以预期的，因为理想变压器是无损耗的。由式(13.56)与式(13.57)可以得出从图 13-31 所示电路电源端看进去的输入阻抗为

$$\mathbf{Z}_{\text{in}}=\frac{\mathbf{V}_1}{\mathbf{I}_1}=\frac{1}{n^2}\frac{\mathbf{V}_2}{\mathbf{I}_2} \tag{13.59}$$

由图 13-31 可见，$\boldsymbol{V}_2/\boldsymbol{I}_2=\boldsymbol{Z}_\mathrm{L}$，因此，

$$\boxed{\boldsymbol{Z}_\mathrm{in}=\frac{\boldsymbol{Z}_\mathrm{L}}{n^2}} \tag{13.60}$$

由于输入阻抗看起来好像是负载阻抗反射到一次阻抗，因此也称为反射阻抗(reflected impedance)。变压器的这种将给定阻抗变换为另一阻抗的能力提供了一种实现最大功率传输的阻抗匹配(impedance matching)方法。阻抗匹配的思想在实际中非常有用。

提示：理想变压器将阻抗映射为匝数比的平方倍。

在分析包含理想变压器的电路时，通常是将阻抗与电源从变压器一侧映射到另一侧，以消除电路中的变压器。例如，在图 13-33 所示电路中，假设要将变压器的二次电路映射到一次电路。需求出端口 a-b 右侧电路的戴维南等效电路，其中 $\boldsymbol{V}_\mathrm{Th}$ 为端口处的开路电压，如图 13-34a 所示。

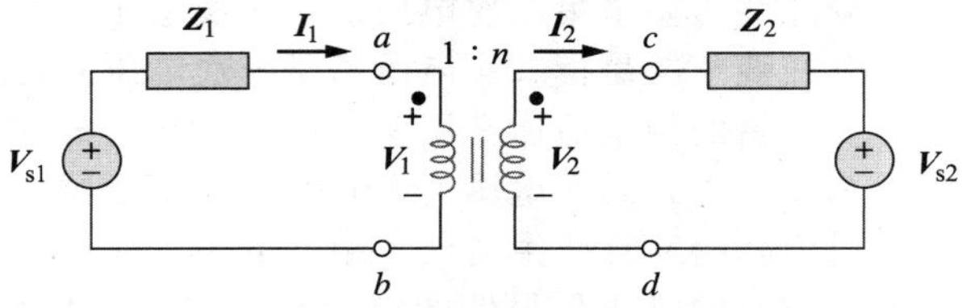

图 13-33 求理想变压器的等效电路

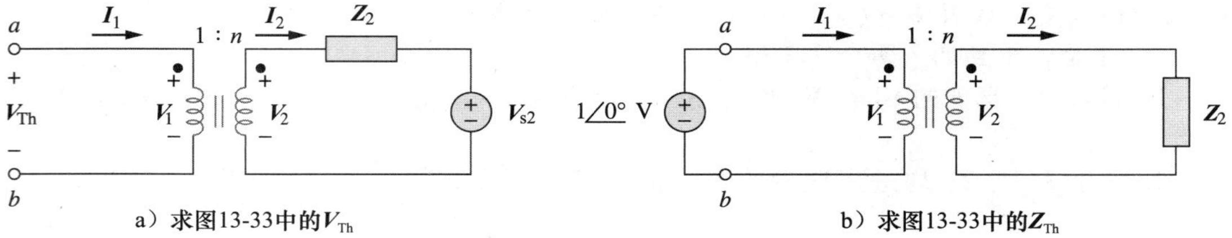

a）求图13-33中的$\boldsymbol{V}_\mathrm{Th}$　　b）求图13-33中的$\boldsymbol{Z}_\mathrm{Th}$

图 13-34 求 $\boldsymbol{V}_\mathrm{Th}$ 和 $\boldsymbol{Z}_\mathrm{Th}$

由于端口 a-b 是开路的，所以 $\boldsymbol{I}_1=0=\boldsymbol{I}_2$，从而 $\boldsymbol{V}_2=\boldsymbol{V}_{s2}$。因此，由式(13.56)可以得到

$$\boldsymbol{V}_\mathrm{Th}=\boldsymbol{V}_1=\frac{\boldsymbol{V}_2}{n}=\frac{\boldsymbol{V}_{s2}}{n} \tag{13.61}$$

为了确定 $\boldsymbol{Z}_\mathrm{Th}$，将二次绕组的电压源短路，并在端口 a-b 处输入一个单位电压源，如图 13-34b 所示。由式(13.56)与式(13.57)可得，$\boldsymbol{I}_1=n\boldsymbol{I}_2$ 且 $\boldsymbol{V}_1=\boldsymbol{V}_2/n$，于是，

$$\boldsymbol{Z}_\mathrm{Th}=\frac{\boldsymbol{V}_1}{\boldsymbol{I}_1}=\frac{\boldsymbol{V}_2/n}{n\boldsymbol{I}_2}=\frac{\boldsymbol{Z}_2}{n^2}, \quad \boldsymbol{V}_2=\boldsymbol{Z}_2\boldsymbol{I}_2 \tag{13.62}$$

这也是由式(13.60)可以预期的结果。一旦求出 $\boldsymbol{V}_\mathrm{Th}$ 与 $\boldsymbol{Z}_\mathrm{Th}$，即可用该戴维南等效电路取代图 13-33 所示电路端口 a-b 右侧的部分，得到图 13-35 所示电路。

将二次电路映射到一次电路从而消去变压器的一般规则是：二次阻抗除以 n^2，二次电压除以 n，并且二次电流乘以 n。

当然，也可以将图 13-33 所示电路的一次电路映射到二次电路，得到图 13-36 所示的等效电路。

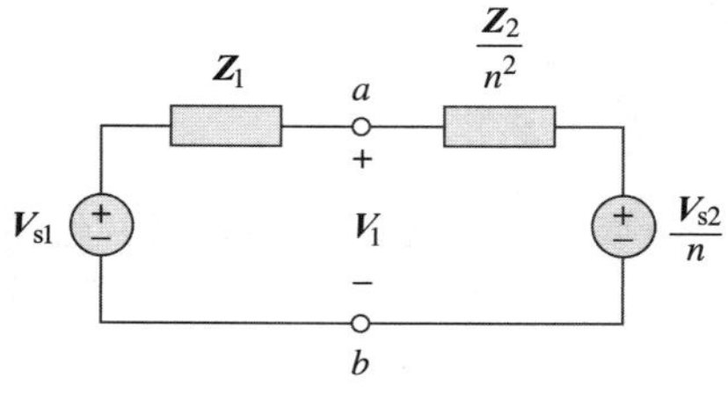

图 13-35 将一次电路映射到二次电路得到的图 13-33 的等效电路

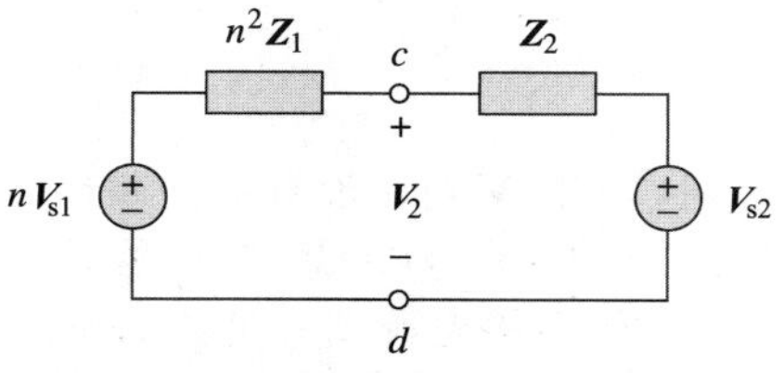

图 13-36 将一次电路映射到二次电路得到的图 13-33 的等效电路

将一次电路映射到二次电路从而消去变压器的般规则是，一次阻抗乘以 n^2，一次电压乘以 n，并且一次电流除以 n。

根据式(13.58)，不论是按一次电路还是二次电路计算，功率是保持不变的。但是，需要注意的是，这种映射方法仅适用于一次绕组与二次绕组之间无外部连接的情况。当一次绕组与二次绕组之间有外部连接时，通常采用网孔分析法与节点分析法来求解电路。一次绕组与二次绕组之间有外部连接的电路实例如图 13-39 与图 13-40 所示。另外，如果图 13-33 中的同名端位置发生变化，则为了遵循同名端规则，就需要用 $-n$ 取代 n，如图 13-32 所示。

例 13-7 某理想变压器的额定值为 2400/120V，9.6kV·A，且二次绕组为 50 匝，试计算：(a) 匝数比；(b) 一次绕组的匝数；(c) 一次绕组与二次绕组的额定电流值。

解：(a) 由于 $V_1=2400V>V_2=120V$，所以这是一个降压变压器。匝数比为

$$n=\frac{V_2}{V_1}=\frac{120}{2400}=0.05$$

(b)
$$n=\frac{N_2}{N_1}\quad\Rightarrow\quad 0.05=\frac{50}{N_1}$$

即

$$N_1=\frac{50}{0.05}=1000(\text{匝})$$

(c) $S=V_1I_1=V_2I_2=9.6\text{kV}\cdot\text{A}$。因此，

$$I_1=\frac{9600}{V_1}=\frac{9600}{2400}=4(\text{A})\quad I_2=\frac{9600}{V_2}=\frac{9600}{120}=80(\text{A})$$

或
$$I_2=\frac{I_1}{n}=\frac{4}{0.05}=80(\text{A})$$ ◀

练习 13-7 某额定值为 2200V/110V 的理想变压器的一次电流为 5A，试计算：(a) 匝数比；(b) kV·A 额定值；(c) 二次电流。**答案**：(a) 1/20；(b) 11kV·A；(c) 100A。

例 13-8 对于图 13-37 所示的理想变压器电路，试求：(a) 电源电流 $\boldsymbol{I}_1$；(b) 输出电压 $\boldsymbol{V}_o$；(c) 电源提供的复功率。

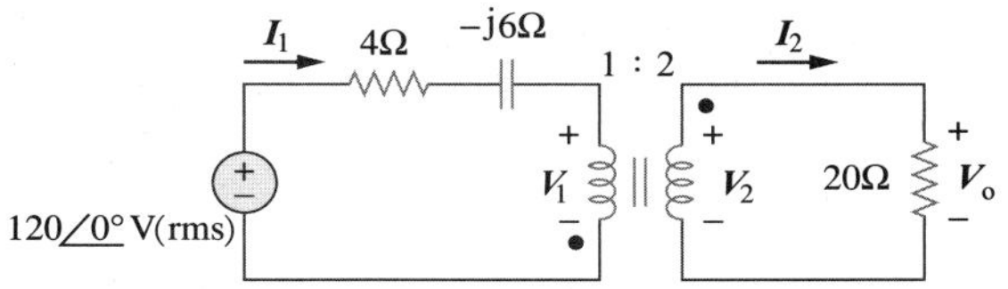

图 13-37 例 13-8 图

解：(a) 20Ω 阻抗可以反射到一次电路，得到

$$\boldsymbol{Z}_R=\frac{20}{n^2}=\frac{20}{4}=5(\Omega)$$

于是，

$$\boldsymbol{Z}_{in}=4-j6+\boldsymbol{Z}_R=9-j6=10.82\angle-33.69^\circ(\Omega)$$

$$\boldsymbol{I}_1=\frac{120\angle0^\circ}{\boldsymbol{Z}_{in}}=\frac{120\angle0^\circ}{10.82\angle-33.69^\circ}=11.09\angle33.69^\circ(\text{A})$$

(b) 由于 $\boldsymbol{I}_1$ 与 $\boldsymbol{I}_2$ 均从同名端流出，所以

$$\boldsymbol{I}_2=-\frac{1}{n}\boldsymbol{I}_1=-5.545\angle33.69^\circ\ \text{A}$$

$$\boldsymbol{V}_o=20\boldsymbol{I}_2=110.9\angle213.69^\circ\ \text{V}$$

(c) 电源提供的复功率为

$$\boldsymbol{S}=\boldsymbol{V}_s\boldsymbol{I}_1^*=(120\angle0^\circ)(11.09\angle-33.69^\circ)=1330.8\angle-33.69^\circ(\text{V}\cdot\text{A})$$ ◀

练习 13-8 在图 13-38 所示的理想变压器电路中，试求 $\boldsymbol{V}_o$ 与电源提供的复功率。

答案：$429.4\angle 116.57^\circ$ V，$17.174\angle -26.57^\circ$ kV·A。

例 13-9 计算图 13-39 所示的理想变压器电路中提供给 10Ω 电阻的功率。

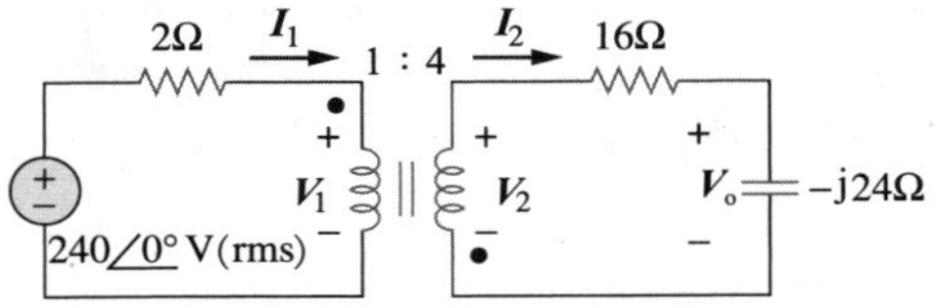

图 13-38　练习 13-8 图

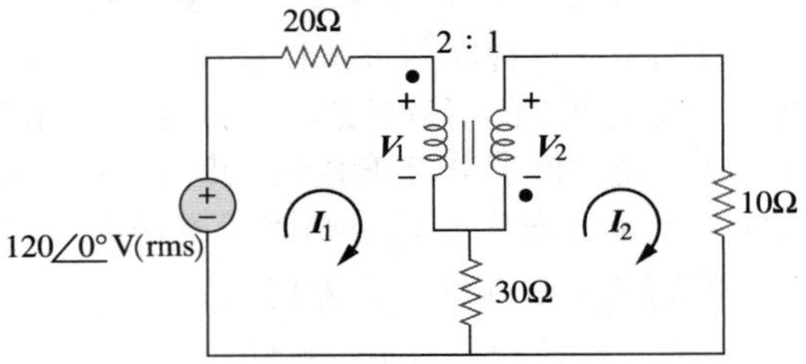

图 13-39　例 13-9 图

解：由于本题电路中一次电路与二次电路之间通过一个 30Ω 电阻器直接相连，所以既不能将该电路映射到二次电路，也不能映射到一次电路。需应用网孔分析法求解，对于网孔 1，有

$$-120+(20+30)\boldsymbol{I}_1-30\boldsymbol{I}_2+\boldsymbol{V}_1=0$$

即

$$50\boldsymbol{I}_1-30\boldsymbol{I}_2+\boldsymbol{V}_1=120 \tag{13.9.1}$$

对于网孔 2，有

$$-\boldsymbol{V}_2+(10+30)\boldsymbol{I}_2-30\boldsymbol{I}_1=0$$

即

$$-30\boldsymbol{I}_1+40\boldsymbol{I}_2-\boldsymbol{V}_2=0 \tag{13.9.2}$$

在变压器两端，有

$$\boldsymbol{V}_2=-\frac{1}{2}\boldsymbol{V}_1 \tag{13.9.3}$$

$$\boldsymbol{I}_2=-2\boldsymbol{I}_1 \tag{13.9.4}$$

(注意，$n=1/2$)于是得到包含四个未知数的四个方程，但本题需要求出的是 $\boldsymbol{I}_2$，所以在式(13.9.1)与式(13.9.2)中，利用 $\boldsymbol{V}_2$ 与 $\boldsymbol{I}_2$ 取代 $\boldsymbol{V}_1$ 与 $\boldsymbol{I}_1$，式(13.9.1)成为

$$-55\boldsymbol{I}_2-2\boldsymbol{V}_2=120 \tag{13.9.5}$$

式(13.9.2)变为

$$15\boldsymbol{I}_2+40\boldsymbol{I}_2-\boldsymbol{V}_2=0 \quad\Rightarrow\quad \boldsymbol{V}_2=55\boldsymbol{I}_2 \tag{13.9.6}$$

将式(13.9.6)代入式(13.9.5)，得到

$$-165\boldsymbol{I}_2=120 \quad\Rightarrow\quad \boldsymbol{I}_2=-\frac{120}{165}=-0.7272(\text{A})$$

于是，10Ω 电阻器吸收的功率为

$$P=(-0.7272)^2\times 10=5.3(\text{W})$$ ◀

练习 13-9　求图 13-40 所示电路中的 $\boldsymbol{V}_o$。

答案：48V。

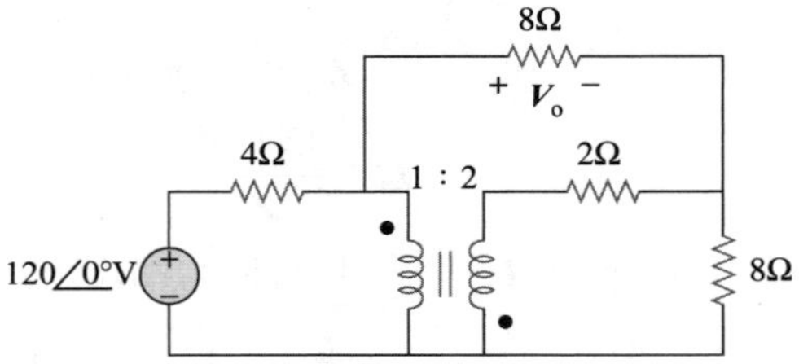

图 13-40　练习 13-9 图

13.6　理想自耦变压器

与之前介绍的传统的两绕组变压器不同，**自耦变压器**(autotransformer)仅包括一个连续绕组，其一次电路与二次电路之间通过一个称为**抽头**(tap)的连接点相互关联。抽头通常是可调整的，用以提供升压或降压时所需的匝数比。这样，自耦变压器就可以为其负载提供可变的电压。

自耦变压器是指一次电路与二次电路为同一个绕组的变压器。

图 13-41 所示为一个典型的自耦变压器。如图 13-42 所示，自耦变压器既可以工作在降压模式，也可以工作在升压模式。自耦变压器是功率变压器的一种，它较两绕组的变压器的优势在于，自耦变压器能够实现较大视在功率的传递，例 13-10 将对此予以说明。自耦变压器的另一优势在于，其体积比等效的两绕组变压器更小，其重量比等效的两绕组变压器更轻。但是，由于一次绕组与二次绕组为同一个绕组，因而就失去了电气隔离(electrical isolation，没有直接的电气连接)的功能。一次绕组与二次绕组之间缺乏电气隔离正是自耦变压器的主要缺点。

图 13-41　典型的自耦变压器
（图片来源：Sandrexim/Shutterstock）

之前推导的理想变压器的一些公式同样适用于自耦变压器。对于图 13-42a 所示的降压自耦变压器，由式(13.52)可得

$$\boxed{\frac{\mathbf{V}_1}{\mathbf{V}_2}=\frac{N_1+N_2}{N_2}=1+\frac{N_1}{N_2}} \tag{13.63}$$

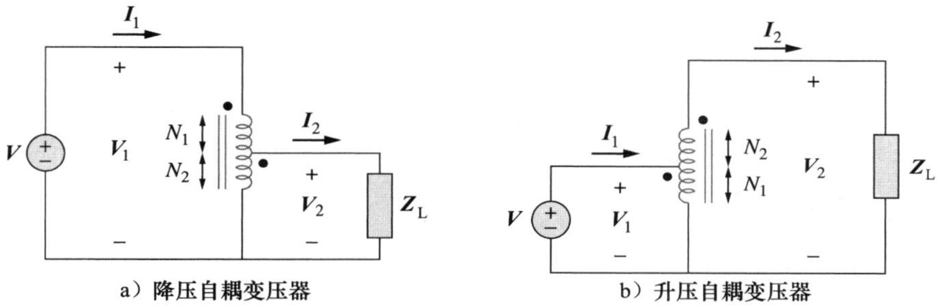

图 13-42　自耦变压器

对于理想自耦变压器，同样没有功率损耗，所以一次绕组与二次绕组中的复功率是相同的

$$\mathbf{S}_1=\mathbf{V}_1\mathbf{I}_1^*=\mathbf{S}_2=\mathbf{V}_2\mathbf{I}_2^* \tag{13.64}$$

式(13.64)还可以表示为

$$\mathbf{V}_1\mathbf{I}_1=\mathbf{V}_2\mathbf{I}_2$$

即

$$\frac{\mathbf{V}_2}{\mathbf{V}_1}=\frac{\mathbf{I}_1}{\mathbf{I}_2} \tag{13.65}$$

于是，一次电流与二次电流关系为

$$\frac{\mathbf{I}_1}{\mathbf{I}_2}=\frac{N_2}{N_1+N_2} \tag{13.66}$$

对于如图 13-42b 所示的升压自耦变压器，有

$$\frac{\mathbf{V}_1}{N_1}=\frac{\mathbf{V}_2}{N_1+N_2}$$

即

$$\boxed{\frac{\mathbf{V}_1}{\mathbf{V}_2}=\frac{N_1}{N_1+N_2}} \tag{13.67}$$

式(13.64)给出的复功率同样适用于升压自耦变压器，因此式(13.65)对于升压自耦变压器

也是成立的，于是，一次电流与二次电流关系为

$$\frac{\boldsymbol{I}_1}{\boldsymbol{I}_2}=\frac{N_1+N_2}{N_1}=1+\frac{N_2}{N_1} \tag{13.68}$$

传统变压器与自耦变压器之间的主要区别在于：自耦变压器的初级与次级之间不仅存在磁耦合，而且存在电导耦合。在不需要电气隔离的应用场合，可以利用自耦变压器取代传统变压器。

例 13-10 比较图 13-43a 所示的两绕组变压器与图 13-43b 所示的自耦变压器的额定功率值。

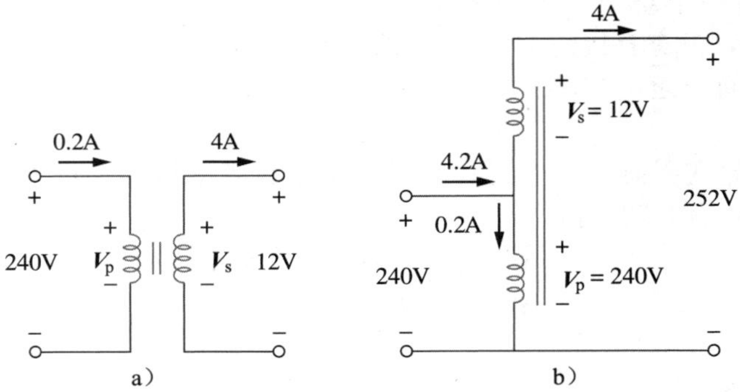

图 13-43　例 13-10 图

解：虽然自耦变压器的一次绕组与二次绕组是同一个连续绕组，但在图 13-43b 中，为了清楚起见，将它们分开画出。注意，图 13-43b 所示自耦变压器各绕组中的电流和电压与图 13-43a 所示两绕组变压器的电流和电压是相同的，这是比较这两个变压器额定功率的基础。

对于两绕组变压器而言，其额定功率为

$$S_1=0.2\times240=48(\mathrm{V\cdot A}),\quad S_2=4\times12=48(\mathrm{V\cdot A})$$

对于自耦变压器而言，其额定功率为：

$$S_1=4.2\times240=1008(\mathrm{V\cdot A}),\quad S_2=4\times252=1008(\mathrm{V\cdot A})$$

显然，自耦变压器的额定功率是两绕组变压器的 21 倍。◀

练习 13-10　参见图 13-43 所示电路，如果两绕组变压器是个 60V・A、120V/10V 的变压器，试问自耦变压器的额定功率为多少？　**答案**：780V・A。

例 13-11 参见图 13-44 所示的自耦变压器电路，试计算：(a) 当 $\boldsymbol{Z}_L=(8+j6)\Omega$ 时的 $\boldsymbol{I}_1$、$\boldsymbol{I}_2$ 与 $\boldsymbol{I}_o$；(b) 提供给负载的复功率。

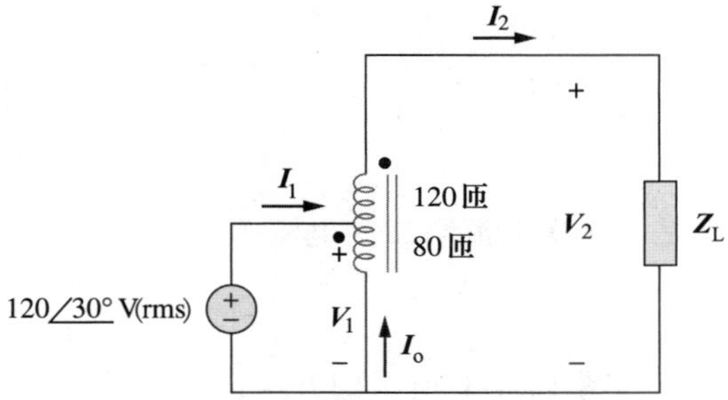

图 13-44　例 13-11 图

解：(a) 这是一个 $N_1=80$、$N_2=120$ 的升压自耦变压器，由于 $\boldsymbol{V}_1=120\angle30^\circ$，于是由式(13.67)可以求出 $\boldsymbol{V}_2$。

$$\frac{\boldsymbol{V}_1}{\boldsymbol{V}_2}=\frac{N_1}{N_1+N_2}=\frac{80}{200}$$

即

$$\boldsymbol{V}_2=\frac{200}{80}\boldsymbol{V}_1=\frac{200}{80}\times120\angle30^\circ=300\angle30^\circ(\mathrm{V})$$

$$\boldsymbol{I}_2=\frac{\boldsymbol{V}_2}{\boldsymbol{Z}_L}=\frac{300\angle30^\circ}{8+j6}=\frac{300\angle30^\circ}{10\angle36.87^\circ}=30\angle-6.87^\circ(\mathrm{A})$$

但是

$$\frac{\boldsymbol{I}_1}{\boldsymbol{I}_2}=\frac{N_1+N_2}{N_1}=\frac{200}{80}$$

即

$$\boldsymbol{I}_1=\frac{200}{80}\boldsymbol{I}_2=\frac{200}{80}(30\angle -6.87^\circ)=75\angle -6.87^\circ(\mathrm{A})$$

在抽头处利用 KCL，可以得到

$$\boldsymbol{I}_1+\boldsymbol{I}_o=\boldsymbol{I}_2$$

即

$$\boldsymbol{I}_o=\boldsymbol{I}_2-\boldsymbol{I}_1=30\angle -6.87^\circ-75\angle -6.87^\circ=45\angle 173.13^\circ(\mathrm{A})$$

(b) 提供给负载的复功率为

$$\boldsymbol{S}_2=\boldsymbol{V}_2\boldsymbol{I}_2^*=|\boldsymbol{I}_2|^2\boldsymbol{Z}_L=30^2\times 10\angle 36.87^\circ=9\angle 36.87^\circ(\mathrm{kV\cdot A})$$ ◀

练习 13-11　在图 13-45 所示的自耦变压器电路中，试求电流 $\boldsymbol{I}_1$、$\boldsymbol{I}_2$ 与 $\boldsymbol{I}_o$。假定 $\boldsymbol{V}_1=2.5\mathrm{kV}$，$\boldsymbol{V}_2=1\mathrm{kV}$。**答案**：6.4A，16A，9.6A。

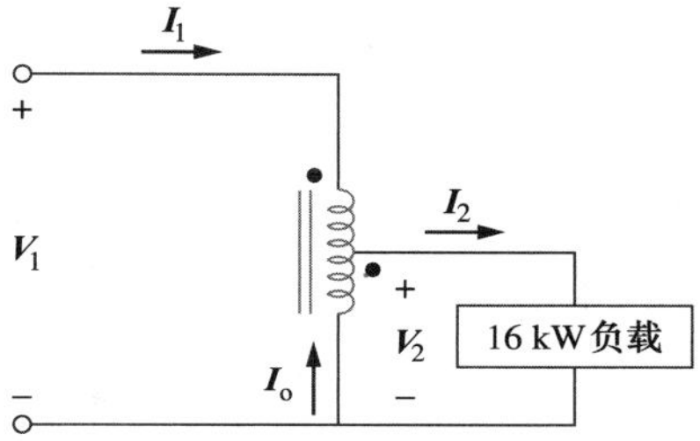

图 13-45　练习 13-11 图

† 13.7　三相变压器

为满足三相电传输的要求，就需要与三相电工作相兼容的变压器连接。可以通过如下两种方式实现上述变压器连接：一种是连接三个单相变压器，构成所谓的变压器组（transformer bank），另一种是采用专用的三相变压器。对于相同的 kV · A 额定功率，三相变压器比三个单相变压器体积小、价格低。如果采用单相变压器，必须保证三个变压器的匝数比 n 一致，从而构成平衡的三相系统。在三相系统中，三个单相变压器或者三相变压器有四种标准的联结方式：Y-Y、△-△、Y-△与△-Y。

无论何种联结方式，其总的视在功率 S_T、有功功率 P_T 与无功功率 Q_T 为：

$$S_T=\sqrt{3}V_LI_L \tag{13.69a}$$

$$P_T=S_T\cos\theta=\sqrt{3}V_LI_L\cos\theta \tag{13.69b}$$

$$Q_T=S_T\sin\theta=\sqrt{3}V_LI_L\sin\theta \tag{13.69c}$$

式中，V_L 与 I_L 分别等于一次线电压 V_{Lp} 与一次线电流 I_{Lp}，或者分别等于二次线电压 V_{Ls} 与二次线电流 I_{Ls}。因为功率在理想变压器中必须是守恒的，所以由式(13.69)可知，对于四种联结中的每一种，都有 $V_{Ls}I_{Ls}=V_{Lp}I_{Lp}$。

对于如图 13-46 所示的 Y-Y 联结，由式(13.52)与式(13.55)可知，一次线电压 V_{Lp}、二次线电压 V_{Ls}、一次线电流 I_{Lp} 和二次线电流 I_{Ls} 与变压器每一相的匝比 n 之间的关系为

$$V_{Ls}=nV_{Lp} \tag{13.70a}$$

$$I_{Ls}=\frac{I_{Lp}}{n} \tag{13.70b}$$

对于如图 13-47 所示的△-△联结，式(13.70)同样适用于其线电压与线电流。这种联结的一个独特的性质是：如果其中某个变压器需要取走进行维修或维护，其他两个变压器构成开路△联结，则仍然能够以原三相变压器的简化方式提供三相电压。

对于如图 13-48 所示的 Y-△联结，除变压器的每相匝比 n 以外，其线-相值之间还存在一个$\sqrt{3}$的因子，所以

$$V_{Ls}=\frac{nV_{Lp}}{\sqrt{3}} \tag{13.71a}$$

$$I_{\mathrm{Ls}}=\frac{\sqrt{3}\,I_{\mathrm{Lp}}}{n} \tag{13.71b}$$

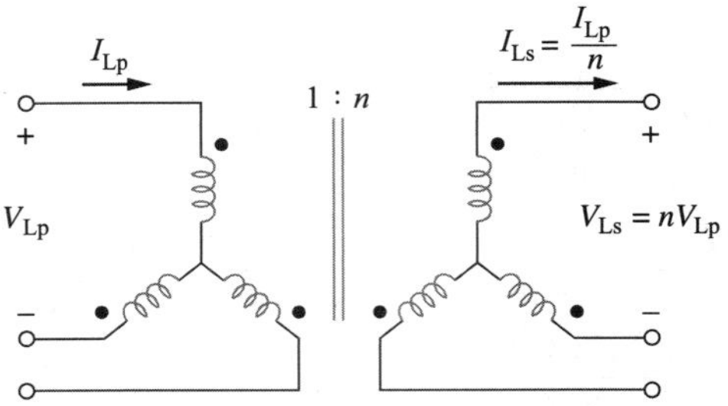

图 13-46 Y-Y 三相变压器联结

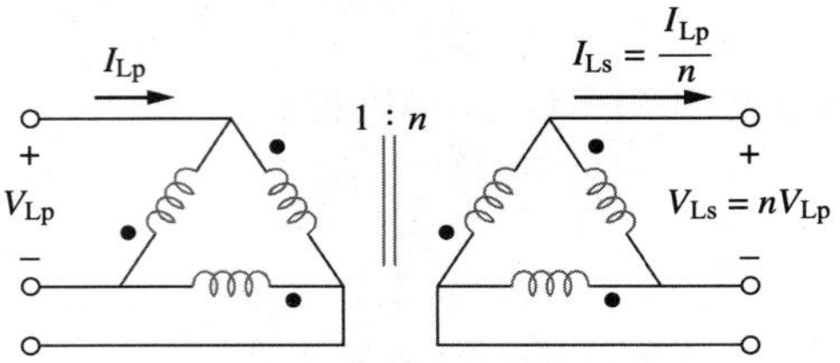

图 13-47 △-△三相变压器联结

同理，对于如图 13-49 所示的△-Y 联结，有

$$V_{\mathrm{Ls}}=n\sqrt{3}V_{\mathrm{Lp}} \tag{13.72a}$$

$$I_{\mathrm{Ls}}=\frac{I_{\mathrm{Lp}}}{n\sqrt{3}} \tag{13.72b}$$

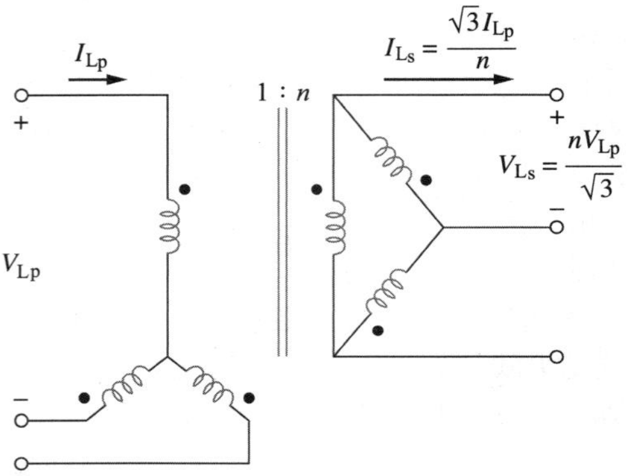

图 13-48 Y-△三相变压器联结

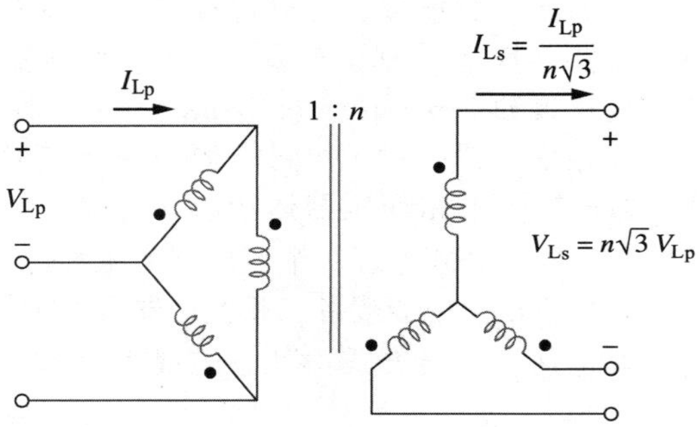

图 13-49 △-Y 三相变压器联结

例 13-12 某三相变压器为图 13-50 所示的 42kV·A 对称三相负载供电。(a) 确定变压器的连接方式；(b) 求一次线电压与一次线电流；(c) 确定变压器组中每个变压器的 kV·A 额定功率。假设变压器均为理想的。

解：(a) 仔细观察如图 13-50 所示电路可知，变压器的一次电路为 Y 联结，而二次电路为△联结，因此三相变压器为 Y-△联结，与图 13-48 所示相同。

(b) 已知负载总的视在功率为 $S_T=42\text{kVA}$，匝比为 $n=5$，二次线电压为 $V_{\mathrm{Ls}}=240\text{V}$，利用式(13.69a)可以求出二次线电流为

$$I_{\mathrm{Ls}}=\frac{S_{\mathrm{T}}}{\sqrt{3}V_{\mathrm{Ls}}}=\frac{42\,000}{\sqrt{3}\times 240}=101(\mathrm{A})$$

由式(13.7)可以得到

$$I_{\mathrm{Lp}}=\frac{n}{\sqrt{3}}I_{\mathrm{Ls}}=\frac{5\times 101}{\sqrt{3}}=292(\mathrm{A})$$

$$V_{\mathrm{Lp}}=\frac{\sqrt{3}}{n}V_{\mathrm{Ls}}=\frac{\sqrt{3}\times 240}{5}=83.14(\mathrm{V})$$

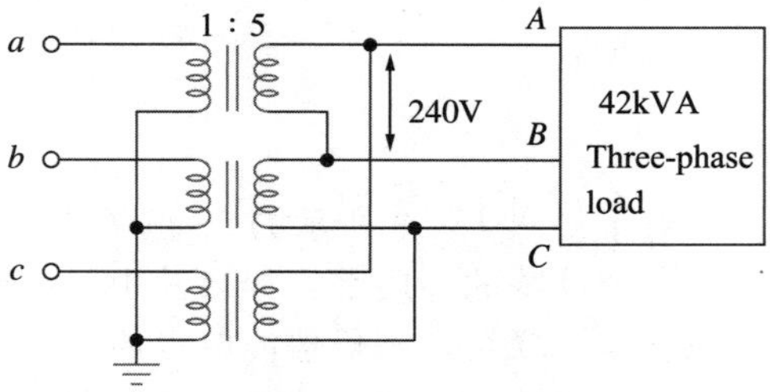

图 13-50 例 13-12 图

(c) 由于负载是对称的，并且变压器为无功耗的理想变压器，所以每个变压器平分其总负载，即每个变压器的 kV·A 额定功率为 $S=S_T/3=14\text{kV}\cdot\text{A}$。另外，变压器的额定

功率也可以由其一次或二次相电流与相电压的乘积确定。例如，本题的一次绕组为△联结，所以相电压与线电压相等，均为 240V，而相电流为 $I_{Lp}/3=58.34\text{A}$，因此，$S=240\times58.34=14(\text{kV}\cdot\text{A})$。◀

练习 13-12　利用一个三相△-△变压器降低 625kV 线电压，为工作线电压为 12.5kV 的一家工厂供电，该工厂在功率因数为 85%(滞后)时提取的功率为 40MW。试求：(a) 工厂所提取的电流；(b) 匝数比；(c) 变压器的一次电流；(d) 各变压器的负载功率。

答案：(a) 2.174kA；(b) 0.02；(c) 43.47A；(d) 15.69MV·A。

习题

13.2 节

1　对于如图 13-51 所示的三个耦合绕组，试计算其总电感值。

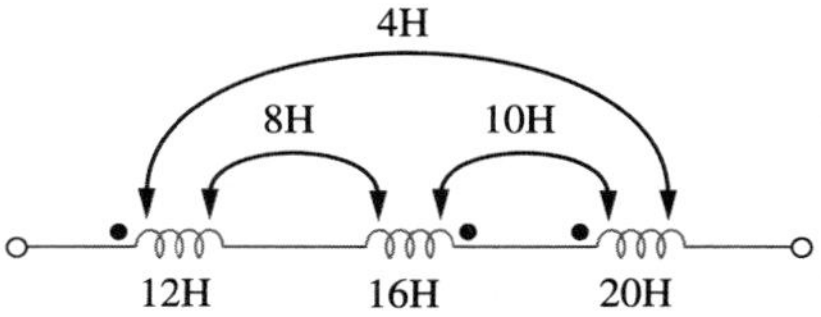

图 13-51　习题 1 图

2　利用图 13-52 所示电路设计一个问题，以更好地理解互感。 **ED**

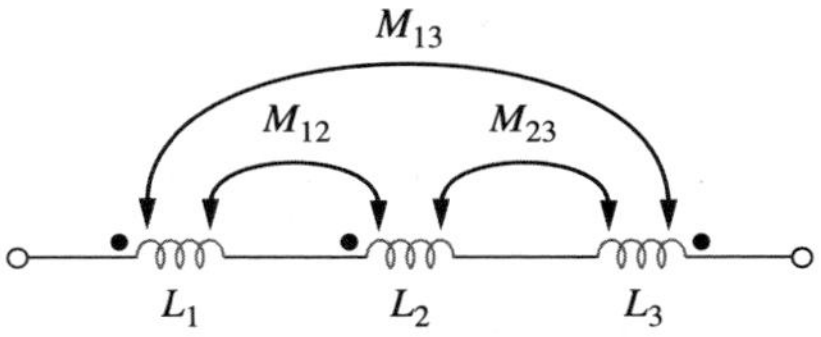

图 13-52　习题 2 图

3　正向串联的两个绕组的总电感为 250mH，当这两个绕组反向串联时，总电感为 150mH，如果其中一个绕组(L_1)的电感为另一个绕组的三倍，试求 L_1、L_2 与 M，并计算耦合系数 k。

4　(a) 对于如图 13-53a 所示的耦合绕组，试证明

$$L_{eq}=L_1+L_2+2M$$

(b) 对于如对图 13-53b 的耦合线圈，试证明

$$L_{eq}=\frac{L_1L_2-M^2}{L_1+L_2-2M}$$

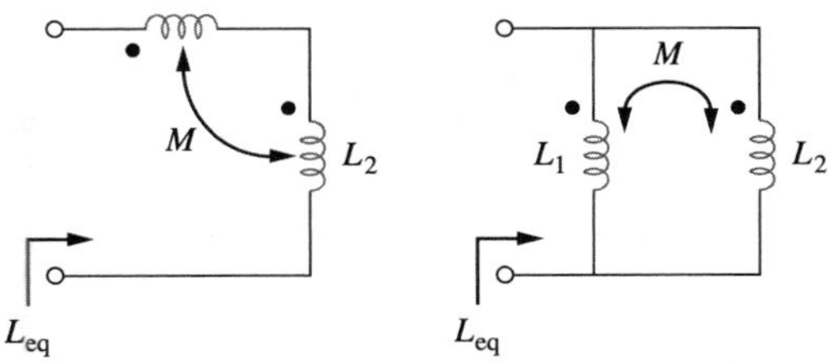

a)　　b)

图 13-53　习题 4 图

5　两个绕组相互耦合，$L_1=25\text{mH}$，$L_2=60\text{mH}$，$k=0.5$，计算如下两种情况下的最大等效电感：

(a) 两个绕组串联；

(b) 两个绕组并联。

6　图 13-54 所示电路中 $L_1=40\text{mH}$，$L_2=5\text{mH}$，耦合系数为 $k=0.6$，给定 $v_1=20\cos\omega t\,\text{V}$，$i_2=4\sin\omega t\,\text{A}$，$\omega=2000\text{rad/s}$，求 $i_1(t)$和 $v_2(t)$。

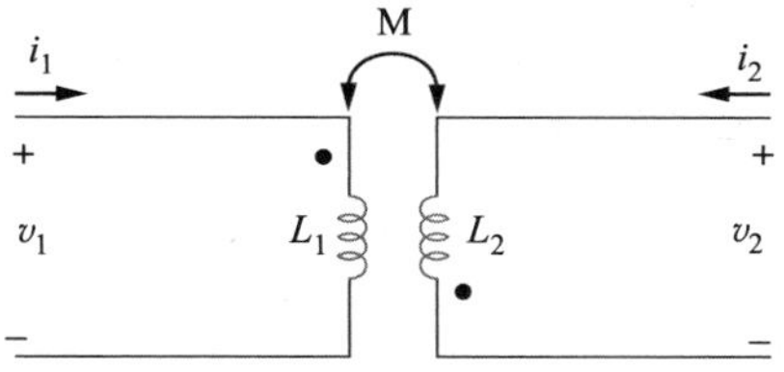

图 13-54　习题 6 图

7　计算图 13-55 所示电路中等效电感 L_{eq}。

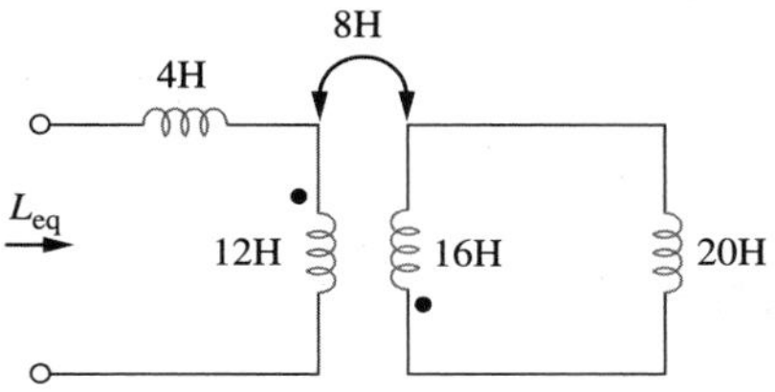

图 13-55　习题 7 图

8　求图 13-56 所示电路在端口 a-b 处的戴维南等效电路。

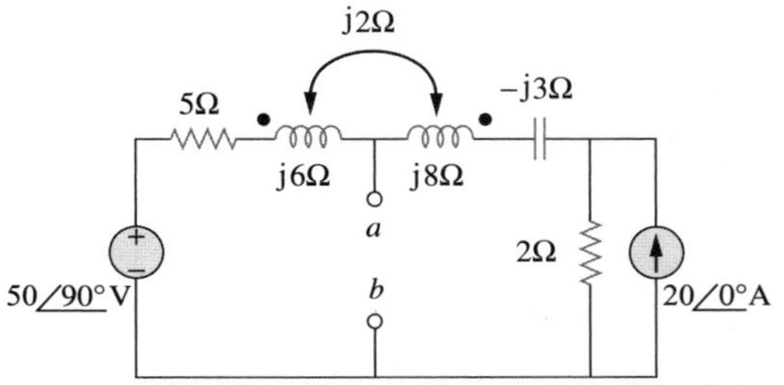

图 13-56　习题 8 图

9　求图 13-57 所示电路在端口 a-b 处的诺顿等效电路。

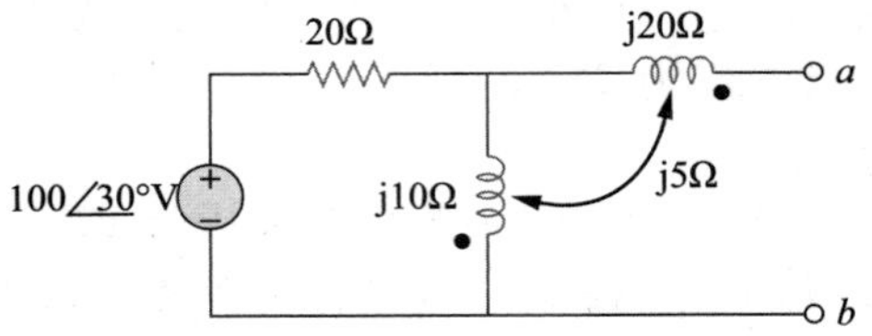

图 13-57 习题 9 图

10 求可用于取代图 13-58 所示变压器的等效 T 形电路。

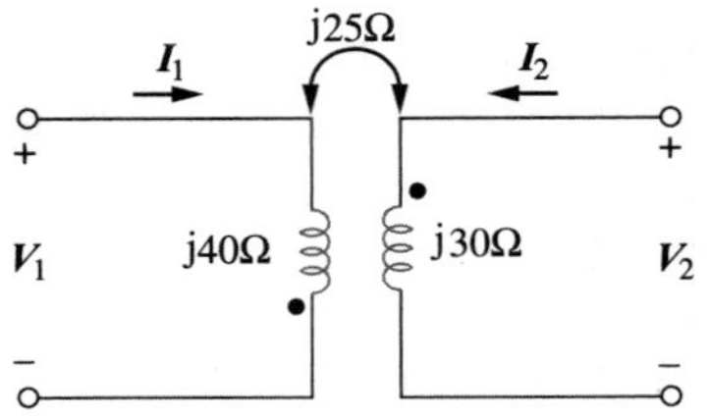

图 13-58 习题 10 图

13.3 节

11 利用图 13-59 所示电路设计一个问题，以更好地理解耦合电路能量。 **ED**

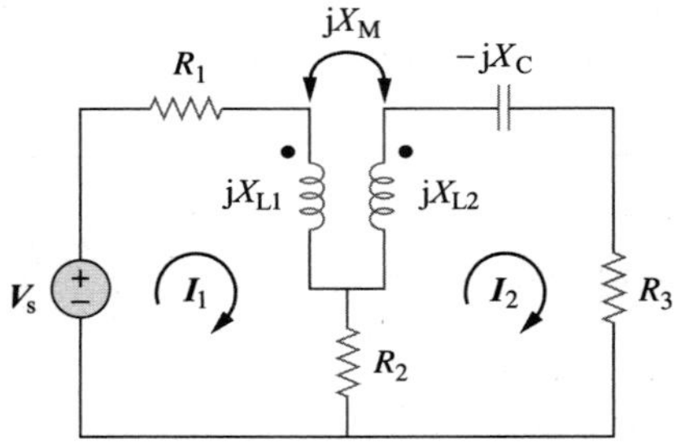

图 13-59 习题 11 图

* 12 计算图 13-60 所示电路中的 $\boldsymbol{I}_o$。

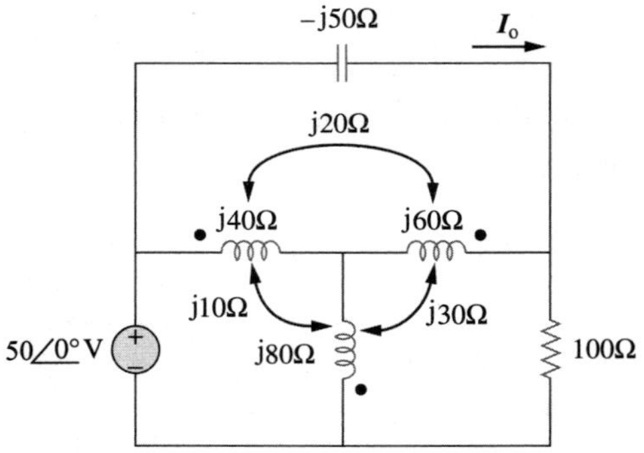

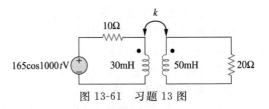

图 13-60 习题 12 图

13.4 节

13 在图 13-61 所示电路中，计算使 10Ω 电阻消耗的功率为 320W 的耦合系数 k 的值。对于该 k 值，计算 $t=1.5$s 时耦合线圈中储存的能量。

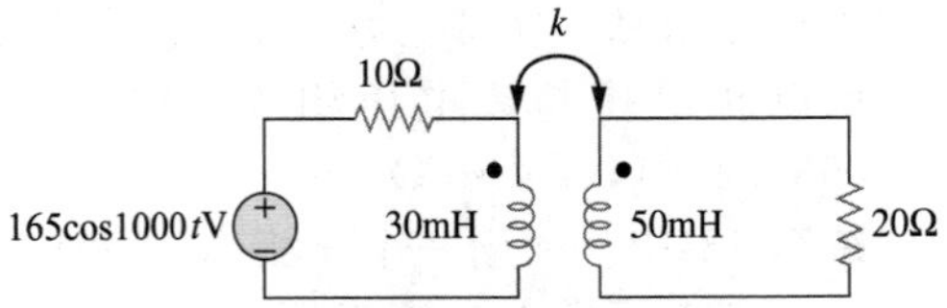

图 13-61 习题 13 图

14 (a) 利用反射阻抗的概念计算图 13-62 所示电路的输入阻抗；(b) 利用 T 等效电路取代线性变压器，计算输入阻抗。

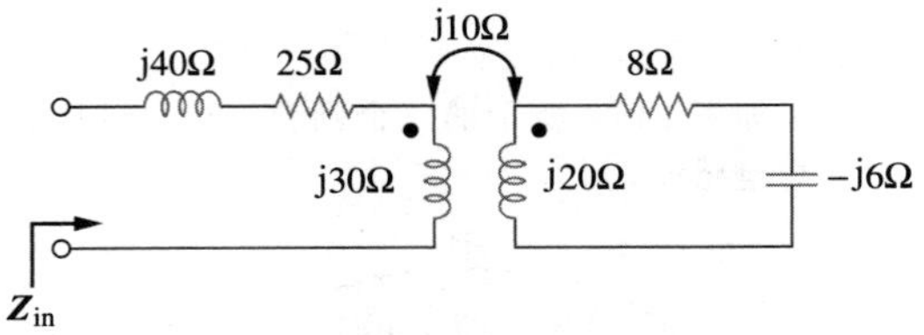

图 13-62 习题 14 图

15 利用图 13-63 所示电路设计一个问题，以更好地理解线性变压器及其 T 电路和 Π 电路的转换方法。 **ED**

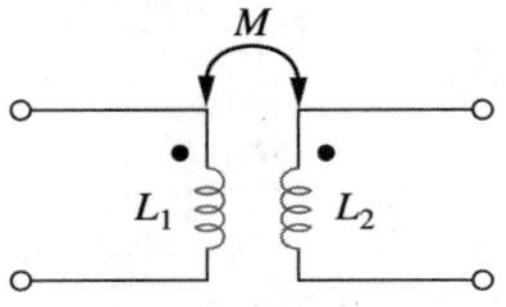

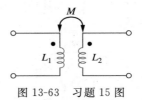

图 13-63 习题 15 图

* 16 两个相互串联的线性变压器如图 13-64 所示，试证明：

$$\boldsymbol{Z}_{in}=\frac{\omega^2 R(L_a^2+L_aL_b-M_a^2)+\mathrm{j}\omega^3(L_a^2L_b+L_aL_b^2-L_aM_b^2-L_bM_a^2)}{\omega^2(L_aL_b+L_b^2-M_b^2)-\mathrm{j}\omega R(L_a+L_b)}$$

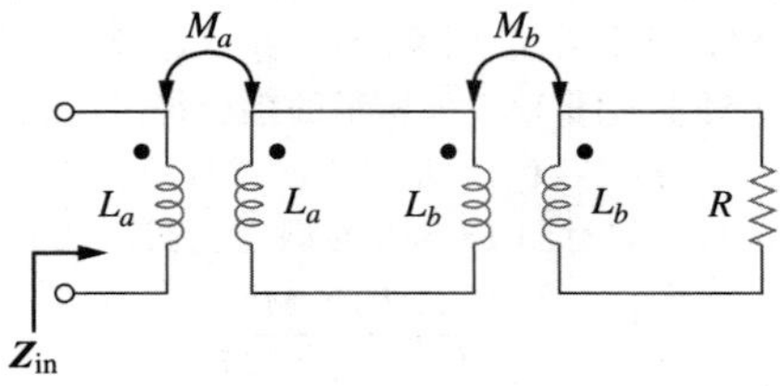

图 13-64 习题 16 图

17 利用图 13-65 所示电路设计一个问题，以更好地理解变压器电路的输入阻抗。 **ED**

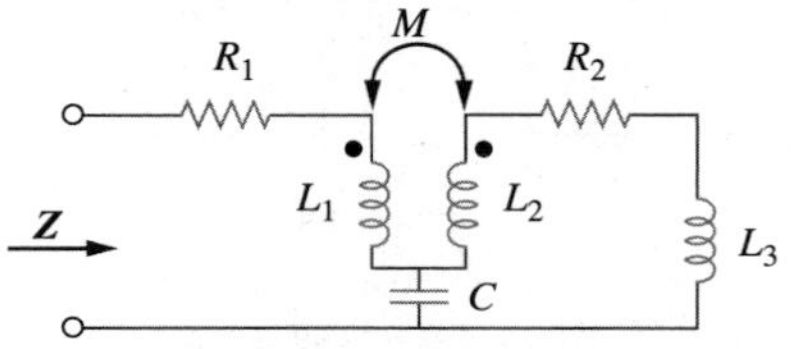

图 13-65 习题 17 图

13.5 节

18 类似图 13-32，计算图 13-66 所示各理想变压器的端电压与电流之间的关系。

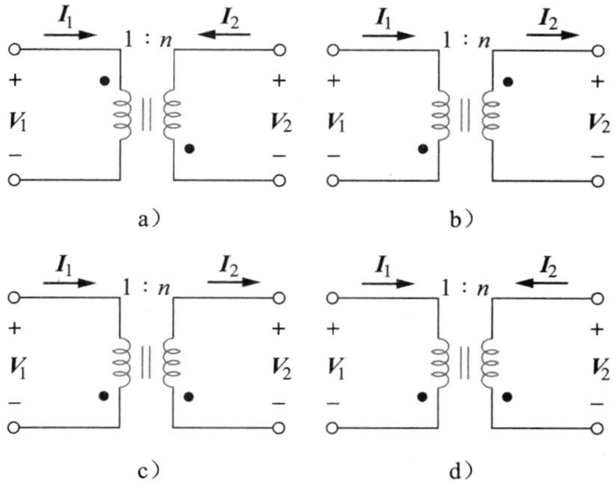

图 13-66 习题 18 图

19 某 480V/2400V(有效值)升压理想变压器传递给电阻性负载的功率为 50kW，计算：(a) 匝数比；(b) 一次电流；(c) 二次电流。

20 设计一个问题以更好地理解理想变压器。 **ED**

21 某 1200V/240V(有效值)变压器高压端的阻抗为 $60\angle -30^\circ\ \Omega$，如果变压器的低压端连接一个 $0.8\angle 10^\circ\ \Omega$ 负载，确定该变压器输入电压为 1200V(有效值)的一次电流与二次电流。

22 某匝数比为 5 的理想变压器一次绕组与戴维南等效电压为 $v_{Th}=10\cos 2000t$V、等效电阻为 $R_{th}=100\Omega$ 的电压源相连接，计算传递给与二次绕组相连的 200Ω 电阻的平均功率。

* 23 在图 13-67 所示理想变压器电路中，求 $i_1(t)$ 与 $i_2(t)$。

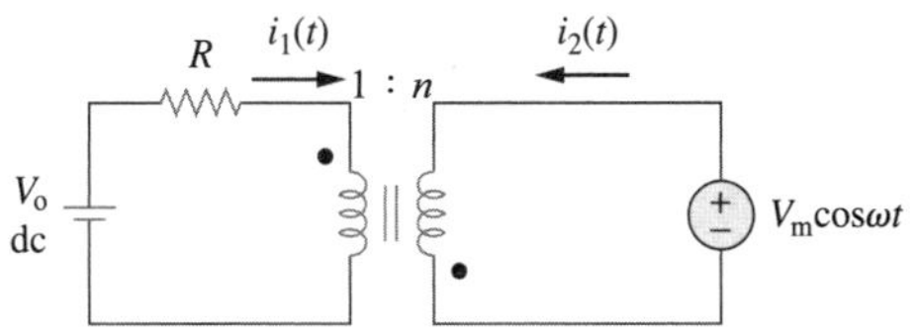

图 13-67 习题 23 图

24 利用图 13-68 所示电路设计一个问题，以更好地理解理想变压器的工作原理。 **ED**

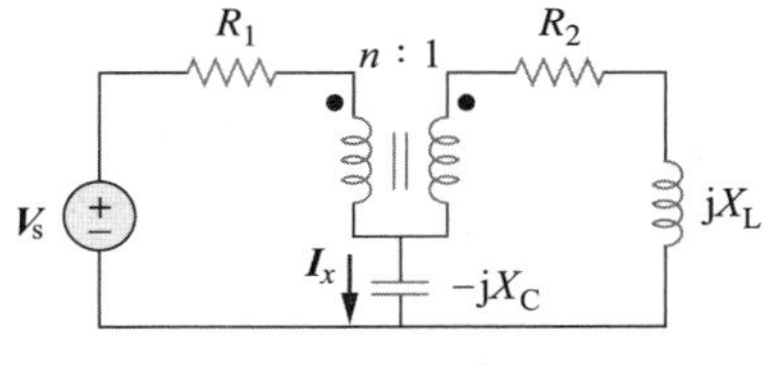

图 13-68 习题 24 图

25 对于图 13-69 所示电路，计算传递给负载的平均功率最大时的变压器匝数比 n，并计算该最大平均功率。 **ED**

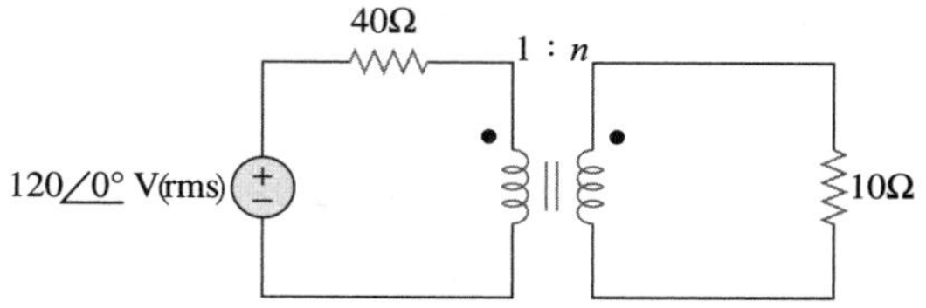

图 13-69 习题 25 图

26 在图 13-70 所示电路中，变压器用于实现放大器与 8Ω 负载的匹配，放大器的戴维南等效参数为：$V_{Th}=10$V，$Z_{Th}=128\Omega$。(a) 求实现最大功率传输时所需的匝数比；(b) 计算一次电流与二次电流；(c) 计算一次电压与二次电压。 **ED**

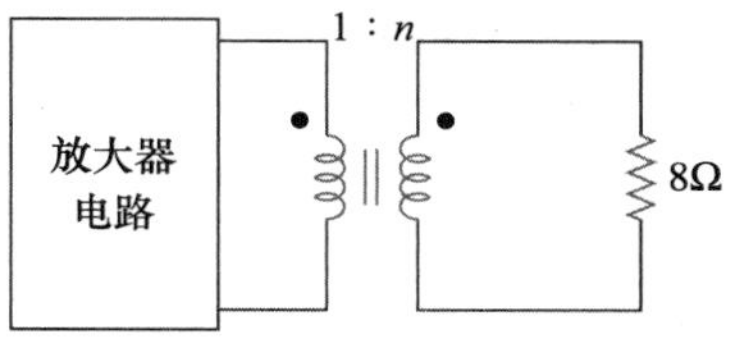

图 13-70 习题 26 图

13.6 节

27 设计一个问题以更好地理解理想自耦变压器的工作原理。 **ED**

28 抽头比为 40% 的自耦变压器由 400V、60Hz 电源供电，并工作在升压状态下。某单位功率因数下的 5kV · A 负载与该变压器的二次侧相连。试求：(a) 二次电压；(b) 二次电流；(c) 一次电流。

* 29 在图 13-71 所示电路中，调整 $\boldsymbol{Z}_L$ 的大小直到 $\boldsymbol{Z}_L$ 上的平均功率最大。如果 $N_1=600$ 匝，$N_2=200$ 匝，求 $\boldsymbol{Z}_L$ 以及 $\boldsymbol{Z}_L$ 消耗的最大平均功率。 **ED**

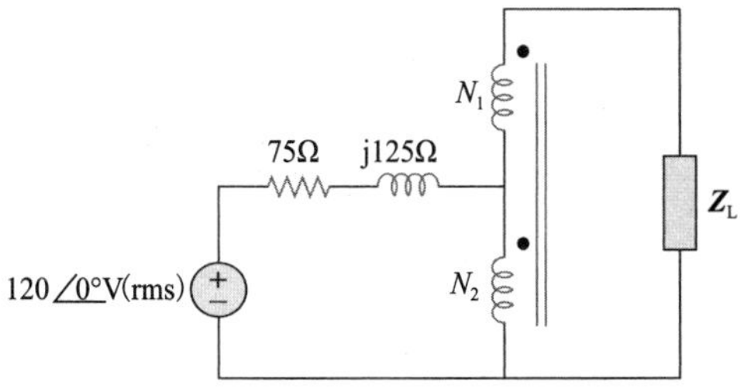

图 13-71 习题 29 图

30 如图 13-72 所示，求证

$$\boldsymbol{Z}_{in}=\left(1+\frac{N_1}{N_2}\right)^2\boldsymbol{Z}_L$$

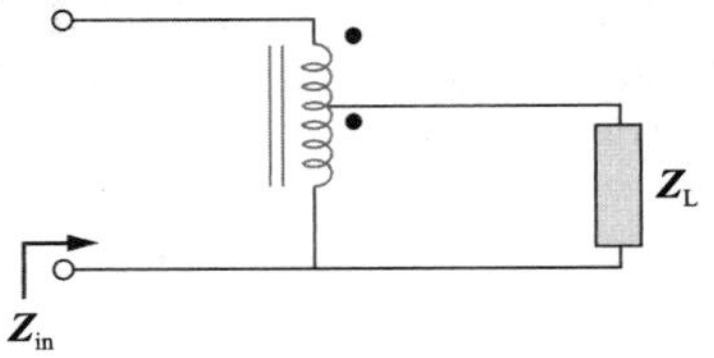

图 13-72 习题 30 图

13.7 节

31 为了应急需要，将三个 12 470V(rms)/7200V(rms)单相变压器接成△-Y 联结，从而构成一个由 12 470V 输电线供电的三相变压器，如果该变压器给负载提供 60MV·A 的功率，试求：(a) 各变压器的匝数比；(b) 变压器一次绕组与二次绕组中的电流；(c) 流入与流出传输线的电流。 **ED**

32 对于图 13-73 所示的三相变压器电路，其一次馈电电压是线电压为 2.4kV(rms)的三相电源，而二次绕组为 pf＝0.8 的三相对称负载提供 120kW 功率，试确定：(a) 变压器的联结类型；(b) I_{Ls} 与 I_{Ps} 的值；(c) I_{Lp} 与 I_{Pp} 的值；(d) 变压器各相的功率。

33 图 13-74 所示的△-Y 联结对称三相变压器组用于将 4500V(rms)线电压降至 900V，如果变压器给 120kV·A 负载供电，试求：(a) 变压器的匝数比；(b) 一次线电流与二次线电流。

34 利用图 13-75 所示电路设计一个问题，以更好地理解 Y-△三相变压器及其工作原理。 **ED**

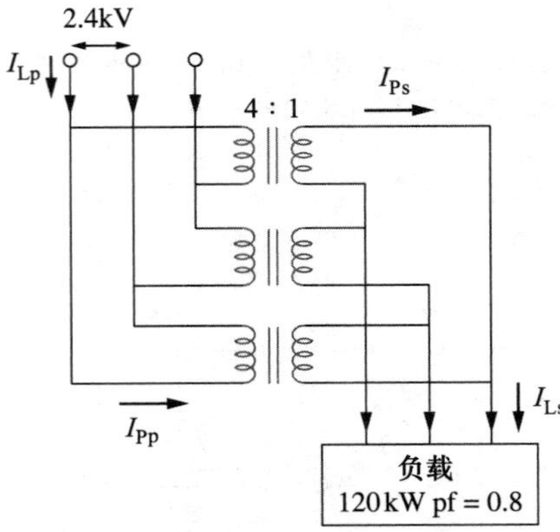

图 13-73 习题 32 图

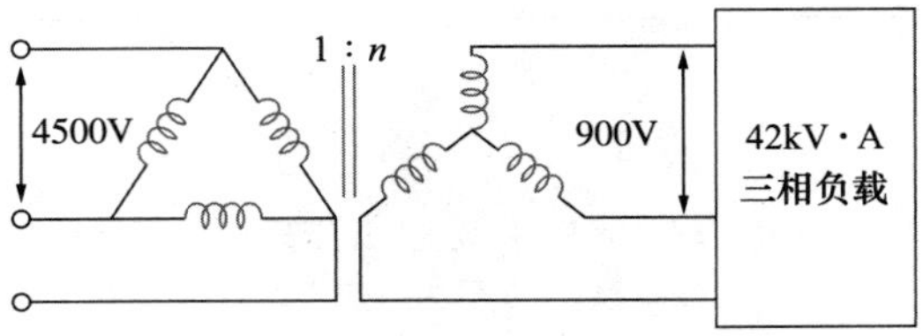

图 13-74 习题 33 图

35 某城市配电三相系统的线电压为 13.2kV，架设在电线杆上的变压器与一条线路相连，并将高压线降至 120V(rms)供住宅用户使用，如图 13-76 所示。(a) 计算得到 120V 电压所采用的变压器的匝数比。(b) 计算与 120V 相线相连的一个 100W 灯泡从高压线上提取的电流。 **ED**

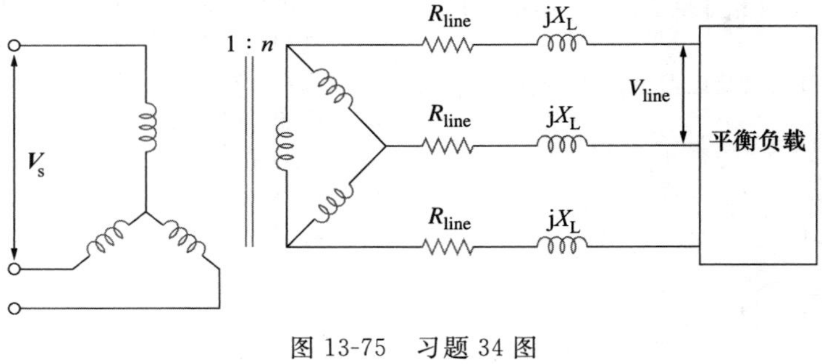

图 13-75 习题 34 图

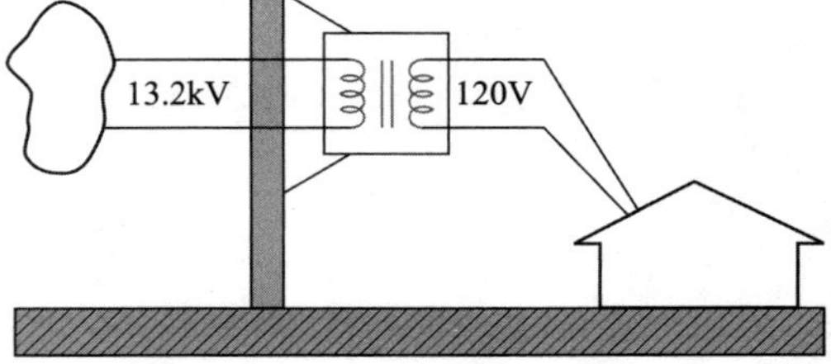

图 13-76 习题 35 图

第14章
频率响应

热爱生命吗？那就珍惜时间吧，因为生命是由时间构成的。

——Benjamin Franklin

拓展事业

控制系统领域的职业生涯

控制系统是电子工程学科中应用电路分析的另一个领域，所设计的控制系统按照某种期望的方式调整一个或多个变量的行为特征。控制系统在人们的日常生活中起着非常重要的作用，如供暖系统与空调系统等家用电器、开关调温器，洗衣机与烘干机、机动车巡航控制器、电梯、交通指示灯、导航系统等都会用到控制系统。在航空航天技术领域中，太空探测器的精确导航、航天飞机的运行模式控制，以及宇宙飞船的地面遥控等都需要控制系统的知识。在制造业领域，批量生产流水线的控制日益依赖于机器人来完成，而机器人则是一个可编程控制系统，可以长期不知疲劳地工作。

(图片来源：Glow Images)

控制工程涵盖了电路理论与通信理论的知识。它并不局限于某一学科知识，而可能包含环境学、化学，航空学、机械学、土木工程学以及电子工程学等。例如，控制系统工程师的一项重要任务是设计一个磁盘驱动器读写头的转速调节器。系统地理解控制系统的各项技术是对电子工程师的基本要求，这对于设计实现特定功能的控制系统具有极大的实际意义。

14.1 引言

在正弦电路分析中我们已经学习了如何求解固定频率正弦电源激励的电压与电流。如果假设正弦电源的幅度保持不变，而改变其频率，则会得到电路的频率响应(frequency response)。频率响应可以看作是电路的正弦稳态特性随频率变化的一种完整描述。

电路的频率响应是指电路的行为特征随信号频率变化而发生的变化。

在许多应用中，特别是通信系统与控制系统中，电路的正弦稳态频率响应起到非常重要的作用。其中一种特殊的应用是电子滤波器，滤波器可以阻止或消除不需要的频率信号，而让所需频率的信号通过。在无线电收音机、电视机与电话机等系统中滤波器用于将不同广播频率相互隔离开。

提示：可以将电路的频率响应看作电路的增益与相位随频率变化而发生的变化。

本章首先利用传输函数来分析简单电路的频率响应，之后介绍描述频率响应的工业标准方法——伯德图。同时学习串联谐振电路与并联谐振电路，并建立一些重要概念，如谐振、品质因数、截止频率及带宽等，最后再讨论几种不同的滤波器及电路参量的比例变换问题。

14.2 传输函数

传输函数 $\boldsymbol{H}(\omega)$[也称网络函数(network function)]是求解电路频率响应的一种有用

的数学工具。实际上，电路的频率响应就是传输函数 $\boldsymbol{H}(\omega)$随 ω 由 0～∞变化的关系曲线。

传输函数是电路依赖于频率的受迫函数与激励函数(或输出信号与输入信号)之比。前面章节在利用阻抗或导纳表示电压与电流的关系时，实际上隐含了传输函数的概念。一般而言，线性网络可以利用图 14-1 所示的方框图表示。

电路的传输函数 $\boldsymbol{H}(\omega)$是随着频率而变化的输出相量 $\boldsymbol{Y}(\omega)$(元件的电压或电流)与输入相量 $\boldsymbol{X}(\omega)$(源电压或电流)之比。

提示： 本书中，$\boldsymbol{X}(\omega)$与$\boldsymbol{Y}(\omega)$分别表示网络的输入相量与输出相量，不要和表示电抗与导纳的符号相混淆。由于没有足够的英文符号可以将所有的电路变量区分开来，所以用某些符号表示多种含义一般来讲是允许的。

于是，传输函数可以表示为

$$\boxed{\boldsymbol{H}(\omega)=\frac{\boldsymbol{Y}(\omega)}{\boldsymbol{X}(\omega)}} \tag{14.1}$$

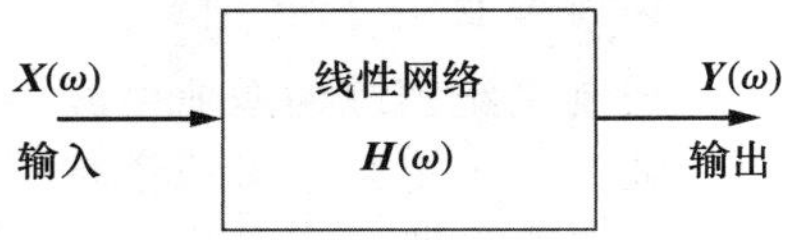

图 14-1 线性网络的方框图

式中假定初始条件为零。由于输入与输出可以是电路中任意位置的电压或电流，所以存在四种可能的传输函数：

$$\boldsymbol{H}(\omega)=\text{电压增益}=\frac{\boldsymbol{V}_{\mathrm{o}}(\omega)}{\boldsymbol{V}_{\mathrm{i}}(\omega)} \tag{14.2a}$$

$$\boldsymbol{H}(\omega)=\text{电流增益}=\frac{\boldsymbol{I}_{\mathrm{o}}(\omega)}{\boldsymbol{I}_{\mathrm{i}}(\omega)} \tag{14.2b}$$

$$\boldsymbol{H}(\omega)=\text{转移阻抗}=\frac{\boldsymbol{V}_{\mathrm{o}}(\omega)}{\boldsymbol{I}_{\mathrm{i}}(\omega)} \tag{14.2c}$$

$$\boldsymbol{H}(\omega)=\text{转移导纳}=\frac{\boldsymbol{I}_{\mathrm{o}}(\omega)}{\boldsymbol{V}_{\mathrm{i}}(\omega)} \tag{14.2d}$$

式中，下标 i 与 o 分别表示输入与输出。$\boldsymbol{H}(\omega)$是一个复数量，其模值 $H(\omega)$，相角为 ϕ，也就是说，$\boldsymbol{H}(\omega)=H(\omega)\angle\phi$。

提示： 有些学者喜欢用 $\boldsymbol{H}(\mathrm{j}\omega)$表示传输函数而不用 $\boldsymbol{H}(\omega)$，因为 ω 与 j 常常一起使用。

利用式(14.2)确定传输函数时，首先要将电路中的电阻、电感与电容用它们的阻抗 R、$\mathrm{j}\omega L$ 与 $1/\mathrm{j}\omega L$ 取代，得到频域等效电路，之后再利用已经掌握的电路分析方法确定式(14.2)中的相关变量。这样，就可以画出电路传输函数的模与相位随频率变化的曲线，从而得到电路的频率响应。利用计算机绘制传输函数能够节省大量的时间。

传输函数 $\boldsymbol{H}(\omega)$也可以用其分子多项式 $\boldsymbol{N}(\omega)$与分母多项式 $\boldsymbol{D}(\omega)$之比来表示：

$$\boxed{\boldsymbol{H}(\omega)=\frac{\boldsymbol{N}(\omega)}{\boldsymbol{D}(\omega)}} \tag{14.3}$$

式中，$\boldsymbol{N}(\omega)$与 $\boldsymbol{D}(\omega)$未必和输出函数与输入函数具有同样的表达式。式(14.3)中，假设 $\boldsymbol{H}(\omega)$的表达式中分子与分母的公因式已经消去，得到的是最简多项式之比。$\boldsymbol{N}(\omega)=0$ 的根称为 $\boldsymbol{H}(\omega)$的零点(zero)，通常用 $\mathrm{j}\omega=z_1$，z_2，…表示。类似地，$\boldsymbol{D}(\omega)=0$ 的根称为 $\boldsymbol{H}(\omega)$的极点(pole)，用 $\mathrm{j}\omega=p_1$，p_2，…表示。

零点是分子多项式的根，它是使得传输函数等于零的点；极点是分母多项式的根，它是使得传输函数趋于无穷大的点。

提示： 可以将零点看作是使得 $\boldsymbol{H}(s)$为零的 $s=\mathrm{j}\omega$ 值，极点则是使得 $\boldsymbol{H}(s)$为无穷大的 $s=\mathrm{j}\omega$ 值。

为了避免复数的运算，在计算 $\mathrm{j}\omega$ 时，可以暂时利用 s 取代 $\mathrm{j}\omega$，这样会比较方便，而在计算完毕后，再将 s 替换为 $\mathrm{j}\omega$。

例 14-1 对于如图 14-2a 所示的 RC 电路，计算传输函数 $\boldsymbol{V}_o/\boldsymbol{V}_s$ 及其频率响应。假定 $v_s=V_m\cos\omega t$。

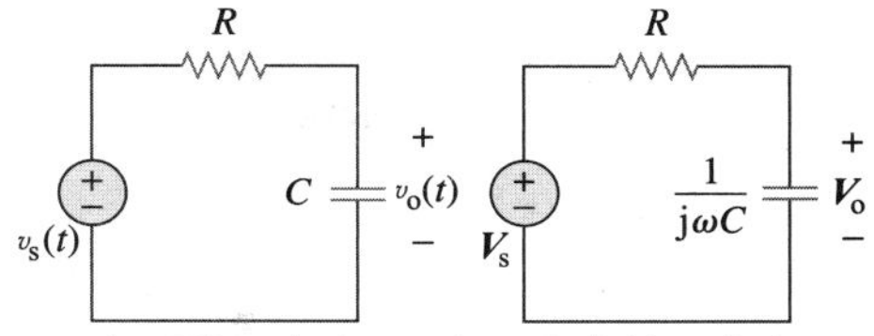

a）时域RC电路　b）频域RC电路

图 14-2　例 14-1 图

解：该电路的频域等效电路如图 14-2b 所示，根据分压原理，其传输函数为

$$\boldsymbol{H}(\omega)=\frac{\boldsymbol{V}_o}{\boldsymbol{V}_s}=\frac{1/j\omega C}{R+1/j\omega C}=\frac{1}{1+j\omega RC}$$

上式与式(9.18e) 比较即可得到 $\boldsymbol{H}(\omega)$的模与相位为

$$H=\frac{1}{\sqrt{1+(\omega/\omega_0)^2}},\qquad \phi=-\arctan\frac{\omega}{\omega_0}$$

式中，$\omega_0=1/RC$。要画出 $0<\omega<\infty$时 H 与 $\boldsymbol{\Phi}$ 的变化曲线，需确定一些关键点处的值，以便绘图。

当 $\omega=0$ 时，$H=1$ 且 $\boldsymbol{\Phi}=0$；当 $\omega=\infty$时，$H=0$ 且 $jw=-90°$；当 $\omega=\omega_0$ 时，$H=1/\sqrt{2}$且 $\boldsymbol{\Phi}=-45°$。利用上述各点以及表 14-1 所示的若干点，即可求得如图 14-3 所示的频率响应。图 14-3 中频率响应曲线的某些特征将在 14.6.1 节介绍低频滤波器时予以说明。

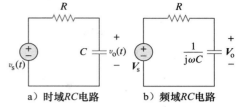

表 14-1　例 14-1 中的相关数据

ω/ω_0	H	ϕ	ω/ω_0	H	ϕ
0	1	0	10	0.1	−84°
1	0.71	−45°	20	0.05	−87°
2	0.45	−63°	100	0.01	−89°
3	0.32	−72°	∞	0	−90°

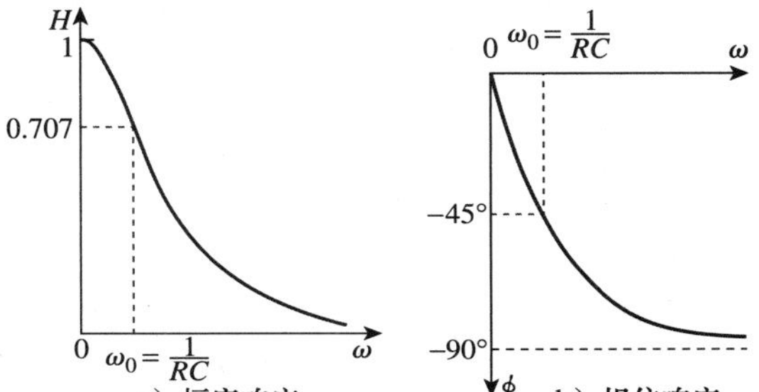

a）幅度响应　b）相位响应

图 14-3　RC 电路的频率响应 ◀

练习 14-1 计算图 14-4 所示 RL 电路的传输函数 $\boldsymbol{V}_o/\boldsymbol{V}_s$，并画出频率响应曲线。假设 $v_s=V_m\cos\omega t$。

答案：$j\omega L/(R+j\omega L)$；频率响应如图 14-5 所示。

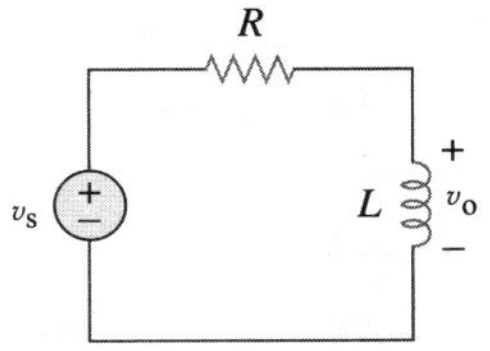

图 14-4　练习 14-1 的 RL 电路

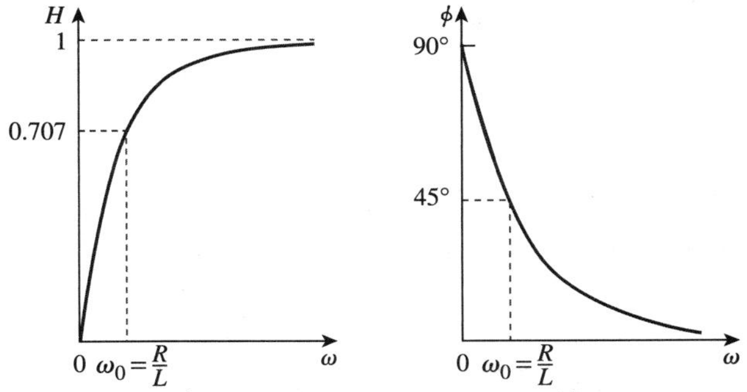

a）　b）

图 14-5　图 14-4 的频率响应

例 14-2 对于图 14-6 所示电路，计算增益 $\boldsymbol{I}_o(\omega)/\boldsymbol{I}_i(\omega)$即其极点与零点。

解：根据分流原理可得

$$\boldsymbol{I}_o(\omega)=\frac{4+j2\omega}{4+j2\omega+1/j0.5\omega}\boldsymbol{I}_i(\omega)$$

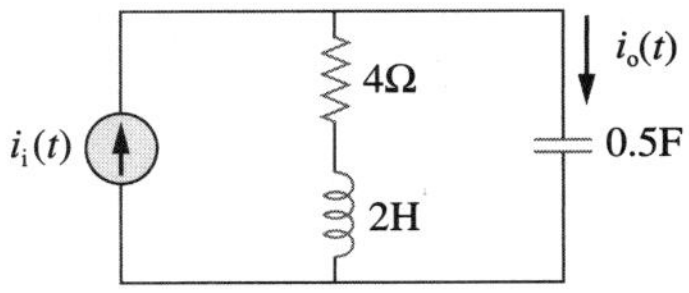

图 14-6　例 14-2 图

即

$$\frac{\boldsymbol{I}_o(\omega)}{\boldsymbol{I}_i(\omega)}=\frac{j0.5\omega(4+j2\omega)}{1+j2\omega+(j\omega)^2}=\frac{s(s+2)}{s^2+2s+1},\quad s=j\omega$$

其零点为

$$s(s+2)=0 \quad\Rightarrow\quad z_1=0,\qquad z_2=-2$$

其极点为

$$s^2+2s+1=(s+1)^2=0$$

因此，在 $p=-1$ 处有一个重复极点(二重极点)。

练习 14-2 求图 14-7 所示电路的传输函数 $\mathbf{V}_o(\omega)/\boldsymbol{I}_i(\omega)$，并确定其零点与极点。

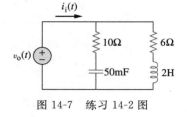

答案： $\dfrac{10(s+2)(s+3)}{s^2+10s+10}$，$s=\mathrm{j}\omega$；

零点：-2，-3；极点：-1.5505，-6.449。

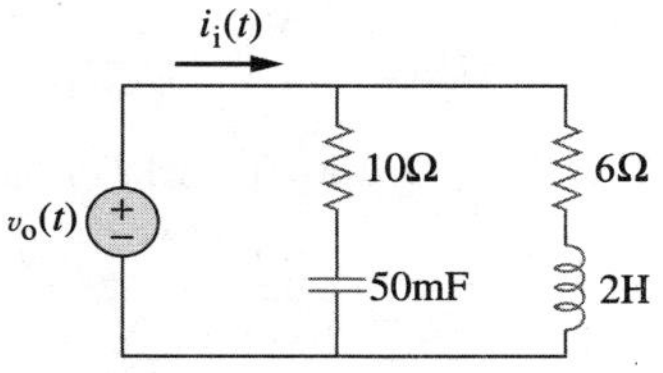

图 14-7 练习 14-2 图

†14.3 分贝表示法

绘制传输函数的幅频特性与相频特性通常不会像上述例题那么容易。确定频率响应的一种更为系统的方法是利用伯德图。在学习绘制伯德图之前，首先明确两个重要问题：在增益表达式中对数的使用方法与分贝的使用方法。

由于伯德图是基于对数坐标的，所以牢记如下对数性质是非常重要的：

1. $\log P_1P_2=\log P_1+\log P_2$
2. $\log P_1/P_2=\log P_1-\log P_2$
3. $\log P^n=n\log P$
4. $\log 1=0$

在通信系统中，增益以贝尔(bel)为单位来度量。从历史上看，贝尔是用来度量两个功率电平之比的，即功率增益 G：

$$G=\text{贝尔数值}=\log_{10}\frac{P_2}{P_1} \tag{14.4}$$

提示： 用 bel 作为单位以纪念电话的发明者贝尔。

历史珍闻

亚历山大·格雷厄姆·贝尔(Alexander Grahanm Bell，1847—1922)，苏格兰裔美国科学家，电话的发明人。

贝尔出生在苏格兰的爱丁堡，其父亲亚历山大·梅尔维尔·贝尔是一位著名的语言教师。小亚历山大从爱丁堡大学和伦敦大学毕业后也成为一位语言教师。1866 年，他对语音的点传输产生了浓厚的兴趣。在其兄长因肺结核病去世之后，父亲决定移居加拿大。此后小亚历山大来到波士顿一家聋哑学校工作，在那里他结识了托马斯·沃森(Thomas A. Waison)，沃森后来成为他从事电磁发射实验研究的助手。1876 年 3 月 10 日，亚历山大发送了著名的第一条电话消息："Watson，come here I want you."本章介绍的对数单位"贝尔"就是为了纪念他而以他的名字命名的。

(图片来源：Ingram Publishing)

分贝(dB)是一个比贝尔更小一些的单位，相当 1/10 贝尔，即

$$\boxed{G_{\mathrm{dB}}=10\log_{10}\frac{P_2}{P_1}} \tag{14.5}$$

当 $P_1=P_2$ 时，功率没有变化，增益为 0dB。$P_2=2P_1$ 时，增益为

$$G_{dB}=10\log_{10}2\approx 3\text{dB} \tag{14.6}$$

当 $P_1=0.5P_2$ 时，增益为

$$G_{dB}=10\log_{10}0.5\approx -3\text{dB} \tag{14.7}$$

式(14.6)与式(14.7)也说明了对数应用广泛的另一个原因，即一个变量倒数的对数就等于该变量对数的相反数。

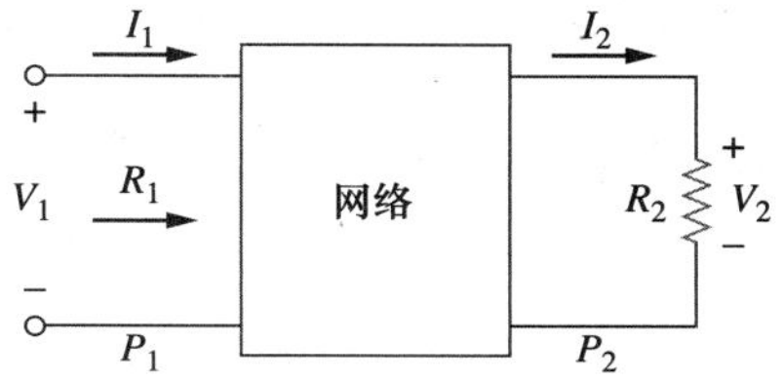

图 14-8 四端网络的电压-电流关系

另外，增益 G 还可以用电压比或电流比来表达。为了说明这个问题，考虑图 14-8 所示的网络，如果 P_1 为输入功率，P_2 为输出(负载)功率，R_1 为输入电阻，R_2 为负载电阻，则 $P_1=0.5V_1^2/R_1$，$P_2=0.5V_2^2/R_2$，于是，方程(14.5)变为

$$G_{dB}=10\log_{10}\frac{P_2}{P_1}=10\log_{10}\frac{V_2^2/R_2}{V_1^2/R_1}=10\log_{10}\left(\frac{V_2}{V_1}\right)^2+10\log_{10}\frac{R_1}{R_2} \tag{14.8}$$

$$G_{dB}=20\log_{10}\frac{V_2}{V_1}-10\log_{10}\frac{R_2}{R_1} \tag{14.9}$$

在比较两个电压电平时通常假定 $R_1=R_2$，于是，式(14.9)变为

$$\boxed{G_{dB}=20\log_{10}\frac{V_2}{V_1}} \tag{14.10}$$

对于电流而言，如果 $P_1=I_1^2R_1$，$P_2=I_2^2R_2$，则当 $R_1=R_2$ 时有

$$G_{dB}=20\log_{10}\frac{I_2}{I_1} \tag{14.11}$$

由式(14.5)、式(14.10)与式(14.11)可知，如下三点非常重要：

1. 由于功率与电压或电流之间呈平方关系($P=V^2/R=I^2R$)，所以“$10\log_{10}$”用于对功率取对数，而“$20\log_{10}$”用于对电压或电流取对数。

2. dB 是同类型的一个变量与另一个变量之比的对数度量。因此，适合于表达式(14.2a)与式(14.2b)所示的无量纲传输函数 H，而不适合表达式(14.2c)与式(14.2d)中的 H。

3. 注意，在式(14.10)与式(14.11)中仅采用了电压与电流的幅度，负号与角度将做单独的处理，参见 14.4 节的内容。

下面利用对数与分贝的概念学习伯德图的绘制。

14.4 伯德图

14.2 节中由传输函数确定频率响应是一项很困难的任务，频率响应所涉及的频率范围通常是非常宽的，如果频率轴采用线性刻度就显得很不方便；另外，确定传输函数的幅度与相位的重要特征也有更为系统的方法。鉴于上述原因，在实际中通常利用半对数坐标系绘制传输函数，即以频率的对数作为横坐标，幅度谱纵坐标是分贝为单位的幅度值，而另一幅图的相位谱纵坐标是度为单位的相位值。传输函数的这种半对数幅频、相频曲线就称为伯德图(Bode plot)，现已成为一种工业标准。

提示：亨德里克·W. 伯德(Hendrik W. Bode，1905—1982)是贝尔电话实验室的工程师，伯德图就是以他的名字命名的，以纪念他在 20 世纪 30 年代到 40 年代期间所做的前瞻性工作。

伯德图是传输函数的模(单位为分贝)与相位(单位为度)的关于频率的半对数曲线图。

伯德图与前一节介绍的非对数曲线包含有同样的信息，但是稍后会看到，伯德图绘制起来却容易得多。

传输函数可以写为

$$\mathbf{H}=H\angle\phi=He^{j\phi} \tag{14.12}$$

两边取自然对数可以得到

$$\ln\mathbf{H}=\ln H+\ln e^{j\phi}=\ln H+j\phi \tag{14.13}$$

因此，ln$H$ 的实部是幅度的函数，而其虚部就是相位。在幅度伯德图中，增益为

$$\boxed{H_{dB}=20\log_{10}H} \tag{14.14}$$

增益曲线是一个分贝(dB)-频率关系曲线，表 14-2 给出了一些 H 值及其对应的分贝值。在相位伯德图中，相位的单位为度。幅频曲线与相频曲线均绘制在半对数坐标纸上。

表 14-2 某些特定的增益值及其分贝值

幅度 H	$20\log_{10}H$(dB)	幅度 H	$20\log_{10}H$(dB)	幅度 H	$20\log_{10}H$(dB)
0.001	−60	$1/\sqrt{2}$	−3	10	20
0.01	−40	1	0	20	26
0.1	−20	$\sqrt{2}$	3	100	40
0.5	−6	2	6	1000	60

式(14.3)所示的传输函数可以用带有实部和虚部的因式来表示，其中一种表示方法可以写为

$$\mathbf{H}(\omega)=\frac{K(j\omega)^{\pm1}(1+j\omega/z_1)[1+j2\zeta_1\omega/\omega_k+(j\omega/\omega_k)^2]\cdots}{(1+j\omega/p_1)[1+j2\zeta_2\omega/\omega_n+(j\omega/\omega_n)^2]\cdots} \tag{14.15}$$

上式可以通过分配 $\mathbf{H}(\omega)$中的极点与零点而得到。式(14.5)所示的 $\mathbf{H}(\omega)$的表达式称为标准形式(standard form)。$\mathbf{H}(\omega)$中可以包含多达七种不同的因子，这些因子可以是传输函数中各种不同的组合，它们是

1. 增益 K；
2. 在原点的极点$(j\omega)^{-1}$ 或零点 $j\omega$；
3. 单极点 $1/(1+j\omega/p_1)$或单零点$(1+j\omega/z_1)$；
4. 二阶极点 $1/[1+j2\zeta_2\omega/\omega n+(j\omega/\omega n)^2]$或二阶零点$[1+j2\zeta_1\omega/\omega_k+(j\omega/\omega_k)^2]$。

在绘制伯德图时，首先分别绘制各因子的曲线，之后再将其相加起来。由于采用了对数运算，所以各因子可以单独考虑，再将它们相加组合成伯德图。正是因为对数在数学上便于处理，使得伯德图成为一种强有力的工程工具。

提示： 原点位于 $\omega=1$，即 $\log\omega=0$ 处，且原点处的增益为零。

下面画出以上所列各因子的直线伯德图，这些直线伯德图是真实伯德图的合理近似。

常数项： 对于增益 K，其幅度为 $20\log_{10}K$，相位为 0°，两者均与频率无关。于是，增益的幅频特性与相频特性曲线如图 14-9 所示。如果 K 是负的，其幅度仍然为 $20\log_{10}|K|$，而相位为±180°。

位于原点处的极点/零点： 对于原点处的零点(jω)，其幅度为 20log10ω，相位为 90°。其伯德图如图 14-10 所示。由图可见，幅频特性曲线的斜率为 20dB/dec，而相频特性与频率无关。

极点$(j\omega)^{-1}$ 的伯德图与零点类似，只是幅频特性曲线的斜率为−20dB/dec，而相位为−90°。对于一般情况下的$(j\omega)^N$，N 为整数，其幅频特性曲线的斜率为 $2N$dB/dec，而相位为 $90N$ 度。

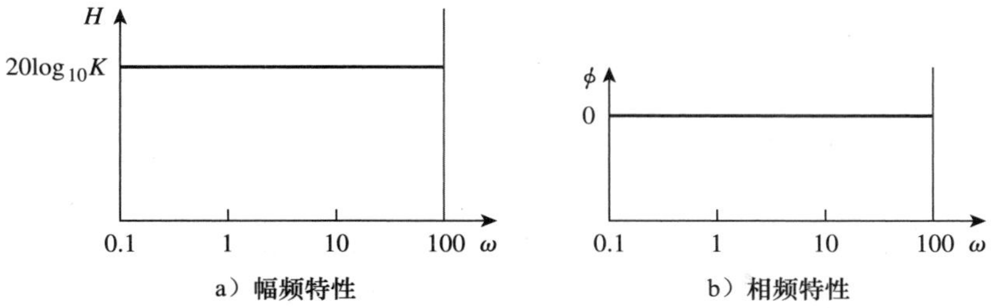

图 14-9　增益 K 的伯德图

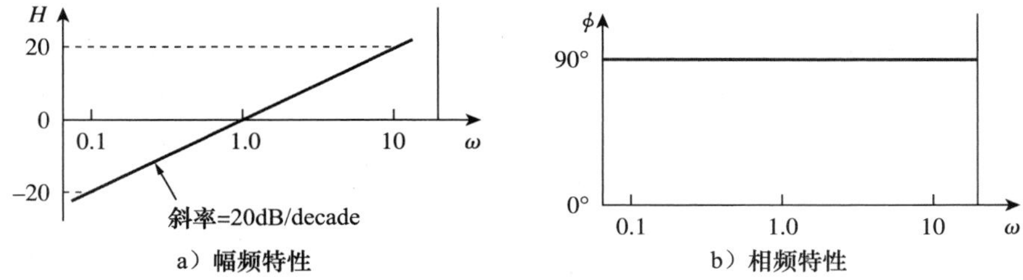

图 14-10　原点处零点($j\omega$)的伯德图

提示： 十倍频(dec 或 decade)是指频率之比为 10 的两个频率之间的间隔，例如 ω_0 与 $10\omega_0$ 之间的间隔，或者 10Hz 与 100Hz 之间的间隔，所以 20dB/dec 表示频率每变化十倍频程，其幅度就改变 20dB。

单极点/单零点： 对于单零点$(1+j\omega/z_1)$，其幅度为 $20\log_{10}|1+j\omega/z_1|$，相位为 $\arctan(\omega/z_1)$。于是：

$$H_{dB}=20\log_{10}\left|1+\frac{j\omega}{z_1}\right| \quad\Rightarrow\quad 20\log_{10}1=0,\qquad \omega\to 0 \tag{14.16}$$

$$H_{dB}=20\log_{10}\left|1+\frac{j\omega}{z_1}\right| \quad\Rightarrow\quad 20\log_{10}\frac{\omega}{z_1},\qquad \omega\to\infty \tag{14.17}$$

由此可见，当 ω 较小时，可以用零(斜率为零的直线)作为其幅频特性曲线的近似，而当 ω 较大时，可以用斜率为 20dB/dec 的直线作为其幅频特性曲线的近似。两渐近线相交处的频率 $\omega=z_1$ 称为截止频率(corner frequency 或 break frequency)。于是，近似幅频特性曲线如图 14-11a 所示。图中也给出了实际的幅频特性曲线，可见，除了在 $\omega=z_1$ 的截止频率处，近似曲线非常接近于实际曲线，而在该频率处，其偏差为 $20\log_{10}|(1+j1)|=20\log_{10}\sqrt{2}\approx 3\text{dB}$。

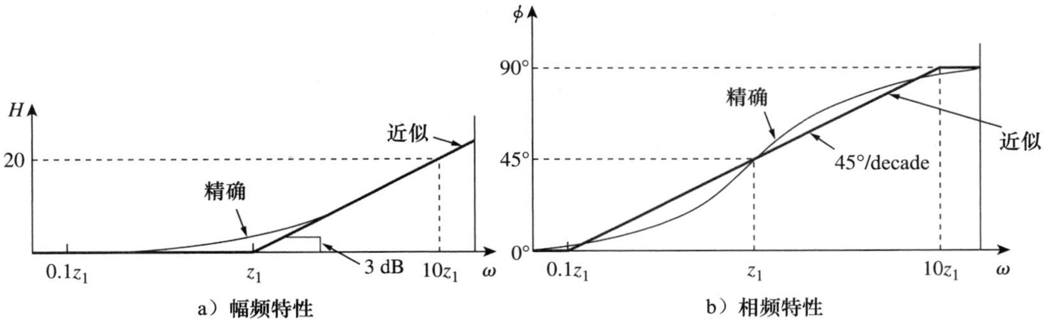

图 14-11　零点$(1+j\omega/z_1)$的伯德图

相位 $\arctan(\omega/z_1)$可以表示为

$$\phi=\arctan\left(\frac{\omega}{z_1}\right)=\begin{cases}0, & \omega=0\\45°, & \omega=z_1\\90°, & \omega\to\infty\end{cases} \tag{14.18}$$

作为直线近似，当 $\omega_1\leqslant z_1/10$ 时，令 $\phi\approx 0$；当 $\omega_1=z_1$ 时，令 $\phi\approx 45°$；当 $\omega_1\geqslant 10z_1$ 时，令 $\phi\approx 90°$。如图 14-11b 所示，图中也给出了实际的相频特性曲线，直线的斜率为 45°/dec。

极点 $1/(1+\mathrm{j}\omega/p_1)$ 的伯德图与图 14-11 类似，只是截止频率为 $\omega=p_1$，幅频特性曲线的斜率为 -20dB/dec，相频特性曲线的斜率为 $-45°$/dec。

提示： 因为 $\log 0=-\infty$，所以在伯德图上不会出现直流（$\omega=0$）的特例。这意味着零频率位于伯德图原点左侧无穷远处。

二阶极点/二阶零点：二阶极点 $1/[1+\mathrm{j}2\zeta_2\omega/\omega_n+(\mathrm{j}\omega/\omega_n)^2]$ 的幅度为 $-20\log_{10}|1+\mathrm{j}2\zeta_2\omega/\omega_n+(\mathrm{j}\omega/\omega_n)2|$，其相位为 $\arctan(2\zeta_2\omega/\omega_n)/(1-\omega^2/\omega_n^2)$。且有

$$H_{\mathrm{dB}}=-20\log_{10}\left|1+\frac{\mathrm{j}2\zeta_2\omega}{\omega_n}+\left(\frac{\mathrm{j}\omega}{\omega_n}\right)^2\right| \Rightarrow 0,\quad \omega\to 0\text{ 时} \tag{14.19}$$

$$H_{\mathrm{dB}}=-20\log_{10}\left|1+\frac{\mathrm{j}2\zeta_2\omega}{\omega_n}+\left(\frac{\mathrm{j}\omega}{\omega_n}\right)^2\right| \Rightarrow -40\log_{10}\frac{\omega}{\omega_n},\quad \omega\to\infty\text{时} \tag{14.20}$$

因此，幅频特性曲线由两条渐近直线组成：一条是 $\omega<\omega_n$ 时，斜率为零的直线，另一条是 $\omega>\omega_n$ 时斜率为 -40dB/dec 的直线，其中 ω_n 为截止频率。图 14-12a 所示为近似幅频特性曲线与实际幅频特性曲线，可见，实际的幅频特性取决于阻尼因子 ζ_2 与截止频率 ω_n。如果需要高精度的幅频特性，则需要在直线近似的截止频率的邻域内叠加一个明显的峰值。但是，为了简单起见，仍然可以采用直线近似。

二阶极点的相位可以表示为

$$\phi=-\arctan\frac{2\zeta_2\omega/\omega_n}{1-\omega^2/\omega_n^2}=\begin{cases}0, & \omega=0\\-90°, & \omega=\omega_n\\-180°, & \omega\to\infty\end{cases} \tag{14.21}$$

该相频特性曲线是一条斜率为 90°/dec 的直线，其起点位于 $\omega_n/10$ 处，终点位于 $10\omega_n$ 处，如图 14-12b 所示。同样可以观察到由阻尼因子引起的实际曲线与近似直线之间的差别。二阶极点的幅频特性与相频特性的直线近似与重极点[即 $(1+\mathrm{j}\omega/\omega_n)^2$]的情况相同，这是因为重极点 $1+(\mathrm{j}\omega/\omega_n)^2$ 就等于 $\zeta_2=1$ 时的二阶极点 $1/[1+\mathrm{j}2\,\zeta_2\omega/\omega_n+(\mathrm{j}\omega/\omega_n)^2]$。因此，只要采用直线近似，二阶极点与重极点就可以同等处理。

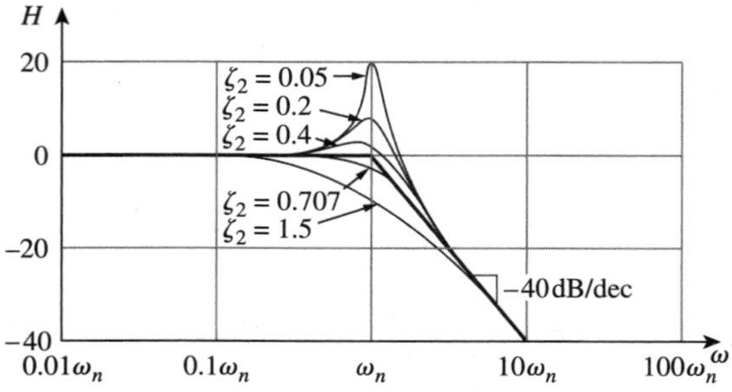

a）幅频特性

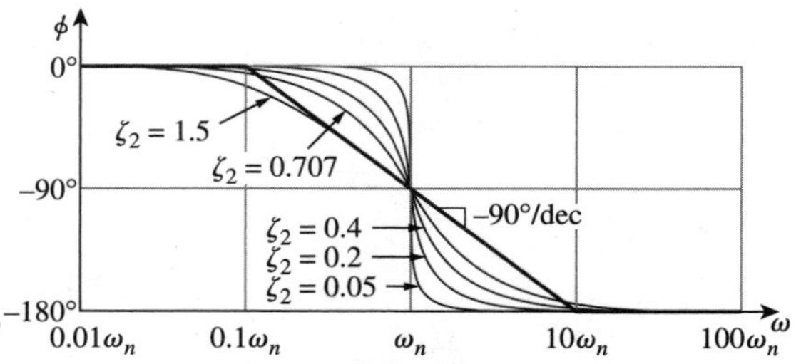

b）相频特性

图 14-12 二阶极点 $1/[1+\mathrm{j}2\,\zeta_2\omega/\omega_n+(\mathrm{j}\omega/\omega_n)^2]$ 的伯德图

提示： 还有一种速度更快、效率更高的伯德图绘制方法。该方法利用零点使斜率增大，极点使斜率下降的特性。从伯德图的低频渐近线开始，沿频率轴移动，在每个转移频率处增大或减小斜率，这样就可以快速地由传输函数绘制出伯德图，而无须逐个画出后再相加。在熟练掌握本节介绍的方法之后，就可以试着利用上述过程来绘制伯德图。

数字计算机已不再采用本节介绍的方法绘制伯德图。PSpice、MATLAB、Mathcad 和 Micro-Cap 等软件都可以绘制频率响应曲线，稍后将讨论利用 PSpice 绘制伯德图。

对于二阶零点$[1+j2\zeta_1\omega/\omega_k+(j\omega/\omega_k)^2]$，由于其幅频特性曲线的斜率为 40dB/dec，而相频特性曲线的斜率为 90°/dec，所以其伯德图只需将图 14-12 所示曲线反转即可。

表 14-3 总结了包含上述七个因子的伯德图，当然，并非每个传输函数都包含上述七个因子。为了画出式(14.15)所示传输函数 $\boldsymbol{H}(\omega)$的伯德图，首先要在半对数坐标纸上标记出各截止频率点，按上述方法画出每个因子的伯德图，之后将各个图形相加合并，从而得到传输函数的伯德图。合并的过程通常是从左到右，每次在截止频率处斜率发生变化。以下的例题将说明上述绘制伯德图的过程。

表 14-3　幅频和相频直线伯德图总结

因子	幅频	相频
K	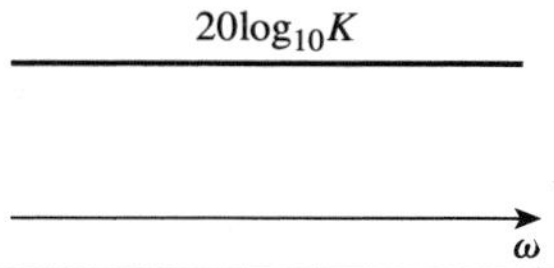	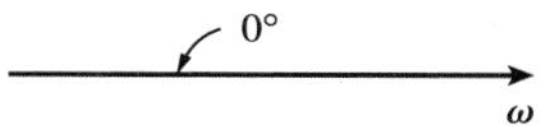
$(j\omega)^N$	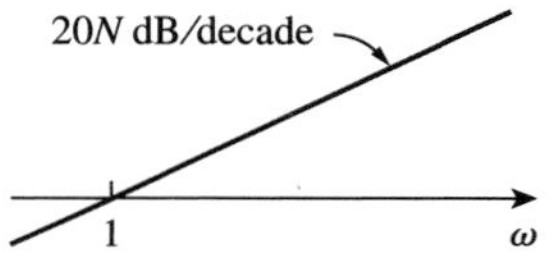	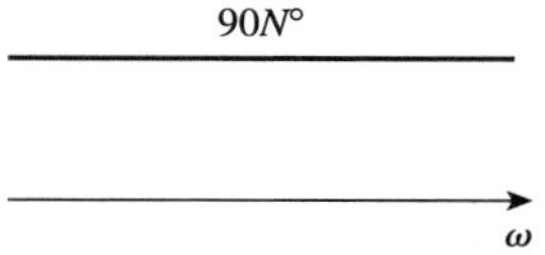
$\dfrac{1}{(j\omega)^N}$	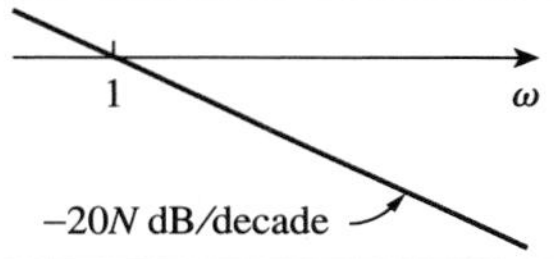	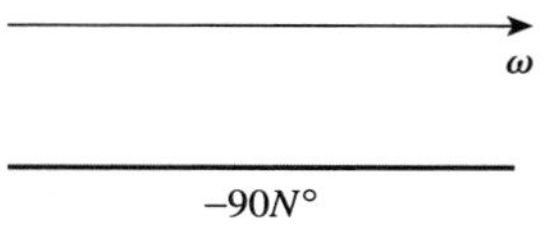
$\left(1+\dfrac{j\omega}{z}\right)^N$	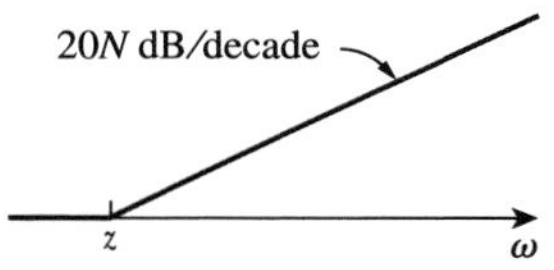	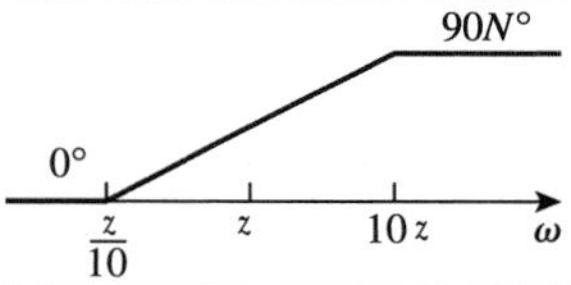
$\dfrac{1}{(1+j\omega/p)^N}$	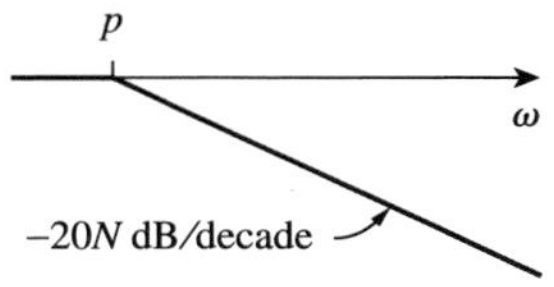	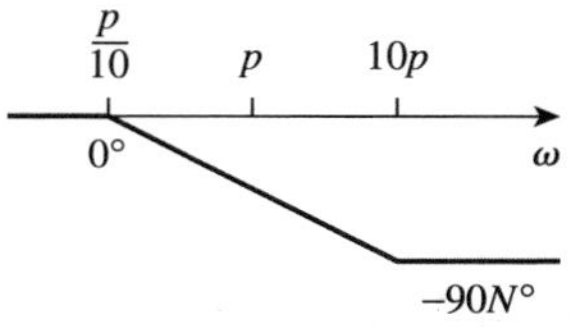
$\left[1+\dfrac{2j\omega\zeta}{\omega_n}+\left(\dfrac{j\omega}{\omega_n}\right)^2\right]^N$	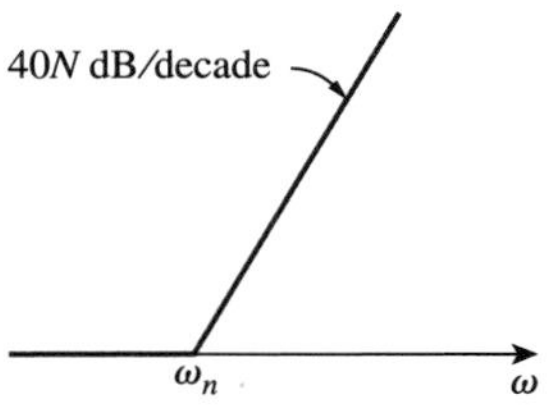	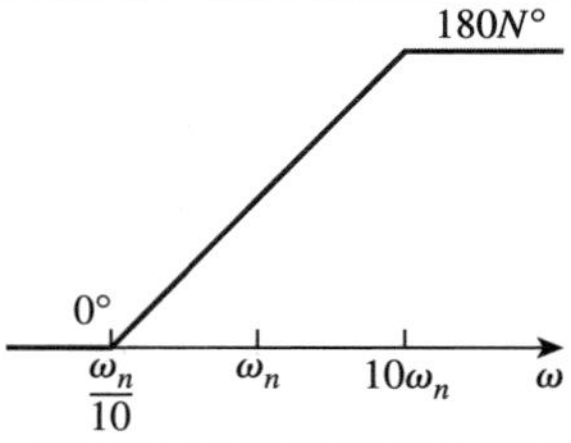
$\dfrac{1}{[1+2j\omega\zeta/\omega_k+(j\omega/\omega_k)^2]^N}$	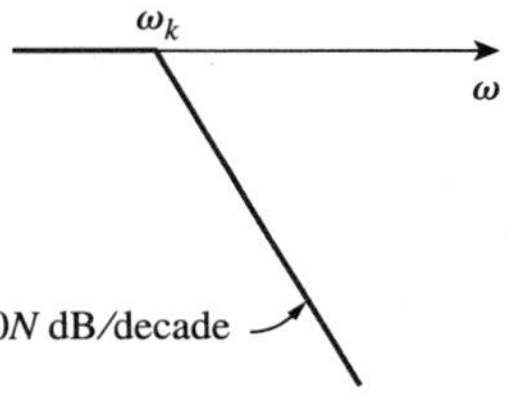	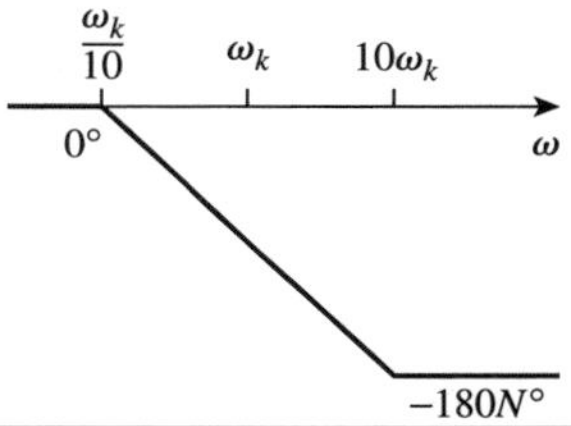

例 14-3 画出如下传输函数的伯德图。

$$\boldsymbol{H}(\omega)=\frac{200\mathrm{j}\omega}{(\mathrm{j}\omega+2)(\mathrm{j}\omega+10)}$$

解： 首先将 $\boldsymbol{H}(\omega)$的分子、分母分别除以极点与零点，得到其标准形式为

$$\boldsymbol{H}(\omega)=\frac{10\mathrm{j}\omega}{(1+\mathrm{j}\omega/2)(1+\mathrm{j}\omega/10)}=\frac{10|\mathrm{j}\omega|}{|1+\mathrm{j}\omega/2||1+\mathrm{j}\omega/10|}\underline{/90^\circ-\arctan(\omega/2)-\arctan(\omega/10)}$$

$\boldsymbol{H}(\omega)$的幅度与相位分别为

$$H_{\mathrm{dB}}=20\log_{10}10+20\log_{10}|\mathrm{j}\omega|-20\log_{10}\left|1+\frac{\mathrm{j}\omega}{2}\right|-20\log_{10}\left|1+\frac{\mathrm{j}\omega}{10}\right|$$

$$\phi=90^\circ-\arctan\frac{\omega}{2}-\arctan\frac{\omega}{10}$$

由此可见，两个截止频率分别位于 $\omega=2$、10 处，画出其幅频特性与相频特性中每一项的伯德图，如图 14-13 中虚线所示，之后进行相加合并，得到实线所示总的伯德图。

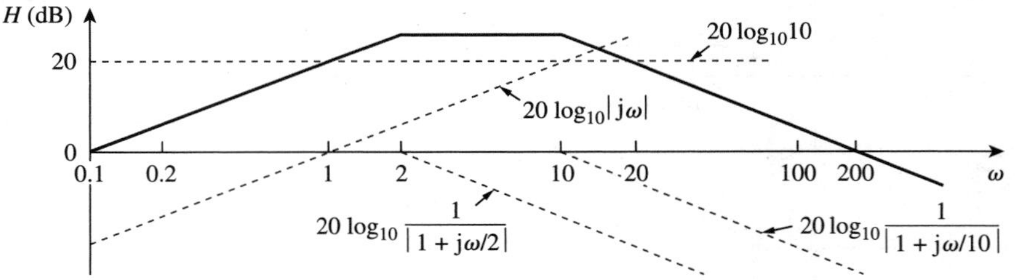

a）幅频特性

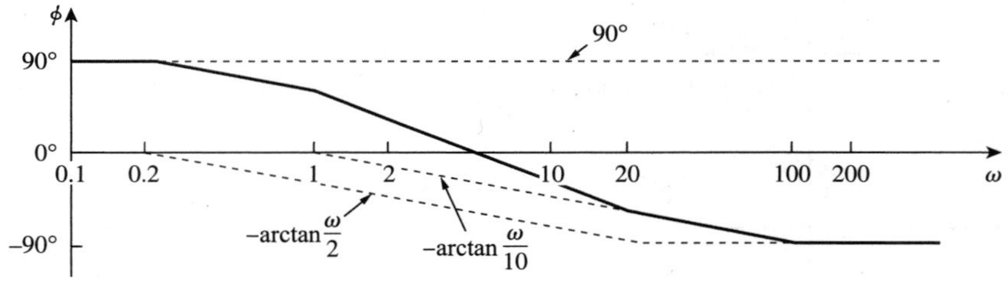

b）相频特性

图 14-13 例 14-3 的伯德图 ◀

练习 14-3 画出如下传输函数的伯德图

$$\boldsymbol{H}(\omega)=\frac{5(\mathrm{j}\omega+2)}{\mathrm{j}\omega(\mathrm{j}\omega+10)}$$

答案： 见图 14-14。

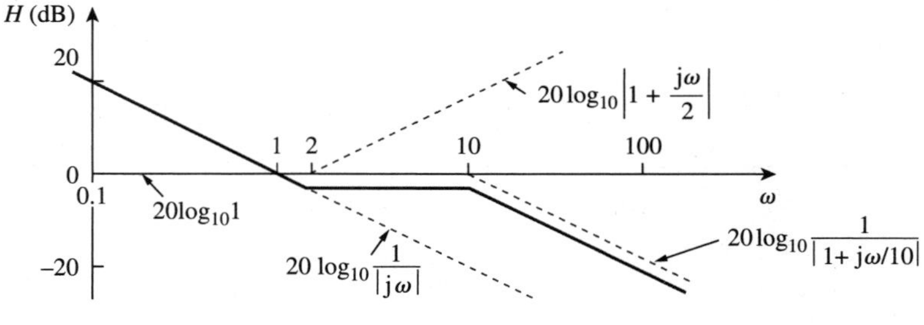

a）幅频特性

图 14-14 练习 14-3 的伯德图

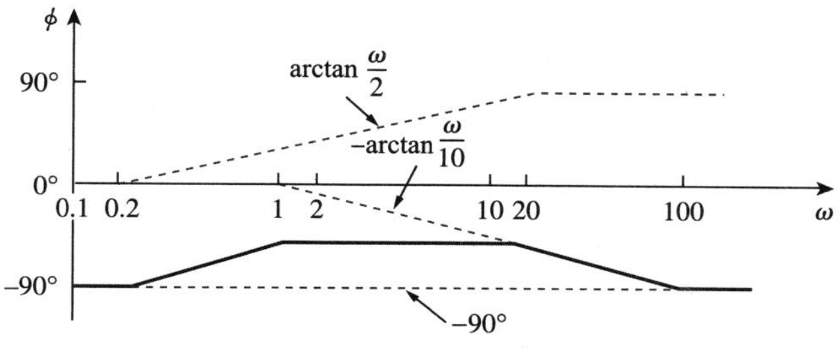

b）相频特性

图 14-14 练习 14-3 的伯德图（续）

例 14-4 画出如下传输函数的伯德图。

$$\boldsymbol{H}(\omega)=\frac{\mathrm{j}\omega+10}{\mathrm{j}\omega(\mathrm{j}\omega+5)^2}$$

解：将 $\boldsymbol{H}(\omega)$转化为标准形式，有

$$\boldsymbol{H}(\omega)=\frac{0.4(1+\mathrm{j}\omega/10)}{\mathrm{j}\omega(1+\mathrm{j}\omega/5)^2}$$

由标准形式得到的幅度与相位分别为

$$H_{\mathrm{dB}}=20\log_{10}0.4+20\log_{10}\left|1+\frac{\mathrm{j}\omega}{10}\right|-20\log_{10}|\mathrm{j}\omega|-40\log_{10}\left|1+\frac{\mathrm{j}\omega}{5}\right|$$

$$\phi=0^\circ+\arctan\frac{\omega}{10}-90^\circ-2\arctan\frac{\omega}{5}$$

由此可见，两个截止频率分别位于 $\omega=5$，10rad/s 处，在截止频率 $\omega=5$ 处得极点，由于是平方因子，所以其幅频特性曲线的斜率为－40dB/dec，相频特性曲线的斜率为－90°/dec。$H(\omega)$中各项的幅频特性曲线与相频特性曲线（虚线所示）以及整个伯德图（实线所示）如图 14-15 所示。

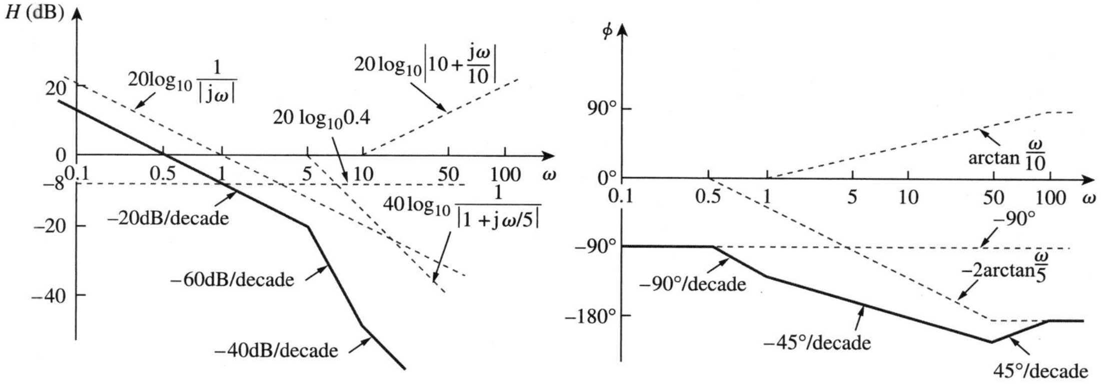

a）幅频特性　　b）相频特性

图 14-15 例 14-4 的伯德图 ◀

练习 14-4 画出如下传输函数的伯德图。

$$\boldsymbol{H}(\omega)=\frac{50\mathrm{j}\omega}{(\mathrm{j}\omega+4)(\mathrm{j}\omega+10)^2}$$

答案：参见图 14-16。

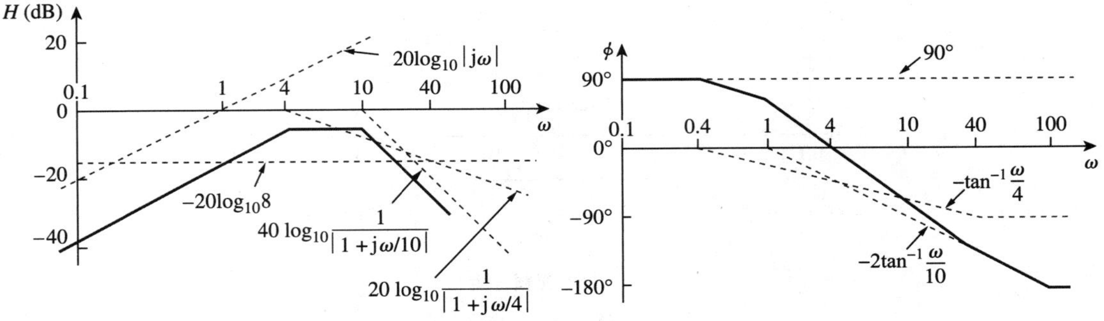

a) b)

图 14-16 练习 14-4 的伯德图

例 14-5 画出如下传输函数的伯德图。

$$\boldsymbol{H}(s)=\frac{s+1}{s^2+12s+100}$$

解： 1. **明确问题**。本例所要解决的问题已明确，可以按照本章介绍的方法进行求解。

2. **列出已知条件**。本题要求确定给定传输函数的近似伯德图。

3. **确定备选方案**。求解本题最为有效的两种方法分别是本章介绍的近似方法，以及可以绘制精确伯德图的 MATLAB。这里采用前者。

4. **尝试求解**。将 $\boldsymbol{H}(s)$ 表达为标准形式：

$$\boldsymbol{H}(\omega)=\frac{1/100(1+\mathrm{j}\omega)}{1+\mathrm{j}\omega 1.2/10+(\mathrm{j}\omega/10)^2}$$

在截止频率 $\omega_n=10\mathrm{rad/s}$ 处为传输函数的二阶极点。$\boldsymbol{H}(\omega)$ 的幅度与相位分别为

$$H_{\mathrm{dB}}=-20\log_{10}100+20\log_{10}|1+\mathrm{j}\omega|-20\log_{10}\left|1+\frac{\mathrm{j}\omega 1.2}{10}-\frac{\omega^2}{100}\right|$$

$$\phi=0°+\arctan\omega-\arctan\left[\frac{\omega 1.2/10}{1-\omega^2/100}\right]$$

$\boldsymbol{H}(\omega)$ 的伯德图如图 14-17 所示。注意将二阶极点当作重极点来处理，在 $\omega=\omega_k$ 处为 $(1+\mathrm{j}\omega/\omega_k)^2$，这是一种近似的方法。

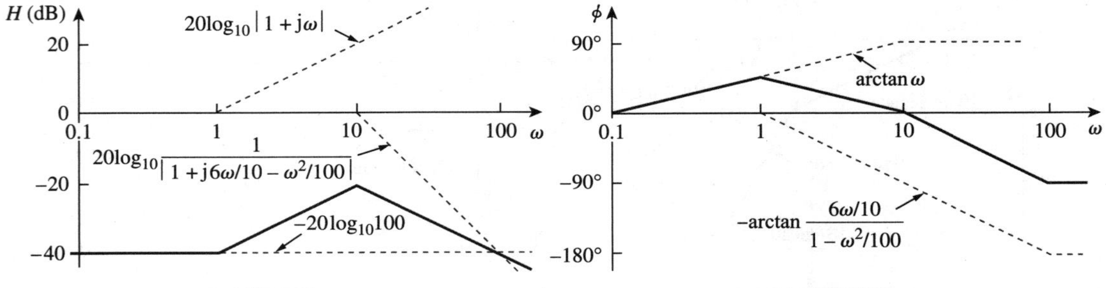

a）幅频特性 b）相频特性

图 14-17 例 14-5 的伯德图

5. **评价结果**。虽然可以利用 MATLAB 验证所得到的结果，但这里采用更为直接的方法进行验证。首先，必须明确在近似方法中，假设分母 $\zeta=0$。于是，可以利用如下方程验证答案：

$$\boldsymbol{H}(s)\approx\frac{s+1}{s^2+10^2}$$

同时，需要求解 H_{dB} 及其相应的相位 ϕ。首先，令 $\omega=0$，则有

$$H_{dB}=20\log_{10}(1/100)=-40, \quad \phi=0^{\circ}$$

令 $\omega=1$，则有

$$H_{dB}=20\log_{10}(1.4142/99)=-36.9\text{dB}$$

比截止频率处高 3dB。

$$\boldsymbol{H}(j)=\frac{j+1}{-1+100} \quad \Rightarrow \quad \phi=45^{\circ}$$

当 $\omega=100$ 时，则有

$$H_{dB}=20\log_{10}(100)-20\log_{10}(9900)=39.91\text{dB}$$

由分子处的 90°减 180°可得 ϕ 为−90°。至此，已经验证了三个不同的频率点，得到一致的结果，这是一种近似方法，我们对上述求解过程是有信心的。

为什么不在 $\omega=10$ 处进行验证呢？如果仅利用以上近似值，则会得到一个无穷大的值，这是由 $\zeta=0$ 可以估计到的(见图 14-12a)。由于 $\zeta=0.6$，如果利用 $\boldsymbol{H}(\text{j}10)$ 的实际值，仍然会得到与近似值偏离很大的值，并且图 14-12a 也给出了偏离值。在 $\zeta=0.707$ 时重做本题，就可以得到与近似值更接近的结果。但是，目前的点已经足够，无须再做这样的计算。

6. **是否满意**？本题的求解过程令人满意，可以将其作为本题的答案。◀

练习 14-5 画出如下传输函数的伯德图。

$$H(s)=\frac{10}{s(s^2+80s+400)}$$

答案：参见图 14-18。

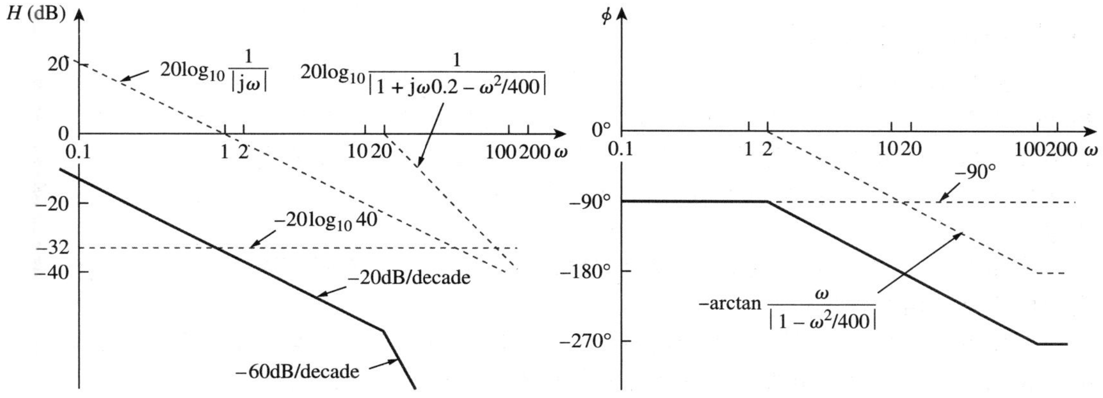

a）幅频特性　　b）相频特性

图 14-18 练习 14-5 的伯德图

例 14-6 已知伯德图如图 14-19 所示，试确定传输函数 $\boldsymbol{H}(\omega)$。

解：由伯德图确定 $\boldsymbol{H}(\omega)$时，必须记住零点总是在截止频率处引起向上的转折，而极点总是在截止频率处引起向下的转折。由图 14-19 可见，斜率为+20dB/dec 的直线表明在原点处有一个零点 $\text{j}\omega$，与频率轴的交点为 $\omega=1$，该直线平移 40dB 表明增益为 40dB，即

$$40=20\log_{10}K \quad \Rightarrow \quad \log_{10}K=2$$

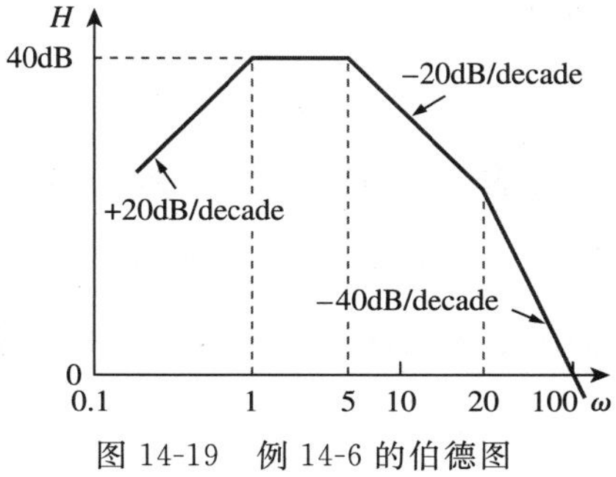

图 14-19 例 14-6 的伯德图

即

$$K=10^2=100$$

除了原点处的零点 $j\omega$ 之外，从图 14-19 可见，还有三个截止频率分别为 $\omega=1\text{rad/s}$、5rad/s 和 20rad/s 的因子，因此

1. 在 $p=1$ 处的极点，其斜率为 -20dB/dec，该极点使曲线向下转折并与原点处的零点相互抵消。$p=1$ 处的极点由因子 $1/(1+j\omega/1)$ 确定。

2. 在 $p=5$ 处的另一个极点，其斜率为 -20dB/dec，使曲线向下转折，该极点由因子 $1/(1+j\omega/5)$ 确定。

3. 第三个极点在 $p=20$ 处，其斜率为 -20dB/dec，使曲线进一步向下转折，该极点由因子 $1/(1+j\omega/20)$ 确定。

将以上各式合并，即可得到相应的传输函数为

$$\boldsymbol{H}(\omega)=\frac{100j\omega}{(1+j\omega/1)(1+j\omega/5)(1+j\omega/20)}=\frac{j\omega 10^4}{(j\omega+1)(j\omega+5)(j\omega+20)}$$

即

$$\boldsymbol{H}(s)=\frac{10^4 s}{(s+1)(s+5)(s+20)},\quad s=j\omega$$ ◀

练习 14-6 确定与图 14-20 所示伯德图相对应的传输函数 $\boldsymbol{H}(\omega)$。

答案：$\boldsymbol{H}(\omega)=\dfrac{2\,000\,000(s+5)}{(s+10)(s+100)^2}$。

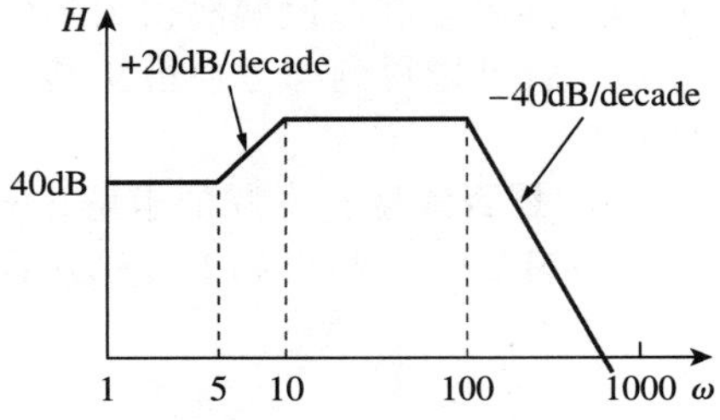

图 14-20 练习 14-6 的伯德图

14.5 串联谐振电路

电路频率响应的最为显著的特征是其幅频特性中所呈现的尖峰，也称谐振峰。谐振的概念出现在科学与工程的诸多领域中，任何包含复共轭极点对的系统都会出现谐振，这是存储能量从一种形式转换为另一种形式的振荡产生的根源。这种现象在通信网络中可以用于频率识别。在至少包含一个电容器与一个电感器的任何电路中，均有可能出现谐振现象。

谐振是 *RLC* 电路中容性电抗与感性电抗大小相等时呈现的一种状态，此时该电路呈现出纯电阻的阻抗性质。

谐振电路(串联或并联)对于传输函数具有高度频率选择性的滤波器的设计是非常有用的，在无线电收音机与电视机的选频电路等许多应用中都会用到谐振电路。

考虑图 14-21 所示的频域 *RLC* 串联电路，其输入阻抗为

$$\boldsymbol{Z}=\boldsymbol{H}(\omega)=\frac{\boldsymbol{V}_s}{\boldsymbol{I}}=R+j\omega L+\frac{1}{j\omega C}\qquad(14.22)$$

即

$$\boldsymbol{Z}=R+j\left(\omega L-\frac{1}{\omega C}\right)\qquad(14.23)$$

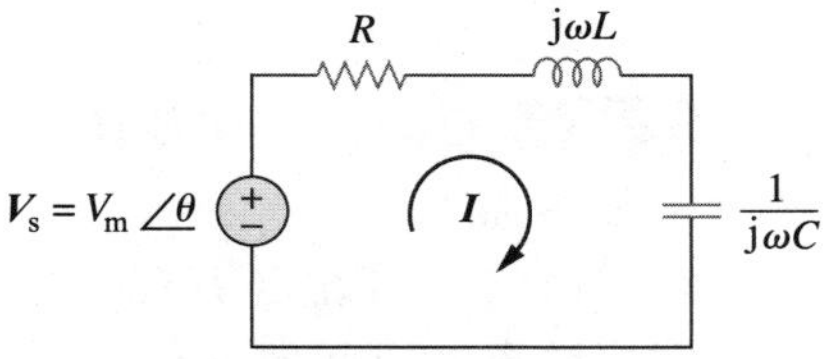

图 14-21 串联谐振电路

当传输函数的虚部为零时，就会产生谐振，即

$$\text{Im}(\boldsymbol{Z})=\omega L-\frac{1}{\omega C}=0\qquad(14.24)$$

满足上述条件的 ω 值称为谐振频率(resonant frequency)ω_0，因此谐振的条件为

$$\omega_0 L=\frac{1}{\omega_0 C}\qquad(14.25)$$

即

$$\boxed{\omega_0=\frac{1}{\sqrt{LC}}\text{rad/s}} \tag{14.26}$$

因为 $\omega_0=2\pi f_0$，所以

$$f_0=\frac{1}{2\pi\sqrt{LC}}\text{Hz} \tag{14.27}$$

注意，在谐振条件下有如下性质：

1. 阻抗为纯电阻，即 $\boldsymbol{Z}=R$。换言之，LC 串联组合相当于短路，整个电压都加在电阻 R 两端。

2. 电压 $\boldsymbol{V}_s$ 与电流 $\boldsymbol{I}$ 是同相的，因此功率因数为 1。

3. 传输函数 $\boldsymbol{H}(\omega)=\boldsymbol{Z}(\omega)$的幅度最小。

4. 电感器两端的电压与电容器两端的电压比电源电压高得多。

提示： 第 4 点可由如下关系证实。

$$|\boldsymbol{V}_L|=\frac{V_m}{R}\omega_0 L=QV_m$$

$$|\boldsymbol{V}_C|=\frac{V_m}{R}\frac{1}{\omega_0 C}=QV_m$$

式中，Q 为由式(14.38)定义的品质因数。

RLC 电路电流幅度的频率响应为

$$I=|\boldsymbol{I}|=\frac{V_m}{\sqrt{R^2+(\omega L-1/\omega C)^2}} \tag{14.28}$$

如图 14-22 所示，当频率轴为对数坐标时，该图仅说明对称特性。RLC 电路消耗的平均功率为

$$P(\omega)=\frac{1}{2}I^2R \tag{14.29}$$

当 $I=V_m/R$，即谐振时，电路消耗的功率最大，因此

$$P(\omega_0)=\frac{1}{2}\frac{V_m^2}{R} \tag{14.30}$$

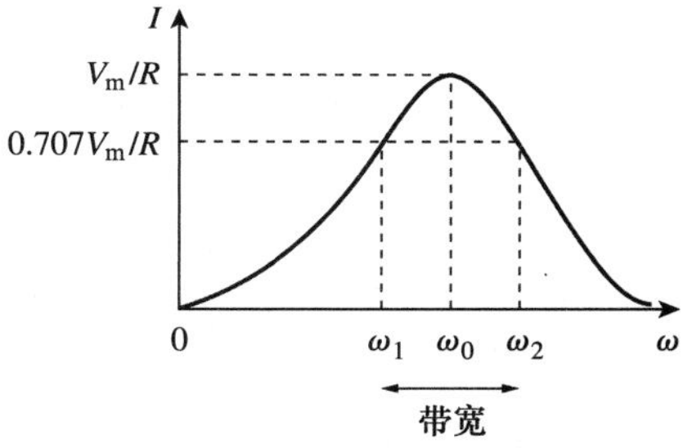

图 14-22 图 14-21 所示串联谐振电路的电流幅度与频率之间的关系曲线

在频率 $\omega=\omega_1$、ω_2 处，电路消耗的功率为上述最大功率的一半，即

$$P(\omega_1)=P(\omega_2)=\frac{(V_m/\sqrt{2})^2}{2R}=\frac{V_m^2}{4R} \tag{14.31}$$

因此，ω_1、ω_2 称为半功率频率(half-power frequency)。

半功率频率可以通过设置 $Z=\sqrt{2}R$ 得到，即

$$\sqrt{R^2+\left(\omega L-\frac{1}{\omega C}\right)^2}=\sqrt{2}R \tag{14.32}$$

求解 ω 得到

$$\boxed{\begin{aligned}\omega_1&=-\frac{R}{2L}+\sqrt{\left(\frac{R}{2L}\right)^2+\frac{1}{LC}}\\ \omega_2&=\frac{R}{2L}+\sqrt{\left(\frac{R}{2L}\right)^2+\frac{1}{LC}}\end{aligned}} \tag{14.33}$$

由式(14.26)与式(14.33)，可以得到半功率频率与谐振频率之间的关系为

$$\omega_0=\sqrt{\omega_1\omega_2} \tag{14.34}$$

即谐振频率为半功率频率的几何平均值。注意，由于频率响应一般是不对称的，所以 ω_1、ω_2 通常也不是关于谐振频率 ω_0 对称的。但是，稍后会说明，半功率频率关于谐振频率的对称性通常是一个比较合理的近似。

虽然如图 14-22 所示谐振曲线的峰值取决于电阻 R，但是该曲线的宽度取决于其他因素，即响应曲线的宽度取决带宽 B，带宽定义为两个半功率频率之差：

$$B=\omega_2-\omega_1 \tag{14.35}$$

带宽的这种定义只是几种常用定义之一。严格地讲，式(14.35)所定义的带宽称为半功率带宽，因为它是半功率频率之间的谐振曲线的频带宽度。

谐振电路中谐振曲线的“锐度”在数量上用品质因数(quality factor)Q 来度量。电路谐振时，电路中的电抗能量在电感器与电容器之间来回振荡。品质因数建立了谐振时电路存储的最大能量(即峰值能量)与电路在一个震荡周期所消耗的能量之间的关系：

$$Q=2\pi\frac{\text{电路存储的峰值能量}}{\text{电路在一个振荡周期所消耗的能量}} \tag{14.36}$$

提示：虽然符号 Q 与表示无功功率的符号相同，但二者并不相等，不应将它们混淆。这里的品质因数 Q 是无量纲的，而无功功率 Q 的单位是 var，通过单位可能会便于二者的区分。

品质因数也是电路的储能属性及其耗能属性之间关系的一个度量。在 RLC 串联电路中，储能的峰值为 $1/2LI^2$，一个周期的耗能为 $1/2(I^2R)(1/f_0)$，因此

$$Q=2\pi\frac{\frac{1}{2}LI^2}{\frac{1}{2}I^2R(1/f_0)}=\frac{2\pi f_0L}{R} \tag{14.37}$$

即

$$\boxed{Q=\frac{\omega_0L}{R}=\frac{1}{\omega_0CR}} \tag{14.38}$$

注意，品质因数是无量纲的，将式(14.33)代入式(14.35)，并利用式(14.38)的关系即可确定带宽 B 与品质因数 Q 之间的关系：

$$\boxed{B=\frac{R}{L}=\frac{\omega_0}{Q}} \tag{14.39}$$

即

$$B=\omega_0^2CR$$

谐振电路的品质因数是其谐振频率与带宽之比。

注意，式(14.26)、式(14.33)、式(14.38)以及式(14.39)仅适合于 RLC 串联电路。

Q 值越高，电路的频率选择性越好，但其带宽也越窄，如图 14-23 所示。RLC 电路的选择性(selectivity)是指电路响应某个频率以及辨别其他频率的一种能力。如果被选择或者被拒绝的频带很窄，则要求谐振电路的品质因数必须很高，反之如果频带比较宽，则品质因数应相应地降低。

提示：品质因数是电路选择性(谐振“锐度”)的一种度量。

谐振电路通常应工作在谐振频率或其邻近频率处。

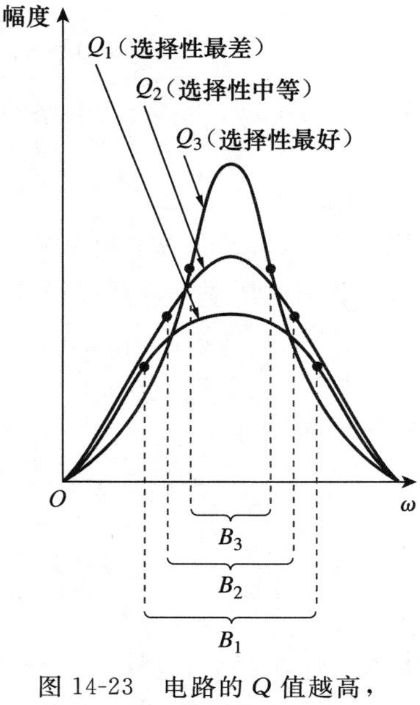

图 14-23 电路的 Q 值越高，其带宽越窄

当电路的品质因数大于或等于 10 时，称之为高 Q 值电路(high-Q circuit)。在高 Q 值电路的所有实际应用中，其半功率频率均关于谐振频率对称，而且可以近似地表示为

$$\boxed{\omega_1 \approx \omega_0 - \frac{B}{2}, \qquad \omega_2 \approx \omega_0 + \frac{B}{2}} \tag{14.40}$$

高 Q 值电路通常用在通信网络中。

由此可见，谐振电路可以用如下五个相关参数来表征：两个半功率频率 ω_1 与 ω_2，谐振频率 ω_0，带宽 B 以及品质因数 Q。

例 14-7 在图 14-24 所示电路中，$R=2\Omega$，$L=1\text{mH}$，$C=0.4\mu\text{F}$。

(a) 求谐振频率与半功率频率；

(b) 计算品质因数与带宽；

(c) 确定在 ω_0、ω_1 与 ω_2 处的电流幅度。

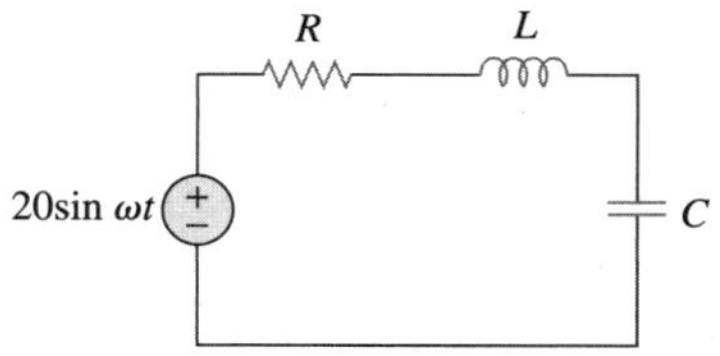

图 14-24　例 14-7 图

解：(a) 谐振频率为

$$\omega_0 = \frac{1}{\sqrt{LC}} = \frac{1}{\sqrt{10^{-3}\times 0.4\times 10^{-6}}} = 50(\text{krad/s})$$

方法 1　小于谐振频率的半功率频率为

$$\omega_1 = -\frac{R}{2L} + \sqrt{\left(\frac{R}{2L}\right)^2 + \frac{1}{LC}} = -\frac{2}{2\times 10^{-3}} + \sqrt{(10^3)^2 + (50\times 10^3)^2} = -1 + \sqrt{1+2500}\,\text{s} = 49(\text{krad/s})$$

同理，大于谐振频率的半功率频率为

$$\omega_2 = (1 + \sqrt{1+2500})\,\text{krad/s} = 51\text{krad/s}$$

(b) 带宽为

$$B = \omega_2 - \omega_1 = 2\text{krad/s}$$

即

$$B = \frac{R}{L} = \frac{2}{10^{-3}} = 2(\text{krad/s})$$

品质因数为

$$Q = \frac{\omega_0}{B} = \frac{50}{2} = 25$$

方法 2　求解品质因数的另一种方法为

$$Q = \frac{\omega_0 L}{R} = \frac{50\times 10^3 \times 10^{-3}}{2} = 25$$

由 Q 值可以求得带宽 B 为

$$B = \frac{\omega_0}{Q} = \frac{50\times 10^3}{25} = 2(\text{krad/s})$$

由于 $Q>10$，因此该电路为高 Q 值电路，其半功率频率为

$$\omega_1 = \omega_0 - \frac{B}{2} = 50 - 1 = 49(\text{krad/s})$$

$$\omega_2 = \omega_0 + \frac{B}{2} = 50 + 1 = 51(\text{krad/s})$$

与前面一种方法求得的结果相同。

(c) 当 $\omega=\omega_0$ 时，

$$I = \frac{V_m}{R} = \frac{20}{2} = 10(\text{A})$$

当 $\omega=\omega_1$、ω_2，时，

$$I=\frac{V_m}{\sqrt{2}R}=\frac{10}{\sqrt{2}}=7.071(\mathrm{A})$$ ◀

练习 14-7 某串联电路中，$R=4\Omega$，$L=25\mathrm{mH}$。(a) 试计算要得到品质因数 50 时的电容器 C 值；(b) 求 ω_1、ω_2 与 B；(c) 求 $\omega=\omega_0$、ω_1、ω_2 时电路消耗的平均功率，假设 $V_m=100\mathrm{V}$。 **答案**：(a) 0.625uF；(b) 7920rad/s，8080rad/s，160rad/s；(c) 1.25kW，0.625kW，0.625kW。

14.6 并联谐振电路

图 14-25 所示的并联谐振电路时 RLC 串联谐振电路的对偶电路。为避免不必要的重复，由对偶性质可以直接得到导纳为

$$\boldsymbol{Y}=H(\omega)=\frac{\boldsymbol{I}}{\boldsymbol{V}}=\frac{1}{R}+\mathrm{j}\omega C+\frac{1}{\mathrm{j}\omega L} \tag{14.41}$$

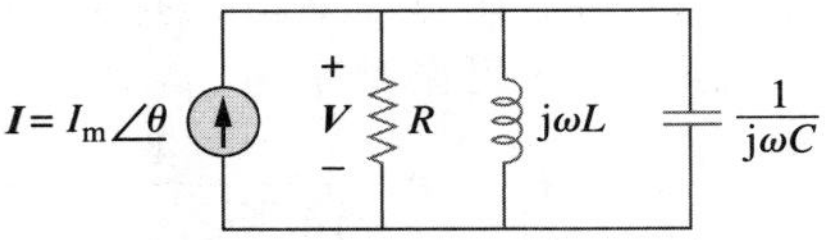

图 14-25 并联谐振电路

即

$$\boldsymbol{Y}=\frac{1}{R}+\mathrm{j}\left(\omega C-\frac{1}{\omega L}\right) \tag{14.42}$$

当 $\boldsymbol{Y}$ 的虚部为零时，产生谐振，此时

$$\omega C-\frac{1}{\omega L}=0 \tag{14.43}$$

即

$$\boxed{\omega_0=\frac{1}{\sqrt{LC}}\mathrm{rad/s}} \tag{14.44}$$

上式与串联谐振电路的式(14.26)是相同的。并联谐振电路的电压 $|\boldsymbol{V}|$ 与频率之间的关系如图 14-26 所示。由此可见，在谐振频率处，LC 并联组合相当于开路，电流全部流经 R。并且在谐振时，流经电感与电容的电流比电源电流大得多。

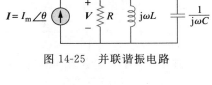

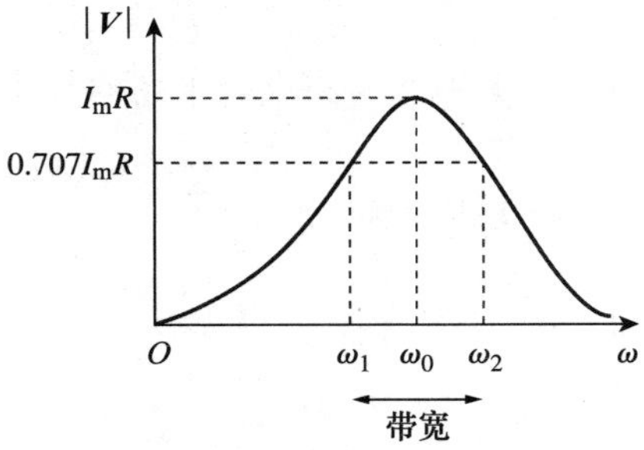

图 14-26 图 14-25 所示并联谐振电路的电压幅度与频率之间的关系曲线

提示：

$$|\boldsymbol{I}_L|=\frac{I_mR}{\omega_0L}=QI_m$$

$$|\boldsymbol{I}_C|=\omega_0CI_mR=QI_m$$

可以看出，流经电感与电容的电流比电源电流大得多。式中 Q 为由式(14.47)定义的品质因数。

比较式(14.42)与式(14.23)，可以利用图 14-21 与图 14-25 之间的对偶性质，将串联谐振电路表达式中的 R、L、C 分别利用 $1/R$、$1/C$、$1/L$ 取代，即可得到并联谐振电路的如下表达式：

$$\boxed{\begin{aligned}\omega_1&=-\frac{1}{2RC}+\sqrt{\left(\frac{1}{2RC}\right)^2+\frac{1}{LC}}\\ \omega_2&=\frac{1}{2RC}+\sqrt{\left(\frac{1}{2RC}\right)^2+\frac{1}{LC}}\end{aligned}} \tag{14.45}$$

$$\boxed{B=\omega_2-\omega_1=\frac{1}{RC}} \tag{14.46}$$

$$\boxed{Q=\frac{\omega_0}{B}=\omega_0 RC=\frac{R}{\omega_0 L}} \tag{14.47}$$

注意，式(14.45)～式(14.47)仅适用于 RLC 并联谐振电路。利用式(14.45)与式(14.47)可以得到半功率频率与品质因数之间的关系，即

$$\omega_1=\omega_0\sqrt{1+\left(\frac{1}{2Q}\right)^2}-\frac{\omega_0}{2Q},\qquad \omega_2=\omega_0\sqrt{1+\left(\frac{1}{2Q}\right)^2}+\frac{\omega_0}{2Q} \tag{14.48}$$

同理，对于高 Q 值电路($Q\geqslant 10$)有

$$\boxed{\omega_1\approx\omega_0-\frac{B}{2},\qquad \omega_2\approx\omega_0+\frac{B}{2}} \tag{14.49}$$

表 14-4 总结了串联谐振电路与并联谐振电路的主要特性。除了本章讨论的 RLC 串联与并联电路外，还存在其他形式的谐振电路，例 10-9 就是一个典型的例子。

表 14-4　RLC 谐振电路特性总结

特　性	串联电路	并联电路	特　性	串联电路	并联电路
谐振频率 ω_0	$\frac{1}{\sqrt{LC}}$	$\frac{1}{\sqrt{LC}}$	品质因数 Q	$\frac{\omega_0 L}{R}$ 或 $\frac{1}{\omega_0 RC}$	$\frac{R}{\omega_0 L}$ 或 $\omega_0 RC$
频带宽度 B	$\frac{\omega_0}{Q}$	$\frac{\omega_0}{Q}$	半功率频率 ω_1、ω_2	$\omega_0\sqrt{1+\left(\frac{1}{2Q}\right)^2}\pm\frac{\omega_0}{2Q}$	$\omega_0\sqrt{1+\left(\frac{1}{2Q}\right)^2}\pm\frac{\omega_0}{2Q}$
$Q\geqslant 10$ 时的 ω_1、ω_2	$\omega_0\pm\frac{B}{2}$	$\omega_0\pm\frac{B}{2}$			

例 14-8　在图 14-27 所示的 RLC 并联电路中，设 $R=8\text{k}\Omega$，$L=0.2\text{mH}$，$C=8\mu\text{F}$。(a) 计算 ω_0，Q 与 B；(b) 求 ω_1 与 ω_2；(c) 计算 ω_0、ω_1 与 ω_2 各处所消耗的功率。

解：(a)

$$\omega_0=\frac{1}{\sqrt{LC}}=\frac{1}{\sqrt{0.2\times10^{-3}\times8\times10^{-6}}}=\frac{10^5}{4}=25(\text{krad/s})$$

$$Q=\frac{R}{\omega_0 L}=\frac{8\times10^3}{25\times10^3\times0.2\times10^{-3}}=1600$$

$$B=\frac{\omega_0}{Q}=15.625\text{rad/s}$$

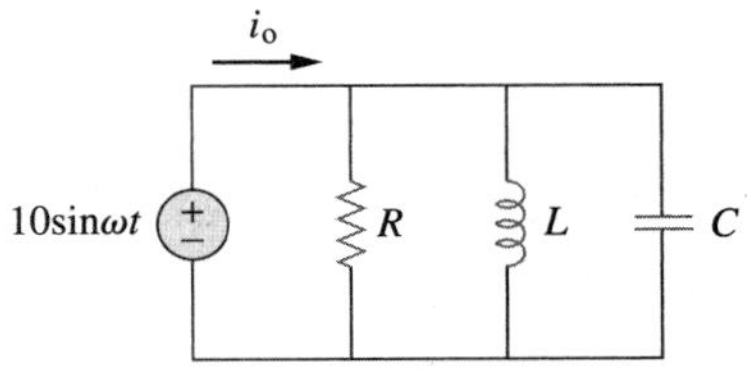

图 14-27　例 14-8 图

(b) 由于 Q 值很高($Q>10$)，可以看作高 Q 值电路，于是，

$$\omega_1=\omega_0-\frac{B}{2}=25\,000-7.812=24\,992(\text{rad/s})$$

$$\omega_2=\omega_0+\frac{B}{2}=25\,000+7.812=25\,008(\text{rad/s})$$

(c) 在 $\omega=\omega_0$，$\mathbf{Y}=1/R$，即 $\mathbf{Z}=R=8\text{k}\Omega$，因此

$$\mathbf{I}_o=\frac{\mathbf{V}}{\mathbf{Z}}=\frac{10\angle{-90^\circ}}{8000}=1.25\angle{-90^\circ}(\text{mA})$$

因为在谐振时，全部电流都流经 R，所以当 $\omega=\omega_0$ 时消耗的平均功率为

$$P=\frac{1}{2}|\mathbf{I}_o|^2 R=\frac{1}{2}(1.25\times10^{-3})^2(8\times10^3)=6.25(\text{mW})$$

即

$$P=\frac{V_m^2}{2R}=\frac{100}{2\times8\times10^3}=6.25(\text{mW})$$

当 $\omega=\omega_1$、ω_2 时，

$$P=\frac{V_m^2}{4R}=3.125(\text{mW})$$ ◀

练习 14-8　某并联谐振电路中，$R=100\text{k}\Omega$，$L=20\text{mH}$ 和 $C=5\text{nF}$，计算 ω_0、ω_1 与 ω_2，Q 和 B。　**答案**：100krad/s，99krad/s，101krad/s，50，2krad/s。

例 14-9 计算图 14-28 所示电路的谐振频率。

解：该电路的输入导纳为

$$\mathbf{Y}=\text{j}\omega 0.1+\frac{1}{10}+\frac{1}{2+\text{j}\omega 2}=0.1+\text{j}\omega 0.1+\frac{2-\text{j}\omega 2}{4+4\omega^2}$$

谐振时，$\text{Im}(\mathbf{Y})=0$，即

$$\omega_0 0.1-\frac{2\omega_0}{4+4\omega_0^2}=0 \quad \Rightarrow \quad \omega_0=2\text{rad/s}$$ ◀

练习 14-9　计算如图 14-29 所示电路的谐振频率。　**答案**：435.9rad/s。

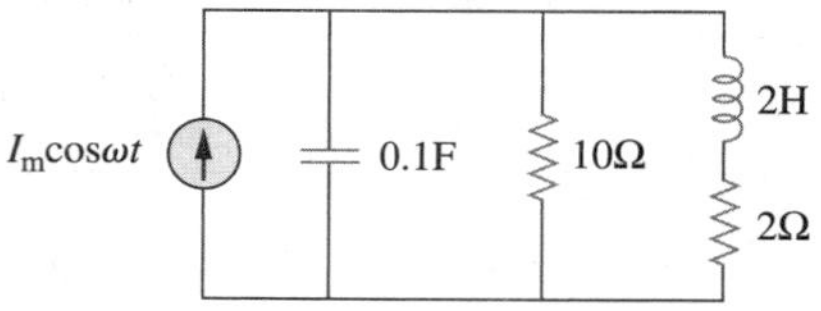

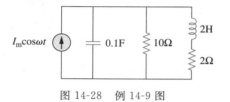

图 14-28　例 14-9 图

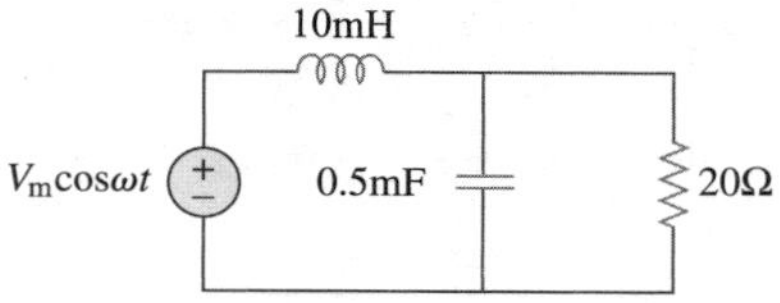

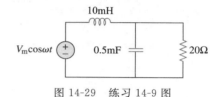

图 14-29　练习 14-9 图

14.7　无源滤波器

滤波器的概念从一开始就是电子工程发展中一个不可或缺的组成部分，没有电子滤波器，某些技术成果将是不可能实现的。鉴于滤波器的突出作用，许多学者和工程技术人员在其理论、设计与制造等问题上付出了大量的努力，发表并出版了很多关于滤波器的论文和专著。本章对滤波器的讨论只是一个简要介绍。

滤波器是一个使期望频率的信号通过、同时阻止或衰退其他频率信号的电路。

滤波器作为一种频率选择装置，可以用来将信号的频谱限制在某个特定的频带宽度范围内。在无线电接收机与电视机中，可以利用滤波器从空间中大量的广播信号中选出所需的信号频道。

如果滤波器电路仅由无源元件 R、L、C 组成，则称为*无源滤波器*(passive filter)；如果构成滤波器的元件除无源元件 R、L、C 外，还包括有源器件(如晶体管、运算放大器等)，则称为*有源滤波器*(active filter)。本节先讨论无源滤波器，下一节再讨论有源滤波器。在实际应用中，LC 滤波器的级联已经超过八阶，在均衡器、阻抗匹配网络、变压器、成形网络、功率分配器、衰减器及方向耦合器等电路中应用广泛，为工程技术人员提供了大量的创新和实践机会。除这几节要学习的 LC 滤波器外，还有一些其他类型的滤波器，如数字滤波器、机电滤波器，微波滤波器等，均已超出本书的讨论范围，因此不再论及。

无论是无源滤波器还是有源滤波器，都有图 14-30 所示的四种形式。

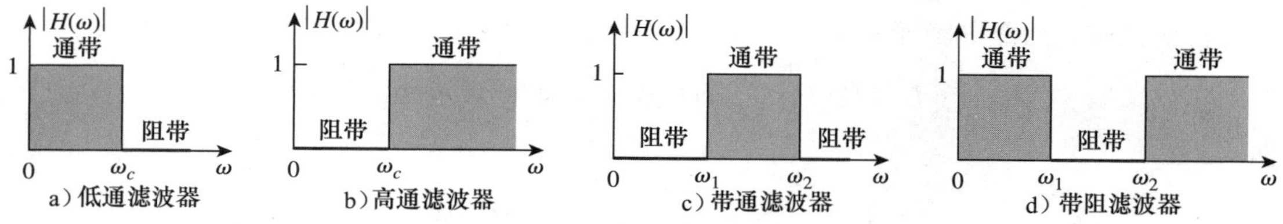

图 14-30　四类滤波器的理想频率响应

1. 低通滤波器(lowpass filter)：允许低频通过，阻止高频通过，其理想频率响应如图 14-30a 所示。

2. 高通滤波器(highpass filter)：允许高频通过，阻止低频通过，其理想频率响应如图 14-30b 所示。

3. 带通滤波器(bandpass filter)：允许某个频带范围内的频率通过，阻止或衰减该频带之外的频率，其理想频率响应如图 14-30c 所示。

4. 带阻滤波器(bandstop filter)：允许某个频带范围外的频带通过，阻止或衰减该频带内的频率，其理想频率响应如图 14-30d 所示。

表 14-5 各类滤波器特性的总结

滤波器类型	$H(0)$	$H(\infty)$	$H(\omega)$或 $H(\omega_0)$
低通	1	0	$1/\sqrt{2}$
高通	0	1	$1/\sqrt{2}$
带通	0	0	1
带阻	1	1	0

表 14-5 总结了以上四类滤波器的特性，该表中所列的特性仅适用于一阶或二阶滤波器电路，滤波器的种类不只表 14-5 中所列的几种。下面讨论实现表 14-5 中所列各种滤波器的典型电路。

14.7.1 低通滤波器

当 RC 电路的输出取自电容两端的电压时，就构成一个典型的低通滤波器，如图 14-31 所示。该电路的传输函数(也可参见例 14-1)为

$$\boldsymbol{H}(\omega)=\frac{\boldsymbol{V}_o}{\boldsymbol{V}_i}=\frac{1/\mathrm{j}\omega C}{R+1/\mathrm{j}\omega C}$$

$$\boldsymbol{H}(\omega)=\frac{1}{1+\mathrm{j}\omega RC} \tag{14.50}$$

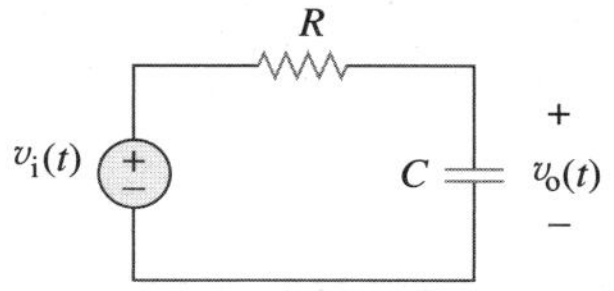

图 14-31　低通滤波器

可见，$\boldsymbol{H}(0)=1$，$\boldsymbol{H}(\infty)=0$。图 14-32 所示为 $|H(\omega)|$ 的频率特性曲线以及理想的频率特性曲线，图中的半功率频率相当于伯德图中的截止频率，但在滤波器中通常称为截止频率(cutoff frequency)ω_c，令 $\boldsymbol{H}(\omega)$的模等于 $1/\sqrt{2}$，即可得到截止频率为

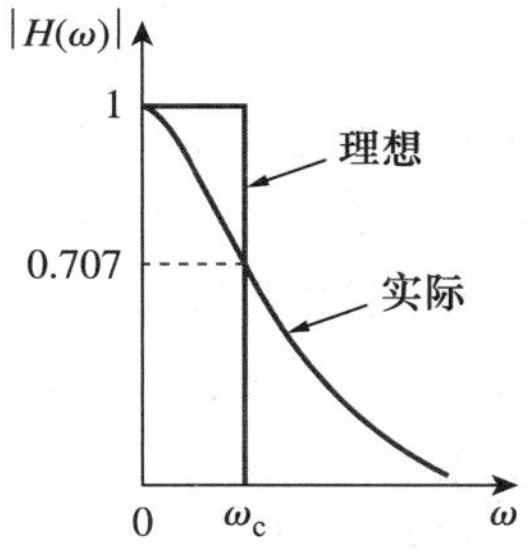

图 14-32　低通滤波器的特性曲线

$$H(\omega_c)=\frac{1}{\sqrt{1+\omega_c^2R^2C^2}}=\frac{1}{\sqrt{2}}$$

即

$$\omega_c=\frac{1}{RC} \tag{14.51}$$

截止频率也可以称为滚降频率(rolloff frequency)。

低通滤波器是只允许从直流到截止频率 ω_c 的频率信号通过的滤波器。

提示：截止频率是传输函数 $\boldsymbol{H}$ 的模降至最大值的 70.71%时所对应的频率，也可以认为是电路消耗的功率为其最大值的一半时所对应的频率。

当 RL 电路的输出取自电阻两端的电压时，也可以构成低通滤波器。当然，低通滤波器还存在其他多种电路形式。

14.7.2 高通滤波器

当 RC 电路的输出取自电阻两端的电压时，就构成了高通滤波器，如图 14-33 所示。其传输函数为

$$\boldsymbol{H}(\omega)=\frac{\boldsymbol{V}_o}{\boldsymbol{V}_i}=\frac{R}{R+1/\mathrm{j}\omega C}$$

$$\boldsymbol{H}(\omega)=\frac{\mathrm{j}\omega RC}{1+\mathrm{j}\omega RC} \tag{14.52}$$

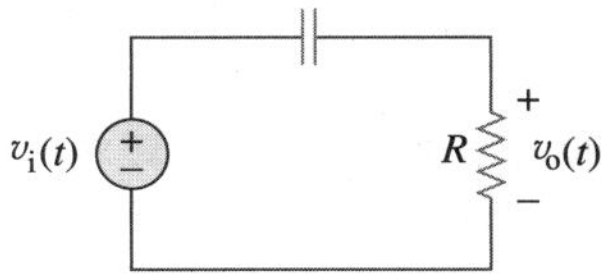

图 14-33　高通滤波器

可见，$\boldsymbol{H}(0)=0$，$\boldsymbol{H}(\infty)=1$。图 14-34 所示为 $|H(\omega)|$ 的频率特性曲线，其转折频率或截止频率为

$$\omega_c=\frac{1}{RC} \tag{14.53}$$

高通滤波器是指高于其截止频率 ω_c 的频率信号通过的滤波器。

当 RL 电路的输出取自电感两端时，也可以构成一个高通滤波器。

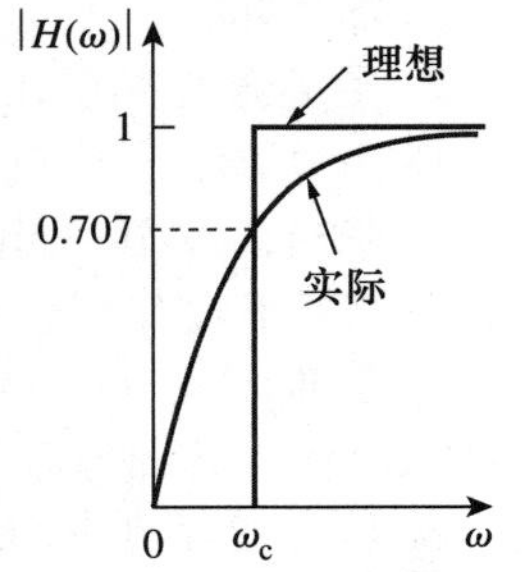

图 14-34　高通滤波器的理想频率响应与实际频率响应

14.7.3　带通滤波器

如果以 RLC 串联谐振电路中电阻两端的电压作为输出，就构成一个带通滤波器，如图 14-35 所示，其传输函数为

$$\boldsymbol{H}(\omega)=\frac{\boldsymbol{V}_o}{\boldsymbol{V}_i}=\frac{R}{R+\mathrm{j}(\omega L-1/\omega C)} \tag{14.54}$$

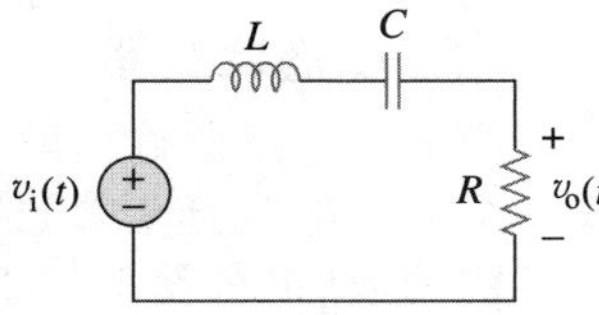

图 14-35　带通滤波器

可见，$\boldsymbol{H}(0)=0$，$\boldsymbol{H}(\infty)=0$。图 14-36 所示为 $|H(\omega)|$ 的幅频特性曲线。带通滤波器使得以 ω_0 为中心的一个频带($\omega_0<\omega_1<\omega_2$)内的信号通过，其中心频率由下式确定。

$$\omega_0=\frac{1}{\sqrt{LC}} \tag{14.55}$$

带通滤波器是允许频带($\omega_0<\omega_1<\omega_2$)内所有频率通过的滤波器。

由于图 14-35 所示的带通滤波是一个串联谐振电路，所以该滤波器的半功率频率、带宽以及品质因数均可由 14.5 节的公式确定。带通滤波器也可以由如图 14-31 所示的低通滤波器(其 $\omega_2=\omega_c$)与如图 14-33 所示的高通滤波器(其 $\omega_1=\omega_c$)级联构成。然而，其结果并不仅仅是将低通滤波器的输出叠加到高通滤波器的输入，因为其中一个电路是另一个电路的负载，改变了所期望的传输函数。

14.7.4　带阻滤波器

阻止两个指定频率($\omega_1=\omega_2$)之间的频带信号通过的滤波器称之为*带阻滤波器*(bandstop/bandreject filter)或*陷波滤波器*(notch filter)。当 RLC 串联谐振电路的输出取自 LC 串联组合两端时，即构成带阻滤波器。如图 14-37 所示，其传输函数为

$$\boldsymbol{H}(\omega)=\frac{\boldsymbol{V}_o}{\boldsymbol{V}_i}=\frac{\mathrm{j}(\omega L-1/\omega C)}{R+\mathrm{j}(\omega L-1/\omega C)} \tag{14.56}$$

可见，$\boldsymbol{H}(0)=1$，$\boldsymbol{H}(\infty)=1$。图 14-38 所示为 $|H(\omega)|$ 的幅频特性曲线，其中心频率为

$$\omega_0=\frac{1}{\sqrt{LC}} \tag{14.57}$$

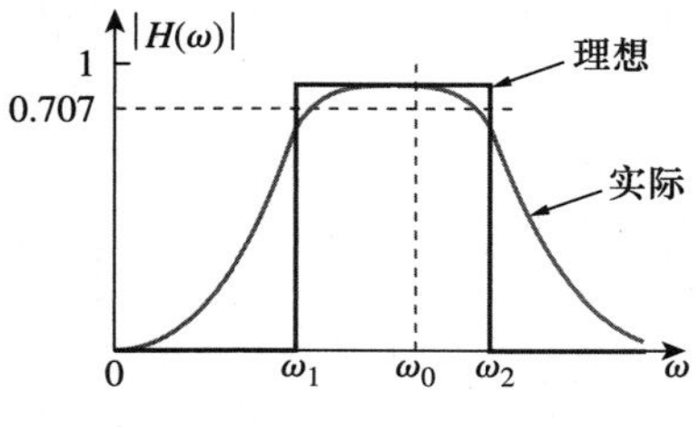

图 14-36　带通滤波器的理想频率响应与实际频率响应

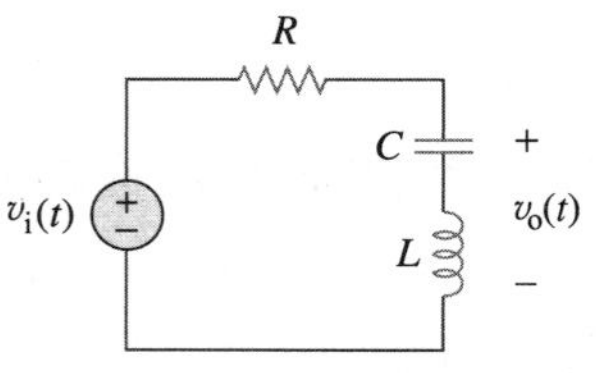

图 14-37　带阻滤波器

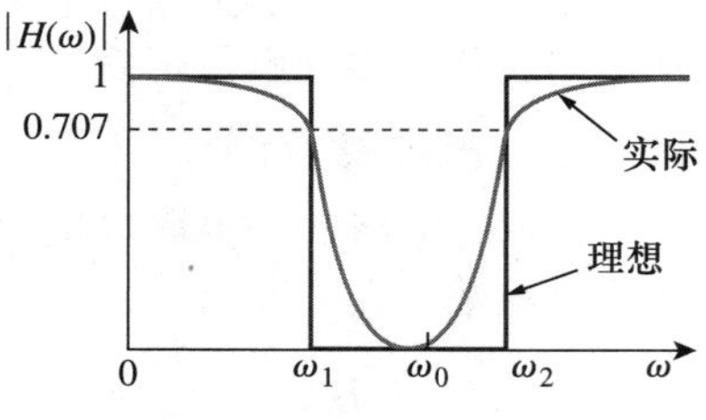

图 14-38　带阻滤波器的理想频率响应与实际频率响应

同理，带阻滤波器的半功率频率、带宽以及品质因数仍然可以利用 14.5 节中的谐振电路

的公式来计算，这里的 ω_0 称为抑制频率(frequency of rejection)。而相应的带宽($B=\omega_2-\omega_1$)称为抑制带宽(bandwidth of rejection)。

带阻滤波器是抑制或消除在频带 $\omega_1<\omega<\omega_2$ 内所有频率成分的滤波器。

注意，具有相同 R、L、C 的带通滤波器的传输函数与带阻滤波器的传输函数相加得到的结果是在任何频率下都为1。这一结论一般而言是不成立的，但对于本节讨论的电路是成立的，这是因为这两个电路其中一个电路的特性恰好与另一个电路的特性相反。

本节的最后总结几点注意事项：

1. 由式(14.50)、式(14.52)、式(14.54)以及式(14.56)可知，无源滤波器的最大增益为1，要想得到大于1的增益，应该采用下一节介绍的有源滤波器。

2. 还可以采用其他方法得到本节介绍的各种类型的滤波器。

3. 本节讨论的滤波器都比较简单，其他许多滤波器还具有锐度更高的选择特性和复杂的频率响应。

例 14-10 确定图14-39所示滤波器的类型，并计算其截止频率。假设电路中 $R=2\text{k}\Omega$，$L=2\text{H}$ 和 $C=2\mu\text{F}$。

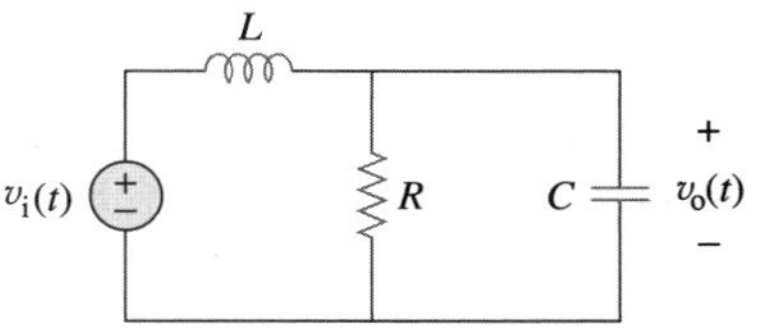

图 14-39 例 14-10 图

解：电路的传输函数为

$$\boldsymbol{H}(s)=\frac{\mathbf{V}_o}{\mathbf{V}_i}=\frac{R\parallel 1/sC}{sL+R\parallel 1/sC},\quad s=j\omega \qquad (14.10.1)$$

式中，

$$R\left\|\frac{1}{sC}=\frac{R/sC}{R+1/sC}=\frac{R}{1+sRC}\right.$$

将其代入式(14.10.1)，可得

$$\boldsymbol{H}(s)=\frac{R/(1+sRC)}{sL+R/(1+sRC)}=\frac{R}{s^2RLC+sL+R},\quad s=j\omega$$

即

$$\boldsymbol{H}(\omega)=\frac{R}{-\omega^2RLC+j\omega L+R} \qquad (14.10.2)$$

由于 $\boldsymbol{H}(0)=1$，$\boldsymbol{H}(\infty)=0$，所以由表14-5可知图14-39所示电路是一个二阶低通滤波器。$\boldsymbol{H}$ 的模为

$$H=\frac{R}{\sqrt{(R-\omega^2RLC)^2+\omega^2L^2}} \qquad (14.10.3)$$

其截止频率就是 $\boldsymbol{H}$ 下降至其 $1/\sqrt{2}$ 时的半功率频率。由于 $\boldsymbol{H}(\omega)$ 的直流值为1，所以在截止频率处，式(14.10.3)两边取平方可以得到

$$H^2=\frac{1}{2}=\frac{R^2}{(R-\omega_c^2RLC)^2+\omega_c^2L^2}$$

即

$$2=(1-\omega_c^2LC)^2+\left(\frac{\omega_cL}{R}\right)^2$$

将 R、L、C 的值代入后得到

$$2=(1-\omega_c^2 4\times10^{-6})^2+(\omega_c 10^{-3})^2$$

假定 ω_c 的单位为 krad/s，则有

$$2=(1-4\omega_c^2)^2+\omega_c^2 \quad \text{or} \quad 16\omega_c^4-7\omega_c^2-1=0$$

求解关于 ω^2 的二次方程，得到 $\omega_c^2=0.5509$ 或 -0.1134，由于 ω_c 为实数，所以

$$\omega_c = 0.742\text{krad/s} = 742\text{rad/s}$$

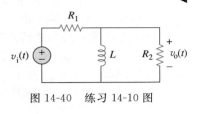

◀

练习 14-10　对于图 14-40 所示电路，求传输函数 $\boldsymbol{V}_o(\omega)/\boldsymbol{V}_i(\omega)$，并判断该电路代表的滤波器类型，同时确定其截止频率。假设 $R_1 = 2\text{k}\Omega = R_2$，$L = 2\text{mH}$。

答案：$\dfrac{R_2}{R_1+R_2}\left(\dfrac{\text{j}\omega}{\text{j}\omega+\omega_c}\right)$，高通滤波器，

$$\omega_c = \frac{R_1 R_2}{(R_1+R_2)L} = 25\text{krad/s}。$$

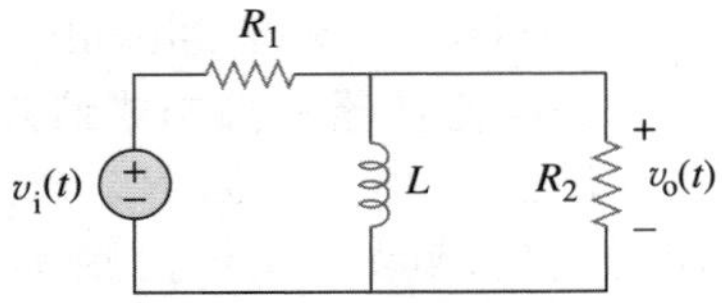

图 14-40　练习 14-10 图

例 14-11 如果图 14-37 所示的带阻滤波器阻止 200Hz 的正弦信号而允许其他频率通过，试计算其 L 与 C 值。假设 $R = 150\Omega$，带宽为 100Hz。

解：利用 14.5 节串联谐振电路的公式，可以得到

$$B = 2\pi \times 100 = 200\pi(\text{rad/s})$$

根据

$$B = \frac{R}{L} \quad \Rightarrow \quad L = \frac{R}{B} = \frac{150}{200\pi} = 0.2387(\text{H})$$

抑制 200Hz 的正弦信号表明 $f_0 = 200\text{Hz}$，于是图 14-38 中的 ω_0 为

$$\omega_0 = 2\pi f_0 = 2\pi \times 200 = 400\pi(\text{Hz})$$

由于 $\omega_0 = 1/\sqrt{LC}$，所以

$$C = \frac{1}{\omega_0^2 L} = \frac{1}{(400\pi)^2 \times 0.2387} = 2.653(\mu\text{F})$$

◀

练习 14-11　设计一个如图 14-35 所示形式的带通滤波器，其低截止频率为 20.1kHz，高截止频率为 20.3kHz。假定 $R = 20\text{k}\Omega$，试计算 L、C 与 Q。

答案：15.915H，3.9pF，101。

14.8　有源滤波器

前一节介绍的无源滤波器存在三个主要的限制。首先，不能产生大于 1 的增益，无源元件不能增加网络中的能量；其次，可能会用到体积笨重、价格昂贵的电感元件；第三，在低于音频范围($300\text{Hz} < f < 3000\text{Hz}$)工作时，滤波器性能很差。然而，无源滤波器在高频时是非常有用的。

有源滤波器由电阻、电容以及运算放大器组成，与无源 RLC 滤波器相比，有源滤波器的优势在于：第一，由于有源滤波器不需要电感，因而器件体积较小、价格不是很贵，这使得滤波器的集成电路实现成为可能；第二，有源滤波器除了提供与 RLC 滤波器相同的频率响应外，还可以提供放大器增益；第三，有源滤波器可以与缓冲放大器(电压跟随器)结合使用，从而实现滤波器各级与电源和负载阻抗效应的隔离。利用这种隔离特性，就可以独立设计滤波器各级，之后再将其级联起来实现所要求的传输函数(传输函数级联时，伯德图因为是对数关系所以可以直接相加)。然而，有源滤波器的可靠性和稳定性差，大多数有源滤波器的实际工作频率限制在 100kHz 以下，即多数有源滤波器在 100kHz 以下可以正常工作。

通常可以按照滤波器的阶数(即极点数)或者特定的设计类型对滤波器进行分类。

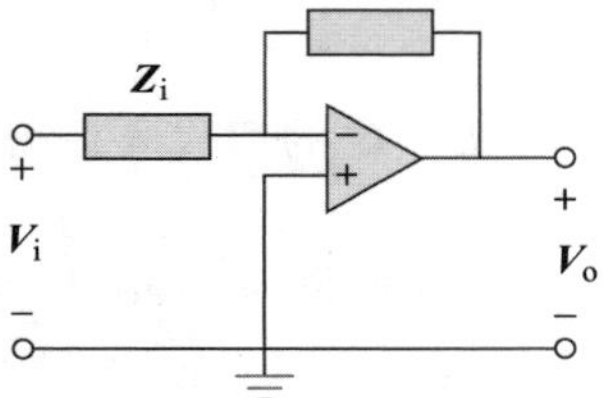

图 14-41　通用的一阶有源滤波器

14.8.1　一阶低通滤波器

一阶滤波器的一种形式如图 14-41 所示，其中器件 $\boldsymbol{Z}_i$ 和 $\boldsymbol{Z}_f$ 的不同选择决定了滤波器是低通的还是高通的，

但其中一个元件必须是电抗元件。

图 14-42 所示为一个典型的有源低通滤波器，该滤波器的传输函数为

$$\boldsymbol{H}(\omega)=\frac{\boldsymbol{V}_o}{\boldsymbol{V}_i}=-\frac{\boldsymbol{Z}_f}{\boldsymbol{Z}_i} \tag{14.58}$$

式中，$\boldsymbol{Z}_i=R_i$，并且

$$\boldsymbol{Z}_f=R_f\left\|\frac{1}{j\omega C_f}=\frac{R_f/j\omega C_f}{R_f+1/j\omega C_f}=\frac{R_f}{1+j\omega C_f R_f}\right. \tag{14.59}$$

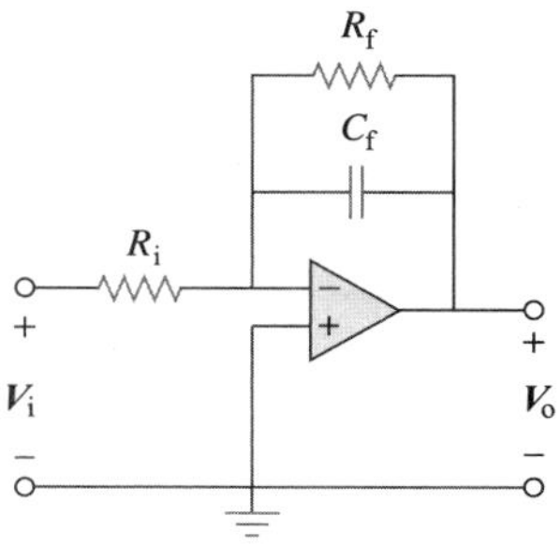

图 14-42　有源一阶低通滤波器

因此

$$\boldsymbol{H}(\omega)=-\frac{R_f}{R_i}\frac{1}{1+j\omega C_f R_f} \tag{14.60}$$

由此可见，式(14.60)与式(14.50)基本相同，只是相差一个低频增益($\omega\to 0$)，即$-R_f/R_i$的直流增益。此外，其截止频率为

$$\omega_c=\frac{1}{R_f C_f} \tag{14.61}$$

由此可见，ω_c不依赖于R_i。这意味着可以将几个不同的输入R_i相加起来，但各输入的截止频率保持不变。

14.8.2　一阶高通滤波器

图 14-43 所示为一个典型的高通滤波器，其传输函数为

$$\boldsymbol{H}(\omega)=\frac{\boldsymbol{V}_o}{\boldsymbol{V}_i}=-\frac{\boldsymbol{Z}_f}{\boldsymbol{Z}_i} \tag{14.62}$$

式中，$\boldsymbol{Z}_i=R_i+1/j\omega C_i$，$\boldsymbol{Z}_f=R_f$，因此

$$\boldsymbol{H}(\omega)=-\frac{R_f}{R_i+1/j\omega C_i}=-\frac{j\omega C_i R_f}{1+j\omega C_i R_i} \tag{14.63}$$

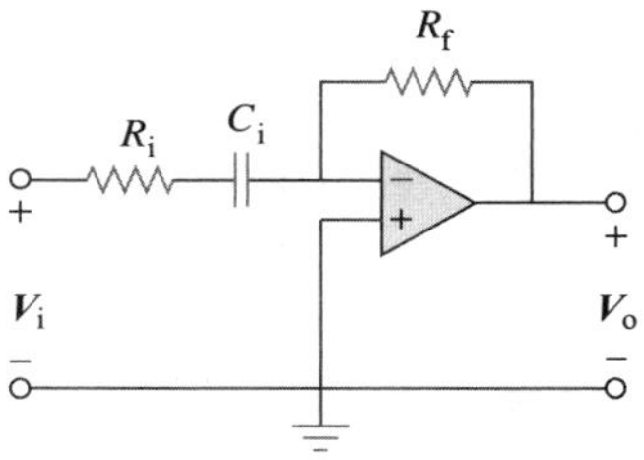

图 14-43　有源一阶高通滤波器

式(14.63)与(14.52)类似，只是在频率很高($\omega\to\infty$)时，其增益趋于$-R_f/R_i$，截止频率为

$$\omega_c=\frac{1}{R_i C_i} \tag{14.64}$$

14.8.3　带通滤波器

将图 14-42 所示低通滤波器与图 14-43 所示高通滤波器组合起来，就可以构成一个在所需频带内增益为 K 的带通滤波器。将单位增益的低通滤波器、单位增益的高通滤波器与增益为$-R_f/R_i$的反相放大器级联即可构成一个带通滤波器，其框图如图 14-44a 所示，其频率响应如图 14-44b 所示。带通滤波器的实际电路结构如图 14-45 所示。

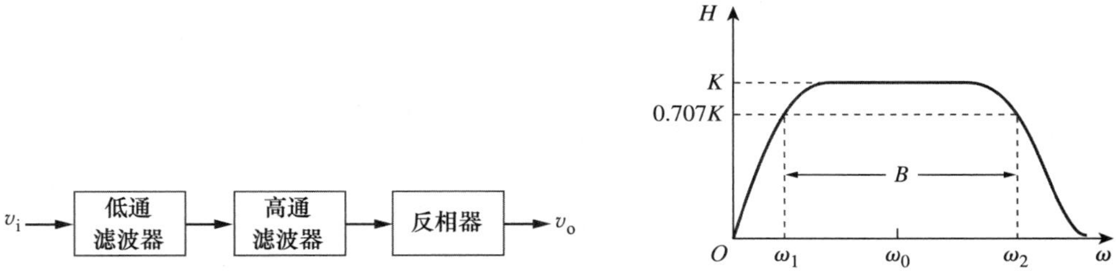

a）框图　　b）频率响应

图 14-44　有源带通滤波器

提示：这种构成带通滤波器的方法未必是最好的方法，但可能是最容易理解的。

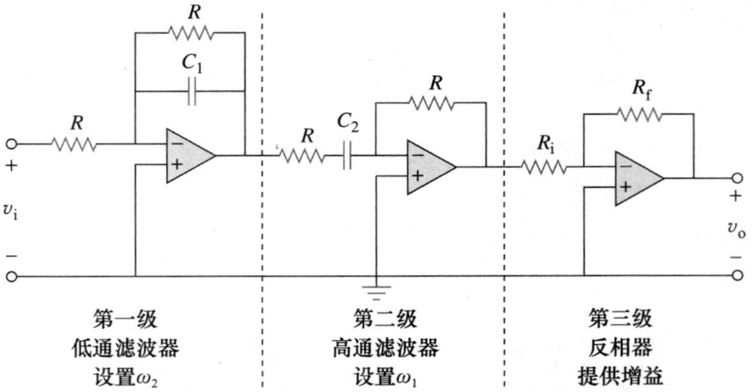

图 14-45 有源带通滤波器实际电路结构图

带通滤波器的分析相当简单，其传输函数为式(14.60)、式(14.63)与反相器增益三者的乘积，即

$$\begin{aligned}\boldsymbol{H}(\omega)=\frac{\boldsymbol{V}_o}{\boldsymbol{V}_i}&=\left(-\frac{1}{1+j\omega C_1R}\right)\left(-\frac{j\omega C_2R}{1+j\omega C_2R}\right)\left(-\frac{R_f}{R_i}\right)\\&=-\frac{R_f}{R_i}\frac{1}{1+j\omega C_1R}\frac{j\omega C_2R}{1+j\omega C_2R}\end{aligned}\tag{14.65}$$

低通部分设定了带通滤波器的上截止频率

$$\omega_2=\frac{1}{RC_1}\tag{14.66}$$

而高通部分设定了带通滤波器的下截止频率

$$\omega_1=\frac{1}{RC_2}\tag{14.67}$$

由 ω_1 与 ω_2 的值即可确定带通滤波器的中心频率、带宽以及品质因数。

$$\omega_0=\sqrt{\omega_1\omega_2}\tag{14.68}$$

$$B=\omega_2-\omega_1\tag{14.69}$$

$$Q=\frac{\omega_0}{B}\tag{14.70}$$

为了确定带通滤波器的通带增益 K，将式(14.65)的传输函数化为式(14.15)所示的标准形式。

$$\boldsymbol{H}(\omega)=-\frac{R_f}{R_i}\frac{j\omega/\omega_1}{(1+j\omega/\omega_1)(1+j\omega/\omega_2)}=-\frac{R_f}{R_i}\frac{j\omega\omega_2}{(\omega_1+j\omega)(\omega_2+j\omega)}\tag{14.71}$$

在中心频率 $\omega_0=\sqrt{\omega_1\omega_2}$ 处，传输函数的模为

$$|\boldsymbol{H}(\omega_0)|=\left|\frac{R_f}{R_i}\frac{j\omega_0\omega_2}{(\omega_1+j\omega_0)(\omega_2+j\omega_0)}\right|=\frac{R_f}{R_i}\frac{\omega_2}{\omega_1+\omega_2}\tag{14.72}$$

于是，其带通增益为

$$K=\frac{R_f}{R_i}\frac{\omega_2}{\omega_1+\omega_2}\tag{14.73}$$

14.8.4 带阻(陷波)滤波器

低通滤波器与高通滤波器的并联组合再加上一个求和放大器就可以构成带阻滤波器，其方框图如图 14-46a 所示。带阻滤波器的下截止频率由低通滤波器设定，而上截止频率

ω_2 由高通滤波器设定。ω_1 与 ω_2 之间的频带宽度为带阻滤波器的带宽，如图 14-46b 所示，带阻滤波器允许低于 ω_1 和高于 ω_2 的频带通过。图 14-46a 所示方框图的实际电路结构如图 14-47 所示，带阻滤波器的传输函数为

$$\boldsymbol{H}(\omega)=\frac{\mathbf{V}_o}{\mathbf{V}_i}=-\frac{R_f}{R_i}\left(-\frac{1}{1+j\omega C_1R}-\frac{j\omega C_2R}{1+j\omega C_2R}\right) \tag{14.74}$$

计算其截止频率 ω_1 和 ω_2、中心频率、带宽以及品质因数的公式与式(14.66)～式(14.70)相同。

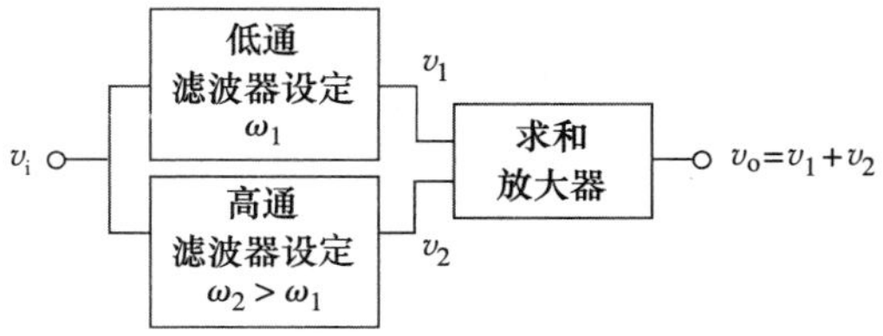

a）框图

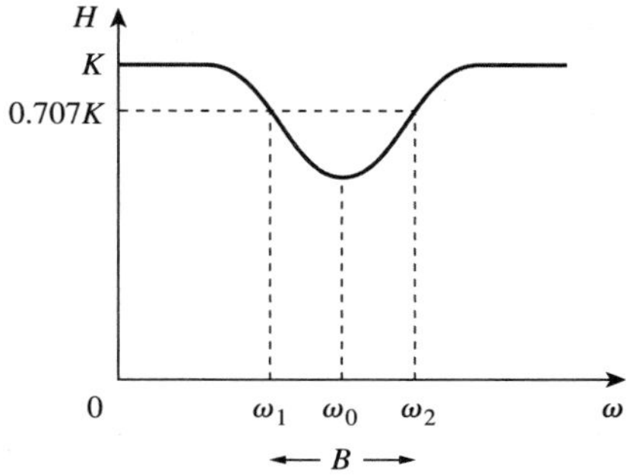

b）频率响应

图 14-46 有源带阻滤波器

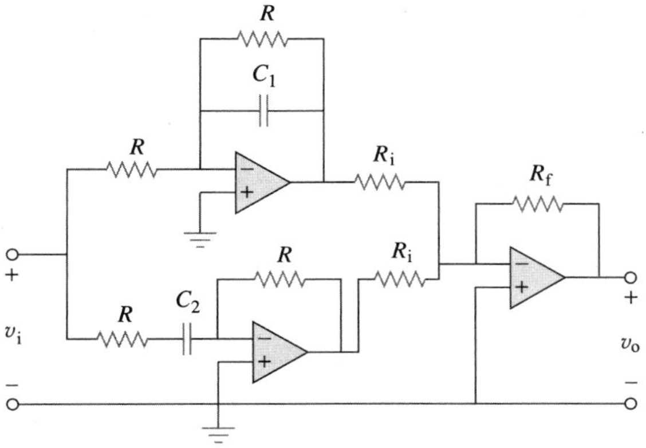

图 14-47 有源带阻滤波器实际电路结构图

为了确定带阻滤波器的带通增益 K，可以用上、下截止频率表示式(14.74)，得到

$$\boldsymbol{H}(\omega)=\frac{R_f}{R_i}\left(\frac{1}{1+j\omega/\omega_2}+\frac{j\omega/\omega_1}{1+j\omega/\omega_1}\right)=\frac{R_f}{R_i}\frac{(1+j2\omega/\omega_1+(j\omega)^2/\omega_1\omega_1)}{(1+j\omega/\omega_2)(1+j\omega/\omega_1)} \tag{14.75}$$

将式(14.75)与式(14.15)所示的传输函数标准形式相比较可知，在两通带($\omega\to 0$ 与 $\omega\to\infty$)内，其增益为

$$K=\frac{R_f}{R_i} \tag{14.76}$$

也可以通过中心频率 $\omega_0=\sqrt{\omega_1\omega_2}$ 处传输函数的模确定其通带增益，即

$$H(\omega_0)=\left|\frac{R_f}{R_i}\frac{(1+j2\omega_0/\omega_1+(j\omega_0)^2/\omega_1\omega_1)}{(1+j\omega_0/\omega_2)(1+j\omega_0/\omega_1)}\right|=\frac{R_f}{R_i}\frac{2\omega_1}{\omega_1+\omega_2} \tag{14.77}$$

同样，本节介绍的滤波器仅是一些典型的结构，还有许多更为复杂的其他类型的有源滤波器。

例 14-12 设计一个直流增益为 4、截止频率为 500Hz 的低通有源滤波器。

解： 由式(14.61)可得

$$\omega_c = 2\pi f_c = 2\pi \times 500 = \frac{1}{R_f C_f} \tag{14.12.1}$$

其直流增益为

$$H(0) = -\frac{R_f}{R_i} = -4 \tag{14.12.2}$$

现在得到包含的三个未知数的两个方程，如果选定 $C_f = 0.2\mu\text{F}$，则有

$$R_f = \frac{1}{2\pi \times 500 \times 0.2 \times 10^{-6}} = 1.59(\text{k}\Omega)$$

和

$$R_i = \frac{R_f}{4} = 397.5\Omega$$

取 $R_f = 1.6\text{k}\Omega$，$R_i = 400\Omega$，所设计的低通有源滤波器如图 14-42 所示。◀

练习 14-12 设计一个高频增益为 5，截止频率为 2kHz 的高通滤波器，设计时采用 $0.1\mu\text{F}$ 的电容器。 **答案**：$R_i = 800\Omega$，$R_f = 4\text{k}\Omega$。

例 14-13 设计一个如图 14-45 所示的带通滤波器，允许 250～3kHz 范围内的频率成分通过，增益 $K = 10$，假定电阻 $R = 20\text{k}\Omega$。

解： 1. **明确问题**。本例所要解决的问题已阐述清楚，设计中所采用的电路也已明确规定。

2. **列出已知条件**。本题要求使用图 14-45 所示的运算放大器电路设计一个带通滤波器，已经给定电阻 R 的值(20kΩ)，另外，可以通过的信号频率范围为 250Hz～3kHz。

3. **确定备选方案**。采用 14.8.3 节推导的公式求解本例，之后利用所得到的传输函数验证答案的正确性。

4. **尝试求解**。因为 $\omega_1 = 1/RC_2$，所以

$$C_2 = \frac{1}{R\omega_1} = \frac{1}{2\pi f_1 R} = \frac{1}{2\pi \times 250 \times 20 \times 10^3} = \mathbf{31.83(nF)}$$

同理，由于 $\omega_2 = 1/RC_1$，则

$$C_1 = \frac{1}{R\omega_2} = \frac{1}{2\pi f_2 R} = \frac{1}{2\pi \times 3000 \times 20 \times 10^3} = \mathbf{2.65(nF)}$$

由式(14.73)可得

$$\frac{R_f}{R_i} = K\frac{\omega_1 + \omega_2}{\omega_2} = K\frac{f_1 + f_2}{f_2} = \frac{10 \times 3250}{3000} = 10.83$$

如果选择 $R_i = \mathbf{10k\Omega}$，则有 $R_f = 10.83 \quad R_i \approx \mathbf{108.3k\Omega}$。

5. **评价结果**。第一个运算放大器的输出为

$$\frac{V_i - 0}{20\text{k}\Omega} + \frac{V_1 - 0}{20\text{k}\Omega} + \frac{s2.65 \times 10^{-9}(V_1 - 0)}{1} = 0 \to V_1 = -\frac{V_i}{1 + 5.3 \times 10^{-5}s}$$

第二个运算放大器的输出为

$$\frac{V_1 - 0}{20\text{k}\Omega + \dfrac{1}{s31.83\text{nF}}} + \frac{V_2 - 0}{20\text{k}\Omega} = 0 \to$$

$$V_2 = -\frac{6.366 \times 10^{-4}sV_1}{1 + 6.366 \times 10^{-4}s} = \frac{6.366 \times 10^{-4}sV_i}{(1 + 6.366 \times 10^{-4}s)(1 + 5.3 \times 10^{-5}s)}$$

第三个运算放大器的输出为

$$\frac{V_2-0}{10\text{k}\Omega}+\frac{V_o-0}{108.3\text{k}\Omega}=0 \rightarrow V_o=10.83V_2 \rightarrow \text{j}2\pi\times 25^\circ$$

$$V_o=-\frac{6.894\times 10^{-3}sV_i}{(1+6.366\times 10^{-4}s)(1+5.3\times 10^{-5}s)}$$

令 $s=\text{j}2\pi\times 25^\circ$ 并求出 V_o/V_i 的模：

$$\frac{V_o}{V_i}=\frac{-\text{j}10.829}{(1+\text{j}1)\times 1}$$

$|V_o/V_i|=\mathbf{0.7071\times 10.829}$，即低截止频率点。

令 $s=\text{j}2\pi\times 3000=\text{j}18.849\text{k}\Omega$，则有

$$\frac{V_o}{V_i}=\frac{-\text{j}129.94}{(1+\text{j}12)(1+\text{j}1)}=\frac{129.94\angle{-90^\circ}}{(12.042\angle{85.24^\circ})(1.4142\angle{45^\circ})}=\mathbf{0.7071\times 10.791\angle{-18.61^\circ}}$$

显然，这是上截止频率，答案得到验证。

6. 是否满意？本题所设计的电路令人满意，可以将其作为本题的答案。◀

练习 14-13　设计一个如图 14-47 所示的陷波滤波器，其 $\omega_0=20\text{krad/s}$，$K=5$ 并且 $Q=10$，假定 $R=R_1=10\text{k}\Omega$。　**答案**：$C_1=4.762\text{nF}$，$C_2=5.263\text{nF}$，$R_f=50\text{k}\Omega$。

14.9 比例转换

在设计、分析滤波器与谐振电路的过程中，或是在一般的电路分析过程中，先采用 1Ω、1H 或 1F 的元件值，之后再将这些值比例转换为实际值。通常会简化电路的分析与设计。在本书大量的例题与习题中，未采用元件的实际值就是利用了这一思想的优点。利用方便的元件值进行分析设计可以使读者更容易掌握电路分析方法，由于可以通过比例转换得到实际值，所以能够简化电路的计算。

电路的比例转换包括两个方面：一是幅度或阻抗的比例转换；二是频率的比例转换。二者在频率响应的比例转换以及将电路元件变换为实际值时是非常有用的，虽然模的比例运算保持电路的频率响应不变，但频率的比例转换却将频率响应沿频谱上下移动。

14.9.1 幅值的比例转换

幅值的比例转换是指将电路网络中的所有阻抗都增大某个因子，而不改变其频率响应的过程。

电路中的各元件 R、L、C 的阻抗分别为

$$\boldsymbol{Z}_R=R,\quad \boldsymbol{Z}_L=\text{j}\omega L,\quad \boldsymbol{Z}_C=\frac{1}{\text{j}\omega C} \tag{14.78}$$

在进行幅值的比例转换时，各电路元件的阻抗都乘以因子 K_m，同时保持其频率不变。于是，得到新的阻抗为

$$\boldsymbol{Z}'_R=K_m\boldsymbol{Z}_R=K_mR,\quad \boldsymbol{Z}'_L=K_m\boldsymbol{Z}_L=\text{j}\omega K_mL$$

$$\boldsymbol{Z}'_C=K_m\boldsymbol{Z}_C=\frac{1}{\text{j}\omega C/K_m} \tag{14.79}$$

比较式(14.79)与式(14.78)可知，元件值的变化如下：$R\rightarrow K_mR$，$L\rightarrow K_mL$，$C\rightarrow C/K_m$。因此，在进行幅值的比例转换时，各个元件的新值与频率分别为

$$\boxed{R'=K_mR,\quad L'=K_mL,\quad C'=\frac{C}{K_m},\quad \omega'=\omega} \tag{14.80}$$

式中，带“′”号的变量为新值，而不带“′”号的变量为原来的值。对于 RLC 串联或并联电路而言，比例转换前后的关系为

$$\omega_0' = \frac{1}{\sqrt{L'C'}} = \frac{1}{\sqrt{K_m LC/K_m}} = \frac{1}{\sqrt{LC}} = \omega_0 \tag{14.81}$$

这说明比例转换前后的谐振频率是不变的。同样，品质因数与带宽也不会受到比例转换的影响。而且，幅值的比例转换也不会影响式(14.2a)与式(14.2b)所示的无量纲传输函数的形式。

14.9.2　频率比例变换

频率比例变换是指将网络的频率响应沿频率轴上、下移动并保持阻抗不变的过程。

将频率乘以因子 K_f，并保持阻抗不变就可以实现频率比例变换。

提示： 频率比例转换等效于对频率响应曲线中的频率轴进行重新标定，在将谐振频率、截止频率、带宽等平移至其实际值时，就必须用到频率转换。同时，还可以利用频率比例转换使电容值与电感值变换到方便处理的范围内。

由式(14.78)可见，L 与 C 的阻抗是与频率有关的，如果对式(14.78)中的 $\mathbf{Z}_L(\omega)$ 与 $\mathbf{Z}_C(\omega)$ 应用频率比例转换，由于电感与电容的阻抗在转换前后保持不变，于是得到

$$\mathbf{Z}_L = \mathrm{j}(\omega K_f)L' = \mathrm{j}\omega L \quad \Rightarrow \quad L' = \frac{L}{K_f} \tag{14.82a}$$

$$\mathbf{Z}_C = \frac{1}{\mathrm{j}(\omega K_f)C'} = \frac{1}{\mathrm{j}\omega C} \quad \Rightarrow \quad C' = \frac{C}{K_f} \tag{14.82b}$$

由此可见，元件值得变化如下：$L \to L/K_f$，$C \to C/K_f$。由于 R 的阻抗是与频率无关的，所以 R 的值不受任何影响。因此，在进行频率比例转换时，电路元件的新值与频率为

$$\boxed{R' = R, \quad L' = \frac{L}{K_f}, \quad C' = \frac{C}{K_f}, \quad \omega' = K_f\omega} \tag{14.83}$$

对于 RLC 串联或并联电路，其谐振频率为

$$\omega_0' = \frac{1}{\sqrt{L'C'}} = \frac{1}{\sqrt{(L/K_f)(C/K_f)}} = \frac{K_f}{\sqrt{LC}} = K_f\omega_0 \tag{14.84}$$

其带宽为

$$B' = K_f B \tag{14.85}$$

但是其品质因数仍保持不变($Q' = Q$)。

14.9.3　幅值与频率的比例转换

如果对电路同时进行幅值的比例转换与频率的比例转换，则有

$$\boxed{R' = K_m R, \quad L' = \frac{K_m}{K_f}L, \quad C' = \frac{1}{K_m K_f}C, \quad \omega' = K_f\omega} \tag{14.86}$$

以上公式是比式(14.80)与式(14.83)更为一般的公式。在不进行幅值的比例转换的情况下，则令式(14.86)中的 $K_m = 1$；在不进行频率比例转换的情况下，则令式(14.86)中的 $K_f = 1$。

例 14-14 某四阶巴特沃思(Butterworth)低通滤波器如图 14-48a 所示。该滤波器的截止频率设计为 $\omega_c = 1\text{rad/s}$。试利用 10kΩ 电阻器将该电路的截止频率变换为 50kHz。

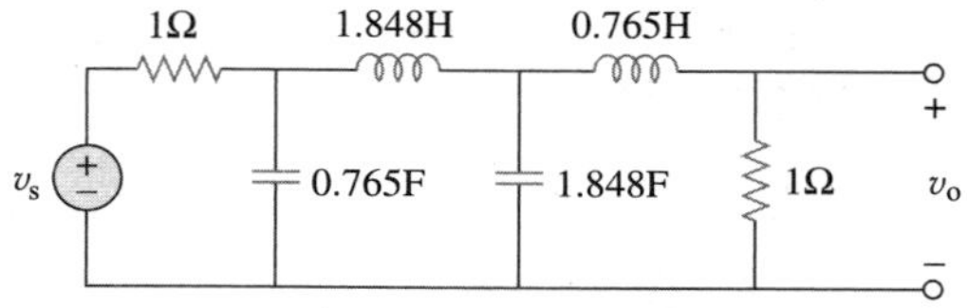

a）归一化巴特沃思低通滤波器

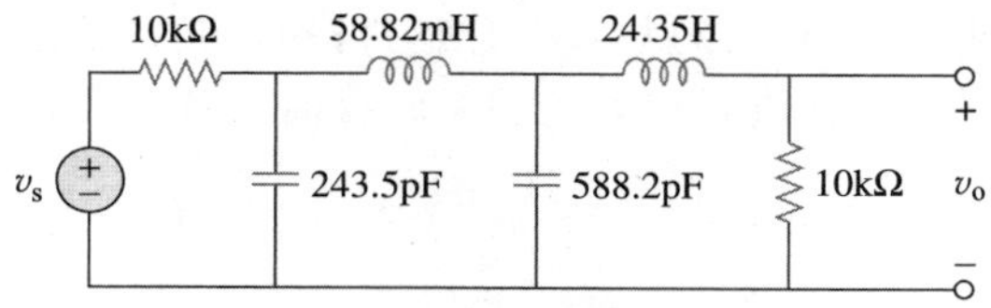

b）比例转换后的低通滤波器

图 14-48　例 14-14 图

解：要将截止频率从 $\omega_c = 1\text{rad/s}$ 平移至 $\omega_c' = 2\pi \times 50\text{krad/s}$，则频率比例因子为

$$K_f = \frac{\omega_c'}{\omega_c} = \frac{100\pi \times 10^3}{1} = \pi \times 10^5$$

并且，如果用 10kΩ 电阻取代各 1Ω 电阻，则幅值比例因子为

$$K_m = \frac{R'}{R} = \frac{10 \times 10^3}{1} = 10^4$$

利用式(14.86)，可以得到

$$L_1' = \frac{K_m}{K_f} L_1 = \frac{10^4}{\pi \times 10^5} \times 1.848 = 58.82(\text{mH})$$

$$L_2' = \frac{K_m}{K_f} L_2 = \frac{10^4}{\pi \times 10^5} \times 0.765 = 24.35(\text{mH})$$

$$C_1' = \frac{C_1}{K_m K_f} = \frac{0.765}{\pi \times 10^9} = 243.5(\text{pF})$$

$$C_2' = \frac{C_2}{K_m K_f} = \frac{1.848}{\pi \times 10^9} = 588.2(\text{pF})$$

比例转换后的电路如图 14-48b 所示，该电路采用实际的元件值，并且其传输函数与图 14-48b 所示的原型一样，只是频率出现了平移。◀

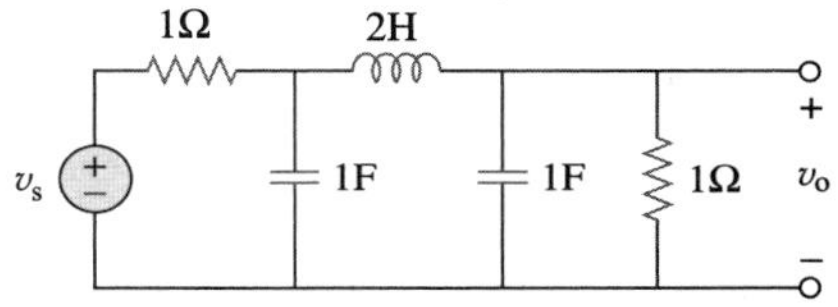

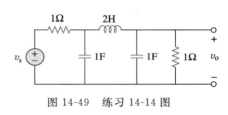

图 14-49 练习 14-14 图

练习 14-14 某三阶巴特沃思滤波器的归一化频率为 $\omega_c = 1\text{rad/s}$，如图 14-49 所示。试利用 15nF 电容器通过比例转换确定截止频率为 10kHz 时的电路参数。

答案：$R_1' = R_2' = 1.061\text{k}\Omega$，$C_1' = C_2' = 15\text{nF}$，$L' = 33.77\text{mH}$。

习题

14.2 节

1 求图 14-50 所示 RC 电路的传输函数 v_o/v_i，利用 $\omega_0 = 1/RC$ 表示该传输函数。

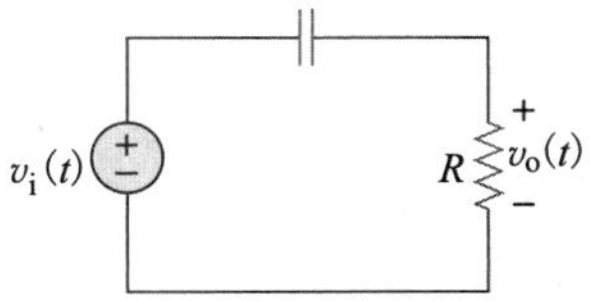

图 14-50 习题 1 图

2 利用图 14-51 所示电路设计一个问题，以更好地理解传输函数的求解方法。 **ED**

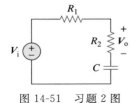

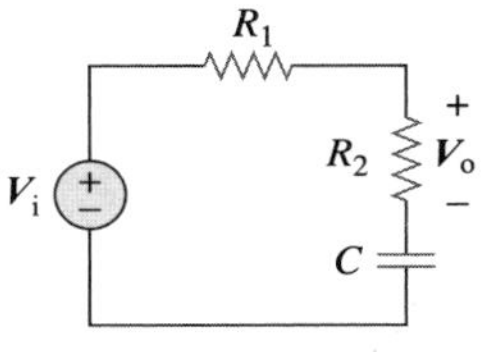

图 14-51 习题 2 图

3 对于图 14-52 所示电路，计算 $\boldsymbol{H}(s) = \boldsymbol{V}_o(s)/\boldsymbol{V}_i(s)$。

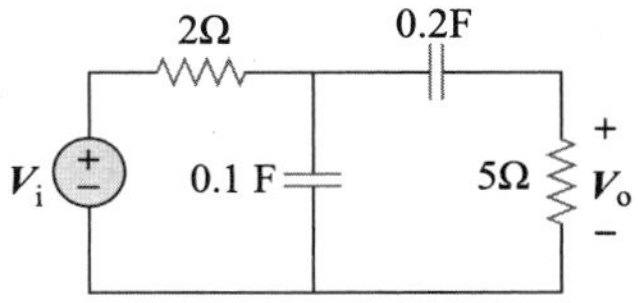

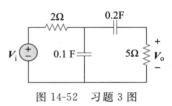

图 14-52 习题 3 图

4 求图 14-53 所示电路的传输函数 $\boldsymbol{H}(s) = \boldsymbol{V}_o/\boldsymbol{V}_i$。

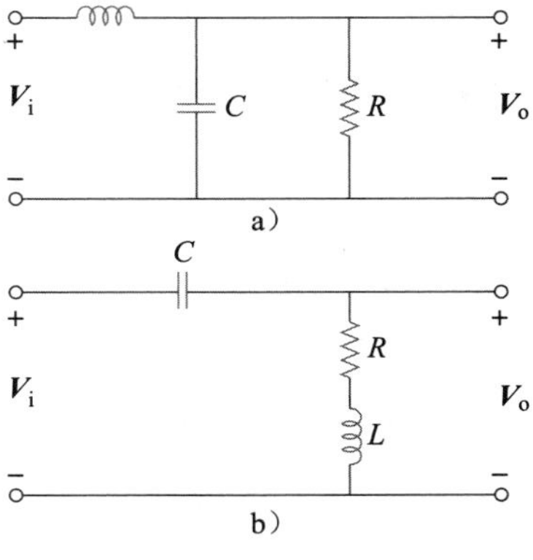

图 14-53 习题 4 图

5 对于如图 14-54 所示各电路，试求 $\boldsymbol{H}(s)=\boldsymbol{V}_o/\boldsymbol{I}_s$。

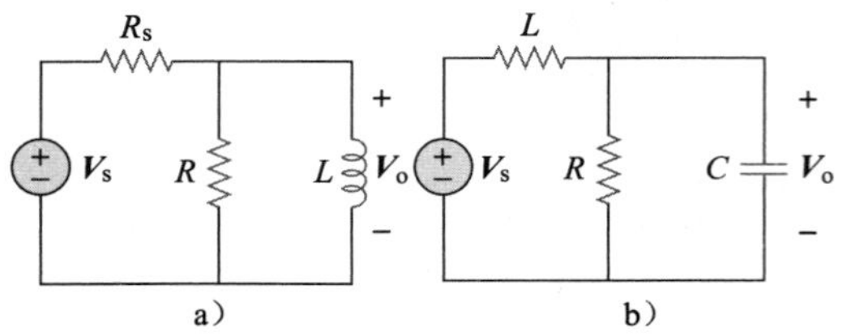

图 14-54 习题 5 图

6 对于图 14-55 所示电路，求 $\boldsymbol{H}(s)=\boldsymbol{I}_o(s)/\boldsymbol{I}_s(s)$。

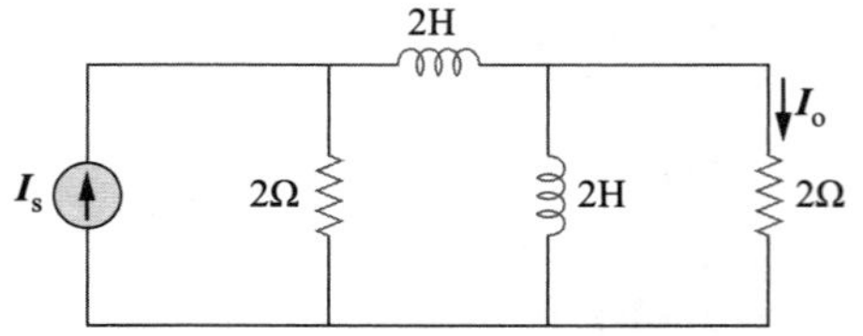

图 14-55 习题 6 图

14.3 节

7 如果 H_{dB} 等于：(a) 0.05dB；(b) −6.2dB；(c) 104.7dB。

试计算相应的 $|H(\omega)|$。

8 设计一个问题，帮助其他同学计算某一频率 ω 下不同传输函数的幅度(dB)和相位(°)。 **ED**

14.4 节

9 某阶梯网络的电压增益为

$$\boldsymbol{H}(\omega)=\frac{10}{(1+j\omega)(10+j\omega)}$$

画出该增益的伯德图。

10 设计一个问题，以更好地理解如何计算给定传输函数在频率为 $j\omega$ 时的幅度伯德图和相位伯德图。 **ED**

11 画出如下函数的伯德图。

$$\boldsymbol{H}(\omega)=\frac{0.2(10+j\omega)}{j\omega(2+j\omega)}$$

12 传输函数为

$$T(s)=\frac{100(s+10)}{s(s+10)}$$

画出其幅度伯德图和相位伯德图。

13 画出如下函数的伯德图。

$$G(s)=\frac{0.1(s+1)}{s^2(s+10)}, \quad s=j\omega$$

14 画出如下函数的伯德图。

$$\boldsymbol{H}(\omega)=\frac{250(j\omega+1)}{j\omega(-\omega^2+10j\omega+25)}$$

15 画出如下函数的幅度伯德图和相位伯德图。

$$H(s)=\frac{2(s+1)}{(s+2)(s+10)}, \quad s=j\omega$$

16 画出如下函数的幅度伯德图和相位伯德图。

$$H(s)=\frac{1.6}{s(s^2+s+16)}, \quad s=j\omega$$

17 画出如下函数的伯德图。

$$G(s)=\frac{s}{(s+2)^2(s+1)}, \quad s=j\omega$$

18 画出如下传输函数幅度与相位的近似伯德图。

$$H(s)=\frac{80s}{(s+10)(s+20)(s+40)}, \quad s=j\omega$$

19 为了使同学们更好地理解如何计算幅度伯德图和相位伯德图，设计一个比习题 10 更复杂的问题，计算传输函数在频率的幅度伯德图和相位伯德图，并包括至少一个二阶复根。 **ED**

20 画出如下传输函数的幅度伯德图：

$$H(s)=\frac{10s(s+20)}{(s+1)(s^2+60s+400)}, \quad s=j\omega$$

21 求图 14-56 所示幅度伯德图的传输函数 $H(\omega)$。

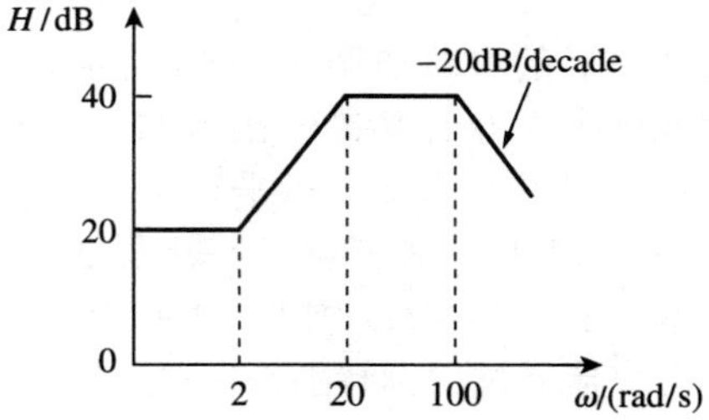

图 14-56 习题 21 图

22 $\boldsymbol{H}(\omega)$的幅度伯德图如图 14-57 所示，求 $\boldsymbol{H}(\omega)$。

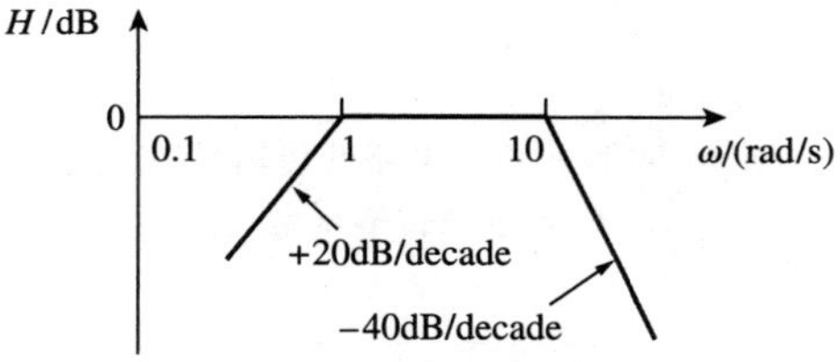

图 14-57 习题 22 图

23 图 14-58 所示幅频特性曲线表示某前置放大器的传输函数，求 $H(s)$。

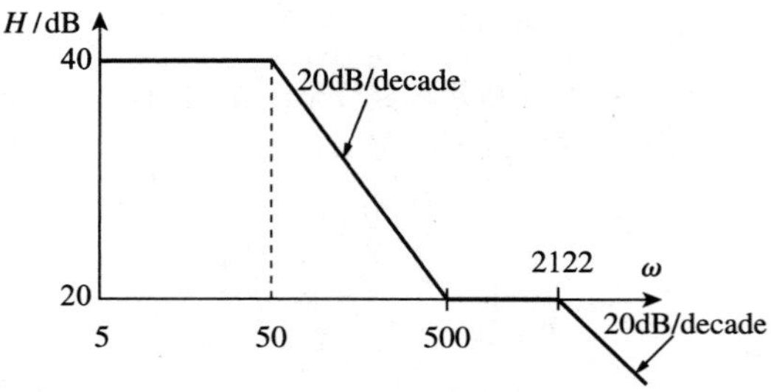

图 14-58 习题 23 图

14.5 节

24 某 RLC 串联网络中，$R=2\text{k}\Omega$，$L=40\text{mH}$，

$C=1\mu F$，求谐振时的阻抗以及在 1/4、1/2、2、4 倍谐振频率处的阻抗。

25　设计一个问题，以更好地理解 RLC 串联电路谐振时的 ω_0、Q 和 B。 **ED**

26　设计一个谐振频率为 $\omega_0=40\text{rad/s}$，带宽为 $B=10\text{rad/s}$ 的 RLC 串联谐振电路。 **ED**

27　设计一个带宽为 $B=20\text{rad/s}$，谐振频率为 $\omega_0=1000\text{rad/s}$ 的 RLC 串联谐振电路，并求该电路的 Q 值。假设 $R=10\Omega$。

28　在图 14-59 所示电路中，$v_s=20\cos at\text{V}$，求从电容两端看进去的 ω_0、Q 和 B。

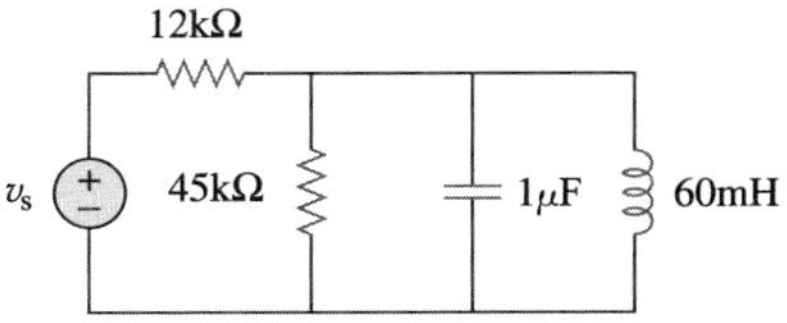

图 14-59　习题 28 图

29　电路由电感值为 10mH、电阻值为 20Ω 的线圈，电容和电压均值为 120V 的信号发生器串联组成。试求：(a) 使电路在 15kHz 时发生谐振的电容值；(b) 谐振时通过线圈的电流；(c) 电路的 Q 值。

14.6 节

30　设计一个 $\omega_0=10\text{krad/s}$，Q 值为 20 的 RLC 并联谐振电路，计算带宽的值。 **ED**

31　设计一个问题，以更好地理解并联 RLC 电路的品质因数、谐振频率和带宽。 **ED**

32　某并联谐振电路的品质因数为 120，谐振频率为 $6\times10^6\text{rad/s}$。计算带宽和半功率频率。

33　某 RLC 并联电路谐振频率为 5.6MHz，品质因数 Q 为 80，电阻分支为 40kΩ，求另外两个分支 L 和 C 的值。

34　某 RLC 并联电路有 $R=5\text{k}\Omega$，$L=8\text{mH}$，以及 $C=60\mu\text{F}$，计算：

(1) 谐振频率；(2) 带宽；(3) 品质因数。

35　某 RLC 并联谐振电路的中心频率导纳为 $25\times10^{-3}\text{S}$，品质因数为 80，谐振频率为 200krad/s，计算其 R、L、C 的值，并求出带宽与半功率频率。

36　如果元件改为并联，重做习题 24。

37　求图 14-60 所示电路的谐振频率。

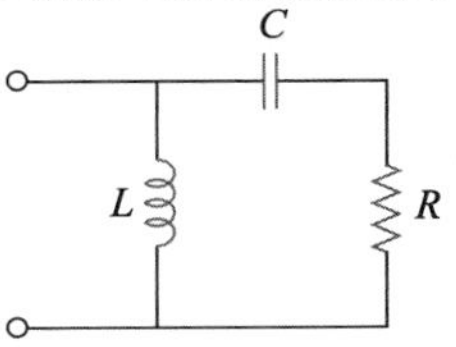

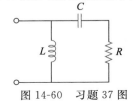

图 14-60　习题 37 图

38　求图 14-61 所示储能电路的谐振频率。

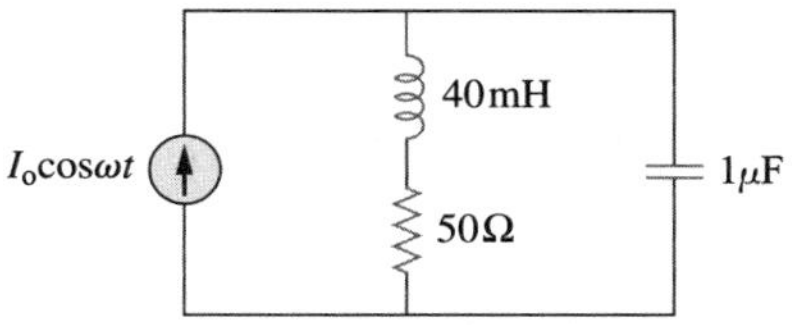

图 14-61　习题 38 图

39　某并联谐振电路的电阻为 2kΩ，半功率频率为 86kHz 与 90kHz，计算：(a) 电容值；(b) 电感值；(c) 谐振频率；(d) 带宽；(e) 品质因数。

40　利用图 14-62 所示电路设计一个问题，以更好地理解 RLC 电路的品质因数、谐振频率和带宽。 **ED**

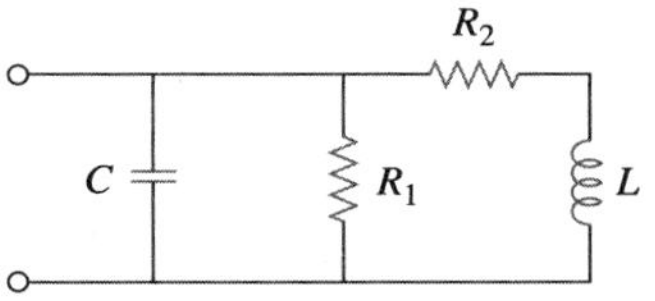

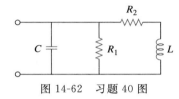

图 14-62　习题 40 图

41　对于图 14-63 所示电路，试求谐振频率 ω_0，品质因数 Q 以及带宽 B。

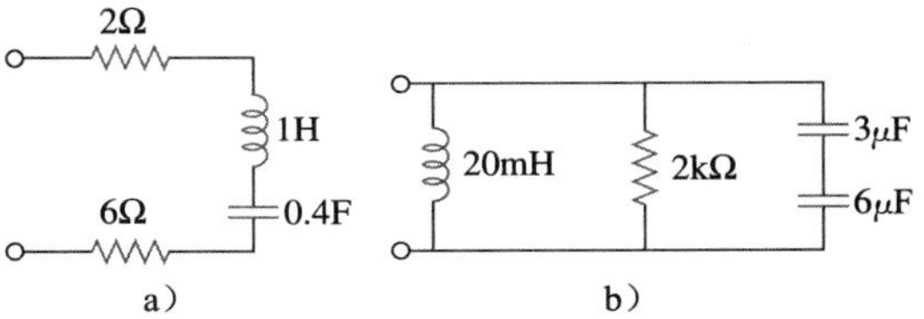

图 14-63　习题 41 图

42　计算如图 14-64 所示各电路的谐振频率。

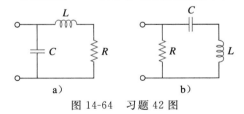

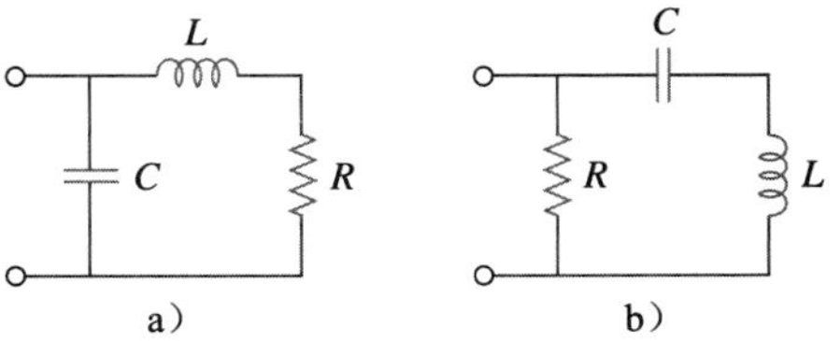

图 14-64　习题 42 图

*43　对于图 14-65 所示电路，求：(a) 谐振频率 ω_0；(b) $\mathbf{Z}_{in}(\omega_0)$。

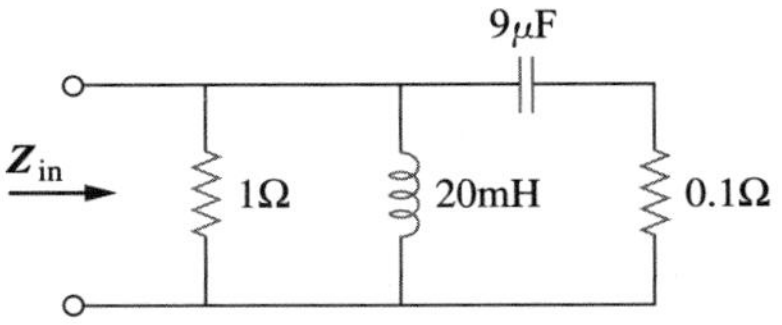

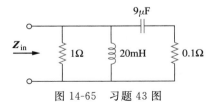

图 14-65　习题 43 图

44　对于图 14-66 所示电路，求从电感两端看进去的 ω_0、Q 以及 B。

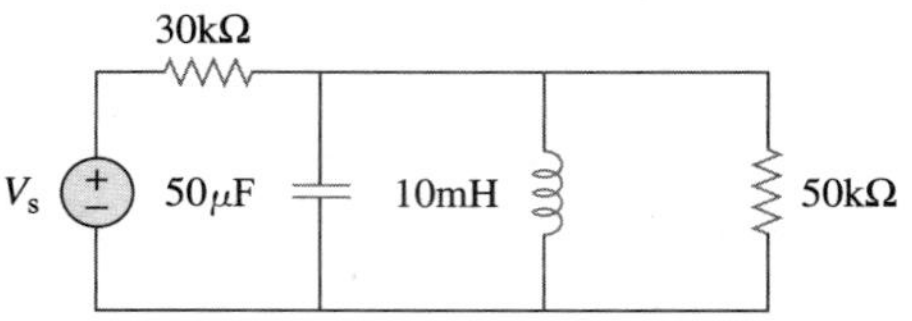

图 14-66 习题 44 图

45 对于图 14-67 所示网络，求：(a) 传输函数 $\boldsymbol{H}(\omega)=\boldsymbol{V}_o(\omega)/\boldsymbol{I}(\omega)$；(b) $\omega_0=1\text{rad/s}$ 时 $\boldsymbol{H}$ 的幅度。

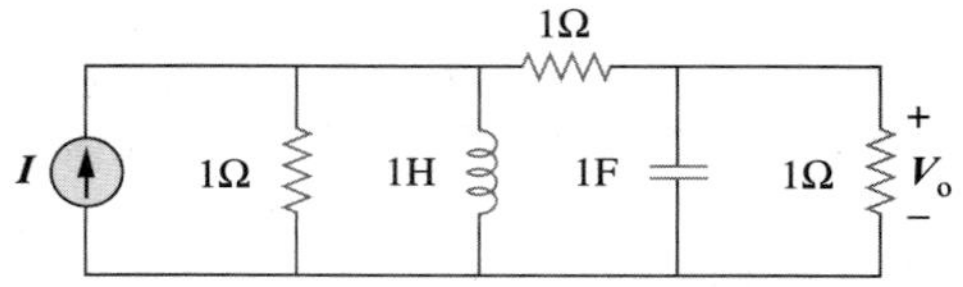

图 14-67 习题 45 图

14.7 节

46 证明当输出取自电阻两端时，LR 串联电路为低通滤波器，并计算当 $L=2\text{mH}$ 且 $R=10\text{k}\Omega$ 时的截止频率 f_c。

47 求图 14-68 所示电路的传输函数 $\boldsymbol{V}_o/\boldsymbol{V}_s$，并证明该电路为低通滤波器。

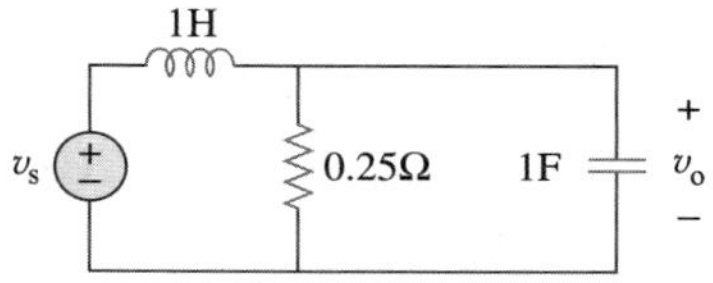

图 14-68 习题 47 图

48 设计一个问题，以更好地理解传输函数描述的低通滤波器。 **ED**

49 确定图 14-69 所示滤波器的类型，并计算截止频率 f_c。

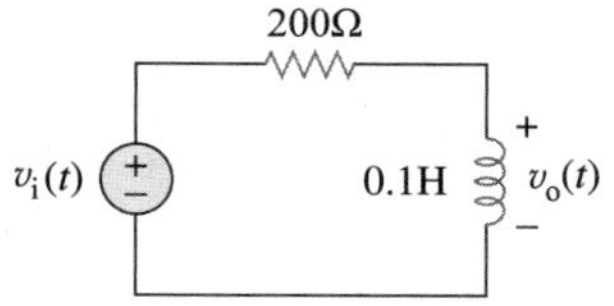

图 14-69 习题 49 图

50 利用一个 40mH 线圈设计一个截止频率为 5kHz 的 RL 低通滤波器。 **ED**

51 设计一个问题以更好地理解无源高通滤波器。 **ED**

52 设计一个截止频率为 10kHz 与 11kHz 的 RLC 串联带通滤波器，假设 $C=80\text{pF}$，求 R、L 与 Q。 **ED**

53 设计一个 $\omega_0=10\text{rad/s}$，$Q=20$ 的无源带通滤波器。 **ED**

54 确定 $R=10\text{k}\Omega$，$L=25\text{mH}$，$C=0.4\mu\text{F}$ 的 RLC 串联带通滤波器的频率范围，并计算其品质因数。

55 (a) 证明带通滤波器的传输函数为

$$\boldsymbol{H}(s)=\frac{sB}{s^2+sB+\omega_0^2},\qquad s=\text{j}\omega$$

式中，B 是滤波器的带宽，ω_0 是中心频率。

(b) 证明带阻滤波器的传输函数为

$$\boldsymbol{H}(s)=\frac{s^2+\omega_0^2}{s^2+sB+\omega_0^2},\qquad s=\text{j}\omega$$

56 计算图 14-70 所示带通滤波器的中心频率与带宽。

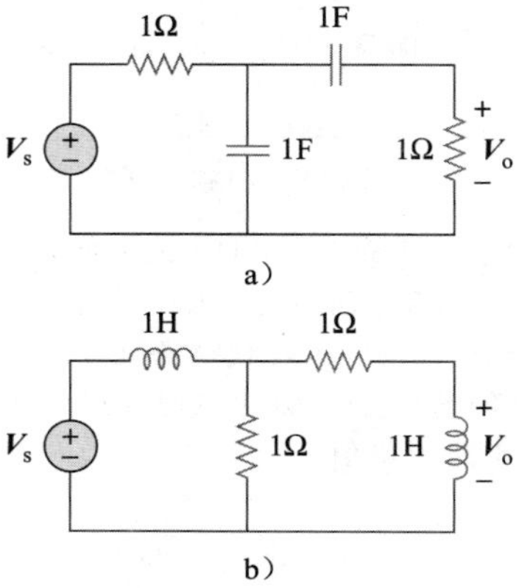

图 14-70 习题 56 图

57 某 RLC 串联带阻滤波器的电路参数为：$R=2\text{k}\Omega$，$L=100\text{mH}$，$C=40\text{pF}$，计算：(a) 中心频率；(b) 半功率频率；(c) 品质因数。

58 计算图 14-71 所示带阻滤波器的带宽与中心频率。

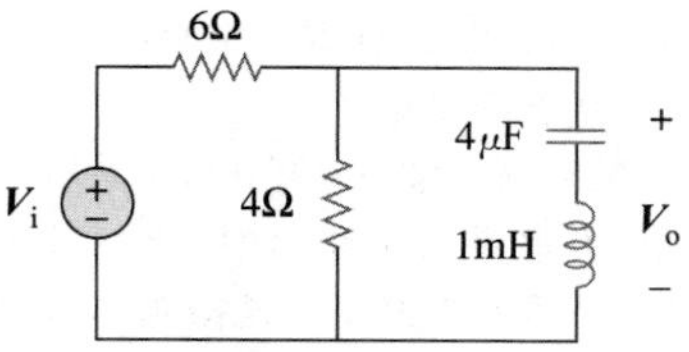

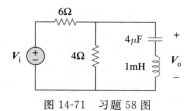

图 14-71 习题 58 图

14.8 节

59 求通带增益为 10，截止频率为 50rad/s 的高通滤波器的传输函数。

60 求图 14-72 所示各有源滤波器的传输函数。

61 图 14-72b 所示滤波器的 3dB 截止频率为 1kHz。如果输入与一个 120mV 频率可变信号相连，求如下频率处的输出电压：(a) 200Hz；(b) 2kHz；(c) 10kHz。

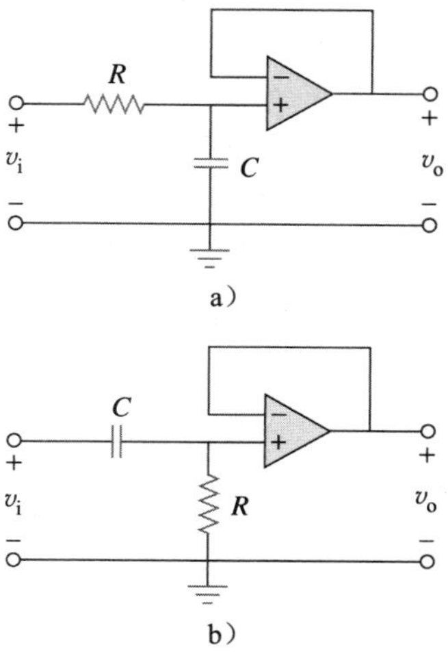

图 14-72　习题 60 图

62　利用 $1\mu F$ 电容设计一个传输函数为　**ED**

$$H(s)=-\frac{100s}{s+10},\quad s=j\omega$$

的一阶有源高通滤波器。

63　确定图 14-73 所示有源滤波器的传输函数，并说明该滤波器属于哪种类型。

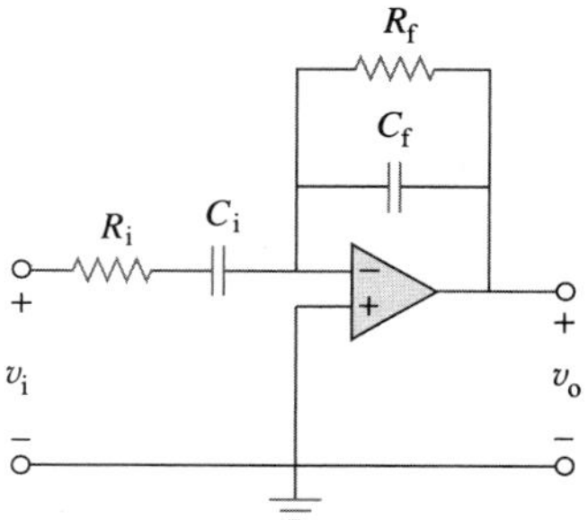

图 14-73　习题 63 图

64　某高通滤波器如图 14-74 所示，试证明其传输函数为

$$H(\omega)=\left(1+\frac{R_f}{R_i}\right)\frac{j\omega RC}{1+j\omega RC}$$

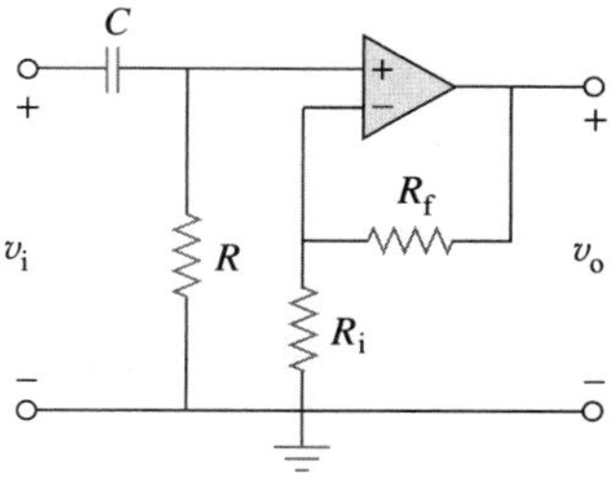

图 14-74　习题 64 图

65　通用一阶滤波器如图 14-75 所示，(a) 证明其传输函数为

$$H(s)=\frac{R_4}{R_3+R_4}\times\frac{s+(1/R_1C)[R_1/R_2-R_3/R_4]}{s+1/R_2C}$$

$$s=j\omega$$

(b) 要使电路成为一个高通滤波器，必须满足什么条件？

(c) 要使电路成为一个低通滤波器，必须满足什么条件？

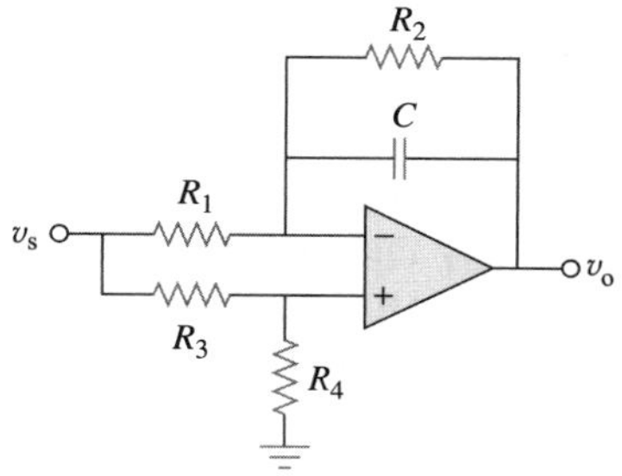

图 14-75　习题 65 图

66　设计一个直流增益为 0.25，截止频率为 500Hz 的有源低通滤波器。　**ED**

67　设计一个问题以更好地理解有源高通滤波器的设计。其中，高频增益和截止频率已给定。　**ED**

68　设计满足下列要求的如图 14-76 所示的滤波器：(a) 滤波器在 2kHz 时的输出信号比 10MHz 时的输出信号衰减 3dB；(b) 滤波器对于输入 $v_s(t)=4\sin(2\pi\times10^8t)$ V 的稳态输出为 $v_o(t)=10\sin(2\pi\times10^8t+180°)$ V。　**ED**

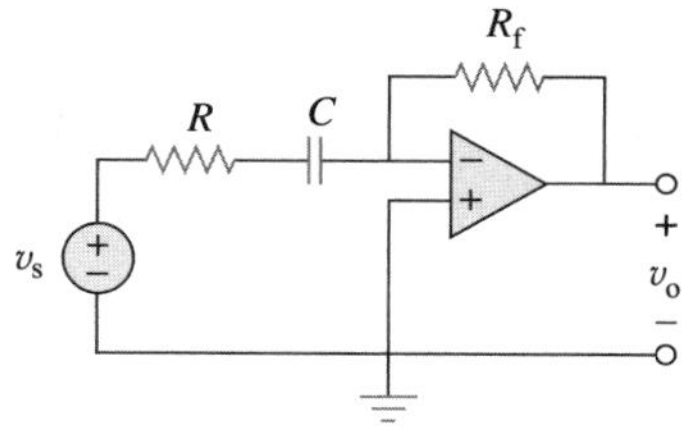

图 14-76　习题 68 图

*69　某二阶有源巴特沃思滤波器如图 14-77 所示。　**ED**

(a) 求传输函数 V_o/V_i；

(b) 证明该滤波器为低通滤波器。

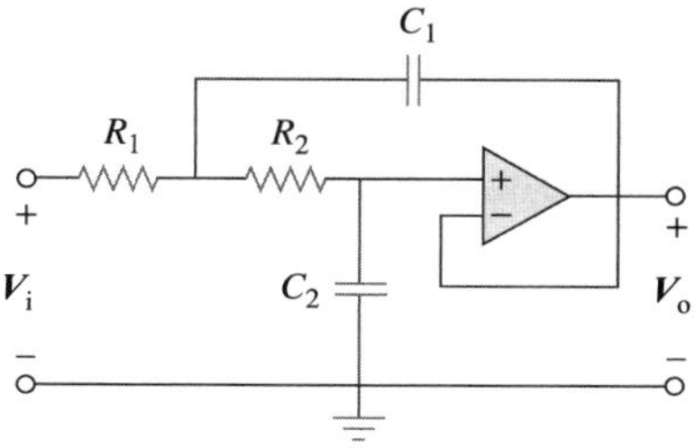

图 14-77　习题 69 图

14.9 节

70 利用幅度与频率比例变换求图 14-61 所示电路的等效电路，图中电感与电容分别为 1H 与 1F。

71 设计一个问题以更好地理解幅度比例转换和频率比例转换。 **ED**

72 当幅度转换比例为 800，频率转换比例为 1000 时，计算得到 $R=12\text{k}\Omega$，$L=40\mu\text{H}$，$C=300\text{nF}$ 所需的 R、L、C 的值。

73 某电路的 $R_1=3\Omega$，$R_2=10\Omega$，$L=2\text{H}$，$C=1/10\text{F}$，电路转换的幅度比例因子为 100，频率比例因子为 106，求电路元件的新值。

74 在某 RLC 电路中，$R=20\Omega$，$L=4\text{H}$，$C=1\text{F}$，对该电路进行转换的幅度比例因子为 10，频率比例因子为 105，计算元件的新值。

75 已知某 RLC 并联电路的 $R=5\text{k}\Omega$，$L=10\text{mH}$，$C=20\mu\text{F}$，如果该电路的幅度比例转换因子为 $K_m=500$，频率比例转换因子 $K_f=105$，求所得到的 R、L 与 C 的值。

76 某 RLC 串联电路的 $R=10\Omega$，$\omega_0=40\text{rad/s}$，$B=5\text{rad/s}$，求电路进行如下比例转换后的 L 与 C 的值。(a) 幅度比例转换因子 $K_m=600$；(b) 频率比例转换因子 $K_f=1000$；(c) 幅度比例转换因子 $K_m=400$ 且频率比例因子 $K_f=105$。

77 重新设计图 14-67 所示电路，使所有电阻元件的比例转换因子为 1000，所有频率元件的比例转换为 104。

*78 对于图 14-78 所示网络：(a) 求 $\mathbf{Z}_{in}(s)$；(b) 通过 $K_m=10$，$K_f=100$ 对元件进行比例转换，求 $\mathbf{Z}_{in}(s)$ 与 ω_0。

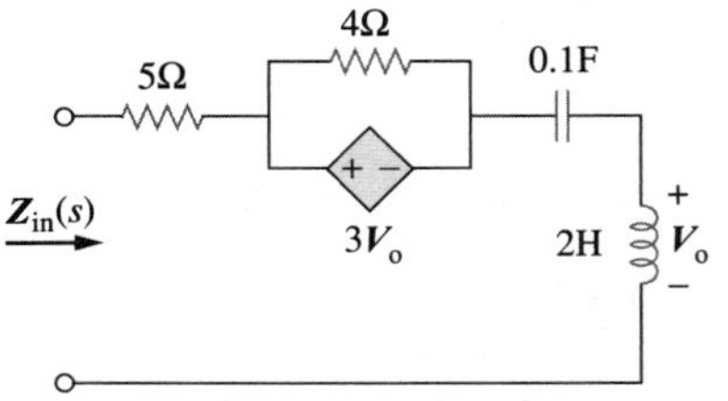

图 14-78 习题 78 图

79 (a) 对于图 14-79 所示电路，画出经 $K_m=200$ 与 $K_f=104$ 比例转换后的新电路。(b) 确定转换后的新电路在 $\omega=104\text{rad/s}$ 时从端口 a-b 处看进去的戴维南等效阻抗。

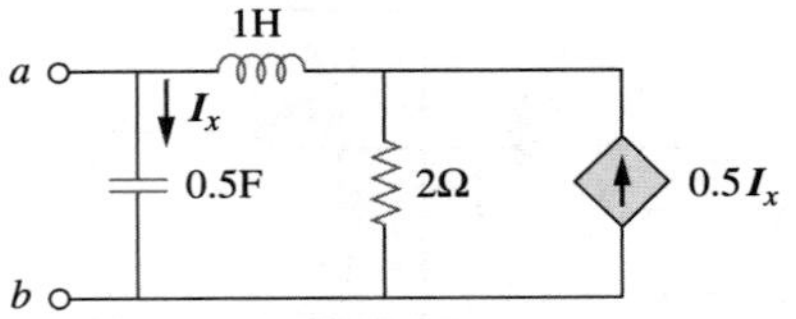

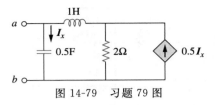

图 14-79 习题 79 图

80 图 14-80 所示电路的阻抗为

$$\mathbf{Z}(s)=\frac{1000(s+1)}{(s+1+\text{j}50)(s+1-\text{j}50)},\qquad s=\text{j}\omega$$

求：(a) R、L、C 与 G 的值；(b) 通过频率比例转换将谐振频率提高 10^3 倍的元件值。

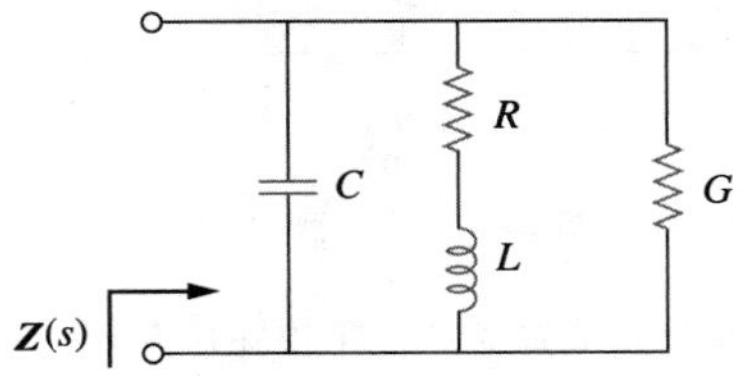

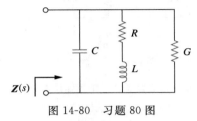

图 14-80 习题 80 图

81 对图 14-81 所示有源低通滤波器进行比例转换，使其截止频率从 1rad/s 升高至 200rad/s。采用 $1\mu\text{F}$ 电容器。

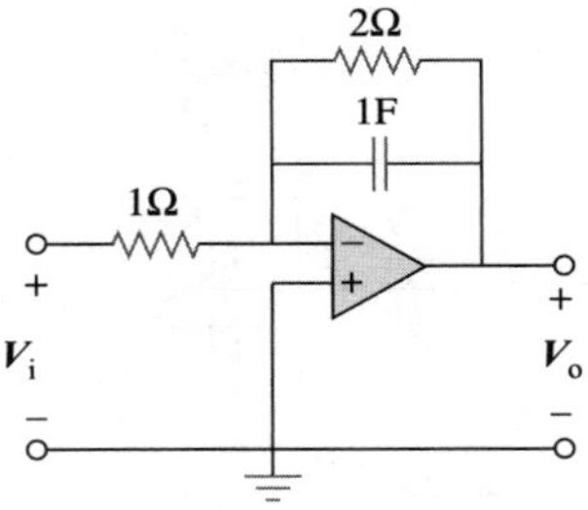

图 14-81 习题 81 图

82 图 14-82 所示运算放大器电路的幅度比例转换因子为 100，频率比例转换因子为 105，求得到的元件值。

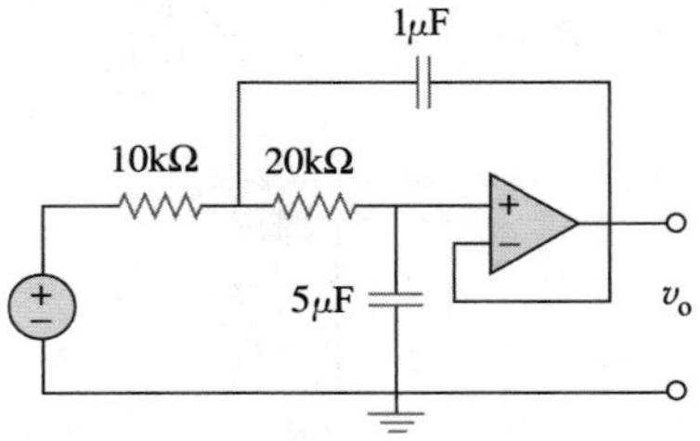

图 14-82 习题 82 图

附录 A

部分习题答案

第 1 章

1 (a) −103.84mC，(b) −198.65mC，(c) −3.941C，(d) −26.08C

3 (a) $(3t+1)$C，(b) (t^2+5t)mC，(c) $[2\sin(10t+\pi/6)+1]\mu$C，(d) $-e^{-30t}[0.16\cos 40t+0.12\sin 40t]$C

5 25C

7 $i=\frac{dq}{dt}=\begin{cases}25A, & 0<t<2s\\ -25A, & 2s<t<6s\\ 25A, & 6s<t<8s\end{cases}$

电流波形图如图 A-1 所示

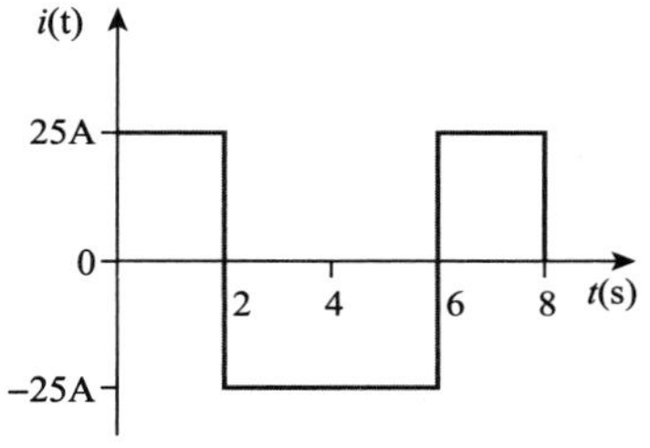

图 A-1

9 (a) 10C，(b) 22.5C，(c) 30C

11 3.888kC，5.832kJ

13 123.37mW，58.76mJ

15 (a) 2.945mC，(b) $-720e^{-4t}\mu$W，(c) -180μJ

17 吸收了 70W

19 6A，−72W，18W，18W，36W

第 2 章

1 答案略(不唯一)

3 184.3mm

5 $n=9$，$b=15$，$l=7$

7 共有六个支路和四个节点

9 −7A，−1A，5A

11 6V，3V

13 12A，−10A，5A，−2A

15 6V，−4A

17 2V，−22V，10V

19 −2A，12W，−24W，20W，16W

21 4.167V

23 6.667V，21.33W

25 0.1A，2kV，0.2kW

27 1A

29 8.125Ω

31 56A，8A，48A，32A，16A

33 3V，6A

35 32V，800mA

37 2.5Ω

39 (a) 727.3Ω，(b) 3kΩ

41 16Ω

43 (a) 12Ω，(b) 16Ω

45 (a) 59.8Ω，(b) 32.5Ω

47 24Ω

49 (a) 4Ω，(b) $R_{an}=18\Omega$，$R_{bn}=6\Omega$，$R_{cn}=3\Omega$

51 (a) 9.231Ω，(b) 36.25Ω

53 (a) 142.32Ω，(b) 33.33Ω

55 997.4mA

57 12.21Ω，1.64A

第 3 章

1 答案略(不唯一)，合理即可

3 −6A，−3A，−2A，1A，−60V

5 20V

7 5.714V

9 79.34mA

11 3V，293.9W，750mW，121.5W

13 40V，40V

15 29.45A，144.6W，129.6W，12W

17 1.73A

20 1V，3V

22 22.34V

25 图 a 和图 b 都可以重画电路图，如图 A-2 所示

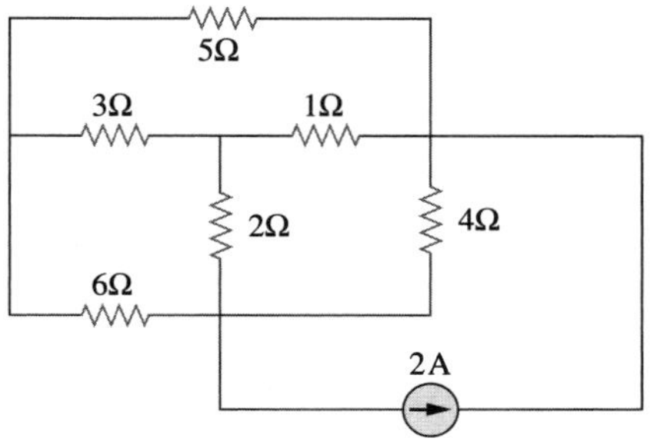

a)

图 A-2

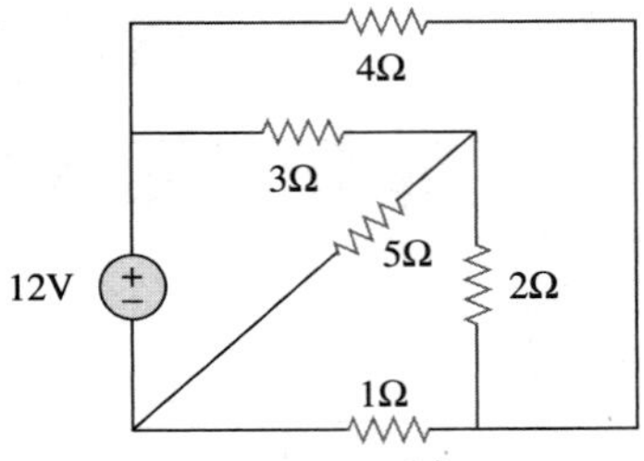

b）

图 A-2 （续）

27 20V

29 12V

30 答案略(不唯一)

34 57V，18A

35 20V

37 6kΩ，60V，30V

38 －4.48A，－1.0752kV

39 －0.3

40 －4V，2.105A

42 $\begin{bmatrix} 1.75 & -0.25 & -1 \\ -0.25 & 1 & -0.25 \\ -1 & -0.25 & 1.25 \end{bmatrix} \begin{bmatrix} v_1 \\ v_2 \\ v_3 \end{bmatrix} = \begin{bmatrix} 20 \\ 5 \\ 5 \end{bmatrix}$

45 $\begin{bmatrix} 9 & -3 & -4 & 0 \\ -3 & 8 & 0 & 0 \\ -4 & 0 & 6 & -1 \\ 0 & 0 & -1 & 2 \end{bmatrix} \begin{bmatrix} i_1 \\ i_2 \\ i_3 \\ i_4 \end{bmatrix} = \begin{bmatrix} 6 \\ 4 \\ 2 \\ -3 \end{bmatrix}$

第 4 章

1 600mA，250V

3 (a) 0.5V，0.5A，(b) 5V，5A，(c) 5V，500mA

5 4.5V

7 888.9mV

8 2A

12 答案略(不唯一)

14 1A，8W

16 －6.6V

18 －48V

20 3V

22 3.652V

24 40V，20Ω，1.6A

26 －125mV

28 10Ω，666.7mA

30 20Ω，－49.2V

32 4Ω，－8V，－2A

34 10Ω，0V，0A

36 3Ω，6V

38 1.1905V，476.2mΩ，2.5A

40 28Ω，3.286V

42 (a) 2Ω，7A，(b) 1.5Ω，12.667A

44 3Ω，1A

46 100kΩ，－20mA

48 10Ω，166.67V，16.667A

50 22.5Ω，40V，1.7778A

52 －3.333Ω，0A

54 $V_0 = 24 - 5I_0$

56 25Ω，7.84W

58 ∞(理论值)

60 8kΩ，1.152W

62 20.77W

64 1kΩ，3mW

第 5 章

1 60μV

3 10V

5 0.999 990

7 －100nV，－10mV

9 2V，2V

11 答案略(不唯一)

13 2.7V，288μA

15 (a) $-\left(R_1 + R_3 + \dfrac{R_1 R_3}{R_2}\right)$，(b) －92kΩ

17 (a) －2.4，(b) －16，(c) －400

19 －562.5μA

21 －4V

23 $-\dfrac{R_f}{R_1}$

25 2.312V

27 2.7V

29 $\dfrac{R_2}{R_1}$

31 727.2μA

33 12mW，－2mA

35 如果 $R_i = 60\text{k}\Omega$，则 $R_f = 390\text{k}\Omega$

37 1.5V

39 3V

41 参见图 A-3。

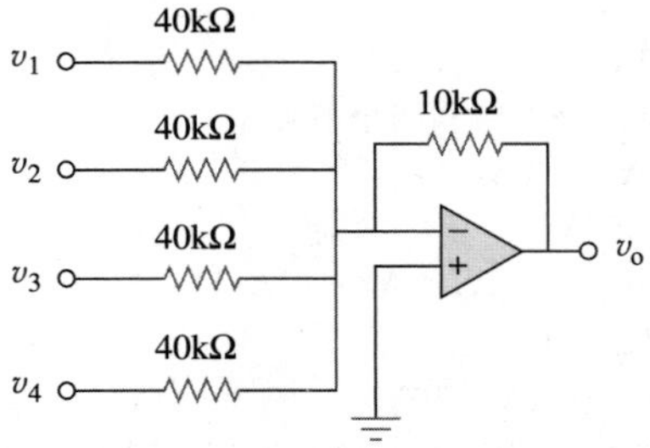

图 A-3

43 20kΩ

45 答案不唯一，图 A-4 可供参考

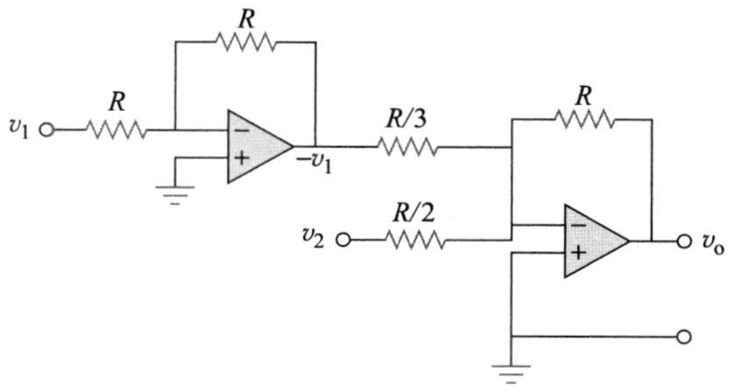

图 A-4

47 14.09V

49 $R_1=R_3=20\text{k}\Omega$，$R_2=R_4=80\text{k}\Omega$

51 参见图 A-5

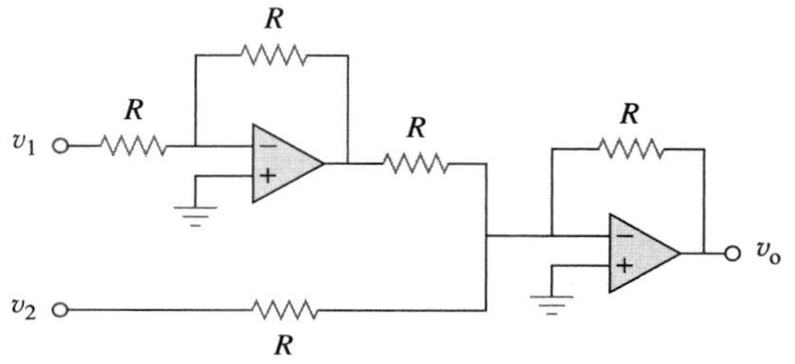

图 A-5

53 证明略

55 7.956，7.956，1.989

57 $6v_{s1}-6v_{s2}$

59 -12

61 2.4V

63 $\dfrac{R_2R_4/R_1R_5-R_4/R_6}{1-R_2R_4/R_3R_5}$

65 -21.6mV

67 -400mV

69 -25.71mV

71 7.5V

73 10.8V

第 6 章

1 $15(1-3t)\text{e}^{-3t}\text{A}$，$30t(1-3t)\text{e}^{6t}\text{W}$

3 答案略(不唯一)

5 $i_c(t)=\begin{cases}50\text{mA}, & 0\text{s}<t<2\text{ms}\\-50\text{mA}, & 2\text{s}<t<6\text{ms}\\50\text{mA}, & 6\text{s}<t<8\text{ms}\end{cases}$

7 $[0.1t^2+10]\text{V}$

9 13.624V，70.66W

11 $v(t)=\begin{cases}(10+3.75t)\text{V}, & 0\text{s}<t<2\text{s}\\(22.5-2.5t)\text{V}, & 2\text{s}<t<4\text{s}\\12.5\text{V}, & 4\text{s}<t<6\text{s}\\(2.5t-2.5)\text{V}, & 6\text{s}<t<8\text{s}\end{cases}$

13 $v_1=42\text{V}$，$v_2=48\text{V}$

15 (a) 125 mJ，375 mJ，
(b) 70.31 mJ，23.44 mJ

17 (a) 3F，(b) 8F，(c) 1F

19 $10\mu\text{F}$

21 $2.5\mu\text{F}$

23 答案略(不唯一)

25 (a) 对于串联的电容

$$Q_1=Q_2\to C_1v_1=C_2v_2\to\frac{v_1}{v_2}=\frac{C_2}{C_1}$$

$$v_s=v_1+v_2=\frac{C_2}{C_1}v_2+v_2=\frac{C_1+C_2}{C_1}v_2$$

$$\to v_2=\frac{C_1}{C_1+C_2}v_s$$

同理，$v_1=\dfrac{C_2}{C_1+C_2}v_s$

(b) 对于并联的电容

$$v_1=v_2=\frac{Q_1}{C_1}=\frac{Q_2}{C_2}$$

$$Q_s=Q_1+Q_2=\frac{C_1}{C_2}Q_2+Q_2=\frac{C_1+C_2}{C_2}Q_2$$

即

$$Q_2=\frac{C_2}{C_1+C_2}$$

$$Q_1=\frac{C_1}{C_1+C_2}Q_s$$

$$i=\frac{\text{d}Q}{\text{d}t}\to i_1=\frac{C_1}{C_1+C_2}i_s$$

$$i_2=\frac{C_2}{C_1+C_2}i_s$$

27 $1\mu\text{F}$，$16\mu\text{F}$

29 (a) 1.6C，(b) 1C

31 $v(t)=\begin{cases}1.5t^2\text{kV}, & 0<t<1\text{s}\\(3t-1.5)\text{kV}, & 1\text{s}<t<3\text{s}\\(0.75t^2-7.5t+23.25)\text{kV}, & 3\text{s}<t<5\text{s}\end{cases}$

$i_t=\begin{cases}18t\text{mA}, & 0<t<1\text{s}\\18\text{mA}, & 1\text{s}<t<3\text{s}\\(9t-45)\text{mA}, & 3\text{s}<t<5\text{s}\end{cases}$

$i_2=\begin{cases}12t\text{mA}, & 0<t<1\text{s}\\12\text{mA}, & 1\text{s}<t<3\text{s}\\(6t-30)\text{mA}, & 3\text{s}<t<5\text{s}\end{cases}$

33 15V，10F

35 6.4mH

37 $4.8\cos100t\text{V}$，96 mJ

39 $5t^3+5t^2+20t+1$

41 5.977A，35.72J

43 $144\mu\text{J}$

45 $i(t)=\begin{cases}250t^2\text{A}, & 0<t<1\text{s}\\(1-t+0.25t^2)\text{kA}, & 1\text{s}<t<2\text{s}\end{cases}$

47 5Ω

49 3.75mH

51 7.778mH

53 20mH

55 (a) 1.4L，(b) 500mL

57 6.625H

59 证明略

61 (a) 6.667mH，e^{-t}mA，$2e^{-t}$mA
(b) $-20e^{-t}\mu$V(c) 1.3534nJ

63 参见图 A-6

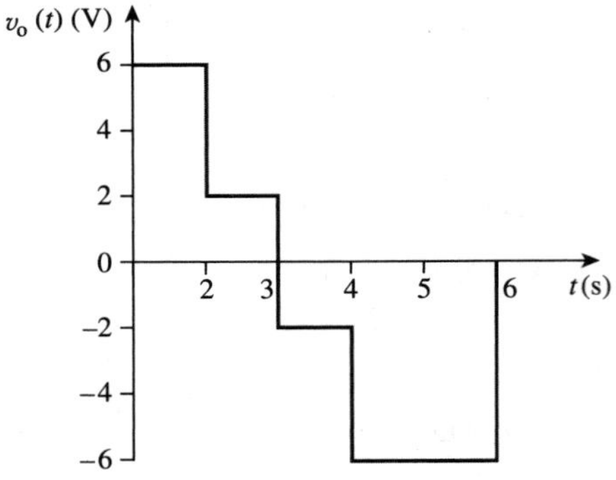

图 A-6

65 (a) 40J，40J，(b) 80J，
(c) $[5\times10^{-5}(e^{-200t}-1)+4]A[1.25\times10^{-5}(e^{-200t}-1)-2]$A
(d) $[6.25\times10^{-5}(e^{-200t}-1)+2]$A

第 7 章

1 (a) 0.7143μF，(b) 5ms，(c) 3.466ms

3 3.222μs

5 答案略(不唯一)

7 $12e^{-t}$V，$0<t<1$s，
$4.415e^{-2(t-1)}$V，$1\text{s}<t<\infty$

9 $4e^{-t/12}$V

11 $1.2e^{-3t}$A

13 (a) 16kΩ，16H，1ms，(b) 126.42μJ

15 (a) 10Ω，500ms，(b) 40Ω，250μs

17 $[-6e^{-16t}u(t)]$V，$t>0$.

19 $6e^{-5t}u(t)$A

21 13.333Ω

23 $10e^{-4t}$V，$t>0$，$2.5e^{-4t}$V，$t>0$

25 答案略(不唯一)

27 $[5u(t+1)+10u(t)-25u(t-1)+15u(t-2)]$V

29 $z(t)=\cos4t\delta(t-1)=\cos4\delta(t-1)=-0.6536\delta(t-1)$，如图 A-7 所示

31 (a) 112×10^{-9}，(b) 7

33 $1.5u(t-2)$A

35 (a) $-e^{-2t}u(t)$V，(b) $2e^{1.5t}u(t)$A

37 (a) 4s，(b) 10V，(c) $(10-8e^{-t/4})u(t)$V

39 (a) 4V，$t<0$，$20-16e^{-t/8}$，$t>0$

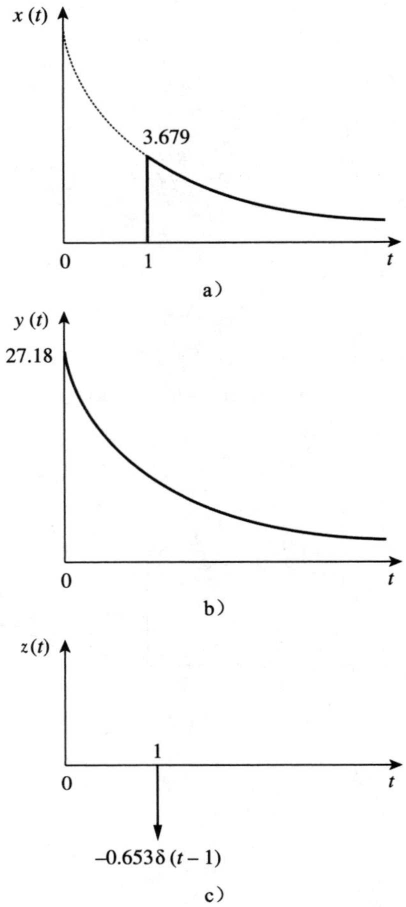

图 A-7

(b) 4V，$t<0$，$12-8e^{-t/6}$V，$t>0$

41 答案略(不唯一)

43 0.8A，$0.8e^{-t/480}u(t)$A

45 $[20-15e^{-14.286t}]u(t)$V

47 $\begin{cases}24(1-e^{-t})\text{V}, & 0<t<1\text{s}\\ 30-14.83e^{-(t-1)}\text{V}, & t>1\text{s}\end{cases}$

49 $\begin{cases}8(1-e^{-t/5})\text{V}, & 0<t<1\text{s}\\ [-16+31.17e^{-(t-1)}]\text{V}, & t>1\text{s}\end{cases}$

51 $V_s=Ri+L\dfrac{di}{dt}$

$L\dfrac{di}{dt}=-R\left(i-\dfrac{V_s}{R}\right)$，$\dfrac{di}{i-V_s/R}=\dfrac{-R}{L}dt$

即

对两边积分可得

$$\ln\left(i-\frac{V_s}{R}\right)\Big|_{i_o}^{i(t)}=\frac{-R}{L}t$$

$$\ln\left(\frac{i-V_s/R}{I_o-V_s/R}\right)=\frac{-t}{\tau}$$

即

$\frac{i-V_s/R}{I_o-V_s/R}=e^{-t/\tau}$ $i(t)=\frac{V_s}{R}+\left(I_o-\frac{V_s}{R}\right)e^{-t/\tau}$

53 (a) 5A, $5e^{-t/2}u(t)$A, (b) 6A, $6e^{-2t/3}u(t)$A

55 96V, $96e^{-4t}u(t)$V

57 $2.4e^{-2t}u(t)$A, $600e^{-5t}u(t)$mA

59 $6e^{-4t}u(t)$V

61 $20e^{-8t}u(t)$V, $(10-5e^{-8t})u(t)$A

63 $2e^{-8t}u(t)$A, $-8e^{-8t}u(t)$V

65 $\begin{cases}2(1-e^{-2t})\text{A}, & 0<t<1\text{s}\\ 1.729e^{-2(t-1)}\text{A}, & t>1\text{s}\end{cases}$

67 $5e^{-100t/3}u(t)$V

69 $48(e^{-t/3000}-1)u(t)$V

71 $[6(1-e^{-5t})]u(t)$V

73 $-6e^{-5t}u(t)$V

75 $(6-3e^{-50t})u(t)$V, -200μA

第8章

1 (a) 2A, 12V, (b) −4A/s, −5V/s,
(c) 0A, 0V

3 (a) 0A, −10V, 0V, (b) 0A/s, 8V/s, 8V/s,
(c) 400mA, 6V, 16V

5 (a) 0A, 0V, (b) 4A/s, 0V/s,
(c) 2.4A, 9.6V

7 过阻尼

9 $[(10+50t)e^{-5t}]$A

11 $[(10+10t)e^{-t}]$V

13 120Ω

15 750Ω, 200μF, 25H

17 $(21.55e^{-2.679t}-1.55e^{-37.32t})$V

19 $24\sin(0.5t)$V

22 40mF

24 答案略(不唯一)

26 $\{3-3[\cos(2t)+\sin(2t)]e^{-2t}\}$V

28 (a) $(3-3\cos 2t+\sin 2t)$V,
(b) $(2-4e^{-t}+e^{-4t})$A,
(c) $[3+(2+3t)e^{-t}]$V,
(d) $[2+2\cos 2t e^{-t}]$A

31 答案略(不唯一)

33 $7.5e^{-4t}$A

35 $[-6+(-0.021e^{-47.83t}+6.02e^{-0.167t})]$V

36 $[727.5\sin(4.583t)e^{-2t}]u(t)$mA

38 8Ω, 2.075mF

40 $\{4-[3\cos(1.3229t)+1.1339\sin(1.3229t)]$
$e^{-t/2}\}$A, $[4.536\sin(1.3229t)e^{-t/2}]$V

42 $(200te^{-10t})$V

44 $\{3+[(3+6t)e^{-2t}]\}u(t)$A

46 $\left[-\frac{i_0}{\omega_o C}\sin(\omega_o t)\right]$V, 其中 $\omega_o=1/\sqrt{LC}$

48 $(d^2i/dt^2)+0.125(di/dt)+400i=600$

50 $(7.448-3.448e^{-7.25t})$V, $t>0$

52 (a) $s^2+20s+36=0$,
(b) $(-0.75e^{-2t}-1.25e^{-18t})u(t)$A, $(6e^{-2t}+10e^{-18t})u(t)$V

54 $-32te^{-2t}$V

56 $(2.4-2.667e^{-2t}+0.2667e^{-5t})$A, $(9.6-16e^{-2t}+6.4e^{-5t})$V

58 $\frac{d^2i(t)}{dt^2}=-\frac{v_s}{RCL}$

60 $\frac{d^2v_o}{dt^2}-\frac{v_o}{R^2C^2}=0$, $(e^{10t}-e^{-10t})$V
该电路不稳定

62 $-te^{-t}u(t)$V

第9章

1 (a) 50V, (b) 209.4ms, (c) 4.775Hz,
(d) 44.48V, 0.3rad

3 (a) $10\cos(\omega t-60°)$, (b) $9\cos(8t+90°)$,
(c) $20\cos(\omega t+135°)$

5 30°, v_1 滞后于 v_2

7 证明略

9 (a) $50.88\angle{-15.52°}$, (b) $60.02\angle{-110.96°}$

11 (a) $21\angle{-15°}$ V, (b) $8\angle{160°}$ mA,
(c) $120\angle{-140°}$ V, (d) $60\angle{-170°}$ mA

13 (a) −1.2749+j0.1520, (b) −2.083,
(c) 35+j14

15 (a) −6−j11, (b) 120.99+j4.415, (c) −1

17 $15.62\cos(50t-9.8°)$V

19 (a) $3.32\cos(20t+114.49°)$,
(b) $64.78\cos(50t-70.89°)$,
(c) $9.44\cos(400t-44.7°)$

21 (a) $f(t)=8.324\cos(30t+34.86°)$,
(b) $g(t)=5.565\cos(t-62.49°)$,
(c) $h(t)=1.2748\cos(40t-168.69°)$

23 (a) $320.1\cos(20t-80.11°)$A,
(b) $36.05\cos(5t+93.69°)$A

25 (a) $0.8\cos(2t-98.13°)$A,
(b) $0.745\cos(5t-4.56°)$A

27 $0.289\cos(377t-92.45°)$V

29 $2\sin(10^6t-65°)$

31 $78.3\cos(2t+51.21°)$mA

33 69.82V

35 $4.789\cos(200t-16.7°)$A

37 (250−j25)mS

39 9.135+j27.47Ω,
$414.5\cos(10t-71.6°)$mA

41 $6.325\cos(t-18.43°)$V

43 $4.997\angle{-28.85°}$ mA

45 $460.7\cos(2000t+52.63°)$mA

46 $1.4142\sin(200t-45°)$V
48 $25\cos(2t-53.13°)$A
51 0.3171−j0.1463S
53 (2.707+j2.509)Ω
55 (1+j0.5)Ω
58 ($17.35\angle 0.9°$ A，6.83+j1.094)Ω
60 (a) $14.8\angle -20.22°$ mS，
(b) $19.704\angle 74.56°$ mS
62 (1.661+j0.6647)S

第10章

1 $1.9704\cos(10t+5.65°)$A
3 $3.835\cos(4t-35.02°)$V
6 $124.08\angle -154°$ V
9 (a) 1，0，$-\frac{j}{R}\sqrt{\frac{L}{C}}$，(b) 0，1，$\frac{j}{R}\sqrt{\frac{L}{C}}$
11 $\frac{(1-\omega^2LC)V_s}{1-\omega^2LC+j\omega RC(2-\omega^2LC)}$
14 答案略(不唯一)
16 $[4.243\cos(2t+45°)+3.578\sin(4t+26.57°)]$V
18 $9.902\cos(2t-129.17°)$A
20 $791.1\cos(10t+21.47°)+299.5\sin(4t+176.57°)$mA
22 $4.472\sin(200t+56.56°)$A
24 $109.3\angle 30°$ mA
26 (a) $\boldsymbol{Z}_N=\boldsymbol{Z}_{Th}=22.63\angle -63.43°$ Ω，
$\boldsymbol{V}_{Th}=50\angle -150°$ V，$\boldsymbol{I}_N=2.236\angle -86.6°$ A，
(b) $\boldsymbol{Z}_N=\boldsymbol{Z}_{Th}=10\angle 26°$ Ω，
$\boldsymbol{V}_{Th}=33.92\angle 58°$ V，$\boldsymbol{I}_N=3.392\angle 32°$ A
28 答案略(不唯一)
30 (−6+j38)Ω
31 答案略(不唯一)
32 $-j\omega RC$，$V_m\sin(\omega t-90°)$V
34 $48\cos(2t+29.52°)$V
36 $21.21\angle -45°$ kΩ
38 $3.578\cos(1000t+26.56°)$V

第11章

(除非特殊说明，所有的电流和电压值均指有效值)

1 $[1.320+2.640\cos(100t+60°)]$kW，1.320kW
3 213.4W
5 $P_{1\Omega}=1.4159$W，$P_{2\Omega}=5.097$W，
$P_{3H}=P_{0.25F}=0$W
7 160W
9 22.42mW
11 3.472W
13 28.36W
15 90W
17 20Ω，31.25W
19 2.567Ω，258.5W
21 19.58Ω
23 答案略(不唯一)
25 3.266
27 2.887A
29 17.321A，3.6kW
31 2.944V
33 3.332A
35 21.6V
37 答案略(不唯一)
39 (a) 0.7592，6.643kW，5.695kvar，
(b) 312μF
41 (a) 0.5547(超前) (b) 0.9304(滞后)
43 答案略(不唯一)
45 (a) 46.9V，1.061A，(b) 20W
47 (a) S=(112+j194)V·A，平均功率为112W，无功功率为194var
(b) S=(226.3−j226.3)V·A，平均功率为226.3W，无功功率为−226.3var
(c) S=(110.85+j64)kV·A，平均功率为110.85W，无功功率为64var
(d) S=(7.071+j7.071)kV·A，平均功率为7.071kW，无功功率为7.071kvar
49 (a) (4+j2.373)kV·A，
(b) (1.6−j1.2)kV·A，
(c) (0.4624+j1.2705)kV·A，
(d) (110.77+j166.16)V·A
51 (a) 0.9956(滞后)，
(b) 31.12W，
(c) 2.932var，
(d) 31.26V·A，
(e) (31.12+j2.932)V·A
53 (a) $47\angle 29.8°$ A，(b) 1.0(滞后)
55 答案略(不唯一)
57 $66.2\angle 92.4°$ A，$6.62\angle -2.4°$ kV·A
59 $221.6\angle -28.13°$ A
61 80μW
63 (a) $18\angle 36.86°$ mV·A，(b) 2.904mW
65 (a) 0.6402(滞后)；
(b) 295.1W；
(c) 130.4μF
67 (a) 50.14+j1.7509mΩ，
(b) 0.9994(滞后)，
(c) $2.392\angle -2°$ kA
69 (a) 12.21kV·A，(b) $50.86\angle -35°$ A，
(c) 4.083kvar，188.03μF，(d) $43.4\angle -16.26°$ A
71 (a) (1.8359−j0.114 68)kV·A，
(b) 0.998(超前)，

(c) 由于电路已经有一个超前的功率因数，不需要补偿

第 12 章

(除非特殊说明，所有电流电压值均指有效值)

1 (a) $231\angle -30°$，$231\angle -150°$，$231\angle 90°$ V，(b) $231\angle 30°$，$231\angle 150°$，$231\angle -90°$ V

3 相序为 $a-b-c$，$440\angle -110°$ V

5 $207.8\cos(\omega t+62°)$ V，$207.8\cos(\omega t-58°)$ V，$207.8\cos(\omega t-178°)$ V

7 $44\angle 53.13°$ A，$44\angle -66.87°$ A，$44\angle 173.13°$ A

9 $4.8\angle -36.87°$ A，$4.8\angle -156.87°$ A，$4.8\angle 83.13°$ A

11 415.7V，199.69A

14 $2.887\angle 5°$ A，$2.887\angle -115°$ A，$2.887\angle 125°$ A

16 $5.47\angle -18.43°$ A，$5.47\angle -138.43°$ A，$5.47\angle 101.57°$ A，$9.474\angle -48.43°$ A，$9.474\angle -168.43°$ A，$9.474\angle 71.57°$ A

18 $17.96\angle -98.66°$ A，$31.1\angle 171.34°$ A

19 13.995A，2.448kW

24 (a) $(6.144+\mathrm{j}4.608)\Omega$，(b) 18.04A，(c) 207.2μF

26 7.69A，360.3V

29 55.51A，$(1.298-\mathrm{j}1.731)\Omega$

30 9.021A

32 $2.109\angle 24.83°$ kV

34 39.19A(有效值)0.9982(滞后)

35 (a) 5.808kW，(b) 1.9356kW

37 $24\angle -36.87°$ A，$50.62\angle 147.65°$ A，$24\angle -120°$ A，$31.85\angle 11.56°$ A，$74.56\angle 146.2°$ A，$56.89\angle -57.27°$ A

39 答案略(不唯一)

41 $9.6\angle -90°$ A，$6\angle 120°$ A，$8\angle -150°$ A，$(3.103+\mathrm{j}3.264)$kVA

43 $I_a=1.9585\angle -18.1°$ A，$I_b=1.4656\angle -130.55°$ A，$I_c=1.947\angle 117.82°$ A

第 13 章

(除非特殊说明，所有的电流和电压值均指有效值)

1 20H

3 300mH，100mH，50mH，0.2887

5 (a) 247.4mH，(b) 48.62mH

9 $(1.0014+\mathrm{j}19.498)\Omega$，$1.1452\angle 6.37°$ A

10 参见图 A-8

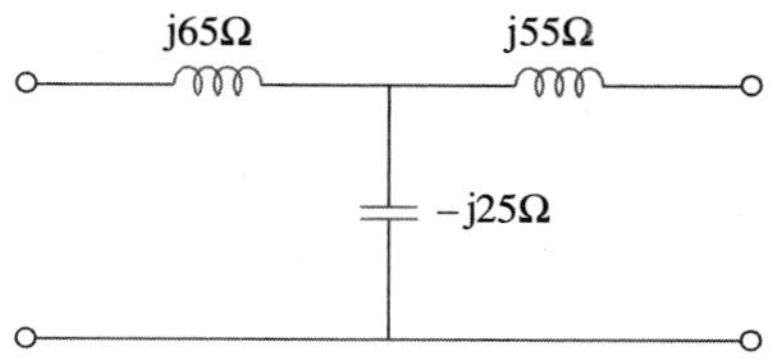

图　A-8

11 答案略(不唯一)

13 0.984，130.51mJ

15 答案略(不唯一)

19 (a) 5，(b) 104.17A，(c) 20.83A

21 $15.7\angle 20.31°$ A，$78.5\angle 20.31°$ A

27 (a) 160V，(b) 31.25A，(c) 12.5A

29 $(1.2-\mathrm{j}2)\mathrm{k}\Omega$，5.333W

30 $[1+(N_1/N_2)]^2 Z_L$

33 (a) 0.11547(b) 76.98A，15.395A

35 (a) 单相变压器，1：n，$n=1/110$，(b) 7.576mA

第 14 章

1 $\dfrac{\mathrm{j}\omega/\omega_o}{1+\mathrm{j}\omega/\omega_o}$，$\omega_o=\dfrac{1}{RC}$

3 $5s/(s^2+8s+5)$

5 $sRL/[RR_s+s(R+R_s)L]$，$R/(s^2LRC+sL+R)$

7 (a) 1.0058，(b) 0.4898，(c) 1.718×10^5

9 参见图 A-9

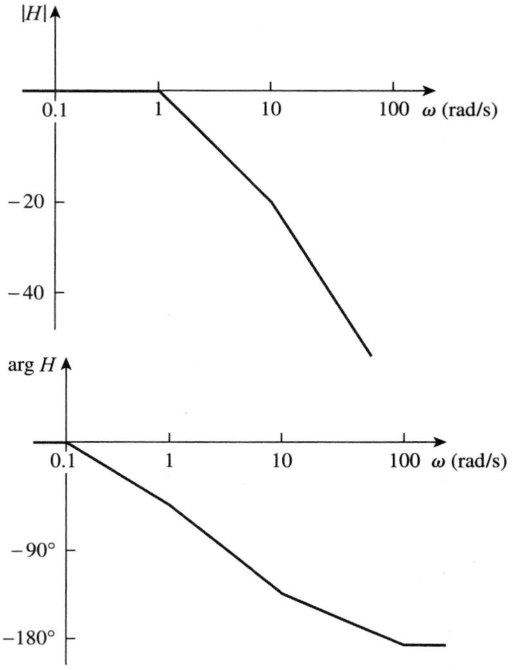

图　A-9

11 参见图 A-10

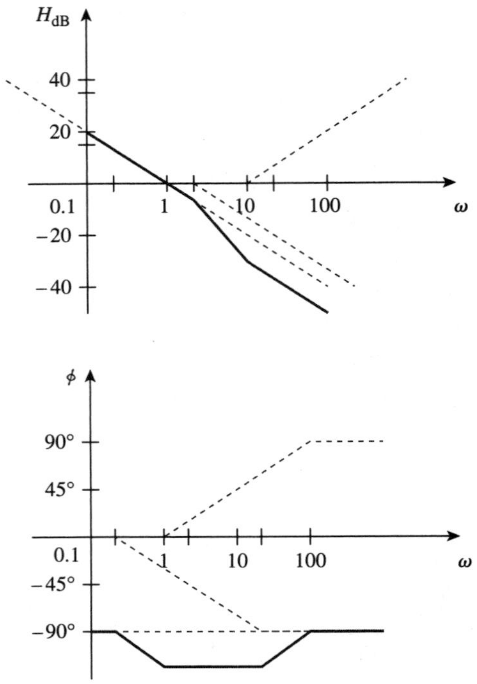

图 A-10

15 参见图 A-12

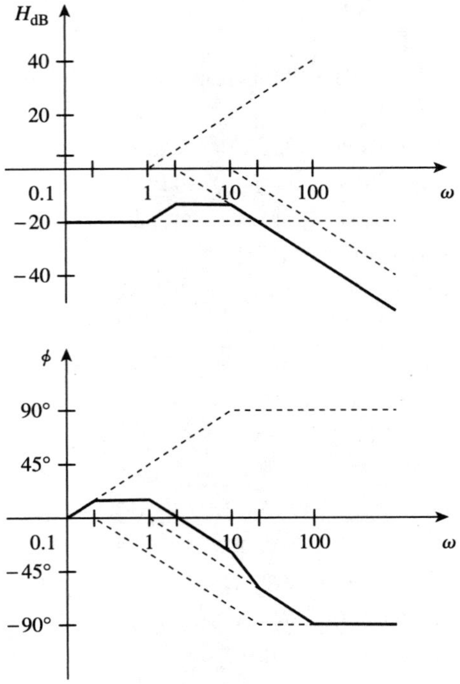

图 A-12

13 参见图 A-11

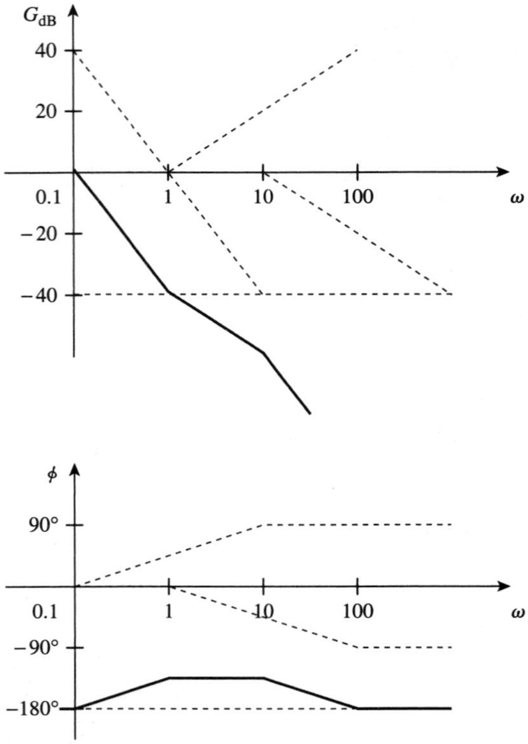

图 A-11

17 参见图 A-13

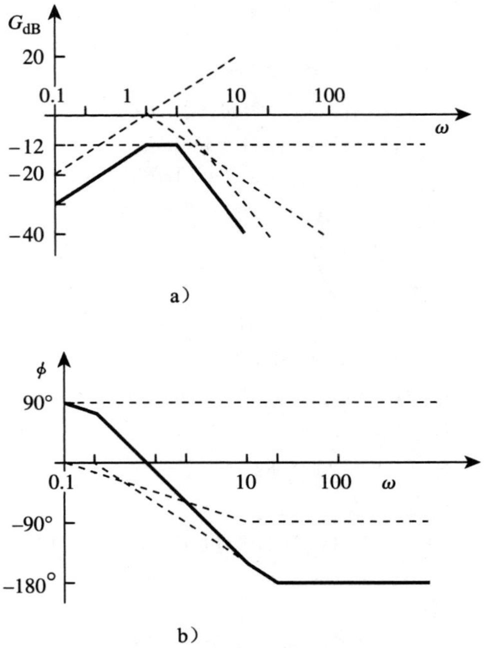

图 A-13

18 参见图 A-14

20 参见图 A-15

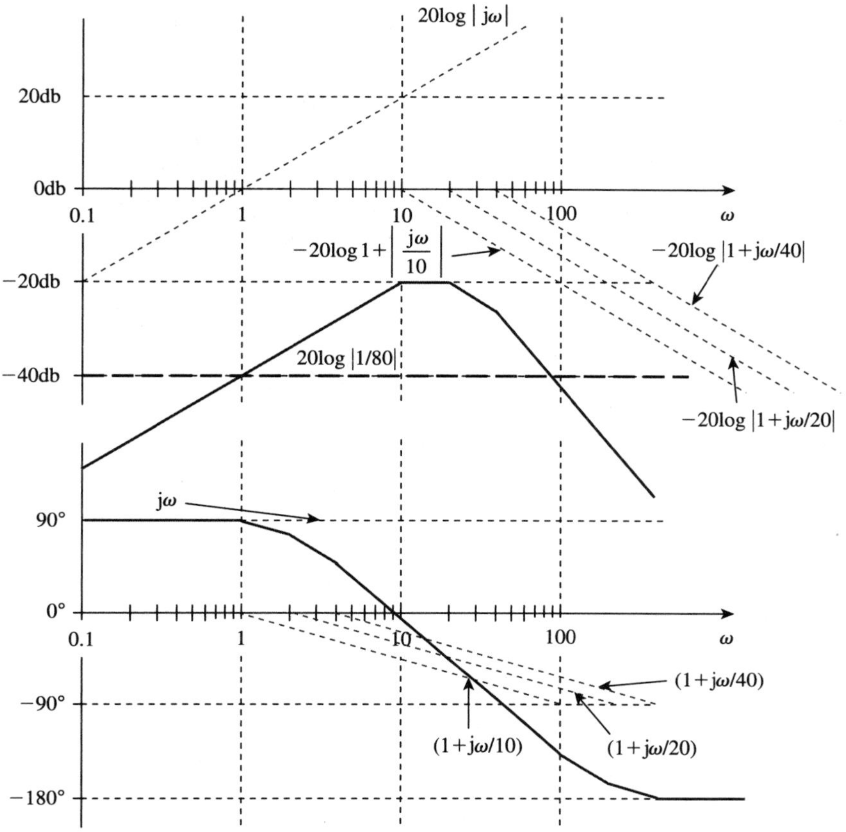

图 A-14

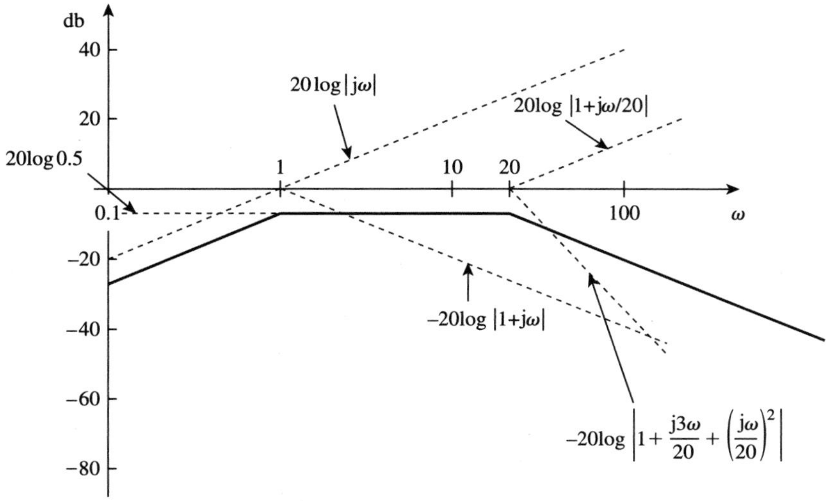

图 A-15

22 $\dfrac{100\mathrm{j}\omega}{(1+\mathrm{j}\omega)(10+\mathrm{j}\omega)^2}$

(答案也可以在前面有一个负号，仍是正确的。幅度图中不包含这些信息，它只能从相位图中得到。)

24 2kΩ，(2−j0.75)kΩ，(2−j0.3)kΩ，(2+j0.3)kΩ，(2+j0.75)kΩ

26 $R=1\Omega$，$L=0.1\mathrm{H}$，$C=25\mathrm{mF}$

28 4.082krad/s，105.55rad/s，38.67

30 0.5rad/s

32 50krad/s，5.975×10^6 rad/s，6.025×10^6

34 1.443krad/s，3.33rad/s，432.9

36 2kΩ，(1.4212+j53.3)Ω，
(8.85+j132.74)Ω，
(8.85−j132.74)Ω，(1.4212−j53.3)Ω

38 4.841krad/s

40 答案略(不唯一)

42 $\sqrt{\frac{1}{LC}-\frac{R^2}{L^2}}$，$\frac{1}{\sqrt{LC}}$

44 447.2rad/s，1.067rad/s，419.1

46 796kHz

48 答案略(不唯一)

50 1.256kΩ

52 18.045kΩ，2.872H，10.5

54 1.56kHz$<f<$1.62kHz，25

56 (a) 1rad/s，3rad/s，(b) 1rad/s，3rad/s

58 2.408krad/s，15.811krad/s

60 (a) $\frac{1}{1+j\omega RC}$ (b) $\frac{j\omega RC}{1+j\omega RC}$

62 10MΩ，100kΩ

64 证明略

66 如果 $R_f=20$kΩ，则 $R_i=80$kΩ，$C=15.915$nF

68 令 $R=10$kΩ，则 $R_f=25$kΩ，$C=7.96$nF

70 $K_f=2\times10^{-4}$，$K_m=5\times10^{-3}$

72 9.6MΩ，32μH，0.375pF

74 200Ω，400μH，1μF

76 (a) 1200H，0.5208μF，
(b) 2mH，312.5nF，
(c) 8mH. 7.81pF

78 (a) $8s+5+\frac{10}{s}$，
(b) $0.8s+50+\frac{10^4}{s}$，111.8rad/s

80 (a) 0.4Ω，0.4H，1mF，1mS，
(b) 0.4Ω，0.4mH，1μF，1mS

82 0.1pF，0.5pF，1MΩ，2MΩ